LAÉRCIO VASCONCELOS

O ALGEBRISTA

TEORIA E EXERCÍCIOS DE FIXAÇÃO E REVISÃO
5400 EXERCÍCIOS + 1300 QUESTÕES

VOLUME 1

LAÉRCIO VASCONCELOS

O ALGEBRISTA

TEORIA E EXERCÍCIOS DE FIXAÇÃO E REVISÃO
5400 EXERCÍCIOS + 1300 QUESTÕES

VOLUME 1

O Algebrista – Volume 1

Copyright© Editora Ciência Moderna Ltda., 2019

Todos os direitos para a língua portuguesa reservados pela EDITORA CIÊNCIA MODERNA LTDA.

De acordo com a Lei 9.610, de 19/2/1998, nenhuma parte deste livro poderá ser reproduzida, transmitida e gravada, por qualquer meio eletrônico, mecânico, por fotocópia e outros, sem a prévia autorização, por escrito, da Editora.

Editor: Paulo André P. Marques
Produção Editorial: Dilene Sandes Pessanha
Capa: Rafael Conde
Ilustrações: Sergio Luiz Correia de Vasconcelos

Várias **Marcas Registradas** aparecem no decorrer deste livro. Mais do que simplesmente listar esses nomes e informar quem possui seus direitos de exploração, ou ainda imprimir os logotipos das mesmas, o editor declara estar utilizando tais nomes apenas para fins editoriais, em benefício exclusivo do dono da Marca Registrada, sem intenção de infringir as regras de sua utilização. Qualquer semelhança em nomes próprios e acontecimentos será mera coincidência.

FICHA CATALOGRÁFICA

VASCONCELOS FILHO, Laércio Correia de.

O Algebrista – Volume 1

Rio de Janeiro: Editora Ciência Moderna Ltda., 2019.

1.Matemática
I — Título

ISBN: 978-85-399-1024-3 CDD 510

Editora Ciência Moderna Ltda.
R. Alice Figueiredo, 46 – Riachuelo
Rio de Janeiro, RJ – Brasil   CEP: 20.950-150
Tel: (21) 2201-6662/ Fax: (21) 2201-6896
E-MAIL: LCM@LCM.COM.BR
WWW.LCM.COM.BR

03/19

Para minha irmã querida, Rosana Maria

ÍNDICE

CAPÍTULO 1: Números inteiros..1
O início da álgebra..1
Conjuntos numéricos..1
Números naturais..2
O número 0..2
Números inteiros..3
Números racionais...4
Números irracionais...6
Números reais..6
Números complexos ou imaginários..7
Operações com números inteiros...8
Adição de inteiros..9
Exercícios...11
Módulo ou valor absoluto...12
Adição de inteiros de sinais diferentes..12
Exercícios...13
Soma algébrica...14
Comparação de inteiros..15
Exercícios...16
Subtração de inteiros...16
Exercícios...17
Expressões com adição e subtração de inteiros..................................18
Corta-corta..20
Exercícios...21
Eliminação de parênteses..21
Exercícios...23
Parênteses, chaves e colchetes..24
Multiplicação e divisão de inteiros...24
Produto com mais de dois fatores...26
Exercícios...27
Expressões combinando multiplicações e divisões.............................27
Exercícios...27
Exercícios...28
Potenciação de números inteiros...28
Exercícios...29
Propriedades das potências...30
Exercícios...31
Expressões com números inteiros..**32**
Sequência de adições e subtrações..33
Exercícios...33
Sequência de multiplicações e divisões..33

Exercícios...33
Expressões com adição, subtração, multiplicação e divisão...........33
Exercícios...34
Parênteses, colchetes e chaves...35
Exercícios...36
Expressões com potências..36
Exercícios...38
Propriedades da adição
Propriedade de fechamento da adição...39
Elemento neutro...39
Comutatividade...40
Associatividade...40
Propriedades da multiplicação
Fechamento..40
Elemento neutro...41
Comutatividade...41
Associatividade...41
Distributividade...41
Raiz quadrada e raiz cúbica de números naturais
Exercícios...43
Raiz quadrada e raiz cúbica de números inteiros
Raízes de ordem superior..44
Exercícios...45
Valor numérico
Exercícios...46
Racional ou irracional?
Exercícios...49
Exercícios de revisão
Respostas dos exercícios

CAPÍTULO 2: Números racionais...61
Também Reais e Irracionais...61
Segurança, precisão, rapidez...61
Inteiros e racionais...61
Módulo e simétrico de um número racional..62
Revisão de frações...62
Fração é uma divisão..63
Simplificação e fração irredutível...63
Fração decimal, fração ordinária..64
Fração própria, fração imprópria, fração aparente, número misto....64
Porcentagem...65
Dízimas periódicas...65

Encontrando a fração geratriz...66
Fatoração de números naturais...66
MMC..67
Comparação de frações...68
Exercícios de revisão sobre frações..69
Lidando com sinais...72
Exercícios..74
Simplificação..74
Exercícios..75
Adição e subtração de números racionais.............75
Comparação de números racionais..78
Exercícios..79
Multiplicação e divisão de números racionais.........80
Inverso ou recíproco..82
Fração de fração...83
Expressões com adição, subtração, multiplicação e divisão de
racionais...83
Organize o rascunho...84
Exercícios..86
Propriedades das operações com números racionais......88
Propriedade de fechamento da adição.....................................89
Propriedade do elemento neutro da adição...............................89
Propriedade comutativa da adição..90
Propriedade associativa da adição..90
Propriedade de fechamento da multiplicação.............................90
Propriedade do elemento neutro da multiplicação.......................90
Propriedade comutativa da multiplicação..................................90
Propriedade associativa da multiplicação..................................91
Propriedade distributiva da multiplicação em relação à adição e
subtração..91
Potências de números racionais – expoentes positivos.............91
A ordem correta..92
Exercícios..95
Exercícios..96
Propriedades das potências...............................96
Exercícios..97
Exercícios..98
Exercícios..100
Potências de números racionais – expoentes negativos.............101
Exercícios..103
Raízes de números racionais.............................104
Exercícios..106
Cuidado com o sinal negativo...107
Exercícios..108

Expoentes 1/2 e 1/3...109
Exercícios...111
A raiz quadrada negativa?...**111**
Expressões com números racionais....................................**113**
Exercícios...115
Extração de raiz quadrada..**118**
Números irracionais...**122**
Números reais..**124**
Operando com números reais..**126**
Exercícios de revisão...**127**
Detonando uma prova – Questão 11.................................**133**
Respostas dos exercícios..**134**
Detonando uma prova – Questão 11.................................**141**

CAPÍTULO 3: Expressões algébricas.................................**143**
Questões clássicas...**143**
Termos e expressões..**143**
Termo algébrico...143
Termos semelhantes..144
Redução de termos semelhantes...145
Expressões algébricas...145
Valor numérico..146
Exercícios...146
Classificação de expressões algébricas...........................**146**
Exercícios...147
Monômio e polinômio...148
Binômios e trinômios...148
Grau de um monômio ou polinômio......................................149
Polinômio homogêneo..149
Polinômio em x..149
Polinômio completo...149
Completar e ordenar P(x)...150
Exercícios...150
Operações com monômios...**151**
Adição e subtração de monômios..151
Exercícios...151
Multiplicação de monômios...151
Exercícios...152
Potências de monômios...152
Exercícios...153
Divisão de monômios...153
Exercícios...153

Monômios não divisíveis..153
Exercícios..154
Distributividade..154
Exercícios..155
Adição e subtração de polinômios..156
Exercícios..157
Multiplicação de polinômios..158
Outro método para armar a multiplicação..........................160
Exercícios..161
Divisão de polinômios..161
Divisão de polinômio por monômio....................................161
Exercícios..162
Divisão de dois polinômios..163
Teorema do resto...166
Exercícios..167
Potências de um polinômio..167
Exercícios..168
Expressões envolvendo polinômios....................................168
Exercícios..171
Exercícios de revisão..171
Soluções dos exercícios..182

CAPÍTULO 4: Produtos notáveis..189
Para ganhar tempo..189
$(a+b)^2 = a^2 + 2ab + b^2$**..189**
Interpretação geométrica...193
Não confunda..194
Exercícios..195
$(a - b)^2 = a^2 - 2ab + b^2$**..195**
Exercícios..196
Interpretação geométrica...198
Não confunda..199
$(a+b+c)^2$**..200**
Exercícios..200
$(a+b).(a-b) = a^2 - b^2$**..200**
Exercícios..203
Produto de Stevin: $(x+a).(x+b) = x^2 + Sx + P$..................203
Exercícios..204
Exercícios..205
Exercícios..206
Exercícios..207
Interpretação geométrica...207

Derivados do Produto de Stevin...**207**
  (x+a).(x+b).(x+c)..207
  (a+1).(b+1)...208
  (a+1).(b+1).(c+1)...208
  Exercícios...209
Cubos da soma e da diferença.................................**209**
  $(a+b)^3$..209
  $(a-b)^3$..210
  Exercícios...210
Soma e diferença de cubos...**211**
$(x + 1/x)^n$...**212**
Exercícios de revisão..**214**
Respostas dos exercícios...**218**

CAPÍTULO 5: Fatoração..**223**
Usar expressões racionais...**224**
Fatoração por evidência..**225**
  Exercícios...227
  Interpretação geométrica da fatoração por evidência.................227
  Exercícios...228
Fatoração por agrupamento...**228**
  Exercícios...229
  Interpretação geométrica da fatoração por evidência.................230
  Exercícios...230
Fatoração por quadrados e cubos................................**230**
  Exercícios...231
  Exercícios...232
  Exercícios...233
Fatoração por diferença de quadrados.........................**233**
  Exercícios...233
  Exercícios...234
  Exercícios...234
Soma e diferença de cubos...**234**
  Exercícios...235
Trinômio do segundo grau na forma $x^2 + bx + c$.......**235**
  Exercícios...236
  Trinômios que não podem ser fatorados.............................237
  Exercícios...238
Trinômio do segundo grau na forma $ax^2 + bx + c$.......**238**
  Justificativa do método da fatoração de $ax^2 + bx + c$.............239
  Exercícios...240
  Exercícios...241

Fatorações combinadas..241
   Exercícios...242
Fatoração por "mágica"...242
   Polinômios..245
Fatoração em provas e concursos.....................................247
   Exemplo: EPCAr 2010 – Expressões algébricas complexas..........247
   Exemplo: CMRJ 2015 – Expressões algébricas e equações........248
$x^n - y^n$ e $x^n + y^n$..249
   $x^n - y^n$..249
   $x^n + y^n$..250
Exercícios de revisão..250
Respostas dos exercícios...256

CAPÍTULO 6: MMC e MDC...263
Problemas sobre MMC e MDC...263
Fatores numéricos e algébricos...263
Recordando o MDC e o MMC de números naturais.....................264
MDC e o MMC de expressões algébricas..............................265
   Exercícios...266
   Exercícios...266
MDC e simplificação de frações algébricas.........................267
   Exercícios...267
MMC e redução ao mesmo denominador............................267
   Exercícios...268
Casos especiais...268
Exercícios de revisão..270
Respostas dos exercícios...272

CAPÍTULO 7: Frações algébricas...275
Obrigatório para concursos...275
Simplificação de frações algébricas....................................276
   Um erro clássico...277
   Para simplificar frações com monômios.............................278
   Exercícios...278
   Exercícios...279
   Exercícios...280
   Exercícios...281
Multiplicação de frações algébricas....................................281
   Exercícios...283
   Frações algébricas com sinais negativos............................283

Exercícios..286
Divisão de frações algébricas...286
Exercícios..289
Adição e subtração de frações algébricas..................................289
Denominadores que simplificam...291
Exercícios..291
Exercícios de revisão...292
Respostas dos exercícios..301

CAPÍTULO 8: Equações do primeiro grau...............................307
Facilidade ou dificuldade?...307
Igualdades..307
Equações de primeiro grau...308
Exercícios..309
Método de resolução...309
Exercícios..313
Discussão de uma equação do primeiro grau...........................314
$x=0$ é solução determinada...317
Exercícios..318
Equações equivalentes..319
Inequação...319
Exercícios..320
Equação fracionária...320
Exercícios..323
Equação modular...323
Exercícios de revisão...324
Respostas dos exercícios..330

CAPÍTULO 9: Sistemas de equações do primeiro grau...............333
Uma incógnita, duas incógnitas, três incógnitas......................333
Método da substituição...334
Exercícios..336
Método da adição...336
Exercícios..337
Método da comparação...337
Exercícios..338
Método dos determinantes..340
Demonstração...342
Cuidado com a "pegadinha" das posições trocadas.....................343
Colocando em evidência...343

Exercícios............343
Sistemas literais............344
Exercícios............344
Sistemas com 3 equações e 3 incógnitas............345
Exercícios............346
Sistemas fracionários............347
Exercícios............348
Sistemas possíveis e determinados............349
Retas concorrentes............349
Sistemas impossíveis............350
Retas paralelas............351
Sistemas indeterminados............351
Retas coincidentes............352
Exercícios............353
Exercícios de revisão............354
Respostas dos exercícios............362

CAPÍTULO 10: Problemas do primeiro grau............365
Problema, equação, solução............365
Exercícios............368
Problemas envolvendo idades............369
Exercícios............371
Problemas de torneiras............371
Exercícios............375
Diagramas - "entendeu ou quer que eu desenhe? "............375
Exercícios............378
Problemas de espaço, tempo e velocidade............379
Exercícios............381
Problemas de misturas............382
Exercícios............388
Problemas de juros............389
Exercícios............391
Problemas do segundo grau............392
Diminuir, subtrair............394
Exercícios de revisão............395
Respostas dos exercícios............409
Resoluções de exercícios selecionados............412

CAPÍTULO 11: Conjuntos e tópicos sobre ANÁLISE............425
Análise e álgebra............425

O número zero..**426**
    0, 1, 2..426
Conjuntos..**426**
    O conjunto dos números naturais................................426
    O conjunto dos números racionais positivos................426
    Exemplos de conjuntos................................427
    Pertinência................................427
    Conjunto vazio................................427
    Exercícios................................427
    Representação por enumeração................................428
    Representação por diagrama................................428
    Representação por propriedade................................429
    Conjunto unitário................................429
    Conjuntos equivalentes................................430
    Exercícios................................430
    Subconjunto................................430
    Pertence ou está contido?................................431
    Conjunto universo................................432
    Exercícios................................432
    Operações com conjuntos................................433
    União de conjuntos................................433
    Interseção de conjuntos................................434
    Diferença de conjuntos................................435
    Complementar................................436
    Exercícios................................437
    Diagrama de Venn para 3 conjuntos................................437
    Diferença simétrica................................438
    Número de elementos................................439
    Número de subconjutnos................................441
    Conjunto das partes................................442
    Exercícios................................443
Intervalos..**443**
    Operações com intervalos................................445
    Máximos e mínimos de intervalos................................448
Médias..**449**
    Média aritmética................................449
    Média geométrica................................449
    Média harmônica................................450
    Desigualdade das médias................................450
    Média ponderada................................451
Plano cartesiano..**452**
Relações e funções..**453**
    Diagrama de setas................................454
    Produto Cartesiano................................455

Função...........456
Domínio, contradomínio, imagem...........456
Função linear e função afim...........**458**
Sistemas de equações e interseção de gráficos...........459
Exercícios de revisão...........**460**
Respostas dos exercícios...........**470**
Resoluções de exercícios selecionados...........**472**

CAPÍTULO 12: Inequações do primeiro grau...........**479**
A forma final da inequação do 1º grau...........**479**
Exercícios...........482
Conjunto solução...........482
Inequações fracionárias...........**482**
Exercícios...........484
Sistemas de inequações...........**484**
Exercícios...........485
Inequações com duas variáveis...........485
Equações com módulo...........**487**
Inequações com módulo...........**488**
Inequações "indeterminadas" e impossíveis...........**489**
Módulo...........**489**
$|2x - 8| < 6$...........490
$|x - a| < |x - b|$...........490
Exercícios...........490
União e interseção?...........**491**
Exercícios de revisão...........**492**
Respostas dos exercícios...........**495**
Resoluções de exercícios selecionados...........**495**

CAPÍTULO 13: Equações do segundo grau...........**499**
Equações do segundo grau...........**499**
Formas incompletas...........**499**
Exercícios...........500
Equações do 2º grau impossíveis...........500
Forma fatorada...........**501**
Exercícios...........502
Exercícios...........502
Resolução por soma e produto...........**502**
Exercícios...........503
Completando quadrados...........**503**

Exercícios..504
Fórmula geral da resolução..504
Exercícios..505
Exercícios..506
Discussão pelo discriminante....................................506
Exercícios..507
Gráfico do trinômio do segundo grau......................507
Relações entre coeficientes e raízes.......................509
Soma das raízes...509
Produto das raízes..509
Diferença das raízes..510
Outras operações com as raízes...............................510
Exercícios..510
Resolvendo mentalmente – I (soma e produto).......511
Resolvendo mentalmente – II...................................511
Exercícios..512
Exercícios de revisão..513
Respostas dos exercícios..523
Resoluções de questões selecionadas....................527

CAPÍTULO 14: Cálculo de radicais.........................537
Operações com potências de expoentes racionais.....537
Radical, radicando, índice..539
Operações básicas...539
Simplificação do índice...539
Adição (e subtração) de radicais...............................539
Colocar fora do radical..539
Colocar dentro do radical..540
Multiplicação e divisão de radicais............................540
Operações algébricas com radicais...........................540
Potenciação de radicais..540
Redução ao mesmo índice.......................................540
Comparação...541
Cuidado com o sinal...541
Exercícios..542
Racionalização de denominadores...........................544
Exercícios..545
Radicais duplos...545
A fórmula de transformação.....................................546
Exercícios..548
Raízes para lembrar..548
Exercícios de revisão..549

Respostas dos exercícios.............................556
Resoluções de exercícios selecionados.........................560

CAPÍTULO 15: Equações redutíveis ao segundo grau.................567
Equações biquadradas.............................567
Exercícios.............................568
Equações irracionais.............................568
Exercícios.............................570
Outras equações redutíveis.............................570
Exercícios de revisão.............................571
Respostas dos exercícios.............................577
Soluções de exercícios selecionados.............................578

CAPÍTULO 16: Sistemas do segundo grau.............................583
Sistemas não lineares.............................583
Alguns exemplos.............................583
É álgebra ou aritmética?.............................585
Exercícios de revisão.............................586
Respostas dos exercícios.............................590
Resoluções de exercícios selecionados.............................591

CAPÍTULO 17: Inequações do segundo grau.............................595
Cuidado com o sinal.............................595
Inequação com trinômio do segundo grau.............................595
Exercícios.............................598
Inequação fracionária.............................598
Exercícios.............................600
Outras inequações.............................600
Inequação com módulo.............................601
Inequação com exponencial.............................602
Exercícios.............................603
Exercícios de revisão.............................603
Respostas dos exercícios.............................606
Resoluções selecionadas.............................607

CAPÍTULO 18: Problemas do segundo grau..............613
Exemplos..............613
    Exemplo 1..............613
    Exemplo 2..............614
    Exemplo 3..............614
    Exemplo 4..............615
    Exemplo 5..............615
Aritmética avançada: nem sempre as equações resolvem..............616
    Exemplo 6..............616
    Exercícios..............618
Respostas dos exercícios..............619
Resoluções selecionadas..............619

CAPÍTULO 19: Funções..............621
Domínio..............621
    Exercícios..............622
Função composta..............622
Função afim..............624
Função injetiva ou injetora..............624
Translação de eixos..............625
Função par e função ímpar..............627
Função identidade..............628
Função inversa..............629
Exercícios de revisão..............630
Respostas dos exercícios..............632
Resoluções selecionadas..............633

CAPÍTULO 20: Trinômio do segundo grau..............637
O último tópico..............637
    Trinômio do 2° grau..............637
    Função quadrática ou polinomial do 2° grau..............637
    Equação do 2° grau..............637
    Gráfico da função quadrática..............638
O gráfico..............638
    O vértice da parábola..............639
    Exercícios..............640
    A concavidade..............640
    Cortando os eixos..............642
    Soma e produto das raízes..............643
Exercícios de revisão..............643

Respostas dos exercícios..649
Resoluções selecionadas...650

CAPÍTULO 21: Polinômios..655
Polinômios identicamente iguais..655
Polinômios idênticos..655
Polinômios iguais para alguns valores..656
Exercícios...657
Separação em frações..657
Equações envolvendo polinômios..659
Divisibilidade entre polinômios...659
Teorema do resto..660
Exercícios...660
Teorema das raízes racionais...661
Teorema de Bolzano..663
Relações de Girard...663
Exercícios...664
Exercícios de revisão..664
Respostas dos exercícios..669
Resoluções selecionadas...670

Capítulo 1

Números inteiros

O início da álgebra

Em um curso de matemática em nível intermediário, não é possível começar com "1 + 1 = 2". Por isso a maioria dos cursos e livros deste nível partem do princípio que os alunos já possuem conhecimentos básicos, como frações, operações com números naturais, etc. É comum nesses livros que partam também do princípio de que os alunos já sabem operar com números inteiros negativos. Também devido a isso, não são cobradas questões sobre essa parte inicial da álgebra em concursos como Colégio Naval, Colégio Militar, EPCAr e similares. Entretanto muitos alunos trazem do ensino fundamental, deficiências antigas no aprendizado de números negativos e expressões numéricas envolvendo esses números.

Alunos do Colégio Naval

Por isso, este livro apresenta seus dois capítulos iniciais com esses assuntos, que servem como uma revisão sobre essa parte inicial da álgebra. O leitor notará que ao contrário dos demais capítulos, este praticamente não apresenta questões de concursos, justamente porque são raríssimas tais questões sobre os primórdios da álgebra. Ainda assim, traz uma grande quantidade de exercícios, que visa sanar as deficiências, permitindo um embasamento para um bom aprendizado da álgebra nos capítulos restantes.

Conjuntos numéricos

A álgebra é uma parte da matemática estudada a partir do 6º ou 7º ano do ensino fundamental. Antes disso, predomina o estudo da aritmética, que trata principalmente das operações com números naturais e os números racionais positivos. No início da álgebra, aprendemos os números inteiros negativos e suas operações, depois os números racionais, tanto positivos quanto negativos. Finalmente são estudados os números irracionais e os números reais. Esta álgebra básica estudada nas últimas séries do ensino fundamental é necessária à continuação da matemática no ensino médio e superior. A álgebra é bastante cobrada em provas de concursos realizados no final do ensino fundamental e do ensino médio.

Neste capítulo apresentaremos os conjuntos numéricos, desde o conjunto dos números naturais, explorado nas primeiras séries do ensino fundamental, até os números reais e números complexos. Estudaremos mais detalhadamente neste capítulo as operações com números inteiros. O estudo detalhado dos demais conjuntos numéricos será feito nos próximos capítulos.

Existem vários tipos de álgebra. Por exemplo, a chamada *álgebra booleana* é a base do funcionamento dos computadores. Os números usados na álgebra booleana assumem dois valores: 0 e 1, ou Verdadeiro e Falso. As operações básicas da álgebra booleana não são as mesmas usadas na aritmética e na álgebra do ensino fundamental (adição, subtração, multiplicação, divisão, etc.), mas sim, operações lógicas como AND (e), OR (ou) e NOT (não). O desenvolvimento da álgebra booleana, partindo dessas três operações, permitiu o desenvolvimento dos computadores, desde os mais antigos, até os mais modernos.

A álgebra que nos interessa aqui é a que envolve os números reais, usados extensivamente na matemática, física, engenharia e ciências correlatas. Nossa primeira providência será então apresentar os conjuntos numéricos que você já conhece, e novos conjuntos, até chegarmos ao conjunto dos números reais.

Números naturais

O desenvolvimento da matemática surgiu da necessidade de contar objetos. Daí surgiram os primeiros números:

1, 2, 3, 4, 5, 6, 7, 8, 9, 10, 11, 12, 13, 14, 15, ...

O número 0

Inicialmente não havia o número 0, e sim, o *algarismo 0*. Era usado apenas para representar números que não tinham quantidades inteiras de determinadas ordens. Por exemplo, o número 408 possui 4 centenas e 8 unidades (ordens), mas não possui uma dezena completa. O zero era usado apenas como algarismo para dar esta indicação. Somente muito depois do surgimento dos números naturais, foi criado o número zero como indicação de ausência de quantidade.

No ensino fundamental e no ensino médio, praticamente todos os autores consideram o 0 como um número natural, mas nos estudos mais avançados de matemática pura, o 0 não é considerado como um número natural. Como este livro é voltado para o final do ensino fundamental, será usada a convenção dos autores da área, de que 0 é um número natural. Portanto no nosso contexto, que é o mesmo adotado pelos concursos correlatos (Colégio Naval, EPCAr, Colégio Militar, etc.), de que o conjunto dos números naturais inclui o 0.

N = {0, 1, 2, 3, 4, 5, 6, 7, 8, 9, 10, 11, 12, 13, 14, 15, ... }

Este é o conjunto dos números naturais, indicado com a letra N maiúscula. Note que é errado dizer que N é o conjunto dos números inteiros positivos, pois o número 0 pertence a N entretanto não é positivo (0 não é positivo nem negativo). Quando nos referimos apenas aos números inteiros positivos, ou seja, os números naturais excluindo o zero, temos o chamado conjunto N*:

N* = {1, 2, 3, 4, 5, 6, 7, 8, 9, 10, 11, 12, 13, 14, 15, ... }

Tanto N quanto N* são conjuntos infinitos. A única diferença entre eles é o número 0.

Conjuntos de números podem ser representados graficamente através das chamadas "retas numéricas". A figura abaixo mostra como uma reta numérica poderia ser usada para

Capítulo 1 – Números inteiros

representar os números naturais. A reta numérica é uma espécie de "régua infinita", na qual são marcados os números. No caso dos naturais, uma extremidade da régua tem o número 0. A partir daí são marcados os demais números, de um em um. O conjunto dos números naturais ocupa apenas os pontos da reta numérica que correspondem às marcações inteiras, e não os pontos localizados entre essas marcações. Por exemplo, não existem números naturais compreendidos no espaço entre 0 e 1, nem no espaço entre 1 e 2, nem no espaço entre 2 e 3, etc. Veremos a seguir que outros conjuntos numéricos como os racionais, irracionais e reais possuem elementos compreendidos entre as marcações inteiras.

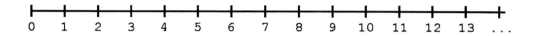

Números inteiros

O conjunto dos números inteiros é uma ampliação do conjunto dos naturais. A diferença é que números inteiros também podem ser negativos. Por exemplo, assim como existe o número 5, existe também o número –5. Usamos a letra Z maiúscula para indicar o conjunto dos números inteiros:

$Z = \{... –8, –7, –6, –5, –4, –3, –2, –1, 0, 1, 2, 3, 4, 5, 6, 7, 8, 9, 10, ...\}$

Para cada número inteiro positivo, existe um inteiro negativo correspondente. Por exemplo, assim como existe o número 1000, existe também o número –1000. Quando um número é positivo, não precisamos, e não é de costume, indicar o sinal. Portanto +20 é o mesmo que 20, por exemplo.

Observe que todos os números naturais são também inteiros. Isso é o mesmo que dizer que o conjunto dos números naturais *está contido* no conjunto dos números inteiros. Matematicamente escrevemos isso da seguinte forma:

$N \subset Z$ (lê-se: N está contido em Z)

Em várias situações da vida real, é necessário usar números negativos. Alguns exemplos:

a) Se uma pessoa não tem dinheiro algum e ainda deve R$ 10,00 a um amigo, isso é o mesmo que dizer que ela tem –R$ 10,00, ou 10 reais negativos.

b) À temperatura na qual a água se transforma em gelo, convencionou-se na física chamar de 0 grau centígrado (0°C). Temperaturas mais frias são chamadas de negativas. Por exemplo, em um congelador é comum encontrar temperaturas na faixa de –5°C, em um freezer é comum chegar a –20°C.

c) Se um carro está andando de marcha-à-ré com velocidade de 10 km/h, podemos dizer que sua velocidade na verdade é –10 km/h.

d) Se em um jogo perdemos 20 pontos, é o mesmo que dizer que ganhamos –20 pontos.

e) Se subimos em um monte com altura de 30 metros, dizemos que estamos a 30 metros acima do solo. Se por outro lado descemos em um buraco com 20 metros, é o mesmo que dizer que estamos a uma altura de –20 metros.

f) Dizer que uma empresa lucrou −10 milhões é o mesmo que dizer que teve um prejuízo de 10 milhões.

g) Se um automóvel andava a 60 km/h e passou para 80 km/h, dizemos que sua velocidade variou 20 km/h. Por outro lado, se o automóvel estava a 60 km/h e passou para 50 km/h, podemos dizer que variou −10 km/h. A variação negativa indica uma diminuição, enquanto a variação positiva indica um aumento.

Vemos então que, mesmo sendo muito mais comum e natural encontrar números positivos, várias situações nos levam à necessidade de usar números negativos.

Números inteiros também podem ser representados em uma reta numérica. A diferença é que essa reta se estende ao infinito, nos dois sentidos. O número zero deve ser representado na reta, à sua esquerda ficam os números negativos, e à sua direita os números positivos.

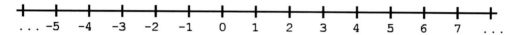

Já vimos que todo número natural é também um número inteiro, ou seja, o conjunto Z contém o conjunto N, o que é o mesmo que dizer que conjunto N está contido no conjunto Z. Escrevemos então:

N ⊂ Z

Podemos representar isso através de um *diagrama de Venn*, muito usado na teoria dos conjuntos:

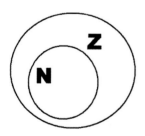

Já citamos também que o conjunto N* é o conjunto N excluindo o número zero, ou seja, o conjunto dos números inteiros positivos. O conjunto Z também tem alguns subconjuntos que devem ser notados:

Z* = {... −4, −3, −2, −1, 1, 2, 3, 4, ... } = conjunto dos números inteiros não nulos
Z_+ = {0, 1, 2, 3, 4, ...} = conjunto dos números inteiros não negativos = N
Z_+^* = {1, 2, 3, 4, ...} = conjunto dos números inteiros positivos = N*
Z_- = {..., −4, −3, −2, −1, 0} = conjunto dos números inteiros não positivos
Z_-^* = {..., −4, −3, −2, −1} = conjunto dos números inteiros negativos

Números racionais

O próximo conjunto é o chamado "conjunto dos números racionais", representado por Q. Este conjunto reúne todos os números inteiros, e mais as frações, positivas e negativas. Portanto o conjunto Q contém números como 2/5, −1/7, −4/9, 1/6, enfim, qualquer fração na forma p/q,

Capítulo 1 – Números inteiros

onde p e q sejam primos entre si (caso contrário estaríamos contando frações repetidas, de mesmo valor), e desde que q não seja 0 (já que não existe divisão por 0). Esta definição inclui também todos os números inteiros, basta fazer q=1.

Nas primeiras séries do ensino fundamental, estudamos as frações, mas somente as positivas. Podemos então dizer que foi estudado o conjunto dos números racionais não negativos. Ao iniciarmos o estudo da álgebra, finalmente podemos abordar o conjunto completo dos números racionais, abrangendo os positivos e os negativos (e o zero, é claro, que também é número racional).

Observe que o conjunto Q engloba o conjunto Z, ou seja, todo número inteiro é também um número racional. Isso é o mesmo que dizer que Z está contido em Q. Escrevemos então:

$Z \subset Q$

Como por sua vez, N está contido em Z, podemos escrever:

$N \subset Z \subset Q$

O diagrama de Venn abaixo mostra a relação entre os três conjuntos.

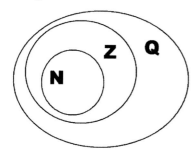

Os números racionais também fazem parte da reta numérica. Entretanto é difícil fazer esta representação, já que entre cada dois números inteiros consecutivos, existem infinitos números racionais. A figura abaixo mostra um pequeno trecho da reta numérica, compreendido entre 0 e 1, e alguns dos infinitos números racionais localizados neste intervalo.

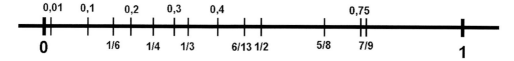

É claro que seria impossível indicar todos os números racionais neste intervalo. Indicamos alguns números na forma decimal (0,1; 0,2; 0,3; 0,4; 0,75), que como sabemos, são iguais a frações (1/10, 1/5, 3/10, 2/5, 3/4). Indicamos ainda algumas frações. Todas as frações próprias positivas estão neste intervalo, pois são menores que 1 (numerador é menor que o denominador). Escolhemos apenas algumas delas para serem indicadas.

O conjunto dos números racionais é tão denso que mesmo em um pequeno intervalo da reta numérica (por exemplo, o intervalo entre 0 e 1 do exemplo acima) existem infinitos números racionais. Se cada um desses números for marcado com um pequeno ponto, os números racionais desse intervalo formariam uma linha "cheia", ou seja, sem nenhuma lacuna. Dados dois números racionais quaisquer, por mais próximos que sejam, sempre existirão entre eles, infinitos outros números racionais.

Na verdade, mesmo estando a linha "cheia", ainda existem pontos "vazios", que são os números irracionais, apresentados no próximo item.

Números irracionais

Nem todos os números podem ser expressos na forma de uma fração, ou seja, a razão entre dois números inteiros. Todos os números que não podem ser expressos como fração (ou seja, que não são números racionais), são ditos *números irracionais*. Usamos a letra I para representar esse conjunto, que também é infinito. Por exemplo, o número $\sqrt{2}$ é irracional. Nunca poderemos encontrar dois números inteiros p e q, de tal forma que p/q seja igual à raiz quadrada de 2, ou seja que elevando (p/q) ao quadrado, encontremos como resultado o número 2. Números irracionais apresentam infinitas casas decimais que não se repetem. Por exemplo, o número $\sqrt{2}$ pode ser expresso, aproximadamente, por:

1,4142135623730950488016887242097...

Se continuarmos realizando o cálculo da raiz quadrada, indefinidamente, nunca encontraremos uma sequência que passa a repetir, como ocorre nas dízimas periódicas. Lembramos que dízimas periódicas são equivalentes a frações (chamadas de *fração geratriz*). Por exemplo:

1/7 = 0,142857142857142857142857142857714...

Vemos que a sequência 142857 é repetida indefinidamente, já que se trata de um número racional. Já com números irracionais, podemos até encontrar trechos repetidos, mas nunca um trecho que se repita indefinidamente.

Todas as raízes inexatas, como $\sqrt{2}$, $\sqrt[3]{5}$, $\sqrt{7}$, $\sqrt{20}$, etc., são números irracionais. Também são aqueles mais complexos, que envolvem raízes cúbicas e superiores, e raízes dentro de raízes. Existem também números irracionais que não podem ser expressos na forma de raízes. Por exemplo, o número π, sem dúvida um dos mais famosos números irracionais, muito usado na geometria, que dá a razão entre o perímetro e o diâmetro da circunferência.

π = 3,14159265358979323846264338332795...

Números reais

Se unirmos todos os números racionais (Q) e todos os números irracionais (I), o resultado será o conjunto dos números reais (R). Usando a terminologia de conjuntos, isso é o mesmo que dizer:

R = Q$\cup$I

O diagrama abaixo mostra a relação entre os conjuntos I, R e Q. Note que I é apenas a faixa escura que está dentro de R mas fora de Q, indicada na figura.

A relação entre Q, Z e N já era nossa conhecida:

N $\subset$ Z $\subset$ Q

Capítulo 1 – Números inteiros

Já o conjunto dos números irracionais (I) não tem elementos em comum com Q (dizemos que Q e I são *disjuntos*). Se partirmos de Q e adicionarmos o conjunto I, o conjunto total será R.

O conjunto I também tem infinitos elementos, e é extremamente denso. Se marcarmos na reta numérica, todos os pontos que são números irracionais, a indicação de todos esses pontos formará uma linha cheia. Entre dois números racionais quaisquer, sempre existirão infinitos números irracionais.

OBS.: É comum encontrar o termo "números relativos". Essa expressão diz respeito aos conjuntos Z, Q, I e R, cujos elementos podem ser positivos ou negativos, além do zero, é claro.

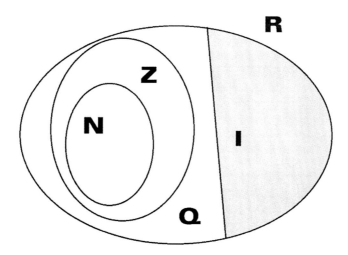

Números complexos ou imaginários

Os números complexos não serão estudados neste livro, pois não fazem parte do programa do ensino fundamental. São estudados no ensino médio e em cursos de matemática, física e diversos ramos da engenharia. Este conjunto é representado por **C** e contém o conjunto dos números reais. Números complexos são formados a partir da raiz quadrada de −1, que como sabemos, não existe no conjunto dos reais. É criado então o conjunto C, cujos números possuem uma parte real e uma parte imaginária. Convencionou-se chamar de i o número complexo que elevado ao quadrado resulta em −1, ou seja:

$$i = \sqrt{-1}$$

Valem para os números complexos, propriedades algébricas muito parecidas com as dos números reais. Por exemplo:

$$\sqrt{-16} = \sqrt{16}.\sqrt{-1} = 4.i$$

Todos os múltiplos de i são números complexos, entretanto, os números complexos também podem ser formados pela soma de uma parte imaginária e uma parte real, por exemplo:

5 + 4i

A forma geral de um número complexo é a+bi, onde a e b são reais. Quando b=0, temos apenas a parte real, portanto todos os números reais atendem à definição de números complexos, por isso $R \subset C$. Quando a=0, o número tem apenas a parte imaginária, dizemos então que se trata de um número *imaginário puro*.

O algebrismo dos números complexos não chega a ser difícil. Basta tratar o número i como se fosse uma letra qualquer, e chegando ao resultado, substituir i^2 por -1.

Números complexos não são representados em uma reta numérica, e sim, através de duas retas numéricas perpendiculares, com um eixo para a parte real e um eixo para a parte imaginária. Os números complexos são representados pelo plano assim formado.

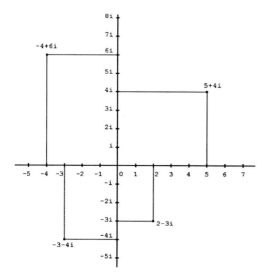

A figura acima apresenta o plano complexo. O eixo horizontal é chamado de *eixo real*. O eixo vertical é chamado de *eixo imaginário*. Todos os pontos do plano assim formado representam números complexos. Os pontos do eixo real são os números reais. Os pontos do eixo imaginário são números imaginários puros. Todos os demais pontos possuem parte real e parte imaginária. A figura mostra ainda a localização de alguns números complexos: 5+4i, 2-3i, -4+6i e -3-4i. A parte real de um número complexo é a sua projeção no eixo real, e a parte imaginária é a sua projeção no eixo imaginário.

Porque estamos ensinando isso se a matéria não faz parte do ensino fundamental? Porque existe uma matéria do ensino fundamental, ensinada neste livro, que usa também sistemas de eixos perpendiculares: o sistema de coordenadas cartesianas, as relações e funções, importantíssimas na álgebra. Mas primeiro precisamos dominar os números reais, que felizmente são bem mais fáceis que os números complexos.

Operações com números inteiros

As operações matemáticas com números inteiros são muito parecidas com as operações feitas com números naturais, assunto predominante nos primeiros anos do ensino fundamental. A única diferença é que agora temos que lidar com números negativos. Existem algumas regras básicas para lidar com sinais, que uma vez aprendidas, não trarão mais dificuldades. É preciso entretanto entender primeiro o porquê dessas regras.

Uma notícia boa é que as regras de sinais aprendidas para os números inteiros servem para os racionais e reais. Portanto nos capítulos seguintes não precisaremos mais estudar as regras de sinais, pois você aprenderá todas aqui.

Capítulo 1 – Números inteiros

Adição de inteiros

"Sinais iguais, soma e repete o sinal; sinais diferentes, subtrai e dá o sinal do maior". É claro que muitos alunos decoram essas regras, mas quem apenas decora em matemática, não vai muito longe. É preciso entender a razão, uma vez entendidas, a memorização é natural e automática. Vamos ilustrar com um pequeno exercício.

Dois jogadores A e B possuem cada um, R$ 10,00. Eles estão jogando e apostando dinheiro, sendo que no início de cada partida, combinam o valor a ser apostado. Na primeira partida, apostam R$ 5,00 e A vence. Na segunda partida, apostam R$ 10,00 e A vence. Na terceira partida, apostam R$ 10,00 e A vence, pela terceira vez. Na quarta partida, apostam R$ 10,00 e B vence. Na quinta partida, apostam R$ 20,00 e B vence. Com quanto dinheiro cada jogador ficou no final?

Vamos construir uma tabela indicando cada uma das partidas e o valor que cada um ficou no final de cada jogada. Complete a tabela de acordo com o enunciado do problema.

OBS.: Considere esse exemplo apenas na sua imaginação, pois na vida real existiriam dois absurdos aqui: primeiro, o jogo a dinheiro é proibido no Brasil, então você pode raciocinar com "fichas" ao invés de reais. A segunda questão é que nos jogos de verdade, para apostar um valor, o jogador precisa ter aquele valor disponível na hora, não pode ficar devendo para pagar depois. Então, neste exemplo, considere que é permitido ficar devendo para pagar depois.

Jogada		A possui	B possui
Inicial		10	10
1ª partida	A ganha 5		
2ª partida	A ganha 10		
3ª partida	A ganha 10		
4ª partida	B ganha 10		
5ª partida	B ganha 20		

Se você conseguiu preencher corretamente a tabela, então entendeu as adições de números inteiros (positivos e negativos):

1ª partida: Cada um tinha 10, e A ganha 5. Então B deve entregar 5 para A. A ficará com 15 e B ficará com apenas 5.

2ª partida: A estava com 15 e B estava com 5. Agora A ganha 10 novamente, então B deverá entregar 10 para A. Mas como B só possui 5, deverá entregar esses 5 para A, e ficará devendo os outros 5 para pagar depois. Sendo assim, B ficará com 5 negativos, ou seja, –5. A, que tinha 15, fica agora com 25, já que ganhou 10. Apesar de que, A não terá os 25 imediatamente, mas é como se tivesse, pois B pagará depois. Portanto A ficou com 25 e B ficou com –5.

3ª partida: A tem agora 25 e B tem –5, ou seja, ainda precisa arranjar 5 para pagar o que deve. Agora apostam novamente 10, e A vence. Como A tinha 25 e agora ganhou 10, ficará então com 35 (não significa que receberá agora). B estava em situação ruim e ficou ainda pior. Já estava com dívida de 5, e agora deve mais 10 por ter perdido esta partida. Ficou então devendo 5+10=15. Isso é o mesmo que dizer o seguinte: B tinha –5, agora perdeu 10 (isso é o mesmo que dizer que "ganhou –10". Ficou então com –15, enquanto A ficou com 35.

4ª partida: A tinha 35 e B tinha –15. Nessa partida, finalmente B ganhou 10. Como B estava devendo 15, esse ganho de 10 será usado para abater na sua dívida, mas não será suficiente para pagar a dívida toda. Dos 15 que já devia, abatendo os 10 que ganhou, ainda ficará

10   O ALGEBRISTA

devendo 5. Isso é o mesmo que dizer que tinha –15, ganhou 10 e ficou com –5. Em outras palavras, –15+10= –5. Enquanto isso, A tinha 35 e perdeu 10, ficando então com 35–10=25.

5ª partida: Agora A inicia com 25 e B inicia com –5. B está agora com sorte, ganhou 20. Vejamos primeiro o que ocorre com A. A tinha 25 e perdeu 20. A ficou então com apenas 25–20=5. B, desta vez, saiu com "saldo positivo". Ganhou 20 nesta partida, mas não ficará com todos os 20, pois antes será preciso abater os 5 que estava devendo. É fácil então calcular quanto restou para B: 20 – 5 = 15. Podemos ver isso de outra forma: B tinha –5 e ganhou 20, ficando então com 15. Matematicamente, podemos também escrever –5+20=15. Ao final desta última partida, A ficou com 5 e B ficou com 15.

OBS.: Não importa quem vença, jogo a dinheiro é coisa de perdedor. Quem ganha em um dia, poderá perder tudo e muito mais no dia seguinte. Jogo a dinheiro pode ser um vício, assim como drogas, fumo e álcool. Muitas pessoas perdem tudo o que possuem em jogos a dinheiro: alguns perdem a casa, e tudo o que possuem. Jogos em livros de matemática são abordados apenas como exemplos para entendimento dos números.

A tabela do exemplo fica então preenchida da forma abaixo:

Jogada		A possui	B possui
Inicial		10	10
1ª partida	A ganha 5	15	5
2ª partida	A ganha 10	25	–5
3ª partida	A ganha 10	35	–15
4ª partida	B ganha 10	25	–5
5ª partida	B ganha 20	5	15

Devemos considerar que tudo o que um jogador ganha ou perde deve ser somado ao que tinha antes. Quando ganha, o valor a ser somado é positivo, e quando perde, o valor a ser somado é negativo. Levando isso em conta, vamos fazer quatro adições envolvendo números inteiros:

a) 8+6 = 14
Esta adição envolve dois números inteiros positivos, crianças de 6 ou 7 anos já sabem que o resultado é 14. Devemos levar em conta que estamos agora somando números inteiros, que podem ser positivos ou negativos. No caso, ambos são positivos, então basta somar normalmente. O resultado será positivo, ficamos então com 14.

b) (–7) + (–5) = –12
Dessa vez as crianças de 6 ou 7 anos não vão saber calcular. Devemos aqui fazer uma analogia com os jogos. Alguém tinha –7, por exemplo, devia 7 reais. Perdeu 5 reais, então sua dívida aumentou. A dívida total será a soma da dívida anterior (7) com a nova dívida (5). Então quem devia 7 e passou a dever mais 5, ficou devendo ao todo, 12. Portanto, o resultado da adição de –7 e –5 é –12.

Nos dois exemplos acima, notamos três coisas em comum:

- Os valores a serem somados têm o mesmo sinal
- O resultado final foi obtido pela soma dos dois valores dados
- O sinal do resultado é o mesmo sinal das duas parcelas originais

Daí vem a primeira regra para somar números inteiros:

Capítulo 1 – Números inteiros

Para somar dois números inteiros de mesmo sinal, basta somar os valores e dar ao resultado, o mesmo sinal que têm os números somados.

Em outras palavras, para somar números inteiros de mesmo sinal (os dois positivos ou os dois negativos), somamos os números normalmente, esquecendo o sinal, e no fim, colocamos no resultado o mesmo sinal que têm os números. A soma de dois positivos tem resultado positivo. A soma de dois negativos tem resultado negativo.

Exemplos:
$(-15) + (-20) = -35$
$(-10) + (-50) = -60$
$(-3) + (-2) = -5$
$30 + 40 = 70$
$9 + 8 = 17$

OBS.: "30+40" também pode ser escrito como (+30)+(+40). Note que os sinais "+" junto dos números 30 e 40 tem a função de informar que são números positivos. Já o outro sinal "+" serve para indicar que esses valores estão sendo somados. Entretanto, não é obrigatório colocar o sinal positivo em números que são positivos, quando o sinal não é escrito, sabemos que o número é positivo, portanto basta escrever 30+40.

OBS.: Em alguns casos podemos eliminar os parênteses. Por exemplo, escrever (–15) + (–20) é o mesmo que escrever –15 + (–20). A eliminação dos parênteses em torno do número –15 não deixará dúvidas sobre a operação que queremos realizar: somar o número –15 com o número –20. Entretanto, não podemos eliminar os parênteses em torno do –20, pois ficaríamos com –15+–20. Não é correto colocar sinais lado a lado, nesse caso o uso dos parênteses é obrigatório.

Alunos da EPCAr

Vejamos se você entendeu isso, fazendo alguns exercícios:

Exercícios

E1)
a) (–3) + (–6) =
b) (–3) + (–5) =
c) (+5) + (+3) =
d) (–5) + (–4) =
e) (+16) + (+12) =
f) (–21) + (–4) =
g) (–13) + (–33) =
h) (–32) + (–14) =
i) (+7) + (+9) =
j) (–16) + (–22) =
k) (–3) + (–24) =
l) (+7) + (+3) =
m) (–26) + (–19) =
n) (–29) + (–33) =
o) (+3) + (+4) =
p) (–21) + (–11) =
q) (+34) + (+42) =
r) (–55) + (–20) =
s) (+60) + (+30) =
t) (–7) + (–18) =

Confira os resultados no final do capítulo. Vamos fazer mais alguns exercícios, mas dessa vez, lembre-se que em alguns casos os parênteses podem ser eliminados, acostume-se com isso.

E2)
a) (–2) + (–5) =
b) (–4) + (–2) =
c) (+5) + (+4) =
d) (–3) + (–4) =
e) +6 + (+12) =
f) (–26) + (–3) =
g) (–14) + (–31) =
h) (–35) + (–21) =
i) +5 + 8 =
j) (–15) + (–18) =
k) (–2) + (–26) =
l) 6 + 9 =
m) –28 + (–17) =
n) (–19) + (–36) =
o) (+6) +3 =
p) –12 + (–13) =
q) +32 +22 =
r) –45 + (–10) =
s) 40 + 30 =
t) (–9) + (–29) =

12   O ALGEBRISTA

Então você já aprendeu a somar números inteiros, positivos ou negativos, mas apenas quando os números têm o mesmo sinal (dois positivos ou dois negativos):

"Para somar números inteiros de mesmo sinal, some os números e repita o sinal".

Módulo ou valor absoluto

O que chamamos de módulo (ou valor absoluto) de um número, é o esse mesmo número com sinal eliminado. Por exemplo:

O módulo de –20 é 20.
O módulo de 35 é 35.
O módulo de –37 é 37.
O módulo de 0 é 0.

Existe um símbolo matemático para indicar o módulo. Basta colocar o número entre duas barras verticais (| |). Por exemplo:

$|21| = 21$
$|-13| = 13$

Usando a noção de módulo, podemos escrever de outra forma a regra para somar números inteiros de mesmo sinal:

"Para somar dois números inteiros de mesmo sinal, basta somar os seus módulos. O sinal do resultado será o mesmo sinal dos números que estão sendo somados".

Adição de inteiros de sinais diferentes

Somar números inteiros é fácil, desde que ambos tenham o mesmo sinal. Quando um é positivo e outro é negativo, é um pouco mais difícil, mas a regra pode ser entendida facilmente se fizermos a analogia do jogo já usada como exemplo:

a) (+10) + (–3) = +7
Na analogia do jogo, estamos considerando que a cada jogada, a quantia de um jogador sempre é somada ao resultado. O resultado pode ser positivo (quando o jogador ganha) ou negativo (quando o jogador perde). Então o cálculo (+10) + (–3) pode ser exemplificado pela situação em que o jogador tinha 10 pontos, e na jogada perdeu 3 pontos, ou seja, sua pontuação deve ser somada com –3. É claro que se o jogador tinha 10 pontos e perdeu 3 pontos, ficou com 7 pontos.

b) (–3) + (+10) = +7
O jogador tinha 3 pontos negativos, ou seja, tinha uma dívida de 3 pontos. Em uma jogada, ganhou 10 pontos, que foram suficientes para "zerar" a dívida e ainda sobraram 7 pontos. Observe que o resultado foi o mesmo do exemplo anterior, ou seja, (+10)+(–3) é o mesmo que (–3)+(+10). O sinal do resultado é +, o mesmo do 10, que é o número de maior módulo.

c) (+10) + (–16) = –6
Agora o jogador estava com 10 pontos e em uma única jogada perdeu 16. Seus 10 pontos foram perdidos, e ainda ficou devendo 6. Então (+10)+(–16) é igual a –6. Observe que o sinal do resultado é –, o mesmo do 16, que é o número de maior módulo.

Capítulo 1 – Números inteiros

13

d) (–16) + (+10) = –6

Dessa vez o jogador já estava com uma dívida de 16 pontos. Em uma jogada, ganhou 10, mas esses 10 pontos não foram suficientes para acabar com a sua dívida. Os 10 pontos foram abatidos da dívida, mas ainda ficaram faltando 6 pontos para "zerar" a dívida. Então (–16) + (+10) = –6. Observe que (–16)+(+10) é o mesmo que (+10)+(–16).

e) Considere o seguinte problema:
Uma pessoa tinha uma quantidade positiva de pontos $\underline{a}$ e perdeu $\underline{b}$. O resultado é positivo ou negativo?

Depende dos valores de a e b. Se o valor a for maior que b, o resultado será positivo. Se o gasto b for maior que a, o resultado será negativo.

Observe agora o seguinte, nos quatro exemplos acima:

- Estamos somando dois números inteiros, sendo um positivo e um negativo
- Em todos os casos, o resultado, em módulo, é obtido pela subtração dos dois valores
- O sinal do resultado é o mesmo do número de maior módulo que está sendo somado

Daí vem a regra para somar dois números inteiros de sinais diferentes:

Para somar dois números inteiros, sendo um positivo e um negativo, basta subtrair os módulos. O sinal do resultado será o mesmo do número de maior módulo.

Juntando esta regra, com a anterior para sinais iguais, podemos dizer, informalmente:

"Sinais iguais, soma e repete o sinal; sinais diferentes, subtrai e dá o sinal do maior".

Alguns exemplos:

(–15) + (+20) = +5
(–30) + (+20) = –10
(–50) + (+20) = –30
(+40) + (–30) = +10
(–30) + (+40) = +10

Já vimos que na adição de números inteiros, podemos trocar as posições das parcelas e o resultado não se altera. Por exemplo, 20+30 é o mesmo que 30+20; (–20)+(–40) é o mesmo que (–40)+(–20); (+40)+(–30) é o mesmo que (–30)+(+40). Isso significa que a adição de números inteiros é uma *operação comutativa*, assim como também é, a adição de números naturais.

Vamos fazer mais alguns exercícios para fixar esta nova regra.

Exercícios

E3)

a) (–3) + (+6) =
b) (+2) + (–5) =
c) (+5) + (–4) =
d) (–5) + (+9) =
e) (+17) + (–12) =

f) (+25) + (–7) =
g) (–17) + (+36) =
h) (–21) + (+16) =
i) (–4) + (+8) =
j) (+12) + (–27) =

k) (+5) + (–23) =
l) (+7) + (–4) =
m) (–21) + (+13) =
n) (+28) + (–34) =
o) (–7) + (+4) =

p) (+22) + (–19) =
q) (+43) + (–46) =
r) (–51) + (+30) =
s) (+50) + (–32) =
t) (+5) + (–28) =

14   O ALGEBRISTA

E4)

a) (−7) + (+3) =	f) (+15) + (−9) =	k) (+8) + (−21) =	p) (+45) + (−18) =
b) (+3) + (−9) =	g) (−18) + (+26) =	l) (+4) + (−5) =	q) (+38) + (−40) =
c) (+4) + (−4) =	h) (−23) + (+15) =	m) (−34) + (+18) =	r) (−63) + (+32) =
d) (+8) + (−11) =	i) (+13) + (−7) =	n) (−32) + (−42) =	s) (+72) + (−33) =
e) (+15) + (−19) =	j) (+16) + (−14) =	o) (−22) + (+5) =	t) (−16) + (−24) =

Lembre-se que em alguns casos é desnecessário usar os parênteses, e que também é desnecessário usar o sinal positivo, desde que não fiquem dois sinais lado a lado.

E5)

a) −4 + 7 =	f) 36 + (−9) =	k) 6 + (−21) =	p) 42 + (−13) =
b) 3 + (−6) =	g) −15 + 32 =	l) 8 + (−3) =	q) 73 + (−31) =
c) 6 + (−5) =	h) −23 + 29 =	m) −33 + 19 =	r) −66 + 20 =
d) −6 + 4 =	i) −5 + 9 =	n) 21 + (−32) =	s) 70 + (−53) =
e) 16 + (−21) =	j) 13 + (−32) =	o) −8 + 5 =	t) 9 + (−34) =

É claro que na prática podem aparecer somas de números de mesmo sinal e de números de sinais diferentes, como nos exercícios abaixo:

E6)

a) −23 + 46 =	f) 35 + (−17) =	k) 15 + (−35) =	p) 52 + (−67) =
b) −12 + (−15) =	g) −47 + 36 =	l) −17 + (−11) =	q) 13 + (−36) =
c) 51 + (−42) =	h) −21 + (−26) =	m) −25 + (−13) =	r) −82 + (−10) =
d) −15 + 15 =	i) −4 + 8 =	n) 98 + (−64) =	s) −70 + (−22) =
e) −27 + (−12) =	j) −12 + (−27) =	o) 17 + 41 =	t) 16 + (−37) =

E7)

a) −22 + 62 =	f) 25 + (−13) =	k) 25 + (−52) =	p) 65 + (−12) =
b) −19 + (−25) =	g) −32 + 51 =	l) −31 + (−23) =	q) 37 + (−75) =
c) 44 + (−33) =	h) −16 + (−27) =	m) −42 + (−20) =	r) −76 + (−48) =
d) −18 + 21 =	i) −9 + 13 =	n) 73 + (−54) =	s) −20 + (−17) =
e) −33 + (−18) =	j) −24 + (−50) =	o) 28 + 15 =	t) 39 + (−28) =

Soma algébrica

É muito comum encontrar o termo "soma algébrica". É preciso conhecê-lo e usá-lo com cuidado. O nome da operação matemática é *adição*. O que chamamos de *soma* é o resultado da adição. Vimos que para adicionar dois inteiros, que podem ser positivos ou negativos, devemos adicionar os módulos quando os dois inteiros têm o mesmo sinal, e subtrair os módulos, quando os dois inteiros têm sinais diferentes. Portanto a soma algébrica pode ser feita pela adição ou pela subtração dos módulos dos números, dependendo dos sinais. Na aritmética ensinada nas primeiras séries do ensino fundamental, quando os sinais são sempre positivos, é sempre feita a adição, mas na álgebra, e na aritmética mais avançada, quando os números podem ser negativos, podemos ter que calcular a diferença, e não a soma. Genericamente chamamos esse resultado de *soma algébrica*.

Exemplos:
A soma algébrica de −50 e 20 é −30.
A soma algébrica de −40 e −20 é −60.
A soma algébrica de 10 e 60 é 70.

Lembre-se, a soma algébrica não é o nome da operação (apesar de muitos chamarem erradamente a adição de soma), é o resultado da operação. O nome correto da operação é *adição de inteiros*.

Capítulo 1 – Números inteiros   15

Comparação de inteiros

Comparar dois números inteiros é dizer qual deles é o maior, e qual é o menor. Por exemplo, comparando 5 e 12, temos que 12 é maior que 5. Isso é muito fácil, mas pode ficar um pouco mais difícil quando temos números negativos.

Por exemplo, qual é o maior número: –15 ou –25?

Para responder à pergunta, temos que estender as noções de "maior" e "menor" para o caso de números negativos. Intuitivamente, considere que duas pessoas estão devendo dinheiro. A pessoa A deve 15 reais, e a pessoa B deve 25 reais. É fácil entender que quem deve mais é B. Mas se perguntássemos "quem tem mais dinheiro", a ideia seria diferente. Na verdade nem A nem B possuem dinheiro, ambos estão devendo. Mas se avaliássemos quem está em situação melhor, diríamos que é A, pois deve apenas 15. Se a pergunta fosse "quem tem uma dívida maior", a resposta seria B.

Outro exemplo: Qual das duas temperaturas é mais fria: –10°C ou –30°C? E se a pergunta fosse: Qual é a temperatura mais quente: –10°C ou –30°C?

É claro que isso tudo é uma grande confusão. Se você ficou confuso, então está com a razão. Quando estamos tratando de números negativos, é preciso explicar claramente o que significa "maior" e o que significa "menor". Isso também ocorre com números positivos:

Exemplo: Um local está com temperatura de +2°C, outro está com 10°C. Qual é o mais quente? Qual é o mais frio?

Quando estamos simplesmente tratando de números inteiros, o chamado "maior número" é aquele localizado mais à direita na reta numérica:

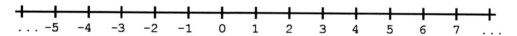

Exemplos:
+5 é maior que –1
–1 maior que –3
0 é maior que –5
+7 é maior que +5
+4 é maior que –2
–1 é maior que –1000

Quando não estamos preocupados com frio, calor, dívida, riqueza, mas simplesmente com números, convencionamos que o maior é aquele localizado mais à direita na reta numérica. Quanto mais à direita, maior é o número. Daí vêm as seguintes consequências:

1) Dados dois números positivos, o maior será aquele de maior módulo
2) Dados dois números negativos, o maior será aquele de <u>menor</u> módulo
3) Zero é menor que qualquer número positivo
4) Zero é maior que qualquer número negativo
5) Qualquer número positivo é maior que qualquer número negativo

16 O ALGEBRISTA

Exemplo:
Coloque em ordem crescente a seguinte sequência de números:
–5, 7, 90, 0, –30, 18, –12, 13, –10, 500, –1000

A sequência ordenada deverá começar pelos negativos, depois virá o zero, depois os positivos.
Entre os negativos, o menor é aquele de maior módulo, e o maior é aquele de menor módulo.
Entre os positivos, basta seguir a ordem crescente natural. Ficamos então com:

–1000, –30, –12, –10, –5, 0, 7, 13, 18, 90, 500

Existem símbolos matemáticos para indicar qual de dois números é maior e qual é o menor.
Esses símbolos são > (maior) e < (menor). Escrevemos por exemplo:

5 > 3
10 < 20
0 > –2
–10 < –5

Muitos alunos confundem os dois sinais. Para evitar a confusão, basta lembrar que a "abertura"
do símbolo fica sempre voltada para o número maior.

Exercícios

E8) Complete as sentenças com os símbolos < ou >

a) –23 __ 46	f) 25 __ –17	k) 45 __ –35	p) 22 __ –66
b) –32 __ –15	g) –37 __ 36	l) –77 __ –11	q) 53 __ –32
c) 31 __ –42	h) –31 __ –26	m) –22 __ –13	r) –82 __ –15
d) –25 __ 15	i) –4 __ 8	n) 90 __ –64	s) –70 __ –52
e) –29 __ –12	j) –21 __ –27	o) 19 __ 43	t) 16 __ –27

Subtração de inteiros

Antes de estudar a subtração de números inteiros precisamos apresentar dois conceitos:

1) Módulo ou valor absoluto
Já apresentado neste capítulo, o módulo de um número inteiro nada mais é que o próprio
número sem sinal. Sabemos que quando um número não tem sinal indicado, significa que é
positivo. Portanto o módulo de um número positivo é o próprio número, o módulo de um
número negativo é o próprio número, porém com sinal tornado positivo. O módulo de zero é
zero.

OBS.: O módulo de um número é interpretado geometricamente como sendo a distância do
número até a origem (0).

2) Simétrico ou oposto
O simétrico ou oposto de um número inteiro é o próprio número, com sinal trocado. Por
exemplo, o simétrico de 5 é –5. O simétrico de –8 é 8. O simétrico de 0 é 0.

Usando o conceito de simetria, podemos definir a operação de subtração com base na adição:

Subtrair um número é a mesma coisa que somar com o simétrico deste número.

Capítulo 1 – Números inteiros

Exemplos:
8 – 5 = 8 + (–5) = 3
4 – 6 = 4 + (–6) = –2

Sendo assim, quem já sabe somar números positivos e negativos, também sabe subtraí-los.

E o que fazer para subtrair um número negativo? Por exemplo, 8 – (–3)? Usamos o mesmo conceito: subtrair é o mesmo que somar com o simétrico. O simétrico de –3 é 3. Então subtrair –3 é o mesmo que somar com +3.

8 – (–3) = 8 + (+3) = 11

Exemplo:
(–5) – (–11) = (–5) + (+11) = 6
(subtrair –11 é o mesmo que somar com o simétrico de –11, ou seja, 11)

Exemplo:
–2 – 7 = (–2) + (–7) = –9

Observe que os dois sinais "–" têm significados diferentes. O primeiro "–" é o sinal negativo de 2, formando assim o número –2. O segundo "–" e um sinal de subtração, indicando que o número à esquerda (–2) deve ser subtraído de 7. Os sinais, tanto "+" como o "–", podem indicar uma operação (adição ou subtração), ou indicar o sinal de um número inteiro (positivo ou negativo).

Exemplos:
Lembre-se: subtrair é o mesmo que somar com o simétrico. Então basta transformar a operação de subtração em adição, e inverter o sinal do segundo número.

(–4) – (+5) = (–4) + (–5) = –9
(+9) – (+3) = (+9) + (–3) = +6
(+5) – (–4) = (+5) + (+4) = +9
(+3) – (+9) = (+3) + (–9) = –6
(–6) – (–8) = (–6) + (+8) = +2
(–9) – (–5) = (–9) + (+5) = –4
(+8) – (+8) = (+8) + (–8) = 0
(–7) – (–7) = (–7) + (+7) = 0

Exercícios

E9)
a) (–3) – (–6) =
b) (–3) – (–5) =
c) (+5) – (+3) =
d) (–5) – (–4) =
e) (+16) – (+12) =
f) (–21) – (–4) =
g) (–13) – (–13) =
h) (–32) – (–14) =
i) (+7) – (+9) =
j) (–16) – (–22) =
k) (–3) – (–24) =
l) (+7) – (+3) =
m) (–26) – (–19) =
n) (–29) – (–33) =
o) (+3) – (+4) =
p) (–21) – (–11) =
q) (+34) – (+42) =
r) (–55) – (–20) =
s) (+60) – (+30) =
t) (–7) – (–18) =

E10)
a) (–7) – (+3) =
b) (+3) – (–9) =
c) (+4) – (–4) =
d) (+8) – (–11) =
e) (+15) – (–19) =
f) (+15) – (–9) =
g) (–18) – (+26) =
h) (–23) – (+15) =
i) (+13) – (–7) =
j) (+16) – (–14) =
k) (+8) – (–21) =
l) (+4) – (–5) =
m) (–34) – (+18) =
n) (–32) – (–42) =
o) (–22) – (+5) =
p) (+45) – (–18) =
q) (+38) – (–40) =
r) (–63) – (+32) =
s) (+72) – (–33) =
t) (–16) – (–24) =

18 O ALGEBRISTA

Lembre-se que o sinal dos números positivos pode ser eliminado. Também podem ser eliminados os parênteses do primeiro número de uma operação.

E11)
a) (–2) – (–5) =
b) (–4) – (–2) =
c) (+5) – (+4) =
d) (–3) – (–4) =
e) +6 – (+12) =

f) (–26) – (–3) =
g) (–14) – (–31) =
h) (–35) – (–21) =
i) +5 – 8 =
j) (–15) – (–18) =

k) (–2) – (–26) =
l) 6 – 9 =
m) –28 – (–17) =
n) (–19) – (–36) =
o) (+6) –3 =

p) –12 – (–13) =
q) +32 –22 =
r) –45 – (–10) =
s) 40 – 30 =
t) (–9) – (–29) =

E12)
a) –22 – 62 =
b) –19 – (–25) =
c) 44 – (–33) =
d) –18 – 21 =
e) –33 – (–18) =

f) 25 – (–13) =
g) –32 – 51 =
h) –16 – (–27) =
i) –9 – 13 =
j) –24 – (–50) =

k) 25 – (–52) =
l) –31 – (–23) =
m) –42 – (–20) =
n) 73 – (–54) =
o) 28 – 15 =

p) 65 – (–12) =
q) 37 – (–75) =
r) –76 – (–48) =
s) –20 – (–17) =
t) 39 – (–28) =

Preste atenção nos sinais, não vá somar quando for subtrair, e não vá subtrair quando for para somar.

E13)
a) –23 – 46 =
b) –12 – (–15) =
c) 51 – (–42) =
d) –15 – 15 =
e) –27 – (–12) =

f) 35 + (–27) =
g) –47 –26 =
h) –21 + (–46) =
i) –4 – 8 =
j) –12 + (–32) =

k) 15 + (–55) =
l) –17 – (–21) =
m) –25 + (–33) =
n) 98 – (–64) =
o) 17 + 38 =

p) 52 – (–67) =
q) 13 + (–26) =
r) –82 – (–10) =
s) –70 + (–52) =
t) 16 – (–37) =

No próximo exercício você deve indicar o significado de cada um dos sinais + ou – que aparecem. Os sinais podem indicar "positivo", "negativo", "adição" ou "subtração". Vejamos três exemplos:

(–4) – (+5) ➔ negativo, subtração, positivo
(+3) – (+9) ➔ positivo, subtração, positivo
–3 + (–9) ➔ negativo, adição, negativo

E14) Não precisa calcular, apenas indique o significado de cada sinal, como fizemos nos exemplos acima.

a) –23 – 46 =
b) –12 – (–15) =
c) 51 – (–42) =
d) –15 – 15 =
e) –27 – (–12) =

f) 15 + (–55) =
g) –17 – (–21) =
h) –25 + (–33) =
i) 98 – (–64) =
j) 17 + 38 =

Expressões com adição e subtração de inteiros

Na aritmética ensinada nas primeiras séries do ensino fundamental, lidamos apenas com números positivos, sejam naturais, sejam racionais (frações, números decimais, dízimas periódicas). Os números são agrupados com sinais das operações aritméticas (adição, subtração, multiplicação, divisão, potenciação, e até raízes), com a ajuda de parênteses, chaves e colchetes. Aquelas expressões, que chegam a assustar muitos alunos, também estão presentes nas séries superiores do ensino fundamental, mas dessa vez podem apresentar também números negativos e números irracionais. Vamos começar a estudar o assunto aqui, com expressões simples.

Na aritmética básica, lidamos apenas com números inteiros. Para formar expressões, precisamos ter pelo menos dois números e um sinal que represente uma operação. Por exemplo, partindo dos números 5 e 3, não podemos formar uma expressão como 5 3. Se

Capítulo 1 – Números inteiros

juntarmos os dois números, sem espaço, teremos o número 53, mas se usarmos um espaço, teremos alguma coisa sem significado matemático: o número 5 ao lado do número 3. Não podemos operar os números, pois não está sendo informada, qual é a operação que deve ser feita. Para juntar esses números em uma operação matemática, devemos ter pelo menos um sinal, como 5+3, 5–3, 5/3, etc.

Quando estamos lidando com números relativos, faz sentido colocar números lado a lado, desde que convencionemos o seguinte: quando não existe indicada a operação a ser feita, considera-se que o sinal do segundo número indica a operação a ser realizada.

Alunos da EsPCEx

Por exemplo, no caso do 5 e do 3, colocados lado a lado, passamos a considerar que o sinal + do 3 é a operação a ser realizada. Escrevemos opcionalmente o 5 como +5 e obrigatoriamente o 3 como +3. Ficamos então com +5+3, que é o mesmo que 5 + 3. É uma expressão que dá resultado 8. Note que esta convenção não é obrigatória, por isso não é conveniente usá-la de forma indiscriminada. Sendo assim, devemos evitar expressões como "5 3", e usarmos ao invés disso, "5 + 3", que não deixa margem a dúvidas.

Um outro exemplo, vamos colocar lado a lado os números 3, –7, 5 e –9. Ficaríamos então com: 3–7+5–9. (convencionamos que os sinais dos números indicam implicitamente as operações a serem realizadas). É uma expressão válida, que pode ser facilmente calculada. Podemos usar agora dois métodos para fazer os cálculos:

1) Fazer as operações uma a uma, na ordem em que aparecem.
3–7 = –4
–4+5 = 1
1–9 = –8

2) Agrupar todos os positivos, agrupar todos os negativos, e somar (algebricamente) os resultados. Este processo é em geral, menos trabalhoso.
+3+5 = +8
–7–9 = –16
+8–16 = –8

Outro exemplo:
–5+6+12–11–7+9
Juntando os positivos: +6+12+9 = +27
Juntando os negativos: –5–11–7 = –23
Resultado: +27–23 = +4

Quando um aluno estuda números negativos pela primeira vez, é neste ponto onde começa a errar sinais, começa a não entender, dando início a uma deficiência que se prolonga pelo resto do estudo da matemática, inclusive nas séries posteriores. Observe novamente a expressão:

–5+6+12–11–7+9

20   O ALGEBRISTA

O aluno fica tentado a substituir o "5+6" por 11 na expressão. Afinal, 5+6 é o mesmo que 11. Entretanto, isso está errado, porque não é 5+6, é –5+6. O sinal – é apenas do 5, e não diz respeito ao 6. É errado então trocar o 5+6 por 11 na expressão, e ficar com –11. O certo é somar –5 com +6, o que resulta em +1.

Da mesma forma, seria errado trocar o 7+9 da expressão por 16, ficando com –16. O sinal – é apenas do 7, e não se aplica ao 9. O correto é fazer –7 +9, o que resulta em +2.

Para não cair nos erros, basta você entender a que números se aplicam os sinais negativos. Na expressão do exemplo, o primeiro sinal – se aplica apenas ao 5, o segundo sinal – se aplica apenas ao 11, e o terceiro sinal – se aplica apenas ao 7.

O método ensinado (juntar os positivos, juntar os negativos e somar algebricamente os resultados) é bem fácil de ser usado. Façamos mais um exemplo e a seguir exercícios sobre o assunto.

Exemplo:
Calcular –5–7+6–9+4–3
Juntando os positivos: +6+4 = +10
Juntando os negativos: –5–7–9–3 = –24
Resultado: +10–24 = –14

Façamos então os seguintes exercícios:

E15)
a) –7 –4 +5 =	f) 5 –3 –2 +7 =	k) 7 –3 +5 –2 +7 =
b) –2 –3 +2 =	g) –9 +6 +2 –1 =	l) –7 –2 +3 –7 +4 =
c) 5 –2 –3 =	h) –6 +4 –3 +5 =	m) –5 +3 –2 +8 –3 +9 =
d) –5 –6 –2 =	i) –5 –8 +2 +1 =	n) 9 –6 +8 –3 +6 –2 =
e) –2 –8 +3 =	j) –3 +3 –5 +7 =	o) 7 +3 –1 –2 –3 – 1 =

E16)
a) –23 –46 +15 =	f) 35 –27 –38 +42 =	k) 15 –55 +32 –24 +12 =
b) –12 –15 +12 =	g) –47 +26 +21 –11 =	l) –17 –21 +13 –17 +14 =
c) 51 –42 –13 =	h) –21 +46 –13 +15 =	m) –25 +33 –22 +18 –13 +19 =
d) –15 –25 –21 =	i) –4 –8 +22 +11 =	n) 98 –64 +28 –32 +26 –12 =
e) –27 –12 +33 =	j) –12 +32 –15 +18 =	o) 17 +38 –11 –23 –13 – 31 =

Corta-corta

Quando temos uma longa sequência de adições e subtrações, muitas vezes encontramos números que, uma vez somados, dão resultado zero. Por exemplo, uma expressão pode ter +9 e –9, na mesma adição, então podem ser "cortados", pois seu resultado será zero:

–2 +9 –5 –9 = –2 +9̶ –5 –9̶ = –2 –5 = –7

No exemplo abaixo, cortamos o –9 com o +6 e o +3, pois quando somarmos +3 e +6, o resultado será +9, que poderá ser cortado com –9.

+5 –9 +12 +6 +3 –10 = +5 –9̶ +12 +6̶ +3̶ –10 = +5 +12 –10 = +17–10 = +7

Note que isto só pode ser feito quando os termos a serem cortados fazem parte de uma mesma adição. Por exemplo, estaria errado cortar 8 com –8 na expressão:

Capítulo 1 – Números inteiros

$5 + 8 + 3 \times (7 - 8)$

pois o segundo 8 não faz parte da mesma adição que o primeiro 8. O segundo 8 está multiplicado por 3, e não simplesmente somado com o primeiro 8, então não pode ser cortado.

No exercício a seguir, simplifique o que for possível, e então calcule o resultado final.

Exercícios

E17)
a) $-23 -40 +23 =$
b) $-12 -15 +12 =$
c) $13 -42 -13 =$
d) $-15 -15 +30 =$
e) $-27 -12 +12 =$

f) $35 -27 -35 +42 =$
g) $-47 +26 +11 -11 =$
h) $-21 +46 -13 +21 =$
i) $-33 -8 +22 +11 =$
j) $-12 +27 -15 +10 =$

k) $15 -5 +3 -10 +12 =$
l) $-7 -21 +13 -17 +28 =$
m) $5 +4 -2 +8 -8 -9 =$
n) $8 -6 +8 -3 +6 -16 =$
o) $7 +8 -11 -3 +3 -15 =$

Eliminação de parênteses

Expressões matemáticas podem apresentar parênteses, chaves e colchetes. Esses símbolos, quando usados, servem para indicar a ordem na qual as operações devem ser realizadas.

Para resolver expressões que usam esses símbolos, é preciso conhecer duas coisas:

1) Precedência entre as operações
2) Precedência entre parênteses, colchetes e chaves

O cálculo de potências deve ser a primeira operação a ser calculada, depois as multiplicações e divisões, na ordem em que aparecem, e por último, adições e subtrações. Por exemplo, para calcular a expressão

$$3.5+4.3^2$$

A potência deve ser feita antes, ficaremos então com $3^2 = 9$. A expressão se reduzirá a 3.5+4.9. Como as multiplicações têm precedência, devemos resolvê-las primeiro. 3.5 resulta em 15 e 4.9 resulta em 36. A expressão se reduz então a 15+36. Finalmente realizamos a adição, que dá resultado 51. Esta é a ordem padrão para o cálculo.

Quando a intenção de quem cria a expressão, é que as operações sejam feitas em ordem diferente da padrão, devem ser indicadas entre parênteses, colchetes ou chaves. Devemos resolver primeiro as expressões que estão entre parênteses, depois as expressões que estão entre colchetes, finalmente as expressões que estão entre chaves. Recordemos por exemplo como calcular a expressão:

$$200 \div \{ 2 . [(49 - 1496 \div 34)^2 -5] - 30\}^2$$

O cálculo ficará assim:

$200 \div \{ 2 . [(49 - 1496 \div 34)^2 -5] - 30\}^2$ — Calculamos primeiro os parênteses mais internos, a divisão deve ser feita antes da subtração. Ficamos com 1496 : 34 = 44.

$= 200 \div \{ 2 . [(49 - 44)^2 -5] - 30\}^2$ — Calculamos agora 49 – 44 = 5

$= 200 \div \{ 2 . [(5)^2 -5] - 30\}^2$ — Elevando 5 ao quadrado temos 25

$= 200 \div \{ 2 . [25-5] - 30\}^2$ — 25 menos 5 resulta em 20

$= 200 \div \{ 2 . [20] - 30\}^2$ — A multiplicação 2x20 deve ser feita antes

O ALGEBRISTA

$= 200 \div \{\, 40 - 30 \}^2$ Agora fazemos 40–30

$= 200 \div \{\, 10 \}^2$ A potenciação deve ser feita antes da divisão

$= 200 \div 100$ Finalmente fazemos a divisão

$= 2$

A ordem das operações continuará sendo a mesma que você usava nas séries anteriores do ensino fundamental, a diferença é que a partir de agora aparecerão números negativos, frações negativas e números irracionais. Você aprenderá a resolver essas expressões complexas ao longo do livro. No momento, começaremos ensinando a técnica da *eliminação de parênteses*.

Considere a expressão:

+5 –7 +8 –3 +9 + (+4 –8 +10 +7)

A regra nos diz que devemos resolver primeiro a expressão entre parênteses, que no caso resultaria em +13 (confira!). A expressão seria reduzida a:

+5 –7 +8 –3 +9 + 13

Entretanto, ao invés de fazer dessa forma muitas vezes é mais simples eliminar os parênteses. Observe que dentro dos parênteses temos um –8 que poderia cortar com o +8 que está fora dos parênteses, e temos também um +7 que poderia cortar com o –7 que está fora dos parênteses. Entretanto, não podemos cortar um valor que está entre parênteses, com um valor que está fora dos parênteses. Os valores só podem ser cortados se fizerem parte da mesma sequência. A solução para o problema é eliminar os parênteses. Para isso, basta saber duas regras simples:

1) Quando um par de parênteses tem um sinal + antes, basta eliminar os parênteses e repetir o seu conteúdo.

2) Quando um par de parênteses tem um sinal – antes, basta eliminar os parênteses e inverter os sinais dos seus termos internos, ou seja, os positivos viram negativos, e os negativos viram positivos. Mas cuidado, esta segunda regra não pode ser usada quando dentro dos parênteses existem outros parênteses, seu uso é apenas quando temos uma sequência de valores com sinais + e –.

Usando essas regras, a eliminação dos parênteses ficaria assim:

+5 –7 +8 –3 +9 + (+4 –8 +10 +7) =
+5 –7 +8 –3 +9 +4 –8 +10 +7 =
+5 –7̶ +8̶ –3 +9 +4 –8̶ +10 +7̶ =
+5 –3 +9 +4 +10 = 25

Muitas vezes na álgebra, a eliminação de parênteses não é uma simples facilidade, mas sim, uma necessidade, ou seja, se não a fizermos, não conseguimos resolver o problema.

Vejamos agora um exemplo com a eliminação de parênteses precedidos por um sinal negativo.

+3–7+8+5–(6–3+9–7)

O par de parênteses está precedido por um sinal negativo, então para eliminá-lo, devemos inverter os sinais dos números no seu interior. Ficamos com:

Capítulo 1 – Números inteiros

+3 –7 +8 +5 –6 +3 –9 +7 = 4 (confira!)

Outro exemplo:

+5 –7 +8 –3 +9 –[+4 –(–8 +10 +7) –3] =

Observe que existem aqui dois níveis (parênteses dentro de colchetes). Não podemos eliminar todos de uma só vez. Devemos eliminar primeiro, os mais internos, que no caso, são os parênteses. Ficamos então com:

+5 –7 +8 –3 +9 –[+4 –(–8 +10 +7) –3] =
+5 –7 +8 –3 +9 –[+4 +8 –10 –7 –3] =
+5 –7 +8 –3 +9 –4 –8 +10 +7 +3 =

Na segunda linha do cálculo acima, eliminamos os parênteses internos, que estavam precedidos por um sinal negativo, invertendo os sinais dos números. Na terceira linha, fizemos a eliminação dos colchetes, que como estavam precedidos por um sinal negativo, os números do seu interior tiveram seus sinais invertidos. Agora como todos os números ficaram em uma só sequência, podemos fazer os cancelamentos permitidos e calcular a expressão:

+5 –7 +8 –3 +9 –4 –8 +10 +7 +3 =
+5 –7̸ +8̸ –3̸ +9 –4 –8̸ +10 +7̸ +3̸ =
+5 +9 –4 +10 +3 =
= 23

Alunos do Colégio Militar

Note que temos dois caminhos que levam ao mesmo resultado:
1) Fazer as operações de todos os parênteses, antes de serem eliminados
2) ou então ir simplesmente eliminando os parênteses na ordem correta (a partir dos mais inteiros), para só no final realizar as operações.

Exercícios

E18) Faça a eliminação dos parênteses, a seguir use cancelamentos quando for possível e termine os cálculos só quando todo os parênteses estiverem eliminados. A seguir, repita os exercícios, realizando as operações à medida que for possível, ou seja, eliminando e calculando.

a) +3 –6 – (–2 –6 +8)
b) –5 + (–7 –3)
c) +9 –8 –5 + (–2 +9)
d) +4 +3 –7 – (5 –2)
e) –2 –8 – (–7 –3)

f) 5 – (–6 –8) – (+9 –4) – (–7 +3)
g) –5 + (–5 +3) – (–6 –8)
h) –1 –8 + (–2 +3) –7 + (–4 +5)
i) +12 + (+8 –6) – (+8 –5)
j) –9 + (–2 –4) + (–6 +9)

k) –6 +3 + (–2 –3) +2 – (–1 +5)
l) +4 –7– (7 –5) + (–4 –3)
m) +4 + (+2 –7) +5 – (+2 –3)
n) +5 –5 –(+6 –2) + (–2 –4)
o) +2 –5 + (–4 –7) – (–2 +5)

24
O ALGEBRISTA

E19) Faça a eliminação dos parênteses, a seguir use cancelamentos quando for possível e termine os cálculos.

a) +5–6+7–(–5–6+2+4)

b) –3+6+(–2+3–4)

c) +8–7+4–5+(–3–4+7+5)

d) +5+2–8–6–(12+4–6–20)

e) –9+3–5+4 –(–5+3–9+7)

f) 4 –(–5+6–7) –(–3+8–5) –(–6+2)

g) 3–2–7+(–3+2+5) –(–4 –9)

h) +4 –1 –8 +(–2+4+3) –7+(–4+5–6)

i) –3+12 +(+8 +4 –6) –(+6+8 –5)

j) –8 –9 +(+3 –2 –4) +(+5 –6 +9)

k) +3 –6 +3+(–2 +4 –3) +2 –(–1 –3+5)

l) –6 +4 –7–(7 –5 –5) +6 +(–4 +5 –3)

m) +4 –2 –8+(–3 +2 –7) +5 –(+5+2 –3)

n) +5 +3 –5–(–5 +6 –2) +3 +(–3 –2 –4)

o) +2 –5+4 +(–4 –7 –1) +4 –(–2 +5+2)

Parênteses, chaves e colchetes

Matematicamente, os símbolos (), [] e { } têm o mesmo valor. Na verdade, bastariam os parênteses, e o uso da regra: "Resolver primeiro os parênteses mais internos". Entretanto, para facilitar os cálculos por alunos mais novos, foram adotados também os colchetes "[]" e as chaves "{ }". Isto ajuda um pouco as crianças a identificarem quais partes da expressão devem ser feitas antes. Por outro lado, o elaborador da questão fica na obrigação de respeitar a ordem do uso de (), [] e { } no enunciado. Por exemplo, não seria correto formular neste nível, uma questão como:

$$(5 - 4x\{30 - 18\} - [27 - 20])$$

Para manter coerência, os parênteses deveriam ser internos, e as chaves deveriam ser externas. Usar esses símbolos na ordem diferente do padrão seria uma confusão desnecessária. Matematicamente correto neste caso seria usar todos os símbolos como parênteses, e resolver primeiro aqueles mais internos.

Multiplicação e divisão de inteiros

As operações de multiplicação e divisão de números inteiros são muito parecidas com as operações correspondentes nos números naturais. A única diferença é a questão dos sinais. Os números que estão agora sendo multiplicados ou divididos podem ser positivos ou negativos, e o resultado também pode ser positivo ou negativo (é claro que o resultado também pode ser zero).

A regra é muitos simples:

Para multiplicar ou dividir dois números inteiros:
a) Sinais iguais, o resultado será positivo
b) Sinais diferentes, o resultado será negativo

Exemplos:
$(+3).(+4) = +12$
$(-3).(+5) = -15$
$(+6).(-4) = -24$
$(-4).(-5) = +20$

Tradicionalmente, esta regra de sinais é apresentada no ensino fundamental como uma propriedade a ser decorada, mas na verdade isto pode ser demonstrado. Tais demonstrações são feitas em cursos de matemática do ensino superior. Vamos justificar de forma simplificada, o porquê dessas regras de sinais.

A multiplicação de inteiros positivos é consequência da multiplicação de números naturais, que são sempre positivos e o resultado é sempre positivo (exceto no caso do 0). Para multiplicar um número inteiro positivo por um negativo, entende-se claramente porque o

Capítulo 1 – Números inteiros 25

produto é negativo, já que tal multiplicação pode ser desmembrada em parcelas a serem somadas. Por exemplo:

$3 . (-5) = (-5) + (-5) + (-5) = -15$

Obviamente, a adição de parcelas negativas terá resultado negativo. Isto justifica o resultado de que a multiplicação de dois inteiros, um positivo e um negativo, terá um resultado negativo.

Um pouco mais difícil é a demonstração de que o produto de dois inteiros negativos tem como resultado um valor positivo. Para justificar (não demonstrar, pois a demonstração correta seria mais elaborada) esta regra de sinal, considere dois inteiros positivos, a e b, de tal forma que os números $-a$ e $-b$ sejam negativos. Partimos então da seguinte igualdade:

$-a . 0 = 0$

Isto nada mais é que uma propriedade da multiplicação: qualquer número inteiro multiplicado por 0, dá como resultado 0. Por outro lado, o número 0 pode ser obtido pela soma de qualquer número b com o seu simétrico, –b. Ficamos então com:

$-a . (b +(-b)) = 0$

A multiplicação de inteiros tem a chamada propriedade distributiva, ou seja, o número –a está multiplicando b e –b, ficamos então com:

$-a.b + (-a).(-b) = 0$

Somando a.b aos dois lados da igualdade, ficamos com:

$-a.b + a.b + (-a).(-b) = a.b$

Os números ab e –a.b são simétricos, sua soma é zero. Ficamos finalmente com:

$(-a).(-b) = a.b$

Este resultado mostra que o produto de dois números negativos (–a e –b, lembre-se que consideramos a e b positivos) é igual ao produto dos seus módulos, com o sinal positivo. Isto mostra por exemplo que $(-6) . (-8) = 6.8 = +48$. Fica assim justificada a propriedade de que o produto de dois números negativos tem como resultado, um valor positivo.

Como vemos, para multiplicar dois números relativos, multiplicamos normalmente seus módulos. O sinal do resultado dependerá dos sinais dos números que estão sendo multiplicados. Se os sinais forem iguais (++ ou – –), o resultado será positivo. Se os sinais dos dois números que estão sendo multiplicados forem diferentes (+ – ou – +), o resultado será negativo. Obviamente, se um dos dois números for zero (ou ambos), o resultado será zero.

A mesma regra é aplicada para a divisão. Inicialmente fazemos a divisão dos números, sem levar em conta o sinal (ou seja, dividimos os módulos dos números). Lembre-se que não existe divisão por zero. Para saber o sinal do resultado, basta verificar os sinais dos dois números da operação. Se os sinais forem iguais (+ + ou – –), o resultado será positivo. Se os sinais forem diferentes (+ – ou – +), o resultado será negativo.

26   O ALGEBRISTA

Exemplos:

$(+48) \div (+6) = +8$
$(-32) \div (-8) = +4$
$(-28) \div (+4) = -7$
$(+21) \div (-7) = -3$

Exemplo:

Escreva as expressões abaixo, usando o menor número possível de parênteses e de sinais, porém sem efetuar as operações:

a) $(+3).(+4)$ d) $(-4).(-5)$ g) $(28) \div (+4)$
b) $(-3).(+5)$ e) $(+48) \div (+6)$ h) $(+21) \div (-7)$
c) $(+6).(-4)$ f) $(-32) \div (-8)$ i) $(-12).(-3)$

Sabemos que não é obrigatório o uso do sinal nos números positivos. Por exemplo, +5+8 pode ser escrito como 5+8. O único sinal + que permanece nesse caso é o que indica a operação de adição. Parênteses também podem ser omitidos, desde que isso não resulte em dois sinais juntos, como ++, –., por exemplo. Sendo assim, podemos escrever as oito expressões acima da seguinte forma:

a) $3.4 = 12$
b) $-3.5 = -15$
c) $6.(-4) = -6.4$
d) $-4.(-5) = 4.5$
e) $48 \div 6$
f) $-32 \div (-8) = 32 \div 8$
g) $-28 \div 4$
h) $21 \div (-7) = -21 \div 7$
$(-12).(-3) = 12.3$

Produto com mais de dois fatores

A regra para sinais de multiplicação e divisão deve ser alterada para o caso de quando temos mais de duas parcelas. Por exemplo:

$(-3).(+4).(-5).(-10) =$

No exemplo acima temos uma multiplicação de quatro fatores. O módulo do resultado é o produto dos módulos, no caso, 3 x 4 x 5 x 10 = 600. Para saber o sinal, contamos quantos números negativos existem entre os fatores que estão sendo multiplicados. Se o número de fatores negativos for ímpar, o resultado será negativo. Se o número de fatores negativos for par, o resultado será positivo. No nosso caso são 3 fatores negativos, então o resultado será negativo.

$(-3).(+4).(-5).(-10) = -600$

É fácil entender o motivo desta regra. Um sinal positivo em uma multiplicação não altera o sinal do produto. Já um sinal negativo, se agrupado com um segundo sinal negativo, dá resultado positivo. Se os sinais negativos forem agrupados "de dois em dois", ficarão positivos. Quando sobra um sinal negativo sem agrupar (ou seja, quando o número de sinais negativos é ímpar), o produto será negativo.

Capítulo 1 – Números inteiros

Exercícios

E20)
a) (–3) . (–6) =	f) (–28) ÷ (–4) =	k) (–3) . (–24) =	p) (–2) . (–11) =
b) (–3) . (–5) =	g) (–13) . (–3) =	l) (+7) . (+3) =	q) (+3) . (+32) =
c) (+5) . (+3) =	h) (–32) ÷ (–4) =	m) (–6) . (–9) =	r) (–58) ÷ (–2) =
d) (–5) . (–4) =	i) (+7) . (+9) =	n) (–27) ÷ (–3) =	s) (+60) ÷ (+3) =
e) (+6) . (+12) =	j) (–6) . (–22) =	o) (+3) . (+4) =	t) (–7) . (–8) =

E21)
a) (–2) . (–5) =	f) (–27) ÷ (–3) =	k) (–2) . (–26) =	p) –72 ÷ (–24) =
b) (–4) . (–2) =	g) (–54) ÷ (–3) =	l) 6 .(– 9) =	q) +32 ÷ (–2) =
c) (+5) . (+4) =	h) (–95) ÷ (–5) =	m) –84 ÷ (–7) =	r) –45 . (–2) =
d) (–3) . (–4) =	i) +5 .(– 8) =	n) (–49) ÷ (–7) =	s) 90 ÷ (–30) =
e) +96 ÷ (+12) =	j) (–45) ÷ (–9) =	o) (+6) .(–3) =	t) (–91) ÷ (–7) =

E22)
a) (–24) . (–5) =	f) (–270) ÷ (–3) =	k) (–20) . (–26) =	p) –720 ÷ (–24) =
b) (–42) . (–2) =	g) (–108) ÷ (–3) =	l) 60 .(– 9) =	q) +680 ÷ (–20) =
c) (+25) . (+4) =	h) (–850) ÷ (–5) =	m) –840 ÷ (–7) =	r) –45 . (–20) =
d) (–30) . (–4) =	i) +500 .(– 8) =	n) (–490) ÷ (–7) =	s) 900 ÷ (–30) =
e) +960 ÷ (+12) =	j) (–450) ÷ (–9) =	o) (+65) .(–3) =	t) (–630) ÷ (–7) =

E23)
a) –2.(–4).(3) =	f) 5.(–7).2 =	k) 5.(–5).2.(–4).2 =
b) –2.(–5).12 =	g) –4.2.11 =	l) –7.(–2).3.(–4) =
c) 5.(–4).(–3) =	h) –2.4.(–3).5 =	m) –5.3.(–2).3 =
d) –5.(–5).(–2) =	i) –4.(–8).2 =	n) 9.(–6).2.(–3) =
e) –7.(–2).3 =	j) –2.3.(–5).8 =	o) 7.3.(–2).(–3) =

Expressões combinando multiplicações e divisões

Podemos encontrar inúmeros tipos de expressões, combinando todas as operações matemáticas possíveis. Até agora vimos somente alguns tipos, a mais complexa foi a sequência de multiplicações. Vejamos agora como resolver uma expressão que tem somente multiplicações e divisões em sequência, como por exemplo:

$$(–6) . (+14) ÷ (–7) ÷ (–2) . (+4)$$

Note que esta expressão não tem adições e subtrações, só uma série de multiplicações e divisões. Quando isto ocorre, devemos realizar as multiplicações e divisões, na ordem em que aparecem. A regra de sinal é a mesma da sequência de multiplicações: quando o número de sinais negativos for ímpar, o resultado será negativo, caso contrário, será positivo. Ficamos então neste exemplo com:

6 . 14 = 84
84 ÷ 7 = 12
12 ÷ 2 = 6
6 . 4 = 24

O sinal é negativo, pois existem 3 fatores negativos. Portanto o resultado é –24.

Exercícios

E24)
a) –2.(–14)÷4 =	f) 15.(–7).3÷(–9) =	k) 5.(–5).(–4)÷10 =
b) –3.(–5).12÷(–9) =	g) –14÷2.11 =	l) –7.(–4)÷2.(–4) =
c) 5.(–4).(–3)÷(–15) =	h) –2.4.(–3)÷6 =	m) –5.3.(–2)÷3 =
d) –15.(–5)÷(–25) =	i) –14.(–4)÷2 =	n) 9.(–6)÷2.(–3) =
e) –27.(–2)÷18 =	j) –2.3.(–5)÷10 =	o) 7.6÷(–2)÷(–3) =

28 O ALGEBRISTA

Outra forma de resolver as sequências de multiplicações e divisões é formar uma fração, colocando no numerador o primeiro fator e todos os números que estão sendo multiplicados, e colocando no denominador todos os números que estão sendo divididos. A regra de sinal é a mesma. Por exemplo:

$$(-6) \cdot (+14) \div (-7) \div (-2) \cdot (+4) = -\frac{6 \times 14 \times 4}{7 \times 2}$$

A seguir usamos as regras de simplificação de frações. O 7 do denominador simplifica com o 14 do numerador. O 14, depois de simplificar com o 7, fica 2. Este 2 simplifica com o 2 que está no denominador. O resultado será então 6.4=24, e o sinal é negativo: –24.

Exercícios

E25) Repita o exercício 24 usando a técnica de simplificação que acabamos de apresentar.

Potenciação de números inteiros

Sabemos que uma potência nada mais é que um produto de fatores iguais. A mesma coisa valerá quando a base (o fator que se repete) é um número negativo. Apenas temos que conhecer a regra de sinal para o caso das bases negativas. Estamos portanto interessados em calcular:

A^B

onde B é um número natural (0, 1, 2, ...), chamado *expoente*, e A pode ser qualquer número inteiro (positivo, negativo ou zero), chamado *base*. Elevar o número A à potência B nada mais é que multiplicar A por si mesmo, com um total de B fatores:

$$A^B = \underline{A \times A \times A \times A \times ... \times A}$$
$$\text{(B vezes)}$$

As primeiras regras da potenciação são as mesmas já estudadas na aritmética:

1) Qualquer base elevada à potência 1 é igual à própria base.
$A^1 = A$

2) Qualquer base, que não seja 0, elevada ao expoente 0, é igual a 1.
$A^0 = 1 \ (A \neq 0)$

3) O número 1, elevado a qualquer expoente (no nosso caso estamos lidando com expoentes que sejam números naturais), é igual a 1.
$1^B = 1, \ B \in N$

4) O número 0, elevado a qualquer expoente inteiro positivo, é igual a 0.
$0^B = 0, \ B \in N^*$

OBS.: 0 não pode ser elevado a 0, nem a expoentes negativos.

Essas quatro regras tratam individualmente os casos de base ou expoente valendo 0 ou 1. Para outros números, vale a regra de multiplicar a base, tantas vezes quanto for o valor do expoente.

Capítulo 1 - Números inteiros

Exemplos:

a) $(-4)^3 = (-4).(-4).(-4) = -64$

b) $(-3)^2 = (-3).(-3) = 9$

c) $(-5)^0 = 1$

d) $(-7)^1 = -7$

Para calcular potências onde a base é um número inteiro (positiva, negativa ou 0) e o expoente é um número natural (exceto 0^0, que não existe), fazemos o seguinte:

Profissionais da área de exatas / biomédica

1) Calculamos a potência normalmente, sem levar em conta o sinal.
2) Se a base for positiva, o resultado será positivo
3) Se a base for negativa:
   3.1) Quando o expoente da base negativa for par, o resultado será positivo
   3.2) Quando o expoente da base negativa for ímpar, o resultado será negativo

Note que esta regra de sinal é similar à da multiplicação com vários fatores, já que uma potência nada mais é que uma multiplicação de fatores iguais.

Exemplos:
a) $(-2)^6 = +64$
b) $(-3)^3 = -27$
c) $(-2)^5 = -32$
d) $(-2)^8 = 128$

e) $(-1)^{1000} = 1$
f) $4^3 = 64$
g) $(-200)^0 = 1$
h) $0^{30} = 0$

Exercícios

E26) Calcule as seguintes potências
a) $(-5)^2 =$
b) $(-3)^3 =$
c) $2^7 =$
d) $(-6)^3 =$
e) $8^2 =$
f) $6^2 =$
g) $(-4)^2 =$
h) $3^5 =$
i) $(-2)^5 =$
j) $5^2 =$
k) $(-7)^2 =$
l) $4^2 =$
m) $(-3)^4 =$
n) $(-2)^7 =$
o) $(-8)^2 =$

E27) Calcule as seguintes potências
a) $(-3)^3 =$
b) $(-4)^4 =$
c) $3^5 =$
d) $(-5)^3 =$
e) $10^2 =$
f) $9^2 =$
g) $(-3)^4 =$
h) $2^6 =$
i) $(-3)^4 =$
j) $12^2 =$
k) $(-9)^3 =$
l) $18^2 =$
m) $(-5)^4 =$
n) $(-2)^8 =$
o) $(-4)^3 =$

E28) Calcule as seguintes potências
a) $12^1 =$
b) $(-5.000.000)^0 =$
c) $(-173)^1 =$
d) $(-1)^{3001} =$
e) $0^{27} =$
f) $1912^1 =$
g) $(-534)^1 =$
h) $230^0 =$
i) $1^{20} =$
j) $1.234.567^0 =$
k) $0^9 =$
l) $7125^1 =$
m) $(-78)^0 =$
n) $1^2 =$
o) $(-512)^1 =$

30   O ALGEBRISTA

E29) Represente como um produto de potências de fatores primos:

a) 3.3.3.3.3.3.(-2).(-2).(-2).(-2)
b) 2.2.2.5.5.5.7.7
c) 2.2.2.2.2.(-3).(-3).7.7.7
d) 2.2.2.2.(-5).(-5).(-5).2.3.3
e) 10.10.20.20.20

f) 3.3.3.(-7).(-7).3
g) 2.2.(-3).3.3.4.4
h) 3.3.4.4.4.5.5.(-5).(-5)
i) 2.3.5.3.2.5.2.3.5.2
j) 3.2.7.3.5.7.3.2.5.7

k) (-2).(-2).(-2).(-2).(-2)
l) (-2).(-2).(-2).(-2).(-2).2.2.2
m) (-2).2.(-3).3.(-5).5.5
n) 2.3.4.5.6
o) 10.11.(-12).14.(-16)

E30) Calcule:

a) 1^{30}
b) $(-1)^{100}$
c) 1^{10000}
d) 0^5
e) 0^{47}

f) $0^{1000000000}$
g) 3^1
h) 27^1
i) 1000^1
j) 989080093^1

k) $(-8)^0$
l) -153^0
m) 1000^0
n) -1000^0
o) 443343993032793^0

Propriedades das potências

A potenciação de números inteiros tem as mesmas propriedades das potências de números naturais:

a) $(a.b)^x = a^x.b^x$
b) $(a/b)^x = a^x/b^x$
c) $(a^b)^x = a^{bx}$

Nessas propriedades, a e b são números inteiros, e x é um número natural, respeitando apenas as restrições de que não existe divisão por 0, nem 0^0.

É muito fácil justificar essas quatro propriedades, partindo da própria definição de potência. Por exemplo:

$$(a.b)^x = \underbrace{(a.b) \times (a.b) \times (a.b) \times ... \times (a.b)}_{(x \text{ vezes})} = \underbrace{a \times a \times a \times ... \times a}_{(x \text{ vezes})} \times \underbrace{b \times b \times b \times ... \times b}_{(x \text{ vezes})}$$

$$= a^x \times b^x$$

As outras três propriedades citadas podem ser demonstradas pelo mesmo princípio.

Vejamos alguns exemplos com números naturais:

Exemplos:
a) $(3.5)^2 = 3^2.5^2 = 9 \times 25 = 225$

b) $(2.3)^4 = 2^4.3^4 = 16 \times 81 = 1296$

c) $(4/2)^3 = 4^3 / 2^3 = 64/8 = 8$

d) $(2^3)^2 = 2^{3.2} = 2^6 = 64$

Até aqui não há nada de novo, essas propriedades já foram estudadas em séries anteriores do ensino fundamental. Vejamos agora quando as bases são números inteiros, sejam positivos ou negativos.

Capítulo 1 – Números inteiros

31

Exemplos:

a) $[2.(-5)]^2 = 2^2 . (-5)^2 = 4 \times 25 = 100$

é o mesmo que:

$[2.(-5)]^2 = [-10]^2 = 100$

b) $[(-6) \div 3]^2 = (-6)^2 \div 3^2 = 36 \div 9 = 4$

é o mesmo que:

$[(-6) \div 3]^2 = [-2]^2 = 4$

c) $[(-2)^3]^2 = (-2)^{3.2} = (-2)^6 = 64$

é o mesmo que:

$[(-2)^3]^2 = [-8]^2 = 64$

Essas propriedades podem servir para facilitar cálculos. Digamos que você precisa calcular:

$10^6 \div 5^6$

10^6 vale 1.000.000, e 5^6 vale $5.5.5.5.5.5 = 15.625$. Agora temos que dividir 1.000.000 por 15.625, uma conta bastante trabalhosa, que resulta em 64. Fica muito mais fácil usar a propriedade:

$(a \div b)^x = a^x \div b^x$

isso é o mesmo que dizer que $a^x \div b^x = (a \div b)^x$. Então:

$10^6 \div 5^6 = (10 \div 5)^6 = 2^6 = 64$

Exercícios

E31) Multiplique as seguintes potências, e agrupe as que tiverem a mesma base, reduza a bases positivas, colocando o sinal à parte, quando for o caso.

a) $2^5 . 2^7 . 2^3$
b) $3^2 . 3 . 3^3$
c) $2^6 . 2^7 . 2^8$
d) $10^2 . 10^4$
e) $5^3 . 5^5 . 5^2 . 5^4$

f) $2^{51} . 2^{10} . 2^9$
g) $3^5 . 3^2$
h) $10^3 . 10 . 10^9$
i) $5^7 . 5^8$
j) $2^2 . 2^3 . 2^5 . 2^7$

k) $3^2 . 3 . (-3)^3 . 10^2 . 10^4$
l) $-2^{51} . 2^{10} . 2^9 . (-2)^5$
m) $-5^7 . 5^8$
n) $-2^5 . (-2^7) . (-2)^3$.
o) $5^3 . 5^5 . (-5)^2 . (-5^4)$

E32) Multiplique as seguintes potências, dando a resposta na forma de uma potência única

a) $3^5 . 5^5$
b) $2^7 . 5^7$
c) $2^2 . 3^2 . 5^2$
d) $4^5 . 6^5$
e) $5^5 . 5^5$

f) $10^3 . 8^3$
g) $a^5 . b^5$
h) $2^6 . 10^6$
i) $2^{5000} . 5^{5000}$
j) $5^7 . 5^7$

k) $(-2)^2 . 3^2 . 5^2$
l) $4^5 . (-6)^5$
m) $-10^3 . (-8)^3$
n) $(-2)^6 . (-10)^6$
o) $-5^7 . (-5)^7$

E33) Efetue as seguintes divisões

a) $3^5 \div 3^2$
b) $2^6 \div 2^3$
c) $5^7 \div 5^5$
d) $10^8 \div 10^3$
e) $7^5 \div 7^4$

f) $12^6 \div 12^3$
g) $6^9 \div 6^3$
h) $a^{50} \div a^{20}$
i) $100^8 \div 100^3$
j) $1000^3 \div 1000^2$

k) $-3^{15} \div (-3)^2$
l) $-(-10)^8 \div 10^3$
m) $6^9 \div (-6)^3$
n) $(-7)^5 \div 7^4$
o) $(-2)^6 \div (-2^3)$

E34) Efetue as seguintes divisões

a) $10^6 \div 5^6$
b) $12^3 \div 2^3$
c) $16^5 \div 4^5$

f) $9^5 \div 3^5$
g) $30^4 \div 6^4$
h) $14^2 \div 7^2$

k) $(-12)^3 \div 2^3$
l) $24^2 \div (-3)^2$
m) $-9^5 \div (-3)^5$

32   O ALGEBRISTA

d) $24^2 \div 3^2$ i) $120^{10} \div 24^{10}$ n) $(-30)^4 \div (-6)^4$
e) $15^4 \div 5^4$ j) $80^6 \div 5^6$ o) $-80^6 \div (-5)^6$

E35) Calcule as seguintes potências:

a) $(3.5)^2$ f) $(1/7)^{10}$ k) $[(-3)/5]^2$
b) $(2.10)^3$ g) $(2/5)^3$ l) $[(-2).(-5)]^3$
c) $(5.7)^5$ h) $(2/9)^2$ m) $[2.(-3).5]^2$
d) $(3.4)^4$ i) $(-2/3)^3$ n) $[(-1)^{99}/2]^3$
e) $(2/3)^7$

j) $\left(\dfrac{2}{7.10} \right)^3$ o) $\left(\dfrac{2.3}{-5} \right)^2$

E36) Exprimir as expressões como um produto de potências de fatores primos, sem repetição de bases. Ex: $4^2.6^3.9^4 = 2^2.2^2.2^3.3^3.3^4.3^4 = 2^7.3^{11}$. Use apenas bases positivas, e indique o sinal em separado, quando for o caso.

a) $6^2.10^3$ f) $4^3.6^2.10^3$ k) $-2^3.(-6)^3.9^2$
b) $2^2.6^5.9^3$ g) $2^4.4^4.8^2$ l) $(-15)^3.(-9)^4$
c) $6^2.8^5$ h) $9^3.18^2$ m) $-4^3.(-6)^2.10^5$
d) $10^3.20^4$ i) $6^3.12^4.18^2$ n) $-(-5)^4.(-10)^3.25^2$
e) $15^3.9^4$ j) $5^4.10^2.25^3$ o) $(-6)^5.12^6.(-18)^2$

E37) Exprimir as expressões como um produto de potências, agrupando as que forem de mesma base.
Ex: $2.x^2.y^3.5x^4 = 10.x^6.y^3$

a) $2x^2.z^3.x^5$ f) $2x^3.y^2.z^3 \, . \, 3x^2.y^4.z^5$ k) $-x^3.(-y)^3.z^2 \ .x.y.z$
b) $3a^2.b^5.c^3 \, . \, 2 \ a.b^2.c^2$ g) $x^4.y^4.z^2 \, . \, 2x^2.y^2.z$ l) $(-a)^3.(-b)^4$
c) $5x^2.y^5 \, . \, 3y^4$ h) $a^3.b^2 \, . \, a^3.b^2$ m) $-a^3.(-b)^2.b^5$
d) $2a^3.b^4 \, . \, 3a \, . \, 4b \, . \, 5ab$ i) $m^3.p^4.q^2 \, . \, 3m \, . \, 2n \, . \, 5q$ n) $-(-a)^4.(-a)^3.a^2$
e) $x^3.y^3 \, . \, 2xy \, . \, 3 \ x^2.y^4$ j) $5a^4.b^2.c^3 \, .2. \ a.b.c$ o) $(-a)^5.b^6.(-a.b)^2$

Expressões com números inteiros

Praticamente todo o estudo da álgebra exige a resolução de expressões numéricas ou literais. Literais, porque apresentam letras que representam números. Por exemplo, $x^2 - 3x + 5$ é uma expressão algébrica do segundo grau, na qual x representa um número real qualquer. Para operar com essas expressões, é preciso ter habilidade algébrica, ou seja, saber operar e simplificar diversos tipos de expressões, das mais simples às mais complexas. Essas expressões podem envolver operações como:

- Adição, subtração, multiplicação e divisão
- Potências e raízes
- Frações algébricas
- Parênteses, colchetes e chaves
- Números e letras com sinais positivos ou negativos

A partir de agora você vai trabalhar com expressões numéricas, inicialmente com valores inteiros, positivos ou negativos. Dominando a técnica para números inteiros, ficará muito mais fácil manipular as expressões algébricas mais complexas.

As expressões algébricas apresentadas nesse capítulo terão apenas:

- Números inteiros
- Operações de adição, subtração, multiplicação e potências de números inteiros
- Parênteses, colchetes e chaves

Capítulo 1 – Números inteiros

33

Para efetuar essas expressões, vamos usar os conceitos já apresentado nesse capítulo.

Sequência de adições e subtrações

Realizamos as operações na ordem em que aparecem. Para facilitar, podemos agrupar todos os positivos e agrupar todos os negativos, para calcular a soma algébrica final. Podemos ainda, antes iniciar a operação, fazer simplificações como já ensinamos neste capítulo.

Exemplo:
Calcular $-5 +3 -8 +7 -6 +2 -9$
$-5 -8 -6 -9 = -28$ (agrupando os negativos)
$+3 +7 +2 = +12$ (agrupando os positivos)
$-28 +12 = -16$ (operando a soma dos negativos com a soma dos positivos)

Exercícios

E38) Faça a eliminação dos parênteses, a seguir use cancelamentos quando for possível e termine os cálculos.

a) $6 -(-3+8-5) -(-5+6-7) -(-4+5)$
b) $6-1-10+(-6+5+8) -(-3 -6)$
c) $+8 -5 -4 +(-7+10+7) -8+(-6+7-4)$
d) $-7+8 +(+12 +8 -2) -(+9+5 -8)$
e) $-6 -7 +(+5 -6 -8) +(+8 -3 +7)$

f) $+5 -8 +5+(-4 +6 -5) +4 -(-3 -5+7)$
g) $-9 +7 -10-(10 -8 -8) +9 +(-7 +8 -6)$
h) $+8 -6 -4+(-7 +6 -3) +9 -(+9+6 -7)$
i) $+7 +8 -2-(-3 +9 -7) +8 +(-8 -7 -9)$
j) $+6 -9+8 +(-8 -3 -5) +8 -(-6 +9+6)$

Sequência de multiplicações e divisões

Nesse tipo de cálculo, realizamos as operações na ordem em que aparecem. Um método que torna o cálculo mais simples é formar uma fração, colocando no numerador o primeiro fator e todos os fatores que estão sendo multiplicados, e colocar no denominador, o produto de todos os fatores que estão depois de algum sinal de divisão. Quanto ao sinal, será negativo se o número de valores negativos da sequência for ímpar, e positivo se o número de fatores negativos da sequência for par.

Exemplo:
$$(-6) \cdot (+14) \div (-7) \div (-2) \cdot (+4) = -\frac{6 \times 14 \times 4}{7 \times 2} = -24$$

Ou seja, o primeiro fator vai para o numerador. Entre os termos seguintes, todos os que têm antes um sinal de multiplicação, ficam no numerador. Todos aqueles que têm antes um sinal de divisão, ficam no denominador.

Exercícios

E39)
a) $25.(-4).3 \div (-15) =$
b) $-24 \div 3.11 =$
c) $-12.4.(-3) \div 6 =$
d) $-24.(-4) \div 6 =$
e) $-2.3.(-6) \div 18 =$

f) $15.(-5).(-2) \div 10 =$
g) $-9.(-4) \div 2.(-4) =$
h) $-15.3.(-2) \div 3 =$
i) $9.(-4) \div 2.(-6) =$
j) $9.6 \div (-3) \div (-2) =$

Expressões com adição, subtração, multiplicação e divisão

Quando a multiplicação e a divisão se misturam com a adição e subtração, devemos primeiro resolver todas as multiplicações e divisões. Vejamos um exemplo simples:

34   O ALGEBRISTA

Exemplo:

7+5.(–3)

Seria errado somar 7+5, para depois multiplicar o resultado por –3. As multiplicações devem ser feitas antes das adições. Portanto o correto é fazer primeiro 5.(–3) = –15. Só então podemos operar 7–15 = –8.

7+5.(–3) =
7+(–15) = –8

Exemplo:

2.3+4.7–2.4.5+3.6 =

Muitos alunos erram devido à confusão de números agrupados no papel. Para não errar, dê um espaço maior entre os sinais de adição e subtração, e deixe mais juntos os números ligados pela multiplicação e divisão. Ficaria assim:

2.3 + 4.7 – 2.4.5 + 3.6 =
6 + 28 – 40 + 18 = 12

Quando existem divisões, a regra é a mesma: realize todas as multiplicações e divisões, para no final, realizar as adições e subtrações.

Exemplo:

2.3+40÷5.7–2.4.5+3.6÷9 =
2.3 + 40÷5.7 – 2.4.5 + 3.6÷9 =
6 + 56 – 40 + 2 = 24

Se existirem números negativos, realize normalmente as operações, levando em conta os sinais.

Exemplo:

2.3+(–40)÷5.7–2.4.(–5)+3.(–6)÷9 =
2.3 + (–40)÷5.7 – 2.4.(–5) + 3.(–6)÷9 =
6 + (–56) – (–40) + (–2) =
6 –56 +40 –2 = –12

Considere os sinais de multiplicação e divisão como "sinais fortes", que deixam os números "grudados", e os sinais de adição e subtração como "sinais fracos", cujas operações devem ser feitas depois.

Exercícios

OBS.: O símbolo "." Significa multiplicação

E40)
a) (–3).(–4) + (–2).(–24)
b) (–3).(–12) – (+6).(+3)
c) (+5).(+3) + (–7).(–4)
d) (–5).(–6) – (–27)÷(–3)
e) (+6).(+5) + (+3).(+9)

f) (–32)÷(–4) – (–3).(–11)
g) (–13).(–3) + (+2).(+22)
h) (–28)÷(–4) – (–28)÷(–2)
i) (+6).(+9) + (+30)÷(+3)
j) (–7).(–22) – (–6).(–8)

k) (–27)÷(–3) + (+5).(+4)
l) (–54)÷(–3) – 96÷(+12)
m) (–95)÷(–5) + (–49)÷(–7)
n) +5.(– 8) + 90÷(–30)
o) (–45)÷(–9) – 84÷(–7)

E41)
a) (–2).(–5) + (–2).(–26) – (–2).(–4).(3) =
b) (–4).(–2) – 6.(– 9) – 2.(–5).12 =
c) (+5).(+4) + 84÷(–7) – 5.(–4).(–3) =
d) (–3).(–4) – (–49)÷(–7) – 5.(–5).(–2) =

f) (–27)÷ (–3) – 72÷(–24) + 5.(–7).2 =
g) (–54)÷ (–3) + 32÷(–2) + 2.3.(–5).8 =
h) (–95)÷ (–5) – 45.(–2) + (–2).4.(–3).5 =
i) +5.(– 8) + 90÷(–30) + 4.2.11 =

Capítulo 1 – Números inteiros

e) $+96 \div (+12) + (+6).(-3) - 7.(-2).3 =$ j) $(-45) \div (-9) - (-91) \div (-7) + (-4).(-8).2 =$

E42)   a) $-2.(-14) \div 4 + 5.(-5).2.(-4).2 + 15.(-7).3 \div (-9) - 5.(-5).(-4) \div 10$

         b) $-3.(-5).12 \div (-9) - 9.(-6).2.(-3) + (-14) \div 2.11$

         c) $5.(-4).(-3) \div (-15) + 7.3.(-2).(-3) + (-7).(-4) \div 2.(-4)$

         d) $-15.(-5) \div (-25) - 5.3.(-2).3 - (-5).3.(-2) \div 3 + (-14).(-4) \div 2 + 9.(-6) \div 2.(-3)$

         e) $-27.(-2) \div 18 + 7.(-2).3.(-4) - 7.6 \div (-2) \div (-3) - 2.4.(-3) \div 6 + (-2).3.(-5) \div 10$

Parênteses, colchetes e chaves

Servem para mudar a ordem normal das operações. A regra é que devemos resolver primeiro os trechos das expressões que estão entre parênteses. É possível usar parênteses dentro de parênteses, mas para evitar confusão, convenciona-se usar também chaves e colchetes. O correto é usar mais internamente os parênteses, externamente os colchetes, e mais externamente ainda, as chaves. Matematicamente, todos esses símbolos têm o valor de parênteses, mas por clareza visual, convenciona-se esta ordem.

Exemplo:
$-5+6-(-7+4) =$
$-5+6-(-3) =$
$-5+6+3=$
$-5+9=4$

Exemplo:
$-6.14 \div (24 \div 6) =$
$-6.14 \div 4 =$
$-84 \div 4 = 21$

Exemplo:
$25 - \left\{ 3.17 - \left[-10+6.(8-4.(-2))+2+3 \right] -4.(-4) \right\} \div (-4) =$

A expressão tem uma parte entre chaves, na qual encontramos uma parte entre colchetes, na qual encontramos uma parte entre parênteses, que é $(8-4.(-2))$. Esta deve ser resolvida primeiro. A seguir continuamos resolvendo, sempre partindo das expressões mais internas.

$(8-4.(-2)) =$
$8 - (-8) =$
$8 + 8 = 16$

$\left[-10+6.(16)+2+3 \right] =$
$\left[-10 + 6.(16) + 2 + 3 \right] =$
$\left[-10 + 96 + 2 + 3 \right] = 91$

Portanto o conteúdo dos colchetes resulta em 91. Passamos agora a calcular o conteúdo entre chaves:

$\left\{ 3.17-91-4.(-4) \right\} =$
$\left\{ 3.17 - 91 - 4.(-4) \right\} =$
$\left\{ 51 - 91 - (-16) \right\} =$
$\left\{ 51 - 91 + 16 \right\} = -24$

36   O ALGEBRISTA

O conteúdo entre chaves resulta em –24. Agora que os parênteses, colchetes e chaves foram eliminados, podemos resolver o restante da expressão:

$25-(-24) \div (-4) =$
$25 \; - \; (-24) \div (-4) =$
$25 \; - \; 6 = 19$

Exercícios

OBS.: O símbolo "." Significa multiplicação

E43)
a) $[2.3 - 3.5] + [5.3 - 2.7]$
b) $[18 - 2.7].[25 - 2.11]$
c) $[2.3{-}4] \div [2.(3{-}4)]$
d) $[30 + 4.(-7)].[40 - (-4).(-9)]$
e) $[26 - 3.(-2) - 4.(-2)] \div [20 - 60{:}4]$
f) $4.(-5).[5.(-5){-}3.(-3)]$
g) $(3.(-5) + 4.3).[4.(-2) + (-2).(-3)]$
h) $[30 \div 2{+}9] \div [10 - (-2).(-3)]$
i) $[2.3 - 3.4 + 4.5].[2.3 - 3.5]$
j) $[(-1).(-3){+} (-8) \div 2].[4{-}(-2).(-3)]$

k) $[-28 - 4.(-5)].[-36 - 4.(-8)]$
l) $[2.3 - 2.3.4 + 3.4.5{+}8] \div [13.13 - 12.12]$
m) $1{-}2.[-4 {-}2.(2.(-3) - 5.(-8))]$
n) $10{-}3.[-4 {-}2.(4.(-2) - 15 \div (-3).2)]$
o) $(-2).(-3) - \{ 4.(-2) + [2.(-1) + 2.(1.3 - 4.(-5))]\}$
p) $4.2 - \{18.(-2) - 4 \div 2.[-24 \div (-8) {-}12 \div 2.(-5) + 5.(-2)]\}$
q) $[(-2).(-15) \div 10 + 2.(-8)].[-2.(-3)]$
r) $2.\{14 \div 7.3 {+}15 \div 5 \div 3.2.[36 \div (-4) {-}2.(2.(-3) - 6.2))]\}$
s) $[3.(-2) + (-4).3] \div [19.(-2) - 4.(-5)]$
t) $\{(8.8 - 4) \div (-6) + (-21) \div (-7).[-2.(2.(-5) - 3.(-6))]\} \div (-2)$

E44)
a) $(-3).(-4) + (-2).(-12).[(-27) \div (-3) - (+5).(+4)]$

b) $(-3).(-12) - (+6).(+3).[(-95) \div (-5) - (-49) \div (-7)]$

c) $(+5).(+3).[(-54) \div (-3) - 96 \div (+12)] + (-7).(-4)$

d) $[(-5).(-6) - (-27) \div (-3)].[5.(- 8) + 90 \div (-30)]$

e) $[(+6).(+5) + (+3).(+9)].[(-45) \div (-9) - 84 \div (-7)]$

f) $(-32) \div (-4) - (-3).(-11).\{ (-23).(-4) - (-2).(-4).[(-27) \div (-3) - (+5).(+4) {-}60] \}$

g) $(-13).(-3) + (+2).(+22). \div \{ (-5).(-14) - (-2).(+3).[(-95) \div (-5) - (-49) \div (-7)] \}$

h) $(-28) \div (-4) - (-18) \div (-2).\{ (+5).(+3).[(-54) \div (-3) - 96 \div (+12)] - (-25).(-4) \}$

i) $[10 + (+6).(+9) + (+30) \div (+3).2] \div \{ [(-5).(-6) - (-27) \div (-3)].[-5.(- 8) + 78 \div (-2)] \}$

j) $(-7).(-12) - (-6).(2).\{ [(-6).(+5) - (+3).(-9)].[(135) \div (-9) - 98 \div (-7)] \}$

Expressões com potências

Uma expressão envolvendo potências não é mais difícil que as expressões que possuem apenas adições, subtrações, multiplicações e divisões. A única coisa que você precisa saber é que as potências são realizadas <u>antes das outras operações</u>.

Exemplo:
$5{+}3.2^4 =$
$5 \; + \; 3.2^4 =$

Já sabemos que a adição deve ser feita depois da multiplicação. Devemos então resolver antes o termo 3.2^4. Não é para calcular primeiro $3.2{=}6$, para depois calcular 6^4. O correto é calcular primeiro a potência, ou seja, $2^4 = 16$. Só então calculamos $3.16{=}48$, e finalmente calculamos $5{+}48 = 53$.

Capítulo 1 – Números inteiros

$5 + 3.2^4 =$
$5 + 3.16 =$
$5 + 48 = 53$

Exemplo:
$5+(3.2)^2 =$

Nesse caso, a expressão entre parênteses deve ser calculada antes da potência. Ficamos então com $3.2 = 6$, para então calcular $6^2 = 36$. Finalmente fazemos a soma com 5, ficando com $5+36 = 41$.

Exemplo:
$(5+3.2)^2 =$

Mais uma vez temos que resolver primeiro a expressão entre parênteses, para só então calcular a potência. A expressão entre parênteses resulta em 11, então o resultado final é $11^2 = 121$.

Exemplo:
$-5^2 - (-4)^2 =$

No primeiro termo temos um 5 com um sinal negativo e com uma potência. A potência tem precedência, ou seja, devemos primeiro calcular $5^2 = 25$, para então atribuir o sinal negativo, ficando então com -25. A seguir, temos que subtrair $(-4)^2$. Se não fossem usados os parênteses, calcularíamos a potência primeiro ($4^2 = 16$), para então tratar o sinal. Como temos parênteses em torno de -4, este valor deve ser elevado à potência 2. Ficamos então com $(-4)^2 = 16$. Finalmente podemos operar os dois resultados obtidos:

$-5^2 - (-4)^2 =$
$-25 - 16 = -41$

O importante aqui é lembrar que para elevar um número negativo a uma potência, devemos sempre escrever o número negativo entre parênteses:

$(-4)^2 = 16$ (o número -4 está elevado ao quadrado)
$-4^2 = -16$ (o negativo de 4^2 = o negativo de 16 = -16)

Exemplo:
$2^{3^2} =$

Nessa expressão temos duas potências envolvidas. Como calculá-la? Qual número está elevado ao quadrado, o 3 ou o 2^3?

Nesse tipo de expressão, convenciona-se que as potências devem ser calculadas "de cima para baixo". Sendo assim, calculamos primeiro $3^2 = 9$. A seguir calculamos a próxima potência, que ficará $2^9 = 2.2.2.2.2.2.2.2.2 = 512$.

Exemplo:
$\left(2^3\right)^2 =$

38 O ALGEBRISTA

Parênteses, colchetes e chaves são usados nas expressões matemáticas para alterar a ordem normal das operações. Se não existissem parênteses nesta expressão, seu cálculo seria como já mostrado no exemplo anterior: $2^{3^2} = 512$. Entretanto dessa vez foram usados parênteses para alterar a ordem de cálculo. A regra é sempre as mesma: devemos primeiro resolver as expressões entre parênteses. No caso, calculamos $2^3 = 8$. Só então calculamos a outra potência, ficando com $8^2 = 64$.

$$2^{3^2} = 512, \text{ mas } \left(2^3\right)^2 = 64.$$

Exercícios

OBS.: O símbolo "." Significa multiplicação

E45)
a) $(-3)^2 + 2.3^2 =$
b) $(-2)^3 - 4^2 \div 2^3 =$
c) $2^7 + 3.(-2)^5 =$
d) $(-4)^3 - (20 \div 5)^2 =$
e) $5^3 - 5^2 + 5^1 - 5^0 =$

f) $3.2^2 =$
g) $2.(-3)^2 =$
h) $(-3.2)^3 =$
i) $(-35 \div (5.7))^{56} =$
j) $-2.13^2 =$

k) $(-5)^2 - 5^2 =$
l) $(-5)^3 - 5^3 =$
m) $(-2)^4 + (-2)^3 + (-2)^2 + (-2)^1 + (-2)^0 =$
n) $(-2)^8 \div (-2)^5 =$
o) $7^2 - 37^1 + (-1289)^0 =$

E46)
a) $(-2)^4 + (-2)^3 + (-2)^2 + (-2)^1 + (-2)^0$
b) $\left[2.(-3)^2 - 2.7 \right] . \left[(-5)^2 - 2.3 - (-2)^4 \right]$
c) $\left[2.3 - 2^2 \right] \div \left[2.(3-4) \right]$
d) $\left[3^3 + 3^1 + 2^2.(-7) \right] . \left[5.2^3 - (-2^2).(-3^2) \right]$
e) $\left[26 - 3.(-2) - 2^2.(-2) \right] \div \left[2^2.5 - 60{:}4 \right]$
f) $2^2.(-5).\left[5.(-5) - 3.(-3) \right]$
g) $(3.(-5) + (-2)^2.3).\left[2^2.(-2) + (-2).(-3) \right]$
h) $\left[30 \div 2 + 3^2 \right] \div \left[10^1 - (-2).(-3) \right]$
i) $\left[2.3 - 3.(-2)^2 + 2^2.5 \right] . \left[2.3 - 3.5 \right]$
j) $\left[(-1).(-3) + (-2)^3 \div 2 \right] . \left[((-2)^2 - (-2).(-3) \right]$

k) $\left[-7.2^2 - 2^2.(-5) \right] . \left[-6^2 - 4.(-2)^3 \right]$
l) $\left[2.3 - 3.2^3 + 3.2^2.5 + 2^3 \right] \div \left[13^2 - 12^2 \right]$
m) $1 - 2.\left[-(-2)^2 - 2.(2.(-3) - 5.(-2)^3) \right]$
n) $10 - 3.\left[-2^2 - 2.((-2)^3 - 15 \div (-3).2) \right]$
o) $(-2).(-3) - \left\{ (-2)^3 + \left[2.(-1)^9 + 2.(1.3 - 2^2.(-5)) \right] \right\}$
p) $2^3 - \left\{ 2.3^2.(-2) - 2^2 \div 2.\left[-24 \div (-2)^3 - 12 \div 2.(-5) + 5.(-2) \right] \right\}$
q) $\left[(-2).(-15) \div 10 + 2.(-2)^3 \right] . \left[-2.(-3) \right]$
r) $2.\left\{ 14 \div 7.3 + 15 \div 5 \div 3.2.\left[6^2 \div (-2^2) - 2.(2.(-3) - 6.2) \right] \right\}$
s) $\left[3.(-2) + (-2^2).3 \right] \div \left[(2^4 + 3^1).(-2) - (-2)^2.(-5) \right]$
t) $\left\{ (2^6 - 2^2) \div (-6) + (-21) \div (-7).\left[-2.(2.(-5) - 3.(-6)) \right] \right\} \div (-2)$

E47)
a) $(-3).(-2^2) + (-2).(-12).\left[(-3^3) \div (-3) - (+5).(+4) \right]$

b) $(-3).(2^2 - 2^4) - (+6).(+3).\left[(-95) \div (-5) - (-(-7)^2 \div (-7) \right]$

c) $\left[(+6).(+5) - (+3).(+9) \right].\left[(-5.3^2) \div (-3^2) - 84 \div (-7) \right]$

d) $\left[(-5).(-6) - (-3)^3 \div (-3) \right].\left[5.(-8) + 10.3^2 \div (-30) \right]$

e) $(+5).(+3).\left[(-2.3^3) \div (-3) + 3.(-2)^5 \div (+12) \right] + (-7).(-4)$

f) $(-13).(-3) + (+2).(+36). \div \left\{ (-5).(-14) + (-2).\left[(1 - 3.2^5) \div (-5) + (1 - 6^2) \div (-5) \right] \right\}$

g) $(-2^5) \div (-4) - (-3).(-11).\left\{ (-23).(-4) - (-2).(-4).\left[(-3^3) \div (-3) - (+5).(+4) - 60 \right] \right\}$

h) $(-7).(-13) - (-4).(2).\left\{ \left[(-6).(+5) - (+3).(-12) \right].\left[(3^3.5) \div (-3^2) - 2.7^2 \div (-7) \right] \right\}$

Propriedades da adição

Ao estudar os números naturais, você já aprendeu algumas propriedades das operações. Por exemplo, a *propriedade comutativa* da adição diz que a+b tem o mesmo valor e b+a. Eventualmente podem surgir em provas e concursos, questões teóricas que simplesmente perguntam os nomes dessas propriedades. Entretanto, sua aplicação aparece em todo momento, em questões de cálculo. Suponha por exemplo que você vai fazer o cálculo:

49 + 297 + 3

Capítulo 1 – Números inteiros

Nem todos conseguem somar tão rapidamente os números 49 e 297. Entretanto, todos podem calcular rapidamente, "de cabeça", 297+3, que vale 300. Como a soma das duas últimas parcelas é 300, fica fácil agora somar este resultado com 49. O resultado final é 349. O que fizemos aqui foi usar a *propriedade associativa* da adição, que diz que:

$(a+b)+c = a+(b+c)$

Portanto é necessário conhecer as propriedades para usá-las, muitas vezes facilitando os cálculos, e também saber seus nomes para poder responder eventuais questões teóricas. As propriedades das operações, que você já aprendeu nas séries anteriores, para números naturais, também são válidas, e têm os mesmos nomes, no caso de números inteiros. Vamos então relembrar essas propriedades.

Propriedade de fechamento da adição

Essa propriedade diz que quando adicionamos dois números inteiros, o resultado será sempre um número inteiro. Escrevendo isso em linguagem matemática:

$x \in Z$ e $y \in Z \to (x+y) \in Z$

Lê-se: se x pertence ao conjunto dos números inteiros e y também pertence ao conjunto dos números inteiros, então o resultado da adição de x e y também pertence ao conjunto dos números inteiros.

Observe que nem todas as operações matemáticas possuem esta propriedade. Por exemplo, a divisão não a possui. Quando dividimos dois números inteiros, o resultado não necessariamente será um número inteiro.

A subtração de números naturais não possui propriedade de fechamento, mas a subtração de números inteiros possui. Dados dois números x e y, inteiros quaisquer (positivos ou negativos), o resultado $x - y$ também será um número inteiro (que pode ser positivo ou negativo, ou mesmo 0). Podemos escrever essa propriedade na forma:

$x \in Z$ e $y \in Z \to (x-y) \in Z$

Já a operação de subtração de números naturais não possui propriedade de fechamento, pois pode resultar em um número negativo, que não pertence aos naturais.

Elemento neutro

O elemento neutro de uma operação é aquele que, quando operado com qualquer outro número, não altera o valor deste número.

A adição de números inteiros, assim como a dos números naturais, possui um elemento neutro, que é o zero, pois:

para todo $x \in Z$, $x+0 = 0+x = x$

Já a subtração de números inteiros não possui elemento neutro. Apesar de x–0 ser igual a x, o resultado de 0–x não é igual a x. O elemento neutro, para que exista, precisa ser neutro nas duas ordens (operando à esquerda e à direita).

Comutatividade

Uma operação é comutativa quando podemos inverter a ordem dos operandos sem alterar o resultado. A adição de números inteiros é comutativa, pois:

$x \in Z$ e $y \in Z \rightarrow x+y = y+x$

Associatividade

Já vimos como exemplo, a associatividade da operação de adição, que vale tanto nos números naturais quanto nos números inteiros, ou seja:

$a \in Z, b \in Z$ e $b \in Z \rightarrow a+(b+c) = (a+b)+c$

Por isso, quando temos uma expressão como:

$-5-7+6-9+4-3$

não precisamos necessariamente fazer os cálculos na ordem em que aparecem. Podemos inicialmente considerar a expressão como uma soma de números inteiros:

$(-5)+(-7)+(+6)+(-9)+(+4)+(-3)$

Note que os sinais que estão na frente dos números da expressão original não são os sinais das operações consideradas. A operação envolvida é uma adição de vários números, e os sinais de adição estão implícitos. Os sinais que aparecem são os sinais (positivos e negativos) que acompanham cada número. Por isso explicitamos os sinais "+" das adições envolvidas.

Graças à *comutatividade*, podemos alterar a ordem das parcelas, juntando todos os valores negativos e juntando todos os valores positivos.

$(-5)+(-7)+(-9)+(-3)+(+4)+(+6)$

Agora, graças à *associatividade*, podemos "juntar os positivos" e "juntar os negativos" da forma que acharmos mais conveniente. Por exemplo, como 5+7=12 e 9+3=23 e 4+6=10, podemos escrever:

$(-12)+(-12)+(+10)$

Agora podemos fazer 12+12=24, e fazer $-24+10 = -14$, ou fazer $-12+10 = -2$, e depois $-12 -2 = -14$. A associatividade nos permite operar em qualquer ordem, desde que os números façam parte de uma sequência de adições "vizinhas".

Propriedades da multiplicação

A multiplicação de números inteiros, assim como ocorre com a multiplicação de números naturais, têm propriedades muito parecidas com as da adição.

Fechamento

Quando multiplicamos dois números inteiros, o resultado será sempre um número inteiro.

$x \in Z$ e $y \in Z \rightarrow x.y \in Z$

Capítulo 1 – Números inteiros

Elemento neutro

A multiplicação de números inteiros possui um elemento neutro, que é o número 1, já que:

para todo $x \in Z$, $x.1 = 1.x = x$

Comutatividade

A ordem dos fatores não altera o produto. Isso é o que diz a propriedade comutativa da multiplicação de inteiros:

$x \in Z$ e $y \in Z \rightarrow x.y = y.x$

Associatividade

Sabemos que em uma sequência de multiplicações, devemos realizá-las na ordem em que aparecem. Por exemplo, para calcular x.y.z, calculamos primeiro x.y e a seguir multiplicamos o resultado por z. A propriedade associativa da multiplicação diz que podemos opcionalmente combinar o segundo com o terceiro fatores, para então combinar o resultado com o primeiro, ou seja:

$(x.y).z = x.(y.z)$

Graças a esta propriedade, junto com a *comutatividade* já ensinada ($x.y = y.x$), os cálculos de multiplicações ficam bastante facilitados.

Distributividade

A distributividade é uma propriedade que envolve duas operações. Por exemplo, dizemos que entre os números inteiros, a multiplicação é distributiva em relação à adição. Vejamos o que isto significa através de uma expressão. Considere o cálculo:

$10.(5+3)$

Este cálculo pode ser feito de duas formas:

a) Calcular 5+3 =8, e a seguir 10.8 = 80
b) Distribuir o fator 10 entre as duas parcelas da adição: 10.5 + 10.3 = 50 + 30 = 80

Quando um fator está multiplicando o resultado de uma adição, podemos "distribuir" este fator pelas parcelas da adição, ficando com uma soma de multiplicações menores. Em linguagem matemática:

$x.(a + b) = x.a + x.b$

Trata-se de uma operação muito utilizada na álgebra. Quando a expressão tem somente números, é mais fácil realizar primeiro a expressão que está entre parênteses, para fazer a multiplicação no final. Entretanto na álgebra, é comum operar com letras ao invés de números (as letras nada mais são que representações de números). Nesses casos é mais recomendado usar a distributividade. Este conceito ficará claro nos capítulos seguintes, quando começarmos a usar expressões com letras e números.

Raiz quadrada e raiz cúbica de números naturais

Dois casos de potências muito comuns são a segunda e a terceira potência, ou seja, os quadrados e cubos.

Exemplos:
$7^2 = 49$
$2^3 = 8$

Elevar à segunda potência é também chamado de "elevar ao quadrado", e elevar à terceira potência também é chamado de "elevar ao cubo". É até mesmo conveniente, para efeito de resolução de problemas, memorizar alguns quadrados e cubos.

n	n^2	n^3		n	n^2	n^3		n	n^2	n^3
1	1	1		11	121	1331		21	441	9261
2	4	8		12	144	1728		22	484	10.648
3	9	27		13	169	2197		23	529	12.167
4	16	64		14	196	2744		24	576	13.824
5	25	125		15	225	3375		25	625	15.625
6	36	216		16	256	4096		26	676	17.576
7	49	343		17	289	4913		27	729	19.683
8	64	512		18	324	5832		28	784	21.952
9	81	729		19	361	6859		29	841	24.389
10	100	1000		20	400	8000		30	900	27.000

Os números dessa tabela são chamados de *quadrados perfeitos* e *cubos perfeitos*, já que são os quadrados ou os cubos de números naturais.

A tabela mostra algumas coisas interessantes. A primeira delas que chama atenção é que os números ficam logo muito grandes quando são elevados ao cubo. Ainda assim aparecem alguns valores fáceis de lembrar, como $10^3 = 1000$, $20^3 = 8000$ e $30^3 = 27000$.

Recomendamos que você memorize os quadrados de números até 20, e os cubos de números até 10. Podemos considerar que esses são "números famosos" que podem aparecer com frequência em questões de provas.

A partir dos quadrados e cubos, vêm as noções de <u>raiz quadrada</u> e <u>raiz cúbica</u>. Por exemplo, a raiz quadrada de 144 é 12, já que $12^2 = 144$. O símbolo da raiz quadrada é chamado <u>radical</u> ($\sqrt{}$). Você encontrará este símbolo em todas as calculadoras eletrônicas, até nas mais simples. Vejamos as raízes quadradas de alguns números de alguns quadrados perfeitos, indicados na nossa tabela.

$\sqrt{400} = 20$

$\sqrt{289} = 17$

$\sqrt{225} = 15$

$\sqrt{64} = 8$

Capítulo 1 – Números inteiros 43

Da mesma forma como existem os *cubos perfeitos*, existe a *raiz cúbica*. É fácil calcular a raiz cúbica de números que sejam cubos perfeitos. O símbolo da raiz cúbica é um radical com índice 3.

$$\sqrt[3]{27} = 3$$

$$\sqrt[3]{64} = 4$$

$$\sqrt[3]{512} = 8$$

$$\sqrt[3]{1000} = 10$$

Nos concursos para ingresso no ensino médio (Colégio Naval, EPCAr, Colégio Militar, etc.) podem surgir problemas envolvendo raízes de quadrados e cubos perfeitos, quanto aqueles que exigem o cálculo de radicais.

Exercícios

E48) Calcule os quadrados e cubos abaixo:

a) 20^2	f) 30^2	k) $(-5)^3$	p) $(-16)^2$
b) 13^2	g) 14^3	l) $(-14)^2$	q) $(-15)^2$
c) 8^2	h) 12^3	m) $(-13)^2$	r) $(-9)^3$
d) 100^2	i) 8^3	n) $(-8)^3$	s) $(18)^2$
e) 80^2	j) 25^3	o) $(-5)^3$	t) $(-30)^3$

Raiz quadrada e raiz cúbica de números inteiros

Alguns itens importantes devem ser aprendidos sobre a raiz quadrada, no que diz respeito aos sinais:

a) Não existe raiz quadrada de números negativo
Todo número positivo, ao ser elevado ao quadrado, dá resultado positivo. Todo número negativo, ao ser elevado ao quadrado, também dá resultado positivo. Exemplos:

$$(-7)^2 = 49$$
$$(-9)^2 = 81$$

Sendo assim, nunca um número poderá ser elevado ao quadrado e dar resultado negativo. Esta regra é válida para números naturais, inteiros, racionais, irracionais e reais. Por isso, números negativos não têm raiz quadrada.

$\sqrt{-49}$ não existe

$\sqrt{-81}$ não existe

$\sqrt{-144}$ não existe

Raízes quadradas de números negativos só existem no conjunto dos *números imaginários*, ou *números complexos*, estudados no ensino médio.

b) A expressão "raiz quadrada" e o símbolo " $\sqrt{}$ " têm significados ligeiramente diferentes.
Para números positivos, ambos têm o mesmo significado. Quando lidamos com números negativos, os significados são ligeiramente diferentes.

A "raiz quadrada de N" é um número, positivo ou negativo, que elevado ao quadrado, dá como resultado, N. Por exemplo, (–3) é uma raiz quadrada de 9, pois se for elevado ao

44   O ALGEBRISTA

quadrado, dará como resultado, 9. O número 3 também é uma raiz quadrada da 9, pois se for elevado ao quadrado, também dará como resultado, 9. Dizemos então que 9 tem duas raízes quadradas, uma positiva e uma negativa. É correto então usar expressões como "uma raiz quadrada de 9", "a raiz quadrada positiva de 9", "a raiz quadrada negativa de 9". É diferente quando usamos o símbolo $\sqrt{9}$, que indica "a raiz quadrada positiva de 9". Esta definição para a "raiz quadrada" e uma convenção, adotada por muitos autores. Existem muitos autores que seguem outra definição, de que a expressão "raiz quadrada" indica apenas a positiva. Tanto uma definição como a outra estão corretas, desde que seja especificada qual convenção está sendo usada. Da mesma forma, ambos os grupos de autores e matemáticos convencionam que o símbolo "$\sqrt{}$" é usado para indicar a raiz quadrada positiva.

Neste livro convencionamos que o símbolo "$\sqrt{}$" indica a raiz quadrada positiva, e que a expressão "raiz quadrada" refere-se tanto à positiva quanto a negativa, sendo portanto especificado no texto, à qual raiz estamos nos referindo.

c) A raiz cúbica de um número positivo é também positivo.
Um número negativo fica negativo quando é elevado ao cubo, assim como um positivo fica positivo quando elevado ao cubo. Sendo assim, o sinal do cubo de um número acompanha o sinal do número original.

d) A raiz cúbica de um número negativo é também negativa
Números negativos também têm raiz cúbica. Veja o exemplo:

$5^3 = 125$, então a raiz cúbica de 125 é 5.
$(-5)^3 = -125$, então a raiz cúbica de -125 é -5.

Quando um número é cubo perfeito, porém negativo, sua raiz cúbica é também negativa, e tem o mesmo valor da raiz cúbica do seu simétrico.

Exemplo:
$\sqrt[3]{-64} = -4$, já que $(-4) \cdot (-4) \cdot (-4) = -64$

E49) Calcule as raízes abaixo:

a) $\sqrt{16} =$ f) $\sqrt{121} =$ k) $\sqrt[3]{8000} =$ p) $\sqrt[3]{27000} =$

b) $\sqrt{25} =$ g) $\sqrt{144} =$ l) $\sqrt[3]{27} =$ q) $\sqrt[3]{216} =$

c) $\sqrt{36} =$ h) $\sqrt{196} =$ m) $\sqrt[3]{64} =$ r) $\sqrt[3]{8} =$

d) $\sqrt{49} =$ i) $\sqrt{225} =$ n) $\sqrt[3]{1000} =$ s) $\sqrt[3]{1} =$

e) $\sqrt{81} =$ j) $\sqrt{1024} =$ o) $\sqrt[3]{125} =$ t) $\sqrt[3]{0} =$

E50) Calcule as raízes abaixo:

a) $\sqrt[3]{-8000} =$ f) $\sqrt[3]{-27000} =$

b) $\sqrt[3]{-27} =$ g) $\sqrt[3]{-216} =$

c) $\sqrt[3]{-64} =$ h) $\sqrt[3]{-8} =$

d) $\sqrt[3]{-1000} =$ i) $\sqrt[3]{-1} =$

e) $\sqrt[3]{-125} =$ j) $\sqrt[3]{0} =$

Raízes de ordem superior

A raiz quadrada e a raiz cúbica não são as únicas existentes. Da mesma forma como podemos elevar um número a qualquer potência inteira, podemos também fazer a operação inversa, que é extrair sua raiz. Por exemplo:

Capítulo 1 – Números inteiros

$2^5 = 2 \times 2 \times 2 \times 2 \times 2 = 32$

Sendo assim:

$\sqrt[5]{32} = 2$

Da mesma forma, como $(-2)^5 = (-2) \times (-2) \times (-2) \times (-2) \times (-2) = -32$, segue-se que:

$\sqrt[5]{-32} = -2$

Para raízes indicadas algebricamente, com o símbolo " $\sqrt{}$ ", valem as seguintes regras:

1) Raízes de números positivos são sempre positivos. Isto vale para raiz quadrada, raiz cúbica, raiz quarta, raiz quinta, etc, ou seja, para qualquer índice da raiz.

2) Raízes de números negativos, com índice ímpar, são sempre negativas. Por exemplo, $\sqrt[5]{-32} = -2$.

3) Raízes de índice par só existem quando o número dentro do radical é positivo. Por exemplo, $\sqrt[4]{16} = 2$, mas $\sqrt[4]{-16}$ não existe.

Quando é usada a forma por extenso, como "raiz quadrada", "raiz quarta", "raiz sexta", valem as mesmas regras, com a diferença de que na regra 1 são válidos o resultado positivo e o negativo.

Exercícios

E51) Calcule as expressões abaixo, quando for possível:

a) $\sqrt[4]{81} =$

b) $\sqrt[4]{-16} =$

c) $\sqrt[5]{-32} =$

d) $\sqrt[5]{32} =$

e) $\sqrt[6]{-64} =$

f) $\sqrt[6]{64} =$

g) $\sqrt[4]{256} =$

h) $\sqrt[4]{-256} =$

i) $\sqrt[9]{-1} =$

j) $\sqrt[30]{0} =$

Valor numérico

Este assunto será muito usado no restante deste livro, a partir do capítulo 3, mas já iremos abordá-lo agora de forma simples. Uma das principais ferramentas da álgebra é operar com as chamadas *expressões algébricas*, que envolvem letras e números. As letras nada mais são que símbolos que representam números. Essas expressões possuem adições, subtrações, multiplicações, divisões, ou qualquer outra operação matemática, envolvendo os números e as letras. Considere por exemplo uma expressão simples como:

$P(x) = x^3 + 2x^2 + 4x + 5$

Esse tipo de expressão algébrica é chamada de *polinômio*. A letra x é chamada de *variável*, e representa um número qualquer. Uma expressão algébrica pode ter várias variáveis. Vejamos outros exemplos de expressões algébricas:

$a^3 b^2 + 4a^2 b^3 + 3ab^4$

$(x+1)(y+2)(z+3)$

x^2+3x+2

Entre as inúmeras operações envolvendo expressões algébricas, uma delas que é simples porém importante, é o cálculo do *valor numérico*. As letras representam números quaisquer, porém no cálculo do valor numérico, queremos calcular o valor da expressão para valores particulares das suas variáveis.

Exemplo:
A velocidade de um veículo, medida em m/s (metros por segundo) é dada por $v = 2t^2 + 3t + 5$, onde t representa o tempo, medido em segundos. Calcule o valor da velocidade deste veículo no instante t=10 segundos.

Solução:
A expressão algébrica de v nada mais é que uma fórmula que dá a velocidade do veículo para qualquer instante t (ou seja, a velocidade varia de acordo com o tempo). O problema quer saber a velocidade no instante t=10. Basta então calcular o valor numérico da expressão para t=10. Ficamos então com:

$v = 2.10^2 + 3.10 + 5 = 200 + 30 + 5 = 235$ m/s

O cálculo do valor numérico de qualquer expressão consiste em substituir as letras dadas pelos respectivos valores numéricos.

Exercícios

E52) Calcule o valor numérico das seguintes expressões:
a) x^2-3x+8, para x=2
b) x^3+3x^2+5x+7, para x=-2
c) $a^2+2ab+b^2$, para a=1 e b=-2
d) $(a+1)(b-2)(c+3)$ para a=b=c=5
e) $(2x+1)/(x^2-8)$ para x=3
f) $x^2+y^2+z^2-2xyz$ para x=1, y=z=2
g) $5a+3b+4ab$, para a=1 e b=-1
h) $(x+2)[(y+3).(x^2-y)]$ para x=1, y=2
i) $x^y + y^x$, para x=2 e y=3
j) $\sqrt{x^2+y^2}$, para x=3 e y=4
k) $2^x + 2^y$, para x=1 e y=0
l) $(-3)^x + (-4)^y$, para x=3 e y=2
m) $(x+y)^{x-y}$, para x=4 e y=2
n) $3a^2-b^3$, para a=2 e b=-3
o) $|a^2 - b^2|$ para a=3 e b=4

Racional ou irracional?

Existem problemas que recaem em identificar se determinada expressão numérica é um valor inteiro, racional ou irracional.

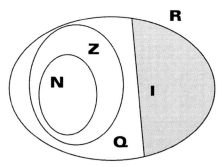

A relação entre os diversos conjuntos numéricos envolvidos já foi apresentada no início deste capítulo. O conjunto mais estudado neste livro é o dos REAIS. Já o conjunto apresentado

Capítulo 1 – Números inteiros

47

nesse capítulo é o dos INTEIROS. A figura mostra mais uma vez a relação entre esses conjuntos.

Exemplos de números naturais (N): 3, 5 10, 18, 234, 2001, 16.777.216, ...

Exemplos de números inteiros (Z): –12.000, –1024, –511, –121, –5, 28, 34, 77, 1.000.000

Números racionais são formados por frações irredutíveis, positivas ou negativas.

Exemplos de números racionais: $-\dfrac{1}{5}, \dfrac{47}{11}, \dfrac{13}{100}, -\dfrac{2}{5}, \dfrac{22}{17}, -\dfrac{99}{64}, \ldots$

Todos os números inteiros também são racionais.

Os números irracionais são aqueles que não podem ser expressos na forma de fração.

Exemplos de números irracionais: $\pi, \sqrt{2}, \sqrt{5}, \sqrt[3]{7}, \sqrt{2+\pi}, \sqrt{5-\sqrt{2}}, \ldots$

Neste capítulo mostramos que as operações de adição e multiplicação tanto com números naturais (N) quanto os inteiros (Z) possuem propriedades de fechamento:

Se a e b são naturais, então a + b é natural, e a.b é natural
Se a e b são inteiros, então a + b é inteiro, e a.b é inteiro

Veremos no capítulo seguinte que os números racionais e os números reais também possuem essas propriedades:

Se a e b são racionais, então a + b é racional, e a.b é racional
Se a e b são reais, então a + b é real, e a.b é real

Já os números irracionais não possuem essas propriedades. A própria figura que representa a relação entre esses conjuntos mostra que os irracionais têm uma estrutura diferente.

A figura mostra que $N \subset Z \subset Q \subset R$. Entretanto, o conjunto dos irracionais (I) não se encaixa nessa estrutura. Apenas podemos dizer que $I \subset R$, entretanto I não está contido, e não contém os conjuntos N, Z e Q. Nenhum elemento de I está contido em N, Z e Q.

Se a e b são irracionais, o valor a + b pode ou não ser um irracional.

Por exemplo:
a) Considere a = π e b = $\sqrt{2}$, que são ambos irracionais. A soma $\pi + \sqrt{2}$ é também irracional

b) Considere a = $3+\pi$ e b = $5-\pi$, ambos irracionais. Sua soma é 8, que é racional.

Analogamente, a diferença entre dos irracionais pode resultar em um número racional, ou em um irracional. Por exemplo, $3+\sqrt{5}$ e $10+\sqrt{5}$, ao serem subtraídos, resultam em um racional, mas π e $\sqrt[3]{7}$, se subtraídos, resultam em um irracional.

O mesmo ocorre com a multiplicação e a divisão de números irracionais. O resultado pode ser racional ou irracional.

48   O ALGEBRISTA

Exemplos:

$(\sqrt{3}+1)(\sqrt{3}-1) = 2$, que é racional

$\pi \times \sqrt{5} = \pi\sqrt{5}$, que é irracional

$(2\sqrt{2}-2) \div (\sqrt{2}-1) = 2$, que é racional

$\sqrt{5} \div \sqrt{2} = \sqrt{10}/2$, que é irracional

Os cálculos dessas expressões serão apresentados ao longo do livro. Por hora, é importante lembrar que:

Ao somar, subtrair, multiplicar ou dividir dois números irracionais, o resultado poderá ser um número racional ou um número irracional, não existe uma regra fixa. É preciso realizar o cálculo para identificar se o resultado será racional ou irracional.

Por outro lado, quando fazemos as mesmas operações com um racional e um irracional, o resultado será sempre um irracional, com uma exceção:

0.irracional = 0, que é racional
Para qualquer outro valor de número racional, temos racional.irracional = irracional

Exemplos:

$\pi + \dfrac{1}{2}$:   Irracional

$2 - \sqrt{3}$: Irracional

9π :   Irracional

$\dfrac{\sqrt{3}}{7}$:   Irracional

Exemplo: CMM 2009

Quaisquer que sejam o racional x e o irracional y, pode-se dizer que:

(A) xy é irracional
(B) yy é irracional
(C) x + y é racional
(D) x – y + $\sqrt{2}$ é irracional
(E) x + 2y é irracional

Solução:
(A) racional . irracional = irracional, exceto para 0.irracional = 0 (F)
(B) irracional . irracional : o resultado pode ser racional ou irracional (F)
(C) racional + irracional = irracional (F)
(D) racional + irracional + irracional: pode ser racional ou irracional (F)
(E) racional + irracional.2 = racional + irracional = irracional (V)

Resposta: (E)

Capítulo 1 – Números inteiros

Exercícios

E53) Indique se as seguintes operações resultam em valor racional ou irracional

OBS: Lembre que $\sqrt{a}.\sqrt{b} = \sqrt{a.b}$

a) $\sqrt{2} + \sqrt[3]{5}$

b) $4 + \sqrt{3}$

c) $\left(5 + \sqrt{2}\right) + \left(3 - \sqrt{2}\right)$

d) $\left(5 + \pi\right) - \left(2 + \pi\right)$

e) $6.\sqrt{3}$

f) π^2

g) $\sqrt{\pi}.\sqrt[3]{11}$

h) $\sqrt{5}.\sqrt{5}$

i) $\sqrt{5}.\sqrt{3}$

j) $\dfrac{\pi}{10}$

k) $\dfrac{\sqrt{17}}{\sqrt{17}}$

l) $\dfrac{\sqrt{3} + \pi}{\sqrt{2} + \pi}$

m) $\dfrac{\pi}{\sqrt{2}}$

n) $\dfrac{\sqrt{8}}{\sqrt{2}}$

o) $\sqrt{2}.\sqrt{3}.\sqrt{6}$

p) $\dfrac{4 - 2\sqrt{2}}{2 - \sqrt{2}}$

q) $\left(435^0 - 1\right)\sqrt{7}$

r) $4,\overline{13} \div 1,\overline{4}$

s) $\pi^3 + \sqrt[3]{\pi}$

t) $\sqrt{3}.\sqrt{27}$

Exercícios de revisão

E54) Efetue

a) 8 – (3 + 2)
b) 9 – (6 + 1)
c) 10 – (9 – 5)
d) 9 – (8 – 6)
e) 3 + (8 – 2)

f) 7 – (7 – 3)
g) 7 – (5 – 2)
h) 9 – (4 – 3)
i) 8 – (3 – 2)
j) 9 – (4 – 5)

k) (4 – 3) – (5 – 12)
i) (17 – 9) + (6 – 11)
m) (10 – 15) + (9 – 12)
n) (14 – 9) – (19 – 13)
o) (17 – 26) – (9 – 18)

E55) Simplifique

a) – (–3)
b) – (–5)
c) | 8 |
d) | –8|
e) | –5|

f) –| –13|
g) | 12 |
h) | |–5| – |–8| |
i) |a| – |–a|
j) –| –4|

k) –(–7)
i) – |10|
m) – (5 – |–5|)
n) | –(–3)|
o) – (–15)

E56) Calcule

a) 8 – 15
b) –13 + 7
c) –15 + 9
d) –12 –8
e) 9 + 3

f) –9 + 3
g) –15 + 20
h) –13 + 1
i) 20 – 17
j) 20 + (–17)

k) –7 –18
i) (–3) – (–8)
m) 45 – 61
n) –23 + 17
o) –20 –30

E57) Calcule

a) –2 – (–6 – (–5))
b) 1 – (–1 –6)
c) 4 – (–8 –15)
d) 8 – (14 – (–6))
e) –2 – (9 – (–5))

f) –4 – (9 – (–8))
g) –5 – (3 – (–11))
h) –1 – (11 – (–7))
i) (–2 – (–4)) – (5 – (–8))
j) 14 – (16 – (–3))

k) (8 – 5) – (–7 – 2)
i) (6 – (–9)) – (4 – (–3))
m) –8 – (–2 – (–7))
n) (5 – 7) – (–9 –3))
o) (–3 – (–5)) – (–8 – (–4))

E58) Calcule

a) (–9) + (–29) =
b) (+50) + (–32) =
c) (–63) + (+32) =
d) 70 + (–53) =
e) (–34) – (+18) =

f) –45 – (–10) =
g) 98 – (–64) =
h) –82 – (–10) =
i) –5 +3 –2 +8 –3 +9 =
j) –47 +26 +21 –11 =

k) 98 –64 +28 –32 +26 –12 =
i) –25 +33 –22 +18 –13 +19 =
m) 8 –6 +8 –3 +6 –16 =
n) –21 +46 –13 +21 =
o) 15 –5 +3 –10 +12 =

50
O ALGEBRISTA

E59) Calcule

a) –5 + (–5 +3) – (–6 –8)
b) +4 + (+2 –7) +5 – (+2 –3)
c) –3+12 +(+8 +4 –6) –(+6+8 –5)
d) +4 –1 –8 +(–2+4+3) –7+(–4+5–6)
e) +2 –5+4 +(–4 –7 –1) +4 –(–2 +5+2)

f) (+6) . (+12) =
g) (–6) . (–22) =
h) (–95) ÷ (–5) =
i) (+60) ÷ (+3) =
j) (–91) ÷ (–7) =

k) (–30) . (–4) =
i) (–490) ÷ (–7) =
m) –2.4.(–3).5 =
n) 7.3.(–2).(–3) =
o) –5.(–5).(–2) =

E60) Calcule

a) $5.(–4).(–3) \div (–15)$ =
b) $15.(–7).3 \div (–9)$ =
c) $–7.(–4) \div 2.(–4)$ =
d) $7.6 \div (–2) \div (–3)$ =
e) $–14 \div 2.11$ =

f) $(–6)^3$ =
g) $(–2)^5$ =
h) 18^2 =
i) $(–3)^3$ =
j) $(–4)^3$ =

k) 1234567^0 =
i) $(–512)^1$ =
m) $(–1)^{3001}$ =
n) 0^{27} =
o) 230^0 =

E61) Calcule e simplifique, deixe as potências indicadas

a) $4^5.6^5$
b) $(-2)^2.3^2.5^2$
c) $a^{50} \div a^{20}$
d) $6^9 \div (-6)^3$
e) $1000^3 \div 1000^2$

f) $120^{10} \div 24^{10}$
g) $(-30)^4 \div (-6)^4$
h) $24^2 \div (-3)^2$
i) $[2.(-3).5]^2$
j) $100^8 \div 100^3$

k) $10^8 \div 10^3$
i) $2^7.5^7$
m) $-2^{51}.2^{10}.2^9.(-2)^5$
n) $10^3.10.10^9$
o) $5^3.5^5.5^2.5^4$

E62) Calcule

a) +8 –4+(–7+10+7) –8+(–6–4)
b) +6 –9 +(–8 –3 –5) +8 –(–6 +9)
c) $9.6 \div (–3) \div (–2)$ =
d) $15.(–5).(–2) \div 10$ =
e) (+6).(+5) + (+3).(+9)

f)) $(–28) \div (–4) – (–28) \div (–2)$
g) $(–45) \div (–9) – 84 \div (–7)$
h) $(–54) \div (–3) – 96 \div (+12)$
i) (+6).(+9) + (+30) ÷ (+3)
j)) (–5).(–6) – (–27) ÷ (–3)

k) $[2.3 – 3.5] + [5.3 – 2.7]$
i) $[\ 2.3–4] \div [\ 2.(3–4)]$
m) $4.(–5).[5.(–5)–3.(–3)]$
n) $[(–1).(–3)+ (–8) \div 2] . [4–(–2).(–3)]$
o) $[–28 – 4.(–5)] . [–36 – 4.(–8)\ ]$

E63)

a) 23^0
b) $–15^0$
c) $(–12)^0$
d) 13^1
e) $(–12)^1$

f) $–12^1$
g) 1^{21}
h) 1^{-15}
i) $(–1)^{13}$
j) $(–1)^{-13}$

k) 0^{720}
i) 1^{720}
m) 720^1
n) 720^0
o) 1^0

E64) Calcule

a) 13^2
b) $(–13)^2$
c) $(–30)^3$
d) $\sqrt[3]{8000}$ =
e) $\sqrt{1024}$ =

f) $\sqrt[3]{1}$ =
g) $\sqrt[3]{–27000}$ =
h) $\sqrt[3]{–64}$ =
i) $\sqrt[4]{256}$ =
j) $\sqrt[5]{–32}$ =

k) x^2-3x+8, para x=2
i) 5a+3b+4ab, para a=1 e b=–1
m) $x^y + y^x$, para x=2 e y=3
n) $|\ a^2 – b^2|$ para a=3 e b=4
o) $x^2+y^2+z^2–2xyz$ para x=1, y=z=2

E65) Resolva as expressões:

a) $|–23 –46| +15$ =
b) $–12 –|15 +12|$ =
c) $51 –|6^2 –(–8)^2|$ =
d) $2^0–2^4 –5^2 –|2^2–5^2|$ =
e) $(–3)^3 –|2^2–2^4| +6^2–2^5$ =

f) $|(2^2+2^3+2^4) – (3^2+3^3+3^4)\ |$ =
g) $|\ 1–2^5\ | – [(–5)^0 – (–5)^3]$ =
h) $|1–2^2| . |1–3^2| . |1–4^2|$ =
i) $|6^0–6^2| . |2.5^2–7^2|$ =
j) $|a–b| – |b–a|$ =

k) $(1+2+3+4+...+100)^2 – |1+2+3+4+...+100|^2$
i) $|2^0–2^1–2^2–2^3| + |(–2)^0 + (–2)^1 + (–2)^2 + (–2)^3|$
m) $|\ (–1).(–2).(–3).(–4).(–5)\ | \div |\ 11^0–11^2|$
n) $|(–5)^3| + |(–5)|^3 + |(–3)^3| + |(–3)|^3$ =
o) $\sqrt{x^2} –|x|$ =

Capítulo 1 – Números inteiros

E66) Quanto vale a soma dos cubos de dois números inteiros simétricos?

E67) Qual é a temperatura mais fria, $-25°C$ ou $-35°C$?

E68) Quando elevamos um número inteiro ao quadrado, e extraímos a raiz quadrada do resultado, qual é o valor obtido, em comparação com o número original?

E69) O cubo de um número inteiro pode ser menor que este número?

E70) Um número inteiro não se altera quando é elevado ao cubo. Qual é este número?

E71) O que é o módulo ou valor absoluto de um número inteiro? Qual é o seu símbolo?

E72) Um número inteiro não se altera quando é elevado ao quadrado. Qual é este número?

E73) Para quaisquer números a e b, $|a+b|$ é o mesmo que $|a| + |b|$?

E74) O que é o simétrico ou oposto de um número inteiro?

E75) O simétrico de um número pode ser positivo?

E76) Qual é o número inteiro cujo simétrico é ele próprio?

E77) Quais são os 5 maiores números inteiros negativos?

E78) O produto de dois números inteiros é um número negativo, e a soma desses dois números também é um valor negativo. Então podemos dizer certamente que:

(A) Os dois números são negativos
(B) Um número é positivo e outro é negativo, porém o negativo é o maior
(C) Os dois números são simétricos
(D) Os números têm sinais contrários, porém o negativo é o de maior módulo
(E) Impossível

E79) Marque V ou F nas afirmativas abaixo

( ) A subtração é a operação inversa da soma
( ) A adição e a multiplicação são operações associativas
( ) A adição e a subtração são operações comutativas
( ) O elemento neutro da divisão é o número 1
( ) Nos números inteiros, a multiplicação é distributiva em relação à adição
( ) A diferença entre dois números negativos será sempre um número negativo
( ) A soma de um número inteiro com o seu módulo nunca será zero
( ) O triplo de um número inteiro sempre será menor que o seu dobro
( ) Para quaisquer números a e b, $|a|+|b|$ nunca será menor que $|a+b|$
( ) O conjunto dos números inteiros é infinito

E80) Marque V ou F nas afirmativas abaixo

( ) $Z_+ = N$ (o conjunto dos inteiros não negativos é igual ao conjunto dos naturais)
( ) Na reta numérica, quanto mais à direita, maiores são os números
( ) Z_- é o conjunto dos inteiros negativos
( ) Entre 0 e 1 existem infinitos números racionais
( ) Os números π e $\sqrt{5}$ são irracionais

52   O ALGEBRISTA

( ) O número $\sqrt{25}$ é irracional

( ) Números irracionais possuem infinitas casas decimais que não se repetem

( ) Dívidas e temperaturas abaixo de zero são dois exemplos de números negativos na vida cotidiana

( ) Quanto maior é um número, menor será o seu simétrico, isso vale para positivos e negativos

( ) Em uma expressão algébrica, quando um par parênteses tem um sinal + antes, basta eliminar os parênteses e repetir o seu conteúdo.

E81) Marque V ou F nas afirmativas abaixo

( ) Para multiplicar potências de mesma base, basta repetir a base e somar os expoentes

( ) A raiz quadrada de um número n, indicada como $\sqrt{n}$, nunca poderá ser negativa

( ) Um número inteiro não se altera quando é elevado à potência 0

( ) Potências de expoente par serão sempre positivas, mesmo quando a base é negativa

( ) O cubo de um número inteiro pode ser negativo, mas seu quadrado será sempre positivo

( ) Em uma potência, dada uma base, quanto maior é o expoente, maior será o resultado

( ) $2^{3^2} = 64$

( ) Associativa e comutativa são duas propriedades da adição de inteiros

( ) A raiz cúbica de um número positivo pode ser um número negativo

( ) $\sqrt{3^2 + 4^2}$ é a mesma coisa que 3+4

E82) Sejam os conjuntos:

N = conjunto dos números naturais
Z = conjunto dos números inteiros
Q = conjunto dos números racionais
I = conjunto dos números irracionais
R = conjunto dos números reais

Indique quais afirmações são verdadeiras e quais são falsas

( ) $I \cup Q = R$
( ) $I \cap Q = \varnothing$
( ) $Z \cap Q = Z$
( ) Para todos os valores de $x \in Z$ e $y \in Z$, temos que $x/y \in Z$
( ) $Z \cap R = Z$
( ) $N \subset Z \subset Q \subset R$
( ) $R - I = Q$
( ) $Z - N = Z\text{-}^*$
( ) Os conjuntos N e Z são infinitos
( ) O número 0 pertence a todos os conjuntos: N, Z, Q, I e R

E83) Em uma cidade no norte da Rússia, a temperatura interna de uma casa é 18°C. Em um dado instante, a temperatura ambiente externa era de 12°C negativos. Ao sair do interior para o exterior dessa casa, qual é a variação de temperatura que uma pessoa experimentaria?

E84) Quantos anos foram transcorridos entre 520 AC e 450 AC?

Capítulo 1 – Números inteiros

E85) O planeta Vênus é um dos mais quentes do nosso sistema solar. Sua temperatura média é de 450°C. Enquanto isso, o planeta Plutão é um dos mais frios, com temperaturas médias de 250°C negativos. Quantos graus Plutão é mais frio que Vênus?

E86) Uma determinada loja teve os lucros (valores positivos) e prejuízos (valores negativos) mensais de acordo com a tabela abaixo, medidos em reais.

Janeiro	1300	Abril	2200	Julho	2400	Outubro	4200
Fevereiro	-1500	Maio	-3200	Agosto	-2000	Novembro	5300
Março	3000	Junho	4500	Setembro	3600	Dezembro	8500

Qual foi o trimestre de menor lucro, e qual foi o lucro total anual?

E87) Um avião levantou vôo de uma cidade A que está a 50 metros acima do nível do mar. Subiu 300 metros, depois desceu 40 metros, subiu mais 80 metros, desceu até a metade da altura que estava, em relação ao nível do mar, então subiu mais 100 metros. Quanto precisará agora descer para chegar ao chão na cidade B, localizada a 30 metros acima do nível do mar?

E88) No deserto de Gobi, localizado na Ásia, podem ser verificadas diferenças de temperatura de até 60°C entre o dia e a noite. Durante o dia, a temperatura chega a 50°C. A quanto chega a temperatura à noite?

E89) O isolamento térmico de um avião permite suportar diferenças de temperatura de até 60°C entre seu interior e seu exterior. Mantendo a temperatura interna do avião em 18°C, qual é mínima temperatura externa suportada?

E90) Se x + y = 0 e x≠0, qual é o valor de $\dfrac{x^{1237}}{y^{1237}}$?

E91) Qual é a ordem correta entre 3^{28}, 4^{14} e 5^{21}?

(A) $3^{28} < 4^{14} < 5^{21}$
(B) $4^{14} < 5^{21} < 3^{28}$
(C) $4^{14} < 3^{28} < 5^{21}$
(D) $3^{28} < 5^{21} < 4^{14}$
(E) $5^{21} < 3^{28} < 4^{14}$

CONTINUA NO VOLUME 2: 70 QUESTÕES DE CONCURSOS

Vista aérea da Escola Naval, no Rio de Janeiro

Respostas dos exercícios

E1)
a) –9   c) 8   e) 28   g) –46   i) 16   k) –27   m) –45   o) 7   q) 76   s) 90
b) –8   d) –9   f) –25 h) –46   j) –38 l) 10   n) –62   p) –32 r) –75   t) –25

E2)
a) –7   c) 9   e) 18   g) –45   i) 13   k) –28   m) –45   o) 9   q) 54   s) 70
b) –6   d) –7   f) –29 h) –56   j) –33 l) 15   n) –55   p) –25 r) –55   t) –38

E3)
a) 3   c) 1   e) 5   g) 19   i) 4   k) –18   m) –8   o) –3   q) –3   s) 18
b) –3   d) 4   f) 18   h) –5   j) –15 l) 3   n) –6   p) 3   r) –11   t) –23

E4)
a) –4   c) 0   e) –4   g) 8   i) 6   k) –13   m) –16   o) –17 q) –2   s) 39
b) –6   d) –3   f) 6   h) –8   j) 2   l) –1   n) –74   p) 27   r) –31   t) –40

E5)
a) 3   c) 1   e) –5   g) 17   i) 4   k) –15   m) –14   o) –3   q) 42   s) 17
b) –2   d) –2   f) 27   h) 6   j) –19 l) 5   n) –11   p) 29   r) –46   t) –25

E6)
a) 23   c) 9   e) –39 g) –11   i) 4   k) –20   m) –38   o) 58   q) –23   s) –92
b) –27 d) 0   f) 18   h) –47   j) –39 l) –28   n) 64   p) –15 r) –92   t) –21

E7)
a) 40   c) 11   e) –51 g) 19   i) 4   k) –27   m) –62   o) 43   q) –38   s) –37
b) –44 d) 3   f) 12   h) –43   j) –74 l) –54   n) 19   p) 53   r) –124 t) 11

E8) Complete as sentenças com os símbolos < ou >
a) –23 < 46   f) 25 > –17   k) 45 > –35   p) 22 > –66
b) –32 < –15   g) –37 < 36   i) –77 < –11   q) 53 > –32
c) 31 > –42   h) –31 < –26   m) –22 < –13   r) –82 < –15
d) –25 < 15   i) –4 < 8   n) 90 > –64   s) –70 < –52
e) –29 < –12   j) –21 > –27   o) 19 < 43   t) 16 > –27

E9)
a) 3   c) 2   e) 4   g) 0   i) –2   k) 21   m) –7   o) –1   q) –8   s) 30

Capítulo 1 – Números inteiros

b) 2	d) –1	f) –17	h) –18	j) 6	l) 4	n) 4	p) –10	r) –35	t) 11

E10)

a) –10	c) 8	e) 34	g) –44	i) 20	k) 29	m) –52	o) –27	q) 78	s) 105
b) 12	d) 19	f) 24	h) –38	j) 30	l) 9	n) 10	p) 63	r) –95	t) 8

E11)

a) –3	c) 1	e) –6	g) 17	i) –3	k) 24	m) –11	o) 3	q) 10	s) 10
b) –2	d) 1	f) –23	h) –14	j) 3	l) –3	n) 17	p) 1	r) –35	t) 20

E12)

a) –84	c) 77	e) –15	g) –83	i) –22	k) 77	m) –22	o) 13	q) 112	s) –3
b) 6	d) –39	f) 38	h) 11	j) 26	l) –8	n) 127	p) 77	r) –28	t) 67

E13)

a) –69	c) 93	e) –15	g) –73	i) –12	k) –40	m) –58	o) 55	q) –13	s) –122
b) 3	d) –30	f) 8	h) –67	j) –44	l) 4	n) 162	p) 119	r) –72	t) 53

E14)

a) –23 – 46 = Negativo, subtração
b) –12 – (–15) = Negativo, subtração, negativo
c) 51 – (–42) = Subtração, negativo
d) –15 – 15 = Negativo, subtração
e) –27 – (–12) = Negativo, subtração, negativo

f) 15 + (–55) = Adição, negativo
g) –17 – (–21) = Negativo, subtração, negativo
h) –25 + (–33) = Negativo, adição, negativo
i) 98 – (–64) = Subtração, negativo
j) 17 + 38 = Adição

E15)

a) –6	c) 0	e) –7	g) –2	i) –10	k) 14	m) 10	o) 3
b) –3	d) –13	f) 7	h) 0	j) 2	l) –9	n) 6	

E16)

a) –54	c) –4	e) –6	g) –11	i) 21	k) –20	m) 10	o) –23
b) –15	d) –61	f) 12	h) 27	j) 23	l) –28	n) 44	

E17)

a) –40	c) –42	e) –27	g) –11	i) –8	k) 15	m) –2	o) –11
b) –15	d) 0	f) 15	h) 33	j) 10	l) –4	n) –3	

E18)

a) –3	c) 3	e) 0	g) 7	i) 11	k) –10	m) 5	o) –17
b) –15	d) –3	f) 18	h) –14	j) –12	l) –12	n) –10	

E19)

a) 11	c) 5	e) 7	g) 11	i) 6	k) 0	m) –13	o) –12
b) 0	d) 3	f) 14	h) –12	j) –12	l) –2	n) –2	

E20)

a) 18	c) 15	e) 72	g) 39	i) 63	k) 73	m) 54	o) 12	q) 96	s) 20
b) 15	d) 20	f) 7	h) 8	j) 132	l) 21	n) 9	p) 22	r) 29	t) 56

E21)

a) 10	c) 20	e) 8	g) 18	i) –40	k) 52	m) 12	o) –18	q) –16	s) –3
b) 8	d) 12	f) 9	h) 19	j) 5	l) –54	n) 7	p) 3	r) 90	t) 13

E22)

a) 120	c) 100	e) 80	g) 36	i) –4000	k) 520	m) 120	o) –195	q) –34	s) –30
b) 84	d) 120	f) 90	h) 170	j) 50	l) –540	n) 70	p) 30	r) 900	t) 90

E23)
a) 24	c) 60	e) 42	g) –88	i) 64	k) 400	m) 90	o) 126
b) 120	d) –50	f) –70	h) 120	j) 240	l) –168	n) 324	

E24) e E25)
a) 7	c) –4	e) 3	g) –77	i) 28	k) 10	m) 10	o) 7
b) –20	d) –3	f) 35	h) 4	j) 3	l) –56	n) 81	

E26)
a) 25	c) 128	e) 64	g) 16	i) –32	k) –128	m) 81	o) 64
b) –27	d) –216	f) 36	h) 243	j) 25	l) 16	n) –128	

E27)
a) 9	c) 243	e)100	g) 81	i) 81	k) –729	m) 625	o) –64
b) 256	d) –125	f) 81	h) 64	j) 144	l) 324	n) 256	

E28)
a) 12	c) –173	e) 0	g) –534	i) 1	k) 0	m) 1	o) –512
b) 1	d) –1	f) 1912	h) 1	j) 1	l) 7125	n) 1	

E29)
a) $3^6.(-2)^4$	c) $2^5.(-3)^2.7^3$	e) $10^3.20^3$	g) $-2^6.3^3$	i) $2^4.3^3.5^3$	k) $(-2)^5$	m) $-2^2.3^2.5^3$	o)$2^8.3.5.7.11$
b) $2^3.5^3.7^2$	d) $2^4.(-5)^3.3^3$	f) $3^4.(-7)^2$	h) $3^2.2^6.5^4$	j) $2^2.3^3.5^2.7^3$	l) -2^8	n) $2^4.3^2.5$	

E30)
a) 1	c) 1	e) 0	g) 3	i) 1000	k) 1	m) 1	o) 1
b) 1	d) 0	f) 0	h) 27	j) 98908093	l) –1	n) –1	

E31)
a) 2^{15}	c) 2^{21}	e) 5^{14}	g) 3^7	i) 5^{15}	k) $-3^6.10^6$	m) -5^{15}	o) -5^{14}
b) 3^6	d) 10^6	f) 2^{70}	h) 10^{13}	j) 2^{17}	l) 2^{75}	n) -2^{15}	

E32)
a) 15^5	c) 30^2	e) 5^{10}	g) $(ab)^5$	i) 10^{5000}	k) 30^2	m) 80^3	o) 5^{14}
b) 10^7	d) 24^5	f) 80^3	h) 20^6	j) 5^{14}	l) -24^5	n) 20^6	

E33)
a) 3^3	c) 5^2	e) 7	g) 6^6	i) 100^5	k) -3^{13}	m) -6^6	o) -2^3
b) 2^3	d) 10^5	f) 12^3	h) a^{30}	j) 1000	l) -10^5	n) -7	

E34)
a) 2^6	c) 4^5	e) 3^4	g) 5^4	i) 5^{10}	k) -6^3	m) 3^5	o) -16^6
b) 6^3	d)8^2	f) 3^5	h) 2^2	j) 16^6	l) 8^2	n) 5^4	

E35)
a) 15^2	c) 35^5	e) $2^7/3^7$	g) $2^3/5^3$	i) $-2^3/3^3$	k) $3^2/5^2$	m) 30^2	o) $6^2/5^2$
b) 20^3	d) 12^4	f) $1/(7^{10})$	h) $2^2/9^2$	j) $1/(35^3)$	l) 10^3	n) $-1/2^3$	

E36)
a) $2^5.3^2.5^3$	c) $2^{17}.3^2$	e) $3^{11}.5^3$	g) 2^{18}	i) $2^{13}.3^{11}$	k) $2^6.3^7$	m) $-2^{13}.3^2.5^5$	o) $-2^{21}.3^{15}$
b) $2^7.3^{11}$	d) $2^{11}.5^7$	f) $2^{13}.3^2.5^3$	h) $2^2.3^{10}$	j) $2^2.5^{12}$	l) $-3^{11}.5^3$	n) $2^3.5^{11}$	

E37)
a) $2x^7z^3$	c) $15x^2y^9$	e) $6x^6y^8$	g) $2x^6y^6z^3$	i) $30m^4np^4q^3$	k) $x^4y^4z^3$	m) $-a^3b^7$	o) $-a^7b^8$
b) $6a^3b^7c^5$	d) $120a^5b^6$	f) $6x^5y^6z^8$	h) a^6b^4	j) $10a^5b^3c^4$	l) $-a^3b^4$	n) a^9	

Capítulo 1 – Números inteiros

E38)
a) 11 c) –2 e) –10 g) –8 i) –2
b) 6 d) –10 f) 4 h) –2 j) –12

E39)
a) 20 c) 24 e) 2 g) –72 i) 108
b) –88 d) 16 f) 15 h) 30 j) 9

E40)
a) 60 c) 43 e) 57 g) 83 i) 64 k) 29 m) 26 o) 17
b) 18 d) 21 f) –25 h) –7 j) 106 l) 10 n) –43

E41)   **E42)**
a) 38 c) –52 e) 32 g) –238 i) 45 a) 432 c) 66 e) 171
b) 182 d) –45 f) –58 h) 229 j) 56 b) –421 d) 186

E43)
a) –8 c) –1 e) 8 g) 6 i) –126 k) 32 m) 145 o) –30 q) –78 s) 1
b) 12 d) 8 f) 320 h) 6 j) 2 l) 2 n) 34 p) 90 r) 120 t) 29

E44)
a) 276 c) 178 e) 969 g) 225 i) 4
b) –180 d) –903 f) –21772 h) –443 j) 120

E45)
a) 27 c) 32 e) 104 g) 18 i) 1 k) 0 m) 11 o) 13
b) –10 d) 80 f) 12 h) –216 j) –338 l) –250 n) –8

E46)
a) 11 c) –1 e) 8 g) 54 i) –126 k) 32 m) 145 o) –30 q) 78 s) 1
b) 12 d) 8 f) 320 h) 6 j) 2 l) 2 n) 34 p) 90 r) 120 t) 29

E47)
a) –252 c) 51 e) 178 g) -21772
b) –432 d) –903 f) 43 h) 43

E48)
a) 400 c) 64 e) 6400 g) 2744 i) 512 k) –125 m) 169 o) –125 q) 225 s) 324
b) 169 d)10000 f) 900 h) 1728 j) 15625 l) 196 n) –512 p) 256 r) –729 t)–27000

E49)
a) 4 c) 6 e) 9 g) 12 i) 15 k) 20 m) 4 o) 5 q) 6 s) 1
b) 5 d) 7 f) 11 h) 14 j) 32 l) 3 n) 10 p) 30 r) 2 t) 0

E50)
a) –20 c) –4 e) –5 g) –6 i) –1
b) –3 d) –10 f) –30 h) –2 j) 0

E51)
a) 3 c) –2 e) - g) 4 i) –1
b) - d) 2 f) 2 h) - j) 0

E52)
a) 6 c) 1 e) 7 g) –2 i) 17 k) 3 m) 36 o) 7
b) 1 d) 144 f) 1 h) –15 j) 5 l) –11 n) 39

E53)

a) I	c) I	e) I	g) I	i) I	k) R	m) I	o) R	q) R	s) I
b) I	d) I	f) I	h) R	j) I	l) I	n) R	p) R	r) R	t) R

E54)

a) 3	c) 6	e) 3	g) 7	i) 7	k) 8	m) −8	o) 0
b) 2	d) 7	f) 4	h) 10	j) 10	l) 3	n) −1	

E55)

a) 3	c) 8	e) 5	g) 12	i) 0	k) −7	m) 0	o) 15
b) 5	d) 8	f) −13	h) −3	j) −4	l) −10	n) 3	

E56)

a) −7	c) −6	e) 12	g) −5	i) −3	k) −25	m) −16	o) −50
b) −6	d) −20	f) −6	h) −12	j) 3	l) 5	n) −6	

E57)

a) −1	c) 27	e) −16	g) −19	i) −11	k) 12	m) −13	o) 6
b) 6	d) −12	f) −21	h) −18	j) −5	l) 8	n) 10	

E58)

a) −38	c) −31	e) −52	g) 162	i) 10	k) 44	m) −3	o) 15
b) 18	d) 18	f) −35	h) −72	j) −11	l) 10	n) 33	

E59)

a) 7	c) 6	e) −12	g) 132	i) 20	k) 120	m) 120	o) −50
b) 5	d) −12	f) 72	h) 19	j) 13	l) 70	n) 126	

E60)

a) −4	c) −56	e) −77	g) −32	i) −27	k) 1	m) −1	o) 1
b) 35	d) 7	f) −216	h) 324	j) −64	l) −512	n) 0	

E61)

a) 24^5	c) a^{30}	e) 1000	g) 5^4	i) 30^2	k) 10^5	m) 2^{75}	o) 5^{14}
b) 30^2	d) -6^6	f) 5^{10}	h) 8^2	j) 100^5	l) 10^7	n) 10^{13}	

E62)

a) −4	c) 9	e) 57	g) 17	i) 64	k) −8	m) 320	o) 32
b) −14	d) 15	f) −7	h) 10	j) 21	l) −1	n) 2	

E63)

a) 1	c) 1	e) −12	g) 1	i) −1	k) 0	m) 720	o) 1
b) −1	d) 13	f) −12	h) 1	j) −1	l) 1	n) 1	

E64)

a) 169	c) −27000	e) 32	g) −30	i) 4	k) 6	m) 17	o) −3
b) 169	d) 20	f) 1	h) −4	j) −2	l) −2	n) 7	

E65)

a) 84	c) 23	e) −7	g) −95	i) 35	k) 0	m) 1	o) 0
b) −39	d) −61	f) 89	h) 360	j) 0	l) 18	n) 304	

E66) zero

E67) −35°C

Capítulo 1 – Números inteiros

59

E68) O número original, com sinal positivo.

E69) Sim, se o número for –2, –3, –4 ou outro inteiro menor.

E70) Pode ser 0, 1 ou –1.

E71) É o número com sinal positivo. O símbolo do módulo de x é $|x|$.

E72) 0 ou 1.

E73) Somente quando a e b têm o mesmo sinal, ou quando a=b=0.

E74) É o número com sinal trocado.

E75) Sim, quando o número é negativo.

E76) Zero.　　　E77) –1, –2, –3, –4 e –5.　　　E78) (D)

E79)
(V) A subtração é a operação inversa da adição, e não da "soma".
(F) A multiplicação é associativa em relação à adição
(F) Somente a adição é comutativa, a subtração não é.
(F) O elemento neutro tem que ser à direita e à esquerda
(V) Nos números inteiros, a multiplicação é distributiva em relação à adição
(F) A diferença entre dois números negativos será sempre um número negativo
(F) A soma de um número inteiro com o seu módulo nunca será zero
(F) Somente para os positivos
(V) Chama-se *Desigualdade triangular*
(V) O conjunto dos números inteiros é infinito

E80)
(V) $Z_+ = N$ (o conjunto dos inteiros não negativos é igual ao conjunto dos naturais)
(V) Na reta numérica, quanto mais à direita, maiores são os números
(F) Z_- é o conjunto dos inteiros negativos e mais o zero.
(V) Entre 0 e 1 existem infinitos números racionais
(V) Os números π e $\sqrt{5}$ são irracionais
(F) O número $\sqrt{25}$ é irracional (= 5)
(V) Números irracionais possuem infinitas casas decimais que não se repetem. Os algarismos se repetem, mas as sequências não se repetem de forma infinita.
(V) Dívidas e temperaturas abaixo de zero são dois exemplos de números negativos na vida cotidiana
(F) Quanto maior é um número, menor será o seu simétrico, isso vale para positivos e negativos
(V) Em uma expressão algébrica, quando um par parênteses tem um sinal + antes, basta eliminar os parênteses e repetir o seu conteúdo.

E81)
(V) Para multiplicar potências de mesma base, basta repetir a base e somar os expoentes
(V) A raiz quadrada de um número n, indicada como $\sqrt{n}$, nunca poderá ser negativa
(F) Um número inteiro não se altera quando é elevado à potência 0
(V) Potências de expoente par serão sempre positivas, mesmo quando a base é negativa
(F) exceção: 0^2 não é positivo

O ALGEBRISTA

(F) exceção: não vale para base igual a 1.
(F) 2^9 vale 512
(V) Associativa e comutativa são duas propriedades da adição de inteiros
(F) A raiz cúbica de um número positivo pode ser um número negativo

(F) $\sqrt{3^2 + 4^2}$ é a mesma coisa que 3+4

E82)
(V) $I \cup Q = R$
(V) $I \cap Q = \emptyset$
(V) $Z \cap Q = Z$
(F) Se $x \in Z$ e $y \in Z$, então $x/y \in Z$
(V) $Z \cap R = Z$
(V) $N \subset Z \subset Q \subset R$
(V) $R - I = Q$
(V) $Z - N = Z_-^*$
(V) Os conjuntos N e Z são infinitos
(F) não pertence a I

E83) 30°C negativos.

E84) 70 anos

E85) 700°C.

E86) 1º trimestre e R$ 28.300,00

E87) 265 m

E88) –10°C.

E89) –42°C.

E90) –1.

E91) (C) Sugestão: exprimir
como a^7, b^7 e c^7.

■

Capítulo 2

Números racionais

Também Reais e Irracionais

Já estudamos no capítulo 1, a relação entre os conjuntos Q, I e R. Este capítulo trata principalmente das operações no conjunto Q (Racionais), entretanto, praticamente todas elas aplicam-se também aos conjuntos I e R. No seu final serão apresentadas observações adicionais sobre I e R, além disso, praticamente todos os capítulos seguintes lidam com números reais e irracionais. Entretanto, do ponto de vista didático, é melhor apresentar as propriedades de I e R, usando inicialmente o conjunto Q, para depois estender as propriedades para os demais conjuntos.

Segurança, precisão, rapidez

Em praticamente todas as questões de matemática temos que realizar algum tipo de cálculo. Na maioria das questões, o cálculo é uma parte importante, mas não a principal. Em muitas questões, o cálculo é o objetivo principal, do tipo calcule isso, calcule aquilo. As questões dos concursos para a EPCAr apresentam cálculos bastante cansativos. Por exemplo, ao invés de apresentar uma expressão, apresentam quatro expressões e os respectivos valores e perguntam quais delas estão corretas. O aluno se vê obrigado a calcular as quatro expressões. Expressões nas provas do Colégio Naval são menos trabalhosas, mas requerem mais atenção, e o aluno tem que fazer uso das propriedades das operações. Questões do Colégio Militar têm estilo mais parecido com o do Colégio Naval. Questões das Olimpíadas de Matemática muitas vezes precisam de uma "sacada genial" para a resolução, e deve ser levado em conta que muitas vezes os outros concursos repetem questões da Olimpíada de Matemática.

Este capítulo tem um grande número de exercícios. Você deve resolver todos, com a máxima atenção. Você deve treinar para ter rapidez, pois nos concursos o tempo para a resolução de cada questão é muito pequeno. A precisão é necessária para que você não erre em contas. E você deve conhecer muito bem as propriedades das operações, para que não perca tempo pensando no caminho a ser tomado nos cálculos.

Inteiros e racionais

Você já estudou os números inteiros no capítulo 1, suas operações, expressões e resolveu diversos problemas. A boa notícia é que todas as operações aprendidas para os números inteiros são praticamente idênticas nos números racionais. Então você já sabe mais da metade do que precisa saber sobre os números racionais.

Os números racionais são todos os números inteiros, e ainda todos aqueles representados na forma de uma fração, na qual o numerador e o denominador são primos entre si. O sinal pode ser positivo ou negativo. O número zero, é claro, também é um número racional.

62 O ALGEBRISTA

Exemplos de números racionais:

2 –5, 0, 1, 137, –20, 11, 34, –9, –85, 2000, –1.000.000,

$$\frac{1}{2}, -\frac{2}{5}, \frac{4}{7}, -\frac{41}{23}, \frac{16}{3}, \frac{49}{25}, -\frac{1}{200}, \frac{13}{35}, -\frac{10}{27}, \frac{26}{81}, \frac{32}{125}, -\frac{100}{3}, \text{ etc.}$$

Assim como ocorre com os conjuntos N e Z, o conjunto dos números racionais (indicado como Q) é também infinito.

A má notícia é que para conhecer os números racionais, é preciso saber trabalhar com as frações positivas, assunto que é ensinado até o $5^{\underline{o}}$ ano do ensino fundamental, e faz parte da *aritmética*. Infelizmente muitos alunos chegam ao $6^{\underline{o}}$ ano sem um bom domínio do assunto, que engloba:

- Frações ordinárias, frações decimais
- Frações próprias, impróprias, irredutíveis, número misto
- Frações decimais
- Dízimas periódicas simples e compostas
- Porcentagem
- Operações com frações
- Redução ao mesmo denominador
- MMC, MDC, divisibilidade, números primos

É recomendável que você revise os assuntos acima no seu livro de aritmética. Seja como for, faremos uma breve revisão de cada tópico necessário conforme apresentarmos os números racionais nesse capítulo.

Módulo e simétrico de um número racional

Assim como ocorre para os números inteiros, os números racionais apresentam:

a) Simétrico ou oposto:
É o número com o sinal trocado. Por exemplo, o simétrico de 4/3 é –4/3, o simétrico de –3/5 é 3/5, o simétrico de 0 é 0.

b) Módulo ou valor absoluto
É o número sem sinal. O módulo de –2/3 é 2/3, o módulo de 4/7 é 4/7, o módulo de 0 é 0. Para representar o módulo, colocamos o valor entre barras verticais (| |). Por exemplo:

$$|-2/3| = 2/3$$

Revisão de frações

Um mesmo número racional pode ser representado por infinitas frações diferentes. Considere por exemplo as frações 1/2 e 5/10. Essas duas frações não são iguais, mas sim, são equivalentes.

Frações iguais: São aquelas que possuem o mesmo numerador e mesmo denominador. Por exemplo, 1/2 e 1/2 são frações iguais.

Frações equivalentes: são frações que possuem o mesmo valor numérico. Essas frações, depois de simplificadas, ficam com numeradores e denominadores iguais. Por exemplo, 1/2 e 5/10.

Capítulo 2 – Números racionais

Ao considerarmos os valores numéricos dos números racionais, estamos levando em conta não as frações, mas os valores representados. Quando afirmamos que:

$$\frac{1}{2} = \frac{5}{10}$$

estamos dizendo que ambas as frações são representações diferentes do mesmo número racional. Não estamos afirmando que as frações são iguais, mas que ambas representam o mesmo número racional.

Fração é uma divisão

O que muitas vezes os alunos esquecem é que a fração é na verdade uma divisão. No exemplo da fração 3/8, equivale a dividir um objeto em 8 partes e usar 3 delas. Mas também equivale a tomar três objetos juntos e dividir o total por 8, como mostra a figura abaixo.

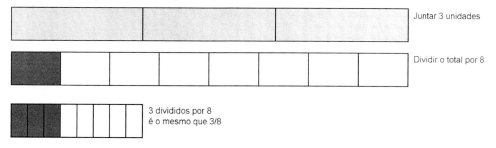

Na primeira parte da figura acima temos 3 unidades. Depois de juntar as três partes, dividimos este total por 8. Isso é 3 dividido por 8 (2ª parte da figura). Na terceira parte da figura dividimos uma unidade por 8 e tomamos 3 dessas partes. Isso também é 3/8.

O resultado da divisão (no exemplo, 3 dividido por 8) é o número racional que a fração representa.

Lembramos que os termos da fração são chamados de numerador (o de cima) e denominador (o de baixo). Correspondem ao dividendo e ao divisor da divisão representada por esta fração.

Simplificação e fração irredutível

O valor de uma fração não se altera quando dividimos o numerador e o denominador pelo mesmo valor inteiro. Isso é o que chamamos de *simplificar* a fração. Considere por exemplo a fração 72/96.

$$\frac{72}{96} = \frac{36}{48} = \frac{18}{24} = \frac{9}{12} = \frac{3}{4}$$

Se dividirmos o numerador e o denominador de 72/96 por 2, encontraremos 36/48, que é uma fração equivalente, ou seja, representa o mesmo número racional. A seguir podemos continuar dividindo o numerador e o denominador por 2, 2, e finalmente por 3, chegando a 3/4. Esta última fração não pode ser mais simplificada, ou seja, não existe nenhum número natural pelo qual podemos dividir simultaneamente 3 e 4 (ou seja, 3 e 4 são primos entre si). Dizemos então que a fração 3/4 é *irredutível*.

Fração decimal, fração ordinária

Frações decimais são aquelas cujo denominador é uma potência de 10. Alguns exemplos:

$$\frac{3}{10}, \frac{1}{100}, \frac{200}{1000}, \frac{5}{10}, \frac{7}{100}, \frac{5000}{10000}$$

Os números racionais que são representados por frações decimais, podem também ser representados por *números decimais*, com um número finito de casas decimais. Exemplos:

$$\frac{3}{10} = 0,3 \qquad \frac{1}{100} = 0,01 \qquad \frac{5}{10} = 0,5 \qquad \frac{725}{100} = 7,25$$

As frações cujo denominador não é uma potência de 10, são chamadas de *frações ordinárias*. Exemplos:

$$\frac{3}{5}, \frac{2}{7}, \frac{20}{60}, \frac{1}{5}, \frac{100}{4}$$

Fração própria, fração imprópria, fração aparente, número misto

Fração própria e aquela na qual o numerador é menor que o denominador. Em consequência disso, essas frações são sempre menores que a unidade. Exemplos:

$$\frac{3}{5}, \frac{2}{7}, \frac{200}{1000}, \frac{1}{5}$$

Já as *frações impróprias* são aquelas nas quais o numerador é maior ou igual ao denominador.

$$\frac{6}{5}, \frac{10}{7}, \frac{200}{30}, \frac{18}{9}, \frac{7}{7}$$

Essas frações podem ser convertidas em números mistos, que possuem uma parte inteira e uma parte fracionária. Basta realizar a divisão inteira, do numerador pelo denominador. O quociente será a parte inteira do número misto, e o resto será o numerador da sua parte fracionária.

Exemplos:

a) $\dfrac{13}{5} = 2\dfrac{3}{5}$

b) $\dfrac{23}{7} = 3\dfrac{2}{7}$

c) $\dfrac{7}{4} = 1\dfrac{3}{4}$

Quando uma fração tem o numerador que é múltiplo do denominador, o número racional resultante será inteiro, pois a divisão será exata. Essas são chamadas de *frações aparentes*. Exemplos:

$$\frac{15}{5}, \frac{28}{7}, \frac{200}{40}, \frac{20}{5}$$

Capítulo 2 – Números racionais

Porcentagem

A porcentagem é um tipo especial de fração, onde o denominador é igual a 100.

Exemplo:
Em um dia de chuva, 25% dos alunos faltaram, de uma turma de 32 alunos. Quantos compareceram?

A turma tem 32 alunos. Para saber o número de alunos que faltaram, temos que multiplicar o número total (32) pela fração correspondente à porcentagem, que é 25/100.

Faltaram: $32 \times \dfrac{25}{100} = 32 \times \dfrac{1}{4} = \dfrac{32}{4} = 8$

Explicando: A porcentagem 25% é representada como 25/100 na forma de fração. Essa fração pode ter o numerador e o denominador simplificados por 25, o que resulta em 1/4. Ficamos então com 32 x (1/4), que é o mesmo que 32/4=8. Como faltaram 8 alunos da turma de 32, compareceram 32 – 8 = 24.

Qualquer problema de porcentagem se transforma em um problema de fração, quando convertemos esta porcentagem para a fração correspondente. Basta lembrar que x% é o mesmo que x/100.

Dízimas periódicas

Números decimais podem ter uma parte inteira e uma parte decimal exata. Por exemplo, 3/4 é o mesmo que 0,75. Para chegarmos a este valor, basta realizar a divisão, inicialmente tratando com inteiros. Quando chegamos ao resto, colocamos uma vírgula depois do quociente e continuamos fazendo a divisão. Em muitos casos, como no exemplo do 3/4, a divisão termina e temos um número determinado de casas decimais. Em outros casos, a divisão não termina nunca, o resto nunca chega a zero e as casas decimais são repetidas indefinidamente. Por exemplo:

1/3 = 0,3333333333333333333333333333333333333333333333333...

Dizemos então que temos uma *dízima periódica*. A parte que se repete é chamada de período. No exemplo acima, o período é 3. Usamos reticências (...) para indicar que o período se repete indefinidamente.

Dependendo dos números, o período pode ter vários algarismos. Por exemplo:

11/7 = 1,571428571428571428571428571428...

Nesse caso, o período é 571428. Não é necessário escrever a dízima com tantas casas decimais. Basta colocar uma vez o período que se repetirá, seguido de reticências. A dízima periódica gerada pela fração 11/7 pode portanto ser escrita como 1,571428..., o que deixa claro que o período é a parte indicada após a vírgula, no caso, 571428. Em certos casos, ocorrem algumas casas decimais não repetitivas, chamadas *anteperíodo*, para depois começarem as repetições. Por exemplo:

145/18 = 13,611111111111111111111111111111111...

66 O ALGEBRISTA

Vemos que depois da casa decimal temos um dígito 6, para depois iniciar a repetição do 1, que é o período. Podemos indicar então este número como 13,611... ou 13,6111..., o que deixa claro que o "1" é a parte que se repete.

Nas expressões algébricas, é mais comum manter os números racionais representados como fração, ao invés de usar as dízimas periódicas. Isto porque a representação por fração é exata, já a forma de número decimal resulta em erro de arredondamento. Como não é possível escrever infinitas casas decimais, acabamos desprezando as casas que vão até o infinito. Por exemplo, ao representarmos 1/3 como 0,333 estamos na verdade introduzindo um erro de 0,000333... para menos.

Muitas vezes ocorre o problema inverso, que é descobrir qual é a *fração geratriz* da dízima periódica, ou seja, encontrar a fração que, se for feita a divisão do numerador pelo denominador, resulta na dízima dada. Por exemplo, a fração geratriz de 0,333... é 1/3.

Encontrando a fração geratriz

É fácil encontrar a fração geratriz de uma dízima periódica. A primeira coisa a fazer é determinar quantos algarismos tem o período. A seguir multiplicamos a dízima periódica por 10, 100, 1000, etc, conforme for o número de algarismos do período (1, 2, 3, etc.). Finalmente subtraímos este novo valor pela dízima original. Ficamos com duas equações simples, que subtraídas, permitirão chegar à fração geratriz.

Exemplo:
x = 3,7111...

O período tem um algarismo, então temos que multiplicar por 10. Ficamos então com:

10x = 37,111...

Agora calculamos esta equação menos a original:

10x = 37,111...
x = 3,7111...

Subtraindo 10x – x encontramos 9x. Subtraindo 37,111... – 3,7111... encontramos:

```
37,111111...
 3,711111...
33,400000
```

Não esqueça que para adicionar ou subtrair números decimais, é preciso alinhar suas vírgulas. Note que a parte que se repete até o infinito (1111) vai ser "cancelada", resultando em 00000. O resultado da subtração é um decimal exato, 33,4. Agora podemos fazer:

$$9x = 33,4$$
$$x = \frac{33,4}{9} = \frac{334}{90}$$

Portanto a fração geratriz da dízima é 334/90.

Fatoração de números naturais

Nas operações com frações é comum ter que escrever números na forma fatorada. Por exemplo:

Capítulo 2 – Números racionais

$30 = 2.3.5$ (podemos representar a multiplicação pelo símbolo "x" ou por ".".
$49 = 7.7 = 7^2$
$12 = 2.2.3 = 2^2.3$
$80 = 2^4.5$
$120 = 2^3.3.5$

Fatorar um número é representá-lo como um produto de fatores primos. Quando existirem fatores primos repetidos, usamos potências. Para fatorar um número, fazemos sua divisão sucessivamente pelos números primos, em ordem crescente. Lembramos que um número primo é aquele que só pode ser dividido, com divisão exata, por ele mesmo ou pela unidade. Os números primos são:

2, 3, 5, 7, 11, 13, 17, 19, 23, 29, 31, 37, ...

Exemplo: Fatorar 120
$120 \div 2 = 60$
$60 \div 2 = 30$
$30 \div 2 = 15$ (agora não pode mais ser dividido por 2, passamos para o 3)
$15 \div 3 = 5$ (agora não pode mais ser dividido por 3, passamos para o 5)
$5 \div 5 = 1$

Então $120 = 2x2x2x3x5 = 2^3.3.5$

Para evitar erros, devemos armar as divisões no dispositivo abaixo. Vejamos o exemplo da fatoração do número 720.

```
720 | 2
360 | 2
180 | 2
 90 | 2
 45 | 3
 15 | 3
  5 | 5
  1 | = 2⁴.3².5
```

MMC

Para fazer a adição ou a subtração de frações, é preciso que possuam o mesmo denominador. Por exemplo, não podemos adicionar diretamente 1/2+1/3, porque os denominadores são diferentes. Mas podemos representar ambas as frações com o denominador 6, ficando com:

$$\frac{1}{2} = \frac{3}{6} \quad e \quad \frac{1}{3} = \frac{2}{6}$$

Podemos então escrever:

$$\frac{3}{6} + \frac{2}{6} = \frac{3+2}{6} = \frac{5}{6}$$

Vemos então que antes de adicionar frações, precisamos reduzi-las ao mesmo denominador, multiplicando os termos de cada uma delas por um número tal que os denominadores ficam iguais. No exemplo acima, multiplicamos os dois termos (numerador e denominador) de 1/2 por 3, ficando com 3/6, e multiplicamos numerador e denominador de 1/3 por 2, ficando com 2/6.

Este denominador igual nada mais é que o MMC (mínimo múltiplo comum) entre os denominadores. Para encontrar o MMC entre dois ou mais números, usamos o dispositivo indicado abaixo. Mostraremos o exemplo do cálculo do MMC entre 24, 45 e 96. Fazemos sucessivamente a divisão desses três números pelos fatores primos (2, 3, 5, 7, 11, etc.). Enquanto pelo menos um dos números puder ser dividido, prosseguimos dividindo. Se um número não puder ser dividido, devemos repeti-lo.

24	– 45	– 96	2	Inicialmente dividimos por 2. O 45 é repetido
12	– 45	– 48	2	Mais uma vez podemos dividir por 2
6	– 45	– 24	2	Pela terceira vez dividimos por 2
3	– 45	– 12	2	O 3 e o 45 não podem, mas o 12 ainda pode ser dividido por 2
3	– 45	– 6	2	O 6 ainda pode ser dividido por 2.
3	– 45	– 3	3	Agora começaremos a dividir por 3
1	– 15	– 1	3	O 15 ainda pode ser dividido por 3
1	– 5	– 1	5	Agora dividimos todos por 5.
1	– 1	– 1		MMC $= 2^5 \cdot 3^2 \cdot 5 = 1440$

Comparação de frações

Além da adição e da subtração, existe uma outra operação que requer a redução de frações ao mesmo denominador, que é a comparação de frações. Uma vez que todas tenham denominadores iguais, podemos então decidir qual é a maior e qual é a menor, comparando simplesmente seus numeradores. Vejamos um exemplo:

Exemplo:
Colocar em ordem crescente as seguintes frações:

$$\frac{1}{2}, \frac{2}{5} \text{ e } \frac{4}{7}$$

A primeira coisa a fazer é encontrar o MMC entre seus denominadores:

MMC $(2, 5, 7) = 70$

Para que as três frações fiquem com denominador 70, devemos multiplicar ambos os termos da primeira fração por 35, ambos os termos da segunda por 15, e ambos os termos da terceira por 10.

$$\frac{1 \times 35}{2 \times 35}, \frac{2 \times 14}{5 \times 14} \text{ e } \frac{4 \times 10}{7 \times 10}$$

Ficamos então com

$$\frac{35}{70}, \frac{28}{70} \text{ e } \frac{40}{70}$$

Vemos então que a terceira fração (40/70 = 4/7) é a maior das três. A segunda maior é a primeira (35/70 = 1/2), e a menor de todas é a segunda fração (28/70 = 2/5).

Capítulo 2 – Números racionais

Exercícios de revisão sobre frações

E1) Fatore os seguintes números:

a) 720	f) 320	k) 84	p) 384
b) 150	g) 512	l) 120	q) 625
c) 96	h) 630	m) 160	r) 900
d) 105	i) 1024	n) 180	s) 121
e) 144	j) 420	o) 240	t) 288

E2) Calcule o MMC entre:

a) 18 e 30	f) 200 e 320	k) 105 e 120	p) 10, 15 e 45
b) 36 e 48	g) 24, 36 e 60	l) 45, 72 e 150	q) 20, 24 e 30
c) 45 e 72	h) 35, 42 e 48	m) 25, 35, 45 e 55	r) 6 e 32
d) 120 e 144	i) 1, 2, 3, 4, 5 e 6	n) 1, 27, 12, 45 e 36	s) 30 e 10
e) 150 e 180	j) 10, 11, 12 e 15	o) 36, 54 e 12	t) 40 e 20

E3) Se A é um número natural, calcule o MMC entre A e 12.A

E4) Calcule o MMC entre $2^3.6^2.10^2$ e $2^2.9^2$. Indique o resultado na forma fatorada.

E5) Encontre um múltiplo de 36 e 24, compreendido entre 100 e 200.

E6) Encontre uma fração equivalente a 2/5 cujo numerador seja 32

E7) Encontre uma fração equivalente a 3/7 cujo denominador seja 56

E8) Encontre uma fração equivalente a 3/4 cuja soma dos termos seja 35

E9) Encontre uma fração equivalente a 5/8 onde o denominador seja 21 unidades maior que o denominador.

E10) Em uma estrada de 180 km, um motorista viajou 1/3 do total e parou para almoçar, depois percorreu 1/2 total e parou em um posto de gasolina. Qual fração da estrada representa o trecho restante?

E11) Transforme as seguintes frações impróprias em número misto:

a) 7/3	f) 18/7	k) 9/4	p) 20/3
b) 18/5	g) 39/35	l) 21/10	q) 48/5
c) 72/25	h) 17/3	m) 24/5	r) 100/7
d) 14/3	i) 25/3	n) 32/14	s) 9/2
e) 23/5	j) 11/5	o) 17/13	t) 25/7

E12) Transforme os seguintes números mistos em frações impróprias:

a) 3 1/2	f) 1 3/5	k) 1 1/3	p) 4 1/2
b) 5 1/4	g) 2 1/3	l) 2 3/7	q) 2 2/11
c) 7 3/5	h) 1 4/7	m) 2 5/9	r) 1 1/5
d) 11 1/3	i) 2 3/8	n) 1 3/10	s) 5 1/7
e) 2 3/7	j) 2 1/9	o) 3 1/3	t) 10 3/4

E13) Um ônibus enguiçou depois de percorrer 2/5 do seu trajeto. Ficaram faltando 12 km para chegar ao ponto final. Qual é a distância total do trajeto?

E14) Encontre uma fração equivalente a 3/8 cuja soma dos termos seja 55.

O ALGEBRISTA

E15) Depois de percorrer 1/3 do caminho, um carro parou para abastecer. A seguir parou depois de percorrer a metade do caminho restante, quando faltavam apenas 15 km para o final do trajeto. Qual é a distância total do trajeto?

E16) Gastei 1/3 da minha mesada. Do valor que sobrou, guardei 2/5 e gastei o restante para comprar um jogo de computador que custou R$ 48,00. Qual é o valor da minha mesada?

E17) Qual é a maior fração própria irredutível na qual o denominador é 18?

E18) Coloque as seguintes frações em ordem crescente:
1/3, 4/5, 7/12, 2/3, 11/12, 4/3, 17/12

E19) Simplifique as frações:

a) 480/72	f) 63/777	k) 144/480	p) 42/105
b) 156/240	g) 85/68	l) 210/360	q) 28/70
c) 85/221	h) 60/450	m) 74/111	r) 45/150
d) 91/130	i) 84/63	n) 20/75	s) 18/48
e) 420/960	j) 225/50	o) 96/240	t) 26/65

E20) Encontre três frações equivalentes a 3/8 nas quais os numeradores são os menores possíveis.

E21) Qual é a maior fração própria irredutível na qual o denominador é 15?

E22) Qual é a fração equivalente a 3/16 de menor denominador possível e que seja múltiplo de 12?

E23) Reduza as seguintes frações ao mesmo denominador, e que este seja o menor possível:
3/2, 2/3, 4/15, 1/30, 72/144

E24) José acertou 5/8 de uma prova de 16 questões, João acertou 4/5 de uma outra prova, com 10 questões. Sabendo que em cada prova, todas as questões tinham o mesmo valor, quem acertou mais questões? Quem tirou a maior nota?

E25) Em uma sala, 2/3 dos estudantes são meninos. Certo dia, metade das meninas faltou, tendo comparecido apenas 8. Qual é o número total de estudantes?

E26) Qual é a maior fração menor que 2/5 cujo denominador é 8?

E27) Em um pequeno sítio, a metade da área cultivável foi plantada com café, 1/4 foi plantado com milho e os 100 hectares restantes da área cultivável foram usados para pasto. Sabendo que a área cultivável é 4/5 da área total, qual é a extensão total do sítio?

E28) João andou 8/11 de um percurso, Pedro andou 7/10 do mesmo. Quem percorreu a distância maior?

E29) Em uma escola, 4/11 dos alunos estão no primeiro ano, 5/13 no segundo ano e o restante no terceiro ano. Em qual dos três anos há mais alunos?

E30) Das 25 questões de uma prova, Pedro acertou 18, ficando com nota 18 sobre 25. Qual é a sua nota em uma escala de 1 a 10?

Capítulo 2 – Números racionais

E31) Dois carros partem em sentidos opostos, com a mesma velocidade, em uma estrada de 30 km, sendo um do km 0 em direção ao km 30, e o outro saindo do km 30 em direção ao km 0. Em qual quilômetro da estrada os dois se encontrarão?

E32) Como ficaria o problema anterior se o carro que parte do km 0 tiver o dobro da velocidade do carro que parte do km 30?

E33) E se o carro que parte do km 0 for 4 vezes mais rápido que o outro?

E34) Calcule as porcentagens:

a) 30% de 20	f) 125% de 20	k) 40% de 45	p) 5% de 80
b) 25% de 60	g) 12,5% de 40	l) 25% de 36	q) 100% de 237
c) 15% de 40	h) 300% de 80	m) 75% de 80	r) 19% de 200
d) 10% de 70	i) 80% de 14	n) 30% de 40	s) 15% de 60
e) 35% de 80	j) 75% de 20	o) 90% de 40	t) 12% de 100

E35) Qual das afirmativas abaixo é falsa?
(A) Frações equivalentes representam o mesmo número racional.
(B) Todo número misto é igual a uma fração imprópria.
(C) Uma fração que não é decimal é chamada *fração ordinária*.
(D) O numerador de uma fração nunca pode ser 0.
(E) Numa fração irredutível, o numerador e o denominador são primos entre si.

E36) Qual das afirmativas abaixo é falsa?
(A) A fração cujo denominador é uma potência de 10 é chamada fração decimal.
(B) Fração própria é aquela menor que a unidade
(C) O denominador de uma fração nunca pode ser 0.
(D) A divisão frações é uma operação distributiva em relação à adição
(E) Nas frações impróprias, o numerador é menor ou igual ao denominador

E37) Escreva as seguintes frações decimais na forma de números decimais:

a) 27/1000	f) 1/1000	k) 115/10	p) 13/1000
b) 456/10	g) 500/10	l) 217/10	q) 10/100
c) 12/10000	h) 27/10	m) 1178/100	r) 32/100
d) 5/100	i) 43/10	n) 36/100	s) 21/1000
e) 156/100	j) 77/100	o) 27/1000	t) 8192/1000

E38) Escreva as seguintes porcentagens na forma de fração decimal:

a) 20%	f) 1,25%	k) 10%	p) 40%
b) 5%	g) 162%	l) 1,5%	q) 60%
c) 1%	h) 200%	m) 4%	r) 90%
d) 1,3%	i) 18%	n) 25%	s) 75%
e) 0,5%	j) 12%	o) 32%	t) 35%

E39) Escreva as frações decimais correspondentes aos seguintes números decimais:

a) 0,3	f) 100,1	k) 1,3	p) 1,8
b) 1,2	g) 0,0002	l) 21,12	q) 0,7
c) 0,01	h) 0,000001	m) 0,001	r) 0,99
d) 1,75	i) 0,25	n) 0,005	s) 10,5
e) 3,24	j) 2,25	o) 12,5	t) 8,3

E40) Converta as seguintes frações ordinárias em números decimais:

a) 1/4	f) 15/4	k) 6/5	p) 7/2
b) 5/4	g) 3/25	l) 12/20	q) 3/2
c) 7/5	h) 3/20	m) 17/2	r) 1/8

d) 2 1/5	i) 3/8	n) 5/8	s) 9/5
e) 7/8	j) 3/4	o) 9/12	t) 4/5

E41) Converta os seguintes números decimais em frações ordinárias irredutíveis

a) 1,25	f) 3,4	k) 1,6	p) 0,75
b) 0,35	g) 7,2	l) 1,75	q) 0,6
c) 0,75	h) 4,25	m) 2,2	r) 0,4
d) 0,625	i) 5,2	n) 1,1	s) 0,2
e) 0,125	j) 1,5	o) 2,5	t) 0,025

E42) Transforme as seguintes frações em dízimas periódicas

a) 1/3	f) 8/11	k) 5/6	p) 7/18
b) 2/9	g) 1 2/9	l) 1/7	q) 5/3
c) 4/6	h) 3 1/3	m) 7/3	r) 21/11
d) 3/7	i) 5 3/7	n) 16/3	s) 7/9
e) 4/3	j) 19/15	o) 5/9	t) 10/13

E43) Encontre a fração geratriz das seguintes dízimas periódicas:

a) 0,323232...	f) 2,1333...	k) 16,666...	p) 0,058333...
b) 1,777...	g) 0,1333...	l) 5,111...	q) 0,131313...
c) 3,1818...	h) 2,4141...	m) 0,444...	r) 0,7432432432...
d) 0,555...	i) 2,666...	n) 0,0666...	s) 0,00666...
e) 0,999...	j) 8,333...	o) 0,13232...	t) 5,4747...

Lidando com sinais

Operações com números racionais envolvendo frações são praticamente idênticas às operações com frações feitas em séries anteriores do ensino fundamental. O único detalhe que causa um pouco de confusão para quem aprende números racionais pela primeira vez é o uso dos sinais. Se tomarmos um certo numerador e um certo denominador (tomemos como exemplo, 2/15) e levarmos em conta todas as possibilidades de sinais, diversos números racionais podem ser formados (veremos que na verdade só existem dois valores, 2/15 e –2/15):

$$+\frac{+2}{+15}, \ +\frac{+2}{-15}, \ +\frac{-2}{+15}, \ +\frac{-2}{-15}, \ -\frac{+2}{+15}, \ -\frac{+2}{-15}, \ -\frac{-2}{+15} \ \text{e} \ -\frac{-2}{-15}$$

Sabemos que o sinal antes de um número positivo é opcional. Também é opcional colocar + antes de um número racional Então podemos eliminar sinais positivos desnecessários das frações acima. Ficamos então com as possibilidades:

$$\frac{2}{15}, \ \frac{2}{-15}, \ \frac{-2}{15}, \ \frac{-2}{-15}, \ -\frac{2}{15}, \ -\frac{2}{-15}, \ -\frac{-2}{15} \ \text{e} \ -\frac{-2}{-15}$$

Levando em conta apenas o sinal do numerador e do denominador, lembramos que a divisão entre dois números de mesmo sinal dá resultado positivo, e de sinais diferentes dá resultado negativo. Então recalculando as oito frações acima, ficamos com:

a) $\dfrac{2}{15} = \dfrac{2}{15}$ (nada a recalcular)

b) $\dfrac{2}{-15} = -\dfrac{2}{15}$

Capítulo 2 – Números racionais

c) $\dfrac{-2}{15} = -\dfrac{2}{15}$

d) $\dfrac{-2}{-15} = \dfrac{2}{15}$

e) $-\dfrac{2}{15} = -\dfrac{2}{15}$ (nada a recalcular)

f) $-\dfrac{2}{-15} = \dfrac{2}{15}$

g) $-\dfrac{-2}{15} = \dfrac{2}{15}$

h) $-\dfrac{-2}{-15} = -\dfrac{2}{15}$

Dos exemplos (d) e (h) acima, vemos que dois sinais negativos, um no numerador e um no denominador, podem ser simplificados e eliminados. No caso geral, sendo $\underline{a}$ e $\underline{b}$ números inteiros quaisquer:

$$\frac{-a}{-b} = \frac{a}{b}$$

Outro exemplo:

$$\frac{-4}{-7} = \frac{4}{7}$$

Dos exemplos (b) e (c) acima, vemos que um sinal negativo do numerador ou do denominador podem ser transferidos para a fração. No caso geral, sendo $\underline{a}$ e $\underline{b}$ números inteiros quaisquer:

$$\frac{-a}{b} = -\frac{a}{b}, \text{ e } \frac{a}{-b} = -\frac{a}{b}$$

Outros exemplos:

$$\frac{-4}{7} = -\frac{4}{7}$$

$$\frac{5}{-8} = -\frac{5}{8}$$

Essas não são na verdade novas regras de sinais. São consequências de regras já apresentadas no capítulo 1. Qualquer fração, com um sinal positivo ou negativo numerador, um sinal positivo ou negativo no denominador, e um sinal positivo ou negativo na própria fração, pode ser considerada como uma sequência com uma multiplicação e uma divisão. Por exemplo:

$$-\frac{4}{-7} = (-1) \times (+4) \div (-7)$$

74

O ALGEBRISTA

A regra de sinal é simples: se for um número par de negativos, o resultado será positivo, e se for um número ímpar de negativos, ou resultado será negativo. O número (-1) está representando o sinal negativo antes da fração. Se a fração não tivesse sinal, representaríamos isso por um fator (+1). Levando em conta esses três sinais (o da fração, o do numerador e o do denominador), podemos considerar que dois sinais negativos sempre se cancelam, pois quando multiplicamos ou dividimos (-1) por (-1), o resultado será +1. Por isso:

$$-\frac{4}{-7} = \frac{4}{7}$$

Ao formarmos qualquer fração usando números negativos, o resultado será sempre igual a uma fração com numerador e denominador positivos, e com um sinal na frente da fração que poderá ser positivo (opcional) ou negativo. Por isso não é usual escrever frações como

$$\frac{4}{-7}, \frac{-5}{-3}, \frac{-2}{3}, -\frac{-3}{8}, \text{etc.}$$

Apesar de não ser errado usar as formas acima, é de praxe representar esses números racionais usando numeradores e denominadores positivos, adicionando um sinal negativo na frente da fração, quando for o caso:

$$-\frac{4}{7}, \frac{5}{3}, -\frac{2}{3}, \frac{3}{8}, \text{etc.}$$

Exercícios

E44) Reescreva as frações abaixo, usando numeradores e denominadores positivos, e quando for o caso, um sinal negativo antes da fração:

a) $-\dfrac{5}{-3} = \dfrac{5}{3}$
b) $\dfrac{-4}{9} = -\dfrac{4}{9}$
c) $\dfrac{-3}{-2} =$
d) $-\dfrac{-7}{-8} =$
e) $-\dfrac{-6}{5} =$

f) $\dfrac{4}{-5} =$
g) $-\dfrac{7}{-11} =$
h) $\dfrac{-5}{12} =$
i) $\dfrac{-9}{-4} =$
j) $-\dfrac{-1}{-6} =$

k) $-\dfrac{-2}{9} =$
l) $\dfrac{2}{-7} =$
m) $-\dfrac{2}{-3} =$
n) $\dfrac{-7}{13} =$
o) $\dfrac{-3}{-11} =$

p) $-\dfrac{-2}{-5} =$
q) $-\dfrac{4}{-13} =$
r) $\dfrac{-7}{10} =$
s) $\dfrac{-23}{-17} =$
t) $-\dfrac{-3}{100} =$

Simplificação

Um dos objetivos deste capítulo é que você aprenda a resolver expressões complexas, como as do capítulo anterior, porém usando números racionais. Por isso vamos aos poucos apresentar expressões cada vez mais complexas. Começaremos com um tipo de expressão bastante básico, formada apenas por uma fração, cujo numerador é uma expressão e cujo denominador é outra expressão. Por exemplo:

$$\frac{[2 \times 4 - 2^2] \div [2 \times (3-4)]}{(-2) \times (-3) - \{(-2)^3 + [2 \times (-1)^9 + 2.(1 \times 3 - 2^2 \times (-5))]\}}$$

Observe que tanto o numerador como o denominador são expressões com números inteiros, como as que estudamos no capítulo passado. Vamos resolver cada um deles separadamente

Capítulo 2 – Números racionais 75

(nos cálculos abaixo usamos "." para multiplicação, ao invés de "x", para lembrar que esta notação é muito comum):

Numerador:

$[2.4-2^2] \div [2.(3-4)] = [8-4] \div [2.(-1)] = 4 \div (-2) = -2$

Denominador:

$(-2).(-3) - \{ (-2)^3 + [2.(-1)^9 + 2.(1.3 - 2^2.(-5))]\} = 6 - \{ -8 + [2.(-1) + 2.(3 - 4.(-5))]\}$

$= 6 - \{ -8 + [-2 + 2.(3 +20)]\} = 6 - \{ -8 + [-2 + 46]\} = 6 - \{ -8 + -2 + 46\} = 6 - \{ 36 \} = -30$

Sendo assim, a fração será igual a:

$$\frac{-2}{-30} = \frac{2}{30} = \frac{1}{15}$$

Portanto resolvemos o numerador e o numerador, depois tratamos o sinal da fração, e finalmente simplificamos. Quando encontramos em uma expressão, frações cujo numerador ou denominador seja uma expressão complexa, devemos antes resolver essas expressões, e se possível simplificá-las, ficando com frações mais fáceis de operar.

Exercícios

E45) Resolva as expressões do numerador e do denominador, a seguir simplifique a fração resultante.

a) $-\dfrac{5+2}{-3+5} =$

b) $\dfrac{7-4}{7-2} =$

c) $\dfrac{-3+(-2)^3}{(-2)^2-(-2)^0} =$

d) $-\dfrac{1-2^3}{1-3^2} =$

e) $-\dfrac{2^1-2^3}{2^0+2^2} =$

f) $-\dfrac{\sqrt{(-4)^2}+\sqrt[3]{(-4)^3}}{-(-99)^0-(-3)\times\left[(-1)^3-(-4)^2\right]} =$

g) $\dfrac{\sqrt{(-2)^2}+(-2)^3\times(-3)^2}{10\times(1+2+3+4)} =$

h) $-\dfrac{-\sqrt[3]{(-2)^3}}{\sqrt{(-25)^0}-\sqrt{(-2)^4}} =$

i) $\dfrac{(-2)^0+(-2)^3}{(-3)^3+(-3)^2+(-3)^1+(-3)^0} =$

j) $-\dfrac{-(-2).(-5)+(-18)\div(-2)}{(-6)\times(-7)-(-6)\times(-2)^3} =$

k) $\dfrac{-(-2)^{2^2}}{5^2-5\times(-3)^2} =$

l) $-\dfrac{(-4)\times(-5)-(-5)^2}{-(-7)^0-(-7)^2} =$

m) $-\dfrac{2+(-2)^5}{(-5)^2\times(-2)^2} =$

n) $\dfrac{10^0-10^1}{5.(-4)-2.(-8)} =$

o) $\dfrac{2.(-15)+(-5)^2}{\sqrt{64}-\sqrt{(-4)^2}} =$

p) $-\dfrac{-\sqrt{(-2)^2}}{\sqrt{(-3^2)^2}} =$

q) $\dfrac{2}{1+(-2)^3} =$

r) $-\dfrac{1+(-2)^3}{(-5)^2-6^2} =$

s) $\dfrac{(-2)^2}{(-2)^2-(-3)^2} =$

t) $\dfrac{(-3)^3\div(-3)^2}{10^1-10^2} =$

Adição e subtração de números racionais

Números racionais podem aparecer na forma de fração, na forma de números decimais exatos, na forma de dízimas periódicas, como números inteiros, e como positivos ou negativos. Em relação aos sinais, lidamos da mesma forma como fazemos para números inteiros:

1) Para adicionar dois números racionais de mesmo sinal, somamos seus módulos e repetimos o sinal

Exemplo:

$-2,4 -3,2 = -5,6$

2) Para adicionar dois números racionais de sinais contrários, subtraímos seus módulos e damos ao resultado, o sinal da parcela de maior módulo.

Exemplo:
–1,2 + 1,6 = +0,4

3) Em uma sequência de adições, podemos agrupar todos os positivos, e agrupar todos os negativos, e fazer a soma algébrica no final.

Exemplo:
–1,2 + 1,6 –2,4 –3,2 + 4,5 = (–1,2 –2,4 –3,2) + (1,6 + 4,5) = –6,8 + 6,1 = –0,7

A única dificuldade é que podem aparecer na mesma expressão números decimais com diversas representações diferentes: frações, números decimais, dízimas. Quando isso ocorre, devemos converter todos eles para a mesma forma, por exemplo, fração. Em alguns casos podemos usar todos na forma de números decimais, evitando as frações. Vejamos alguns exemplos.

Exemplo:
0,333... –0,7 + 2/5 – 1/6

Nesse caso somos obrigados a trabalhar com frações, já que 0,333... é dízima periódica, que não pode ser representada como um número decimal exato. A fração 1/6 também resulta em uma dízima. Devemos então converter todos para a forma de fração.

0,333... = 1/3
0,7 = 7/10

Ficamos então com uma adição de três números racionais na forma de fração. É recomendável que nessa etapa façamos a simplificação das frações, quando for possível. Neste exemplo nenhuma das quatro frações envolvidas pode ser simplificada. Ficamos com:

$$\frac{1}{3} - \frac{7}{10} + \frac{2}{5} - \frac{1}{6}$$

Para adicionar algebricamente as frações, devemos reduzir todas ao mesmo denominador. O MMC entre 3, 10, 5 e 6 é 30.

MMC(3, 10, 5, 6) = 30

Sendo assim, multiplicaremos os dois termos da primeira fração por 10, para que fique com o denominador 30. Na segunda multiplicaremos por 3, na terceira por 6 e na quarta por 6. Ficamos então com:

$$\frac{1 \times 10}{30} - \frac{7 \times 3}{30} + \frac{2 \times 6}{30} - \frac{1 \times 5}{30} =$$

$$\frac{10}{30} - \frac{21}{30} + \frac{12}{30} - \frac{5}{30}$$

Agora que as frações têm o mesmo denominador, podemos somar algebricamente seus numeradores. É preciso entretanto prestar atenção nos sinais. Os números 21 e 5 aparecerão com sinais negativos. Ficamos com:

Capítulo 2 – Números racionais

$$\frac{10-21+12-5}{30}$$

Finalmente podemos calcular a soma algébrica dos números que ficaram no numerador da fração. $10 - 21 + 12 - 5 = -4$, então o resultado é:

$$\frac{-4}{30}, \text{ o mesmo que } -\frac{4}{30}$$

Podemos ainda simplificar o numerador e o denominador por 2, e o resultado será:

$$-\frac{2}{15}$$

Tudo o que aprendemos sobre expressões numéricas com números inteiros, pode ser aplicado a números racionais. A sequência de adições e subtrações é o tipo de expressão mais simples. Vejamos mais um exemplo:

Exemplo:

$$\frac{5}{12}+\frac{2}{9}-\frac{7}{4}+\frac{5}{6}-\frac{1}{2}-2$$

Temos uma sequência de adições e subtrações de frações, e ainda uma subtração de um número inteiro (2). Todas as frações são irredutíveis, e teremos que converter todas elas para o mesmo denominador. Antes porém será preciso converter o número 2 para fração, ficará 2/1.

$$\frac{5}{12}+\frac{2}{9}-\frac{7}{4}+\frac{5}{6}-\frac{1}{2}-\frac{2}{1}$$

Agora calculamos o MMC entre os denominadores:

MMC(12, 9, 4, 6, 2, 1) = 36

Devemos então reduzir todas as frações ao denominador 36. Para isso multiplicaremos os termos das frações, respectivamente, por 3, 4, 9, 6, 18 e 36.

$$\frac{5\times3}{36}+\frac{2\times4}{36}-\frac{7\times9}{36}+\frac{5\times6}{36}-\frac{1\times18}{36}-\frac{2\times36}{36}=$$

$$\frac{15+8-63+30-18-72}{36}=$$

Agora podemos adicionar algebricamente todos os positivos do numerador, e fazer o mesmo com todos os negativos:

15 + 8 + 30 = 53
–63 –18 –72 = –153

Ficamos então com:

$$\frac{53-153}{36} = \frac{-100}{36}$$

Podemos simplificar o numerador e o denominador por 4. O resultado será:

$$\frac{-100}{36} = \frac{-25}{9} = -\frac{25}{9}$$

Lembramos que é de praxe deixar positivos os termos da fração, e quando for o caso, manter o sinal negativo fora da fração.

A maior dificuldade que os alunos têm nesse ponto não é lidar com os sinais negativos, e sim, a matéria esquecida sobre operações com frações. Por isso vamos primeiro fazer alguns exercícios com operações que envolvam apenas adição e subtração de frações. Depois passaremos a outros exercícios que lidarão com números racionais negativos.

Comparação de números racionais

Já vimos que para comparar frações é preciso reduzi-las ao mesmo denominador. O mesmo ocorre quando lidamos com números racionais, quando podemos encontrar frações positivas ou negativas:

a) Qualquer número positivo é maior que qualquer número negativo

b) O número 0 é menor que qualquer número positivo, e maior que qualquer número negativo.

c) Entre números positivos, o maior é aquele que possui maior módulo

d) Entre números negativos, o maior é aquele que possui <u>menor</u> módulo.

Para comparar números inteiros e frações, devemos transformar os números inteiros em frações aparentes (denominador 1) e reduzir todas ao mesmo denominador. Se tivermos que comparar frações com números decimais, devemos converter os números decimais para frações decimais, e reduzir todas ao mesmo denominador.

Exemplo:
Colocar em ordem crescente os números 13/3, –4/5, –3, –2,5, 4, 10/3, 17/3, 10,666...

Como existem frações entre os números indicados, temos que converter todos para frações, e reduzir todas elas ao mesmo denominador.

–3 = –3/1
–2,5 = –25/10 = –5/2
4 = 4/1
10,666... = 10 + 0,666... = 10 + 2/3 = 32/3

Ficamos então com:

$$\frac{13}{3}, \ -\frac{4}{5}, \ -\frac{3}{1}, \ -\frac{5}{2}, \ \frac{4}{1}, \ \frac{10}{3}, \ \frac{17}{3}, \ \frac{32}{3}$$

Capítulo 2 – Números racionais

A próxima etapa é reduzir todos ao mesmo denominador. O MMC entre 3, 5 e 2 é 30. Devemos então reduzir todas as frações ao denominador 30:

$$\frac{13\times10}{3\times10}, -\frac{4\times6}{5\times6}, -\frac{3\times30}{1\times30}, -\frac{5\times15}{2\times15}, \frac{4\times30}{1\times30}, \frac{10\times10}{3\times10}, \frac{17\times10}{3\times10}, \frac{32\times10}{3\times10}$$

Nesse caso é conveniente deixar os sinais negativos no numerador.

$$\frac{130}{30}, \frac{-24}{30}, \frac{-90}{30}, \frac{-75}{30}, \frac{120}{30}, \frac{100}{30}, \frac{170}{30}, \frac{320}{30}$$

Finalmente podemos colocar as frações em ordem crescente, primeiro as negativas, depois as positivas. Entre as negativas, as menores são as que têm menor módulo. Entre as positivas, as maiores são as que têm maior módulo.

$$\frac{-90}{30}, \frac{-75}{30}, \frac{-24}{30}, \frac{100}{30}, \frac{120}{30}, \frac{130}{30}, \frac{170}{30}, \frac{320}{30}$$

Normalmente é preciso dar a resposta usando os números originais do enunciado. Ficamos então com:

–3, –2,5, –4/5, 10/3, 4, 13/3, 17/3, 10,666...

É de praxe usar os sinais "<" (menor) e ">" (maior) para separar números dispostos em ordem crescente ou decrescente. Ficamos então com:

–3 < –2,5 < –4/5 < 10/3 < 4 < 13/3 < 17/3 < 10,666...

Exercícios

E46) Efetue as seguintes operações com frações e números decimais, dê a resposta em forma de fração

a) 3/2 + 4/5 – 1/7
b) 1/4 + 3/7 + 2
c) 16/3 – 16/4
d) 1/9 – 0,1
e) 1,6 – 0,333...

f) 3/10 + 2/5 + 1/2 – 1/3
g) 3/11 + 8/7
h) 1/2 + 0,25 + 1/8
i) 1/2 – 1/4 – 0,125
j) 4 – 3/10 + 0,2

k) 3 2/3 + 4 1/5 – 1/10
l) 5 1/2 + 1 1/3 – 0,4
m) 2 1/7 + 3 1/5
n) 2,666... – 0,6
o) 0,2 + 0,3 – 1/5 – 1/6

p) 1 5/6 + 3 5/12 + 2 5/18 + 1/3
q) 1 –1/2 + 0,25 – 1/8 + 1/16
r) 1 + 1/2 + 0,2 + 3/7 – 0,7
s) 1/2 + 1/3 + 1/4 + 1/5 + 1/6
t) 1 + 1/2 + 3 + 1/5 + 5 + 0,2

E47) Encontre o menor número inteiro que seja maior que os números racionais dados

a) 10,25
b) 4,38
c) 5 2/3
d) 0,333...
e) –0,7

f) –13,23
g) 15,777...
h) –1,333...
i) 0,93
j) 45/7

k) 52/3
l) –10/3
m) 37/21
n) –2,666...
o) 3,141592653

p) 2,718281828
q) –4,3817454545...
r) 5 13/73
s) 3 47/40
t) –1/13

E48) Efetue as seguintes operações

a) 4/5 – 9/7
b) – 3/7 + 1
c) 16/7 – 16/5
d) 2/7 – 3/10
e) – 2/3 + 1/2

f) – 2/5 + 1/2
g) 3/8 – 8/7
h) 1/3 – 5/8
i) 1/2 – 7/8
j) – 3/10 –1/5

k) 3 2/5 + 4 1/7
l) 5 1/3 + 1 1/4
m) 2 1/8 – 2 1/6
n) 5/7 – 7/5
o) –1/5 – 1/6

p) 1 5/12 –7/3
q) –1/2 + 1/16
r) 3/5 – 7/10
s) –7/5 + 5/6
t) 1/2 – 3

80 — O ALGEBRISTA

E49) Efetue as seguintes operações
a) 3/2 + 4/5 – 1/6
b) 1/4 + 3/8 + 3
c) 5/3 – 12/5
d) 2/9 – 3/10
e) 1,8 – 1/5 –1/2

f) 3/10 + 2/5 + 1/2 – 1/3
g) 3/11 – 8/7 + 1
h) 1/2 –3/4 + 5/7
i) 1/2 – 0,75 – 5/8
j) 4 – 7/10 + 2/5

k) 3 2/3 + 4 1/5 – 0,3
l) 2 1/2 + 1,333...– 0,4
m) 2 3/7 – 3 1/5 + 0,3
n) 1,666... – 3/5
o) 0,2 + 0,3 – 1/5 – 1/6

p) 1 1/6 – 3 5/9 – 2 7/18 + 0,333...
q) 1 –1/2 + 3/4 –| 5/8 + 7/16 |
r) 1 –1/2 + 0,2 –9/7 – 7/10
s) 1/2 –2/3 + | –3/4 + 4/5 | + 5/6
t) 1 –3/2 + 3 –4/5 + 0,4

E50) Efetue as seguintes operações:
a) 0,6 + 0,666... – 1,333...
b) 1 1/7 – 0,333 – 1,5
c) 0,25 –1,32 + 0,38 –5
d) 0,111... – 0,333... + 0,1
e) 7/8 – 5/6 + 0,25

f) 1/2 – 2/3 + 3/5 – 5/6
g) 0,2 + 0,333... –11/15
h) 4/5 + 0,6 –0,666...
i) 2/3 – 1/4 –1/5 –5/6
j) 1/2 – 1/3 + 1/5 + 1,333...

k) 4/5 – 1/7 –1/10
l) 2/3 – 1/6 + 1/2
m) 0,333... – 0,333
n) 0,999... – 0,333
o) 1/2 + 2/3 – 3/4

p) 3/5 – 1/2 + 5/6
q) 1/3 + 1/30 – 0,333...
r) 1 – 0,999...
s) 2/3 – 4/5 + 3/4
t) 1/16 – 1/8 + 1/3

E51) Use os sinais =, < ou > para comparar os números racionais
a) 3/7 ___ 4/7
b) 2/3 ___ 2/5
c) –1/5 ___ 0
d) –10/3 ___ –3
e) –1/3 ___ –1/5

f) 1 2/5 ___ 4/3
g) 0,333 ___ 0,3...
h) 4 2/35 ___ 5 1/77
i) –2,38 ___ –2,37997
j) 1/5 ___ 20%

k) –10% ___ –1/8
l) 1/3 ___ 3/10
m) –1/3 ___ –0,3
n) 7/10 ___ 2/3
o) –8/3 ___ –2,5

p) 7/5 ___ 4/3
q) –0,222... ___ –3/10
r) –10 ___ –9,9
s) –1/5 ___ –1/4
t) 5/6 ___ 0,9

E52) Use os sinais =, < ou > para comparar os números racionais
a) 4/5 ___ 0,75
b) 0,666 ___ 2/3
c) –4/7 ___ –5/8
d) 9/8 ___ 8/7
e) –9/13 ___ –7/10

f) 4/5 ___ –2/3
g) 7/10 ___ 0
h) –2/3 ___ 1/2
i) –3 ___ 2
j) –0,6 ___ 0,1

k) 0,666 ___ 0,666...
l) 0,3 ___ 3/10
m) 0,999 ___ 1
n) 0,999... ___ 1
o) –0,4 ___ –30/7

p) –3/5 ___ –2/3
q) 4/5 ___ 5/6
r) 5/8 ___ 5/9
s) –0,222 ___ –0,222...
t) 0 ___ –47/147

E53) Use os sinais =, < ou > para comparar os números racionais, mas sem realizar cálculos
(faça de cabeça)
a) 14,22... ___ 14 83/97
b) 0 ___ –3,17921792...
c) –5,1212... ___ –6,333...
d) 1,3181 ___ 2,21289
e) 0,333333 ___ 0,333...

f) 4 7/239 ___ 5 13/777
g) 25,15 ___ 100/4
h) –2,1313... ___ 0,218
i) 715/113 ___ 700/113
j) 23/59 ___ 23/61

k) –18/73 ___ –18/71
l) 11% ___ –12,375%
m) 0,9175 ___ 73/72
n) –0,999... ___ –1
o) 0,377... ___ 0,37775

p) 1/256 ___ 2/500
q) 1,333... ___ 3/2
r) 4/7 ___ 4/9
s) –2/7 ___ –2/9
t) 1/5 ___ 1/6

Multiplicação e divisão de números racionais

A multiplicação e a divisão de números racionais são idênticas às multiplicações e divisões de frações. A única diferença é o tratamento de sinal. A regra é a mesma apresentada no capítulo 1: se o número de fatores negativos for par, o resultado será positivo; se o número de fatores negativos for ímpar, o resultado será negativo.

Inicialmente vamos recordar a multiplicação de frações, através de exemplos:

Exemplo:
$$\frac{4}{5} \times \frac{2}{7} = \frac{4 \times 2}{5 \times 7} = \frac{8}{35}$$

Para multiplicar frações, o resultado será uma fração cujo numerador é o produto dos numeradores, e cujo denominador é o produto dos denominadores. Normalmente será desejável simplificar fatores comuns no numerador e no denominador ("corta-corta").

Capítulo 2 – Números racionais   81

Exemplo:

$$\frac{8}{25} \times \frac{15}{28} = \frac{2}{5} \times \frac{3}{7}$$

Nesse exemplo podemos simplificar o 8 e o 28 por 4, ficarão 2 e 7. Podemos também simplificar o 15 e o 25 por 5, ficarão 3 e 5. Nesse tipo de cálculo, devemos procurar fatores que possam dividir simultaneamente um número que apareça no numerador e um número que apareça no denominador. Ficaremos então com:

$$\frac{2}{5} \times \frac{3}{7} = \frac{6}{35}$$

A divisão de frações é tão simples quanto a multiplicação. Para dividir frações, fazemos uma multiplicação na qual a primeira fração é repetida, e segunda é invertida.

Exemplo:

$$\frac{2}{5} \div \frac{3}{7} = \frac{2}{5} \times \frac{7}{3} = \frac{14}{15}$$

Dividir por uma fração é o mesmo que multiplicar pela inversa dessa fração.

As regras de sinais são as mesmas para multiplicação e divisão de números inteiros.

Exemplos:

a) $\left(-\dfrac{2}{5}\right) \times \left(-\dfrac{7}{3}\right) = +\dfrac{14}{15}$ (o produto de dois negativos dá resultado positivo)

b) $\left(-\dfrac{2}{5}\right) \times \left(\dfrac{7}{3}\right) = -\dfrac{14}{15}$ (o produto de um positivo por um negativo dá resultado negativo)

c) $\left(+\dfrac{2}{5}\right) \div \left(-\dfrac{4}{15}\right) = -\dfrac{2}{5} \times \dfrac{15}{4} = -\dfrac{1}{1} \times \dfrac{3}{2} = -\dfrac{3}{2}$

No exemplo acima, primeiro tratamos o sinal, que será negativo. Depois transformamos a divisão na multiplicação pelo inverso. A seguir simplificamos, e finalmente encontramos o resultado final.

d) $-4 \times \left(-\dfrac{5}{12}\right) = \left(-\dfrac{4}{1}\right) \times \left(-\dfrac{5}{12}\right) = +\dfrac{1}{1} \times \dfrac{5}{3} = \dfrac{5}{3}$

No exemplo acima, multiplicamos um número inteiro (–4) por uma fração (–5/12). Para isso, transformamos o –4 na fração aparente –4/1. A seguir tratamos o sinal (produto de dois negativos será positivo) e fazemos a simplificação de 4 e 12 por 4, ficamos então com o resultado +5/3. Também é correto simplificar diretamente o 4 com o 12, sem transformar o 4 em fração. Ficaríamos com:

$$-4 \times \left(-\frac{5}{12}\right) = +1 \times \frac{5}{3} = \frac{5}{3}$$

e) $\left(-\dfrac{2}{5}\right) \times \left(1\dfrac{2}{3}\right) = -\dfrac{2}{5} \times \dfrac{5}{3} = -\dfrac{2}{3}$

No exemplo acima, o detalhe importante foi transformar o número misto 1 2/3 em uma fração imprópria, resultando em 5/3. Para essa transformação, o denominador da nova fração é igual ao denominador do número misto. Já o numerador é obtido com a soma do numerador do número misto com o produto da parte inteira pelo denominador. Genericamente falando, se $\underline{a}$, $\underline{b}$ e $\underline{c}$ são números naturais, temos:

$$a\frac{b}{c} = \frac{a.c + b}{c}$$

Quando o número misto começa com um sinal negativo, consideramos que este sinal se aplica a toda a fração:

$$-2\frac{3}{5} = -\left(2\frac{3}{5}\right) = -\frac{13}{5}$$

CUIDADO: Não confunda número misto com multiplicação de inteiro por fração. Veja bem a diferença entre os três números abaixo:

$$3 \times \frac{3}{5}, \ 3.\frac{3}{5} \ \text{e} \ 3\frac{3}{5}$$

Os dois primeiros são a multiplicação de 3 por 3/5. O terceiro não é uma multiplicação, e sim, o número misto 3 3/5, que é igual a 3 + 3/5. Muitas vezes a omissão de um sinal algébrico indica multiplicação, mas não no caso de números mistos.

Inverso ou recíproco

Dada uma fração a/b, chamamos a sua fração simétrica ou recíproca de b/a. No caso particular de números inteiros, o inverso ou recíproco de a é 1/a. Vejamos alguns exemplos:

O inverso de 4/5 é 5/4
O inverso de 2/3 é 3/2
O inverso de 3/10 é 10/3
O inverso de 5 é 1/5
O inverso de 3 é 1/3
O inverso de 1/4 é 4.
O inverso de 1/10 é 10.

O número 0 não tem inverso, mas números negativos possuem inversos negativos:

O inverso de –3/7 é –7/3
O inverso de –4/9 é –9/4
O inverso de –4 é –1/4
O inverso de –1/6 é –6

Não confunda *inverso* ou *recíproco* com *simétrico* ou *oposto*.

O simétrico ou oposto de um número a é –a.
O inverso ou recíproco de um número a é 1/a.

Um detalhe importante é que quando multiplicamos um número racional pelo seu inverso, o resultado é sempre 1.

Capítulo 2 – Números racionais 83

$(4/5) \times (5/4) = 1$
$(2/3) \times (3/2) = 1$
$(3/10) \times (10/3) = 1$
$5 \times 1/5 = 1$
$3 \times 1/3 = 1$
$(1/4) \times 4 = 1$
$(1/10) \times 10 = 1$
$(-3/7) \times (-7/3) = 1$
$(-4/9) \times (-9/4) = 1$
$(-4) \times (-1/4) = 1$
$(-1/6) \times (-6) = 1$

Fração de fração

Em matemática, a palavra "de" tem o sentido de multiplicação. Quando temos que calcular uma parte "de" um valor, basta escrever uma expressão com esta parte multiplicada por este valor.

Exemplos:

A metade de $3/5 = \dfrac{1}{2} \times \dfrac{3}{5} = \dfrac{3}{10}$

20% de $1/6 = \dfrac{20}{100} \times \dfrac{1}{6} = \dfrac{1}{5} \times \dfrac{1}{6} = \dfrac{1}{30}$

O triplo de $4/5 = 3 \times \dfrac{4}{5} = \dfrac{12}{5}$

Expressões com adição, subtração, multiplicação e divisão de racionais

Para resolver essas expressões devemos observar as regras já ensinadas até agora. Devemos resolver primeiro as multiplicações e divisões na ordem em que aparecem, e as adições e subtrações por último.

Exemplo:

$$\frac{3}{4} \div \frac{1}{2} + \frac{1}{3} \times \frac{2}{7}$$

Nessa expressão temos apenas números positivos, o que facilita um pouco. Temos uma divisão de frações somada com uma multiplicação. Multiplicações e divisões devem ser resolvidas primeiro. Só depois realizamos as adições e subtrações. Ficamos então com:

$$\frac{3}{4} \div \frac{1}{2} = \frac{3}{4} \times \frac{2}{1} = \frac{3}{2}$$
$$\frac{1}{3} \times \frac{2}{7} = \frac{2}{21}$$

Agora podemos adicionar os dois resultados:
$$\frac{3}{2} + \frac{2}{21} = \frac{3 \times 21}{42} + \frac{2 \times 2}{42} = \frac{63 + 4}{42} = \frac{67}{42}$$

Exemplo:

$$\left(-\frac{1}{3}\right) \times \frac{4}{5} + \frac{2}{5} \div \left(-\frac{2}{7}\right)$$

Esta expressão tem uma multiplicação e uma divisão de racionais. Resolvemos cada uma separadamente, mas agora devemos prestar atenção nos sinais:

$$\left(-\frac{1}{3}\right) \times \frac{4}{5} = -\frac{4}{15}$$

$$\frac{2}{5} \div \left(-\frac{2}{7}\right) = -\frac{2}{5} \times \frac{7}{2} = -\frac{7}{5}$$

Agora devemos adicionar os dois resultados:

$$-\frac{4}{15} - \frac{7}{5} = -\left(\frac{4}{15} + \frac{7}{5}\right) = -\left(\frac{4}{15} + \frac{7 \times 3}{15}\right) = -\frac{4+21}{15} = -\frac{25}{15} = -\frac{5}{3}$$

Nesse tipo de expressão é preciso tomar muito cuidado para não errar os sinais.

A maior dificuldade dos alunos não é manipular os sinais, e sim, lembrar das operações com frações positivas, ensinadas nas primeiras séries do ensino fundamental. Vamos portanto fazer antes alguns exercícios com frações positivas, para depois operar com sinais.

Organize o rascunho

O desenvolvimento de cálculos, muitas vezes feito no rascunho, não pode ser uma bagunça. Muitos alunos fazem as contas, em uma sequência da esquerda para a direita, depois continuam no canto oposto do papel, depois abaixo, então passam para a parte de cima da folha, então passam a escrever de baixo para cima, e da direita para a esquerda, sempre aproveitando todos os espaços do papel. Fazendo dessa forma, corremos o risco de errar as contas. Faça as contas de forma organizada, em linhas correndo de cima para baixo, e preenchendo as linhas da esquerda para a direita, como são formadas as páginas de um livro.

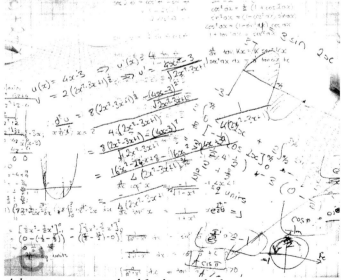

A bagunça no rascunho dificulta os cálculos.

Capítulo 2 – Números racionais

Resolver expressões complexas é uma habilidade exigida em todos os concursos que envolvem matemática. No caso do Colégio Naval, EPCAr e Colégio Militar, praticamente todas os anos essas questões são cobradas. Como já foi apresentado neste livro, o macete da palavra "PEMDAS" ajuda a lembrar a ordem das operações, nem sempre esclarece o que deve ser feito. Ao visualizar uma sequência de operações, considere a multiplicação e a divisão, juntamente com as potências, como uma forte ligação entre os números. Considere a adição e a subtração como ligações mais fracas. Por exemplo, ao visualizar a expressão

$$\frac{1}{3} \times \frac{2}{5} + \frac{4}{3} \div \frac{5}{2} - \frac{5}{2} \div \frac{3}{5}$$

Procure identificar grupos com valores "unidos" pela multiplicação, divisão e potência, e considere como "separadores" a adição e a subtração. Desenhe no rascunho, antes de escrever a expressão, um diagrama simples desses grupos. Por exemplo, para a expressão acima, temos três grupos ligados pelos sinas "+" e "–", que devem ser representados como:

O primeiro grupo é calculado como $\frac{1}{3} \times \frac{2}{5}$, o segundo como $\frac{4}{3} \div \frac{5}{2}$ e o terceiro como $\frac{5}{2} \div \frac{3}{5}$. Aprenda a sempre olhar a expressão e identificar os grupos, antes de começar a calcular. Depois de calculados, preencha os valores nos "círculos" do diagrama. Você não é obrigado a resolver dessa forma, mas utilize algum tipo de marcação para que você não se perca no meio dos cálculos.

Nas expressões que envolvem parênteses, colchetes e chaves, o potencial para erro é grande, principalmente quando esses separadores estão aninhados (ou seja, uns dentro dos outros). Nossa sugestão para que você não se perca nos cálculos é manter esses símbolos no meio dos cálculos, mesmo depois de determinados seus valores. Por exemplo, se uma expressão está dentro de colchetes, e seu valor é calculado como 2/5, não escreva simplesmente 2/5, mas sim, [2/5]. Assim você vai lembrar de onde veio aquele valor e não irá se "perder" na expressão. Ficará também mais fácil revisar os cálculos.

Recomendamos ainda que você resolva as expressões duas vezes. Se os valores encontrados nas duas vezes forem iguais, provavelmente o cálculo está correto. Ao fazer isso, resolva a expressão pela segunda vez, usando uma ordem diferente da que você usou da primeira vez. Se resolver das duas vezes exatamente na mesma sequência, é grande a chance de cometer o mesmo erro duas vezes. Por exemplo, ao somar um grupo de frações, some todas elas, positivas e negativas. Na segunda vez, faça de forma diferente, somando todas as positivas e depois todas as negativas, depois some algebricamente os resultados.

Em certas provas, o espaço para rascunho é pequeno. Habitue-se então a fazer o rascunho a lápis e apagá-lo para reaproveitamento.

86   O ALGEBRISTA

Exercícios

E54) Calcule

a) $\dfrac{2}{5} \times \dfrac{3}{8} =$

b) $\dfrac{12}{7} \times \dfrac{1}{2} =$

c) $\dfrac{7}{11} \times \dfrac{1}{2} =$

d) $\dfrac{120}{72} \times \dfrac{91}{7} =$

e) $\dfrac{18}{15} \times \dfrac{105}{14} =$

f) $\dfrac{13}{23} \times \dfrac{46}{65} =$

g) $\dfrac{3}{4} \times \dfrac{200}{33} =$

h) $\dfrac{18}{25} \times \dfrac{35}{33} \times \dfrac{22}{15} =$

i) $\dfrac{1}{2} \times \dfrac{3}{4} \times \dfrac{5}{6} =$

j) $\dfrac{12}{21} \times \dfrac{8}{65} \times \dfrac{24}{16} \times \dfrac{91}{75} =$

k) $1\dfrac{1}{2} \times 4\dfrac{1}{3} =$

l) $2\dfrac{4}{5} \times 3\dfrac{4}{7} =$

m) $3\dfrac{2}{3} \times 1\dfrac{5}{22} =$

n) $5\dfrac{3}{2} \times 1\dfrac{3}{7} =$

o) $3\dfrac{3}{7} \times 2\dfrac{1}{3} =$

p) $4 \times \dfrac{7}{2} =$

q) $5 \times \dfrac{6}{7} =$

r) $3 \times \dfrac{5}{6} =$

s) $0,2 \times \dfrac{4}{3} =$

t) $0,333... \times \dfrac{12}{5} =$

E55) Calcule

a) A metade de 3/4
b) A terça parte de 2/5
c) 2/3 de 360
d) 2/3 de 4/5
e) 1/2 de 3 7/8

f) 4/7 de 280
g) 1/3 de 22
h) 20% de 4/7
i) a metade de 10% de 8
j) 1/2 de 1/3 de 1/4

k) 1/5 de 20% de 2/5
l) 2/3 de 3/5 de 5/2
m) 4/5 de 20% de 30
n) 1/3 da metade de 60
o) A quarta parte de 2/3

p) Um quinto da metade de 33
q) O triplo da metade de 7
r) A metade de 1/3 de 720
s) a metade de 1/3 de 7/8
t) 10% da metade de 4/5

E56) Calcule:

a) O inverso de 2
b) O inverso de 10
c) O recíproco de 3/5
d) O recíproco de 4/7
e) O inverso de 1/6

f) O inverso de 24/7
g) O inverso de 2/9
h) O recíproco de 2/9
i) O inverso de 20
j) O recíproco de 1/7

k) O inverso de -2/5
l) O recíproco de -5
m) O inverso de -1/18
n) O recíproco de -2/7
o) O inverso de 0,2

p) O inverso do inverso de 4/7
q) O recíproco do inverso de -2/9
r) O inverso do simétrico de 4/11
s) O oposto do recíproco de 15
t) O inverso do recíproco de -4/13

E57) Efetue as seguintes divisões, dando a resposta na forma de frações irredutíveis:

a) $\dfrac{6}{7} \div \dfrac{12}{35} =$

b) $\dfrac{12}{5} \div \dfrac{16}{65} =$

c) $\dfrac{1}{3} \div \dfrac{4}{15} =$

d) $3 \div \dfrac{4}{5} =$

e) $15 \div \dfrac{3}{2} =$

f) $\dfrac{16}{27} \div 12 =$

g) $\dfrac{15}{16} \div 8 =$

h) $2\dfrac{4}{5} \div 1\dfrac{3}{4} =$

i) $2\dfrac{1}{7} \div \dfrac{3}{7} =$

j) $3\dfrac{1}{2} \div \dfrac{1}{4} =$

k) $\dfrac{12}{26} \div \dfrac{72}{65} =$

l) $\dfrac{48}{35} \div \dfrac{32}{84} =$

m) $\dfrac{24}{15} \div \dfrac{28}{21} =$

n) $\dfrac{12}{36} \div \dfrac{30}{15} =$

o) $\dfrac{105}{91} \div \dfrac{84}{65} =$

p) $8 \div \dfrac{7}{3} =$

q) $\dfrac{33}{5} \div 6 =$

r) $1,6 \div \dfrac{4}{5} =$

s) $\dfrac{12}{21} \div 0,3 =$

t) $0,3 \div 0,666... =$

E58) Calcule

a) $-\dfrac{4}{5} \times \dfrac{3}{14} =$

b) $\left(-\dfrac{12}{35}\right) \times \left(-\dfrac{5}{2}\right) =$

c) $\left(-\dfrac{21}{84}\right) \times \dfrac{4}{7} =$

d) $-\dfrac{2}{7} \times \dfrac{3}{16} =$

f) $\left(-\dfrac{18}{25}\right) \times \dfrac{45}{32} =$

g) $\left(-\dfrac{3}{4}\right) \times \left(-\dfrac{2}{3}\right) =$

h) $\left(-\dfrac{27}{35}\right) \times \dfrac{-21}{33} \times \left(-\dfrac{22}{15}\right) =$

i) $\left(-\dfrac{7}{12}\right) \times \left(-\dfrac{33}{70}\right) \times \left(-\dfrac{25}{22}\right) =$

k) $1\dfrac{3}{11} \times \left(-2\dfrac{1}{5}\right) =$

l) $-2\dfrac{5}{6} \times \left(-3\dfrac{3}{5}\right) =$

m) $-\dfrac{2}{3} \times \left(-1\dfrac{5}{7}\right) =$

n) $5\dfrac{3}{5} \times \left(-1\dfrac{3}{7}\right) =$

p) $5 \times \left(-\dfrac{3}{10}\right) =$

q) $(-4) \times \dfrac{5}{8} =$

r) $3 \times \left(-\dfrac{7}{6}\right) =$

s) $-0,2 \times \left(-\dfrac{8}{3}\right) =$

Capítulo 2 – Números racionais

87

e) $\dfrac{20}{32} \times \left(-\dfrac{15}{24}\right) =$

j) $\left(-\dfrac{52}{21}\right) \times \left(-\dfrac{8}{65}\right) \times \left(-\dfrac{28}{16}\right) =$

o) $-3\dfrac{3}{7} \times \left(-2\dfrac{1}{3}\right) =$

t) $0,333... \times \left(-\dfrac{16}{3}\right) =$

E59) Calcule:

a) $-\dfrac{6}{7} \div \dfrac{18}{105} =$

b) $\left(-\dfrac{26}{15}\right) \div \dfrac{52}{45} =$

c) $\left(-\dfrac{1}{7}\right) \div \left(-\dfrac{2}{21}\right) =$

d) $-4 \div \dfrac{12}{5} =$

e) $25 \div \left(-\dfrac{5}{3}\right) =$

f) $\dfrac{24}{5} \div (-16) =$

g) $-\dfrac{25}{16} \div (-20) =$

h) $2\dfrac{2}{9} \div \left(-2\dfrac{1}{4}\right) =$

i) $\left(-\dfrac{6}{7}\right) \div \left(-\dfrac{3}{14}\right) =$

j) $-3\dfrac{1}{5} \div \dfrac{4}{25} =$

k) $\dfrac{12}{13} \div \left(-\dfrac{24}{65}\right) =$

l) $-\dfrac{12}{35} \div \dfrac{21}{49} =$

m) $\dfrac{4}{5} \div \left(-\dfrac{2}{3}\right) =$

n) $-\dfrac{12}{25} \div \left(-\dfrac{4}{15}\right) =$

o) $\dfrac{10}{9} \div \left(-\dfrac{4}{27}\right) =$

p) $-4 \div \dfrac{5}{3} =$

q) $\left(-\dfrac{21}{5}\right) \div 6 =$

r) $-1,8 \div \left(-\dfrac{3}{5}\right) =$

s) $\dfrac{6}{7} \div (-0,3) =$

t) $-0,6 \div (-0,222...) =$

E60) Resolva as seguintes expressões:
OBS.: Lembre-se que para multiplicar ou dividir frações, não e preciso que tenham o mesmo denominador.

a) $\left(\dfrac{8}{3} + \dfrac{1}{2}\right) \times \left(\dfrac{1}{5} - \dfrac{1}{6}\right)$

b) $\left(\dfrac{2}{3} - \dfrac{2}{5}\right) \div \left(\dfrac{1}{5} + \dfrac{3}{8}\right)$

c) $\left(\dfrac{4}{5} - \dfrac{3}{4}\right) \times \left(\dfrac{2}{7} + \dfrac{1}{3}\right)$

d) $\left(\dfrac{5}{7} - \dfrac{1}{3}\right) \times \left(\dfrac{1}{3} + \dfrac{2}{7}\right)$

e) $\left(\dfrac{2}{3} - \dfrac{1}{2}\right) \times \left(\dfrac{4}{5} + \dfrac{1}{6}\right)$

f) $\left(\dfrac{3}{4} - \dfrac{1}{3}\right) \div \left(\dfrac{2}{5} + \dfrac{4}{3}\right)$

g) $\left(2\dfrac{8}{3} + 1\dfrac{1}{2}\right) \times \left(2\dfrac{1}{5} - 1\dfrac{1}{6}\right)$

h) $\left(2\dfrac{2}{3} - 1\dfrac{2}{5}\right) \div \left(\dfrac{1}{5} + 1\right)$

i) $\left(2 - \dfrac{3}{4}\right) \times \left(1 + \dfrac{1}{3}\right)$

j) $\left(5 - \dfrac{1}{3}\right) \times \left(4 + \dfrac{1}{7}\right)$

E61) Resolva as seguintes expressões:

a) $\left[\left(\dfrac{3}{5} - \dfrac{2}{7}\right) \times \left(\dfrac{3}{4} + \dfrac{1}{8}\right)\right] \div \left(\dfrac{5}{2} - \dfrac{2}{5}\right)$

b) $\left[\dfrac{2}{3} \times \left(\dfrac{1}{3} + \dfrac{1}{8}\right) + \left(\dfrac{5}{4} \div \dfrac{9}{2}\right)\right] \div \left(\dfrac{4}{7} - \dfrac{1}{2}\right)$

c) $\left[\left(1 - \dfrac{1}{2} \times \dfrac{1}{3}\right) \times \left(\dfrac{2}{3} \div \dfrac{4}{3}\right)\right] \div \left(\dfrac{2}{3} + \dfrac{1}{4}\right)$

d) $\left[\left(\dfrac{2}{5} - \dfrac{1}{7}\right) \div \left(\dfrac{1}{4} + \dfrac{1}{8}\right) - \left(\dfrac{1}{5} - \dfrac{1}{7}\right)\right] \div \left(\dfrac{7}{2} - \dfrac{1}{5}\right)$

e) $\left[\left(2 - \dfrac{1}{2} \times \dfrac{1}{5}\right) \times \left(\dfrac{4}{5} \div \dfrac{2}{25}\right)\right] \div \left(\dfrac{5}{3} + \dfrac{1}{4}\right)$

f) $\dfrac{2}{3} \times \dfrac{4}{5} + \dfrac{5}{9} \div \dfrac{25}{3}$

g) $\dfrac{12}{9} \times \dfrac{6}{5} + \dfrac{1}{6} \times \dfrac{5}{4}$

h) $\dfrac{15}{16} \div \dfrac{10}{8} - \dfrac{3}{4} \div \dfrac{9}{2}$

i) $\dfrac{4}{5} \div \dfrac{8}{3} + \dfrac{14}{5} \times \dfrac{3}{7}$

j) $\dfrac{1}{3} \times \dfrac{2}{5} - \dfrac{4}{3} \div \dfrac{5}{2} + \dfrac{5}{2} \div \dfrac{3}{5} - \dfrac{1}{2} \div \dfrac{3}{5}$

ALUNOS DA EPCAr
Lembre-se que as provas da Aeronáutica "pegam pesado" nos cálculos.

E62) Resolva as seguintes expressões:

a) $-\dfrac{4}{5} \times \dfrac{3}{14} + 0{,}6 \cdot (-0{,}222\ldots) =$

b) $\left(-\dfrac{18}{25}\right) \times \dfrac{45}{32} \times 2\dfrac{2}{9} \div \left(-2\dfrac{1}{4}\right) =$

c) $1\dfrac{3}{11} \times \left(-2\dfrac{1}{5}\right) - \dfrac{25}{16} \div (-20) =$

d) $5 \times \left(-\dfrac{3}{10}\right) - \dfrac{25}{16} \div \left(\dfrac{5}{4}\right) =$

e) $\left(-\dfrac{12}{35}\right) \times \left(-\dfrac{5}{2}\right) - 1{,}8 \div \left(-\dfrac{3}{5}\right) =$

f) $\left(-\dfrac{3}{4}\right) \times \left(-\dfrac{2}{3}\right) - \dfrac{6}{7} \div \dfrac{18}{105} =$

g) $-2\dfrac{5}{6} \times \left(-3\dfrac{3}{5}\right) - \dfrac{25}{16} \div \dfrac{5}{8} =$

h) $(-4) \times \dfrac{5}{12} - \dfrac{9}{7} \div \dfrac{18}{35} =$

i) $\left(-\dfrac{21}{84}\right) \times \dfrac{4}{7} - \dfrac{12}{13} \div \left(-\dfrac{24}{65}\right) =$

j) $-3\dfrac{3}{7} \times \left(-2\dfrac{1}{3}\right) - 4 \div \dfrac{5}{3} =$

k) $\left(-\dfrac{52}{21}\right) \times \left(-\dfrac{8}{65}\right) \times \left(-\dfrac{28}{16}\right) + \left(-\dfrac{6}{7}\right) \div \left(-\dfrac{3}{14}\right) =$

l) $\left(-\dfrac{27}{35}\right) \times \dfrac{-21}{33} \times \left(-\dfrac{22}{15}\right) + \left(-\dfrac{1}{7}\right) \div \left(-\dfrac{2}{21}\right) =$

m) $0{,}333\ldots \times \left(-\dfrac{16}{3}\right) - \dfrac{12}{35} \div \dfrac{21}{49} =$

n) $\dfrac{20}{32} \times \left(-\dfrac{15}{24}\right) - \dfrac{4}{5} \div \left(-\dfrac{2}{3}\right) =$

o) $-0{,}2 \times \left(-\dfrac{8}{3}\right) - \dfrac{12}{25} \div \left(-\dfrac{4}{15}\right) =$

p) $\left(-\dfrac{7}{12}\right) \times \left(-\dfrac{33}{70}\right) \times \left(-\dfrac{25}{22}\right) - \dfrac{24}{5} \div (-16) =$

q) $-\dfrac{2}{7} \times \dfrac{3}{16} + \left(-\dfrac{26}{15}\right) \div \dfrac{52}{45} =$

r) $5\dfrac{3}{5} \times \left(-1\dfrac{3}{7}\right) - 1{,}8 \div \left(-\dfrac{3}{5}\right) =$

s) $3 \times \left(-\dfrac{7}{6}\right) + \left(-\dfrac{21}{5}\right) \div 6 =$

t) $-\dfrac{2}{3} \times \left(-1\dfrac{5}{7}\right) - \dfrac{6}{7} \div (-0{,}3) =$

Propriedades das operações com números racionais

As propriedades das operações com números naturais e inteiros são válidas também para os números racionais. Assim como ocorre nesses outros conjuntos, a subtração e a divisão não possuem propriedades notáveis. Não são comutativas nem associativas, e não possuem elemento neutro. Já a adição e a multiplicação possuem várias propriedades.

Capítulo 2 – Números racionais

Propriedade de fechamento da adição

Dizemos que o conjunto Q é fechado em relação à adição, pois se adicionarmos dois elementos quaisquer de Q, o resultado também será um elemento do conjunto Q. Em palavras mais simples, a soma de dois números racionais sempre será um número racional. Isto significa que é impossível, por exemplo, adicionar dois números racionais e encontrar como resultado um número irracional.

Para todo $x \in Q$ e todo $y \in Q$, $(x+y) \in Q$

Ou seja, *"a soma de números racionais é também um número racional"*.

(**OBS.**: Por outro lado, é possível o contrário, adicionar dois números irracionais e encontrar um resultado racional).

Exemplo:
$4/5 \in Q$ e $-3/7 \in Q$, a soma $(4/5) + (-3/7) = 13/35 \in Q$

Isso parece óbvio, mas nem todas as operações possuem a propriedade do fechamento. Considere uma operação fictícia chamada ®, definida por:

$$x \circledR y = \sqrt[y]{x}$$

Por exemplo, $16 \circledR 2 = \sqrt[2]{16} = 4$

Esta operação não é fechada em Q, basta verificar com um exemplo:

$5 \circledR 2 = \sqrt[2]{5}$, que é um número irracional, ou seja, não pertence a Q. Esta operação é bastante comum na matemática, é encontrada em algumas calculadoras científicas, entretanto não possui a propriedade de fechamento em Q.

Além da adição, uma outra propriedade que possui fechamento em Q é a subtração, ou seja, se subtrairmos dois números racionais quaisquer, o resultado sempre será um número racional.

Para todo $x \in Q$ e todo $y \in Q$, $(x-y) \in Q$

Propriedade do elemento neutro da adição

O número zero é elemento neutro da adição em Q, assim como ocorre nas adições de números naturais e de números inteiros:

Para todo $x \in Q$, $x+0 = x$ e $0+x = x$

Observe que para ser elemento neutro, o número tem que ser operando tanto à esquerda quanto na direita, e dar o mesmo resultado. O número 0 não é elemento neutro da subtração, pois apesar de $x - 0$ ser igual a x, $0 - x$ não é igual a x, então não satisfaz inteiramente as condições para ser elemento neutro.

Propriedade comutativa da adição

Esta propriedade permite que calculemos y+x ou x+y, chegando ao mesmo resultado. Muitos a conhecem como "a ordem das parcelas não altera a soma". Matematicamente falando, temos:

Para todo $x \in Q$ e todo $y \in Q$, x+y = y+x

Exemplo:
$5/3 + 4/5 = 4/5 + 5/3$

Propriedade associativa da adição

Ao encontrarmos uma expressão na forma x+y+z, podemos realizar primeiro x+y, para então adicionar o resultado com z, ou então realizar primeiro y+z, para depois adicionar este resultado a x. Muitas vezes é mais fácil combinar os números em uma outra ordem, facilitando cálculos. Por exemplo:

$4 + 1/5 + 4/5$

Observamos que se adicionarmos $1/5 + 4/5$, encontraremos 1. Para terminar o cálculo basta fazermos 4+1=5. Se fizéssemos as contas na ordem em que aparecem, poderia ser mais demorado.

Para todo $x \in Q$, todo $y \in Q$ e todo $z \in Q$, (x+y)+z = x+(y+z)

Propriedade de fechamento da multiplicação

O produto de dois números racionais sempre será um número racional, é o que diz a propriedade de fechamento da multiplicação:

Para todo $x \in Q$ e todo $y \in Q$, $x.y \in Q$

Já vimos que nem todas as operações apresentam a propriedade do fechamento. No caso do conjunto dos racionais, a adição e a multiplicação são dois exemplos de operações fechadas.

Propriedade do elemento neutro da multiplicação

O número 1 é o elemento neutro da multiplicação nos números racionais, ou seja, qualquer número multiplicado por 1, tanto na ordem normal quanto na ordem inversa, resulta no próprio número.

Para todo $x \in Q$, x.1 = x e 1.x = x

Propriedade comutativa da multiplicação

A multiplicação é comutativa nos naturais, inteiros, racionais, irracionais, reais e até nos números complexos, ou seja, a ordem dos fatores não altera o produto. Especificando para os racionais, temos:

Para todo $x \in Q$ e todo $y \in Q$, x.y = y.x

Sendo assim, podemos inverter a ordem dos fatores durante o cálculo, o que podem em alguns casos reduzir o trabalho. Exemplo:

Capítulo 2 – Números racionais

$$\frac{4}{5} \times \frac{3}{7} \times \frac{5}{4} = \frac{3}{7}$$

Se trocarmos as posições dos dois primeiros fatores, ficaremos com as frações 4/5 e 5/4 juntas. Essas frações, multiplicadas, resultam em 1. Então o cálculo será reduzido a 3/7 multiplicado por 1, que resulta em 3/7.

Propriedade associativa da multiplicação

Dizemos que uma operação é associativa quando temos três valores operados, e podemos operar os dois primeiros e depois o terceiro, ou então operar os dois últimos, para depois operar com o primeiro:

$(x.y).z = x.(y.z)$

A multiplicação de números racionais possui essa propriedade:

Para todo $x \in Q$, todo $y \in Q$ e todo $z \in Q$, $(x.y).z = x.(y.z)$

É graças às propriedades associativa e comutativa, combinadas, que podemos fazer simplificações em longas sequências de multiplicações, "cortando" fatores em qualquer numerador com qualquer denominador.

Propriedade distributiva da multiplicação em relação à adição e subtração

A propriedade distributiva da multiplicação em relação à adição diz que:

$x.(a+b) = x.a + x.b$

e

$(a+b).x = a.x + b.x$

Quando estamos operando com números, normalmente é mais vantajoso resolver o conteúdo dos parênteses (no caso a adição de a e b), para depois fazer a multiplicação. Entretanto quando estivermos operando com letras, a opção de usar a distributividade será muito útil.

A multiplicação de racionais também é distributiva em relação à subtração:

$x.(a–b) = x.a - x.b$

e

$(a–b).x = a.x - b.x$

Potências de números racionais – expoentes positivos

Até agora estamos usando a mesma definição de potência que foi usada para números naturais:

$$A^B = \underline{A \times A \times A \times A \times ... \times A}$$
$$(B \text{ vezes})$$

92   O ALGEBRISTA

Estamos considerando que B, o expoente, é um número inteiro e positivo. Tudo ficará um pouco mais complicado quando o expoente não for mais um número inteiro. Na próxima seção estudaremos o caso do expoente inteiro negativo. No capítulo 14 estudaremos os casos em que o expoente é uma fração, ou um número qualquer.

Elevar um número racional a um expoente inteiro positivo é uma operação exatamente igual à que foi estudada em séries anteriores, durante o estudo das frações. A única diferença aqui é que a base poderá ser negativa. Considere então que queremos calcular A^B, onde A é um número racional (positivo ou negativo) na forma de fração, e que B é um inteiro positivo. Sendo assim:

$$A^B = \left(-\frac{n}{d}\right)^B = \underbrace{\left(-\frac{n}{d}\right) \times \left(-\frac{n}{d}\right) \times \left(-\frac{n}{d}\right) \times \left(-\frac{n}{d}\right) \times ... \times \left(-\frac{n}{d}\right)}_{\text{(B fatores)}}$$

Este resultado terá um sinal, que poderá ser + ou –, e um módulo que será uma fração na forma: n^B / d^B, ou seja, elevamos o numerador e o denominador ao expoente dado. Se o número original for positivo, o resultado será sempre positivo. Se o número original for negativo, tudo dependerá do expoente B: Se B for par, o resultado será positivo, se B for ímpar, o resultado será negativo (o produto de um número ímpar de fatores negativos é negativo).

Exemplos:

a) $\left(\frac{2}{3}\right)^4 = \frac{2^4}{3^4} = \frac{16}{81}$ (base positiva: resultado será positivo, não importando o expoente)

b) $\left(-\frac{2}{3}\right)^4 = +\frac{2^4}{3^4} = \frac{16}{81}$ (base negativa, mas expoente par: resultado positivo)

c) $\left(-\frac{2}{3}\right)^3 = -\frac{2^3}{3^3} = -\frac{8}{27}$ (base negativa e expoente ímpar: resultado será negativo)

É muito fácil entender essas regras de sinais, nem é preciso memorizar. Sabemos que o produto de números positivos é sempre positivo, por isso as potências de base positiva serão sempre positivas.

Quando multiplicamos números positivos e negativos, cada dois fatores negativos fornecem um resultado positivo. Então se o número de fatores negativos for par, teremos positivos multiplicados por positivos, e o resultado final será positivo.

Mas quando multiplicamos vários fatores negativos, em um número ímpar de vezes, cada dupla resultará em um número positivo. Sendo ímpar o número de fatores, sobrará um negativo, mantendo então o resultado final também negativo. Ou seja, as regras de sinais são as mesmas válidas para bases inteiras.

A ordem correta

Muitos alunos erram expressões com potências porque não identificam corretamente a qual valor a potência se aplica. Por exemplo, veja uma forma errada de escrever 3/5 elevado ao quadrado:

Capítulo 2 – Números racionais

$$\frac{3}{5}^2$$

Da forma como está escrito, ficamos em dúvida sobre qual é o valor que está sendo elevado ao quadrado, se é apenas o 3 ou se é a fração 3/5. Alguém pode argumentar que está claro que é o 3/5 que está elevado ao quadrado, pois se fosse apenas o 3, o traço de fração estaria maior, para englobar o 3 e o expoente 2. Não é uma boa ideia contar com sutilizas como esta para entender as operações matemáticas. Devemos deixar tudo bem claro, usando parênteses. Por exemplo:

$$\left(\frac{3}{5}\right)^2$$: Isto é a fração 3/5 elevada ao quadrado

$$\frac{3^2}{5}$$: Isto é o número 3, elevado ao quadrado, e o resultado (9) é dividido por 5

O correto é considerar que um expoente se aplica ao valor que está à sua esquerda, muitas vezes um único número. Por exemplo:

4.3^2 : Apenas o número 3 está elevado ao quadrado, e o resultado, é multiplicado por 4

Se nossa intenção na expressão acima for elevar ao quadrado o produto 4.3, temos que usar parênteses:

$(4.3)^2$: Agora sim, o produto 4.3=12 está sendo elevado ao quadrado

A mesma coisa ocorre quando temos sinais. Veja por exemplo a diferença entre as duas expressões abaixo:

-3^2 : Temos o valor de 3^2, com sinal negativo, que resulta em –9

$(-3)^2$: O número –3 está elevado ao quadrado (com sinal e tudo), e o resultado é +9

Para não cometer esses erros é preciso ter disciplina na hora de escrever as expressões no papel.

Não esqueça, quando não são usados parênteses, as potências são calculadas primeiro, depois as multiplicações e divisões, e por último as adições e subtrações. O uso de parênteses permite alterar essa ordem padrão.

A ordem de cálculo nas expressões numéricas e algébricas é uma simples questão de convenção, apesar de seguir uma lógica. Por exemplo, a potência nada mais é que uma série de multiplicações, enquanto a multiplicação nada mais é que uma série de adições. Por isso, calculamos primeiro as potências, depois as multiplicações (e divisões também, na ordem em que aparecem, e depois adições e subtrações, também na ordem em que aparecem. Em caso de dúvida, a formulação da questão pode utilizar parênteses, que são resolvidos antes das demais operações. Seguindo esta lógica, muitos professores ensinam ao aluno para seguirem a ordem dada pela palavra PEMDAS, que significa parênteses – expoente – multiplicação –

divisão – adição – subtração. O problema é que este "macete" dá a entender que multiplicações sempre devem ser feitas antes das divisões, o que é errado. Por exemplo, qual seria a forma correta de calcular:

$24 \div 2 \times 3$?

Usando o "macete" PEMDAS, o aluno seria levado a realizar primeiro a multiplicação, depois a divisão, ficando então com:

$24 \div 2 \times 3 = 24 \div 6 = 4$ (ERRADO !!!)

O correto é realizar multiplicações e divisões na ordem em que aparecem, ficando então com:

$24 \div 2 \times 3 = 12 \times 3 = 36$ (CERTO !!!)

O correto seria então apresentar o "PEMDAS" da seguinte forma:

P
E
M ou D
A ou S

Outra questão importante é o uso de parênteses, chaves e colchetes. As crianças são orientadas a realizar primeiro as operações entre parênteses, depois aquelas entre colchetes e finalmente as que estão entre chaves. Para que isto funcione, cabe ao formulador da questão respeitar também esta ordem.

Por exemplo,
$25 - \left\{ 3.17 - \left[-10 + 6.(8 - 4.(-2)) + 2 + 3 \right] - 4.(-4) \right\} \div (-4)$

Entretanto, matematicamente os parênteses, chaves e colchetes têm significados semelhantes. A mesma expressão acima poderia ser escrita usando somente parênteses:

$25 - (3.17 - (-10 + 6.(8 - 4.(-2)) + 2 + 3) - 4.(-4)) \div (-4)$

A mesma expressão poderia (apesar de não ser usual) ser escrita desrespeitando a posição tradicional:

$25 - (3.17 - \{-10 + 6.[8 - 4.[-2]] + 2 + 3\} - 4.(-4)) \div [-4]$

Claro que uma questão colocada dessa forma em uma prova seria uma "armadilha" para confundir os alunos.

A regra correta e geral para este caso seria: resolver primeiro, os separadores mais internos, e por último, os mais externos. Tanto é assim que nas linguagens de computador, somente parênteses são usados, não existem chaves nem colchetes nas expressões matemáticas.

Fica portanto mantida a regra ensinada nos primeiros anos do ensino fundamental, de resolver primeiro parênteses, colchetes e chaves, mas somente se o formulador da questão obedecer à mesma ordem convencionada. A regra mais rigorosa é de resolver as expressões, da mais interna para a mais externa, independente de serem usados parênteses, colchetes ou chaves.

Capítulo 2 – Números racionais

Exercícios

E63) Calcule as seguintes potências:

a) $\left(\dfrac{1}{3}\right)^2 =$

f) $\left(\dfrac{4}{9}\right)^2 =$

k) $\left(\dfrac{7}{10}\right)^2 =$

p) $\left(\dfrac{1}{2}\right)^5 =$

b) $\left(\dfrac{2}{3}\right)^2 =$

g) $\left(\dfrac{5}{8}\right)^2 =$

l) $\left(\dfrac{8}{9}\right)^2 =$

q) $\left(\dfrac{1}{10}\right)^4 =$

c) $\left(\dfrac{4}{5}\right)^2 =$

h) $\left(\dfrac{3}{7}\right)^2 =$

m) $\left(\dfrac{3}{8}\right)^2 =$

r) $\left(\dfrac{5}{2}\right)^3 =$

d) $\left(\dfrac{2}{5}\right)^3 =$

i) $\left(\dfrac{2}{3}\right)^3 =$

n) $\left(\dfrac{2}{3}\right)^3 =$

s) $\left(\dfrac{5}{3}\right)^3 =$

e) $\left(\dfrac{3}{10}\right)^3 =$

j) $\left(\dfrac{10}{3}\right)^3 =$

o) $\left(\dfrac{7}{10}\right)^3 =$

t) $\left(\dfrac{2}{3}\right)^5 =$

E64) Calcule as seguintes potências:

a) $\left(-\dfrac{1}{9}\right)^2 =$

f) $\left(\dfrac{7}{100}\right)^2 =$

k) $\left(-\dfrac{4}{11}\right)^0 =$

p) $-\left(-\dfrac{1}{3}\right)^4 =$

b) $\left(-\dfrac{2}{3}\right)^3 =$

g) $\left(-\dfrac{5}{9}\right)^2 =$

l) $\left(-\dfrac{2}{7}\right)^2 =$

q) $\left(-\dfrac{3}{2}\right)^5 =$

c) $-\left(-\dfrac{3}{10}\right)^4 =$

h) $\left(-\dfrac{1}{4}\right)^3 =$

m) $\left(\dfrac{3}{11}\right)^2 =$

r) $-\left(\dfrac{10}{7}\right)^2 =$

d) $\left(-\dfrac{1}{2}\right)^5 =$

i) $\left(-\dfrac{2}{10}\right)^4 =$

n) $\left(-\dfrac{12}{13}\right)^2 =$

s) $\left(-\dfrac{9}{13}\right)^2 =$

e) $\left(\dfrac{9}{7}\right)^2 =$

j) $-\left(\dfrac{2}{5}\right)^3 =$

o) $\left(\dfrac{3}{10}\right)^3 =$

t) $\left(-\dfrac{3}{5}\right)^4 =$

Os números racionais também podem aparecer nas formas de números decimais, dízimas periódicas, número misto ou porcentagem. Para calcular potências desses números, é conveniente convertê-los antes para a forma de fração. A única exceção fica por conta dos números decimais, que podem ser elevados com relativa facilidade ao quadrado ou ao cubo.

Exemplo:
Calcule $(1,2)^2$

Para multiplicar números decimais (no caso, 1,2 × 1,2), multiplicamos normalmente os números sem vírgula. O número de casas decimais do resultado será igual à soma dos números de casas decimais dos fatores. Como 1,2 tem uma casa decimal, o produto 1,2 × 1,2 terá 2 casas decimais. Já que 12.12=144, ficamos com:

1,2 × 1,2 = 1,44

Outros exemplos:
a) $0,3^2 = (3/10)^2 = 9/100$

b) $(-0,333...)^3 = (-1/3)^3 = -1/27$

96   O ALGEBRISTA

c) $(40\%)^2 = (2/5)^2 = 4/25$

d) $(1\ 3/5)^2 = (8/5)^2 = 64/25 = 2\ 14/25$

Exercícios

E65) Calcule as seguintes potências, dando o resultado na forma decimal ou fração. Caso o gabarito esteja em outra forma que sua resposta, confirme a igualdade:

a) $(-1,4)^2 =$
b) $(10\%)^3 =$
c) $0,444...^2 =$
d) $(1\ 1/2)^3 =$
e) $(-0,666...)^2 =$

f) $1,5^2 =$
g) $0,2^3 =$
h) $(-0,5)^2 =$
i) $1,2^3 =$
j) $(1\ 1/10)^3 =$

k) $(-2,5)^2 =$
l) $(0,1)^3 =$
m) $(-0,222...)^2 =$
n) $0,5^3 =$
o) $(1\ 3/5)^2 =$

p) $0,6^3 =$
q) $-0,4^2 =$
r) $0,5^4 =$
s) $(-0,32783287...)^0 =$
t) $(0,01)^2 =$

Propriedades das potências

As propriedades das operações na maioria das vezes servem para facilitar os cálculos. Considere por exemplo a expressão:

$$2^{10} \times 5^{10} =$$

É fácil calcular 2^{10}, o resultado é 1024. Mas 5^{10} é bem mais trabalhoso, dá 9.765.625. Mas sabemos que $2^{10}.5^{10} = (2.5)^{10} = 10^{10}$, a partir de uma propriedade básica das potências. Calcular 10^{10} é bem fácil, pois é uma potência de 10, basta escrever 1 seguido de 10 zeros. Então o resultado e 10.000.000.000. O mesmo resultado que encontraríamos se fizéssemos 1024x9.765.625, só que por um caminho bem mais simples. As expressões complicadas que aparecem em provas, quase sempre ficam mais simples com o uso de algumas propriedades das suas operações. O que fizemos aqui, ao resolver a expressão por um caminho mais rápido, foi um tipo de simplificação.

As propriedades das potências cuja base é um número racional são as mesmas das potências cujas bases são números naturais ou inteiros. Sendo x um número racional qualquer (exceto 0), e sendo **a** e **b** números naturais, temos:

a) $x^1 = x$ Ex: $(5/3)^1 = 5/3$

b) $x^0 = 1$ Ex: $(-4/7)^0 = 1$

c) $x^a.x^b = x^{a+b}$ Ex: $(2/5)^2.(2/5)^4 = (2/5)^6$

d) $x^a.y^a = (x.y)^a$ Ex: $(4/3)^3.(5/2)^3 = [(4/3).(5/2)]^3 = [10/3]^3$

e) $x^a/x^b = x^{(a-b)}$ Ex: $(3/5)^5 \div (3/5)^3 = (3/5)^2$

f) $x^a/y^a = (x/y)^a$ Ex: $(4/9)^2 \div (2/15)^2 = [(4/9)\div(2/15)]^2 = [10/3]^2$

g) $(x^a)^b = x^{a.b}$ Ex: $[(2/3)^2]^3 = (2/3)^6$

As propriedades acima também valem para x=0, exceto para 0^0, que não é permitido.

Lembre-se que essas propriedades nada mais são que consequências da definição de potência. Por exemplo, a propriedade (d):

Capítulo 2 – Números racionais

$x^a = x.x....x$ (a vezes)

$x^b = x.x.x....x$ (b vezes)

$x^a.x^b = (x.x...x).(x.x.x...)$ (a+b vezes)

Exercícios

E66) Aplique a propriedade $x^1=x$

a) $\left(-\dfrac{1}{3}\right)^1 =$

b) $\left(\dfrac{1}{2}\right)^1 =$

c) $\left(-\dfrac{4}{5}\right)^1 =$

d) $\left(5\dfrac{2}{7}\right)^1 =$

e) $\left(-0,333...\right)^1 =$

f) $(3,14)^1 =$

g) $(-2,18)^1 =$

h) $\left(-\dfrac{2}{5}\right)^1 =$

E67) Aplique a propriedade $x^0=1$

a) $\left(-\dfrac{1}{7}\right)^0 =$

b) $\left(-\dfrac{2}{5}\right)^0 =$

c) $\left(\dfrac{4}{3}\right)^0 =$

d) $\left(2\dfrac{4}{7}\right)^0 =$

e) $\left(-5,333...\right)^0 =$

f) $\left(\dfrac{4}{9}\right)^0 =$

g) $\left(-\dfrac{2}{3}\right)^0 =$

h) $(-6,02)^0 =$

E68) Aplique a propriedade $x^a.x^b = x^{a+b}$

a) $\left(-\dfrac{1}{5}\right)^2 \times \left(-\dfrac{1}{5}\right)^3 =$

b) $\left(\dfrac{1}{2}\right)^4 \times \left(\dfrac{1}{2}\right)^3 =$

c) $\left(-\dfrac{2}{3}\right)^2 \times \left(-\dfrac{2}{3}\right)^3 =$

d) $\left(\dfrac{1}{10}\right)^4 \times \left(\dfrac{1}{10}\right)^3 =$

e) $\left(-\dfrac{3}{5}\right)^1 \times \left(-\dfrac{3}{5}\right)^2 =$

f) $\left(-\dfrac{1}{2}\right)^2 \times \left(-\dfrac{1}{2}\right)^3 =$

g) $\left(\dfrac{2}{5}\right)^1 \times \left(\dfrac{2}{5}\right)^3 =$

h) $\left(-\dfrac{3}{10}\right)^2 \times \left(-\dfrac{3}{10}\right)^3 =$

E69) Aplique a propriedade $x^a.y^a = (x.y)^a$

a) $\left(\dfrac{1}{3}\right)^2 \times \left(\dfrac{3}{2}\right)^2 =$

b) $\left(-\dfrac{2}{3}\right)^3 \times \left(\dfrac{5}{2}\right)^3 =$

c) $\left(-\dfrac{3}{10}\right)^4 \times \left(-\dfrac{5}{3}\right)^4 =$

d) $\left(\dfrac{5}{6}\right)^4 \times \left(-\dfrac{2}{5}\right)^4 =$

e) $\left(-\dfrac{5}{9}\right)^5 \times \left(-\dfrac{9}{10}\right)^5 =$

f) $\left(-\dfrac{3}{20}\right)^3 \times \left(-\dfrac{5}{3}\right)^3 =$

g) $\left(-\dfrac{5}{3}\right)^6 \times \left(-\dfrac{3}{50}\right)^6 =$

h) $\left(-\dfrac{6}{40}\right)^2 \times \left(\dfrac{20}{27}\right)^2 =$

E70) Aplique a propriedade $x^a/x^b = x^{(a-b)}$

a) $\left(-\dfrac{1}{2}\right)^4 \div \left(-\dfrac{1}{2}\right)^2 =$

b) $\left(\dfrac{2}{5}\right)^7 \div \left(\dfrac{2}{5}\right)^5 =$

c) $\left(\dfrac{1}{10}\right)^8 \div \left(\dfrac{1}{10}\right)^5 =$

d) $\left(\dfrac{2}{3}\right)^8 \div \left(\dfrac{2}{3}\right)^4 =$

e) $\left(\dfrac{1}{3}\right)^4 \div \left(\dfrac{1}{3}\right)^3 =$

f) $\left(\dfrac{3}{10}\right)^5 \div \left(\dfrac{3}{10}\right)^3 =$

g) $\left(-\dfrac{2}{5}\right)^9 \div \left(-\dfrac{2}{5}\right)^6 =$

h) $\left(-\dfrac{1}{2}\right)^{11} \div \left(-\dfrac{1}{2}\right)^7 =$

E71) Aplique a propriedade $x^a/y^a = (x/y)^a$

a) $\left(-\dfrac{6}{15}\right)^2 \div \left(-\dfrac{14}{30}\right)^2 =$

b) $\left(-\dfrac{3}{21}\right)^{10} \div \left(-\dfrac{10}{35}\right)^{10} =$

c) $\left(\dfrac{5}{15}\right)^2 \div \left(-\dfrac{8}{3}\right)^2 =$

d) $\left(\dfrac{6}{33}\right)^4 \div \left(\dfrac{35}{77}\right)^4 =$

e) $\left(-\dfrac{2}{1}\right)^3 \div \left(\dfrac{3}{1}\right)^3 =$

f) $\left(-\dfrac{26}{10}\right)^3 \div \left(\dfrac{39}{35}\right)^3 =$

g) $\left(\dfrac{20}{36}\right)^5 \div \left(-\dfrac{10}{9}\right)^5 =$

h) $\left(\dfrac{35}{105}\right)^7 \div \left(\dfrac{20}{6}\right)^7 =$

98   O ALGEBRISTA

E72) Aplique a propriedade $(x^a)^b = x^{a.b}$

a) $\left[\left(-\dfrac{2}{3}\right)^3\right]^2 =$ c) $\left[\left(-\dfrac{1}{10}\right)^2\right]^4 =$ e) $\left[\left(\dfrac{4}{5}\right)^2\right]^3 =$ g) $\left[\left(-\dfrac{1}{2}\right)^6\right]^3 =$

b) $\left[\left(\dfrac{2}{5}\right)^5\right]^3 =$ d) $\left[\left(-\dfrac{3}{10}\right)^{10}\right]^2 =$ f) $\left[\left(-\dfrac{1}{3}\right)^1\right]^2 =$ h) $\left[\left(\dfrac{2}{7}\right)^2\right]^3 =$

Os exercícios acima foram fáceis porque já informam qual é a propriedade de potências a ser utilizada. Podem ficar mais difíceis se essas propriedades não forem informadas. Você precisará então memorizar essas propriedades, mas isso não é difícil:

a) Expoente 1: o resultado é o próprio número_____ $x^1 = x$

b) Expoente 0: o resultado é sempre 1_____ $x^0 = 1$

OBS: Não é permitido 0^0.

As propriedades (c), (d), (e) e (f) dizem respeito a multiplicações e divisões de potências, com bases ou expoentes iguais. Expoentes são adicionados ou subtraídos quando as bases são iguais. Bases são mutliplicadas ou divididas quando os expoentes são iguais.

Multiplicação de potências:

c) Bases iguais, somar os expoentes_____ $x^a.x^b = x^{a+b}$

d) Expoentes iguais, multiplicar as bases_____ $x^a.y^a = (x.y)^a$

Divisão de potências:

e) Bases iguais, subtrair os expoentes_____ $x^a/x^b = x^{(a-b)}$

f) Expoentes iguais, dividir as bases_____ $x^a/y^a = (x/y)^a$

g) Potência de uma potência: multiplique os expoentes_____ $(x^a)^b = x^{a.b}$

Exercícios

E73) Aplique as propriedades de potências e calcule o resultado na forma de fração ou de uma única potência.

a) $\left(-\dfrac{3}{5}\right)^1 \times \left(-\dfrac{3}{5}\right)^2 =$ f) $\left(-\dfrac{3}{11}\right)^0 =$ k) $\left(-\dfrac{2}{5}\right)^3 \times \left(\dfrac{3}{2}\right)^3 =$ p) $\left(-\dfrac{15}{32}\right)^2 \div \left(-\dfrac{10}{16}\right)^2 =$

b) $\left(\dfrac{2}{3}\right)^2 \times \left(\dfrac{2}{3}\right)^3 =$ g) $\left(\dfrac{4}{17}\right)^1 =$ l) $\left(\dfrac{10}{3}\right)^2 \times \left(\dfrac{6}{5}\right)^2 =$ q) $\left(-\dfrac{24}{42}\right)^3 \div \left(\dfrac{15}{28}\right)^3 =$

c) $-\left(\dfrac{2}{5}\right)^1 \times \left(\dfrac{2}{5}\right)^3 =$ h) $\left(-\dfrac{1}{999}\right)^0 =$ m) $\left(\dfrac{18}{5}\right)^3 \times \left(-\dfrac{10}{9}\right)^3 =$ r) $\left(\dfrac{24}{16}\right)^4 \div \left(-\dfrac{30}{20}\right)^4 =$

d) $\left(\dfrac{1}{2}\right)^2 \times \left(\dfrac{1}{2}\right)^4 =$ i) $\left(-\dfrac{23}{45}\right)^1 =$ n) $\left(-\dfrac{3}{10}\right)^4 \times \left(\dfrac{25}{3}\right)^4 =$ s) $\left(\dfrac{48}{72}\right)^2 \div \left(\dfrac{16}{36}\right)^2 =$

Capítulo 2 – Números racionais

99

e) $\left(\dfrac{-3}{10}\right)^2 \times \left(\dfrac{-3}{10}\right)^3 =$ j) $\left(\dfrac{923}{777}\right)^0 =$ o) $\left(\dfrac{14}{35}\right)^2 \times \left(\dfrac{15}{10}\right)^2 =$ t) $\left(\dfrac{42}{105}\right)^5 \div \left(-\dfrac{30}{15}\right)^5 =$

E74) Aplique as propriedades de potências e calcule o resultado na forma de fração ou de uma única potência.

a) $\left(-\dfrac{1}{5}\right)^2 \times \left(-\dfrac{1}{5}\right)^3 =$ f) $\left(\dfrac{2}{3}\right)^2 \times \left(-\dfrac{9}{5}\right)^2 =$ k) $\left(-\dfrac{2}{3}\right)^5 \div \left(-\dfrac{2}{3}\right)^2 =$ p) $\left(-\dfrac{18}{35}\right)^2 \div \left(-\dfrac{9}{7}\right)^2 =$

b) $\left(\dfrac{1}{2}\right)^4 \times \left(\dfrac{1}{2}\right)^3 =$ g) $\left(-\dfrac{15}{14}\right)^3 \times \left(\dfrac{7}{12}\right)^3 =$ l) $\left(-\dfrac{1}{2}\right)^7 \div \left(-\dfrac{1}{2}\right)^5 =$ q) $\left(\dfrac{15}{22}\right)^5 \div \left(-\dfrac{105}{77}\right)^5 =$

c) $\left(-\dfrac{3}{10}\right)^2 \times \left(-\dfrac{3}{10}\right)^3 =$ h) $\left(\dfrac{3}{14}\right)^4 \times \left(\dfrac{7}{15}\right)^4 =$ m) $\left(\dfrac{2}{5}\right)^6 \div \left(\dfrac{2}{5}\right)^3 =$ r) $\left(-\dfrac{2}{15}\right)^4 \div \left(\dfrac{14}{35}\right)^4 =$

d) $\dfrac{2}{5} \times \left(\dfrac{2}{5}\right)^2 \times \left(\dfrac{2}{5}\right)^2 =$ i) $\left(\dfrac{21}{5}\right)^5 \times \left(\dfrac{5}{14}\right)^5 =$ n) $\left(-\dfrac{3}{5}\right)^7 \div \left(-\dfrac{3}{5}\right)^4 =$ s) $\left(\dfrac{10}{35}\right)^3 \div \left(\dfrac{6}{14}\right)^3 =$

e) $\left(-\dfrac{1}{2}\right)^2 \times \left(-\dfrac{1}{2}\right)^6 =$ j) $\left(\dfrac{15}{2}\right)^6 \times \left(\dfrac{1}{5}\right)^6 =$ o) $\left(\dfrac{11}{37}\right)^6 \div \left(\dfrac{11}{37}\right)^5 =$ t) $\left(-\dfrac{1}{5}\right)^6 \div \left(-\dfrac{6}{15}\right)^6 =$

E75) Aplique as propriedades de potências e exprima o resultado em potências de x

a) $x^2 . x^3 =$ f) $x^7 \div x^2 =$ k) $(x^2)^3 =$ p) $(2x^2).(4x^3) =$
b) $x^5 . x^2 =$ g) $x^6 \div x^4 =$ l) $(x^3)^4 =$ q) $(4x^3).(5x^4) =$
c) $x^7 . x^2 =$ h) $x^{10} \div x^6 =$ m) $(x^4)^6 =$ r) $(3x^4).(x^2) =$
d) $x.x.x =$ i) $x^5 \div x^4 =$ n) $(x^5)^3 =$ s) $(2x^5)^3 =$
e) $x.x^2.x^3.x^4.x^5 =$ j) $x^7 \div x^7 =$ o) $(x^2)^{30} =$ t) $(3x^2)^4 =$

Não existe propriedade específica para casos em que as bases são diferentes e os expoentes são diferentes. Nesses casos é preciso desenvolver todas as potências e fazer as simplificações possíveis.

Exemplo:

$$\left(\dfrac{15}{8}\right)^4 \times \left(\dfrac{12}{15}\right)^6$$

Note que as bases são diferentes e os expoentes também são diferentes. A primeira coisa a fazer é fatorar todos os números, e a seguir fazer as simplificações possíveis.

$$\left(\dfrac{3 \times 5}{2^3}\right)^4 \times \left(\dfrac{2^2 \times 3}{3 \times 5}\right)^6$$

Podemos simplificar a segunda fração por 3, ficando com:

$$\left(\dfrac{3 \times 5}{2^3}\right)^4 \times \left(\dfrac{2^2}{5}\right)^6$$

Agora elevamos cada numerador e denominador à potência apropriada. Na primeira fração, ambos serão elevados à quarta potência, e na segunda fração, ambos serão elevados à sexta potência. Nessa operação devemos lembrar das propriedades da potência de potência e da potência de produto.

$$\left(\frac{3\times 5}{2^3}\right)^4 \times \left(\frac{2^2}{5}\right)^6 = \frac{3^4 \times 5^4}{2^{12}} \times \frac{2^{12}}{5^6}$$

Podemos agora simplificar o 2^{12}, e simplificar 5^4 e 5^6, dividindo ambos por 5^4, ficará 1 no numerador e 5^2 no denominador ($5^6 \div 5^4 = 5^2$). O resultado será:

$$\frac{3^4 \times 5^4}{2^{12}} \times \frac{2^{12}}{5^6} = \frac{3^4}{1} \times \frac{1}{5^2} = \frac{81}{25}$$

Como vemos, quando não encontramos bases iguais ou expoentes iguais para aplicar as propriedades de potências, ainda assim conseguimos realizar os cálculos, apesar de dar um pouco mais de trabalho.

Como vemos, em expressões que envolvam potências, podemos encontrar exemplos em que as propriedades de potências de mesma base ou expoente podem ser aplicadas ou não. Também encontramos exemplos em que os números são expressos em diversas formas: números inteiros, frações, dízimas periódicas, números decimais ou porcentagens. Em geral a expressão fica mais simples quando convertemos todos os números para frações, mas nem sempre.

Exercícios

E76) Calcule as seguintes expressões e dê o resultado na forma de fração:

a) $(0,666...)^3 \cdot (1,2)^2 =$
b) $(2,333...)^2 \div \left(1\frac{5}{9}\right) =$
c) $(0,999...)^{100} \cdot (1,0101)^0 =$
d) $1,6^3 \div 1,2^2 =$
e) $0,5^5 \div 0,75^3 =$

f) $1,6^2 \cdot (1,666...)^3 =$
g) $\left(-\frac{2}{3}\right)^2 \div \frac{2^3}{3^3} =$
h) $(1,666...)^2 \cdot 1,5^3 =$
i) $(50\% \text{ de } 3,666...)^2 =$
j) $2,25 \cdot (0,666...)^3 =$

k) $0,2^3 \cdot 1,5^2 =$
l) $\left(2\frac{1}{2}\right)^3 \times \left(3\frac{1}{5}\right) =$
m) $(0,444...)^2 \cdot 1,5^3 =$
n) $(0,666...)^2 \div (0,222...)^3 =$
o) $(0,8333...)^2 \cdot 1,6^3 =$

p) $1,2^3 \cdot (1,333...)^2 =$
q) $\left(-\frac{35}{6}\right)^2 \times \left(\frac{3}{10}\right)^3 =$
r) $1,5^2 \div 5,25 =$
s) $[(0,333...)^2 \cdot 1,5^3]^2 =$
t) $(0,444...)^2 \cdot 2,25^3 =$

Saber calcular expressões é importante, mas muitas vezes, uma questão de cálculo aparentemente complexa tem solução extremamente simples quando são utilizadas tais propriedades. Considere o exemplo:

CN 97
Resolvendo-se a expressão

$$\frac{\left\{\left[\left(\sqrt[3]{1,331}\right)^{12/5}\right]^0\right\}^{-7,2} - 1}{8^{33}+8^{33}+8^{33}+8^{33}+8^{33}} \times \frac{1}{2^{302}}$$

encontra-se:

(A) 4 (B) 3 (C) 2 (D) 1 (E) 0

Alunos do Colégio Naval:
Precisam "detonar" as expressões numéricas e encontrar seus atalhos.

Capítulo 2 – Números racionais   101

Solução:

A expressão levaria a cálculos bastante "indigestos", entretanto a resposta não necessita de cálculos. Basta observar a expressão entre colchetes, que é complexa mas está elevada a zero. Sabemos que qualquer número elevado a zero é igual a 1, desde que não seja 0^0. Certamente a expressão entre colchetes não vale zero, pois é a raiz cúbica de um número positivo, elevado a um expoente positivo. Ao elevamos 1 à potência 7,2, permanece o resultado 1, pois se elevarmos 1 a qualquer potência o resultado será 1. Subtraindo 1, ficamos com o denominador zero. Zero dividido por qualquer número vale zero (somente não é permitido 0/0). Este numerador zero da primeira fração, dividido pelo numerador que certamente é um valor positivo, resulta em zero. Multiplicando pela segunda fração, não importa o seu valor, o resultado será zero.

Isto mostra que muitas vezes expressões extremamente complicadas são resolvidas sem contas, apenas aplicando as propriedades das operações.

Um outro exemplo está presente em uma tese de mestrado na qual o autor sustenta que é inútil ensinar os alunos a realizarem cálculos complexos, entretanto a questão é muito fácil, bastando usar as propriedades das operações. Provavelmente o responsável pela discussão considerou-a uma questão com cálculos complexos por não ter vislumbrado a solução mais simples, que usa apenas propriedades das potências de expoente zero e base 1.

Exemplo: Determine o valor de x em:

$$\left(\frac{4\frac{5}{6} - \sqrt[6]{64} - 2\frac{7}{9} + 0,8}{x+9} \right) \left(\frac{\frac{8}{x}}{7 + \sqrt{81}} \right) = 0$$

O produto de dois números vale zero quando pelo menos um deles vale zero. Os números deste problema são frações, portando basta que um dos denominadores seja zero para que a expressão seja igual a zero. O segundo numerador, 8/x, não pode ser zero, pois seu numerador é 8. O numerador da primeira fração dá um pouco de trabalho para calcular, mas é fácil observar que também não pode ser zero. A primeira fração é menor que 0,5, o quarto termo é 0,8, então não chegam a 1,3. Os termos do meio são negativos, e seu total em módulo é maior que 4. Sendo assim este numerador é negativo, e não zero. Apenas analisando esses dois numeradores concluímos que este produto nunca será zero, para valor algum de x. Sendo assim a equação não tem solução: nenhum valor de x a satisfaz. Trata-se de uma equação impossível.

Os dois exemplos acima mostram que conhecer as propriedades das operações matemáticas pode resolver certos problemas sem a necessidade de contas. Aliás, são problemas cuja solução deve ser feita sem contas. Servem para testar se o aluno conhece as propriedades das operações matemáticas. Não são problemas para o aluno realizar cálculos absurdos.

Potências de números racionais – expoentes negativos

No estudo dos números naturais, dos números inteiros e até esta parte do estudo dos números racionais, lidamos somente com potências com expoentes inteiros positivos (e o expoente zero, é claro).

Sabemos que elevar um número $\underline{a}$ a uma potência $\underline{n}$ significa formar um produto com $\underline{n}$ fatores $\underline{a}$, ou seja:

$a^n = \underline{a.a.a.a.....a}$
      (n vezes)

Mas o que seria elevar um número a a uma potência $-n$?

$a^{-n} = ?$

Podemos descobrir o que significa a^{-n} aplicando uma fórmula já vista nas propriedades das potências:

$a^x.a^y = a^{x+y}$

Essa fórmula vale para qualquer número racional a, e para quaisquer expoentes inteiros naturais x e y (exceto caso seja formado 0^0). Se esta fórmula valesse também para expoentes negativos, poderíamos fazer x=n e y=−n, ficando com:

$a^n . a^{-n} = a^{n-n} = a^0 = 1$

Então, a^{-n} e a^n são números que, quando multiplicados, dão resultado 1. Já vimos que isso é uma característica do inverso de um número racional: ao multiplicarmos um número pelo seu inverso, o resultado é 1. Concluímos então que a^{-n} é o inverso de a^n. Escrevemos então:

$$a^{-n} = \frac{1}{a^n}$$

Essa relação vale para qualquer número a que seja natural, inteiro ou racional. Vale também para números irracionais e para números reais. Só não vale para a=0, ou seja, o número 0 não pode ser elevado a expoentes negativos, caso contrário resultaria em um denominador nulo, e sabemos que a divisão por zero não existe.

Exemplos:

$$5^{-2} = \frac{1}{5^2} \; ; \quad (-4)^{-3} = \frac{1}{(-4)^3} \; ; \quad 7^{-1} = \frac{1}{7}$$

Esse último resultado é importante: $a^{-1} = 1/a$, ou seja, elevar um número à potência -1 é a mesma coisa que encontrar o seu inverso.

Vejamos agora o que ocorre quando $\underline{a}$ é um número racional. A fórmula $a^{-n} = \dfrac{1}{a^n}$ pode ser escrita como:

$$a^{-n} = \frac{1}{a^n} = \frac{1^n}{a^n} = \left(\frac{1}{a}\right)^n$$

Então, se $\underline{a}$ for um número racional, na forma x/y, o inverso de a será y/x. Ficamos então com:

Capítulo 2 – Números racionais

$$\left(\frac{x}{y}\right)^{-n} = \left(\frac{y}{x}\right)^{n}$$

Em outras palavras, elevar um número racional a uma potência negativa, é o mesmo que inverter este número racional (trocar de lugar o numerador com o denominador) e tornar o expoente positivo.

Exemplos:

$$\left(\frac{5}{3}\right)^{-2} = \left(\frac{3}{5}\right)^{2}; \quad \left(\frac{7}{10}\right)^{-5} = \left(\frac{10}{7}\right)^{5}; \quad 3^{-5} = \left(\frac{1}{3}\right)^{5} = \frac{1}{3^{5}}$$

Note que para inverter uma fração, trocamos de lugar o numerador com o denominador. Para inverter um número inteiro, formamos uma fração com numerador 1, e com denominador igual ao número. Note ainda que o inverso de uma fração que tem numerador 1, é um número inteiro.

Ex: O inverso de 1/5 é 5.

Exercícios

E77) Calcule as seguintes expressões

a) O inverso de $(1/2)^2 =$
b) $(3/4)^{-2} =$
c) $10^{-2} =$
d) $(2/3)^{-3} =$
e) $1/(4^{-2}) =$

f) $(1/7)^{-2} =$
g) $(3/2)^{-3} =$
h) $(1/2)^{-5} =$
i) $8^{-2} =$
j) $10^{-3} =$

k) $(2/5)^{-3} =$
l) $(3/10)^{-3} =$
m) $(5/3)^{-2} =$
n) $1/(10^{-2}) =$
o) $(1/5)^{-3} =$

p) $1/(4^{-2}) =$
q) $(1/3)^{-3} =$
r) $3/(10^{-2}) =$
s) $(3/10)^{-2} =$
t) $(3/5)^{-3} =$

E78) Calcule as seguintes expressões

a) $\left(-\frac{1}{5}\right)^{2} \times \left(-\frac{1}{5}\right)^{-3}$

b) $\left(-\frac{2}{3}\right)^{8} \times \left(-\frac{2}{3}\right)^{-5}$

c) $\left(-\frac{3}{5}\right)^{-4} \times \left(-\frac{3}{5}\right)^{2}$

d) $\left(\frac{2}{5}\right)^{-1} \times \left(\frac{2}{5}\right)^{3}$

e) $\left(\frac{1}{10}\right)^{-4} \times \left(\frac{1}{10}\right)^{3}$

f) $\left(\frac{1}{2}\right)^{-8} \times \left(\frac{1}{2}\right)^{3}$

g) $\left(-\frac{1}{2}\right)^{2} \times \left(-\frac{1}{2}\right)^{-7}$

h) $\left(-\frac{3}{10}\right)^{6} \times \left(-\frac{3}{10}\right)^{-3}$

i) $\left(\frac{1}{3}\right)^{-2} \times \left(\frac{3}{2}\right)^{-2}$

j) $\left(-\frac{3}{10}\right)^{-4} \times \left(-\frac{5}{3}\right)^{-4}$

k) $\left(-\frac{5}{9}\right)^{-5} \times \left(-\frac{9}{10}\right)^{-5}$

l) $\left(-\frac{2}{3}\right)^{-3} \times \left(\frac{5}{2}\right)^{-3}$

m) $\left(-\frac{3}{20}\right)^{-3} \times \left(\frac{5}{3}\right)^{-3}$

n) $\left(-\frac{1}{2}\right)^{4} \div \left(-\frac{1}{2}\right)^{-2}$

o) $\left(\frac{1}{3}\right)^{-4} \div \left(\frac{1}{3}\right)^{-3}$

p) $\left(-\frac{5}{3}\right)^{-6} \times \left(-\frac{3}{50}\right)^{-6}$

q) $\left(\frac{5}{6}\right)^{-4} \times \left(-\frac{2}{5}\right)^{-4}$

r) $\left(-\frac{6}{40}\right)^{-2} \times \left(\frac{20}{27}\right)^{-2}$

s) $\left(\frac{1}{10}\right)^{8} \div \left(\frac{1}{10}\right)^{-5}$

t) $\left(\frac{2}{5}\right)^{-9} \div \left(\frac{2}{5}\right)^{-6}$

E79) Calcule as seguintes expressões

a) $\left(\frac{2}{5}\right)^{-7} \div \left(\frac{2}{5}\right)^{-5}$

b) $\left(-\frac{6}{15}\right)^{-2} \div \left(\frac{14}{30}\right)^{-2}$

f) $\left(\frac{5}{15}\right)^{-2} \div \left(-\frac{8}{3}\right)^{-2}$

g) $\left(\frac{3}{21}\right)^{-10} \div \left(\frac{10}{35}\right)^{-10}$

k) $\left(-\frac{2}{1}\right)^{-3} \div \left(\frac{3}{1}\right)^{-3}$

l) $\left(\frac{6}{33}\right)^{-4} \div \left(\frac{35}{77}\right)^{-4}$

p) $\left(\frac{20}{36}\right)^{-5} \div \left(-\frac{10}{9}\right)^{-5}$

q) $\left(-\frac{26}{10}\right)^{-3} \div \left(\frac{39}{35}\right)^{-3}$

104   O ALGEBRISTA

c) $\left(\dfrac{2}{3}\right)^8 \times \left(\dfrac{2}{3}\right)^{-4}$ h) $\left(\dfrac{35}{105}\right)^{-7} \div \left(\dfrac{20}{6}\right)^{-7}$ m) $\left[\left(-\dfrac{2}{3}\right)^{-2}\right]^{-3}$ r) $\left[\left(-\dfrac{1}{2}\right)^{-6}\right]^3$

d) $\left(\dfrac{3}{10}\right)^{-3} \div \left(\dfrac{3}{10}\right)^{-5}$ i) $\left[\left(-\dfrac{2}{3}\right)^{-3}\right]^2$ n) $\left[\left(-\dfrac{2}{5}\right)^{-5}\right]^3$ s) $\left[\left(-\dfrac{1}{3}\right)^{-1}\right]^2$

e) $\left(-\dfrac{1}{2}\right)^3 \div \left(-\dfrac{1}{2}\right)^{-4}$ j) $\left[\left(-\dfrac{1}{10}\right)^2\right]^{-4}$ o) $\left[\left(-\dfrac{3}{10}\right)^{10}\right]^{-2}$ t) $\left[\left(\dfrac{2}{7}\right)^{-2}\right]^{-3}$

Raízes de números racionais

No capítulo 14, estudaremos os números irracionais, faremos exercícios envolvendo cálculos complexos com raízes quadradas, cúbicas e de ordem superior, como:

$$\frac{\sqrt{2 - \sqrt{3 + 2\sqrt{5}}}}{1 - 2\sqrt[3]{5 + 2\sqrt{3}}}$$

Este tipo de cálculo é sempre cobrado nas questões de concursos como Colégio Naval, EPCAr e Colégio Militar, para admissão no ensino médio.

Neste capítulo veremos expressões mais simples, envolvendo apenas raízes quadradas e raízes cúbicas, de números que são quadrados perfeitos e cubos perfeitos. Você já aprendeu no capítulo 1, raízes como:

$$\sqrt{400} = 20$$
$$\sqrt{289} = 17$$
$$\sqrt{225} = 15$$
$$\sqrt{64} = 8$$
$$\sqrt[3]{27} = 3$$
$$\sqrt[3]{64} = 4$$
$$\sqrt[3]{512} = 8$$
$$\sqrt[3]{1000} = 10$$
$$\sqrt[3]{-216} = -6$$
$$\sqrt[3]{-64} = -4$$

Todos os números acima são quadrados perfeitos ou cubos perfeitos, por isso suas raízes quadradas ou cúbicas, respectivamente, são números inteiros.

Vamos fazer o mesmo agora, porém com números racionais. Se elevarmos um número racional ao quadrado, o resultado será uma fração onde o numerador e o denominador são quadrados perfeitos. Podemos então extrair a raiz quadrada desse resultado e encontrar um número racional.

Exemplo:
Considere o número racional 2/5.

Capítulo 2 – Números racionais

$$\left(\frac{2}{5}\right)^2 = \frac{4}{25}$$

Apesar da noção de quadrado perfeito ser aplicada apenas a números naturais, podemos usar o mesmo princípio em frações cujo numerador e denominador sejam quadrados perfeitos. A raiz quadrada de uma fração é outra fração, obtida com a raiz quadrada do numerador e a raiz quadrada do denominador:

$$\sqrt{\frac{4}{25}} = \frac{\sqrt{4}}{\sqrt{25}} = \frac{2}{5}$$

Acabamos então de mostrar como calcular a raiz quadrada de uma fração: é uma outra fração, obtida pela divisão da raiz quadrada do numerador, pela raiz quadrada do denominador.

Outro exemplo:

$$\sqrt{\frac{9}{49}} = \frac{\sqrt{9}}{\sqrt{49}} = \frac{3}{7}$$

Algumas vezes é preciso simplificar a fração para que seu numerador e denominador se tornem quadrados perfeitos. Por exemplo:

$$\sqrt{\frac{18}{50}} = \sqrt{\frac{9}{25}} = \frac{\sqrt{9}}{\sqrt{25}} = \frac{3}{5}$$

Nem sempre os números serão quadrados perfeitos, e nesses casos temos que deixar os radicais indicados. Isto é o que chamamos de *cálculo de radicais*, assunto que será abordado no capítulo 14. No presente capítulo lidaremos apenas com raízes exatas.

Lembre-se que só é possível extrair a raiz quadrada de números positivos. Já a raiz cúbica existe, para números positivos e para negativos. A raiz cúbica de um número positivo é positiva. A raiz cúbica de um número negativo é negativa.

Exemplos:

$$\sqrt[3]{\frac{64}{125}} = \frac{\sqrt[3]{64}}{\sqrt[3]{125}} = \frac{4}{5}$$

$$\sqrt[3]{-\frac{216}{1000}} = -\frac{\sqrt[3]{216}}{\sqrt[3]{1000}} = -\frac{6}{10}$$

Podem aparecer também raízes de números decimais ou dízimas periódicas. O modo mais fácil de calcular essas raízes é converter os valores para frações, assim recaímos em calcular raízes de números naturais no numerador e no denominador.

Exemplo:

$$\sqrt{0,25} = \sqrt{\frac{25}{100}} = \frac{\sqrt{25}}{\sqrt{100}} = \frac{5}{10} = 0,5$$

Nesses casos podemos deixar o resultado na forma de fração ou na forma de número decimal.

O ALGEBRISTA

106

Exemplo:

$$\sqrt{0{,}444\ldots} = \sqrt{\frac{4}{9}} = \frac{\sqrt{4}}{\sqrt{9}} = \frac{2}{3} = 0{,}666\ldots$$

Também podemos nesse caso, deixar o resultado na forma de fração ou de dízima ou número decimal.

Exercícios

E80) Calcule as seguintes raízes quadradas:

a) $\sqrt{\dfrac{1}{4}}$

b) $\sqrt{\dfrac{4}{9}}$

c) $\sqrt{\dfrac{25}{81}}$

d) $\sqrt{\dfrac{49}{36}}$

e) $\sqrt{\dfrac{64}{81}}$

f) $\sqrt{\dfrac{1}{100}}$

g) $\sqrt{\dfrac{4}{25}}$

h) $\sqrt{\dfrac{81}{4}}$

i) $\sqrt{\dfrac{16}{121}}$

j) $\sqrt{\dfrac{9}{100}}$

k) $\sqrt{\dfrac{25}{144}}$

l) $\sqrt{\dfrac{81}{64}}$

m) $\sqrt{\dfrac{16}{49}}$

n) $\sqrt{\dfrac{81}{169}}$

o) $\sqrt{\dfrac{25}{64}}$

p) $\sqrt{\dfrac{144}{25}}$

q) $\sqrt{\dfrac{4}{169}}$

r) $\sqrt{\dfrac{100}{256}}$

s) $\sqrt{\dfrac{81}{196}}$

t) $\sqrt{\dfrac{225}{144}}$

E81) Calcule as raízes cúbicas:

a) $\sqrt[3]{-\dfrac{27}{64}}$

b) $\sqrt[3]{\dfrac{8}{125}}$

c) $\sqrt[3]{-\dfrac{1}{1000}}$

d) $\sqrt[3]{\dfrac{343}{27}}$

e) $\sqrt[3]{-\dfrac{64}{216}}$

f) $\sqrt[3]{\dfrac{125}{27}}$

g) $\sqrt[3]{-\dfrac{512}{27}}$

h) $\sqrt[3]{\dfrac{64}{343}}$

i) $\sqrt[3]{-\dfrac{216}{27}}$

j) $\sqrt[3]{-\dfrac{1}{1000}}$

k) $\sqrt[3]{-\dfrac{512}{27}}$

l) $\sqrt[3]{\dfrac{216}{343}}$

m) $\sqrt[3]{-\dfrac{64}{1000}}$

n) $\sqrt[3]{-\dfrac{729}{125}}$

o) $\sqrt[3]{\dfrac{1}{512}}$

p) $\sqrt[3]{-\dfrac{729}{64}}$

q) $\sqrt[3]{-\dfrac{125}{512}}$

r) $\sqrt[3]{\dfrac{1}{216}}$

s) $\sqrt[3]{-\dfrac{1000}{27}}$

t) $\sqrt[3]{\dfrac{8}{729}}$

E82) Calcule e dê o resultado na forma de fração:

a) $\sqrt{0{,}111\ldots}$

b) $\sqrt[3]{-0{,}125}$

c) $\sqrt{1{,}44}$

d) $\sqrt{0{,}0289}$

e) $\sqrt{1\dfrac{11}{25}}$

f) $\sqrt{0{,}81}$

g) $\sqrt[3]{0{,}027}$

h) $\sqrt{6{,}25}$

i) $\sqrt[3]{3\dfrac{3}{8}}$

j) $\sqrt{7\dfrac{1}{9}}$

k) $\sqrt{1{,}777\ldots}$

l) $\sqrt{2{,}56}$

m) $\sqrt[3]{-0{,}216}$

n) $\sqrt[3]{0{,}001}$

o) $\sqrt{1\dfrac{24}{25}}$

p) $\sqrt{0{,}36}$

q) $\sqrt[3]{0{,}512}$

r) $\sqrt{2{,}25}$

s) $\sqrt{0{,}04}$

t) $\sqrt[3]{2\dfrac{10}{27}}$

Capítulo 2 – Números racionais

Cuidado com o sinal negativo

É preciso saber lidar corretamente com sinais negativos que aparecem em raízes quadradas e cúbicas. Vamos analisar os casos possíveis, através de exemplos.

a) Raiz cúbica de número negativo

Quando elevamos um número ao cubo, ele mantém o seu sinal. Se for positivo, o cubo será positivo. Se for negativo, o cubo será negativo.

Exemplos:

$$\left(\frac{1}{3}\right)^3 = \frac{1}{27} \; ; \qquad \left(-\frac{2}{5}\right)^3 = -\frac{8}{128}$$

Por isso, quando extraímos a raiz cúbica, o sinal do resultado é o mesmo sinal do número que está dentro do radical:

$$\sqrt[3]{\frac{1}{27}} = \frac{1}{3} \; ; \qquad \sqrt[3]{-\frac{8}{125}} = -\frac{2}{5}$$

b) Sinal negativo fora do radical

Por outro lado, pode aparecer um sinal negativo fora do radical. Este sinal não tem relação alguma com a raiz. A raiz deve ser calculada normalmente, e o sinal é aplicado sobre a raiz depois de calculada. Considere que um sinal negativo antes de uma raiz é a mesma coisa que multiplicar (-1) pelo resultado da raiz.

Exemplos:

$$-\sqrt[3]{\frac{1}{8}} = (-1) \times \left(\frac{1}{2}\right) = -\frac{1}{2} \; ; \qquad -\sqrt[3]{-\frac{27}{125}} = (-1) \times \left(-\frac{3}{5}\right) = \frac{3}{5}$$

Pode também aparecer um sinal negativo fora da raiz quadrada. Como a raiz quadrada é sempre positiva, o sinal negativo fora do radical tornará o resultado negativo.

Exemplos:

$$-\sqrt{\frac{4}{25}} = -\frac{2}{5} \; ; \qquad -\sqrt{\frac{9}{100}} = -\frac{3}{10}$$

c) Raiz de número negativo não existe

Não podemos extrair a raiz quadrada de números negativos, pois não existem números que fiquem negativos ao serem elevados ao quadrado.

Exemplos:

$$\sqrt{-\frac{4}{25}} \text{ não existe;} \qquad \sqrt{-81} \text{ não existe;} \qquad \sqrt{-100} \text{ não existe}$$

Por outro lado, o radical pode ter uma expressão, que depois da calculada, torne-se positiva, sendo assim a raiz quadrada existe:

Exemplos:

$$\sqrt{|-81|} = \sqrt{81} = 9 \qquad \text{; Nesse caso, foi calculado o módulo de } -81, \text{ resultando em } +81.$$

$$\sqrt{\left|-\frac{4}{9}\right|} = \sqrt{\frac{4}{9}} = \frac{2}{3} \qquad ; \text{O módulo tornou o resultado do radical positivo}$$

$$\sqrt{(-5)^2} = \sqrt{25} = 5 \qquad ; \text{Ao elevarmos } -5 \text{ ao quadrado, o resultado é } +25$$

$$\sqrt{\left(-\frac{3}{10}\right)^2} = \sqrt{\frac{9}{100}} = \frac{3}{10} \qquad ; \text{Elevando ao quadrado o número } -3/10, \text{ o resultado é positivo}$$

d) Raiz quadrada de um quadrado

Um dos erros mais comuns entre os estudantes é considerar que a raiz quadrada de um número ao quadrado é o próprio número, ou seja:

$$\sqrt{x^2} = x \quad \blacktriangleright \text{ERRADO! ERRADO! ERRADO! ERRADO !!!!!!!!!!!!!!!!!!!!!!!!!!!}$$

por exemplo,

$$\sqrt{(-5)^2} = -5 \quad \blacktriangleright \text{ERRADO! ERRADO! ERRADO! ERRADO !!!!!!!!!!!!!!!!!!!!!!!!!!!}$$

o correto é:

$$\sqrt{x^2} = |x|$$

A raiz quadrada de um número ao quadrado, é o módulo deste número. O resultado da raiz quadrada sempre deve ser positivo. Por exemplo:

$$\sqrt{(-5)^2} = |-5| = 5 \quad \blacktriangleright \text{CERTO! CERTO! CERTO !!!!!!!!!!!!!!!!!!!!!!!!!}$$

Exercícios

E83) Calcule as raízes, prestando a máxima atenção nos sinais
(o que é uma redundância, pois sempre temos que prestar máxima atenção no sinais)

a) $-\sqrt[3]{-\dfrac{8}{125}}$

b) $-\sqrt{\dfrac{9}{25}}$

c) $-\sqrt{\left(-\dfrac{1}{5}\right)^2}$

d) $\sqrt{(-8)^2}$

e) $\sqrt{\left(-\dfrac{3}{4}\right)^0}$

f) $-\sqrt[3]{\dfrac{1}{1000}}$

g) $-\sqrt[3]{-(-8)^2}$

h) $\sqrt{-\dfrac{64}{49}}$

i) $-\sqrt{\dfrac{64}{49}}$

j) $\sqrt{\dfrac{-25}{-64}}$

k) $\sqrt[3]{-\dfrac{64}{729}}$

l) $\sqrt{-5^2}$

m) $\sqrt{\left(-\dfrac{3}{5}\right)^2}$

n) $-\sqrt{\left|-\dfrac{9}{25}\right|}$

o) $-\sqrt{-\dfrac{64}{49} \times 0}$

p) $-\sqrt[3]{-\left(-\dfrac{1}{2}\right)^3}$

q) $-\sqrt{-36}$

r) $\sqrt[3]{x^3}$

s) $\sqrt{(-x)^2}$

t) $\sqrt[3]{(-x)^3}$

Capítulo 2 – Números racionais

Expoentes 1/2 e 1/3

Até agora só trabalhamos com expoentes inteiros. Na verdade um expoente pode ser qualquer número real, mas em certas condições, o resultado não existe. Vejamos agora os primeiros casos de expoentes que não são inteiros, mas sim frações. Comecemos apresentando os expoentes 1/2 e 1/3:

a) Expoente 1/2:

Elevar um número ao expoente 1/2 nada mais é que extrair a sua raiz quadrada.

Exemplos:

$$25^{\frac{1}{2}} = \sqrt{25} = 5$$

$$4^{\frac{1}{2}} = \sqrt{4} = 2$$

$$7^{\frac{1}{2}} = \sqrt{7} \text{ (nesse caso, como 7 não tem raiz exata, devemos deixar indicado dessa forma)}$$

$$\left(\frac{4}{25}\right)^{\frac{1}{2}} = \sqrt{\frac{4}{25}} = \frac{\sqrt{4}}{\sqrt{25}} = \frac{2}{5}$$

Assim como todas as propriedades, a definição da potência ½ é uma regra que precisa ser conhecida e memorizada, porém nada mais é que uma consequência de propriedades anteriores. Vamos por exemplo demonstrar porque elevar um número a ½ é o mesmo que extrair sua raiz quadrada. Considere que x é um número positivo e queremos determinar $x^{\frac{1}{2}}$. Se multiplicarmos $x^{\frac{1}{2}}$ por $x^{\frac{1}{2}}$ podemos usar a propriedade de que, multiplicando potências de mesma base, os expoentes são somados. Então:

$$x^{\frac{1}{2}} \cdot x^{\frac{1}{2}} = x^{\frac{1}{2}+\frac{1}{2}} = x$$

Sendo assim, $x^{\frac{1}{2}}$ é um número que, multiplicado por ele mesmo (ou seja, elevado ao quadrado) resulta em x. Esta é exatamente a definição de raiz quadrada, portanto:

$$x^{\frac{1}{2}} = \sqrt{x}.$$

b) Expoente 1/3:

Elevar um número ao expoente 1/3 nada mais é que extrair a sua raiz cúbica.

Exemplos:

$$27^{\frac{1}{3}} = 3$$

$$64^{\frac{1}{3}} = 4$$

$$10^{\frac{1}{3}} = \sqrt[3]{10} \text{ (como 10 não tem raiz cúbica exata, devemos deixar indicado dessa forma)}$$

$$\left(\frac{27}{1000}\right)^{\frac{1}{3}} = \sqrt[3]{\frac{27}{1000}} = \frac{\sqrt[3]{27}}{\sqrt[3]{1000}} = \frac{3}{10}$$

110   O ALGEBRISTA

c) Expoente p/q

Elevar um número ao expoente p/q nada mais é que extrair sua raiz *q-ésima* e elevar o resultado à potência *p*.

Exemplo:

$$4^{5/2} = \left(4^{1/2}\right)^5 = \left(\sqrt{4}\right)^5 = 2^5 = 32$$

d) Expoente 2/3 = 0,666...

Elevar um número ao expoente 2/3 é o mesmo que extrair sua raiz cúbica e elevar o resultado ao quadrado. É uma consequência da regra de elevação à potência p/q, onde p=2 e q=3.

Exemplos:

$$27^{2\!/\!3} = \left(27^{1\!/\!3}\right)^2 = 3^2 = 9$$

$$64^{2\!/\!3} = \left(64^{1\!/\!3}\right)^2 = 4^2 = 16$$

$$125^{2\!/\!3} = \left(125^{1\!/\!3}\right)^2 = 5^2 = 25$$

$$1000^{2\!/\!3} = \left(1000^{1\!/\!3}\right)^2 = 10^2 = 100$$

$$\left(\frac{27}{125}\right)^{2\!/\!3} = \left(\sqrt[3]{\frac{27}{125}}\right)^2 = \left(\frac{\sqrt[3]{27}}{\sqrt[3]{125}}\right)^2 = \left(\frac{3}{5}\right)^2 = \frac{9}{25}$$

e) Expoente 1,5 = 3/2

Elevar um número ao expoente 3/2 é a mesma coisa que extrair sua raiz quadrada e elevar o resultado ao cubo. É uma consequência da regra de elevação à potência p/q, onde p=3 e q=2. Somente números não negativos podem ser elevados a esse expoente.

Exemplos:

$$9^{3\!/\!2} = \left(9^{1\!/\!2}\right)^3 = 3^3 = 27$$

$$25^{3\!/\!2} = \left(25^{1\!/\!2}\right)^3 = 5^3 = 125$$

$$36^{3\!/\!2} = \left(36^{1\!/\!2}\right)^3 = 6^3 = 216$$

$$100^{3\!/\!2} = \left(100^{1\!/\!2}\right)^3 = 10^3 = 1000$$

$$\left(\frac{25}{36}\right)^{3\!/\!2} = \left(\sqrt{\frac{25}{36}}\right)^3 = \left(\frac{\sqrt{25}}{\sqrt{36}}\right)^3 = \left(\frac{5}{6}\right)^3 = \frac{125}{216}$$

f) Expoentes −1/2, −1/3, −2/3, −3/2

Para lidar com expoentes negativos, basta inverter a base e tornar o expoente positivo.

Capítulo 2 – Números racionais

Exemplo:

$$25^{-\frac{1}{2}} = \left(\frac{1}{25}\right)^{\frac{1}{2}} = \sqrt{\frac{1}{25}} = \frac{\sqrt{1}}{\sqrt{25}} = \frac{1}{5}$$

$$1000^{-\frac{1}{3}} = \left(\frac{1}{1000}\right)^{\frac{1}{3}} = \sqrt[3]{\frac{1}{1000}} = \frac{\sqrt[3]{1}}{\sqrt[3]{1000}} = \frac{1}{10}$$

$$\left(\frac{27}{125}\right)^{-\frac{2}{3}} = \left(\frac{125}{27}\right)^{\frac{2}{3}} = \left(\sqrt[3]{\frac{125}{27}}\right)^2 = \left(\frac{\sqrt[3]{125}}{\sqrt[3]{27}}\right)^2 = \left(\frac{5}{3}\right)^2 = \frac{25}{9}$$

Exercícios

E84) Calcule as seguintes potências:

a) $-36^{\frac{1}{2}}$

b) $\left(\frac{4}{9}\right)^{\frac{1}{2}}$

c) $1000^{\frac{1}{3}}$

d) $\left(-\frac{1}{27}\right)^{\frac{2}{3}}$

e) $25^{\frac{3}{2}}$

f) $\left(-64\right)^{\frac{1}{2}}$

g) $-\left(\frac{25}{81}\right)^{\frac{1}{2}}$

h) $64^{\frac{2}{3}}$

i) $-\left(-\frac{64}{125}\right)^{\frac{2}{3}}$

j) $-81^{\frac{3}{2}}$

k) $\left(-64\right)^{\frac{1}{3}}$

l) $\left(-\frac{81}{100}\right)^{\frac{1}{2}}$

m) $\left(-64\right)^{\frac{2}{3}}$

n) $\left(\frac{25}{81}\right)^{\frac{3}{2}}$

o) $-\left(-144\right)^{\frac{3}{2}}$

p) $216^{\frac{1}{3}}$

q) $\left(-\frac{27}{125}\right)^{\frac{1}{3}}$

r) $64^{-\frac{2}{3}}$

s) $\left(\frac{9}{49}\right)^{-\frac{3}{2}}$

t) $64^{-\frac{3}{2}}$

A raiz quadrada negativa?

Existe um problema potencial que pode resultar em erros em problemas relacionados com a raiz quadrada. O problema já foi apresentado no capítulo 1, e convém repeti-lo aqui.

1) Existem duas formas de referencia à raiz quadrada. Essas duas formas têm significados ligeiramente diferentes:

a) Com o símbolo $\sqrt{}$

b) por extenso: "a raiz quadrada de..."

O símbolo $\sqrt{}$ significa "a raiz quadrada positiva de", o que é diferente de dizer simplesmente "a raiz quadrada de". Quando indicamos, por exemplo, $\sqrt{9}$, estamos nos referindo apenas ao valor positivo, que é +3. Isto é uma definição adotada pelos matemáticos e autores de livros. Já a expressão "raiz quadrada", por extenso, indica o número que elevado ao quadrado, resulta no número dado. Quando escrevemos "raiz quadrada de 9", estamos nos referindo ao número que elevado ao quadrado, resulta em 9. Sendo assim, temos duas possibilidades: +3 ou –3. Dizemos então que a raiz quadrada positiva de 9 é 3, e a raiz quadrada negativa de 9 é –3. Em resumo, $\sqrt{9}$ vale 3, porém "raiz quadrada de 9" existem duas, a positiva +3 e a negativa –3. Apesar dessa convenção ser usada pela maioria dos matemáticos, sua aceitação não é 100% universal. O que é universal é o fato da expressão $\sqrt{x}$, em um cálculo, equação ou fórmula matemática, indicar somente o valor positivo da raiz de x. Já a expressão por extenso quase sempre indica duas possibilidades, a positiva a e negativa. Uma questão de prova pode considerar o contrário, ou seja, que "a raiz quadrada" indica apenas o valor positivo, mas isto

112   O ALGEBRISTA

deve ser deixado claro no enunciado, para evitar confusão. Se não for deixado claro, o uso da expressão "a raiz quadrada" indica que é considerada apenas a positiva, enquanto "uma raiz quadrada" ou "a raiz quadrada positiva" ou "a raiz quadrada negativa" indica que ambas são consideradas.

É errado escrever, por exemplo, $\sqrt{9} = \pm 3$, pois o uso do símbolo $\sqrt{\ }$ nos obriga a conside4ar apenas a raiz positiva. O correto é $\sqrt{9} = 3$.

É errado escrever $\sqrt{x^2} = x$. O correto é $\sqrt{x^2} = |x|$. Se x for negativo, por exemplo, x = –3, temos que $(-3)^2 = 9$, e $\sqrt{9} = 3$. Se considerássemos que $\sqrt{x^2} = x$, estaríamos dizendo que $\sqrt{(-3)^2} = -3$, o que estaria errado. Já $\sqrt{(-3)^2} = |-3|$ estaria correto, resultando em 3.

É diferente quando temos uma equação da forma $x^2 = 9$. Não está sendo especificada raiz quadrada alguma. Na resolução da equação, temos duas soluções. A equação $x^2 = 9$ significa que "x é um número que elevado ao quadrado resulta em 9". A equação tem duas soluções, que são as raízes quadradas de 9, ou seja, 3 e –3. A partir de $x^2 = 9$ chegamos a x=3 ou x=–3, mas isto não é exatamente a mesma coisa que escrever " $\sqrt{9} = \pm 3$ ", que está errado, pois $\sqrt{9} = 3$.

Já foram exploradas em concursos, questões que visavam avaliar se o aluno possui este entendimento correto, ou se tem o conceito equivocado. Em alguns casos, a própria banca examinadora se engana, apresentando uma solução errada.

Vejamos alguns exemplos:

CMSM 2011
Com a descoberta dos números irracionais foi necessário verificar as propriedades dos números incluindo agora essa nova classe. Das alternativas abaixo marque a única que é VERDADEIRA:
(A) a soma de dois números irracionais é um número irracional.
(B) $\sqrt{x^2} = x$, para todo $x \in \Re$.
(C) se x e y são números reais tais que $(x-y)x = 2(x-y)$, então x=2.
(D) o produto de dois números irracionais pode ser um número racional.
(E) $\dfrac{1}{x}$ é o inverso do número real x, qualquer que seja $x \in \Re$.

Chamamos atenção ao item (B) da questão. É errado que para todo x real, $\sqrt{x^2} = x$. Isto é válido apenas para x positivo ou zero. O correto seria indicar $\sqrt{x^2} = |x|$. A resposta correta, de acordo com o gabarito, também correto, é (D).

Outro exemplo:

CMB 2006
A expressão $\sqrt{\left(\sqrt[3]{63}+4\right)^2} + \sqrt{\left(\sqrt[3]{63}-4\right)^2}$ é igual a:

(A) 0   (B) $2\sqrt[3]{63}$ (C) 8   (D) $\sqrt[3]{63}$ (E) 4

Capítulo 2 – Números racionais

113

Um aluno distraído irá considerar que $\sqrt{x^2} = x$, ficando então com:

$$\sqrt{\left(\sqrt[3]{63}+4\right)^2} + \sqrt{\left(\sqrt[3]{63}-4\right)^2} = \sqrt[3]{63} + 4 + \sqrt[3]{63} - 4 = 2\sqrt[3]{63}\text{, resposta (B)}$$

Totalmente errado, pois não é correto que $\sqrt{x^2} = x$. Ao extrair a raiz quadrada da expressão que está elevada ao quadrado, o sinal tem que ser tornado positivo. O termo $\left(\sqrt[3]{63}+4\right)$ é obviamente positivo, mas o termo $\left(\sqrt[3]{63}-4\right)$ é negativo! Basta observar que a raiz cúbica de 63 é menor que a raiz cúbica de 64, ou seja, 4. Se subtrairmos a raiz cúbica de 63, de 4 unidades, resultará um valor negativo. Sendo assim, é preciso tornar a expressão positiva invertendo seu sinal, ficando então com $\left(4-\sqrt[3]{63}\right)$. Portanto a expressão resulta em:

$$\sqrt{\left(\sqrt[3]{63}+4\right)^2} + \sqrt{\left(\sqrt[3]{63}-4\right)^2} = \sqrt[3]{63} + 4 + 4 - \sqrt[3]{63} = 8$$

A resposta certa é a letra (C). Obviamente esta questão necessita de conhecimentos de cálculo de radicais (capítulo 14), entretanto é possível que o sinal da raiz é usado como "pegadinha" em provas de concursos.

Por outro lado, existem casos em que a própria banca cometeu este erro.

CMB 2005

Simplificando a expressão $\sqrt{a^6 - \dfrac{4}{5}a^3 + 0,16}$, obtém-se:

(A) $a + \dfrac{2}{5}$ (B) $a^3 - \dfrac{2}{5}$ (C) $a^2 + \dfrac{2}{5}$ (D) $a^3 + \dfrac{2}{5}$ (E) $a^3 + 0,4$

A expressão que está dentro do radical é um quadrado perfeito:

$$a^6 - \frac{4}{5}a^3 + 0,16 = \left(a^3 - \frac{2}{5}\right)^2$$

Seríamos tentados a usar

$$\sqrt{a^6 - \frac{4}{5}a^3 + 0,16} = \sqrt{\left(a^3 - \frac{2}{5}\right)^2} = a^3 - \frac{2}{5}\text{ (resultante da fórmula do quadrado da soma, cap. 4)}$$

Porém, o correto é $\left|a^3 - \dfrac{2}{5}\right|$, pois não podemos garantir que $a^3 - 2/5$ seja positivo.

A banca não atentou para este detalhe e não considerou o módulo. É uma questão digna de anulação.

Expressões com números racionais

Uma das maiores dificuldades enfrentadas pelos alunos na álgebra é o cálculo de expressões. Esses cálculos são muito cobrados no $6^{\underline{o}}$, $7^{\underline{o}}$, $8^{\underline{o}}$ e $9^{\underline{o}}$ ano do ensino fundamental, e sobretudo em provas de concursos. Com os conhecimentos que temos até o momento já podemos resolver grande parte dos cálculos que envolvem números inteiros ou racionais, positivos o negativos, com adição, subtração, multiplicação, divisão, potências e raízes. Esses cálculos ficarão mais difíceis nos próximos capítulos, com o cálculo de radicais e o cálculo algébrico

114   O ALGEBRISTA

(expressões algébricas com letras e números). Ainda assim, os conhecimentos que você tem até agora são suficientes para resolver expressões bastante complexas, até mesmo já propostas em provas de concursos.

Exemplo (CN-2000):

O valor da expressão:

$$\left(\sqrt[3]{-\frac{16}{27}+\frac{16}{9}.(0,333...+1)-\left(-\frac{3}{4}\right)^{-2}}\right)^{\frac{\sqrt{25}}{2}+3} \quad é$$

(A) $\sqrt[3]{-\frac{1}{3}}$ (B) $\sqrt[3]{\frac{2}{3}}$ (C) 0   (D) 1   (E) -1

Solução:

A expressão nada mais é que uma raiz cúbica elevada a um expoente estranho: $\frac{\sqrt{25}}{2}+3$, que é igual a $5/2 + 3 = 11/2$. Vamos então calcular a expressão que está dentro do radical:

$$-\frac{16}{27}+\frac{16}{9}.(0,333...+1)-\left(-\frac{3}{4}\right)^{-2}=-\frac{16}{27}+\frac{16}{9}.\left(\frac{1}{3}+1\right)-\left(\frac{4}{3}\right)^{2}=$$

Até agora apenas transformamos a dízima 0,333... na fração 1/3, e tratamos a fração –3/4 que está elevada a –2; ficará positiva porque o expoente é par, e invertemos esta fração para que o expoente –2 se torne 2.

$$-\frac{16}{27}+\frac{16}{9}.\left(\frac{1}{3}+1\right)-\left(\frac{4}{3}\right)^{2}=-\frac{16}{27}+\frac{16}{9}.\frac{4}{3}-\frac{16}{9}=-\frac{16}{27}+\frac{64}{27}-\frac{16}{9}$$

Reduzindo as três frações ao mesmo denominador, ficamos com:

$$-\frac{16}{27}+\frac{64}{27}-\frac{16}{9}=-\frac{16}{27}+\frac{64}{27}-\frac{48}{27}=\frac{-16+64-48}{27}=\frac{0}{27}=0$$

Agora podemos extrair a raiz cúbica deste resultado, e elevá-lo a 11/2:

$$\left(\sqrt[3]{0}\right)^{\frac{11}{2}}=(0)^{\frac{11}{2}}=0$$

Resposta: (C) 0

Exemplo (CN-1997):

Resolvendo-se a expressão

$$\frac{\left\{\left[\left(\sqrt[3]{1,331}^{12/5}\right)\right]^{0}\right\}^{-7/2}-1}{8^{33}+8^{33}+8^{33}+8^{33}+8^{33}}\times\frac{1}{2^{302}}$$

Capítulo 2 – Números racionais

encontra-se:

(A) 4   (B) 3   (C) 2   (D) 1   (E) 0

Solução:

É muito importante saber calcular expressões, e também conhecer as propriedades das operações numéricas. Questões aparentemente complexas podem ser na verdade bastante simples, visando não necessariamente verificar a habilidade do aluno com contas, mas também conhecer certas propriedades simplificadoras. Por exemplo, desconfie sempre do expoente zero. Sabemos que elevando qualquer número (exceto 0) ao expoente zero, o resultado é 1.

Note que aquela raiz cúbica, que ainda está elevada a 12/5, está também elevada a 0, e qualquer número elevado a 0 (desde que não seja 0^0) vale 1. O número 1 está então elevado a $-7/2$, e sabemos que elevando 1 a qualquer potência (inclusive potências não inteiras e negativas) resulta em 1. Temos então uma fração com numerador 1 − 1, que dá zero. A primeira fração resulta em zero, não importa o valor do seu denominador. Multiplicando zero pela segunda fração, o resultado será zero.

Resposta:

(E) 0

Algumas vezes podem aparecer em provas, expressões complicadas que se transformam em expressões simples, quando recaímos em potências com 0 ou 1 na base ou no expoente. Na maioria das vezes entretanto, é preciso realizar todos os cálculos. Vamos encontrar portanto expressões que envolvem:

- Adição, subtração, multiplicação e divisão de números racionais
- Conversões de formatos (dízimas para frações, etc.)
- Uso de parênteses, chaves e colchetes
- Potências e raízes

Basta então saber realizar essas operações, conhecer as suas propriedades (o que muitas vezes simplifica os cálculos) e saber a ordem em que devem ser realizadas.

Uma coisa é certa: as bancas de concursos adoram propor questões envolvendo expressões numéricas e expressões algébricas (com letra). Praticamente todas as provas, em todos os anos, apresentam este tipo de questão.

Exercícios

E85) Resolva as seguintes expressões

a) $\dfrac{12}{7} \times \dfrac{1}{2} + 0{,}333... \times \left(-\dfrac{16}{3}\right)$

k) $\left(-\dfrac{5}{9}\right)^{-2} \times \left[\left(-\dfrac{2}{3}\right)^{3}\right]^{2}$

b) $\dfrac{1}{2} \times \dfrac{3}{4} \times \dfrac{5}{6} + 2\dfrac{2}{9} \times \left(-2\dfrac{1}{4}\right)$

l) $-\left(\dfrac{10}{7}\right)^{2} \times \left[\left(-\dfrac{1}{3}\right)^{1}\right]^{-2}$

c) $0{,}333... \times \dfrac{12}{5} + \dfrac{20}{32} \div \left(-\dfrac{15}{24}\right)$

m) $-\left(-\dfrac{3}{10}\right)^{2} \times \left[\left(\dfrac{2}{3}\right)^{2}\right]^{3}$

116   O ALGEBRISTA

d) $\dfrac{18}{15} \times \dfrac{105}{14} - \dfrac{2}{7} \times \dfrac{3}{16}$

n) $\left(2\dfrac{1}{2}\right)^5 \times \left[-\left(\dfrac{2}{5}\right)^2\right]^3$

e) $1\dfrac{1}{2} \times 4\dfrac{1}{3} - \dfrac{2}{3} \times \left(-1\dfrac{5}{7}\right)$

f) $5 \times \dfrac{6}{7} + \dfrac{4}{5} \times \dfrac{3}{14}$

g) $\dfrac{7}{11} \times \dfrac{1}{2} + 5 \times \left(-\dfrac{3}{10}\right)$

h) $\dfrac{12}{26} \div \dfrac{72}{65} + -3\dfrac{1}{5} \div \dfrac{4}{25}$

i) $\dfrac{12}{23} \div 0{,}3 + \left(\dfrac{2}{3} - \dfrac{2}{5}\right) \div \left(\dfrac{1}{5} + \dfrac{3}{8}\right)$

j) $2\dfrac{1}{7} \div \dfrac{3}{7} + \left(5 - \dfrac{1}{3}\right) \times \left(4 + \dfrac{1}{7}\right)$

E86) Resolva as seguintes expressões

a) $\dfrac{4}{5} \times \dfrac{1}{6} + \dfrac{2}{3} \times \dfrac{7}{2}$

b) $\dfrac{5}{3} \times \dfrac{2}{5} - \dfrac{2}{9} \times \dfrac{3}{5}$

c) $\dfrac{1}{4} \times \dfrac{2}{3} + \dfrac{1}{5} \times \dfrac{7}{3}$

d) $\dfrac{2}{21} \times \dfrac{7}{5} + \dfrac{4}{9} \times \dfrac{1}{8}$

e) $\dfrac{5}{2} \times \dfrac{4}{3} + \dfrac{1}{9} \times \dfrac{15}{2}$

f) $-\dfrac{2}{3} \times \left(-\dfrac{9}{5}\right) - \left(-\dfrac{4}{3}\right) \times \dfrac{5}{2}$

g) $\left(-\dfrac{2}{3}\right) \times \dfrac{5}{4} + \left(-\dfrac{3}{5}\right) \times \dfrac{1}{2}$

h) $\left(-\dfrac{1}{2}\right) \times \dfrac{1}{3} - \left(-\dfrac{1}{4}\right) \times \left(-\dfrac{1}{5}\right)$

i) $-\dfrac{2}{3} \times \left(-\dfrac{4}{3}\right) + \dfrac{2}{5} \times \left(-\dfrac{4}{9}\right)$

j) $\dfrac{1}{12} \times \left(-\dfrac{4}{5}\right) - \left(-\dfrac{3}{4}\right) \times \left(-\dfrac{1}{5}\right)$

k) $\left(1 - \dfrac{1}{2}\right) \times \left(2 - \dfrac{1}{3}\right) \div \left(3 - \dfrac{1}{4}\right) + \left[\dfrac{2}{3} - \dfrac{1}{5} \times \left(-\dfrac{7}{3}\right)\right]$

l) $\left[\dfrac{4}{9} - \dfrac{2}{3} + \dfrac{1}{5}\right] \div \left[\dfrac{1}{2} - \dfrac{1}{3} + \dfrac{1}{6}\right]$

m) $\left[\dfrac{9}{10} - \dfrac{2}{5} + \dfrac{1}{2}\right] \times \left[-\dfrac{2}{3} + \dfrac{5}{6} + \dfrac{1}{2}\right]$

n) $\left[-\dfrac{1}{2} + 1\dfrac{1}{3} + 1\dfrac{1}{5}\right] \div \left[-\dfrac{1}{5} + \dfrac{1}{2} - \dfrac{1}{3}\right]$

o) $\left[2\dfrac{1}{3} - \dfrac{4}{5} - \dfrac{1}{2}\right] \div \left[\dfrac{1}{3} + \dfrac{2}{5} - \dfrac{1}{2}\right]$

p) $\left[\dfrac{5}{2} \times \dfrac{4}{3} - \dfrac{1}{9} \times \dfrac{15}{2}\right] \times \left[\dfrac{1}{2} - \dfrac{15}{36} \times \dfrac{4}{5} + \dfrac{2}{15} \times \dfrac{25}{8} \times \dfrac{4}{5}\right]$

q) $\left[-\dfrac{2}{3} + \dfrac{1}{5}\right] \div \left[\dfrac{1}{2} - \dfrac{2}{3} + \dfrac{5}{6}\right] - \left[\dfrac{1}{2} - \dfrac{3}{5}\right] \times \left[\dfrac{1}{2} + \dfrac{2}{3} - \dfrac{3}{5}\right]$

r) $-\dfrac{1}{2} - \left\{\dfrac{2}{3} \times \left[\left(-\dfrac{1}{3}\right) \times \left(-\dfrac{3}{5} \times \dfrac{5}{3}\right) - \dfrac{1}{2}\right] + \dfrac{1}{5} \times \dfrac{7}{3}\right\} - \dfrac{2}{3}$

E87) Resolva as seguintes expressões

a) $1 - \dfrac{1}{1 + \dfrac{1}{1 - \dfrac{1}{1 + \dfrac{1}{2}}}} + \dfrac{1}{1 + \dfrac{2}{3}{1 + \dfrac{3}{1 + \dfrac{1}{4}}}}$

k) $\left[\left(\dfrac{0{,}19^0}{\sqrt[3]{-8}}\right) \times \left(-\dfrac{2}{(-2)^2 - 1}\right) + \dfrac{(-2)^2}{27^{2/3} + 1} \div \left(\dfrac{64^{2/3} - 64^{1/3}}{1 + 81^{0,5}}\right)\right]$

Capítulo 2 – Números racionais 117

b) $\left[-0,666...\times\left(\dfrac{5}{3}\right)^{-1}-\left(-\dfrac{2}{3}\right)^2\times\dfrac{2^2}{5}\right]$

l) $\left[\sqrt{\dfrac{4}{25}}\div\left(-\dfrac{\left(2^{-2}\right)^{-1/2}}{\left(2^{-5}\right)^{1-0,999...}}\right)-\dfrac{2^{-2}}{9^{1/2}}\div\left(\dfrac{\sqrt{(-3)^2}}{(-2)^3}\right)^{-1}\right]$

c) $\dfrac{(5+3)^2-(5-3)^2}{(-1).(-2).(-3).(-4).(-5)}$

m) $\left[0,555...\div\left(-\dfrac{2}{3}\right)^2+\left(-\dfrac{3}{5}\right)^{-1}\times\sqrt{\dfrac{25}{36}}\right]$

d) $1+\left\{1+\left[1+\left(1+2^{-1}\right)^{-1}\right]^{-1}\right\}$

n) $\left[0,333...\times\left(-\dfrac{1}{2}\right)+\left(-\dfrac{2}{3}\right)\div\left(-\sqrt{2^{-2}}\right)\right]$

e) $\dfrac{\left(\dfrac{1}{3}-1\dfrac{1}{2}\right)^2}{2-\dfrac{3}{4}-\dfrac{5}{8}}-\dfrac{\dfrac{1}{5}-\dfrac{1}{2}}{\left(\dfrac{1}{3}+\dfrac{3}{5}-1\right)}$

o) $\left(-\dfrac{25(-3)^{-3}}{2}\right)\div\left(-\sqrt{\dfrac{3^2+4^2}{(-2)^2}}\right)-2.\left(-\dfrac{9}{5}\right)^{-2}\div\left(\dfrac{3}{5}\right)^{-2}$

f)
$\dfrac{3+\dfrac{2}{5}-\dfrac{1}{3}}{\left(2-\dfrac{1}{3}-\dfrac{1}{5}+\dfrac{1}{15}\right)}\times\left(1+\dfrac{1}{4}\right)^2\times\left(1+\dfrac{1}{3}\right)^2$

p) $\left[7^{-1}\times\left[(-7)^2+(-7)^0\right]\div\left(-\dfrac{1/14}{(-5)^{-2}}\right)-3^4.5^{-3}\div\dfrac{-9^{3/2}}{(-125)^{2/3}}\right]$

g) $\dfrac{1^1+1^{-1}+11^0+111^0}{\left[(-1)^1+(-1)^{-1}\right]\times\left[(-1)^0+0^1\right]}$

q) $\left[\dfrac{2^{-1}}{5^{-1}}\times\left(0^5-\left(\dfrac{2}{5}\right)^2\right)\times3^{-1}+0,6^2\div(-0,666...)\right]$

h) $\sqrt[3]{\sqrt{1,777...}\times\sqrt{0,444...}\times\sqrt{0,111...}}$

r) $\left[\left(2\dfrac{1}{2}\right)\div\left(-\dfrac{2}{3}\right)-\dfrac{6}{5^2-5}\times\left(\dfrac{5.2^{-2}}{3}-\dfrac{1}{2}\right)\times\left(1\dfrac{1}{3}\right)\right]$

i)
$\left[\left(1-\dfrac{1}{2}\times\dfrac{1}{5}\right)\times\left(\dfrac{4}{5}\div\dfrac{4^{3/2}}{125^{2/3}}\right)\right]\div\sqrt{12.\left(\dfrac{4}{3}+\dfrac{3}{4}\right)}$

j) $\dfrac{\dfrac{1}{2}+\dfrac{1}{3}}{\dfrac{4}{3}+\dfrac{3}{4}}-\dfrac{\dfrac{1}{2}+\dfrac{4}{5}}{\dfrac{13}{5}\div\dfrac{2}{3}}\div\dfrac{\dfrac{1}{5}-\dfrac{1}{3}}{\dfrac{5}{6}\times\dfrac{7}{3}}$

E88) Resolva as seguintes expressões

a) $\left[\left(\dfrac{1}{2}\right)^2-\left(\dfrac{2}{3}\right)^{-2}\right]\div\sqrt{4-\left(\dfrac{6}{5}\right)^2}$

k) $-\dfrac{2^1}{2^0+2^2}\times\dfrac{\sqrt{(-4)^2}}{\sqrt{|-1+(-2)^3|}}-\dfrac{0,31^0}{2^2-2^0}\div\dfrac{\sqrt{(-5)^2}}{0,999...^{15}}$

b)
$\left(\dfrac{8}{3}\right)^{-1}\div\left(\dfrac{3}{4}\right)+\dfrac{\dfrac{2}{3}+\dfrac{4}{5}}{\dfrac{2}{3}-\dfrac{4}{5}}-\left[\dfrac{\left(\dfrac{1}{2}+\dfrac{1}{4}\right)}{\left(\dfrac{1}{2}-\dfrac{1}{3}\right)}\right]$

l) $\dfrac{1}{(-2)^3}\left[\dfrac{2}{5}\times\dfrac{(0,222...-0,333...)^0}{\left((-2)^2-(-2)^0\right)}-\dfrac{-\sqrt{(-2)^2}}{\sqrt[3]{(-3)^3}}\right]$

c) $\left(\dfrac{2/3}{5/3}\right)\times\dfrac{\dfrac{1}{2}+\dfrac{1}{3}-\dfrac{1}{4}}{\dfrac{1}{2}-\dfrac{1}{3}+\sqrt{0,33...^0}}$

m) $\left(-\dfrac{1}{8}\right)^{-2/3}\times\sqrt[3]{-\dfrac{125}{27}}+\left(1/9\right)^{3/2}\sqrt{3^2+4^2}$

d) $\dfrac{2^0}{2^2}\times\dfrac{2^2-2^1}{2^2-2^0}+\dfrac{2^0}{3^2-2^2}\times\dfrac{2^3-2^0}{2^2-2^0}$

n) $-0,666...\times(-1,333...)+0,4\times(-0,444...)$

118   O ALGEBRISTA

e) $\dfrac{2^2 + 2^0}{2^1} \times \dfrac{2^2}{2^2 - 2^0} + \dfrac{2^0}{2^3 + 2^0} \times \dfrac{2^4 - 2^0}{2^3 - 2^2}$

o) $-3 \times (1{,}25)^{-2} \times (3{,}333...) - 0{,}666... \times (-1{,}666...)^{-1}$

f) $\left(\dfrac{0{,}666...}{1{,}666...} \right) \times \dfrac{0{,}5 - 0{,}333...}{0{,}222... - 0{,}333...}$

p)
$$\left(\dfrac{\sqrt{11^2 - 10^2 + 2^2}}{\sqrt{13^2 - 12^2}} \right)^5 \times \dfrac{\sqrt{10^3 + (-8)^3 + (-6)^3 - (-2)^4}}{(-2)^0 + (-2)^1 + (-2)^2}$$

g) $(1{,}5)^{-1} - \left(\dfrac{\sqrt[3]{-64} + \sqrt[3]{125}}{\sqrt{64} - \sqrt[3]{125}} \right)$

q) $\sqrt{10^{-1} \times 0{,}333... \times \left[\left(\dfrac{2}{3} \right) \times \sqrt{1 + \left(\dfrac{3}{4} \right)^2} + \left(-\dfrac{3}{5} \right) \times \dfrac{1}{2} \right]}$

h) $(-1{,}5)^{-1} \times \left(\dfrac{4}{5} \right)^{-1} + \left(-\dfrac{5}{3} \right)^{-1} \times 2^{-1}$

r) $\left[\dfrac{3^2}{3^2 + 3^0} - \dfrac{2}{5} + \dfrac{1}{2} \right] \times \left[-0{,}666... + 0{,}8333... + 0{,}5 \right]$

i) $\dfrac{(-2)^0 + (-2)^3}{(-3)^3 + (-3)^2 + (-3)^1 + (-3)^0} =$

s) $\sqrt{\dfrac{1}{30} \times \left[\dfrac{1}{2} + \dfrac{1}{3} \right]} \times \sqrt[3]{30 \times \left[-\dfrac{1}{2} + \dfrac{2}{3} - \dfrac{3}{5} \right] + 5}$

j) $\left[\sqrt{\dfrac{25}{9}} + \sqrt{\dfrac{64}{25}} - \sqrt{\dfrac{121}{225}} \right] \times \left[\sqrt{\dfrac{49}{36}} - \sqrt{\dfrac{25}{36}} \right]$

t) $\sqrt{\dfrac{3}{5} \times \left[0{,}4 \times 0{,}1666... + 0{,}666... \times \left(3\dfrac{1}{2} \right) \right]}$

E89) Efetue as seguintes operações, usando as propriedades das potências

a) $x^2.x^3$
b) $4.(x^2.x^3)$
c) $4.x^2.x^3$
d) $x.x$
e) $x.5$

f) $x.(x+5)$
g) $x^2.(x^3+5)$
h) $(5x^3+3x^2)/x$
i) $(x^2)^3$
j) $(3x)^2$

k) $(5x^2)^3$
l) $(x^3)^{1/3}$
m) $x.(1+x)$
n) $x.(1+x^3)$
o) $x.(x^2+x^3)$

p) $2x.(x^2+x^3)$
q) $2x.(x^2-x^3)$
r) $2x.(3x^2-4x^3)$
s) $2x.3x^2.4x^3$
t) $(3x^2)^3$

Extração de raiz quadrada

Normalmente nos exercícios e questões de provas, quando é necessário extrair a raiz quadrada, aparecem apenas quadrados perfeitos, para que os cálculos sejam facilitados. Por isso o aluno deve conhecer os quadrados perfeitos, pelo menos os mais comuns. Na vida prática entretanto pode surgir a necessidade de extrair a raiz quadrada de números grandes, e que não sejam quadrados perfeitos. Felizmente as mais simples calculadoras manuais possuem uma tecla de raiz quadrada. Uma questão maldosa em uma prova pode envolver o cálculo de uma raiz quadrada de um número grande, ou um número do qual o aluno tenha esquecido. Uma solução para o problema é saber calcular a raiz quadrada manualmente. Por exemplo, pode aparecer algo como:

$$\sqrt{6889}$$

A primeira coisa a fazer é separar o número em grupos de 2 algarismos, da direita para a esquerda. Na raiz, cada grupo dará origem a um algarismo. No exemplo:

$$\underline{68}.\underline{89}$$
(d) (u)

Note que usamos um ponto para separar os grupos (sempre da direita para a esquerda), mas não se trata de um ponto decimal, e sim, um separador. Como ficamos com dois grupos, a raiz quadrada deste número terá dois dígitos. Indicamos como (d) e (u), os algarismos das dezenas e das unidades da raiz quadrada que estamos tentando calcular. Cada um dos grupos é um número entre 00 e 99, e cada um deles dá origem a um algarismo.

Capítulo 2 – Números racionais   119

A seguir olhamos para primeiro grupo (o mais à esquerda), no caso, 68. Este número foi obtido a partir do quadrado do algarismo das dezenas. Fica claro então que o algarismo das dezenas é 8, pois 8^2 é 64 (menor que 68), e $9^2=81$ (maior que 68). Este primeiro algarismo é encontrado de tal forma que seu quadrado seja menor que o grupo (no caso, 68), e de tal forma que o próximo algarismo (no caso, 9) tenha um quadrado maior que o grupo. É fácil então descobrir o algarismo, de acordo com o valor do grupo:

Grupo de 01 a 03 ➔ algarismo =1
Grupo de 04 a 08 ➔ algarismo =2
Grupo de 09 a 15 ➔ algarismo =3
Grupo de 16 a 24 ➔ algarismo =4
Grupo de 25 a 35 ➔ algarismo =5
Grupo de 36 a 48 ➔ algarismo =6
Grupo de 49 a 63 ➔ algarismo =7
Grupo de 64 a 80 ➔ algarismo =8
Grupo de 81 a 99 ➔ algarismo =9

Suponha agora que tenhamos a certeza absoluta de que o número dado é um quadrado perfeito. Já sabemos que a raiz quadrada tem dois dígitos e começa com 8, então tem a forma 8x (80, 81, 82, 83, ... ou 89). O número do qual estamos querendo extrair a raiz é 6889. Olhamos agora para o seu algarismo das unidades, no caso, 9. Este algarismo está relacionado com o quadrado do algarismo das unidades da raiz (nossa raiz, ainda desconhecida, tem a forma 8x). Então o algarismo x é tal que, se elevado ao quadrado, dá um resultado que termina com 9. Portanto este algarismo x só pode ser 3 ou 7. Podemos agora decidir qual deles é, por eliminação, testando 83 e 87.

$83^2 = 83 \times 83 = 6889$

Encontramos então o número que, se elevado ao quadrado, dá resultado 6889, que é 83. Este método permite que você encontre raízes quadradas de números que sejam quadrados perfeitos, até 9999. Se o número não for quadrado perfeito, o resultado será uma raiz inexata, como mostraremos a seguir.

Vejamos agora como extrair a raiz quadrada de números maiores. Por exemplo:

$\sqrt{328329}$

O método manual para extração de raiz quadrada, há décadas não é pedido em provas de concursos. Ainda assim, vamos apresentá-lo aqui, seu uso não é tão difícil.

O processo de extração é o seguinte:

1) Arme um dispositivo similar ao da conta de divisão, colocando o número a ser extraída a raiz no lugar do dividendo. A raiz que será encontrada ficará no lugar do divisor.

2) Separe o número de dois em dois dígitos, da direita para a esquerda. Neste exemplo a raiz quadrada terá 3 algarismos, pois o número original ficou dividido em 3 grupos.

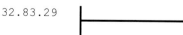

120   O ALGEBRISTA

3) O primeiro grupo tem valor 32, e dará origem ao primeiro algarismo (centenas) da raiz. Como 32 está entre acima de 25 e abaixo de 36, o algarismo procurado é 5. Se fosse 25, ainda seria 5, mas se fosse 36, seria 6.

```
32.83.29    | 5
            |
```

4) Coloca-se no lugar do quociente, o dobro do algarismo encontrado (dobro de 5, que é 10), e abaixo do grupo trabalhado, o quadrado do número encontrado (quadrado de 5, que é 25).

```
32.83.29    | 5
25          | 10
```

5) Subtraímos o valor do grupo processado (no caso, 32) do quadrado do dígito encontrado (no caso, 25), e colocamos o resultado abaixo (no caso, 7). Abaixamos o próximo grupo (83), ficando então com 783.

```
32.83.29    | 5
25          | 10
 7 83
```

$78 \div 10 = 7$

6) Note que até o momento a raiz quadrada encontrada é 5 (não está completa), e o seu dobro é 10. O próximo número a ser processado é 783. Tiramos o último algarismo deste número, ficando com 78. Agora dividimos este valor pelo dobro da raiz até o momento. Ficamos com 78/10 = 7. Este número é o candidato a ser o próximo dígito da raiz.

```
32.83.29    | 57
25          | 10
 7 83
```

7) Temos agora que confirmar se este dígito encontrado (7) está correto. Se não estiver, temos que reduzir seu valor (no caso para 6, e testar novamente). Para testar, escrevemos este dígito em dois lugares: à direita da raiz (5, ficará 57) e à direita do dobro da raiz (10, ficará 107).

```
32.83.29    | 57
25          | 107
 7 83
```

8) Agora multiplicamos o dobro da raiz, já acrescido do novo algarismo a ser testado (no caso, 7) pelo próprio algarismo a ser testado (7). O resultado encontrado deve ser subtraído do valor "abaixado" pela última vez (no caso, 783). Se for possível fazer a subtração, este valor (no caso 7) fica confirmado. A nova raiz calculada até o momento se torna 57, e o seu dobro se torna 114. Se não for possível (encontrado valor maior), repetimos o teste com o próximo algarismo menor (seria 6).

```
32.83.29    | 57
25          | 107x7=749
 783        | 114
-749
  34
```

9) Abaixamos o próximo grupo: 29, formando 3429. Eliminamos o algarismo das unidades, ficamos com 342. Dividimos este valor pela raiz encontrada até o momento: 342÷114=3 Este valor deve ser escrito à direita da raiz e à direita do dobro da raiz.

$342 \div 114 = 3$

```
32.83.29    | 573
25          | 107x7=763
 783        | 1143x3=3429
-749
 3429
```

10) Como a divisão foi exata, a raiz foi encontrada. Se não fosse exata, teríamos que testar o dígito. Por exemplo, se encontrássemos 4 teríamos que testar se 1144x4 é menor que o número em processamento (no

```
32.83.29    | 573
25          | 107x7=763
 783        | 1143x3=3429
-749
```

Capítulo 2 – Números racionais

caso, 3429). Se não fosse, diminuiríamos 1 unidade no novo dígito da raiz e repetiríamos o teste.

```
 3429
-3429
    0
```

11) A raiz quadrada foi encontrada com exatidão: 573, ou seja, o número original dado é um quadrado perfeito.

Este processo também funciona para raízes inexatas, ou seja, encontrar a raiz quadrada de números que não são quadrados perfeitos. A diferença é que termos casas decimais. Vamos exemplificar com o cálculo da raiz quadrada de 3, com 3 casas decimais.

Calcule $\sqrt{3}$ com aproximação de 0,001

1) Como queremos 3 casas decimais, vamos colocar 3 grupos de 00 depois da vírgula.

```
3,00.00.00 |
           |
```

2) O primeiro grupo a ser processado é 3. A raiz é 1, e o dobro da raiz encontrada até agora é 2.

```
3,00.00.00 | 1
           | 2
```

3) Subtraímos do primeiro grupo (3), o quadrado da raiz até agora (1), ficamos com 2. Abaixamos o próximo grupo (00), ficamos com 200. Note que acabamos de passar pela vírgula, então a vírgula na raiz ficará à direita do 1.

```
3,00.00.00 | 1
1          | 2
200
```

4) Eliminando o algarismo das unidades de 200, ficamos com 20. Dividimos agora 20 pelo dobro da raiz até o momento (no caso, 2). Não podemos ter um dígito 10, então usaremos 9. A seguir testamos se este dígito 9 pode ser usado: acrescentamos o 9 à direita da raiz atual (ficará 29) e multiplicamos pelo dígito 9.

20:2 = 10 → 9

```
3,00.00.00 | 1
1          | 29x9=261
200        | 28x8=224
189        | 27x7=189(OK)
 1100
```

5) Este valor (261) é maior que 200, então não pode ser usado. Fazemos o mesmo teste com 8, e finalmente com o 7, que é aprovado. 27x7=189, e subtraindo de 200, restam 11.

```
3,00.00.00 | 1
1          | 29x9=261
200        | 28x8=224
189        | 27x7=189(OK)
 11
```

6) Abaixamos 00, ficando com 1100. O número 7 aprovado vai para a raiz, fica 17. O dobro da raiz passa a ser 34.

Fazemos então 110:34 = 3

110:34=3

```
3,00.00.00 | 1,7
1          | 29x9=261
200        | 28x8=224
189        | 27x7=189(OK)
 1100      | 34
```

7) O número 3 é testado, fazendo 343x3=1029, que é menor que 1100, portanto o 3 é aprovado.

```
3,00.00.00 | 1,7
1          | 27x7=189(OK)
200        | 343x3=1029(OK)
189
 1100
```

122 O ALGEBRISTA

8) O próximo dígito da raiz é então 3. O dobro da raiz é agora 346.
Fazendo 1100-1029 encontramos 71. O próximo valor é 7100.

```
3,00.00.00    | 1,73
1             | 27x7=189(OK)
200           | 343x3=1029(OK)
189           | 346
1100
1029
   7100
710:346=2
```

9) Fazendo 710:346 encontramos 2, que deve ser testado. 3462x2=6924, que é menor que 7100, então o 2 é aprovado.

Chegamos então à raiz de 3, com precisão de 3 casas decimais: 1,732. O processo poderia continuar indefinidamente.

```
3,00.00.00    | 1,732
1             | 27x7=189      OK
200           | 343x3=1029    OK
189           | 3462x2=6924   OK
1100
1029
   7100
   6924
```

Hoje existem calculadoras e computadores, mas no passado, raízes quadradas eram calculadas manualmente dessa forma. Para facilitar o trabalho, eram publicadas tabelas com esses valores prontos para serem usados, com várias casas decimais de precisão. Veja alguns exemplos, com precisão de 31 casas decimais:

$\sqrt{2}$ = 1,4142135623730950488016887242097

$\sqrt{3}$ = 1,7320508075688772935274463415059

$\sqrt{5}$ = 2,2360679774997896964091736687313

$\sqrt{6}$ = 2,4494897427831780981972840747059

$\sqrt{7}$ = 2,6457513110645905905016157536393

$\sqrt{10}$ = 3,1622776601683793319988935444327

$\sqrt{11}$ = 3,3166247903553998491149327366707

$\sqrt{13}$ = 3,6055512754639892931192212674705

O número de casas decimais desses números é infinito. São números irracionais, seus dígitos decimais não apresentam padrões repetitivos, como ocorre com as dízimas periódicas.

A partir desses números irracionais, podemos calcular outras raízes. Por exemplo, sabendo a raiz quadrada de 3 podemos calcular a raiz quadrada de 12. Tomemos a raiz de 3 com 3 casas decimais (1,732). Escrevemos 12 como 4x3 e aplicamos propriedades de potências:

$$\sqrt{12} = \sqrt{4 \times 3} = \sqrt{4} \times \sqrt{3} = 2 \times \sqrt{3} = 2 \times 1,732 = 3,464 \text{, aproximadamente}$$

O cálculo manual de raízes quadradas costumava ser ensinado na 6ª série (atual 7º ano), mas o cálculo de radicais, como no exemplo acima, é ensinado tipicamente no último ano do ensino fundamental.

Números irracionais

Os números racionais são aqueles que podem ser expressos como uma fração p/q, onde p e q são inteiros primos entre si, sendo que q é diferente de zero. Permitindo que p e q sejam inteiros, o resultado poderá ter um sinal positivo ou negativo, por exemplo, 3/5 e –3/5.

Capítulo 2 – Números racionais

123

Os números irracionais são aqueles que não podem ser expressos na forma p/q, com p e q inteiros. Os números irracionais são infinitos, assim como ocorre com os racionais. Por exemplo, $\sqrt{2}$, $\sqrt{3}$, $\sqrt{5}$ são irracionais. Um problema clássico da álgebra é demonstrar que $\sqrt{2}$ é um número irracional.

Exemplo: Provar que $\sqrt{2}$ é um número irracional.

Esta demonstração já foi explorada em uma questão de concurso para o CMSM. Para provar que $\sqrt{2}$ é um número irracional, devemos demonstrar que este número não pode ser expresso na forma p/q, com p e q inteiros. Vamos demonstrar isso usando o *método do absurdo*. Partimos da suposição de que $\sqrt{2}$ pode ser expresso na forma p/q, com p e q inteiros primos entre si, e com q diferente de zero, e mostramos que esta suposição resulta em uma afirmação absurda. Suponha portanto que:

$$\sqrt{2} = p/q$$

Elevando ao quadrado, ficamos com:

$$2 = p^2/q^2$$

que é o mesmo que

$$2q^2 = p^2$$

Isto indica que o número p deve ser par, já que seu quadrado é par. Podemos então chamar p de 2k, onde k é a metade de p. Sendo assim, p^2 é o mesmo que $(2k)^2 = 4k^2$.

$$2q^2 = 4k^2$$

Simplificando por 2, ficamos com

$$q^2 = 2k^2$$

Como q^2 é um número par, então q tem que ser par. Ficamos então com:

p é par
q é par

Isto é uma contradição, pois partimos do princípio de que p e q são inteiros primos entre si. Chegamos então a um absurdo, resultante da suposição inicial de que $\sqrt{2}$ é um número da forma p/q. Logo:

$\sqrt{2}$ não pode ser expresso na forma p/q, com p e q primos entre si, logo $\sqrt{2}$ é irracional.

Podemos usar o mesmo método para mostrar que $\sqrt{3}$ e $\sqrt{5}$ são irracionais, entre outros infinitos valores.

Números irracionais possuem infinitas casas decimais que não se repetem na mesma sequência de dígitos. Em certas situações, é conveniente representar os números irracionais de forma aproximada, com um número reduzido de casas decimais. Na álgebra, tipicamente deixamos a indicação de raiz, sem aproximação.

A maioria das propriedades apresentadas para os números racionais, como associatividade, distributividade, comutatividade, aplicam-se igualmente aos números irracionais. Entretanto, algumas não se aplicam, por exemplo, o fechamento. A soma, a diferença, o produto ou a divisão de números irracionais nem sempre resultam em um número irracional. Por exemplo, $(1 + \sqrt{2})$ e $(1 - \sqrt{2})$ são irracionais, mas sua soma vale 2, que não é irracional. Os números irracionais também não possuem elemento neutro aditivo nem neutro multiplicativo, pois os números 0 e 1 não pertencem aos irracionais.

No capítulo 14 estudaremos o cálculo de radicais, e aprenderemos a manipular algebricamente os números irracionais.

Números reais

Juntando todos os números racionais e todos os números irracionais temos o conjunto dos números reais. A relação entre esses conjuntos já foi apresentada no capítulo 1:

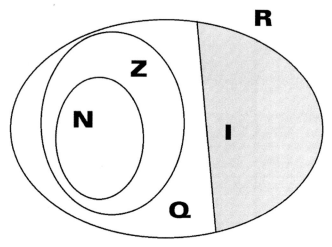

Podemos escrever:

R = Q∪I

Ou seja, o conjunto R (Reais) é a união dos conjuntos Q e I (Racionais e Irracionais).

Todas as propriedades e operações válidas para os Racionais, são também válidas para os números reais. Uma diferença importante é que nem sempre podemos fazer manualmente cálculos com números reais, já que suas formas podem ser extremamente complexas. Por exemplo, se é fácil calcular 1/2 + 3/5, é extremamente complexo calcular, por exemplo,

$$\frac{\sqrt{5-\sqrt[3]{7}}}{2\sqrt{2}} - \frac{2-5\sqrt{3}}{\sqrt{17}-\pi}$$

Na Geometria, por exemplo, é comum ocorrerem cálculos que envolvem raízes quadradas ou cúbicas e o número π.

Capítulo 2 – Números racionais

125

A partir do próximo capítulo e até o final do livro, consideramos que o conjunto de trabalho é o conjunto dos números reais. Todas as técnicas que aprenderemos valem para quaisquer números reais. Obviamente os problemas que envolvem cálculo numérico só podem ser resolvidos manualmente com números, digamos, fáceis de manipular.

Exemplo: Calcule $\left(\sqrt{3}+\sqrt{2}\right)\left(\sqrt{3}-\sqrt{2}\right)$

Podemos usar a propriedade distributiva da multiplicação, que vale para os números reais:

$$\left(\sqrt{3}+\sqrt{2}\right)\left(\sqrt{3}-\sqrt{2}\right)=\sqrt{3}\cdot\sqrt{3}-\sqrt{3}\cdot\sqrt{2}+\sqrt{2}\cdot\sqrt{3}-\sqrt{2}\cdot\sqrt{2}$$

Usaremos a seguinte propriedade (resulta da comutatividade da multiplicação):

$$\sqrt{a}\cdot\sqrt{b}=\sqrt{a\cdot b}$$

Sendo assim,

$$\sqrt{3}\cdot\sqrt{3}=\sqrt{3\cdot 3}=\sqrt{9}=3$$
$$\sqrt{2}\cdot\sqrt{2}=\sqrt{2\cdot 2}=\sqrt{4}=2$$
$$\sqrt{3}\cdot\sqrt{2}=\sqrt{2\cdot 3}=\sqrt{6}$$

Ficamos então com:

$$\sqrt{3}\cdot\sqrt{3}-\sqrt{3}\cdot\sqrt{2}+\sqrt{2}\cdot\sqrt{3}-\sqrt{2}\cdot\sqrt{2}=3-\sqrt{6}+\sqrt{6}-2=1$$

Muitas vezes ocorre isso nos problemas que envolvem operações com números irracionais. Uma operação com valores relativamente complexos pode resultar em um valor simples. Isto ocorre somente porque o formulador da questão escolheu os valores cuidadosamente para que o resultado seja simples. Sem este cuidado, as operações podem resultar em valores bastante complicados.

Muitas questões de concursos envolvem a propriedade de fechamento em relação aos conjuntos numéricos. Em relação aos irracionais, a propriedade de fechamento não existe.

O conjunto dos irracionais não possui elemento neutro (nem 0, o neutro aditivo, nem 1, o neutro multiplicativo).

A soma de números irracionais nem sempre é um número irracional.
Exemplo:

$$\left(5+\sqrt{3}\right)+\left(8-\sqrt{3}\right)=13$$

O produto de números irracionais nem sempre é um número irracional.
Exemplo:

$$\left(\sqrt{3}+\sqrt{2}\right)\left(\sqrt{3}-\sqrt{2}\right)=1$$

Da mesma forma, a subtração e a divisão de números irracionais nem sempre resulta em um número irracional.

Tais conceitos costumam ser pedidos em provas, em questões do tipo (V) ou (F).

Operando com números reais

Este capítulo apresentou as principais operações algébricas envolvendo números racionais:

- Adição e subtração
- Multiplicação e divisão
- Potências e raízes
- Expressões com números racionais

A boa notícia é que praticamente todas essas operações aplicam-se também aos números irracionais. Como o conjunto dos reais (R) é a união dos conjuntos Q (racionais) e I (irracionais), concluímos que praticamente tudo o que foi ensinado sobre operações com números racionais, vale também para números reais. Isto vale inclusive para as propriedades comutativa, associativa a distributiva. Quando consideramos os números reais, valem ainda as propriedades de fechamento e elemento neutro. Apenas os irracionais são um conjunto incomum, pois não possui o elemento neutro e nem a propriedade de fechamento.

São válidas as propriedades das potências e raízes para os números reais. Por exemplo:

$$\sqrt{a^4} = a^2$$

Ou mais genericamente:

$$\sqrt[n]{a^p} = a^{\frac{p}{n}}$$

Exemplo: (CN 64)

Dê a expressão mais simples de $\dfrac{\dfrac{\sqrt[4]{a}}{\sqrt[6]{a}} \div \sqrt[8]{a}}{\dfrac{\sqrt[3]{a}.\sqrt[9]{a}}{\sqrt{a}}}$

Solução:

$$\frac{\dfrac{\sqrt[4]{a}}{\sqrt[6]{a}} \div \sqrt[8]{a}}{\dfrac{\sqrt[3]{a}.\sqrt[9]{a}}{\sqrt{a}}} = \frac{a^{1/4} \times a^{-1/6} \times a^{-1/8}}{a^{1/3} \times a^{1/9} \times a^{-1/2}} = a^{\left(\frac{1}{4} - \frac{1}{6} - \frac{1}{8} - \frac{1}{3} - \frac{1}{9} + \frac{1}{2}\right)}$$

O expoente de **a** será então:

$$\frac{1}{4} - \frac{1}{6} - \frac{1}{8} - \frac{1}{3} - \frac{1}{9} + \frac{1}{2} = \frac{1}{72}$$

Resposta: $\sqrt[72]{a}$

Apenas deve ser tomado cuidado com as bases negativas. Por exemplo, se **a** for negativo, **p** for ímpar e **n** for par, a expressão é inválida. Da mesma forma como não podemos extrair a raiz quadrada de um número negativo, surge restrição com uma raiz genérica como a desse exemplo. Se **a** for negativo e **p** for ímpar, então **a^p** será negativo. Dessa foram uma raiz n-

Capítulo 2 – Números racionais

127

ésima, com **n** par, deste número negativo, será uma expressão inválida ou não definida (que muitos chamam informalmente de impossível).

Outra operação não permitida é a elevação de números negativos a expoentes irracionais. Por exemplo, $(-2)^{3/5}$ é uma expressão perfeitamente válida, definida como:

$$\sqrt[5]{(-2)^3} = \sqrt[5]{-8} = -\sqrt[5]{8}$$

Entretanto a definição de um número elevado a um expoente irracional não é desta forma. A definição acima são serve para expressões como:

$$5^{\sqrt{2}}$$

A definição desse tipo de potência é matéria do ensino médio. A fórmula para esse tipo de potência é:

$$a^x = 10^{x.\log(a)}$$

Ou seja, este tipo de potência é baseada em *logaritmo*. Como não existem logaritmos de números negativos, não é definida a potência de expoente irracional para bases negativas. Para definir esse tipo de potência, é preciso utilizar números complexos, assunto que também faz parte da matemática do ensino médio.

Portanto não é permitida uma expressão como

$$(-5)^{\sqrt{2}}$$

Ainda assim é permitido que apareçam questões envolvendo expressões com expoentes irracionais que torna-se possível sem a necessidade do uso de logaritmos. Por exemplo:

$$\left(5^{\sqrt{2}}\right)^{\sqrt{2}} = 5^{\sqrt{2}.\sqrt{2}} = 5^2 = 25$$

Este cálculo está correto porque permanece válida a propriedade $(a^x)^y = a^{xy}$, mesmo quando x e y são números irracionais.

Exercícios de revisão

E90) Calcule

a) $\left(-\dfrac{12}{35}\right) \times \left(-\dfrac{5}{2}\right)$

f) $\dfrac{12}{21} \times \dfrac{8}{65} \times \dfrac{24}{16} \times \dfrac{91}{75}$

k) $\left(-\dfrac{7}{12}\right) \times \left(-\dfrac{33}{70}\right) \times \left(-\dfrac{25}{22}\right)$

b) $\left(\dfrac{5}{15}\right)^2 \div \left(-\dfrac{8}{3}\right)^2$

g) $\dfrac{\sqrt{(-2)^2} + (-2)^3 \times (-3)^2}{10 \times (1+2+3+4)} =$

l) $1\dfrac{3}{11} \times \left(-2\dfrac{1}{5}\right) - \dfrac{25}{16} \div (-\dfrac{125}{32}) =$

c) $\dfrac{2.(-15) + (-5)^2}{\sqrt{64} - \sqrt{(-4)^2}} =$

h) $\left(2\dfrac{8}{3} + 1\dfrac{1}{2}\right) \times \left(2\dfrac{1}{5} - 1\dfrac{1}{6}\right)$

m) $-2\dfrac{5}{6} \times \left(-3\dfrac{3}{5}\right) - \dfrac{25}{16} \div \dfrac{5}{8} =$

128   O ALGEBRISTA

d) $\left(\dfrac{18}{5}\right)^3 \times \left(-\dfrac{10}{9}\right)^3$

i) $\left(-\dfrac{26}{10}\right)^{-3} \div \left(\dfrac{39}{35}\right)^{-3}$

n) $\dfrac{\left\{\left[\left(\sqrt[3]{1,331}\right)^{12/5}\right]^0\right\}^{-7,2} - 1}{8^{33} + 8^{33} + 8^{33} + 8^{33} + 8^{33}} \times \dfrac{1}{2^{302}}$

e) $\dfrac{105}{91} \div \dfrac{84}{65} =$

j) $\left(\dfrac{42}{105}\right)^5 \div \left(-\dfrac{30}{15}\right)^5$

o) $\dfrac{\left(\dfrac{2}{3}+1\dfrac{1}{2}\right)^2}{3-\dfrac{3}{4}-\dfrac{5}{8}} - \dfrac{\dfrac{1}{5}-\dfrac{1}{2}}{\left(-\dfrac{1}{3}-\dfrac{3}{5}+1\right)^2}$

E91) Calcule

a) $\left(-\dfrac{3}{5}\right)^1 \times \left(-\dfrac{3}{5}\right)^2 \times \left(\dfrac{-3}{10}\right)^2 \times \left(\dfrac{-3}{10}\right)^3$

b) $\left[-\dfrac{1}{2}+1\dfrac{1}{3}+1\dfrac{1}{5}\right] \div \left[-\dfrac{1}{5}+\dfrac{1}{2}-\dfrac{1}{3}\right]$

c) $\left[-0,666... \times \left(\dfrac{5}{3}\right)^{-1} - \left(-\dfrac{2}{3}\right)^2 \times \dfrac{2^2}{5}\right]$

d) $\left[\sqrt{\dfrac{4}{25}} \div \left(-\dfrac{\left(2^{-2}\right)^{-1/2}}{\left(2^{-5}\right)^{1-0,999...}}\right) - \dfrac{2^{-2}}{9^{1/2}} \div \left(\dfrac{\sqrt{(-3)^2}}{(-2)^3}\right)^{-1}\right]$

e) $\left[\left(1-\dfrac{1}{2}\times\dfrac{1}{5}\right)\times\left(\dfrac{4}{5}\div\dfrac{4^{3/2}}{125^{2/3}}\right)\right] \div \sqrt{12.\left(\dfrac{4}{3}+\dfrac{3}{4}\right)}$

f) $\sqrt{\dfrac{3}{5}\times\left[0,4\times0,1666... + 0,666...\times\left(3\dfrac{1}{2}\right)\right]}$

g) $\left(\dfrac{\sqrt{11^2-10^2+2^2}}{\sqrt{13^2-12^2}}\right)^5 \times \dfrac{\sqrt{10^3+(-8)^3+(-6)^3-(-2)^4}}{(-2)^0+(-2)^1+(-2)^2}$

h) $-\dfrac{2^1}{2^0+2^2} \times \dfrac{\sqrt{(-4)^2}}{\sqrt{|-1-(-2)^3|}} - \dfrac{0,31^0}{2^2-2^0} \div \dfrac{\sqrt{(-5)^2}}{0,999...^{15}}$

E92) Calcule

a) $\dfrac{\sqrt{(-2)^2}+(-2)^3\times(-3)^2}{10\times(1+2+3+4)} =$

f) $\left(2\dfrac{2}{3}-1\dfrac{2}{5}\right)\div\left(\dfrac{1}{5}+1\right)$

k) $-3\dfrac{3}{7}\times\left(-2\dfrac{1}{3}\right)-4\div\dfrac{5}{3}=$

b) $\dfrac{18}{25}\times\dfrac{35}{33}\times\dfrac{22}{15} =$

g) $\dfrac{12}{9}\times\dfrac{6}{5}+\dfrac{1}{6}\times\dfrac{5}{4}$

l) $\left(-\dfrac{2}{5}\right)^9 \div \left(-\dfrac{2}{5}\right)^6$

c) $0,3 \div 0,666... =$

h) $\left(\dfrac{10}{3}\right)^3 =$

m) $\left(\dfrac{5}{15}\right)^2 \div \left(-\dfrac{8}{3}\right)^2$

d) $\left(-\dfrac{3}{4}\right)\times\left(-\dfrac{2}{3}\right)$

i) $\left(-\dfrac{12}{13}\right)^2 =$

n) $\left[\left(-\dfrac{1}{3}\right)^1\right]^2$

Capítulo 2 – Números racionais

e) $-\dfrac{25}{16} \div (-20) =$

j) $\left(-\dfrac{3}{20}\right)^3 \times \left(-\dfrac{5}{3}\right)^3$

o) $\left(\dfrac{-3}{10}\right)^2 \times \left(\dfrac{-3}{10}\right)^3$

E93) Simplifique

$$\sqrt{\sqrt{\sqrt{\left[\dfrac{98+\left(2^5-19\right)}{3(13)-2}\right]^{\left(\frac{1768}{221}\right)}}}}$$

(A) 9　　(B) 3　　(C) $\sqrt{3}$　　(D) $3^{\sqrt{2}}$　　(E) $\dfrac{95}{37}$

E94) (CN) Calcule

Calcule o valor de $\left[8^{1/3}+\left(\dfrac{1}{25}\right)^{-1/2}+0,017^0\right] \times \dfrac{1}{0,888...}$

E95) (CN) Achar o valor de $6 \cdot \left(\sqrt[3]{3,375}+\sqrt{1,777...}+\sqrt[5]{32^{-1}}\right)$

(A) $\sqrt[3]{3}+\sqrt{2}$　(B) 20　(C) $\sqrt{2}+\sqrt{3}$　(D) $17+\sqrt{5}$　(E) $\dfrac{48}{7}$　(F) N.R.A.

E96) Se a e b são números positivos tais que $a^{3/2}=8$ e $b^{2/3}=4$, calcule $\mathbf{b-a}$.

(A) 0　　(B) 2　　(C) 4　　(D) 6　　(E) 8

E97) Simplifique $\dfrac{x^3 y^{-2}}{\left(x^{-2}y^3\right)^{-2}}$

(A) $\dfrac{1}{xy^4}$　　(B) $\dfrac{x}{y^4}$　　(C) $\dfrac{y^4}{x}$　　(D) $\dfrac{x^7}{y^3}$　　(E) $\dfrac{x^7}{y^4}$

E98) Sabe-se que $\mathbf{p}$ é um número natural maior que 1. Então, calcule o valor da expressão

$$\sqrt[p]{\dfrac{2^{1+p}+2^{1+p}+2^p}{5}}$$

(A) 1/5　(B) 2　(C) 4　(D) p/2　(E) p/5

E99) O numeral $\left(5^{0,1999...}\right)^{180}$ possui quantos divisores?

(A) 10　(B) 18　(C) 19　(D) 36　(E) 37

E100) A expressão mais simples de $4^{13}+4^{13}+4^{13}+4^{13}$ é:

(A) 4^{14}　(B) 16^{13}　(C) 4^{52}　(D) 4^{17}　(E) 17^4

E101) Das sentenças abaixo, assinale a que não é verdadeira:

(A) $(2/3)^2 = (3/2)^{-2}$　　(B) $(0,1)^{-2} = 1/100$　　(C) $x^{-1} = x$, se x=1　　(D) $(-2)^0 = 1$　　(E) $(2/3) < (3/2)$

130 O ALGEBRISTA

E102) Quantos divisores tem o número $216^{1,333...}$?

(A) 25   (B) 20   (C) 15   (D) 16   (E) NRA

E103) Efetue e simplifique $\dfrac{4^{0}+1,333...}{\left[-\dfrac{1}{3}\right]^{3}}-\dfrac{1^{5}-2^{3}}{0,1}$

E104) CEFETQ 2001

Calcule o valor da expressão $\sqrt[3]{\dfrac{(0,005)^{2}.0,000075}{10}}\div\left(10^{-4}.2^{-1/3}.3^{1/3}\right)$

E105) CN 75 - Calcular a soma dos termos da maior fração própria irredutível, para que o produto dos seus termos seja 60.

(A) 17   (B) 23   (C) 32   (D) 61   (E) 19   (F) NRA

E106) CN 76 - A raiz cúbica de um número N, é 6,25. Calcular a raiz sexta desse número N.

(A) $\dfrac{2\sqrt{5}}{5}$ (B) 2,05   (C) $2\sqrt{5}$ (D) 2,5   (E) 1,5

E107) CN 82 - Na expressão $\dfrac{(0,125)^{b-a}}{8^{a-b}}+21\left(\dfrac{b}{a}\right)^{0}+a^{b}=191$, a e b são números inteiros positivos, a + b vale:

(A) 15   (B) 14   (C) 13   (D) 12   (E) 11

E108) Se $2^{x}=1/4$, então x^{x} é igual a:

(A) 2   (B) 4   (C) –4   (D) 1/4   (E) –1/4

E109) Qual das seguintes afirmativas é sempre verdadeira para quaisquer números reais a, b e c?

(A) Se a<b, então ac < bc   (B) Se a < b, então $a^{2} < b^{2}$ (C) Se a<b, então $a^{3} < b^{3}$
(D) Se ac < bc, então a < b (E) Se a > b, então 1/a > 1/b

E110) Para qualquer número real x, $\sqrt{x^{2}}$ é sempre igual a:

(A) x   (B) –x   (C) 1   (D) |x| (E) $2\sqrt{x}$

E111) Quanto vale x + y, sabendo que $4^{y}=1$ e que $5^{x}=1/5$?

(A) 1   (B) 0   (C) –1   (D) –3/4   (E) x e y não podem ser determinados

E112) Sendo a, b e c reais positivos, e n um inteiro positivo, qual das seguintes afirmativas não é necessariamente verdadeira?

(A) a(b + c) = ab + ac   (B) $(ab)^{n} = a^{n}b^{n}$ (C) $(a/b)^{n} = a^{n}/b^{n}$

(D) $(a + b)^{n} = a^{n} + b^{n}$ (E) $\sqrt{\dfrac{a}{b}}=\dfrac{\sqrt{a}}{\sqrt{b}}$

Capítulo 2 – Números racionais

131

E113) Simplifique $\dfrac{9x^2y^3z^{-1}}{12x^3y^{-3}z^2}$

E114) Se a = 256, calcule $\sqrt{a\sqrt{a\sqrt{a}}}$

(A) 2   (B) 4   (C) 32   (D) 64   (E) 128

E115) Resolver a equação $9^{(1-2x)} = 81^{(x-1)}$

E116) Qual das seguintes afirmativas não é verdadeira para todos os valores de x?

(A) $|x| \geq 0$ (B) $x \leq |x|$ (C) $|-x| = x$ (D) $|x| = |-x|$ (E) $-|-x| \leq 0$

E117) Simplifique $\sqrt{4x^5y^{10}z^8\sqrt{81x^2y^4z^4\sqrt{256x^8}}}$

E118) Simplifique $\left(\dfrac{\left(x^{3/4}y^{-5/6}\right)}{\left(x^{-4/5}y^{2/3}\right)}\right)^{-2}$

E119) Coloque em ordem crescente, sabendo que a é um número real maior que 1.
$-(-a)^3, -a^3, (-a)^4, -a^4$.

E120) Simplifique $\dfrac{4^{2x+1} \cdot 8^3}{16^x \cdot 32^2 - 2^{4x+7} \cdot 64}$

E121) Calcule $(0{,}0049)^{3/2} + (0{,}2)^4 + (0{,}04)^{-1/2}$

E122) Encontre x em $2^x.4^x.8^x = 1/16$

E123) Qual dos números abaixo é o maior?

(A) 2^{3^4} (B) 2^{4^3} (C) 4^{3^2} (D) 4^{2^3} (E) 3^{2^4}

E124) Simplifique $\dfrac{(-a)^7 + \left(\dfrac{1}{a}\right)^{-4}}{-a^2 - \left(\dfrac{-1}{a}\right)^{-5}}$

E125) Encontre P em $\sqrt{\dfrac{x}{y}\sqrt[3]{\dfrac{y}{x}\sqrt[4]{\dfrac{x}{y}}}} = \left(\dfrac{y}{x}\right)^P$

E126) Calcule a expressão $\dfrac{4\left[(17-10)^3 + \left(\dfrac{17+200}{31}\right)\sqrt{36}\right]}{3^2(7+4) + \dfrac{22 \times 9^{\frac{3}{2}}}{18}}$

132   O ALGEBRISTA

E127) Simplifique $\dfrac{3^{5007} - 3^{5003}}{3^{5008} + 3^{5002}}$

(A) 7/8   (B) 1/3   (C) 4/5   (D) 31/59   (E) 24/73

E128) Se x + 2y = 0 e x ≠ 0, calcule $\left(\dfrac{x}{y}\right)^{2014} + \left(\dfrac{y}{x}\right)^{-2014}$.

(A) $1/2^{2028}$ (B) 2^{2015} (C) 2^{2028} (D) $1/2^{2015}$ (E) 1

E129) Dados $m = 1,4666\overline{6}$ e $n = 0,407407\overline{407}...$, calcule m/n.

(A) 66/185   (B) 18/5   (C) 36/11   (D) 3   (E) 120/37

E130) A expressão abaixo é igual ao número racional a/b, e **a** e **b** não têm fatores comuns. Encontre **a + b**.

$$\dfrac{\dfrac{2}{3} - \dfrac{5}{18}}{\dfrac{10}{24} + \dfrac{20}{36}}$$

(A) 7   (B) 37   (C) 72   (D) 84   (E) 98

E131) Uma das expressões abaixo tem um valor diferente das demais. Qual é este valor?

I) $(-1)^{-12}$ II) $-(10/23)^0$ III) $-2^{-1} - 2^{-1}$ IV) $-1^{-1} \cdot 1^{-1}$ V) $-(1)^{1/4}$

(A) –2   (B) –1   (C) 0   (D) 1   (E) 2

E132) Qual dos seguintes valores abaixo é o maior?
$1^{48}, 2^{42}, 3^{36}, 4^{30}, 5^{24}, 6^{18}, 7^{12}, 8^6, 9^0$.

E133) CN 52 - Calcular a expressão $\left[2^{-1} + \left(\dfrac{1}{2}\right)^{-2} - 1207^0 + 4^{3/2}\right]$

E134) CN 54 - Efetue $\sqrt{200} \times \sqrt[3]{108}$ e simplifique o resultado

E135) CMR 97 - O valor de $\dfrac{15^{30}}{45^{15}}$ é:

(A) 1   (B) $\left(\dfrac{1}{3}\right)^{15}$ (C) 5^{15} (D) $\left(\dfrac{1}{5}\right)^{15}$ (E) 3^{15}

E136) CMR 95 - Calcule o valor simplificado da expressão abaixo:

$$4 \cdot \dfrac{3 - 1,2 \times 2^{-2}}{1 - \dfrac{0,006}{0,15}}$$

E137) OBM 2008 - Quantos dos números abaixo são maiores que 10? (Sugestão: eleve os números ao quadrado)

$3\sqrt{11}$, $4\sqrt{7}$, $5\sqrt{5}$, $6\sqrt{3}$, $7\sqrt{2}$

Capítulo 2 – Números racionais

(A) 1   (B) 2   (C) 3   (D) 4   (E) 5

E138) CMF 2008 - Simplificando a expressão $\sqrt{\dfrac{8^6+4^{15}}{8^8+4^6}}$, obtemos o valor: (Sugestão: passar as potências para a base 2 e simplificar)

(A) 8   (B) 10   (C) 4   (D) 2   (E) 16

E139) CMPA 2009 - O valor da expressão $\sqrt{43+\sqrt{31+\sqrt{21+\sqrt{13+\sqrt{7+\sqrt{3+\sqrt{1}}}}}}}$ é:

(A) 1   (B) 3   (C) 7   (D) 9   (E) 13

E140) CN 2013 - Qual é o valor da expressão (Sugestão: não se assuste com os números, enfrente-os e lembre-se das propriedades das potências)

$$\left[\left(3^{0,333\ldots}\right)^{27}+2^{2^{17}}-\sqrt[5]{239+\sqrt[3]{\frac{448}{7}}}-\left(\sqrt[3]{3}\right)^{3^3}\right]^{\sqrt[7]{92}} \; ?$$

(A) 0,3   (B) $\sqrt[3]{3}$ (C) 1   (D) 0   (E) –1

E141) EPCAr 2005 - O valor da expressão $\left[\left(\dfrac{1}{2}\right)^3-\left(169\right)^{0,5}\times\left(128\right)^{-\frac{1}{7}}\right]\times 0,002$ é:

(A) –12,750 x 10^{-3} (B) –12,750 x 10^{-6} (C) 12,750 x 10^{-6} (D) 12,750 x 10^{-3}

Detonando uma prova – Questão 11

Um aluno que se prepara para concursos deve testar seus conhecimentos, resolvendo uma prova completa, somente depois que completa seu curso e está totalmente preparado. Claro que questões de prova, específicas sobre cada assunto ensinado nos capítulos, são bem vindas. No caso dos concursos para Colégio Naval, EPCAr e Colégio Militar, é altamente recomendável que o aluno continue os estudos do presente livro resolvendo as questões de prova do VOLUME 2.

Abrimos uma exceção apresentando as soluções da prova do CN 2015/2016, relativas aos assuntos ensinados no livro (apenas não abordamos as questões de geometria). São ao todo 14 questões de álgebra e aritmética que podem ser tranquilamente resolvidas com o que está ensinado no livro. O aluno deve estudar essas questões somente ao final de cada capítulo. Neste livro as questões estão localizadas nos seguintes capítulos:

Questão 1	Capítulo 17		Questão 9	Capítulo 21
Questão 2	Capítulo 9		Questão 10	Capítulo
Questão 3	Capítulo 5		Questão 11	Capítulo 2
Questão 4	Capítulo 13		Questão 12	Capítulo 10
Questão 5	Capítulo 11		Questão 16, 18	Capítulo 11
Questão 6	Capítulo 10		Questão 19	Capítulo 11
Questão 7			Questão 20	Capítulo 20

134   O ALGEBRISTA

CN 2015 – Questão 11

Seja **n** um número natural e # um operador matemático que aplicado a qualquer número natural, separa os algarismos pares, os soma, e a esse resultado, acrescenta tantos zeros quanto for o número obtido. Por exemplo, $\#(3256) = 2 + 6 = 8$, logo fica: 800000000. Sendo assim, o produto $[\#(20)]. [\#(21)]. [\#(22)]. [\#(23)]. [\#(24)]... [\#(29)]$ possuirá uma quantidade de zeros igual a:

(A) 46   (B) 45   (C) 43   (D) 41   (E) 40

A solução está no final do capítulo

CONTINUA NO VOLUME 2: 120 QUESTÕES DE CONCURSOS

Respostas dos exercícios

E1)

a) $720 = 2^4.3^2.5$
b) $150 = 2.3.5^2$
c) $96 = 3^5.3$
d) $105 = 3.5.7$
e) $144 = 2^4.3^2$

f) $320 = 2^6.5$
g) $512 = 2^9$
h) $630 = 2.3^2.5.9$
i) $1024 = 2^{10}$
j) $420 = 2^2.3.5.7$

k) $84 = 2^2.3.7$
l) $120 = 2^3.3.5$
m) $160 = 2^5.5$
n) $180 = 2^2.3^2.5$
o) $240 = 2^4.3.5$

p) $384 = 2^7.3$
q) $625 = 5^4$
r) $900 = 2^2.3^2.5^2$
s) $121 = 11^2$
t) $288 = 2^5.3^2$

E2)

a) 90	c) 360	e) 900	g) 360	i) 60	k) 840	m)17325	o) 108	q) 120	s) 30
b) 144	d) 720	f) 1600	h) 1680	j) 660	l) 1800	n) 540	p) 90	r) 96	t) 40

E3) 12.A   **E4)** $2^7.3^4.5^2$ **E5)** 144   **E6)** 32/80   **E7)** 24/56

E8) 15/20   **E9)** 35/56   **E10)** 1/6

E11)

a) 2 1/3	c)2 22/25	e) 4 3/5	g)1 4/35	i) 8 1/3	k) 2 1/4	m) 4 4/5	o)1 4/13	q) 9 3/5	s) 4 1/2
b) 3 3/5	d) 4 2/3	f) 2 4/7	h) 5 2/3	j) 2 1/5	l) 2 1/10	n)2 4/14	p)6 2/3	r) 13 9/7	t) 3 4/7

E12)

a) 7/2	c) 38/5	e) 17/3	g) 7/3	i) 19/8	k) 4/3	m) 23/9	o) 10/3	q) 24/11	s) 36/7
b) 21/4	d) 34/3	f) 8/5	h) 11/7	j) 19/9	l) 17/7	n) 13/10	p) 9/2	r) 6/5	t) 43/4

E13) 20 km   **E14)** 15/40   **E15)** 45 km   **E16)** R$ 120,00   **E17)** 17/18

E18) 17/12, 4/3, 11/12, 4/5, 2/3, 7/12, 1/3

E19)

a) 20/3	c) 5/13	e) 7/16	g) 5/4	i) 4/3	k) 3/10	m) 2/3	o) 2/5	q) 2/5	s) 3/8
b) 13/20	d) 7/10	f) 3/37	h) 2/15	j) 9/2	l) 7/12	n) 4/15	p) 2/5	r) 3/10	t) 2/5

E20) 6/16, 9/24, 12/32   **E21)** 14/15   **E22)** 9/48   **E23)** 45/30-20/30-8/30-1/30-20/30

E24) José acertou mais questões (10, contra 8) mas José tirou maior nota (8,00 contra 6,25)

E25) 48   **E26)** 3/8   **E27)** 500 há   **E28)** João   **E29)** Segundo

E30) 7,2   **E31)** km 15   **E32)** km 20   **E33)** km 24

Capítulo 2 – Números racionais

E34)

a) 6	c) 6	e) 28	g) 5	i) 11,2	k) 36	m) 60	o) 36	q) 237	s) 9
b) 15	d) 7	f) 25	h) 240	j) 15	l) 9	n) 12	p) 4	r) 38	t) 12

E35) (D)   **E36) (D)**

E37)

a)0,027	c)0,0012	e)1,56	g)50	i)4,3	k)11,5	m)11,78	o)0,027	q)0,10	s)0,021
b)45,6	d)0,05	f)0,001	h)2,7	j)0,77	l)21,7	n)0,36	p)0,013	r)0,32	t)8,192

E38)

a) 0,2	c) 0,01	e) 0,005	g) 1,62	i) 0,18	k) 0,1	m) 0,04	o) 0,32	q) 0,6	s) 0,75
b) 0,05	d) 0,013	f)0,0125	h) 2,00	j) 0,12	l) 0,015	n) 0,25	p) 0,4	r) 0,9	t) 0,35

E39)

a)3/10	c)1/100	e)324/100	g)2/10000	i)25/100	k)13/10	m)1/1000	o)125/10	q)7/10	s)105/10
b)12/10	d)175/100	f)1001/10	h)1/1000000	j)225/100	l)2112/100	n)5/1000	p)18/10	r)99/100	t)83/10

E40)

a) 0,25	c) 1,4	e) 0,875	g) 0,12	i) 0,375	k) 1,2	m) 8,5	o) 0,75	q) 1,5	s) 1,8
b) 1,25	d) 2,25	f) 3,75	h) 0,15	j) 0,75	l) 0,6	n) 0,625	p) 3,5	r) 0,125	t) 0,8

E41)

a) 5/4	c) 3/4	e) 1/8	g) 36/5	i) 26/5	k) 8/5	m) 11/5	o) 5/2	q) 3/5	s) 1/5
b) 7/20	d) 5/8	f) 17/5	h) 17/4	j) 3/2	l) 7/4	n) 11/10	p) 3/4	r) 2/5	t) 1/40

E42)

a) 0,333...	f) 0,7272...	k) 0,8333...	p) 0,38...
b) 0,222...	g) 1,222...	l) 0,142857	q) 1,666...
c) 0,666...	h) 3,333...	m) 2,333...	r) 1,9090...
d) 0,428571...	i) 5,428571...	n) 5,333...	s) 0,777...
e) 1,333...	j) 19/15	o) 0,555...	t) 0,769230...

E43)

a) 32/99	f) 2 2/15	k) 16 2/3	p) 7/120
b) 1 7/9	g) 2/15	l) 5 1/9	q) 13/99
c) 3 2/11	h) 2 41/99	m) 4/9	r) 55/74
d) 5/9	i) 2 2/3	n) 1/15	s) 1/150
e) 1	j) 8 1/3	o) 131/990	t) 5 47/99

E44)

a) $\dfrac{5}{3}$	c) $\dfrac{3}{2}$	e) $\dfrac{6}{5}$	g) $\dfrac{7}{11}$	i) $\dfrac{9}{4}$	k) $\dfrac{2}{9}$	m) $\dfrac{2}{3}$	o) $\dfrac{3}{11}$	q) $\dfrac{4}{3}$	s) $\dfrac{23}{17}$
b) $-\dfrac{4}{9}$	d) $-\dfrac{7}{8}$	f) $-\dfrac{4}{5}$	h) $-\dfrac{5}{12}$	j) $-\dfrac{1}{6}$	l) $-\dfrac{2}{7}$	n) $-\dfrac{7}{13}$	p) $-\dfrac{2}{5}$	r) $-\dfrac{7}{10}$	t) $\dfrac{3}{100}$

E45)

a) $-\dfrac{7}{2}$	c) $-\dfrac{11}{3}$	e) $\dfrac{6}{5}$	g) $-\dfrac{7}{10}$	i) $\dfrac{7}{20}$	k) $\dfrac{4}{5}$	m) $\dfrac{3}{10}$	o) $-\dfrac{5}{4}$	q) $-\dfrac{2}{7}$	s) $-\dfrac{4}{5}$
b) $\dfrac{3}{5}$	d) $-\dfrac{7}{8}$	f) 0	h) $-\dfrac{2}{3}$	j) $\dfrac{1}{6}$	l) $-\dfrac{1}{10}$	n) $\dfrac{9}{4}$	p) $\dfrac{2}{9}$	r) $-\dfrac{7}{11}$	t) $\dfrac{1}{33}$

E46)

136   O ALGEBRISTA

a) $\dfrac{151}{70}$ c) $\dfrac{4}{3}$ e) $\dfrac{19}{15}$ g) $\dfrac{109}{77}$ i) $\dfrac{1}{8}$ k) $\dfrac{233}{30}$ m) $\dfrac{187}{30}$ o) $\dfrac{2}{5}$ q) $\dfrac{11}{16}$ s) $\dfrac{29}{20}$

b) $\dfrac{75}{28}$ d) $\dfrac{1}{90}$ f) $\dfrac{13}{15}$ h) $\dfrac{7}{8}$ j) $\dfrac{39}{10}$ l) $\dfrac{193}{30}$ n) $\dfrac{31}{15}$ p) $\dfrac{283}{36}$ r) $\dfrac{71}{35}$ t) $\dfrac{99}{10}$

E47)
a) 11   c) 6   e) 0   g) 16   i) 1   k) 18   m) 2   o) 4   q) –4   s) 5

b) 5   d) 1   f) –13   h) –1   j) 7   l) –10   n) –2   p) 3   r) 6   t) 0

E48)
a) $-\dfrac{17}{35}$ c) $-\dfrac{32}{35}$ e) $-\dfrac{1}{6}$ g) $-\dfrac{43}{56}$ i) $-\dfrac{3}{8}$ k) $\dfrac{264}{35}$ m) $-\dfrac{1}{24}$ o) $-\dfrac{11}{30}$ q) $-\dfrac{7}{16}$ s) $-\dfrac{17}{30}$

b) $\dfrac{4}{7}$ d) $-\dfrac{1}{70}$ f) $\dfrac{1}{10}$ h) $-\dfrac{7}{24}$ j) $-\dfrac{1}{2}$ l) $\dfrac{79}{12}$ n) $-\dfrac{24}{35}$ p) $-\dfrac{11}{12}$ r) $-\dfrac{1}{10}$ t) $-\dfrac{5}{2}$

E49)
a) $\dfrac{32}{15}$ c) $-\dfrac{11}{15}$ e) $\dfrac{11}{10}$ g) $\dfrac{10}{77}$ i) $-\dfrac{7}{8}$ k) $\dfrac{227}{30}$ m) $-\dfrac{33}{70}$ o) $\dfrac{2}{15}$ q) $\dfrac{3}{16}$ s) $\dfrac{43}{60}$

b) $\dfrac{29}{8}$ d) $-\dfrac{7}{90}$ f) $\dfrac{13}{15}$ h) $\dfrac{13}{28}$ j) $\dfrac{37}{10}$ l) $\dfrac{103}{30}$ n) $\dfrac{16}{15}$ p) $-\dfrac{40}{9}$ r) $-\dfrac{9}{7}$ t) $\dfrac{21}{10}$

E50)
a) $-\dfrac{1}{15}$ c) $-5,69$ e) $\dfrac{7}{24}$ g) $-\dfrac{1}{5}$ i) $-\dfrac{37}{60}$ k) $\dfrac{39}{70}$ m) $\dfrac{1}{3000}$ o) $\dfrac{5}{12}$ q) $\dfrac{1}{30}$ s) $\dfrac{37}{60}$

b) $-\dfrac{29}{42}$ d) $-\dfrac{11}{90}$ f) $-\dfrac{2}{5}$ h) $-\dfrac{11}{5}$ j) $\dfrac{17}{10}$ l) 1   n) $\dfrac{2}{3}$ p) $\dfrac{14}{15}$ r) 0   t) $\dfrac{13}{48}$

E51)
a) 3/7 < 4/7   f) 1 2/5 > 4/3   k) –10% > –1/8   p) 7/5 > 4/3

b) 2/3 > 2/5   g) 0,333 < 0,3...   l) 1/3 < 3/10   q) –0,222... > –3/10

c) –1/5 < 0   h) 4 2/35 < 5 1/77   m) –1/3 < –0,3   r) –10 < –9,9

d) –10/3 < –3   i) –2,38 < –2,37997   n) 7/10 > 2/3   s) –1/5 > –1/4

e) –1/3 < –1/5   j) 1/5 = 20%   o) –8/3 < –2,5   t) 5/6 < 0,9

E52)
a) 4/5 > 0,75   f) 4/5 > –2/3   k) 0,666 < 0,666...   p) –3/5 > –2/3

b) 0,666 < 2/3   g) 7/10 > 0   l) 0,3 = 3/10   q) 4/5 < 5/6

c) –4/7 > –5/8   h) –2/3 < 1/2   m) 0,999 < 1   r) 5/8 > 5/9

d) 9/8 < 8/7   i) –3 < 2   n) 0,999... = 1   s) –0,222 > –0,222...

e) –9/13 > –7/10   j) –0,6 < 0,1   o) –0,4 > –30/7   t) 0 > –47/147

E53)
a) 14,22... < 14 83/97   f) 4 7/239 < 5 13/777   k) –18/73 > –18/71   p) 1/256 < 2/500

b) 0 > –3,17921792...   g) 25,15 > 100/4   l) 11% > –12,375%   q) 1,333... < 3/2

c) –5,1212... > –6,333...   h) –2,1313... < 0,218   m) 0,9175 < 73/72   r) 4/7 > 4/9

d) 1,3181 < 2,21289   i) 715/113 > 700/113   n) –0,999... = –1   s) –2/7 < –2/9

e) 0,333333 < 0,333...   j) 23/59 > 23/61   o) 0,377... > 0,37775   t) 1/5 > 1/6

E54)
a) $\dfrac{3}{20}$ c) $\dfrac{7}{22}$ e) 9   g) $\dfrac{50}{11}$ i) $\dfrac{5}{16}$ k) $\dfrac{13}{2}$ m) $\dfrac{9}{2}$ o) 8   q) $\dfrac{30}{7}$ s) $\dfrac{4}{15}$

b) $\dfrac{6}{7}$ d) $\dfrac{65}{3}$ f) $\dfrac{2}{5}$ h) $\dfrac{28}{25}$ j) $\dfrac{48}{375}$ l) 10   n) $\dfrac{65}{7}$ p) 14   r) $\dfrac{5}{2}$ t) $\dfrac{4}{5}$

Capítulo 2 – Números racionais

E55)

a) $\dfrac{3}{8}$ c) 240 e) $\dfrac{31}{16}$ g) $\dfrac{22}{3}$ i) $\dfrac{2}{5}$ k) $\dfrac{2}{125}$ m) $\dfrac{24}{5}$ o) $\dfrac{1}{6}$ q) $\dfrac{21}{2}$ s) $\dfrac{7}{48}$

b) $\dfrac{2}{15}$ d) $\dfrac{8}{15}$ f) 160 h) $\dfrac{4}{35}$ j) $\dfrac{1}{24}$ l) 1 n) 10 p) $\dfrac{33}{10}$ r) 120 t) $\dfrac{1}{25}$

E56)

a) 1/2 c) 5/3 e) 6 g) 9/2 i) 1/20 k) −5/2 m) −18 o) 5 q) −2/9 s) −1/15

b) 1/10 d) 7/4 f) 7/24 h) 9/2 j) 7 l) −1/5 n) −7/2 p) 4/7 r) −11/4 t) −4/13

E57)

a) $\dfrac{5}{2}$ c) $\dfrac{5}{4}$ e) 10 g) $\dfrac{15}{128}$ i) 5 k) $\dfrac{5}{12}$ m) $\dfrac{6}{5}$ o) $\dfrac{75}{84}$ q) $\dfrac{11}{10}$ s) $\dfrac{40}{21}$

b) $\dfrac{39}{4}$ d) $\dfrac{15}{4}$ f) $\dfrac{4}{81}$ h) $\dfrac{8}{5}$ j) $\dfrac{7}{8}$ l) $\dfrac{18}{5}$ n) $\dfrac{1}{6}$ p) $\dfrac{24}{7}$ r) 2 t) $\dfrac{9}{20}$

E58)

a) $-\dfrac{6}{35}$ c) $-\dfrac{1}{7}$ e) $-\dfrac{25}{64}$ g) $\dfrac{1}{2}$ i) $-\dfrac{1}{16}$ k) $-\dfrac{14}{5}$ m) $\dfrac{8}{7}$ o) 8 q) $-\dfrac{5}{2}$ s) $\dfrac{8}{15}$

b) $\dfrac{6}{7}$ d) $-\dfrac{3}{56}$ f) $-\dfrac{81}{80}$ h) $-\dfrac{18}{25}$ j) $-\dfrac{8}{15}$ l) $\dfrac{51}{5}$ n) -8 p) $-\dfrac{3}{2}$ r) $-\dfrac{7}{2}$ t) $-\dfrac{16}{9}$

E59)

a) -5 c) $\dfrac{3}{2}$ e) -15 g) $\dfrac{5}{64}$ i) 4 k) $-\dfrac{5}{2}$ m) $-\dfrac{6}{5}$ o) $-\dfrac{15}{2}$ q) $-\dfrac{7}{10}$ s) $-\dfrac{20}{7}$

b) $-\dfrac{1}{6}$ d) $-\dfrac{5}{3}$ f) $-\dfrac{3}{10}$ h) $-\dfrac{80}{81}$ j) -20 l) $-\dfrac{4}{5}$ n) $\dfrac{9}{5}$ p) $-\dfrac{12}{5}$ r) 3 t) $\dfrac{27}{10}$

E60)

a) $\dfrac{19}{180}$ c) $\dfrac{13}{300}$ e) $\dfrac{29}{180}$ g) $\dfrac{1147}{180}$ i) 2

b) $\dfrac{32}{69}$ d) $\dfrac{104}{441}$ f) $\dfrac{25}{104}$ h) $\dfrac{19}{18}$ j) $\dfrac{58}{3}$

E61)

a) $\dfrac{11}{84}$ c) $\dfrac{5}{11}$ e) $\dfrac{228}{23}$ g) $\dfrac{217}{120}$ i) $\dfrac{3}{2}$

b) $\dfrac{49}{6}$ d) $\dfrac{4}{21}$ f) $\dfrac{3}{5}$ h) $\dfrac{7}{12}$ j) $\dfrac{44}{15}$

E62)

a) $-\dfrac{32}{105}$ c) $-\dfrac{871}{320}$ e) $\dfrac{27}{7}$ g) $\dfrac{77}{10}$ i) $\dfrac{33}{14}$ k) $\dfrac{52}{15}$ m) $-\dfrac{116}{45}$ o) $\dfrac{7}{3}$ q) $-\dfrac{87}{56}$ s) $-\dfrac{42}{10}$

b) 1 d) $-\dfrac{11}{4}$ f) $-\dfrac{9}{2}$ h) $-\dfrac{25}{6}$ j) $\dfrac{28}{5}$ l) $\dfrac{39}{50}$ n) $\dfrac{259}{320}$ p) $-\dfrac{1}{80}$ r) -5 t) 4

E63)

138 — O ALGEBRISTA

a) $\dfrac{1}{9}$ c) $\dfrac{16}{25}$ e) $\dfrac{27}{1000}$ g) $\dfrac{25}{64}$ i) $\dfrac{8}{27}$ k) $\dfrac{49}{100}$ m) $\dfrac{9}{64}$ o) $\dfrac{243}{1000}$ q) $\dfrac{1}{10000}$ s) $\dfrac{125}{27}$

b) $\dfrac{4}{9}$ d) $\dfrac{8}{125}$ f) $\dfrac{16}{81}$ h) $\dfrac{9}{49}$ j) $\dfrac{1000}{27}$ l) $\dfrac{64}{81}$ n) $\dfrac{8}{27}$ p) $\dfrac{1}{32}$ r) $\dfrac{125}{8}$ t) $\dfrac{32}{243}$

E64)

a) $\dfrac{1}{81}$ c) $-\dfrac{81}{10000}$ e) $\dfrac{81}{49}$ g) $\dfrac{25}{81}$ i) $\dfrac{16}{10000}$ k) 1 m) $\dfrac{9}{121}$ o) $\dfrac{27}{1000}$ q) $-\dfrac{243}{32}$ s) $\dfrac{81}{169}$

b) $-\dfrac{8}{27}$ d) $-\dfrac{1}{32}$ f) $\dfrac{49}{10000}$ h) $-\dfrac{1}{64}$ j) $-\dfrac{8}{125}$ l) $\dfrac{4}{49}$ n) $\dfrac{144}{169}$ p) $-\dfrac{1}{81}$ r) $-\dfrac{100}{49}$ t) $\dfrac{81}{625}$

E65)

a) 1,96 c) 16/81 e) 4/9 g) 0,008 i) 1,728 k) 6,25 m) 4/81 o) 64/25 q) –0,16 s) 1
b) 0,001 d) 27/8 f) 2,25 h) 0,25 j) 1,331 l) 0,001 n) 0,125 p) 0,216 r) 0,0625 t) 0,0001

E66)

a) $-\dfrac{1}{3}$ c) $-\dfrac{4}{5}$ e) $-0,333...$ g) $-2,18$

b) $\dfrac{1}{2}$ d) $5\dfrac{2}{7}$ f) 3,14 h) $-\dfrac{2}{5}$

E67)

a) 1 c) 1 e) 1 g) 1

b) 1 d) 1 f) 1 h) 1

E68)

a) $-\dfrac{1}{3125}$ c) $-\dfrac{32}{243}$ e) $-\dfrac{27}{125}$ g) $\dfrac{8}{125}$

b) $\dfrac{1}{128}$ d) $\dfrac{1}{10000000}$ f) $-\dfrac{1}{32}$ h) $-\dfrac{243}{100000}$

E69)

a) $\dfrac{1}{4}$ c) $\dfrac{1}{16}$ e) $\dfrac{1}{32}$ g) $\dfrac{1}{10000000000}$

b) $-\dfrac{125}{27}$ d) $\dfrac{1}{81}$ f) $\dfrac{1}{64}$ h) $\dfrac{1}{81}$

E70)

a) $\dfrac{1}{4}$ c) $\dfrac{1}{1000}$ e) $\dfrac{1}{3}$ g) $-\dfrac{8}{125}$

b) $\dfrac{4}{25}$ d) $\dfrac{16}{81}$ f) $\dfrac{9}{100}$ h) $\dfrac{1}{16}$

E71)

a) $\dfrac{36}{49}$ c) $\dfrac{1}{64}$ e) $-\dfrac{8}{27}$ g) $-\dfrac{1}{32}$

b) $\dfrac{1}{1024}$ d) $\dfrac{16}{625}$ f) $-\dfrac{343}{27}$ h) $\dfrac{1}{10000000}$

E72)

a) $\dfrac{64}{729}$ c) $\dfrac{1}{100000000}$ e) $\dfrac{4^6}{5^6}$ g) $\dfrac{1}{2^{18}}$

b) $\dfrac{2^{15}}{5^{15}}$ d) $\dfrac{3^{20}}{10^{20}}$ f) $\dfrac{1}{9}$ h) $\dfrac{64}{7^6}$

E73)

a) $-\dfrac{27}{125}$ c) $-\dfrac{16}{625}$ e) $-\dfrac{243}{100000}$ g) $\dfrac{4}{17}$ i) $-\dfrac{23}{45}$ k) $-\dfrac{27}{125}$ m) -8 o) $\dfrac{9}{25}$ q) $-\dfrac{16^3}{15^3}$ s) $\dfrac{81}{16}$

b) $\dfrac{32}{729}$ d) $\dfrac{1}{64}$ f) 1 h) 1 j) 1 l) 16 n) $\dfrac{625}{16}$ p) $\dfrac{9}{16}$ r) 1 t) $-\dfrac{1}{3125}$

E74)

a) $-\dfrac{1}{3125}$ c) $\dfrac{81}{10000}$ e) $\dfrac{1}{256}$ g) $-\dfrac{125}{512}$ i) $\dfrac{243}{32}$ k) $-\dfrac{8}{27}$ m) $\dfrac{8}{125}$ o) $\dfrac{11}{37}$ q) $-\dfrac{1}{3125}$ s) $\dfrac{8}{27}$

Capítulo 2 – Números racionais

b) $\dfrac{1}{128}$ d) $\dfrac{32}{3125}$ f) $\dfrac{36}{25}$ h) $\dfrac{1}{10000}$ j) $\dfrac{729}{64}$ l) $\dfrac{1}{4}$ n) $-\dfrac{27}{125}$ p) $\dfrac{4}{25}$ r) $\dfrac{1}{81}$ t) $\dfrac{1}{64}$

E75)
a) x^5 c) x^9 e) x^{15} g) x^2 i) x k) x^6 m) x^{24} o) x^{60} q) $40x^7$ s) $8x^{15}$
b) x^7 d) x^3 f) x^5 h) x^4 j) 1 l) x^{12} n) x^{15} p) $8x^5$ r) $3x^6$ t) $81x^8$

E76)
a) $\dfrac{32}{75}$ c) 1 e) $\dfrac{2}{27}$ g) $\dfrac{3}{2}$ i) $\dfrac{121}{36}$ k) $\dfrac{9}{500}$ m) $\dfrac{2}{3}$ o) $\dfrac{128}{45}$ q) $\dfrac{147}{160}$ s) $\dfrac{9}{64}$
b) $\dfrac{35}{18}$ d) $\dfrac{128}{45}$ f) $\dfrac{320}{27}$ h) $\dfrac{200}{243}$ j) $\dfrac{2}{3}$ l) 50 n) $\dfrac{81}{2}$ p) $\dfrac{384}{125}$ r) $\dfrac{3}{7}$ t) $\dfrac{9}{4}$

E77)
a) 4 c) $0,01$ e) 16 g) $8/27$ i) $0,001$ k) $125/8$ m) $9/25$ o) 125 q) 27 s) $100/9$
b) $16/9$ d) $27/8$ f) 49 h) $1/64$ j) $125/8$ l) $1000/27$ n) 100 p) 16 r) 300 t) $125/27$

E78)
a) -5 c) $\dfrac{25}{9}$ e) 10 g) 32 i) 4 k) 32 m) -64 o) $\dfrac{1}{3}$ q) 81 s) $\dfrac{1}{10^{13}}$
b) $-\dfrac{8}{27}$ d) $\dfrac{4}{25}$ f) 32 h) $-\dfrac{27}{1000}$ j) 16 l) $-\dfrac{27}{125}$ n) $\dfrac{1}{64}$ p) 1000000 r) 81 t) $\dfrac{125}{8}$

E79)
a) $\dfrac{25}{4}$ c) $\dfrac{16}{81}$ e) $-\dfrac{1}{128}$ g) 1024 i) $\dfrac{729}{64}$ k) $-\dfrac{1}{216}$ m) $\dfrac{64}{729}$ o) $\dfrac{10^{20}}{3^{20}}$ q) $-\dfrac{27}{147}$ s) 9
b) $\dfrac{49}{36}$ d) $\dfrac{9}{100}$ f) $\dfrac{1}{64}$ h) 10^7 j) 10^8 l) $\dfrac{625}{16}$ n) $-\dfrac{5^{15}}{2^{15}}$ p) -32 r) 2^{18} t) $\dfrac{2^6}{7^6}$

E80)
a) $\dfrac{1}{2}$ c) $\dfrac{5}{9}$ e) $\dfrac{8}{9}$ g) $\dfrac{2}{5}$ i) $\dfrac{4}{11}$ k) $\dfrac{5}{12}$ m) $\dfrac{4}{7}$ o) $\dfrac{5}{8}$ q) $\dfrac{2}{13}$ s) $\dfrac{9}{14}$
b) $\dfrac{2}{3}$ d) $\dfrac{7}{6}$ f) $\dfrac{1}{10}$ h) $\dfrac{9}{2}$ j) $\dfrac{3}{10}$ l) $\dfrac{9}{8}$ n) $\dfrac{9}{13}$ p) $\dfrac{12}{5}$ r) $\dfrac{5}{8}$ t) $\dfrac{5}{4}$

E81)
a) $-\dfrac{3}{4}$ c) $-\dfrac{1}{10}$ e) $-\dfrac{2}{3}$ g) $-\dfrac{8}{3}$ i) -2 k) $-\dfrac{8}{3}$ m) $-\dfrac{2}{5}$ o) $\dfrac{1}{8}$ q) $-\dfrac{5}{8}$ s) $-\dfrac{10}{3}$
b) $\dfrac{2}{5}$ d) $\dfrac{7}{3}$ f) $\dfrac{5}{3}$ h) $\dfrac{4}{7}$ j) $-\dfrac{1}{10}$ l) $\dfrac{6}{7}$ n) $-\dfrac{9}{5}$ p) $-\dfrac{9}{4}$ r) $\dfrac{1}{6}$ t) $\dfrac{2}{9}$

E82)
a) $1/3$ c) $1,2$ e) $6/5$ g) $3/10$ i) $3/2$ k) $4/3$ m) $-3/5$ o) $7/5$ q) $4/5$ s) $1/5$
b) $-1/2$ d) $17/100$ f) $3/10$ h) $5/2$ j) $8/3$ l) $8/5$ n) $1/10$ p) $3/5$ r) $3/2$ t) $4/3$

E83)
a) $\dfrac{2}{5}$ c) $-\dfrac{1}{5}$ e) 1 g) 4 i) $-\dfrac{8}{7}$ k) $-\dfrac{4}{9}$ m) $\dfrac{3}{5}$ o) 0 q) Impossível s) $|x|$
b) $-\dfrac{3}{5}$ d) 8 f) $-\dfrac{1}{10}$ h) Impossível j) $\dfrac{5}{8}$ l) 5 n) $-\dfrac{3}{5}$ p) $-\dfrac{1}{2}$ r) x t) $-x$

E84)
a) -6 c) 10   e) 125   g) $-\dfrac{5}{9}$ i) $-\dfrac{16}{25}$ k) -4 m) 16   o) Impossível   q) $-\dfrac{3}{5}$ s) $\dfrac{343}{27}$

b) $\dfrac{2}{3}$ d) $\dfrac{1}{9}$ f) Impossível   h) 16   j) -729 l) Impossível   n) $\dfrac{125}{729}$ p) 6   r) $\dfrac{1}{16}$ t) $\dfrac{1}{512}$

E85)
a) $-\dfrac{58}{63}$ c) $-\dfrac{1}{5}$ e) $\dfrac{107}{14}$ g) $-\dfrac{13}{11}$ i) $\dfrac{152}{69}$ k) $\dfrac{64}{225}$ m) $-\dfrac{16}{2025}$

b) $-\dfrac{75}{16}$ d) $\dfrac{501}{56}$ f) $\dfrac{156}{35}$ h) $-\dfrac{235}{12}$ j) $\dfrac{73}{3}$ l) $-\dfrac{900}{49}$ n) $-\dfrac{2}{5}$

E86)
a) $\dfrac{37}{15}$ c) $\dfrac{38}{30}$ e) $\dfrac{25}{6}$ g) $-\dfrac{17}{15}$ i) $\dfrac{32}{45}$ k) $-\dfrac{73}{75}$ m) $\dfrac{1}{3}$ o) $\dfrac{13}{7}$ q) $-\dfrac{14}{25}$

b) $\dfrac{8}{15}$ d) $\dfrac{17}{90}$ f) $\dfrac{68}{15}$ h) $-\dfrac{13}{60}$ j) $-\dfrac{13}{60}$ l) $-\dfrac{1}{15}$ n) -61 p) $\dfrac{11}{12}$ r) $\dfrac{-137}{90}$

E87)
a) $\dfrac{149}{108}$ c) $-\dfrac{1}{2}$ e) $-\dfrac{209}{90}$ g) -2 i) $\dfrac{9}{20}$ k) $\dfrac{2}{3}$ m) $-\dfrac{5}{36}$ o) $-\dfrac{11}{27}$ q) $-\dfrac{101}{150}$

b) $-\dfrac{34}{45}$ d) $\dfrac{13}{5}$ f) $\dfrac{50}{9}$ h) $\dfrac{2}{3}$ j) $-\dfrac{157}{45}$ l) $-\dfrac{27}{160}$ n) $\dfrac{7}{6}$ p) $-\dfrac{17}{5}$ r) $-\dfrac{223}{60}$

E88)
a) $-\dfrac{5}{4}$ c) $\dfrac{7}{10}$ e) $\dfrac{11}{3}$ g) $\dfrac{1}{3}$ i) $\dfrac{7}{20}$ k) $-\dfrac{3}{5}$ m) $-\dfrac{175}{27}$ o) -6 q) $\dfrac{2}{15}$ s) $-\dfrac{1}{3}$

b) -15 d) $\dfrac{7}{10}$ f) $-\dfrac{3}{5}$ h) $-\dfrac{17}{15}$ j) $-\dfrac{2}{9}$ l) $\dfrac{1}{15}$ n) $\dfrac{32}{45}$ p) $\dfrac{16}{3}$ r) $\dfrac{2}{3}$ t) $\dfrac{6}{5}$

E89)
a) x^5 c) $4x^5$ e) $5x$ g) x^5+5x^2 i) x^6 k) $125x^6$ m) $x+x^2$ o) x^3+x^4 q) $2x^3-2x^4$ s) $24x^6$

b) $4x^5$ d) x^2 f) x^2+5x h) $5x^2+3x$ j) $9x^2$ l) x n) $x+x^4$ p) $2x^3+2x^4$ r) $6x^3-8x^4$ t) $27x^6$

E90)
a) $\dfrac{6}{7}$ c) $-\dfrac{5}{4}$ e) $\dfrac{5}{28}$ g) $-\dfrac{7}{10}$ i) $-\dfrac{27}{343}$ k) $\dfrac{5}{16}$ m) $\dfrac{77}{10}$ o) $\dfrac{1267}{18}$

b) $\dfrac{1}{64}$ d) -64 f) $\dfrac{16}{125}$ h) $\dfrac{1147}{180}$ j) $-\dfrac{1}{3125}$ l) $-\dfrac{34}{5}$ n) 0

E91)
a) $\dfrac{3^8}{5^8 \times 2^5}$ c) $-\dfrac{34}{45}$ e) $\dfrac{9}{20}$ g) $\dfrac{16}{3}$

b) -61 d) $-\dfrac{27}{160}$ f) $\dfrac{6}{5}$ h) $-\dfrac{3}{5}$

E92)

Capítulo 2 – Números racionais

a) $-\dfrac{79}{100}$ c) $\dfrac{9}{20}$ e) $\dfrac{5}{64}$ g) $\dfrac{217}{120}$ i) $\dfrac{144}{169}$ k) $\dfrac{28}{5}$ m) $\dfrac{1}{64}$ o) $-\dfrac{243}{100000}$

b) $\dfrac{28}{25}$ d) $\dfrac{1}{2}$ f) $\dfrac{19}{18}$ h) $\dfrac{1000}{27}$ j) $\dfrac{1}{64}$ l) $-\dfrac{8}{125}$ n) $\dfrac{1}{9}$

E93) 3 E94) 9 E95) (B) E96) (C) E97) (C)

E98) (B) E99) (37) E100) (A) E101) (B) E102) (A)

E103) 7 E104) 5 E105) (A) E106) (D) E107) (A)

E108) (D) E109) (C) E110 (D) E111) (C) E112) (D)

E113) $\dfrac{3y^6}{4xz^3}$ E114) (E) E115) x = 3/4 E116) (C)

E117) $12.x^5.y^6.|z^5|$, se x>0. E118) $\dfrac{y^3}{x^{\frac{31}{10}}}$ E119) $(-a)^4, -(-a)^3, -a^3, -a^4$

E120) –2/7 E121) 5,001943 E122) 2/3 E123) (A)

E124) $-a^2$ E125) –9/24 E126) 35/3 E127) (E) E128) (B)

E129) (B) E130) (A) E131) (D) E132) 4^{30} E133) 11,5

E134) $60\sqrt[6]{2}$ E135) (C) E136) 45/4 E137) (C) E138) (A)

E139) (C) E140) (1) E141) (A)

Detonando uma prova – Questão 11

CN 2015 – Questão 11

Seja **n** um número natural e # um operador matemático que aplicado a qualquer número natural, separa os algarismos pares, os soma, e a esse resultado, acrescenta tantos zeros quanto for o número obtido. Por exemplo, $\#(3256) = 2 + 6 = 8$, logo fica: 800000000. Sendo assim, o produto $[\#(20). [\#(21). [\#(22). [\#(23). [\#(24)... [\#(29]$ possuirá uma quantidade de zeros igual a:

(A) 46   (B) 45   (C) 43   (D) 41   (E) 40

Solução:

Tomar somente os algarismos pares, somá-los e acrescentar tantos zeros quanto for esta soma.

#20 = 200
#21 = 200
#22 = 40000
#23 = 200
#24 = 6000000
#25 = 200
#26 = 800000000
#27 = 200
#28 = 100000000000
#29 = 200

Contanto os zeros: $2 + 2 + 4 + 2 + 6 + 2 + 8 + 2 + 10 + 2 = 40$

Como os números serão multiplicados, surgirão zeros adicionais, devido ao produto dos valores além dos zeros do final de cada número. Multiplicando esses valores ficamos com: $2 \cdot 2 \cdot 4 \cdot 2 \cdot 6 \cdot 2 \cdot 8 \cdot 2 \cdot 10 \cdot 2$

Este produto contribuirá com um zero adicional, devido ao fator 10. Apesar de existirem vários fatores 2, não existem fatores 5 que possam compor um 10 adicional.

Sendo assim, o produto terminará com $1 + 40 = 41$ zeros.

Resposta: (D)

Capítulo 3

Expressões algébricas

Este capítulo é uma introdução às expressões algébricas simples. Entretanto, toda a álgebra consiste em utilizar expressões algébricas, portanto o assunto será continuado em outros capítulos, apresentando tópicos cada vez mais avançados.

Questões clássicas

No volume 2 deste livro, a maioria das questões são de concursos posteriores a 2000, entretanto neste volume 1 apresentamos questões clássicas, ou seja, questões caídas em concursos antigos. Note que em um concurso atual, é pequena a chance de caírem questões idênticas às antigas (apesar de ainda aparecerem). Entretanto, as questões antigas são excelentes para exercitar o conteúdo da álgebra, e elas servem como base para as questões atuais. Por exemplo, é difícil atualmente uma questão pedir apenas o MDC entre expressões algébricas, entretanto as questões atuais pedem outros resultados mais elaborados, para os quais será preciso, durante a resolução, calcular o MDC, uma fatoração e outras técnicas básicas. Portanto, nos concursos atuais, é considerado que as operações básicas (que eram pedidas nos concursos antigos) são consideradas como "conteúdo dominado" para a resolução das questões modernas. Sem o conhecimento das questões clássicas, não é possível resolver as questões das provas atuais. Uma questão caída, por exemplo, no Colégio Naval em 1953, nunca deve ser encarada como "isso não cai mais", mas como "preciso saber fazer isso para resolver as questões modernas".

Termos e expressões

Você já conhece os termos e as expressões desde os primeiros anos do ensino fundamental. Por exemplo, ao realizar uma operação de adição como 5+3, dizemos que o 5 e o 3 são os termos da adição. Também está acostumado a trabalhar com expressões, desde as mais simples, como a do exemplo acima, até expressões mais complexas e trabalhosas para calcular, porém envolvendo somente números. Agora você conhecerá os *termos algébricos* e as *expressões algébricas*.

Termo algébrico

O termo algébrico é uma multiplicação de números e letras. As letras representam números. Os números e as letras que os representam, são a princípio desconhecidos, ou seja, podem assumir qualquer valor real. Podemos calcular o valor de uma expressão algébrica, desde que sejam dados os valores dessas letras. Quando temos equações que envolvem essas expressões, podemos muitas vezes descobrir os valores dessas letras, que nesse caso são chamadas de *incógnitas*. Isto será abordado a partir do capítulo 9.

144   O ALGEBRISTA

Exemplos:
$2x$
$4x^2$
$-3ab$
$5x^2y^3$
$-4ab^2c^2$

Todo termo algébrico pode ser dividido em duas partes:

- Parte numérica ou coeficiente
- Parte literal

Exemplos:
$2x^5y^3$:
Coeficiente: 2
Parte literal: x^5y^3

$-3abc^2$:
Coeficiente: -3
Parte literal: abc^2

12:
Coeficiente: 12
Parte literal: não tem (considera-se 1)

Este último não é um *termo algébrico*, mas sim, um *termo*, já que não possui parte literal.

As letras da parte literal são chamadas de *variáveis*.

Termos semelhantes

Dizemos que dois termos algébricos são *semelhantes* quando possuem a mesma parte literal, podendo ter coeficientes diferentes.

Exemplos:
$4x^3$ e $-12x^3$
$4abc$ e $6abc$
$2x$ e $-5x$
$-4mp^2$ e $10mp^2$
$6xyz$ e $-2xyz$

Uma característica importante dos termos semelhantes é que podem ser somados algebricamente. Por exemplo, $3x+7x$ é igual a $10x$. É como dizer "3 laranjas + 7 laranjas é igual a 10 laranjas". Para somar termos semelhantes, basta somar algebricamente seus coeficientes e repetir a parte literal.

Exemplos:
$4x^3 -12x^3 = -8x^3$
$4abc + 6abc = 10abc$
$2x -5x = -3x$
$-4mp^2 +10mp^2 = 6mp^2$
$6xyz - 2xyz = 4xyz$

Capítulo 3 – Expressões algébricas

Por outro lado, não podemos efetuar a adição de termos que não sejam semelhantes. Uma adição como 3x+2y não pode ser efetuada como fazemos em 3+2=5. Devemos deixar o resultado indicado, simplesmente como 3x+2y, nesse caso. É claro que se forem indicados os valores de x e y, podemos substituí-los e encontrar o número resultante.

Redução de termos semelhantes

Reduzir os termos semelhantes em uma expressão algébrica é realizar todas as adições algébricas possíveis de tal forma que não haja repetição. Nem sempre conseguimos juntar todos os termos semelhantes, em alguns casos podemos apenas reduzi-los.

Exemplo:
Reduzir os termos semelhantes da expressão $3x + 7y + 4x - 2y + x^2 + 5$

3x e 4x são semelhantes ➜ 3x+4x=7x
7y e –2y são semelhantes ➜ 7y –2y = 5y

Ficamos então com:
$7x + 5y + x^2 + 5$

Exemplo:
Reduzir os termos semelhantes da expressão $\sqrt{\dfrac{1 + 2x + 4x + x^2}{1 - x - 2x^2 + 5x^2}}$

No numerador do radicando, podemos reduzir 2x+4x=6x. No denominador podemos reduzir $-2x^2+5x^2 = 3x^2$. Ficamos então com a expressão:

$$\sqrt{\dfrac{1 + 6x + x^2}{1 - x + 3x^2}}$$

Essa expressão é equivalente à anterior, entretanto ainda possui termos semelhantes:
6x e –x são semelhantes
x^2 e $3x^2$ são semelhantes

Entretanto, esses termos semelhantes que restaram não podem ser juntados através de soma algébrica. Quando uma expressão tem apenas adições e subtrações de termos, é possível eliminar totalmente os termos semelhantes. Quando existem frações ou expressões mais complexas, pode não ser possível agrupar todos os semelhantes.

Expressões algébricas

Uma *expressão algébrica* é uma combinação de operações matemáticas nas quais estão envolvidos termos algébricos. Tipicamente são envolvidas as operações estudadas no capítulo anterior:

Exemplos:

1) $\dfrac{\sqrt{4x^2 + 3xy}}{(x-1)} \times \left(1 - \dfrac{y}{x}\right)^{10}$ é uma expressão algébrica

2) 2x é uma expressão algébrica (é também um termo algébrico)

146   O ALGEBRISTA

3) $(3a^2b^3 + 5ab + 7)$ é uma expressão algébrica

4) $x^3 + 4x^2 + 5x + 18$ é uma expressão algébrica

Valor numérico

As letras de uma expressão algébrica representam números quaisquer. O *valor numérico* de uma expressão algébrica é o resultado numérico obtido quando especificamos valores particulares para cada uma de suas letras.

Exemplo:
Calcule o valor numérico da expressão algébrica abaixo para $x = 1$ e $y = -2$

$$4x^2y^3 - 2x - 3y$$

Substituindo x por 1 e y por -2, ficamos com:

$4.1^2.(-1)^3 - 2.1 - 3.(-1) =$
$4.(-1) -2 + 3 =$
$-4 -2 + 3 = -3$

Exercícios

E1) Reduzir os termos semelhantes das seguintes expressões algébricas

a) $2x + 5 + 3a + 6 - 4ax$

b) $2x + 3y +4x -6y +8x -4y +10x -8y$

c) $x + y + z + 3x + 5y + 4z +6xyz$

d) $4x + 5y + 3x^2 + 2xy + 5y^2 - 12x - 15y + 4x^2$

e) $3x^2 +2y^2 -3x +5x^2 -2xy +3x -2y +x -4x^2 -2y^2 -3xy$

f) $2xy + 4y^3 - 5x^2 + 5xy^2 + 3xy - 9y^3 + 4x^2 - 3x$

g) $3m^2n + 4p^2q + 5nm^2 + 4qp^2 +2mp + 4nq$

h) $2x^2 - 3y^2 + 12x - 10y + 3x^2 + 5y^2 - 2x + y - 12$

i) $2xyz + 4xz + 6zy + 3xy -8zx + 3yz + 3yzx$

j) $2x^2 +5y^2 -6x +4x^2 -7xy +6x -3y -9x^2 -5y^2 -6xy$

k) $a^3 + a^2b + ab^2 + b^3 + a^2b + ab^2 + ba^2 + b^2a$

l) $2x^2 + 5xy -3y^2 + 6 + 2x -3y + 4 + 4xy +6x -4y +12$

m) $-6xy + 2x^2 -3x^3 +8xy + 2x +3x^2 + 6y + 4x$

n) $4a^2b + 3a^2 - 6b^2 + 4ba^2 - 2ab + 2b^2 + 3b^2a + 6ba$

o) $x^2y^3 - 3x^2y^2 + 4xy - 3x^3y^2 + 2x^2y^2 - 3x^2y^3$

p) $3ab + 2a^2 - 5b^2 + 2a^2b - 4ab + 3b^2 + 2ab^2 + 5ab$

q) $5x^2 + 2x^3 + 4x -7 + 3x^2 -5x^3 -12x + 15$

r) $3x^2y +2xy + 4xy^2 + 3yx -7y^2x -8yx^2 + 10$

s) $2ab + -4a^2b + 6ab^2 -4a^2 -3b^2 + 5ba + 2b^2a + 3ba^2$

t) $3x^2 - 4y^2 + 18x - 8y + 7x^2 + 9y^2 - 12x + 2y - 10$

E2) Calcule os valores numéricos das seguintes expressões algébricas, dados os valores de suas variáveis

a) $x^2 + 3x +2$ para x=3

b) $a^2 + 3ab + b^2$ para a=1 e b= -1

c) $3x+5 -y^2 + 3xy$ para x=2 e y=3

d) $x^3 + 4x^2 -3x + 7$ para x=2

e) $3/x + 4/y$ para x=5 e y=6

f) $x^2 - 3x + 7$ para x= -4

g) $9-x^2$ para x= -5

h) $x^3 - x + 1$ para x=2

i) $(x+1).(y-2).(z+3)$; para x=2, y=1 e z= -5

j) $x^9 -x^8y + x^7y^2 - x^6y^3$; para x=1 e y= -1

k) $1/(x+y) + 2/xy + (xy)^{-1/2}$ para x=1 e y=4

l) $abc + a+b+c$ para a=1, b=2 e c=3

m) $a^2 + b^2 + c^2 + 3abc$ para a=2, b= -2 e c=3

n) $3x+2y + 4xy(x-y)$ para x=2 e y=1

o) $(x^2 - y^2)/3 + (2x + 3xy)/4$ para x=2 e y= -2

p) $(x-1).(x-2).(x-3).(x-4).(x-5).(x-6).(x-7)$ para x=5

q) $(a-4).(b^7 + 10b^6 + b^5)$ para a=4 e b=5

r) $(x-3).(x+4).(x+5).(x+6)$ para x=3

s) $-4x^8 +10x^7 +3x^6 +60x^5$ para x= -1

t) $3^4x^6 - 3^2x^8 + 10x$ para x=3

Classificação de expressões algébricas

Podemos formar infinitos tipos de expressões algébricas, bastando partir de expressões numéricas e colocar letras no lugar de números. Podemos usar várias letras, e cada uma com potências diferentes, e combiná-las por adições, subtrações, multiplicações, divisões, potências e raízes. Sendo assim, podemos formar expressões algébricas, das mais simples às mais complicadas. Na maior parte da álgebra, é mais comum a ocorrência de expressões algébricas

Capítulo 3 – Expressões algébricas

147

simples. A primeira coisa que precisamos para estudar essas expressões é classificá-las, ou seja, identificar certas características importantes.

Toda expressão algébrica pode ser classificada em *racional* ou *irracional*

Expressão algébrica racional é aquela em que suas variáveis aparecem somente elevadas a potências inteiras.

Expressão algébrica irracional é aquela em que existem variáveis elevadas a potências que não sejam números inteiros, por exemplo, raízes.

Exemplos:

$5x^2 + 4xy^3 + 25y$: racional

$\sqrt{5}.x^2 + 4x^3$: racional também, pois os coeficientes podem ter raízes

$\sqrt{1-x^2} + 2xy$: irracional, porque existe parte literal dentro de um radical.

$\dfrac{1-x^3}{1+xy}$: racional, as letras estão elevadas a expoentes inteiros e não em radicais

Se a expressão for *racional*, é possível ainda classificá-la em *inteira* ou *fracionária*.

Expressão algébrica racional inteira é aquela que é racional e não possui variáveis em denominadores.

Expressão algébrica racional fracionária é aquela que é racional e possui variáveis em denominadores.

Exemplos:

$5x^2 + 4xy^3$: racional inteira

$\dfrac{1-x^3}{1+xy}$: racional fracionária

$\dfrac{x}{2}+\dfrac{y}{3}$: racional inteira, pois não existe letra em denominador

Note que se uma expressão algébrica for irracional, não há interesse em classificá-la em inteira ou fracionária. A classificação em inteira ou fracionária se aplica apenas a expressões racionais.

Exercícios

E3) Classifique as expressões algébricas em
(I) irracional, (RI) racional inteira ou (RF) racional fracionária

a) $\dfrac{x^2}{9}+\dfrac{y^2}{16}+\dfrac{z^2}{25}$

b) $x\sqrt{8-3\sqrt{5}} + y\sqrt{1+\sqrt{5}}$

c) $x^4 + 2y^4 + x^{1/2}$

d) $2x^{-3} + 3y^2$

e) $x^4 - 2x^3 + 5x^2 + 4x - 7$

f) $\dfrac{x^4 - 2x^3}{6} + \dfrac{5x^2 + 4x - 7}{5}$

k) $x\dfrac{y^2-5}{3} + y\dfrac{x^3-2x^7}{\sqrt{3}}$

l) $3x + x^{-3} + 5$

m) $\dfrac{x^4}{3} + 2\sqrt[3]{7}x + \sqrt{2}.3^{-5}$

n) $x^2 + 3x + 5 + \sqrt{y}$

o) $x^3 + x^2 + x^1 + x^0 + x^{-1} + x^{-2} + x^{-3}$

p) $\dfrac{1}{x-1} + \dfrac{1}{x+1} + \dfrac{1}{x^2-1}$

148   O ALGEBRISTA

g) $\dfrac{x^4 - 2x^3}{2x + 36} + \dfrac{5x^2 + 4x - 7}{5x}$

h) $\dfrac{x^4}{x}$

i) $x^2 + x^{1/2}$

j) $x^2 + x^{-2}$

q) $\dfrac{x + 3}{x^3 - 5x^2 + 2x + 4}$

r) $\dfrac{x}{y} + \dfrac{y}{z} + \dfrac{z}{x}$

s) $(x + 5).(x - 7)$

t) $\left(x + \sqrt{5}\right)\left(x - \sqrt{7}\right)$

Monômio e polinômio

Uma expressão algébrica racional inteira é chamada de *polinômio*. Se a expressão tiver apenas um termo, é chamada de *monômio*.

Exemplos:

$4x^2$: monômio
$-3abc^2$: monômio
$x^3 + 3x^2 + 2x + 5$: polinômio
$xy^3 + 4x^2y + xy + 1$: polinômio

O termo que não possui parte literal é chamado de *termo independente*. Nos cinco exemplos acima, o termo independente vale respectivamente 0, 0, 0, 5 e 1.

Lembre-se que para ser polinômio, a expressão algébrica precisa ser racional inteira.

Não são polinômios:

$5/x + 4/y + 7$: Expressão algébrica racional, porém fracionária
$4x^{1/2} + 5y^{1/3}$: Expressão algébrica irracional

$\dfrac{1 + x^3}{1 - x^2}$: Expressão algébrica racional fracionária

$x^2 + 3x + 5 + \sqrt{y}$: Expressão algébrica irracional

OBS: Os polinômios mais usados na matemática são os que possuem apenas uma letra, mas a definição de polinômio também se aplica aos que têm duas ou mais letras.

Binômios e trinômios

Uma expressão algébrica racional inteira, com um só termo, é chamada de monômio, como já vimos. As expressões com 2 e com 3 termos são polinômios, mas recebem nomes adicionais:

2 termos: binômio
3 termos: trinômio

É correto dizer que o monômio, o binômio e o trinômio são polinômios com respectivamente 1, 2 e 3 termos.

Exemplos de binômios:

$4 + x^5$
$2x^3 - 2xy$
$x + 1$
$x^{10} + 5x^9$
$x^2/2 + x^3/5$
$3a + 2b$
$xyz + 4x^2$

Exemplos de trinômios:

$x^2 + 3x + 2$
$2xy + 4x^3 + 5$
$x^9 - 3x^5 + 2x^2$
$a^3b + 2ab^2 + 3ab$
$a^2/5 + b^3/8 + 3abc$
$4xyz + 3abc + x^2a^2$
$x^2 - y^2 + 4xy$

Capítulo 3 – Expressões algébricas 149

Grau de um monômio ou polinômio

O grau de um monômio é a soma dos expoentes das suas variáveis.

Exemplos:

$5x^2$	$2^{\underline{o}}$ grau
$3x^5$	$5^{\underline{o}}$ grau
$2x^2y^4$	$6^{\underline{o}}$ grau
$4abc$	$3^{\underline{o}}$ grau

O grau de um polinômio é o maior entre os graus dos seus monômios. Em outras palavras, determinamos o grau de cada um dos seus monômios. O grau máximo encontrado é o grau do polinômio.

Exemplos:

x^2+3x+5	$2^{\underline{o}}$ grau
$x^2y+3x+y^2$	$3^{\underline{o}}$ grau
$xy^3+4x^2y+xy+1$	$4^{\underline{o}}$ grau
x^2+3x+5^4	$2^{\underline{o}}$ grau (o 5^4 não conta, somente as letras)
3^7x^2+3x+5	$2^{\underline{o}}$ grau (o 3^7 não conta, somente as letras)

Polinômio homogêneo

Dizemos que um polinômio é homogêneo quando todos os seus termos possuem o mesmo grau.

Exemplos:

$4x^3+2xy^2+x^2y$	Polinômio homogêneo de $3^{\underline{o}}$ grau
$2x^2+y^2+5$	Polinômio *não homogêneo* do $2^{\underline{o}}$ grau (devido ao 5, que é de grau 0)

Polinômio em x

Um polinômio em x, ou $P(x)$, é aquele que possui uma única variável x. É claro que podemos ter qualquer outra letra ao invés do x.

Exemplos:

x^2+3x+5	Polinômio em x do $2^{\underline{o}}$ grau
y^3+3y^2+4y+7	Polinômio em y do $3^{\underline{o}}$ grau
$x^4-2x+50$	Polinômio em x do $4^{\underline{o}}$ grau

Polinômio completo

Polinômio completo é aquele que tem todos os termos possíveis, desde o grau do polinômio, até o grau zero (termo independente).

Exemplos:

y^3+3y^2+4y+7	Polinômio em y completo, do $3^{\underline{o}}$ grau
x^2+3x+5	Polinômio em x completo, do $2^{\underline{o}}$ grau

Mais uma vez lembramos que apesar da noção de polinômio completo ser usado para uma só variável, o conceito se aplica também a mais de uma variável. Por exemplo, um polinômio em x e y, do $3^{\underline{o}}$ grau, pode ter as seguintes combinações de partes literais:

$3^{\underline{o}}$ grau: x^3, y^3, x^2y ou xy^2
$2^{\underline{o}}$ grau: x^2, y^2 ou xy

150 O ALGEBRISTA

$1^{\underline{o}}$ grau: x, y

Sendo assim, um polinômio em x e y completo do $3^{\underline{o}}$ grau deve ter termos com todas as opções de partes literais indicadas acima, e mais o termo independente. Exemplo:

$5x^3 + 4y^3 - 2x^2y + 3xy^2 + 3x^2 + 6y^2 - 2xy + 3x + 4y + 7$

Completar e ordenar P(x)

Mais adiante veremos como realizar operações com polinômios. Muitas dessas operações exigem que os polinômios estejam ordenados e completos. Isto significa que os graus dos seus monômios devem ser dispostos em ordem decrescente, do grau máximo até o grau 0 (termo independente). Além disso, muitas vezes é preciso que o polinômio esteja completo, ou seja, que apareçem termos de todos os graus. Para isso, quando não existir o termo de um certo grau, colocamos este termo com coeficiente zero.

Exemplo:
Ordenar o polinômio $3x + 12 + x^5 - 2x^2$
Colocando os termos em ordem decrescente de grau, ficamos com:

$x^5 - 2x^2 + 3x + 12$

Exemplo:
Completar o polinômio acima

Devemos adicionar os termos de grau 4 e 3, com coeficientes zero. Ficamos com:

$x^5 + 0x^4 + 0x^3 - 2x^2 + 3x + 12$

Exercícios

E4) Dados os polinômios abaixo, indique o grau, se são completos (C) ou homogêneos (H)

a) $3x^2y + x^2 + 3y^2$

b) $x^2y^3 - 3x^2y^2 + 4xy - 3x^3y^2 + 2x^2y^2 - 3x^2y^3$

c) $3x^6 + 9x^4 - 8x^2$

d) $a^3 + 3ab^2 + b^3$

e) $x^3 + y^3 + z^3 + 2^3$

f) $1 - x^3 + x^5 - 3x^4$

g) $x^5 + 3^{10}x^2 + 2^{20}x + 2^{30}$

h) $x^6y^3 + 27x^3 + 3^9x^8$

i) $5x^5 + 2x^2 + 3x^4 + 5$

j) $1 - x^4$

k) $3a + b + b^2$

l) $3x^2 + 3x + x^4$

m) $x^2 + y^2 + 3xy$

n) $x^2y + xy^3 + 2x + 2y$

o) $2^6x^2 + 2^4x + 2^2$

p) $z^2 + x^2 + y^2 + 3xyz$

q) $x^2 + y^2 + 2x + y + 5$

r) $x^3 - 2^6$

s) $0x^4 + 2x^2 + 3x + 5$

t) $x^2 + y^2 + 6xy + 0x + 0y$

E5) Complete e ordene os polinômios abaixo

a) $18 + x^5$

b) $x^4 + 2x$

c) $2x^6 + 3x^4 - 4x^2$

d) $3 + 2x + 3x^4 + 4x^6$

e) $3ab + 2a + 4b + 5$

f) $3x + 2 + 5x^3$

g) $x^5 + 3x^4 - 2x + 5$

h) $x^7 + 7$

i) $4a^2 + 4b^2 + 4$

j) $y^4 + 2y^2 + 1$

k) $3x^2 + 2y^2 + 4x + 3y + 6$

l) $x^2 + 2y^2 + 6xy$

m) $3x^2 - 4x + 2x^4$

n) $x - x^4$

o) $6x^5 + 4x^2 + 2x^4 + 7$

p) $9 - 2x^3 + 3x^5 - 3x^4$

q) $6x - 8 + 4x^3$

r) $3ab + b^2 + 6$

s) $x^3 - x^5$

t) $2x^2 - 2x^4 + 2$

Capítulo 3 – Expressões algébricas

Operações com monômios

Mostraremos agora as operações com monômios que tenham qualquer número de variáveis. A partir dessas operações poderemos partir para as operações com polinômios.

Adição e subtração de monômios

Só é possível adicionar ou subtrair monômios que sejam semelhantes, ou seja, que tenham a mesma parte literal. Para realizar a operação, fazemos a adição ou a subtração dos seus coeficientes e repetimos a parte literal.

Exemplos:
$4x + 3x = 5x$
$3x^2 - 5x^2 = -2x^2$
$4ab + 5ab = 9ab$
$-3xy^2 + 7xy^2 = 4xy^2$
$-3abc - 5abc = -8abc$

Quando os monômios não têm a mesma parte literal, devemos simplesmente deixar a operação indicada:

Exemplos:
$2x + 3y = 2x + 3y$
$x^2 + 4x = x^2 + 4x$
$x^{10} - x^9 = x^{10} - x^9$
$-3abc + x^2 = -3abc + x^2$

Isto não significa que a adição ou subtração não exista ou não possa ser realizada. Essas operações existem, apenas não temos como unir os monômios em um só, o resultado fica obrigatoriamente na forma de binômio, já que não existirão termos semelhantes para reduzir.

Exercícios

E6) Efetue as operações

a) $2x + 7x$
b) $4y - 3y + 10y$
c) $5x^2 + 3x^2 - 10x^2$
d) $3x^3 - 6x^3 + 8x^3$
e) $4x^2 + 3x^2 - 9x^2$

f) $3ab + 5ab - 7ab$
g) $10xy + 3xy - 4xy$
h) $2x + 5 + 3x + 8$
i) $x + y + z + x + y - z$
j) $4b + 5 + 3a - 3 + 2a + b$

k) $-6xy + 2xy - 4xy$
l) $2z^2 + 3z^2 - 8z^2$
m) $3abc + 2abc - 7abc$
n) $2x^2y + 3x^2y + 4yx^2$
o) $3a + 2b + 4a - 7b$

p) $2xyz + 3yxz + 4zyx$
q) $2b + 5 + 5b + 8$
r) $2x^2 - 7x^2 - 5x^2$
s) $2abc + 3cab - 8bca$
t) $5x + 2x + 3x - 8x$

Multiplicação de monômios

A multiplicação de monômios funciona da mesma forma que a multiplicação de números fatorados. Em anos anteriores do ensino fundamental, surgiam problemas como o do exemplo abaixo:

$$2^3.3^4.5^2 \cdot 2^4.3^2.5^3$$

Ao multiplicarmos os dois produtos, tudo vira um produto só, e podemos agrupar as potências de mesma base (repetir a base e adicionar os expoentes). No caso, ficamos com:

$$2^{3+4}.3^{4+2}.5^{2+3} = 2^7.3^6.5^5$$

Note que juntamos apenas bases iguais (base 2, base 3, base 5).

152   O ALGEBRISTA

A multiplicação de monômios funciona exatamente da mesma forma.

1) Multiplicamos os coeficientes dos monômios
2) Agrupamos as letras iguais, adicionando seus expoentes

Exemplos:

$(4xy).(-3x^2y^3z) = -12x^3y^4z$

$(8ab^2).(5a^3b^5) = 40a^4b^7$

$-5.(2x^2) = -10x^2$

$(-2x^2y).(-5x^4z^3) = -10x^6yz^3$

$(5x).(4x^2) = 20x^3$

Exercícios

E7) Efetue as operações

a) $(3x^2y^5).(5xz^2) =$

b) $(2a^3b^4).(3axb^2) =$

c) $-x^5.(2x^3) =$

d) $2xy.(-4x) =$

e) $3abc.(2a^2bc) =$

f) $a^3b.(-2ac) =$

g) $-3xy.(-6x) =$

h) $5ab(-3a^2b^3) =$

i) $abc.(-6a^3b^2) =$

j) $4x^2y.6x^3z =$

k) $3xy.4xy^2 =$

l) $x^3y.(\sqrt{2}.x^2) =$

m) $-3a^2b^3.(-4a^4b^2) =$

n) $(4xy).(4xy) =$

o) $2x.2x.2x =$

p) $2x.3y.5z =$

q) $2xy^2.3xy.7x^3y =$

r) $(-3a^2b^3).(-2a^5b^2).4ab =$

s) $3x^2.2y^2.10z^3 =$

t) $(-2xy).(-3yz).(-5xz) =$

Potências de monômios

A potência nada mais é que uma multiplicação com fatores iguais. Tratamos os monômios de forma semelhante como tratamos os números, lembrando-se das propriedades das potências. Vejamos por exemplo como elevar ao cubo o monômio: $-5x^2y^3$. A regra de potência de produto diz que devemos elevar cada um dos fatores do produto:

$$\left(-5x^2y^3\right)^3 = \left(-5\right)^3.\left(x^2\right)^3.\left(y^3\right)^3$$

Elevamos o coeficiente à potência desejada, no caso elevando -5 ao cubo encontramos -125. Agora temos que elevar cada letra, que por sua vez já tinha um expoente. Em cada uma delas temos que aplicar a regra de potência de potência: repetir a base e multiplicar os expoentes. Ficamos então com:

$$\left(-5\right)^3.\left(x^2\right)^3.\left(y^3\right)^3 = -125x^6y^9$$

Outros exemplos:

$(4x)^2 \qquad = 16x^2$

$(-5x^2)^3 \qquad = -125x^6$

$(2x)^5 \qquad = 32x^5$

$(-x^2)^{100} \qquad = x^{200}$

$(-2x^9)^3 \qquad = -8x^{27}$

$(-2ab^2)^4 \qquad = 16a^4b^8$

$(3a^3b^2)^3 \qquad = 27a^9b^6$

$(-2xy^2z^3)^6 \qquad = 64x^6y^{12}z^{18}$

$(-2a^4b^{-2})^5 \qquad = -32a^{20}b^{-10}$ Não é monômio, mas o cálculo com expoente negativo está certo

$(2a^2b^{-2})^{-3} \qquad = (1/8).a^{-6}b^6$ Não é monômio, mas o cálculo com expoente negativo está certo

Os dois exemplos acima não são monômios, pois por definição, monômios e polinômios devem ter expoentes positivos. Apesar disso, o método de cálculo é o mesmo usado pelos monômios.

Capítulo 3 – Expressões algébricas 153

Exercícios

E8) Efetue as operações

a) $(2x^2)^5 =$
b) $(-4x^3)^3 =$
c) $(7x^5)^2 =$
d) $[(3x^2)^2]^2 =$
e) $(-5x)^3 =$

f) $(-2ab^3)^2 =$
g) $(4(ac)^2)^3 =$
h) $(-3x^2)^2 =$
i) $(-x^3)^7 =$
j) $(2x^2y^3)^4 =$

k) $(4y^2)^3 =$
l) $(-3ax^2)^3 =$
m) $(2x^3)^4 =$
n) $(-4x^2)3 =$
o) $5x^{2^3} =$

p) $(-2x)^5 =$
q) $(-3xy^2)^4 =$
r) $(2x^3)^{-2} =$
s) $(-2x^2)^{-3} =$
t) $\left(5x^2\right)^3 =$

Divisão de monômios

Quando dividimos um monômio por outro, o resultado também será um monômio, desde que o primeiro seja múltiplo do segundo, ou seja, as letras do segundo monômio têm que aparecer no primeiro, com expoentes iguais ou maiores. O coeficiente do primeiro não precisa ser múltiplo do coeficiente do segundo.

Exemplo:
Dividir $5x^3y^2$ por $-4xy^2$

Ao dividirmos os coeficientes, o resultado será $-5/4$, o mesmo que $-1,25$. Quanto às letras, vemos que o x que está elevado a 1 no divisor aparece elevado a 3 no dividendo, e que o y que aparece ao quadrado no divisor, também aparece ao quadrado no dividendo. O resultado da divisão continuará sendo um monômio:

$$\frac{-5x^3y^2}{4xy^2} = -1,25x^{3-1}y^{2-2} = -1,25x$$

Para obtermos os expoentes do resultado, basta subtrair os expoentes do dividendo e do divisor, nas letras correspondentes.

Outros exemplos:

$-12x^3y^2 \div 4xy \quad = -3x^2y$
$20x^2y^3z^2 \div 5x^2y^2 = 4yz^2$
$3a^2b^2c^3 \div 6a^2b^2 \quad = 0,5c^3$
$15x^2y^2 \div -3x^2y^2 \quad = -5$
$12a^7b^5c^2 \div 6a^3b^5 = 2a^4c^2$
$5x^7 \div 5 \quad\quad\quad = x^7$
$2a^3 \div 6 \quad\quad\quad = (1/3)a^3$

Exercícios

E9) Efetue as operações

a) $4x^2y^3 \div 2xy =$
b) $6x^3y^4 \div (-3x^2y^3) =$
c) $-12xyz \div 9z =$
d) $x^5 \div (-5x^4) =$
e) $12x^2y^3 \div (-5xy^2) =$

f) $4x^3y^2 \div (-3xy) =$
g) $-9ab^2c^3 \div (3abc) =$
h) $12x^2y^3 \div (-5xy) =$
i) $6xyz \div (-5x) =$
j) $20x^3yz^2 \div (-5xyz) =$

k) $24x^3y^4z \div (-60x^3yz) =$
l) $120x^2y^3z^2 \div (-6x^2y^2) =$
m) $-64x^2yz \div (-4xyz) =$
n) $x^2y^2z^2 \div 6xyz =$
o) $28x^2y^3 \div -2xy^2 =$

p) $(6xy^2z)^2 \div (-2xy^3) =$
q) $(-2x^2yz^2)^3 \div (-3x^4) =$
r) $(-4xyz^2)^3 \div (2x^2y^2z^4) =$
s) $(-x^2yz^2)^3 \div (-4x^2)^2 =$
t) $(-2xyz)^4 \div (-2xyz^2)^2 =$

Monômios não divisíveis

Como vimos, a divisão de monômios só dá como resultado um novo monômio, quando o dividendo tem as mesmas letras, com expoentes iguais ou maiores que as do divisor. Se essa condição não for satisfeita, a divisão ainda assim poderá ser feita, mas o resultado não será um monômio, pois terá expoentes negativos, o que faz com que a expressão algébrica deixe de ser inteira.

154   O ALGEBRISTA

Exemplo:

$x^3 \div y = x^3/y = x^3y^{-1}$

A divisão está algebricamente correta. O único detalhe a ser observado é que este resultado não é um monômio. É um termo algébrico racional fracionário, devido ao expoente negativo. Isso não impede que a divisão seja realizada e que o resultado esteja correto.

Exercícios

E10) Efetue as operações

a) $2x^3 \div 4y^2$

b) $-5xy^2 \div (-3x^2z) =$

c) $-9ab^2c^3 \div (3a^2b^3c^4) =$

d) $4x^3y^4z \div (-6x^3yz^4) =$

e) $2x^2y^2 \div (-xy^3) =$

f) $8x^3y^2 \div x^6y =$

g) $18ac^2 \div (4a^2bc) =$

h) $20x^2y^3 \div (-5xy) =$

i) $60xyz \div (-5x^2) =$

j) $40x^3yz^2 \div (-5x^2y^2z^2) =$

k) $24xy^3z \div (-6x^3yz) =$

l) $-60xy^3z^2 \div (-3x^2y^2) =$

m) $-44xyz \div (-4xy^2z^2) =$

n) $-36xyz^2 \div 6x^2y^2z^2 =$

o) $18x^2y \div -4xy^2 =$

p) $(4xyz)^2 \div (-2xy^3) =$

q) $(-3xyz^2)^3 \div (3x^4) =$

r) $(-10xy^2z)^3 \div 2x^2y^2z^4 =$

s) $(-2xyz^2)^3 \div (4x^2)^2 =$

t) $(-2x^2yz)^4 \div (-2xyz^2)^3 =$

Distributividade

Veremos agora uma das mais importantes aplicações da propriedade de distributividade. Já estudamos nos capítulos 1 e 2, a distributividade da multiplicação em relação à adição algébrica:

$x.(a+b) = x.a + x.b$
$x.(a-b) = x.a - x.b$

Esta regra pode ser estendida para expressões com múltiplos termos entre parênteses:

$x.(a + b - c + d + e - f) = x.a + x.b - x.c + x.d + x.e - x.f$

A propriedade da distributividade também se aplica quando invertemos a ordem dos fatores:

$(a+b).x = a.x + b.x$
$(a-b).x = a.x - b.x$
$(a + b - c + d + e - f).x = a.x + b.x - c.x + d.x + e.x - f.x$

Podemos então usar esta propriedade para multiplicar um monômio por um polinômio.

Exemplo:
$x^2.(3x+2) = x^2.3x + x^2.2 = 3x^3 + 2x^2$

Para multiplicar um monômio por um polinômio, basta multiplicar o monômio por cada um dos monômios que fazer parte do polinômio. Em cada uma das multiplicações devemos levar em conta os sinais.

Exemplo:
$a.(a+b) = a^2 + ab$
$2x^3.(x^2 - 3x - 5) = 2x^5 - 6x^4 - 10x^3$
$-5ab.(a^2 - 2ab + b^2) = -5a^3b + 10a^2b^2 - 5ab^3$
$(x^2 - y^2).zy = x^2zy - y^3z$
$-2x.(x^3 - 2x^2 - 3x + 5) = -2x^4 + 4x^3 + 6x^2 - 10x$
$2xy.(x^2 - y^2 - 2xy) = 2x^3y - 2xy^3 - 4x^2y^2$

Capítulo 3 – Expressões algébricas   155

Em muitos casos devemos realizar a operação inversa, ou seja, dado um polinômio, encontrar um monômio e um polinômio que, se multiplicados, resultam no polinômio original. Vamos fazer isso com os exemplos que acabamos de apresentar:

Exemplo:
$a^2 + ab$

Devemos encontrar um monômio que seja múltiplo de cada um dos termos deste polinômio. É fácil ver que este monômio é **a**, então podemos escrever como:
$a^2 + ab = a.(a+b)$

O polinômio que aparece multiplicado é fácil de ser obtido, basta dividir cada termo do polinômio original pelo monômio a que foi encontrado. Esta operação se chama "fatorar o polinômio". O assunto é extenso e tem um capítulo inteiro a ele dedicado neste livro. Mas aqui já estamos apresentando uma das formas mais simples de fatoração. Dizemos que o monômio a encontrado foi "colocado em evidência". Vejamos um outro exemplo:

Exemplo:
Fatorar $2x^5 - 6x^4 - 10x^3$, colocando um monômio em evidência

Temos que encontrar um monômio que esteja contido nos fatores de $2x^5$, de $6x^4$ e de $10x^3$. Este monômio é fácil de ser encontrado: ele é o MDC (máximo divisor comum) entre os termos do polinômio dado. Este assunto será estudado no capítulo 5, mas podemos resolver o problema agora, pois é fácil encontrar este monômio, sem realizar cálculos. Entre os coeficientes 2, –6 e –10, vemos que todos podem ser divididos por 2, então coeficiente do monômio que vai ficar em evidência é 2. Entre as partes literais temos x^5, x^4 e x^3, vemos que todos podem ser divididos por x^3. Então o monômio que vai ficar em evidência é $2x^3$. Dividimos agora cada um dos termos do polinômio original por $2x^3$ e encontramos, respectivamente:

$(2x^5) \div 2x^3 = x^2$
$(-6x^4) \div 2x^3 = -3x$
$(-10x^3) \div 2x^3 = -5$

Então concluímos que:

$2x^5 - 6x^4 - 10x^3 = 2x^3.(x^2 - 3x - 5)$

Outros exemplos:
$-5a^3b + 10a^2b^2 - 5ab^3 \qquad = -5ab.(a^2 - 2ab + b^2)$
$x^2zy - y^3z \qquad = zy.(x^2 - y^2)$
$-2x^4 + 4x^3 + 6x^2 - 10x \qquad = -2x.(x^3 - 2x^2 - 3x + 5)$
$2x^3y - 2xy^3 - 4x^2y^2 \qquad = 2xy.(x^2 - y^2 - 2xy)$

Exercícios

E11) Efetue as operações

a) $2x.(x^2 - 3y^2) =$

b) $3ab.(x - 2y - z^2) =$

c) $-3.(x^2 - x - 5) =$

d) $2ab(3a + 2b + ab + 6) =$

e) $-5x(x^2 - y^2 + 4x - 5) =$

f) $5.(a^2 - b^2) =$

g) $-3.(a^2 - b^2) =$

h) $-1.(a^2 - b^2) =$

i) $-(a^2 - b^2) =$

j) $-(3x^3 - 2x^2 + 5x - 8) =$

k) $3xy(1 - 6x - 2x^2 - 3y^2) =$

l) $-2.(3x - 4y + 2xy - 3) =$

m) $2ab.(3a + 2b^2 - 4ab) =$

n) $4x^2yz.(2x + 3y - 4z) =$

o) $2xy(x^2 + y^2 - 2xy) =$

p) $xy.(x^3 + 2x^2 + 5) =$

q) $4a^2bc.(2ab^2 - 3abc^3) =$

r) $2xy^2.(x^2 + 2xy + 8) =$

s) $(2xy^2)^2.(x + 3y) =$

t) $x^3y.(x^2 + 2y^2 + x + y) =$

156   O ALGEBRISTA

E12) Fatore os polinômios, colocando um monômio em evidência

a) $2x^2 + 6xy$

b) $ax^2 - 2axy + ay^2$

c) $4xy - 2x^2y^2 + 6x^3y^3$

d) $4a^2b^3c^4 - 8b^3c^6 - 10a^3c^5$

e) $a^2x^2 - 3a^2x + 5a^2 =$

f) $4mx - 2mx^2 + 6m^2 =$

g) $25a^2b^2 - 125ab^2 + 375a^2b =$

h) $4x^7 + 20x^5 + 8x^3 =$

i) $3a^2b^3x^3 - 9a^2b^2x^2 + 12a^2b^4x^5 =$

j) $5a^2bc + 15b^2ac + 25a^2c^2b$

k) $8a^2b^2c^4 - 4a^3c^3 + 12b^4c^3 + 16a^3b^2$

l) $4mxy - 2mx + 6my + 10m^2$

m) $-5a^3b^2c^2 + 10\ a^2b^3c^4 + 15a^5b^3c^2$

n) $x^4y + 3x^3y^3 + x^5y + x^3y^2$

o) $8a^3b^3c^2 - 2a^3b^2c^5$

p) $x^4y + 4x^3y + 6xy$

q) $2x^3y + 2xy^4 - 8x^3y^2$

r) $6xy - 24x^2y - 6x^3y - 12xy^4$

s) $8a^2b - 4ab^2 + 4a^2b^2 - 12ab$

t) $3x^6 + 2x^8 + 7x^5 - 3x^4$

Adição e subtração de polinômios

Para adicionar polinômios, procedemos da mesma forma como fazemos para adicionar números. A seguir, agrupamos os termos semelhantes, caso existam.

Exemplo:

Dados $P(x) = x^3 + 3x^2 - 12x + 15$ e $Q(x) = 2x^2 - 4x + 6$, calcule $P(x) + Q(x)$.

Basta calcular:

$(x^3 + 3x^2 - 12x + 15) + (2x^2 - 4x + 6)$

Como estamos apenas adicionando, basta escrever o primeiro polinômio, e a seguir, os termos do segundo polinômio. Fazemos então a redução dos termos semelhantes:

$3x^2 + 2x^2 = 5x^2$

$-12x - 4x = -16x$

$15 + 6 = 21$

Ficamos então com: $x^3 + 5x^2 - 16x + 21$

Uma outra forma para adicionar polinômios ordená-los e completá-los, e armar um dispositivo de adição no qual os termos semelhantes de um ficam alinhados com os termos semelhantes do outro.

Exemplo:

Dados $P(x) = x^4 + 4x^2 - 10x + 15$ e $Q(x) = 3x^2 - 8x + 6$, calcule $P(x) + Q(x)$.

Completando e ordenando $P(x)$: $x^4 + 0x^3 + 4x^2 - 10x + 15$

Completando e ordenando $Q(x)$: já está ordenado e completo

Dispositivo para adição:

x^4	$+0x^3$	$+4x^2$	$-10x$	$+15$
		$+3x^2$	$-8x$	$+6$
x^4	$+0x^3$	$+7x^2$	$-18x$	$+21$

Resposta: $x^4 + 7x^2 - 18x + 21$

Lembre-se

1) Sempre use os polinômios ordenados e completos

2) Coloque os termos semelhantes de um polinômio alinhados com os do outro

3) Preste atenção nos sinais de cada termo

Capítulo 3 – Expressões algébricas

A subtração de polinômios é muito fácil. Basta lembrar que subtrair é a mesma coisa que adicionar com o simétrico. Basta então trocar os sinais do segundo polinômio e adicionar com o primeiro.

Exemplo:
Dados $P(x) = 2x^4 + 5x^2 - 6x + 15$ e $Q(x) = 3x^3 - 8x + 6$, calcule $P(x) - Q(x)$.

$P(x) - Q(x) = 2x^4 + 5x^2 - 6x + 15 - (3x^3 - 8x + 6)$

$= 2x^4 + 5x^2 - 6x + 15 - 3x^3 + 8x - 6$

Observe aqui que repetimos o primeiro polinômio e <u>trocamos todos os sinais</u> do segundo polinômio. O motivo disso é que, um sinal negativo antes de um polinômio entre parênteses tem o efeito de inverter os sinais de cada um dos termos do polinômio.

Para reduzir os temos semelhantes, devemos operar um de cada vez. É bom sublinhar ou destacar cada termo, para que não seja esquecido nenhum deles:

Termos com x^4 ➔ $\boxed{2x^4} + 5x^2 - 6x + 15 - 3x^3 + 8x - 6 = 2x^4 \dots$

Termos com x^3 ➔ $\underline{2x^4} + 5x^2 - 6x + 15 \boxed{-3x^3} + 8x - 6 = 2x^4 - 3x^3 \dots$

Termos com x^2 ➔ $\underline{2x^4} \boxed{+ 5x^2} - 6x + 15 \underline{-3x^3} + 8x - 6 = 2x^4 - 3x^3 + 5x^2 \dots$

Termos com x ➔ $\underline{2x^4 + 5x^2} \boxed{- 6x} + 15 \underline{-3x^3} \boxed{+ 8x} - 6 = 2x^4 - 3x^3 + 5x^2 + 2x \dots$

Termo numérico ➔ $\underline{2x^4 + 5x^2 - 6x} \boxed{+15} \underline{-3x^3 + 8x} \boxed{- 6} = 2x^4 - 3x^3 + 5x^2 + 2x + 9$

O resultado é então $2x^4 - 3x^3 + 5x^2 + 2x + 9$

Exercícios

E13) Calcule a soma dos polinômios

a) $(-2x^4 + 4x^3 + 6x^2 - 10x) + (x^4 + 2x^3 - 15x)$
b) $(x^2 + 4x - 12) + (2x^3 - 4x^2 + 20x)$
c) $(x^3 + 4x^2 - 6) + (2x^4 - x^5 + 3x^3)$
d) $(-x^4 + 3x^2 - x^3 + 5) + (x^3 - 2x^2 + 3x)$
e) $(-2x^6 + 3x^5 - 4x^4 - 2x^3 - x^2 + 2x + 6) + (3x^5 - 2x^3 + 4x + 7)$
f) $(x^5 - 2x^4 + 4x^2 - 3x - 6) + (5x^5 + 3x^4 - 4x^2 + 6)$
g) $(-2x^5 - 5x^4 - 2x^2 + 4) + (-2x^5 + 6x^2 + 7x - 3)$
h) $(6x^4 + 2x^3 + 2x^2 - 5x) + (3x^4 + 2x^3 - 8x + 5)$
i) $(2x^6 - 3x^5 + 2x^4 - 4x^3 - 2x^2 + 7x - 10) + (2x^5 - 6x^4 + 4x + 3)$
j) $(2x^5 + 3x^4 - 5x^3 + 4x^2 + 2x) + (5x^4 + 6x^3 - 2x + 5)$

k) $(2x^7 - 4x^6 - 2x^4 + 5x^2 + 5) + (2x^5 - 2x^7 + 4x^3 - 2x^6 - 2x^4)$
l) $(5x^5 - 4x^7 - 2x^6 - 3x^4 - 5) + (2x^5 + 3x^3 - 2x^6 + 2x - 3x^4)$
m) $(6 - 3x + 4x^4 + 2x^5) + (2x^5 - 2x^7 - 3x^6 + 4x - 2x^4 - 3)$
n) $(2x^2 + 7x^4 + 3x^5 + 4x^6) + (2x^5 - 4x^7 + 2x^3 - 6^6 + 2x^2 - 4)$
o) $(6x^5 - 2x^7 + 3x^3 - 5x + 2x^4) + (6x^5 - 3x^7 - 2x^6 + 4x^2 - 7)$
p) $(9 - 2x^2 + 4x^4 - 5x^5 + 3x^7) + (-2x^7 + 6x^3 + 3x - 7x^4 + 4x^2)$
q) $(2x^5 - 4x^3 + 6x - 2x^4 + 9) + (3x^5 - 6x^7 - 3x^6 + 2x + 5x^2 - 2)$
r) $(-3 + 2x - 3x^3 + 5x^4 - 2x^6) + (-5x^7 + 2x^3 - 6x^6 - 3x^4 - 5)$
s) $(4x^3 - 2x^6 + 3x - 2x^2 + 7) + (-3x^6 + 2x - 4x^4 + 3x^2 - 8)$
t) $(8x - 2x^2 - 2x^4 + 3x^5 - 7x^7) + (-2x^6 + 4x - 3x^4 + 2x^2 - 6)$

E14) Subtraia os polinômios

a) $(-2x^4 + 4x^3 + 6x^2 - 10x) - (x^4 + 2x^3 - 15x)$
b) $x^2 + 14x - 6) - (3x^3 - 3x^2 + 10x + 5)$
c) $(2x^3 + 7x^2 - 6x) - (3x^4 - 2x^6 + 5x^2)$
d) $(4x^3 - 2x^6 + 3x - 2x^2 + 7) - (-3x^6 + 2x - 4x^4 + 3x^2 - 8)$
e) $(-3 + 4x - 3x^3 - 3x^6) - (-2x^7 + 2x^3 - 4x^4 - 6)$
f) $(9 - 5x^2 - 5x^5 + 2x^7) - (-3x^7 + 6x^3 - 5x^4 + 6x^2)$
g) $(2x^2 + 3x^4 + 2x^6) - (3x^5 - 5x^7 + 2x^3 - 2x^2 - 4)$
h) $(-4x^7 - 3x^6 - 2x^4 - 15) - (4x^5 + 3x^3 - 6x^6 + 2x - 3x^4)$
i) $(5x^7 - 2x^6 + 3x^2 + 4) - (3x^5 - 5x^7 + 6x^3 - 3x^6 - 4x^4)$
j) $(3x^4 + 7x^3 + 3x^2 - 2x) - (5x^4 + 4x^3 - 6x + 2)$

k) $(6x - 5x^4 + 4x^5 - 2x^7) - (-7x^6 + 5x - 2x^4 + 3x^2 - 5)$
l) $(2x^5 - 4x^3 + 6x + 9) - (2x^5 - 3x^7 - 4x^6 + 5x + 5x^2 - 6)$
m) $(6x^5 - 2x^7 + 3x^3 - 2x^4) - (4x^5 - 3x^7 - 2x^6 + 2x^2 - 7)$
n) $(6 - 3x + 4x^4 + 2x^5) - (2x^5 - 3x^7 - 3x^6 + 5x - 6x^4 - 3)$
o) $(-4x^7 - 2x^6 - 3x^4 - 5) - (3x^5 + 2x^3 - 5x^6 + 4x - 3x^4)$
p) $(2x^5 - 5x^3 + 4x^2 + 2x) - (2x^4 + 5x^3 - 4x + 6)$
q) $(2x^6 - 3x^5 - 4x^3 - 2x^2 + 7x - 10) - (3x^5 - 4x^4 + 7x + 6)$
r) $(-2x^5 - 5x^4 - 2x^2 + 4) - (-3x^5 + 5x^2 + 6x - 5)$
s) $(3x^5 - 2x^4 + 4x^2 - 3x - 6) - (4x^5 + 6x^4 - 7x^2 + 5)$
t) $(-2x^6 + 3x^5 - 2x^3 - x^2 + 2x + 6) - (2x^5 - 5x^3 + 6x + 8)$

Multiplicação de polinômios

Já aprendemos a multiplicar um monômio por um polinômio. Agora vamos ver como multiplicar dois polinômios. O princípio é simples, e é baseado na propriedade distributiva da multiplicação em relação à adição.

Exemplo:
Calcular o produto dos binômios x+y e a+b.

$(x+y).(a+b)$

Chamemos a expressão x+y de z, ficamos então com:

$(x+y).(a+b) = z.(a+b)$

Agora lembremos da propriedade distributiva da multiplicação. A variável z está multiplicando o binômio a+b. Aplicando distribuição, ficamos com:

$z.a + z.b$

Agora, lembrando que z=x+y, ficamos com:

$(x+y).a + (x+y).b$

Podemos aplicar distributividade novamente em cada uma dessas duas multiplicações. Como $(x+y).a$ é o mesmo que x.a + y.a, e $(x+y).b$ é o mesmo que x.b + y.b, ficamos com:

$x.a + y.a + x.b + y.b$

Observe que cada termo do primeiro polinômio (no caso, x e y), aparece multiplicando cada termo do segundo polinômio (no caso, a e b). Em outras palavras, multiplicamos cada termo do primeiro polinômio por cada um dos termos do segundo polinômio, e somamos os resultados.

Exemplo:
$(x+y+z).(a+b+c) = x.a + x.b + x.c + y.a + y.b + y.c + z.a + z.b + z.c$

Até agora estamos usando polinômios com termos simples, com uma letra só. Entretanto este princípio vale para polinômios com termos de qualquer tipo.

Exemplo:
$(2x+3y^2+4z).(x^2 + y^2 + 2xy)$
$= 2x^3 + 2xy^2 + 4x^2y + 3x^2y^2 + 3y^4 + 6xy^3 + 4x^2z + 4xyz + 8xyz$

Para não fazer confusão, você pode armar uma pequena tabela. Os polinômios tem 3 termos cada um, então formamos uma tabela com 3 linhas e 3 colunas. Colocamos ao lado de cada linha, os termos de um polinômio, e acima de cada coluna, os termos do outro polinômio.

	2x	$3y^2$	4z
x^2			
y^2			
2xy			

Capítulo 3 – Expressões algébricas

159

A seguir multiplicamos todos os termos do primeiro polinômio, por cada um dos termos do segundo polinômio, colocando os resultados nas posições corretas da tabela. No final, reduza os termos semelhantes, caso existam.

	$2x$	$3y^2$	$4z$
x^2	$2x^3$	$3x^2y^2$	$4x^2z$
y^2	$2xy^2$	$3y^4$	$4y^2z$
$2xy$	$4x^2y$	$6xy^3$	$8xyz$

Mais um detalhe muito importante: cada uma dessas multiplicações deve ter o sinal correto. O esquecimento dos sinais é um dos erros mais comuns dos alunos que lidam com este assunto pela primeira vez.

Exemplo:
Multiplique os polinômios $3x^2 - 2x + 5$ e $x^3 - 2x^2 - 3x + 5$

	x^3	$-2x^2$	$-3x$	5
$3x^2$				
$-2x$				
5				

Neste exemplo, termos que fazer 12 multiplicações de monômios, e cada uma delas deve ter o sinal apropriado. Observe na tabela acima que colocamos os termos com os respectivos sinais. Os positivos podem ficar sem sinal, mas os negativos devem permanecer com o sinal. Fazemos então as multiplicações de todos os monômios, observando os sinais:

	x^3	$-2x^2$	$-3x$	5
$3x^2$	$3x^5$	$-6x^4$	$-9x^3$	$15x^2$
$-2x$	$-2x^4$	$4x^3$	$6x^2$	$-10x$
5	$5x^3$	$-10x^2$	$-15x$	25

Agora temos que agrupar os termos semelhantes:

Termo em x^5: $3x^5$
Termo em x^4: $-2x^4 - 6x^4 = -8x^4$
Termo em x^3: $5x^3 + 4x^3 - 9x^3 = 0x^3 = 0$
Termo em x^2: $-10x^2 + 6x^2 + 15x^2 = 11x^2$
Termo em x: $-15x - 10x = -25x$
Termo independente (aquele que não tem letra): 25

O produto pedido é então: $3x^5 - 8x^4 + 11x^2 - 25x + 25$

Desenhar uma tabela ajuda muito quem está começando a estudar o assunto, mas com a prática, o aluno conseguirá realizar esses cálculos sem armar a tabela. O importante é prestar atenção nos sinais, não esquecer de reduzir os termos semelhantes, e fazer os cálculos de forma bem organizada para não errar devido à bagunça ou letra feia.

Exemplo:
Calcule $(x^2 - 5) \cdot (x^3 - 7x^2 - 4x + 6)$

Começamos multiplicando o x^2 pelos termos do segundo polinômio

160 O ALGEBRISTA

$(x^2-5).(x^3-7x^2-4x+6) = x^5-7x^4-4x^3+6x^2 ...$

A seguir, o –5 deve multiplicar os termos do segundo polinômio

$(x^2-5).(x^3-7x^2-4x+6) = x^5-7x^4-4x^3+6x^2-5x^3+35x^2+20x-30$

Observe que levamos em conta os sinais em cada uma das multiplicações de monômios. Finalmente podemos reduzir os termos semelhantes. O resultado final será:

$x^5-7x^4-4x^3+6x^2-5x^3+35x^2+20x-30$
$= x^5-7x^4-9x^3+41x^2+20x-30$

Outro método para armar a multiplicação

A multiplicação de polinômios requer a multiplicação de cada termo do primeiro polinômio, por cada um dos termos do segundo polinômio. Qualquer forma de "armar" a multiplicação é válida, desde que o aluno não esqueça algum termo do produto, e que preste atenção nos sinais. Vamos ver agora uma outra forma para armar a multiplicação, parecida com a multiplicação de números naturais.

1) Complete e ordene os polinômios
2) Escreva o polinômio que possui mais termos, como sendo o multiplicando
3) Escreva sobre ele o polinômio que possui menos termos, como multiplicador, alinhando os expoentes iguais.

A recomendação de escrever primeiro o polinômio com mais termos resultará em uma expressão de cálculo mais simples.

Exemplo:
Calcule $(-4+3x-2x^3+x^5-x^6).(2x^2+3x+5)$

Completando e ordenando o primeiro polinômio, e colocando sob ele o segundo polinômio (já está ordenado e completo), com potências alinhadas (número sob número, x sob x, x^2 sob x^2, etc.), ficamos com o dispositivo abaixo.

$$\begin{array}{rrrrrrr} -x^6 + & x^5 + & 0x^4 + & 0x^3 + & 0x^2 + & 3x - & 4 \\ & & & & 2x^2 + & 3x + & 5 \\ \hline \end{array}$$

A seguir multiplicamos cada termo do segundo polinômio por cada termo do primeiro polinômio. Na primeira multiplicação, termos um resultado do grau 8. Na próxima teremos grau 7, grau 6, e assim por diante.

$$\begin{array}{rrrrrrr} -x^6 + & x^5 + & 0x^4 + & 0x^3 + & 0x^2 + & 3x - & 4 \\ & & & & 2x^2 + & 3x + & 5 \\ \hline -2x^8 & +2x^7 + & 0x^6 + & 0x^5 + & 0x^4 + & 6x^3 - & 8x^2 \end{array}$$

A seguir multiplicamos o próximo termo do segundo polinômio (3x) pelos termos do primeiro polinômio. Escrevemos este novo polinômio sob o anterior, mantendo as potências alinhadas.

Capítulo 3 – Expressões algébricas   161

$$
\begin{array}{r}
-x^6 +\quad x^5 +\quad 0x^4 +\quad 0x^3 +\quad 0x^2 +\quad 3x -\quad 4 \\
2x^2 +\quad 3x +\quad 5 \\
\hline
-2x^8 +2x^7 +\quad 0x^6 +\quad 0x^5 +\quad 0x^4 +\quad 6x^3 -\quad 8x^2 \\
-3x^7 +\quad 3x^6 +\quad 0x^5 +\quad 0x^4 +\quad 0x^3 +\quad 9x^2 -\quad 12x
\end{array}
$$

Finalmente, multiplicamos 5, que é o próximo e último termo do multiplicador, pelos termos do primeiro polinômio. A seguir podemos somar os termos semelhantes.

$$
\begin{array}{r}
-x^6 +\quad x^5 +\quad 0x^4 +\quad 0x^3 +\quad 0x^2 +\quad 3x -\quad 4 \\
2x^2 +\quad 3x +\quad 5 \\
\hline
-2x^8 +2x^7 +\quad 0x^6 +\quad 0x^5 +\quad 0x^4 +\quad 6x^3 -\quad 8x^2 \\
-3x^7 +\quad 3x^6 +\quad 0x^5 +\quad 0x^4 +\quad 0x^3 +\quad 9x^2 -\quad 12x \\
-5x^6 +\quad 5x^5 +\quad 0x^4 +\quad 0x^3 +\quad 0x^2 +\quad 15x -20 \\
\hline
-2x^8 -x^7 -\quad 2x^6 +\quad x^5 +\quad 0x^4 +\quad 6x^3 +\quad x^2 -\quad 3x -20
\end{array}
$$

A resposta é : $-2x^8 -x^7 -2x^6 +x^5 +6x^3 +x^2 -3x -20$

Exercícios

E15) Multiplique os polinômios

a) $(x-1).(x^2+3x+7)$

b) $(x+2).(x^2-2x+3)$

c) $(x^2-2x+3).(x^2-3x+4)$

d) $(3x^5-2x^7-2x^6-2x^4).(2x+8)$

e) $(2x^5+4x-2x^4-3).(x-3)$

f) $(2x^5-3x^7-3x^6-7).(4-2x)$

g) $(-5-4x^3+5x^4-2x^6).(6x-2)$

h) $(6x-2x^4+5x^5-7x^7).(x+3)$

i) $(-3x^5-5x^4-4x^2).(x-4)$

j)) $(-2x^4-2x^3+5).(2x-1)$

k) $(3x^3-6x^2+2x).(2x+1)$

l) $(-2x^4+4x^2-2x^3+3).(3x-3)$

m) $(-3x^5+2x^2+5x-3).(3x^2+2)$

n) $(-4x^5-2x^4-3x^2+2).(x-1)$

o) $(2x^4+3x^3-5x+5).(x^2-1)$

p) $(2x^4+4x^3-3x+2).(x^2-3x)$

q) $(3x^5-2x^7-3x^6-2x^4-3).(x+3)$

r) $(x^2+2x^4+2x^5+x^6).(x^3-7)$

s) $(-4+3x-2x^3+x^4-x^6).(x^2+2x+2)$

t) $(x^3-2x^6+2x-x^2+1).(2x+3)$

Divisão de polinômios

Dentre as operações básicas com polinômios, a divisão é a mais trabalhosa. Vamos então dividir o assunto em duas etapas, a primeira usando um monômio como divisor (polinômio dividido por monômio), e a segunda, finalmente com o caso completo, dividindo um polinômio por outro polinômio.

Divisão de polinômio por monômio

Já vimos que ao dividirmos um monômio por outro monômio, duas coisas podem acontecer:

a) Divisão exata: Quando as letras do divisor estão presentes no dividendo, com expoentes maiores ou iguais. O resultado da divisão é um novo monômio.
Exemplo: $4x^3y^2 \div 6x^2y^2 = (2/3)x$

b) Divisão não exata: Quando a condição acima não é satisfeita, o resultado possui um ou mais expoentes negativos. Este resultado não é considerado um monômio, e sim, um termo algébrico racional fracionário.

Exemplo: $4x^3y^2 \div 6x^2y^3 = (2/3)x.y^{-1}$

Quando dividimos um polinômio por um monômio, os termos que resultariam em divisões não exatas ficam indicados como o resto da divisão.

162   O ALGEBRISTA

Exemplo:
Dividir $2x^3 + 4x^2 - 6x + 12$ por $2x$

Esta é uma divisão de polinômio $(2x^3+4x^2-6x+12)$ por um monômio $(2x)$. Para fazer esse tipo de divisão, dividimos cada termo do polinômio pelo monômio dado:

$2x^3 \div 2x = x^2$
$4x^2 \div 2x = 2x$
$-6x \div 2x = -3$
$12 \div 2x = $ Divisão não exata

Os resultados das divisões acima formam o quociente da divisão entre o polinômio e o monômio. O termo 12 que não pode ser dividido (o resultado deixaria de ser um polinômio) fica indicado como resto da divisão. Portanto o resultado pedido é:

Quociente: $x^2 + 2x - 3$
Resto: 12

Exemplo:
$(4x^5 - 2x^4 + 6x^3 + 4x^2 + 2x + 15) \div (2x^2) =$

No dividendo, apenas os termos de grau 2 ou superior poderão ser divididos, e os termos de grau 1 ou inferior $(2x+15)$ ficarão indicados como resto.

Quociente: $2x^3 -x^2 + 3x + 2$
Resto: $2x+15$

Exemplo:
$(6a^2b^3 - 12a^3b^2 + 10ab + 4a^2 + 6b^2 + 4a + 2b + 8) \div (2ab)$

A única diferença aqui é que o polinômio e o monômio têm duas variáveis, $\underline{a}$ e $\underline{b}$. O princípio da divisão é o mesmo: o quociente será formado pela divisão dos termos que permitem divisão exata pelo divisor (no caso, 2ab), e os termos que não permitem a divisão exata formarão o resto da divisão. No exemplo acima, apenas os três primeiros termos permitem divisão exata, os 5 últimos não permitem, e formarão o resto da divisão.

Quociente: $3ab^2 - 6a^2b + 5$
Resto: $4a^2 + 6b^2 + 4a + 2b + 8$

Exercícios

E16) Divida os polinômios pelos respectivos monômios, indique o quociente e o resto

a) $(18x + 10) \div 2x$
b) $(x^2 + 3x + 6) \div 3x^2$
c) $(4x^2 + 6x + 7) \div (-6x^2)$
d) $(-6x^4 + 24x^3 +6x^2 -9x) \div 3x^3$
e) $(32x^3 - 4x^2 + 20x + 52) \div 4x^2$
f) $(20x^3 + 25x^2 -15x) \div (-5x^3)$
g) $(-3x^6 +12x -24x^4 +3x^2 -18) \div 3x^2$
h) $(8 -20x^2 -52x^5 +28x^7) \div (-4x^2)$
i)) $(2x^2 +6x^4 +2x^6) \div 2x^2$
j) $(3x^5 -15x^7 +6x^3 -3x^6 -24x^4) \div 3x^4$

k) $(2x^4 + 4x^3 -5x) \div x$
l) $(2x^4 -6x^6 + 4x^2) \div (-2x^2)$
m) $(12x^3 -3x^6 +24x -3x^2 +15) \div 3x$
n) $(-2x^7 +4x^3 -2x^4 -6) \div (-2x^2)$
o) $(12 -15x^2 -3x^5 +12x^7) \div 3x$
p) $(10x^5 -20x^7 +20x^3 -10x^2 -15) \div 5x$
q) $(2x^5 +3x^3 -x^6 +2x -3x^4) \div (-4x^2)$
r) $(3x^5 -x^7 +6x^3 -3x^6 -4x^4) \div 4x$
s) $(3x^4 +x^3 +3x^2 -3x) \div (-3x^2)$
t) $(x^5 -2x^7 -3x^6 +5x -x^4 -3) \div 6x$

Capítulo 3 – Expressões algébricas
163

Divisão de dois polinômios

A divisão de polinômios apresenta uma analogia com a divisão de números inteiros. Considere por exemplo a divisão:

$13 \div 4 = 3$, resto 1

Neste exemplo, o 13 é o dividendo (D), o 4 é o divisor (d), o 3 é o quociente (Q) e 1 é o resto (R). Entre o dividendo, o divisor, o quociente e o resto na divisão de números inteiros, vale a relação:

$D = d.Q + R$

Considere agora que queremos dividir:

$[x.(x+3) + 2(x+3) + 5] \div (x+3)$

Observe que o divisor é x+3, e escrevemos o dividendo de forma a aparecerem múltiplos de x+3. Na prática os polinômios a serem divididos não aparecem dessa forma simpática, e sim, com os termos semelhantes reduzidos. Seria apresentado como $(x^2 + 5x + 11)$, que é o resultado que encontraríamos se desenvolvêssemos a expressão $[x.(x+3) + 2(x+3) + 5]$. Mas apresentado dessa forma, o dividendo tem partes que permitem a divisão exata por (x+3):

$x.(x+3) \div (x+3) = x$
$2(x+3) \div (x+3) = 2$
$5 \div (x+3) = $ não dá divisão exata

Então o resultado dessa operação é:
Quociente: x+2
Resto: 5

Como o dividendo, uma vez desenvolvido, é $(x^2 + 5x + 11)$, podemos dizer que:

$(x^2 + 5x + 11) \div (x+3) = x+2$, resto 5

O problema é que na prática os dividendos aparecem na forma mais compacta, já com os termos semelhantes reduzidos, e não na forma simpática que apresentamos, separada em múltiplos do divisor. Felizmente existe um processo para dividir os polinômios diretamente, apesar de ser um pouco trabalhoso. Vamos apresentar o método através deste exemplo:

Exemplo:
Calcule o quociente e o resto da divisão $(x^2 + 5x + 11) \div (x+3)$

1) A primeira coisa a fazer é completar e ordenar os polinômios, com os termos semelhantes já reduzidos. Os polinômios do nosso exemplo já estão nessa forma.

Dividendo: $x^2 + 5x + 11$
Divisor: $x + 3$

2) Armar um dispositivo de divisão, similar ao que usamos para a divisão de números naturais.

$$\begin{array}{c|c} x^2 + 5x + 11 & x + 3 \\ & \end{array}$$

3) Divida o primeiro monômio do dividendo pelo primeiro monômio do divisor. No caso, temos $x^2 \div x = x$. Colocamos este resultado

$$\begin{array}{c|c} x^2 + 5x + 11 & x + 3 \\ \hline & x \end{array}$$

164   O ALGEBRISTA

no lugar do quociente.

4) Multiplicamos este valor pelo divisor (no caso, x+3) e subtraímos o resultado do dividendo. No nosso exemplo temos x.(x+3) = x^2 + 3x. Colocaremos então, sob o divisor, o polinômio $-x^2$ – 3x. Subtraindo dos termos correspondentes no dividendo (x^2+5x), encontrarmos como resultado 2x.

$$\begin{array}{rrrr|l}
x^2 & + 5x & + 11 & & \,x + 3 \\
-x^2 & - 3x & & & \,x \\
\hline
 & 2x & & &
\end{array}$$

5) "Abaixamos" os termos restantes do polinômio, no nosso caso, apenas o 11.

$$\begin{array}{rrrr|l}
x^2 & + 5x & + 11 & & \,x + 3 \\
-x^2 & - 3x & & & \,x \\
\hline
 & 2x & + 11 & &
\end{array}$$

6) Repetimos o processo, dividindo o primeiro termo deste novo dividendo (2x+11) pelo primeiro termo do divisor (x). Neste exemplo o resultado será 2, que deve ser adicionado ao quociente.

$$\begin{array}{rrrr|l}
x^2 & + 5x & + 11 & & \,x + 3 \\
-x^2 & - 3x & & & \,x + 2 \\
\hline
 & 2x & + 11 & &
\end{array}$$

7) Este novo valor (no caso, 2) deve ser multiplicado pelo divisor (x+3) e subtraído do dividendo. No caso, ficamos com 2x+6, que com sinal trocado ficará –2x – 6. Depois de subtrair, o resultado é 5 (resto).

$$\begin{array}{rrrr|l}
x^2 & + 5x & + 11 & & \,x + 3 \\
-x^2 & - 3x & & & \,x + 2 \\
\hline
 & 2x & + 11 & & \\
 & - 2x & - 6 & & \\
\hline
 & & 5 & &
\end{array}$$

Portanto o quociente é x+2 e o resto é 5.

Exemplo:
$(2x^5 – 3x^3 + 10) \div (4x + 3 + x^2 – 6x)$

A primeira coisa a fazer é ordenar e completar e ordenar os polinômios, além de reduzir os termos semelhantes. Ficamos com:

$(2x^5 + 0x^4 – 3x^3 + 0x^2 + 0x + 10) \div (x^2 – 2x + 3)$

Armamos então o dispositivo da divisão:

$$\begin{array}{l|l}
2x^5 + 0x^4 - 3x^3 + 0x^2 + 0x + 10 & \;x^2 - 2x + 3
\end{array}$$

Dividimos os termos de maior grau: $2x^5 \div x^2 = 2x^3$

$$\begin{array}{l|l}
2x^5 + 0x^4 - 3x^3 + 0x^2 + 0x + 10 & \;x^2 - 2x + 3 \\
 & \;2x^3
\end{array}$$

Este resultado deve ser multiplicado pelo divisor e subtraído do dividendo:
$2x^3.(x^2 – 2x +3) = 2x^5 – 4x^4 + 6x^3$
Este resultado vai para baixo do dividendo, com os sinais trocados.

$$\begin{array}{l|l}
\;\;2x^5 + 0x^4 - 3x^3 + 0x^2 + 0x + 10 & \;x^2 - 2x + 3 \\
-2x^5 + 4x^4 - 6x^3 & \;2x^3
\end{array}$$

Capítulo 3 – Expressões algébricas

Subtraímos e a seguir abaixamos o restante do dividendo

$$
\begin{array}{l}
2x^5 + 0x^4 - 3x^3 + 0x^2 + 0x + 10 \\
\underline{-2x^5 + 4x^4 - 6x^3} \\
\ 4x^4 - 9x^3 + 0x^2 + 0x + 10
\end{array}
\quad
\begin{array}{l}
x^2 - 2x + 3 \\
\hline
2x^3
\end{array}
$$

Agora dividimos o termo de maior grau $(4x^4)$ pelo termo de maior grau do divisor (x^2), o resultado é $4x^2$, que é adicionado ao quociente.

$$
\begin{array}{l}
2x^5 + 0x^4 - 3x^3 + 0x^2 + 0x + 10 \\
\underline{-2x^5 + 4x^4 - 6x^3} \\
\ 4x^4 - 9x^3 + 0x^2 + 0x + 10
\end{array}
\quad
\begin{array}{l}
x^2 - 2x + 3 \\
\hline
2x^3 + 4x^2
\end{array}
$$

Multiplicamos este valor $(4x^2)$ pelo divisor, o que resulta em $4x^4 - 8x^3 + 12x^2$, e colocamos este resultado sob o divisor, com os sinais trocados.

$$
\begin{array}{l}
2x^5 + 0x^4 - 3x^3 + 0x^2 + 0x + 10 \\
\underline{-2x^5 + 4x^4 - 6x^3} \\
\ \underline{4x^4 - 9x^3 + 0x^2 + 0x + 10} \\
\ 4x^4 - 8x^3 + 12x^2 \\
\ - 17x^3 + 12x^2 + 0x + 10
\end{array}
\quad
\begin{array}{l}
x^2 - 2x + 3 \\
\hline
2x^3 + 4x^2
\end{array}
$$

A próxima divisão é $-17x^3$ por x^2, que resulta em $-17x$, valor que é adicionado ao quociente. Multiplicamos $-17x$ pelo divisor e colocamos o resultado com sinais trocados sob o dividendo.

$$
\begin{array}{l}
2x^5 + 0x^4 - 3x^3 + 0x^2 + 0x + 10 \\
\underline{-2x^5 + 4x^4 - 6x^3} \\
\ 4x^4 - 9x^3 + 0x^2 + 0x + 10 \\
\ \underline{4x^4 - 8x^3 + 12x^2} \\
\ - 17x^3 + 12x^2 + 0x + 10 \\
\ \underline{17x^3 - 34x^2 + 51x} \\
\ - 22x^2 + 51x + 10
\end{array}
\quad
\begin{array}{l}
x^2 - 2x + 3 \\
\hline
2x^3 + 4x^2 - 17x
\end{array}
$$

Finalmente fazemos a divisão de $-22x^2$ por x^2, o que resulta em -22. Adicionamos este valor ao quociente, multiplicamos pelo divisor e colocamos sob o dividendo com os sinais trocados.

$$
\begin{array}{l}
2x^5 + 0x^4 - 3x^3 + 0x^2 + 0x + 10 \\
\underline{-2x^5 + 4x^4 - 6x^3} \\
\ 4x^4 - 9x^3 + 0x^2 + 0x + 10 \\
\ \underline{4x^4 - 8x^3 + 12x^2} \\
\ - 17x^3 + 12x^2 + 0x + 10 \\
\ \underline{17x^3 - 34x^2 + 51x} \\
\ - 22x^2 + 51x + 10 \\
\ \underline{+ 22x^2 - 44x + 66} \\
\ 7x + 76
\end{array}
\quad
\begin{array}{l}
x^2 - 2x + 3 \\
\hline
2x^3 + 4x^2 - 17x - 22
\end{array}
$$

Encontramos então como resultado da divisão:

Quociente: $\quad 2x^3 + 4x^2 - 17x - 22$

Resto: $\quad 7x + 76$

OBS: Quando dividimos um polinômio em x de grau m, por um polinômio em x de grau n, termos:

a) O grau do quociente será $m - n$

b) O grau do resto será no máximo $n - 1$

166   O ALGEBRISTA

Exemplo: (CN-1976)
O resto da divisão de $x^3 - x^2 + 1$ por $x - 2$ é:

(A) 4   (B) 5   (C) 3   (D) 2   (E) 5

Solução:
Armando a divisão, ficamos com

$$
\begin{array}{rrrrr|l}
x^3 & -\ x^2 & +\ 0x & +\ 1 & & \underline{x\ -\ 2} \\
\underline{-x^3} & \underline{+\ 2x^2} & & & & x^2\ +\ x\ +\ 2 \\
& x^2 & +\ 0x & +\ 1 & & \\
& \underline{-x^2} & \underline{+\ 2x} & & & \\
& & +\ 2x & +\ 1 & & \\
& & \underline{-\ 2x} & \underline{+\ 4} & & \\
& & & 5 & &
\end{array}
$$

Resposta: O resto é 5, letra (E)

Imagine se esta questão que acabamos de apresentar envolvesse um polinômio de 6° grau. Seria muito mais trabalhoso, e a chance de erro seria grande. Bastaria errar um único sinal para errar a questão toda. A solução fica bem fácil se usarmos o *Teorema do Resto.*

Teorema do resto

Este é um teorema muito útil, usado para resolver inúmeras questões de provas de concursos, relacionadas com resto da divisão de polinômios:

O resto da divisão do polinômio P(x) por (x – a) é P(a).

A demonstração desse teorema é bastante simples. Ao realizarmos a divisão do polinômio $P(x)$ por $(x - a)$, encontrarmos como quociente um polinômio $Q(x)$ e um resto R, que é de grau zero, já que o grau do resto é sempre uma unidade menor que o grau do divisor. Se o divisor é de grau 1 $(x - a)$, então o resto é um valor constante, sem x em sua expressão. Já que vale sempre a igualdade

Dividendo = Divisor x quociente + resto

podemos escrever:

$P(x) = (x - a).Q(x) + R$

A igualdade é verdadeira para qualquer valor de x. Calculemos então o valor da expressão acima para x=a. Ficamos com:

$P(a) = (a - a).Q(a) + R$

Como a – a vale zero, que multiplicado por Q(a) também dá zero, ficamos com:

$P(a) = 0.Q(a) + R$
$P(a) = R$

Isso mostra que o R, que é o resto da divisão de P(x) por (x – a), é igual a P(a).

Aplicando este teorema ao exercício proposto ficamos com:

Capítulo 3 – Expressões algébricas

167

O resto da divisão de $P(x) = x^3 - x^2 + 1$ por $x - 2$ é $P(2)$:

$$R = 2^3 - 2^2 + 1 = 8 - 4 + 1 = 5$$

Chegamos à solução por um processo muito mais fácil. Infelizmente o Teorema do resto calcula apenas o resto, e somente na divisão de polinômios de uma variável, por $(x - a)$, sendo a um valor real qualquer. O teorema não serve para calcular o quociente, e nem para calcular restos de divisões por outros tipos de polinômios que não sejam da forma $x - a$. Ou seja, o divisor pode ser $x + 10$, por exemplo $(a = -10)$, mas não pode ser de segundo grau ou superior.

Com exceção desses casos particulares em que podemos aplicar o Teorema do resto, em todos os demais temos que armar a divisão e resolvê-la pelo processo trabalhoso que ensinamos aqui.

Exercícios

E17) Divida os polinômios, encontrando o quociente e o resto (não esqueça de ordenar e completar o dividendo)

a) $(x^2 + 3x + 2) \div (x + 3)$

b) $(1 + x - x^2) \div (x + 2)$

c) $(x^2 + 4x + 5) \div (x - 1)$

d) $(2x^2 + 5x + 8) \div (x + 4)$

e) $(10 - 2x + x^2) \div (x + 5)$

f) $(x^3 + x^2 + x - 3) \div (x + 2)$

g) $(x^3 + 2x^2 + 4x + 5) \div (x - 2)$

h) $(2x^3 - 1) \div (x + 5)$

i) $(3x^3 + 4x^2 + 5x + 4) \div (x^2 + 2x + 3)$

j) $(x^2 + 3x - 5) \div (x + 3)$

k) $(2x^3 + 5x + 2) \div (x - 2)$

l) $(x^4 - 1) \div (x - 1)$

m) $x^5 \div (x^2 + 3x - 4)$

n) $(x^5 - x^4 + x^3 - x^2 + x - 1) \div (x + 1)$

o) $(3x^3 + 4x + 5) \div (x + 4)$

p) $(2x^5 - 3x^4 - 4x^2 + - 7) \div (x + 2)$

q) $(-2x^4 + 4x^3 + 6x^2 - 10x) \div (x + 1)$

r) $(4x^3 - 2x^6 + 3x - 2x^2 + 7) \div (x - 2)$

s) $(-2x^7 + 2x^3 - 4x^4 - 6) \div (x + 2)$

t) $(-7x^6 + 5x - 2x^4 + 3x^2 - 5) \div (x - 2)$

Potências de um polinômio

Esta é sem dúvida a operação mais trabalhosa que podemos fazer com um polinômio. Elevar um polinômio a uma potência inteira **n** é multiplicar o polinômio por si próprio, **n** vezes.

$$[P(x)]^n = \underbrace{P(x).P(x).P(x).... P(x)}_{(n \text{ vezes})}$$

Se elevarmos, por exemplo, um polinômio do $5^{\underline{o}}$ grau ao cubo, termos como resultado um polinômio do $15^{\underline{o}}$ grau. Temos que fazer ao todo 102 multiplicações de monômios e algumas dezenas de adições. É claro que um tipo de questão como esta não mede a capacidade do aluno, mas ainda assim é preciso saber como realizar a operação, pois questões com polinômios pequenos e potências menores podem surgir, por exemplo, elevando ao quadrado ou ao cubo.

Exemplo:

Calcular $(x+5)^2$

$$(x+5)^2 = (x+5).(x+5) = x^2 + 5x + 5x + 25 = x^2 + 10x + 25$$

Exemplo:

Calcular $(x+5)^3$

Já calculamos quanto vale $(x+5)^2$. Se multiplicarmos o resultado por $(x+5)$, teremos $(x+5)^3$:

168   O ALGEBRISTA

$(x+5)^3 = (x+5).(x+5)^2 = (x+5).(x^2 +10x + 25) = x^3 + 10x^2 + 25x + 5x^2 + 50x + 125$
$= x^3 + 15x^2 + 75x + 125$

Para elevar à quarta potência, a forma mais rápida é elevá-la ao quadrado, depois elevar o resultado ao quadrado ($(x+5)^4 = [(x+5)^2]^2$). Também é correto elevar a expressão ao cubo, e depois multiplicar o resultado pela expressão novamente ($(x+5)^4 = (x+5)^3.(x+5)$).

Exemplo:
Calcule $(a+2b+3c)^2$

$(a+2b+3c)^2 = (a+2b+3c).(a+2b+3c) = a^2 + 2ab + 3ac + 4ab + 4b^2 + 6bc + 3ac + 6bc + 9c^2$

$= a^2 + 6ab + 6ac + 4b^2 + 12bc + 9c^2$

Durante os cálculos, preste atenção aos sinais, e no final, sempre reduza os termos semelhantes. Preste atenção na ordem das letras: bc e cb são semelhantes, assim como também são semelhantes ac e ca, e também ab e ba. Para evitar confusão, convenciona-se dispor as letras de cada monômio em ordem alfabética.

Exemplo:
Calcule $(x^2 - 3x - 2)^2$

$(x^2 - 3x - 2)^2 = (x^2 - 3x - 2).(x^2 - 3x - 2) = x^4 -3x^3 -2x^2 -3x^3 +9x^2 +6x -2x^2 +6x +4$

$= x^4 -6x^3 +5x^2 +12x +4$

Exercícios

E18) Calcule as seguintes potências de polinômios

a) $(x-3)^2$
b) $(x-3)^3$
c) $(x-3)^4$
d) $(x+y)^2$
e) $(x-y)^2$

f) $(a+2b)^2 =$
g) $(3x-2y)^2 =$
h) $(2m+3)^2 =$
i) $(3m-k)^2 =$
j) $(x^2-9)^2 =$

k) $(x^2 + x - 1)^2 =$
l) $(2x + 3y^2)^2 =$
m) $(1-3x^2)^2 =$
n) $(x^2 + y^2)^2 =$
o) $\left(x + \sqrt{2}\right)^2 =$

p) $(2x^2 + 3x - 5)^2 =$
q) $(a+b+c)^2 =$
r) $(2a + 3b + 4c)^2 =$
s) $(x+1)^3 =$
t) $(x-1)^3 =$

Expressões envolvendo polinômios

Antes de estudarmos expressões algébricas, o mais complexo exercício de álgebra era a expressão com números racionais, dízimas, potências e raízes, adição, subtração, multiplicação e divisão, envolvendo números com sinais, além de chaves, colchetes e parênteses. Ocorre que cada um dos valores que aparecem nessas expressões, que até então eram números, podem ser polinômios, ou até mesmo expressões algébricas. Podem ainda aparecer as frações algébricas, aquelas que possuem expressões algébricas em denominadores. Isso resulta em expressões que podem ser extremamente complexas e que necessitam de toda a habilidade algébrica do aluno para resolvê-las.

Exemplo:

$$\frac{(x+1)^2}{3} - \frac{1-(x+1).(x-2)}{2}$$

Capítulo 3 – Expressões algébricas

169

Para resolver expressões algébricas complexas é preciso usar todas as regras já aprendidas para números: redução ao mesmo denominador, regras de sinais, propriedades das potências, precedência das operações, etc.

Nesse caso temos duas frações, e ambas possuem expressões algébricas nos seus numeradores.

Numerador da primeira fração:
$(x+1)^2 = (x+1).(x+1) = x^2 + x + x + 1 = x^2 + 2x + 1$

Numerador da segunda fração:

$1 - (x+1).(x-2) = 1 - (x^2 - 2x + x - 2) = 1 - (x^2 - x - 2) = 1 - x^2 + x + 2 = -x^2 + x + 3$

Ficamos então com:

$$\frac{x^2 + 2x + 1}{3} - \frac{-x^2 + x + 3}{2}$$

Agora devemos reduzir as duas frações ao mesmo denominador para fazer sua subtração. É preciso tomar muito cuidado quando encontramos um sinal negativo antes de uma fração, como neste exemplo. O sinal negativo será aplicado a todos os termos do denominador, e não apenas ao primeiro. Muitos alunos cometem esse erro comum.

O MMC entre os denominadores (3 e 2) é 6. Portanto vemos multiplicar ambos os termos da primeira fração por 2, e ambos os termos da segunda fração por 3.

$$\frac{2(x^2 + 2x + 1) - 3(-x^2 + x + 3)}{6}$$

Observe na segunda fração que ficou –3 multiplicando o seu numerador. Isso é devido ao sinal negativo que havia antes da fração, fazendo com que o sinal negativo (na verdade –3) se aplique a todos os termos do numerador desta fração.

$$\frac{2x^2 + 4x + 2 + 3x^2 - 3x - 9}{6} = \frac{5x^2 + x - 7}{6}$$

Exemplo:

$$(2a + 3b + 4ab).\left\{ 2b - \left[(a+2)^2 - (a-3)^2 \right]^2 \right\}$$

Temos aqui uma expressão algébrica com duas variáveis. Como todos os termos são polinomiais e só estamos realizando adições, subtrações e multiplicações, o resultado também será um polinômio. Devemos resolver primeiro as expressões que estão nos parênteses mais internos:

$(a+2)^2 = (a+2).(a+2) = a^2 + 2a + 2a + 4 = a^2 + 4a + 4$

$(a-3)^2 = (a-3).(a-3) = a^2 - 3a - 3a + 9 = a^2 - 6a + 9$

Subtraindo as duas expressões, ficamos com:
$a^2 + 4a + 4 - (a^2 - 6a + 9) = a^2 + 4a + 4 - a^2 + 6a - 9 = 10a - 5$ (resultado dos colchetes)

170   O ALGEBRISTA

Este resultado agora deverá ser elevado ao quadrado:

$(10a -5)^2 = (10a-5).(10a-5) = 100a^2 -50a -50a +25 = 100a^2 -100a +25$

O resultado entre chaves será 2b subtraído dessa expressão:

$2b - (100a^2 -100a +25) = 2b -100a^2 + 100a -25$

Finalmente este resultado deverá ser multiplicado por $(2a +3b + 4ab)$

$(2a +3b + 4ab).(2b -100a^2 + 100a -25)$

Serão 12 multiplicações de monômios, e no final devemos reduzir os termos semelhantes. Não esqueça de prestar atenção nos sinais:

$4ab -200a^3 +200a^2 -50a +6b^2 -300a^2b +300ab -75b +8ab^2 -400a^3b +400a^2b -100ab$

$= 204ab -200a^3 +200a^2 -50a +6b^2 +100a^2b -75b +8ab^2 -400a^3b$

Exemplo:

$$\left(\frac{x-2}{2}\right)^2 - \frac{3(x^3-1).\left[(x+1)^3-(x+1).(x^2-1)\right]}{3} + \frac{\left\{6+3x.\left[4+2x(1-x^2)\right]\right\}}{6}$$

Na expressão acima temos que desenvolver primeiro as potências dos números e das expressões. Vimos que potências de polinômios nada mais são que sequências de multiplicações. Apesar do cálculo ser um pouco trabalhoso, a ideia é simples.

Numerador da primeira fração:
$(x - 2)^2 = (x - 2).(x - 2) = x^2 - 2x - 2x + 4 = x^2 - 4x + 4$

Numerador da segunda fração:
$(x + 1)^3 = (x+1).(x+1).(x+1) = (x+1).(x2 + x + x + 1) = (x+1).(x^2 + 2x + 1) =$
$= (x^3 + 2x^2 + x +x^2 + 2x + 1) = x^3 + 3x^2 + 3x + 1$

$(x + 1).(x^2 - 1) = x^3 - x + x^2 - 1 = x^3 + x^2 - x - 1$

$3(x^3 - 1).[(x+1)^3 - (x+1).(x^2 - 1)] = (3x^3 - 3).[x^3 + 3x^2 + 3x + 1 - (x^3 + x^2 - x - 1)]$
$= (3x^3 - 3).[x^3 + 3x^2 + 3x + 1 - x^3 - x^2 + x + 1]$ (eliminando parênteses)
$= (3x^3 - 3).[2x^2 + 4x + 2]$ (reduzindo termos semelhantes)
$= 6x^5 + 12x^4 + 6x^2 - 6x^2 - 12x - 6$ (efetuando o produto)
$= 6x^5 + 12x^4 - 12x - 6$ (reduzindo os termos semelhantes)

Numerador da terceira fração:
Temos que operar primeiro os parênteses, depois os colchetes, e por último as chaves.

$\{ 6 + 3x.[4+2x.(1 - x^2)] \} = \{ 6 + 3x.[4+ 2x -2x^3] \} = \{ 6 + 12x + 6x^2 -6x^4 \}$
$= -6x^4 + 6x^2 + 12x + 6$

Substituindo as três expressões encontradas nos numeradores das três frações, ficamos com:

Capítulo 3 – Expressões algébricas   171

$$\frac{x^2-4x+4}{4}-\frac{6x^5+12x^4-12x-6}{3}+\frac{-6x^4+6x^2+12x+6}{6}$$

Uma vez que todas as expressões algébricas dos numeradores foram desenvolvidas, a próxima etapa é somar as três frações, reduzindo-as antes ao mesmo denominador. O MMC entre 4, 3 e 6 é 12, então é preciso multiplicar os temos da primeira fração por 3, os da segunda por 4, e os da terceira por 2.

IMPORTANTE:
O sinal negativo antes da segunda fração se aplica a todos os seus termos, e não só ao $6x^5$.

$$\frac{3(x^2-4x+4)-4(6x^5+12x^4-12x-6)+2(-6x^4+6x^2+12x+6)}{12}$$

Agora basta desenvolver a expressão do denominador e reduzir os termos semelhantes.

$$\frac{3x^2-12x+12-24x^5-48x^4+48x+24-12x^4+12x^2+24x+12}{12}$$

$$=\frac{-24x^5-60x^4+15x^2+60x+48}{12}$$

Exercícios

E19) Desenvolva as expressões e apresente o resultado final em forma de polinômio
OBS.: Mostre que $(a+b)^2 = a^2 + 2ab + b^2$

a) $(x^2 + 2x +1)^2 - 2(x^2+3)^2$
b) $2(x+1).(x-2) + 3(x-3).(x+4)$
c) $2(x-2)^2 + 3(x-2) + 5$
d) $(x-y)^2 - 3(x-y) + 5$
e) $(x-3)^2 + 4(x-3) + 5$
f) $2(a+1) - 3(a-1) + 4a$
g) $(x+1)^3 - 2(x+1)^2 + 3$
h) $(x+1).(x+2) + (x+1)^2 - (x+2)^2$
i) $6 + 4(x+4) - (x+4)^2$
j) $(a+b)^2 - (a-b)^2$

k) $(x+1)^2 + (x+2)^2 + (x+3)^2$
l) $(x+1)^3 + 2(x+2)^2 + (x+3)$
m) $(x-2) - 3(2-x)^2 + 6$
n) $(x+1)^2 - 3(x+1)^2 + 2(x-1)^2$
o) $(a+b)^2 + 2(a+b)^2 + 3(a+b)^2 + 4(a+b)^2$
p) $(x+1)^2 + 2(x-1)^2 + 3(x+1)^2 + 4(x-1)^2$
q) $(x+3)^2 - (x-3)^2$
r) $[-(x+1)]^2$
s) $1 + (x+1) + (x+1)^2$
t) $(x+1) + (x+2) + (x+3) + (x+4)$

E20) Efetue
a) $(3x^2 - 5x + 4) + (-2x^2 + 3x - 5)$

b) $(8a^2b + 2ab^2 - 3b^3) + (-4a^2b - 7ab^2 + 8b^3)$
c) $(5ab^2 - 3a^2b) + (4ab^2 + 7a^2b)$
d) $(5x^2 - 3xy + 4y) - (-2x^2 - 7xy + 5y)$
e) $8a^4x.2ax^2y$

f) $\dfrac{3}{7}a^3 - 2a^2b - 4\dfrac{1}{5}ab^2 + \dfrac{4}{21}a^2 + 7a^2b - 4\dfrac{7}{15}ab^2$
g) $(4a^3 - 5a^2b) - (5a^3 + 2a^2b) - (a^3 - 8a^2b)$
h) $2a - \{3b + (2b - c) - 4c + [2a - (3b - c)]\}$
i) $3x^{m-3n}.2x^{m+2n}$
j) $(5a^2b^mc^p)^3$

Exercícios de revisão

E21) Calcule:
a) $2x.(-5x)$
b) $(-4x).(-7x)$
c) $(-a^2b).(-ab^3)$
d) $(-4xy^3).(-7x^2yz)$
e) $(-3x^5y^4z).(-4xy^3z^2)$

f) $4ab.6a^3b^3$
g) $7xy.9xy$
h) $3a^3b.a^3b^2c^4$
i) $2a^3b^7c^3.5a^4b^3c^2$
j) $5abc.(-6ab^2c^3)$

k) $3x^2y.(-xy^2).(-7x^3y^4)$
l) $2b^2c^3x^3.3a^2b^3c^2.(-5a^2b^2x^2)$
m) $2x^3y^2z.(-3x^2y^2z^3).(-2x^3yz)$
n) $6am^2x^2.(-2a^3mx^2).(-4amx^2)$
o) $-4x^2y^3z^4.2x^2y^2z.(-3x^3y^4z^2)$

O ALGEBRISTA

E22) Dados x = –1, y = 2 e z = –3, calcule o valor numérico das expressões

a) $2xy^2 - 3yz^2 + z$
b) $4x^2 - 2y^2 - z^2$
c) $4x + 3y - 2z^3$
d) $-2x + 4y - 2z^2$
e) $-x^3 + 3y^2 + 10z$

f) $-2x^3 + 4y^2 + 6z$
g) $-3x + 4y - 5z^2$
h) $9x + 3y - z^3$
i) $6x^2 - 9y^2 - 2z^2$
j) $2x^3 - 3y^2 + 4z^2$

k) $3xy^2 - 4yz^2 + x^2y^2z^2$
l) $3xyz - 5x^7y^2 - 3x^2y^2$
m) $xzy^3 + 2xyz^2 + x^5y^2z$
n) $3x^2yz + 4xyz + x^2y^2zy$
o) $5x^2 + 7x^2y^2 - 4zx^2$

E23) Efetue as divisões

a) $x^5 \div x$
b) $32x^5 \div 4x^2$
c) $42x^2 \div 6x$
d) $-36x^4 \div 6x^2$
e) $64\ x^6 \div 16x^2$

f) $-85x^3 \div (-5x^2)$
g) $-32x^2y^2 \div 8xy^2$
h) $-x^3y^3 \div (-4xy^2)$
i) $-16x^4y^2 \div (-4xy)$
j) $-25x^4y^2 \div (-5xy^2y)$

k) $-51x^2y^3 \div (-17x^2y)$
l) $-28a^5b^4 \div 7a^2b^2$
m) $-36x^3y^5 \div (-3x^2y^3)$
n) $-3x^3y^4 \div (-5xy^3)$
o) $-24x^2y^4 \div 8xy^3$

E24) Efetue as divisões

a) $-a^2b^3c^4d^5 \div abc$
b) $-2x^2y^2z^3 \div (-3xyz^2)$
c) $-5a^6b^7c^3 \div (-a^4b^2c^2)$
d) $x^2y^3z^4w^6 \div (-xy^2z^2w^2)$
e) $52a^2m^4n^6 \div 13am^2n^2$

f) $39xy2z4 \div 13\ xyz$
g) $68\ xc^2d^3 \div (-17xcd^3)$
h) $-8m^5n^3p \div (-4m^5np)$
i) $-6pqr^3 \div (-2\ p^2qr)$
j) $26a^2g^2t^5 \div (-2\ agt^4)$

k) $-a^4b^2c^3 \div (-a^5b^3c^4)$
l) $-3x^2yz^2 \div (-2x^3y^4z^5)$
m) $-6mnp \div (-3m^2n^2p^2)$
n) $-17a^2b^3c4 \div 51ab^5c^4$
o) $-19mq^2t^3 \div 57m^2gt^4$

E25) Efetue

a) $a^2 - ab + b2 + a^2 + ab + b2$
b) $3a^2 + 5a - 7 + 6a^2 - 7a + 13$
c) $x + 2y - 3z + 3x + y + 2x - 3y + z$
d) $3x + 2y - z - x + 3y + 2z + 2x - y + 3z$
e) $-3a + 2b + c + a - 3b + 2c + 2a + 3b - c$

f) $-a + 3b + 4c + 3a - b + 2c + 2a + 2b - 2c$
g) $4a^2 + 3a + 5 - 2a^2 + 3a - 8 + a^2 - a + 1$
h) $5ab + 6bc - 7ac + 3ab - 9bc + 4ac + 3bc + 6ac$
i) $x^3 + x^2 + x + 2x^3 + 3x^2 - 2x + 3x^3 - 2x + 3x^3 - 4x^2$
j) $3y^2 - x^2 - 3xy + 5x^2 + 6xy - 7y^2 + x^2 + 2y^2$

E26) Efetue

a) $2a^2 - 2ab + 3b^2 + 4b^2 + 5ab - 2a^2 - 3ab - 9b^2$
b) $a^3 - a^2 + a - 1 + a^2 - 2a + 2 + 3a^2 + 7a + 1$
c) $2m^3 - m^2 - m + 4m^3 + 8m + 8m^2 - 7 - 3m^2 + 9$
d) $x^3 - 3x + 6y + x^2 + 2x - 5y + x^3 - 3x^2 + 5x$
e) $6x^3 - 5x + 1 + x^3 + 3x + 4 + 7x^2 + 2x - 3$

f) $a^3 + 3a^2b + 3ab^2 - 3a^2b - 6ab^2 + 3a^2b + 4ab^2$
g) $a^3 - 2a^2b - 2ab^2 + a^2b - 3ab^2 - b^3 + 3ab^2 + 2a^3$
h) $7x^3 - 2x^2y + 9xy^2 + 5x^2y - 4xy^2 - 2x^3$
i) $y^3 - x^3 - 3x^2y - 5xy^2 + 2x^2y - 5y^3 - 2x^3 - xy^2$
j) $2c^3 - 5c^2d + d^3 + 6cd^2 + c^3 + 6c^2d - 5cd^2 - 2d^3$

E27) Efetue as subtrações

a) $(2a^3 - 3a^2 + 2a - 1) - (a^3 + 2a^2 + 3a - 5)$
b) $(-5ax^4 - 2a^2x^3 + 4a^3x^2) - (4a^3x^2 - 2a^2x^3 - 4ax^4)$
c) $(2a - 3b + 4c) - (a - 2b + 3c)$
d) $(3a - 5b + c) - (a - 3b - 5c)$
e) $(2x - 4y + 6z) - (4x - y - 2z)$

f) $(6x - 7y + 2z) - (5x - 11y - 3z)$
g) $(ab + ac + bc + bd) - (ab - ac - bc + bd)$
h) $(5ab - ac + bc + bd) - (3ab + 2ac - 3bc + bd)$
i) $(3x^3 + 2x^2 - 3x - 5) - (2x^3 - x^2 - 5x + 3)$
j) $(x^3 - x + 1 - a) - (7x^2 - 5x + 1 - a)$

E28) Efetue as subtrações

a) $(2b^3 + 8c^3 - 15abc) - (9b^3 + 3abc - 7c^2)$
b) $(x^4 + x - 5x^3 + 5) - (7 - 2x^3 - 3x^2 - 3x^3 + x^4)$
c) $(a^3 + b^3 + c^3 - 3abc) - (3abc + a^3 - 2b^3 - 3c^3)$
d) $(2x^4 - 5x^2 + 7x - 3) - (x^4 + 2 - 2x^3 - x^2)$
e) $(1 - x^5 - x + x^4 - x^3) - (x^4 + 1 + x + x^2)$

f) $(a^3 - b^3 + 3a^2b - 3ab^2) - (a^3 + b^3 - a^2b - ab2)$
g) $(a^2b - ab^2 - 3a^3b^3 - b^4) - (b^4 - 5a^3b3 - 2ab^2 + a^2b)$
h) $(-x^3 - 7x^2y - 2y^3 + 3xy^2) - (3x^2 + 5y^2 - xy^2 + 4x^2y)$
i) $(a^3 - b^3) - (a - b)^3$
j) $(a - b)^2 - (b - c)^2 - (c - a)^2$

E29) Calcule e simplifique as expressões

a) $5a - [7 - (2b + 5) - 2a]$
b) $x - [2x + (3a - 2x) - 5a]$
c) $x - [15y - (3z + 12x)]$

f) $7x - \{5y - [\ 3z - (5x - y + 2z) + x\ ] + y\ \}$
g) $(a - b + c) - (b - a - c) + (a + b - 2c)$
h) $3x - [-\ 2y - (2y - 3x) + z] + [x - (y - 2z - x)]$

Capítulo 3 – Expressões algébricas

d) $2a - \{b + [3c - (2b - c)]\}$

e) $5a - \{b + [3c - (3b - c)]\}$

i) $x - [2x + (x - 2y + 2y) - 3x - \{4x - [(x + 2y) - y]\}$

j) $x - [y + z - x - (x + y) - z] + (3x - (2z + z))$

E30) Calcule simplifique

a) $a(b + c)$

b) $(ab + ac - bc).abc$

c) $(x + 7).4x$

d) $(2x - 3y).3x$

e) $(2x + y).6y$

f) $(2 - 2a).3a$

g) $(-x + 3b).(-b)$

h) $(2a^2 - 3ab).(-3a)$

i) $(2x^2 + 3xz).5z$

j) $(a^2 - 5ab).4ab$

k) $(x^2 - 3xy).(-y^2)$

l) $(2x^2 - 3x^2).2x^2$

m) $(x^2 - 3y^2).5y$

n) $(x^2 - 3y^2).(-x^2)$

o) $(b^3 - a^2b^2).(-a^3)$

E31) Calcule e simplifique

a) $(a^3 + 2a^2b + 2ab^2).a^2$

b) $(a^3 + 2a^2b + 2ab^2).b^2$

c) $(4x^2 - 6xy - 9y^2).2x$

d) $(-x^2 + 2xy - y^2).(-y^2)$

e) $(3a^2b^2 - 4ab^3 + a^3b).5a^2b^2$

f) $(-a^3 - a^2b^2 - b^3).a^2$

g) $(-ax^2 + 3axy^2 - ay^4).(-3ay^2)$

h) $(x^{12} - x^{10}y^2 - x^3y^{10}).x^3y^2$

i) $(-2x^3 + 3x^2y^2 - 2xy^3).(-2x^2y^3)$

j) $(a^3x^2y^5 - a^2xy^4 - ay^3).a^7x^3y^5$

k) $(-2a^2b^2 - 3a^3).(-4a^2)$

l) $(-4a^2b^3 - 5a^2).(-2a^3)$

m) $(2x^3 - 3x^2 + 3x - 5).2x^2$

n) $(3x^4 - 4x^2 + 5x - 2).3x^3$

o) $(2a^2 - 5ab - 3b^2).5ab$

E32) Calcule e simplifique

a) $(2m - p)(4m - 3p)$

b) $(x - b)(x - c)$

c) $(5x - 3y)(5x - 3y)$

d) $(a - 7b)(a - 5b)$

e) $(a - 2b)(a + 3b)$

f) $(a^2 + ab + b^2)(a - b)$

g) $(a^2 - ab + b^2)(a + b)$

h) $(a + b + c)(a - c)$

i) $(a^2 - ab + b^2)(a^2 + b^2)$

j) $(x^3 - 3x^2 + 7)(x^2 - 3)$

k) $(a^2 - 3ab - b^2)(-a^2 + ab + 2b^2)$

l) $(3a^2b^2 + 2ab^3 - 5a^3b)(5a^2b^2 - ab^3)$

m) $(x^2 + 5x - 10)(2x^2 + 3x - 4)$

n) $(3x^2 - 2x^2 + x)(3x^2 - 2x + 1)$

o) $(x^3 + 2x^2y + 2xy^2)(x^2 - 2xy + y^2)$

E33) Calcule e simplifique

a) $(a^2 - 2ab + b^2)(a^2 + 2ab + b^2)$

b) $(ab + ac + cd)(ab - ac + cd)$

c) $(3x^2y^2 - 2x^3y)(x^2y^2 + 3y^4)$

d) $(x^2 + 2xy - y^2)(x^2 - 2xy + y^2)$

e) $(3x^2 + xy - y^2)(x^2 - 2xy - 3y^2)$

f) $(a^2 - 2ab - b^2)(b^2 - 2ab - a^2)$

g) $(a^2 + b^2 + c^2 - ac)(a^2 - b^2 - c^2)$

h) $(a^2 + 4abx - 4a^2b^2x^2)(a^2 - 4abx + 4a^2b^2x^2)$

i) $(3a^2 - 2abx + b^2x^2)(2a^2 + 3abx - 2b^2x)$

j) $(2x^3y + 4x^2y^2 - 8xy^3)(2xy^3 - 3x^2y^2 + 5x^3y)$

E34) Calcule e simplifique

a) $(2a^3 - a^2) \div a$

b) $(42a^5 - 6a^2) \div 6a$

c) $(21x^4 + 3x^2) \div 3x^2$

d) $(35m^2 - 7p^2) \div 7$

e) $(27x^5 - 45x^4) \div 9x^2$

f) $(24x^6 - 8x^3) \div (-8x^3)$

g) $(34x^3 - 51x^2) \div (17x)$

h) $(5x^5 - 10x^3) \div (-5x^3)$

i) $(-3a^2 - 6ac) \div (-3a)$

j) $(-5x^3 + x^2y) \div (-x^2)$

k) $(2a^5x^3 - 2a^4x^2) \div (2a^4x^2)$

l) $(-x^2y - x^2y^2) \div (-xy)$

m) $(9a - 12b + 3c) \div (-3)$

n) $(a^3b^2 - a^2b^5 - a^4b^2) \div (a^2b)$

o) $(3x^2 - 6x^2y - 9xy^2) \div 3x$

E35) Calcule e simplifique

a) $(x^2y^2 - x^3y - xy^3) \div xy$

b) $(a^3 - a^2b - ab^2) \div a$

c) $(a^2b - ab + ab^2) \div (-ab)$

d) $(xy - x^2y^2 + x^3y^3) \div (-xy)$

e) $(-x^6 - 2x^5 - x^4) \div (-x^4)$

f) $(a^2x - abx - acx) \div ax$

g) $(3x^5y^2 - 3x^4y^3 - 3x^2y^4) \div 3x^2y^2$

h) $(a^2b^2 - 2ab - 3ab^3) \div ab$

i) $(3a^3c^3 + 3a^2c - 3ac^2) \div 3ac$

j) $(3a^4b^2c - 9a^3bc^2 - 6a^2c^2) \div 3a^2c$

E36) Efetue as divisões, dê o quociente e o resto

a) $(x^2 + 15x + 56) \div (x + 7)$

b) $(x^2 - 15x + 56) \div (x - 7)$

c) $(x^2 + x - 56) \div (x - 7)$

d) $(x^2 - x - 56) \div (x + 7)$

e) $(2a^2 + 11a + 5) \div (2a + 1)$

f) $(6a^2 - 7a - 3) \div (2a - 3)$

g) $(4a^2 + 23a + 15) \div (4a + 3)$

h) $(x^4 + x^2 + 1) \div (x^2 + x + 1)$

i) $(x^8 + x^4 + 1) \div (x^4 - x^2 + 1)$

j) $(3a^2 - 4a - 4) \div (2 - a)$

k) $(a^3 + b^3 + c^3 - 3abc) \div (a + b + c)$

l) $(9x^3 - 3x^4 - 4x^2 + 1 + x) \div (1 + 2x - 3x^3)$

m) $(x^3 - 8x - 3) \div (x - 3)$

n) $(a^2 - 2ab + b^2) \div (a - b)$

o) $(x^2 - y^2 + 2yz - z^2) \div (x - y + z)$

174   O ALGEBRISTA

Sugestão para o item (k): Considere *a* como variável, *b* e *c* como constantes, forme um polinômio em "*a*" e faça a divisão normalmente. O mesmo princípio se aplica aos itens (n) e (o), porém o item (n) tem outro caminho mais fácil.

E37) Calcule:
a) $(3x - 2a + 6) - (2x - 7a - 3)$
b) $(12a - b + 9c - 3d) - (7a - 5b + 9c - 10d + 12)$
c) $(-7f + 3m - 8x) - (-6f - 5m - 2x + 3d + 8)$
d) $(-14b + 3c - 27d + 3e - 5f) - (7a + 3b - 5c - 8d - 12c + 7f)$
e) $(32a + 3b) - (5a + 17b)$
f) $(-8a + 5b - 3c) - (7a - 3b - 2c)$
g) $(a + b) - (2a - 3b) - (5a + 7b) - (-13a + 2b)$
h) $(5a^3 - 4a^2b - 4ab^2 + 8b^3) - (2a^3 - 5a^2b - 6ab^2 + b^3)$
i) $(15a^4 - 18a^3b + 17a^2b^2 + 11ab^3 - 9b^4) - (7a^4 - 13a^3b - 19a^2b^2 + 20ab^3 - 10b^4)$

E38) Qual é o grau da expressão $5xy^2 + 3x^2y^2 - 8x^2y - 3x^2 + 8x - 15$?

E39) Simplifique $\dfrac{a^{-7}b^{-2}}{a^{-11}b^{-3}}$

E40) Ordene, classifique e dê o grau da expressão algébrica: $2 - 11x^2 - 8x + 6x^2$

(A) $-5x^2 - 8x + 2$; trinômio do segundo grau
(B) $5x^2 - 8x - 2$; trinômio do segundo grau
(C) $-6x^2 - 8x - 2$; polinômio do terceiro grau
(D) $6x^2 - 8x + 2$; trinômio do terceiro grau

E41) Classifique a expressão $x^3 - 9x + 3$

(A) Trinômio do terceiro grau
(B) Binômio do segundo grau
(C) Monômio do quarto grau
(D) não é um polinômio

E42) Calcule e simplifique $(- 7x - 5x^4 + 5) - (- 7x^4 - 5 - 9x)$

(A) $2x^4 + 2x + 8$
(B) $-14x^4 + 10x + 10$
(C) $-14x^4 - 10x + 10$
(D) $2x^4 + 2x + 10$

E43) Calcule e simplifique
$(4x^3 + 4x^2 + 2) + (6x^3 - 2x + 8)$

(A) $10 - 2x + 4x^2 + 10x^3$ (B) $- 2x^3 - 2x2 + 4x - 10$
(C) $- 2x^3 + 4x^2 - 2x + 10$ (D) $10x^3 + 4x^2 - 2x + 10$

E44) Calcule:
a) $(3x - 7)(3x - 5)$ b) $(4x + 3)(2x + 5)$ c) $(2x + 3)(2x + 3)$

Capítulo 3 – Expressões algébricas

175

E45) Sendo x e y positivos, simplifique $\dfrac{\sqrt{90x^4 y}}{\sqrt{2x^5 y^5}}$

(A) $\dfrac{3\sqrt{5}}{y^2}$ 　　 (B) $\dfrac{3\sqrt{5x}}{2xy^2}$ 　　 (C) $\dfrac{15}{xy^2}$ 　　 (D) $\dfrac{3\sqrt{x^5 y^6}}{x^3 y^5}$ 　　 (E) $\dfrac{3\sqrt{5x}}{xy^2}$

E46) Simplifique $\sqrt{\dfrac{-48r^{-3}s^{24}z}{-3r^{-9}s^{10}}}$

E47) Simplifique a expressão $\left(\dfrac{x^5}{y^2}\right)^2 \left(\dfrac{y}{x^{-1}}\right)^5$ e dê a resposta sem usar expoente negativo.

(A) $\dfrac{x^{15}}{y}$ 　　 (B) $\dfrac{x^5}{y}$ 　　 (C) $x^5 y^2$ 　　 (D) $x^{15}y$ 　　 (E) $\dfrac{1}{y}$

E48) Sabendo que x + 2y = 0, e que x ≠ 0, calcule $\left(\dfrac{x}{y}\right)^{2014} + \left(\dfrac{y}{x}\right)^{-2014}$

(A) $\left(\dfrac{1}{2}\right)^{2028}$ 　　 (B) 2^{2015} 　　 (C) 2^{2028} 　　 (D) $\left(\dfrac{1}{2}\right)^{2015}$ 　　 (E) 1

E49) Encontre o quociente da divisão de $x^3 + 2x^2 - 3x + 4$ por $x^2 + x - 2$.

(A) x + 1 　　 (B) –2x + 8 　　 (C) x – 1 　　 (D) –5x + 1 　　 (E) Nenhuma das respostas

E50) Calcule x – {y – [z – (x – t)]} sendo

$x = 2a^3 - 3a^2 b + 4ab^2 + 5b^3$; $y = 7a^3 - 8a^2 b - 9ab^2 + 3b^3$
$z = 3a^3 + 2a^2 b - 4ab^2 - 5b^3$ e $t = -2a^3 + 3a^2 b + 6ab^2 - 4b^3$

E51) Calcule $(1 + x).(1 + x^2).(1 + x^4).(1 + x^8)$

E52) CN 52 - Efetuar a multiplicação $(x^2 - 5x + 9).(x + 3)$

E53) CN 53 - Efetuar o produto $(x^2 + 2 - x).(x^2 - 1)$ dando a resposta ordenada segundo as potências decrescentes de x.

E54) Calcular o valor numérico da expressão
$\dfrac{a^2 - b}{2} + \dfrac{b^3 - a^4}{3} + 3a^2 b$ para a= –1 e b =2.

E55) CN 58 - Calcule o resto da divisão de $x^3 - 3x^2 + 4$ por (x – 2)

E56) CN 59 - Classificar a expressão $\dfrac{x+3}{x^3 - 5x^2 + 2x + 4}$

176   O ALGEBRISTA

E57) CN 61 - Dividir $x^6 - x^4 - 2x^3 + x^2 + 2x - 1$ por $x^2 - 1$.

E58) CN 64 - Dê o quociente e o resto da divisão
$$\left(3x^4 - 4x^2 + 3x - 7\right) \div \left(x^2 - 2x + 3\right)$$

E59) Seja $P(x) = 2x^4 - 5x^2 + 3x - 2$ e $Q(x) = x^2 - 3x + 1$. Se $P(x) / Q(x)$ determina um quociente $Q'(x)$ e um resto $R(x)$, o valor de $Q'(0) + R(1)$ é:

(A) 0   (B) 28   (C) 25   (D) 17   (E) 18

E60) Se $P(x) = 2x^3 + 4x^2 - 7x - 5$, determine $P(-3)$

(A) –26   (B) 106   (C) –2   (D) –56

E61) Dê o grau do polinômio $2x^4y^6 - 6xy^8 + 3x^4y^7 - 2x^7y^5$

(A) 41   (B) 42   (C) 8   (D) 12

E62) Calcule o valor numérico de $5x^3 - 3y^2 - 8z$ para $x = -2$, $y = 5$ e $z = -6$

(A) –108   (B) –12   (C) –67   (D) –163

E63) Simplifique, assumindo que x e y são números reais positivos e que m e n são racionais.

$$\left(\frac{x^{-3/m} y^{6/n}}{x^{-6/m} y^{9/n}} \right)^{-1/3}$$

(A) $x^{1/m} y^{1/n}$ (B) $\dfrac{y^{1/n}}{x^{1/m}}$ (C) $-\dfrac{1}{y^{1/n} x^{1/m}}$ (D) $\dfrac{1}{y^{1/n} x^{1/m}}$ (E) $\dfrac{1}{xy}$

E64) Encontre o quociente $Q(x)$ e o resto $R(x)$ da divisão de $x^3 - 4x^2 + x + 6$ por $x + 1$.

(A) $Q(x) = x^2 + 5x + 6$; $R(x) = -1$ (B) $Q(x) = x^2 - 3x + 2$; $R(x) = 0$
(C) $Q(x) = x^2 - 5x + 6$; $R(x) = 0$ (D) $Q(x) = x^2 + 4x + 5$; $R(x) = -11$
(E) $Q(x) = x^3 + 5x - 6$; $R(x) = 2$

E65) Simplifique a expressão $\left(\dfrac{x^{-\frac{3}{7}}}{y} \right)^3 \left(\dfrac{y}{x^{-1}} \right)^4$

(A) $\dfrac{x^{-\frac{1}{7}}}{y}$ (B) $\dfrac{y^{-\frac{1}{7}}}{x}$ (C) $\dfrac{x^{-\frac{22}{7}}}{y}$ (D) $x^{\frac{19}{7}} y$ (E) $x^{\frac{1}{7}} y$

E66) Dê o resto da divisão de $x^3 + 2x - 1$ por $x - 1$

(A) 0   (B) 1   (C) 2   (D) 3   (E) 4

Capítulo 3 – Expressões algébricas

E67) Encontre o quociente e o resto da divisão de $2x^4 - 9x^2 - 5x + 3$ por $x + 1$.

(A) Quociente = $2x^2 - 11x + 6$ Resto = -3
(B) Quociente = $2x^2 - 7x - 12$ Resto = -9
(C) Quociente = $2x^3 - 11x^2 + 6x - 3$ Resto = 0
(D) Quociente = $2x^3 - 2x^2 - 7x + 2$ Resto = 1
(E) Quociente = $2x^3 + 2x^2 - 7x - 12$ Resto = -9

E68) Encontre o resto da divisão de $2x^{2010} - 3x^{67} + 7x - 5$ por $x + 1$.

(A) -7 (B) 5 (C) 3 (D) -2 (E) 0

E69) Qual é o resto da divisão de $x^{89} - 2x^{50} + 1$ por $x + 1$?

(A) 2 (B) 4 (C) -2 (D) 3 (E) 5

E70) Multiplique $(2x + 3)(x^2 - 2)$

(A) $2x^3 + 3x^2 - 4x - 6$ (B) $2x^3 - 6$
(C) $x^2 + 2x + 1$ (D) $2x^3 + x^2 - 4x - 6$
(E) Nenhuma das acima

E71) Simplifique a expressão $\left(\dfrac{a^{-2}}{2bc^{-3}} \right)^{-2}$

(A) $-\dfrac{2ba^4}{c^6}$ (B) $\dfrac{4a^4b^2}{c^6}$ (C) $-\dfrac{c^3}{a^2b}$ (D) $\dfrac{c^6}{4a^4b^2}$ (E) Nenhuma das acima

E72) Use o teorema do resto para determinar o resto da divisão do polinômio $3x^{99} - 2x^{25} + 5x + 1$ por $x - 1$.

(A) -5 (B) -3 (C) 1 (D) 5 (E) 7

E73) Dê o quociente da divisão $\dfrac{3x^3 + x^2 - 5x + 1}{x - 1}$

(A) $3x^2 + 4x - 1$ (B) $3x^3 + 4x^2 - x$ (C) $3x^2 - 2x - 3$
(D) $3x^2 - 2x + 3$ (E) Nenhuma dessas

E74) Calcule o resto da divisão de $2x^5 - 4x^3 + x^2 - 3x + 2$ por $x + 1$.

(A) -2 (B) 8 (C) 12 (D) -8 (E) Nenhuma dessas

E75) Dê o resto da divisão de $x^{25} + 10x^{12} - 7x^5 + 3$ por $x + 1$.

(A) 7 (B) 3 (C) 1 (D) -1 (E) 19

E76) Calcule: $(x^3 - 9x^2 + 15x + 3) / (x - 7)$

(A) $x^2 - 2x + 2 + 12/(x - 7)$ (B) $x^2 - 2x + 3 + 9/(x - 7)$
(C) $x^2 - 2x + 1 + 10/(x - 7)$ (D) $x^2 - 2x - 1 + 9/(x - 7)$

178   O ALGEBRISTA

E77) Encontre o quociente Q(x) e o resto R(x) da divisão de $x^3 - 4x^2 + x + 6$ por $x + 1$.

(A) $Q(x) = x^2 + 5x + 6$; $R(x) = -1$ (B) $Q(x) = x^2 - 3x + 2$; $R(x) = 0$
(C) $Q(x) = x^2 - 5x + 6$; $R(x) = 0$ (D) $Q(x) = x^2 + 4x + 5$; $R(x) = -11$
(E) $Q(x) = x^3 + 5x - 6$; $R(x) = 2$

E78) Calcule $\dfrac{5a-1}{2a-2} - \dfrac{a-2}{2a-2}$

(A) $\dfrac{4a-3}{a^2+3a-18}$ (B) $\dfrac{4a+1}{2a-2}$ (C) $\dfrac{10a}{a^2+3a-18}$ (D) $\dfrac{4a-2}{a^2+3a-18}$

E79) Dê o resto da divisão de $x^{100} - 2x^{40} - 1$ por $(x + 1)$.

(A) -1 (B) -2 (C) 3   (D) 4   (E) 5

E80) Ao dividir o polinômio $2x^{20} + 3x + 1$ por $x - 1$, o resto será:

(A) 3   (B) 6   (C) 1   (D) 5   (E) 4

E81) Qual o resto da divisão de $x^{100} + x - 2^{100}$ por $(x - 2)$?

(A) 0   (B) 1   (C) 2   (D) 3   (E) 2^{100}

E82) Qual das expressões abaixo é o mesmo que $\dfrac{x^5 + x^3 + 5}{x - 2}$

(A) $x^4 + 3x^2 + \dfrac{11}{x-2}$ (B) $x^4 + 3 + \dfrac{11}{x-2}$

(C) $x^4 + 2x^3 + 5x^2 + 10x + 20 + \dfrac{45}{x-2}$ (D) $x^4 + 2x^3 + 4x^2 + 9x + 18 + \dfrac{41}{x-2}$

(E) $x^4 + 3$

E83) Dê o quociente da divisão de $x^3 + x^2 - 17x + 15$ por $x - 3$

(A) $x^2 + 4x - 5$ (B) $x + 4$ (C) $x^2 - 2x - 12$ (D) $x - 2$ (E) NDA

E84) O polinômio $3x^{90} - 2x^{25} + 5x + 1$ é dividido por $x + 1$. Determine o resto da divisão.

(A) -5 (B) -3 (C) 1   (D) 5   (E) 7

E85) Encontre o quociente da divisão de $3x^3 + x^2 - 5x + 1$ por $x - 1$.

(A) $3x^2 + 4x - 1$ (B) $3x^3 + 4x^2 - x$ (C) $3x^2 - 2x - 3$ (D) $3x^2 - 2x + 3$ (E) NDA

E86) Dê o resto da divisão de $4x^3 - 6x^2 - 5x + 6$ por $x + 3$

(A) 3   (B) 21   (C) -141 (D) -138 (E) 241

E87) Dê o resto da divisão de $x^8 + 1$ por $x - 1$.

(A) 1   (B) -1 (C) 2   (D) -2 (E) 0   (F) NDA

E88) Sejam a, b e c números reais e seja $P(x) = ax^9 + bx^5 + cx + 3$. Se $P(-5)=17$, encontre $P(5)$.

(A) -17 (B) -11 (C) 14   (D) 17

Capítulo 3 – Expressões algébricas
179

(E) não pode ser determinado com as informações dadas

E89) Qual das seguintes funções <u>não</u> é uma função polinomial?

(A) $f(x) = \dfrac{2x^3}{5} - 2x^7$

(B) $f(x) = \sqrt{\dfrac{2}{5}}x^3 - 2x^7$

(C) $f(x) = \sqrt{\dfrac{2x^3}{5}} - 2x^7$

(D) $f(x) = 2x^3$

(E) $f(x) = 2x^3 - 2x^7$

E90) Se $-2\mathbf{x} + 1$ é um fator de $-6\mathbf{x}^3 + 11\mathbf{x}^2 - 2\mathbf{x} + \mathbf{k}$, encontre o valor de 2k.

(A) -9 (B) 9   (C) -6 (D) -3 (E) -2

E91) Encontre o quociente $Q(x)$ e o resto $R(x)$ quando o polinômio $2\mathbf{x}^3 - 3\mathbf{x}^2 + 4\mathbf{x} + 3$ é dividido por $\mathbf{x} + 1/2$.

(A) $Q(x) = 2x^2 - 4x + 6$, $R(x) = 6$

(B) $Q(x) = 2x^2 - 2x + 5$, $R(x) = -1/2$

(C) $Q(x) = 2x^2 + 4x + 2$, $R(x) = 2$

(D) $Q(x) = 2x^2 - 3x + 4$, $R(x) = 6$

(E) $Q(x) = 2x^2 - 4x + 6$, $R(x) = 0$

E92) Dado que $h(x) = -2^{x+1} + 1$, calcule $h(0) + h(-2)$

(A) 1   (B) $-1/2$ (C) $1/2$ (D) 2   (E) $1/4$

E93) Calcule o valor numérico da seguinte expressão para $m = 2$:

$$\frac{m^2(4 - 2m) - (4m - m^2)2m}{m^4}$$

(A) 0   (B) 1   (C) -1 (D) -2 (E) 2

E94) Se $a = 1$, $b = 2$ e $c = 3$, o possível valor da expressão $\left(a^{b^c} - c^{b^a}\right)^{1/3}$ é:

(A) -4 (B) -3 (C) -2 (D) 1   (E) 0

E95) Qual expressão deve ser adicionada a $\mathbf{x}^2 - 6\mathbf{x} + 5$ para que resulte no quadrado de $(\mathbf{x} - 3)$?

(A) 3x   (B) 4x   (C) 3   (D) 4   (E) $3x + 4x$

E96) Dividindo-se $\mathbf{x}^2 + 1$ por $\mathbf{x} - 1$, encontramos:

(A) $\dfrac{x^2}{x-1} - 1$ (B) $x - 1 + \dfrac{2}{x-1}$ (C) $\dfrac{x^2+1}{x} - 1$ (D) $x + 1 + \dfrac{2}{x-1}$ (E) $x + 1 - \dfrac{2}{x-1}$

E97) CEFET 98

Calcule o valor de $E = \dfrac{a \cdot b^{-2} \cdot \left(a^{-1}b^2\right)^4 \cdot \left(ab^{-1}\right)^2}{a^{-2} \cdot b \cdot \left(a^{-2}b^{-1}\right)^{-2} \cdot \left(a^{-1}b\right)^{-4}}$, sendo $a = 3$ e $b = 2$.

E98) Encontre o quociente e o resto de $\dfrac{x^4 - 3x^2 + 9}{x - 1}$

E99) Simplifique a expressão $\dfrac{(2^n.3^n)^{\sqrt{4n^2}}}{\left[2(4+(23^n)(23^{-n})-4)\right]^{3n^2}}$

E100) Qual das seguintes expressões não representa a área da figura ao lado?

(A) $(3x^2 + 2x) + (21x + 14)$
(B) $(3x + 2)(x + 7)$
(C) $(3x^2 + 7) + (2x + 14)$
(D) $3x(x + 7) + 2(x + 7)$
(E) $x(3x) + x(2) + 7(3x) + 7(2)$

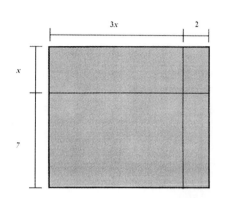

E101) Qual é o maior coeficiente da expressão $\left(x^2 + \dfrac{2x^{21}}{x^{19}}\right)^5 - (3x^3)(4x^4) + (11x)^2$ depois de simplificada?

(A) 10   (B) 12   (C) 32   (D) 121   (E) 243

E102) Qual das expressões abaixo é equivalente a $(a^{-1} + b^{-1})^{-1}$?

(A) $\dfrac{a+b}{ab}$ (B) $\dfrac{1}{a}+\dfrac{1}{b}$ (C) $\dfrac{ab}{a+b}$ (D) $a+b$ (E) ab

E103) Multiplique: $(2x^{a-1} - 3y^{b+5})(2x^{2a-3} - 3y^{4-b})$

E104) Ao dividirmos **2x⁴ - 3x³ + 5x² - 9** por **x² - 2x + 1**, o resto será

(A) 9x - 14   (B) 2x² + x + 5   (C) x² - 2x + 1   (D) x - 10   (E) -5

E105) Simplifique a expressão $\dfrac{x^3 y^{-2}}{(x^{-2}y^3)^{-2}}$

(A) $\dfrac{1}{xy^4}$ (B) $\dfrac{y^4}{x}$ (C) $\dfrac{x}{y^4}$ (D) $\dfrac{x^7}{y^3}$ (E) $\dfrac{x^7}{y^4}$

E106) Dê o quociente da divisão de **x³ + 2x² - 3x + 4** por **x² + x - 2**.

(A) x + 1   (B) -2x + 8   (C) x - 1   (D) -5x + 3   (E) NRA

E107) Simplificar $\sqrt{4x^8}$

(A) 16x   (B) 2x⁴   (C) 4x⁴   (D) 16x²   (E) 8x²

E108) Dê o quociente e o resto da divisão de **(2x⁴ - 9x² - 5x + 3)** por **(x + 1)**.

(A) Quociente: 2x² - 11x + 6;   Resto: -3
(B) Quociente: 2x² - 7x - 12;   Resto: -9
(C) Quociente: 2x³ - 11x² + 6x - 3; Resto: 0

Capítulo 3 – Expressões algébricas

(D) Quociente: $2x^3 - 2x^2 - 7x + 2$;   Resto: 1
(E) Quociente: $2x3 + 2x2 - 7x - 12$;   Resto: -9

E109) Qual das seguintes expressões é um fator de $x^3 + x^2 - 17x + 15$?
(A) $x - 5$ (B) $x - 3$ (C) $x + 1$ (D) $x + 2$ (E) $x + 3$

E110) Calcule o quociente $\dfrac{3x^3 + x^2 - 5x + 1}{x - 1}$

(A) $3x^2 + 4x - 1$ (B) $3x^3 + 4x^2 - x$ (C) $3x^2 - 2x - 3$ (D) $3x^2 - 2x + 3$ (E) NRA

E111) Simplifique $\dfrac{a^{-1} + b^{-1}}{(a + b)^{-1}}$

E112) Sendo a = 6 e b = 2, calcule $\sqrt{a} \times \sqrt[3]{(a - b)^2} \times \dfrac{1}{\sqrt[4]{a^2}} \times \sqrt{a - b}$

E113) Se a, b, c e d são números reais, então quando as expressões $(a + b).(c + d)$ e $ac + bd$ são iguais?
(A) nunca   (B) sempre   (C) quando a = 0   (D) quando ac+bd = 0   (E) quando ad+bc = 0.

E114) Encontre o resto da divisão de $x^3 - 3x^2 - x - 1$ por $x^2 - 2$

E115) Se $3^{x+y} = 81$ e $3^{x-y} = 3$, calcule x e y.

E116) Se $f(x) = x^2 - 3x + 4x^0 - 5x^{-2} + x^{-3}$, calcule f(1/2)

E117) Qual é o resto da divisão de $2x^3 + 11x^2 - 31x + 20$ por $2x - 3$?
(A) 0   (B) 5   (C) 10   (D) -3 (E) 11

E118) Encontre o resto da divisão de $x^5 - 3$ por $x + 1$
(A) -4 (B) -3 (C) 0   (D) 2   (E) NRA

E119) Quanto vale x, sabendo que $2^x = -1$?
(A) 0   (B) $-1/2$ (C) 1/2   (D) -1 (E) NRA

E120) Simplifique $\dfrac{16x^4 y^{-2} z^{10}}{2x^{-1} y^4 z^5}$

E121) Encontre o resto da divisão de $2x^4 - 3x^2 + x + x^3 - 10$ por x – 2.

E122) Determine o resto da divisão de $x^3 + x + 1$ por $x^2 + x + 1$.

E123) Determine o resto da divisão de $x^3 + x^2 + x + 1$ por x – 2.

E124) Qual das expressões abaixo é um fator de $x^7 - 53x^3 + 27x^2 + 25$?
(A) $(x - 1)$ (B) $(x - 5)$ (C) $(x + 5)$ (D) $(x + 1)$ (E) $(x + 2)$

E125) Encontre o quociente da divisão de $39 + 8x^3 - 4x$ por 2x + 3

182 O ALGEBRISTA

E126) Determine o resto da divisão de $x^3 + 2x^2 - 5x + 30$ por $x + 3$.

E127) Encontre **k** para que $x - 2$ seja um fator de $P(x) = x^3 - 4x2 + kx + 2$.

E128) Calcule $\left(x^x\right)^{\left(x^x\right)}$ para $x = 2$.

(A) 16   (B) 64   (C) 256   (D) 1024   (E) 65.536

E129) CN 76 - O resto da divisão de $x^3 - x^2 + 1$ por $x - 2$ é:

(A) 4   (B) 5   (C) 3   (D) –2   (E) –5

E130) CN 78 - O menor número inteiro que se deve somar ao polinômio $x^3 + x - 1$ para que o resto de sua divisão por $x + 3$ seja um número par positivo é:

(A) 33   (B) 31   (C) 39   (D) –1   (E) 29

E131) EPCAr 2002 - O resto da divisão do polinômio
$P(x) = x^4 - 2x^3 + 2x^2 - x + 1$ por $(x + 1)$ é um número:

(A) ímpar menor que 5
(B) par menor que 6
(C) primo maior que 5
(D) primo menor que 7

CONTINUA NO VOLUME 2: 80 QUESTÕES DE CONCURSOS

Soluções dos exercícios

E1)
a) $2x + 3a - 4ax + 11$
b) $24x - 15y$
c) $4x + 6y + 5z + 6xyz$
d) $7x^2 + 5y^2 + 2xy - 8x - 10y$
e) $4x^2 - 5xy + x - 2y$
f) $-5y^3 + 5xy^2 - x^2 + 5xy - 3x$
g) $8m^2n + 8p^2q + 2mp + 4nq$
h) $5x^2 + 2y^2 + 10x - 9y - 12$
i) $5xyz - 4xz + 9zy + 3xy$
j) $-3x^2 - 13xy - 3y$

k) $a^3 + 3a^2b + 3ab^2 + b^3$
l) $2x^2 + 9xy - 3y^2 + 8x - 7y + 22$
m) $5x^2 + 2xy - 3x^3 + 6x + 6y$
n) $8a^2b + 3a^2 - 4b^2 + 3b^2a + 4ba$
o) $-2x^2y^3 - x^2y^2 + 4xy - 3x^3y^2$
p) $4ab + 2a^2 - 2b^2 + 2a^2b + 2ab^2$
q) $8x^2 - 3x^3 - 8x + 8$
r) $-5x^2y + 5xy + -3xy^2 + 10$
s) $7ab + -a^2b + 8ab^2 - 4a^2 - 3b^2$
t) $10x^2 + 5y^2 + 6x - 6y - 10$

E2)
a) 20	c) 2	e) 14/15	g) –16	i) 6	k) 6/5	m) –19	o) –2	q) 0	s) –71
b) –1	d) 23	f) 35	h) 7	j) 4	l) 12	n) 16	p) 0	r) 0	t) 30

E3)
A classificação depende apenas da parte literal, não é afetada pela parte numérica
a) RI	c) I	e) RI	g) RF	i) I	k) RI	m) RI	o) RF	q) RF	s) RI
b) RI	d) RF	f) RF	h) RF	j) RF	l) RF	n) I	p) RF	r) RF	t) RI

E4)
a) 3°	c) 6°	e) 3°	g) 5°	i) 5°	k) 2°	m) 2° H	o) 2° C	q) 2°	s) 2° C
b) 5°	d) 3° H	f) 5°	h) 9°	j) 4°	l) 4°	n) 4°	p) 3°	r) 3°	t) 2° H

Capítulo 3 – Expressões algébricas

183

E5)

a) $x^5 + 0x^4 + 0x^3 + 0x^2 + 0x + 18$

b) $x^4 + 0x^3 + 0x^2 + 2x + 0$

c) $2x^6 + 0x^5 + 3x^4 + 0x^3 - 4x^2 + 0x + 0$

d) $4x^6 + 0x5 + 3x4 + 0x3 + 0x2 + 2x + 3$

e) $0a^2 + 0b^2 + 3ab + 2a + 4b + 5$

f) $5x^3 + 0x^2 + 3x + 2$

g) $x^5 + 3x^4 + 0x^3 + 0x^2 - 2x + 5$

h) $x^7 + 0x^6 + 0x^5 + 0x^4 + 0x^3 + 0x^2 + 0x + 7$

i) $4a^2 + 4b^2 + 0ab + 0a + 0b + 4$

j) $y^4 + 0y^3 + 2y^2 + 0y + 1$

k) $3x^2 + 2y^2 + 0xy + 4x + 3y + 6$

l) $x^2 + 2y^2 + 6xy + 0x + 0y + 0$

m) $2x^4 + 0x^3 + 3x^2 - 4x + 0$

n) $x^4 + 0x^3 + 0x^2 + x + 0$

o) $6x^5 + 2x^4 + 0x^3 + 4x^2 + 0x + 7$

p) $3x^5 - 3x^4 - 2x^3 + 0x^2 + 0x + 9$

q) $4x^3 + 0x^2 + 6x - 8$

r) $0a^2 + b^2 + 3ab + 0a + 0b + 6$

s) $-x^5 + 0x^4 + x^3 + 0x^2 + 0x + 0$

t) $-2x^4 + 0x^3 + 2x^2 + 0x + 2$

E6)

a) $9x$ c) $-2x^2$ e) $-2x^2$ g) $9xy$ i) $2x+2y$ k) $-8xy$ m) $-2abc$ o) $7a-5b$ q) $7b+13$ s) $-3abc$

b) $11y$ d) $5x^3$ f) ab h) $5x+13$ j) $5a+5b+2$ l) $-3z^2$ n) $9x^2y$ p) $9xyz$ r) $-10x^2$ t) $-2x$

E7)

a)$15x^3y^5z^2$ c) $-2x^8$ e) $6a^3b^2c^2$ g) $18x^2y$ i) $-6a^4b^3c$ k) $12x^2y^3$ m) $12a^6b^5$ o) $8x^3$ q) $42x^5y^4$ s) $60x^2y^2z^3$

b) $6a^4b^6x$ d) $-8x^2y$ f) $-2a^4bc$ h) $-15a^3b^4$ j) $24x^5yz$ l) $\sqrt{2}\,x^5y$ n) $16x^2y^2$ p) $30xyz$ r) $24a^8b^6$ t)$-30x^2y^2z^2$

E8)

a) $32x^{10}$ c) $49x^{10}$ e) $-125x^3$ g) $64a^6c^6$ i) $-x^{21}$ k) $64y^6$ m) $16x^{12}$ o) $5x^8$ q) $81x^4y^8$ s) $-1/(8x^6)$

b) $-64x^9$ d) $81x^8$ f) $4a^2b^6$ h) $9x^4$ j) $16x^8y^{12}$ l) $-27a^3x^6$ n) $-64x^6$ p) $-32x^5$ r) $1/(4x^{12})$ t) $125x^6$

E9)

a) $2xy^2$ c) $-(3/4)xy$ e) $-12xy/5$ g) $-3bc^2$ i) $-6yz/5$ k) $-(2/5)y^3$ m) $16x$ o) $-14xy$ q)$8x^2y^3z^6/3$ s) $-x^2y^3z^6/16$

b) $-2xy$ d) $-1/(5x)$ f) $-4x^2y/3$ h)$-12xy^2/5$ j) $-4x^2z$ l) $-20yz^2$ n) $xyz/6$ p) $-18xyz^2$ r) $-32xyz^2$ t) $4x^2y^2$

E10)

a) $x^3/2y^2$ c) $-3/(abc)$ e) $-2x/y$ g) $9c/(2ab)$ i) $-12yz/x$ k) $-4y^2/x^2$ m) $11/(yz)$ o) $-9x/(2y)$ q)$-9y^3z^6/x$ s)$-y^3z^6/(2x)$

b)$5y^2/(3xz)$ d)$-2y^3/(3z^3)$ f) $8y/x^3$ h) $-4xy^2$ j) $-8x/y$ l) $20yz^2/x$ n) $-6/(xy)$ p) $-8xz^2/y$ r)$-500xy^4/z$ t)$-2x^5y/z^2$

E11)

a) $2x^3 - 6xy^2$

b) $3abx - 6aby - 3abz^2$

c) $-3x^2 + 3x + 15$

d) $6a^2b+4ab^2+2a^2b^2+12ab$

e)$-5x^3 + 5xy^2 - 20x^2 + 25x$

f) $5a^2 - 5b^2$

g) $-3a^2 + b^2$

h) $-a^2 + b^2$

i) $-a^2 + b^2$

j) $-3x^3 + 2x^2 - 5x + 8$

k)$3xy-18x^2y-6x^3y-9xy^3$

l) $-6x + 8y - 4xy - 6$

m) $6a^2b + 4ab^3 - 8a^2b^2$

n)$8x^3yz+12x^2y^2z - 16x^2yz^2$

o) $2x^3y + 2xy^3 - 4x^2y^2$

p) $x^4y + 2x^3y + 5xy$

q) $8a3b3c - 12a^3b^2c^4$

r) $2x^3y^2 + 4x^2y^3 + 16xy^2$

s) $4x^3y^4 + 12x^2y^5$

t) $x^5y + 2x^3y^3 + x^4y + x^3y^2$

E12)

a) $2x(x + 3y)$

b) $a(x^2 - 2xy + y^2)$

c) $2xy(2 -xy + 3x^2y^2)$

d) $2c^4(2a^2b^3 - 4b^3c^2 - 5a^3c)$

e) $a^2(x^2 - 3x + 5)$

f) $2m(2x - x^2 + 3m)$

g) $25ab(ab - 5b + 15a)$

h) $4x^3(x^4 + 5x^2 + 2)$

i) $3a^2b^2x^2(bx - 3 + 4b^2x^3)$

j) $5abc(a + 3b + 5ac)$

k) $4(2a^2b^2c^4 -a^3c^3 +3b^4c^3 +4a^3b^2)$

l) $2m(2xy - x + 3y + 5m)$

m) $5a^2b^2c^2(-a +2bc^2 +3a^3b)$

n) $xy(x^3 + 3x^2y^2 +x^4 + x^2y)$

o) $2a^3b^2c^2(4b - c^3)$

p) $xy(x^3 + 4x^2 + 6)$

q) $2xy(x^2 + y^3 - 4x^2y)$

r) $6xy(1 - 4x - x^2 - 2y^3)$

s) $4ab(2a - b + ab - 3)$

t) $x^4(3x^2 + 2x^4 + 7x - 3)$

E13)

a) $-x^4 + 6x^3 + 6x^2 - 25x$

b) $2x^3 - 3x^2 + 24x - 12$

c) $-x^5 + 2x^4 + 4x^3 + 4x^2 - 6$

d) $-x^4 + x^2 + 3x + 5$

e) $-2x^6 + 6x^5 - 4x^4 - 4x^3 - x^2 + 6x + 13$

k) $(2x^7 -4x^6 -2x^4 +5x^2 +5) + (2x^5 -2x^7 +4x^3 -2x^6 -2x^4)$

l) $(5x^5 - 4x^7 -2x^6 -3x^4 -5) + (2x^5 +3x^3 -2x^6 +2x -3x^4)$

m) $(6 - 3x + 4x^4 +2x^5) + (2x^5 -2x^7 -3x^6 +4x -2x^4 -3)$

n) $(2x^2 +7x^4 +3x^5 +4x^6) + (2x^5 -4x^7 +2x^3 -6^6 +2x^2 -4)$

o) $-5x^7 - 2x^6 + 12x^5 + 2x^4 + 3x^3 + 4x^2 - 5x - 7$

184

O ALGEBRISTA

f) $6x^5 + x^4 - 3x$
g) $-4x^5 - 5x^4 + 4x^2 + 7x + 1$
h) $9x^4 + 4x^3 + 2x^2 - 13x + 5$
i) $2x^6 - x^5 - 4x^4 - 4x^3 - 2x^2 + 11x - 7$
j) $2x^5 + 8x^4 + x^3 + 4x^2 + 5$

p) $x^7 - 5x^5 - 3x^4 + 6x^3 + 2x^2 + 3x + 9$
q) $-6x^7 - 3x^6 + 5x^5 - 2x^4 - 4x^3 + 5x^2 + 8x + 7$
r) $-5x^7 - 8x^6 + 2x^4 - x^3 + 2x - 8$
s) $-5x^6 - 4x^4 + 4x^3 + x^2 + 5x - 1$
t) $-7x^7 - 2x^6 + 3x^5 - 5x^4 + 12x - 6$

E14)

a) $-3x^4 + 2x^3 + 6x^2 + 5x$
b) $-3x^3 + 4x^2 + 4x - 11$
c) $2x^6 - 3x^4 + 2x^3 + 2x^2 - 6x$
d) $x^6 + 4x^4 + 4x^3 - 5x^2 + x + 15$
e) $2x^7 - 3x^6 + 4x^4 - 5x^3 + 4x + 3$
f) $5x^7 - 5x^5 + 5x^4 - 6x^3 - 11x^2 + 9$
g) $5x^7 + 2x^6 - 3x^5 + 3x^4 - 2x^3 + 4x^2 + 4$
h) $-4x^7 + 3x^6 - 4x^5 + x^4 - 3x^3 - 2x - 15$
i) $10x^7 + x^6 - 3x^5 + 4x^4 - 6x^3 + 3x^2 + 4$
j) $-2x^4 + 3x^3 + 3x^2 + 4x - 2$

k) $-2x^7 + 7x^6 + 4x^5 - 3x^4 - 3x^2 + x + 5$
l) $3x^7 + 4x^6 - 4x^3 - 5x^2 + x + 15$
m) $x^7 + 2x^6 + 2x^5 - 2x^4 + 3x^3 - 2x^2 + 7$
n) $3x^7 + 3x^6 + 10x^4 - 8x + 9$
o) $-4x^7 + 3x^6 - 3x^5 - 2x^3 - 4x - 5$
p) $2x^5 - 2x^4 - 10x^3 + 4x^2 + 6x - 6$
q) $2x^6 - 6x^5 + 4x^4 - 4x^3 - 2x^2 - 16$
r) $x^5 - 5x^4 - 7x^2 - 6x + 9$
s) $x^5 - 8x^4 + 11x^2 - 3x - 11$
t) $-2x^6 + x^5 + 3x^3 - x^2 - 4x - 2$

E15)

a) $x^3 + 4x^2 + 10x + 7$
b) $x^3 - x + 8$
c) $x^4 - 5x^3 + 13x^2 - 17x + 12$
d) $-4x^8 - 20x^7 - 10x^6 - 20x^5 - 16x^4$
e) $2x^6 - 8x^5 + 6x^4 + 4x^2 - 15x + 3$
f) $6x^8 - 6x^7 - 16x^6 + 8x^5 - 14x - 28$
g) $-12x^7 + 4x^6 + 30x^5 - 34x^4 + 8x^3 - 30x + 10$
h) $-7x^8 - 21x^7 + 5x^6 + 13x^5 - 6x^4 + 6x^2 + 18x$
i) $-3x^6 + 7x^5 + 20x^4 - 4x^3 + 16x^2$
j)) $-4x^5 - 2x^4 + 2x^3 + 10x - 5$

k) $6x^4 - 10x^3 - 6x^2 + 36x$
l) $-6x^5 + 18x^3 - 12x^2 + 9x - 9$
m) $-9x^7 - 6x^5 + 6x^4 + 15x^3 - 5x^2 + 10x - 6$
n) $-4x^6 + 2x^5 + 2x^4 - 3x^3 + 3x^2 + 2x - 2$
o) $2x^6 + 3x^5 - 2x^4 - 8x^3 + 5x^2 + 5x - 5$
p) $2x^6 + 10x^5 + 12x^4 - 3x^3 - 7x^2 + 6x$
q) $-2x^8 - 9x^7 - 6x^6 + 7x^5 - 6x^4 - 3x - 9$
r) $x^9 + 2x^8 + 2x^7 - 7x^6 - 13x^5 - 4x^4 - 7x^2$
s) $-x^8 - 2x^7 - x^6 - 2x^4 + x^3 + 2x^2 - 2x - 8$
t) $-4x^7 - 6x^6 + 2x^4 + x^3 + x^2 + 8x + 3$

E16)

a) $Q = 9x$, $R = 10$
b) $Q = 1/3$, $R = 3x + 6$
c) $Q = -2/3$, $R = 6x + 7$
d) $Q = -2x + 8$, $R = 6x^2 - 9x$
e) $Q = 8x - 1$, $R = 20x + 52$
f) $Q = -4$, $R = 25x^2 - 15x$
g) $Q = -x^4 - 8x^2 + 3$, $R = 12x - 18$
h) $Q = -7x^5 + 13x^3 + 5$, $R = 0$
i) $Q = x^4 + 3x^2 + 1$, $R = 0$
j) $Q = -5x^3 - x^2 + x - 8$, $R = 6x^3$

k) $Q = 2x^3 + 4x^2 - 5$, $R = 0$
l) $Q = -3x^4 - x^2 - 2$, $R = 0$
m) $Q = -x^5 - 4x^2 - x + 8$, $R = 15$
n) $Q = x^5 + x^2 - 2x$, $R = 6$
o) $Q = 4x^6 - x^4 - 5x$, $R = 12$
p) $Q = -4x^6 + 2x^4 + 4x^2 - 2x$, $R = -15$
q) $Q = x^4/4 - x^3/2 + 3x^2/4 - 3x/4$, $R = 2x$
r) $Q = -x^6/4 - 3x^5/4 + 3x^4/4 - x^3 + 3x^2/2$, $R = 0$
s) $Q = -x^2 - x/3 - 1$, $R = -3x$
t) $Q = -x^6/3 - x^5/2 + x^4/6 - x^3/6 + 5/6$, $R = -3$

E17)

a) $Q = x$, $R = 2$
b) $Q = -x + 3$, $R = -5$
c) $Q = x + 5$, $R = 10$
d) $Q = 2x - 3$, $R = 20$
e) $Q = x - 7$, $R = 45$
f) $Q = x^2 - x + 3$, $R = -9$
g) $Q = x^2 + 4x + 12$, $R = 29$
h) $Q = 2x^2 - 10x + 50$, $R = -251$
i) $Q = 3x - 2$, $R = 10$
j) $Q = x$, $R = -5$

k) $Q = 2x^2 + 4x + 13$, $R = 28$
l) $Q = x^3 + x^2 + x + 1$, $R = 0$
m) $Q = x^3 - 3x^2 + 13x - 51$, $R = 205x - 204$
n) $Q = x^4 - 2x^3 + 3x^2 - 4x + 5$, $R = -6$
o) $Q = 3x^2 - 12x + 52$, $R = -208$
p) $Q = 2x^4 - 5x^3 + 5x^2 + x - 11$, $R = 11$
q) $Q = -2x^3 + 6x^2 - 10$, $R = 10$
r) $Q = -2x^5 - 4x^4 - 8x^3 + 20x^2 + 38x + 79$, $R = 165$
s) $Q = -2x^6 + 4x^5 - 8x^4 + 12x^3 - 22x^2 + 44x - 88$, $R = 170$
t) $Q = -7x^5 - 14x^4 - 30x^3 - 60x^2 - 117x - 229$, $R = -463$

E18)

a) $x^2 - 6x + 9$
b) $x^3 - 9x^2 + 27x - 27$
c) $x^4 - 12x^3 + 54x^2 - 108x + 81$

f) $a^4 + 4ab + 4b^2$
g) $9x^2 - 12xy + 4y^2$
h) $4m^2 + 12m + 9$

k) $x^4 + 2x^3 - x^2 - 2x + 1$
l) $4x^2 + 12xy^2 + 9y^4$
m) $1 - 6x^2 + 9x^4$

p) $4x^4 + 9x^2 + 25 + 12x^3 - 20x^2 - 30x$
q) $a^2 + b^2 + c^2 + 2ab + 2ac + 2bc$
r) $4a^2 + 9b^2 + 16c^2 + 12ab + 16ac + 24bc$

Capítulo 3 – Expressões algébricas   185

d) $x^2 + 2xy + y^2$ i) $9m^2 - 6mk + k^2$ n) $x^4 + 2x^2y^2 + y^4$ s) $x^3 + 3x^2 + 3x + 1$

e) $x^2 - 2xy + y^2$ j) $x^4 - 19x^2 + 81$ o) $x^2 + 2x\sqrt{2} + 2$ t) $x^3 - 3x^2 + 3x - 1$

E19)

a) $-x^4 + 4x^3 - 6x^2 + 4x - 17$

b) $5x^2 + x - 40$

c) $2x^2 - 5x + 7$

d) $x^2 - 2xy + y^2 - 3x + 3y + 5$

e) $x^2 - 2x + 2$

f) $3a + 5$

g) $x^3 + x^2 - x + 2$

h) $x^2 + x - 1$

i) $-x^2 - 4x + 6$

j) $4ab$

k) $3x^2 + 12x + 14$

l) $x^3 + 5x^2 + 12x + 12$

m) $-3x^2 + 13x - 8$

n) $-8x$

o) $10(a + b)^2 = 10a^2 + 20ab + 10b^2$

p) $4(x + 1)^2 + 6(x - 1)^2 = 10x^2 - 4x + 10$

q) $12x$

r) $x^2 + 2x + 1$

s) $x^2 + 3x + 3$

t) $4x + 10$

E20)

a) $-x^2 - 2x - 1$ c) $9ab^2 + 4a^2b$ e) $16a^5x^3y$ g) $-2a^3 + a^2b$ i) $6x^{2m-n}$

b) $4a^2b - 5ab^2 + 5b^3$ d) $7x^2 + 4xy - y$ f) $3a^3/7 + 5 + 26ab^2/3 + 4a^2/21$ h) $-2b + 4c$ j) j) $125a^6b^{3m}c^{3p}$

E21)

a) $-10x^2$ c) a^3b^4 e) $12x^6y^7z^3$ g) $63x^2y^2$ i) $10a^7b^{10}c^5$ k) $21x^6y^7$ m) $12x^8y^5z^5$ o) $24x^7y^9z^7$

b) $28x^2$ d) $28x^3y^4z$ f) $24a^4b^4$ h) $3a^6b^3c^4$ j) $-30a^2b^3c^4$ l) $-30a^4b^7c^5x^5$ n) $48a^5m^4x^6$

E22)

a) -65 c) 56 e) -19 g) -34 i) -48 k) -48 m) 0 o) 45

b) -13 d) -8 f) 0 h) 24 j) 22 l) -70 n) -18

E23)

a) x^4 c) $7x$ e) $4x^4$ g) $-4x$ i) $4x^3y$ k) $3y^2$ m) $12xy^2$ o) $3xy$

b) $8x^3$ d) $-6x^2$ f) $17x$ h) $x^2y/4$ j) $5x^3/y$ l) $-4a^3b^2$ n) $3x^2y/5$

E24)

a) $-ab^2c^3d^5$ c) $5a^2b^5c$ e) $4am^2n^4$ g) $-4c$ i) $3pr^2$ k) $1/abc$ m) $2/(mnp)$ o) $-q^2/(3mgt)$

b) $2xyz/3$ d) $-xyz^2w^4$ f) $3yz^3$ h) $2n^2$ j) $-13agt$ l) $3/(2xy^3z^3)$ n) $-a/(3b^2)$

E25)

a) $2a^2 + 2b^2$ c) $6x - 2z$ e) $2b + 2c$ g) $3a^2 + 5a - 2$ i) $9x^3 - 3x$

b) $9a^2 - 2a + 6$ d) $4x + 4y + 4z$ f) $4a + 4c$ h) $8ab + 3ac$ j) $5x^2 - 2y^2 + 3xy$

E26)

a) $-2b^2$ c) $6m^3+4m^2+7m+2$ e) $7x^3 + 7x^2 + 2$ g) $3a^3-a^2b-2ab^2+b^3$ i) $-3x^3 - 4y^3 - x^2y - 4xy^2$

b) $a^3 + 3a^2 + 6a + 2$ d) $2x^3-2x^2+4x+y$ f) $a^3 + 3a^2b - ab^2$ h) $5x^3+3x^2y+5xy^2+13$ j) $3c^3 - d^3 + c^2d + cd^2$

E27)

a) $a^3 - 5a^2 - a + 4$ c) $a - b + c$ e) $2x - 3y + 8z$ g) $2ac + 2bc$ i) $x^3 + 3x^2 + 2x - 8$

b) $-ax^4$ d) $2a - 2b + 6c$ f) $x + 4y + 5z$ h) $2ab+ac+4bc-2bd$ j) $x^3 - 7x^2 + 4x$

E28)

a) $-7b^3 + 8c^3 - 18abc + 7c^2$

b) $3x^2 + x - 2$

c) $a^3 + 3b^3 + 4c^3 - 6abc$

d) $x^4 + 2x^3 - 4x^2 + 7x - 5$

e) $-x^5 - x^3 - x^2 - 2x$

f) $-2b^3 + 4a^2b - 2ab^2$

g) $ab^2 + 2a^3b^3 - 2b^4$

h) $-x^3 - 11x^2y - 2y^3 + 4xy^2 - 3x^2 - 5y^2$

i) $3a^2b - 3ab^2$

j) $-2c^2 - 2ab + 2bc + 2ac$

186   O ALGEBRISTA

E29)
a) $5a + 2b - 2$ c) $13x - 15y + 3z$ e) $5a + 2b - 4c$ g) $3a - b$ i) $-8x + y$
b) $x + 2a$ d) $2a + b - 4c$ f) $3x - 5y + z$ h) $2x + 3y + 2z$ j) $6x - 3z$

E30)
a) $ab + ac$ d) $6x^2 - 9xy$ g) $bx - 3b^2$ j) $4a^3b - 20a^2b^2$ m) $5x^2y - 15y^3$
b) $a^2b^2c + a^2bc^2 - ab^2c^2$ e) $12xy + 6y^2$ h) $-6a^3 + 9a^2b$ k) $-x^2y^2 + 3xy^3$ n) $-x^4 + 3x^2y^2$
c) $4x^2 + 28x$ f) $6a - 6a^2$ i) $10x^2z + 15xz^2$ l) $-2x^4$ o) $-a^3b^3 + a^5b^2$

E31)
a) $a^5 + 2a^4b + 2a^3b^2$ f) $-a^5 - a^4b^2 - a^2b^3$ k) $8a^4b^2 + 12a^5$
b) $a^3b^2 + 2a^2b^3 + 2ab^4$ g) $3a^2y^4 - 9a^2xy^4 + 3a^2y^6$ l) $8a^5b^3 + 10a^5$
c) $8x^3 - 12x^2y - 18xy^2$ h) $x^{15}y^2 - x^{13}y^4 - x^6y^{12}$ m) $4x^5 - 6x^4 + 6x^3 - 10x^2$
d) $x^2y^2 - 2xy^3 + y^4$ i) $4x^5y^3 - 6x^4y^5 + 4x^3y^6$ n) $9x^7 - 12x^5 + 15x^4 - 6x^3$
e) $15a^4b^4 - 20a^3b^5 + 5a^5b^3$ j) $a^{10}x^5y^{10} - a^9x^4y^9 - a^8x^3y^3$ o) $10a^3b - 25a^2b^2 - 15ab^3$

E32)
a) $8m^2 - 10mp + 3p^2$ f) $a^3 - b^3$ k) $-a^4 + 4a^3b - 7ab^3 - 2b^4$
b) $x^2 - bx - cx + bc$ g) $a^3 + b^3$ l) $20a^4b^5 + 7a^3b^6 - 25a^5b^4 - 2a^2b^7$
c) $25x^2 - 30xy + 9y^2$ h) $a^2 + ab - bc - c^2$ m) $2x^4 + 13x^3 + 9x^2 - 50x + 40$
d) $a^2 - 12ab + 35b^2$ i) $a^4 + b^4 + 2a^2b^2 - a^3b - ab^3$ n) $3x^4 + 5x^3 + 3x^2 + x$
e) $a^2 + ab - 6b^2$ j) $x^5 - 3x^4 - 3x^3 + 16x^2 - 21$ o) $x^5 + 2x^4y - x^3y^2 - 4x^2y^3 + 2xy^4$

E33)
a) $a^4 - 2a^2b^2 + b^4$ f) $-a^4 + b^4 + 4a^2b^2 - 4ab^3$
b) $a^2b^2 + c^2d^2 + 2abcd - a^2c^2$ g) $a^4 - b^4 - c^4 - 2b^2c^2 + ac^3 - a^3c + ab^2c$
c) $3x^4y^4 + 9x^2y^6 - 2x^5y^3 - 6x^3y^5$ h) $a^4 - 16a^2b^2x^2 + 32a^3b^3x^3 - 16a^4b^4x^4$
d) $x^4 - 2x^2y^2 + y^4$ i) $6a^4 + 5a^3bx - 6a^2b^2x - 4a^2b^2x^2 + 3ab^3x^3 + 4ab^3x - 2b^4x^3$
e) $3x^4 - 5x^3y - 12x^2y^2 - xy^3 + 3y^4$ j) $14x^4y^3 + 32x^3y^5 - 48x^4y^4 + 10x^6y^2 - 16x^2y^6$

E34)
a) $2a^2 - a$ d) $5m^2 - p^2$ g) $2x^2 - 3x$ j) $5x - y$ m) $-3a + 4b - c$
b) $7a^4 - a$ e) $3x^3 - 5x^2$ h) $-x^2 + 2$ k) $ax - 1$ n) $ab - b^4 - a^2b$
c) $7x^2 + 1$ f) $-3x^3 + 1$ i) $a + 2c$ l) $x + xy$ o) $x - 2xy - 3y^2$

E35)
a) $xy - x^2 - y^2$ c) $-a + 1 - b$ e) $x^2 + 2x + 1$ g) $x^3 - x^2y - y^2$ i) $a^2c^2 + a - c$
b) $a^2 - ab - b^2$ d) $-1 + xy + x^2y^2$ f) $a - b - c$ h) $ab - 2 - 3b^2$ j) $a^2b^2 - 3abc - 2c$

E36)
a) $Q = x + 8, R = 0$ f) $Q = 3a + 1, R = 0$ k) $Q = a^2 - ab - ac - bc + b^2 + c^2, R = 0$
b) $Q = x - 8, R = 0$ g) $Q = a + 5, R = 0$ l) $Q = x - 3, R = -6x^2 + 6x + 2$
c) $Q = x + 8, R = 0$ h) $Q = x^2 - x + 1, R = 0$ m) $Q = x^2 + 3x + 1, R = 0$
d) $Q = x - 8, R = 0$ i) $Q = x^4 + x^2 + 1, R = 0$ n) $Q = a - b, R = 0$
e) $Q = a + 5, R = 0$ j) $Q = -3a - 2, R = 0$ o) $Q = x + y - z, R = 0$

E37)
a) $x + 5a + 9$ f) $-15a + 8b - c$
b) $5a + 4b + 7d - 12$ g) $7a - 5b$
c) $-f + 8m - 6x - 3d - 8$ h) $3a^2 + a^2b + 2ab^2 - 7b^3$
d) $-7a - 17b + 8c - 19d + 3e + 2f$ i) $8a^4 - 5a^3b + 36a^2b^2 - 9ab^3 + b^4$
e) $27a - 14b$

Capítulo 3 – Expressões algébricas

E38) 4   E39) a^4b E40) (A)   E41) (A)   E42) (D)

E43) (D)

E44) a) $9x^2 - 36x + 35$ b) $8x^2 + 26x + 15$ c) $4x^2 + 12x + 9$

E45) (E)   E46) $4r^3 s^7 \sqrt{z}$ E47) (D)   E48) (B)

E49) (A)   E50) $-2a^3 + 7a^2b - ab^2 - 4b^3$

E51) $x^{15} + x^{14} + x^{13} + x^{12} + x^{11} + x^{10} + x^9 + x^8 + x^7 + x^6 + x^5 + x^4 + x^3 + x^2 + x + 1$

E52) $x^3 - 2x^2 - 6x + 27$ E53) $x^4 - x^3 + x^2 + x - 2$ E54) 47/6

E55) 0   E56) Expressão algébrica racional fracionária

E57) $Q = x^4 - 2x + 1$, $R = 0$ E58) $Q = 3x^2 + 6x - 1$, $R = -17x - 4$

E59) (B)   E60) (C)   E61) (12)   E62) (C)   E63) (B)

E64) (C)   E65) (D)   E66) (C)   E67) (D)   E68) (A)

E69) (C)   E70) (A)   E71) (B)   E72) (E)   E73) (A)

E74) (B)   E75 (E)   E76) (C)   E77) (C)   E78) (B)

E79) (B)   E80) (B)   E81) (C)   E82) (C)   E83) (A)

E84) (C)   E85) (A)   E86) (C)   E87) (C)

E88) (B)
Solução:
Todos os termos de P(x) terão o sinal invertido, quando trocamos –5 por 5 (e vice-versa). Se P(–5) vale 17, os três termos em x, x^5 e x^9 têm soma 14 para x = –5. Se fizermos x = 5, esta soma passará a ser –14. Somando 3, teremos que P(5) = –14 + 3 = –11.

E89) (C)

E90) (A)
OBS: Dizer que Q(x) = –2x + 1 é um fator de P(x) = $-6x^3 + 11x^2 - 2x + k$ é o mesmo que dizer que o resto da divisão de $-6x^3 + 11x^2 - 2x + k$ por –2x + 1 vale 0. Para encontrar de forma rápida o resto da divisão por –2x +1 = –2(x – 1/2), usamos o teorema do resto, calculando P(–1/2) e igualamos a zero.

E91) (E)   E92) (B)   E93) (C)   E94) (C)   E95) (D)

E96) (D)

E97) Solução:

Calcule o valor de $E = \dfrac{a \cdot b^{-2} \cdot \left(a^{-1}b^2\right)^4 \cdot \left(ab^{-1}\right)^2}{a^{-2} \cdot b \cdot \left(a^{-2}b^{-1}\right)^{-2} \cdot \left(a^{-1}b\right)^{-4}}$, sendo a = 3 e b = 2.

Solução: Devemos simplificar a expressão para depois calcular o valor numérico. Como todo os fatores a e b estão operados apenas por multiplicações, divisões e potências, podemos operar com os expoentes:

Expoente de **a** no numerador: $1 - 4 + 2 = -1$
Expoente de **a** no denominador: $-2 + 4 + 4 = 6$
Expoente de **b** no numerador: $-2 + 8 - 2 = 4$
Expoente de **b** no denominador: $1 + 2 - 4 = -1$

Ficamos então com: $\dfrac{a^{-1}b^4}{a^6 b^{-1}} = \dfrac{b^5}{a^7}$

Fazendo a=3 e b=2 ficamos com $2^5/3^7 = \mathbf{32/2187}$

E98) $Q = x^3 + x^2 - 2x - 2$, $R = 7$ E99) $\left(\dfrac{9}{2}\right)^{n^2}$, se n>0 E100) (C)

E101) (A) E102) (C) E103) $4x^{3a-4} - 6x^{a-1}y^{4-b} - 6x^{2a-3}y^{b+5} + 9y^9$

E104) (A) E105) (B) E106) (A) E107) (B) E108) (D)

E109) (B) E110) (A) E111) $\dfrac{(a+b)^2}{ab}$

E112) 4. Simplifique antes de atribuir os valores de a e b.

E113) (E) E114) (x − 7) E115) x = 5/2 e y = 3/2 E116) −37/4

E117) (B) E118) (A) E119) (E) E120) $\dfrac{8x^5 z^5}{y^6}$ E121) 20

E122) x + 2 E123) 15 E124) (A) E125) $4x^2 - 6x + 7$ E126) 36

E127) P(2) tem que ser 0, ou seja, tem que deixar resto 0 na divisão por x − 2.
P(2) = 0 ➜ k = −3

E128) (B) E129) (B) E130) (A) E131) (C) = 7

Capítulo 4

Produtos notáveis

Para ganhar tempo

A maioria dos alunos conhece bem a tabuada. Se aparecer uma expressão como 7x12, saberão calcular rapidamente a resposta: 84. Por outro lado, se aparecer o número 84 no numerador de uma fração, é extremamente útil saber que pode ser dividido por 7, ou por 14, ou por 12:

$84 = 7 \times 12$
$84 = 14 \times 6$
$84 = 12 \times 7$

Ao ver em uma expressão, o número 84 no numerador e o número 35 no denominador, o aluno lembrará imediatamente que ambos podem ser divididos por 7, e simplificará a expressão com facilidade:

$$\frac{84}{11} \times \frac{19}{35} = \frac{12}{11} \times \frac{19}{5}$$

O aluno que não vê imediatamente que 84 e 35 são divisíveis por 7, vai perder mais tempo testando a divisibilidade.

Ocorre exatamente a mesma coisa com as expressões algébricas. Certas expressões aparecem com muita frequência, e se soubermos o resultado memorizado, ganharemos bastante tempo.

Certas expressões algébricas simples, que aparecem com muita frequência, são chamadas *produtos notáveis*, e devem ser memorizadas. Vejamos quais são essas expressões e seus exemplos:

$(a+b)^2 = a^2 + 2ab + b^2$

Nesta fórmula e nas fórmulas seguintes, as variáveis a e b representam expressões algébricas quaisquer. Por exemplo, se tivermos a=x e b=5, a expressão fica:

$(x+5)^2 = x^2 + 10x + 25$ (observe que $2.x.5 = 10x$ e $5^2 = 25$).

Isso é uma fórmula que precisa ser memorizada. A melhor forma de memorizar fórmulas é entender como são obtidas. Calculemos o valor de $(a+b)^2$ sem usar fórmulas memorizadas, até chegar à expressão final. Elevar um valor ao quadrado é a mesma coisa que multiplicar o valor por ele mesmo. Ficamos então com:

190
O ALGEBRISTA

$(a+b)^2 = (a+b).(a+b)$

Temos aqui dois binômios $(a+b)$. É um caso particular da multiplicação de polinômios, já bastante exercitada no capítulo 3. Ficamos com:

$(a+b).(a+b) = a^2 + a.b + b.a + b^2$

Como a.b é a mesma coisa que b.a, a expressão resulta em:

$(a+b).(a+b) = a^2 + a.b + b.a + b^2 = a^2 + 2ab + b^2$

Provamos assim que:

$$(a + b)^2 = a^2 + 2ab + b^2$$

Se ao invés de a e b tivermos outras letras, números ou expressões, a fórmula continua válida:

"O quadrado da soma é igual ao quadrado do primeiro termo, mais duas vezes o produto do primeiro pelo segundo, mais o quadrado do segundo termo".

Exemplos:
$(x+1)^2 = x^2 + 2x + 1$
$(x+2)^2 = x^2 + 4x + 4$
$(x+3)^2 = x^2 + 6x + 9$
$(x+4)^2 = x^2 + 8x + 16$
$(2x+y)^2 = 4x^2 + 4xy + y^2$
$(2x+3y)^2 = 4x^2 + 12xy + 9y^2$
$(x+1/2)^2 = x^2 + x + 1/4$

Também é comum aplicar a fórmula no modo inverso, ou seja, dada uma expressão algébrica que é um quadrado perfeito, transformá-la no quadrado de um binômio. Para fazer isso, devemos:

1) Identificar entre os termos da expressão, dois quadrados perfeitos e encontrar a sua raiz quadrada positiva.

2) Verificar se o termo restante é igual a duas vezes o produto das raízes quadradas. Se for, a expressão original é igual ao quadrado da soma dessas raízes quadradas.

Exemplo:
Transformar a expressão $x^2 + 12x + 36$ no quadrado de um binômio.

A primeira coisa a fazer é localizar os dois quadrados perfeitos:

x^2 é o quadrado de x
36 é o quadrado de 6.

$2.6.x = 12x$, que é exatamente o outro termo da expressão. Então concluímos que:

$x^2 + 12x + 36 = (x+6)^2$

Capítulo 4 – Produtos notáveis

Exemplo:
Verificar se a expressão $x^4 + 6x^2y^3 + 9y^6$ é o quadrado de um binômio

x^4 é o quadrado de x^2
$9y^6$ é o quadrado de $3y^3$

$2.x^2.3y^3 = 6x^2y^3$, que é exatamente o outro termo da expressão. Logo:

$$x^4 + 6x^2y^3 + 9y^6 = (x^2 + 3y^2)^2$$

Como vemos, é importante não apenas saber elevar um binômio ao quadrado, mas também, fazer a operação inversa: dada uma expressão, identificar qual é o binômio que, se elevado ao quadrado, resulta na expressão dada.

Exemplo:
A expressão $x^2 + 6x + 20$ é igual ao quadrado de um binômio, somado com um número. Determine qual é este binômio e qual é este número.

x^2 é o quadrado de x

Não conseguimos identificar o outro valor que está somado com x e elevado ao quadrado. Mas sabemos que o termo em x, que é 6x, é igual a 2 vezes o primeiro pelo segundo, ou seja:

$$6x = 2.x.(\text{segundo})$$

Sendo assim, o segundo valor só pode ser igual a 3, e o quadrado do segundo é 9. Podemos então escrever a expressão original (fazendo $20 = 9 + 11$) como:

$$x^2 + 6x + 9 + 11$$

Concluímos então que a expressão original é igual a $(x+3)^2 + 11$.

Exemplo:
Escrever a expressão $x^2 + 10x + 40$ como a soma de um quadrado com um número.

Já vemos na expressão um quadrado perfeito, que é x^2, o quadrado de x. O termo do primeiro grau, 10x, é igual a 2 vezes o primeiro (x) vezes o segundo termo do binômio. Então:

$$10x = 2.x.(\text{segundo}) \rightarrow \text{o segundo termo é 5.}$$

Agora temos que fazer aparecer na expressão o quadrado de 5, que é 25. Para isso basta desmembrar 40 em $25 + 15$:

$$x^2 + 10x + 40 = x^2 + 10x + 25 + 15 = (x+5)^2 + 15$$

Exemplo:
Escrever a expressão $x^2 + 8x + 3$ como a soma de um quadrado de um binômio, mais um valor fixo.

Encontramos na expressão um quadrado perfeito que é x^2, o quadrado de x. O termo 8x é igual a duas vezes o primeiro (x) pelo segundo. Então:

$$8x = 2.x.(\text{segundo}) \rightarrow \text{o segundo número do binômio é 4}$$

192   O ALGEBRISTA

Temos então que fazer aparecer na expressão o quadrado de 4, que é 16. Para isso escrevemos o outro termo, 3, como 16 – 13.

$$x^2 + 8x + 3 = x^2 + 8x + 16 - 13 = (x+4)^2 - 13$$

Para fazer surgir o termo "quadrado do segundo", ao invés de fazer $3 = 16 - 13$, poderíamos também somar e subtrair 16. Somando e subtraindo valores iguais, o valor da expressão não se altera.

$$x^2 + 8x + 3 = x^2 + 8x + 3 + 16 - 16 = x^2 + 8x + 16 + 3 - 16 = (x + 4)^2 - 13$$

Este método para "completar quadrados" somando e subtraindo um valor conveniente para fazer aparecer o valor desejado em uma expressão, sempre funciona.

Exemplo:
Exprimir $x^2 + 3x + 1$ como a soma de um quadrado perfeito mais uma constante

Já temos x^2, então o primeiro termo é x. Falta determinar a expressão "duas vezes o primeiro vezes o segundo". Como x é o primeiro termo do binômio que está elevado ao quadrado, o termo 2.primeiro.segundo é 2.x.segundo = 3x. Sendo assim, o segundo termo é 3/2. O quadrado do segundo é $(3/2)^2 = 9/4$. Algebricamente, o passo mais simples agora é somar e diminuir 9/4, ficando com"

$$x^2 + 3x + 9/4 + 1 - 9/4 = (x + 3/2)^2 + 1 - 9/4 = (x + 3/2)^2 - 5/4$$

Exemplo:
Exprimir $10^{2m} + 2.10^m$ como a soma de um quadrado perfeito com uma constante.
O termo 10^{2m} é um quadrado, pois podemos escrevê-lo como $(10^m)^2$. Sendo assim, 10^{2m} é o quadrado de 10^m, e o termo 2.10^m contém este termo elevado a 1. Podemos então formar o termo do meio 2.10^m.segundo $= 2.10^m$, portanto o segundo termo é 1. Para chegar ao quadrado de $(10^m + 1)^2 = 10^{2m} + 2.10^m$, vamos somar 1 e subtrair 1:

$$10^{2m} + 2.10^m = 10^{2m} + 2.10^m + 1 - 1 = (10^m + 1)^2 - 1$$

Exemplo:
Exprimir $x^4 + 6x^2 + 30$ como a soma de um quadrado perfeito e um valor constante.
Note que a expressão "quadrado perfeito" pode ser usada para números e também para expressões algébricas. No caso, uma expressão algébrica é chamada de "quadrado perfeito", quando é o quadrado perfeito de outra expressão algébrica. Esta expressão é usada apenas informalmente, pois a rigor, qualquer expressão algébrica positiva pode ser escrita como o quadrado de outra expressão algébrica, por exemplo, x + 2 é o quadrado de $\sqrt{x+2}$, desde que x + 2 não seja negativo. Sob este prisma, poderíamos responder que a expressão deste problema, $x^4 + 6x^2 + 30$ já é um "quadrado perfeito", o quadrado de $\sqrt{x^4 + 6x^2 + 30}$. Permitindo o uso de irracionais, qualquer valor não negativo é o quadrado de sua raiz quadrada.

O enunciado ficaria mais preciso se escrevêssemos como "o quadrado de uma expressão algébrica racional". Usualmente usamos o termo "quadrado perfeito" para expressões algébricas, quando as expressões algébricas envolvidas são todas racionais, ou seja, não existem raízes nessas expressões. Ainda assim, apesar de não usarmos a designação "perfeito", isto não muda o fato de que $x^4 + 6x^2 + 30$ continua sendo o quadrado de $\sqrt{x^4 + 6x^2 + 30}$.

Capítulo 4 – Produtos notáveis 193

Vamos então procurar formar uma expressão da forma $a^2 + 2ab + b^2$ no nosso trinômio $x^4 + 6x^2 + 30$.

O termo candidato a ser o "quadrado do primeiro" é x^4, então o "primeiro" seria x^2. Isto não se deve ao fato do x^4 aparecer primeiro na expressão, mas ao fato de termos encontrado um valor (x^2) e seu quadrado (x^4).

Primeiro = x^2, quadrado do primeiro = x^4

Sendo assim, o termo do meio da expressão (2.a.b) seria:
$6x^2 = 2.\text{primeiro}.\text{segundo} = 2.x^2.\text{segundo}$

Portanto o segundo termo só pode ser 3. Para formar $(x^2 + 3)^2$, falta apenas aparecer o quadrado do segundo termo, que seria $3^2 = 9$. Vamos então somar e subtrair 9 na nossa expressão:

$x^4 + 6x^2 + 30 = x^4 + 6x^2 + 9 + 30 - 9 = (x^2 + 3)^2 + 21$

Exemplo: Exprimir $x + \sqrt{x}$ ($x > 0$) como a soma de um quadrado, mais uma constante usando o menor número possível de radicais.

Uma solução para o problema seria $\left(\sqrt{x + \sqrt{x}}\right)^2 + 0$, porém esta não é a forma mais simples,

podemos resolver o problema com um único radical. Como o termo x é o quadrado da sua raiz, vamos fazer:

Primeiro = $\sqrt{x}$
Quadrado do primeiro = x
Nesse caso, o termo 2.primeiro.segundo ficaria:
$\sqrt{x} = 2.\sqrt{x}.\text{segundo}$
segundo = 1/2

A expressão elevada ao quadrado seria $\sqrt{x} + \dfrac{1}{2}$. Seu quadrado é:

$$\left(\sqrt{x} + \frac{1}{2}\right)^2 = x + \sqrt{x} + \frac{1}{4}$$

Falta portanto adicionar e subtrair 1/4 para completar o quadrado:

$$x + \sqrt{x} = x + \sqrt{x} + \frac{1}{4} - \frac{1}{4} = \left(\sqrt{x} + \frac{1}{2}\right)^2 - \frac{1}{4}$$

Obviamente, expressões como $x^2 + 6x + 9$ são muito fáceis, e a coisa fica feia quando aparecem frações e radicais.

Interpretação geométrica

A fórmula do quadrado da soma pode ser interpretada geometricamente, como o cálculo da área de um quadrado de lados iguais a (a+b). Por outro lado, a área desse mesmo quadrado pode ser calculada como a soma das áreas dos quatro quadriláteros da figura abaixo: 2 quadrados e dois retângulos. As duas situações são mostradas nas figuras abaixo.

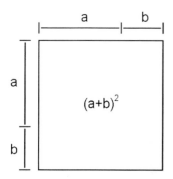 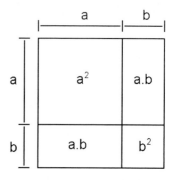

Ocorre que os dois quadrados têm áreas iguais a a^2 e b^2, e os dois retângulos são iguais, têm áreas iguais a **a.b** cada um. Sendo assim, a área do quadrado total é dada por $a^2 + 2ab + b^2$. Isso mostra que:

$$(a+b)^2 = a^2 + 2ab + b^2$$

OBS.: Várias fórmulas algébricas e geométricas podem ser demonstradas através de interpretações geométricas como neste exemplo.

Não confunda

É natural que muitos alunos, ao trabalharem pela primeira vez com letras, cometam alguns enganos baseados em idéias erradas. Por exemplo, muitos alunos pensam que $(a+b)^2$ é a mesma coisa que $a^2 + b^2$. Está completamente errado. Por exemplo, 10^2 é igual a 100. O número 10, por sua vez, pode ser escrito como uma soma de números positivos, de várias formas:

$10 = 1 + 9$
$10 = 2 + 8$
$10 = 3 + 7$
$10 = 4 + 6$
$10 = 5 + 5$

Considere agora somar os quadrados dessas parcelas:

$1^2 + 9^2 = 1 + 81 = 82$
$2^2 + 8^2 = 4 + 64 = 68$
$3^2 + 7^2 = 9 + 49 = 58$
$4^2 + 6^2 = 16 + 36 = 52$
$5^2 + 5^2 = 25 + 25 = 50$

São números que, somados resultam em 10, mas a soma dos seus quadrados não é a mesma coisa que o quadrado de 10 (ou seja, 100). Isto ocorre porque a operação de elevar ao quadrado não é distributiva em relação à adição. Nem sempre operações que fazemos em relação à multiplicação e adição podem ser feitas com outras operações, como é o caso da potência. Isso explica porque $(a+b)^2$ não é a mesma coisa que $a^2 + b^2$. No aprendizado da álgebra não devemos usar de forma indiscriminada as propriedades aprendidas para os números naturais, inteiros e racionais e as quatro operações básicas. É preciso aprender, uma a uma, quais propriedades podem ser usadas. E a potência, definitivamente, não tem as mesmas propriedades que a adição, e a multiplicação, em relação à distributividade.

Capítulo 4 – Produtos notáveis   195

O único caso em que $(a+b)^2 = a^2 + b^2$, é quando a ou b valem zero.

A diferença entre $(a+b)^2$ e $a^2 + b^2$ também pode ser interpretada geometricamente.

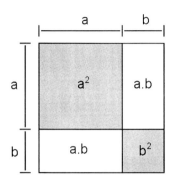

A figura mostra um quadrado de lado igual a $(a+b)$, sua área é portanto $(a+b)^2$. Estão também destacados na figura os quadrados de lados a e b, cujas áreas são a^2 e b^2. Vemos então que $a^2 + b^2$ (a soma das áreas dos dois quadrados destacados) é bem diferente de $(a+b)^2$ (a área do quadrado total).

Exercícios

E1) Calcule os seguintes quadrados usando a fórmula do quadrado da soma
a) $(x+1)^2$
b) $(x+3)^2$
c) $(2x+3)^2$
d) $(7+2x)^2$
e) $(x+6)^2$
f) $(x+5)^2$
g) $(x+10)^2$
h) $(2x+5)^2$
i) $(4x+y)^2$
j) $(x+3y)^2$
k) $(a+2b)^2$
l) $(3a+b)^2$
m) $(4x+3y)^2$
n) $(x^2+9)^2$
o) $(2a^2b+3ab^2)^2$
p) $(3ab+b^2)^2$
q) $(5ab+3a^2b^2)^2$
r) $(x^2+y^2)^2$
s) $(2x^2+3y^2)^2$
t) $(2x^3+5y^2)^2$

E2) Transforme cada expressão abaixo no quadrado de um binômio
a) $x^2 +4x +4$
b) $x^2 +6x +9$
c) $x^2 +10x +25$
d) $x^2 +2x +1$
e) $x^2 +12x +36$
f) $a^2 + 6ab + 9b^2$
g) $9x^2 + 24xy + 16y^2$
h) $4x^2 + 4x + 1$
i) $9y^2 + 6y + 1$
j) $4k^2 + 12k + 9$
k) $x^2 + 10x + 25$
l) $x^2 + 20x + 100$
m) $16a^2 + 8a + 1$
n) $4x^2 + 12xy + 9y^2$
o) $100m^2 + 60m + 9$
p) $b^2 + 6b + 9$
q) $x^4 + 6x^2 + 9$
r) $x^4 + 2x^3 + x^2$
s) $x^{2y} + 4x^y + 4$
t) $10000 + 200x + x^2$

E3) Escrever cada expressão abaixo como a soma do quadrado de um binômio, mais um valor constante.
a) $x^2 + 10x + 16$
b) $x^2 + 6x + 1$
c) $x^2 + 10x + 10$
d) $z^2 + 4z$
e) $x^2 + 6x + 8$
f) $m^2 + 8m$
g) $x^2 + x + 1$
h) $x^2 + 3x$
i) $4m^2 + 7m$
j) $k^6 + k^3$
k) $x^2 + 5x + 1$
l) $x^{10} + 10x^5$
m) $t^2 + t$
n) $x^2 + 12x + 100$
o) $x^4 + 2x^2 + 10$
p) $x + x^{1/2} + 1$, $x>0$
q) $x^y + 2x^{y/2}$, $x>0$ e $y>0$
r) $10^{2n} + 6.10^n + 10$
s) $5^{2m} - 4.5^m + 1$
t) $z^2 + z^4 + 1$

$(a - b)^2 = a^2 - 2ab + b^2$

Este é um outro produto notável que aparece com muita frequência:

"O quadrado de uma diferença de dois termos é igual ao quadrado do primeiro termo, menos duas vezes o primeiro vezes o segundo, mais o quadrado do segundo termo."

$$(a - b)^2 = a^2 - 2ab + b^2$$

A fórmula pode ser demonstrada facilmente, como já fizemos para o quadrado de a+b, exceto que agora teremos a–b:

$(a–b)^2 = (a–b) \cdot (a–b) = a^2 – ab – ba + b^2 = a^2 – 2ab + b^2$

196   O ALGEBRISTA

Uma outra forma mais fácil para deduzir esta fórmula é partir da fórmula do quadrado da soma e trocar b por (–b). Podemos fazer isso porque na verdade a e b podem ser qualquer expressão. Escrevendo a–b coma a + (–b) ficamos com uma soma e podemos aplicar a fórmula já conhecida:

$$[a + (-b)]^2 = a^2 + 2.a.(-b) + (-b)^2 = a^2 - 2ab + b^2$$

Exemplos:
$(x-1)^2 = x^2 - 2x + 1$
$(x-2)^2 = x^2 - 4x + 4$
$(x-3)^2 = x^2 - 6x + 9$
$(x-4)^2 = x^2 - 8x + 16$
$(2x-y)^2 = 4x^2 - 4xy + y^2$
$(2x-3y)^2 = 4x^2 - 12xy + 9y^2$
$(x-1/2)^2 = x^2 - x + 1/4$

Exercícios

E4) Calcule os seguintes quadrados usando a fórmula do quadrado da soma

a) $(x - 2)^2$
b) $(x - 4)^2$
c) $(2x - 5)^2$
d) $(7 - 3x)^2$
e) $(x - 7)^2$

f) $(x - 9)^2$
g) $(x - 12)^2$
h) $(3x - 7)^2$
i) $(2x - y)^2$
j) $(x - 6y)^2$

k) $(a - 5b)^2$
l) $(7a - b)^2$
m) $(5x - 2y)^2$
n) $(x^2 - 8)^2$
o) $(3a^2b - 4ab^2)^2$

p) $(5ab - b^2)^2$
q) $(3ab - 5a^2b^2)^2$
r) $(x^2 - y^2)^2$
s) $(3x^2 - 7y^2)^2$
t) $(5x^3 - 3y^2)^2$

Outro tipo de problema muito comum é reconhecer um quadrado perfeito em uma expressão algébrica. Muitas vezes isso não é um problema independente, mas uma etapa a ser usada na resolução de problemas maiores, por exemplo, na resolução de equações. Vemos que o quadrado de um binômio (seja adição ou subtração) é uma expressão com três termos (trinômio), na qual dois deles são quadrados perfeitos e com o mesmo sinal, ou seja, devem aparecer o quadrado de um primeiro termo e o quadrado de um segundo termo. Se o outro termo for igual a duas vezes o primeiro pelo segundo, então é a expressão é o quadrado de uma soma, se existir um sinal trocado, então é o quadrado de uma diferença.

Exemplo:
Verificar se a expressão $x^2 - 6x + 9$ é um quadrado perfeito.

Se for um quadrado perfeito, a expressão deverá ser o quadrado de um binômio. Temos que identificar inicialmente, dois termos que sejam quadrados perfeitos:

x^2 é o quadrado de x
9 é o quadrado de 3

$2.x.6 = 6x$, que é exatamente o outro termo, porém com sinal trocado. Então a expressão é o quadrado da diferença:

$$x^2 - 6x + 9 = (x - 3)^2$$

Observe que $(3 - x)^2$ é a mesma coisa que $(x - 3)^2$. Por quê? Sabemos que quando elevamos um número ao quadrado, não importa se o seu sinal é positivo ou negativo, por exemplo, 5^2 é a mesma coisa que $(-5)^2$. Sendo assim, $(3 - x)$ é a mesma coisa que $(x - 3)$ com o sinal trocado (é preciso trocar todos os sinais). Logo, se elevarmos a o quadrado, o resultado será o mesmo. Isso também pode ser visto através da fórmula:

Capítulo 4 – Produtos notáveis

$(a-b)^2 = a^2 - 2ab + b^2$

$(b-a)^2 = b^2 - 2ba + a^2$

Vemos então que as duas expressões acima são iguais. O exercício que acabamos de exemplificar tem então duas respostas:

$x^2 - 6x + 9 = (x - 3)^2 = (3 - x)^2$

Apenas por questão de convenção, tradicionalmente escolhemos $(x - 3)^2$ para que o binômio fique ordenado e com o primeiro termo positivo. Mas nada impede que seja dada a resposta $(3 - x)^2$.

Exemplo:
Verificar se a expressão $4a^2x^2 - 12ax^3 + 9x^4$ é um quadrado perfeito.

Vemos que a expressão tem dois quadrados perfeitos:

$4a^2x^2$ é o quadrado de $2ax$.
$9x^4$ é o quadrado de $3x^2$.

Multiplicando duas vezes o primeiro pelo segundo, ficamos com:

$2.2ax.3x^2 = 12ax^3$, que é exatamente o outro termo, porém com sinal negativo. Então a expressão é o quadrado da diferença

$4a^2x^2 - 12ax^3 + 9x^4 = (2ax - 3ax^2)^2$

Exemplo:
Verificar se a expressão $10x - 25 - x^2$ pode ser expressa a partir de um quadrado perfeito.
Este exemplo é um pouco diferente. Temos dois quadrados perfeitos: x^2 e 25, porém ambos aparecem com sinais negativos. Vamos então colocar -1 em evidência para que a expressão entre parênteses fique com dois quadrados perfeitos com sinais positivos.

$10x - 25 - x^2 = -(x^2 - 10x + 25)$

É claro que ao colocarmos -1 em evidência, todos os sinais da expressão que ficará entre parênteses serão trocados, e o termo $10x$ aparecerá como $-10x$. Analisando agora a expressão entre parênteses:

x^2 é o quadrado de x
25 é o quadrado de 5
$2.x.5 = 10x$, que é exatamente o outro termo, porém com sinal trocado. Então

$x^2 - 10x + 25 = (x - 5)^2$

Não podemos esquecer que esta expressão está dentro de um par de parênteses que tem um sinal negativo na frente:

$10x - 25 - x^2 = -(x^2 - 10x + 25) = -(x - 5)^2$

Exemplo:

Escrever a expressão $x^2 - 20x + 50$ como a soma de um quadrado de um binômio mais um valor constante.

Já fizemos exercícios como este quando estudamos o quadrado da soma. O roteiro é:

1) Identificar um termo que seja quadrado perfeito
2) Identificar um termo que possa ser "duas vezes o primeiro pelo segundo"
3) Fazer aparecer um valor numérico que seja o quadrado do segundo

No nosso exemplo a expressão é $x^2 - 20x + 50$. Identificamos o termo x^2 que é um quadrado.

1) x^2 é o quadrado de x.
2) $2 \cdot x \cdot$"segundo" $= -20x$, então o "segundo" é 10 e a expressão terá o quadrado de uma diferença, que é $(x - 10)^2 = x^2 - 10x + 100$.
3) Como a expressão original é $x^2 - 10x + 50$, transformamos em $x^2 - 10x + 100 - 50$.

Então:
$x^2 - 20x + 50 = x^2 - 10x + 100 - 50 = (x - 10)^2 - 50$

E5) Transforme cada expressão abaixo no quadrado de um binômio
a) $x^2 - 14x + 49$
b) $x^2 - 6x + 9$
c) $x^2 - 20x + 100$
d) $x^2 - 4x + 4$
e) $x^2 - 10x + 25$
f) $x^2 - 2x + 1$
g) $x^2 - 26x + 169$
h) $x^2 - 12x + 36$
i) $x^2 - 24x + 144$
j) $a^2 - 6ab + 9b^2$
k) $9x^2 - 24xy + 16y^2$
l) $4t^2 + 28t + 49$
m) $9c^2 + 30c + 25$
n) $4m^2 - 4m + 1$
o) $x^2 + x + 1/4$
p) $x^4 + 2x^2 + 1$
q) $k^6 - 6k^3 + 9$
r) $10^{2n} - 2 \cdot 10^n + 1$
s) $1 + w + w^2/4$
t) $x^4 + x^2 + 1/4$

Interpretação geométrica

Expressões algébricas simples do segundo grau podem ser interpretadas geometricamente através de áreas de quadrados ou retângulos, nos quais os fatores do primeiro grau aparecem como lados. Já mostramos neste capítulo a interpretação geométrica da fórmula que dá $(a+b)^2$. Veremos agora uma interpretação para a fórmula de $(a - b)^2$. Para isso vamos construir um quadrado de lado $(a - b)$ cuja área possa ser formada a partir de combinações de a^2, b^2 e ab, que são as áreas dos quadrados de lados a e b, e de retângulos de dimensões a e b.

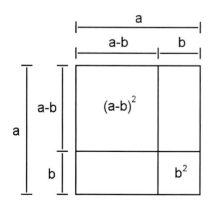

Na figura ao lado temos um quadrado grande, de lado a, e um quadrado menor, de lado b. O quadrado médio tem lado igual a (a–b). Note que existem dois retângulos de lados b e (a – b), mas se cada um desses retângulos for juntado com o quadrado menor, ficarão dois retângulos de lados a e b.

Capítulo 4 – Produtos notáveis

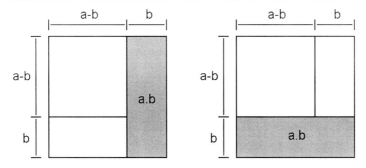

O quadrado médio, com lados iguais a (a − b), pode ser obtido da seguinte forma:

1) Partir do quadrado maior, de lado a, área a^2.
2) Subtrair um retângulo de lados a e b, com área a.b.
3) Adicionar o pequeno quadrado de lado b, área b^2.
4) Subtrair o outro retângulo de lados a e b, com área a.b.

A figura abaixo mostra essas etapas.

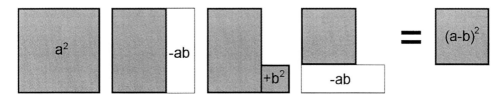

$a^2 - ab + b^2 - ab = (a - b)^2$

$a^2 - 2ab + b^2 = (a - b)^2$

Não confunda

Alguns alunos confundem $(a - b)^2$ com $a^2 - b^2$. Já explicamos quando apresentamos o quadrado da soma, que a potência (no caso, o quadrado) não pode ser distribuída entre as parcelas de uma adição, e nem de uma subtração. Veja por exemplo algumas formas de escrever o número 5 através de subtrações:

5 = 6 − 1
5 = 7 − 2
5 = 8 − 3
5 = 9 − 4
5 = 10 − 5

Se elevarmos as parcelas ao quadrado e calcularmos as diferenças, ficaremos com:

$6^2 - 1^2 = 36 - 1 = 35$
$7^2 - 2^2 = 49 - 4 = 45$
$8^2 - 3^2 = 64 - 9 = 55$
$9^2 - 4^2 = 81 - 16 = 65$
$10^2 - 5^2 = 100 - 25 = 75$

Esses exemplos ilustram o fato de que $(a - b)^2$ não é a mesma coisa que $a^2 - b^2$.

$(a+b+c)^2$

Essa expressão pode aparecer na verdade de 8 formas diferentes:

$(a+b+c)^2$, $(a+b-c)^2$, $(a-b+c)^2$, $(a-b-c)^2$, $(-a+b+c)^2$, $(-a+b-c)^2$, $(-a-b+c)^2$ e $(-a-b-c)^2$.

Não é necessário memorizar todas elas, basta lembrar da primeira. Para as outras, simplesmente convertemos as subtrações em adições com os simétricos. Por exemplo:

$a + b - c = a + b + (-c)$

Então calculemos:

$(a+b+c)^2 = (a+b+c).(a+b+c) = a^2 + ab + ac + ba + b^2 + bc + ca + cb + c^2$

Note que existem termos semelhantes na expressão, que reduzidos, leva a:

$(a+b+c)^2 = a^2 + 2ab + 2ac + b^2 + 2bc + c^2 = a^2 + b^2 + c^2 + 2(ab + ac + bc)$

$$\boxed{(a+b+c)^2 = a^2 + b^2 + c^2 + 2(ab + ac + bc)}$$

Portanto, o quadrado da soma de três termos algébricos é igual à soma dos quadrados dos termos, mas o dobro da soma dos três produtos entre os números, tomados dois a dois.

Exemplo:
$(x + 2y + 3z)^2 = x^2 + 4y^2 + 9z^2 + 2(2xy + 3xz + 6yz)$

A mesma fórmula pode ser adaptada para quando tivermos subtrações. Por exemplo, para aplicá-la a $(a - b - c)^2$, basta trocar b por $-b$ e c por $-c$. Os termos ao quadrado não se alteram, apenas os termos dos produtos combinados. Ficamos então com:
$(a - b - c)^2 = a^2 + b^2 + c^2 + 2[a.(-b) + a.(-c) + (-b).(-c)] = a^2 + b^2 + c^2 + 2[-ab - ac + bc]$

Exercícios

E6) Calcule os seguintes quadrados usando a fórmula do quadrado da soma de 3 termos

a) $(x - y + 3)^2$
b) $(x + y - 2)^2$
c) $(4x + 3y - 5)^2$
d) $(2 + 4y - 3x)^2$
e) $(3x + 2y - 9)^2$

f) $(x + y - 5)^2$
g) $(x + z - 10)^2$
h) $(3x + 2y - 4)^2$
i) $(2x - 3y + 2)^2$
j) $(5x - 6y + 2z)^2$

k) $(2a - 5b + c)^2$
l) $(3a - 4b + 2c)^2$
m) $(4x - 5y - 3z)^2$
n) $(x^2 + y^2 - 8)^2$
o) $(2a^2b - 3ab^2 + 5ab)^2$

p) $(4ab - 2bc - c^2)^2$
q) $(2ab - 3ab^2 + 3a^2b^2)^2$
r) $(x^2 - y^2 + 4)^2$
s) $(5x^2 - 3y^2 + z^2)^2$
t) $(2x^3 - 4y^2 + 2z^2)^2$

$(a+b).(a-b) = a^2 - b^2$

Este é outro produto notável muito importante, que aparece com bastante frequência. É chamado de "diferença de quadrados", que é obtido quando multiplicamos uma soma de dois valores pela sua diferença.

A dedução da fórmula também é bem fácil:

$(a + b).(a - b) = a^2 - ab + ba - b^2$

Os termos $-ab$ e $+ba$ são simétricos e vão ser cancelados (sua soma dá zero), ficando somente a^2 e $-b^2$.

Capítulo 4 – Produtos notáveis   201

$$(a+b).(a-b) = a^2 - b^2$$

Exemplos:
$(x+3).(x-3) = x^2 - 9$
$(x+5).(x-5) = x^2 - 25$
$(x+1).(x-1) = x^2 - 1$
$(x+a).(x-a) = x^2 - a^2$
$(3x+5y).(3x-5y) = 9x^2 - 25y^2$
$(1+x).(1-x) = 1 - x^2$
$(x^2 + 4)(x^2 - 4) = x^4 - 16$
$(x^4 + 10)(x^4 - 10) = x^8 - 100$
$(x^8 + a^8)(x^8 - a^8) = x^{16} - a^{16}$
$(x^3 + 1)(x^3 - 1) = x^6 - 1$

Assim como ocorre com os outros produtos notáveis, pode acontecer o problema inverso: identificar uma diferença de quadrados e representá-la como o produto de uma soma por uma diferença.

Exemplo:
Representar $x^2 - 100$ como um produto de binômios.

x^2 é o quadrado de x
100 é o quadrado de 10

Então $x^2 - 100 = (x+10).(x-10)$

Exemplo:

A figura ao lado mostra o lugar em que é encaixado, dentro de um computador, um tipo de processador chamado Pentium 4, muito comum entre 2000 e 2005, é portanto um chip bem antigo. O processador, não mostrado na figura, é o responsável pela execução dos programas.

O componente ao lado é chamado de *Soquete 478*, e possui vários furos com contatos metálicos onde é encaixado o processador. O processador, por sua vez, possui pinos metálicos que se encaixam exatamente nesses furos.

Usando a fórmula da diferença de quadrados, calcule, sem contar um a um, o número de contatos metálicos desse soquete.

Se contarmos os pinos um a um, vamos demorar muito tempo. Entretanto, contando apenas na largura e no comprimento, vemos que existe um quadrado maior, e dentro dele, um quadrado menor.

O quadrado menor tem 26 furos na largura e no comprimento.

202 O ALGEBRISTA

O quadrado menor tem 14 furos na largura e no comprimento.
No canto inferior esquerdo vemos que existem dois furos a menos.

Então o número total de furos é igual a:

$26^2 - 14^2 - 2$

Note que $26^2 - 14^2$ é uma diferença de quadrados, que pode ser escrita como a soma multiplicada pela diferença. Ficamos então com:

$(26 + 14).(26 - 14) - 2$

$= 40.12 - 2 = 480 - 2 = 478$

Então são ao todo, 478 contatos. Por isso este componente é chamado de Soquete 478. É claro que poderíamos fazer a conta cima elevando 26 ao quadrado e subtraindo 14 ao quadrado, mas transformando em produto de soma por diferença ficou bem mais fácil.

Exemplo: CMBH 2007
Seja N o número que se deve somar a 86115^2 para se obter 86116^2. A soma dos algarismos que compõem N é igual a:

(A) 20   (B) 18   (C) 16   (D) 14   (E) 13

Solução:
Este tipo de questão é bastante comum. À primeira vista á resposta é simples, basta calcular a diferença entre os dois valores dados:
$86115^2 + N = 86116^2$

$N = 86116^2 - 86115^2$

O problema é que o cálculo desses valores é bastante trabalhoso. Encontrar os quadrados desses números requer multiplicações trabalhosas, e é grande a chance de erro nas contas. Por outro lado, o cálculo fica simples quando lembramos que:

$x^2 - y^2 = (x + y).(x - y)$

Ou seja, não é necessário elevar os números ao quadrado, pois de acordo com este produto notável (diferença de quadrados), basta multiplicar a soma pela diferença entre esses valores:

$86116 - 86115 = 1$

$86116 + 86115 = 172231$

Sendo assim,

$N = 86116^2 - 86115^2 = (86116 + 86115).(86116 - 86115) = 172231.1 = 172231$

A soma dos algarismos de N é 16.

Resposta (C)

Capítulo 4 – Produtos notáveis
203

É muito comum em provas, apresentar cálculos trabalhosos, com números com muitos algarismos ou muitas casas decimais, que ficam fáceis quando transformados em forma fatorada como em $x^2 - y^2 = (x + y)(x - y)$.

Exercícios

E7) Calcule os seguintes produtos

a) $(x+8).(x-8)$
b) $(m + 1)(m - 1)$
c) $(x + 10)(x - 10)$
d) $(3x + 2y)(3x - 2y)$
e) $(4k + 1)(4k - 1)$

f) $(2a - 2b)(2a + 2b)$
g) $(x - 2a)(x + 2a)$
h) $(x^2 - y^2)(x^2 + y^2)$
i) $(x^4 - y^4)(x^4 + y^4)$
j) $(x^8 + a^8)(x^8 - a^8)$

k) $(xy + 2)(xy - 2)$
l) $(x^5 + 1)(x^5 - 1)$
m) $(2ab+5ac^2)(2ab-5ac^2)$
n) $(x + 2/3)(x - 2/3)$
o) $(x + 1/x)(x - 1/x)$

p) $(a + b + c)(a + b - c)$
q) $\left(\sqrt{x} + \sqrt{y}\right)\left(\sqrt{x} - \sqrt{y}\right)$
r) $\left(\sqrt{3} + \sqrt{2}\right)\left(\sqrt{3} - \sqrt{2}\right)$
s) $(1 - x^{10})(1 + x^{10})$
t) 10001×9999

E8) Representar as seguintes expressões como o produto de uma soma por uma diferença.

a) $x^2 - 1$
b) $x^2 - a^2$
c) $4x^4 - 9x^2$
d) $9w^2 - 1$
e) $z^8 - z^4$

f) $1 - k^2$
g) $10000 - x^2$
h) $4m^2 - 16n^2$
i) $25a^2b^2 - 49x^4y^6$
j) $a^{64} - 1$

k) $x^6 - y^6$
l) $x^2 + 6x + 8$
m) $x^2 + 6x$
n) $x^4 - 4x^2$
o) $x^6 - 1/x^6$

p) $22^{88} - 88^{22}$
q) $a^{2m} - b^{2m}$
r) 999999
s) $a^2 + 2ab + b^2 - c^2$
t) $x^{16} - a^{16}$

Produto de Stevin: $(x+a).(x+b) = x^2 + Sx + P$

Este produto notável é conhecido como *Produto de Stevin*. As letras S e P representam a soma e o produto de <u>a</u> e <u>b</u>, respectivamente, ou seja, S = a+b e P = a.b. É uma fórmula muito útil que muitas vezes nos permite ganhar tempo no cálculo de expressões algébricas. Também permite a resolução de equações de segundo grau de cabeça, como veremos no capítulo 13.

Sua demonstração é muito simples:

$(x+a).(x+b) = x^2 + x.b + a.x + a.b$

Podemos colocar x em evidência nas expressões x.b e a.x, ficando com x.(a+b).

$$\boxed{(x+a).(x+b) = x^2 + x.(a+b) + a.b}$$

Podemos chamar a+b de S (soma) e a.b de P (produto), e ficamos com:

$$\boxed{(x+a).(x+b) = x^2 + S.x + P}$$

Exemplo:
$(x+2).(x+5) = x^2 + 7x + 10$

Veja que 7 é a soma de 2 e 5, e 10 é o produto de 2 e 5.

Exemplos:
$(x+1).(x+3) = x^2 + 4x + 3$
$(x+4).(x+7) = x^2 + 11x + 28$
$(x+2).(x+3) = x^2 + 5x + 6$
$(x+4).(x+5) = x^2 + 9x + 20$
$(x+2).(x+6) = x^2 + 8x + 12$

204   O ALGEBRISTA

A fórmula do Produto de Stevin também pode ser usada em expressões dos tipos $(x+a).(x-b)$. $(x-a).(x+b)$ e $(x-a).(x-b)$. Para isso, basta usar como S, a soma algébrica dos números que estão acompanhando x nos binômios, e ao calcular P, levar em conta os sinais que acompanham a e b.

Exemplo:
Calcular $(x+3).(x-1)$

Os números que acompanham x são 3 e –1. A soma algébrica desses números é 2, e o produto é –3. O produto fica então:

$$x^2 + 2x - 3$$

Exemplo:
Calcular $(x-4).(x-5)$

Os números que acompanham x são –4 e –5. Sua soma algébrica é –9 e seu produto é +20. O produto fica então:

$$x^2 - 9x + 20$$

Exemplos:
$(x-4).(x+3) = x^2 -x -12$
$(x+4).(x-7) = x^2 -3x -28$
$(x-2).(x+3) = x^2 +x -6$
$(x-4).(x-5) = x^2 -9x + 20$
$(x+2).(x-6) = x^2 -4x -12$

Exercícios

E9) Calcule os seguintes produtos:

a) $(x+2).(x+7)$
b) $(x + 4)(x + 10)$
c) $(x + 5)(x + 8)$
d) $(x + 2)(x - 2)$
e) $(x + 1)(x + 9)$

f) $(x + 6)(x + 9)$
g) $(x + 5)(x + 7)$
h) $(x + 2)(x + 8)$
i) $(x + 4)(x + 9)$
j) $(x + 3)(x + 6)$

k) $(x + 3)(x + 8)$
l) $(x + 4)(x + 8)$
m) $(x + 8)(x + 7)$
n) $(x + 3)(x + 9)$
o) $(x + 6)(x + 7)$

p) $(x + 2a)(x + 3a)$
q) $(ax + b)(ax + 4b)$
r) $(x + 20)(x + 40)$
s) $(x + k)(x + m)$
t) $(x + 2z)(x + 3z)$

E10) Calcule os seguintes produtos:

a) $(x-2).(x-9)$
b) $(x - 8)(x - 5)$
c) $(x - 3)(x - 6)$
d) $(x - 5)(x - 9)$
e) $(x - 6)(x - 8)$

f) $(x - 5)(x - 7)$
g) $(x - 7)(x - 9)$
h) $(x - 8)(x - 2)$
i) $(x - 3)(x - 4)$
j) $(x - 10)(x - 12)$

k) $(x + 2)(x - 5)$
l) $(x - 3)(x + 4)$
m) $(x - 5)(x + 7)$
n) $(x - 4)(x + 7)$
o) $(x - 2)(x + 14)$

p) $(x + 3)(x - 7)$
q) $(x + 4)(x - 9)$
r) $(x + 5)(x - 9)$
s) $(x + 4)(x - 15)$
t) $(x + 8)(x - 12)$

Muitas vezes precisamos realizar a operação inversa, ou seja, dado um trinômio do segundo grau, identificar qual foram os binômios de primeiro grau que foram multiplicados.

Considere como exemplo o produto $(x+2).(x+3)$, que resulta em $x^2 +5x +6$. Se for dado este trinômio para ser transformado em um produto de binômios, devemos descobrir quais são os dois números que somados resultam em 5, e multiplicados resultam em 6. Na maioria das vezes é fácil descobrir. Nesse exemplo, os números são 2 e 3 (soma=5 e produto=6). Então:

$$x^2 +5x +6 = (x+2).(x+3)$$

Capítulo 4 – Produtos notáveis

205

Exemplos:

$x^2 +6x +8$	➜ 2 e 4 ➜	$(x+2).(x+4)$
$x^2 +10x +16$	➜ 2 e 8 ➜	$(x+2).(x+8)$
$x^2 +5x +4$	➜ 1 e 4 ➜	$(x+1).(x+4)$
$x^2 +9x +14$	➜ 2 e 7 ➜	$(x+2).(x+7)$
$x^2 +8x +15$	➜ 3 e 5 ➜	$(x+3).(x+5)$

Exercícios

E11) Transforme os seguintes trinômios em um produto de dois binômios do primeiro grau:

a) $x^2 + 7x + 6$	f) $x^2 + 9x + 18$	k) $x^2 + 13x + 36$	p) $x^2 + 13x + 40$
b) $x^2 + 8x + 15$	g) $x^2 + 9x + 14$	l) $x^2 + 6x + 8$	q) $x^2 + 12x + 11$
c) $x^2 + 10x + 21$	h) $x^2 + 10x + 24$	m) $x^2 + 12x + 27$	r) $x^2 + 20x + 75$
d) $x^2 + 7x + 12$	i) $x^2 + 12x + 35$	n) $x^2 + 15x + 56$	s) $x^2 + 17x + 70$
e) $x^2 + 6x + 5$	j) $x^2 + 8x + 12$	o) $x^2 + 16x + 60$	t) $x^2 + 12x + 20$

É fácil fazer isso quando todos os sinais positivos. Quando aparecem sinais negativos, temos um pouco mais de trabalho. Vejamos inicialmente o que acontece quando o termo em x é negativo e o termo numérico é positivo.

Exemplo:
Transformar $x^2 -6x +8$ em um produto de binômios do primeiro grau.

Como o termo numérico é positivo, significa que os números a e b da fórmula têm sinais iguais. Por outro lado, como o coeficiente de x é negativo, os dois números que acompanham x são negativos. Então este trinômio, sendo fatorado, ficará como $(x - a).(x - b)$. Então a e b são números cujo produto é 8 e cuja soma é 6. Esses números são 2 e 4. Então o trinômio convertido em produto ficará:

$$x^2 - 6x + 8 = (x - 2).(x - 4)$$

Pode ainda aparecer o caso em que o termo numérico é negativo. Nesse caso, os números que acompanham x são, um positivo e um negativo.

Exemplo:
Transformar $x^2 -5x -14$ em um produto de dois binômios de primeiro grau.

Os números que acompanham x nos binômios são, um positivo e um negativo, pois seu produto dá –14, que é negativo. Então a fórmula será do tipo $(x + a).(x - b)$. Nesse caso, o número 5 não é a soma, mas sim a diferença entre os números a e b da fórmula. Então temos que identificar dois números cuja diferença seja 5 e cujo produto seja 14. É fácil ver que os números são 7 e 2, mas temos que identificar ainda qual deles ficará com o sinal negativo e qual com o positivo. Descobrimos isso através do sinal do termo em x. Como esse termo é negativo (–5), significa que o de maior módulo será o negativo. Sendo assim, o 7 ficará com o sinal negativo e o 2 ficará com o sinal positivo. Ficamos então com:

$$x^2 -5x -14 = (x - 7).(x + 2)$$

Por outro lado, quando o termo em x tem coeficiente positivo, significa que o número de maior módulo ficará com o sinal positivo.

Exemplo:
Transformar $x^2 +7x -30$ em um produto de dois binômios de primeiro grau.

206   O ALGEBRISTA

Como o termo numérico é negativo, o produto será da forma $(x + a).(x - b)$, e o termo em x é a diferença entre $\underline{a}$ e $\underline{b}$. Temos então que descobrir quais são os dois números que multiplicados resultam em 30 e subtraídos resultem em 7. É fácil ver que os números são 10 e 3.

Agora temos que descobrir os sinais. Como o termo em x é positivo, significa que o de maior módulo é o que tem o sinal positivo. Portanto o 10 ficará com o sinal positivo, e o 3 ficará com o sinal negativo.

$$x^2 + 7x - 30 = (x + 10).(x - 3)$$

As formas possíveis são:

$$x^2 + Sx + P \rightarrow (x + a).(x + b)$$
$$x^2 - Sx + P \rightarrow (x - a).(x - b)$$
$$x^2 \pm Dx - P \rightarrow (x + a).(x - b) \rightarrow \text{o maior entre a e b ficará com o sinal do termo em x.}$$

Exercícios

E12) Transforme os seguintes trinômios em um produto de dois binômios do primeiro grau:

a) $x^2 - x - 2$ f) $x^2 - x - 30$ k) $x^2 - 25$ p) $x^2 + 6x - 91$
b) $x^2 + 4x - 32$ g) $x^2 + x - 72$ l) $x^2 + 5x - 14$ q) $x^2 - 2x - 48$
c) $x^2 + 2x - 35$ h) $x^2 - 3x - 54$ m) $x^2 + 10x - 24$ r) $x^2 + 10x - 39$
d) $x^2 - 4x - 12$ i) $x^2 + 9x - 52$ n) $x^2 - 15x - 54$ s) $x^2 + 12x - 85$
e) $x^2 + 3x - 40$ j) $x^2 - 6x - 16$ o) $x^2 - 6x - 72$ t) $x^2 - 10x - 200$

Tome cuidado, a fórmula do Produto de Stevin requer que nos dois binômios, a variável $\underline{x}$ apareça com sinal positivo. Se x aparecer com sinal negativo, será preciso colocar –1 em evidência para fazer com que x apareça com sinal positivo, para então aplicar a fórmula.

Exemplo:
$$(4-x).(x-3) = -(x-4).(x-3) = -(x^2 - 7x + 12) = -x^2 + 7x - 12$$

Por outro lado, se os dois termos tiverem um sinal negativo antes de x, podemos trocar os sinais de ambos, pois quando multiplicamos um valor por –1 duas vezes ele não se altera, já que $(-1).(-1) = 1$:

$$(2 - x).(5 - x) = (x - 2).(x - 5) = x^2 - 7x + 10$$

A fórmula do Produto de Stevin também exige que o termo em x^2 tenha coeficiente 1, no caso de transformar o trinômio em produto. Se não for, temos que colocar o seu coeficiente em evidência para poder aplicar a fórmula.

Exemplo:
Transformar $2x^2 + 6x + 4$ em um produto de binômios do primeiro grau.

Como o termo em x^2 tem coeficiente 2, temos que colocar 2 em evidência:

$$2x^2 + 6x + 4 = 2.(x^2 + 3x + 2)$$

Ficamos então com o dobro de um trinômio do 2° grau com coeficiente 1, que pode ser facilmente convertido:

$$2.(x^2 + 3x + 2) = 2.(x+1).(x+2)$$

Capítulo 4 – Produtos notáveis   207

O resultado 2.(x+1).(x+2) já está na forma fatorada. Opcionalmente podemos "devolver" o coeficiente 2 para um dos binômios. Por exemplo:

(2x+2).(x+2) ou então (x+1).(2x+4)

OBS.: No capítulo 5 veremos uma forma de fatorar diretamente este trinômio ter que fazer esta manobra com o coeficiente de x^2.

Exercícios

E13) Transforme os seguintes trinômios em um produto de dois binômios do primeiro grau e um fator numérico:

a) $3x^2 - 9x + 6$
b) $3x^2 + 27x + 54$
c) $4x^2 - 20x + 24$
d) $2x^2 + 20x + 48$
e) $5x^2 - 5x - 10$
f) $4x^2 - 8x - 32$
g) $2x^2 - 10x - 72$
h) $6x^2 + 36x + 48$
i) $4x^2 - 4x - 120$
j) $2x^2 + 16x + 30$
k) $3x^2 - 18x - 48$
l) $4x^2 + 48x + 80$
m) $2x^2 - 4x - 96$
n) $5x^2 + 30x + 25$
o) $3x^2 + 15x - 42$
p) $7x^2 + 56x + 84$
q) $3x^2 + 12x - 96$
r) $4x^2 + 56x + 28$
s) $3x^2 + 36x + 33$
t) $3x^2 + 30x - 72$

Interpretação geométrica

O Produto de Stevin pode ser interpretado geometricamente como o cálculo da área de um retângulo cujos lados são (x+a) e (x+b), como na figura abaixo. Para calcular a área, multiplicamos esses dois valores.

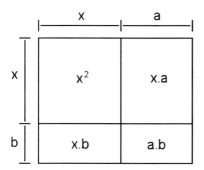

A área do retângulo é então (x+a).(x+b), que também pode ser calculada como a soma das áreas das quatro figuras que formam este retângulo maior: um quadrado de lado x (área x^2) e mais três retângulos, com áreas a.b, x.a e x.b.

a.b = P (produto)
x.a + x.b = x.(a+b) = x.S (soma)

Logo $(x+a).(x+b) = x^2 + Sx + P$

Derivados do Produto de Stevin

Alguns produtos notáveis podem ser formulados com base no Produto de Stevin. São produtos não muito comuns em provas e problemas, mas quando aparecem, podem ser de difícil solução para quem nunca os viu. Calcular o produto é sempre fácil, mas a operação inversa (fatoração) é bem mais difícil. Vejamos então três produtos notáveis, não muito conhecidos, mas que podem ser bem úteis.

(x+a).(x+b).(x+c)

Este produto tem uma fórmula que lembra a do Produto de Stevin:

208   O ALGEBRISTA

$(x+a).(x+b).(x+c) = x^3 + S_1.x^2 + S_2x + S_3$

Os coeficientes do trinômio resultante são:
S_1 = soma dos números a, b e c = a+b+c
S_2 = Soma dos produtos dos números a, b e c, tomados 2 a 2 = ab + ac + bc
S_3 = Soma dos produtos dos números a, b e c, tomados 3 a 3 = produto a.b.c

OBS.: No capítulo 21 estudaremos as relações de Girard, que formam uma generalização da fórmula acima.

A fórmula é de fácil dedução:

$(x+a).(x+b).(x+c) = (x^2 + ax + bx + ab).(x+c)$ (calculando primeiro $(x+a).(x+b)$)
$= x^3 + ax^2 + bx^2 + abx + cx^2 + acx + bcx + abc$ (multiplicando por $(x+c)$)
$= x^3 + ax^2 + bx^2 + cx^2 + abx + acx + bcx + abc$ (ordenando o polinômio em x)
$= x^3 + (a+b+c)x^2 + (ab + ac + bc)x + abc$ (reduzindo termos semelhantes)
$= x^3 + S_1.x^2 + S_2x + S_3$

$$\boxed{(x+a).(x+b).(x+c) = x^3 + (a+b+c).x^2 + (a.b + a.c + b.c)x + a.b.c}$$

A formula acima é para $(x + a)(x + b)(x + c)$. Se x tiver coeficientes, todos iguais, como em $(2x + a)(2x + b)(2x + c)$, por exemplo, fazemos a substituição y = 2x e recaímos em $(y + a)(y + b)(y +c)$, aplicamos então a fórmula com y e no final substituímos y por 2x, lembrando que no caso teremos também $y^3 = 8x^3$ e $y^2 = 4x^2$. Outra opção é não usar fórmula alguma (caso você a esqueça) e multiplicar diretamente as expressões.

(a+1).(b+1)

Este produto é um caso particular do Produto de Stevin, obtido quando fazemos x=1:

$(x+a).(x+b) = x^2 + (a+b).x + a.b$
$(1+a).(1+b) = 1 + a + b + a.b$

$$\boxed{(a+1).(b+1) = ab + a + b + 1}$$

Exemplo:
Transformar m.n + m + n + 1 em um produto de dois binômios do primeiro grau.

Vemos que a expressão m.n + m + n + 1 é um caso particular do resultado de $(x+m).(x+n)$ quando x=1. Então:

m.n + m + n + 1 = (m+1).(n+1)

(a+1).(b+1).(c+1)

Este produto é também um caso particular de outro produto apresentado antes: $(x+a).(x+b).(x+c)$, quando fazemos x=1. A fórmula geral para este produto é:

$(x+a).(x+b).(x+c) = x^3 + (a+b+c).x^2 + (a.b + a.c + b.c)x + a.b.c$

Quando fazemos x=1, ficamos com:

Capítulo 4 – Produtos notáveis 209

$(a+1).(b+1).(c+1) = 1 + a + b + c + ab + ac + bc + abc$

É um produto fácil de calcular, apesar de um pouco trabalhoso, entretanto, se for apresentada a questão inversa, ou seja, transformar a expressão em um produto de três binômios, dificilmente alguém resolverá rapidamente a questão se não conhecer este produto notável pouco conhecido.

Exercícios

E14) Calcule os seguintes produtos:

a) $(x+1).(x+2).(x+3)$

b) $(a + 2)(a + 3)(a – 2)$

c) $(x + 5)(x – 3)(x + 2)$

d) $(x + 1)(x – 1)(x + 2)$

e) $(x + 2)(x + 3)(x + 6)$

f) $(x + 2a)(x – 4a)(x + 5a)$

g) $(2x + 1)(2x – 3)(2x + 4)$

h) $(2x + 3)(2x – 5)(x + 1)$

i) $(x^2 + 1)(x^2 – 5)(x^2 + 3)$

j) $(2x + 1)(3x + 1)(5x + 1)$

k) $(2a + 1)(3b + 1)(5c + 1)$

l) $(3x + 1)(4x + 1)(x + 1)$

m) $(2x+1)(–y+1)(–3z+1)$

n) $(x + 1)(x^2 + 1)(x^3 + 1)$

o) $(2k + 1)(3k – 1)(k – 1)$

E15) Transforme as seguintes expressões em um produto de binômios:

a) $xy + x + y + 1$

b) $xyz+xz+yz+xy+x+y+z+1$

c) $x^3 + 7x^2 + 14x + 8$

d) $x^3 – 9x^2 + 14x + 24$

e) $6xy + 2x + 3y + 1$

f) $32a^2 + 12a + 1$

g) $x^2y + x^2 + y + 1$

h) $x^3 + x^2 + x + 1$

i) $6x^2y + 2x^2 + 3y + 1$

j) $x^2y^2 – x^2 – y^2 + 1$

Cubos da soma e da diferença

As expressões das formas $(a+b)^3$ e $(a–b)^3$ aparecem com relativa frequência em provas e problemas.

$(a+b)^3$

Quando a expressão aparece em um problema e não lembramos a fórmula, basta executar a multiplicação.

$(a+b)^3 = (a+b).(a+b)^2 = (a+b).(a^2 + 2ab + b^2)$

É claro que a fórmula do quadrado da soma ninguém esquece. Ficamos então com:

$(a+b).(a^2 + 2ab + b^2) = a^3 + 2a^2b + ab^2 + ba^2 + 2b^2a + b^3$

Reduzindo os termos semelhantes e observando que $a^2b = ba^2$ e $ab^2 = b^2a$, ficamos com:

$= a^3 + 3a^2b + 3ab^2 + b^3$

A expressão não é de memorização muito difícil. Observe que tem o cubo do primeiro e o cubo do segundo. Os dois outros termos aparecem com coeficiente 3 a expoentes 2 e 1 para a e b, e também para b e a. A expressão também pode ser escrita como $a^3 + 3ab(a+b) + b^3$.

$$(a+b)^3 = a^3 + 3a^2b + 3ab^2 + b^3$$

Exemplo:

Calcule $(x+5)^3$

$(x+5)^3 = x^3 + 3.x^2.5 + 3.x.5^2 + 5^3$

$= x^3 + 30x^2 + 75x + 125$

$(a-b)^3$

A expressão que dá o cubo da soma pode ser usada para chegarmos à fórmula de $(a - b)^3$. Basta observar que:

$a - b = a + (\text{-}b)$

Sendo assim, para encontrar a fórmula de $(a - b)^3$, basta partir da fórmula de $(a + b)^3$ e trocar b por –b:

$(a - b)^3 = a^3 + 3a^2(\text{-}b) + 3a(\text{-}b)^2 + (\text{-}b)^3$

Propagando os sinais negativos para os coeficientes do polinômio (lembrando que $(\text{-}b)^2 = b^2$ e $(\text{-}b)^3 = -b^3$), ficamos com:

$$(a - b)^3 = a^3 - 3a^2b + 3ab^2 - b^3$$

Ou seja, a fórmula é similar à do cubo da soma, exceto que os termos com potências ímpares de b ficaram com sinais negativos.

Note que as fórmulas do cubo da soma e cubo da diferença também podem ser escritas como:

$$(a+b)^3 = a^3 + 3ab(a+b) + b^3$$

$$(a-b)^3 = a^3 - 3ab(a-b) - b^3$$

Se for usar nas formas acima, cuidado com os sinais de b na fórmula da diferença.

Exemplo:
Calcule $(x - 3)^3$

$(x - 3)^3 = x^3 - 3.x^2.3 + 3.x.3^2 - 3^3$
$= x^3 - 9x^2 + 27x - 27$

Também pode ser calculado como

$x^3 - 3(3x)(x - 3) - 3^3 = x^3 - 9x^2 + 27x - 27$

Se você tem o hábito de errar em sinais, recomendamos que você use a primeira forma, que já dá os sinais corretos.

Exercícios

E16) Calcule os cubos abaixo:

a) $(x + y)^3$
b) $(m - n)^3$
c) $(x + 1)^3$
d) $(x - 2)^3$
e) $(x + 5)^3$

f) $(x + 4)^3$
g) $(2x + 1)^3$
h) $(-x + 2)^3$
i) $(x + 3)^3$
j) $(k - 4)^3$

k) $(x^2 + 1)^3$
l) $(z^2 - w^2)^3$
m) $(x^2 + x)^3$
n) $(3x + 2y)^2$
o) $(10 - 3t)^3$

p) $(m^2 - 2)^3$
q) $(1 - z^2)^3$
r) $(5x - 2)^3$
s) $(x^n + 10)^3$
t) $(x + 1/x)^3$

Capítulo 4 – Produtos notáveis

Soma e diferença de cubos

Não confunda *cubo da soma* com *soma de cubos*. Seria a mesma coisa alguém confundir quadrado da soma com soma de quadrados:

$a^2 + b^2$ é a soma dos quadrados dos números a e b

$(a+b)^2 = a^2 + 2ab + b^2$ é o quadrado da soma dos números a e b

As expressões são diferentes porque somar e elevar ao quadrado não são operações que possam ter a ordem invertida, pois o resultado é diferente.

Da mesma forma, a diferença de quadrados e o quadrado da diferença também são operações diferentes.

$a^2 - b^2$ é a diferença dos quadrados dos números a e b

$(a - b)^2 = a^2 - 2ab + b^2$ é o quadrado da diferença dos números a e b

O mesmo ocorre em relação aos cubos: somar dois números e elevar o resultado ao cubo não é a mesma coisa que elevar ao cubo dois números e depois somar os resultados. Dados dois números a e b, temos:

Soma dos cubos: $a^3 + b^3$
Cubo da soma: $a^3 + 3a^2b + 3ab^2 + b^3$

Da mesma forma, podemos ter uma diferença de cubos e o cubo de uma diferença, são coisas completamente diferentes:

Diferença de cubos: $a^3 - b^3$
Cubo da diferença: $a^3 - 3a^2b + 3ab^2 - b^3$

Do ponto de vista de produtos notáveis, não há nada a fazer com a soma e diferença de cubos. Elevam-se os números ao cubo e calculamos sua soma ou sua diferença. Já a sua operação inversa, a fatoração, tem uma fórmula que será estudada no capítulo 5. Essas fórmulas são:

1) $a^3 + b^3 = (a + b)(a^2 - ab + b^2)$
2) $a^3 - b^3 = (a - b)(a^2 + ab + b^2)$

Essas fórmulas podem ser deduzidas facilmente:

$(a + b)(a^2 - ab + b^2) = a^3 - a^2b + ab^2 + a^2b - ab^2 + b^3$
$(a + b)(a^2 - ab + b^2) = a^3 + b^3$ (os termos em ab^2 cancelam, assim como os termos em a^2b)

A segunda fórmula pode ser obtida a partir da primeira, trocando b por –b.

$(a + (-b))(a^2 - a(-b) + (-b)^2) = a^3 + (-b)^3$
$(a - b)(a^2 - ab + b^2) = a^3 - b^3$

212   O ALGEBRISTA

Resumindo:

$$a^3 + b^3 = (a + b)(a^2 - ab + b^2)$$

$$a^3 - b^3 = (a - b)(a^2 + ab + b^2)$$

Muitas vezes os professores de bancas examinadoras de concursos gostam de usar essas fórmulas, pois muitos professores nas escolas decidem não ensiná-las por serem "difíceis", o que é mais comum, os professores ensinam mas os alunos aplicam pouco e as esquecem.

Mais uma vez lembramos, não confunda as fórmulas acima (soma e diferença de cubos) com as fórmulas de cubo da soma e cubo da diferença.

$$(a+b)^3 = a^3 + 3a^2b + 3ab^2 + b^3$$

$$(a-b)^3 = a^3 - 3a^2b + 3ab^2 - b^3$$

Observe ainda que as quatro fórmulas acima têm objetivos diferentes. As fórmulas da soma e diferença de cubos destinam-se a fatorar, ou seja, transformar a expressão originais em fatores. As fórmulas do cubo da soma e da diferença destinam-se em expandir as expressões, elevando-as ao cubo. Como x=y é o mesmo que y=x, todas as fórmulas podem ser usadas em um sentido ou no sentido inverso.

Aliás, todas as fórmulas de produtos notáveis podem ser usadas em um sentido ou no inverso. Por exemplo, podemos calcular $(a + b)^2$ como $a^2 + 2ab + b^2$, ou então podemos transformar uma expressão $a^2 + 2ab + b^2$ em fatores $(a + b)^2$, para fazer por exemplo uma simplificação em uma fração algébrica.

Exemplo:

Simplificar a fração algébrica $\dfrac{x^2 + 4x + 4}{x^2 - 4}$

Solução:

$$\frac{x^2 + 4x + 4}{x^2 - 4} = \frac{(x+2)^2}{(x+2)(x-2)} = \frac{x+2}{x-2}$$

Essas operações, que correspondem a usar produtos notáveis de forma "invertida", serão vistas novamente nos capítulos 5 (Fatoração) e 7 (Frações algébricas), porém alguns exercícios a respeito serão apresentados no presente capítulo.

$(x + 1/x)^n$

São relativamente comuns questões que envolvem este cálculo. A particularidade neste cálculo é que os números que estão somados (x e 1/x) têm produto igual a 1. No desenvolvimento da expressão, aparecerão parcelas que envolvem o produto desses valores, que no caso será igual a 1, o que resultará em simplificações.

Exemplo: Calcule $(x + 1/x)^2$

Usando a fórmula do quadrado da soma $(a^2 + b^2 + 2ab)$, ficamos com:

Capítulo 4 – Produtos notáveis

$x^2 + 1/x^2 + 2.x.1/x = x^2 + 1/x^2 + 2$

Sendo assim podem surgir questões como a que se segue.

Exemplo: (PROFMAT 2014)

Se x é um número real tal que $x + \dfrac{1}{x} = 3$, então $x^2 + \dfrac{1}{x^2}$ é igual a:

(A) 6   (B) 7   (C) 8   (D) 9   (E) 12

A expressão cujo valor é pedido, $x^2 + 1/x^2$, pode ser obtida elevando-se ao quadrado a expressão original, x + 1/x:

$$\left(x + \frac{1}{x} \right)^2 = 3^2 = 9$$

$$x^2 + \frac{1}{x^2} + 2.x.\frac{1}{x} = 9$$

$$x^2 + \frac{1}{x^2} + 2 = 9$$

$$x^2 + \frac{1}{x^2} = 9 - 2 = 7$$

Resposta (B)

Exemplo: Sabendo que $x + \dfrac{1}{x} = 4$, calcule $x^3 + \dfrac{1}{x^3}$

A fórmula de $(a+b)^3$ pode ser expressa em função de a^3, b^3, $(a+b)$ e a.b:

$(a+b)^3 = a^3 + 3a^2b + 3ab^2 + b^3$

$a^3 + b^3 = (a + b)^3 - 3ab^2 - 3a^2b$

$a^3 + b^3 = (a + b)^3 - 3\,ab.(a + b)$ (I)

Sendo assim, quando sabemos o produto e a soma de dois números podemos usar a fórmula acima para calcular a soma de seus cubos. Na verdade, muitas expressões simétricas com duas variáveis **a** e **b** (expressões que não se alteram quando trocamos **a** por **b**, e vice-versa) podem através de alguma manipulação algébrica, ser calculadas em função de **a + b** e **a.b**.

Vamos fazer a mesma coisa, usando a = x e b = 1/x:

$$x + \frac{1}{x} = 4$$

Elevando ao cubo:

$$\left(x + \frac{1}{x} \right)^3 = 4^3 = 64$$

214   O ALGEBRISTA

$$x^3 + 3x^2 \cdot \frac{1}{x} + 3.x \cdot \frac{1}{x^2} + \frac{1}{x^3} = 64$$

$$x^3 + 3x + 3 \cdot \frac{1}{x} + \frac{1}{x^3} = 64$$

$$x^3 + \frac{1}{x^3} = 64 - 3\left(x + \frac{1}{x}\right)$$

Como foi dado que x + 1/x = 4, ficamos com:

$$x^3 + \frac{1}{x^3} = 64 - 3.4 = 64 - 12 = 52$$

Exemplo: CMJF 2004
Um número **x** mais seu inverso é igual a 5. Então o valor de y + 1/y, onde y é a terceira potência de **x**, é igual a:

(A) 125   (B) 110   (C) 100   (D) 80   (E) 15

Solução:
Dado $x + \frac{1}{x} = 5$, temos que calcular $x^3 + \frac{1}{x^3}$

A segunda expressão pode ser obtida, a partir da elevação de 1+1/x ao cubo:

$$\left(x + \frac{1}{x}\right)^3 = 5^3 = 125$$

$$x^3 + 3.x^2 \cdot \frac{1}{x} + 3.x \cdot \frac{1}{x^2} + \frac{1}{x^3} = 125$$

$$x^3 + 3.x + 3 \cdot \frac{1}{x} + \frac{1}{x^3} = 125$$

$$x^3 + \frac{1}{x^3} = 125 - 3 \cdot \left(x + \frac{1}{x}\right) = 125 - 3.5 = 110$$

Resposta: (B)

Exercícios de revisão

E17) Calcule

a) $(2a + 3b)^2$	f) $(2a - 5c)^2$	k) $(a + 3z)(a - 3z)$
b) $(a - 3b)^2$	g) $(x + y)(x - y)$	l) $(2a - b)(2a + 3b)$
c) $(2x - y)^2$	h) $(4a - b)(4a + b)$	m) $(2a - 3b)(2a - 3b)$
d) $(y - 2x)^2$	i) $(2b - 3c)(2b + 3c)$	n) $(5x + 3a)(5x - 3a)$
e) $(a + 5b)^2$	j) $(y - 2z)(y - 2z)$	o) $(4m - 5n)(4m + 5n)$

Capítulo 4 – Produtos notáveis

215

E18) Calcule

a) (x + 7)(x + 4)
b) (x – 3)(x + 7)
c) (x – 2)(x – 4)
d) (x – 6)(x – 10)
e) (x + 7)(x – 4)

f) (x + a)(x – 2a)
g) (x + 3a)(x – a)
h) (a + 3c)(a + 3c)
i) (a + 2x)(a – 4x)
j) (a – 3b)(a – 4b)

k) (a² – c)(a² + 2c)
l) (x – 17)(x – 3)
m) (x + 6y)(x – 5y)
n) (3 + 2x)(3 – x)
o) (5 + 2x)(1 – 2x)

E19) Calcule

a) (a – 2b)(a + 3b)
b) (a²b² – x²)(a²b² – 5x²)
c) (a³b – ab²)(a³b + 5ab³)
d) (x²y – xy²)(x²y – 3xy²)
e) (x²y + xy²)(x²y + xy²)

f) (x + a)(x + b)
g) (x + a)(x – b)
h) (x – a)(x + b)
i) (x – a)(x – b)
j) (x + 2a)(x + 2b)

k) (x – 2a)(x + 2b)
l) (x + 2a)(x – 2b)
m) (x – 2a)(x – 2b)
n) (x – a)(x + 3a)
o) (x – 2a)(x + 3a)

E20) Simplifique

a) $\dfrac{a^2 - b^2}{a + b}$

b) $\dfrac{x^2 - 4}{x - 2}$

c) $\dfrac{x^2 - 4}{x + 2}$

d) $\dfrac{a^2 - 9}{a - 3}$

e) $\dfrac{c^2 - 25}{c - 5}$

f) $\dfrac{c^2 - 25}{c + 5}$

g) $\dfrac{49x^2 - y^2}{7x + y}$

h) $\dfrac{49x^2 - y^2}{7x - y}$

i) $\dfrac{9b^2 - 1}{3b - 1}$

j) $\dfrac{9b^2 - 1}{3b + 1}$

k) $\dfrac{16x^4 - 25a^2}{4x^2 - 5a}$

l) $\dfrac{16x^4 - 25a^2}{4x^2 + a}$

m) $\dfrac{9x^2 - 25y^2}{3x - 5y}$

n) $\dfrac{a^2 - (b - c)^2}{a - (b - c)}$

o) $\dfrac{a^2 - (b - c)^2}{a + (b - c)}$

E21) Simplifique

a) $\dfrac{a^2 - (2b - c)^2}{a - (2b - c)}$

b) $\dfrac{(5a - 7b)^2 - 1}{(5a - 7b) - 1}$

c) $\dfrac{(5a - 7b)^2 - 1}{(5a - 7b) + 1}$

d) $\dfrac{z^2 - (x - y)^2}{z - (x - y)}$

e) $\dfrac{z^2 - (x - y)^2}{z + (x - y)}$

f) $\dfrac{a^2 - (2b - c)^2}{a - (2b - c)}$

g) $\dfrac{(x + 3y)^2 - z^2}{(x + 3y) - z}$

h) $\dfrac{(x + 3y)^2 - z^2}{(x + 3y) + z}$

i) $\dfrac{(a + 2b)^2 - 4c^2}{(a + 2b) - 2c}$

j) $\dfrac{(a + 2b)^2 - 4c^2}{(a + 2b) + 2c}$

k) $\dfrac{1 - (3x - 2y)^2}{1 + (3x - 2y)}$

l) $\dfrac{9x^4 - 16y^6}{3x^2 + 4y^3}$

m) $\dfrac{1 - m^4}{1 - m^2}$

n) $\dfrac{a^4 - b^2}{a^2 + b}$

o) $\dfrac{25x^2 - 81y^2}{5x + 9y}$

E22) Simplifique

a) $\dfrac{1 + x^3}{1 + x}$

b) $\dfrac{1 + 8a^3}{1 + 2a}$

c) $\dfrac{1 + 27c^3}{1 + 3c}$

f) $\dfrac{27x^3 + 8y^3}{3x + 2y}$

g) $\dfrac{8x^3 + 125y^3}{2x + 5y}$

h) $\dfrac{x^3y^3 + z^3}{xy + z}$

k) $\dfrac{a^3 + 8b^3}{a + 2b}$

l) $\dfrac{a^6 + 64}{a^2 + 4}$

m) $\dfrac{a^9 + 27}{a^3 + 3}$

216   O ALGEBRISTA

d) $\dfrac{8a^3 + b^3}{2a + b}$ i) $\dfrac{a^3 b^3 + 8}{ab + 2}$ n) $\dfrac{8a^6 + b^3}{2a^2 + b}$

e) $\dfrac{64b^3 + 27c^3}{4b + 3c}$ j) $\dfrac{125a^3 + b^3}{5a + b}$ o) $\dfrac{a^{12} + x^6 y^6}{a^4 + x^2 y^2}$

E23) Simplifique

a) $\dfrac{x^{15} + a^9 b^9}{x^5 + a^3 b^3}$ f) $\dfrac{1 + 27a^6 b^3 c^3}{1 + 3a^2 bc}$ k) $\dfrac{x^6 - y^6}{x - y}$

b) $\dfrac{27x^3 y^3 + z^{12}}{3xy + z^4}$ g) $\dfrac{x^4 - y^4}{x - y}$ l) $\dfrac{x^6 - y^6}{x + y}$

c) $\dfrac{x^3 y^3 z^3 + 1}{xyz + 1}$ h) $\dfrac{x^4 - y^4}{x + y}$ m) $\dfrac{x^8 - y^8}{x + y}$

d) $\dfrac{8a^3 b^3 c^3 + 27}{2abc + 3}$ i) $\dfrac{x^5 - y^5}{x - y}$ n) $\dfrac{x^{16} - 1}{x^2 - 1}$

e) $\dfrac{1 + 64x^3 y^3 z^3}{1 + 4xyz}$ j) $\dfrac{x^5 + y^5}{x + y}$ o) $\dfrac{x^{16} - a^{16}}{x^2 - a^2}$

E24) Calcule $\dfrac{2x}{x + 3} + \dfrac{2}{3x + 4}$

E25) Substituir k no trinômio abaixo de tal forma que o trinômio se torne um quadrado perfeito.

$ks^2 - 24s + 9$

(A) 4   (B) 3   (C) 16   (D) 9   (E) 12

E26) Expandir o produto

$(x^n + y^n)(x^{2n} - x^n y^n + y^{2n})$

E27) Se $A + B = 2$ e $A^2 + B^2 = 5$, calcule $A^3 + B^3$

(A) 11   (B) 8   (C) 10   (D) 5   (E) 14

E28) Qual valor de c torna o trinômio $x^2 + 11x + c$ um quadrado perfeito?

(A) 11/2   (B) 11/4   (C) 121/2   (D) 121/4

E29) Sejam x e y dois números reais satisfazendo a $x + y = 5$ e $xy = 7$. Encontre o valor de $x^3 + y^3$

(A) 10   (B) 11   (C) 20   (D) 31   (E) 125

E30) **CN 53**

Calcular o valor numérico da expressão $\dfrac{a^2 - b^2}{2} + \dfrac{b^3 - a^4}{3} + 3a^2 b$ para a = –1 e b = 2.

E31) Se $x^2 - 5x - 6 = 0$, calcule $x^4 - 10x^3 + 26x^2 - 5x - 6$

(A) 36   (B) 42   (C) 30   (D) 6   (E) 0

Capítulo 4 – Produtos notáveis

217

E32) Simplificando a expressão $\dfrac{a^2 - (b-c)^2}{(a+b)^2 - c^2}$, temos:

(A) 0   (B) 1   (C) $\dfrac{a-b+c}{a-b-c}$ (D) $\dfrac{a-b+c}{a+b+c}$ (E) $-\dfrac{c}{a}$

E33) Exprimir A = 999.999.999.999.999, com 15 algarismos "9", usando apenas dois valores, sendo um deles uma potência de 10. Idem para B = 999.999.999....999, com n algarismos 9. Encontre fórmulas similares para C = 333.333...333, com n algarismos "3" e D = 111.111.111...111 com n algarismos "1" e 777.777.777....777 com n algarismos "7"

E34) CEFET 2001 - Considerando-se a e b números reais não nulos, analise as sentenças abaixo:

I) $(a^2 + b^3)^2 = a^4 + b^6$
II) $(a - 2b)/a = 1 - 2b$
III) $\sqrt{(2a-3b)^2} = 2a - 3b$

IV) $\sqrt{a^2 + b^2} = \sqrt{a^2} + \sqrt{b^2}$

V) $\dfrac{3a}{7b} \cdot \dfrac{2b}{5a} = \dfrac{15a^2}{14b^2}$

O número de sentenças verdadeiras é:

(A) 0   (B) 1   (C) 2   (D) 3   (E) 4

E35) CEFET 2010

Se $x + y = 1$ e $x^2 + y^2 = 2$, então $x^3 + y^3$ é igual a:

(A) 3,5   (B) 3   (C) 2,5   (D) 2

E36) Se $A + B = 2$ e $A^2 + B^2 = 5$, determine $A^3 + B^3$.

(A) 11   (B) 8   (C) 10   (D) 5   (E) 14

E37) Seja N = 999.999.999.999.999.999. Quantos "9" possui a expansão decimal de N^2?

E38) Sendo a e b números reais, qual das afirmativas está sempre correta?

(A) $(a + b)^3 = a^3 + b^3$
(B) $a^3 + b^3 = (a + b)(a^2 + ab + b^2)$
(C) $a^3 - b^3 = (a - b)(a^2 + ab + b^2)$

(D) $a^2 - b^2 = (a - b)(a - b)$
(E) $a - b = \left(\sqrt{a} - \sqrt{b}\right) \cdot \left(\sqrt{a} - \sqrt{b}\right)$

E39) Quanto deve ser adicionado a $2x^2 + 2x$ para que seja formado um quadrado perfeito?

E40) Efetue e simplifique $(x + y)^3 - (x - y)^3$

E41) Simplifique $\sqrt{(x-y)^2 + (x+y)^2}$

E42) Sabendo que $x - y = 2$ e $x^2 + y^2 = 8$, calcule $x^3 - y^3$.

E43) Se $\left(k + \dfrac{1}{k}\right)^2 = 3$, calcule $k^3 + \dfrac{1}{k^3}$

(A) 0   (B) 1   (C) 2   (D) 3   (E) 6

E44) Qual condição dever ocorrer para que $\sqrt{x^2 + y^2} = \sqrt{x^2} + \sqrt{y^2}$?

218 O ALGEBRISTA

(A) $x = y$ (B) $xy = 0$ (C) $x \geq 0$ e $y \geq 0$ (D) $\pm\sqrt{x} = \sqrt{y}$ (E) NRA

E45) Expandir o produto $(x^n + y^n)(x^{2n} - x^n y^n + y^{2n})$

E46) Suponha que $a + b = 3$ e $a^2 + b^2 = 7$. Calcule $a^4 + b^4$.

(A) 45 (B) 47 (C) 49 (D) 51 (E) 81

E47) Calcule $1^2 - 2^2 + 3^2 - 4^2 + ... - 1998^2 + 1999^2$

(A) 1.000.000 (B) 1.789.000 (C) 1.899.000 (D) 1.989.000 (E) 1.999.000

E48) Encontre o quociente da divisão de $(64x^3 - 8y^3)$ por $(4x - 2y)$.

E49) Qual é o valor numérico da expressão $x^2 - 2x - 3$ para $x = 1 - 2\sqrt{3}$?

E50) Se $a = 111111...111$, com **n** dígitos 1, e $b = 100...0005$, com **(n – 1)** dígitos 0, mostre que a expressão **ab + 1** é um quadrado perfeito, e identifique de qual número esta expressão é quadrado.

CONTINUA NO VOLUME 2: 55 QUESTÕES DE CONCURSOS

Respostas dos exercícios

E1)

a) $x^2 + 2x + 1$	f) $x^2 + 10x + 25$	k) $a^2 + 4ab + 4b^2$	p) $9a^2b^2 + 6ab^3 + b^4$
b) $x^2 + 6x + 9$	g) $x^2 + 20x + 100$	l) $9a^2 + 6ab + b^2$	q) $25a^2b^2 + 30a^3b^3 + 9a^4b^4$
c) $4x^2 + 12x + 9$	h) $4x^2 + 20x + 25$	m) $16x^2 + 24xy + 9y^2$	r) $x^4 + 2x^2y^2 + y^4$
d) $4x^2 + 28x + 47$	i) $16x^2 + 8xy + y^2$	n) $x^4 + 18x^2 + 81$	s) $4x^4 + 12x^2y^2 + 9y^4$
e) $x^2 + 12x + 36$	j) $x^2 + 6xy + 9y^2$	o) $4a^4b^2 + 12a^3b^3 + 9a^2b^4$	t) $4x^6 + 20x^3y^2 + 25y^4$

E2)

a) $(x + 2)^2$	f) $(a + 3b)^2$	k) $(x + 5)^2$	p) $(b + 3)^2$
b) $(x + 3)^2$	g) $(3x + 4y)^2$	l) $(x + 10)^2$	q) $(x^2 + 3)^2$
c) $(x + 5)^2$	h) $(2x + 1)^2$	m) $(4a + 1)^2$	r) $(x^2 + x)^2$
d) $(x + 1)^2$	i) $(3y + 1)^2$	n) $(2x + 3y)^2$	s) $(x^y + 2)^2$
e) $(x + 6)^2$	j) $(2k + 3)^2$	o) $(10m + 3)^2$	t) $(100 + x)^2$

E3)

a) $(x + 5)^2 - 9$	f) $(m + 4)^2 - 16$	k) $(x + 5/2)^2 - 21/4$	p) $(x^{1/2} + 1/2)^2 + 3/4$
b) $(x + 3)^2 - 8$	g) $(x + 1/2)^2 + 3/4$	l) $(x^5 + 5)^2 - 25$	q) $(x^{y/2} + 1)^2 - 1$
c) $(x + 5)^2 - 15$	h) $(x + 3/2)^2 - 9/4$	m) $(t + 1/2)^2 - 1/4$	r) $(10^n + 3)^2 + 1$
d) $(z + 2)^2 - 4$	i) $(2m + 7/4)^2 - 49/16$	n) $(x + 6)^2 + 64$	s) $(5^m - 2)^2 - 3$
e) $(x + 3)^2 - 1$	j) $(k^3 + 1/2)^2 - 1/4$	o) $(x^2 + 1)^2 + 9$	t) $(z^2 + 1/2)^2 + 3/4$

E4)

a) $x^2 - 4x + 4$	f) $x^2 - 18x + 81$	k) $a^2 - 10ab + 25b^2$	p) $25a^2b^2 - 10ab^3 + b^4$
b) $x^2 - 8x + 16$	g) $x^2 - 24x + 144$	l) $49a^2 - 14ab + b^2$	q) $9a^2b^2 - 30a^3b^3 + 25a^4b^4$
c) $4x^2 - 20x + 25$	h) $9x^2 - 42x + 49$	m) $25x^2 - 20xy + 4y^2$	r) $x^4 - 2x^2y^2 + y^4$
d) $49 - 42x + 9x^2$	i) $4x^2 - 4xy + y^2$	n) $x^4 - 16x^2 + 64$	s) $9x^4 + 42x^2y^2 + 49y^4$
e) $x^2 - 14x + 49$	j) $x^2 - 12xy + 36y^2$	o) $9a^4b^2 - 24a^3b^3 + 16a^2b^4$	t) $25x^6 - 30x^3y^2 + 9y^4$

E5)

a) $(x - 7)^2$	f) $(x - 1)^2$	k) $(3x - 4y)^2$	p) $(x^2 + 1)^4$
b) $(x - 3)^2$	g) $(x - 13)^2$	l) $(2t + 7)^2$	q) $(k^3 - 3)^2$
c) $(x - 10)^2$	h) $(x - 6)^2$	m) $(3c + 5)^2$	r) $(10^n - 1)^2$

Capítulo 4 – Produtos notáveis

d) $(x - 2)^2$ i) $(x - 12)^2$ n) $(2m - 1)^2$ s) $(1 + w^2/2)^2$

e) $(x - 5)^2$ j) $(a - 3b)^2$ o) $(x + 1/2)^2$ t) $(x^2 + 1/2)^2$

E6)

a) $x^2+y^2+9-2xy+6x-6y$

b) $x^2+y^2+4+2xy-2x-2y$

c) $16x^2+9y^2+25+24xy-40x-30y$

d) $4+16y^2+9x^2+16y-12x-24xy$

e) $9x^2+4y^2+81+12xy-54x-36y$

f) $x^2+y^2+25+2xy-10x-10y$

g) $x^2+z^2+100+2xz-20x-20z$

h) $9x^2+4y^2+16+12xy-24x-16y$

i) $4x^2+9y^2+4-12xy+8x-12y$

j) $25x^2+36y^2+4z^2-60xy+20xz-24yz$

k) $4a^2+25b^2+c^2-20ab+4ac-10bc$

l) $9a^2+16b^2+4c^2-24ab+12ac-16bc$

m) $16x^2+25y^2+9z^2-40xy-24xz+30yz$

n) $x^4+y^4+64+2x^2y^2-16x^2-16y^2$

o) $4a^4b^2+9a^2b^4+25a^2b^2-12a^3b^3+20a^3b^2-30a^2b^2$

p) $16a^2b^2+4b^2c^2+9c^4-6ab^2c-8abc^2+4bc^3$

q) $4a^2b^2+9a^2b^4+9a^4b^4-12a^2b^3+12a^3b^3-18\ a^3b^4$

r) $x^4+y^4+16-2x^2y^2+8x^2-8y^2$

s) $25x^4+9y^4+z^4-30x^2y^2+10x^2z^2-6y^2z^2$

t) $4x^6+16y^4+4z^4-16x^3y^2+8x^3z^2-16y^2z^2$

E7)

a) $x^2 - 64$ f) $4a^2 - 4b^2$ k) $x^2y^2 - 4$ p) $a^2 + 2ab + b^2 - c^2$

b) $m^2 - 1$ g) $x^2 - 4a^2$ l) $x^{10} - 1$ q) $x - y$

c) $x^2 - 100$ h) $x^4 - y^4$ m) $4a^2b^2 - 25a^2c^4$ r) $3 - 2 = 1$

d) $9x^2 - 4y^2$ i) $x^8 - y^8$ n) $x^2 - 4/9$ s) $1 - x^{20}$

e) $16k^2 - 1$ j) $x^{16} - a^{16}$ o) $x^2 - 1/x^2$ t) $10^8 - 1$

E8)

a) $(x + 1)(x - 1)$ f) $(1 + k)(1 - k)$ k) $(x^3 + y^3)(x^3 - y^3)$ p) $(22^{44}+88^{11})(22^{44}-88^{11})$

b) $(x + a)(x - a)$ g) $(100 + x)(100 - x)$ l) $(x + 3 + 1)(x + 3 - 1) = (x + 4)(x + 2)$ q) $(a^m + b^m)(a^m - b^m)$

c) $(2x^2 + 3x)(2x^2 - 3x)$ h) $(2m + 4n)(2m - 4n)$ m) $(x + 6).x$ r) 1001×999

d) $(9w + 1)(9w - 1)$ i) $(5ab+7x^2y^3)(5ab-7x^2y^3)$ n) $(x^2 + 2x)(x^2 - 2x)$ s) $(a + b + c)(a + b - c)$

e) $(z^4 + z^2)(z^4 - z^2)$ j) $(a^{32} + 1)(a^{32} - 1)$ o) $(x^3 + 1/x^3)(x^3 - 1/x^3)$ t) $(x^8 + a^8)(x^8 - a^8)$

E9)

a) $x^2 + 9x + 14$ f) $x^2 + 15x + 54$ k) $x^2 + 11x + 24$ p) $x^2 + 5ax + 6a^2$

b) $x^2 + 14x + 40$ g) $x^2 + 12x + 35$ l) $x^2 + 12x + 32$ q) $a^2x^2 + 5bax + 4b^2$

c) $x^2 + 13x + 40$ h) $x^2 + 10x + 16$ m) $x^2 + 15x + 56$ r) $x^2 + 60x + 800$

d) $x^2 - 4$ i) $x^2 + 13x + 36$ n) $x^2 + 12x + 27$ s) $x^2 + (k + m)x + km$

e) $x^2 + 10x + 9$ j) $x^2 + 9x + 18$ o) $x^2 + 13x + 42$ t) $x^2 + 5zx + 6z^2$

E10)

a) $x^2 - 11x + 18$ f) $x^2 - 12x + 35$ k) $x^2 - 3x - 10$ p) $x^2 - 4x - 21$

b) $x^2 - 13x + 40$ g) $x^2 - 16x + 63$ l) $x^2 + x - 12$ q) $x^2 - 5x - 36$

c) $x^2 - 9x + 18$ h) $x^2 - 10x + 16$ m) $x^2 + 2x - 35$ r) $x^2 - 4x - 45$

d) $x^2 - 14x + 40$ i) $x^2 - 7x + 12$ n) $x^2 + 3x - 28$ s) $x^2 - 11x - 60$

e) $x^2 - 14x + 48$ j) $x^2 - 22x + 120$ o) $x^2 + 12x - 28$ t) $x^2 - 4x - 96$

E11)

a) $(x + 1)(x + 6)$ f) $(x + 6)(x + 3)$ k) $(x + 4)(x + 9)$ p) $(x + 5)(x + 8)$

b) $(x + 3)(x + 5)$ g) $(x + 2)(x + 7)$ l) $(x + 2)(x + 4)$ q) $(x + 1)(x + 11)$

c) $(x + 3)(x + 7)$ h) $(x + 6)(x + 4)$ m) $(x + 3)(x + 9)$ r) $(x + 5)(x + 15)$

d) $(x + 3)(x + 4)$ i) $(x + 5)(x + 7)$ n) $(x + 7)(x + 8)$ s) $(x + 10)(x + 7)$

e) $(x + 1)(x + 5)$ j) $(x + 2)(x + 6)$ o) $(x + 6)(x + 10)$ t) $(x + 2)(x + 10)$

E12)

a) $(x - 2)(x + 1)$ f) $(x - 6)(x + 5)$ k) $(x + 5)(x - 5)$ p) $(x + 13)(x - 7)$

b) $(x + 8)(x - 4)$ g) $(x - 9)(x + 8)$ l) $(x + 7)(x - 2)$ q) $(x - 8)(x + 6)$

c) $(x + 7)(x - 5)$ h) $(x - 9)(x + 6)$ m) $(x + 12)(x - 2)$ r) $(x + 13)(x - 3)$

220 O ALGEBRISTA

d) $(x - 6)(x + 2)$ i) $(x + 13)(x - 4)$ n) $(x - 18)(x + 3)$ s) $(x + 17)(x - 5)$
e) $(x + 8)(x - 5)$ j) $(x - 8)(x + 2)$ o) $(x - 12)(x + 6)$ t) $(x - 20)(x + 10)$

E13)
a) $3(x - 1)(x - 2)$ f) $4(x + 2)(x - 4)$ k) $3(x - 8)(x + 2)$ p) $7(x + 2)(x + 6)$
b) $3(x + 3)(x + 6)$ g) $2(x - 9)(x + 4)$ l) $4(x + 2)(x + 10)$ q) $3(x + 2)(x - 4)$
c) $4(x - 2)(x - 3)$ h) $6(x + 2)(x + 4)$ m) $2(x - 8)(x + 6)$ r) $4(x + 1)(x + 7)$
d) $2(x + 4)(x + 6)$ i) $4(x - 6)(x + 5)$ n) $5(x + 1)(x + 5)$ s) $3(x + 1)(x + 11)$
e) $5(x - 2)(x + 1)$ j) $2(x + 6)(x + 5)$ o) $3(x + 7)(x - 2)$ t) $3(x + 12)(x - 2)$

E14)
a) $x^3 + 6x^2 + 11x + 6$ f) $x^3 + 3ax^2 - 18a^2x - 40a^3$ k) $1+2a+3b+5c+6ab+10ac+15bc+30abc$
b) $a^3 + 3a^2 - 4a - 12$ g) $8x^3 + 8x^2 - 22x - 12$ l) $1 + 8x + 19x^2 + 12x^3$
c) $x^3 + 4x^2 - 11x - 30$ h) $8x^3 - 4x^2 - 34x - 15$ m) $1+2x-y-3z-2xy-6xz+3yz+6xyz$
d) $x^3 + 2x^2 - x - 2$ i) $x^6 - 2x^4 - 17x^2 - 15$ n) $1+x+x^2+2x^3+x^4+x^5+x^6$
e) $x^3 + 11x^2 + 36x + 36$ j) $1 + 10x + 31x^2 + 30x^3$ o) $1 - 2k - 5k^2 + 6k^3$

E15)
a) $(x + 1)(y + 1)$ d) $(x - 6)(x - 4)(x + 1)$ g) $(x^2 + 1)(y + 1)$ j) $(1 - x^2)(1 - y^2)$
b) $(x + 1)(y + 1)(z + 1)$ e) $(2x + 1)(3y + 1)$ h) $(x^2 + 1)(x + 1)$
c) $(x + 1)(x + 2)(x + 4)$ f) $(1 + 4a)(1 + 8a)$ i) $(2x^2 + 1)(3y + 1)$

OBS.: Item c) três números cuja soma é 7, produto é 8, somas dos produtos dois a dois é 14: 1, 2 e 4. O mesmo método deve ser usado em (d). Os demais itens são produtos de 2 binômios.

E16)
a) $x^3 + 3x^2y + 3xy^2 + y^3$ f) $x^3 + 12x^2 + 48x + 64$ k) $x^6 + 3x^4 + 3x^2 + 1$ p) $m^6 - 6m^4 + 12m^2 - 8$
b) $3m^3 - 3m^2n + 3mn^2 - n^3$ g) $8x^3 + 12x^2 + 6x + 1$ l) $z^6 - 3z^4w^2 + 3z^2w^4 - w^6$ q) $1 - 3z^2 + 3z^4 - z^6$
c) $x^3 + 3x^2 + 3x + 1$ h) $-x^3 + 6x^2 - 12x + 8$ m) $x^6 + 3x^5 + 3x^4 + x^3$ r) $125x^3 - 150x^2 + 60x - 8$
d) $x^3 - 6x^2 + 12x - 8$ i) $x^3 + 9x^2 + 27x + 27$ n) $27x^3+54x^2y+36xy^2+8y^3$ s) $x^{3n}+30x^{2n}+300x^n+1000$
e) $x^3 + 15x^2 + 45x + 125$ j) $k^3 - 12k^2 + 48k - 64$ o) $1000-900t+270t^2-27t^3$ t) $x^3 + 3x + 3/x + 1/x^3$

E17)
a) $4a^2 + 12ab + 9b^2$ e) $a^2 + 10ab + 25b^2$ i) $4b^2 - 9c^2$ m) $4a^2 - 12ab + 9b^2$
b) $a^2 - 6ab + 9b^2$ f) $4a^2 - 20ac + 25c^2$ j) $y^2 - 4z^2$ n) $25x^2 - 9a^2$
c) $4x^2 - 4xy + y^2$ g) $x^2 - y^2$ k) $a^2 - 9z^2$ o) $16m^2 - 25n^2$
d) $y^2 - 4xy + 4x^2$ h) $16a^2 - b^2$ l) $4a^2 + 4ab - 3b^2$

E18)
a) $x^2 + 11x + 28$ e) $x^2 + 3x - 28$ i) $a^2 - 2ax - 8x^2$ m) $x^2 + xy - 30y^2$
b) $x^2 + 7x - 21$ f) $x^2 - ax - 2a^2$ j) $a^2 - 7ab + 12b^2$ n) $9 + 3x - 2x^2$
c) $x^2 - 6x + 8$ g) $x^2 + 2ax - 3a^2$ k) $a^4 + a^2c - 2c^2$ o) $-4x^2 - 8x + 5$
d) $x^2 - 16x + 60$ h) $a^2 + 6ac + 9c^2$ l) $x^2 - 20x + 51$

E19)
a) $a^2 + ab - 6b^2$ e) $x^4y^2 + 2x^3y^3 + x^2y^4$ i) $x^2 - ax - bx + ab$ m) $x^2 - 2ax - 2bx + 4ab$
b) $a^4b^4 + 5x^4 - 6a^2b^2x^2$ f) $x^2 + ax + bx + ab$ j) $x^2 + 2ax + 2bx + 4ab$ n) $x^2 + 2ax - 3a^2$
c) $(a^3b - ab^2)(a^3b + 5ab^3)$ g) $x^2 + ax - bx - ab$ k) $x^2 - 2ax + 2bx - 4ab$ o) $x^2 + ax - 6a^2$
d) $x^4y^2 - 4x^3y^3 + 3x^2y^4$ h) $x^2 - ax + bx - ab$ l) $x^2 + 2ax - 2bx - 4ab$

E20)
a) $a - b$ e) $c + 5$ i) $3b + 1$ m) $3x + 5y$
b) $x + 2$ f) $c - 5$ j) $3b - 1$ n) $a + b - c$
c) $x - 2$ g) $7x - y$ k) $4x^2 + 5a$ o) $a - b + c$
d) $a + 3$ h) $7x + y$ l) $4x^2 - 5a$

Capítulo 4 – Produtos notáveis

221

E21)
a) $a + 2b - c$
b) $5a - 7b - 1$
c) $5a - 7b + 1$
d) $z + x - y$

e) $z - x + y$
f) $a + 2b - c$
g) $x + 3y + z$
h) $x + 3y - z$

i) $a + 2b + 2c$
j) $a + 2b - 2c$
k) $1 - (3x - y)$
l) $3x^2 - 4y^3$

m) $1 + m^2$
n) $a^2 - b$
o) $5x - 9y$

E22)
a) $1 - x + x^2$
b) $1 - 2a + 4a^2$
c) $1 - 3c + 9c^2$
d) $4a^2 - 2ab + b^2$

e) $4b^2 - 12bc + 9c^2$
f) $9x^2 - 6xy + 4y^2$
g) $4x^2 - 20xy + 25y^2$
h) $x^2y^2 - xyz + z^2$

i) $a^2b^2 - 2ab + 4$
j) $25a^2 - 5ab + b^2$
k) $a^2 - 2ab + 4b^2$
l) $a^4 - 4a^2 + 16$

m) $a^6 - 3a^2 + 9$
n) $4a^4 - 2a^2b + b^2$
o) $a^8 - a^4x^2y^2 + x^4y^4$

E23)
a) $x^{10} - x^5 a^3 b^3 + a^6 b^6$
b) $9x^2 y^2 - 3xyz^4 + z^8$
c) $x^2 y^2 z^2 - xyz + 1$
d) $4a^2 b^2 c^2 + 6abc + 9$
e) $1 + 4xyz + 16x^2 y^2 z^2$

f) $1 - 3a^2bc + 9a^4 b^2 c^2$
g) $\left(x^2 + y^2\right)\left(x + y\right)$
h) $\left(x^2 + y^2\right)\left(x - y\right)$
i) $x^4 + x^3 y + x^2 y^2 + xy^3 + y^4$
Sugestão: divisão de polinômios
j) $x^4 + x^3 y + x^2 y^2 + xy^3 + y^4$

k) $\left(x^3 + y^3\right)\left(x^2 + xy + y^2\right)$
l) $\left(x^3 - y^3\right)\left(x^2 - xy + y^2\right)$
m) $\left(x^4 + y^4\right)\left(x^2 + y^2\right)\left(x - y\right)$
n) $\left(x^8 + 1\right)\left(x^4 + 1\right)\left(x^2 + 1\right)$
o) $\left(x^8 + a^8\right)\left(x^4 + a^4\right)\left(x^2 + a^2\right)$

E24) $\dfrac{6x^2 + 10x + 6}{\left(x + 3\right)\left(3x + 4\right)}$ Sugestão: Reduzir ao mesmo denominador, usando o MMC e somar as frações.

E25) (C)   E26) $x^{3n} + y^{3n}$ E27) (A)   E28) (D)   E29) (C)

E30) 41/6

E31) (A)
Dividindo o polinômio do 4° grau pelo de 2° grau, encontramos quociente $x^2 - 5x + 7$ e resto 36, então podemos usar dividendo = divisor.quociente + resto, ou seja:
$x^4 - 10x^3 + 26x^2 - 5x - 6 = (x^2 - 5x + 7)(x^2 - 5x - 6) + 36$. Como foi dado que $x^2 - 5x - 6 = 0$, a expressão pedida reduz-se a 36. Outra solução é resolver a equação do 2° grau $x2 - 5x + 6 = 0$, que resulta em x=2 ou x=3, e substituir um desses valores na expressão pedida, o que resultará em 36.

E32) (D)

E33) $A = 10^{15} - 1$, $B = 10^n - 1$, $C = (10^n - 1)/3$, $D = (10^n - 1)/9$, $E = 7.(10^n - 1)/9$

E34) (A) lembre-se que $\sqrt{x^2} = |x|$ E35) (C)   E36) (A)

E37) 17
$N = (10^{18} - 1)$, $N^2 = 10^{36} - 2.10^{18} + 1 =$
```
 1.000.000.000.000.000.00.000.000.000.000.000.000
 -                         2.000.000.000.000.000.000
 +                                                 1
=999.999.999.999.999.998.000.000.000.000.000.001
```

E38) (C). Note que a (E) esta correta, porém a fórmula não pode ser aplicada para a ou b negativos, portanto não podemos dizer que está "sempre correta".

O ALGEBRISTA

E39) Existem infinitas soluções, basta partir do quadrado perfeito desejado a subtrair a expressão original. O resultado será o valor que deve ser adicionado à expressão para obter o quadrado. Chamando a expressão de E e o quadrado perfeito desejado de Q, basta adicionar $Q - E$. A solução que resulta no <u>valor mais simples</u> para "completar um quadrado", é considerar o "quadrado do primeiro" como $2x^2$, o que pode ser obtido fazendo o primeiro termo ser $x\sqrt{2}$, então o termo 2.primeiro.segundo seria dado por:

2. $x\sqrt{2}$.segundo = 2x, então o segundo termo é $1/\sqrt{2}$, o quadrado do segundo é então $\left(1/\sqrt{2}\right)^2 = 1/2$. Resposta: 1/2.

E40) $6x^2y + 2y^3$ **E41)** $\sqrt{2x^2 + 2y^2}$ **E42)** 20   **E43)** (A)   **E44)** (B)

E45) $x^{3n} + y^{3n}$ **E46)** (B)

E47) (E)
A soma tem 1999 termos, cada dupla de termos consecutivos é uma diferença de quadrados. Para facilitar o agrupamento dos termos, adicionemos -0^2, o que não altera a expressão.
$S = -0^2 + 1^2 - 2^2 + 3^2 - 4^2 + ... - 1998^2 + 1999^2$
Temos então 1000 diferenças de quadrados, em que o primeiro quadrado é par e leva sinal negativo, e o segundo é ímpar e leva sinal positivo. Por exemplo, $-10^2 + 11^2$, que pode ser fatorado como $(11 + 10)(11 - 10) = 11 + 10$. Portanto cada diferença de quadrados resultará na soma dos dois números consecutivos. Então
$S = 0 + 1 + 2 + 3 + 4 + ... + 999 + 1000 + 1001 + ... + 1998 + 1999$
Usamos então a clássica fórmula da soma de números consecutivos, ou com diferença constante, a sequência chamada de *progressão aritmética*, que é matéria de ensino médio mas é cobrada em olimpíadas, e tem possibilidade de ser pedida em concursos difíceis como CN, EPCAr e CM. Para realizar esta soma, usamos o método utilizado pelo matemático Gauss quando era criança, conta a história que seu professor passou um castigo para somar uma grande sequência de números consecutivos, então Gauss agrupou o primeiro com o último, o segundo com o penúltimo, conseguindo assim somas iguais, o que tornou o cálculo fácil.
$(0 + 1999) + (1 + 1998) + (2 + 1997) + ... + (999 + 1000) = 1999 \times 1000$, pois são 1000 somas.
O valor total é então 1.999.000.

E48) $16x^2 + 8xy + 4y^2$ (Fatorar o numerador e simplificar)

E49) 8. Uma solução é substituir o valor dado de x na expressão, lidando com o quadrado da expressão com radical. Outra solução mais rápida é fatorar a expressão como $(x - 3)(x + 1)$, e substituir o valor de x, então teremos uma diferença de quadrados, que faz o radical sumir.

E50) Como a tem **n** dígitos 1 e b tem **n – 1** dígitos 0, podemos escrever:
$9a = 11111...1111$ (n dígitos) $= 10n - 1$

$$a = \frac{10^n - 1}{9}; \text{ e } b = 10^n + 5; \ a.b + 1 = \frac{10^n - 1}{9}.\left(10^n + 5\right) + 1 = \frac{10^{2n} + 4.10^n + 4}{9} = \left(\frac{10^n + 2}{3}\right)^2$$

De fato, se fizermos por exemplo, n=1, teremos a=1, b=15, ab + 1 = 16, que é o quadrado de (10+2)/3, ou seja, o quadrado de 4.
Este exercício exemplifica como questões de aritmética avançada em geral exigem conhecimentos de álgebra para sua resolução. No caso, usamos fatoração e produtos notáveis.

■

Capítulo 5

Fatoração

Fatorar é transformar um valor em um produto de fatores. Isto facilita a simplificação de expressões, as operações com frações e a resolução de equações.

No caso da álgebra, transformar uma expressão algébrica em fatores requer conhecimento de produtos notáveis. Por exemplo, se você sabe que $(a + b)(a - b) = a^2 - b^2$, então pode fatorar a expressão $a^2 - b^2$, que dá como resultado, $(a + b)(a - b)$.

Na aritmética, lidamos com números, principalmente inteiros. Considere por exemplo que precisamos fatorar o número 35, ou seja, descobrir quais números que, multiplicados, dão como resultado, 35. É fácil deduzir que os números que multiplicados dão como resultado 35, são 5 e 7.

$35 = 5 \times 7$

"5 x 7" é uma forma fatorada do número 35. Obviamente neste caso numérico, também existe uma outra solução, que é "1 x 35".

Em muitos casos, podem ocorrer mais de dois fatores, como:

$70 = 2 \times 5 \times 7$

$80 = 2 \times 2 \times 2 \times 2 \times 5$

Uma forma para fatorar números inteiros é dividir o número sucessivamente pelos números primos (2, 3, 5, 7, 11...), enquanto for possível.

Exemplo: Fatorar 120
$120 \div 2 = 60$
$60 \div 2 = 30$
$30 \div 2 = 15$ (agora não pode mais ser dividido por 2, passamos para o 3)
$15 \div 3 = 5$ (agora não pode mais ser dividido por 3, passamos para o 5)
$5 \div 5 = 1$

Então $120 = 2x2x2x3x5 = 2^3.3.5$

Para evitar erros, devemos armar as divisões no dispositivo abaixo.

$$\begin{array}{r|l} 120 & 2 \\ 60 & 2 \\ 30 & 2 \\ 15 & 3 \\ 5 & 5 \\ 1 & = 2^3 . 3 . 5 \end{array}$$

Dentro da álgebra, a fatoração deve ser realizada em *expressões algébricas*. Em alguns casos, a fatoração é bem simples. Outros casos são mais complicados. Em geral usamos os conceitos de *produtos notáveis* aprendidos no capítulo anterior.

Exemplo: Fatorar a expressão $x^2 +5x +6$

A expressão a ser fatorada é um trinômio do segundo grau. Caso esta fatoração seja possível, deve ser na forma do produto de duas expressões do primeiro grau. Tal expressão lembra o *produto de stevin*, já apresentado no capítulo 4:

$(x+a).(x+b) = x^2 + Sx + P$, onde S (soma) vale a+b, e P (produto) vale a.b. No exemplo, o coeficiente do termo em x (5) é a soma dos valores a e b procurados, e o termo independente (6) é o produto desses valores. Sendo assim, devemos identificar dois números tais que sua soma seja 5 e seu produto seja 6. É fácil identificar esses números, que são 2 e 3. A fatoração fica portanto como:

$x^2 +5x +6 = (x+2).(x+3)$

Como sempre ocorre na matemática, alguns casos de fatoração são simples, outros são mais trabalhosos.

Usar expressões racionais

Está implícito que em qualquer fatoração, devemos utilizar apenas <u>fatores racionais</u>. Por exemplo, o número 6 pode ser fatorado de forma única como 2 x 3. Se fosse permitido usar fatores irracionais, existiriam infinitas formas de fatoração, como:

$6 = \sqrt{6} \times \sqrt{6}$
$6 = \sqrt[3]{6} \times \sqrt[3]{6} \times \sqrt[3]{6}$
$6 = \sqrt[4]{6} \times \sqrt[4]{6} \times \sqrt[4]{6} \times \sqrt[4]{6}$
$6 = \sqrt{2} \times \sqrt{2} \times \sqrt{3} \times \sqrt{3}$
...

Obviamente não há interesse em usar essas formas, pois são fora do padrão e fogem ao objetivo da fatoração. Fatoramos para usar uma posterior simplificação, ou para reduzir ao mesmo denominador, e para que funcione é preciso que todos os números sejam fatorados pelo mesmo critério e de forma única. Apesar de todos os casos acima também serem tipo de fatoração, convenciona-se a forma única, que é usar fatores primos.

A mesma coisa ocorre na álgebra. O termo x, por exemplo, pode ser expresso como:

$x = \sqrt{x}.\sqrt{x}$
$x = \sqrt[3]{x}.\sqrt[3]{x}.\sqrt[3]{x}$

Capítulo 5 – Fatoração

$$x = \sqrt{\frac{x}{2}} \times \sqrt{2x}$$

$$x^2 + x = \sqrt{x^2 + x}.\sqrt{x^2 + x}$$

...

Não há interesse em usar essas formas alternativas de fatoração. Convenciona-se que ao manipular expressões algébricas racionais (forma polinomial), devemos usar apenas expressões algébricas.

Considere por exemplo uma forma alternativa para fatorar a expressão $x^2 - x$. Se tentarmos usar o fórmula da diferença de quadrados, a expressão poderia ser fatorada da forma:

$$x^2 - x = x^2 - \left(\sqrt{x}\right)^2 = \left(x + \sqrt{x}\right)\left(x - \sqrt{x}\right)$$

A igualdade acima está correta, desde que x seja positivo, caso contrário não poderíamos usar a raiz quadrada de x, nos números reais. O que se espera de uma fatoração algébrica é obter fatores racionais, como:

$$x^2 - x = x(x - 1)$$

Ao trabalhar com álgebra, convenciona-se que as fatorações de expressões racionais devem utilizar como fatores, apenas expressões racionais, ou seja, **nada de radicais !**

Eventualmente pode ser necessário usar fatores irracionais, como no exemplo abaixo:

Exemplo: Simplifique a expressão algébrica $\dfrac{x^2 - x}{x - \sqrt{x}}$, dado que x>0 e x≠1.

Solução: Como não se trata de uma expressão racional, somos obrigados a operar com fatores não racionais. O numerador pode ser escrito como uma diferença de quadrados, usando termos irracionais, e simplificar com o denominador:

$$\frac{x^2 - x}{x - \sqrt{x}} = \frac{\left(x + \sqrt{x}\right)\left(x - \sqrt{x}\right)}{x - \sqrt{x}} = x + \sqrt{x}$$

Quando se fala em "fatoração" em álgebra, considera-se apenas fatores racionais, é o aluno deve estar atento por em certas situações, como no exemplo acima, pode ser necessário operar com fatores irracionais.

Neste capítulo, no restante deste livro, em tipicamente em toda a álgebra, convencionamos usar apenas fatores racionais, a menos que o problema nos obrigue a usar irracionais, como no exemplo acima.

Fatoração por evidência

Passemos agora a apresentar os principais casos de fatoração. É preciso conhecer todos eles, pois em algumas expressões é preciso usar mais de um caso.

Exemplo: Fatorar *2x + 6y*

226   O ALGEBRISTA

A fatoração por evidência consiste em encontrar um fator que esteja presente em todos os termos de uma soma de termos algébricos. Neste exemplo observamos que tanto o termo 2x quanto o termo 6y possuem o fator 2. Podemos escrever a expressão como:

2.x + 2.3y

Sendo assim, escrevemos a expressão colocando o "fator 2 em evidência". Ficamos com:

2x + 6y = 2.x + 2.3y = 2.(x + 3y)

Colocar um fator em evidência nada mais é que usar, de forma inversa, a propriedade distributiva da multiplicação em relação à adição. Portanto, a forma fatorada da expressão deste exemplo é 2.(x + 3y).

Exemplo: Fatorar $4x^2 + 6xy + 8x$

Devemos transformar esta soma de três parcelas, em um produto de um fator por uma outra soma. Este fator deve estar presente nos três termos desta adição. Na verdade esta fator é o MDC (Máximo Divisor Comum) entre $4x^2$, 6xy e 8x. É fácil ver que os três coeficientes, 4, 6 e 8, podem ser divididos simultaneamente por 2. Já as partes literais das expressões, podem ser divididas simultaneamente por x. Sendo assim podemos escrever:

$4x^2 + 6xy + 8x = 2.x^2 + 2.3xy + 2.4x = 2.x.x + 2.x.3y + 2.x.4$

O fator 2x está presente nos três termos, então pode ser colocado em evidência:

$4x^2 + 6xy + 8x = 2x.(x + 3y + 4)$

Com a prática, podemos realizar esta fatoração usando apenas cálculos mentais, ou seja, "de cabeça". No início, fica mais fácil fazer as contas, usando o método do MDC. Vamos recordar como calcular o MDC entre números e aplicá-lo à fatoração por evidência.

Exemplo: Calcule o MDC entre os números 8, 12 e 20

```
8  -  12  -  20 │ 2
4  -   6  -  10 │ 2
2  -   3  -   5 │ MDC = 2.2 = 4
```

Relembrando o método do cálculo do MDC, escrevemos os números na parte esquerda do dispositivo. Procuramos números que possam dividir simultaneamente todos os números. Tipicamente usamos os números primos na ordem crescente (2, 3, 5, 7...). No exemplo, os três números podem ser divididos por 2. Colocamos este fator 2 à direita do dispositivo. Na parte esquerda, repetimos os números, porém divididos por este fator. Ficamos então com 4, 6 e 10. Na etapa seguinte vemos que esses três números podem ser divididos por 2. Ficamos então com 2, 3 e 5. Finalmente verificamos que não é possível encontrar um fator comum entre esses três valores, e a fatoração termina.

Usaremos o mesmo processo para fatorar a expressão do nosso exemplo, $4x^2 + 6xy + 8x$.

```
4x²  +  6xy  +  8x │ 2
2x²  +  3xy  +  4x │ x
 2x  +  3y   +   4 │ MDC = 2x
```

Capítulo 5 – Fatoração 227

Inicialmente dividimos os três termos pelos números primos possíveis, da mesma forma como no cálculo do MMC entre números. O fator comum possível é 2. Na segunda linha, escrevemos a expressão original dividida por 2. Nesta segunda linha, observamos que não existe mais fator numérico comum que possa dividir 2, 3 e 4. Passamos então a usar os fatores literais. Observamos que x é um fator que divide simultaneamente os três termos. Colocamos então x como o próximo fator, na parte direita da segunda linha. Agora colocamos na terceira linha, na parte esquerda, a expressão anterior dividida por este fator x. Ficamos então com 2x + 3y + 4. Observamos então que não é mais possível encontrar um fator que divida simultaneamente 2x, 3y e 4. Esta expressão resultante é a que ficará entre parênteses na fatoração final. O fator que multiplicará esta expressão é o MDC dos termos da expressão original, ou seja, o produto dos fatores encontrados na coluna da direita. A fatoração ficará então:

$$4x^2 + 6xy + 8x = 2x.(2x + 3y + 4)$$

Como já foi dito, fatorar uma expressão é escrevê-la como uma multiplicação. A fatoração por evidência usa para isto, a propriedade distributiva da multiplicação.

Exercícios

E1) Fatore as expressões abaixo

a) $6x + 3y$

b) $10x + 30y$

c) $15a + 25b$

d) $18m + 72n$

e) $14a + 35z$

f) $10x + 15y + 25z$

g) $12a + 20b + 28c$

h) $7i + 28j + 42k$

i) $6m + 42n + 24p + 54q$

j) $44x + 28y + 24w + 72z$

k) $2x^3 + 3x^2$

l) $12xy^3 + 36x^4y$

m) $12b^2 + 30abc + 36c^3$

n) $x^7 + 12x^6 + 11x^5$

o) $9n^2 - 12mnp + 33m^2n$

Interpretação geométrica da fatoração por evidência

Considere a fatoração de $6x+3y$, que sabemos que vale $3.(2x+y)$. Fazendo $x=☺$ e $y=☎$, podemos representar a expressão $6x+3y$ como:

$$6x + 3y = ☺ ☺ ☺ ☺ ☺ ☺ ☎ ☎ ☎$$

que pode ser reagrupado como

☺ ☺ ☎
☺ ☺ ☎
☺ ☺ ☎

Isso é o mesmo que 3 vezes (☺ ☺ ☎), ou seja, $3.(2x+y)$.

Quando dizemos que $6x + 3y = 3.(2x+y)$ estamos dizendo que:

☺ ☺ ☺ ☺ ☺ ☺ ☎ ☎ ☎ = ☺ ☺ ☎
                        ☺ ☺ ☎
                        ☺ ☺ ☎

Esta interpretação representa o caso em que é colocado em evidência, um número inteiro, no caso, 3.

O caso geral de fatoração por evidência pode ser interpretado com áreas de retângulos. Na figura abaixo, temos dois retângulos, ambos com altura **a**, mas com larguras **m** e **n**. As áreas dos dois primeiros retângulos são respectivamente, **a.m** e **a.n**. Na segunda parte, os dois retângulos foram juntados, formando um retângulo com altura **a** e largura **m+n**, e com área igual a a.(**m+n**). A área deste retângulo maior é igual à soma das áreas desses dois retângulos originais.

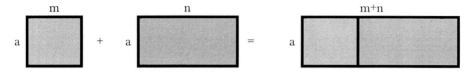

Ficamos então com:

am + an = a(m+n).

Esta fórmula nada mais é que a aplicação da fatoração por agrupamento.

O mesmo princípio se aplica quando **a**, **m** e **n** são por sua vez, expressões algébricas. Por exemplo, se a=2x, m=4y e n=3z^2, ficamos com:

8xy + 6xz^2 = 2x.(4y + 3z^2)

Exercícios

E2) Fatore as expressões abaixo
a) 6x^3 + 3y^2
b) 10x^5 + 30y^2
c) 15a^{2}b^3 + 25abc
d) 18m^2 + 72mn^2
e) 14a^2 + 35z^2
f) 10x^2 + 15y^2 + 25z^2
g) 6a^{2}b^{3}c + 8ab^{2}c + 12abc^3
h) 7i^{2}j^{2}k + 28i^{3}jk^3 + 42jk
i) 6m^2 + 3mn + 9pm + 54m^{2}q
j) 4xyz + 8yzw + 4xyw + 2zwx
k) 2x^{3}y^2 + 3x^2
l) 12x^{2}y^3 + 6x^{3}yz
m) 12ab^2 + 60abc^2 + 36b^{4}c^3
n) ax^7 + 12a^{2}x^6 + 72a^{3}x^5
o) 99n^{2}p^2 − 12mnp + 33m^{2}np^3

E3) Fatore as expressões abaixo
a) 2a^2 + 3ab + 4ab^2
b) 5a^2 + 10a − 15abc
c) 12 + 24y + 48
d) z^4 − 2z^3 − 3z^2
e) 4x^2 − 2xy + 6xy^{2}z
f) 15x^{8}z^5 − 20x^{4}z^3 + 25x^{5}z^2
g) 32m^{5}n^4 + 16m^{4}n^5 − 24m^{6}n^7
h) 12a^{4}x^2 − 15a^{5}x + 9a^{6}x^3 − 30a^{3}x^4
i) 15x^{6}y^6 − 5x^{4}y^7 + 10x^{9}y^4 − 25x^{8}y^5
j) 36a^{6}y^6 − 18a^{5}y^5 + 45a^{7}y^5 − 54a^{6}y^4
k) − 14x^{7}y^5 − 7 x^{4}y^8 − 21x^{5}y^6 + 28x^{2}y^2
l) 16a^{6}b^7 − 48a^{7}b^6 + 20a^{5}b^5 + 30a^{3}b^4
m) −48x^{4}y^7 + 36x^{5}y^9 − 48x^{8}y^8 + 72x^{6}y^5
n) 40a^{2}x^5 − 24abx^3 + 16a^{8}c^{2}x^4 − 4a^5
o) 36x^{2}y^{3}z^2 − 48x^{4}y^{2}z^2 + 24x^{7}y^{4}z^5

Fatoração por agrupamento

A fatoração por agrupamento consiste aplicar fatoração por evidência em termos separados da expressão original, e ao fim identificar termos comuns que podem ser novamente colocados em evidência.

Exemplo: Fatorar a expressão ***ab + 3a + 2b + 6***

Não é possível obter um único fator para ser colocado em evidência, mas a expressão pode ser separada em duas menores, cada uma das qual admitindo colocar um fator em evidência.

1) ab + 3a pode ser fatorado como a(b+3)

2) 2b + 6 pode ser fatorado como 2(b+3)

Sendo assim a expressão pode ser escrita como:

Capítulo 5 – Fatoração

a(b+3) + 2(b+3)

Que sorte! Os dois termos acima possuem como fator comum, (b+3). Então podemos colocar (b+3) em evidência, ficando com:

(b+3).(a + 2)

Portanto, a forma fatorada da expressão, usando a técnica do agrupamento, é:

(b+3).(a+2)

Exemplo: Fatorar a expressão $ax + bx + 2ay + 2by + 3az + 3bz$

Inicialmente observamos que não existe um termo comum presente nos seis temos da expressão, então a fatoração por evidência não pode ser usada. Tentando usar agrupamento, observamos que os dois primeiros termos possuem um fator x, os dois seguintes possuem um fator comum 2y, e os dois últimos possuem um fator comum 3z. Usando então evidência com esses termos, ficamos com:

x(a+b) + 2y(a+b) + 3z(a+b)

Mais uma vez que sorte! Encontramos o fator comum (a+b) nos três termos. Colocando então o fator (a+b) em evidência, ficamos com:

(a+b).(x + 2y + 3z)

Note que nem sempre é possível colocar expressões em forma fatorada. Por exemplo, se na expressão original o primeiro termo fosse 2x, ao invés de ax, ficaríamos com:

x(2+b) + 2y(a+b) + 3z(a+b)

Não teríamos nesse caso, o fator comum (a+b), e a fatoração não seria possível. Nem sempre é possível encontrar uma fatoração para qualquer expressão. Obviamente as expressões apresentadas nos exercícios propostos de fatoração são obtidas a partir de multiplicações de expressões menores, tornando possível reverter o processo, escrevendo a expressão em forma fatorada.

Exercícios

E4) Fatorar as expressões por agrupamento

a) am + bm + an + bn

b) ab + 3a + 2b + 6

c) xy – 7x + 5y – 35

d) 12xy + 15x + 8y + 10

e) 10ab – 15a – 16b + 24

f) 15b + 20 – 6ab – 8a

g) 3a – ab + 12 – 4b

h) m(x – 1) + n(x – 1) + 2p(x – 1)

i) ax + ay + bx + by + cx + cy

j) ax + bx + cx + 2a + 2b + 2c

E5) Fatorar as expressões por agrupamento

a) ax + bx + ay + by

b) 6ax + 2ay + 3bx + by

c) 8ax – 10ay – 12bx + 15by

d) mn – 2m + 3n – 6

e) $2x^3 + 3x^2y + 2xy^2 + 3y^3$

f) 12ab – 15ay + 8bx – 10xy

g) 15x – 10y + 6ax – 4ay

h) 1 – ny – mx + mnxy

i) ax + 2bx + 3cx – ay – 2by – 3cy

j) $x^2y^2 - x^2 + xy^2 - x + y^2 - 1$

Interpretação geométrica da fatoração por evidência

A expressão ax + ay + bx + by pode ser fatorada como (a+b).(x+y). Isto pode ser interpretado como a área de um retângulo de lados (a+b) e (x+y):

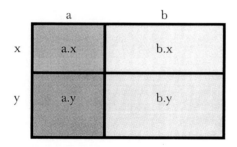

A soma das áreas dos quatro retângulos (ax, bx, ay e by) é igual à área do retângulo grande, que vale (a+b).(x+y). Então:

ax + bx + ay + by = (a+b).(x+y)

Exercícios

E6) Fatorar as expressões por agrupamento
a) $8a^3x^2 + 4bx^2 - 12a^3 - 6b$
b) $15am + 9bm - 20ax - 12bx$
c) $9a^2x + 21a^2y - 15mx - 35my$
d) $20akxy - 12x^2by - 35akbz + 21b^2xz$
e) $10x^3k - 5abx^3 - 14k + 7ab$
f) $25a^4b - 40a^3b - 5a + 8$
g) $20a^2x^2 + 12a^2y + 5x^3y + 3xy^2$
h) $12x^2y^2z + 3kx^2yz + 8bmxy + 2kxbm$
i) $3x^4y^4 + 4bx^2y^3 - 12ax^2y - 16ab$
j) $x^7y^3 - 5b^2x^4y^2 - 3x^3yk^2b^3 + 15k^2b^5$

Fatoração por quadrados e cubos

Fatorar uma expressão é transformá-la no produto de fatores mais simples. Muitas vezes isto é feito aplicando conhecimentos sobre os produtos notáveis, como as fórmulas do quadrado e cubo. Por exemplo:

$(x+y)^2 = x^2 + 2xy + y^2$

A fatoração de uma expressão que é um quadrado consiste em identificar quais são os termos do binômio que está elevado ao quadrado. Em uma expressão de três termos, identificamos inicialmente dois deles que sejam quadrados. A seguir verificamos quais são os valores que estão elevados ao quadrado. Finalmente, checamos se o terceiro termo (aquele que não é quadrado) é igual ao dobro do produto desses dois termos.

Exemplo: Fatorar $a^2 + 6a + 9$

Observamos que a^2 e 9 são quadrados perfeitos. São os quadrados de *a* e *3*, respectivamente. Finalmente, verificamos que o terceiro termo da expressão (no caso, 6a) é exatamente igual a 2.a.3. Sendo assim, a expressão é o quadrado de a+3

OBS.: Referimo-nos a "terceiro termo", não como sendo o terceiro na posição, mas sim, o terceiro, considerando que os dois quadrados como primeiro e segundo.

$a^2 + 6a + 9 = (a+3)^2$

Exemplo: Fatorar $x^2 - 8x + 16$

Capítulo 5 – Fatoração

Temos aqui dois quadrados, que são x^2 e 16. São os quadrados de x e 4. O termo do meio, 8x, é exatamente o produto 2.x.4, portanto a expressão é um quadrado. O único detalhe é que como este terceiro termo tem um sinal negativo, a expressão é um quadrado de diferença, e não quadrado de soma. Sendo assim:

$$x^2 - 8x + 16 = (x - 4)^2$$

Exercícios

E7) Fatore as seguintes expressões

a) $a^2 + 2ab + b^2$	f) $x^2 + 16x + 64$	k) $b^2 - 22b + 121$
b) $m^2 + 20m + 100$	g) $y^2 + 8y + 16$	l) $x^2 + 2xy + y2$
c) $k^2 - 18k + 81$	h) $m^2 - 14m + 49$	m) $a^2 - 16a + 64$
d) $x^2 - 2x + 1$	i) $z^2 - 6z + 9$	n) $c^2 - 40c + 400$
e) $a^2 + 12a + 36$	j) $p^2 - 10p + 25$	o) $x^2 + 32x + 256$

Nem sempre os fatores têm forma simples como nos exercícios acima. As expressões podem apresentar um aspecto um pouco mais complicado.

Exemplo: Fatorar $x^8 + 18x^4y + 81y^2$

A primeira dificuldade é que na vida real (provas e concursos, por exemplo), nem sempre é indicado qual é o caso de fatoração a ser usado – isto deve ser descoberto pelo aluno. Rapidamente verificamos que não existe um fator comum entre os três termos da expressão a ser fatorada, então não pode ser evidência, nem agrupamento. Com três termos, é provável que seja um quadrado, ou mesmo um trinômio. Para verificar se é um quadrado, é preciso checar se dois termos são quadrados. Podemos identificar claramente dois quadrados na expressão:

$$x^8 = (x^4)^2$$
$$81y^2 = (9y)^2$$

Claro, é preciso levar em conta as propriedades das potências para identificar esses dois quadrados. Portanto, é possível que a expressão seja o quadrado de $x^4 + 9y$, ou $x^4 - 9y$, mas para isto é preciso verificar o terceiro termo, no caso, $18x^4y$. Como o terceiro termo tem sinal positivo, então descartamos a possibilidade de ser o quadrado de $x^4 - 9y$. Verificamos então se o termo do meio é igual a duas vezes o produto de x^4 e de 9y:

$$2. x^4 . 9y = 18x^4y$$

Este é exatamente o termo do meio! Se não fosse, a expressão não poderia ser fatorada como um quadrado (na verdade seria fatorada como um trinômio, como será visto posteriormente neste capítulo.

Sendo assim, a expressão é realmente o quadrado de $(x^4 + 9y)$:

$$x^8 + 18x^4y + 81y^2 = (x^4 + 9y)^2$$

232 O ALGEBRISTA

Exercícios

E8) Fatore as seguintes expressões

a) $4m^2 + 12m + 9$
b) $15a^2 + 40ab + 25b^2$
c) $25x^2 + 10x + 1$
d) $1 - 8k + 16k^2$
e) $9x^2 - 30xy + 25y^2$

f) $49a^2 - 56ab + 16b^2$
g) $100x^2 + 600xy + 900y^2$
h) $25x^2y^2 - 10xy + 1$
i) $16p^2 - 24pq^2 + 9q^4$
j) $4x^4y^2 - 20x^2y + 25$

k) $x^8 - 2x^4 + 1$
l) $k^{20} - 4k^{10} + 4$
m) $1 - 2z^5 + z^{10}$
n) $16x^4 - 40x^2y^3 + 25y^6$
o) $25a^2x^2 - 90abxy + 81b^2y^2$

Obviamente, nem sempre os termos aparecem na ordem "quadrado do primeiro + duas vezes o primeiro pelo segundo + quadrado do segundo". Devemos inicialmente identificar os dois quadrados presentes, e o termo restante deve ser testado se realmente é "duas vezes o primeiro pelo segundo".

E9) Fatore as seguintes expressões

a) $2xy + x^2 + y^2$
b) $a^2 + b^2 - 2ab$
c) $100 + x^2 + 20x$
d) $25 + k^2 + 10k$
e) $-14x + x^2 + 49$

f) $25 + 9x^2 - 30x$
g) $6ab + b^2 + 9a^2$
h) $16k^2 + 1 - 8k$
i) $x(25x - 10) + 1$
j) $16m^2 + 49p^2 - 56mp$

k) $9 + k^{16} - 6k^8$
l) $16y^4 + 9x^2 + 24xy^2$
m) $1 - 64p^4 - 16p^2$
n) $9a^2 + 25k^4 + 30ak^2$
o) $49x^2y^2 + 9 + 42xy$

Da mesma forma como podem aparecer quadrados de somas, podem aparecer cubos de somas. Para realizar esta fatoração devemos lembrar a fórmula do cubo da soma/diferença:

$$(a + b)^3 = a^3 + 3a^2b + 3ab^2 + b^3$$

$$(a - b)^3 = a^3 - 3a^2b + 3ab^2 - b^3$$

É mais difícil identificar que uma expressão é um cubo, para poder fatorá-la desta forma. É preciso identificar os cubos de dois números a e b, e testar se dois termos restantes podem ser representados como os triplos de a^2b e ab^2. Se um cubo (ex: b^3)tiver um sinal negativo, é preciso também verificar se o termo $3a^2b$ também tem sinal negativo.

Exemplo: Fatore $x^3 + 3x^2 + 3x + 1$

Uma expressão a ser fatorada, que tem quatro termos, sendo dois cubos perfeitos (x^3 e 1), nos leva à suspeita de que seja o cubo de uma soma. No caso soma, pois todos os termos têm sinais positivos. Então a expressão é candidata a ser $(x + 1)^3$.

Basta então verificar se os dois termos restantes são os obtidos quando elevamos ao cubo esta expressão:

$$(a + b)^3 = a^3 + 3a^2b + 3ab^2 + b^3$$
$$(x + 1)^3 = x^3 + 3x^2.1 + 3.1^2.x + 1^3$$

De fato, os termos $3x^2$ e $3x$ encontrados na expressão original são exatamente os termos "do meio" encontrados quando elevamos $(x + 1)$ ao cubo. Portanto

$$x^3 + 3x^2 + 3x + 1 = (x + 1)^3$$

Cubos de soma ou diferença aparecem com menos frequência nos problemas e provas, pois são de uso mais trabalhoso. Ainda assim podem aparecer, e é preciso saber resolver este tipo de problema.

Capítulo 5 – Fatoração   233

Exercícios

E10) Fatore as seguintes expressões

a) $x^3 + 3x^2y + 3y^2 + y^3$

b) $m^3 - 3m^2 + 3m - 1$

c) $x^3 - 12x^2 + 48x - 64$

d) $a^3 + 9a^2 + 27a + 27$

e) $1 - 6m + 12\ m^2 - 8m^3$

f) $x^3 + y^3 + 3xy.(x + y)$

g) $8a^3 + 27b^3 + 36a^2b + 54ab^2$

h) $k^3 - 6k^2m + 12km^2 - 8m^3$

i) $1 - 9m + 27m^2 - 27m^3$

j) $x^3 + 0,3x^2 + 0,03x + 0,001$

Fatoração por diferença de quadrados

Este é um caso de fatoração bastante comum, resultante do produto notável que dá o valor de uma soma multiplicada pela diferença de dois valores:

$$(x + y).(x - y) = x^2 - y^2$$

Esta fórmula não pode ser esquecida, pois seu uso é bastante comum em questões de provas e concursos. Resulta da aplicação da propriedade distributiva no produto $(x + y).(x - y)$:

$$(x + y).(x - y) = x^2 - xy + yx - y^2$$

Os termos $-xy$ e yx são simétricos, e cancelam-se, resultando em:

$$(x + y).(x - y) = x^2 - \cancel{xy} + \cancel{yx} - y^2 = x^2 - y^2$$

Sendo assim, a forma fatorada de uma diferença de quadrados de dois valores é o produto da soma pela diferença desses dois valores:

Exemplo: Fatorar $m^2 - 100$

$$m^2 - 100 = m^2 - 10^2 = (m + 10)(m - 10)$$

Exemplo: Fatorar $x^2 - 1$

$$x^2 - 1 = x^2 - 1^2 = (x + 1)(x - 1)$$

Exercícios

E11) Fatore as seguintes expressões

a) $a^2 - b^2$

b) $k^2 - 1$

c) $1 - m^2$

d) $x^2 - 9$

e) $a^2 - 36$

f) $25 - x^2$

g) $x^2 - 121$

h) $4x^2 - 9y^2$

i) $25m^2 - 1$

j) $100 - 9k^2$

k) $9t^2 - 256$

l) $x^2 - 100$

m) $4a^2 - 1$

n) $5x^2 - 5y^2$

o) $2a^2 - 8b^2$

Termos algébricos quadrados não são apenas aqueles que têm a forma "x^2". Também são quadrados os temos formados por:

letras elevadas a qualquer expoente par: x^4, a^8, m^6, etc.

Produto de letras elevadas a expoentes pares: a^2m^4, a^4b^6, $m^8x^{10}k^2$, etc.

Idem, quando multiplicados por coeficiente que seja quadrado perfeito: $9x^2$, $16k^4$, $25m^2p^6$, etc.

Mesmo quando o coeficiente não é quadrado perfeito, podemos dizer que é o quadrado de uma raiz. Por exemplo, $3x^2$ é o quadrado de $\sqrt{3}.x$.

234   O ALGEBRISTA

Exercícios

E12) Fatore as seguintes expressões

a) $a^4 - b^2$ f) $25 - 4x^2$ k) $t^4 - 256$

b) $k^2 - m^4$ g) $9x^4 - 121$ l) $a^2x^2 - 100$

c) $q^6 - m^2$ h) $64x^2 - 81y^4$ m) $4a^2b^2 - 1$

d) $4x^2 - 9$ i) $25m^2 - 121q^2$ n) $a^2x^2 - 9b^4y^2$

e) $25a^2 - 36$ j) $100 - 81k^4$ o) $4a^2x^4 - 81b^2y^6$

Algumas vezes, uma fatoração por diferença de quadrados pode recair em outra diferença de quadrados.

Exemplo: Fatore $x^8 - y^8$

Os termos x^8 e y^8 são respectivamente os quadrados de x^4 e y^4. Fatorando, ficamos com:

$$x^8 - y^8 = (x^4 + y^4).(x^4 - y^4)$$

O termo $x^4 - y^4$ também é uma diferença de quadrados, e pode ser escrito como $(x^2 + y^2).(x^2 - y^2)$. Ficamos então com:

$$x^8 - y^8 = (x^4 + y^4).(x^4 - y^4) = (x^4 + y^4).(x^2 + y^2).(x^2 - y^2)$$

O termo $(x^2 - y^2)$ é também uma diferença de quadrados, e pode ser escrito como $(x +y).(x - y)$. Finalmente ficamos com:

$$x^8 - y^8 = (x^4 + y^4).(x^4 - y^4) = (x^4 + y^4).(x^2 + y^2).(x^2 - y^2) = (x^4 + y^4).(x^2 + y^2).(x +y).(x - y)$$

Exemplo: Fatorar $x^{16} - 1$

Aplicando o mesmo princípio, ficamos com:

$$x^{16} - 1 = (x^8 + 1).(x^4 + 1).(x^2 + 1).(x + 1).(x - 1)$$

Exemplo: Fatorar $x^{16} - a^{16}$

$$x^{16} - a^{16} = (x^8 + a^8).(x^4 + a^4).(x^2 + a^2).(x + a).(x - a)$$

Exercícios

E13) Fatorar as expressões

a) $a^{2m} - b^{2m}$ f) $(x+y)^2 - a^2$ k) $10m^2 - 40n^2$

b) $16a^4b^4 - 1$ g) $(x^k)^2 - (y^2)^k$ l) $xy - 16m^4xy$

c) $1 - x^4$ h) $3x^2 - 27y^2$ m) $b^2 - 4.a^2c^2$

d) $(x+y)^2 - (x-y)^2$ i) $256z^8 - 81w^4$ n) $a^2 - 2ab + b^2 - x^2$

e) $a^8 - b^8$ j) $(5x+4y)^2 - (3x-4y)^2$ o) $a^2 + 2ab + b^2 - 1$

Soma e diferença de cubos

$(a + b)^3$ não é a mesma coisa que $a^3 + b^3$, e $(a - b)^3$ não é a mesma coisa que $a^3 - b^3$. Entretanto, as expressões $a^3 + b^3$ e $a^3 - b^3$ podem ser fatoradas pelas seguintes fórmulas:

$$a^3 + b^3 = (a + b)(a^2 - ab + b^2)$$

Capítulo 5 – Fatoração

235

É fácil demonstrar esta igualdade, basta desenvolver a expressão do segundo membro:

$(a + b)(a^2 - ab + b^2) = a^3 - \cancel{a^2b} + \cancel{ab^2} + \cancel{ba^2} - \cancel{ab^2} + b^3 = a^3 + b^3$

Da mesma forma, podemos também fatorar a diferença de cubos:

$a^3 - b^3 = (a - b)(a^2 + ab + b^2)$

Exemplo: Fatorar $x^3 - 27$
Usando a fórmula:

$x^3 - 27 = x^3 - 3^3 = (x - 3)(x^2 + 3x + 3^2) = (x - 3).(x^2 + 3x + 9)$

Exemplo: Fatorar $a^3 + 1$

$a^3 + 1 = a^3 + 1^3 = (a + 1).(a^2 - a + 1)$

Exercícios

E14) Fatore as seguintes expressões

a) $x^3 + y^3$
b) $8m^3 - 1$
c) $1 - x^3$
d) $a^3 + 1000$
e) $x^3 + 8$

f) $512 + 27a^3$
g) $k^3 - 64$
h) $8x^3 + 27y^3$
i) $x^6 - y3$
j) $64x^3 - 125y^3$

k) $1 + m^6$
l) $x3 + 3x2y + 3xy2 + y3 - 1$
m) $a^3 + b^3 + 3ab(a+b) - 1$
n) $64x^3 + 27$
o) $1000x^3 + 1000000$

Trinômio do segundo grau na forma $x^2 + bx + c$

Um trinômio do segundo grau pode ser fatorado como um produto de dois binômios do primeiro grau, desde que o trinômio tenha raízes reais. Esses conceitos não podem ser demonstrados agora, pois isto depende do conhecimento de equações do segundo grau. Nos exercícios de fatoração deste capítulo, usaremos sempre trinômios cuja fatoração seja possível.

O trinômio do segundo grau é resultado de um produto notável apresentado no capítulo anterior: o *produto de Stevin*.

Exemplo: Calcule o seguinte produto:
$(x + 2).(x + 3)$

Esta simples expressão pode ser calculada usando apenas a distributividade da multiplicação em relação à adição:

$(x + 2).(x + 3) = x^2 + 3x + 2x + 6$
$= x^2 + 5x + 6$

O coeficiente 5 nada mais é que a soma dois termos independentes (2 e 3) na expressão original, o termo 6 do resultado nada mais é que o produto desses valores. Isto pode ser visto facilmente quando consideramos em uma forma geral:

$(x + a).(x + b) = x^2 + ax + bx + ab = x^2 + (a+b)x + ab = x^2 + Sx + P$

Onde S é a soma dos valores independentes dos binômios que estão sendo multiplicados, e P é o seu produto.

236   O ALGEBRISTA

A fatoração do trinômio do segundo grau requer a descoberta de dois valores que somados resultam em S e multiplicados resultam em P.

Exemplo: Fatorar $x^2 + 13x + 40$

Temos que identificar dois números que, somados resultam em 13 e multiplicados resultam em 40. Existe uma fórmula para identificar esses números (fórmula para resolução da equação do segundo grau), mas com a prática o cálculo pode ser feito mentalmente, esses números são 8 e 5. Portanto

$x^2 + 13x + 40 = (x + 5).(x + 8)$

Resolver o trinômio "mentalmente" é um pouco de adivinhação, com tentativas e erros. O segredo é fatorar o produto em dois números que tenham a soma desejada. O número 40 pode ser fatorado como 4 x 10, mas a soma de 4 e 10 é 14, e não 13. Então tentamos outra forma de fatorar o 40, poderia ser 40 x 1, 20 x 2, 8 x 5... Como 8 + 5 = 13, esta é a resposta, os dois números que multiplicados resultam em 40 e somados resultam em 13, são 8 e 5.

Exercícios

E15) Fatore os seguintes trinômios do segundo grau

a) $x^2 + 6x + 8$	f) $x^2 + 10x + 21$	k) $x^2 + 12x + 20$
b) $x^2 + 4x + 3$	g) $x^2 + 9x + 14$	l) $y^2 + 7y + 12$
c) $x^2 + 6x + 5$	h) $x^2 + 11x + 18$	m) $m^2 + 8m + 15$
d) $x^2 + 7x + 10$	i) $x^2 + 12x + 35$	n) $k^2 + 14k + 24$
e) $x^2 + 10x + 16$	j) $x^2 + 12x + 27$	o) $z^2 + 9z + 20$

Ao fatorar um trinômio do segundo grau, temos que levar em conta os sinais. Quando os sinais são todos positivos, como no exercícios acima, ou seja, tanto o produto como a soma são positivos, então os números procurados também são positivos.

Por outro lado, a expressão pode assumir sinais negativos, tanto na soma como no produto. Considere por exemplo a expressão

$(x - 5).(x - 3)$

Ao ser desenvolvido este produto de stevin, resultará o seguinte trinômio:

$x^2 - 8x + 15$

Observe que a soma tem um sinal negativo (– 8), mas o produto (15) é positivo. Isto significa que os dois números procurados são negativos, pois seu produto é positivo e a soma é negativa.

Exemplo: Fatorar $x^2 - 7x + 12$

De acordo com os sinais, os dois números procurados são negativos, já que seu produto é positivo e a soma é negativa. Esses números procurados têm produto +12 e soma – 7. Os dois números são portanto –3 e –4.

$x^2 - 7x + 12 = (x - 3).(x - 4)$

Capítulo 5 – Fatoração 237

Um cuidado extra deve ser tomado quando o produto é negativo. Vejamos o que ocorre através de dois exemplos:

a) $(x + 2).(x - 5) = x^2 - 3x - 10$

b) $(x - 3).(x + 8) = x^2 + 5x - 24$

Nesses dois exemplos, o produto é negativo (−10 e −24), já que os dois números procurados são, um positivo e um negativo. O termo em x nesse caso, é a diferença entre os valores procurados, e não a soma (na verdade é a soma algébrica, que no caso, é uma diferença).

A diferença entre os dois casos é o sinal do termo em x. Na letra (a) o termo em x é negativo (−3x), e na letra (b) o termo em x é positivo (+5). Este sinal é do termo em x é o mesmo do maior dos números procurados.

No caso (a), os números procurados são, em módulo, 2 e 5, sendo que um ficará positivo e o outro negativo. O maior dos números levará o sinal do termo em x. Como o termo em x nesse caso é negativo (−3x), o 5, que é o de maior módulo, ficará com sinal negativo. Os números procurados são portanto, +2 e −5.

No caso (b), o termo em x é positivo (+5x). Sendo assim, entre os números encontrados (3 e 8) o maior (8) ficará com o sinal do termo em x, ou seja, positivo. Os números procurados são portanto, −3 e +8.

Resumindo:
a) Todos os termos do trinômio são positivos: os números procurados são positivos
Ex: $x^2 + 22x + 40 = (x + 2).(x + 20)$

b) O termo em x é negativo e o termo independente é positivo: Os dois números são negativos.
Ex: $x^2 - 8x + 15 = (x - 3).(x - 5)$

c) O termo independente é negativo, os números procurados têm sinais contrários. O maior dos números em valor absoluto tem o mesmo sinal do termo em x.
Ex: $x^2 + 2x - 8 = (x - 2).(x + 4)$
Ex: $x^2 - 5x - 14 = (x - 7).(x + 2)$

Trinômios que não podem ser fatorados

Dependendo dos coeficientes do trinômio, a fatoração pode ser impossível. Isto está relacionado com o "delta" do trinômio, e será estudado nos capítulos 13 e 21. Por hora vamos apresentar uma "receita" para identificar um trinômio que não pode ser fatorado. Vamos ilustrar com um exemplo:

Exemplo: Fatorar o trinômio $x^2 + 6x + 5$ usando a técnica de completar quadrados.

O trinômio começa com $x^2 + 6x...$ então tentaremos formar na expressão, o quadrado de $(x + 3)$. Para isso vamos somar e subtrair 9, para formar o temo "quadrado do segundo":

$$x^2 + 6x + 5 = x^2 + 6x + 9 - 9 + 5 = (x + 3)^2 - 4$$

Conseguimos assim formar uma diferença de quadrados, que fatorada resulta no produto da soma pela diferença dos termos que estão elevados ao quadrado:

$(x + 3)^2 - 4 = (x + 3 + 2)(x + 3 - 2) = (x + 5)(x + 1)$

Exemplo: Idem, com o trinômio $x^2 + 6x + 20$

Usando o mesmo método, ficamos com:

$x^2 + 6x + 20 = x^2 + 6x + 9 - 9 + 20 = (x + 3)^2 + 11$

A expressão encontrada não é uma diferença de quadrados, mas sim, uma soma de quadrados, que não é fatorável, ou seja, não pode ser expressa como um produto de fatores racionais.

A receita que apresentamos no momento, até que isto seja provado quando estudarmos as equações do 2° grau, é:

Um trinômio do 2° grau, na forma $ax^2 + bx + c$, não pode ser fatorado quando a metade do quadrado do termo em x for menor que o produto dos outros dois termos: $(b/2)^2 < a.c$

No exemplo dado, $x^2 + 6x + 20$, vemos que $3^2 = 9$ é menor que $1 \times 20 = 20$. (isto é o mesmo que dizer que no trinômio do 2° grau, o fator delta $(b^2 - 4ac)$ é menor que zero – aguarde o capítulo 13). Mesmo sem demonstrar, vemos que esta condição resulta na formação de uma soma de quadrados, ao invés de uma diferença, o que torna a fatoração impossível.

Exercícios

E16) Fatorar as seguintes expressões

a) $x^2 + 6x + 8$	f) $x^2 + 15x + 56$	k) $x^2 - 19x + 48$
b) $x^2 - 8x + 15$	g) $x^2 - 11x + 28$	l) $x^2 - 17x + 52$
c) $x^2 - 10x + 21$	h) $x^2 + 15x + 50$	m) $x^2 + 21x + 54$
d) $x^2 + 12x + 11$	i) $x^2 - 14x + 24$	n) $x^2 - 25x + 100$
e) $x^2 - 13x + 22$	j) $x^2 - 16x + 39$	o) $x^2 - 19x + 90$

E17) Fatorar as seguintes expressões

a) $x^2 - 5x - 24$	f) $x^2 - 4x - 32$	k) $x^2 - 57x - 58$
b) $x^2 + 10x - 24$	g) $x^2 - 2x - 35$	l) $x^2 + 14x - 72$
c) $x^2 - x - 90$	h) $x^2 + 11x - 60$	m) $x^2 + 5x - 84$
d) $x^2 + 4x - 45$	i) $x^2 - 4x - 60$	n) $x^2 + 2x - 99$
e) $x^2 - 9x - 52$	j) $x^2 + 5x - 50$	o) $x^2 - 10x - 75$

Trinômio do segundo grau na forma $ax^2 + bx + c$

Uma pequena adaptação no método de fatoração apresentado para trinômios na forma $x^2 + bx + c$ permite que fatoremos também os trinômios da forma $ax^2 + bx + c$. O método também é baseado em encontrar dois números com soma e produto dados.

Vamos primeiro mostrar a aplicação do método, e depois justifica-lo.

Exemplo: Fatorar o trinômio $10x^2 + 9x + 2$

O método é o seguinte: desmembrar o coeficiente do termo em ***x*** (no caso, 9) em duas partes, tais que a soma seja 9 (o coeficiente do termo em x) e o produto seja 20 (o produto dos dois outros termos, no caso, 10x2).

Soma = 9; Produto = 20

Capítulo 5 – Fatoração

Os números procurados são 4 e 5. Devemos então trocar o termo 9x por 5x + 4x

$$10x^2 + 9x + 2 = 10x^2 + 5x + 4x + 2$$

Agora entre os dois primeiros termos, podemos colocar 5x em evidência, e entre o terceiro e o quarto termo, podemos colocar 2 em evidência, ficando com:

$$5x.(2x + 1) + 2.(2x + 1)$$

Desta forma aparece o fator comum 2x + 1, trata-se de uma fatoração por agrupamento, que resulta em:

$$(5x + 1).(2x + 1)$$

Justificativa do método da fatoração de $ax^2 + bx + c$

O método demonstrado é baseado em encontrar dois números cuja soma seja *b* e cujo produto seja *ac*. Isto tem uma justificativa matemática bem simples. Considere que desejamos encontrar os quatro números m, n, p e q, de tal forma que:

$$ax^2 + bx + c = (mx + n).(px + q)$$

onde a, b e c são termos conhecidos, tal qual como foi feito no exemplo anterior. Se a expressão no segundo membro for expandida, ficaremos com:

$$ax^2 + bx + c = mp.x^2 + (mq + np).x + nq$$

A princípio não vamos determinar os quatro números m, n, p e q, que são os coeficientes necessários para encontrar a forma fatorada. Podemos encontrar antes os números mq e np, que formam o desmembramento do termo em x na expressão original. Note que a soma de mp e nq resulta em b, e o seu produto, mnpq é exatamente igual ao produto dos dois demais termos na expressão original mp.nq = a.c. Obtendo os valores de mq e np por este processo, podemos reagrupar a expressão na forma:

$$mp.x^2 + npx + mqx + nq = px.(mx + n) + q.(mx + n) = (mx + n).(px + q).$$

Note que o termo em x^2 foi agrupado com npx. Façamos desta fez agrupando-o com o termo mqx:

$$mp.x^2 + mqx + npx + nq = mx.(px + q) + n.(px + q) = (mx + n).(px + q).$$

Ou seja, em desmembrar o termo *bx* da expressão original, de tal forma que atenda as condições de soma e produto, a escolha de qual deles se agrupará com *ax²* e qual se agrupará com *c*, produzirá o mesmo resultado.

Exemplo: Fatorar $6x^2 + 19x + 10$

Inicialmente devemos encontrar dois números tais que sua soma e produto sejam:

Soma = 19
Produto = 6 x 10 = 60

Os números procurados são 4 e 15. A expressão será então desmembrada em:

240   O ALGEBRISTA

$6x^2 + 4x + 15x + 10$

Entre os dois primeiros termos, o fator comum é 2x, e entre os dois seguintes o fator comum é 5:

$6x^2 + 4x + 15x + 10 = 2x.(3x + 2) + 5.(3x + 2)$

Aparece o fator comum $(3x + 2)$, que por agrupamento resulta em:

$6x^2 + 4x + 15x + 10 = 2x.(3x + 2) + 5.(3x + 2) = (2x + 5).(3x + 2)$

Resumindo, o método a ser aplicado para fatorar trinômios do segundo grau nos quais o coeficiente de x^2 é diferente de 1, é:

1) Chamemos os coeficientes de a, b, e c, indicando o trinômio na forma $ax^2 + bx + c$

2) Calculamos a soma e o produto na forma:

Soma = b
Produto = a.c

3) Determinamos os dois números **p** e **q** cuja soma e produto sejam esses valores.

4) Desmembramos o termo **bx** em dois termos **px** e **qx**.

5) Um desses termos será agrupado com $\boldsymbol{ax^2}$, o outro será agrupado com $\boldsymbol{c}$, a seguir finalizamos a fatoração usando agrupamento.

Exercícios

E18) Fatore os seguintes trinômios do segundo grau

a) $2x^2 + 6x + 4$	f) $7x^2 + 10x + 3$	k) $4x^2 + 12x + 5$
b) $2x^2 + 7x + 3$	g) $2x^2 + 9x + 7$	l) $3y^2 + 7y + 4$
c) $3x^2 + 8x + 5$	h) $6x^2 + 11x + 3$	m) $5m^2 + 8m + 3$
d) $5x^2 + 7x + 2$	i) $5x^2 + 12x + 7$	n) $3k^2 + 14k + 8$
e) $8x^2 + 10x + 2$	j) $6x^2 + 25x + 24$	o) $5z^2 + 9z + 4$

Quando o trinômio possui sinais negativos, usamos as mesmas regras de sinais aplicadas para os trinômios que possuem a=1.

Exemplo: Fatorar $2x^2 - 7x + 5$

Como o termo c (no caso, 5) é positivo e o termo b (no caso, −7), os dois números procurados são negativos. Em valor absoluto, os números possuem:

Produto = 2 x 5 = 10
Soma = 7

Esses números serão 2 e 5, e ambos levarão o sinal negativo:

$2x^2 - 7x + 5 = 2x^2 - 2x - 5x + 5 = 2x.(x - 1) - 5.(x - 1) = (2x - 5).(x - 1)$

Capítulo 5 – Fatoração   241

Exemplo: Fatorar $2x^2 + 7x - 15$

Neste caso o produto é negativo, então os números encontrados serão um positivo e um negativo.

Diferença = 7
Produto = 2 x 15 = 30

Os números procurados são 3 e 10. O maior deles ficará com o sinal de **b**, então serão –3 e +10.

$2x^2 + 7x - 15 = 2x^2 - 3x + 10x - 15 = x.(2x - 3) + 5.(2x - 3) = (x + 5).(2x - 3)$

Exemplo: Fatorar $- 3x^2 - 2x + 8$

As regras de sinais para os números procurados exigem que o coeficiente de x^2 seja positivo. Sendo assim, vamos colocar **–1** em evidência:

$- 3x^2 - 2x + 8 = -(3x^2 + 2x - 8)$

Produto = –24
Diferença = 2

Os números procurados são 4 e –6.

$- 3x^2 - 2x + 8 = -(3x^2 + 2x - 8) = -(3x^2 + 4x - 6x - 8) = -(x(3x + 4) - 2.(3x + 4))$
$= - (x - 2).(3x + 4) = (2 - x).(3x + 4)$

Exercícios

E19) Fatorar as seguintes expressões

a) $10x^2 + 11x - 6$	f) $7x^2 + 15x + 8$	k) $6x^2 - 19x + 8$
b) $3x^2 - 8x + 5$	g) $4x^2 - 11x + 7$	l) $4x^2 - 17x + 13$
c) $2x^2 + 9x - 26$	h) $13x^2 - 9x - 4$	m) $11x^2 + 2x - 9$
d) $7x^2 + 5x - 12$	i) $3x^2 - 10x - 25$	n) $4x^2 - 25x + 25$
e) $11x^2 - 13x + 2$	j) $13x^2 - 16x + 3$	o) $7x^2 - 2x - 5$

Fatorações combinadas

Uma expressão pode recair em mais de um caso de fatoração. Quando isto ocorre, encontramos os fatores resultantes do primeiro caso de fatoração e verificamos se esses fatores podem ainda ser fatorados por outro método.

Exemplo: Fatorar $10ax^2 - 10ay^2$
Vemos claramente que o fator **10a** pode ser colocado em evidência na expressão. Ficamos então com:

$10ax^2 - 10ay^2 = 10a(x^2 - y^2)$

O fator $x^2 - y^2$, por sua vez, é uma diferença de quadrados. Substituímos então $(x^2 - y^2)$ pela sua forma fatorada, ficando então com:

$10ax^2 - 10ay^2 = 10a(x^2 - y^2) = 10a.(x + y).(x - y)$

242   O ALGEBRISTA

Exercícios

E20) Fatore as seguintes expressões

a) $x^2y - 7x^2 + 5xy - 35x$

b) $10a^2b - 15a^2 - 16ab + 24a$

c) $3ax^2 - abx^2 + 12x^2 - 4bx^2$

d) $15bxy^2 + 20xy^2 - 6abxy^2 - 8axy^2$

e) $abmx^2 + 3amx^2 + 2bmx^2 + 6mx^2$

f) $4xya^2 + 8xyab + 4xyb^2$

g) $3abk^2 - 54abk + 243ab$

h) $5mxz^2 - 30mxz + 45mx$

i) $2am^3 - 6am^2 + 6am - 2a$

j) $2a^3x + 18a^2x + 54ax + 54x$

k) $4ax^8 - 4a$

l) $7a^3x^2 - 700a$

m) $2axq^6 - 2axm^2$

n) $4a^2x^7 - 81x^3b^2y^6$

o) $10ax^3 - 10a$

E21) Fatore as seguintes expressões

a) $5ax^2 + 30ax + 40a$

b) $2a^3x^2 + 24a^3x + 22a^3$

c) $4mx^3 - 44mx^2 + 112mx$

d) $5amx^2 - 80amx + 195am$

e) $4ax^3 - 68ax^2 + 208ax$

f) $x^4y + 10x^3y - 24x^2y$

g) $x^2 - 2x - 35 + x^3 - 2x^2 - 35x$

h) $(a + 1)x^2 + 14(a + 1)x - 72(a + 1)$

i) $10x^2 - 100x - 750$

j) $4m^2x^2 + 16m^2x - 180m^2$

Fatoração por "mágica"

Em alguns casos, fatorar pode requerer um pouco de adivinhação. Por exemplo considere a expressão:

$$4a^2 - 4ax + x^2 - 4y^2$$

Como a expressão tem quatro termos, somos tentados a usar agrupamento, observando que é possível colocar 4a em evidência nos dois primeiros termos. Indo por esse caminho falharemos em colocar em evidência um valor entre o terceiro e o quarto termo. Como existem três coeficientes "4", somos também tentados a combinar os termos em outra ordem. Nada disso dá certo neste caso.

Observando atentamente, notamos que os três primeiros termos formam um quadrado. É o quadrado de (2a – x). A expressão pode ser escrita então como:

$$(2a - x)^2 - 4y^2$$

Ficamos assim com uma diferença de quadrados: o quadrado de 2a – x e o quadrado de 2y. Fatorando, ficamos com o produto da soma pela diferença:

$$(2a - x + 2y).(2a - x - 2y)$$

Imagine agora uma expressão semelhante, porém com x no lugar de y:

$$4a^2 - 4ax + x^2 - 4x^2 = 4a^2 - 4ax - 3x^2$$

Desta forma não ficou tão fácil observar que a expressão é uma diferença de quadrados, pois o segundo quadrado, $4x^2$, ficou misturado com parte do primeiro quadrado.

Aqui pode ser usado um pouco de mágica. Mágica em matemática é fazer uma operação inesperada que resolve o problema, mas que não existe técnica alguma que indique que esta é a operação a ser feita.

Quem já resolveu fatorações parecidas com esta, sabe que pode recair em uma diferença de quadrados, porém o quadrado conveniente não está aparecendo na expressão.

Capítulo 5 – Fatoração

243

A expressão $4a^2 - 4ax - 3x^2$ lembra um quadrado perfeito, exceto pelo terceiro termo. O primeiro termo, $4a^2$, é o quadrado de 2a. O segundo termo 4ax, é o mesmo que 2.2a.x. Para formar um quadrado perfeito, este termo teria que ser "duas vezes o primeiro pelo segundo". Como o termo 2a seria o "primeiro termo" da expressão que está elevada ao quadrado, o segundo termo desta expressão seria x, mas para isto a expressão teria que ter x^2, que seria o "quadrado do segundo". Nesse caso devemos fazer uma "mágica", que é completar com o termo que formaria o quadrado. Para isto vamos somar e subtrair x^2. É preciso somar para completar o quadrado, e subtrair para não alterar o valor da expressão. Ficamos então com:

$$4a^2 - 4ax + x^2 - 3x^2 - x^2 = = (2a - x)^2 - 4x^2$$

Como $4x^2$ é um quadrado $(2x)^2$, ficamos com uma diferença de quadrados:

$$(2a - x)^2 - (2x)^2$$

Esta expressão por sua vez pode ser fatorada como o produto da soma pela diferença dos termos:

$$(2a - x + 2x).(2a - x - 2x) = (2a + x).(2a - 3x)$$

Informalmente chamamos isto de "mágica" porque o aluno precisa adivinhar a alteração a ser feita em uma expressão para ficar de uma forma conveniente que resolva o problema. Em alguns casos pode-se perder muito tempo com esse tipo de questão, por isso pode ser crueldade usar tais questões em provas.

Exemplo: Fatore $x^2 - 20x + 96$

A expressão é um trinômio do segundo grau, portanto é preciso identificar quais são os dois números que somados resultam em 20, e multiplicados resultam em 96. Vamos mostrar como isto pode ser resolvido com o método de somar e subtrair um valor de tal forma que seja formada uma diferença de quadrados.

A expressão "$x^2 - 20x$" lembra um quadrado perfeito. Como o termo em x é "duas vezes o primeiro pelo segundo", então a expressão se assemelha ao quadrado de $(x - 10)$. Para isto, a expressão teria que ter o termo 100. Vamos então somar e subtrair 100, ficando com:

$$x^2 - 20x + 100 - 100 + 96 = (x - 10)^2 - 4$$

Ficamos agora com uma diferença de quadrados:

$$(x - 10)^2 - 4 = (x - 10)^2 - 2^2$$

que fatorada fica:

$$(x - 10 + 2).(x - 10 - 2) = (x - 8).(x - 12)$$

Este método pode ser usado quando não conseguimos identificar os números a partir da sua soma e seu produto.

Exemplo: Fatorar $x^2 - 4xy + 4y^2 + 3x - 6y + 2$

Claramente observamos que os três primeiros termos formam um quadrado. É o quadrado de $(x - 2y)$. Entretanto, não encontramos nos termos restantes, o suficiente para formar um outro

244 O ALGEBRISTA

quadrado, o que resultaria em uma diferença de quadrados. Felizmente podemos escrever os três últimos termos como $3(x - 2y) + 2$. A expressão toda pode ser escrita como:

$(x - 2y)^2 + 3(x - 2y) + 2$

Se fizermos $z = (x - 2y)$, observamos claramente que a expressão é um trinômio do segundo grau:

$z^2 + 3z + 2$

que por sua vez fica fatorada como $(z + 1).(z + 2)$. Substituindo z por $x - 2y$ ficamos com

$(x - 2y + 1).(x - 2y + 2)$

Exemplo:
Mostre que $x^3 + y^3 + z^3 - 3xyz = (x + y + z)(x^2 + y^2 + z^2 - xy - yz - zx)$
e que, se $x + y + z = 0$, $x^3 + y^3 + z^3 = 3xyz$

Desenvolvendo o segundo membro, temos:

$(x + y + z)(x^2 + y^2 + z^2 - xy - yz - zx) =$
$x^3 + xy^2 + xz^2 - x^2y - xyz - x^2z$
$+ x^2y + y^3 + yz^2 - xy^2 - y^2z - xyz$
$+ x^2z + y^2z + z^3 - xyz - yz^2 - xz^2$

Vários termos serão cancelados: xy^2 com $- xy^2$, xz^2 com $- xz^2$, x^2y com $- x^2y$, yz^2 com $- yz^2$, x^2z com $- x^2z$ e y^2z com $- y^2z$. Depois dos cancelamentos, sobrarão apenas:

$x^3 + y^3 + z^3 - 3xyz$

Fica assim demonstrado que

$x^3 + y^3 + z^3 - 3xyz = (x + y + z)(x^2 + y^2 + z^2 - xy - yz - zx)$

Se tivermos $x + y + z = 0$, a expressão do segundo membro será igual a 0. Nesse caso,

$x^3 + y^3 + z^3 = 3xyz$

É um caso de fatoração pouquíssimo conhecido, e sem conhecer este resultado, dificilmente alguém conseguirá deduzi-lo em tempo hábil, por exemplo, resolvendo uma questão em uma prova. Seria uma "fatoração mágica". Este tipo de fatoração já foi pedido em provas, por exemplo, na Olimpíada Brasileira de Matemática.

E22) Fatore as seguintes expressões
   a) $4x^4 - x^2 + 2x - 1$ f) $4x^2y^2 - (x^2 + y^2 - z^2)^2$ (x>0, y>0, z>0)
   b) $2x^3 - 3x^2 - 27$ g) $x^4 - 5x^2 + 4$
   c) $x^3 - 3x + 2$ h) $a^4 + b^4 + a^2b^2$
   d) $x^4 - 25x^2 + 100$ i) $a^4 + b^4$
   e) $16k^4 - 20k^2 + 4$ j) $a^2 + b^2$

Capítulo 5 – Fatoração

Polinômios

A fatoração de polinômios pode ser extremamente complexa e será abordada no capítulo 21. Em alguns casos, a quantidade de cálculos necessários impede que esse tipo de questão seja exigida em provas. Quando aparecem em provas, em geral são escolhidos polinômios particulares que permitem fatoração por métodos simples. Por exemplo:

$$x^3 + 5x^2 + x + 5$$

Os coeficientes deste polinômio foram estrategicamente escolhidos para permiti uma fácil fatoração através de agrupamento:

$$x^3 + 5x^2 + x + 5 = x^2(x + 5) + (x + 5) = (x^2 + 1)(x + 5)$$

Via de regra, um polinômio que não tenha seus coeficientes "amistosamente escolhidos" pelo formulador da questão a ponto de permitir uma fatoração fácil como esta. Vejamos mais dois exemplos que aparentemente são difíceis mas possuem fatorações simples:

Exemplo: Fatore $x^4 + 6x^2 - 16$
Um polinômio de quarto grau com potências pares pode ter sua fatoração facilitada quando fazemos $y=x^2$. Ficamos então com:

$$y^2 + 6y - 16, \text{ que é facilmente fatorado como } (y + 8).(y - 2). \text{ Fazendo } y=x^2, \text{ ficamos com:}$$

$$(x^2 + 8).(x^2 - 2)$$

Existe um outro caminho que nos leva ao mesmo resultado. Partindo do polinômio original

$$x^4 + 6x^2 - 16$$

tentamos exprimir os termos como uma diferença de quadrados. Neste exemplo é muito tentador usar 16 como um dos quadrados, mas desta forma, os termos $x^4 + 6x^2$ não formarão um quadrado. Então vamos inicialmente "completar um quadrado" com esses dois termos. Parece ser o quadrado de $(x^2 + 3)$. Para que forme um quadrado, falta o termo 9. Vamos então somar e subtrair 9 à expressão:

$$x^4 + 6x^2 + 9 - 9 - 16 = (x^2 + 3)^2 - 25$$

Conseguimos então formar uma diferença de quadrados, que fatorada fica:

$$(x^2 + 3)^2 - 25 = (x^2 + 3 + 5)(x^2 + 3 - 5) = (x^2 + 8)(x^2 - 2)$$

Exemplo: Fatorar $x^4 + 2x^2 + 9$
Vamos adicionar e subtrair 1 para completar o quadrado $x^4 + 2x^2 + 1$, que é $(x^2 + 1)^2$:

$$x^4 + 2x^2 + 1 - 1 + 9 = (x^2 + 1)^2 + 8$$

Por este caminho não formamos uma diferença de quadrados. Tentemos portanto um outro caminho, que é completar um quadrado que tenha os termos x^4 e 9. Seria o quadrado de $(x^4 + 3)$. Para completar este quadrado temos que somar e subtrair o termo $6x^2$:

$$x^4 + 2x^2 + 9 = x^4 + \mathbf{6x^2} + 9 + 2x^2 - \mathbf{6x^2}$$

$= (x^2 + 3)^2 - 4x^2 = (x^2 + 3)^2 - (2x)^2 = (x^2 + 3 + 2x)(x^2 + 3 - 2x)$

É de praxe representar os polinômios de forma ordenada:

Resposta: $(x^2 + 2x + 3)(x^2 + 3 - 2x)$

Exemplo: Fatorar $x^6 - 7x^3 - 8$
Um caminho para esta fatoração é fazer $y = x^3$ e fatorar o trinômio de segundo grau em y:

$y^2 - 7y - 8 = (y + 1)(y - 8) = (x^3 + 1)(x^3 - 8)$

Usando agora as fórmulas de fatoração da soma e da diferença de cubos, ficamos com:

$(x + 1)(x^2 - x + 1)(x - 2)(x^2 + 2x + 2)$

Outro caminho é transformar a expressão original em uma diferença de quadrados. Temos que completar o quadrado de $(x3 - 7/2)$:

$x^6 - 7x^3 - 8 = x^6 - (7/2)x^3 + 49/4 - 8 - 49/4 = (x^3 - 7/2)^2 - 81/4 = (x^3 - 7/2)^2 - (9/2)^2$

$= (x^3 - 7/2 + 9/2).(x^3 - 7/2 - 9/2) = (x^3 + 1).(x^3 - 8)$

Fatorando a soma e a diferença de cubos, ficamos com o mesmo resultado:

Resposta: $(x + 1)(x^2 - x + 1)(x - 2)(x^2 + 2x + 2)$

Dependendo do caso, um caminho poderá ser mais ou menos trabalhoso que o outro.

Exemplo: Fatorar $x^4 - 3x^3 - 7x^2 + 27x - 18$
Fatorar é encontrar fatores. Quando um polinômio tem uma raiz a, temos $P(a) = 0$ (teorema do resto). Podemos então fazer a divisão por $(x - a)$ e colocar $(x - a)$ em evidência. Existe um teorema que será mostrado no capítulo 21, o teorema das raízes racionais, que diz que se um polinômio tem uma raiz racional da forma p/q, p = é um divisor do termo numérico, e q é um divisor do coeficiente de mais alto grau, no nosso caso, as raízes racionais, caso existam, são divisores de 18, positivos ou negativos. Se tivermos que testar números para checar se são raízes, devemos testar ±1, ±2, ±3, ±6, ±9, ±18. Esses são os candidatos, e os números mais fáceis de serem testados são 1 e -1.

$P(1) = 0; P(-1) = -48.$

Como já achamos a raiz 1, vamos dividir o polinômio por $(x - 1)$:

$(x^4 - 3x^3 - 7x^2 + 27x - 18)/(x - 1) = x^3 - 2x^2 - 9x + 18$; Resto $= 0$
(Caso esteja com saudades de divisões polinomiais, recomendamos o capítulo 3)

Podemos então colocar $(x - 1)$ em evidência:
$(x - 1)(x^3 - 2x^2 - 9x + 18)$

A expressão do terceiro grau pode ser fatorada por agrupamento, já que notamos que a relação entre o primeiro e o segundo coeficientes é $-1:2$, a mesma relação entre o terceiro e o quarto.

$(x - 1)[x^2(x - 2) - 9(x - 2)] = (x - 1)(x^2 - 9)(x - 2)$

Capítulo 5 – Fatoração   247

Finalmente fatoramos a diferença de quadrados e temos o polinômio de 4° grau totalmente fatorado em quatro binômios do primeiro grau:

Resposta: $(x - 1)(x - 2)(x + 3)(x - 3)$

E23) Fatore as seguintes expressões
   a) $4x^4 + 13x^2 + 9$ f) $4x^4 - 11x^2 - 20$
   b) $x^4 - x^2 - 30$ g) $9x^4 - 25x^2 + 16$
   c) $x^4 - 6x^2 - 27$ h) $x^8 + x^4 - 2$
   d) $x^4 - 10x^2 + 9$ i) $x^4 - 10x^2 + 16$
   e) $x^4 - 4x^2 - 45$ j) $x^4 + 6x^2 - 40$

Fatoração em provas e concursos

A fatoração algébrica é um assunto que deve ser dominado por todos aqueles que pretendem ter bons conhecimentos de álgebra, e sobretudo, para realização de concursos. Nos vários concursos que requerem álgebra, como Colégio Naval, Colégio Militar, EPCAr, EsPCEx, Olimpíadas de matemática, são normalmente propostas questões diretas sobre fatoração. Além dessas questões, existem inúmeras outras que não pedem diretamente a forma fatorada de uma expressão, mas é necessário fazê-lo como uma etapa intermediária da resolução. A fatoração é uma ferramenta importante, indispensável em questões que envolvem:

- Polinômios
- Equações
- Inequações
- Expressões algébricas complexas
- Radicais

O aluno que não domina a fatoração provavelmente não conseguirá resolver questões que envolvem os tópicos acima.

Exemplo: EPCAr 2010 – Expressões algébricas complexas

Praticamente todos os concursos apresentam questões para simplificação de expressões algébricas complexas, que usam algum tipo de fatoração como etapa da sua resolução. Obviamente outros conhecimentos são necessários, e serão abordados em outros capítulos deste livro.

Considere os números reais a, b e x, tais que:

$a + b = x$
$a - b = x^{-1}$
$a \neq b \neq 0$

O valor da expressão $Y = \dfrac{\dfrac{\left(a^2 + 2ab + b^2\right)\left(a^3 - b^3\right)}{\left(a^2 - b^2\right)\left(a^2 + ab + b^2\right)}}{\left(\dfrac{a^2 - ab}{2a}\right)}$ é:

(A) 2   (B) $2x^2$ (C) x^2 (D) $x^2/2$

A questão requer os conhecimentos dos seguintes produtos notáveis e casos de fatoração:

248 — O ALGEBRISTA

Quadrado da soma: $(a + b)^2 = a^2 + 2ab + b^2$
Diferença de cubos: $a^3 - b^3 = (a - b).(a^2 + ab + b^2)$
Diferença de quadrados: $a^2 - b^2 = (a + b).(a - b)$
Evidência: $a^2 - ab = a.(a - b)$

Usando essas fórmulas, a expressão pode ser escrita como:

$$\frac{\dfrac{(a+b)^2\left(a^3 - b^3\right)}{(a+b)(a-b)\left(a^2 + ab + b^2\right)}}{\left(\dfrac{a(a-b)}{2a}\right)}$$

A expressão é uma fração algébrica, resultante da divisão de duas frações. Cada uma dessas duas frações possui fatores comuns no numerados e no denominador, que devem ser cancelados na simplificação. A fração do numerador tem em ambos os termos, um fator (a + b) que pode ser simplificado. O produto $(a - b).(a^2 + ab + b^2)$ é igual a $(a^3 - b^3)$, que pode ser cancelado com o outro fator $a^3 - b^3$ existente no numerador.

A fração do denominador tem o fator **a** que pode ser cancelado.

$$\frac{\dfrac{(a+b)^2\left(a^3-b^3\right)}{(a+b)(a-b)\left(a^2+ab+b^2\right)}}{\left(\dfrac{a(a-b)}{2a}\right)} = \frac{\dfrac{(a+b)\left(a^3-b^3\right)}{(a-b)\left(a^2+ab+b^2\right)}}{\left(\dfrac{(a-b)}{2}\right)} = \frac{\dfrac{(a+b)\left(a^3-b^3\right)}{\left(a^3-b^3\right)}}{\left(\dfrac{(a-b)}{2}\right)} = \frac{\dfrac{(a+b)}{1}}{\left(\dfrac{(a-b)}{2}\right)} = \frac{a+b}{1} \times \frac{2}{a-b}$$

Como firam dados $a + b = x$ e $a - b = x^{-1}$, ficamos com:

$$\frac{x}{1} \times \frac{2}{x^{-1}} = 2x^2$$

Resposta: (B)

Exemplo: CMRJ 2015 – Expressões algébricas e equações

Se $x + y = 2$ e $\dfrac{x^3 + y^3}{x^2 + y^2} = \dfrac{1}{4}$, então $(xy)^{-1}$ é igual a:

(A) 11/14   (B) 11/13   (C) 11/12   (D) 1   (E) 11/10

A maioria das questões de álgebra requer o conhecimento de manipulação de expressões algébricas. Esta questão requer ainda a resolução de uma equação e conhecimentos de fatoração da soma de cubos, que aparece no numerador da segunda expressão. A soma de quadrados existente no denominador não pode ser fatorada, mas pode ser expressa em função de x + y e xy:

$$\frac{x^3 + y^3}{x^2 + y^2} = \frac{(x+y)\left(x^2 - xy + y^2\right)}{x^2 + y^2 + 2xy - 2xy} = \frac{(x+y)\left(x^2 + 2xy + y^2 - 3xy\right)}{(x+y)^2 - 2xy}$$

Além da fatoração, os termos foram expressos usando apenas (x+y), $(x+y)^2$ e xy. A seguir, façamos $x + y = 2$ como foi dado pelo problema, e chamemos x.y de P:

Capítulo 5 – Fatoração   249

$$\frac{(x+y)(x^2+2xy+y^2-3xy)}{(x+y)^2-2xy} = \frac{2.(2^2-3P)}{2^2-2P} = \frac{8-6P}{4-2P} = \frac{4-3P}{2-P} \text{, que vale } 1/4 \text{ (enunciado).}$$

Resolvendo a equação:

$$\frac{4-3P}{2-P} = \frac{1}{4}$$

16 – 12P = 2 – P
14 = 11P
P = 14/11

Como P = xy e o problema pede $(xy)^{-1}$, devemos calcular P^{-1}, que vale 11/14.

Resposta: (A) 11/14.

A questão exige vários conhecimentos de álgebra, e sem conhecer a fatoração de $x^3 + y^3$ o aluno não conseguirá chegar à solução.

$x^n - y^n$ e $x^n + y^n$

Já vimos várias expressões desse tipo, como $x^2 - y^2$, $x^3 + y^3$, etc. Dependendo do fato de n ser par ou ímpar, ou de ser uma adição ou subtração, os resultados serão diferentes. Vejamos:

$x^2 - y^2 = (x - y)(x + y)$
Esta é a fórmula da diferença de quadrados.

$x^2 + y^2$
Não pode ser fatorado com fatores racionais.

$x^3 - y^3 = (x - y)(x^2 + xy + y^2)$
Fórmula da diferença de cubos

$x^3 + y^3 = (x + y)(x^2 - xy + y^2)$
Fórmula da soma de cubos

Vejamos o que ocorre para maiores valores de n.

$x^n - y^n$

A expressão $x^n - y^n$ sempre pode ser fatorada, para qualquer número n natural. A fórmula geral é:

$$x^n - y^n = (x - y)(x^{n-1} + x^{n-2}y + x^{n-3}y^2 + \dots + y^{n-1})$$

Exemplos:
$x^2 - y^2 = (x - y)(x + y)$
$x^3 - y^3 = (x - y)(x^2 + xy + y^2)$
$x^4 - y^4 = (x - y)(x^3 + x^2y + xy^2 + y^3)$
$x^5 - y^5 = (x - y)(x^4 + x^3y + x^2y^2 + xy^3 + y^4)$
$x^6 - y^6 = (x - y)(x^5 + x^4y + x^3y^2 + x^2y^3 + xy^4 + y^5)$
$x^7 - y^7 = (x - y)(x^6 + x^5y + x^4y^2 + x^3y^3 + x^2y^4 + xy^5 + y^6)$

O ALGEBRISTA

Note que para $n=2$ e $n=3$, a fórmula geral recai em fórmulas já conhecidas: diferença de quadrados e diferença de cubos.

Note ainda que a fatoração de $x^4 - y^4$ também pode ser feita por diferença de quadrados, e recai no mesmo resultado:

$$x^4 - y^4 = (x^2 - y^2)(x^2 + y^2) = (x - y)(x + y)(x^2 + y^2) = (x - y)(x^3 + x^2y + xy^2 + y^3)$$

Já demonstramos no capítulo 3, a fórmula da diferença de cubos. A demonstração consiste em desenvolver a multiplicação, e os termos irão cancelar uns com os outros, sobrando apenas o primeiro e o último. Para a fórmula de $x^n - y^n$, o método de demonstração é o mesmo.

$x^n + y^n$

Já a fatoração da soma $x^n + y^n$, nem sempre pode ser feita. Por exemplo, $x^2 + y^2$ pode ser fatorada, com restrições, torna-se o produto de expressões irracionais. Já a soma de cubos $x^3 + y^3$ pode ser fatorada como $(x + y)(x^2 - xy + y^2)$. A fórmula geral para <u>n ímpar</u> é a seguinte:

$$x^n + y^n = (x + y)(x^{n-1} - x^{n-2}y + x^{n-3}y^2 - .... + y^{n-1}) \text{ , somente para } \underline{\text{n ímpar}}.$$

Exemplos:
$$x^3 + y^3 = (x + y)(x^2 - xy + y^2)$$
$$x^5 + y^5 = (x + y)(x^4 - x^3y + x^2y^2 - xy^3 + y^4)$$
$$x^7 + y^7 = (x + y)(x^6 - x^5y + x^4y^2 - x^3y^3 + x^2y4 - xy^5 + y^6)$$

As demonstrações consistem em efetuar as multiplicações, e todos os termos semelhantes aparecerão com sinais alternados e se cancelarão, sobrando apenas os termos em x^n e y^n.

A fórmula $x^n + y^n$, com n par, fica complicada, e fica reduzido o seu interesse em questões de prova. Não existe uma fórmula geral.

$x^2 + y^2$: não pode ser fatorado em expressões racionais
$$x^4 + y^4 = (x^2 + y^2 + xy\sqrt{2})(x^2 + y^2 - xy\sqrt{2})$$
$$x^6 + y^6 = (x^2 + y^2)(x^4 - x^2y^2 + y^4)$$

A fórmula de $x^4 + y^4$ é obtida somando e subtraindo $2x^2y^2$, formando uma diferença de quadrados. Já $x^6 + y^6$ pode ser feita como uma soma de cubos de x^2 e de y^2.

Note que na fatoração de $x^4 + y^4$, os fatores encontrados são racionais, pois é permitido que o coeficiente seja irracional, apenas as variáveis não podem estar dentro de radical.

Exercícios de revisão

E24) Fatore as seguintes expressões

a) $x^6 - 9x^3 + 8$

b) $x^2 - y^2 + 2xy - z^2$

c) $x^9 - x^6 - x^3 + 1$

d) $x^3 + x^2 - x - 1$

e) $256a^8 - b^8$

f) $12a^5b^8 - 6a^6b^7 - 6a^7b^7 + 3a^8b^6$

g) $x^4 + 14x^2 + 45$

h) $x^2 - 4xy + 4y^2 + 3x - 6y + 2$

i) $4a^2 + 12ab + 9b^2 + 10a + 15b + 6$

j) $4x^2 - 12xy + 9y^2 - 12x + 18y + 9$

Capítulo 5 – Fatoração

251

E25) Fatore as seguintes expressões
a) $(5x - 2y)^4 - 16$
b) $x^3 - 4x^2 + 9x - 36$
c) $x^4 - 12x^2 + 36$
d) $x^4 - 5x^2 - 36$
e) $x^5 - 5x^3 - 36x$

f) $x^5 + 9x^4 - x - 9$
g) $(3x + 5y)^2 - 5.(3x + 5y) - 6$
h) $(2x + 7y)^2 + 10.(2x + 7y) + 24$
i) $x^2 - 6xy + 9y^2 - 5x + 15y + 6$
j) $25 - x^2 - 4xy - 4y^2$

E26) Fatore as seguintes expressões
a) $x^7 + 8x^4 - x^3 - 8$
b) $x^6 - 9x^3 + 8$
c) $x^6 + 16x^3 + 64$
d) $x^6 - 8x^3 - x^3y^3 + 8y^3$
e) $x^3 - 3x^2 - 25x + 75$

f) $x^3 - 4x^2 - 16x + 64$
g) $x^3 + 3x^2 + 3x - 7$
h) $16y^2 - 25x^2 + 10x - 1$
i) $a^5 + a^2b^3 - a^3b^2 - b^5$
j) $6x^3y^2 + 15x^2y^5 - 30x^7y^4z$

E27) Fatore as seguintes expressões
a) $3x^3 + 33x^2 + 90x$
b) $abc^2 + 6abc + 5ab$
c) $9z^4 + 16$
d) $9y^2 - 42y + 49$
e) $2x^3 + 6x^2 + 10x$

f) $2x^3 + 14x^2 - 20x$
g) $4b^3 + 32$
h) $84z^3 + 57z^2 - 60z$
i) $12k^2 + 59k + 72$
j) $25m^4 + 64, m>0$

E28) Fatore
a) $4x^2 + 12x + 9 - z^2$
b) $40z^2 - 37z - 63$
c) $a^{2m} - 25$
d) $12m^{2a} + 9m^a - 30$
e) $x^{3a} + y^{6a}$

f) $6x^4 - 3x^3 - 24x^2 + 12x$
g) $a^6 - 64b^6$
h) $x^4 + 2x^3 + 27x + 54$
i) $5x^3 - 30x^2 - 15x + 90$
j) $54x^6 + 270x^4 + 450x^2 + 250$

E29) Fatore
a) $x^4 - 3x^3 - 7x^2 + 27x - 18$
(sugestão $27x = 21x + 6x$)
b) $x^5 - 3x^3 - 2x^2 + 6$
c) $x^4 + x^2 - 20$
d) $x^5 + y^5 - xy^4 - x^4y$
e) $x^3 - 3x^2 - x + 3$

f) $4x^4 + x^2 - 3$

g) $9n^2p^2 - 24mnp - 33m^2$
h) $12ab^2 + 60abc + 36b^4c^3$
i) $36a^6y^6 - 18a^5y^5 + 45a^7y^5 - 54a^6y^4$
j) $12a^4x^2 - 15a^5x + 9a^6x^3 - 30a^3x^4$

E30) Fatore
a) $x^4 - 2x^2 - 15$
b) $12xy + 15x + 8y + 10$
c) $10x^3k - 5abx^3 - 14k + 7ab$
d) $m^2 - 14m + 49$
e) $25x^2y^2 - 10xy + 1$

f) $9a^2 + 25k^4 + 30ak^2$
g) $x^3 - 12x^2 + 48x - 64$
h) $1 - 9m + 27m^2 - 27m^3$
i) $25m^2 - 1$
j) $a^2x^2 - 9b^4y^2$

E31) Fatore
a) $(x+y)^2 - (x-y)^2$
b) $xy - 16m^4xy$
c) $x6 - 26x3 - 27$
d) $8x^3 + 27y^3$
e) $x^3 + 3x^2y + 3xy^2 + y^3 - 1$

f) $x^2 + 12x + 35$
g) $m^2 + 8m + 15$
h) $x^2 - 14x + 24$
i) $x^2 + 5x - 84$
j) $2x^2 + 9x + 7$

E32) Fatore
a) $5m^2 + 8m + 3$
b) $8x^2 + 10x + 2$

f) $4m^2x^2 + 16m^2x - 180m^2$
g) $z^3 - 3z + 2$

O ALGEBRISTA

c) $13x^2 - 9x - 4$

d) $3ax^2 - abx^2 + 12x^2 - 4bx^2$

e) $x^6 + 2x^4 - 16x^2 - 32$

h) $a^4 + b^4$

i) $9x^4 + 8x^2 + 16$

j) $x^4 - 4x^2 - 45$

E33)Fatore

a) $(x + 1)^2 + (x+1) - 2$

b) $y^2 + 15y + 56$

c) $k^2 + 9k - 90$

d) $x^2 + 10x + 9$

e) $x^2 - x - 42$

f) $x^3 - 2x^2 + 16(2 - x)$

g) $5x^3 - 55x^2y + 150xy^2$

h) $x^3 - 2x^2 - 3x + 6$

i) $x^3 - 27$

j) $x^3 - 2x^2 + 16(2 - x)$

k) $a^3 - 11a^2b + 30ab^2$.

l) $(x + 1)^2 + (x + 1) - 2$

m) $2x^2 + 3x - 14$

n) $x^2 - 6xy + 9y^2$

o) $x^3 - x^2 - 4x + 4$

E34)Fatore

a) $16a^4 - b^4$

b) $4x^2 - 4xy - 36 + y^2$

c) $2y^3 - 6y^2 - y + 3$

d) $x^3 - 8x^2 - 9x + 72$

e) $\dfrac{4}{9} + \dfrac{1}{3}x - \dfrac{3x^2}{16}$

f) $x^4 - 16y^8$

g) $4x^2 - 16x + 2xy + 15 - 3y$

h) $3(x - y)^2 - 7(x - y) + 4$

i) $2x^3 + 2x^2 - 312x$

j) $\dfrac{1}{4}x^{\frac{1}{2}} - \dfrac{1}{2}x^{\frac{1}{4}}y^{\frac{1}{4}} + \dfrac{1}{4}y^{\frac{1}{2}}$

k) $9x^2 - y^2 - 4y - 4$

l) $x^{16} - y^{16}$

m) $(3a - b)^2 - (2a + b)^2$

n) $x^2y^2 - x^3y^3 + 2xy$

o) $\dfrac{x^2 - 4x - 45}{4xy + 20y} \div \dfrac{x^2 - 81}{3x + 27}$

E35)Fatore

OBS.: Há décadas atrás, as questões de matemática nos concursos eram triviais, devido à realidade do ensino na época.

a) CN 61

$x^3yz + y^3xz - z^3xy + 2x^2y^2z$

b) **EsPCEx 59** – Fatorar

$(3a+2b+c)^2 - (a+2b+3c)^2$

c) **CN51** Fatorar

$x^2 - 2xy + y^2 - a^2$

d) $x^3 - 2x + 1$

e) $2x^3 - x - 4x^2 + 2$

f) **CN52**

Fatorar $8z(x - y) - 3(x - y)$

g) **EsPCEx 53**

Fatorar $a^2 + 6a - 7$

h) $x^6 - 64$

i) $x^4 + 64$.

j) $8x^3 + 20x^2 - 18x - 45$.

k) **CN 58**

Fatorar $x^3 + x^2 - x - 1$

i) **CN54**

Fatorar $16x^4 - 1$

m) $81x^4 - 16$

n) $128x^6 - 2y^6$

o) $2x^3 + 5x^2 - 18x - 45$

E36) Fatore numeradores e denominadores e simplifique

a) $\dfrac{x^2 + 8x + 15}{x^2 - 25}$

b) $\dfrac{x^2 - 1}{x^2 - 9} \div \dfrac{x^2 + 4x + 3}{x^2 - 4x + 3}$

c) $\dfrac{a^2 + 2ab + b^2 + ac + bc}{a + b + c}$

d) $\dfrac{2x^2 - xy + 6x - 3y}{2x - y}$

e) $\dfrac{x^2 + 8x + 15}{x^2 - 9}$

f) $\dfrac{3x^2 + 9x + 6}{x^3 + 2x^2 - x - 2}$

g) $\dfrac{x^2 + 13x + 36}{x^2 - 16}$

h) $\dfrac{x^2 - x - 2}{x + 1}$

i) $\dfrac{x^3 + 1}{x^3 + 3x^2 + 3x + 1}$

j) $\dfrac{x^6 - y^6}{x^2 - y^2}$

k) $\dfrac{x^3 - x^2 - x + 1}{x^2 - 2x + 1}$

l) $\left(\dfrac{35(2b + 1)^9}{7(2b + 1)^{-1}} \right)^2$

E37) Fatore

a) $3(4x + 5)^2 .4(5x + 1)^2 + (4x + 5)^3.(5x + 1).5$

b) $-24u^{3m}v^n + 4u^{2m}v^{2n} + 48v^{3n}u^m$

c) $x^3 - 2x^2 - 2x + 1$

d) $4x^3 - 75 + 12x^2 - 25x$

e) $a^3 - 8a^2 + a^2b - 5ab - 24b$

f) $6x^2\left(1 - x^2\right) - 5x\left(1 - x^2\right) + x^2 - 1$

g) $x^5y^6 - x^4y^3 + x^3y^4$

h) $9x^2 + 15x - 16y^2 + 20y$

i) $12x^3y + 26x^2y^2 + 10xy^3$

j) $1 - x - y - z + xy + xz + yz - xyz$

Capítulo 5 – Fatoração 253

E38) Efetue e simplifique

a) $(x^2y^2 + x^2 + y^2)^2 - (x^2 + y^2)^2 - x^2y^2(x^2 + y^2)$

f) $(y^2 + y - 9)^2 - 9$

b) $\dfrac{2x^2 - 5x - 3}{9 - x^2} \div \dfrac{4x + 2}{2x^2 + 2x - 12} \cdot \dfrac{2}{x - 2}$

g) $\dfrac{2xy - y}{8x^2 - 12xy} \div \dfrac{3xy - 6y}{12x^2 - 24x}$

c) $\dfrac{x^2 - 9}{2x^2 - 6x} \div \dfrac{2x^2 + 5x - 3}{4x^2 - 1}$

h) $x^6 - 1$

d) $x^2 - 0{,}2x - 0{,}08$

i) $2x^4 - 32y^8$

e) $x^2 - 1 - 2y - y^2$

j) $x^8 - y^{16}$.

E39) Efetue as seguintes divisões exatas, usando fatoração e simplificação

a) $(x^2 - 4y^2 - 4yz - z^2) \div (x + 2y + z)$

b) $(x^3 - 6a^3 + 11a^2x - 6ax^2) \div (x^2 + 6a^2 - 5ax)$

c) $(2a^3 - 8a + a^4 + 12 - 7a^2) \div (2 + a^2 - 3a)$

d) $(q^4 + 6q^3 + 4 + 12q + 13q^2) \div (3q + 2 + q^2)$

e) $(27a^3 - 8b^3) \div (3a - 2b)$

E40) Determine o quociente e o resto da divisão

$(a^4 + 9a^2 + 15 - 11a - 7a^3) \div (a - 5)$

E41) Se $x^2 - x - 5 = 0$, quanto vale $x^3 - 6x - 5$?

E42) Qual das expressões abaixo é um fator de $x^2 - 7x + 10$?

(A) $x + 2$ 　　 (B) $x + 10$ 　　 (C) $x - 2$ 　　 (D) $x + 5$ 　　 (E) $x + 7$

E43) Qual das expressões abaixo é um fator de $x^3 - 27$?

(A) $x^2 - 3x + 9$ 　　 (B) $x^2 + 3x + 9$ 　　 (C) $x^2 + 3x - 9$ 　　 (D) $x + 3$ 　　 (E) $x + 9$

E44) Dê um fator do polinômio $-24x^{3m}y^n + 4x^{2m}y^{2n} + 48y^{3n}x^m$. As variáveis usadas como expoentes representam números inteiros.

(A) $(2x^m - 3y^n)$ 　　　　　　　　　 (B) O polinômio não pode ser fatorado

(C) $x^{3m}y^{3n}$ 　　　　　　　　　　　 (D) $4x^{3m}y^{3n}$

(E) $(-2x^m - 3y^n)$

E45) Realize a operação indicada e simplifique completamente. As variáveis em expoentes são números inteiros.

$$\frac{x^{2k} - 9}{3x^{k+3} + 9x^3} \div \frac{x^{k+2} - 3x^2}{6x^{k+5}}$$

(A) $2x^k$ 　　 (B) $\dfrac{2x^k(x^k + 3)}{x^k + 9}$ 　　 (C) $\dfrac{(x^k - 3)^2}{18x^{k+6}}$ 　　 (D) $\dfrac{1}{2}x^{k-6}$ 　　 (E) $2k$

E46) Qual das expressões abaixo é um fator de $x^4 - 10000$?

(A) $x^4 + 100$ 　　 (B) $x^2 + 10$ 　　 (C) $x^4 - 100$ 　　 (D) $x - 10$ 　　 (E) não pode ser fatorado

E47) Qual das expressões abaixo é um fator de $x^4 - 16$?

(A) $x - 4$ 　　 (B) $x + 4$ 　　 (C) $(x + 2)^2$ 　　 (D) $x^2 + 4$ 　　 (E) $x - 16$

O ALGEBRISTA

E48) Simplifique $-s\sqrt[3]{128r} + \sqrt[3]{54rs^3}$

(A) $-s^3\sqrt[3]{2r}$ (B) $-s\sqrt[3]{182r^2s^3}$ (C) $-s^2\sqrt[3]{74r}$ (D) $-s\sqrt[3]{2r}$ (E) $-10s\sqrt[3]{3}$

E49) Fatore a expressão $6x^2(1 - x^2) - 5x(1 - x^2) + x^2 - 1$

(A) $x[(1 - x^2)(6x - 5) + x] - 1$ (B) $(1 - x^2)(6x + 1)(x - 1)$ (C) $(6x - 1)(x + 1)^2(x - 1)$
(D) $-(6x + 1)(1 + x)(1 - x)^2$ (E) $(6x^2 - 5x - 1)(1 - x^2)$

E50) Qual das alternativas é um fator de $x^2 + 16x - 4 + 64 - y^2 + 4y$?

(A) $x + y + 6$ (B) $x - y$ (C) y^2 (D) $y + 4$ (E) x^2

E51) Fatore completamente o polinômio $4x^3 - 4$.

(A) $4(x - 4)(x^2 + x + 1)$ (B) $4(x - 1)(x^2 + x + 1)$ (C) $4(x^3 - 1)$
(D) $4(x + 1)(x^2 - x + 1)$ (E) O polinômio é primo

E52) Simplifique a expressão

$$\frac{x^2 - 4x - 6}{x^2 - x - 6} \times \frac{x^2 + 2x - 15}{x^2 - 25}$$

(A) $\dfrac{x+1}{x-3}$ (B) $\dfrac{x-3}{x-5}$ (C) $\dfrac{x+1}{x+2}$ (D) $\dfrac{x+1}{x+5}$ (E) $\dfrac{x-3}{x+2}$

E53) Fatore o polinômio $x^3 - 3x^2 - 16x + 48$

(A) $(x + 2)(x - 2)(x - 3)$ (B) $(x + 4)(x - 4)(x - 3)$ (C) $(x + 2)(x - 2)(x + 3)$
(D) $(x + 4)(x - 4)(x + 3)$ (E) $(x^2 + 16)(x + 3)$

E54) Qual das expressões abaixo é um fator do polinômio $x^3 + x^2 - 17x + 15$?

(A) $(x - 5)$ (B) $(x - 3)$ (C) $(x + 1)$ (D) $(x + 2)$ (E) $(x + 3)$

E55) Qual das expressões abaixo é um fator do polinômio $6x^2 + 11x - 10$?

(A) $2x - 5$ (B) $3x - 5$ (C) $6x - 1$ (D) $3x - 2$ (E) $6x - 5$

E56) Simplifique $\dfrac{8x - 72}{9x^3 - 72x^2} \div \dfrac{x - 9}{9x^3 - 72x^2}$

(A) $\dfrac{x-4}{30x}$ (B) 8 (C) $x + 4$ (D) $\dfrac{2}{x-8}$

E57) Simplifique $\dfrac{5x + 3}{3x^2 + 15x} + \dfrac{3x}{3}$

(A) $\dfrac{3x^3 + 15x^2 + 5x + 3}{3x(x+5)}$ (B) $\dfrac{x+2}{x+1}$

(C) $\dfrac{3x+1}{x^2 + 5x + 1}$ (D) $\dfrac{x^3 + 5x^2 + 2x + 1}{x(x+5)}$

Capítulo 5 – Fatoração   255

E58) Fatore completamente $x^3 - x^2 - 4x + 4$.

(A) $(x^2 + 4)(x + 1)$ (B) $(x + 2)^2(x + 1)$ (C) $(x^2 - 4)(x + 1)$
(D) $(x^2 - 4)(x - 1)$ (E) $(x - 2)(x + 2)(x - 1)$

E59) Simplifique: $\sqrt{\dfrac{3^{x+7} + 3 \times 3^{x+9}}{3 \times 3^{x+7} - 3^{x+6}}}$

(A) $\dfrac{\sqrt{3}}{2}$ (B) $\dfrac{\sqrt{42}}{2}$ (C) $\sqrt{21}$ (D) $\dfrac{4\sqrt{3}}{3}$ (E) $\sqrt{15}$

E60) Se a e b são inteiros tais que $x^2 - x + 1$ é um fator de $ax^3 + bx^2 + 2x + 4$, então b vale:

(A) -2 (B) -1 (C) 0 (D) 1 (E) 2

E61) Simplifique $\dfrac{x^2 - x - 6}{x^2 + 6x + 9} \div \dfrac{x^2 - 4}{x + 3}$

(A) $\dfrac{x + 2}{x^2 + x - 6}$ (B) $\dfrac{x^2 - 9}{x^2 + x - 6}$ (C) $\dfrac{x - 3}{x^2 + x - 6}$ (D) $\dfrac{x + 2}{x^2 + 5x + 6}$ (E) $\dfrac{x - 3}{x^2 + 5x + 6}$

E62) Simplifique $(2x^2 - 7x - 4)^{-1}(2x^2 + 7x + 3)(x^2 + 3x - 28)(x^2 - 9)^{-1}$

(A) $\dfrac{x + 3}{x + 4}$ (B) $\dfrac{x + 7}{x - 3}$ (C) $\dfrac{2x + 1}{x - 4}$ (D) 1 (E) $\dfrac{x + 4}{x + 3}$ (F) NRA

E63) Escrever $(2001^3 - 1986^3 - 15^3)/(2001 \cdot 1986 \cdot 15)$ como um inteiro ou fração simplificada.

E64) Se $x^2 - y^2 = 20$ e $x - y = -10$, então $x + y$ vale:

(A) -6 (B) -2 (C) 4 (D) 2 (E) 8

E65) Efetue e simplifique $\dfrac{3x^2 + 7x + 2}{4 - x^2} \cdot \dfrac{3x^2 - 7x + 2}{1 - 9x^2}$

(A) 1 (B) -1 (C) $\dfrac{x^2 - 4x + 4}{9x^2 - 6x + 1}$ (D) $\dfrac{9x^2 - 1}{4 - x^2}$ (E) NRA

E66) Se $x - 7$ é um fator de $x^2 - 3x + p$, qual é o valor de p?

(A) -28 (B) -21 (C) -10 (D) 21 (E) 28

E67) Se $r + t = 4$ e $m + s = 7$, determine o valor de $(mr + rs + mt + st)/2$.

E68) Simplifique $\dfrac{x^2 - x - 6}{x^2 + 6x + 9} \div \dfrac{x^2 - 4}{x + 3}$

(A) $\dfrac{x + 2}{x^2 + x - 6}$ (B) $\dfrac{x^2 - 9}{x^2 + x - 6}$ (C) $\dfrac{x - 3}{x^2 + x - 6}$ (D) $\dfrac{x + 2}{x^2 + 5x - 6}$ (E) $\dfrac{x - 3}{x^2 + 5x + 6}$

E69) Qual das expressões abaixo não é um fator de $2x^2y^5z^4 - 6xy^4z^3$?

(A) y^4 (B) $2z^4$ (C) $x^2yz - 3$ (D) $2y^4z^3$ (E) xy

256   O ALGEBRISTA

E70) Fatore completamente o polinômio $6m^2(1 - m^2) - 5m(1 - m^2) + m^2 - 1$

(A) $m[(1 - m^2)(6m - 5)+m] - 1$ (B) $(1 - m^2)(6m - 1)(m - 1)$

(C) $(6m - 1)(m + 1)^2(m - 1)$ (D) $-(6m + 1)(1 + m)(1 - m)^2$

(E) $(6m^2 - 5m - 1)(1 - m^2)$

E71) Colégio Naval, 2015

Seja $k = \left(\dfrac{9999...997^2 - 9}{9999...994} \right)^3$, onde cada um dos números 9999....997 e 9999...994, são constituídos

de 2015 algarismos 9. Deseja-se que $\sqrt[i]{k}$ seja um número racional. Qual a maior potência de 2 que o índice i pode assumir?

(A) 32   (B) 16   (C) 8   (D) 4   (E)

CONTINUA NO VOLUME 2: 80 QUESTÕES DE CONCURSOS

Respostas dos exercícios

E1)   a) $3(2x + y)$ e) $7(2a + 5z)$ i) $6(m + 7n + 4p + 9q)$ m) $6(2b^2 + 5abc + 6c^3)$
      b) $10(x + 3y)$ f) $5(2x + 3y + 5z)$ j) $4(11x + 7y + 6w + 18z)$ n) $x^5(x^2 + 12x + 11)$
      c) $5(3a + 5b)$ g) $4(3a + 5b + 7c)$ k) $x^2(2x + 3)$ o) $3n(3n - 4mp + 11m^2)$
      d) $18(m + 4n)$ h) $7(i + 4j + 6k)$ l) $12xy(y^2 + 3x^3)$

E2)   a) $3(2x^3 + y^2)$ f) $5(2x^2 + 3y^2 + 5z^2)$ k) $x^2(2xy^2 + 3)$
      b) $10(x^5 + 3y^2)$ g) $2abc(3ab^2 + 4bc + 6c^3)$ l) $6x^2y(2y + xz)$
      c) $5ab(3ab^2 + 5c)$ h) $7jk(i^2j + 4i^3k^2 + 6)$ m) $12b(ab + 5ac^2 + 3b^3c^3)$
      d) $18m(m + 4n^2)$ i) $3m(2m + n + 3p + 18mq)$ n) $ax^5(x^2 + 12ax + 72a^2)$
      e) $7(2a^2 + 5z^2)$ j) $2(2xyz + 4yzw + 2xyw + zwx)$ o) $3np(33np - 4m + 11m^2p^2)$

E3)   a) $a(2a + 3b + 4b^2)$ f) $5x^4z^2(3x^4z^3 - 4z + 5x)$ k) $7x^2y^2(-2x^5y^3 - x^2y^6 - 3x^3y^4 + 4)$
      b) $5a(a + 2 - 3bc)$ g) $8m^4n^4(4m + 2n - 3m^2n^3)$ l) $2a^3b^4(8a^3b^3 - 24a^4b^2 + 10a^2b + 15)$
      c) $12(5 + 2y)$ h) $3a^3x(4ax - 5a^2 + 3a^3x^2 - 10x^3)$ m) $12x^4y^5(-4x^2y^2 + 3xy^4 - 4x^4y^3 + 6x^2)$
      d $z^2(z + 1)(z - 3)$ i) $5x^4y^4(3x^2y^2 - y^3 + 2x^5 - 5x^4y)$ n) $4a(10ax^5 - 6bx^3 + 4a^7c^2x^4 - a^4)$
      e) $2x(2x - y + 3y^2z)$ j) $9a^5y^4(4ay^2 - 2y + 5a^2y - 6a)$ o) $12x^2y^2z^2(3y - 4x^2 + 2x^5y^2z^3)$

E4)   a) $(a + b)(m + n)$ e) $(5a - 8)(2b - 3)$ i) $(a + b + c)(x + y)$
      b) $(a + 2)(b + 3)$ f) $(5 - 2a)(3b + 4)$ j) $(a + b + c)(x + 2)$
      c) $(x + 5)(y - 7)$ g) $) (a + 4)(3 - b)$
      d) $(3x + 2)(4y + 5)$ h) $(x - 1)(m + n + 2p)$

E5)   a) $(a + b)(x + y)$ e) $(x^2 + y2)(2x + 3y)$ i) $(x - y)(a + 2b + 3c)$
      b) $(2a + b)(3x + 2y)$ f) $(3a + 2x)(4b - 5y)$ j) $(x^2 + x + 1)(y^2 - 1)$
      c) $(2a - 3b)(4x - 5y)$ g) $(5 + 2a)(3x - 2y)$
      d) $(m + 3)(n - 2)$ h) $(1 - ny)(1 - mx)$

E6)   a) $(4x^2 - 6)(2a^3 + b)$ e) $(5x^3 - 7)(2k - ab)$ i) $(x^2y^3 - 4a)(3x^2y + 4b)$
      b) $(3m - 4x)(5a + 3b)$ f) $(5a^3b - 1)(5a - 8)$ j) $(x^4y^2 - 3k^2b^3)(x^3y - 5b^2)$
      c) $(3a^2 - 5m)(3x + 7y)$ g) $(4a^2 + xy)(5x^2 + 3y)$
      d) $(4xy - 7bz)(5ak - 3bx)$ h) $(3x^2yz + 2bmx)(4y + k)$

E7)   a) $(a + b)^2$ d) $(x - 1)^2$ g) $(y + 4)^2$ j) $(p - 5)^2$ m) $(a - 8)^2$
      b) $(m + 10)^2$ e) $(a + 6)^2$ h) $(m - 7)^2$ k) $(b - 11)^2$ n) $(c - 20)^2$

Capítulo 5 – Fatoração

257

	c) $(k-9)^2$	f) $(x+8)^2$	i) $(z-3)^2$	l) $(x+y)^2$	o) $(x+8)^2$

E8) a) $(2m+3)^2$ d) $(4k-1)^2$ g) $[10(x+3y)]^2$ j) $(2x^2y-5)^2$ m) $(1-z^5)^2$
b) $5(a+b)(3a+5b)$ e) $(3x-5y)^2$ h) $(5xy-1)^2$ k) $(x^4-1)^2$ n) $(4x^2-5y^3)^2$
c) $(5x+1)^2$ f) $(7a-4b)^2$ i) $(4p-3q)^2$ l) $(k^{10}-2)^2$ o) $(5ax-9by)^2$

E9) a) $(x+y)^2$ d) $(k+5)^2$ g) $(3a+b)^2$ j) $(4m-7p)^2$ m) $-(8p^2-1)^2$
b) $(a-b)^2$ e) $(x-7)^2$ h) $(4k-1)^2$ k) $(k^4-3)^2$ n) $(3a+5k^2)^2$
c) $(x+10)^2$ f) $(3x-5)^2$ i) $(5x-1)^2$ l) $(4y^2+3x)^2$ o) $(7xy+3)^2$

E10) a) $(x+y)^3$ d) $(a+3)^3$ g) $(2a+3b)^3$ j) $(x+0,1)^3$
b) $(m-1)^3$ e) $(1-2m)^3$ h) $(k-2m)^3$
c) $(x-8)^3$ f) $(x+y)^3$ i) $(1-3m)^3$

E11) a) $(a+b)(a-b)$ d) $(x+3)(x-3)$ g) $(x+11)(x-11)$ j) $(10+3k)(10-3k)$ m) $(2a+1)(2a-1)$
b) $(k+1)(k-1)$ e) $(a+6)(a-6)$ h) $(2x-3y)(2x+3y)$ k) $(3t+8)(3t-8)$ n) $5(x+y)(x-y)$
c) $(1+m)(1-m)$ f) $(5+x)(5-x)$ i) $(5m+1)(5m-1)$ l) $(x+10)(x-10)$ o) $2(a+2b)(a-2b)$

E12) a) $(a^2+b)(a^2-b)$ e) $(5a+6)(5a-6)$ i) $(5m+11q)(5m-11q)$ m) $(2ab+12)(2ab-1)$
b) $(x+m^2)(k-m^2)$ f) $(5+2x)(5-2x)$ j) $(10+9k^2)(10-9k^2)$ n) $(ax+3b^2y)(ax-3b^2y)$
c) $(q^3+m)(q^3-m)$ g) $(3x^2+11)(3x^2-11)$ k) $(t^2+16)(t+4)(t-4)$ o) $(2ax^2+9by^3)(2ax^2-9by^3)$
d) $(2x+3)(2x-3)$ h) $(8x+9y^2)(8x-9y^2)$ l) $(ax+10)(ax-10)$

E13) a) $(a^m+b^m)(a^m-b^m)$ e) $(a^4+b^4)(a^2+b^2).$ i) $(16z^4+9w^2).$ m) $(b+2a)(b-2a)$
      $.(a+b)(a-b)$ $.(4z^2+3w)(4z^2-w)$
b) $(4a^2b^2+1).$ f) $(x+y+a)(x+y-a)$ j) $8x.(2x+8y)$ n) $(a-b+x)(a-b-x)$
$.(2ab+1)(2ab-1)$
c) $(1-x)(1+x)(1+x^2)$ g) $(x^k+y^k)(x^k-y^k)$ k) $10(m+2n)(m-2n)$ o) $(a+b+1)(a+b-1)$
d) $4xy$ h) $3(x+3y)(x-3y)$ l) $xy(1+4m^2).$
      $.(1+2m)(1-2m)$

E14) a) $(x+y)(x^2-xy+y^2)$ e) $(x+2)(x^2-2x+4)$ i) $(x^2-y)(x^4+x^2y+y^2)$ m) $(a+b-1)((a+b)^2+a+b+1)$
b) $(2m-1)(4m^2-2m+1)$ f) $(8+3a)(64-24a+a^2)$ j) $(4x-5y)(16x^2+20xy+25y^2)$ n) $(4x+3)(16x^2-12x+9)$
c) $(1-x)(1+x+x^2)$ g) $(k-2)(k^2+2k+4)$ k) $(1+m^2)(1-m^2+m^4)$ o) $1000(x+10)(x^2-10x+100)$
d) $(a+10)(a^2-10a+100)$ h) $(2x+3y)(4x^2-6xy+9y^2)$ l) $(x+y-1)((x+y)^2+x+y+1)$

E15) a) $(x+2)(x+4)$ e) $(x+2)(x+8)$ i) $(x+5)(x+7)$ m) $(m+3)(m+5)$
b) $(x+1)(x+3)$ f) $(x+3)(x+7)$ j) $(x+3)(x+9)$ n) $(k+2)(k+12)$
c) $(x+1)(x+5)$ g) $(x+2)(x+7)$ k) $(x+2)(x+10)$ o) $(z+4)(z+5)$
d) $(x+2)(x+5)$ h) $(x+2)(x+9)$ l) $(y+3)(y+4)$

E16) a) $(x+2)(x+4)$ e) $(x-11)(x-2)$ i) $(x-2)(x-12)$ m) $(x-18)(x-3)$
b) $(x-3)(x-5)$ f) $(x+7)(x+8)$ j) $(x-3)(x-13)$ n) $(x-5)(x-20)$
c) $(x-3)(x-7)$ g) $(x-4)(x-7)$ k) $(x-16)(x-3)$ o) $(x-10)(x-9)$
d) $(x+1)(x+11)$ h) $(x+5)(x+10)$ l) $(x-13)(x-4)$

E17) a) $(x-8)(x+3)$ e) $(x-13)(x+4)$ i) $(x-10)(x+6)$ m) $(x+12)(x-7)$
b) $(x+12)(x-2)$ f) $(x-8)(x+4)$ j) $(x+10)(x-5)$ n) $(x+11)(x-9)$
c) $(x-10)(x+9)$ g) $(x-7)(x+5)$ k) $(x-58)(x+1)$ o) $(x-15)(x+5)$
d) $(x+9)(x-5)$ h) $(x+15)(x-4)$ l) $(x+18)(x-4)$

E18) a) $(2x+4)(x+1)$ e) $(2x+2)(4x+1)$ i) $(5x+7)(x+1)$ m) $(5m+3)(m+1)$
b) $(x+3)(2x+1)$ f) $(x+1)(7x+3)$ j) $(3x+8)(2x+3)$ n) $(k+4)(3k+2)$
c) $(3x+5)(x+1)$ g) $(2x+7)(x+1)$ k) $(2x+5)(2x+1)$ o) $(5z+4)(z+1)$
d) $(x+1)(5x+2)$ h) $(2x+3)(3x+1)$ l) $(3y+4)(y+1)$

O ALGEBRISTA

E19)
a) $(5x - 2)(2x + 3)$
b) $(3x - 5)(x - 1)$
c) $(x - 2)(2x + 13)$
d) $(x - 1)(7x + 12)$
e) $(x - 1)(11x - 2)$
f) $(7x + 8)(x + 1)$
g) $(4x - 7)(x - 1)$
h) $(13x + 4)(x - 1)$
i) $(3x + 5)(x - 5)$
j) $(x - 1)(13x - 3)$
k) $(2x - 1)(3x - 8)$
l) $(4x - 13)(x - 1)$
m) $(11x - 9)(x + 1)$
n) $(x - 5)(4x - 5)$
o) $(7x + 5)(x - 1)$

E20)
a) $x(x + 5)(y - 7)$
b) $a(5a - 8)(2b - 3)$
c) $x^2(a + 4)(3 - b)$
d) $xy^2(5 - 2a)(3b + 4)$
e) $mx^2(a + 2)(b + 3)$
f) $4xy(a + b)^2$
g) $3ab(k - 9)^2$
h) $5mx(z - 3)^2$
i) $2a(m - 1)^3$
j) $2x(a + 3)^3$
k) $4a(x + 1)(x - 1)(x^4 + x^2 + 1))$
l) $7a(ax + 10)(ax - 10)$
m) $2ax(q3 - m)(q3 - m)$
n) $x^3(2ax^2 + 9by^3)(2ax^2 - 9by^3$
o) $10a(x - 1)(x^2 + x + 1)$

E21)
a) $5a(x + 2)(x + 4)$
b) $2a^3(x + 1)(x + 11)$
c) $4mx(x - 4)(x - 7)$
d) $5am(x - 3)(x - 13)$
e) $4ax(x - 4)(x - 13)$
f) $x^2y(x - 4)(x - 6)$
g) $(x - 7)(x + 5)(1 + x)$
h) $(a + 1)(x + 18)(x - 4)$
i) $10(x - 15)(x + 5)$
j) $4m^2(x + 9)(x - 5)$

E22)
a) $(2x - 1)(x + 1)(2x^2 - x + 1)$
b) $(x - 3)(2x^2 + 3x + 9)$
c) $(x + 2)(x - 1)^2$
d) $(x + 2)(x - 2)(x + 5)(x - 5)$
e) $(2k+1)(2k-1)(2k+2)(2k-2)$
f) $(x+y+z)(x+y-z)(z-x+y)(z+x-y)$
g) $(x + 1)(x - 1)(x + 2)(x - 2)$
h) $(a^2 + b^2 + ab)(a^2 + b^2 - ab)$
i) $(a^2+b^2 - \sqrt{2}\ ab)\ (a^2+b^2 + \sqrt{2}\ ab)$
j) $(a+b + \sqrt{2ab}\ )(a+b - \sqrt{2ab}\ )$

(a): Fazer $(2x^2)^2 - (x - 1)^2$, depois fatorar os trinômios (um trinômio pode ser fatorado, o outro não)
(b): Note que $P(3) = 0$, então o trinômio tem um fator $(x - 3)$. Transforme então $2x^3$ em $x^3 + x^3$, ficando com $x^3 - 3x^2 + x^3 + 27$, fatore então por agrupamento.
(c): Como $P(1) = 0$, tem um fator $(x - 1)$. Transforme $-3x$ em $-x - 2x$ e use agrupamento.
(h), (i), (j): complete até formar diferenças de quadrados.

E23)
a) $(4x^2 + 9)(x^2 + 1)$
b) $(x^2 + 5)(x + \sqrt{6}\ )(x - \sqrt{6}\ )$
c) $(x - 3)(x + 3)(x^2 + 3)$
d) $(x + 1)(x - 1)(x + 3)(x - 3)$
e) $(x^2 + 5)(x + 3)(x - 3)$
f) $(4x^2 + 5)(x + 2)(x - 2)$
g) $(3x + 4)(3x - 4)(x + 1)(x - 1)$
h) $(x^2 + 2)(x + 1)(x - 1)$
i) $\left(x+ \sqrt{2}\right)\left(x - \sqrt{2}\right)\left(x + \sqrt{8}\right)\left(x - \sqrt{8}\right)$
j) $(x^2 + 10)(x + 2)(x - 2)$

E24)
a) $(x-1)(x-2)(x^2+x+1)(x^2+2x+4\ )$
b) $(x - y + z)(x - y - z)$
c) $(x+1)(x-1)^2(x^2+x+1)(x^4+x^2+1)$
d) $(x + 1)^2(x - 1)$
e) $(16a^4+b^4)(4a^2+b^2)(2a+b)(2a-b)$
f) $3a^5b^6(2b - a^2)(2b - a)$
g) $(x^2 + 5)(x^2 + 9)$
h) $(x - 2y + 1)(x - 2y + 2)$
i) $(2a + 3b + 1)(2a + 3b + 5)$
j) $(2x - 3y - 3)^2$

E25)
a) $((5x-2y)^2+4)(5x-2y+2)(5x-2y-2)$
b) $(x^2 + 9)(x - 4)$
c) $(x^2 + 6)\left(x + \sqrt{6}\right)\left(x - \sqrt{6}\right)$
d) $(x + 4)(x + 3)(x - 3)$
e) $x(x + 4)(x + 3)(x - 3)$
f) $(x^2 + 1)(x + 1)(x - 1)(x + 9)$
g) $(3x + 5y - 6)(3x + 5y + 1)$
h) $(2x + 7y + 4)(2x + 7y + 6)$
i) $(x - 3y - 2)(x - 3y - 3)$
j) $(5 - x + 2y)(5 + x - 2y)$

E26)
a) $(x^2+1)(x+1)(x-1)(x+3)(x^2-2x+4)$
b) $(x-1)(x-2)(x^2+x+1)(x^2+2x+4)$
c) $(x + 2)^2(x^2 - 2x + 4)^2$
d) $(x-y)(x^2+xy+y^2)(x-2)(x^2+2x+4)$
e) $(x + 5)(x - 5)(x - 3)$
f) $(x + 4)(x - 4)^2$
g) $(x - 1)(x^2 + 4x + 7)$
h) $(4y + 5x - 1)(4y - 5x + 1)$
i) $(a - b)(a + b)^2(a^2 - ab + b^2)$
j) $3x^2y^2(2x + 5y^3 - 10x^5y^2z)$

E27)
a) $3x(x + 5)(x + 6)$
b) $ab(c + 1)(c + 5)$
c) $\left(3z^2 + 4 + z\sqrt{24}\right)\left(3z^2 + 4 - z\sqrt{24}\right)$
d) $(3y - 7)^2$
e) $2x(x^2 + 3x + 5)$
f) $2x\left(x + 7 + \sqrt{59}\right)\left(x + 7 - \sqrt{59}\right)$
g) $4(b + 2)(b^2 - 2b + 4)$
h) $3z(7z - 4)(4z + 5)$
i) $(4k + 9)(3k + 8)$
j) $\left(5m^2 + 8 + m\sqrt{80}\right)\left(5m^2 + 8 - m\sqrt{80}\right)$

Capítulo 5 – Fatoração

E28)
a) $(2x + 3 + z)(2x + 3 - z)$
b) $(5z - 9)(8z + 7)$
c) $(a^m + 5)(a^m - 5)$
d) $3(4m^a - 5)(m^a + 2)$
e) $(x^a + y^{2a})(x^{2a} - x^a y^{2a} + y^{4a})$
f) $3x(x + 2)(x - 2)(2x - 1)$
g) $(a+2b)(a-2b)(a^4-4a^2b^2+16b^4)$
h) $(x + 3)(x^2 - 3x + 9)(x + 2)$
i) $5\left(x + \sqrt{3}\right)\left(x - \sqrt{3}\right)(x - 6)$
j) $2.(3x^2 + 5)^3$

E29)
a) $(x - 1)(x - 2)(x - 3)(x + 3)$
b) $(x^3 - 2)(x^2 - 3) =$
$\left(x - \sqrt[3]{2}\right)\left(x^2 + x\sqrt[3]{2} + \sqrt[3]{4}\right) \times$
$\left(x + \sqrt{3}\right)\left(x - \sqrt{3}\right)$
c) $\left(x + \sqrt{5}\right)\left(x - \sqrt{5}\right) \times$
$(x + 2)(x - 2)$
d) $(x^2 + y^2)(x + y)(x - y)^2$
e) $(x + 1)(x - 1)(x - 3)$
f) $\left(2 + \sqrt{3}\right)\left(2 - \sqrt{3}\right)\left(x^2 + 1\right)$
g) $3(3np - 11m)(np + m)$
h) $12b(ab + 5ac^2 + 3b^3c^3)$
i) $9a^5y^4(4ay^2 - 2y + 5a^2y - 6a)$
j) $3a^3x(4ax - 5a^2 + 3a^3x - 10x^3)$

E30)
a) $\left(x + \sqrt{5}\right)\left(x - \sqrt{5}\right)(x + 3)$
b) $(3x + 2)(4y + 5)$
c) $(5x^3-7)(k-ab) = \left(x\sqrt[3]{5} - \sqrt[3]{7}\right)$
$\times \left(x^2\sqrt[3]{25} + x\sqrt[3]{35} + \sqrt[3]{49}\right)$
d) $(m - 7)^2$
e) $(5xy - 1)^2$
f) $(5k^2 + 3a)^2$
g) $(x - 4)^3$
h) $(1 - 3m)^3$
i) $(5m + 1)(5m - 1)$
j) $(ax + 3b^2y)(ax - 3b^2y)$

E31)
a) $4xy$
b) $xy(1 + 4m^2)(1 + 2m)(1 - 2m)$
c) $(x-3)(x^2+3x+9)(x+1)(x^2-x+1)$
d) $(2x + 3y)(4x^2 - 6xy + 9y^2)$
e) $(x+y-1)(x^2+2xy+y^2+x+y+1)$
f) $(x + 5)(x + 7)$
g) $(m + 3)(m + 5)$
h) $(x - 2)(x - 12)$
i) $(x + 12)(x - 7)$
j) $(2x + 7)(x + 1)$

E32)
a) $(5m + 3)(m + 1)$
b) $2(4x + 1)(x + 1)$
c) $(13x + 4)(x - 1)$
d) $x^2(a + 4)(3 - b)$
e) $(x^2 + 2)(x^2 + 4)(x + 2)(x - 2)$
f) $4m^2(x + 9)(x - 5)$
g) $(z + 2)(z - 1)^2$
h) $\left(a^2 + b^2 + ab\sqrt{2}\right)\left(a^2 + b^2 - ab\sqrt{2}\right)$
i) não fatorável
j) $(x +3)(x - 3)(x + 5)$

E33)
a) $x(x + 1 + 2)$
b) $(y + 7)(y + 8)$
c) $(k + 10)(k - 9)$
d) $(x + 1)(x + 9)$
e) $(x - 7)(x + 6)$
f) $(x + 4)(x - 4)(x - 2)$
g) $5x(x - 5y)(x - 6y)$
h) $\left(x + \sqrt{3}\right)\left(x - \sqrt{3}\right)(x - 2)$
i) $(x - 3)(x^2 + 3x + 9)$
j) $(x + 3)(x - 3)^2$
k) $a(a - 5b)(a - 6b)$
l) $(x + 5)(x + 2)$
m) $(x - 2)(2x + 7)$
n) $(x - 3y)^2$
o) $(x + 2)(x - 2)(x - 1)$

E34)
a) $(4a^2+b^2)(2a+b)(2a-b)$
b) $(2x-y+6)(2x-y-6)$
c) $\left(\sqrt{2}y+1\right)\left(\sqrt{2}y-1\right)(y-3)$
d) $(x + 3)(x - 3)(x - 8)$
e) $-\dfrac{1}{144}(3x-8)(9x-8)$
f) $(x^2+4y^4)(x+2y^2)(x-2y^2)$
g) $(2x - 5 + y)(2x - 3)$
h) $(3x-3y-4)(x-y-1)$
i) $2x(x + 13)(x - 12)$
j) $\dfrac{1}{4}\left(x^{\frac{1}{4}} - y^{\frac{1}{4}}\right)^2$
k) $(3x+y-2)(3x-y+2)$
l) $(x^8+y^8)(x^4+y^4)(x^2+y^2)$ $(x+y)(x-y)$
m) $5a(a - 2b)$
n) $-xy(xy - 2)(xy + 1)$
o) $3/(4y)$

OBS.: (g): partir de $4x^2 - 16x + 15$

E35)
a) $xyz(x+y+z)(x+y-z)$
b) $8(a-c)(a+b+c)$
c) $(x-y+a)(x-y-a)$
d) $(x - 1)(x^2 + x - 1)$
e) $(x-2)\left(\sqrt{2}x+1\right)\left(\sqrt{2}x-1\right)$
f) $(x - y)(8z - 3)$
g) $(a + 7)(a - 1)$
h) $(x-2)(x+2)(x^2+2x+4)$
i) $(x^2+8+4x)(x^2+8-4x)$
j) $(2x+3)(2x-3)(2x+5)$
k) $(x + 1)^2(x - 1)$
l) $(4x^2+1)(2x+1)(2x-1)$
m) $(9x^2+4)(3x+2)(3x-2)$
n) $2(2x+y)(4x^2-2xy+y^2)$ $(2x-y)(4x^2+2xy+y^2)$
o) $(x + 3)(x - 3)(2x + 5)$

260   O ALGEBRISTA

E36)
a) $\dfrac{x+3}{x-5}$

b) $\dfrac{(x-1)^2}{(x+3)^2}$

c) $a+b$

d) $\dfrac{(x^2-2x+4)}{x+3}$

e) $\dfrac{x+5}{x-3}$

f) $\dfrac{3}{x-1}$

g) $\dfrac{x+9}{x-4}$

h) $x-2$

i) $\dfrac{x^2-x+1}{(x+1)^2}$

j) $x^4+x^2y^2+y^4$

k) $x+1$

l) $25(2b+1)^{20}$

E37)
a) $(4x+5)^2(5x+1)(80x+37)$
b) $-4u^mv^n(3u^m+4v^n)(2u^m-3v^n)$
c) $(x+1)(x^2-3x+1)$
d) $(x+3)(2x+5)(2x-5)$
e) $(a-8)(a^2+ab+3b)$
f) $(1+x)(1-x)(2x-1)(3x-1)$
g) $x^3y^3(x^2y^3-x+y)$
h) $(3x+4y+5)(3x-4y)$
i) $2xy(3x+5y)(2x+y)$
j) $(1-x)(1-y)(1-z)$

E38)
a) $x^2y^2(x^2+y^2+x^2y^2)$
b) $\dfrac{2(2x-1)(x+3)}{(x+2)(3-x)}$
c) $\dfrac{2x+1}{2x}$
d) $(x-0,4)(x+0,2)$
e) $(x+y+1)(x-y-1)$
f) $(y+4)(y-3)(y+3)(y-2)$
g) $\dfrac{2x-1}{2x-3y}$
h) $(x+1)(x^2-x+1)(x-1)(x^2+x+1)$
i) $2(x^2+4y^4)(x+2y^2)(x-2y^2)$
j) $(x^4+y^8)(x^2+y^4)(x+y^2)(x-y^2)$

E39)
a) $x-2y-z$
d) $(q+1)(q+2)$
b) $x-a$
e) $9a^2+6a+4b^2$
c) $(a+2)(a+3)$

OBS.: (b) Para fatorar, note que $P(a)=0$, então podemos dividir $P(x)$ por $(x-a)$, e colocar $(x-a)$ em evidência. Usamos a divisão polinomial considerando **x** variável, e com **a** fazendo parte dos coeficientes.

E40) a^3-2a^2-a-16, resto -65

E41) Resposta: 0. Dividir o polinômio do terceiro grau pelo de segundo, e verificar que $(x^3-6x-5)=(x^2-x-5)(x+1)$.

E42) (C)   E43) (B)   E44) (A) fazer $a=x^m$ e $b=y^n$ e fatorar por evidência.

E45) (A)   E46) (D)   E47) (D)   E48) (D)   E49) (D)

E50) (A)   E51) (B)   E52) (C)   E53) (B)   E54) (B)

E55) (D)   E56) (B)   E57) (A)   E58) (E)   E59) (B)

E60) (A)   E61) (C)   E62) (B)

E63) 3. No numerador, fatorar diferença de cubos d 2001 e 15, colocar 1986 em evidência, depois fatorar diferença de quadrados de 2001 e 1986, colocar 15 em evidência, finalmente operar os números que sobraram entre parênteses, resultando em 3 x 2001. No final o denominador simplifica, resultando em 3. Pode ser feito em outra ordem, chegando ao mesmo resultado.

E64) (B)   E65) (A)   E66) (A). Fazer $P(7)=0$.

E67) 14.   E68) (C)   E69) (B)   E70) (D)

Capítulo 5 – Fatoração

261

E71) Colégio Naval, 2015

Seja $k = \left(\dfrac{9999...997^2 - 9}{9999...994}\right)^3$, onde cada um dos números $9999....997$ e $9999...994$, são constituídos

de 2015 algarismos 9. Deseja-se que $\sqrt[i]{k}$ seja um número racional. Qual a maior potência de 2 que o índice i pode assumir?

(A) 32   (B) 16   (C) 8   (D) 4   (E)

Solução:
Toda expressão do tipo 9999999...999, onde o número de algarismos "9" é dado (seja ele **n**) pode ser calculado em função de n, e é fácil deduzir qual é a relação algébrica que se aplica. Vejamos alguns exemplos:

$9 = 10^1 - 1$
$99 = 10^2 - 1$
$999 = 10^3 - 1$

Se temos n algarismos "9", então o número 99999..999 é igual a $10^n - 1$

Outros números similares podem ser deduzidos facilmente, como:

$11111....111$ (n algarismos "1") $= (10^n - 1)/9$
$77777....777$ (n algarismos "7") $= 7\times(10^n - 1)/9$

O mesmo princípio serve para determinar 2222..222, 3333.333, 4444...444, etc.

É bom conhecer essas relações durante o estudo, e não apenas na hora da prova.

O problema envolve dois números parecidos, que podem ser facilmente deduzidos:

$999....997 = 999....999 - 2$, se o primeiro número tem 2015 algarismos 9, o segundo tem 2016.
$999....994 = 999....999 - 5$, se o primeiro número tem 2015 algarismos 9, o segundo tem 2016.

Portanto podemos escrever a expressão dada pelo problema usando:

$9999...997 = 10^{2016} - 1 - 2 = 10^{2016} - 3$
$9999...994 = 10^{2016} - 1 - 5 = 10^{2016} - 6$

A expressão de k fica então:

Numerador: $(10^{2016} - 3)^2 - 9$
Denominador: $(10^{2016} - 6)$

Para agilizar os cálculos, chamemos 10^{2016} de x. Ficamos com:

N: $(x - 3)^2 - 9 = x^2 - 6x + 9 - 9 = x^2 - 6x$
D: $(x - 6)$
N/D $= (x^2 - 6x)/(x - 6) = x$

O valor k é esta fração elevada ao cubo:
$k = x^3 = (10^{2016})^3 = 10^{6048}$.

262   O ALGEBRISTA

A raiz i-ésima $\sqrt[i]{k}$ será um número racional quando o expoente 6048 for um múltiplo de i. sendo que i é uma potência de 2, segundo as instruções do problema. Portanto fatoremos 6048, o que resultará em: 2^5 x 189, (basta determinar os fatores 2), portanto a maior potência de 2 que é divisor de 6048 é $2^5 = 32$.

Resposta: (A)

■

Capítulo 6

MMC e MDC

Problemas sobre MMC e MDC

Este é um capítulo bem pequeno. Na maioria dos livros de álgebra, o capítulo sobre MMC e MDC é também pequeno ou inexistente. Normalmente este assunto fica incluído no capítulo sobre fatoração. Também nas provas de concursos, praticamente não existem questões do tipo "calcule o MDC entre ....". O primeiro motivo é que para calcular o MMC e o MDC entre expressões algébricas, é preciso primeiro fatorar as expressões, e aí já está a maior parte do conhecimento necessário. A parte restante é uma rápida verificação de expoentes, muito fácil.

O segundo motivo é que o cálculo MMC, usado para reduzir frações ao mesmo denominador, bem como o MDC, usando nas simplificações, nada mais são que etapas intermediárias de questões mais trabalhosas, que são as operações com frações algébricas. Essas questões sim, exigem muitas etapas, inclusive o MDC e o MMC, são bastante comuns em todas as provas de concursos, usadas em resolução de expressões algébricas complexas, equações e inequações.

O MDC e o MMC são ferramentas importantíssimas em questões envolvendo equações fracionárias e frações algébricas em geral. Para não dar ao aluno a ideia de importância reduzida deste assunto, optamos por destacar sua importância dedicando-lhes este capítulo exclusivo, mesmo com um número reduzido de páginas, e também de exercícios. Não existem mais questões do tipo "calcule o MMC ou o MDC" em provas, já que essas são etapas corriqueiras de outras questões mais complexas. Por isso o número de exercícios é reduzido, inclusive fizemos uso de questões de provas antigas. Seria um erro não estudar o assunto pelo fato das provas atuais não apresentarem questões exclusivas. Sem resolver a questões de provas antigas, o entendimento do assunto ficaria prejudicado.

Fatores numéricos e algébricos

Na aritmética, é usual calcular o MMC (mínimo múltiplo comum) e o MDC (máximo divisor comum) entre números naturais ou inteiros, com aplicações em diversos tipos de problemas. Por exemplo, para somar ou subtrair frações com denominadores diferentes, precisamos reduzir todas elas ao mesmo denominador, que é o MMC entre os denominadores das frações originais. O mesmo ocorre com frações algébricas (capítulo 7), que são aquelas que possuem expressões algébricas nos denominadores. Por exemplo:

$$\frac{2x}{x-1}+\frac{4}{x+1}-\frac{1}{x^2-1}$$

Assim como ocorre na aritmética, temos que reduzir todas as frações ao mesmo denominador (OBS.: É errado dizer "mesmo denominador comum", o correto é dizer "mesmo

264   O ALGEBRISTA

denominador", ou a um "denominador comum", já que as palavras "mesmo" e "comum" têm o mesmo significado). A forma mais simples para fazer isso é usar como denominador comum, o MMC entre os denominadores. Isto requer que os denominadores sejam fatorados:

$1^{\underline{o}}$ denominador $= (x - 1)$
$2^{\underline{o}}$ denominador $= (x + 1)$
$3^{\underline{o}}$ denominador $= (x^2 - 1) = (x + 1)(x - 1)$

O MMC é o produto dos fatores comuns e não comuns, elevados aos maiores expoentes. No caso, este MMC é $(x + 1).(x - 1)$.

Para que as três frações fiquem com denominador $(x + 1).(x - 1)$, é preciso multiplicar numeradores e denominador das frações por:

$1^{\underline{a}}$ fração: multiplicar por $(x + 1)$
$2^{\underline{a}}$ fração: multiplicar por $(x - 1)$
$3^{\underline{a}}$ fração: multiplicar por 1

Com tais multiplicações, todos os denominadores ficarão iguais a $x^2 - 1$

Ficamos então com:

$$\frac{2x.(x+1)}{x^2-1} + \frac{4.(x-1)}{x^2-1} - \frac{1}{x^2-1} = \frac{2x^2+2x+4x-4-1}{x^2-1} = \frac{2x^2+6x-5}{x^2-1}$$

Dificilmente aparecerá em uma prova de concurso, uma questão do tipo "calcule o MDC entre...", mas aparecerão questões mais complexas que exigirão, entre as etapas da resolução, o cálculo do MMC ou do MDC.

Recordando o MDC e o MMC de números naturais

Vamos recordar rapidamente como calcular o MDC e o MMC de números naturais. Na aritmética, o método mais usado para calcular o MDC é armar um dispositivo com uma barra vertical, e são feitas divisões pelos números primos: 2, 3, 5...

Exemplo: Calcule o MDC entre os números 8, 12 e 20

```
8 - 12 - 20 | 2
4 -  6 - 10 | 2
2 -  3 -  5 | MDC = 2.2 = 4
            |
```

O método para calcular o MMC é parecido. A diferença é que no caso do MDC, fazemos a divisão apenas quando todos os números são múltiplos do referido número, como no exemplo acima. No caso do MMC, fazemos a divisão quando pelo menos um dos números pode ser dividido. Os que não permitem a divisão são simplesmente repetidos. Os fatores pelos quais dividimos, no lado direito da barra vertical, são os números primos.

Na álgebra, este método não é usado, pois os fatores algébricos não podem ser ordenados, como ocorre com os números primos. Ao invés disso, usamos um outro método, que se aplica tanto para números naturais quanto para expressões algébricas:

Capítulo 6 – MMC e MDC

MDC = Máximo Divisor Comum
a) Fatorar os números
b) Calcular o produto dos fatores comuns elevados os menores expoentes

MMC = Mínimo Múltiplo Comum
a) Fatorar os números
b) Calcular o produto dos fatores comuns e não comuns elevados aos maiores expoentes

Vejamos como aplicar o método para encontrar o MDC entre os números 8, 12 e 20:

a) Fatorar os números
$$8 = 2^3$$
$$12 = 2^2.3$$
$$20 = 2^2.5$$

b) Calcular o produto dos fatores comuns elevados os menores expoentes

O único fator comum é 2. Os expoentes são 3, 2 e 2, o menor deles é 2. Então:

$$MDC(8, 12, 20) = 2^2 = 4$$

No próximo item veremos como usar este método para calcular o MDC e o MMC entre expressões algébricas.

MDC e o MMC de expressões algébricas

Vamos aplicar o mesmo método para encontrar o MDC e o MMC entre as expressões algébricas $x^2 - 3x + 2$ e $x^2 - 7x + 10$

$$x^2 - 3x + 2 = \quad (x - 1)(x - 2)$$
$$x^2 - 7x + 10 = \quad (x - 2)(x - 5)$$

MDC: Fatores comuns elevados aos menores expoentes = $\quad (x - 2)$
MMC: Todos os fatores, elevados aos maiores expoentes = $\quad (x - 1)(x - 2)(x - 5)$

O cálculo do MDC e o MMC de monômios é bastante simples, pois a parte literal já está fatorada, ficando apenas faltando fatorar os coeficientes numéricos:

Exemplo: Calcule o MMC e o MDC entre $4a^2b^3c^4$, $12xa^4b^2$ e $20\,a^4b^5x^2$
Fatorando os coeficientes, ficamos com:

$$2^2a^2b^3c^4$$
$$2^2.3xa^4b^2 \text{ e}$$
$$2^2.5a^4b^5x^2$$

$$MDC = 2^2.a^2.b^2 \qquad = 4a^2b^2$$
$$MMC = 2^2.3.5.a^4.b^5.c^4.x^2 \quad = 60a^4b^5c^4x^2$$

O sinal não é usado no MDC, nem no MMC de expressões algébricas. Se o polinômio x^2y^3 é divisível por y^3, por exemplo, o polinômio $-x^2y^3$ também é, portanto não levamos em conta o sinal.

Exercícios

O ALGEBRISTA

E1) Calcule o MDC e o MMC entre:

a) $32x^2yz^3$ e $24w^2x^4z^2$

b) $75x^2y^2z$ e $-15xyz^2$

c) $48ab^2c$ e $28a^2b^2c^3$

d) $120m^2n^4p^5$ e $30m^3n^2p$

e) $72abc^3$ e $84a^2b^2c$

f) $34m^3n^2$ e $85m^2n^3p^2$

g) $12xy^2$ e $18x^2yz$

h) $-25ab^2c^2$ e $15a^3b^3c^4$

i) $320k^2jh^2$ e $128k^3h^3$

j) $99p^2x^2y$ e $132npq$

k) $30x^4y^5$, $20x^2y^7$ e $75x^3y^4$

l) $60x^2y^2$ e $35xz^3$

m) $14a^2b^3$, $20a^3b^2c$ e $35ab^3c^2$

n) $32m^2n^3$, $8m^2n$ e $56m^3n^2$

o) $12a^3bx$, $5a^4bxy$ e $30a^3b^2x^2$

Expressões algébricas não necessariamente são polinomiais. Por exemplo, $2^{\sqrt{x}}\sqrt{x-1}$ é uma expressão algébrica não racional. Nesse caso, para efeitos de MMC e MDC, tanto $2^{\sqrt{x}}$ como $\sqrt{x-1}$ são considerados fatores. Ocorre que as expressões polinomiais são as mais comuns na prática. Um polinômio em x pode ser sempre desmembrado como um produto de binômios do primeiro grau e trinômios do segundo grau, nas formas (exemplo: $(2x + 5)$, $(x^2 - 4x + 10)$). Cada um desses termos binomiais ou trinomiais pode ter seus próprios expoentes. Uma vez fatorados completamente, podemos usar a regra já apresentada para determinar o MMC e o MDC.

Exemplo: Determine o MDC entre $(x^4 - 2x^2 + 1)$ e $(x^2 - 3x + 2)^2$
Os dois polinômios devem ser inicialmente fatorados. De acordo com o que vimos no capítulo 5:

$x^4 - 2x^2 + 1 = (x^2 - 1)^2 = [(x + 1)(x - 1)]^2 = (x + 1)^2.(x - 1)^2$
$(x^2 - 3x + 2)^2 = [(x - 1)(x - 2)]^2 = (x - 1)^2.(x - 2)^2$

O fator comum é $(x - 1)$, e o menor expoente é 2. Logo, o MDC é $(x - 1)^2$.

O MMC usa todos os fatores, com os maiores expoentes. Logo, o MMC vale:
$(x + 1)^2.(x - 1)^2.(x - 2)^2$

É de praxe deixar o MDC e o MMC indicado na forma fatorada, sem realizar o desenvolvimento, pois muitas vezes serão feitas simplificações posteriores (corta-corta).

Exercícios

E2) Calcular o MDC e o MMC entre:

a) $(x^2 - x - 12)$ e $(x^2 + 6x + 9)$

b) $(x^2 - 15x + 50)$ e $(x^2 - 6x + 5)$

c) $(x + 1)$ e $(x - 3)$

d) $(x^2 + 2x + 1)$ e $(x + 1)$

e) $5(x^2 - 4)$ e $3(x^2 + 10x + 16)$

f) $(x^2 - y^2)$ e $(x^3 + y^3)$

g) $(x^3 - y^3)$ e $(x - y)^3$

h) $(x^2 + y^2)$ e $(x^2 - y^2)$

i) $(x^2 - 6x + 8)$ e $(x^2 - 12x)$

j) $(x^2 - 4)$ e $(x^2 - 5x + 6)$

k) $(x^5 - x^3 - x^2 + 1)$ e $(x^2 - 2x + 1)$

l) $x^4 - 53x^2 + 196$ e $x^2 - 49$

m) $x^4 - 2x^3 + x^2 - 4x + 4$ e $(x - 2)^3$

n) $4x^4 - x^2 + 2x - 1$ e $4x^2 - 1$

o) $z^3 - 3z + 2$ e $z^3 - 1$

E3) Calcular o MDC e o MMC entre:

a) $(a^2x - 2a^2 + 2ax - 4a + x - 2)$ e $(xy^2 - y^3 + 2xy - 2y^2 + x - y)$

b) $(3a^2 + 24a + 45)$ e $(a^4 + 4a^3 - 5a^2)$

c) $(x^3y^3 + 1)$, $(x^3y^2 - x)$ e $(x^3y^3 + 2x^2y^2 + xy)$

d) $(x^2 + xy)$, $(x^2 - y^2)$, $(x^2 + 2xy + y^2)$ e $(ax - x - y + ay)$

e) $(2x^2 + 5x - 12)$ e $(4x^3 + 16x^2 - 9x - 36)$

f) $(x^2 - x - 20)$ e $(25 - x^2)$

g) $(x^2 + 3x - 28)$ e $(x^2 + 5x - 36)$

h) $(x^2 + 10x + 9)$ e $(x^2 + 15x + 54)$

i) $(x^2 - 16)$ e $(x^2 - x - 12)$

j) $(x^2 - 5x)$ e $(x^2 - 9x)$

MDC e simplificação de frações algébricas

Uma importante aplicação do MDC é a simplificação de frações algébricas. Da mesma forma como fazemos com números na aritmética, usamos na álgebra a fatoração do numerador e do denominador de frações algébricas, para cancelar os termos iguais no numerador e

Capítulo 6 – MMC e MDC 267

denominador. O produto dos termos cancelados é exatamente o MDC entre o numerador e do denominador.

Exemplo: Simplifique a fração $\dfrac{18a^2b^2xy^2z}{8a^3b^2cx^3y}$

Os coeficientes numéricos podem ser simplificados por 2, sendo reduzidos respectivamente a 9 e 4. Os termos literais c e z não permitem simplificação. Os termos em **a** podem ser simplificados por a^2, os termos em b por b^2 (b será totalmente cancelado), os termos em x permitem simplificação por **x**, e os termos em y permitem simplificação por y. Ficaremos então com:

$$\frac{9yz}{4acx^2}$$

Repetindo podemos representar todos os fatores de forma que apareçam tanto no numerador quanto no denominador, os termos comuns que serão cancelados:

$$\frac{18a^2b^2xy^2z}{8a^3b^2cx^3y} \;=\; \frac{2.9.a^2.b^2.x.y.y.z}{2.4.a^2.a.b^2.c.x.x^2.y} \;=\; \frac{2.9.\cancel{a^2}.\cancel{b^2}.\cancel{x}.\cancel{y}.y.z}{2.4.\cancel{a^2}.a.\cancel{b^2}.c.\cancel{x}.x^2.\cancel{y}} \;=\; \frac{9yz}{4acx^2}$$

O produto dos termos que foram cancelados, $2.a^2.b^2.x.y$, é exatamente o MDC entre numerador e denominador, ou seja, o produto dos fatores comuns elevados aos menores expoentes.

Exercícios

E4) Simplifique as frações algébricas

a) $\dfrac{6x^2y^3}{4ax^3y}$

b) $\dfrac{12abc^2}{15bxy}$

c) $\dfrac{24m^4p^3}{12m^3p}$

d) $\dfrac{42x^5y^3}{15a^2x^7}$

e) $\dfrac{37x^{12}}{72x^{25}y^{37}}$

f) $\dfrac{x^4-1}{x^2+3x+2}$

g) $\dfrac{x^{16}-y^{16}}{x^2-y^2}$

h) $\dfrac{x^2+5x+6}{x^2-x-2}$

i) $\dfrac{x^4-1}{x^2+1}$

j) $\dfrac{a^2-a-72}{a^2-10a+9}$

MMC e redução ao mesmo denominador

A principal aplicação do MMC de expressões algébricas é reduzir frações algébricas ao mesmo denominador, para que seja possível fazer adição ou subtração dessas frações. O princípio é o mesmo usado na aritmética, para frações numéricas.

Exemplo: Calcule $\dfrac{x-3}{x^2-5x+6}+\dfrac{x+5}{x^2-3x+2}$

Inicialmente devemos fatorar completamente os numeradores e denominadores das frações:

$$\frac{x-3}{(x-2)(x-3)}+\frac{x+5}{(x-1)(x-2)}$$

268   O ALGEBRISTA

Agora uma etapa que muitos esquecem, e acabam ficando com expressões mais complicadas:
a simplificação. Na primeira fração, o termo (x – 3) pode ser cancelado, no numerador e no
denominador, resultando em uma expressão mais simples, de cálculo menos trabalhoso.

$$\frac{1}{(x-2)} + \frac{x+5}{(x-1)(x-2)}$$

O MMC entre os denominadores é (x – 1)(x – 2). Para reduzir ambas as frações ao mesmo
denominador, devemos multiplicar ambos os temos da primeira fração por (x – 1), e a segunda
fração não precisa ser modificada:

$$\frac{1\times(x-1)}{(x-2)\times(x-1)} + \frac{x+5}{(x-1)(x-2)}$$

Ficamos então com:

$$\frac{x-1}{(x-2)(x-1)} + \frac{x+5}{(x-1)(x-2)} = \frac{x-1+x+5}{(x-1)(x-2)} = \frac{2x+4}{(x-1)(x-2)}$$

Eventualmente neste momento pode ainda ser feita uma simplificação, mas não é o caso, pois
o numerador é igual a 2(x + 2), que não tem fator comum com o denominador que permita
cancelamento.

Exercícios

E5) Reduza ao mesmo denominador e adicione as frações algébricas

a) $\dfrac{a+b}{2} + \dfrac{3a}{7}$

b) $\dfrac{4}{2x} + \dfrac{2(y-1)}{5xy}$

c) $\dfrac{5}{x+1} + \dfrac{3}{x-1}$

d) $\dfrac{3x}{x+4} + \dfrac{4x}{x+5}$

e) $\dfrac{2}{x+1} + \dfrac{3}{x+4}$

f) $x+1+\dfrac{1}{x-1}$

g) $\dfrac{5x}{x^2-4} + \dfrac{2}{x-2}$

h) $\dfrac{6x-4}{4x+3} + \dfrac{7-2x}{4x-3}$

i) $\dfrac{2x+7}{x^2-2x-15} + \dfrac{3x-4}{x^2-7x+10}$

j) $\dfrac{2x+5}{x^2+7x+12} + \dfrac{3x-2}{x^2+9x+20}$

Casos especiais

Alguns casos especiais devem ser lembrados, semelhantes aos que ocorrem na aritmética. São
fórmulas que facilitam o cálculo do MDC e do MMC.

1) O produto de dois números é igual ao produto do seu MMC pelo sem MDC.

Exemplo:
Sejam os números 6 e 10.
Seu MDC é 2, seu MMC é 30.
6 x 10 = 2 x 30

A fórmula geral desta propriedade é: A x B = MMC(A, B) x MDC(A, B)

Capítulo 6 – MMC e MDC   269

A mesma fórmula é válida para expressões algébricas.

A demonstração desta fórmula é fácil. O MDC é o produto dos fatores comuns, elevado aos menores expoentes. O MMC é o produto dos fatores comuns e não comuns, elevados aos maiores expoentes. Quanto multiplicamos o MDC pelo MMC, estamos multiplicando todos os fatores de A e de B, que é o mesmo que obtemos quando multiplicamos A e B.

Exemplo:
Sejam $P(x) = (x - 1)(x - 2)$
$\qquad Q(x) = (x - 1)(x - 3)$

$MDC = (x - 1)$, $MMC = (x - 1)(x - 2)(x - 3)$

Então
$P(x).Q(x) = (x - 1)(x - 2) \times (x - 1)(x - 3) = (x - 1) \times (x - 1)(x - 2)(x - 3) = MDC \times MMC$

2) Quando dois números não têm fatores primos comuns, seu MDC é 1 e seu MMC é o seu produto. O mesmo vale para expressões algébricas.

Exemplo:
Sejam $P(x) = (x - 1)(x + 1)$
$\qquad Q(x) = (x + 2)(x + 3)$

$MDC = 1$, $MMC = (x + 1)(x - 1)(x + 2)(x + 3)$

3) Quando os dois números considerados são tais que o maior é múltiplo do menor, então o **MDC** é o menor deles, e o **MMC** é o maior deles. O mesmo vale para expressões algébricas.

Exemplo:
Sejam os números 10 e 30.
$MDC = 10$, $MMC = 30$

Exemplo:
Sejam $P(x) = (x + 1)$
$\qquad Q(x) = (x + 1)(x + 2)$

$MDC = (x + 1)$
$MMC = (x + 1)(x + 2)$

A parte teórica deste capítulo chega aqui ao final. Como já vimos um capítulo extenso sobre fatoração, ficou fácil completar com os conhecimentos necessários de MDC e MMC. Muito mais será aplicado no capítulo 7, que trata sobre frações algébricas. Por hora vamos aos exercícios de revisão.

Exercícios de revisão

E6) Encontre o MDC entre as expressões:

a) $42ax^2$ e $60a^2x$

b) $35a^2b^2$ e $49ab^3$

f) $x^2 - 9x + 18$ e $x^2 - 10x + 24$

g) $x^3 + 3x^2y$ e $x^3 + 27y^3$

270   O ALGEBRISTA

c) $54a^2b^2$ e $56a^3b^3$

d) $x^2 - 1$ e $x^2 + 2x - 3$

e) $x^2 + 5x + 6$ e $x^2 + 4x + 3$

h) $x^2 + 3x$ e $x^2 - 9$

i) $2ax^3 + x^3$ e $8a^3 + 1$

j) $(x + y)^2$ e $x^2 - y^2$

E7) Encontre o MDC entre as expressões:

a) $a^3 + a^2x + a^2 - x^2$

b) $a^2 - 4b^2$ e $a^2 + 2ab$

c) $x^2 + xy - 2y^2$ e $x^2 + 5xy + 6y^2$

d) $x^2 + 7xy + 12y^2$ e $x^2 + 3xy - 4y^2$

e) $x^3 - 8y^3$ e $x^2 + 2xy + 4y^2$

f) $x^3 - 2x^2 - x + 2$ e $x^2 - 4x + 4$

g) $1 - 5a + 6a^2$ e $1 - 7a + 12a^2$

h) $x^2 - 8xy + 7y^2$ e $x^2 - 3xy - 28y^2$

i) $8a^3 + b^3$ e $4a^2 + 4ab + b^2$

j) $x^2 - (y - z)^2$ e $(x + y)^2 - z^2$

E8) Encontre o MMC entre as expressões:

a) $9xy^3$ e $6x^2y$

b) $6a^3b^3$ e $15a^2b^4$

c) a^2 e $a^2 + a$

d) $x^2 - 1$ e $x^2 - x$

e) $x^2 + 2x$ e $(x + 2)^2$

f) $a^2 + 4a + 4$ e $a^2 + 5a + 6$

g) $c^2 + c - 20$ $c^2 - c - 30$

h) $y^2 - 10y + 24$ e $y^2 + y - 20$

i) $b^2 + b - 42$ e $b^2 - 11b + 30$

j) $x^2 - 1$ e $x^2 + x$

E9) Encontre o MMC entre as expressões:

a) $x^2 + 2x - 35$ e $x^2 - 11x + 30$

b) $x^2 - 64$; $x^3 - 64$ e $x + 8$

c) $a^2 - b^2$; $(a + b)^2$ e $(a - b)^2$

d) $4ab(a + b)^2$ e $2a^2(a^2 - b^2)$

e) $y^2 + 7y + 12$; $y^2 + 6y + 8$ e $y^2 + 5y + 6$

f) $x^2 - 1$; $x^3 + x^2 + x + 1$ e $x^3 - x^2 + x - 1$

g) $1 - x^2$; $1 - x^3$ e $1 + x$

h) $x^3 - 27$; $x^2 + 2x - 15$ e $x^2 + 5x$

i) $(a + b)^2 - c^2$; $(a + b + c)^2$ e $a + b - c$

j) $x^2 - (a + b)x + ab$ e $x^2 - (a + c)x + ac$

E10) Reduza as frações algébricas ao mesmo denominador, efetue e simplifique.

a) $x - y + \dfrac{2xy}{x - y}$

b) $x + y - \dfrac{2xy}{x + y}$

c) $1 - \dfrac{x - y}{x + y}$

d) $a - x - \dfrac{a^2 + x^2}{a - x}$

e) $x + 2 - \dfrac{x^2 - 4}{x - 3}$

f) $\dfrac{x - 3}{x - 2} - 2x + 1$

g) $\dfrac{x + 3}{x + 2} + x^2 - x - 1$

h) $2a - 1 + \dfrac{3 - 4a}{a - 3}$

i) $1 - 2a^2 - \dfrac{a^2 - a - 2}{a - 1}$

j) $a^2 + 2a - 5 - \dfrac{2a - 1}{3a^2 + 1}$

E11) Efetue e simplifique

a) $\dfrac{3a - 4b}{4} - \dfrac{2a - b + c}{3} + \dfrac{a - 4c}{12}$

b) $\dfrac{1}{x + 3} + \dfrac{1}{x - 2}$

c) $\dfrac{4}{x - 8} - \dfrac{1}{x + 2}$

d) $\dfrac{1}{x + 1} + \dfrac{1}{x - 1}$

e) $\dfrac{a + x}{a - x} - \dfrac{a - x}{a + x}$

f) $\dfrac{x}{x - a} - \dfrac{x^2}{x^2 - a^2}$

g) $\dfrac{4a^2 + b^2}{4a^2 - b^2} - \dfrac{2a + b}{2a - b}$

h) $\dfrac{7}{9 - a^2} - \dfrac{1}{3 + a} - \dfrac{1}{3 - a}$

i) $\dfrac{1}{a - b} - \dfrac{1}{a + b} - \dfrac{b}{a^2 - b^2}$

j) $\dfrac{2}{x - 2} - \dfrac{2}{x + 2} + \dfrac{5x}{x^2 - 4}$

Capítulo 6 – MMC e MDC

E12) Efetue e simplifique

a) $\dfrac{3-x}{1-3x} - \dfrac{3+x}{1+3x} - \dfrac{15x-1}{1-9x^2}$

f) $\dfrac{1}{2x+1} + \dfrac{1}{2x-1} - \dfrac{4x}{4x^2-1}$

b) $\dfrac{1}{a} - \dfrac{1}{a+3} + \dfrac{3}{a+1}$

g) $\dfrac{a^2+b^2}{a^2-b^2} + \dfrac{a}{a+b} - \dfrac{b}{a-b}$

c) $\dfrac{x}{x-1} - \dfrac{1}{x} - \dfrac{1}{x+1}$

h) $\dfrac{3a}{1-a^2} + \dfrac{2}{1-a} - \dfrac{2}{1+a}$

d) $\dfrac{x+1}{x+2} + \dfrac{x-2}{x-3} + \dfrac{2x-7}{x^2-x-6}$

i) $\dfrac{1}{x+4y} - \dfrac{8y}{x^2-16y^2} + \dfrac{1}{x-4y}$

e) $\dfrac{1}{x(x-1)} - \dfrac{2}{x^2-1} + \dfrac{1}{x(x+1)}$

j) $\dfrac{3}{2x-3} - \dfrac{2}{2x+3} - \dfrac{3}{4x^2-9}$

E13) Se o MDC entre P(x) e Q(x) é 1, quanto vale o MMC entre P(x) e Q(x) ?

E14) Se o MDC entre os polinômios P(x) e Q(x) é M(x), quanto vale o MDC entre os polinômios P(x).R(x) e Q(x).R(x) ?

E15) Em se tratando de números inteiros, se o MDC entre A e B vale M, quanto é o MDC entre A e A + B?

E16) $\dfrac{2y}{x+y} + \dfrac{3x}{y-x} + \dfrac{3x^2-y^2}{y^2-x^2}$

E17) Efetuando $\dfrac{a}{2c-2b} - \dfrac{ab+ac}{c^2-b^2}$, obtém-se:

(A) $\dfrac{a}{2(b-c)}$ (B) $\dfrac{2a}{b-c}$ (C) $\dfrac{2a}{b+c}$ (D)1   (E) $\dfrac{-2a}{c-b}$

E18) A fração $\dfrac{1-\dfrac{a}{b}}{1+\dfrac{a}{b}}$ pode ser escrita como:

(A) $\dfrac{1-a}{1+b}$ (B) $\dfrac{b-a}{b+a}$ (C) $\dfrac{1-a}{1+a}$ (D) $\dfrac{1}{b}$ (E) NRA

E19) Efetue e simplifique $\dfrac{3}{x-y} + \dfrac{2x}{\left(x^2-y^2\right)}$

E20) Efetue e simplifique $\dfrac{x^2-36}{x^3-3x^2-54x} \div \dfrac{x^2-4x-12}{x^2-9x}$

(A) $\dfrac{1}{x+2}$ (B) $\dfrac{1}{x-6}$ (C) x (D) $\dfrac{1}{x-9}$ (E) $\dfrac{x-9}{x+6}$

E21) Se $x = 1$ então calcule $1+\dfrac{1}{1+\dfrac{1}{1+\dfrac{1}{x}}}$

E22) Simplifique a expressão $\dfrac{x^{-3}y^{-3}}{x^{-3}+y^{-3}}$

E23) Simplifique a expressão $\dfrac{\dfrac{1}{p}-\dfrac{1}{q}}{\dfrac{1}{p^2}-\dfrac{1}{q^2}}$

E24) $\dfrac{x+1}{2x-2}-\dfrac{x-1}{2x+2}-\dfrac{4x}{x^2-1}+\dfrac{x^2+1}{x^2-1}$

E25) $\dfrac{x-1}{x+1}+\dfrac{x+1}{x-1}-\dfrac{x^2+1}{x^2-1}$

E26) $\dfrac{a^2}{\left(a+b\right)^2}+\dfrac{ab}{\left(a+b\right)^2}+\dfrac{b}{a+b}$

E27) $1-x+x^2-\dfrac{x^3}{1+x}$

CONTINUA NO VOLUME 2: 34 QUESTÕES DE CONCURSOS

Respostas dos exercícios

E1)
a) MDC= $8x^2z^2$, MMC= $96x^4yz^3w^2$
b) $15xyz$, $75x^2y^2z^2$
c) $4ab^2c$, $336a^2b^2c^3$
d) $30m^2n2p$, $120m^3n^4p^5$
e) $12abc$, $504a^2b^2c^3$

f) $17m^2n^2$, $170m^3n^3p^2$
g) $6xy$, $36x^2y^2z$
h) $5ab^2c^2$, $150a^3b^3c^4$
i) $64k^2h^2$, $640k^3h^3j$
j) $33p$, $396p^2nqx^2y$

k) $5x^2y^4$, $300x^4y^7$
l) $5x$, $420x^2y^2z^3$
m) ab^2, $140a^3b^3c^2$
n) $8m^2n$, $224m^3n^3$
o) a^3bx, $60a^4b^2x^2y$

E2)
a) $(x + 3)$, $(x - 4)(x + 3)^2$
b) $(x - 5)$, $(x - 1)(x - 5)(x - 10)$
c) 1, $(x - 1)(x - 3)$
d) $(x + 1)$, $(x + 1)^2$
e) $(x + 2)$, $15(x - 2)(x + 2)(x + 8)$

f) $(x + y)$, $(x^3 + y^3)(x - y)$
g) $(x - y)$, $(x^3 - y^3)(x - y)^2$
h) 1, $(x^4 - y^4)$
i) 1, $x.(2 - 6x + 8).(x - 12)$
j) 1, $(x^2 - 4)(x^2 - 5x + 6)$

k) $(x - 1)^2$, $(x^5 - x^3 - x^2 + 1)$
l) $(x^2 - 49)$, $(x^4 - 53x^2 + 196)$
m) $(x - 2)$, $(x - 2)^3.(x^3 + x - 2)$
n) $(2x+1)$, $(4x^4-x^2+2x-1)(2x-1)$
o) $(z - 1)$, $(z^3 - 1)(z + 1)(z - 2)$

E3)
a) 1, $(x - 2)(a - 1)^2.(x - y)(y + 1)^2$
b) 1 , $(3a^2 + 24a + 45).(a^4 + 4a^3 - 5a^2)$
c) $xy(x^2y^2 - 1)(x^3y^3 + 1)$
d) $x(x + y)^2(x - y)(a - 1)$
e) $(2x - 3)(x + 4)$, $(4x^2 - 9)(x + 4)$

f) $(x - 5)$, $(x + 4)(25 - x^2)$
g) $(x - 4)$, $(x + 7)(x + 9)(x - 4)$
h) $(x + 9)$, $(x + 1)(x + 9)(x + 6)$
i) $(x - 4)$, $(x + 4)(x - 4)(x + 3)$
j) x, $x(x - 5)(x - 9)$

Capítulo 6 – MMC e MDC

E4)

a) $\dfrac{3y^2}{2ax}$

b) $\dfrac{4ac^2}{5xy}$

c) $2mp^2$

d) $\dfrac{14y^3}{5a^2x^2}$

e) $\dfrac{37}{72x^{13}y^{37}}$

f) $\dfrac{\left(x^2+1\right)\left(x-1\right)}{x+2}$

g) $\left(x^8+y^8\right)\left(x^4+y^4\right)$

h) $\dfrac{x+6}{x-2}$

i) x^2-1

j) $\dfrac{a+8}{a-1}$

E5)

a) $\dfrac{13a+7b}{14}$

b) $\dfrac{12y-2}{5xy}$

c) $\dfrac{8x-4}{x^2-1}$

d) $\dfrac{7x^2+19x}{\left(x+4\right)\left(x+5\right)}$

e) $\dfrac{5x+1}{\left(x+1\right)\left(x+4\right)}$

f) $\dfrac{x^2}{x-1}$

g) $\dfrac{7x+4}{x^2-4}$

h) $\dfrac{16x^2-12x+33}{16x^2-9}$

i) $\dfrac{5x^2+8x-26}{\left(x-5\right)\left(x-2\right)\left(x+3\right)}$

j) $\dfrac{5x^2+22x+19}{\left(x+3\right)\left(x+4\right)\left(x+5\right)}$

E6)

a) 6ax, 420a²x²
b) 7ab², 245a²b³
c) 2a²b², 1512a³b³
d) (x – 1), (x + 1)(x – 1)(x + 3)
e) (x + 3), (x + 1)(x + 2)(x + 3)
f) (x – 6), (x – 3)(x – 4)(x – 6)
g) (x + 3y), x²(x³ + 27y³)
h) (x + 3), x(x² – 9)
i) (2a + 1), x³(8a³ + 1)
j) (x + y), (x + y)(x² – y²)

E7)

a) (a + x), a²(a² – x²)
b) (a + 2b), a(a² – 4b²)
c) (x+2y), (x+2y), (x+3y), (x–y)
d) (x + 4y), (x+3y)(x+4y)(x–y)
e) (x² + 2xy + 4y²), (x³ – 8y³)
f) (x – 1), (x² – 1)(x – 2)²
g) (1–3a), (1–2a)(1–3a)(1–4a)
h) (x – 7y), (x – y)(x – 7y)(x – 4y)
i) (2a + b), (8a³ + b³)(2a + b)
j) (x + y – z),
   (x + y – z)(x – y + z)(x + y + z)

E8)

a) 3xy, 18x²y³
b) 3a²b³, 30a³b⁴
c) a, a³ + a²
d) (x – 1), x(x² – 1)
e) (x + 2), x(x + 2)²
f) (a + 2), (a + 3)(a + 2)²
g) (c + 5), (c – 4)(c + 5)(c – 6)
h) (y – 4), (y – 4)(y + 5)(y – 6)
i) (b – 6), (b – 6)(b + 7)(b – 5)
j) (x + 1), x(x² – 1)

E9)

a) (x – 5), (x + 7)(x – 5)(x – 6)
b) 1, (x² – 64)(x³ – 64)
c) 1, (a + b)²(a – b)²
d) 2a(a + b),4a²b(a² – b²)(a + b)
e) 1, (y+1)(y+2)(y+3)(y+4)
f) 1, (x² + 1)(x² – 1)
g) 1, (1 + x)(1 – x)(1 + x + x²)
h) 1, x(x + 5)(x³ – 27)
i) 1, (a + b + c)²(a + b – c)
j) (x – a), (x – a)(x – b)(x – c)

E10)

a) $\dfrac{x^2+y}{x-y}$

b) $\dfrac{x^2+y^2}{x+y}$

c) $\dfrac{2y}{x+y}$

d) $\dfrac{-2ax}{a-x}$

e) $\dfrac{-x-2}{x-3}$

f) $\dfrac{-2x^2+6x-5}{x-2}$

g) $\dfrac{x^3+x^2-2x+1}{x+2}$

h) $\dfrac{2a^2-11a+6}{a-3}$

i) $\dfrac{-2a^3+a^2+2a+1}{a-1}$

j) $\dfrac{3a^4+6a^3-4a^2-4}{3a^2+1}$

274   O ALGEBRISTA

E11)

a) $\dfrac{a-4b-4c}{6}$

b) $\dfrac{2x+1}{(x-2)(x+3)}$

c) $\dfrac{3x+16}{(x-8)(x+2)}$

d) $\dfrac{2x}{x^2-1}$

e) $\dfrac{4ax}{a^2-x^2}$

f) $\dfrac{ax}{x^2-a^2}$

g) $\dfrac{-4ab}{4a^2-b^2}$

h) $-\dfrac{2}{9-a^2}$

i) $\dfrac{b}{a^2-b^2}$

j) $\dfrac{5x+8}{x^2-4}$

E12)

a) $\dfrac{x+1}{1-9x^2}$

b) $\dfrac{3(a^2+4a+1)}{a(a+1)(a+3)}$

c) $\dfrac{x^3-x^2+x+1}{x(x^2-1)}$

d) $\dfrac{2(x^2-7)}{(x+2)(x-3)}$

e) 0

f) 0

g) $\dfrac{2a}{a+b}$

h) $\dfrac{3a}{1-a^2}$

i) $\dfrac{2}{x+4y}$

j) $\dfrac{2x+12}{4x^2-9}$

E13) P(x).Q(x)

E14) M(x).R(x)

E15) M

E16) $\dfrac{6x^2+xy+y^2}{y^2-x^2}$

E17) (A)

E18) (B)

E19) $\dfrac{5x+3y}{(x^2-y^2)}$

E20) (A)

E21) 5/3

E22) $\dfrac{1}{x^3+y^3}$

E23) $\dfrac{pq}{p+q}$

E24) $\dfrac{1}{2(x^2-1)}$

E25) $\dfrac{x^2+1}{x^2-1}$

E26) 1

E27) $\dfrac{1}{1+x}$

Capítulo 7

Frações algébricas

Obrigatório para concursos

Questões de álgebra muitas vezes recaem em frações algébricas. Em uma prova de 20 questões, incluindo aritmética, álgebra e geometria, tipicamente um grande número delas requerem conhecimentos de frações algébricas. É preciso usar nessas questões, conceitos de:

- Produtos notáveis
- Fatoração
- MMC e MDC
- Operações com expressões algébricas

Por exemplo, uma questão sobre equações ou inequações, tipicamente recairá em uma fração algébrica.

Exemplo: Colégio Naval 2013

Considere, no conjunto dos números reais, a desigualdade $\dfrac{2x^2 - 28x + 98}{x - 10} \geq 0$. A soma dos valores inteiros do conjunto solução desta desigualdade, que são menores que 81/4, é:

(A) 172   (B) 170   (C) 169   (D) 165   (E) 157

Esta questão não pode ser ainda resolvida neste capítulo, pois requer conhecimentos sobre inequações do segundo grau. Observe que a referida inequação tem a forma de uma fração algébrica. Sem bons conhecimentos sobre frações algébricas, o aluno não conseguirá resolver a inequação.

Também as questões de geometria costumam recair em cálculos algébricos envolvendo o número π e radicais. Sem habilidade na manipulação algébrica, uma prova de matemática pode ser colocada a perder.

Nesta parte inicial da álgebra, o capítulo sobre frações algébricas costuma ser o mais difícil, pois usa muitos conceitos anteriores. Neste livro fizemos questão de facilitar este trabalho, com a apresentação prévia de frações algébricas nos capítulos anteriores. Dessa forma o assunto fica facilitado pela sua introdução prévia, ou seja, praticamente todos os conceitos necessários já foram apresentados, ficando faltando somente a sua consolidação.

276   O ALGEBRISTA

Simplificação de frações algébricas

Em geral questões que envolvem frações algébricas requerem a execução de operações matemáticas, como simplificação, adição, subtração, multiplicação e divisão.

Devemos simplificar as frações algébricas sempre que possível, caso contrário podem resultar em expressões algebricamente complicadas, o que aumenta a chance de erro nas operações. A simplificação de uma fração algébrica, já abordada rapidamente no capítulo 6, consiste em fatorar numerador e denominador, e a seguir "cancelar" os termos iguais.

Exemplo: Simplifique $\dfrac{x^2 + 7x + 12}{x^2 + 8x + 15}$

Devemos fatorar numerador e denominador, e procurar termos iguais para cancelar. Os dois trinômios podem ser facilmente fatorados:

$$\frac{x^2 + 7x + 12}{x^2 + 8x + 15} = \frac{(x+3)(x+4)}{(x+3)(x+5)}$$

Cancelamos no numerador e denominador o termo comum $(x + 3)$, ficando com:

$$\frac{x+4}{x+5}$$

Exemplo: Simplifique a fração algébrica $\dfrac{4x^2 - 4x + 1}{2x^2 + 3x - 2}$

A fração tem como numerador e denominador, trinômios do segundo grau. É preciso fatorá-las, para então cancelar fatores iguais. A dificuldade na questão é que tratam-se de trinômios do segundo grau com $a \neq 1$.

O numerador é um quadrado perfeito, não apresenta dificuldade: $(2x - 1)^2$. O denominador é um trinômio do segundo grau com $a \neq 1$. No capítulo 5 foi mostrada uma técnica para fatorar trinômios da forma $ax^2 + bx + c$: desmembrar o termo em x em dois termos cuja soma seja b (3) e cujo produto seja a.c (-4):

Soma = 3; Produto = -4 ➜ 4 e -1. O trinômio é então escrito como:

$2x^2 + 4x - x - 2 = 2x(x + 2) - (x + 2) = (x + 2)(2x - 1)$

A fração é então escrita como:

$$\frac{(2x-1)^2}{(x+2)(2x-1)}$$

O termo $(2x - 1)$ pode ser cancelado, e ficamos com

$$\frac{(2x-1)}{(x+2)}$$

Capítulo 7 – Frações algébricas

Um erro clássico

Ao chegar até este ponto no livro, obviamente você não comete este erro, mas eventualmente alguns alunos cometem um erro muito comum ao estudarem frações algébricas"

Erro comum: Simplificar $\dfrac{(x+6)}{(x+2)}$

Esta fração algébrica não pode ser simplificada, pois os fatores $(x + 6)$ e $(x + 2)$ são primos entre si. Entretanto muitos alunos "perdidos" em álgebra não resistem à tentação de simplificar o x nesta expressão:

$$\frac{(x+6)}{(x+2)} = \frac{6}{2} = 3 \text{ (ERRADO !!!)}$$

Quando um aluno faz isso significa que ele não sabe porque está cancelando os termos. Provavelmente pensa que é para "cortar os iguais". Não é nada disso. O correto é "cortar os fatores iguais", e não "cortar qualquer coisa que seja igual". O procedimento de cortar fatores iguais é conseqüência de uma importante propriedade da divisão:

"O resultado de uma divisão exata não se altera quando multiplicamos, ou dividimos o dividendo e o divisor pelo mesmo valor".

Como uma fração nada mais é que uma divisão, esta propriedade é válida também para frações:

"O valor de uma fração não se altera quando multiplicamos (ou dividimos) o numerador e o denominador pelo mesmo valor."

É por isso que, por exemplo, $\dfrac{500}{100}$ é o mesmo que $\dfrac{5}{1}$. Quando dividimos o numerador e o denominador da fração $\dfrac{500}{100}$, por 100, o resultado é exatamente $\dfrac{5}{1}$.

Já a eliminação do x na fração algébrica $\dfrac{(x+6)}{(x+2)}$ não é uma simplificação válida, pois x não é um fator, ou seja, um valor que está multiplicado pelo restante da expressão.

Esta falha conceitual leva alguns alunos a erros ainda mais absurdos:

a) $\dfrac{a+b}{a-b}$ ➔ "corta a com a, b com b, ficando com $\dfrac{+}{-}$, e sabemos que mais dividido por menos dá "menos". Resposta: $-$ (ERRADO !!!)

b) $\dfrac{\text{sen}(x)}{\cos(x)} = \dfrac{\text{sen}\,x}{\cos x} = \dfrac{en}{co}$ (ERRADO !!!). O talentoso aluno cortou) com), (com (, s com s e x com x...

Infelizmente o sistema de educação brasileiro forma alguns alunos com essas deficiências.

278   O ALGEBRISTA

Para simplificar frações com monômios

A simplificação de frações algébricas com monômios é muito parecida com a simplificação de frações numéricas com numerador e denominador fatorados.

Exemplo: Fatore $\dfrac{720}{450}$

Na aritmética, fatoramos totalmente o numerador e o denominador, depois passamos a cancelar fatores iguais:

$$\frac{720}{450} = \frac{2^4 \times 3^2 \times 5}{2 \times 3^2 \times 5^2}$$

Os fatores iguais podem ser cancelados:

$$\frac{2^4 \times 3^2 \times 5}{2 \times 3^2 \times 5^2} = \frac{2^3}{5} = \frac{8}{5}$$

Façamos o mesmo com uma fração algébrica que tenha monômios no numerador e no denominador:

Exemplo: Fatorar $\dfrac{72a^3b^2c^4}{45a^2b^3c}$

Um monômio é uma expressão algébrica que representa um produto de fatores literais, podendo ainda ter um coeficiente numérico. Para efeitos de simplificação, este coeficiente numérico precisa também ser fatorado.

$$\frac{72a^3b^2c^4}{45a^2b^3c} = \frac{2^3.3^2.a^3.b^2.c^4}{3^2.5.a^2.b^3.c}$$

Observe que o cancelamento pode ser feito porque todos são fatores, ou seja, fazem parte de um produto. Cancelar um fator no numerador e o denominador é o mesmo que dividir ambos os termos da fração por este fator, o que não altera a fração.

Os fatores a serem cancelados são: 3^2, a^2, b^2 e c.

$$\frac{2^3.3^2.a^3.b^2.c^4}{3^2.5.a^2.b^3.c} = \frac{2^3.a.c^3}{5.b}$$

Exercícios

E1) Simplifique as seguintes frações algébricas

a) $\dfrac{36x^4y^2z}{90x^3z^2}$ f) $\dfrac{a^4b^3c^5}{a^7b^4c^7}$ k) $\dfrac{125a^2xy^2}{80b^3x^2z^2}$

b) $\dfrac{15a^4b^7c^3}{72b^5c^4}$ g) $\dfrac{45x^2y^3z}{84x^3y^5z}$ l) $\dfrac{91rs^2t^3}{65r^2s^3t}$

Capítulo 7 – Frações algébricas

279

c) $\dfrac{7m^2 n^4 p^5}{98m^2 p^8 q^2}$

h) $\dfrac{180a^2 b^5 c^7}{80a^5 b^3 c^2}$

m) $\dfrac{42a^4 b^2 c^3}{63a^5 bc^2}$

d) $\dfrac{24a^5 b^3 c}{15ab^3 c^5}$

i) $\dfrac{77a^4 x^3 z^5}{43a^8 x^7 z^4 y^2}$

n) $\dfrac{44x^2 y^3 z^5}{11xyz^2}$

e) $\dfrac{64x^2 y^2 z^3}{12w^2 x^3 y^4}$

j) $\dfrac{25m^2 n^2 p^3}{45m^5 n^3 q^3}$

o) $\dfrac{5a^2 bc^3}{75a^4 b^5 c^5}$

Quando fatoramos números, os fatores usados são os números primos. Já nas expressões algébricas, os fatores são muito mais variados.

O fator x é diferente do fator y. Portanto não podemos simplificar, por exemplo, x^3 com y^3. Tampouco podemos simplificar a^5 com x^3, dando como resultado a^2. Os fatores representados por letras diferentes são diferentes, e nunca podem ser combinados. Devemos deixá-los indicados como estão.

Da mesma forma, o fator (a + 3) não pode ser cancelado com (a + 2). São fatores completamente diferentes, não podem ser combinados em um cancelamento. Da mesma fora, (a + 5) não pode ser combinado com (b + 5). Por exemplo, a fração algébrica abaixo não admite simplificação:

$$\dfrac{(x+5)^3 (y+3)^2}{(x+4)^2 (y+5)^4}$$

Nada pode ser simplificado nesta fração. Por outro lado, a expressão $\dfrac{(x+5)^3 (y+3)^2}{(x+4)^2 (x+5)^4}$ admite

simplificação, pois possui o fator (x + 5) no numerador e no denominador. Podemos cancelar $(x + 5)^3$ no numerador e no denominador, ficando com:

$$\dfrac{(y+3)^2}{(x+4)^2 (x+5)}$$

Exercícios

E2) Simplifique as seguintes frações algébricas

a) $\dfrac{(x+3)^2 (x-3)^5 (x+5)^4}{(y+3)^4 (x-3)^2 (x+5)^3}$

f) $\dfrac{xy^2 (x-2)(y^2-9)}{x^2 y^2 (x^2-4)(y+3)}$

k) $\dfrac{25(x^2-1)^2}{15(x-1)(x+1)^3}$

b) $\dfrac{6x^2 (x+1)^2 (x+2)^3}{30x^5 y(x+1)^3 (x+2)^2}$

g) $\dfrac{(x-2)^3 (x+2)}{(x^2-4)^2}$

l) $\dfrac{(x^2-y^2)^2 - (x^2+y^2)^2}{12x^3 y^5}$

c) $\dfrac{a^2 b(a-b)^3 (a+b)^2}{ab^2 (a-b)^2 (a+b)^3}$

h) $\dfrac{x^2 + 7x + 12}{(x+4)(x+5)}$

m) $\dfrac{(x+1)^2 (x+2)^3 (x^2-9)}{(x+1)^3 (x^2-4)(x+3)^2}$

d) $\dfrac{x^2 y^5 (x-1)^5 (y+1)^5}{xy^4 (x+y)(x-1)^3 (y+1)^4}$

i) $\dfrac{(a-b)^2 (a+b)^4 (a-1)}{(a^2-b^2)^3 (a-1)^2}$

n) $\dfrac{(x^{16}-1)}{x^2-1}$

280   O ALGEBRISTA

e) $\dfrac{(a+3)(x+2)(x+3)}{(x+3)(a+2)(x+2)}$

j) $\dfrac{(x-y)(x+1)^2(y-1)^3}{(y-x)(x+1)^3(y-1)^4}$

o) $\dfrac{(x+y)^3}{x^3+y^3}$

Nem sempre as frações algébricas aparecem com seus termos na forma fatorada. Muitas vezes é preciso fatorar os termos da fração, para só então partir para as simplificações, como nos exercícios que se seguem.

Exercícios

E3) Simplifique as frações algébricas

a) $\dfrac{x^2+4x}{5x^2}$

f) $\dfrac{a^2-4ab+4b^2}{a^2-4b^2}$

k) $\dfrac{x^2-4}{2x^2+7x+6}$

b) $\dfrac{x^2-2x+1}{x^2+2x-3}$

g) $\dfrac{xy+5x+7y+35}{5+y}$

l) $\dfrac{2x^2+17xy+21y^2}{3x^2+26xy+35y^2}$

c) $\dfrac{x^2-7x+10}{x^2-25}$

h) $\dfrac{2ab+a^2+b^2-c^2}{2bc-b^2-c^2+a^2}$

m) $\dfrac{(x-y)^2-z^2}{x^2-(y-z)^2}$

d) $\dfrac{x^2-5x-14}{x^2-4x-21}$

i) $\dfrac{x^2+7x+12}{x^2+6x+9}$

n) $\dfrac{a^2+ab}{a^2-b^2-a-b}$

e) $\dfrac{x^2+2x-15}{2x^2-5x-3}$

j) $\dfrac{3-9y}{3y^2+11y-4}$

o) $\dfrac{12x^3y^2z^2\left(2z^z-z-3\right)}{\left(3x^2z^2-2x^2z^3\right)\left(1-z^2\right)}$

Frações algébricas aparecem em questões diversas na álgebra. Algumas questões pedem simplesmente que sejam feitas operações seguidas de simplificação. Outras recaem em equações ou inequações. A maior dificuldade nas questões é a fatoração, que às vezes pode ser difícil. Felizmente (para os alunos) são também comuns as questões de cálculo e fatoração fáceis.

E4) Simplifique as frações algébricas

a) $-\dfrac{60x^5}{10x}$

f) $\dfrac{z+z^2}{z^2-1}$

k) $\dfrac{y^2+8y+15}{y^2+4y+3}$

b) $\dfrac{x^2+3x-70}{x-7}$

g) $\dfrac{ax+ay+bx+by}{a^2-b^2}$

l) $\dfrac{x^2+10x+21}{x^3+2x^2-3x}$

c) $\dfrac{7x+49}{x^2+14x+49}$

h) $\dfrac{x^2-9x+20}{x^2-16}$

m) $\dfrac{32x}{40x+48}$

d) $\dfrac{x^2-25}{4x+20}$

i) $\dfrac{x^2+5x-50}{x^2-6x+5}$

n) $\dfrac{x^2-6x-7}{x^2-1}$

e) $\dfrac{15a^2b^3c^4}{6ab^2c^3}$

j) $\dfrac{a^3+4a^2+3a}{a^4\left(a^2-9\right)}$

o) $\dfrac{12x-32}{8x-28}$

Capítulo 7 – Frações algébricas

281

Apesar de poderem aparecer casos de simplificação muito fáceis, como os do exercício acima, podem surgir casos mais difíceis, envolvendo fatorações não triviais.

Exercícios

E5) Simplifique as frações algébricas

a) $\dfrac{x^3 - 2x^2 - x + 2}{x^2 - 1}$

f) $\dfrac{\left(a^2 - b^2 - c^2 - 2bc\right)\left(a + b - c\right)}{\left(a + b + c\right)\left(a^2 + c^2 - 2ac - b^2\right)}$

b) $\dfrac{abx^2 - 4ab}{abx^2 - 9abx + 14ab}$

g) $\dfrac{4a^3x - 6a^2x^2}{8a^4x - 24a^3x^2 + 18a^2x^3}$

c) $\dfrac{x^2 - 3x + 2}{8x^2 + 2x - 10}$

h) $\dfrac{x^2 + y^2 + z^2 + 2xy + 2xz + 2yz}{x^2 - y^2 - z^2 - 2yz}$

d) $\dfrac{3x^2 - 9x + 6}{5x^3 - 15x^2 + 10x}$

i) $\dfrac{\left(x^2 - 7x + 12\right)\left(x^2 + 8x + 15\right)}{\left(x^2 - 9\right)\left(x^2 + x - 20\right)}$

e) $\dfrac{1 - a^2}{\left(1 + ax\right)^2 - \left(a + x\right)^2}$

j) $\dfrac{a^2b^2 + b^2c^2 - b^4 - a^2c^2}{a^2b + a^2c - abc - ab^2}$

Provas podem apresentar questões de simplificação de frações algébricas, mas são muito mais comuns as questões de adição, subtração, multiplicação ou divisão de frações algébricas, seguidas da sua simplificação.

Multiplicação de frações algébricas

As regras para multiplicação de frações algébricas são muito parecidas com as de multiplicação de frações numéricas:

Para multiplicar frações algébricas, multiplicamos os numeradores e multiplicamos os denominadores.

Antes de fazer as multiplicações, é altamente recomendável que os termos das frações sejam fatorados. Não é recomendável desenvolver as multiplicações, mas sim, deixar os termos na forma fatorada, pois eventualmente é possível fazer simplificações.

Exemplo: Multiplique e simplifique o resultado:

$$\frac{4a^2b^4c^5}{12a^2b^2c} \times \frac{12a^3b^2c}{16ab^2c^5}$$

Uma forma de resolver este tipo de operação é multiplicar os denominadores, multiplicar os denominadores, e realizar simplificações:

$$\frac{4a^2b^4c^5}{12a^2b^2c} \times \frac{12a^3b^2c}{16ab^2c^5} = \frac{4.12.a^5b^6c^6}{12.16.a^3b^4c^6} = \frac{a^2b^2}{4}$$

Para não ficar com números grandes, é recomendável deixar indicadas as multiplicações dos coeficientes, pois assim já estarão em uma forma parcialmente fatorada, facilitando a posterior simplificação. Realizamos a multiplicação da parte literal do numerador, que resulta em $a^5b^6c^6$. Fazemos o mesmo com a parte literal do denominador, resultando em $a^3b^4c^6$. A seguir

282 O ALGEBRISTA

fazemos os cancelamentos possíveis, entre numerador e denominador, resultando na forma simplificada, $a^2b^2/4$.

Nas multiplicações de frações algébricas, os fatores de numerador de uma fração podem cancelar com os fatores dos denominadores de ambas as frações. Este expediente agiliza a operação de simplificação. Por exemplo, podemos começar cancelando os coeficientes 12, o termo a^2 nos termos da primeira fração, os termos b^2 nos termos da segunda fração e os termos c^5 existentes nas duas frações.

$$\frac{4a^2b^4c^5 \times \cancel{12}a^3\cancel{b^2}c}{\cancel{12}a^2b^2c \times 16ab^2c^5}$$

Ficamos então com $\dfrac{4b^4}{b^2c} \times \dfrac{a^3c}{16a}$

É recomendável reescrever a expressão simplificada, antes de prosseguir, o que reduz a possibilidade de erros de cálculo. Agora podemos continuar com as simplificações:

4 simplifica com 16, ficando 1 no numerador, 4 no denominador
b^4 simplifica com b^2, ficando b^2 no numerador, 1 no denominador
c cancela com c
a^3 simplifica com a, ficando a^2 no numerador e 1 no denominador

O resultado final é $\dfrac{a^2b^2}{4}$

Exemplo: Efetuar $\dfrac{x^2-2x-15}{x^2-16} \times \dfrac{x^2-4x}{x^2-5x}$

Inicialmente devemos fatorar os termos das frações:

$$\frac{(x-5)(x+3)}{(x+4)(x-4)} \times \frac{x(x-4)}{x(x-5)}$$

Os fatores do numerador que podem ser cancelados com fatores nos denominadores são (x – 5), x e (x – 4). Ficamos com:

$$\frac{(x+3)}{(x+4)} \times \frac{1}{1} = \frac{x+3}{x+4}$$

Realmente a multiplicação de frações algébricas é muito simples, e consiste em:

1) Fatorar numeradores e denominadores
2) "Juntar" todos os fatores dos numeradores, idem nos denominadores
3) Simplificar cada fator dos numeradores com fatores iguais nos denominadores

O mais importante: um fator de um numerador pode ser cancelado com fatores iguais em qualquer um dos denominadores.

Capítulo 7 – Frações algébricas 283

Exercícios

E6) Multiplique as frações algébricas

a) $\dfrac{10ab^3}{8c^2} \times \dfrac{24c^4}{15a^3b}$

f) $5(x+1) \times \dfrac{(x-2)(x-5)}{5(x+1)}$

k) $\dfrac{m+3}{7m} \times \dfrac{5m^3}{(m+3)(m+4)}$

b) $\dfrac{12xy^3}{36mp^3} \times \dfrac{27m^2p}{20x^3y}$

g) $3(x-2) \times \dfrac{5(x-6)}{4x(x-6)}$

l) $\dfrac{x^2-4}{3x} \times \dfrac{5x^2}{x+2}$

c) $\dfrac{48y^2}{7y} \times \dfrac{7y^4}{8y^3}$

h) $\dfrac{35x^2-25x}{2x^2} \cdot \dfrac{10x}{7x^2-5x}$

m) $\dfrac{x^2-16}{x+4} \times \dfrac{x+5}{x^2-8x+16}$

d) $\dfrac{15x^3y^4}{12xy} \times \dfrac{32xy^2}{20x^2y^3}$

i) $\dfrac{x-5}{x^2} \times \dfrac{x^3}{x^2-2x-15}$

n) $\dfrac{x-5}{x^2-7x+10} \times \dfrac{x^2+x-6}{x^2}$

e) $\dfrac{15y^4z^3}{16wx^4} \times \dfrac{24w^3x^3}{25y^3z^2}$

j) $\dfrac{x^2+7x+10}{x+1} \times \dfrac{3x+3}{x+5}$

o) $\dfrac{x-5}{(x+8)(x-4)} \cdot \dfrac{(x+4)(x-4)}{x-5}$

E7) Efetue as multiplicações:

a) $\dfrac{75x^3y}{16z^4w} \cdot \dfrac{24z^2w^2}{25xy^3}$

f) $\dfrac{x^2+12x+11}{x^2-9} \cdot \dfrac{x+9}{x^2+20x+99}$

b) $\dfrac{(x+4)(x+6)}{(x-6)(x+1)} \cdot \dfrac{(x+2)(x+1)}{(x+4)(x+6)}$

g) $\dfrac{x^2-4}{x^2-1} \cdot \dfrac{x+1}{x-2}$

c) $\dfrac{x-5}{(x-2)(x+8)} \cdot \dfrac{(x+3)(x-2)}{x-5}$

h) $\dfrac{x-8}{x^2+4x-32} \cdot \dfrac{x-4}{x+2}$

d) $\dfrac{x^2-25}{8} \cdot \dfrac{x+3}{x-5}$

i) $\dfrac{4a^2}{a^2+9a+20} \cdot \dfrac{2a+10}{a^3}$

e) $\dfrac{x-4}{x^2-x-12} \cdot \dfrac{x+3}{x+4}$

j) $\dfrac{x^2-x-2}{x^2-16} \cdot \dfrac{x^2+7x+12}{x^2+4x+3}$

Como vemos, a multiplicação de operações algébricas é bastante simples. É uma operação tão fácil quanto a simplificação. O mais importante é que as frações devem estar fatoradas, caso contrário a operação será um pouco mais trabalhosa, pois será preciso antes fatorar o numerador e o denominador das frações.

Frações algébricas com sinais negativos

Sinais negativos muitas vezes são motivo de dúvida entre os estudantes. Com frações algébricas o problema é semelhante. Vamos fazer algumas considerações sobre sinais para esclarecer o assunto:

Exemplo 1: Trocar o sinal n vezes

Tomemos um número real não nulo qualquer, por exemplo, 5. Vamos multiplicá-lo por (–1). O resultado é –5, ou seja, o valor original fica com o sinal trocado, antes era positivo, depois passou a ser negativo. Se o início fosse tomado um número negativo, por exemplo, –3, ao multiplicarmos por (–1) o resultado passaria a ser 3. É errado dizer que multiplicar um número

284 O ALGEBRISTA

por (–1) torna-o negativo. O correto é dizer que o número troca de sinal, passa a ser negativo ou positivo, dependendo do fato do número original ser positivo ou negativo.

Vamos multiplicar o resultado novamente por (–1). O número original, que era 5, passou a dar resultado –5, e ao ser multiplicado por (–1) pela segunda vez, o resultado volta a ser 5. Se o número original fosse –3, teria mudado para 3, e novamente para –3. Multiplicar qualquer valor por (–1) duas vezes, dá como resultado, o valor original. Isto ocorre porque (–1) multiplicado por (–1) dá como resultado, 1, ou seja, o valor original não se altera, já que 1 é o elemento neutro da multiplicação.

$$5 \times (-1) \times (-1) = 5 \times 1 = 5$$

Se multiplicássemos o valor original por (–1) n vezes, o resultado seria $(-1)^n$. Se n for par, o resultado será 1, e se n for ímpar, o resultado será (–1).

Exemplo 2:

Considere a e b números reais positivos, com b≠0, e formemos a fração $\dfrac{a}{b}$.

Considere agora o número real simétrico deste valor, ou seja, $-\dfrac{a}{b}$.

As seguintes frações possuem o mesmo valor numérico:

$$-\frac{a}{b} = \frac{-a}{b} = \frac{a}{-b}.$$

As três expressões são iguais porque são obtidas a partir da expressão original a/b, acrescida de uma troca de sinal. A troca de sinal nada mais é que a multiplicação pelo fator (–1). Tanto faz multiplicar a expressão original por (–1) na fração, só no numerador ou só no denominador, o efeito é o mesmo: a fração original troca de sinal.

Vamos agora retirar a restrição de que a e b tenham que ser positivos. Na verdade a e b podem ser números reais quaisquer, positivos ou negativos, exceto pela restrição que b não pode ser zero. Ainda com essa liberdade de sinais, permanece válida a igualdade:

$$-\frac{a}{b} = \frac{-a}{b} = \frac{a}{-b}$$

Também é correto afirmar que:

$$\frac{a}{b} = -\frac{-a}{b} = -\frac{a}{-b} = \frac{-a}{-b}$$

As três frações são iguais a a/b, pois em cada uma delas, ocorreram duas trocas de sinais, o que é o mesmo que multiplicar por (–1) duas vezes. Quando multiplicamos uma expressão por (–1) um número par de vezes, o resultado não se altera.

Capítulo 7 – Frações algébricas   285

Exemplo 3: Simplifique: $\dfrac{x-3}{3-x}$

A princípio parece que não é possível simplificar, pois existem termos diferentes no numerador e no denominador. Na verdade os termos são iguais, exceto por um sinal negativo. Note que $(3 - x)$ é a mesma coisa que $-(x - 3)$. Como se fossem, por exemplo, -5 e $+5$. Podemos então usar a propriedade

$$-\frac{a}{b} = \frac{-a}{b} = \frac{a}{-b} \text{, e escrever}$$

$$\frac{x-3}{3-x} = \frac{x-3}{-(x-3)} = -\frac{x-3}{x-3} = -\frac{1}{1} = -1$$

Exemplo 3: Simplifique: $\dfrac{(x-1)(x-3)}{(1-x)(3-x)}$

O numerador possui fatores $(x - 1)$ e $(x - 3)$, enquanto o denominador possui fatores $(1 - x)$ e $(3 - x)$. Cada um dos fatores do denominador tornam-se iguais aos do numerador se forem multiplicados por (-1), bastando prestar atenção no sinal.

Um erro muito comum nesse cálculo é o seguinte:

Usando a propriedade $\dfrac{a}{b} = -\dfrac{a}{-b}$, ficaríamos com:

$$\frac{(x-1)(x-3)}{(1-x)(3-x)} = -\frac{(x-1)(x-3)}{(x-1)(x-3)} \text{ ERRADO !!!!!!!!!!}$$

O que foi tentado aqui foram duas trocas de sinal para que a fração não se altere. Os dois sinais trocados foram o da fração e o do denominador. Ocorre que esta troca de sinal no denominador está completamente errada !!!!!

Ao trocar o sinal do denominador, o procedimento correto é seguinte: a troca de sinal é uma multiplicação por (-1):

$(-1) \cdot (1 - x) \cdot (3 - x)$

O fator (-1) atua sobre $(1 - x)$, transformando-o em $(x - 1)$. Não é o caso de trocar também o sinal de $(3 - x)$, pois o fator (-1) já foi usado em $(1 - x)$. Se trocássemos o sinal também de $(3 - x)$, estaríamos usando o fator (-1) duas vezes, o que estaria errado.

É uma situação diferente do exemplo em que trocamos o sinal do denominador em $\dfrac{x-3}{3-x}$. Não é para trocar o sinal de tudo o que está no denominador, e sim, trocar o sinal de um fator do denominador, e não de todos os fatores.

O procedimento correto para realizar esta simplificação é o seguinte:

Em $\dfrac{(x-1)(x-3)}{(1-x)(3-x)}$, existem dois fatores no denominador que gostaríamos que trocassem de sinal. Como é uma multiplicação, são duas trocas de sinal, ou seja, duas multiplicações por (–

286   O ALGEBRISTA

1). Quando multiplicamos uma expressão por (-1) um número par de vezes, o resultado não se altera. É o mesmo que dizer:

$$\frac{a}{(-b)(-c)} = \frac{a}{bc}$$

Portanto fazemos:

$$\frac{(x-1)(x-3)}{(1-x)(3-x)} = \frac{(x-1)(x-3)}{(x-1)(x-3)} = \frac{1.1}{1.1} = 1$$

Fatores de uma fração algébrica, ou mesmo uma expressão algébrica fatorada, podem trocar livremente de sinal, sendo que no resultado final, se o número de trocas for ímpar, é preciso multiplicar por um fator (-1) para manter o sinal.

Exemplo 4: Simplifique $\dfrac{(x-1)^2(x-3)^3}{(1-x)^3(3-x)^4}$

Ao trocarmos o sinal de $(1-x)^3$, estamos multiplicando por (-1) 3 vezes. Trocando o sinal do termo $(3-x)^4$, estamos introduzindo 4 fatores (-1). Portanto são 7 trocas de sinal, e para compensar, temos que trocar o sinal mais uma vez:

$$\frac{(x-1)^2(x-3)^3}{(1-x)^3(3-x)^4} = -\frac{(x-1)^2(x-3)^3}{(x-1)^3(x-3)^4} = -\frac{1}{(x-1)(x-3)}$$

Exercícios

E8) Efetue quando for o caso e simplifique

a) $\dfrac{4-x}{x^2-x-12} \cdot \dfrac{3-x}{x+4}$

f) $\dfrac{x^2-9x+20}{16-x^2}$

k) $5(x+1) \times \dfrac{(2-x)(x-5)}{5(x+1)}$

b) $\dfrac{x^2-25}{8} \cdot \dfrac{x+3}{5-x}$

g) $\dfrac{-x^2+3x-2}{8x^2+2x-10}$

l) $\dfrac{x^2-2x-15}{x^2-16} \times \dfrac{4x-x^2}{5x-x^2}$

c) $\dfrac{x^2-4}{1-x^2} \cdot \dfrac{x+1}{2-x}$

h) $\dfrac{-6+9x-3x^2}{5x^3-15x^2+10x}$

m) $\dfrac{16-x^2}{x-4} \times \dfrac{-(x+5)}{x^2-8x+16}$

d) $\dfrac{x-5}{x^2} \times \dfrac{-x^3}{15+2x-x^2}$

i) $\dfrac{x^3-2x^2-x+2}{1-x^2}$

n) $\dfrac{z+z^2}{1-z^2}$

e) $3(x-2) \times \dfrac{5(6-x)}{4x(x-6)}$

j) $\dfrac{32-12x}{8x-28}$

o) $\dfrac{(x-y)^2-z^2}{(z-y)^2-x^2}$

Divisão de frações algébricas

Na aritmética aprendemos que para dividir duas frações numéricas, basta repetir a primeira fração a multiplica-la pelo inverso da segunda. Ou seja:

$$\frac{n}{d} \div \frac{a}{b} = \frac{n}{d} \times \frac{b}{a}$$

Capítulo 7 – Frações algébricas

Esta propriedade é consequência da propriedade do inverso multiplicativo dos números reais. Para qualquer número real x, diferente de zero, existe o seu inverso multiplicativo x', de tal forma que seu produto é a unidade.

x.x' = 1

Propriedade:
O inverso multiplicativo é único.

Demonstração:
Esta propriedade diz que cada número real, diferente de zero, possui um único inverso multiplicativo. Para demonstrá-la, suponha que existe mais de um inverso, e mostraremos que esses inversos são iguais. Suponhamos então que o número x possui dois inversos multiplicativos, x' e x''. Podemos então escrever:

x.x' = 1
x.x'' = 1

Subtraindo as duas equações ficamos com:

x.x' – x.x'' = 1 – 1 = 0

Podemos colocar x em evidência, o que é uma consequência da propriedade distributiva da multiplicação em relação à subtração:

$x.(x' – x'') = 0$

Temos agora o produto de dois números reais, a saber, x e (x' – x''), dando como resultado zero. Para que o produto de dois números seja zero, pelo menos um deles tem que ser zero. Como x não pode ser zero (zero não tem inverso multiplicativo), então concluímos que x' – x'' tem que ser zero, ou seja:

x' = x''

Isto mostra que o inverso multiplicativo é único.

Consequência 1: O inverso multiplicativo de x é 1/x.
Prova: Multiplicando x por 1/x ficamos com:

$x \cdot \dfrac{1}{x} = \dfrac{x}{1} \cdot \dfrac{1}{x} = 1$, já que o x do numerador cancelará com x do denominador

Consequência 2: O inverso multiplicativo de a/b é b/a.
Prova: Multiplicando a/b por b/a ficamos com:

$\dfrac{a}{b} \times \dfrac{b}{a} = 1$, pois a cortará com a e b cortará com b.

Como o produto é igual a 1, segue pela definição, que (b/a) é o inverso multiplicativo de (a/b), e vice-versa.

288　　　　　　　　　　　　　　　　　　　　O ALGEBRISTA

Com esses resultados, fica fácil mostrar porque dividir por uma fração é a mesma coisa que multiplicar pelo inverso da fração.

Seja F uma fração, e vamos dividi-la pelo número real x.

$$F \div x$$

Com uma fração é na verdade uma divisão, podemos representar esta divisão na forma:

$$\frac{F}{x}$$

Este valor é o resultado da seguinte expressão:

$$\frac{F}{1} \times \frac{1}{x}$$

Agora consideremos que F seja representada como n/d, e x seja uma outra fração, a/b. Como 1/x na expressão acima é o inverso de x, e como já mostramos que o inverso de a/b é b/a, ficamos com:

$$\frac{n}{d} \times \frac{b}{a}$$

Substituindo F por n/d e x por a/b também na expressão original, ficamos com:

$$\frac{n}{d} \div \frac{a}{b} = \frac{n}{d} \times \frac{b}{a}$$

Portanto, para dividir duas frações, basta repetir a primeira fração e multiplicar pelo inverso da segunda.

Isso é o mesmo que dizer:

Dividir é o mesmo que multiplicar pelo inverso.

Um caminho muitas vezes apresentado para este resultado é simplesmente "memorizar" a regra, aceita sem contestação, mas na verdade esta regra é consequência de resultados provados matematicamente.

Para dividir frações algébricas, transformamos a divisão em uma multiplicação, na qual a primeira fração é a original, e a segunda fração é invertida.

Exemplo: Efetue a divisão: $\dfrac{4b^4}{b^2c} \div \dfrac{b^3c}{16c^3}$

Basta repetir a primeira fração, inverter a segunda e multiplicá-las. Ficamos então com:

$$\frac{4b^4}{b^2c} \div \frac{b^3c}{16c^3} = \frac{4b^4}{b^2c} \times \frac{16c^3}{b^2c} = \frac{64c}{1} = 64c$$

Capítulo 7 – Frações algébricas

289

Como vemos, dividir frações algébricas é tão fácil quanto multiplicar, basta repetir a primeira fração, inverter a segunda e multiplicá-las.

Exercícios

E9) Efetue as divisões:

a) $\dfrac{15x^2}{7} \div \dfrac{10x^5}{63}$

f) $\dfrac{x^2+3x+2}{4} \div \dfrac{x+1}{x+2}$

k) $\dfrac{3x-6}{x^2+9x+14} \div \dfrac{x+1}{x^2+5x+6}$

b) $\dfrac{15x^2y}{16zw} \div \dfrac{5xy^3z}{24w^2}$

g) $\dfrac{4a-20}{a+3} \div \dfrac{a-5}{5a+15}$

l) $\dfrac{3x+12}{4x-18} \div \dfrac{2x+12}{x+6}$

c) $\dfrac{10ab^3}{8c^2} \div \dfrac{12a^4}{16c^3b}$

h) $\dfrac{x+3}{x^2+10x+25} \div \dfrac{5x+15}{x+5}$

m) $\dfrac{x^2-16}{4x^2} \div \dfrac{x^2+7x+12}{3x}$

d) $\dfrac{48y^2}{7y} \div \dfrac{8y^4}{21y^3}$

i) $\dfrac{2x}{x+3} \div \dfrac{x-3}{x+3}$

n) $\dfrac{x^2+3x+2}{3x} \div \dfrac{x+2}{x+3}$

e) $\dfrac{12xy^3}{36mp^3} \div \dfrac{27x^2y}{20m^3p}$

j) $\dfrac{x^2+8x+16}{2x+8} \div \dfrac{x^2-6x+9}{3x-9}$

o) $\dfrac{x^2+2x-15}{x^2-3x-18} \div \dfrac{x^2-x-30}{x^2-2x-24}$

Adição e subtração de frações algébricas

Essas são as operações mais trabalhosas que envolvem frações algébricas. A dificuldade adicional é que as frações a serem adicionadas ou subtraídas precisam ter o mesmo denominador. Sendo assim, é preciso reduzir todas as frações ao mesmo denominador. Antes disso, cada fração deve ser simplificada, se possível, o que resulta em expressões mais fáceis de operar.

Exemplo: Calcule e simplifique $\dfrac{x^2}{x-5} + \dfrac{3x}{x-5} - \dfrac{40}{x-5}$

Quando as frações têm denominadores iguais, o problema é bem fácil. Basta repetir o denominador e somar os numeradores:

$$\frac{x^2}{x-5} + \frac{3x}{x-5} - \frac{40}{x-5} = \frac{x^2+3x-40}{x-5} = \frac{(x+8)(x-5)}{x-5} = x+8$$

Exemplo: Calcule e simplifique $3 + \dfrac{2}{x} + \dfrac{5}{x^2}$

A primeira coisa a fazer é transformar o número 3 em fração, ficando com 3/1:

$$\frac{3}{1} + \frac{2}{x} + \frac{5}{x^2}$$

Vemos ainda que nada pode ser simplificado nessas três frações. Para realizar a adição, reduzimos as frações ao mesmo denominador. Este denominador será o MMC entre os denominadores, ou seja, 1, x e x^2.

290   O ALGEBRISTA

$MMC(1, x, x^2) = x^2$.

Para que as três frações fiquem com o mesmo denominador, é preciso multiplicar numerador e denominador por um valor apropriado:

$\dfrac{3}{1}$: Multiplicar ambos os termos por x^2 ➜ $\dfrac{3x^2}{x^2}$

$\dfrac{2}{x}$: Multiplicar ambos os termos por x ➜ $\dfrac{2x}{x^2}$

$\dfrac{5}{x^2}$: Multiplicar ambos os termos por 1 ➜ $\dfrac{5}{x^2}$

Os valores que multiplicarão os termos de cada fração são iguais ao MMC dividido por cada denominador.

Ficamos então com:

$$\dfrac{3x^2}{x^2} + \dfrac{2x}{x^2} + \dfrac{5}{x^2}$$

Uma vez que as frações ficaram com denominadores iguais, podemos somá-las:

Para somar frações com denominadores iguais, somamos os numeradores e repetimos o denominador:

$$\dfrac{3x^2}{x^2} + \dfrac{2x}{x^2} + \dfrac{5}{x^2} = \dfrac{3x^2 + 2x + 5}{x^2}$$

Nesse caso o resultado final não admite fatoração nem simplificação.

Exemplo: Calcule e simplifique $\dfrac{x}{x+1} + \dfrac{2x}{x-1} - \dfrac{3}{x^2-1}$

A questão envolve adição e subtração de frações algébricas. Como os denominadores são diferentes, precisamos converter as três frações para o mesmo denominador.

O MMC entre $(x + 1)$, $(x - 1)$ e $(x^2 - 1)$ é $(x^2 - 1)$. Para que os denominadores fiquem iguais, é preciso multiplicar numerador e denominador das frações por $(x - 1)$, $(x + 1)$ e 1, respectivamente. É usual fazer esta indicação sobre as frações, colocando um traço inclinado sob cada denominador e escrever abaixo os fatores que devem multiplicar numerador e denominador, como indicado abaixo:

$$\dfrac{x}{x+1\diagup_{x-1}} + \dfrac{2x}{x-1\diagup_{x+1}} - \dfrac{3}{x^2-1\diagup_{1}}$$

Capítulo 7 – Frações algébricas

Ficamos então com:

$$\frac{x(x-1)}{x^2-1}+\frac{2x(x+1)}{x^2-1}-\frac{3\cdot 1}{x^2-1}=\frac{x^2-x+2x^2+2x-3}{x^2-1}=\frac{3x^2+x-3}{x^2-1}$$

$$=\frac{3x^2+x-3}{(x+1)(x-1)}$$

Denominadores que simplificam

Frações que serão multiplicadas ou divididas não precisam ter denominadores iguais, como ocorre nas adições e subtrações. Esses denominadores podem ser diferentes, e eventualmente até simplificam. Genericamente temos:

$$\frac{\dfrac{a}{x}}{\dfrac{b}{x}}=\frac{a}{x}\div\frac{b}{x}=\frac{a}{x}\times\frac{x}{b}=\frac{a}{b}$$

Ou seja, em uma divisão na qual os denominadores são iguais, os denominadores "cancelam":

$$\frac{{}^{a}\!\!\diagup\!\!_{x}}{{}^{b}\!\!\diagup\!\!_{x}}=\frac{a}{b}$$

Isto nada mais é que uma consequência da propriedade da divisão, que estabelece que dividir por um valor é o mesmo que multiplicar pelo seu inverso.

Exemplo: Calcule: $\dfrac{x+\dfrac{y-x}{1+xy}}{1-\dfrac{xy-x^2}{1+xy}}$

$$\frac{x+\dfrac{y-x}{1+xy}}{1-\dfrac{xy-x^2}{1+xy}}=\frac{(x(1+xy)+y-x)\diagup(1+xy)}{(1+xy-xy+x^2)\diagup(1+xy)}=\frac{x+x^2y+y-x}{1+xy-xy+x^2}=\frac{y(x^2+1)}{x^2+1}=y$$

Portanto, ao dividirmos frações algébricas com denominadores iguais podemos perfeitamente cancelá-los.

Exercícios

E10) Efetue e simplifique

a) $\dfrac{2x+5}{x-2}-\dfrac{x-3}{x-2}$

f) $\dfrac{2x+1}{(x-1)^2}+\dfrac{x-2}{x^2-1}$

k) $\dfrac{x^2}{4x^2-9}+\dfrac{x}{(2x+3)^2}$

b) $\dfrac{5x}{x-5}-\dfrac{2x}{5-x}$

g) $\dfrac{4x-11}{2x-7}-\dfrac{5x}{7-2x}$

l) $\dfrac{x-2}{x^2+4x+4}-\dfrac{x-4}{x^2-4}$

292   O ALGEBRISTA

c) $\dfrac{a^2}{a-b}+\dfrac{b^2}{b-a}$

h) $\dfrac{x+2}{x}+\dfrac{x-3}{4x}$

m) $\dfrac{x+8}{x^2-16}-\dfrac{x}{x-4}$

d) $\dfrac{2x-4}{3x-2}+\dfrac{5x-2}{2-3x}$

i) $\dfrac{x-1}{x^2+4x+4}+\dfrac{x-1}{x+2}$

n) $\dfrac{x}{x-2}-\dfrac{4}{x^2+3x-10}$

e) $\dfrac{2}{x+7}-\dfrac{-3x}{x+7}$

j) $\dfrac{3}{4x-4}-\dfrac{x}{x+2}$

o) $\dfrac{1}{x+1}-\dfrac{1}{x-1}$

E11) Efetue e simplifique

a) $\dfrac{3x}{a-x}-\dfrac{x^2-3ax}{x^2-a^2}$

f) $\left(\dfrac{2a}{a-2}-\dfrac{2a^2}{a^2-4}-\dfrac{4}{a+2}\right)\div\dfrac{8}{a+2}$

b) $\dfrac{x^2-9}{x^2-5x+6}+\dfrac{x-x^2}{2x^2-6x+4}$

g) $\left[\dfrac{2x}{x+y}-\dfrac{y}{y-x}+\dfrac{y^2}{y^2-x^2}\right]\div\left[\dfrac{1}{x+y}+\dfrac{x}{x^2-y^2}\right]$

c) $\dfrac{2x}{x+3}+\dfrac{x^2-1}{x-1}\div\dfrac{x^2+4x+3}{12}$

h) $\dfrac{a}{a-b}+\dfrac{a}{a+b}+\dfrac{2a^2}{a^2+b^2}+\dfrac{4a^2b^2}{a^4-b^4}$

d) $\dfrac{x^2-x}{1-2x+x^2}-\dfrac{x+1}{ax^2-a}$

i) $\dfrac{x}{x-y}+\dfrac{x}{x+y}+\dfrac{2x^2}{x^2+y^2}-\dfrac{4x^2y^2}{x^4-y^4}$

e) $\dfrac{x+\dfrac{y-x}{1+xy}}{1-\dfrac{xy-x^2}{1+xy}}$

j) $\dfrac{\dfrac{a+b}{ab}+\dfrac{a}{b^2}}{\dfrac{1}{a^2}+\dfrac{1}{ab}+\dfrac{1}{b^2}}$

Note que todas essas operações já haviam sido ensinadas nos capítulos anteriores, e finalmente no presente capítulo foram consolidadas.

Exercícios de revisão

E12) Efetue e simplifique

a) $\dfrac{9x^2-4y^2}{x^2-4}\times\dfrac{x+2}{3x-2y}$

f) $\dfrac{y^2-y-30}{y^2-36}\times\dfrac{y^2-y-2}{y^2+3y-10}\times\dfrac{y^2+6y}{y^2+y}$

b) $\dfrac{25a^2-b^2}{16a^2-9b^2}\div\dfrac{5a-b}{4a-3b}$

g) $\dfrac{x^2-2x+1}{x^2-y^2}\times\dfrac{x^2+2xy+y^2}{x-1}\div\dfrac{x^2-1}{x^2-xy}$

c) $\dfrac{x^2-49}{(a+b)^2-c^2}\div\dfrac{x+7}{a+b-c}$

h) $\dfrac{a^2-b^2}{a^2-3ab+2b^2}\times\dfrac{ab-2b^2}{a^2+ab}\div\dfrac{(a-b)^2}{a(a-b)}$

d) $\dfrac{x^2+2x+1}{x^2-25}\div\dfrac{x+1}{x^2+5x}$

i) $\dfrac{(a+b)^2-c^2}{a^2+ab-ac}\times\dfrac{a^2b^2c^2}{a^2+ab+ac}\div\dfrac{b^2c^2}{abc}$

e) $\dfrac{a^2+3a+2}{a^2+5a+6}\times\dfrac{a^2+7a+12}{a^2+9a+20}$

j) $\dfrac{x^2+7xy+10y^2}{x^2+6xy+5y^2}\times\dfrac{x+1}{x^2+4x+4}\div\dfrac{1}{x+2}$

Capítulo 7 – Frações algébricas 293

E13) Efetue e simplifique

a) $\dfrac{\dfrac{2m+x}{m+x}-1}{1-\dfrac{x}{m+x}}$

e) $\dfrac{\dfrac{1}{x}+\dfrac{1}{y}}{\dfrac{1}{x}-\dfrac{1}{y}}$

i) $\dfrac{a^2-a+\dfrac{a-1}{a+1}}{a+\dfrac{1}{a+1}}$

b) $\dfrac{\dfrac{x-y}{x^2-y^2}}{\dfrac{x-y}{x+y}}$

f) $\dfrac{x+3+\dfrac{2}{x}}{1+\dfrac{3}{x}+\dfrac{2}{x^2}}$

j) $\dfrac{\dfrac{4a(a-x)}{a^2-x^2}}{\dfrac{a-x}{a+x}}$

c) $\dfrac{a+\dfrac{ab}{a-b}}{a-\dfrac{ab}{a+b}}$

g) $\dfrac{\dfrac{1}{x}-\dfrac{2}{x^2}+\dfrac{1}{x^2}}{\dfrac{(1-x)^2}{x^2}}$

d) $\dfrac{9a^2-64}{a-1-\dfrac{a+4}{4}}$

h) $\dfrac{x^2-x-6}{1-\dfrac{4}{x^2}}$

E14) Efetue e simplifique

a) $\dfrac{4a^3x-6a^2x^2}{8a^4x-24a^3x^2+18a^2x^3}$

f) $\dfrac{1-a^2}{(1+ax)^2-(a+x)^2}$

b) $\dfrac{a^2x+abx}{a^3+3a^2b+3ab^2+b^3}$

g) $\dfrac{3-5x}{2-3x}-\dfrac{2x+3}{2+3x}+\dfrac{9x^2}{4-9x^2}$

c) $\dfrac{a^2b^2+b^2c^2-b^4-a^2c^2}{a^2b+a^2c-abc-ab^2}$

h) $\dfrac{1}{x+y}+\dfrac{2}{x^2-y^2}$

d) $\dfrac{x^2+y^2+z^2+2xy+2xz+2yz}{x^2-y^2-z^2-2yz}$

i) $\dfrac{a+b}{a-b}-\dfrac{a-b}{a+b}+\dfrac{4b^2}{a^2-b^2}$

e) $\dfrac{a^4-b^4}{2a^4-2a^3b+2a^2b^2-2ab^3}$

j) $\dfrac{a-b}{2(a+b)}-\dfrac{a^2+b^2}{a^2-b^2}$

E15) Efetue e Simplifique

a) $\dfrac{1}{a^2-b^2}+\dfrac{1}{2(a+b)^2}+\dfrac{1}{2(a-b)^2}$

f) $\dfrac{18(x^2-y^2)}{35(a+y)}\div\dfrac{12(x-y)^2}{7(a^2-y^2)}$

b) $\dfrac{1}{x-a}-\dfrac{3}{x+a}+\dfrac{2x}{(x+a)^2}$

g) $\dfrac{a^3+3ab^2+3a^2b+b^3}{a^4-b^4}\div\dfrac{2(a+b)^2}{a-b}$

c) $\dfrac{x-y}{x^2-xy+y^2}+\dfrac{1}{x+y}+\dfrac{xy}{x^3+y^3}$

h) $\dfrac{a^2+3a+9}{a^4-3a^2+9}\div\dfrac{a^3-27}{a^6+27}$

d) $\dfrac{a^3}{(a+b)^3}-\dfrac{ab}{(a+b)^2}+\dfrac{b}{a+b}$

i) $\left(\dfrac{x^2}{y^2}+\dfrac{y}{x}\right)\div\left(\dfrac{x}{y^2}-\dfrac{1}{y}+\dfrac{1}{x}\right)$

O ALGEBRISTA

e) $\dfrac{a^2-x^2}{a+b}\times\dfrac{a^2-b^2}{ax+x^2}\times\left(a+\dfrac{ax}{a-x}\right)$

j) $\dfrac{\dfrac{x^2+y^2}{y}-x}{\dfrac{1}{y}-\dfrac{1}{x}}\div\dfrac{x^3+y^3}{x^2-y^2}$

E16) Efetue e simplifique

a) $\dfrac{x^2-2x+1}{\left(x-1\right)^3}-\dfrac{x^2+x+1}{x^3-1}$

f) $\dfrac{x^2+2x}{x^2+x+6}\times\dfrac{x^2+2x+1}{x^2+3x+2}$

k) $\dfrac{(2x-4)(3x+6)}{5x^2-20}$

b) $x-\dfrac{x^2-1}{1-\dfrac{x-1}{x}}$

g) $1+\dfrac{1}{1+\dfrac{1}{1+\dfrac{1}{x}}}$

l) $\dfrac{x^3+y^3}{x^2-y^2}\times\dfrac{\dfrac{1}{y}-\dfrac{1}{x}}{\dfrac{x^2+y^2}{y}-x}$

c) $\dfrac{x^2-9}{x^2-5x+6}+\dfrac{3x-x^2}{x^2-4x+4}$

h) $\left(1-\dfrac{x-y}{x+y}\right)\times\left(2+\dfrac{2y}{x-y}\right)$

m) $\left(a^{-2}-b^{-2}\right)^{-1}\cdot\dfrac{b^2+ab}{a^2b^3}$

d) $\dfrac{4x^2-4x+1}{2x^2+3x-2}$

i) $\dfrac{x^2+x-6}{x^2-2x^2+3x+18}$

n) $\dfrac{a+x}{a+1}+\dfrac{a+x}{a-1}+\dfrac{2a+2x}{a^2-1}$

e) $\dfrac{1}{x^2-1}-\dfrac{x}{x^2-2x+1}$

j) $\dfrac{15x^2-10xy+3xz-2yz}{25x^2+10xz+z^2}$

o) $\dfrac{a^4-b^4}{a^3+a^2b+ab^2+b^3}$

E17) Efetue as operações (fatoração ou divisão de polinômios)

a) $(4x^3 + 4x^2 - 29x + 21)/(2x - 3)$

f) $(a^6 + 2a^3y^3 + y^6)/(a^2 - ay + y^2)$

b) $(a^4 - 9a^2b^2 - 6abc^2 - c^4)/(a^2 - 3ab - c^2)$

g) $(a^m - b^m)/(a - b)$

c) $(32a^5 + b^5)/(2a + b)$

h) $\dfrac{x^4-y^4}{\left(x^2+y^2\right)^2}\div\left(x^4-2x^2y^2+y^4\right)^{1/2}$
, para $|x|>|y|$

d) $(a^8 - 16x^8)/(a^2 - 2x^2)$

i) $\dfrac{a}{a-b}+\dfrac{a}{a+b}+\dfrac{2a^2}{a^2+b^2}+\dfrac{4a^2b^2}{a^4-b^4}$

e) $(3a^5 + 16a^4b - 33a^3b^2 + 14a^2b^3)/(a^2 + 7ab)$

j) $\dfrac{a^3-x^3}{a^3+x^3}\div\dfrac{a-x}{a^2-ax+x^2}$

Capítulo 7 – Frações algébricas

E18)

a) $\dfrac{a^3}{(a+b)^3} - \dfrac{ab}{(a+b)^2} + \dfrac{b}{a+b}$

f) $\dfrac{2}{x^2-x} + \dfrac{x^2+x+1}{x^3-1} - \dfrac{x}{x^2-1}$

b) $\dfrac{x^3-64}{4x^2-4} \div \dfrac{x-4}{3x^2+2x-5}$

g) $\dfrac{1-2a}{4a^2-1} - \dfrac{a-1}{2a^2-3a+1} - \dfrac{1}{1-a}$

c) $\dfrac{x^2+2x-15}{x^2+3x-18} \div \dfrac{x^2-3x-40}{x^2+14x+48}$

h) $\left(\dfrac{a+b}{a-b} - \dfrac{a-b}{a+b} - \dfrac{4a^2}{b^2-a^2} \right) \times \dfrac{a^2+2ab+b^2}{4a}$

d) $\dfrac{x^2-9}{x^2-4x-12} \div \dfrac{x^2-5x+6}{x^2-4}$

i) $\dfrac{3a-4b}{7} - \dfrac{2a-b-c}{3} + \dfrac{15a-4c}{12}$

e) $\dfrac{x^{2k}-9}{3x^{k+3}+9x^3} \div \dfrac{x^{k+2}-3x^2}{6x^{k+5}}$

j) $\dfrac{21a^2b^3c - 9ab^3c^2}{15a^2b^2c + 3a^5b^4c^2 - 12ab^2c}$

E19)

a) $\dfrac{6ax+9bx-5x^2}{12adf+18bdf-10dfx}$

f) $\dfrac{a^3+(a+1)ay+y^2}{a^4-y^2}$

b) $\dfrac{6ac+10bc+9ad+15bd}{6c^2+9cd-2c-3d}$

g) $\dfrac{x^3-12x^2+41x-30}{x^2-11x-30}$

c) $\dfrac{2x^3-(3c+d+2)x^2+(3x+d)x}{x^4-x}$

h) $\dfrac{x^2+y^2+z^2+2xy+2xz+2yz}{x^2-y^2-z^2-2yz}$

d) $\dfrac{x^2+3xy+xz+2y^2+2yz}{x^2+y^2+2xy-z^2}$

i) $\dfrac{a^3b^3+c^3x^3}{a^2b^2-c^2x^2}$

e) $\dfrac{x^3-6x^2+11x-6}{x^4-7x^3+11x^2+7x-12}$

j) $\dfrac{2}{(x-3)(x-2)} - \dfrac{1}{(x-3)(x+1)}$

E20)

a) $\dfrac{x^2-1}{x^2-5x+4} \cdot \dfrac{x^2-3x+2}{x^2-4}$

f) $\dfrac{x^2-25}{x^3-4x^2-5x} \cdot \dfrac{x^2+x}{1-x^2}$

b) $\dfrac{x-1}{x^2-4} - \dfrac{x+1}{x^2-x-2}$

g) $\dfrac{\dfrac{x}{x-a} + \dfrac{a}{x+a}}{\dfrac{x}{x-a} - \dfrac{a}{x+a}}$

c) $\dfrac{a}{b} + \dfrac{a-3b}{cd} + \dfrac{a^2-b^2-ab}{bcd}$

h) $\dfrac{x^2-9}{x^2-4x-12} \div \dfrac{x^2-5x+6}{x^2-4}$

d) $\dfrac{\left(2^n.3^n\right)^{\sqrt{4n^2}}}{\left[2\left(4+\left(23^n\right)\left(23^{-n}\right)\right)-4\right]^{3n^2}}$

i) $\dfrac{3a}{(a-2x)^2} + \dfrac{2a+x}{(a+x)(a-2x)} - \dfrac{5}{a+x}$

e) $\left(\dfrac{a+x}{a-x} + \dfrac{b-x}{b+x}\right) \times \left(\dfrac{a-x}{a+x} + \dfrac{b+x}{b-x}\right)$

j) $\dfrac{x^4-y^4}{x^3+x^2y+xy^2+y^3}$ (x≠0 e y≠0)

E21) A expressão racional $\dfrac{x}{2-x}$ é equivalente a:

(A) $\dfrac{x}{x-2}$ 　(B) $-\dfrac{x}{x-2}$ 　(C) $-\dfrac{x}{2+x}$ 　(D) $\dfrac{x}{-2-x}$

E22) Simplifique

$1 + \cfrac{1}{1 + \cfrac{1}{1 + \cfrac{1}{1 + \cfrac{1}{x}}}}$

(A) $\dfrac{3x+2}{x}$ 　(B) $\dfrac{5x+3}{3x+2}$ 　(C) x

(D) $\dfrac{4x+1}{x}$ 　(E) $\dfrac{2x+6}{x+4}$

E23) Simplifique $\dfrac{\sqrt{x}}{\sqrt{2}-\sqrt{x}}$

(A) $\dfrac{\sqrt{2x}+x}{2-x}$ 　(B) $\sqrt{x}$ 　(C) $\dfrac{2\sqrt{x}+x}{4-x}$ 　(D) $\dfrac{\sqrt{x}-x}{2+x}$ 　(E) $\dfrac{\sqrt{2x}-x}{2-x}$

E24) Simplifique:

$\dfrac{1+\dfrac{1}{x}}{1-\dfrac{1}{x}}$

(A) $\dfrac{2x+1}{x-2}$ 　(B) $\dfrac{1+x}{x-2}$ 　(C) $\dfrac{x^2+1}{x-1}$ 　(D) $\dfrac{x-1}{x+1}$ 　(E) $\dfrac{x+1}{x-1}$

E25) Qual é o valor de $\cfrac{1}{4 + \cfrac{1}{4 + \cfrac{1}{4 + ...}}}$?

Capítulo 7 – Frações algébricas

(A) 1

(B) não pode ser determinado

(C) –4

(D) 0

(E) $-2+\sqrt{5}$

E26) Efetue e simplifique $\dfrac{1}{x+1}-\dfrac{1}{x-1}$

(A) $\dfrac{1}{x^2-1}$ (B) $\dfrac{-2}{x^2-1}$ (C) $\dfrac{1}{x-1}$ (D) $\dfrac{-2}{x^2-2x+1}$ (E) $\dfrac{-2x}{x^2-1}$

E27) Efetue e Simplifique

$$\frac{a+b}{ab}\left(a^2+b^2-c^2\right)+\frac{b+c}{bc}\left(b^2+c^2-a^2\right)+\frac{a+c}{ac}\left(a^2+c^2-b^2\right)$$

E28) Outra forma de escrever $\left(a^{-1}+b^{-1}\right)^{-1}$ é:

(A) $\dfrac{a+b}{ab}$ (B) $\dfrac{1}{a}+\dfrac{1}{b}$ (C) $\dfrac{ab}{a+b}$ (D) $a+b$ (E) ab

E29) Efetue a simplifique $\dfrac{11x+3}{9x^2-64}-\dfrac{2x-21}{9x^2-64}$

(A) $\dfrac{1}{x+8}$ (B) $\dfrac{1}{x-8}$ (C) $\dfrac{3}{3x+8}$ (D) $\dfrac{3}{3x-8}$

E30) Efetue e simplifique $\dfrac{x^2+2x-15}{x^2+3x-18}\div\dfrac{x^2-3x-40}{x^2+14x+48}$

(A) $\dfrac{x+8}{x-8}$ (B) –1 (C) x – 1 (D) $\dfrac{x-8}{x+8}$

E31) Simplifique $\dfrac{\dfrac{x}{1-\dfrac{x}{2+2x}}-2x}{\dfrac{2x}{5x-2}-3}$

(A) $\dfrac{(2+x)(5x-2)}{2x(13x-6)}$ (B) $\dfrac{(x^2+2x-4)(5x-2)}{2(-13x+6)}$ (C) $\dfrac{2x(5x-2)}{(2+x)(13x-6)}$

(D) $\dfrac{(2x-4)(5x-2)}{2(-13x+6)}$ (E) $\dfrac{(2x-4)(5x-2)}{(2+x)(13x-6)}$

E32) Simplifique $(2x^2 - 7x - 4)^{-1}(2x^2 + 7x + 3)(x^2 + 3x - 28)(x^2 - 9)^{-1}$

(A) $\dfrac{x+3}{x+4}$ (B) $\dfrac{x+7}{x-3}$ (C) $\dfrac{2x+1}{x-4}$ (D) 1   (E) $\dfrac{x+4}{x+3}$ (F) Nenhuma das acima

E33) Simplifique

$$\frac{xy - y^2}{xy - x^2} - \frac{x^2 - y^2}{xy}$$

(A) x/y   (B) –x/y   (C) –y/x   (D) y/x   (E) $\dfrac{xy - x^2}{xy}$ (F) NDA

E34) Simplifique $\dfrac{2x^2 - 5x + 3}{3x^2 + x - 4} \times \left(\dfrac{2x^2 + 3x - 9}{3x^2 + 13x + 12} \right)^{-\frac{1}{2}}$, considerando os fatores dentro dos radicais como positivos.

(A) $\sqrt{\dfrac{2x-3}{3x+4}}$ (B) $\sqrt{\dfrac{3x+4}{2x-3}}$ (C) $\sqrt{\dfrac{2x+3}{3x-4}}$ (D) $\sqrt{\dfrac{3x-4}{2x+3}}$ (E) $\sqrt{\dfrac{x-1}{x+3}}$

E35) Simplifique a expressão racional: $\dfrac{2x^2 - 16x + 32}{x - 4}$

(A) $2x - 8$ (B) $x^2 + 1$ (C) $x - 4$ (D) $x + 4$ (E) Sem solução

E36) Simplifique $\dfrac{x^2 + 11x + 28}{x^2 + 13x + 42} \times \dfrac{x^2 + 6x}{x^2 + 7x + 12}$

(A) $\dfrac{x}{x+3}$ (B) $\dfrac{x}{x^2 + 13x + 42}$ (C) $\dfrac{1}{x+3}$ (D) $\dfrac{x^2 + 6x}{x+3}$ (E) $\dfrac{3x}{x+3}$

E37) Efetue e simplifique $\dfrac{2}{(x-2)(x-3)} - \dfrac{1}{(x-3)(x+1)}$

(A) $\dfrac{1}{(x+1)(x-2)(x-3)}$ (B) $\dfrac{x+4}{(x+1)(x-2)(x-3)}$

(C) $\dfrac{x}{(x-2)(x-3)}$ (D) $\dfrac{4}{(x+1)(x-2)}$ (E) $x + 2$

E38) Simplifique $\dfrac{\dfrac{3}{x} + \dfrac{1}{2}}{1 - \dfrac{5}{x}}$

(A) $\dfrac{3}{10}$ (B) $\dfrac{3x+2}{5x-1}$ (C) $\dfrac{2x+3}{5x-2}$ (D) $\dfrac{x+6}{2x-10}$ (E) $\dfrac{3x+1}{2x-1}$

Capítulo 7 – Frações algébricas

E39) Efetue e simplifique $\dfrac{2}{x+2} - \dfrac{x}{x-2}$

(A) $\dfrac{-x^2+2x}{x^2-4}$ (B) $\dfrac{-x^2-4}{x^2-4}$ (C) $\dfrac{2-x}{4}$ (D) $\dfrac{2-x}{2x}$ (E) $\dfrac{x^2-8}{x^2-4}$

E40) Simplifique a expressão $\dfrac{x^2-9}{x^2-4x-12} \div \dfrac{x^2-5x+6}{x^2-4}$

(A) $\dfrac{(x+3)(x-3)^2}{(x-6)(x+2)^2}$ (B) $\dfrac{x-6}{x+3}$ (C) $(x+3)(x-6)$ (D) $\dfrac{x+3}{x-6}$ (E) Não existe

E41) Calcule $\dfrac{2x}{x+3} - \dfrac{x}{3x+4}$

(A) $\dfrac{5x^2+6x+5}{(x+3)(3x+4)}$ (B) $\dfrac{6x^2+6x-6}{(x+3)(3x+4)}$ (C) $\dfrac{5x^2+5x}{(x+3)(3x+4)}$

(D) $\dfrac{3x^2+6x+6}{(x+3)(3x+4)}$ (E) $\dfrac{x}{-2x-1}$

E42) Simplifique $\dfrac{x^2-1}{x^2-5x+4} \times \dfrac{x^2-3x+2}{x^2-4}$

(A) $\dfrac{x+1}{3x+1}$ (B) $\dfrac{x^2+5x+6}{3}$ (C) $\dfrac{(x+1)(x-1)}{(x-4)(x+2)}$ (D) $\dfrac{x+2}{3x+2}$ (E) $\dfrac{(x+1)^2(x-4)}{(x^2-4)}$

E43) Simplifique $\dfrac{1-\dfrac{1}{x}}{x-1}$

(A) $\dfrac{1}{x-1}$ (B) $\dfrac{1}{x}$ (C) x (D) $x-1$ (E) 1

E44) Simplifique a expressão $\dfrac{9+\dfrac{3}{x}}{\dfrac{x}{4}+\dfrac{1}{12}}$

(A) $\dfrac{x}{36}$ (B) 1 (C) 36 (D) $\dfrac{36}{x}$ (E) $\dfrac{12}{x}$

300 O ALGEBRISTA

E45) Simplificar à expressão mínima

$$\frac{x^3 - 64}{4x^2 - 4} \div \frac{x - 4}{3x^2 + 2x - 5}$$

(A) x

(B) $\dfrac{\left(x^2 + 16\right)\left(3x^2 + 2x - 5\right)}{\left(4x^2 - 4\right)}$

(C) $\dfrac{\left(3x + 5\right)\left(x^2 + 4x + 16\right)}{4\left(x + 1\right)}$

(D) $\dfrac{\left(x^2 + 4x + 16\right)\left(3x - 5\right)}{4\left(x - 1\right)}$

(E) $\dfrac{\left(x^2 + 4x + 16\right)\left(x - 4\right)^2}{4\left(x - 1\right)\left(x + 1\right)\left(3x^2 + 2x - 5\right)}$

E46) Calcule $\dfrac{1}{1 - \dfrac{1}{1 + \dfrac{1}{x}}}$

(A) 2   (B) 1/2   (C) $\dfrac{1}{1 + x}$ (D) $\dfrac{x + 1}{x}$ (E) x+1

E47) A equação $\dfrac{1}{f} = \dfrac{1}{a} + \dfrac{1}{b}$ é usada no projeto de lentes para material fotográfico. Exprimir o valor de f em função de a e b.

(A) $f = a + b$ (B) $f = \dfrac{a + b}{ab}$ (C) $ab = fa + fb$ (D) $f = \dfrac{ab}{a + b}$ (E) $f = ab$

E48) Simplifique $\dfrac{\dfrac{k^3 - yk^2 - y^2k + y^3}{k^2 - yk - nk + ny}}{\dfrac{2yk + 3nk + 2y^2 + 3ny}{2yk - 3n^2 + 3nk - 2ny}}$

(A) –1   (B) 1   (C) y + k   (D) y – k   (E) k – y

E49) Encontre as afirmativas verdadeiras

I. $\sqrt{x^2 + y^2} = x + y$

II. $(-8)^{1/3}$ é um número real

III. Um fator de $\left(x^4 - y^4\right) + \left(-2x^3y + 2xy^3\right)$ é $(x + y)$

IV. Dado que $|x| > 5$ significa que x é qualquer número maior que 5

(A) Todas corretas   (B) I e IV   (C) I, II e IV   (D) II, III e IV   (E) II e III

E50) Calcule e simplifique $\dfrac{1}{x + 1} - \dfrac{1}{x - 1}$

(A) $\dfrac{1}{x^2 - 1}$ (B) $\dfrac{-2}{x^2 - 1}$ (C) $\dfrac{1}{x - 1}$ (D) $\dfrac{-2}{x^2 - 2x + 1}$ (E) $\dfrac{-2x}{x^2 - 1}$

Capítulo 7 – Frações algébricas   301

E51) Simplificar $\dfrac{x^2 - x - 2}{x + 1}$

(A) x + 2   (B) x – 2   (C) x – 1   (D) x + 1   (E) Sem solução

E52) Efetue e simplifique $\dfrac{x^2 - 4x - 5}{x^2 - x - 6} \cdot \dfrac{x^2 + 2x - 15}{x^2 - 25}$

(A) $\dfrac{x+1}{x-3}$ (B) $\dfrac{x-3}{x-5}$ (C) $\dfrac{x+1}{x+2}$ (D) $\dfrac{x+1}{x+5}$ (E) $\dfrac{x-3}{x+2}$

E53) Se x é positivo, qual dos seguintes valores é menor que a unidade?

(A) $\dfrac{1}{x}$ (B) x^2 (C) $\dfrac{x}{x+1}$ (D) $\dfrac{1+x}{x}$ (E) $\dfrac{1-x}{x}$

E54) Dividindo $\dfrac{x^2 - 5x + 6}{x + 2}$ por $\dfrac{2x - 6}{x^2 + 4}$, o quociente é:

(A) $\dfrac{x^2 - 4}{2}$ (B) $\dfrac{x^3 - 2x^2 + 4x - 8}{2x + 4}$ (C) $\dfrac{-\left(x^2 + 4\right)}{2}$ (D) $\dfrac{\left(x^3 + 2x^2 + 4x + 8\right)}{\left(2x + 4\right)}$ (E) NRA

E55) Para quais valores de x a expressão $\dfrac{x - 9}{x^2 - x - 6}$ é indefinida?

(A) –3   (B) 2   (C) 3   (D) 4   (E) 9

E56) Para quais valores de x a expressão $\dfrac{x - 2}{x^2 + 3x + 2}$ é indefinida?

(A) 1   (B) 2   (C) 3   (D) 4   (E) –2

E57) Dividindo $a^{-1} - 1$ por $a - a^{-1}$, onde a não é 0 nem 1, o quociente será:

CONTINUA NO VOLUME 2: 64 QUESTÕES DE CONCURSOS

Exemplo:
E58) EPCAr 2009 - Considere os valores reais de *a* e *b*, a≠b, na expressão

$$p = \dfrac{(a+b)(2a)^{-1} + a(b-a)^{-1}}{\left(a^2 + b^2\right)\left(ab^2 - ba^2\right)^{-1}}$$

Após simplificar a expressão *p* e torná-la irredutível, pode-se dizer que $\sqrt{p^{-1}}$ está definida para todo:

(A) $a \in R$ e $b \in R^*$ (B) $a \in R$ e $b \in R^*_+$ (C) $a \in R^*$ e $b \in R^*$
(D) $a \in R^*$ e $b \in R^*_+$

Respostas dos exercícios

E1)   a) $\dfrac{2xy^2}{5z}$ e) $\dfrac{16z^3}{3w^2xy^2}$ i) $\dfrac{77z}{42a^4x^4y^2}$ m) $\dfrac{2bc}{3a}$

302   O ALGEBRISTA

b) $\dfrac{5a^4b^2}{24c}$ f) $\dfrac{1}{a^3bc^2}$ j) $\dfrac{5p^3}{9m^3nq^3}$ n) $4xy^2z^3$

c) $\dfrac{n^4}{14p^3q^2}$ g) $\dfrac{15}{28xy^2}$ k) $\dfrac{25a^2y^2}{16b^3xz^2}$ o) $\dfrac{1}{15a^2b^4c^2}$

d) $\dfrac{8a^4}{5c^4}$ h) $\dfrac{9b^2c^5}{4a^3}$ l) $\dfrac{7t^2}{5rs}$

E2)

a) $\dfrac{(x+3)^2(x-3)^3(x+5)}{(y+3)^4}$ f) $\dfrac{(y-3)}{x(x+2)}$ k) $\dfrac{5(x-1)}{3(x+1)}$

b) $\dfrac{(x+2)}{5x^3y(x+1)}$ g) $\dfrac{(x-2)}{(x+2)}$ l) $-\dfrac{1}{3xy^3}$

c) $\dfrac{a(a-b)}{b(a+b)}$ h) $\dfrac{x+3}{(x+5)}$ m) $\dfrac{(x+2)^2(x-3)}{(x+1)(x-2)(x+3)}$

d) $\dfrac{xy(x-1)^2(y+1)}{(x+y)}$ i) $\dfrac{(a+b)}{(a-b)(a-1)}$ n) $(x^8+1)(x^4+1)(x^2+1)$

e) $\dfrac{(a+3)}{(a+2)}$ j) $-\dfrac{1}{(x+1)(y-1)}$ o) $\dfrac{(x+y)^2}{x^2-xy+y^2}$

E3)

a) $\dfrac{x+4}{5x}$ e) $\dfrac{x+5}{2x+1}$ i) $\dfrac{x+4}{x+3}$ m) $\dfrac{x-y-z}{x+y-z}$

b) $\dfrac{x-1}{x+3}$ f) $\dfrac{a-2b}{a+2b}$ j) $\dfrac{-3}{y+4}$ n) $\dfrac{a}{a-b-1}$

c) $\dfrac{x-2}{x-5}$ g) $x+y$ k) $\dfrac{x-2}{2x+3}$ o) $\dfrac{12xy^2}{(z-1)}$

d) $\dfrac{x+2}{x+3}$ h) $\dfrac{a+b+c}{a-b+c}$ l) $\dfrac{2x+3y}{3x+5y}$

E4)

a) $-6x^4$ e) $\dfrac{5abc}{2}$ i) $\dfrac{x+10}{x-1}$ m) $\dfrac{4x}{x+6}$

b) $x+10$ f) $\dfrac{z}{z-1}$ j) $\dfrac{a+1}{a^3(a-3)}$ n) $\dfrac{x-7}{x-1}$

c) $\dfrac{7}{x+7}$ g) $\dfrac{x+y}{a-b}$ k) $\dfrac{y+5}{y+1}$ o) $\dfrac{3x-8}{2x-7}$

d) $\dfrac{x-5}{4}$ h) $\dfrac{x-5}{x+4}$ l) $\dfrac{x+7}{x(x-1)}$

E5)

a) $x-2$ d) $\dfrac{3}{5x}$ g) $\dfrac{1}{2a-3x}$ j) $\dfrac{(a+b)(b-c)}{a}$

b) $\dfrac{x+2}{x-7}$ e) $\dfrac{1}{1-x^2}$ h) $\dfrac{x+y+z}{x-y-z}$

Capítulo 7 – Frações algébricas

c) $\dfrac{x-2}{2(4x-5)}$ f) 1 i) 1

E6)

a) $\dfrac{2b^2c^2}{a^2}$ e) $\dfrac{9w^2yz}{10x}$ i) $\dfrac{x}{x+3}$ m) $\dfrac{x+5}{x-4}$

b) $\dfrac{9my^2}{20x^2p^2}$ f) $(x-2)(x-5)$ j) $3(x+2)$ n) $\dfrac{x+3}{x^2}$

c) $6y^2$ g) $\dfrac{15(x-2)}{4}$ k) $\dfrac{5m^2}{7(m+4)}$ o) $\dfrac{x+4}{x+8}$

d) $2xy^2$ h) $\dfrac{25}{x}$ l) $\dfrac{5x(x-2)}{3}$

E7)

a) $\dfrac{9x^2w}{2y^2z^2}$ d) $\dfrac{(x+5)(x+3)}{8}$ g) $\dfrac{x+2}{x-1}$ j) $\dfrac{x-2}{x-4}$

b) $\dfrac{x+2}{x-6}$ e) $\dfrac{1}{x+4}$ h) $\dfrac{x-8}{(x+2)(x+8)}$

c) $\dfrac{x+3}{x+8}$ f) $\dfrac{x+1}{x^2-9}$ i) $\dfrac{8}{a(a+4)}$

E8)

a) $\dfrac{x-3}{(x+3)(x+4)}$ e) $-\dfrac{15(x-2)}{4x}$ i) $2-x$ m) $\dfrac{x+5}{x+4}$

b) $-\dfrac{(x+3)(x+5)}{8}$ f) $\dfrac{5-x}{x+4}$ j) $\dfrac{8-3x}{2x-7}$ n) $\dfrac{z}{1-z}$

c) $\dfrac{x+2}{x-1}$ g) $-\dfrac{x-2}{2(4x+5)}$ k) $(2-x)(x-5)$ o) $\dfrac{x-y-z}{z-y-x}$

d) $\dfrac{x}{x+3}$ h) $-\dfrac{3}{5x}$ l) $\dfrac{x+3}{x+4}$

E9)

a) $\dfrac{27}{2x^3}$ e) $\dfrac{20m^2y^2}{81xp^2}$ i) $\dfrac{2x}{x-3}$ m) $\dfrac{3(x-4)}{4x(x+3)}$

b) $\dfrac{9xw}{2y^2z^2}$ f) $\dfrac{(x+2)^2}{4}$ j) $\dfrac{3(x+4)}{2(x-3)}$ n) $\dfrac{(x+1)(x+3)}{3x}$

c) $\dfrac{5cb^4}{3a^3}$ g) 20 k) $\dfrac{3(x-2)(x+3)}{(x+1)(x+7)}$ o) $\dfrac{(x-3)(x+4)}{(x-6)(x+3)}$

d) 18 h) $\dfrac{1}{3(x+5)}$ l) $\dfrac{3(x+4)}{4(2x-9)}$

E10)

a) $\dfrac{x+8}{x-2}$ e) $\dfrac{2+3x}{x+7}$ i) $\dfrac{x^2+2x-3}{(x+2)^2}$ m) $\dfrac{-x^2-3x+8}{x^2-16}$

b) $\dfrac{7x}{x-5}$ f) $\dfrac{3x^2+3}{(x-1)^2(x+1)}$ j) $\dfrac{-4x^2+7x+6}{4(x-1)(x+2)}$ n) $\dfrac{x^2+5x-4}{x^2+3x-10}$

c) $a+b$ g) $\dfrac{9x-11}{2x-7}$ k) $\dfrac{2x^3+6x^2-3x}{(2x+3)^2(2x-3)}$ o) $-\dfrac{2}{x^2-1}$

O ALGEBRISTA

d) $\dfrac{2+3x}{2-3x}$

h) $\dfrac{5x+5}{4x}$

l) $\dfrac{-2x+12}{(x+2)^2(x-2)}$

E11)

a) $\dfrac{4x^2}{a^2-x^2}$

b) $\dfrac{x+6}{2(x-2)}$

c) $\dfrac{2x+12}{x+3}$

d) $\dfrac{ax-1}{ax-a}$

e) y

f) $\dfrac{1}{a-2}$

g) x

h) $\dfrac{4a^2}{a^2-b^2}$

i) $\dfrac{4x^2}{x^2+y^2}$

j) a

E12)

a) $\dfrac{3x+2y}{x-2}$

b) $\dfrac{5a+2b}{4a+3b}$

c) $\dfrac{x-7}{a+b+c}$

d) $\dfrac{x(x+1)}{x-5}$

e) $\dfrac{a+1}{a+5}$

f) 1

g) $\dfrac{x(x+y)}{(x+1)}$

h) $\dfrac{b}{a-b}$

i) abc

j) $\dfrac{(x+1)(x+2y)}{(x+2)(x+y)}$

E13)

a) 1

b) $\dfrac{1}{x-y}$

c) $\dfrac{a+b}{a-b}$

d) $4(3a+8)$

e) $\dfrac{x+y}{y-x}$

f) x

g) $\dfrac{x+2}{x-1}$

h) $\dfrac{x^2(x-3)}{(x-2)}$

i) $a-1$

j) $\dfrac{4a}{a-x}$

E14)

a) $\dfrac{1}{2a-3x}$

b) $\dfrac{ax}{(a+b)^2}$

c) $\dfrac{(b-c)(a+b)}{a}$

d) $\dfrac{x+y+z}{x-y-z}$

e) $\dfrac{a+b}{2a}$

f) $\dfrac{1}{1-x^2}$

g) $\dfrac{x(14x+17)}{9x^2-4}$

h) $\dfrac{x-y+2}{x^2-y^2}$

i) $\dfrac{4b}{a-b}$

j) $\dfrac{ab}{b^2-a^2}$

E15)

a) $\dfrac{2a^2}{(a^2-b^2)^2}$

b) $\dfrac{-2a^2}{(x^2-a^2)(x+a)}$

c) $\dfrac{2x^2}{x^3+y^3}$

d) $\dfrac{a^3+ab^2+b^3}{(a+b)^3}$

e) $\dfrac{a^2(a-b)}{x}$

f) $\dfrac{3(a-y)}{10}$

g) $\dfrac{1}{2(a^2+b^2)}$

h) $\dfrac{a^2+3}{a-3}$

i) $x+y$

j) 1

E16)

a) 0

b) $2x-x^3$

c) $\dfrac{4x-6}{(x-2)^2}$

d) $\dfrac{2x-1}{x+2}$

e) $\dfrac{x^2+1}{(1-x)(x^2-1)}$

f) $\dfrac{x^2+x}{x^2+x+6}$

g) $\dfrac{3x+2}{2x+1}$

h) $\dfrac{4xy}{x^2-y^2}$

i) $\dfrac{x-2}{x-6}$

j) $\dfrac{3x-2y}{5x+z}$

k) $\dfrac{6}{5}$

l) $\dfrac{1}{x}$

m) $\dfrac{1}{b-a}$

n) $\dfrac{2a+2x}{a-1}$

o) $a-b$

Capítulo 7 – Frações algébricas 305

E17) a) $2x^2 + 5x - 7$

b) $a^2 + c^2 + 3ab$
(fatorar e simplificar)

c) $16a^4 - 8a^3b + 4a^2b^2 - 2ab^3 + b^4$

d) $(a^4 + 4x^4)(a^2 + 2x^2)$

e) $3a^3 - 5a^2b + 2ab^2$

f) $(a^3 + y^3)(a + y)$

g) $a^{m-1} + a^{m-2}b + a^{m-3}b^2 + \dots + ab^{m-2} + b^{m-1}$

h) $\dfrac{1}{x^2 + y^2}$

i) $\dfrac{4a^2}{a^2 - b^2}$

j) $\dfrac{a^2 + ax + x^2}{a + x}$

E18)

a) $\dfrac{a^3 + ab^2 + b^3}{(a+b)^3}$

b) $\dfrac{(3x+5)(x^2 + 4x + 16)}{4(x+1)}$

c) $\dfrac{x+8}{x-8}$

d) $\dfrac{x+3}{x-6}$

e) $2x^k$

f) $\dfrac{3x+2}{x(x^2-1)}$

g) $\dfrac{4a-1}{(a-1)(4a^2-1)}$

h) $\dfrac{(a+b)^2}{(a-b)}$

i) $\dfrac{85a - 20b}{84}$

j) $\dfrac{b(7a - 3c)}{5a + a^4b^2c - 4}$

E19)

a) $\dfrac{x}{2df}$

b) $\dfrac{3a + 5b}{3c - 1}$

c) $\dfrac{2x - 3c - d}{x^2 + x + 1}$

d) $\dfrac{x + 2y}{x + y - z}$

e) $\dfrac{x-2}{(x+1)(x-4)}$

f) $\dfrac{a+y}{a^2 - y}$

g) $x - 1$

h) $\dfrac{x + y + z}{x - y - z}$

i) $\dfrac{a^2b^2 + abcx + c^2x^2}{ab - cx}$

j) $\dfrac{x+4}{(x-3)(x-2)(x+1)}$

E20)

a) $\dfrac{x^2 - 1}{x^2 - 2x - 8}$

b) $\dfrac{1}{4 - x^2}$

c) $\dfrac{a^2 - 4b^2 + acd}{bcd}$

d) $\dfrac{1}{6^{n^2}}$

e) $\dfrac{4(x^2 + ab)^2}{(a^2 - x^2)(b^2 - x^2)}$

f) $\dfrac{x+5}{1 - x^2}$

g) $\dfrac{x^2 + 2ax - a^2}{x^2 + a^2}$

h) $\dfrac{x+3}{x-6}$

i) $\dfrac{-2x(x + 10a)}{(a+x)(a-2x)^2}$

j) $x - y$

E21) (B) E22) (B) E26) (A) E24) (E) E25) (E)

E(25) Sugestão: Fazer k = 1(4 + k) (por quê?) e resolver a equação do 2° grau, lembrando que k tem que ser positivo.

E26) (B) E27) 2(a+b+c) E28) (C) E29) (D) E30) (A)

E31) (C) E32) (B) E33) (B) E34) (A) E35) (A)

306   O ALGEBRISTA

E36) (A)   E37) (B)   E38) (D)   E39) (B)   E40) (D)

E41) (C)   E42) (C)   E43) (B)   E44) (D)   E45) (C)

E46) (E)   E47) (D)   E48) (E)   E49) (E)   E50) (B)

E51) (B)   E52) (C)   E53) (C)   E54) (B)   E55) (C)

E56) (E)   E57) $-\dfrac{1}{a+1}$ E58) (D)

Capítulo 8

Equações do primeiro grau

Facilidade ou dificuldade?

Problemas que envolvem equações são fáceis, de execução quase mecânica. A dificuldade que alguns alunos enfrentam não é por causa das equações, mas pela falta de base em expressões numéricas, expressões algébricas, fatoração, produtos notáveis e outros tópicos anteriormente estudados. Treinado esses tópicos com uma quantidade generosa de exercícios, a resolução de equações torna-se uma tarefa de rotina.

Igualdades

O sinal "=" é usado com diferentes significados dentro da matemática. Por exemplo, considere as duas sentenças matemáticas:

1) $(x + y)^2 = x^2 + 2xy + y^2$

2) $x + 3 = 5$

No caso 1 temos uma expressão chamada *identidade*. Nesta identidade temos duas variáveis, x e y. As variáveis em uma expressão matemática podem a princípio, assumir qualquer valor numérico. A segunda igualdade possui uma variável x, que a princípio também pode assumir qualquer valor. A diferença é que a primeira é verdadeira para qualquer valor de suas variáveis. Trata-se de uma forma conhecida (produto notável, quadrado da soma), que é sempre verdadeira, quaisquer que sejam os valores das suas variáveis.

A segunda expressão tem também uma variável que pode assumir qualquer valor, entretanto só é verdadeira para x = 2. Igualdades que somente são corretas para determinados valores são chamadas de *equações*. Resolver uma equação significa determinar os valores das variáveis que tornam a expressão verdadeira.

A expressão (1) é uma identidade, que é verdadeira para quaisquer valores de suas variáveis. A expressão (2) é uma equação, que só é verdadeira para x = 2. Chamamos o conjunto S={2} de conjunto solução da equação. Resolver uma equação nada mais é que encontrar o seu conjunto solução. As letras a serem encontradas em uma equação (nesse exemplo, x) são chamadas de *incógnitas*.

Existem vários tipos de equação, por exemplo:

1) $2^x = 8$

308   O ALGEBRISTA

A incógnita nesse caso aparece na forma de um expoente. Encontrar a solução significa encontrar o valor de x que faz com que 2 elevado a este valor de x, dê como resultado, 8. É fácil verificar que a solução é x=3. Dizemos que esta é uma *equação exponencial.*

2) $\sqrt{x-5} = 9$

Nesta equação a incógnita x aparece em um radical. Trata-se de uma *equação irracional.* Esta em particular é de solução simples. Se a raiz quadrada de x – 5 é 9, então x – 5 vale 81. Portanto, x vale 86. Equações irracionais podem ser bem mais complicadas, e são muito exigidas em concursos. São estudadas no capítulo 15.

3) $(x + 5)(x - 3) = 0$

Esta é chamada de *equação do segundo grau*, assunto importantíssimo da matemática do ensino fundamental, e exigido em praticamente todos os concursos deste nível. Para resolver uma equação do segundo grau, manipulamos a expressão de tal forma que resulte em zero no segundo membro (o lado direito da igualdade). A seguir fatoramos em duas expressões do primeiro grau. O valor somente será zero se um ou outro fator for zero. Neste caso, as soluções são –5 e 3, ou seja, S={–5, 3}. Equações do segundo grau serão estudadas no capítulo 13.

4) $3x + 5 = 17$

Esta é uma *equação do primeiro grau*, o objetivo deste capítulo. Pode ser expressa a partir de uma expressão algébrica do primeiro grau, com uma só variável, no caso, x. Em geral é fácil de resolver, até mesmo "de cabeça". Se 3x + 5 vale 17, então 3x vale 12, ou seja, x = 4. Uma vez conhecendo as equações do primeiro grau, estudamos os sistemas do primeiro grau (duas equações com duas incógnitas), as equações e sistemas de equações do segundo grau, depois as equações biquadradas (quarto grau), e equações irracionais. Finalmente serão estudadas as inequações de primeiro e segundo grau, e seus sistemas. O restante do livro se ocupará desses temas.

Equações de primeiro grau

Uma equação é uma sentença matemática composta de duas expressões separadas por um sinal "=". Por exemplo:

$2x + 5 = 13$

As duas expressões são chamadas de *primeiro membro* e *segundo membro*. Na equação acima, o primeiro membro é 2x+5, e o segundo membro é 13.

Os valores que são somados, multiplicados, subtraídos e divididos em uma equação são chamados de *termos*. No exemplo acima, 2x é um termo, 5 é um termo e 13 é um termo. Explicando de forma bem simples, os termos podem ser puramente numéricos (como 5 e 13 na equação acima) ou podem ter uma *parte literal*. O termo 2x tem uma parte literal, ou *variável*, que é x. 2x significa "duas vezes x", ou seja, 2.x. Da mesma forma, 3y significa "3 vezes y", e assim por diante.

No termo 2x, o x é chamado de *parte literal*, ou *variável*, e o 2, que está sendo multiplicado pela parte literal, é chamado de *coeficiente*. Esses nomes se aplicam a qualquer expressão algébrica, mas no caso de uma equação, a variável é chamada de *incógnita*.

Uma expressão algébrica é uma expressão que envolve letras, ou seja, termos com partes literais. Por exemplo, 2x+3y+4z é uma expressão algébrica com três variáveis, x, y e z. Para resolver equações, precisamos ter a habilidade algébrica ensinada no capítulo 3 – Expressões

Capítulo 8 – Equações do 1º grau

algébricas. É claro, precisamos também dos demais conhecimentos de álgebra, apresentados nos capítulos de 4 em diante.

Quando igualamos duas expressões algébricas, temos uma equação.

Variáveis algébricas podem assumir qualquer valor, mas uma expressão somente será verdadeira (ou seja, satisfará a condição de que os dois membros são iguais) para os valores-solução da equação.

Por exemplo, na expressão algébrica 2x+5, x pode ter qualquer valor, mas quando fazemos 2x+5=13, a expressão só é verdadeira se x tiver o valor 4.

Expressão algébrica: 2x+5; x pode ter qualquer valor
Equação: 2x+5=13; é uma sentença matemática que só é verdadeira se x for igual a 4.

Na equação 2x+5=13, a letra x é chamada *incógnita* da equação. O objetivo da equação é descobrir o valor da incógnita, ou seja, descobrir o valor de x que torna a expressão verdadeira.

Exercícios

E1) Determine o valor de x para que as expressões abaixo sejam verdadeiras:

a) x+3=5	f) 4x+7 = 27
b) 2x=8	g) 5x+2=52
c) 3x+1 = 10	h) 2x–3 = 7
d) 5–x=3	i) 7x–9 = 54
e) 3x+5=65	j) 8x–3=45

Método de resolução

Resolver uma equação é encontrar o valor de x que torna a expressão verdadeira. Por exemplo, resolver a equação x+3=5 é encontrar qual valor de x torna a expressão x+3 igual à expressão 5. Esta é uma equação muito simples, que pode ser resolvida de cabeça:

x+3=5

Até mesmo nos primeiros anos do ensino fundamental surgem problemas do tipo "qual é o número que somado com 3 dá como resultado 5?". No caso, este número é 2. Dizemos que resolver a equação é encontrar x=2. Note que se x for igual a 2, as expressões do primeiro membro e do segundo membro são realmente iguais.

Por outro lado, a maioria das equações são mais complicadas e não podem ser resolvidas "de cabeça". Por exemplo:

27 – 3x = 4x + 13

Devemos então usar algumas técnicas para sua solução:

a) Uma igualdade não se altera quando somamos o mesmo valor aos seus dois membros.
Por exemplo, na nossa equação, vamos somar 3x a ambos os membros, ficando com:

27 – 3x + **3x** = 4x + 13 + **3x**

O ALGEBRISTA

Nosso objetivo em somar 3x nos dois membros foi eliminar o termo –3x que estava no primeiro membro, ficando com a incógnita x somente no segundo membro. Já que $3x - 3x$ vale 0, ficamos então com.

$27 = 4x + 13 + 3x$

Comparando a primeira forma $(27 - 3x = 4x + 13)$ com a segunda $(27 = 4x + 13 + 3x)$, vemos que esta operação é equivalente a passar o "3x" para o outro membro, com o sinal trocado. Podemos fazer isso em qualquer equação, ou seja, trocar um termo de "lado" com o seu sinal trocado, de + para – ou de – para +. Lembre-se que os dois lados da equação, separados pelo sinal "=", são chamados de 1º membro e 2º membro.

b) Uma igualdade não se altera quando invertemos as posições do primeiro e do segundo membro. É óbvio que se A=B, então B=A. Podemos então escrever nossa equação como:

$4x + 13 + 3x = 27$

c) Uma igualdade não se altera quando subtraímos o mesmo valor dos dois membros. No nosso exemplo, vamos subtrair 13 dos dois membros, ficando com:

$4x + 13 + 3x - 13 = 27 - 13$

Como $13 - 13$ vale 0, e $27 - 13$ vale 14, a equação fica:

$4x + 3x = 14$

d) Esta não é uma propriedade das equações, e sim, de qualquer termo algébrico. Quando temos dois termos com a mesma parte literal, podemos somar seus coeficientes e manter a sua parte literal. No nosso caso, $4x + 3x$ vale 7x. Isso é na verdade a propriedade distributiva da multiplicação em relação à adição. Nossa equação ficará então:

$7x = 14$

e) Uma igualdade não se altera quando dividimos os dois membros pelo mesmo valor. No nosso exemplo, vamos dividir os dois membros por 7. Se dividirmos 7x por 7, ficaremos com x, e se dividirmos 14 por 7, ficaremos com 2.

Resposta: $x = 2$

Podemos então resumir essas propriedades no seguinte procedimento:

1) Devemos realizar as operações necessárias para que a incógnita x fique sozinha no primeiro membro. Quando conseguirmos isso, o valor do segundo membro será a solução da equação.

2) Um termo que está somado ou subtraído em um membro pode passar para o outro membro, trocando o seu sinal, ou seja, se estava somando, troca de termo subtraindo. Se estava subtraindo, passa para o outro lado somando.

Exemplo:
$x - 5 = 12$
$x = 12 + 5$ (o 5 estava subtraído, passou para o outro lado somando)

Capítulo 8 – Equações do 1º grau   311

Exemplo:
$3x + 5 = 17$
$3x = 17 - 5$ (o 5 estava somando no primeiro membro, passou para o outro lado subtraindo)

3) Quando um número está multiplicando um termo inteiro, podemos passar para o outro lado, porém dividindo o segundo termo inteiro.

Exemplo:
$8x = 48$
$x = 48/8 = 6$ (o 8 estava multiplicando o primeiro membro, passou para o outro lado dividindo)

4) Quando um número está dividindo o primeiro membro inteiro, podemos passá-lo para o outro lado multiplicando o segundo membro

Exemplo:
$x/5 = 14$
$x = 14 \times 5 = 70$

Vejamos a resolução de algumas equações simples usando essas propriedades:

Exemplo:
$7x - 9 = 54$
$7x = 54 + 9$ (o 9 estava subtraindo, passou para o outro lado somando)
$7x = 63$
$x = 63 / 7$ (o 7 estava multiplicando, passou para o outro lado dividindo)
$x = 9$

Exemplo:
$8x - 3 = 45$
$8x = 45 + 3$ (o 3 estava subtraindo, passou para o outro lado somando)
$8x = 48$
$x = 48 / 8$ (o 8 estava multiplicando, passou para o outro lado dividindo)
$x = 6$

Exemplo:
$3x + 5 = 47 - 4x$
$3x + 4x = 47 - 5$ (4x e 5 trocam de lado, o 4x vai somando e o 5 vai subtraindo)
$7x = 42$ (3x + 4x vale 7x)
$x = 42/7 = 6$ (o 7 estava multiplicando, passa para o outro lado dividindo)

Exemplo: diga o que está errado na resolução abaixo
(1) $3x+3 = 15$
(2) $x +3 = 15/3$
(3) $x+3 = 5$
(4) $x = 5 - 3 = 2$

O erro está na passagem (2). O coeficiente 3 não pode passar para o segundo membro dividindo, pois a expressão 3x não está sozinha no primeiro membro, ainda existe o 3 que está somado com ele. O correto é passar o 3 para o segundo membro, ficando com:
$3x = 15 - 3 = 12$

Agora sim o 3 que está multiplicado pelo x pode passar para o segundo membro dividindo. Ficamos com:

312 O ALGEBRISTA

x = 12 / 3 = 4

Exemplo:
A incógnita de uma equação não precisa ser necessariamente x. Qualquer outra letra pode ser usada.
2b – 5 = 4 – 3b
5b = 9
b = 9/5

Como vemos, a solução de uma equação não precisa ser um número inteiro. Muitas vezes o resultado é uma fração, ou um número real qualquer.

Exemplo:
$$\frac{x-3}{2} = \frac{4-x}{3} + 2$$

Esta é uma equação que envolve frações. A primeira coisa a fazer é reduzir todas elas ao mesmo denominador. Os denominadores são 2, 3 e 1 (2 é o mesmo que 2/1). O MMC entre os denominadores é 6. Devemos então multiplicar a primeira fração, numerador e denominador, por 3, a segunda por 2 e a terceira por 6. Ficamos com:

$$\frac{3(x-3)}{6} = \frac{2(4-x)}{6} + \frac{12}{6}$$

Agora vem uma novidade: podemos simplesmente eliminar todos os denominadores. Isso é o mesmo que multiplicar todos os temos da equação por 6. Isso é uma propriedade das igualdades: uma igualdade não se altera quando multiplicamos os dois membros pelo mesmo valor. É claro então que se A/6 = B/6, então A=B. Ficamos então com:

3(x – 3) = 2(4 – x) + 12

Atenção: a eliminação de denominadores só pode ser feita nas equações. Se estivermos simplesmente calculando o valor de uma expressão, os denominadores têm que ser mantidos.

3x – 9 = 8 – 2x + 12
5x = 8 + 12 + 9
5x = 29
x = 29/5

Exemplo:
1000x – 25000 = 4000x – 60000

Vemos que todos os termos da equação podem ser divididos por 1000. A equação não se altera quando multiplicamos, ou dividimos todos os seus termos pelo mesmo valor. Ficamos então com:

x – 25 = 4x – 60
60 – 25 = 4x – x
35 = 3x
x = 35/3

Capítulo 8 – Equações do 1º grau

Exemplo:

$0,01x + 1,3 = 0,02x - 0,9$

Para não ficar com decimais, podemos multiplicar a equação inteira por 100. Ficamos com:

$x + 130 = 2x - 90$
$130 + 90 = 2x - x$
$x = 220$

Exercícios

E2) Resolva as seguintes equações:

a) $2x + 5 = 47 - 4x$

f) $\dfrac{3-x}{5} + 1 = \dfrac{x-4}{2}$

b) $3.(4 - 2x) = 45 - 17x$

g) $5(x + x/2) = 15$

c) $4y + 18 = 72 - 2y$

h) $12 - x = (7/5).x$

d) $30 - 4a = 2(a - 3)$

i) $x = 4(5 - x)$

e) $2(x + 3) + 4(x - 2) = 5(x - 7) + 2(x + 3)$

j) $x + 2x + 4x = 70$

E3) Resolver as equações

a) $2x + 6 = 14$

b) $3x + 8 = 23$

c) $3x + 7 = 1$

d) $4x + 2 = 10$

e) $4x + 7 = 11$

f) $5x + 18 = 13$

g) $2x + 13 = 3$

h) $45 + 2x = 21$

i) $7 + 2x = 7$

j) $3x + 18 = 3$

k) $2 - 2x = 12 + 3x$

l) $5x + 9 = 3x + 17$

m) $4x - 18 = 12 - 6x$

n) $4(x + 3) = 2(12 - x)$

o) $2x + 5 + 3x + 7 = 4x - 15$

E4) Resolver as equações

a) $3x + 15 = 45$

b) $6x - 13 = -25$

c) $5 - 2x = 7 - 6x$

d) $5x - 18 = 4(x - 3)$

e) $4x + 3(5 - 2x) = 5(x + 2)$

f) $4(3x - 2) + 5(7 - 2x) = 15$

g) $2(x + 1) + 3(x - 2) = 8x + 7$

h) $3a + 2 - 4(a + 3) = 3(5 - 3a)$

i) $4(1 - m) = 3 - 4(2 - 2m)$

j) $y/2 + y/3 - y/5 = 1/30$

k) $2(1 - 4x) + 3(2x - 7) + 4(x - 5) = 10$

l) $(x + 3) + (2x + 6) + (3x + 9) = 36$

m) $2(4 - 2x) + 3(5 - 7x) = 6(8 - 6x)$

n) $(4m - 3) + 2(m + 5) + 3(m - 7) = -70$

o) $(z + 5).3 + (z + 8).4 = 6z + 13$

E5) Resolver as equações

a) $\dfrac{x}{2} + \dfrac{1-x}{4} = \dfrac{x+1}{4}$

b) $\dfrac{a}{3} + \dfrac{a}{6} = 3$

c) $\dfrac{x-2}{4} = x - 8$

d) $\dfrac{1}{5} + \dfrac{x}{3} + = \dfrac{11}{2}$

e) $\dfrac{x-1}{2} = \dfrac{19-x}{4}$

f) $\dfrac{x+1}{2} + \dfrac{x+1}{3} = 20$

g) $\dfrac{1}{2} + 2x = x - 1/2$

h) $\dfrac{x-2}{319} = 0$

i) $\dfrac{415(x-3)}{777} = 0$

j) $\dfrac{x-1}{419^2 + 420^2} = 0$

k) $\dfrac{x-1}{2} + \dfrac{x-2}{3} + \dfrac{x-3}{4} = \dfrac{4}{3}$

l) $\dfrac{3x+5}{3} + \dfrac{2x-8}{5} = \dfrac{64}{15}$

m) $\dfrac{17-x}{4} + x = 5$

n) $\dfrac{x}{3} + \dfrac{x}{2} = x - 4$

o) $\dfrac{3x+20}{5} = x + 6$

314 O ALGEBRISTA

E6) Resolver as equações

a) $x - \dfrac{x}{3} = 10$

f) $\dfrac{3x+5}{2} - \dfrac{2x-9}{3} = 8$

k) $\dfrac{x+3}{2} + \dfrac{x+4}{3} + \dfrac{x+5}{4} = 1$

b) $x - \dfrac{3x}{2} - \dfrac{1}{5} = -\dfrac{6}{5}$

g) $\dfrac{x+1}{3} - \dfrac{3(4-x)}{4} = 1$

l) $\dfrac{7x - \dfrac{1}{3}}{9x - \dfrac{3}{4}} = \dfrac{8}{5}$

c) $2x - 4 . \dfrac{x-2}{3} = -1$

h) $1 + \dfrac{x}{5} = 1 - \dfrac{x}{4}$

m) $\dfrac{\dfrac{x}{2} - (x-1)}{\dfrac{1}{2} - x} = \dfrac{2}{3}$

d) $\dfrac{2x - \dfrac{1}{3}}{3} = \dfrac{1}{5}$

i) $\dfrac{x}{4} - \dfrac{2x-1}{3} = \dfrac{x+1}{6}$

n) $1 + \dfrac{2x-5}{4} - \dfrac{3-x}{2} = 1 + x - \dfrac{11}{4}$

e) $x - 3 . \left(4 - \dfrac{3x}{2} \right) = -3$

j) $\dfrac{x+1}{2} - \dfrac{x-1}{4} = \dfrac{3}{4}$

o) $\dfrac{2x-4}{5} - \dfrac{37}{6} = \dfrac{20-x}{4} - \dfrac{x+\dfrac{1}{2}}{3}$

E7) Resolver as equações

a) $\dfrac{3x-16}{x} = \dfrac{5}{3}$

f) $\dfrac{7}{24} - \dfrac{\dfrac{13}{15}}{\dfrac{2x}{3} + \dfrac{4}{5}} = \dfrac{1}{4}$

b) $\dfrac{x}{2} + \dfrac{3x}{4} - \dfrac{5x}{6} = 15$

g) $\dfrac{3x-7}{4x+2} = \dfrac{3x-14}{4x-13}$

c) $\dfrac{x}{2} + \dfrac{x}{3} + \dfrac{x}{4} + \dfrac{x}{5} = x - 17$

h) $\dfrac{1}{2x-3} - \dfrac{3}{2x^2-3x} = \dfrac{5}{x}$

d) $\dfrac{10x+3}{3} - \dfrac{3x-1}{5} = x - 2$

i) $\dfrac{7x+16}{21} - \dfrac{x+8}{4x+10} = \dfrac{23}{70} + \dfrac{x}{3}$

e) $\dfrac{5x-7}{3} - \dfrac{2x+7}{3} = 3x - 14$

j) $\dfrac{5}{6}\left(x - \dfrac{1}{3} \right) + \dfrac{7}{6}\left(\dfrac{x}{5} - \dfrac{1}{7} \right) = 4\dfrac{8}{9}$

Discussão de uma equação do primeiro grau

Algumas equações do primeiro grau podem ser impossíveis, ou seja, nenhum valor de x a satisfaz. Dizemos que seu conjunto solução é vazio, ou seja, S = { }.

Por exemplo:

0x = 5

Qualquer valor de x a ser substituído na expressão, resultará em zero no primeiro membro, ficando então com

0 = 5

Mas zero não pode ser igual a 5, portanto este é um resultado impossível.

Capítulo 8 – Equações do 1º grau

Uma equação impossível pode parecer inicialmente com uma equação normal, mas realizando os cálculos, "o x desaparece", ficando com apenas um número não nulo, que obviamente não pode ser igual a zero, o que torna a equação impossível.

Exemplo: $5x - 3 = 8 + 5x$
Isolando o x no primeiro membro, ficamos com:

$5x - 3 = 8 + 5x$
$5x - 5x = 8 + 3$
$0x = 11$ ➔ impossível

Existe também o extremo oposto, que é a equação indeterminada. Enquanto na equação impossível nenhum valor de x satisfaz, na equação indeterminada qualquer valor satisfaz. Por exemplo:

$2(x + 3) = 2x + 6$

Obviamente $2x + 6$ é o dobro de $x + 3$, para qualquer x. De fato, ao resolvermos a equação, ficamos com:

$2(x + 3) = 2x + 6$
$2x + 6 = 2x + 6$
$2x - 2x = 6 - 6$
$0x = 0$, ou seja, $0=0$

De fato $0=0$ é uma afirmação sempre verdadeira, não importa qual seja o valor de x. Sendo assim, o conjunto-solução é o próprio conjunto dos números reais:

$S = R$

Dizemos que esta é uma *equação indeterminada*, ou seja, o valor de x não pode ser determinado.

De um modo geral, ao resolvermos uma equação do primeiro grau, chegamos a uma expressão do tipo:

$ax = b$, onde a e b são números.

A equação poderá recair em três situações:

$a{\neq}0$: determinada, a solução é $x=b/a$
$a=0$ e $b{\neq}0$: equação impossível, ou seja, $S=\{\}$ (conjunto vazio)
$a=0$ e $b=0$: equação indeterminada, ou seja, $S=R$

Basta lembrar dos exemplos:

$2x = 6$: determinada, $x = 6/2 = 3$
$0x = 6$: impossível
$0x = 0$: indeterminada

As equações do primeiro grau são muito fáceis, a sua resolução não é mais pedida em concursos mais difíceis, porém questões que envolvem sua discussão são quase sempre

O ALGEBRISTA

pedidas. Isto significa que saber resolver a equação é obrigatório. Sem saber resolver, o aluno também não saberá discuti-la.

Exemplo:
Calcule o valor do parâmetro k para que a equação em x

$$kx - x + 1 = 0$$

seja impossível.

Observe que a expressão possui duas variáveis algébricas, k e x. Quando se diz que uma delas é um parâmetro, significa que deve funcionar como um valor fixo, apesar de desconhecido. A outra variável, no caso x, é a incógnita da equação. Obviamente o valor de x dependerá de k. Eventualmente para um determinado valor de k a equação em x poderá ser impossível. Portanto deveremos considerar x como incógnita e k como um número. Para encontrar o valor exato de x, será preciso inicialmente ser informado o valor de k. Uma vez informado k, x poderá ser calculado.

Calculemos portanto o valor de x, considerando k como um número dado.

$$kx - x + 1 = 0$$
$$x(k - 1) = -1$$

Lembrando que uma equação do primeiro grau, na forma $ax = b$, para que seja impossível deve satisfazer:

$$a = 0$$
$$b \neq 0$$

No nosso caso temos

$$a = k - 1$$
$$b = -1$$

A segunda condição é satisfeita sempre, basta que o valor de b seja diferente de zero, e -1 é diferente de zero. Resta então satisfazer a primeira condição, ou seja, o coeficiente de x deve ser zero:

$$k - 1 = 0$$
$$k = 1$$

Então, k deve ser igual a 1 para que a equação seja impossível. De fato, se fizermos $k = 1$ a equação ficará:

$$1.x - x + 1 = 0$$
$$x - x = -1$$
$$0x = -1$$

Com $k = 1$, a equação reduz-se a $0 = 1$, o que obviamente é impossível.

Resposta: $k = 1$

Capítulo 8 – Equações do 1º grau

x=0 é solução determinada

Na equação ax = b apresentamos as situações quer nos levam a uma solução indeterminada e a uma solução impossível:

ax = b

Indeterminada: a = 0 e b = 0
Impossível a = 0 e b ≠ 0

Note que a solução possível exige apenas a≠0. Uma vez que **a** seja diferente de zero, **b** pode ter qualquer valor, seja ele zero ou não:

Exemplo:
5x = 0

Nesse caso, o valor de x é perfeitamente determinado: x = 0 / 5 = 0
A solução x=0/5 é tão determinada quanto x = 3/5. O que importa é que **a**, o coeficiente de x, seja diferente de zero.

Exemplo:
Determine os valores de m de tal forma que a equação abaixo tenha solução:
2mx + 7 = 4x

A solução de uma equação do primeiro grau **ax = b** pode recair em três situações:

a) Possível e determinada (uma solução), ocorre quando a≠0
b) Possível e indeterminada (infinitas soluções), ocorre quando a=0 e b=0
c) Impossível (nenhuma solução), ocorre quando a=0 e b≠0.

Sendo assim, a condição dada pelo problema, de que a equação tenha solução, é atendida pelos casos (a) e (b), ou seja, a equação pode ser determinada ou indeterminada. O único caso que não atende ao que o problema pede é o da solução impossível.

A equação do exemplo reduz-se a:
2mx + 7 = 4x
2mx – 4x = 7
x(2m – 4) = 7

Note que a opção da equação indeterminada (infinitas soluções) não ocorre, já que b vale 7. Resta-nos como única solução para o que o problema pede, é ter uma equação determinada, ou seja, a≠0. Portanto 2m – 4 não pode ser zero, ou seja, m não pode ser igual a 2.

Resposta: m≠2.

Exemplo:
Determine os valores de **a** e **b** de tal forma que x=1,072 e x=1,024 sejam raízes da equação
ax + 4 = b + 3x

A equação em x é do primeiro grau. Uma equação do primeiro grau pode ter 3 tipos de solução:

a) nenhuma solução = quando a equação é **_impossível_**

318 O ALGEBRISTA

b) uma solução = quando a equação é *determinada*
c) infinitas soluções = quando a equação é *indeterminada*

Se o problema cita duas soluções, então a equação só pode ter infinitas soluções (opção (c) acima). Basta então calcular **a** e **b** de tal forma que a equação seja indeterminada.

$$ax + 4 = b + 3x$$
$$ax - 3x = b - 4$$
$$x(a - 3) = b - 4$$

Para que a equação seja indeterminada basta que o coeficiente de x e o termo independente de x sejam iguais a zero:

$$a - 3 = 0 \rightarrow a = 3$$
$$b - 4 = 0 \rightarrow b = 4$$

Resposta: a=3 e b=4.

Exercícios

E8) Indique se cada uma das equações abaixo é determinada, indeterminada ou impossível. No caso de determinada, apresente a solução.

a) $3x + 18 = 2x + 2 + x + 9$
b) $3x + 12 - x - 4 = 2x + 8$
c) $4x + 18 = 2.(2x + 12)$
d) $4x - 18 = 12 - 2x$
e) $5x + 3 = 5(x - 1) + 8$

f) $0.(x + 3) = 0.(x + 5)$
g) $1.(x + 3) = 1.(x + 5)$
h) $x/2 + x/3 + x/5 - x/30 = x$
i) $2(x + 1) + 3(x - 2) = 6x - 4$
j) $3(x + 5) = 3x + 15$

k) $(x + 3) + (2x + 6) + (3x + 9) = 72$
l) $4(x + 3) = 4x + 12 + 1$
m) $4(1 - m) = 12 - 4(2 - 2m)$
n) $2k + 3 + 2(k - 1) = 4k + 1$
o) $6(y + 2) - 4 = 6y + 8$

E9) Qual deve ser a relação entre a e b de tal forma que a equação em x

$$3x + 2a - \frac{2x + b}{3} = a + 20 \quad \text{admita a raiz } x = 2 \text{ ?}$$

E10) Quantas raízes tem a equação em x $(a^2 - 1)x = a + 1$, quando a = –1 ?

E11) Quantas raízes tem a equação em x $(m - 1)x = m^2 + 1$ quando m = 1?

E12) Determine *a* de tal forma que a equação $(a - 1)x = b$ seja determinada.

E13) Calcule o valor de k que torne impossível a equação em y:
$$k^2y - k^2 = 2k + ky$$

E14) Determine o valor de *a* de tal forma que x=5 seja solução da equação
$$ax + 3 = 12$$

E15) Determine m de tal forma que x = 2 seja solução da equação em x:
$$mx + 5 = 7 - 2x$$

E16) Dada a equação em x $k^2x = k + 1 + x$, qual é o valor do parâmetro k que a torna impossível?

E17) Qual condição para que a equação em x abaixo seja determinada?
$$(x - b)^2 - (x - a)^2 = a^2 - b^2$$

Capítulo 8 – Equações do 1º grau

E18) Resolver a equação
$$\frac{x-1}{4} - \frac{1}{8}\left(\frac{x-5}{4} - \frac{14-2x}{5}\right) = \frac{x-9}{2} - \frac{7}{8}$$

Equações equivalentes

Certos problemas podem solicitar para que seja calculada uma condição de modo que duas equações sejam *equivalentes*. O problema não apresenta dificuldade, apenas é uma questão de nomenclatura, mas de fato quem não conhece a nomenclatura não consegue resolver o problema.

Dizemos que duas equações são *equivalentes* quando suas soluções são idênticas.

Exemplo: São equivalentes as duas equações:

x + 5 = 8, e
2x – 4 = 2

Já que ambas têm como única solução, x = 3.

É claro que não basta encontrar uma solução comum, é preciso que tais soluções sejam em mesmo número. Por exemplo, as equações $2x = 6$ e $(x – 1)(x – 3) = 0$ não são equivalentes, pois apesar de terem uma solução comum $(x = 3)$, a segunda equação tem também a solução x = 1, que não é solução da primeira.

Inequação

Uma inequação é uma sentença matemática, na qual os dois membros não estão relacionados por uma igualdade, mas sim, por uma *desigualdade*. Exemplos:

x + 5 ≠ 3
4x + 3 > 18
2x + 2 < 15 – 3x
$x^2 \geq 4x + 7$
x – a ≤ 4(x + b)

Este livro traz capítulos dedicados às inequações (capítulos 12 e 17), mas por hora, precisamos utilizar o tipo mais simples de inequação, que é aquele que tem o sinal de diferente (≠).

Exemplo:
Determine os valores de m de tal forma que a equação em x tenha uma única solução:
4mx = 6 – 8x

Inicialmente devemos reduzir a equação à forma **ax = b**:
4mx = 6 – 8x
4mx + 8x = 6
(4m + 8)x = 6

Para que a equação tenha uma única solução (possível e determinada) basta que tenhamos a≠0, ou seja,

4m + 8 ≠ 0

320 — O ALGEBRISTA

Trata-se de uma inequação em m. Para resolver este tipo de inequação, com sinal de diferente ($\neq$), operamos exatamente como na resolução de uma equação, porém mantendo o sinal "$\neq$" ao invés de "=".

$4m + 8 \neq 0$

$4m \neq -8$

$m \neq -8/4$

$m \neq -2$

Para que a equação seja determinada é necessário que m $\neq -2$

Resposta: m $\neq -2$

Exercícios

E19) Resolva as seguintes inequações

a) $4x + 2 \neq 10$

b) $5x + 18 \neq 13$

c) $5x + 9 \neq 3x + 17$

d) $4(x + 3) \neq 2(12 - x)$

e) $4(1 - m) \neq 3 - 4(2 - 2m)$

f) Determine p e q para que a equação abaixo seja possível
$(5p - 1)x + q - 3 = 0$

g) Determine m e p para que a equação seja possível
$4y(3m - 1) - 10m = 5p$

h) Determine c para que a equação em x tenha uma única solução
$(2c + 5)^2 y = (2c + 5)(2c - 5)$

i) Resolver a inequação
$(3x + 1)/2 \neq (2x - 1)/(3 - 1)$

j) Resolver a inequação
$$1 + \frac{x}{5} \neq 1 - \frac{x}{4}$$

Equação fracionária

Equações fracionárias são aquelas que possuem incógnita no denominador. Ao resolver essas equações é preciso aplicar uma restrição: os denominadores precisam ser diferentes de zero. Isto recai em inequações, e devem ser eliminadas da solução, aquelas raízes que anulariam os denominadores. Isto se chama "excluir as restrições".

Outra providência é usar a "eliminação de denominadores", que consiste em reduzir todas as frações ao mesmo denominador, e a seguir trocar todos os denominadores por 1, ou seja, eliminar os denominadores.

Exemplo:
Resolva a equação

$$\frac{x-2}{x-1} + \frac{1}{x-2} = \frac{3}{2}$$

Note que existem incógnitas no denominador, portanto trata-se de uma equação fracionária.

Inicialmente verificamos as restrições aos denominadores, ou seja, os denominadores têm que ser diferentes de zero:

$x - 1 \neq 0$ ➔ $x \neq 1$

$x - 2 \neq 0$ ➔ $x \neq 2$

Capítulo 8 – Equações do 1º grau

Portanto, x ≠ 1 e x ≠ 2. Isto significa que depois de encontrada a solução, teremos que eliminar soluções que eventualmente recaiam nesta restrição.

Equações fracionárias nem sempre recaem em equações do primeiro grau, podem recair em equações mais complicadas.

O próximo passo é reduzir todas as frações ao mesmo denominador. Isto equivale a operar com frações algébricas. Temos que determinar o MMC entre os denominadores para reduzir todas as frações a este denominador comum:

Denominadores: $(x - 1)$, $(x - 2)$ e 2

MMC = $2(x - 1)(x - 2)$

Sendo assim, os denominadores deverão ser multiplicados, respectivamente, por $2(x - 2)$, $2(x - 1)$ e $(x - 1)(x - 2)$:

$$\frac{x-2}{x-1\big/2(x-2)} + \frac{1}{x-2\big/2(x-1)} = \frac{3}{2\big/(x-1)(x-2)}$$

Agora todas as frações estarão com o mesmo denominador, e os numeradores estão recalculados, já que foram multiplicados pelos valores que completavam os denominadores iguais:

$$\frac{2(x-2)(x-2)}{2(x-1)(x-2)} + \frac{2(x-1)}{2(x-1)(x-2)} = \frac{3(x-1)(x-2)}{2(x-1)(x-2)}$$

Agora será feita uma operação que só pode ser realizada em equações ou inequações que usam o sinal "≠": a eliminação de denominadores. O conceito básico envolvido é que:

se $\dfrac{x}{a} = \dfrac{y}{a}$, então x = y, ou seja, o denominador pode ser eliminado.

No caso ficaremos com:

$$2(x-2)(x-2) + 2(x-1) = 3(x-1)(x-2)$$

Uma vez que os denominadores foram eliminados, fica mais fácil prosseguir com a resolução da equação. Desenvolvendo os produtos, teremos:

$$2\left(x^2 - 4x + 4\right) + 2(x-1) = 3\left(x^2 - 3x + 2\right)$$
$$2x^2 - 8x + 8 + 2x - 2 = 3x^2 - 9x + 6$$

$$-x^2 + 3x = 0$$

Observe que esta não é uma equação do primeiro grau, entretanto podemos resolvê-la através de fatoração. Fatorando a equação (que na verdade é do segundo grau), temos:

$$x(-x + 3) = 0$$

322   O ALGEBRISTA

Para que um produto de dois fatores seja igual a zero, basta que um dos fatores seja zero, ou seja:

x = 0 ou
–x + 3 = 0

Então a solução é x=0 ou x=–3.

Temos que a seguir aplicar a restrição, ou seja, eliminar os valores que anulam os denominadores. Verificamos previamente que esta restrição resulta em x≠1 e x≠2, portanto permanecem válidas as soluções x=0 e x=–3.

Resposta: S = {0, –3}

Observe que uma equação fracionária pode recair em alguns casos, em uma equação que não seja do primeiro grau, como ocorreu nesse caso.

Exemplo:
$$\frac{a+b}{x} + \frac{a-b}{x} + \frac{2a}{a-b} = \frac{4a}{x}$$

O fato de existirem denominadores não é suficiente para caracterizar uma equação fracionária. Equações fracionárias são aquelas que possuem incógnita no denominador. Convenciona-se usar x, y ou z, caso não seja indicada qual letra é a incógnita. Neste exemplo temos a letra x no denominador, portanto trata-se de uma equação fracionária. A restrição no caso é x≠0. Observe ainda que temos um temo (a – b) no denominador. Devemos então prestar atenção em qualquer passagem que resulte em a=b. Tal passagem ou resultado não será válido, pois anularia este denominador.

Antes de reduzir as frações ao mesmo denominador, observamos que é possível antes fazer uma simplificação. As duas primeiras frações somadas (podem ser diretamente somadas pois possuem o mesmo denominador, x) resultam em 2a/x, já que **b** será cancelado. A expressão fica reduzida a:

$$\frac{2a}{x} + \frac{2a}{a-b} = \frac{4a}{x}$$

Considerando que o parâmetro **a** seja diferente de zero, podemos dividir a expressão toda por **2a**, ficando com:

$$\frac{1}{x} + \frac{1}{a-b} = \frac{2}{x}$$

Agora com a expressão mais simples, vamos reduzir as frações ao mesmo denominador. O MMC é x(a – b):

$$\frac{1}{x\big/(a-b)} + \frac{1}{a-b\big/x} = \frac{2}{x\big/a-b}$$

Capítulo 8 – Equações do 1º grau

$$\frac{a-b}{x(a-b)} + \frac{x}{x(a-b)} = \frac{2(a-b)}{x(a-b)}$$

Eliminando os denominadores:

$$a-b+x=2(a-b)$$

$$x = a - b$$

Deve ser usada a restrição x≠0, ou seja, devemos ter a≠b.

Exercícios

E20) Resolva as equações

a) $\dfrac{5}{x} + \dfrac{2}{x} = \dfrac{1}{3}$

b) $\dfrac{x-1}{x-4} = \dfrac{x-4}{x-6}$

c) $\dfrac{1}{x-1} - \dfrac{2}{x-2} = \dfrac{1}{3-x}$

d) $\dfrac{3x+5}{x^2-1} = \dfrac{2}{x-1} - \dfrac{1}{x+1}$

e) $\dfrac{\dfrac{x}{2} - (x-1)}{\dfrac{1}{2} - x} = \dfrac{2}{3}$

f) $\dfrac{1-x}{1+x} + \dfrac{1+x}{x-1} + \dfrac{1}{1-x^2} = 0$

g) $\dfrac{2x}{x-1} - \dfrac{5-x^2}{x^2-1} = \dfrac{3x}{x+1}$

h) $\dfrac{a}{b}\left(1-\dfrac{a}{x}\right) + \dfrac{b}{a}\left(1-\dfrac{b}{x}\right) = 1$

i) $\dfrac{1}{2} + \dfrac{x}{4-2x} + \dfrac{2}{x^2-2x} = 0$

j) $\dfrac{2x-1}{x-3} - \dfrac{x+1}{x+3} = 1$

Equação modular

Sabemos que o módulo de um número real nada mais é que este número sem o seu sinal. Por exemplo, $|-5| = 5$, e $|3| = 3$, $|0| = 0$. Do ponto de vista algébrico, pode ser um pouco mais complicado, pois podemos ter que decidir como tratar um módulo, sem saber se o número no seu interior é positivo ou negativo.

Exemplo: Resolver
$|x - 5| = 3$

Se o módulo de uma expressão vale 3, então essa expressão pode ser 3 ou pode ser –3. Temos então que abrir em dois casos:

Caso A)
x – 5 = 3
x = 3 + 5
x = 8.

A outra solução é quando a expressão no interior do módulo vale –3:

324   O ALGEBRISTA

Caso B)

$x - 5 = -3$

$x = 5 - 3$

$x = 2$

A rigor, uma equação com módulo não é uma equação do primeiro grau, já que precisa deste tratamento especial, de abrir em dois casos. Entretanto, uma vez tratado o módulo, a equação modular pode recair em uma ou mais equações do 1° grau. A rigor também, as equações com módulo são matéria do ensino médio, mas aparecerão algumas ao longo deste livro.

Exercícios de revisão

E21) Resolver as equações

a) $4x + 6 = x + 9$

b) $3x + 4 = x + 10$

c) $3x = 2x + 5$

d) $3x = x + 8$

e) $3x + 10 = x + 20$

f) $8x + 7 = 4x + 27$

g) $3(x - 2) = 2(x - 3)$

h) $7x - 19 = 5x + 7$

i) $5(x - 2) = 3x + 4$

j) $3(x - 2) = 2(x - 1)$

k) $2x + 3 = 16 - (2x - 3)$

l) $3(x - 2) = 50 - (2x - 9)$

m) $2x - 22 = 108 - 2x$

n) $7x - 70 = 5x - 20$

o) $19x - 3 = 2(x + 7)$

E22) Resolver as equações

a) $8x - (x + 2) = 47$

b) $4(1 + x) + 3(2 + x) = 17$

c) $33x - 70 = 3x + 20$

d) $2(3x - 25) = 10$

e) $2(x + 5) + 5(x - 4) = 32$

f) $(x^2 - 9) - (x^2 - 16) + x = 10$

g) $x^2 - 2x - 3 = x^2 - 3x + 1$

h) $4 - 5x - (1 - 8x) = 63 - x$

i) $5(2 - x) + 7x - 12 = x + 3$

j) $2x - (3 + 4x - 3x + 5) = 4$

k) $3x - (x + 10) - (x - 3) = 14 - x$

l) $3(x - 2) + 2(x - 3) + x - 4 = 3x + 5$

m) $x + 1 + x + 2 + x + 4 = 3x + 5$

n) $(2x - 5) - (x - 4) + (x - 3) = x - 4$

o) $x^2 + 8x - (x^2 - x - 2) = 5(x + 3) + 3$

E23) Resolver as equações

a) $x^2 + x - 2 + x^2 + 2x - 3 = 2x^2 - 7x - 1$

b) $10x - (x - 5) = 2x + 47$

c) $7x - 5 - (6 - 8x) + 2 = 3x - 7 + 106$

d) $6x + 3 - (3x + 2) = (2x - 1) + 9$

e) $3(x + 10) + 4(x + 20) + 5x - 170 = 15 - 3x$

f) $20 - x + 4(x - 1) - (x - 2) = 30$

g) $5x + 3 - (2x - 2) + (1 - x) = 6.(9 - x)$

h) $(2x - a) + (x - 2a) = 3a$

i) $(x + a + b) + (x + a - b) = 2b$

j) $(x + 1) + (x + 2) + (x + 3) + (x + 4) = 50$

E24) Resolver as equações

a) $\dfrac{1}{x+7} = \dfrac{2}{x+1} - \dfrac{1}{x+3}$

f) $\dfrac{60-x}{14} - \dfrac{3x-5}{7} = \dfrac{3x}{4}$

k) $\dfrac{2x+1}{4} - \dfrac{4x-1}{10} + \dfrac{3}{4} = 0$

b) $\dfrac{4x}{x+1} - \dfrac{x}{x-2} = 3$

g) $\dfrac{x-1}{8} - \dfrac{x+1}{18} = 1$

l) $\dfrac{3x-4}{2} - \dfrac{3x-1}{16} = \dfrac{6x-5}{8}$

c) $\dfrac{3x-1}{11} - \dfrac{2-x}{10} = \dfrac{6}{5}$

h) $\dfrac{3x-116}{4} + \dfrac{180-5x}{6} = 0$

m) $\dfrac{6x-19}{2} = \dfrac{2x-11}{3}$

d) $\dfrac{4}{x^2-1} + \dfrac{1}{x-1} = \dfrac{1}{x+1}$

i) $\dfrac{1}{x+4} + \dfrac{2}{x+6} - \dfrac{3}{x+5} = 0$

n) $\dfrac{(2x-1)(2-x)}{2} + x^2 = \dfrac{1+3x}{2}$

e) $\dfrac{2}{3}(x+1) - \dfrac{1}{7}(x+5) = 1$

j) $\dfrac{5x+3}{x-1} + \dfrac{2x-3}{2x-1} = 6$

o) $\dfrac{x-1}{5} - \dfrac{43-5x}{6} - \dfrac{3x-1}{8} = 0$

E25) Resolver as equações

a) $27 + 3x = 9x - 27$

b) $9x + 15 - 3x = 100 - 12x - 31$

f) $3x + 45 - 17x + 8 = 7x - 13 - 54x$

g) $28x - 21 + 42 - 28x = 22 - 4x$

Capítulo 8 – Equações do 1º grau

c) 13x – 54 + 12x – 36 + 7x = 18x + 50

d) 15x + 18 – 8x – 9 + 7x – 23 = 0

e) 21x – 42 + 5x – 15 = 11 – 68 + 4x

h) 3(x – 7) = 2(x + 1) – 16

i) 8(x – 13) – 19 = 2(x + 3) – 93

j) 18(x – 7) – 14 = 5(3x + 8) + 12x + 5

E26) Resolver as equações

a) 13x – 8(2x – 1) + 7 = 17x + 5(2 – x) – 14x – 4

b) 12x + 5(3x – 2) + 13 = 8x – 6(3 – 2x) + 11x + 1

c) 3m – 5(m + 1)= 2(7 – m) + 5m – 4(m + 6) – 17

d) 2p + 5 – 4(1 – p) = 8(p + 10) – 64

e) 137 – 8(18 – 7x/9) = 5(x + 3)

f) 3x – 2x/3 = 6x – 22

g) x/2 – x/7 + x/5 = 78

h) 13x – 8x/9 + 7x/2 = 15x + 22

i) (x + 5)(x + 3) = (x – 1)(x + 12)

j) x – 2x/3 – 8 + 4x/5 = 3 + 17x/15

OBS.: (e): Muitas vezes a redução para o mesmo denominador resulta em muitos cálculos. Nada impede que mudemos a ordem de execução das operações, visando reduzir os cálculos, desde que sejam obedecidas as propriedades matemáticas. Na questão (e), o caminho com menos cálculos consiste em manter a fração 7x/9, que se transforma em 56x/9, sem alterar os denominadores, e fazer todos os cálculos com os termos inteiros, para só no final tratar a questão do denominador.

E27) Resolver as equações

a) $(a - x)(b + x) = a^2 - x^2$

f) $\dfrac{\dfrac{x+b}{x-b}}{1 - \dfrac{x-2b}{x-b}} = \dfrac{3x - 5b}{b}$

b) $(x - a)^2 - (x - b)^2 = 2ab - 2b^2$

g) $(x - a)(x - b) - b(a - b) = x^2 + \dfrac{ab^2}{a+b}$

c) $\dfrac{ax}{b} - \dfrac{bx}{a} = \dfrac{1}{b} - \dfrac{1}{a}$

h) $\dfrac{a}{b}\left(1 - \dfrac{a}{x}\right) + \dfrac{b}{a}\left(1 - \dfrac{b}{x}\right) = 1$

d) $\dfrac{x+a}{b} - \dfrac{x-b}{a} = \dfrac{2b}{a}$

i) $\dfrac{x}{b} = \dfrac{h-x}{h}$

e) $\dfrac{ax+b}{b} - \dfrac{bx-a}{a} = \dfrac{a}{b} + \dfrac{b}{a}$

j) $a^2 - \dfrac{a^3 - b^3}{a-b} = -\dfrac{ab(a+b)}{x}$

E28) Resolver a equação

$$\dfrac{5}{x} - \dfrac{4}{x+2} = \dfrac{1}{5} + \dfrac{1}{5x}$$

E29) Resolver a equação em b

$$\dfrac{1}{a} + \dfrac{1}{b} = \dfrac{1}{c}$$

E30) Calcule **b**

$$A = \dfrac{1}{2}bh - 1$$

(A) $\dfrac{h+1}{2A}$ (B) $\dfrac{A+1}{2h}$ (C) $\dfrac{2h}{A+1}$ (D) $\dfrac{2A+2}{h}$ (E) $\dfrac{h}{2A}$

E31) Resolva a equação

$$\frac{5}{2x-3}=\frac{3}{x+5}$$

(A) x=16   (B) x=33/2   (C) x=61/3   (D) x=34   (E) Impossível

E32) Calcule a em $\dfrac{a+3b}{3c-a}-\dfrac{27bc}{9c^2-a^2}=\dfrac{a-3b}{3c+a}$, sendo a, b e c positivos.

(A) $\dfrac{3bc}{2b+2c}$ (B) $\sqrt{\dfrac{bc}{b+c}}$ (C) 0 (D) $\dfrac{bc}{b+c}$ (E) bc

E33) Seja $\dfrac{-3x+a}{-4x+1}=1$. Encontre o valor de a que torna a equação indefinida.

(A) –1/4   (B) –5/4   (C) –1   (D) 3/4   (E) –1/4

E34) Dado que $A=b\dfrac{d}{c}+e$, resolva para d.

(A) $d=cA-be$ (B) $d=cA-ce-b$ (C) $d=\dfrac{cA-ce}{b}$

(D) $d=\dfrac{cA-e}{b}$ (E) $d=bcA-bce$

E35) Calcule x em $9^{2-x}=27^{x+2}$.

E36) Calcule x: $\dfrac{18}{x-2}=\dfrac{12}{x+2}$

(A) 2   (B) –2   (C) –10   (D) 10

E37) Calcule x: $\dfrac{x+1}{x^2-4}+\dfrac{x-1}{x^2+x-2}=\dfrac{3}{x+2}$

(A) 1   (B) Impossível   (C) 5 ou 1   (D) 5

E38) Calcule r na equação $A=y\left(\dfrac{1}{r}-\dfrac{mnB}{y}\right)$

(A) $\dfrac{y}{A-mnB}$ (B) $\dfrac{A+mnB}{y}$ (C) $\dfrac{1}{y(A+mnB)}$ (D) $\dfrac{y}{A+mnB}$ (E) $\dfrac{1}{Ay+mnB}$

E39) Calcule x em $3[\,-3x+4-7(x+1)]=2x+5$

(A) x=9/16   (B) x=–7/16   (C) x=–14/4   (D) x=–9/16   (E) x=–38/3

Capítulo 8 – Equações do 1º grau

E40) Resolva a equação $-2x + 3(-2x - 6) = -7 - 9x$

(A) 35/17   (B) –1   (C) 11   (D) –35   (E) 2

E41) Resolver a equação $4x - 2(1 + x) = 3(2x + 1) - 5$

(A) –2   (B) 0   (C) 1   (D) 2   (E) 4

E42) Resolva a equação em x: $x - 3\left(2 - \dfrac{4}{5}x\right) = \dfrac{1}{2}x$

(A) x = 60/29   (B) x = –60/19   (C) x = –12/7   (D) x = –6/29   (E) Sem solução

E43) Calcule x em: $a = \dfrac{x-1}{2x+3}$

(A) $x = 1 + 3a + 2ax$ (B) $x = \dfrac{1+3a}{1-2a}$ (C) $x = \dfrac{1+3a}{2a-1}$

(D) $x = \dfrac{1+3a}{2ax}$ (E) $x = \dfrac{-1-3a}{1-2a}$

E44) Suponha que x e y são números reais positivos e que:

xy = 1/9
x(y+1) = 7/9
y(x + 1) 5/18

Qual é o valor de (x+1)(y+1)?

E45) Resolver

$$\dfrac{x}{4} - \dfrac{2x-1}{3} = \dfrac{x+1}{6}$$

E46) Resolver $\dfrac{x+3}{2} + \dfrac{x+4}{3} + \dfrac{x+5}{4} = 16$

E47) Resolver $\dfrac{4}{x+3} - \dfrac{2}{x+1} = \dfrac{5}{2x+6} - \dfrac{2\frac{1}{2}}{2x+2}$

E48) Resolver $\dfrac{7x - \dfrac{1}{3}}{9x - \dfrac{3}{4}} = \dfrac{8}{5}$

E49) Resolver $\dfrac{\dfrac{x}{2} - (x-1)}{\dfrac{1}{2} - x} = \dfrac{2}{3}$

E50) Qual o valor de a que torna impossível a equação:
$a^2y - a^2 = 2a + 2ay$?

O ALGEBRISTA

E51) Para que as equações $(m - 2)x - (m - 1) = 0$ e $2x - 4 = 0$ sejam equivalentes devemos ter:
(A) m = 2   (B) m = 3   (C) m = 4   (D) m = 5   (E) m = 3/2

E52) Escrevendo-se o algarismo 5 à direita de um certo número, ele fica aumentado de 248 unidades. Qual é este número?

E53) Qual equação abaixo é equivalente a $4(2 - 5x) = 6x + 3(1 + x)$?
(A) 29x = 5   (B) 8x = 17   (C) 7x = 5   (D) 14x = 17   (E) 23x = 5

E54) Quantas soluções tem a equação $|5 + 3x| + 2 = 1$?

E55) Resolver $|8x + 4| + 3 = 11$
(A) $\{-3, 1\}$ (B) $\{-1/2, 3/2\}$ (C) $\{-3/2, 1/2\}$ (D) $\{1/2\}$ (E) Sem solução

E56) Resolver $\dfrac{x}{x-1} = 3 + \dfrac{1}{x-1}$
(A) 2   (B) −1   (C) 1   (D) −2   (E) NRA

E57) Resolver a equação $\dfrac{2}{x-1} + \dfrac{1}{x+1} = \dfrac{-2}{x^2-1}$

E58) Resolver a equação $\dfrac{x+1}{6} - \dfrac{x-2}{5} + \dfrac{x+3}{10} = 4$
(A) x=17   (B) x=63   (C) x=28   (D) x=52   (E) x=47

E59) Resolver para x a equação $a^2 x + 4 = b^2 - 4x$

E60) Resolver $\dfrac{2}{x-3} - \dfrac{3}{x+3} = \dfrac{12}{x^2-9}$

E61) Calcule a sabendo que $\dfrac{1}{1-x^2} = \dfrac{a}{1-x} + \dfrac{a}{1+x}$

E62) Resolver $\dfrac{2}{x-2} = \dfrac{3}{x+2} + \dfrac{x}{x^2-4}$

E63) Resolver $\dfrac{3}{x-7} - \dfrac{2}{x+7} = \dfrac{x+35}{x^2-49}$

E64) Resolver $\dfrac{8}{x^2-4} - \dfrac{1}{x-2} = \dfrac{3}{x+2}$

E65) Resolver $-\dfrac{3}{x+3} = \dfrac{7}{x^2-9} + \dfrac{5}{3-x}$

E66) Resolver $\dfrac{2x}{x+3} = \dfrac{4x-1}{2x-3}$

Capítulo 8 – Equações do 1º grau

E67) Resolver $\dfrac{2x}{4x-3} = \dfrac{x+2}{2x+3}$

E68) Resolver $\dfrac{3}{x-3} - \dfrac{1}{x+3} = \dfrac{18}{x^2-9}$

E69) Resolver $\dfrac{1}{x+2} + \dfrac{2}{x-3} = \dfrac{3}{x^2-x-6}$

E70) Resolver $\dfrac{2x}{2x+3} = \dfrac{4x^2+1}{4x^2+4x-3}$

E71) Encontre x em $3^x + 3^{x-1} = 36$

E72) Se a=2 e b=3, então o número c, tal que 1/c = 1/a + 1/b é:

(A) 2/3   (B) 4/3   (C) 3/4   (D) 5/6   (E) 6/5

E73) Se $(2 + 3)^2 - x = 12$, então x vale:

(A) –2   (B) –1   (C) 1   (D) 9   (E) 13

E74) Ache sete números inteiros consecutivos tais que a soma dos primeiros quatro seja igual à soma dos últimos três.

E75) O valor de x que é solução da equação (x/3) – 1/4 = 2(x – 1) pertence ao intervalo:

(A) $0 < x \le 1$ (B) $1 < x \le 2$ (C) $3 < x \le 3$ (D) $3 < x \le 4$

E76) O valor de x que torna verdadeira a igualdade 2x – [(x + 2)/7] = (2/3) – x é:

(A) 2/15   (B) 1/7   (C) 1/5   (D) 1/3

E77) Sendo S = {x ∈ R | 1/(x + 1) + 1/(x – 1) = 0},

(A) S não possui elementos
(B) S possui um único elemento
(C) S possui dois elementos
(D) S possui mais de dois elementos

E78) O valor de x que é solução, nos números reais, da equação (1/2) + (1/3) + (1/4) = x/48 é igual a:

(A) 36   (B) 44   (C) 52   (D) 60   (E) 68

E79) A raiz da equação $\dfrac{x-3}{7} = \dfrac{x-1}{4}$ é

(A) –3/5   (B) 3/5   (C) –5/3   (D) 5/3

E80) Se $\dfrac{x+3}{4} - 5 = x+1$, então

(A) x = 6   (B) x = 8   (C) x = –7   (D) x = –9

330   O ALGEBRISTA

E81) Se $\dfrac{2x}{5} + \dfrac{15x-1}{20} = \dfrac{1}{3}$, então o valor de 3x + 1 é:

(A) 1   (B) 2   (C) 3   (D) 4

E82) 3/5 de um número, somados a 1/2 é igual a 2/3 desse mesmo número. Indique a opção que apresenta esse número:

(A) 0   (B) 1   (C) 20/33   (D) 33/20   (E) 15/2

E83) Qual é o valor de x na expressão $1 + \dfrac{1}{1 + \dfrac{1}{1+x}} = \dfrac{1}{2}$?

(A) –3/4   (B) –2/3   (C) –1/2   (D) –3/2   (E) –4/3

E84) Qual é o valor de x que torna a expressão $\dfrac{0,25 - 0,4 + 0,75x}{0,2} = 0,5$ verdadeira?

(A) 0,25   (B) –0,15   (C) 0   (D) –0,5   (E) –0,25

E85) Numa fração, o denominador é 4 unidades maior que o numerador. Se 24 é adicionado ao numerador, a fração resultante será igual ao inverso da fração original. A fração é:

(A) 5/1   (B) –7/2   (C) –1/5   (D) 7/2   (E) 1/5

CONTINUA NO VOLUME 2: 39 QUESTÕES DE CONCURSOS

Exemplo:
E86) CN 2005 - Em quantos meses, no mínimo, um capital aplicado segundo a taxa simples de 0,7% ao mês produz um montante que supera o dobro do seu valor?

(A) 140   (B) 141   (C) 142   (D) 143   (E) 144

Respostas dos exercícios

E1)	a) x = 2	c) x = 3	e) x = 20	g) x = 10	i) x = 9
	b) x = 4	d) x = 2	f) x = 5	h) x = 5	j) x = 6

E2)	a) x = 7	c) y = 9	e) x = 27	g) x = 2	i) x = 5
	b) x = 3	d) a = 6	f) x = 36/7	h) x = 5	j) x = 10

E3)	a) x = 4	d) x = 4	g) x = –5	j) x = –5	m) x = 3
	b) x = 5	e) x = 1	h) x = –12	k) x = –2	n) x = 2
	c) x = –2	f) x = –1	i) x = 0	l) x = 4	o) x = –27

E4)	a) x = 10	d) x = 6	g) x = –11/3	j) y = 1/19	m) x = 25/11
	b) x = –2	e) x = 5/7	h) a = 25/8	k) x = 49/2	n) m = –56/9
	c) x = 1/2	f) x = –6	i) m = 3/4	l) x = 3	o) z = –34

E5)	a) Indeterminado	d) x = 159/10	g) x = –1	j) x = 1	m) x = 1
	b) a = 6	e) x = 7	h) x = 2	k) x = 3	n) x = 24
	c) x = 10	f) x = 23	i) x = 3	l) x = 3	o) x = –5

Capítulo 8 – Equações do 1º grau

331

E6)
a) x = 15
b) x = 1/2
c) x = –5/2
d) x = 14/30
e) x = 18/11
f) x = 3
g) x = 44/13
h) x = 0
i) x = 2/7
j) x = 0
k) x = –37/13
l) x = 13/111
m) x = –4
n) Indeterminado
o) x = 12

E7)
a) x = 12
b) x = 36
c) x = –60
d) x = –24/13
e) x = 14/3
f) x = 30
g) x = 119/17
h) x = 4/3
i) x = 5
j) x = 5

E8)
a) Impossível
b) Indeterminada
c) Impossível
d) x = 5
e) Indeterminada
f) Indeterminada
g) Impossível
h) Indeterminada
i) x = 0
j) Indeterminada
k) x = 9
l) Impossível
m) m = 0
n) Indeterminada
o) Indeterminada

E9) $3a - b = 46$ E10) Infinitas   E11) Nenhuma   E12) $a \neq 1$ E13) $k = 1$

E14) $a = 9/5$ E15) $m = -1$ E16) $k = 1$ E17) $a \neq b$ E18) $x = 17$

E19)
a) $x \neq 2$
b) $x \neq -1$
c) $x \neq 4$
d) $x \neq 2$
e) $m \neq 3/4$
f) $p \neq 1/5$, q qualquer (indeterminado também é possível)
g) $m \neq 1/3$, p qualquer
h) $c \neq -5/2$ e $c \neq 5/2$
i) $x \neq -2$
j) $x \neq 0$

E20)
a) x = 21
b) x = 10
c) Impossível
d) x = –1
e) x = –4
f) x = 1/4
g) Impossível*
h) x = a + b
i) Impossível*
j) x = –9/7

OBS.: Nas letras (g) e (i), as soluções encontradas devem ser descartadas porque anulam denominadores.

E21)
a) x = 1
b) x = 3
c) x = 5
d) x = 4
e) x = 5
f) x = 5
g) x = 0
h) x = 6
i) x = 7
j) x = 4
k) x = 4
l) x = 13
m) x = 65/2
n) x = 25
o) x = 1

E22)
a) x = 7
b) x = 1
c) x = 3
d) x = 10
e) x = 6
f) x = 3
g) x = 4
h) x = 15
i) x = 5
j) x = 12
k) x = 21/2
l) x = 7
m) Impossível
n) x = 0
o) x = 4

E23)
a) x = 2/5
b) x = 6
c) x = 9
d) x = 7
e) x = 5
f) x = 6
g) x = 6
h) x = 2a
i) x = b – a
j) x = 10

E24)
a) x = –4
b) x = 1
c) x = 4
d) Impossível
e) x = 2
f) x = 4
g) x = 17
h) x = 12
i) x = –2
j) x = 3/7
k) x = –11
l) x = 7/3
m) x = 5/2
n) x = 3/2
o) x = 11

E25)
a) x = 9
b) x = 3
c) x = 10
d) x = 1
e) x = 0
f) x = –2
g) x = 1/4
h) x = 7
i) x = 6
j) x = –185/9

E26)
a) x = 9
b) x = 5
c) m = 22
d) p = –15/2
e) x = 18
f) x = 6
g) x = 140
h) x = 36
i) x = 27/7
j) Impossível

E27)
a) x = a ou a = b   c) x = 1/(a + b)   e) x = (a – b)/(a + b)   g) x = b^3/(a+b)^2 i) x = bh/(h + b)

332   O ALGEBRISTA

b) $x = (a - b)/2$ d) $x = -(a + b)$ f) $x = 3b$ h) $x = a + b$ j) $x = a$ ou $b = 0$

OBS.: As equações fracionárias têm como restrição a de que os denominadores não pode ser zero. Isto está implícito nas equações. Se uma equação original tem denominador $a - b$, então $a - b$ não pode ser zero. Isto não está claro, alguns professores exigem que o aluno explicite isto, outros consideram que está implícito. Por via das dúvidas, em provas objetivas, é bom checar essas condições, sendo que algumas vezes, a banca esquece de considerá-las.

E28) $x = 8$ ou $x = -6$ (Esta é uma equação do 2° grau, cap. 13)

E29) $b = ac/(a - c)$ E30) (D)   E31) (D)   E32) (B)

E33) (D)   E34) (C)   E35) $x = -2/5$ E36) (C)   E37) (D)

E38) (D)   E39) (B)   E40) (C)   E41) (B)   E42) (A)

E43) (B)   E44) 35/18   E45) $x = 1/4$ E46) $x = 11$ E47) $x = 1$

E48) $x = 13/111$ E49) $x = -4$ E50) $a = 2$ E51) (B)   E52) 27

E53) (A)

E54) Nenhuma, pois o módulo é sempre positivo ou zero, que somado com 2, nunca poderá ser –1.

E55) (C)   E56) Impossível - (E)

E57) Impossível pois a solução $x = -1$ anula um denominador

E58) (E)   E59) $x = (b^2 - 4)/(a^2 + 4)$

E60) Impossível (a solução $x=3$ anula denominadores)

E61) $a = \frac{1}{2}$ E62) $x = 5$ E63) Indeterminado

E64) $x = 3$ E65) $x = -17/2$ E66) $x = 3/17$ E67) $x = -6$
E68) Impossível. A solução provisória encontrada, $x=3$, anula denominadores

E69) $x = 2/3$ E70) $x = -1/2$ ou $x = -3/2$

E71) $x = 3$ E72) (E)   E73) (E)   E74) 9, 10, 11, 12, 13, 14, 15

E75) (B)   E76) (D)   E77) (B)   E78) (C)

E79) (C)   E80) (C)   E81) (B)   E82) (E)

E83) (E)   E84) $x = 1/3$ E85) (E)   E86 (D)

Capítulo 9

Sistemas de equações do primeiro grau

Uma incógnita, duas incógnitas, três incógnitas...

As equações são ferramentas para resolver problemas. Muitas vezes devemos apenas resolver equações, outras vezes é dado um problema, para o qual devemos escrever as equações para resolvê-lo.

Exemplo 1:
Resolver a equação:

$$\frac{x}{2} + \frac{1}{3} \times \frac{x}{2} + 20 = x$$

Solução:

$$\frac{x}{2} + \frac{x}{6} + 20 = x$$

$$3x + x + 120 = 6x$$
$$120 = 2x$$
$$x = 60$$

Resposta: 60

Exemplo 2:
Um automóvel percorreu metade de um trajeto e parou para abastecer. A seguir percorreu 1/3 do restante e fez uma outra parada. Percorreu mais 20 km e chegou ao destino final. Qual é a distância total percorrida?

Solução:
Muitos problemas na matemática são apresentados dessa forma. É dada uma situação, muitas vezes real, e pede-se que seja calculado um determinado valor. O aluno precisa ter a habilidade em escrever a formulação matemática (uma equação, por exemplo) a partir da "história contada".

334　　　　　　　　　　　　　　　　　　　　　　　　　O ALGEBRISTA

O número desconhecido, que em geral é a solução do problema, é normalmente chamado de x ou outra incógnita. As informações do problema permitem chegar à equação necessária. Neste exemplo, chamemos de x o tamanho total do trajeto. Devemos exprimir as informações dadas pelo problema, em função de x, para chegar à equação que resolve o problema.

O automóvel fez o percurso total em três etapas, realizando duas paradas. Chamemos o percurso total de x e vamos calcular a medida dessas três etapas, em função de x.

Percurso total:　　x
1ª etapa:　　　　　x/2 (restam x/2)
2ª etapa:　　　　　1/3 do restante = (1/3) . (x/2)
3ª etapa:　　　　　20

A soma desses três percursos é igual ao percurso total, ou seja, x. Daí montamos a equação:

$$\frac{x}{2} + \frac{x}{6} + 20 = x$$

Resolvendo a equação encontramos **x = 60 km**.

Um problema cuja solução é obtida a partir de uma equação do 1° grau é chamado ***problema do 1° grau***. Esse tipo de problema será estudado no capítulo 10.

Existem problemas que apresentam mais de um valor desconhecido, por isso recaem em cálculos que envolvem mais de uma incógnita.

Método da substituição

No presente capítulo estudaremos os sistemas de equações do primeiro grau, que são conjuntos com duas ou mais equações, e com duas ou mais incógnitas. Os sistemas nos permitirão resolver problemas mais avançados.

Exemplo:
João tem o dobro da idade de seu irmão Pedro. Daqui a 10 anos, a soma das suas idades será 50 anos. Quais são as idades atuais dos dois irmãos?

Solução:
O problema exige a determinação de dois valores desconhecidos, que são as idades dos dois irmãos. É natural portanto que usemos essas duas idades como incógnitas do problema. Precisamos portanto conseguir duas equações a partir das informações do problema.

Idades: x (idade de João) e y (idade de Pedro)

1ª informação: x é o dobro de y, ou seja, x = 2y. Note que esta equação é válida apenas para o dia atual, já que as idades mudam com passar do tempo e muda a proporção entre elas.
2ª informação: dentro de 10 anos, os dois juntos somarão 50 anos.

A 2ª informação nos levará à segunda equação, porém não de forma tão óbvia. É preciso analisar a informação para chegar à equação. As idades dos irmãos são:

Hoje: x e y
Dentro de 10 anos: x + 10 e y + 10.

Capítulo 9 – Sistemas de equações do primeiro grau   335

Obviamente, ambos estarão 10 anos mais velhos.

Soma das idades em 10 anos: $x + 10 = y + 10$

O problema diz que a soma das idades será 50 anos, dentro de 10 anos. Então temos:

$x + 10 + y + 10 = 50$
$x + y = 30$

Os valores x e y encontrados são as idades atuais.

Aí está nossa segunda equação. Podemos assim armar o sistema:

$$\begin{cases} x = 2y \\ x + y = 30 \end{cases}$$

Este é o sistema de duas equações do primeiro grau que resolve o problema. Neste capítulo faremos apenas a resolução de sistemas dados. No capítulo 10 faremos o serviço completo, ou seja, dado um problema, montaremos as equações necessárias para chegar à sua solução.

Usaremos aqui o ***método da substituição*** para resolver este sistema. Consiste em calcular o valor de uma incógnita em função da outra, em uma equação, e substituiremos esta expressão na segunda. Desta forma a segunda equação terá apenas uma incógnita, que poderá ser facilmente determinada. No caso:

$x = 2y$ ➔ substituir x por 2y na segunda equação

$2y + y = 30$ ➔ $3y = 30$ ➔ $y = 10$

Uma vez conhecendo o valor de y, fazemos $x = 2y$ na primeira equação.

$x = 2y = 2.10 = 20$

Solução da equação: $x = 20$, $y = 10$

Dada a solução da equação, chegamos à solução do problema:

João hoje tem 20 anos e Pedro tem 10 anos.

É importante observar que x e y não são as idades de João e Pedro, mas sim, as idades de João e Pedro <u>hoje</u>.

É conveniente usar o resultado encontrado e substituir no enunciado para verificar se está correto.

João tem (20) o dobro da idade de seu irmão Pedro (10). Daqui a 10 anos (20+10 = 30 e 10+10 = 20), a soma das suas idades (30 +20) será 50 anos (OK!).

É conveniente fazer essa checagem, bem como obter a solução do problema a partir da solução do sistema. Algumas vezes a pergunta do problema pode ser uma "armadilha para distraídos", como "Quantos anos tinha João quando Pedro nasceu?"

336   O ALGEBRISTA

Exercícios

E1) Resolva os seguintes sistemas pelo *método da substituição*.

a) $\begin{cases} 3x + y = 40 \\ 2x - y = 10 \end{cases}$

b) $\begin{cases} 5x - 3y = 20 \\ 2x + 5y = 39 \end{cases}$

c) $\begin{cases} 6x + 35y = 76 \\ 8x - 21y = -34 \end{cases}$

d) $\begin{cases} 5x + 4y = 14 \\ 17x - 3y = 31 \end{cases}$

e) $\begin{cases} 2x - 3y = -6 \\ 5x + 2y = 23 \end{cases}$

f) $\begin{cases} x + 5y = 3 \\ 3x + 2y = -4 \end{cases}$

g) $\begin{cases} 3x - 5y = -6 \\ 4x - 7y = -9 \end{cases}$

h) $\begin{cases} 8x - y = 43 \\ 7x + 2y = 26 \end{cases}$

i) $\begin{cases} 5x - 4y = 10 \\ 7x + 3y = 14 \end{cases}$

j) $\begin{cases} x + 21y = 20 \\ 2x + 27y = 25 \end{cases}$

k) $\begin{cases} 6x - 13y = -13 \\ 3x - 5y = -5 \end{cases}$

l) $\begin{cases} 2x + 3y = 7 \\ 8x - 5y = 11 \end{cases}$

m) $\begin{cases} 5x + 7y = 29 \\ 7x + 4y = 29 \end{cases}$

n) $\begin{cases} 11x - 12y = -57 \\ 4x + 5y = -2 \end{cases}$

o) $\begin{cases} x + 8y = 0 \\ 7x - 3y = 0 \end{cases}$

Método da adição

Este método de resolução de sistemas do primeiro grau consiste em somar, ou subtrair as equações, de tal forma que resulte uma equação com apenas uma variável.

Exemplo:

$\begin{cases} x + y = 14 \\ x - y = 4 \end{cases}$

Se adicionarmos as duas equações, membro a membro, ficaremos com uma equação com apenas a variável x:

$x + y + x - y = 14 + 4$

$2x = 18$
$x = 9$

Uma vez determinado o valor de x, podemos usá-lo em qualquer uma das equações originais para determinar y. Usando a primeira equação ficamos com:

$9 + y = 14$
$y = 14 - 9 - 5$

Resposta: x = 9 e y = 5

Exemplo:

$\begin{cases} 5x + y = 11 \qquad \text{(I)} \\ 3x + y = 9 \qquad \text{(II)} \end{cases}$

Nesse caso é mais fácil subtrair as equações, o que resultará em uma nova equação com a variável y eliminada. Fazendo então (I) – (II) ficamos com:

$5x + y - 3x - y = 11 - 9$
$2x = 2$
$x = 1$

Capítulo 9 – Sistemas de equações do primeiro grau

Substituindo o valor de x na primeira equação:

$5.1 + y = 11$
$y = 6$

Resposta: x = 1 e y = 6

Algumas vezes as equações envolvidas não possuem um termo que possa ser cancelado. Devemos então multiplicar uma das equações para permitir o cancelamento.

Exemplo:

$$\begin{cases} 5x + 2y = 23 & \text{(I)} \\ 2x + y = 10 & \text{(II)} \end{cases}$$

Podemos eliminar a incógnita y, multiplicando a equação (II) por 2 e fazendo (I) – (II).
$5x + 2y - (4x + 2y) == 23 - 20$
$x = 3$

Substituindo o valor de x na equação (II) – este caminho resultará em números menores – ficamos com:

$2.3 + y = 10$
$y = 4$

Resposta: x = 3 e y = 4.

Exercícios

E2) Resolva usando adição

a) $\begin{cases} 4x + 2y = 0 \\ 4x + 9y = 28 \end{cases}$

f) $\begin{cases} 2x + 4y = 24 \\ 4x - 12y = 8 \end{cases}$

k) $\begin{cases} 9x + 6y = -21 \\ -10x - 9y = 28 \end{cases}$

b) $\begin{cases} 9x - 5y = 22 \\ 9x + 5y = 122 \end{cases}$

g) $\begin{cases} -7x + 4y = -4 \\ 10x - 8y = -8 \end{cases}$

l) $\begin{cases} -7x + 5y = -8 \\ -3x - 3y = 12 \end{cases}$

c) $\begin{cases} -x - 5y = 28 \\ -x + 4y = -17 \end{cases}$

h) $\begin{cases} 5x + 10y = 20 \\ -6x - 5y = -3 \end{cases}$

m) $\begin{cases} -8x - 8y = -8 \\ 10x + 9y = 1 \end{cases}$

d) $\begin{cases} 2x - y = 5 \\ 5x + 2y = -28 \end{cases}$

i) $\begin{cases} -7x - 3y = 12 \\ -6x - 5y = -20 \end{cases}$

n) $\begin{cases} 9y = 7 - x \\ -18y + 4x = -26 \end{cases}$

e) $\begin{cases} 10x + 6y = 24 \\ -6x + y = 4 \end{cases}$

j) $\begin{cases} 9x - 2y = -18 \\ 5x - 7y = -10 \end{cases}$

o) $\begin{cases} -7x + y = -10 \\ -9x - y = -22 \end{cases}$

Método da comparação

Neste método de resolução, calculamos o valor de uma incógnita em ambas as equações, em função da outra incógnita. A seguir igualamos esses dois valores.

338   O ALGEBRISTA

Exemplo:

$$\begin{cases} 5x + y = 11 & \text{(I)} \\ 3x + y = 9 & \text{(II)} \end{cases}$$

Neste exemplo, para evitar frações, fica mais fácil calcular o valor de y nas duas equações:

(I) ➔ $y = 11 - 5x$
(II) ➔ $y = 9 - 3x$

Igualando esses dois valores de **y**, ficamos com uma equação em **x**:

$11 - 5x = 9 - 3x$
$2 = 2x$
$x = 1$
$y = 11 - 5x = 6$

Resposta: $x = 1$ e $y = 6$

Exercícios

E3) Resolva os sistemas por comparação

a) $\begin{cases} 5x - 5y = -15 \\ x - y = -3 \end{cases}$ f) $\begin{cases} -6x + 4y = 12 \\ -3x - y = 26 \end{cases}$ k) $\begin{cases} 8x + 7y = -24 \\ 6x + 3y = -18 \end{cases}$

b) $\begin{cases} -3x + 3y = -12 \\ -3x + 9y = -24 \end{cases}$ g) $\begin{cases} -9x - 5y = -19 \\ 3x - 7y = -11 \end{cases}$ l) $\begin{cases} -7x + 10y = 2 \\ 4x + 9y = 43 \end{cases}$

c) $\begin{cases} -10x - 5y = 0 \\ -10x - 10y = -30 \end{cases}$ h) $\begin{cases} -5x + 4y = 4 \\ -7x - 10y = -10 \end{cases}$ m) $\begin{cases} 2x - 4y = -18 \\ 1 + 4y/3 + 7x/3 = 22 \end{cases}$

d) $\begin{cases} -5x + 6y = -17 \\ x - 2y = 5 \end{cases}$ i) $\begin{cases} 3x + 7y = -8 \\ 4x + 6y = -4 \end{cases}$ n) $\begin{cases} -6 - 42y = -12x \\ x - 1/2 - 7y/2 = 0 \end{cases}$

e) $\begin{cases} x + 3y = -1 \\ 10x + 6y = -10 \end{cases}$ j) $\begin{cases} -4x - 5y = 12 \\ -10x + 6y = 30 \end{cases}$ o) $\begin{cases} 6x + 3y = 12 \\ 6x - 3y = 0 \end{cases}$

E4) Resolva os sistemas por qualquer um dos métodos ensinados

a) $\begin{cases} 3x + 2y = 22 \\ x + 5y = 29 \end{cases}$ f) $\begin{cases} x + 3y = -12 \\ 3x + y = 4 \end{cases}$ k) $\begin{cases} 5x + 3y = 2 \\ 3x + 5y = 3 \end{cases}$

b) $\begin{cases} 11x - 27y = -103 \\ 9x - 2y = -24 \end{cases}$ g) $\begin{cases} -x + 9y = 46 \\ 7x + 9y = -34 \end{cases}$ l) $\begin{cases} 5x + 3y = -2 \\ x + y = 5 \end{cases}$

c) $\begin{cases} 2x + 6y = -20 \\ 5x + 3y = -14 \end{cases}$ h) $\begin{cases} 7x + 9y = 52 \\ 13x + 2y = 23 \end{cases}$ m) $\begin{cases} -2x - 5y = 20 \\ -6x + y = -4 \end{cases}$

d) $\begin{cases} -x + 8y = 14 \\ 7x + 8y = 30 \end{cases}$ i) $\begin{cases} x - y = 6 \\ 3x + y = 33 \end{cases}$ n) $\begin{cases} x + 5y = 10 \\ 4x + 15y = -5 \end{cases}$

e) $\begin{cases} 2y + 8x = 9 \\ 6y - 4x = 13 \end{cases}$ j) $\begin{cases} -x - 4y = 18 \\ 2x - 5y = 29 \end{cases}$ o) $\begin{cases} 2x + 3y = 3 \\ 3x + y = 4 \end{cases}$

Capítulo 9 – Sistemas de equações do primeiro grau

E5) Resolver por qualquer dos métodos ensinados

a) $\begin{cases} -10x + 2y = -6 \\ -9x - y = 5 \end{cases}$

f) $\begin{cases} 2x + 3y = 13 \\ x - y = -1 \end{cases}$

k) $\begin{cases} y = -12 + 3x \\ 2x - 4y = -2 \end{cases}$

b) $\begin{cases} 7x - 2y = 11 \\ 2x + 3y = 21 \end{cases}$

g) $\begin{cases} 7x + 5y = 18 \\ 5x - 7y = 34 \end{cases}$

l) $\begin{cases} x/6 + y/4 = 4/3 \\ x/y = 1/2 \end{cases}$

c) $\begin{cases} 5x + 3y = 29 \\ 2x - y = 5 \end{cases}$

h) $\begin{cases} x + 2y = -7 \\ 4x + 6y = -18 \end{cases}$

m) $\begin{cases} 3x + 4y = -25 \\ 4x + 15y = -72 \end{cases}$

d) $\begin{cases} -4x - 3y = -26 \\ 6x + y = 32 \end{cases}$

i) $\begin{cases} 2x + y = 13 \\ x - y = 8 \end{cases}$

n) $\begin{cases} 5x + 3y = 18 \\ 5x - 3y = 12 \end{cases}$

e) $\begin{cases} x + 2y = 5 \\ 3x + 5y = 11 \end{cases}$

j) $\begin{cases} 3x - 5y = -36 \\ 2x - 3y = -22 \end{cases}$

o) $\begin{cases} 7x - 2y = 16 \\ 3x + y = 5 \end{cases}$

E6) Resolver por qualquer dos métodos ensinados

a) $\begin{cases} 3x + 8y = 9 \\ x + 2y = 3 \end{cases}$

f) $\begin{cases} 4x - 3y = -19 \\ 8x - 7y = -43 \end{cases}$

k) $\begin{cases} 10x + 2y = 3 \\ -5x + 3y = 0 \end{cases}$

b) $\begin{cases} 35x - 34y = -33 \\ 34x - 35y = -36 \end{cases}$

g) $\begin{cases} 2x - 5y = 2 \\ -y = 2x/5 - 6 \end{cases}$

l) $\begin{cases} x + 2y = 1 \\ 5x - 2y = -11 \end{cases}$

c) $\begin{cases} 3x + 4y = 2 \\ 3x + 4y = -6 \end{cases}$

h) $\begin{cases} 3x + 4y = 18 \\ 2x - 7y = -17 \end{cases}$

m) $\begin{cases} 5x + y = 5 \\ 6x + y = 0 \end{cases}$

d) $\begin{cases} 5x + 3y = 4 \\ 3x + 5y = -4 \end{cases}$

i) $\begin{cases} 3x + y = -11 \\ x + 4y = 0 \end{cases}$

n) $\begin{cases} x - 2y = 7 \\ x + y = -5 \end{cases}$

e) $\begin{cases} 5x - y = 4 \\ 2x + 3y = 22 \end{cases}$

j) $\begin{cases} y + 4x = 16 \\ 2x + 5y = -10 \end{cases}$

o) $\begin{cases} 3x + 4y = 10 \\ 9 = 6x - 3y \end{cases}$

O sistema fracionário é aquele que tem incógnitas no denominador. Devemos resolver as equações como fracionárias, usando a restrição de que nenhum denominador pode ser zero. Antes dessas, é preciso conhecer um outro tipo de sistema que é mais simples, pois apesar de envolver frações, estas não apresentam incógnitas nos denominadores, por isso não são considerados como sistemas fracionários.

E7) Resolver os sistemas abaixo

a) $\begin{cases} 3x - 4y = 3 \\ 2x - 5y = 2 \end{cases}$

e) $\begin{cases} 7x - 5y = 2 \\ 3x + 4y = 3 \end{cases}$

i) $\begin{cases} 4x - 7y = 9 \\ 3x + 5y = 13 \end{cases}$

b) $\begin{cases} 2x + 5y = 1 \\ 3x - 6y = 2 \end{cases}$

f) $\begin{cases} 3x + 4y = 2 \\ 5x + 9y = 5 \end{cases}$

j) $\begin{cases} (1/2)x + (4/3)y = 1/6 \\ (1/3)x - (2/5)y = 1/4 \end{cases}$

c) $\begin{cases} 5x - 8y = 3 \\ 2x + 7y = 4 \end{cases}$

g) $\begin{cases} 2x + 6y = 5 \\ 4x + 10y = 3 \end{cases}$

d) $\begin{cases} 2x - y = 3 \\ x - 3y = 4 \end{cases}$

h) $\begin{cases} 7x + 3y = 5 \\ 9x - 5y = 7 \end{cases}$

Caso existam denominadores numéricos entre as equações, é conveniente primeiro eliminar os denominadores e escrever cada equação na forma mais simples, no estilo ax + by = c.

340   O ALGEBRISTA

E8) Resolver por qualquer dos métodos ensinados

a)
$$\begin{cases} \dfrac{2x}{3} - \dfrac{5y}{4} = -\dfrac{11}{3} \\[2mm] \dfrac{7x}{6} - \dfrac{5y}{3} = -\dfrac{13}{3} \end{cases}$$

f)
$$\begin{cases} \dfrac{6x+5y}{7} = \dfrac{2}{3} \\[2mm] \dfrac{5y-3x}{5} = \dfrac{1}{30} \end{cases}$$

b)
$$\begin{cases} \dfrac{7x}{6} - \dfrac{6y}{7} = -\dfrac{152}{21} \\[2mm] \dfrac{5x}{4} - \dfrac{2y}{3} = -7 \end{cases}$$

g)
$$\begin{cases} \dfrac{5x-3y}{3} + \dfrac{7x-5y}{11} = \dfrac{28}{33} \\[2mm] \dfrac{15y-3x}{7} + \dfrac{7y-3x}{5} = \dfrac{88}{35} \end{cases}$$

c)
$$\begin{cases} \dfrac{x+y}{2} - \dfrac{x-y}{3} = 8 \\[2mm] \dfrac{x+y}{3} + \dfrac{x-y}{4} = 11 \end{cases}$$

h)
$$\begin{cases} \dfrac{2x-3}{4} - \dfrac{y-8}{5} = \dfrac{y+3}{4} - \dfrac{1}{5} \\[2mm] \dfrac{x-7}{3} + \dfrac{4y+1}{11} = \dfrac{7}{33} \end{cases}$$

d)
$$\begin{cases} \dfrac{8x-5y}{7} + \dfrac{11y-4x}{3} = 14 \\[2mm] \dfrac{15x+12y}{4} - \dfrac{2x-y}{3} = 29 \end{cases}$$

i)
$$\begin{cases} \dfrac{x-2y}{6} - \dfrac{x+3y}{4} = -\dfrac{17}{12} \\[2mm] \dfrac{2x-y}{6} - \dfrac{3x+y}{4} = \dfrac{5y}{4} - \dfrac{10}{3} \end{cases}$$

e)
$$\begin{cases} \dfrac{2x+y}{4} - \dfrac{7x-5y}{22} = \dfrac{5}{2} \\[2mm] \dfrac{x}{5} - \dfrac{3y}{7} + \dfrac{104}{35} = 0 \end{cases}$$

j)
$$\begin{cases} \dfrac{x}{a+b} + \dfrac{y}{a-b} = \dfrac{1}{a-b} \\[2mm] \dfrac{x}{a+b} - \dfrac{y}{a-b} = \dfrac{1}{a+b} \end{cases}$$

Método dos determinantes

Dos métodos ensinados (adição, comparação e substituição), podemos considerar este método como o que resulta em menos cálculos para resolver um sistema. Este método é usado apenas para sistemas lineares, ou seja, na forma abaixo:

$$\begin{cases} Ax + By = C \\ A'x + B'y = C' \end{cases}$$

Os números A, B, C, A', B' e C' são os coeficientes da equação. Por exemplo, no sistema

$$\begin{cases} 2x + 3y = 5 \\ 7x - y = 4 \end{cases}$$

Temos A = 2, B = 3, C = 5, A' = 7, B' = –1 e C' = 4.

Esse método requer o cálculo de três determinantes de ordem 2x2, vamos chama-los de Δ, Δ_x e Δ_y, dados por:

Capítulo 9 – Sistemas de equações do primeiro grau 341

$$\Delta = \begin{vmatrix} A & B \\ A' & B' \end{vmatrix} = AB'-BA'$$

O determinante do sistema (Δ) é formado por quatro números, que são os coeficientes de x e y na primeira e na segunda equações. A primeira linha usa os coeficientes de x e y da primeira equação (A e B) e a segunda linha usa os coeficientes de x e y da segunda equação (A' e B'). Para calcular o valor numérico deste determinante, multiplicamos as diagonais e subtraímos a primeira da segunda. No sistema do nosso exemplo, temos:

$$\Delta = \begin{vmatrix} 2 & 3 \\ 7 & -1 \end{vmatrix} = 2 \times (-1) - 3 \times 7 = -2 - 21 = -23$$

Ou seja, para calcular o determinante do sistema, dispomos os coeficientes de x e y nas equações, na forma de um dispositivos com 2 linhas e 2 colunas, sendo a linha superior com os coeficientes da 1ª equação, e a linha inferior com os coeficientes da 2ª equação, sendo que a coluna da esquerda deve conter os coeficientes de x e a coluna da direita deve conter os coeficientes de y. Cada coisa em seu lugar.

Agora calculamos os determinantes Δ_x e Δ_y, dados por:

$$\Delta_x = \begin{vmatrix} C & B \\ C' & B' \end{vmatrix} = CB'-BC'$$

$$\Delta_y = \begin{vmatrix} A & C \\ A' & C' \end{vmatrix} = AC'-CA'$$

Ou seja, para formar e calcular o valor do determinante Δ_x, substituímos em , a coluna original que tem os coeficientes de x, pela coluna formada por C e C'., então fazemos a "multiplicação cruzada" para calcular seu valor. No determinante Δ_y, fazemos a mesma coisa, porém colocando C e C' na coluna relativa ao y. Vejamos como é fácil fazer isso, usando o sistema do nosso exemplo:

$$\begin{cases} 2x + 3y = 5 \\ 7x - y = 4 \end{cases}$$

$$\Delta = \begin{vmatrix} 2 & 3 \\ 7 & -1 \end{vmatrix} = 2 \times (-1) - 3 \times 7 = -2 - 21 = -23$$

$$\Delta_x = \begin{vmatrix} 5 & 3 \\ 4 & -1 \end{vmatrix} = 5 \times (-1) - 3 \times 4 = -17$$

$$\Delta_y = \begin{vmatrix} 2 & 5 \\ 7 & 4 \end{vmatrix} = 2 \times 4 - 7 \times 5 = -27$$

O método dos determinantes usa esses três valores para calcular x e y, usando as fórmulas:

$$x = \frac{\Delta_x}{\Delta} \quad \text{e} \quad y = \frac{\Delta_y}{\Delta}$$

Isto permite resolver um sistema linear do tipo 2x2 com uma quantidade mínima de cálculos: 6 multiplicações, 3 subtrações e 2 divisões.

Exemplo: Resolver o sistema abaixo usando o método dos determinantes.

$$\begin{cases} 2x + 6y = 5 \\ 4x + 10y = 3 \end{cases}$$

$$\Delta = \begin{vmatrix} 2 & 6 \\ 4 & 10 \end{vmatrix} = 20 - 24 = -4$$

$$\Delta_x = \begin{vmatrix} 5 & 6 \\ 3 & 10 \end{vmatrix} = 50 - 18 = 32 \quad \blacktriangleright \quad x = 32/(-4) = -8$$

$$\Delta = \begin{vmatrix} 2 & 5 \\ 4 & 3 \end{vmatrix} = 6 - 20 = -14 \quad \blacktriangleright \quad y = -14/32 = -7/16$$

Resposta: x = –8 e y = –7/16

Demonstração

Falta mostrar que o método apresentado é algebricamente correto. Para isto, vamos resolver o sistema original com coeficientes A, B, C, A', B' e C' usando o método da adição, já apresentado. Teremos que multiplicar a primeira equação por B' e a segunda equação por B, para então subtraí-las:

$$\begin{cases} Ax + By = C \\ A'x + B'y = C' \end{cases}$$

Multiplicando as equações respectivamente por B e B', e subtraindo-as, ficamos com:

$$\begin{cases} AB'x + BB'y = CB' \\ BA'x + BB'y = BC' \end{cases}$$

Com a subtração, o termo em "y" cancelará, ficando com:

AB'x – BA'x = CB' – BC'

x = (CB' – BC')/(AB' – BA')

note que CB' – BC' é Δ_x, e AB' – BA' é Δ. Ficamos então com

x = Δ_x/Δ.

O mesmo cálculo feito a partir do sistema original, com a eliminação da incógnita x, nos levaria a uma equação que resultaria no valor de y:

y = Δ_y/Δ.

Capítulo 9 – Sistemas de equações do primeiro grau 343

O cálculo de determinantes utilizado é muito simples, e pode ser apresentado sem a necessidade do conhecimento da teoria matemática dos determinantes, que é matéria do ensino médio.

Cuidado com a "pegadinha" das posições trocadas

Algumas vezes uma equação de um sistema pode ter trocadas as posições de x e y. Por exemplo, apresentar "3y + 2x = 5" ao invés de "2x + 3y = 5". É claro que ambas são equivalentes devido à propriedade comutativa da adição, mas um aluno distraído pode prestar mais atenção nos números que nas letras, e acabar confundindo com "3x + 2y = 5", o que estaria errado. Isto é particularmente perigoso quando usamos o método dos determinantes, que visa somente os coeficientes. É bom que você se acostume a prestar atenção nessa ordem (tipicamente escreve-se o termo em x antes do termo em y), para não "cair nessa".

Colocando em evidência

Uma grande simplificação no cálculo de um determinante é colocar valores em evidência. Podemos colocar em evidência valores dentro de uma linha em dentro de uma coluna.

Exemplo:
Colocando em evidência valores nas colunas e nas linhas:

$$\Delta = \begin{vmatrix} 17 & 18 \\ 34 & 12 \end{vmatrix} = 17 \times \begin{vmatrix} 1 & 18 \\ 2 & 12 \end{vmatrix} = 6 \times 17 \times \begin{vmatrix} 1 & 3 \\ 2 & 2 \end{vmatrix} = 2 \times 6 \times 17 \times \begin{vmatrix} 1 & 3 \\ 1 & 1 \end{vmatrix} = 2 \times 6 \times 17 \times (1 - 3)$$

Inicialmente colocamos 17 em evidência pois este valor é divisor dos elementos da coluna 1 (17 e 34)

A seguir colocamos em evidência 6 na segunda coluna. Finalmente na segunda linha pode ser colocado 2 em evidência. Ficamos então com um determinante muito mais simples e que pode ser calculado mentalmente ($1 \times 1 - 3 \times 1 = -2$). Temos ainda a vantagem de obter o determinante na forma de um produto, o que facilita simplificações posteriores.

A demonstração desta propriedade é simples, baseada na propriedade distributiva da multiplicação em relação à adição. Lembre-se que isto pode ser feito apenas com linhas ou colunas, mas não com diagonais.

Exercícios

E9) Repetir o exercício E7, porém usando na resolução, o método dos determinantes. Por comodidade os sistemas foram repetidos abaixo

a)
$$\begin{cases} 3x - 4y = 3 \\ 2x - 5y = 2 \end{cases}$$

e)
$$\begin{cases} 7x - 5y = 2 \\ 3x + 4y = 3 \end{cases}$$

i)
$$\begin{cases} 4x - 7y = 9 \\ 3x + 5y = 13 \end{cases}$$

b)
$$\begin{cases} 2x + 5y = 1 \\ 3x - 6y = 2 \end{cases}$$

f)
$$\begin{cases} 3x + 4y = 2 \\ 5x + 9y = 5 \end{cases}$$

j)
$$\begin{cases} (1/2)x + (4/3)y = 1/6 \\ (1/3)x - (2/5)y = 1/4 \end{cases}$$

c)
$$\begin{cases} 5x - 8y = 3 \\ 2x + 7y = 4 \end{cases}$$

g)
$$\begin{cases} 2x + 6y = 5 \\ 4x + 10y = 3 \end{cases}$$

d)
$$\begin{cases} 2x - y = 3 \\ x - 3y = 4 \end{cases}$$

h)
$$\begin{cases} 7x + 3y = 5 \\ 9x - 5y = 7 \end{cases}$$

344   O ALGEBRISTA

Lembre-se que o método dos determinantes ensinado aqui é apenas para sistemas 2x2, e na forma simplificada, com coeficientes A, B e C. O método dos determinantes pode ser generalizado para sistemas com 3 ou mais equações, mas é preciso aprender a calcular determinantes 3x3 ou superiores, o que é matéria do ensino médio.

Sistemas literais

Sistemas podem apresentar múltiplas letras. Normalmente são usadas letras x e y, mas qualquer outra letra pode ser usada. Eventualmente letras podem representar valores numéricos, ou valores conhecidos. Por exemplo, se um sistema tem duas equações e letras x, y, a e b, tipicamente x e y são as incógnitas, e as demais letras são valores conhecidos. Os cálculos devem ser feitos usando as técnicas de operações algébricas ensinadas nos capítulos anteriores.

Exemplo:
$$\begin{cases} x + y = 3a + 2b \\ x - y = 2a - 3b \end{cases}$$

São duas equações, e quatro "letras": x, y, a e b. É de praxe usar as letras x, y, z como incógnitas. Nesse caso, devemos calcular x e y, em função de a e b.

Somando as duas equações ficamos com:

$2x = 5a - b$
$x = (5a - b)/2$

Subtraindo as duas equações originais, ficamos com:

$2y = a + 5b$
$y = (a + 5b)/2$

Resposta: $x = (5a - b)/2$, $y = (a + 5b)/2$

Exercícios

E10) Resolver os sistemas

a)
$$\begin{cases} (a+b)x - ay = \dfrac{a^2 + ab + b^2}{a-b} \\ ax + (a+b)y = \dfrac{(a+b)^2}{a-b} \end{cases}$$

f)
$$\begin{cases} x/a + y/b = (a + b)^2/ab \\ x/a - y/b = (b^2 - a^2)/ab \end{cases}$$

b)
$$\begin{cases} b(a+b)x - ab^2 y = a^2 \\ (a-b)x + aby = \dfrac{a^2}{b} \end{cases}$$

g)
$$\begin{cases} 4x - my = m - 4 \\ (2m + 6)x + y = 2m + 1 \end{cases}$$

c)
$$\begin{cases} (m+n)x - (m-n)y = 4mn \\ \dfrac{x}{m+n} + \dfrac{y}{m-n} = 2 \end{cases}$$

h)
$$\begin{cases} (a + c)x - by = bc \\ x + y = a + b \end{cases}$$

Capítulo 9 – Sistemas de equações do primeiro grau 345

d)
$$\begin{cases} \dfrac{x}{m+n} - \dfrac{y}{m-n} = \dfrac{1}{m+n} \\ \dfrac{x}{m+n} + \dfrac{y}{m-n} = \dfrac{1}{m-n} \end{cases}$$

i)
$$\begin{cases} (a+2b)x - (a-2b)y = 6ac \\ (a+3c)y - (a-3c)x = 4ab \end{cases}$$

e)
$$\begin{cases} ax = by = cz \\ \dfrac{1}{x} + \dfrac{1}{y} + \dfrac{1}{z} = \dfrac{1}{d} \end{cases}$$

j)
$$\begin{cases} a(x+y) + b(x-y) = c \\ a(x-y) + b(x+y) = d \end{cases}$$

Sistemas com 3 equações e 3 incógnitas

Certos problemas podem recair em sistemas com 3 equações e 3 incógnitas. Em aplicações mais avançadas da matemática, física, química e engenharia, podem surgir sistemas com um grande número de equações e de incógnitas, a ponto de precisarem ser resolvidos por computador. Cabe ao aluno saber resolver manualmente, pelo menos os sistemas de 3 incógnitas. Veremos agora como operar com sistemas do primeiro grau de ordem 3, ou seja, 3 equações e 3 incógnitas. Esses sistemas podem ser resolvidos de diversas formas, inclusive as que apresentamos para os sistemas de segunda ordem.

Exemplo:
$$\begin{cases} x - 2y + z = 5 & \text{(I)} \\ 2x + y - z = -1 & \text{(II)} \\ 3x + 3y - 2z = -4 & \text{(III)} \end{cases}$$

Somando as duas primeiras equações, membro a membro, ficamos com:
$$3x - y = 4 \qquad \text{(IV)}$$

Agora vamos também eliminar z, somando a terceira equação com o dobro da primeira, ficando com:

$$2x - 4y + 2z = 10$$
$$3x + 3y - 2z = -4$$

$$5x - y = 6 \qquad \text{(V)}$$

Essas duas operações não resolvem o sistema, mas permitem reduzir o sistema de 3 para 2 incógnitas. Ficamos assim com um novo sistema com duas equações em x e y:

$$\begin{cases} 3x - y = 4 \\ 5x - y = 6 \end{cases}$$

O sistema pode ser resolvido por qualquer um dos métodos. Usemos o método da comparação:

Da 1ª equação: $y = 3x - 4$ \qquad (VI)
Da 2ª equação: $y = 5x - 6$ \qquad (VII)

346   O ALGEBRISTA

Igualando (VI) e (VII), temos:

$3x - 4 = 5x - 6$
$-2x = -2$
$x = 1$

Substituindo nas demais equações do sistema:

$y = 3x - 4$
$y = -1$

$x - 2y + z = 5$
$1 - 2(-1) + z = 5$
$z = 2$

Resposta: $x = 1$, $y = -1$, $z = 2$

É conveniente substituir os valores encontrados no sistema original, para conferência:

$(1) - 2(-1) + (2) = 5$ OK
$2(1) + (-1) - (2) = -1$ OK
$3(1) + 3(-1) - 2(2) = -4$ OK

O método geral é transformar o sistema de ordem 3, em um sistema de ordem 2 (duas equações e duas incógnitas). Resolve-se o sistema de ordem 2, encontrando duas das incógnitas. Finalmente substitui-se os valores das duas incógnitas encontradas em uma das equações originais para encontrar a terceira incógnita. Neste processo pode ser usada qualquer uma das técnicas apresentadas para sistemas de segunda ordem: adição, comparação ou substituição.

Uma técnica que sempre pode ser usada é calcular o valor da $1^{\underline{a}}$ incógnita (por exemplo, x) na $1^{\underline{a}}$ equação e substituir este valor na $2^{\underline{a}}$ e na $3^{\underline{a}}$ equações. Essas duas últimas equações formaram um sistema com 2 equações e 2 incógnitas (por exemplo, y e z), e finalmente resolvemos este novo sistema. Conhecendo esas duas incógnitas (y e z), voltamos na $1^{\underline{a}}$ equação para encontrar x.

Exercícios

E11) Resolva os seguintes sistemas

a)
$$\begin{cases} x + y + z = 6 \\ 2x - y + 3z = 9 \\ 3x + 2y + z = 10 \end{cases}$$

f)
$$\begin{cases} 2x - 7y - 5z = -25 \\ 5x - 3y + 4z = 14 \\ 9x + 5y - 6z = 30 \end{cases}$$

b)
$$\begin{cases} x - y + z = 0 \\ 2x + y + 3z = 1 \\ x - y + 2z = 1 \end{cases}$$

g)
$$\begin{cases} 5x - 3y + 2z = -19 \\ 3x + 7y - 4z = 27 \\ 8x - 4y - 5z = 4 \end{cases}$$

c)
$$\begin{cases} x - 3y + 2z = 3 \\ 2x + y - 3z = -8 \\ 5x + 2y + 7z = 51 \end{cases}$$

h)
$$\begin{cases} 4x - 3y + 5z = 3 \\ 3x + 9y - 6z = 5 \\ 7x + 6y - z = 8 \end{cases}$$

Capítulo 9 – Sistemas de equações do primeiro grau 347

d)
$$\begin{cases} 11x - 4y - 8z = 45 \\ 5x + 3y - 3z = 24 \\ 2x + 2y + 3z = 2 \end{cases}$$

i)
$$\begin{cases} 5x + 4y - 7z = 4 \\ 3x - y + 2z = 5 \\ 11x + 2y - 3z = 12 \end{cases}$$

e)
$$\begin{cases} -8x + 3y - 10z = -39 \\ 5x - 4y + 9z = 41 \\ x - 2y - 3z = -5 \end{cases}$$

j)
$$\begin{cases} 3x - 4y + 5z - t = 6 \\ 2x + 7y - z + 2t = 21 \\ 7x + 3y + 5z - 6t = 4 \\ 2x + 6y - 3z + 3t = 17 \end{cases}$$

E12) Resolver os sistemas

a)
$$\begin{cases} x + y = 1 \\ x + z = 7 \\ y + z = -2 \end{cases}$$

f)
$$\begin{cases} x + 5y - 7z = 83 \\ 3x + 7y - z = 69 \\ 9x - 2y + 3z = 50 \end{cases}$$

b)
$$\begin{cases} x - y + z = 9 \\ 3y = 4x - 18 \\ 4z - 15 = x + y \end{cases}$$

g)
$$\begin{cases} x - 2y + 2z = 11 \\ 3x + y - z = 12 \\ x + 2y + 3z = 29 \end{cases}$$

c)
$$\begin{cases} x + 2y + 3z = -12 \\ x - y - 5z = 24 \\ 3x + 2y - z = 10 \end{cases}$$

h)
$$\begin{cases} 3x - y - 5z = -3 \\ 4y - x + z = 7 \\ 5x - y + 3z = 5 \end{cases}$$

d)
$$\begin{cases} 1/x + 1/y = a \\ 1/x + 1/z = b \\ 1/y + 1/z = c \end{cases}$$
OBS.: Substituir m=1/x, n=1/y, p=1/z

i)
$$\begin{cases} x + 2y - 3z = -33 \\ -x + 4y + z = -13 \\ 3x - 3y + 7z = 74 \end{cases}$$

e)
$$\begin{cases} 3x + 2y = 2 \\ 4x - 3z = 5 \\ 5y + 6z = -4 \end{cases}$$

j)
$$\begin{cases} 5x + 2y - z = 3 \\ 4x + 3y - 6z = -4 \\ x - y - 5z = -3 \end{cases}$$

Sistemas fracionários

Sistemas fracionários são aqueles que possuem incógnitas em denominadores. Resolve-se normalmente e no final deve ser feita a restrição dos denominadores serem diferentes de zero.

Exemplo:

$$\begin{cases} \dfrac{3}{3y - x} = \dfrac{7}{3x - y} \\[3mm] \dfrac{9}{4x - 3} = \dfrac{5}{4y - 3} \end{cases}$$

Restrições:
$3y - x \neq 0 \rightarrow x \neq 3y$
$3x - y \neq 0 \rightarrow y \neq 3x$
$4x - 3 \neq 0 \rightarrow x \neq 3/4$
$4y - 3 \neq 0 \rightarrow y \neq 3/4$

$3(3x - y) = 7(3y - x)$
$9x - 3y = 21y - 7x$
$16x = 24y$
$x = 3y/2$

348   O ALGEBRISTA

Desenvolvendo na $2^{\underline{a}}$ equação e trocando x por 3y/2:
$9(4y - 3) = 5(4x - 3)$
$36y - 27 = 20x - 15$
$36y - 20x = 12$
$36y - 20.(3y/2) = 12$
$36y - 30y = 12$
$6y - 5y = 2$
$y = 2$
$x = 3y/2 = 3$

Observamos que esses valores não afetam as restrições. Caso fossem afetados por qualquer uma das restrições, a solução teria que ser eliminada.

Resposta: x = 3, y = 2

Note que um sistema fracionário é aquele que possui incógnitas em denominadores. Um sistema que possui frações porém com denominadores numéricos, ou mesmo literais mas sem incógnitas, não é considerado fracionário. A única diferença entre um sistema fracionário e um não fracionário é que no caso do fracionário é preciso levar em conta as restrições para que o denominador não se anule, ou seja, eliminar as soluções que anulam o denominador. De resto, o método se solução é idêntico.

Exercícios

E13) Resolva os sistemas

a)
$$\begin{cases} \dfrac{1}{x} + \dfrac{1}{y} = \dfrac{20}{xy} \\[2mm] \dfrac{x-y}{8} = \dfrac{1}{2} \end{cases}$$

b)
$$\begin{cases} \dfrac{1}{4x} + \dfrac{1}{3y} = 2 \\[2mm] \dfrac{1}{y} - \dfrac{1}{2x} = 1 \end{cases}$$

c)
$$\begin{cases} \dfrac{5x + 7y}{x + y} = 6 \\[2mm] \dfrac{3(z - x)}{x - y + z} = 1 \\[2mm] \dfrac{2x + 3y - z}{\dfrac{x}{2} + 3} = 4 \end{cases}$$

d)
$$\begin{cases} \dfrac{1}{x + 2y - 3} + \dfrac{1}{3x - 2y + 1} = \dfrac{5}{12} \\[2mm] \dfrac{1}{x + 2y - 3} - \dfrac{1}{3x - 2y + 1} = \dfrac{1}{12} \end{cases}$$

e)
$$\begin{cases} \dfrac{a}{x} + \dfrac{b}{y} - \dfrac{c}{z} = m \\[2mm] \dfrac{a}{x} + \dfrac{b}{y} + \dfrac{c}{z} = n \\[2mm] -\dfrac{a}{x} + \dfrac{b}{y} - \dfrac{c}{z} = p \end{cases}$$

Capítulo 9 – Sistemas de equações do primeiro grau

Sistemas possíveis e determinados

Os sistemas lineares possíveis e determinados (S.P.D) são aqueles que apresentam uma solução única, ou seja, um único valor de x e um único valor de y. Ao resolvermos este tipo de sistema, sempre chegaremos a uma resposta do tipo x = valor e y = valor.

Para que um sistema 2x2 seja possível e determinado basta que seja atendida a seguinte condição:

$$\frac{A}{A'} \neq \frac{B}{B'}$$

Note que os sistemas indeterminados também são possíveis, porém apresentam infinitas soluções. Os sistemas determinados são possíveis e admitem uma única solução.

Retas concorrentes

As equações envolvendo duas incógnitas podem ser representadas por retas no plano xy. Duas equações são representadas por duas retas. Quando o sistema é determinado (e automaticamente, possível), essas duas retas são concorrentes, ou seja, encontram-se em um único ponto, que representa os valores de x e y que formam a solução do sistema. Nesse tipo de gráfico, as soluções são pontos (x, y) que estão simultaneamente nas duas retas, ou seja, satisfazem a ambas as equações.

Resolver um sistema de equações nada mais é que encontrar os pontos de interseção dos gráficos das suas equações.

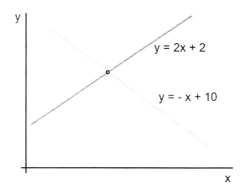

Considere por exemplo o sistema formado pelas duas equações, cujos gráficos são indicados ao lado:

y = 2x + 2
y = –x + 10

Não é necessário traçar os gráficos para solucionar o sistema, mas é interessante visualizar a solução como a interseção dos gráficos.

Os dois gráficos envolvidos são retas, pois são funções do 1º grau de x em y.

y = 2x + 2
y = –x + 10

2x + 2 = –x + 10
3x = 8
x = 8/3 e y = 22/3.

Note que as posições relativas das retas estão diretamente relacionadas com as soluções do sistema:

Retas concorrentes:	Solução única
Retas paralelas:	Sistema impossível
Retas coincidentes:	Sistema indeterminado, infinitas soluções.

Exemplo:
Dê o ponto de interseção das retas $y + 5x + 24 = 0$ e $y + x + 4 = 0$.

Solução:
Basta resolver o sistema
$-5x - 24 = -x - 4$
$5x + 24 = x + 4$
$4x = -20$
$x = -5$
$y = -x - 4 = -1$.

A solução do sistema é o ponto de interseção das retas.

Resposta $(-5, -1)$

Sistemas impossíveis

É também usado o termo "equações incompatíveis", caso em que é impossível encontrar valores que atendam às equações simultaneamente. Considere um sistema muito parecido com aquele usado como exemplo no tópico anterior:

$$\begin{cases} x + 2y = 5 \\ 2x + 4y = 11 \end{cases}$$

Este é um *sistema impossível* (S.I). Note que o primeiro membro da segunda equação é o dobro do primeiro membro da primeira ($2x + 4y$ é o dobro de $x + 2y$). Entretanto, o segundo membro da segunda equação não é o dobro do segundo membro da primeira equação (11 não é o dobro de 5). Isto é uma contradição que resulta em um sistema impossível. Nesse exemplo, se subtrairmos da segunda equação, o dobro da primeira, ficaremos com $0 = 1$, o que é impossível.

$$\begin{cases} -2x - 4y = -10 \\ 2x + 4y = 11 \end{cases}$$
$$\overline{}$$
$$0 = 1$$

Chamando de A, B, C, A', B' e C' os coeficientes das equações, na forma:

$$\begin{cases} Ax + By = C \\ A'x + B'y = C' \end{cases}$$

O sistema será impossível se: $\dfrac{A}{A'} = \dfrac{B}{B'} \neq \dfrac{C}{C'}$, sendo C e C' diferentes de zero.

Para C e C', valores como 1 e 0, ou 0 e 1 (ou qualquer outro valor diferente de 1) também são impossíveis.

Capítulo 9 – Sistemas de equações do primeiro grau   351

Retas paralelas

As equações que formam um sistema impossível são representadas por retas paralelas, ou seja, não existe um ponto (x, y) que esteja simultaneamente nas duas retas.

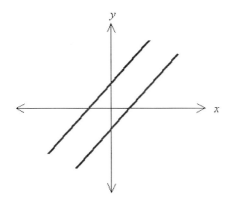

O fato de termos A/A' = B/B' implica que as retas tenham a mesma inclinação, mas o fato deste valor ser diferente de C/C' implica que as retas sejam diferentes, a retas paralelas diferentes não possuem um ponto de encontro.

Sistemas indeterminados

Um sistema linear com **n** incógnitas precisa de **n** equações independentes para determinar a sua solução. Considere por exemplo o seguinte sistema de 2ª ordem:

$$\begin{cases} x + 2y = 5 \\ 2x + 4y = 10 \end{cases}$$

Para encontramos duas incógnitas, precisamos de duas equações independentes, ou seja, duas informações. Ocorre que neste caso, a segunda equação não traz uma nova informação, pois esta nada mais é que a primeira equação escrita de uma outra forma. É óbvio que se **x + 2y** vale 5, então o seu dobro, que é **2x + 4y**, valerá 10. Portanto a segunda equação não fornece uma informação nova. A pesar de existirem duas equações, a segunda não conta, pois é na verdade uma espécie de "repetição" da segunda.

Sendo assim, o sistema fica indeterminado, ou seja, não há equações suficientes para determinar os valores de x e y.

Nesse exemplo, o sistema admite infinitas soluções, ou seja, é um *sistema possível indeterminado* (S.P.I). Podemos citar algumas soluções, como x = 1 e y = 2, ou x = –15 e y = 10, ou x = 0 e y = 2,5, e ainda infinitas outras.

Para que um sistema linear 2x2 seja indeterminado, é preciso que uma equação seja múltipla da outra, ou seja, tem que existir um fator k, tal que os termos da segunda sejam iguais a k vezes os termos da primeira. No nosso exemplo, vemos que os termos da 2ª equação são iguais ao dobro dos termos correspondentes na primeira, ou seja, k = 2. Também é correto dizer que os termos da primeira são a metade dos termos da segunda, nesse caso, teríamos k = 0,5.

Uma outra forma de definir a condição para que um sistema 2x2 seja indeterminado é a seguinte: chamando de A, B, C, A', B' e C' os coeficientes das equações, na forma:

$$\begin{cases} Ax + By = C \\ A'x + B'y = C' \end{cases}$$

O sistema será indeterminado se: $\dfrac{A}{A'} = \dfrac{B}{B'} = \dfrac{C}{C'}$, sendo C e C' diferentes de zero.

Se C e C' forem iguais a zero, a condição para que o sistema seja indeterminado é: $\dfrac{A}{A'} = \dfrac{B}{B'}$. Por exemplo considere o sistema:

$$\begin{cases} x + 2y = 0 \\ 2x + 4y = 0 \end{cases}$$

Como C e C' valem zero, a condição para que o sistema seja indeterminado é $\dfrac{A}{A'} = \dfrac{B}{B'}$. Podemos portanto encontrar infinitas soluções, como x = 0 e y = 0, x = 2 e y = –1, etc.

Resumindo, os valores de A/A' e B/B' têm que ser iguais, e os números C e C' devem ser ambos iguais a zero, ou então assumirem valores tais que C/C' seja igual a A/A'=B/B'=C/C'.

Dois exemplos de sistemas indeterminados:

$$\begin{cases} x + 2y = 0 \\ 2x + 4y = 0 \end{cases}$$

$$\begin{cases} x + 2y = 4 \\ 2x + 4y = 8 \end{cases}$$

Essas duas condições são as mesmas que dizer que existe um K real diferente de zero, tai que:

A'=K.A, B'= K.B e C'= K.C

Nesse caso, se C for zero, obviamente C' também terá que ser zero, e A, A', B e B' terão que ser diferentes de zero, caso contrario não teremos equações com duas incógnitas.

Com sistemas 3x3 e superiores, a condição para que seja, determinados, indeterminados ou impossíveis são muito mais complexas. Este tópico é objeto de estudo da *álgebra linear*, disciplina que é estudada no curso superior. No ensino médio é apresentada ainda uma álgebra linear básica, mas não suficiente para discussão dos sistemas lineares de ordem superior. Por isso a discussão de sistemas lineares, nos ensinos fundamental e médio, restringe-se a sistemas 2x2. No ensino médio é possível um estudo parcial do assunto, usando um tópico chamado "determinantes". O assunto é complexo, e é possível, por exemplo, que um sistema 3x3 forneça uma solução determinada para uma variável e indeterminada para as outras duas variáveis. Por isso o nosso estudo será restrito aos sistemas 2x2.

Retas coincidentes

Quando é obedecida a relação $\dfrac{A}{A'} = \dfrac{B}{B'} = \dfrac{C}{C'}$, significa que a mesma reta foi fornecida duas vezes, a menos por um fator multiplicativo.

Capítulo 9 – Sistemas de equações do primeiro grau 353

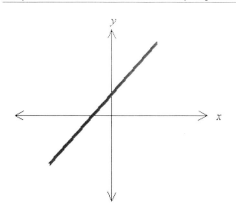

Sendo assim, a segunda reta não traz informação nova, é a mesma coisa que fornecer uma única equação (uma única reta, ou duas retas coincidentes). O gráfico das equações de um sistema como este é formado por duas retas coincidentes, ou seja, todos os pontos são soluções.

Exercícios

E14) Classifique os sistemas abaixo como determinado, indeterminado ou impossível

a) $\begin{cases} 5x - 5y = 10 \\ x - y = -3 \end{cases}$
f) $\begin{cases} -6x + 4y = 12 \\ -3x - y = 26 \end{cases}$
k) $\begin{cases} 8x + 7y = -24 \\ 6x + 3y = -18 \end{cases}$

b) $\begin{cases} -3x + 3y = 12 \\ 3x + 9y = 30 \end{cases}$
g) $\begin{cases} -9x - 5y = -19 \\ 3x - 7y = -11 \end{cases}$
l) $\begin{cases} -7x + 10y = 13 \\ 4x + 9y = 22 \end{cases}$

c) $\begin{cases} -2x - 5y = 10 \\ -10x - 10y = -30 \end{cases}$
h) $\begin{cases} -5x + 4y = 4 \\ -7x - 10y = -10 \end{cases}$
m) $\begin{cases} x - y = 10 \\ 2x - 2y = 21 \end{cases}$

d) $\begin{cases} -3x + 6y = -15 \\ x - 2y = 5 \end{cases}$
i) $\begin{cases} 3x + 7y = -8 \\ 4x + 6y = -4 \end{cases}$
n) $\begin{cases} x - 4y = 12 \\ -2x + 8y = -24 \end{cases}$

e) $\begin{cases} x + 3y = -1 \\ 10x + 6y = -10 \end{cases}$
j) $\begin{cases} -4x - 5y = 12 \\ -8x - 10 = 30 \end{cases}$
o) $\begin{cases} 6x + 3y = 12 \\ 6x - 3y = 0 \end{cases}$

E15) Determine o valor de **k** para que o sistema abaixo não tenha solução

$\begin{cases} -kx - 3y = 7 \\ 2x - 5y = 3 \end{cases}$

(A) 2 (B) 5 (C) 3 (D) –0,8 (E) –1,2

E16) Determine os valores de **m** e **p** para que o sistema abaixo seja indeterminado

$\begin{cases} mx - 3y = 2 \\ 2x + 6y = p - 3 \end{cases}$

E17) Calcular **p** e **k** para que o sistema abaixo seja indeterminado

$\begin{cases} x - py = 1 \\ 2x + y = k \end{cases}$

E18) Calcule **m** e **p** para que o sistema abaixo seja impossível

$\begin{cases} 3x + 2y = 4m + 4 \\ 6x - (p - 2)y = 1 \end{cases}$

E19) Determine **k** de modo que as equações abaixo sejam incompatíveis

354   O ALGEBRISTA

$$\begin{cases} (8k - 13)x + 5y = 10k + 8 \\ 7x - 2y = 12k + 14 \end{cases}$$

E20) Determine os valores de a e b para que o sistema abaixo seja impossível

$$\begin{cases} 3x - ay = 6 \\ 2x + 4y = a + 2b \end{cases}$$

E21) Determine k para que o sistema abaixo seja indeterminado

$$\begin{cases} 4x + ky = 14 \\ kx + 9y = 21 \end{cases}$$

E22) Calcular os valores de a e b para que o sistema abaixo seja indeterminado

$$\begin{cases} ax + 12y = 15 \\ 12x - 16y = b \end{cases}$$

E23) Determine m de modo que o sistema abaixo tenha uma infinidade de soluções

$$\begin{cases} mx - 6y = 5m - 3 \\ 2x + (m - 7)y = 29 - 7m \end{cases}$$

E24) Determine m de modo que o sistema abaixo não tenha solução

$$\begin{cases} m(x + y) = 5 - y \\ m(y + x + 1) = 12 - 2(3x + 2y) \end{cases}$$

Exercícios de revisão

OBS.: Em geral vale a pena simplificar uma equação, dividindo todos os seus valores por um mesmo número inteiro. O resultado é que ficarão números menores, de cálculo mais fácil.

OBS.: Em geral vale a pena multiplicar toda uma equação por um mesmo número inteiro, para evitar as frações, tornando o cálculo mais fácil.

E25) Resolver os sistemas

a) $\begin{cases} 2x + y = 1 \\ 7x + 8y = 19 \end{cases}$

f) $\begin{cases} x/9 + y/7 = 1/21 \\ x/12 - y/8 = -5/24 \end{cases}$

k) $\begin{cases} -8x + 3y = 17 \\ 7x + 8y = 34 \end{cases}$

b) $\begin{cases} 7x/6 + 5y/3 = -64 \\ 7x/8 + y/8 = 33 \end{cases}$

g) $\begin{cases} 12x + 6y = 48 \\ -2x + 7y = 16 \end{cases}$

l) $\begin{cases} x/y = 3/4 \\ 5x - 4y = -3 \end{cases}$

c) $\begin{cases} 10x + 4y = 2 \\ 20y - 5x = 5 \end{cases}$

h) $\begin{cases} x - 3y = 4 \\ 5x + 2y = 8 \end{cases}$

m) $\begin{cases} 1/x + 1/y = 7 \\ x/2 + y/3 = 3xy \end{cases}$

d) $\begin{cases} 2x - 6y = -22 \\ -3x + 18y = 78 \end{cases}$

i) $\begin{cases} x - 3y = 1 \\ 3x/4 - y = 2 \end{cases}$

n) $\begin{cases} 6/x + 2/y = 3 \\ 3/x - 4/y = -1 \end{cases}$

e) $\begin{cases} 3x - y = 1 \\ 2y - x = 8 \end{cases}$

j) $\begin{cases} -2y + x = 4 \\ x - y/2 = -2 \end{cases}$

o) $\begin{cases} x - 4y = -3 \\ 3x - 2y = 2 \end{cases}$

Capítulo 9 – Sistemas de equações do primeiro grau

E26) Resolver os sistemas

a)
$$\begin{cases} \dfrac{x+y}{2} - \dfrac{x-y}{6} = 8 \\[2mm] \dfrac{x}{3} + \dfrac{x+y}{3} = 14 \end{cases}$$

f)
$$\begin{cases} \dfrac{x}{a+b} + \dfrac{y}{a-b} = 2a \\[2mm] \dfrac{x-y}{2ab} = \dfrac{x+y}{a^2+b^2} \end{cases}$$

b)
$$\begin{cases} \dfrac{4+x}{5} + \dfrac{2x-3y}{2} = 3x-5 \\[2mm] \dfrac{5x-6}{5} - \dfrac{2x-5y}{3} = 2-5x \end{cases}$$

g)
$$\begin{cases} \dfrac{10+x}{3} - \dfrac{3x-y}{4} = 2x-5 \\[2mm] \dfrac{5x-3}{2} + \dfrac{3x-4}{6} = 15-3x \end{cases}$$

c)
$$\begin{cases} \dfrac{x}{4} + \dfrac{y}{5} = 2 \\[2mm] \dfrac{2x+1}{3} - \dfrac{y-3}{2} = 2 \end{cases}$$

h)
$$\begin{cases} \dfrac{x+y}{5} + \dfrac{x-y}{3} = 2 \\[2mm] \dfrac{11x-9y}{17} = 5 \end{cases}$$

d)
$$\begin{cases} \dfrac{x-2}{3} + \dfrac{y}{2} = \dfrac{11}{2} \\[2mm] -1+x - \dfrac{y-1}{2} = 4 \end{cases}$$

i)
$$\begin{cases} \dfrac{x+y}{2} - \dfrac{3x-4y}{5} = 0 \\[2mm] \dfrac{x-3y-1}{5} = \dfrac{4x-7y+4}{9} \end{cases}$$

e)
$$\begin{cases} \dfrac{x}{3} + \dfrac{y}{2} = 2 \\[2mm] \dfrac{2x+1}{3} + \dfrac{y-3}{2} = -\dfrac{1}{6} \end{cases}$$

j)
$$\begin{cases} a^2x - b^2y = a^2 + ab + b^2 \\ b^2x - a^2y = -ab \end{cases}$$

E27) O sistema

$2x - My = 6$
$Px + 4y = 14$

Tem solução x=6 e y=2. Encontre M e P

E28) Resolva o sistema de incógnitas x e y:

$$\dfrac{7}{x} + \dfrac{2}{y} = 5$$

$$\dfrac{1}{x} + \dfrac{4}{y} = -3$$

(A) Infinitas soluções
(B) x = 15/7 e y = 15/13
(C) Impossível

(D) $x = 1$ e $y = -1$
(E) Nenhuma das respostas acima

E29) Se x e y satisfazem ao sistema de equações

$$\frac{1}{2}x + y = 0$$

$$x - y = 3$$

Determine x + y

(A) –2   (B) –1   (C) 0   (D) 1   (E) 2

E30) Sejam x, y e z números reais que satisfazem às equações:

$$x + \frac{1}{yz} = \frac{1}{5} \qquad y + \frac{1}{xz} = -\frac{1}{5} \qquad z + \frac{1}{xy} = \frac{1}{3}$$

Encontre $\dfrac{z - y}{x - z}$

(A) –1/3   (B) –2   (C) 1/2   (D) –4   (E) 7/15

E31) Resolva o sistema
3x + 2y = 8
5x – 3y = 45

(A) (6, 5)   (B) (–6, 5)   (C) (6, –5)   (D) (–6, 5)

E32) O sistema

$$\begin{cases} 2x - 3y = 4 \\ -4x + 6y = -8 \end{cases}$$

é indeterminado. Dê uma de suas soluções

E33) Determine o valor de **a** para que o sistema tenha uma única solução

$$\begin{cases} \sqrt{2}ax + 10y = 30 \\ \sqrt{8}x + 5y = 23 \end{cases}$$

E34) Determinar os parâmetros **a** e **b** de modo que o sistema abaixo seja indeterminado.

$$\begin{cases} ax - by = 4 \\ 3x + 5y = 1 \end{cases}$$

E35) Qual é o valor negativo de **a** que torna indeterminado o sistema:

$$\begin{cases} a^2x - 3y = 3 + x \\ ax + 2y + 2 = 0 \end{cases}$$

E36) Determine **k** para que o sistema abaixo seja indeterminado

$$\begin{cases} mx + (k - 2)y = k \\ (k + 2)x + 3y = 1 \end{cases}$$

Capítulo 9 – Sistemas de equações do primeiro grau

357

E37) Calcule m e p de modo que o sistema abaixo seja indeterminado

$$\begin{cases} 6x + (m - 1)y = 4 \\ 9x - 2y = p + 1 \end{cases}$$

E38) No sistema abaixo

$$\begin{cases} kx - 2y = k + 2 \\ 3x + (5 - k)y = 2k + 2 \end{cases}$$

Determine k de modo que:

        a) as equações sejam incompatíveis

        b) o sistema seja indeterminado

E39) Determine k para que no sistema abaixo, os valores x e y sejam iguais

$$\begin{cases} kx - 6y = k - 1 \\ 2x + 3y = 11 \end{cases}$$

E40) Determine k para que o sistema abaixo seja indeterminado

$$\begin{cases} kx - 6y = 5k - 3p \\ (k - 4)x + 2y = 4k + 3 \end{cases}$$

E41) Determine a para que o sistema abaixo seja impossível

$$\begin{cases} 2x + 3y = -1 \\ a^2x + 6y = a \end{cases}$$

E42) Determine m de modo que as equações abaixo sejam compatíveis

$$\begin{cases} mx + y = 1 \\ x + y = 2 \\ x - y = m \end{cases}$$

E43) Para quais valores de a e b o sistema abaixo é indeterminado?

$$\begin{cases} 2x - 3y = a \\ 4x + by = 10 \end{cases}$$

E44) Calcule o valor de m para que o sistema abaixo seja impossível

$$\begin{cases} mx + 2y = 7 \\ 13x + 26y = 9 \end{cases}$$

E45) Determine k de modo que o sistema abaixo seja indeterminado

$$\begin{cases} 3x = ky \\ 12y = kx - 1 \end{cases}$$

E46) Qual é o valor do parâmetro m de modo que os sistemas abaixo sejam equivalentes?

$$\begin{cases} mx - 2my = 1 \\ mx + 3my = 2 \end{cases}$$

$$\begin{cases} x = a \\ y = -a \end{cases}$$

358 O ALGEBRISTA

E47) Determine os valores de a e b que tornam equivalentes os sistemas

$$\begin{cases} 2/y = 1/(x-y) \\ y - (x+y)/6 = 7/6 \end{cases}$$

e

$$\begin{cases} 3x + by = 19 \\ ax + by = 16 \end{cases}$$

E48) Calcule m e p de forma que o sistema seja impossível

$$\begin{cases} 3x + 2y = 4m + 1 \\ 6x - (p+2)y = 1 \end{cases}$$

E49) A soma de três números inteiros e consecutivos é igual a S. Sendo x o menor desses três números, então tem-se:

(A) S = 3(x + 1)   (B) S = 3(x – 1)   (C) S = 3x + 1   (D) S = 6x   (E) S = 3x

E50) A sentença $\dfrac{x}{2} - \dfrac{y-1}{3} = 1$ também pode ser escrita da forma:

(A) 3x+2y–4=0   (B) 3x–2y+4=0   (C) 3x–2y–4=0   (D) 3x+2y+4=0   (E) 3x–2y–8=0

E51) Dividindo-se 70 em três partes, de modo que a primeira esteja para a segunda assim como 2 está para 3, e que a segunda esteja para a terceira assim como 4 está para 5, o valor da terceira parte é:

(A) 16   (B) 20   (C) 24   (D) 30   (E) NRA

E52) O produto de dois números é 1125. Adicionando 3 unidades ao multiplicando, o produto passa a ser 1260. O maior dos dois números é:

(A) 65   (B) 55   (C) 45   (D) 35   (E) 35

E53) O dobro do número que aumenta 144 unidades quando se acrescenta um zero à sua direita é:

(A) 72   (B) 54   (C) 48   (D) 36   (E) 32

E54) A diferença entre dois números é 24. Somando-se 5 unidades a cada um deles, o maior torna-se o quádruplo do menor. O maior número é:

(A) 27   (B) 30   (C) 40   (D) 50   (E) NRA

E55) Sejam a e b dois números naturais consecutivos. Se 1/a + 1/b = 13/42, então o maior deles é:

(A) 4   (B) 5   (C) 6   (D) 7   (E) 8

E56) A interseção das retas $\dfrac{x}{3} - \dfrac{3y}{5} + 4 = 3$ e $\dfrac{1}{2x-3y} - \dfrac{8}{3} = -3$ é o par ordenado:

(A) (1, 2)   (B) (6, 5)   (C) (1, –6)   (D) (6, –5)   (E) NRA

E57) Existem alguns números de 4 algarismos com as seguintes características:

1ª) Os dois algarismos do meio são iguais

Capítulo 9 – Sistemas de equações do primeiro grau

2ª) O número formado pelos dois algarismos da direita é o dobro do número formado pelos dois algarismos da esquerda. Exemplo: 1224.
Escreva o maior deles

E58) Sabendo-se que $4x - y = 5$ e que $2x - 3y = 1/2$, calcule $x + y$.

E59) Um número inteiro N é composto de três algarismos cuja soma é 21. Trocando-se a posição do algarismo das unidades com o das dezenas, o novo número formado é 45 unidades maior que N. Calcule N.

E60) Sabendo que $x/y = 0,5$; $y = 0,76$ e $x + y + z = 7,14$, determine o valor numérico de z.

E61) Resolva o sistema

$$\begin{cases} \dfrac{x-3}{2} - \dfrac{y-1}{4} = 0 \\ \dfrac{1}{x} - \dfrac{1}{y} = 0 \end{cases}$$

E62) Qual dos sistemas abaixo tem (4, 3) como solução?

(A) $4x + 3y = 25$
    $4x + 3y = 12$

(B) $5x + y = 23$
    $x + 5y = 19$

(C) $x^2 - 2x - y = 5$
    $x - 2y = -2$

(D) A e B

(E) B e C

E63) Uma fração e tal que seu denominador é uma unidade menor que o dobro do numerador. Se adicionamos 7 a ambos os termos da fração original, a fração resultante será equivalente a 7/10. Encontre a fração original.

(A) 7   (B) 7/13   (C) 0/3   (D) Não há informação suficiente

E64) Calcule $a^3 + b^3$, sabendo que a e b são soluções do sistema

$$\begin{cases} x - 2y = 3 \\ 2x + y = 1 \end{cases}$$

(A) 4   (B) 3   (C) 2   (D) 1   (E) 0

E65) Resolver
$w + x + y = 4$
$x + y + z = -5$
$y + z + w = 0$
$z + w + x = -8$

E66) Quantas soluções tem o sistema?

$$\begin{cases} 35x + 2y = 5 \\ 2x - 35y = 7 \end{cases}$$

E67) Se $(1/2)a - 2(a + 1) = a$ e $b + (1/3)(b - 1) = 1$, encontre $a + b$

(A) –1   (B) 0   (C) 1/5   (D) 3/5   (E) NRA

360 O ALGEBRISTA

E68)Calcule $x^2 + y^2$, sendo x e y soluções do sistema

$$\begin{cases} x - y = 3 \\ 3x + y = 5 \end{cases}$$

(A) 1   (B) 2   (C) 3   (D) 4   (E) 5

E69) O numerador de uma fração é 7 unidades a menos que o denominador. Se o numerador for reduzido de 2 unidades e o denominador aumentado de 3, o valor da fração passa a ser 1/3. Qual é a fração?

(A) 3/5   (B) 8/5   (C) 8/15   (D) 3/10   (E) 1/8

E70) Se $2^{x+2y} = 32$ e $2^{2x+3y} = 256$, então quanto vale 2^{y-x} ?

(A) 1   (B) 2   (C) 4   (D) 8   (E) 16

E71) O triplo do segundo de três inteiros consecutivos pares é 14 vezes a soma do primeiro com o terceiro. Encontre o número do meio.

(A) 10   (B) 16   (C) 12   (D) 0   (E) 18

E72) Se x e y são números reais tais que 2x + 3y = 13 e 3x – 4y = 45, então 4x + 5y vale:

(A) 16   (B) 51   (C) 0   (D) –11   (E) 29

E73) O numerador de uma fração é 7 menos que o denominador. Se 4 é subtraído do numerador e 1 é adicionado ao denominador, a fração resultante é igual a 1/3. Encontre a fração.

E74) Resolver o sistema

$$\begin{cases} 4x + 2y - 3z = 8 \\ x - 3y - 5z = 0 \\ 3x - y + z = -8 \end{cases}$$

E75) O sistema

$$\begin{cases} 3x - 2y = 5 \\ kx + 3y = 7 \end{cases}$$

tem uma solução única, <u>exceto</u> quando k vale:

(A) –3   (B) –2   (C) 0   (D) 9/2   (E) –9/2

E76) Resolver o sistema

$$\begin{cases} 3x + 4y = 23 \\ x - 3y = -1 \end{cases}$$

E77) Dado que $\sqrt[16]{2^x} \cdot \sqrt{2^y} = 128$ e $\sqrt[8]{2^x} \cdot \sqrt[4]{2^y} = 32$, encontre x + y.

E78) Sendo $3^{a+b} = 1/9$ e $3^{a-b} = 9$, calcule b

(A) 2   (B) –2   (C) 0   (D) 1   (E) –1

CONTINUA NO VOLUME 2: 70 QUESTÕES DE CONCURSOS

Capítulo 9 – Sistemas de equações do primeiro grau 361

Exemplos:

E79) CN 2005 - Seja S o sistema:

$$\begin{cases} 2x + 3y = 7 \\ 3x + 2y = 9 \\ ax + by = c \end{cases}$$

É correto afirmar, em relação aos parâmetros reais, a, b e c, que:

(A) Quaisquer que sejam, S será possível e determinado.
(B) Existem valores desses parâmetros que tornam S possível e determinado.
(C) Quaisquer que sejam, S será possível e indeterminado.
(D) Existem valores desses parâmetros que tornam S indeterminado.
(E) Quaisquer que sejam, S será impossível.

E80) CMBH 2005 - O par ordenado (a, b) é solução do sistema

$$\begin{cases} \dfrac{-7x}{8} - \dfrac{8y}{7} = \dfrac{18}{5} \\ \dfrac{-y}{7} + \dfrac{x}{8} = \dfrac{-22}{5} \end{cases}$$

Então, a soma **a+b** vale:

(A) –10   (B) –9   (C) –8   (D) 1   (E) 120

E81) EsPCEx 2010 - Para que o sistema linear

$$\begin{cases} 2x + y = 5 \\ ax + 2y = b \end{cases}$$

seja possível e indeterminado, o valor de **a + b** é:

(A) –1   (B) 4   (C) 9   (D) 14   (E) 19

E82) CN 2013 - Dado que a e b são números reais não nulos, com $b \neq 4a$, e que:

$$\begin{cases} 1 + \dfrac{2}{ab} = 5 \\ \dfrac{5 - 2b^2}{4a - b} = 4a + b \end{cases}$$

qual é o valor de $16a^4b^2 - 8a^3b^3 + a^2b^4$?

(A) 4   (B) 1/18   (C) 1/12   (D) 18   (E) 1/4

E83) EPCAR 2011 - Considere três números naturais a, b e c, nessa ordem. A soma desses números é 888, a diferença entre o primeiro e o segundo é igual ao terceiro. O terceiro deles excede o segundo em 198. O valor da diferença entre o primeiro e o terceiro é tal que excede 90 em

(A) 23   (B) 33   (C) 43   (D) 53

Respostas dos exercícios

E1)
a) x = 10 e y = 10
b) x = 7 e y = 5
c) x = 1 e y = 2
d) x = 2 e y = 1
e) x = 3 e y = 4
f) x = –2 e y = 1
g) x = 3 e y = 3
h) x = 5 e y = –3
i) x = 2 e y = 0
j) x = –1 e y = 1
k) x = 0 e y = 1
l) x = 2 e y = 1
m) x = 3 e y = 2
n) x = –3 e y = 2
o) x = 0 e y = 0

E2)
a) x = –2 e y = 4
b) x = 8 e y = 10
c) x = –3 e y = –5
d) x = –2 e y = –9
e) x = 0 e y = 4
f) x = 8 e y = 2
g) x = 4 e y = 6
h) x = –2 e y = 3
i) x=–120/17 e y=212/17
j) x = –2 e y = 18
k) x = 1 e y = –1
l) x = –1 e y = –3
m) x = –8 e y = 9
n) x = –2 e y = 1
o) x = 2 e y = 4

E3)
a) Indeterminado
b) x = 2 e y = –2
c) x = –3 e y = 6
d) x = 1 e y = –2
e) x = –1 e y = 0
f) x=–58/9 e y=–20/3
g) x = 1 e y = 2
h) x = 0 e y = 1
i) x = 2 e y = –2
j) x = –3 e y = 0
k) x = –3 e y = 0
l) x = 4 e y = 3
m) x = 5 e y = 7
n) Indeterminado
o) x = 1 e y = 2

E4)
a) x = 4 e y = 5
b) x = –2 e y = 3
c) x = –1 e y = –3
d) x = 2 e y = 2
e) x = 1/2 e y = 5/2
f) x = –12/5 e y = –16/5
g) x = –10 e y = 4
h) x = 1 e y = 5
i) x = 9 e y = 6
j) x = 2 e y = –5
k) x = 1/16 e y = 9/16
l) x = –17/2 e y = 27/2
m) x = 0 e y = –4
n) x = –35 e y = 9
o) x = 9/7 e y = 1/7

E5)
a) x = 1 e y = 2
b) x = 3 e y = 5
c) x = 4 e y = 3
d) x = 5 e y = 2
e) x = –3 e y = 4
f) x = 2 e y = 3
g) x = 4 e y = –2
h) x = 3 e y = –5
i) x = 7 e y = –1
j) x = –2 e y = 6
k) x = 5 e y = 3
l) x = 2 e y = 4
m) x = –3 e y = –4
n) x = 3 e y = 1
o) x = 2 e y = –1

E6)
a) x = 3 e y = 0
b) x = 1 e y = 2
c) Impossível
d) x = 2 e y = –2
e) x = 2 e y = 6
f) x = –1 e y = 5
g) x = 8 e y 14/5
h) x = 2 e y = 3
i) x = –4 e y = 1
j) x = 5 e y = –4
k) x = 3 e y = 5
l) x = –2 e y = 1/2
m) x = –5 e y = 30
n) x = –1 e y = –4
o) x = 2 e y = 1

E7)
a) x = 1 e y = 0
b) x=16/27 e y=–1/27
c) x = 53/51 e y = 14/51
d) x = 1 e y = –1
e) x = 23/43 e y = 15/43
f) x = –2/7 e y = 5/7
g) x = –8 e y = 7/2
h) x = 26/31 e y = –1/31
i) x = 136/41 e y = 25/41
j) x = 18/29 e y = 25/232

E8)
a) x = 2 e y = 4
b) x = –4 e y = 3
c) x = 18 e y = 6
d) x = 4 e y = 5
e) x = –2 e y = 6
f) x = 1/2 e y = 1/3
g) x = 1 e y = 1
h) x = 3 e y = 4
i) x = 4 e y = 1
j) x=a/(a–b) e y=b/(a+b)

E9) Mesmas respostas do E7.

E10)

a) $x = \dfrac{a+b}{a-b}$ e $y = \dfrac{b}{a-b}$

f) $x = y = a + b$

b) $x = \dfrac{a}{b}$ e $y = \dfrac{1}{b}$

g) $x = \dfrac{m-1}{m+1}$ e $y = -\dfrac{m-7}{m+1}$

Sugestão: Multiplique a 2ª equação por b e some as duas equações, eliminando y e encontrando x. Substitua o valor de x encontrado em uma das equações e encontre y.

c) $x = m + n$ e $y = m - n$

h) $x = b$ e $y = a$

Sugestão deixar m+n e m–n indicados até o final de

Capítulo 9 – Sistemas de equações do primeiro grau

cada equação.

d) $x = \dfrac{m}{m-n}$ e $y = \dfrac{n}{m+n}$

e) $x = \dfrac{a+b+c}{ad}$, $y = \dfrac{a+b+c}{bd}$,

$z = \dfrac{a+b+c}{cd}$

i) $x = a - 2b + 3c$ e $y = a + 2b - 3c$

j) $x = \dfrac{c+d}{2(a+b)}$ e $y = \dfrac{c-d}{2(a-b)}$

E11)
a) x = 1, y = 2, z = 3
b) x = 9, y = –2, z = –5
c) x = 2, y = 3, z = 5

d) x = 3, y = 1, z = –2
e) x = 2, y = –1, z = 3
f) x = 3, y = 3, z = 2

g) x = –1, y = 2, z = –4
h) Indeterminado
i) Impossível

j) x=1, y=2, z=3, t=4

E12)
a) x = 5, y = –4, z = 2

b) x = 3, y = –2, z = 4
c) x = 5, y = –4, z = –3

d) x = 2/(a+b–c),
  y = 2/(a–b+c) e
  z = 2/(–a+b+c)
e) x = 2, y = –2, z = 1
f) x = 9, y = 5, z = –7

g) x = 5, y = 3, z = 6

h) x = –2, y = 0, z = 5
i) x = 1, y = –5, z = 8

j) x = 1/2, y = 1, z = 3/2

E13)
a) x = 12 e y = 8

b) x = 1/4 e y = 1/3
Sugestão: Substituir a=1/x e b=1/y, ficando com um sistema linear.

c) x = 8, y = 8, z = 12
Elimine os denominadores ficando com sistemas lineares de 3 equações

d) x = 3 e y = 2
Sugestão: igualar os denominadores respectivamente a **a** e **b**, chegando a um sistema sem frações.

e) x = 2a/(m – p),
y = 2b/(p + n),
z = 2c/(n – m)

E14)
a) Impossível
b) Determinado
c) Determinado
d) Indeterminado

e) Determinado
f) Determinado
g) Determinado
h) Determinado

i) Determinado
j) Impossível
k) Determinado
l) Determinado

m) Impossível
n) Indeterminado
o) Determinado

E15) (E) **E16)** m=p=–1 **E17)** p = –1/2 e k = 2 **E18)** m ≠ –7/8 e p = –2

E19) k = –9/16 **E20)** a = –6, b ≠ 5 **E21)** k = –6 **E22)** a = –9, b = –20

E23) m = 3 **E24)** m = –2

E25)
a) x = 3, y = –5
b) x = 48, y = –72
c) x = 1/11, y = 3/11
d) x = 4, y = 5

e) x = 2, y = 5
f) x = –12/13, y = 41/39
g) x = 5/2, y = 3
h) x = 32/17, y = –12/17

i) x = 4, y = 1
j) x = –4, y =–4
k) x = –2/5, y = 23/5
l) x = 9, y = 12

m) x = 1/3, y = 1/4
n) x = 3, y = 2
o) x = 7/5, y = 11/10

E26)
a) x = 20, y = 2

b) x = –73/75,
y = 1888/375

c) x = 4, y = 5

d) x = 8, y = 6

e) x = –3, y = 6

f) x = (a+b)², y = (a–b)²

g) x = 103/36,
y = –613/108

h) x = 2, y = –7

i) x = –377/135,
y = –29/135

j) x = a/(a – b)
  y = b/(a = b)

Sugestão: Somar as equações e simplificar, subtrair as equações e simplificar, ficando com um sistema equivalente e mais simples.

364   O ALGEBRISTA

E27) M = 3, P = 1   E28) (D)   E29) (D)   E30) (D)   E31) (C)

E32) Qualquer solução (x, y) de tal forma que tenhamos y = (2x – 4)/3. Por exemplo, se x = 5, y = 2.

E33) a ≠ 4   E34) a = 12, b = –20   E35) –2

E36) k = –1 (e também m = –1)   E37) m =–1/3, p = 7

E38) a) k = 6 ou k = –1   b) Não existe k que torne o sistema indeterminado

E39) k = 61/6   E40) k = 3, p = 20   E41) a = 2

E42) m = 0 ou m = –1   E43) a = 5, b = –6   E44) m = 1

E45) Nenhum valor de k tornará o sistema indeterminado

E46) Não existe valor de m que torne as equações equivalentes com essas soluções.

E47) a=2, b=5   E48) p=–6, m≠–1/8   E49) (A)

E50) (C)   E51) (D)   E52) (C)   E53) (E)   E54) (A)

E55) (D)   E56) (B)   E57) 4998   E58) 7/4   E59) 849

E60) z = 6   E61) x = y = 5   E62) (E)   E63) (B)   E64) (E)

E65) x=–3, y=5, z=–7, w=2   E66) uma   E67) (C)   E68) (E)

E69) (C)   E70) (B)   E71) (D)   E72) (E)   E73) 5/2

E74) x=–1, y=3, z=–2   E75) (E)   E76) x=5, y=2   E77) 28

E78) (B)   E79) (B)   E80) (C) Sugestão: Subtrair as equações

E81) (D)   E82) (E)   E83) (B)

Capítulo 10

Problemas do primeiro grau

Problema, equação, solução

Resolver um problema do primeiro grau consiste em resolver uma equação ou sistema do primeiro grau. A diferença é que as equações não são fornecidas. Ao invés disso, é apresentada uma "história", a partir da qual as equações devem ser encontradas. Em alguns casos é extremamente fácil encontrar as equações que resolvem o problema, em outros casos pode ser mais difícil. Daí, resolvem-se as equações envolvidas.

Uma etapa final é importantíssima, e muitos alunos erram a questão por distração:

A solução da equação não necessariamente é a solução do problema.

Ou seja, eventualmente alguma etapa adicional deve ser realizada para responder o que o problema pede.

Um exemplo: "a soma dos algarismos do número que resolve o problema é...."

Finalmente, usamos a etapa de verificação, que consiste em conferir a resposta encontrada nos dados do problema original, visando detectar eventuais erros.

Exemplo:
Encontre dois números, sabendo que sua soma é 18 e sua diferença é 8.

Solução:
O problema pede que sejam encontrados dois valores, que são os números envolvidos. Temos então <u>duas incógnitas</u>, por isso precisamos de <u>duas equações</u>. Essas equações devem ser encontradas a partir do enunciado do problema. Neste caso é extremamente fácil encontrar essas equações, pois estão explícitas no enunciado. Chamando os números de x e y temos:

A soma dos números é 18   ➔ $x + y = 18$
A diferença dos números é 8   ➔ $x - y = 8$

Resolvendo o sistema, por adição, ficamos com:

2x = 26
x = 13
13 + y = 18
y = 5

De fato, 13 + 5 = 18 e 13 − 5 = 8.

Resposta: Os números pedidos são 5 e 13

Na maioria das vezes, o enunciado do problema não traz as equações explícitas, mas sim, implícitas. O aluno deverá usar seus conhecimentos do mundo real, e muitas vezes leis da física, para chegar às equações a partir do enunciado.

Exemplo:
Um quintal tem galinhas e cabras, num total de 50 animais. Somando o número de pés de todos os animais, encontramos 120. Qual é o número de animais de cada tipo?

Solução:
Para formar as equações, é preciso levar em conta que as galinhas têm dois pés, e que as cabras têm quatro. Temos aqui duas incógnitas:

x = número de galinhas
y = número de cabras

Observe que esses valores são exatamente o que pede o problema, ou seja, o número de animais de cada tipo.

Como temos duas incógnitas, precisamos de duas equações. O problema dá as duas informações necessárias para obter essas equações:

Número total de animais = 50
Número total de pés = 120

É preciso portanto converter essas duas informações para linguagem matemática, o que resultará nas duas equações das quais necessitamos.

Devemos então exprimir o número de animais e o número de pés matematicamente, ou seja, usando fórmulas em x e y. Neste exemplo é muito fácil:

Número total de animais: x + y
Número total de pés: se cada galinha tem dois pés e cada cabra tem 4 pés, então o número total de pés é **2x + 4y**.

Ficamos assim com o sistema:

$$\begin{cases} x + y = 50 \\ 2x + 4y = 120 \end{cases}$$

Da primeira equação temos x = 50 − y, que substituído na segunda resulta em:

2(50 − y) + 4y = 120
100 − 2y + 4y = 120

Capítulo 10 – Problemas do primeiro grau 367

$2y = 20$
$y = 10$
$x = 50 - y =$
$x = 40$

A solução do sistema é:
x = 40, y = 10

A solução do problema é: 40 galinhas e 10 cabras.

Resposta: 40 galinhas e 10 cabras

Conferindo a solução, calculando o número de animais e de patas:

Animais: $40 + 10 = 50$ ➔ OK
Patas: $2.40 + 4.10 = 120$ ➔ OK

É sempre bom conferir os resultados, checando-os com os dados do problema o que ajuda a detectar eventuais erros de cálculo.

Em concursos, é bom dizer adeus a esse tipo de problema, que é muito fácil. Ainda assim é preciso saber resolvê-los, pois são a base para resolver problemas mais difíceis.

Exemplo:
A soma de dois números é 100, e se o maior for dividido pelo menor, o quociente é 4 e o resto é 5. Determine os números.

Solução:
Chamemos os números de x e y. Tomemos arbitrariamente x como sendo o maior, e y como sendo o menor. Temos então a primeira equação:

$x + y = 100$

A segunda equação vem da informação: "se o maior for dividido pelo menor, o quociente é 4 e o resto é 5", ou seja:

Se x for dividido por y, o quociente é 4 e o resto é 5.

$$\begin{array}{c|c} x & y \\ \underline{5} & \overline{4} \end{array}$$

Isto é o mesmo que dizer: $x = 4y + 5$, que é a nossa segunda equação.

$$\begin{cases} x + y = 100 \\ x = 4y + 5 \end{cases}$$

Na segunda equação temos o valor de x em função de y. Substituímos esta expressão na primeira equação e ficamos com:

$(4y + 5) + y = 100$
$5y = 95$
$y = 19$ e $x = 81$

Conferindo o resultado nos dados do problema:

19 + 81 = 100 → OK
81 ÷ 19 = 4, resto 5 → OK

Solução do sistema: 81 e 19
Solução do problema: os números, 81 e 19

Resposta: Os números são 81 e 19

Um problema do primeiro grau recai em um sistema. Em alguns casos, uma única equação resolve o problema, quando um só valor é pedido.

Exemplo:
A pode fazer um trabalho em 6 dias, e B pode fazer o mesmo trabalho em 3 dias. Em quanto tempo A e B trabalhando juntos farão o trabalho?

Solução:
Se A faz o trabalho em 6 dias, então em cada dia, A faz 1/6 do trabalho.
Se B faz o trabalho em 3 dias, então em cada dia, B faz 1/3 do trabalho.

Trabalhando juntos, A e B farão em 1 dia, 1/6 + 1/3 = 1/2 do trabalho.

Logo, o trabalho todo será feito em 2 dias.

Note que neste exemplo, a equação, que é única, está implícita. É o mesmo que dizer que o trabalho será feito em *x* dias, e que em cada dia é realizado 1/x do trabalho. Mas

1/x = 1/6 + 1/3 → 1/x = 1/2 → x = 2

O caminho para resolver este tipo de problema é lembrar que a fração do trabalho diário que é realizado pelo grupo, é igual à soma das frações do trabalho total que cada participante realiza diariamente. Conhecendo esta fração total, achamos o seu inverso, e teremos o número de dias que o grupo em conjunto necessita para realizar todo o trabalho.

Exercícios

E1) (*) A soma de dois números é 124, e se o maior for dividido pelo menor, o quociente é 4 e o resto é 4. Encontre os números.

E2) A diferença de dois números é 91, e se o maior for dividido pelo menor, o quociente é 8 e o resto é 7. Encontre os dois números.

Alunos da EsPCEx

E3) Dividir o número 320 em duas partes de tal forma que a menor é contida na maior 11 vezes, com um resto de 20.

E4) A diferença entre dois números é 49, e se o maior for dividido pelo menor, o quociente é 4 e o resto é 4. Encontre os números.

Capítulo 10 – Problemas do primeiro grau   369

E5) (*) Uma fração torna-se igual a 1/2 se adicionamos 2 ao seu numerador, e torna-se igual a 1/3 se 3 é adicionado ao denominador. Encontre a fração.

E6) Se o numerador de uma certa fração é aumentado de 2 e seu denominador é reduzido em 1 unidade, a fração torna-se igual a 2. Se o numerador é aumentado do valor do denominador, e o denominador é aumentado de 1, seu valor será 5/4. Encontre a fração.

E7) em uma certa fração própria, a diferença entre o numerador e o denominador é 15. Se o numerador é multiplicado por 4 e o denominador é aumentado de 6, seu valor será igual a 1. Encontre a fração.

E8) (*) A soma dos dois dígitos de um número natural é 9, e se adicionarmos 9 ao número, os dígitos do número vão ser trocados. Encontre o número.

Sugestão: Se os dois dígitos são **a** e **b**, a representação decimal é **ab**, e o valor numérico é **10a + b**. Por exemplo, 37 = 3.10 + 7.

E9) A soma de um número natural de dois dígitos, com o número obtido com a troca dos seus dígitos entre si é 132, e a diferença desses dois números é 18. Encontre os números.

E10) Uma bolsa tem 34 moedas nos valores de R$ 0,05 e R$ 0,50. Determine o número de moedas de cada valor, sabendo que o valor total de todas as moedas juntas é R$ 13,40.

Note que nesses exercícios, as equações estão explícitas no enunciado. Na maioria dos problemas entretanto, as equações não estão explícitas, e o aluno deve usar outros conceitos para obtê-las a partir do enunciado. Passaremos agora a apresentar os métodos de resolução de certos problemas clássicos do primeiro grau. Todos esses problemas que serão abordados são bastante comuns em provas e concursos.

Problemas envolvendo idades

Este é um dos tipos mais comuns entre os problemas do primeiro grau.

Exemplo:
Um filho tem 1/4 da idade do pai. Dentro de 24 anos ele vai ter a metade da idade do pai. Qual é a idade do filho?

Solução:
Tipicamente esse tipo de problema envolve as idades atuais de duas pessoas, que podem ser as incógnitas do problema. São necessárias portanto duas equações, que devem ser obtidas do enunciado do problema. É preciso lembrar que quando uma pessoa envelhece um certo número de anos, a outra também envelhecerá o mesmo número de anos. A diferença entre as idades de duas pessoas permanece constante. Já a razão entre as idades varia sempre. É preciso levar em conta isso ao formar as equações.

Se o filho tem 1/4 da idade do pai, chamando essas idades de x e y, ficamos com a equação:

$y = 4x$

onde x é a idade atual do filho e y é a idade atual do pai.

Daqui a 24 anos, as idades serão:

370   O ALGEBRISTA

Filho: x + 24
Pai: y + 24 ou 4x + 24

Este princípio sempre tem que ser usado nos problemas de idade, ou seja, o aumento das idades é sempre o mesmo para todas as pessoas envolvidas. Não esqueça que x e y são as idades atuais, e não as idades no futuro.

Agora basta usar a última informação do enunciado, de que em 24 anos, o filho terá a metade da idade do pai. Já trocando y por 4x, ficamos com:

$$x + 24 = \frac{1}{2}\left(4x + 24\right)$$

x + 24 = 2x + 12

x = 12, y = 48

Verificando:
Hoje pai tem 48 e filho tem 12 (1/4)   : **OK!**
Em 24 anos terão 72 e 36 (1/2)   : **OK!**

Problemas do primeiro grau envolvendo idades consistem em formar equações para as idades atuais e para as idades em outra época, seja passado ou futuro, lembrando que os aumentos ou diminuições (no caso do passado), em anos, serão os mesmos, e formar as equações das relações entre as idades nas duas épocas do enunciado.

Exemplo:
A soma das idades de A e B é 30 anos, e dentro do 5 anos a idade de B será igual a 1/3 da idade de A. Encontre as idades.

Solução:
O método é o mesmo, mas ao invés de usar duas incógnitas, usaremos uma só, partindo das informações do enunciado. Isto equivale a usar o método de substituição para ficar com uma só incógnita:

Idade de A: x
Idade de B: 30 – x

Aqui já estamos usando a informação de que a soma das idades é 30. Assim já "gastamos" uma informação, mas ficamos agora com uma só incógnita.

Idades dentro de 5 anos:
A: x + 5
B: 30 – x + 5 = 35 – x

Usando agora a informação de que a idade de B será 1/3 da idade de A, o que é o mesmo que dizer que a idade de A será igual a 3 vezes a idade de B (assim evitamos frações), ficamos com:

x + 5 = 3.(35 – x)

x + 5 = 105 – 3x
4x = 100

Capítulo 10 – Problemas do primeiro grau — 371

$x = 25$

Então as idades de A e B são, respectivamente, 25 e 5

O que o problema pede: as idades atuais!

Resposta: A tem 25 anos e B tem 5 anos.

Verificação: em 5 anos, terão
A: $25 + 5 = 30$ anos
B: $5 + 5 = 10$ anos

De fato, A ficará com o triplo da idade de B, **OK!**

Exercícios

E11) B tem 1/6 da idade de A. Dentro de 15 anos, a idade de B será 1/3 da idade de A. Encontre as idades.

E12) A soma das idades de A e B é 30 anos, e dentro do 5 anos a idade de B será igual a 1/3 da idade de A. Encontre as idades.

E13) Um pai tem 36 anos, e seu filho tem 1/4 da idade do pai. Dentro de quantos anos a idade do filho vai ser igual à metade da idade do pai?

E14) A tem 60 anos e B tem 2/3 da idade de A. Dentro de quantos anos B terá 1/5 da idade de A?

E15) (*) Um filho tem 1/3 da idade do seu pai. Há quatro anos atrás, ele tinha apenas 1/4 da idade do pai. Qual é a idade de cada um hoje?

E16) A tem 50 anos e B tem a metade dessa idade. Dentro de quantos anos B terá 2/3 da idade de A?

E17) B tem a metade da idade de A. Há 10 anos atrás B tinha 1/4 da idade de A. Quais são suas idades atuais?

E18) A soma das idades de um pai e filho é 80 anos. Dentro de 5 anos o filho terá 1/4 da idade do pai. Quais são suas idades hoje?

E19) Maria é 18 anos mais velha que seu filho. Há um ano atrás, ela era 3 vezes mais velha que seu filho. Qual é a idade dela hoje?

E20) (*) Um pai tem o triplo da idade do seu filho, e sua filha é 3 anos mais nova que o irmão. Se a soma de todas as idades há 3 anos atrás era 63 anos, encontre a idade atual do pai.

Problemas de torneiras

Este é um problema clássico, muito comum em provas de concursos, que resulta em uma equação do primeiro grau, porém muitas vezes pode ser resolvido usando a "fórmula geral das torneiras":

372   O ALGEBRISTA

Se existem *n* torneiras que podem encher um tanque, cada uma delas em um tempo Ti (onde i é o número da torneira), o tempo para que todas elas juntas encham o mesmo tanque é dado pela fórmula:

$1/T = 1/T1 + 1/T2 + ... + 1/Tn$

Observe que para usar a fórmula não é necessário conhecer a capacidade do tanque, apenas o tempo necessário para cada uma delas sozinha encher o tanque.

A fórmula pode ser demonstrada facilmente somando as vazões das torneiras. Vazão é a quantidade de água que sai da torneira a cada unidade de tempo. A vazão pode ser calculada dividindo a capacidade do tanque pelo tempo para encher aquela capacidade.

Por exemplo, se uma torneira enche um tanque de 1000 litros em 2 dias, a vazão será:

1000 litros ÷ 2 dias = 500 litros por dia.

Ou seja, conhecendo a capacidade C do tanque, e o tempo T_i para uma torneira enchê-lo, a vazão relativa a esta torneira é C/T_i.

Se várias torneiras estiverem enchendo o tanque ao mesmo tempo, a vazão total será a soma das vazões:

$V = C/T_1 + C/T_2 + C/T_3 + ... + C/T_n$

Mas esta vazão total também pode ser calculada como sendo a capacidade do tanque (C) dividida pelo tempo (T) para as torneiras juntas encherem o tanque, que vale C/T.

$C/T = C/T_1 + C/T_2 + C/T_3 + ... + C/T_n$

Simplificando por C (ou seja, a capacidade do tanque não precisa ser dada), ficamos com:

$1/T = 1/T_1 + 1/T_2 + 1/T_3 + ... + 1/T_n$

Isto demonstra a "fórmula das torneiras". Note que ele só pode ser usada quando todas as torneiras são abertas e fechadas juntas. A fórmula não pode ser usada em problemas como "abrir somente a primeira durante duas horas, e depois abrir também a segunda...".

Exemplo:
Três torneiras são capazes, cada uma delas, de encher um tanque em respectivamente 2, 3 e 6 horas. Se forem abertas as três juntas, em quanto tempo o tanque será cheio?

Solução:
Este problema pode ser resolvido pela fórmula das torneiras, pois todas são abertas ao mesmo tempo e trabalham juntas até encher o tanque. Os tempos de enchimento do tanque por cada torneira são:

T1 = 2h, T2 = 3 h e T3 = 6h. Então:

$$\frac{1}{T} = \frac{1}{2} + \frac{1}{3} + \frac{1}{6}$$

Capítulo 10 – Problemas do primeiro grau 373

$$\frac{1}{T} = \frac{3+2+1}{6} = \frac{6}{6} = 1$$

T = 1h

Resposta: 1 hora

Os "problemas de torneiras" não precisam necessariamente lidar com tanques, reservatórios e torneiras. Certos problemas que lidam com elementos diferentes, porém matematicamente semelhantes, podem ser resolvidos por métodos semelhantes ao usado nos problemas relativos a torneiras.

Exemplo:
A pode fazer um serviço em 3 dias, **B** em 5 dias e **C** em 6 dias. Quanto tempo levará para que realizem o mesmo serviço, trabalhando juntos?

Solução:
Este problema é análogo a um problema de torneiras, no qual as torneiras A, B e C enchem o mesmo tanque, respectivamente em 3, 5 e 6 dias, e é pedido em quanto tempo as três torneiras juntas enchem o tanque. Nesse caso até mesmo a "fórmula das torneiras" pode ser usada, mas vamos resolvê-lo usando o conceito de "trabalho diário".

A faz o serviço em 3 dias ➔ **A** trabalha S/3 por dia, onde S é o total do serviço
Analogamente:

B faz o serviço em 5 dias ➔ **A** trabalha S/5 por dia
C faz o serviço em 6 dias ➔ **A** trabalha S/6 por dia

A cada dia, A, B e C juntos, farão no total, S/3 + S/5 + S/6 = 21S/30 = 7S/10

Para saber o número de dias (tempo) basta dividir o trabalho total (S) pelo trabalho realizado por dia (7S/10):

S ÷ (7S/10) = 10/7 dia

Resposta: 10/7 dia

Infelizmente, nem sempre esta fórmula pode ser usada diretamente. Aplica-se somente quando as torneiras operam juntas, do início ao fim.

Exemplo (CMRJ 2006)
Uma torneira enche um tanque em 12 minutos, enquanto que uma segunda torneira gasta 18 minutos para encher o mesmo tanque. Com o tanque inicialmente vazio, abre-se a primeira torneira durante x minutos. Ao fim desse tempo, fecha-se essa torneira e abre-se a segunda, a qual termina de encher o tanque em x + 3 minutos. Então, o tempo gasto para encher o tanque é, em minutos:

(A) 12   (B) 15   (C) 18   (D) 20   (E) 24

Solução:
A conhecida "fórmula das torneiras" não pode ser usada aqui, pois é válida apenas para torneiras que operam juntas do instante em que o tanque está vazio, até ficar totalmente cheio.

374   O ALGEBRISTA

Nesse caso precisamos trabalhar com outras grandezas: capacidade, tempo e vazão.

C = volume do tanque
T = tempo para uma torneira encher o tanque
V = vazão = Capacidade/Tempo

Chamemos a capacidade do tanque de C. Cada torneira tem uma vazão igual à capacidade do tanque, dividida pelo tempo necessário para enchê-la. Neste problema, assim como em muitos, a capacidade não é dada, e nem mesmo é pedida. Em geral quando isso ocorre, o valor de C irá "cortar" na equação. Deixemos então a capacidade como sendo C litros, apenas por uma questão de convenção de unidades, funcionaria da mesma forma se fossem metros cúbicos ou outra medida de volume. Dados os temos para encher o tanque com as torneiras 1 e 2, podemos calcular as respectivas vazões:

Torneira 1: v1 = C/T1 = C/12 litros/min
Torneira 2: v2 = C/T2 = C/18 litros/min

Da mesma forma como v = C/T, temos que C = v.T, ou seja, deixando a torneira 1 aberta por um tempo T, o tanque encherá até sua capacidade total C. Se a torneira for aberta por um tempo maior que T, o tanque obviamente transbordará. Se for aberta por um tempo menor que T, uma quantidade parcial do tanque será cheia.

Cada torneira encherá uma parte do tanque, sendo as partes correspondentes a cada torneira, somadas, resultarão na capacidade total do tanque:

1ª parte: C1 = v1.x
2ª parte: C2 = v2.(x + 3)

Somando essa duas igualdades, ficamos com:

C1 + C2 = C = v1.x + v2.(x + 3)

Como v1 e v2 valem, respectivamente, C/12 e C/18, ficamos com:

C = x.C/12 + (x + 3).C/18

Isto é o mesmo que dizer:

Capacidade do tanque = Volume cheio pela 1ª torneira + Volume cheio pela 2ª torneira.

O valor de "C" irá cancelar na equação, e ficamos apenas com:

$$1 = \frac{x}{12} + \frac{x+3}{18}$$

$$72 = 6x + 4x + 12$$

Solução da equação: x=6
Solução do problema: tempo para encher o tanque = x + x + 3 = 15 min

Resposta: (B) 15 min

Capítulo 10 – Problemas do primeiro grau

Exercícios

E21) (*) Uma cisterna possui três torneiras. A primeira é capaz de encher o tanque em 12 horas, a segunda em 20 horas, e as três juntas enchem o tanque em 6 horas. Quanto tempo a terceira torneira sozinha levará para encher a cisterna?

E22) (*) Um tanque tem 3 torneiras, sendo que duas podem enchê-lo por completo em 3 e 4 horas, respectivamente, e uma terceira que o esvazia em 6 horas. Em quanto tempo o tanque será cheio com as três torneiras operando simultaneamente?

E23) Um tanque possui três torneiras que o enchem respectivamente em 1h 40 min, 3 h 20 min e 5 horas. Em quanto tempo as três torneiras, operando juntas, encherão o tanque?

E24) Uma cisterna possui três torneiras. A primeira é capaz de encher o tanque em 12 horas, a segunda em 20 horas, e as três juntas enchem o tanque em 6 horas. Quanto tempo a terceira torneira sozinha levará para encher a cisterna?

E25) A pode fazer um trabalho em 5 dias, B em 4 dias, e C em 3 dias. Em quanto tempo os três farão o trabalho juntos?

E26) Um tanque pode ser cheio por uma torneira em 20 minutos, ou por outra, que leva 30 minutos. Quanto tempo as duas torneiras juntas levarão para encher o tanque:

E27) Haroldo faz um certo trabalho doméstico em 10 horas, mas sua esposa Cecília é capaz de fazer o mesmo em apenas 8 horas. Se fizerem todo o trabalho juntos, quanto tempo levarão?

E28) Uma piscina tem duas bombas d'água para enchê-la. Uma delas enche a piscina em 4 horas e meia, mas trabalhando em conjunto com outra bomba, a piscina enche em apenas 2 horas. Em quanto tempo a segunda bomba enche a piscina?

E29) (*) Sebastião demora 3 horas a mais que Jaime para cortar a grama de um grande campo. Juntos eles cortam toda a grama em 2 horas. Quanto tempo cada um deles, trabalhando sozinho, leva para cortar toda a grama?

E30) Um tanque d'água tem uma torneira que o enche em 8 horas, e um ralo que o esvazia em 16 horas. Depois de uma limpeza, esqueceram o ralo aberto, e a torneira para enchê-lo foi ligada. Em quantas horas o tanque ficará cheio?

Diagramas - "entendeu ou quer que eu desenhe? "

É uma piada bem conhecida, para chamar uma pessoa de, digamos, "intelectualmente deficitária", usar a expressão "entendeu ou quer que eu desenhe?". De fato, quando representamos uma situação através de um desenho, o entendimento fica bem mais fácil. Isso não significa que pessoas inteligentes devem entender tudo seu usar desenho, mas o fato é que quando acrescentamos um desenho ou uma representação gráfica qualquer, a compreensão é facilitada. Não significa que as pessoas devem se sentir "burras" quando usam desenhos ou diagramas nos problemas de matemática. Muito pelo contrário, esta prática deve ser incentivada.

Nos problemas de matemática é importante entender não só as fórmulas, mas também, visualizar o que está se passando, para que se tenha um bom entendimento do problema. Recomendamos que na resolução desses problemas, o aluno faça um desenho que ilustre o raciocínio matemático. No caso dos problemas de torneiras, não é para desenhar caixas d'água e torneiras, mas retângulos que representem a capacidade, nos quais a base representa o tempo de enchimento e a altura represente a vazão.

Considere por exemplo um reservatório que pode ser cheio com duas torneiras, T1 e T2, que o enchem respectivamente em 4 horas e 6 horas, e desejamos saber o tempo necessário para que as duas torneiras o encham juntas. Usando a "fórmula das torneiras", é fácil determinar a resposta:

$1/t = 1/t_1 + 1/t_2 = 1/4 + 1/6$

t = 2,4 horas

Muito mais importante que aplicar a fórmula é entender o que está se passando. Entendendo o que está se passando, o aluno será capaz de adaptar sua experiência a novos problemas semelhantes. Aprendendo a simplesmente aplicar uma fórmula, o aluno não terá a habilidade de visualizar problemas correlatos, e esquecerá o aprendido em alguns meses.

A figura abaixo representa o reservatório, de capacidade C, sendo enchido em 4 horas pela torneira T1. A área do retângulo tem área C, que é a capacidade do reservatório. A base representa o tempo para encher o reservatório, e a altura representa a vazão, no caso, a capacidade do reservatório C, divida por 4.

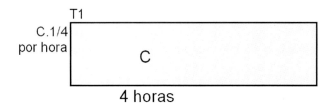

Área = base x altura

Capacidade = tempo x vazão

A capacidade do reservatório é representada pela área do retângulo.

A altura do retângulo nada mais é que a vazão da torneira T1. É dada pela capacidade total (C) dividida pelo tempo de enchimento total (4 horas). Sendo assim, esta vazão é C/4, que é o mesmo que C. 1/4. O produto da base pela altura, ou seja, vazão multiplicada pelo tempo, será igual à capacidade do reservatório:

4 . C/4 = C

Ocorre situação análoga com a torneira T2. A diferença é que seu tempo de enchimento é 6 horas, e a vazão é C/6, ou seja, enche 1/6 do reservatório a cada hora.

Também nesse caso a área do retângulo é C, a capacidade do reservatório. Multiplicando base por altura, ou seja, tempo de enchimento pela vazão da torneiras, encontramos a capacidade do reservatório:

6 . C/6 = C

Na terceira situação, as torneiras T1 e T2 são abertas simultaneamente. Como estão trabalhando juntas, o tempo para enchimento será menor. A figura abaixo mostra a situação que ocorre quando as duas torneiras são abertas.

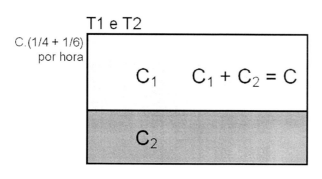

A vazão total é a soma das vazões das duas torneiras.

A capacidade é a mesma.

Calculamos o tempo total.

Cada torneira será responsável por encher uma fração do reservatório. Os dois retângulos indicados representam juntos, a parte que será cheia por cada torneira (obviamente a água das duas torneiras ficará misturada dentro do reservatório). As duas torneiras serão abertas no mesmo instante e fechadas no mesmo instante, então o tempo de enchimento (x horas) será o mesmo para as duas. Como a torneira T1 tem maior vazão (enche o tanque sozinha em apenas 4 horas, contra 6 horas da torneira T2), a altura do retângulo correspondente (vazão) é maior. A vazão total é a soma das vazões das duas torneiras, ou seja, C/4 + C/6. Finalmente, multiplicando esta vazão por x, o tempo de enchimento, o resultado será a capacidade do reservatório:

Calculando a área do retângulo total (C) com a soma das áreas dos dois retângulos menores, ficamos com:

C = C1 + C2

C = x.(C/4) + x.(C/6). Simplificando por C, resulta em:

1 = x/4 + x/6

24 = 6x + 4x

x=2,4

Resposta: 2,4 horas

Algumas variantes deste problema não podem ser resolvidas diretamente com a fórmula das torneiras. Isto ocorre, por exemplo, quando as torneiras não são abertas e fechadas simultaneamente. Pode-se deixar uma torneira operando sozinha, e depois de um tempo, abre-se a segunda. Nesses casos, a fórmula das torneiras não funciona, mas desenhando um diagrama, a solução fica simples. Geralmente nos concursos atuais, para dificultar, usam-se torneiras que são abertas e fechadas em instantes diferentes:

E31) (*) No exemplo anterior, a primeira torneira fica aberta sozinha na metade do tempo, depois é fechada e abre-se a segunda torneira, sozinha, na outra metade do tempo.

A figura para esta situação está indicada abaixo, e a resolução é deixada como exercício:

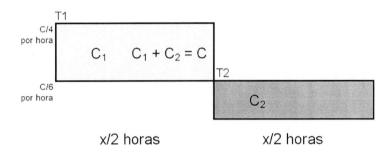

Note que nesse caso, cada torneira deve ser aberta na metade do tempo, que é ainda desconhecido, $x/2$. Os dois retângulos têm portanto, bases iguais, mas as alturas são diferentes: $C/4$ e $C/6$, que são as vazões de cada torneiras. Somando as áreas desses dois retângulos e igualando a C, chegaremos ao valor de x, o que fica para o aluno como exercício.

E32) Idem, considerando que a primeira torneira deverá ficar aberta até encher a metade do reservatório, e depois deverá ser fechada para que a segunda torneira, sozinha, encha a outra metade. Partindo do diagrama, o aluno deve inicialmente resolver o problema "de cabeça", justificando a resposta. Depois, através de cálculos repita o problema. Observe que cada torneira encherá a metade da capacidade ($C/2$), o e o tempo total será a soma dos tempos x e y que as torneiras levarão, respectivamente, para encher sua metade.

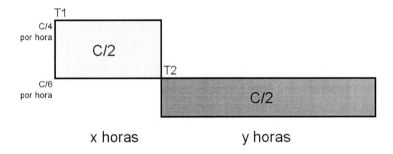

E33) Considerando o mesmo reservatório e as mesmas torneiras do problema anterior, considere que a torneira T2 foi aberta sozinha durante duas horas. Depois desse tempo, a torneira T1 também foi aberta, as duas passando a operar em conjunto, durante uma hora, e então a torneira T1 foi fechada. De quanto tempo precisará para terminar sozinha de encher o tanque?

Exercícios

E34) (*) Um tanque possui duas torneiras, capazes de enchê-lo em 8 e 6 horas, respectivamente. Inicialmente é aberta somente a primeira torneira, e depois que o tanque está 50% cheio, abre-se a segunda torneira, que opera junto com a primeira. Quanto tempo será necessário para encher o restante do tanque?

E35) (*) A e B trabalhando juntos aram um campo em 10 horas. A e C fazem o mesmo trabalho em 12 horas, e A sozinho faz o mesmo trabalho em 20 horas. Em quanto tempo B e C juntos farão o mesmo trabalho?

E36) A pode fazer um trabalho em 10 dias, B em 12 dias. A e B trabalhando com ajuda de C fazem o mesmo trabalho em 4 dias. Em quanto tempo C trabalhando sozinho faz o mesmo trabalho?

E37) A e B trabalhando juntos constroem um muro em 12 dias. A e C juntos fazem o mesmo trabalho em 15 dias, e B e C juntos levam 20 dias. Em quanto tempo os três trabalhando juntos farão o mesmo trabalho ?

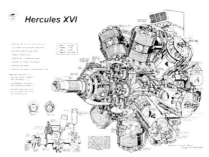

Diagrama de motor aeronáutico

E38) A e B juntos constroem um muro em 12 dias, A e C fazem o mesmo muro, trabalhando juntos, em 15 dias, e B e C fazem o mesmo muro juntos em 20 dias. Quanto tempo levarão para fazerem o muro, trabalhando juntos?

E39) Um tanque tem duas torneiras. Usando apenas uma delas, o tanque pode ser cheio em 6 horas a menos que se for enchido pela outra. Usando as duas torneiras juntas, o tanque é cheio em 4 horas. Determine o tempo que cada torneira leva para encher o tanque.

E40) Uma secretária A leva 6 minutos a mais que uma secretária B para digitar 10 páginas de texto. Se elas trabalharem juntas, levarão apenas 8 min 45s para digitar as 10 páginas. Quanto tempo cada secretária levará, sozinha, para digitar essas 10 páginas?

Problemas de espaço, tempo e velocidade

Muitos problemas simples de cinemática (estudo dos movimentos na física) são na verdade, problemas do primeiro grau, que usam a equação:

$$Velocidade = \frac{Espaço}{Tempo}$$

Se usarmos para essas três grandezas as letras V, E e T, esta fórmula pode ser escrita de várias fórmulas algebricamente equivalentes:

$$V = \frac{E}{T}, \quad T = \frac{E}{V}, \quad E = V.T$$

Note que todas são a mesma fórmula, escrita de formas diferentes. A partir de qualquer delas chegamos às outras por manipulação algébrica. Observe que esta fórmula só é válida para velocidades constantes. Quando a velocidade varia com o tempo, os cálculos são mais complexos, muitas vezes necessitando de conteúdos do curso superior (cálculo diferencial e integral).

Exemplo:
Um automóvel percorre uma estrada 60 km/h. Depois de uma hora, um segundo automóvel parte do mesmo ponto de onde partiu o primeiro, em sua direção, a 90 km/h. Em quanto tempo o segundo veículo ultrapassará o primeiro?

Solução:
A primeira coisa a fazer é pensar e entender o problema. A seguir, fazemos um desenho que representa o ocorrido:

Aqui é preciso apresentar dois valores físicos que permitirão a resolução do problema:

1) Quando o segundo carro começou a andar, a distância entre eles será de 60 km, pois o primeiro carro já terá andado 1 hora com a velocidade de 60 km/h, e pela fórmula

E = V.T, temos V = 60 km/h e T = 1 h, resultando em E = 60 km.

2) A velocidade de aproximação dos carros é a diferença entre as velocidades dos carros, ou seja, 90 km/h − 60 km/h = 30 km/h.

Agora podemos calcular o tempo para que o segundo carro alcance o primeiro, pela fórmula T = E/V.

T = 60 km / 30 km/h = 2 h.

Resposta: O segundo carro alcançará o primeiro em 2 horas.

Um tipo de problema clássico é o do barco que navega em um rio. Quando um barco navega em um rio, sua velocidade em relação à terra é influenciada pela velocidade da correnteza. Por exemplo, se a correnteza corre a 2 km/h, basta o barco ficar parado em relação ao rio e ser levado pela correnteza. Desta forma o barco correrá 2 km/h em relação à margem, mesmo com o motor parado ou sem remar.

Se o barco mover-se em relação ao rio, sua velocidade em relação à margem aumentará. Por exemplo, remando rio abaixo (a favor da correnteza) a 5 km/h em relação à água, o barco andará a 7 km/h em relação à margem (considerando a correnteza a 2 km/h).

Se o barco mover-se a 5 km/h rio acima, ou seja, contra a correnteza, sua velocidade efetiva, em relação à margem, será de 3 km/h (5 km/h − 2 km/h).

Resumindo, a velocidade de um barco é somada com a velocidade da correnteza, quando navegando rio abaixo, e é subtraída da velocidade da correnteza, quando remando rio acima.

Exemplo:
Um dia você foi andar de canoa em um rio. Você verificou que o rio corre a 2 km/h. Se você navega correnteza abaixo uma distância de 10 km no mesmo tempo que navegaria 2 km rio acima, determine a velocidade na qual sua canoa andaria em água parada.

(A) 3 km/h   (B) 0,5 km/h   (C) 5 km/h   (D) 1 km/h   (E) 2 km/h

Solução:
Os dados do problema nos permitem concluir que a velocidade efetiva (em relação à terra) rio abaixo, é 5 vezes maior que a velocidade rio acima, pois:

Capítulo 10 – Problemas do primeiro grau   381

Velocidade rio abaixo: VF = 10 km / T
Velocidade rio acima: VC = 2 km / T

Os trajetos de 10 km rio abaixo e 2 km rio acima são feitos no mesmo T, segundo o enunciado. Logo, VF = 5.VC (espaço = velocidade x tempo)

Navegando rio abaixo, a velocidade do barco (VB) soma-se à velocidade do rio
Navegando rio acima, a velocidade do barco é subtraída da velocidade do rio, que é 2 km/h.

Então, chamando de x a velocidade do barco:

VF = 5.VC

x + 2 = 5.(x − 2)
x + 2 = 5x − 10
4x = 12
x = 3

De fato, rio abaixo ficamos com 3 km/h + 2 km/h = 5 km/h
Rio acima ficamos com 3 km/h − 2 km/h = 1 km/h
Resultando em VF = 5.VC

Resposta: (A) 3 km/h

Exercícios

E41) (*) Dois trens em partem de um mesmo tempo, na mesma direção mas em linhas diferentes, horários diferentes e velocidades diferentes. O primeiro trem parte às 2 horas com velocidade de 80 km/h. Às 2:30 parte um segundo trem, na mesma direção, com velocidade de 120 km/h. A que horas o segundo trem ultrapassará o primeiro?

E42) (*) Repetir o problema anterior, nas mesmas condições, exceto que às 2:40 o primeiro trem faz uma parada de 20 minutos.

E43) Para percorrer uma certa distância, um trem capaz de andar a 40 km/h leva duas horas a menos que um outro trem que anda a 30 km/h para percorrer a mesma distância. Calcule a distância.

E44) Um trem fazia diariamente um percurso de 240 km/h a uma certa velocidade. Sua locomotiva foi trocada por um modelo mais potente, 20 km/h mais rápido, e o tempo de viagem foi reduzido em 1 hora. Quais eram as velocidades do trem, antes e depois da troca da locomotiva?

E45) Um atleta remou contra a correnteza de um rio uma distância de 2 km e retornou ao ponto de partida em um tempo total de 2h 24 min. Se a correnteza anda a 2 km/h, a qual velocidade, em relação à água, que ele remou?

E46) (*) Dois trens partem no mesmo instante, um da cidade A em direção à cidade B, a 80 km/h, e outro da cidade B para a cidade A, a 70 km/h. A distância entre as cidades é 300 km. Em quanto tempo os trens se encontrarão?

E47) Um barco faz um percurso de 24 km rio acima e volta os 24 km em um total de 5 horas. Sua velocidade rio acima é 4 km/h mais lenta que a velocidade rio abaixo. Qual é a velocidade do barco rio abaixo?

(A) 8 km/h   (B) 9,6 km/h   (C) 11.6 km/h   (D) 12 km/h   (E) 13.6 km/h

E48) Um barco tem velocidade de 20 km/h em água parada. Num rio cuja corrente flui a 10 km/h, o barco viaja uma certa distância rio abaixo e retorna. Encontre a razão entre o tempo da viagem de ida e volta e o tempo que levaria em água parada.

(A) 3:2   (B) 1:2   (C) 3:4   (D) 4:3   (E) 5:4   (F) Nenhuma dessas

E49) Uma família fez uma viagem de 260 km em um dia chuvoso. Na primeira parte do percurso, andaram a 50 km/h, então tiveram que reduzir para 10 km/h por que a chuva ficou muito intensa. Se o tempo total da viagem foi de 6 horas, qual foi a distância viajada a 10 km/h?

(A) 5 km   (B) 10 km   (C) 15 km   (D) 20 km   (E) 25 km

E50) (*) Carla dirige da cidade A para a cidade B a 45 km/h. Chegando em B, lá permaneceu por 10 horas, e então retornou para A a 75 km/h. Se o tempo total da viagem, da saída de A até a chegada a A foi de 50 horas, qual é a distância entre as duas cidades?

(A) 1190 km   (B) 1173 km   (C) 1175 km   (D) 1160 km   (E) 1125 km

Problemas de misturas

Este é mais um tipo de problema bastante comum em provas de concursos. Misturas envolvendo álcool e gasolina, misturas envolvendo água e ácido, com diferentes concentrações, misturas de substâncias em geral. Existem até problemas envolvendo misturas de jujubas com cereais.

Toda mistura de substâncias tem um parâmetro chamado concentração, que é uma relação entre os dois ingredientes (eventualmente podem ser mais de dois). Por exemplo, uma mistura com 20% de álcool e 80% de gasolina, ou uma mistura de 10% de ácido com 90% de água. Tipicamente, os problemas abordam uma mistura inicial, com uma determinada concentração, que é adicionada a outra mistura, ou somente um ingrediente puro da mistura original, e pedem a concentração da nova mistura.

Exemplo:
Quantos litros de água pura devem ser adicionados a 5 litros de uma mistura de água e ácido a 20%, pare resultar em uma nova mistura de água com ácido a 10%?

Solução:
Primeiro temos que calcular as quantidades de água e ácido na mistura original.

Capítulo 10 – Problemas do primeiro grau   383

5 L ácido e água a 20%, significa que o componente ativo, que é o ácido, corresponde a 20% do total. A água é o componente neutro, que serve apenas para diluir o ácido.

5 L da mistura = 0,2 . 5 = 1 L de ácido
0,8 .5 = 4 L de água

A seguir adicionamos x litros de água pura, ficando com uma nova mistura, contendo:

1 L de ácido
(4 + x) L de água
Volume total da mistura: (5 + x) litros

O problema exige que a nova mistura tenha 10% de ácido. Já contatamos que temos ao todo 1 L de ácido e (x + 5) litros de água. Então:

$$\frac{1}{x+5} = 10\% = 0.1$$

$$\frac{10}{x+5} = 1$$

x + 5 = 10
x = 5

Portanto devemos adicionar 5 L de água pura à mistura para que resulte em uma nova mistura com concentração de 10%.

Resposta: 5 L

Neste problema, se partimos da solução a 20% e queremos uma nova mistura com concentração menor, adicionamos água. Se quisermos obter uma nova mistura com concentração maior, devemos adicionar mais ácido.

Esta solução tem apenas um problema: estamos supondo que os 20% de ácido citados referem-se a 20% de volume (1 L de ácido em 5 L de solução), mas isto nem sempre está correto.

Exemplo: CN 2009

O combustível A é composto de uma mistura de 20% de álcool e 80% de gasolina. O combustível B é constituído exclusivamente de álcool. Um motorista quer encher completamente o tanque do seu carro com 50% de álcool e 50% de gasolina. Para alcançar o seu objetivo colocou x litros de A e y litros de B. A razão x/y é dada por

(A) 5/3   (B) 3/5   (C) 2/5   (D) 5/2   (E) 3/2

Solução:

Este é um problema do primeiro grau totalmente diferente. São sugeridas duas incógnitas, x e y, que são respectivamente, o número de litros do combustível A e do combustível B. Uma equação é obtida a partir do fato de que a mistura final deverá ter 50% de álcool e 50% de gasolina. A segunda equação... não é dada! Teria que ser dada por exemplo, a capacidade total do tanque, teríamos então x + y = capacidade, mas essa informação não é fornecida. Em compensação, o problema não pede explicitamente x e y, mas sim, a razão entre x e y.

384   O ALGEBRISTA

Calculemos a composição de x litros de A e y litros de B:

x litros de A = x.0,2 litros de álcool + x.0,8 litros de gasolina
y litros de B = y litros de álcool

Então um mistura de x litros de A e y litros de B terá:

Álcool: 0,2x + y
Gasolina: 0,8x

Para que composição final tenha 50% de álcool e 50% de gasolina, é preciso que essas duas quantidades sejam iguais.

$0,2x + y = 0,8x$
$y = 0,6x$
$x/y = 1/0,6 = 5/3$

Note que com as informações do problema não é preciso determinar os valores de x e y, mas sim, a razão entre x e y. Passemos então a conferir o resultado. Tomemos uma mistura de 5 litros de A e 3 litros de B (que satisfaz a $x/y = 5/3$). Teremos então:

Álcool: $0,2.5 + 3 = 4$
Gasolina: $0,8.5 = 4$

De fato, esta combinação resulta em quantidades iguais de álcool e gasolina.

Resposta: (A) 5/3

Este é um tipo de problema do primeiro grau que pode ser esperado em provas atuais. O problema induz o aluno a procurar dois valores, x e y, entretanto é impossível descobrir os valores exatos, pois não é dada a capacidade do tanque. Mas devemos lembrar que uma coisa é a solução do sistema, outra coisa é a solução do problema. Para chegar à solução do problema, apenas calculamos a razão entre x e y. Mesmo que x e y não possam ser determinados a partir dos dados fornecidos, a sua razão x/y pode perfeitamente ser calculada.

A capacidade de resolver problemas do primeiro grau dependerá da habilidade do aluno em converter as informações dadas em equações.

Recomendamos que seja usado um método um pouco diferente, e mais fácil de ser usado. Ao invés de lidar com a quantidade das duas substâncias, lidamos com dois outros valores: o total, e a quantidade de uma das substâncias. Por exemplo, se temos misturas de ácido e água, sal e água, glicose e água, escolhemos respectivamente as substâncias ácido, sal e glicose, já que a água nada mais é que o solvente. No exemplo citado de álcool e gasolina, temos duas misturas":

A: Gasolina + álcool
B: Álcool

Apesar de nesse exemplo, tanto o álcool quanto a gasolina serem importantes, vamos escolher, matematicamente, o álcool como "solvente", e a gasolina como "substância principal", apenas do ponto de vista matemático. O motivo de proporemos este método é que não teremos que nos preocupar com as unidades (ex: as porcentagens se referem a peso ou a volume?).

Capítulo 10 – Problemas do primeiro grau 385

Escolhendo este caminho evitaremos problemas relativos às unidades usadas, como será explicado mais adiante.

No referido problema do Colégio Naval, temos, de acordo com o enunciado:

Mistura A: 80% de gasolina, então do volume x, temos 0,8x de gasolina.
Mistura B: 0% de gasolina, pois é álcool puro.

Formamos então uma tabela onde indicamos as misturas A e B, e a mistura total. Preenchemos para cada uma delas a quantidade da substância dissolvida (no exemplo, convencionamos ser a gasolina) e a quantidade total.

	Mistura A	Mistura B	MA + MB
Gasolina:	0,8 x	0	0,5 (x + y)
Total:	x	y	x + y

Vejamos como foram preenchidos os valores da tabela. A linha inferior mostra as quantidades de misturas A e B, que são respectivamente x e y (o problema pede a relação entre x e y). A quantidade total será a soma das duas quantidades, x + y. A linha relativa a "gasolina" mostra as quantidades de gasolina nas duas misturas. A mistura A tem 80% de gasolina, então a quantidade de gasolina será 0,8 x. A mistura B não tem gasolina. O valor MA + MB é igual à soma das quantidades de gasolina nas duas misturas, ou seja, 0,8x + 0, porém é também igual a 50% da mistura total, ou seja, 0,5 (x + y). Temos então:

$0,8 x = 0,5 (x + y)$
$0,8 x = 0,5 x + 0,5 y$
$0,3 x = 0,5 y$
$x/y = 5/3$

A vantagem em resolver o problema desta forma é que não precisamos saber qual é o critério escolhido para definir a concentração, se é volume (L ou mL) ou se é massa (kg ou g). A rigor o problema deveria fornecer esta informação, mas caso não forneça, o critério da resposta será o mesmo critério do enunciado.

Resposta: (A) $x/y = 5/3$

Exemplo: CN 82

Os minérios de ferro de duas minas X e Y possuem, respectivamente, 72% e 58% de ferro. Uma mistura desses dois minérios deu um terceiro minério possuindo 62% de ferro. A razão entre as quantidades do minério da mina X para o da mina Y, nessa mistura, é:

(A) 1,4   (B) 1,2   (C) 0,5   (D) 0,2   (E) 0,4

Solução:
Note que no problema de álcool/gasolina, usamos uma resolução baseada em proporções de volumes, ou seja, que 20% de álcool significa 20% de volume de álcool (1 litro de álcool na solução total de 5 L). Este problema de minério não se refere ao volume de ferro, mas som, à massa (que é proporcional ao peso) de ferro em relação ao peso total da mistura. Isto está implícito, pois sendo um material sólido, as concentrações são topicamente indicadas em relação ao peso (proporcional à massa). Vamos portanto montar uma tabela similar à usada no problema da gasolina, considerando que o ferro está misturado à impurezas (terra, etc.).

386 O ALGEBRISTA

	Mina X	Mina Y	MX + MY
Ferro:	0,72x	0,58y	0,72x + 0,58y = 0,62 (x + y)
Total:	x	y	x + y

A tabela foi preenchida de acordo com os dados do problema. Tomemos quantidades x e y das minas X e Y, respectivamente. A quantidade total de minério extraído das duas minas será (x + y). A quantidade de ferro da mistura final será igual às somas das quantidades de ferro extraídos das duas minas (0,72x + 0,58y), mas também é igual a 0,62 (x + y), já que o problema pede que a concentração da mistura final seja 62%. Ficamos então com :

$0,72x + 0,58y = 0,62 (x + y)$
$0,72x + 0,58y = 0,62x + 0,62y$
$0,10x = 0,04y$
$x/y = 0,04/0,10 = 0,4$

Resposta: (E) 0,4

Exemplo:
Quantos gramas de uma solução de 75% de ácido devem ser adicionados a 36 gramas de uma solução de ácido a 50% para produzir uma solução com ácido a 60%?

(A) 36 g   (B) 24 g   (C) 18 g   (D) 30 g

Solução:
Observe que este exemplo trata de uma solução de água com ácido. Tipicamente usamos volume para quantificar líquidos, mas também pode ser usada massa, como neste exemplo.
O problema pede a quantidade em gramas, da primeira solução, a ser utilizada (chamaremos de *x*). Usemos portanto a tabela:

	Solução 1	Solução 2	S1 + S2
Ácido:	0,75x	0,5 . 36 = 18	0,75x + 18 = 0,6 . (x + 36)
Total:	x	36	x + 36

As quantidades indicadas na segunda linha são, respectivamente, x, 36 e (x + 36), pois x é o valor pedido pelo problema (a quantidade da primeira solução), os 36 gramas da solução 2, e a soma dessas duas quantidades, (x + 36).

As quantidades de ácido em cada solução são obtidas multiplicando a quantidade de cada solução, pela respectiva concentração (75% para a primeira e 50% para a segunda).

A mistura final nos dará a equação que permitirá encontrar x. A quantidade de ácido é igual à soma das quantidades de ácido nas duas soluções (0,75x + 0,5.36), mas também é igual a 60% da quantidade da mistura final (0,6.(x + 36)), o que nos dá a equação:

$0,75x + 18 = 0,6 (x + 36)$
$0,75x + 18 = 0,6x + 21,6$
$0,15x = 3,6$
$x = 24$

Resposta: (B) 24 g

Capítulo 10 – Problemas do primeiro grau   387

Exemplo:

Quantos litros de uma solução de sal a 4% devem ser adicionados a 24 L de uma solução de sal a 12% para se obter uma solução de sal a 10%?

Este problema mostra como pode ser complicada a questão da concentração, se é uma porcentagem em peso ou em volume. Nesse caso, não faz sentido falar em volume de sal, entretanto a quantidade de solução é dada em litros. É errado por exemplo que 20 litros de uma solução de sal a 10% correspondem a 2 litros de sal em 18 litros de água. Tipicamente, na química, quando mistura-se uma substância sólida com uma líquida, a concentração é dada em g/L ou g/mL. Neste problema isto não está claro. Muitas vezes, em provas de concursos, os professores de matemática, alheios às questões da química, não especificam o critério para definir as concentrações das substâncias envolvidas nas misturas. Na maioria das vezes, pensam em volumes, para substâncias líquidas, e em massa, para substâncias sólidas, mas há casos ambíguos quando tratam de misturas de sólido e líquido. O método de resolução pela tabela evita este problema. Na verdade vale para qualquer tipo de mistura, sólidos e líquidos, mesmo que fique indeterminado, não importa. A resposta encontrada estará usando o mesmo critério de concentração dado no enunciado. Vamos à solução do problema:

Solução:

Usemos a tabela de quantidades das misturas envolvidas:

	Solução 4%	Solução 12%	Solução final (10%)
Sal:	0,04x	0,12 . 24 = 2,88	0,04x 2,88 = 0,1 . (x + 24)
Total:	x	24	x + 24

A segunda linha mostra as quantidades das soluções, que são, respectivamente, x (valor pedido pelo problema) e 24 L. O último valor é a soma das quantidades, x + 24. A primeira linha mostra a quantidade de sal em cada solução. Na primeira solução, temos 4% de x (0,04x), na segunda temos 12% de 24 L (2,88g), e o último valor dá a quantidade de sal na solução final. É igual à soma das quantidades de sal vindas das duas soluções (0,04x + 2,88), mas também é numericamente igual a 10% do volume da solução final (0,1 . (x + 24)). Ficamos então com:

$0,04x + 2,88 = 0,1 (x + 24)$
$0,04x + 2,88 = 0,1x + 2,4$
$0,06x = 0,48$
$x = 8$

Resposta: 8 litros

Observe que o problema não deixou claro o que representa "4% de sal", se está se referindo a peso ou volume. Não importa, o dispositivo de resolução pela tabela dará uma resposta coerente com o enunciado, seja lá qual for esta porcentagem que o autor da questão tinha em mente.

Exemplo:

Quantos litros de um solvente que custa R$ 80,00 por litro tem que ser misturado com 6 L de um outro solvente que custa R$ 25,00 por litro para resultar em um solvente com custo de R$ 36,00 por litro"

Solução:

Este é um tipo de problemas de mistura menos complicado. A primeira mistura tem x litros (incógnita) a R$ 80,00 por litro, então seu custo será 80x. A segunda mistura tem 6 litros a R$

25,00 por litro, então isto custará 6 . R$ 25,00 = R$ 150,00. A mistura final terá x + 6 litros, e o custo por litro deve ser R$ 36,00, então o custo total da mistura será (x + 6).36 = 36x + 216. Agora basta igualar a soma dos custos das duas misturas, com o custo da mistura resultante:

80x + 150 = 36x + 216
44x = 66
X = 1,5

Resposta: 1,5 litros

Exercícios

E51) (*) Luís é um estudante de química que precisa produzir uma solução de ácido acético a 10% para um experimento. Ele verifica que só tem disponíveis, soluções a 5% e a 20%. Ele decide fazer a solução a 10% misturando as duas soluções disponíveis. Quantos litros da solução a 5% devem ser misturados a 8 litros da solução a 20% para obter uma solução a 10% de ácido acético?

(A) 16,5 L   (B) 32 L   (C) 16 L   (D) 8,5 L
(E) 24 L

Biotecnologia

E52) Quantos litros de álcool devem ser adicionados a 24 litros de uma solução de álcool a 14% para resultar em uma solução de 20% de álcool?

E53) Quantos gramas de ácido puro devem ser adicionados a 40 g de uma solução de ácido a 40% devem ser adicionados para produzir uma solução de ácido a 50%?

E54) Um tanque contém 1000 litros de uma solução de 40% de ácido. Quanta água deve ser adicionada para que resulte em uma solução de 30% de ácido?

E55) Uma solução A tem 50% de ácido, e uma solução B, 80%. Quanto deve ser misturado de cada solução para formar uma 100 ml de uma solução de ácido a 68%"

E56) Uma indústria farmacêutica tem duas misturas de xarope, sendo uma pura e outra a 80%. Quanto deve ser usado de cada uma para fabricar 150 L de xarope a 92%?

E57) (*) Uma tinta contém 21% de corante verde vai ser misturada com outra tinta que contém 15% do mesmo corante. Quantos litros devem ser usados de cada uma, para formar 60 l de uma tinta com 19% de corante verde?

E58) Qual o volume de água deve ser eliminado por evaporação, de uma solução de 50 l de água com sal a 12%, para resultar em uma solução de sal a 15%?

E59) Quantos gramas de água pura deve ser misturada a 50 g de uma solução de ácido a 50% para formar uma solução de ácido a 30%?

E60) Um chá com 30% de camomila deve ser misturado com outro que contém 20% de camomila, para formar 10 kg de um chá com 22% de camomila. Quais quantidades de cada chá devem ser usadas?

Capítulo 10 – Problemas do primeiro grau

Problemas de juros

Este é mais um tipo de problema do primeiro grau que pode ser resolvido usando técnicas algébricas, apesar de ser um assunto que faz parte da aritmética. Os juros são usados tanto nas aplicações financeiras quanto nos empréstimos. Por exemplo, se alguém toma emprestado um capital de R$ 1000,00 com juros de 1% ao mês, significa que a cada mês, sua dívida crescerá 1% do valor tomado emprestado. Como 1% de R$ 1000,00 são R$ 10,00, a cada mês a dívida aumentará este valor, ou seja, ao final do primeiro mês a dívida estará em R$ 1010,00, no segundo serão R$ 1020,00, no terceiro serão R$ 1030.00, e assim por diante. O valor principal continua o mesmo, no caso, R$ 1000,00, mas o valor a ser devolvido é acrescido dos juros, que são R$ 10,00 por mês. O mesmo ocorre quando alguém "empresta dinheiro ao banco", ou seja, faz uma aplicação.

Este tipo de juros é chamado de "juros simples", e sua característica é um aumento constante a cada mês. Na vida real são usados os "juros compostos", e a diferença é que o aumento mensal depende da soma entre o capital aplicado e os juros adicionados nos meses anteriores ("juros sobre juros"). Para trabalhar com juros compostos é preciso usar uma calculadora, pois as fórmulas são mais difíceis de usar que a dos juros simples. Por isso, apesar de não ser o tipo mais comum na vida real, os juros simples são os mais usados em provas e exercícios.

Existe uma famosa fórmula que calcula o valor dos juros simples acumulados, levando em conta um capital C_0, uma taxa i e um tempo t.

$J = C_0.i.t/100$

$$J = \frac{C_0.i.t}{100}$$

Nesta fórmula, C_0 é o capital emprestado, ou aplicado, i representa a taxa de juros, considerada de 0 a 100. Daí existe o denominador 100, para fazer a correção. Por exemplo, 20% se transforma em 0,2 devido a este denominador 100. Finalmente, t representa o tempo, na mesma escala que o usado na taxa de juros. Por exemplo, se a taxa é um certo valor mensal, o tempo deve ser medido em meses.

Exemplo:
Calcular o valor dos juros de um empréstimo de R$ 1000,00, por um período de 6 meses, a taxa de 1% ao mês.

$$J = \frac{1000.1.6}{100} = R\$ 60,00$$

O valor a ser devolvido é igual ao capital inicial somado aos juros:

R$ 1060,00

Esta fórmula calcula apenas o valor dos juros. Se quisermos calcular o valor total a ser devolvido, basta somar o capital inicial com os juros no período:

$$C = C_0 + J = C_0\left(1 + \frac{i.t}{100}\right)$$

O ALGEBRISTA

Exemplo: CN 93

A que taxa de juros simples, em porcento, ao ano, deve-se emprestar um certo capital, para que no fim de 6 anos e 8 meses, duplique de valor?

(A) 10 (B) 12 (C) 15 (D) 18 (E) 20

Solução:

Como os números envolvem fração de ano, estão em meses, podemos calcular a taxa mensal para depois multiplicar por 12. Para que o capital duplique de valor, é preciso que os juros no período sejam iguais ao capital, ou seja:

$$J = C_0 = C_0.i.t/100$$

$$i.t = 100$$

Fazendo $t = 6$ anos e 8 meses = 80 meses, temos:

$$i.80 = 100$$
$$i = 1,25 \text{ porcento ao mês.}$$

Para converter para juros anuais, basta multiplicar por 12:

$$1,25 \times 12 = 15$$
Ou seja, 15 porcento ao ano.

Resposta: (C) 15% ao ano.

Exemplo: CMM 2012

João, Maria e Antônia tinham juntos R$ 100.000,00. Cada um deles investiu sua parte por um ano, com juros de 10% ao ano. Depois de creditados seus juros no final desse ano, Antônia passou a ter R$ 11.000,00 mais o dobro do novo capital de João. No ano seguinte, os três reinvestiram seus capitais, ainda com juros de 10% ao ano. Depois de creditados os juros de cada um no final desse segundo ano, o novo capital de Antônia era igual à soma dos novos capitais de Maria e João. Qual era o capital inicial de João?

(A) R$ 20.000,00 (B) R$ 22.000,00 (C) R$ 24.000,00 (D) R$ 26.000,00 (E) R$ 28.000,00

Solução:

O problema é fácil, mas tem que ser feito com atenção. A primeira coisa a observar é que um capital C, investido por um ano a juros de 10% ao ano, resultará em 1,1 C:

$$C = C_0(1+ it/100) = C_0.(1 + 10.1/100) = 1,1.C_0$$

Fazendo um novo contrato, por mais um ano, o valor será novamente multiplicado por 1,1, e ao final deste segundo ano será:

$$1,1.C_0 . 1,1 = 1,21 \, C_0$$

Chamando os capitais de José, Maria e Antônia de j, m e a, teremos:

Capitais iniciais: j, m, a, sendo que $j + m + a = 100.000$
Ao final de 1 ano os capitais serão 1,1j, 1,1m e 1,1a
Ao final de 2 anos os capitais serão 1,21j, 1,21m e 1,21a

Capítulo 10 – Problemas do primeiro grau 391

Ao final de 1 ano, Antônia passou a ter R$ 11.000,00 mais o dobro do novo capital de João:
➔ 1,1a = 11.000 + 2.1,1j

Ao final do 2° ano, Antônia passou a ter a soma dos novos capitais de Maria e João
➔ 1,21a = 1,21m + 1,21j

Ficamos então com um sistema de 3 equações com 3 incógnitas:

$$\begin{cases} a + j + m = 100.000 \\ 1,1a = 11.000 + 2.1,1j \\ 1,21a = 1,21m + 1,21j \end{cases}$$

Simplificando a segunda equação por 1,1 e a terceira por1,21, temos:

$$\begin{cases} a + j + m = 100.000 \\ a = 10.000 + 2j \\ a = m + j \end{cases}$$

Somando a primeira com a terceira:
2a = 100.000
a = 50.000
Substituindo na segunda:
50.000 = 10.000 + 2j
j = 20.000
Substituindo a e j na primeira equação:
50.000 + 20.000 + m = 100.000
m = 30.000

Resposta:
Os valores dos capitais originais são:
Antonia: R$ 50.000,00
Maria: R$ 30.000,00
João: R$ 20.000,00

Exercícios

E61) (*) Um indivíduo fez dois empréstimos bancários que somavam o valor total de $100.000,00. O primeiro empréstimo foi feito com uma taxa de 10% ao ano, e o segundo com uma taxa de 6% ao ano. Depois de um ano, o indivíduo quitou o valor total, de R$ 107.600,00. Quanto foi a parte do empréstimo original a 10% anuais?

(A) 20.000   (B) 30.000   (C) 40.000   (D) 50.000   (E) 60.000

E62) Um total de R$ 9.000,00 é investido, parte a uma taxa de 10% ao ano e a parte restante a 12% ao ano. O rendimento total depois de 1 ano foi R$ 1.030,00. Quanto foi investido a cada taxa?

E63) (*) José recebeu um total de R$ 900,00 em um ano com seus investimentos. Se R$ 7.000,00 foi investido a uma certa taxa, e R$ 9.000,00 foi investido com uma taxa 2% maior, encontre as duas taxas de investimento.

Mercado financeiro

392   O ALGEBRISTA

E64) Qual é o capital que aplicado a juros de 4% ao mês, durante 3 anos e meio, resultará em um capital total de R$ 2280,00?

E65) Qual é o capital que vai render R$ 280,00 em dois anos e 4 meses, aplicado a 3% ao mês?

E66) Qual é a taxa mensal de uma aplicação por 8 meses, na qual um capital de R$ 1000,00 renderá R$ 80,00 ?

E67) Qual é o capital que, aplicado a 6% ao ano, renderá por mês juros de R$ 100,00?

E68) (*) (CN) Certa quantia foi colocada a juros, à taxa de 5% ao ano, durante 3 anos. Esse montante foi então aplicado a juros de 6% ao ano, durante mais 5 anos. O novo montante é de R$ 14.950,00. Qual foi o capital inicial?

E69) (CN) Um capital foi colocado à taxa de juros fixa em 3% ao ano. No final de 1 ano foi retirado todo o montante, que se acrescido de 20% do seu valor é igual a R$ 1.854,00. Qual o capital inicial?

E70) (*) (CN) Uma pessoa empregou todo o seu capital da seguinte maneira: metade a 4% ao ano; um terço foi a 10% ao ano e a parte restante a uma taxa, tal que o seu rendimento total no fim de um ano, foi de 7 1/3 % do capital. Qual é essa taxa?

Problemas do segundo grau

O presente capítulo trata sobre problemas do primeiro grau. A resolução desse tipo de problema recai em equações ou sistemas do primeiro grau, ou então em técnicas aritméticas que dispensam o uso de equações, como é o caso dos problemas sobre frações, razões e proporções, juros e outros tópicos da aritmética.

Existem problemas que não recaem em equações ou sistemas do primeiro grau, mas sim, em equações ou sistemas mais complexos. Os capítulos seguintes abordarão tais problemas, mas no momento daremos apenas o exemplo de um problema do segundo grau. Traz esse nome porque recai em uma equação ou sistema do segundo grau.

Exemplo:
Encontrar dois números conhecendo sua soma, 13, e seu produto, 40.

Solução:
Este é um problema de segundo grau dos mais simples. Chamemos os números de x e y, então formamos o sistema:

$$\begin{cases} x + y = 13 \\ x.y = 40 \end{cases}$$

Não é um sistema linear, mas os métodos de resolução (comparação, substituição, eliminação) podem ser aplicados em qualquer tipo de sistema. Em alguns casos a solução poderá não ser obtida, pois nem todo tipo de expressão pode ser resolvido algebricamente. No nosso caso:

$x = 13 - y$
$(13 - y).y = 40$
$y^2 - 13y + 40 = 0$

Capítulo 10 – Problemas do primeiro grau

393

Recaímos em uma equação do segundo grau, que pode ser resolvida pelo método de "soma e produto": as soluções são tais que, a sua soma vale 13 e o produto 40. Se fatorarmos esta expressão ficamos com:

$$(y - 5).(y - 8) = 0$$

Este produto somente será zero se um dos fatores for zero, ou seja, y pode ser 5 ou 8. Isto resultará em respectivamente, x=8 ou x = 5. Os números procurados são portanto, 5 e 8.

Note que resolver a equação por este método nos levou ao início do problema. Entretanto, poderá ser usado um outro método para resolver a equação, como por exemplo, usar a fórmula geral de resolução da equação do segundo grau (conhecida no Brasil, erradamente, como "fórmula de Bhaskara").

Exemplo: (CN 58)
Um grupo de rapazes ia comprar um rádio de R$ 280,00, com valor dividido em partes iguais. Como três deles desistiram, a quota de cada um dos outros ficou aumentada em R$ 12,00. Quantos eram os rapazes?.

Solução:
Apesar de ser antigo, este tipo de problema é muito típico, e tem sido cobrado em inúmeros concursos atuais.
O número de rapazes é uma boa escolha para ser a incógnita do problema. Vamos chamar este número de **n**.

Pelo que foi combinado, cada um pagaria uma parte de igual valor, ou seja, 280/n. Ocorre que três desistiram, então o valor de cada uma das partes restantes ficou aumentado em R$ 12,00. Portanto os n – 3 que sobraram, teriam que pagar, cada um, o valor original somado a R$ 12,00, e o valor total teria que ser igual a R$ 280:

$$(n-3) \times \left(\frac{280}{n} + 12 \right) = 280$$

Fazendo as contas ficamos com:

$$(n-3) \times (280 + 12n) = 280n$$
$$(n-3) \times (70 + 3n) = 70n$$

$$70n + 3n^2 - 210 - 9n = 70n$$
$$3n^2 - 9n - 210 = 0$$
$$n^2 - 3n - 70 = 0$$

A equação tem como soluções **n = –7 e n = 10**.
Lembre-se que uma coisa é a solução da equação/sistema, outra coisa é a solução do problema. Muitos alunos, devido ao nervosismo ou pressa, encontram *x* e marcam logo a resposta. Em questões que envolvem problema, a equação não é o objetivo final, mas uma ferramenta para chegar à solução. As soluções da equação são –7 e 10, mas devemos eliminar o valor negativo porque **n** representa o número de rapazes, que não pode ser negativo.

394   O ALGEBRISTA

A resposta é portanto, 10 rapazes. É altamente recomendável fazer uma verificação desta solução, substituindo o valor encontrado no enunciado do problema, o que pode eventualmente detectar erros de cálculo.

10 rapazes iam comprar um rádio de R$ 280,00 ➔ cada um pagaria R$ 28,00
Três desistiram, restaram 7.
Cada um terá que pagar mais R$ 12,00 ➔ R$ 28,00 + R$ 12,00 R$ 40,00
De fato, R$ 280,00 dividido por 7 = R$ 40,00 ➔ OK!
Este antigo problema tem caído em inúmeras provas atuais, com histórias e números ligeiramente diferentes.

Diminuir, subtrair

Na língua portuguesa, usam-se de modo impreciso verbos como *subtrair* e *diminuir*. Na resolução de problemas, quando indica-se "A é diminuído de B", ou "A é subtraído de B", qual é a conta correta, A – B ou B – A?

Quase sempre a dúvida pode ser esclarecida pelo contexto, portanto uma expressão como "A salário é diminuído dos descontos" é claramente entendida como *Salário – desconto*, quando pelo português deveria ser dito nesse caso, "o desconto é subtraído do salário", entretanto isto não é respeitado, sobretudo nas questões de matemática, estejam elas em exercícios de livro em provas e concursos.

Note as descrições das palavras citadas no Dicionário Michaelis:

diminuir
di.mi.nu.ir
(*lat diminuere*) *vtd* **1** Tornar menor em dimensões, quantidade, grau, intensidade etc.*;* reduzir a menos; apoucar: ***Diminuir a despesa, os gastos, a velocidade****.vint* **2** Reduzir-se a menos, tornar-se menor: ***Meus ganhos diminuíram****. vtd* **3**Fazer parecer menos ou menor: ***O interesse e a boa vontade diminuem as dificuldade****s. vtd* **4** Abaixar, abater, deprimir: ***Isso não lhe diminui o mérito****. vti*e *vint* **5** Abater-se, decrescer, enfraquecer-se: ***Através de culturas sucessivas, esse micróbio vai diminuindo em virulência. A sua timidez não diminuíra****. vtd* **6** Deduzir, subtrair: ***Basta diminuir dez. Diminua 9 de 27. vtd* **7**Tornar menos duradouro; abreviar: ***Os excessos diminuem a mocidade****. vint* **8**Abrandar-se, acalmar-se, afrouxar-se: ***A violência da borrasca diminuiu****. vint* **9**Tender a desaparecer ou a extinguir-se: ***Notava-se que a febre diminuía****.vtd* **10** Gastar: ***Os vícios diminuem a eficiência****. vpr* **11** Estragar-se, perder-se:***Diminuíam-se as oportunidades, sem serem aproveitadas****. vint* **12**Emagrecer: ***Seu físico definhava, diminuía****. vtd* **13** Amortecer, abrandar:***Diminuir o ruído****. vtd* **14** Adoçar: ***Diminuir o amargor do café****. Antôn*(acepções 1, 2, 3, 4, 6, 7, 8, 9 e 10): ***aumentar***.

subtrair
sub.tra.ir
(*lat subtrahere*) *vtd* **1** Tirar astuciosa ou fraudulentamente: ***À declaração de rendas, para pagamento do respectivo imposto, subtraiu várias quantias****.vtd* **2** Furtar, surripiar: ***Subtrair uma carteira. O moleque subtraiu uma maçã ao quitandeiro****. vtd* **3** Arrebatar, esconder, ocultar: "Antes folgam de subtrair incentivos à sensualidade" (Pe. Manuel Bernardes). *vtd* **4** *Arit* Tirar um número chamado ***diminuidor, subtraendo ou subtrativo****,* de outro chamado***diminuendo ou minuendo;*** diminuir: ***Subtrair uma parcela. Subtrair aos*** (ou***dos****) lucros as despesas****. vtd* **5** Deduzir, tirar: ***Subtrair algumas horas ao descanso****. vpr* **6** Escapar-se, esquivar-se, fugir, retirar-se: ***Subtrair-se a incômodos, a dificuldades. Subtrair-se à obediência. Não se subtraía à defesa do interesse público****. vtd* **7** Fazer desaparecer; retirar: ***Subtraiamos do espírito a recordação de fracassos****. vtd* **8** Afastar, fazer escapar, livrar: ***A misericórdia divina subtrai o pecador à inevitabilidade da condenação****. Antôn* (acepções 4 e 5): ***adicionar;*** (acepção 5): ***juntar***.

Capítulo 10 – Problemas do primeiro grau395

Nota-se que os verbos podem ser usados de várias formas, mas no seu uso aritmético, o correto é como em "diminua 9 de 27" – o cálculo correto é 27 – 9. É indicada também a operação de tirar o subtraendo do minuendo (minuendo – subtraendo), o que mostra que a parcela que fica depois da preposição "de" é o minuendo.

Também no dicionário Aurélio é exemplificado o uso como "subtrai o tempo de estudo das suas horas de descanso", indicando que a expressão depois do "de" é o minuendo ou primeira parcela, e a expressão anterior, é o subtraendo ou $2^{\underline{a}}$ parcela, portanto subtrai B de A significa A – B.

O problema é que esta ordem nem sempre é respeitada, e deve prevalecer o contexto. Por exemplo, "para saber o lucro, subtrair o ganho das despesas" significa, pelo contexto, lucro = ganho – despesas, apesar do português ser errado. Considere o seguinte problema de matemática:

Qual número é igual ao do seu dobro, diminuído de 15?

O contexto não esclarece o que deve ser feito, então usando a regra do português, o correto é:

$x = (15 - 2x)$
$3x = 15$
$x = 5$

De fato, 5 é igual a 10 diminuído de 15 (15 – 10)

O outro caminho, contrário à regra do português, é

$x = 2x - 15$
$x = 15$

Nessa interpretação, significa que

$15 = 2.15 - 15$

Recomendamos o seguinte: obedeça a ordem sugerida pelo contexto, e quando o contexto não esclarece, use a regra do português correto: "A subtraído de B" é **B – A**, ou seja, o valor que é "subtraído" é o que levará o sinal "–" da subtração.

Exercícios de revisão

E71) Determine dois números, sabendo que a diferença deles é 8, e que um é o dobro do outro.

E72) Achar um número tal que seu dobro mais sua metade seja igual ao seu triplo subtraído de 10.

E73) Achar o número que, somado com sua metade, é igual a 72.

E74) Dividir 220 em duas partes, de modo que 1/8 da primeira seja igual a 1/3 da segunda.

E75) Uma fração é equivalente a 2/5. Somando 2 ao numerador e subtraindo 7, ela passa a ter 5/3 do seu valor original. Determine esta fração.

396   O ALGEBRISTA

E76) Qual é a fração equivalente a 2/9 cuja soma dos termos é 44 ?

E77) Qual é o número cujo triplo excede em 30 sua metade?

E78) Invertendo a ordem dos dígitos de um número de dois dígitos, o novo valor será igual ao dobro do original, subtraído de 1. Qual é este número?

E79) A soma de dois números é 36 e sua diferença é 1/8 do número menor, aumentado de 2. Encontre os números.

E80) Se adicionarmos 1 ao numerador de uma fração, seu novo valor será 1/2. Se adicionarmos 2 ao denominador, seu valor será 3/5. Encontre a fração.

E81) Um certo número, quando dividido por um segundo número, dá quociente 7 e resto 4. Se o triplo do primeiro número for dividido pelo dobro do segundo número, o quociente é 11 e o resto é 4. Encontre os números.

E82) José comprou 6 laranjas e 3 bananas por R$ 2,10, Maria comprou 3 laranjas e 8 maçãs por R$ 4,10, e Carla comprou 6 bananas e 2 maçãs por R$ 1,40. Qual é o preço de cada fruta?

E83) Achar três números tais que, a soma do primeiro com o segundo seja igual a 35, a soma do primeiro com o terceiro seja 32, e a soma do segundo com o terceiro seja igual a 27.

E84) Achar três números tais que, o primeiro aumentado da metade da soma dos outros dois seja 54, o segundo aumentado da metade da soma dos outros dois seja 41, e o terceiro aumentado da metade da soma dois outros dois seja 83.

E85) A soma dos dois dígitos de um número é 11. Se forem invertidas as posições desses dois dígitos, o número resultante será 45 unidades menor. Qual é este número?

E86) Um número de dois dígitos é igual a 7 vezes o valor da soma dos seus dígitos. O quadrado desta soma de dois dígitos é igual a 12/7 do número. Qual é este número?

E87) Determine uma fração irredutível, sabendo que somando 6 ao denominador, ela se torna três vezes maior, e que subtraindo 2 do denominador, ela dobra de valor.

E88) Uma loja de roupas vendeu 200 camisas, com preços de R$ 33,00 e R$ 18,00. O valor total das vendas foi de R$ 4.800,00. Quantas camisas de cada preço foram vendidas?

E89) A soma de dois números é 104. O maior é um a menos que o dobro do número menor. Quais são esses números?

E90) A diferença entre dois números é 15. A soma do dobro do número maior com o triplo do menor é 182. Encontre os números.

E91) A soma de dois números é 900. Quando 4% do maior é adicionado com 7% do menor, o resultado é 48. Encontre os números.

E92) A soma de um número com o triplo do seu sucessor é igual ao quíntuplo do seu antecessor. Encontre este número.

E93) Num estacionamento existem 100 veículos, entre carros de 4 rodas, e motos. Ao todo são 360 rodas. Quantos são os carros e quantas são as motos?

Capítulo 10 – Problemas do primeiro grau

397

E94) Determine dois números sabendo que sua soma é 14, e o menor deles, quando somado com 20, fica reduzido à metade.

E95) Um número natural é formado por dois algarismos cuja soma é 12. Quando invertemos a posição desses algarismos, o número resultante é 75% maior que o número original. Determine o número original

E96) Dois números são tais que, o primeiro, ao ser somado com 5, tem seu valor multiplicado por 10, e o segundo, ao ser somado com 5, tem seu valor dividido por 10. Determine a soma desses dois números.

E97) Foram construídos para uma decoração, 50 polígonos, entre quadrados e triângulos, totalizando 180 lados. Qual é o número de triângulos?

E98) Um grupo de amigos consumiu em uma lanchonete, 4 sanduíches iguais e 7 refrigerantes, totalizando R$ 41,00. Um casal de namorados comprou 2 sanduíches e dividiram o mesmo refrigerante, pagando R$ 13,00. Determine o preço que um outro grupo pagará por 3 sanduíches e 5 refrigerantes.

E99) Um filho nasceu quando seu pai tinha 30 anos. Determine suas idades atuais, sabendo que a soma é 72 anos.

E100) (*) Um número de 3 dígitos é igual a 25 vezes a soma dos seus dígitos. Se os três dígitos forem revertidos, a número resultante excede o número original de 198. O dígito das dezenas é um a menos que a soma dos dígitos das unidades e das centenas. O dígito das dezenas do número dado é:

(A) 2   (B) 3   (C) 6   (D) 7   (E) 5

E101) Três torneiras iguais são capazes, cada uma delas, de encher um tanque em 60 minutos. Quanto tempo as três torneiras juntas levarão para encher este tanque?

E102) A pode fazer um trabalho em 3 dias, B em 5 dias, e C em 6 dias. Quantos dias, A, B e C, trabalhando juntos, realizarão o mesmo trabalho?

E103) Um tanque tem 3 torneiras independentes. A primeira torneira enche o tanque em 16 horas, a segunda em 24 horas, e a terceira em 32 horas. Em quanto tempo o tanque será cheio, com as três torneiras abertas?

E104) Uma agência de aluguel de carros cobra R$ 600,00 por semana e mais R$ 1,00 por quilômetro. Quantos quilômetros podem-se viajar com um gasto de R$ 1500,00 ?

(A) 700   (B) 800   (C) 900   (D) 1000   (E) 1100

E105) Um automóvel foi vendido por R$ 24.000 após ter sofrido um desconto de 20%. Qual era o preço original do veículo?

(A) R$ 28.800,00   (B) R$ 30.000,00   (C) R$ 19.200,00   (D) R$ 32.000,00   (E) R$ 34.000,00

E106) Um homem deu R$ 64.000 para seus três filhos. O mais velo recebeu três vezes o valor recebido pelo mais novo. O filho do meio recebeu R$ 14.000 mais que o mais novo. Quanto dinheiro recebeu o filho do meio?

(A) R$ 10.000   (B) R$ 15.600   (C) R$ 19.600   (D) R$ 24.000   (E) R$ 30.000

398   O ALGEBRISTA

E107) Dois garotos, Carlos e Bernardo, estão discutindo a respeito de dinheiro:

Carlos: - Pode me emprestar R$ 10,00 ?
Bernardo: - Não. Já gastei parte dos R$ 10,00 que eu tinha.
Carlos: - Quanto você gastou?
Bernardo: - Exatamente 1/4 do que sobrou.
Carlos: - Bom. Isso deixa você com exatamente de quanto eu preciso

Quanto Bernardo tem?

(A) R$ 7,50   (B) R$ 2,50   (C) R$ 8,00   (D) R$ 2,00   (E) R$ 6,00

E108) Uma companhia telefônica tem dois planos, A e B. O plano A custa R$ 4,98 por mês, mais 7 centavos por minuto. O plano B não cobra taxa mensal, e cobra 13 centavos por minuto. Quantos minutos de chamadas fariam com que os planos A e B resultem no mesmo custo mensal?

E109) Um ciclista fez um trajeto de 4 horas, sendo que uma parte foi feita a uma velocidade de 6 quilômetros por hora. A partir de um certo ponto do trajeto aumentou a velocidade para 10 km/h. Se a distância total percorrida foi de 36 km, em quanto tempo o ciclista fez cada trecho do trajeto?

E110) Como exercício, as irmãs Carla e Ana correm da sua casa até um parque. Carla corre a 4 km/h e Ana corre a 6 km/h. Quando Ana chega ao parque, Carla ainda tem 2 km para terminar o percurso. Qual é a distância entre a casa das irmãs e o parque?

(A) 8 km   (B) 6 km   (C) 9 km   (D) 5 km   (E) 4 km

E111) Joana comprou um anel em 2000 por R$ 200,00. Em 2005 o anel perdeu 10% do seu valor. Em 2010 o anel valia 30% mais que em 2005. Em 2015, o anel perdeu R$ 20,00 do seu valor de 5 anos antes. Qual era o preço do anel em 2015, arredondado para um número inteiro de reais?

(A) R$ 210   (B) R$ 214   (C) R$ 224   (D) R$ 209   (E) R$ 220

E112) Havia 500 bolas vermelhas e azuis em uma jarra. 1% das bolas eram azuis. Algumas bolas vermelhas, mas não azuis, foram retiradas. Agora, 2% das bolas são azuis. Quantas bolas ainda estão na jarra?

(A) 400   (B) 495   (C) 485   (D) 250   (E) 245

E113) Um barco que viaja a 13 km/h em água parada pode fazer uma viagem de 216 km a favor da corrente no mesmo tempo que pode fazer uma viagem de 96 km contra a corrente. Encontre a velocidade da corrente.

(A) 3,5 km/h   (B) 4,5 km/h   (C) 3 km/h   (D) 5 km/h

E114) Tomás tem moedas de 1, 5 e 10 centavos em uma jarra. O número de moedas de 10 centavos é um a menos que o triplo do número de moedas de 1 centavo. O número de moedas de 5 centavos é o dobro do número das moedas de 1 e 10 centavos somadas. O valor total das moedas na jarra é R$ 6,90. Encontre o número de moedas na jarra.

(A) 79   (B) 69   (C) 117   (D) 107   (E) 138

E115) (*) Bernardo fez uma viagem de 120 km a uma velocidade média de 50 km/h. A primeira parte da viagem foi feita a uma velocidade de 30 km/h. A segunda parte foi feita a 60 km/h. Quantos quilômetros foram percorridos na primeira parte da viagem?

(A) 40   (B) 96   (C) 45   (D) 30   (E) 24

Capítulo 10 – Problemas do primeiro grau   399

E116) Uma empresa de aluguel de carros cobra um preço básico diário de R$ 29,00 mais R$ 0,39 por cada quilômetro percorrido. José alugou um carro por um dia e foram cobrados ao final, R$ 165,50. Quantos quilômetros José percorreu com o carro alugado?

(A) 200   (B) 210   (C) 424   (D) 350   (E) Mais de 500 km

E117) A metade da soma de dois números é 20 e o triplo da sua diferença é 18. Encontre os números.

E118) Seis cavalos e 7 vacas podem ser comprados por R$ 100.000,00, e 11 cavalos e 13 vacas podem ser comprados por R$ 184.400. Determine o preço de um cavalo e o de uma vaca.

E119) Em um evento, participam 200 pessoas. O ingresso é R$ 10,00 para adultos e R$ 5,00 para crianças. A arrecadação total foi de R$ 1100,00. Qual é o número de crianças?

E120) Um cofre tem 27 moedas de R$ 1,00 e de R$ 0,25. O valor total das moedas é R$ 21,00. Determine o número de moedas de cada valor.

E121) Em uma caixa existem selos de 15 e de 18 centavos. O número de selos de 15 centavos é quatro unidades menor que o triplo do número de selos de 18 centavos. O valor total dos selos é R$ 1,29. Quantos selos de 15 centavos há na caixa?

E122) (CN) No fim de quanto tempo aos juros produzidos por um certo capital serão iguais a 3/8 do mesmo, se empregado à taxa de 15% ao ano?

E123) (EPCAr) Quanto tempo se deve esperar para que um capital A, empregado à taxa de juros de 5% ao ano, duplique seu valor?

E124) (CEFET) Um capital de R$ 6.300,00 foi dividido em duas partes. A primeira parte foi investida a uma taxa de 3% ao ano, durante quatro anos, e rendeu os mesmos juros que a segunda parte, que foi investida à taxa de 2,5% ao ano, por seis anos. Calcule o valor da parte maior.

(A) R$ 3.000,00   (B) R$ 3.100,00   (C) R$ 2.900,00   (D) R$ 3.400,00   (E) R$ 3.500,00

E125) (CN) A diferença entre os capitais de duas pessoas é R$ 20.000,00. Uma delas coloca o seu capital a 9% e a outra aplica-o na indústria, de modo que lhe renda 45%. Sabendo-se que os rendimentos são iguais, achar os dois capitais.

E126) Um número foi dividido em três partes, sendo a $2^{\underline{a}}$ o dobro da $1^{\underline{a}}$, e a $3^{\underline{a}}$ o dobro da $2^{\underline{a}}$. Se o número fosse duplicado, a $2^{\underline{a}}$ parte aumentaria de 1 unidade. Calcule esse número.

E127) Num depósito há viaturas de 4 rodas e 6 rodas, ao todo são 40 viaturas e 190 rodas. Quantas viaturas há de cada espécie no depósito?

E128) Há 18 anos, a idade de uma pessoa era o dobro da idade de uma outra. Em 9 anos, a idade da primeira pessoa passou a ser 5/4 da idade da segunda. Que idades têm as duas pessoas atualmente?

E129) Determinar um número de 3 algarismos compreendido entre 400 e 500, sabendo que a soma dos seus algarismos é 9 e que o número com os dígitos invertidos é igual a 36/47 do número original.

400 O ALGEBRISTA

E130) Um pai diz a seu filho: hoje a sua idade é 2/7 da minha, e há 5 anos era 1/6. Qual a idade do pai e a do filho?

E131) Roberto tem 24 anos e Paulo, 10 anos. No fim de quantos anos a idade de Roberto será o triplo da de Paulo?

E132) Dois indivíduos têm respectivamente, 45 anos e 15 anos. Depois de quantos anos a idade do mais novo será igual a 1/4 da idade do mais velho?

E133) Duas torneiras juntas enchem um tanque em 4 horas. Uma delas sozinha o enche em 7 horas. Em quantos minutos a outra, sozinha, encheria o tanque?

E134) Duas cidades A e B distam 200 km. Às 8 horas parte de A para B um trem a 30 km/h. Duas horas mais tarte parte de B para A, um outro trem a 40 km/h. A que distância da cidade A ocorrerá o encontro dos dois trens?

E135) Um mensageiro vai de A até B de bicicleta, com a velocidade de 10 km/h, e volta de B para A, a pé, com velocidade de 4 km/h. Calcule a distância AB sabendo-se que o tempo total de ida e volta foi 7 horas.

E136) A diferença entre um número de dois algarismos e outro escrito com os mesmos algarismos invertidos é 36. Calcule-os, sabendo que o algarismo das dezenas do 1° número é igual ao inteiro consecutivo ao dobro do algarismo das unidades desse mesmo número.

E137) Um número é composto de três algarismos, cuja soma é 18. O algarismo das unidades é o dobro do das centenas e o das dezenas é a soma do das unidades e das centenas. Qual é esse número?

E138) Em uma bolsa há R$ 35,50, formados por notas de R$ 2,00 e moedas de R$ 0,50. Sabendo que a soma dos números de moedas e cédulas é 26, calcular o número total das moedas e de cédulas.

E139) A soma das idades de A e B é 35 anos. Daqui a 5 anos, a idade de A será o dobro da de B. Calcular as idades de A e B.

E140) A soma de dois números é 13 e o primeiro mais a raiz quadrada do segundo é 7. Calcular esses números.

E141) Uma pilha de 40 tábuas tem 1,7 m de altura. Sabendo-se que as tábuas têm, umas 2 cm e outras 5 cm de espessura, quantas são as de 2 cm?
OBS.: Problema já pedido em concurso várias vezes

E142) Certa quantia é dividida em partes iguais, entre determinado número de pessoas. Se aumentarmos de 6 o número de pessoas, cada uma receberá R$ 3,00 a menos, mas se, ao contrário, o número de pessoas for reduzido de 2, cada uma receberá R$ 2,00 a mais. Achar o número de pessoas e a parte de cada uma.
OBS.: Problema já pedido em concurso várias vezes

E143) (*) Uma bicicleta de R$ 280,00 foi comprada por um grupo de meninos que contribuíram com partes iguais. Como 3 desistiram, a quota de cada um dos restantes foi aumentada em R$ 12,00. Quantos eram os meninos?

Capítulo 10 – Problemas do primeiro grau   401

E144) (*) Um tonel continha 100 litros de vinho puro. Retirou-se certa quantidade de vinho que foi substituída por água. Em seguida retirou-se da mistura, novamente, a mesma quantidade, sendo então substituída por água. A mistura final resultou em 100 litros, contando 36 litros de água. Quantos litros foram trocados de cada vez?

E145) O valor absoluto da terça parte de um número é igual a 1 menos a sexta parte desse mesmo número. Qual é este número?

E146) (*) Qual número é igual ao valor absoluto do seu dobro, diminuído de 15?

E147) Uma pessoa possui dois cavalos e uma sela, que vale R$ 1500,00. Colocando a sela no primeiro cavalo, este passa a valer o dobro do segundo. Colocando a sela no segundo cavalo, este passa a valer R$ 3000,00 a menos que o primeiro. Quanto vale cada cavalo?

E148) A soma de dois números é 14 e a soma dos seus quadrados é 100. Quais são esses números?

E149) O número 51 é decomposto em duas parcelas. A diferença entre as parcelas, dividida pela menor parcela, deixa quociente 4 e resto 3. Quais são essas parcelas?

E150) 400 laranjas devem ser divididas igualmente por um certo número de meninos. Como três desses meninos desistiram das laranjas, os restantes tiveram suas cotas aumentadas em 30 laranjas. Quantos eram os meninos?

E151) Dois ciclistas, A e B, percorrem uma pista circular de 1500 metros. A anda a uma velocidade de 15 voltas por hora, e B anda a uma velocidade de 20 voltas por hora. Em um dado momento, B está meia volta à frente de A. Qual é a distância, neste momento, entre A e o início da pista?

E152) Dividir o número 46 em duas partes, tais que 1/7 de uma parte mais 1/3 da outra parte seja igual a 10.

E153) Encontrar dois números inteiros consecutivos tais que sua soma seja igual a 2/3 do primeiro mais 117/88 do segundo.

E154) Um tonel contém 120 l de vinho de 180 l de água. Um segundo total contém 90 l de vinho e 30 l de água. Quantos litros devem ser usados de cada tonel, de tal forma que a mistura resultante tenha 70 l de vinho e 70 l de água?

E155) Dois trens partem ao mesmo tempo de cidades A e B, distantes de 315 km. O primeiro viaja de A para B a 40 km/h. O segundo viaja de B para A a 30 km/h. A que distância de A se dará o encontro dos trens?

E156) Uma barra de 1320 g é formada por uma mistura de outro e prata. Sabendo que os valores de ouro e prata na barra são iguais, o que cada grama de ouro custa 15 1/2 vezes que um grama de prata, calcule os pesos de ouro e prata na barra.

E157) Um menino disse ao seu colega: me dê 5 das suas balas, e ficaremos com quantidades iguais. O colega respondeu: me dê 10 das suas balas e eu ficarei com o dobro das que você tem. Quantas balas tem cada um?

E158) Se eu receber de A, R$ 10,00, ficarei com o dobro da quantia de B. Entretanto, se A der 10 reais para B, A e B ficarão com quantias iguais. Qual o valor que possui cada um?

O ALGEBRISTA

E159) A e B juntos têm R$ 100,00. Se a gastar a metade do seu dinheiro e B gastar 1/3 do seu, os dois juntos terão apenas R$ 55,00. Quanto dinheiro tem cada um?

E160) Lupércio investe R$ 20.000,00 em dois bancos. Uma parte da aplicação paga 3%. A outra parte é remunerada em 5% ao ano. No final de um ano, os rendimentos somaram R$ 780,00. Quais foram os valores investidos em cada banco?

E161) Lourdes tem R$ 7,40 em moedas em sua bolsa. São moedas de 10 e de 25 centavos, totalizando 44 moedas. Quantas são as moedas de cada valor?

E162) Arnaldo investiu R$ 8.000 em duas contas, sendo uma parte com juros de 6% ao ano e outra com juros de 9% ao ano. No fim de um ano, os juros totais recebidos foram de R$ 540,00. Qual foi o valor investido em cada conta?

E163) Carlos recebeu R$ 128,00 de juros em um investimentos. Uma parte deste rendimento foi devido a uma aplicação de R$ 800,00 a uma certa taxa. Outra parte foi devido a uma aplicação de R$ 1200,00, a uma taxa duas vezes maior que a primeira. Quais foram as taxas de cada uma das duas aplicações ?

E164) 10 litros de uma solução de água salgada tem 10% de sal. Uma outra mistura tem 3% de sal. Quantos litros da segunda mistura devem ser adicionados à primeira para que resulte em água com 5% de sal?

E165) Uma onça (oz) é uma unidade de peso inglesa, equivalente a cerca de 28,35 g. 20 onças de uma liga de platina custa R$ 220 por onça, é misturada com uma outra liga que custa R$ 400,00 por onça. Quantas onças da liga de R$ 400,00 devem ser usadas para fazer uma nova liga, com custo de R$ 300,00 por onça?

E166) (*) Quantos quilos de balas com custo de R$ 15,00 por quilo devem ser misturadas com 24 kg de jujubas com custo de R$ 7,50 por quilo, para fazer uma mistura com custo de R$ 9,00 por quilo?

E167) Um químico vai produzir 50 ml de uma solução de ácido a 16%, misturando duas soluções de ácido, sendo uma de 13% e outra de 18%. Quantos ml de cada solução devem ser usados para obter o produto desejado?

E168) Um número natural é composto de quatro dígitos cuja soma é 21. O dígito dos milhares é a metade da soma dos outros três dígitos. O dígito das unidades é a metade do dígito das dezenas, e se do número citado subtrairmos 3906, é obtido um número com os mesmos dígitos do original, porém na ordem reversa. Qual é este número?

E169) Um número natural é composto de três dígitos cuja soma é 15. O dígito das centenas é o dobro do dígito das unidades, e quando subtraímos 396 do número citado, obtém-se um número formado pelos dígitos do numero original, na ordem reversa. Qual é este número?

E170) (*) Três mulheres possuem juntas, R$ 360,00. Se a primeira der à segunda 1/7 do seu valor, e a terceira também der à segunda, 1/13 do seu valor, as três ficarão com quantias iguais. Que valor possui cada uma?

E171) Uma herança foi repartida entre 3 pessoas. A primeira recebeu **x**, a segunda recebeu **a** a mais que a primeira, e a terceira recebeu **b** a mais que a segunda. Exprimir o valor total da herança em função de **a**, **b** e **x**.

Capítulo 10 – Problemas do primeiro grau

E172) Os três dígitos de um número são tais que o dígito das dezenas ultrapassa em 2 o dígito das unidades, e o das centenas ultrapassa em 3 o dígito das dezenas. Qual é a soma dos três dígitos, sendo x o dígito das unidades?

E173) Encontrar dois números tais que, somando o dobro do primeiro com o triplo do segundo, o resultado é 124, e que subtraindo a sétima parte do segundo da metade do primeiro, encontra-se 6.

E174) Se h homens podem fazer um trabalho em d dias, então $h + r$ homens podem fazer o trabalho em quantos dias?

E175) O gerente de um pizzaria italiana em São Paulo percebe que, quando é cobrado o valor de R$ 14,80 pelo rodízio de pizzas, o número médio de fregueses é 180. Ao reduzir o preço para R$ 12,40, ele nota que o número médio de fregueses tem um acréscimo de 120. Considerando que essa demanda seja linear, calcule o número médio de fregueses correspondente a uma redução no preço para R$ 10,00.

(A) 420   (B) 520   (C) 600   (D) 750   (E) 900

E176) Dois amigos, Nelson e Marcos, resolveram abrir uma empresa. Depois de certo tempo, eles resolveram dividir entre si o lucro de R$ 28.000,00. Nelson havia investido o valor de R$ 9.000,00 durante um ano e 3 meses, enquanto Marcos investira R$ 15.000,00 durante um ano. Considerando a quantia e o tempo de investimento, determine a parte do lucro que cabe a Nelson.

(A) R$ 12.000,00   (B) R$ 15.000,00   (C) R$ 16.000,00   (D) R$ 17.525,00   (E) R$ 18.000,00

E177) Um grupo de amigos combinaram contribuir com partes iguais para fazer um jogo na loteria, numa aposta de R$ 108,00. Como 5 deles desistiram, a cota de cada um dos outros ficou aumentada de R$ 3,60. Quantos fizeram a aposta?

(A) 5   (B) 8   (C) 10   (D) 15   (E) NRA

E178) Célio e Oliveira partem do ponto A, ao mesmo tempo, fazendo o mesmo percurso para a cidade de Santos, distante 72 km do ponto A. Célio, que anda 2 km/h a mais que Oliveira, chega a Santos 3 horas antes. Calcular, em km/h, a velocidade média de Célio.

E179) Um trem parte da cidade A para a cidade B às 10 horas da manhã, com velocidade constante de 40 km/h. Duas horas depois, portanto, ao meio dia, parte da cidade B para a cidade A, um outro trem com velocidade constante de 60 km/h, Sabendo que as cidades A e B distam de 1200 km, calcular a que distância da cidade A, um trem passará pelo outro.

E180) (*) Um fazendeiro tem provisões para alimentar 32 bois durante 25 dias. No fim de 4 dias, o fazendeiro compra mais 10 bois. Quanto tempo durarão as provisões, se a ração de cada boi não é aumentada?

E181) Um rajá deixou n pérolas como herança para suas duas filhas, determinando que a divisão se faria do seguinte modo: a filha mais velha retiraria 1 (uma) pérola e a seguir, 1/7 das que restassem. Depois, a outra filha retiraria dentre as restantes, 2 pérolas, a seguir retiraria mais 1/7 das que restassem. Se ao final, cada filha recebeu o mesmo número de pérolas, calcule o valor de n.

E182) Uma prancha de R$ 840,00 devia ser comprada por um grupo de rapazes que contribuiriam com partes iguais, Como três deles desistiram, a quota de cada um dos outros ficou aumentada em R$ 36,00. Quantos rapazes compunham o grupo original?

E183) Uma torneira enche um tanque em 3 horas, e uma outra torneira enche o mesmo tanque em 6 horas. Em quanto tempo as duas juntas encherão o tanque?

E184) Um garoto compra o lote de 3 laranjas ao preço de R$ 0,10. Se ele vende o lote de 5 laranjas por R$ 0,20 e pretende lucrar R$ 1,00, deverá vender quantas laranjas?

(A) 67   (B) 150   (C) 200   (D) 300   (E) 350

E185) CN 75 - A que taxa mensal deve ser colocado um capital durante certo tempo, para que o juro recebido seja o triplo do que receberá na taxa anual de 2%?

(A) 2,5%   (B) 15%   (C) 3%   (D) 1%   (E) 0,5%   (F) NRA

E186) CN 76 - Um capital é empregado à taxa de 8% ao ano. No fim de quanto tempo os juros simples produzidos ficam iguais a 3/5 do capital?

(A) 5 anos e 4 meses   (B) 7 anos e 6 meses   (C) 8 anos e 2 meses
(D) 6 anos e 4 meses   (E) 7 anos e 3 meses

E187) CN 78 - Se, ao efetuarmos o produto do número 13 por um número inteiro N de dois algarismos e, por engano, invertermos a ordem dois algarismos desse número N, o resultado poderá aumentar de:

(A) 130   (B) 260   (C) 65   (D) 167   (E) 234

E188) CN 79 - Com uma produção diária constante, uma máquina produz 200 peças em D dias. Se a produção diária fosse de mais 15 peças, levaria menos 12 dias para produzir 200 peças. O número D é um número:

(A) múltiplo de 6   (B) primo   (C) menor que 17   (D) maior que 24   (E) entre 17 e 24

E189) (*) CN 80 - Se, ao multiplicarmos o número inteiro e positivo N por outro número de 2 algarismos, invertemos a ordem dos algarismos deste segundo número, o resultado fica aumentado de 207. A soma dos algarismos que constituem o número N dá:

(A) 5   (B) 6   (C) 7   (D) 8   (E) 9

E190) (*) CN 80 - Dois veículos partem juntos de um ponto A, em uma corrida de ida e volta entre os pontos A e B. Sabendo que a distância entre A e B é 78 km e que as velocidades dos veículos são 70 km/h e 1000 metros por minuto, concluímos que eles voltam a se encontrar depois do tempo de:

(A) 1h 30 min   (B) 1h 12 min   (C) 1h 40 min   (D) 1h 42 min   (E) 1h 36 min

E191) CN 80 - Um número natural de 6 algarismos começa, à esquerda, pelo algarismo 1. Levando-se este algarismo 1, para o último lugar, à direita, conservando a sequência dos demais algarismos, o novo número é o triplo do número primitivo. O número primitivo é:

(A) 100.006   (B) múltiplo de 11   (C) múltiplo de 4   (D) múltiplo de 180.000   (E) divisível por 5

Capítulo 10 – Problemas do primeiro grau

E192) CN 82 - Um terreno deve ser dividido em lotes iguais por certo número de herdeiros. Se houvessem três herdeiros a mais, cada lote diminuiria de 20 m², e se houvessem quatro herdeiros a menos, cada lote aumentaria de 50 m². O número de metros quadrados da área do terreno todo é:

(A) 1600   (B) 1400   (C) 1200   (D) 1100   (E) 900

Alunos do CN

E193) CN 86 - Duas pessoas constituíram uma sociedade: a primeira entrou com um capital de R$ 5.000,00 e a segunda com R$ 6.000,00. Um ano depois, admitiram um terceiro sócio, que entrou com um capital de R$ 10.000,00. Decorridos 18 meses desde o início da sociedade, a firma teve um lucro de R$ 12.900,00. A parte do lucro que caberá ao terceiro sócio é, em reais:

(A) 1.000   (B) 2.000   (C) 3.000   (D) 4.000   (E) 5.000

E194) (*) CN 87 - Dois capitais são empregados a uma mesma taxa de 3% ao ano. A soma dos capitais é igual a R$ 50.000,00. Cada capital produz R$ 600,00 de juros. O primeiro permaneceu empregado 4 meses mais que o segundo. O segundo capital foi empregado durante

(A) 6 meses   (B) 8 meses   (C) 10 meses   (D) 2 anos   (E) 3 anos

E195) (*) CN 89 - Uma pessoa tomou um capital C a uma taxa mensal numericamente igual ao número de meses que levará para saldar o empréstimo. Tal pessoa aplica o capital C a uma taxa de 24% ao mês. Para que tenha um lucro máximo na operação, deverá fazer o empréstimo e a aplicação durante um número de meses igual a:

(A) 6   (B) 12   (C) 18   (D) 24   (E) 36

E196) CN 75 - Um composto A leva 20% de álcool e 80% de gasolina e um composto B leva 30% de álcool e 70% de gasolina. Quantos litros devemos tomar do composto A para, completando com o composto B preparar 5 litros de um composto com 22% de álcool e 78% de gasolina? OBS.: Questão similar caiu no CN 2009.

(A) 2   (B) 3   (C) 2,5   (D) 3,5   (E) 4   (F) N.R.A.

E197) CN 76 - O número 38 é dividido em duas parcelas. A maior parcela dividida pela menor dá quociente 4 e resto 3. Achar o produto dessas duas partes.

(A) 240   (B) 136   (C) 217   (D) 105   (E) 380

E198) CN 77 - Os números x, y e z são diretamente proporcionais a 3, 9 e 15, respectivamente. Sabendo que o produto desses 3 números é xyz = 960, a soma será:

(A) 45   (B) 48   (C) 36   (D) 72   (E) 24

E199) CN 78 - Depois de transformarmos o sistema abaixo em um do 1º grau, os valores de módulo diferentes de x e y têm para módulo da diferença:

$$\begin{cases} x^3 - xy^2 - yx^2 + y^3 = 16 \\ x^3 - xy^2 + yx^2 - y^3 = 32 \end{cases}$$

(A) 1   (B) 5   (C) 4   (D) 3   (E) 2

E200) Um barco capaz de navegar a 12 km/h em água parada, navega em um rio cuja correnteza flui a 3 km/h. Qual e a velocidade média de uma viagem de ida e volta, 60 km rio abaixo e retornar ao ponto de partida?

E201) Uma agência de aluguel de carros cobra R$ 500,00 por semana e mais R$ 0,50 por quilômetro. Em uma viagem de 1 semana, quantos quilômetros podem ser percorridos com R$ 1200,00 ?

E202) Depois de um desconto de 20%, um automóvel foi vendido por R$ 24.000,00. Qual era o preço original?

E203) Um homem distribuiu R$ 64.000,00 para seus três filhos. O filho mais velho recebeu três vezes o valor recebido pelo mais novo. O filho do meio recebeu R$ 14.000,00 mais que recebeu o mais novo. Quanto dinheiro o filho do meio recebeu?

(A) R$ 10.000,00   (B) R$ 15.000,00   (C) R$ 19.600,00   (D) R$ 24.000,00   (E) R$ 30.000,00

E204) O professor Xeréu propôs aos seus alunos o seguinte desafio:
Tome um número inteiro qualquer, multiplique por 3, some 49 e divida o resultado por 7. Subtraia 7 do quociente, divida o novo resultado por 3. Diga a sua resposta e eu direi qual era o seu número original. O aluno Juquinha, ao invés de começar com um número, partiu de uma expressão algébrica, e ao final das contas, chegou ao resultado 2a + b, e o professor ainda assim conseguiu determinar a expressão original, que era:

(A) $\dfrac{14a+7b}{3}$ (B) $\dfrac{2a+b}{7}$ (C) $14a+7b-98/3$ (D) $\dfrac{2a+b}{3}$ (E) $14a+7b$

E205) Meu filho é 5 vezes mais velho que minha filha, e minha esposa é 5 vezes mais velha que meu filho. Eu sou duas vezes mais velho que minha esposa, e minha avó, que é tão velha quanto todos nós juntos, tem 81 anos. Qual é a minha idade?

(A) 1   (B) 5   (C) 25   (D) 35   (E) 50

E206) Dois veículos iniciam suas trajetórias, um em direção ao outro, em uma estrada reta, a 55 km/h cada. Qual será a distância entre eles, 5 minutos depois que eles se cruzam na estrada?

(A) 4,5 km   (B) 5 km   (C) 9,2 km   (D) 10 km   (E) 22 km

E207) A distância percorrida por um automóvel é proporcional ao tempo gasto viajando. Qual dos gráficos abaixo melhor representa essa distância d(t) que o carro percorrem em função do tempo?

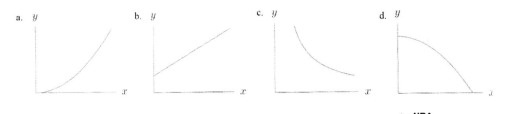

e. NRA

E208) Dois ciclistas estão competindo em uma corrida de 12 km, em uma pista circular de 250 m. Eles começam a corrida ao mesmo tempo. Um deles anda a 24 km/h e o outro a 30 km/h. Quando o mais rápido completa a corrida, quantas voltas ainda terá o mais lento para percorrer?

Capítulo 10 – Problemas do primeiro grau
407

(A) 2,4   (B) 3   (C) 9   (D) 9,6   (E) 12

E209) Três estados A, B e C têm juntos, uma população de 38.500.000 habitantes. O estado A tem a metade da população do estado B e o dobro da população do estado C. Qual é a população do estado C?

(A) 2.750.000   (B) 5.500.000   (C) 11.000.000   (D) 22.000.000   (E) Não há dados suficientes

E210) Um número de 3 dígitos aumenta seu valor em 9 unidades se invertermos as posições dos algarismos das unidades e dezenas, e aumenta em 90 unidades de invertermos as posições dos dígitos das centenas e dezenas. Em quanto o número aumentará se invertermos as posições dos dígitos das unidades e das centenas?

E211) Um barco anda 24 quilômetros rio acima e volta os 24 quilômetros rio abaixo em um total de 5 horas. Se a velocidade rio acima é 4 km/m menor que a velocidade rio abaixo, com qual velocidade, em km/h, o barco navega rio abaixo?

(A) 8   (B) 9,6   (C) 11,6   (D) 12   (E) 13,6

E212) Um retângulo é repartido em 4 retângulos menores, com as áreas indicadas na figura ao lado. Encontre a área do retângulo desconhecido.

(A) 72   (B) 60   (C) 54   (D) 48   (E) 36

150	180
?	72

E213) A soma dos dois algarismos de um número é 12. Se a ordem dos algarismos é invertida, o novo número será o dobro do número original, menos a soma dos dígitos. Qual é o número original?

E214) João pode completar 2/3 de uma tarefa em 6 dias; Carlos pode completar 1/3 da mesma tarefa em 5 dias. Se Carlos e Pedro trabalharem juntos, eles podem realizar esta tarefa em 6 dias. Pedro começou a trabalhar na tarefa segunda-feira; João e Carlos juntaram-se a Pedro no dia seguinte para completarem a tarefa junto com Pedro. Em qual dia os três juntos finalizaram a tarefa?

(A) Quarta-feira   (B) Quinta-feira   (C) Sexta-feira   (D) Sábado   (E) Domingo

E215) (*) João, Carlos e Maria começaram a resolver uma lista de problemas de matemática juntos, sendo que cada um precisava resolver todos os problemas. Cada um trabalha a uma taxa constante. João resolveu 12 problemas por dia e terminou a lista 3 dias depois de Carlos. Maria resolveu 3 problemas a mais que Carlos a cada dia, e terminou a lista dois dias antes de Carlos. Quantos dias levou Maria para terminar a lista?

(A) 18   (B) 15   (C) 12   (D) 10   (E) 9

E216) Um artista criou uma estátua com peso de 14 kg. O trabalho contém ao todo, 75% de bronze. Ele usou duas ligas que contém, respectivamente, 60% e 80% de bronze. Quantos quilos da liga de 60% foram usados?

(A) 10,5 kg   (B) 3,5 kg   (C) 4,13 kg   (D) 0,45 kg   (E) 4,5 kg

E217) Dados que $2^x.16^y = 32$ e $27^y=9^x$, resolva as equações e encontre x e y. Qual é o valor do produto x.y?

(A) 0   (B) 150/121   (C) 1/4   (D) 4   (E) 15/12

408   O ALGEBRISTA

E218) Lupércio, um estudante de química, precisa de uma solução de ácido acético a 10% para um experimento químico. Ele percebe que só tem soluções disponíveis a 5% e 20%. Ele decide sintetizar uma solução a 10%, combinando as soluções de 5% e de 20%. Quantos litros da solução de 5% devem ser adicionados a 8 litros da solução de 20% para obter uma solução de ácido acético a 10%?

(A) 16,5 L   (B) 32 L   (C) 16 L   (D) 8,5 L   (E) 24 L

E219) Em 3 anos João terá a metade da idade atual de sua mãe. O avô de João tem 48 anos, o dobro da idade da mãe de João. Qual é a idade de João?

(A) 18   (B) 9   (C) 6   (D) 12   (E) 8   (F) NRA

E220) (*) Maria, Joana e Carla podem andar a 6 km/h. Elas possuem uma motocicleta que anda a 90 km/h, mas pode acomodar apenas duas pessoas (e não pode dirigir a si mesma). Seja t o tempo em horas levado para as três chegarem a um ponto a 135 km de distância. Ignorando o tempo levado para dar a partida, embarcar e desembarcar, o que é correto sobre o menor valor possível para t?

(A) $t < 3,9$ (B) $3,9 \leq t < 4,1$ (C) $4,1 \leq t < 4,3$ (D) $4,3 \leq t < 4,5$ (E) $4,5 \leq t$

E221) Quantos litros de água devem ser adicionados a 0,25 L de ácido sulfúrico puro para obter uma solução de 10% de ácido?

E222) Joana é dois anos mais velha que Flávia. 10 anos atrás, a soma de suas idades era 36. A idade de Joana dentro de 6 anos será:

(A) 35   (B) 15   (C) 29   (D) 23   (E) NRA

E223) Quantos ml de uma solução de ácido a 30% devem ser adicionados a 20 ml de uma solução de ácido a 60% para obter uma solução de ácido a 50%?

(A) 20   (B) 10   (C) 20/3   (D) 60   (E) 30

E224) Um carro percorre 120 km no mesmo tempo em que outro percorre 80 km. Se a velocidade do primeiro carro é 20 km/h maior que a velocidade do segundo carro, encontre a velocidade do primeiro carro.

E225) Uma solução A contém 40% de água e 60% de ácido. Uma solução B contém 80% de água e 20% de ácido. Quantos litros da solução A devem ser misturados com 5 litros da solução B para fazer uma nova solução com 50% de água e 50% de ácido?

E226) Um tanque tem duas torneiras, sendo que uma o enche em 6 horas, e a outra em 5 horas. Em quanto tempo o tanque será cheio com as duas torneiras abertas?

E227) Se a soma de três inteiros consecutivos é 174, qual é o menor dos três inteiros?

E228) Jonas vai fazer uma viagem de automóvel, entre duas cidades que distam de 120 km, em duas horas. Nos primeiros 60 km, Jonas dirige a 50 km/h. A que velocidade deve dirigir o restante do percurso para com seguir chegar no destino com duas horas de viagem, como planejado?

E229) Colégio Naval 2015
Dado o sistema S:

Capítulo 10 – Problemas do primeiro grau

$$\begin{cases} 2x - ay = 6 \\ -3x + 2y = c \end{cases}$$

nas variáveis x e y, pode-se afirmar que:

A) Existe a $\in$]6/5, 2[tal que o sistema S não admite solução para qualquer número real C.
B) Existe a $\in$]13/10, 3/2[tal que o sistema S não admite solução para qualquer número real C.
C) Se a = 4/3 e C = 9, o sistema S não admite solução.
D) Se a $\neq$ 4/3 e C = –9, o sistema S admite infinitas soluções.
E) Se a = 4/3 e c = –9, o sistema S admite infinitas soluções.

E230) Colégio Naval 2015
Qual a medida da maior altura de um triângulo de lados 3, 4, 5?

(A) 12/5   (B) 3   (C) 4   (D) 5   (E) 20/3.

E231) Colégio Naval 2015
Na multiplicação de um número k por 70, por esquecimento, não se colocou o zero à direita, encontrando-se, com isso, um resultado 32823 unidades menor. Sendo assim, o valor para a soma dos algarismos de k é

A) par.
B) uma potência de 5.
C) múltiplo de 7.
D) um quadrado perfeito.
E) divisível por 3.

CONTINUA NO VOLUME 2: 240 QUESTÕES DE CONCURSOS

Respostas dos exercícios

E1) 100 e 24   E2) 103 e 12   E3) 25 e 295   E4) 15 e 64   E5) 7/18

E6) 2/3   E7) –3/–18   E8) 45   E9) 75 e 57

E10) 8 de 0,05 e 26 de 0,50   E11) A tem 60 e B tem 10 anos

E12) A tem 25 e B tem 5   E13) 18 anos   E14) –35 anos (ocorreu há 35 anos atrás)

E15) o pai tem 36 anos e o filho tem 12 anos   E16) 25 anos

E17) A tem 30 e B tem 15   E18) 67 e 13 anos   E19) 28 anos

E20) 45 anos   E21) 5 h   E22) 2,4 h   E23) 10/11 h   E24) 30 h

E25) 60/47 dias   E26) 12 min   E27) 40/9 h   E28) 18/5 h

E29) Jaime: 3h, Sebastião: 6h   E30) 16h   E31) 4,8 h   E32) 5 h

E33) 1,5 h   E34) 12/7 h   E35) 12 h   E36) 15 d

E37) 10 d. Sugestão: Fazer W = 60 e trabalhar com números inteiros

E38) 15, 10 e 6. 4   E39) 6 h e 12 h   E40) A = 21 min e B = 15 min

O ALGEBRISTA

E41) 3:30 h   E42) 2h 56 min 40 s   E43) 240 km   E44) 60 km/h e 80 km/h

E45) 3 km/h   E46) 2 h   E47) (D)   E48) (D)   E49) (B)

E50) (E) 1125 km   E51) (C)   E52) 1,8 L   E53) 8 g

E54) 333 L   E55) 40 mL de A e 60 ml de B.   E56) 90 L da pura e 60 L da outra.

E57) 40 L da 1ª e 20 L da 2ª   E58) 10 L
OBS.: Considerar a evaporação como uma solução de volume negativo e salinidade 0%.

E59) 33,33 L
OBS.: Água pura é o mesmo que uma solução com concentração de 0% da substância dissolvida na água.

E60) 2 kg a 30% e 8 kg a 20%   E61) (C)   E62) 2.500,00 a 10% e 6.500,00 a 12%

E63) A primeira parte a 4,5% a.a. (ao ano) e a segunda a 6,5% a.a

E64) R$ 850,75   E65) R$ 235,20   E66) 1% a.m.   E67) R$ 20.000   E68) R$ 10.000

E69) R$ 1.500   E70) 12% a.a.   E71) 8 e 16, ou – 8 e –16.   E72) 20

E73) 48   E74) 160 e 60   E75) 10/25   E76) 8/36   E77) 12

E78) 37
OBS. E37: Como temos uma equação e duas incógnitas (os algarismos), temos que testar valores. Caso típico de problemas que misturam conceitos de aritmética e álgebra.

E79) 20 e 16   E80) –12/–22   E81) 1º = 60 e 2º = 8

E82) Laranja = R$ 0,30, Banana = R$ 0,10 e Maçã = R$ 0,40
E83) 1º = 20, 2º = 15, 3º = 12   E84) 1º = 19, 2º = –7 , 3º = 77   E85) 83

E86) 84   E87)   E88) 80 de R$ 33,00 e 120 de R$ 18,00

E89) 35 e 69   E90) 30,4 e 45,4   E91) 500 e 400   E92) 8   E93) 80 carros, 20 motos

E94) 54 e –40   E95) 48   E96) –5   E97) 20   E98) R$ 30,00

E99) 51 e 21   E100) (D)   E101) 20 min   E102) 10/7   E103) 96/13 h

E104) (C)   E105) (B)   E106) (D)   E107) (C)   E108) 83

E109) 1ª parte em 1 h e 2ª parte em 3 h   E110) (B)   E111) (B)

E112) (E)   E113) (E)   E114) (C)   E115) (E)   E116) (D)

E117) 23 e 17   E118) Cavalo a R$ 9.200,00 e vaca a R$ 6.400,00   E119) 180

E120) 19 de R$ 1,00 e 8 e R$ 0,25   E121) 5   E122) 2,5 anos

E123) 20 anos   E124) (E)   E125) 5 mil e 25 mil   E126) 7/2

Capítulo 10 – Problemas do primeiro grau 411

E127) 15 de 6 e 25 de 4   E128) 27 e 36   E129) 423   E130) 35 e 10

E131) Nunca mais será, isto já ocorreu há 3 anos atrás.

E132) Idem, isto já ocorreu há 5 anos atrás   E133) 28/3   E134) 120 km

E135) 20 km   E136) $1^{\circ} = 73$ e $2^{\circ} = 37$ E137) 396

E138) 15 cédulas e 11 moedas   E139) A tem 25 e B tem 10 anos

E140) 1ª solução: primeiro = 4 e segundo = 9
        2ª solução: primeiro = 9 e segundo = 4, considerando a raiz quadrada negativa
Quando é usada a expressão "raiz quadrada", é tão válido considerar somente a positiva, quanto é também válido considerar a positiva e a negativa, com 2 soluções. Já quando se usa o símbolo do radical, considera-se apenas a raiz positiva. Cabe ao formulador da questão especificar melhor o que se pede, não é correto usar "pegadinhas" com tópicos polêmicos.

E141) 10   E142) 10 pessoas, R$ 8,00   E143) 10   E144) 20 L

E145) 2 ou –6   E146) 5 ou –15   E147) $1^{\circ} = 10.500$ e $2^{\circ} = 6.000$ E148) 6 e 8

E149) 43 e 8   E150) no início, 8   E151) 750 m   E152) $1^{a} = 28$ e $2^{a} = 18$

E153) 87 e 88   E154) 100 L do 1° e 40 L do 2° E155) 180 km

E156) 80g de ouro e 1240g de prata   E157) o 1° tem 20 e o 2° tem 30

E158) A tem R$ 25,00 e B tem R$ 5,00   E159) A tem R$ 70,00 e B tem R$ 30,00

E160) 1ª parte = R$ 11.000,00 e 2ª parte = R$ 9.000,00

E161) 24 de R$ 0,10 e 20 de R$ 0,25

E162) 1ª parte = R$ 6.000,00 e 2ª parte = R$ 2.000,00

E163) 4% e 8% no prazo envolvido   E164) 25 L

E165) 16   E166) 6 kg   E167) 20 mL a 13%, 30 mL a 18%   E168) 7563

E169) 834
OBS.: Como já foi explicado, "subtraímos 369 do número citado" significa "número citado – 369"

E170) 140, 90 e 130   E171) 3x + 2a + b   E172) 3x + 7

E173) 20 e 20, nesta ordem   E174) dh(h + r)   E175) (A)

E176) (A)   E177) (C)   E178) 8 km/h   E179) 528 km   E180) 16

E181) 36   E182) 10   E183) 2h   E184) (B)   E185) (E)

E186) (B)   E187) (E)   E188) (E)   E189) (A)   E190) (B)

E191) (B)   E192) (C)   E193) (C)   E194) (B)   E195) (B)

412   O ALGEBRISTA

E196) (E)   E197) (C)   E198) (C)   E199) (E)   E200) 11,15 km/h

E201) 1400   E202) R$ 30.000,00   E203) (C)   E204) (E)

E205) (E)   E206) (C)   E207) (B)   E208) (D)   E209) (B)

E210) 198   E211) (D)   E212) (B)
Sugestão no E212: Os lados são proporcionais às medidas das áreas

E213) 48   E214) (C)   E215) (D)   E216) (B)   E217) (B)

E218) (C)   E219) (B)   E220) (C)   E221) 2,25   E222) (A)

E223) (B)   E224) 60 km/h   E225) 15   E226) 30h/11   E227) 57

E228) 75 km/h   E229) (C) e (E) (anulada)   E230) (C)   E231) (A)

Resoluções de exercícios selecionados

E1) A soma de dois números é 124, e se o maior for dividido pelo menor, o quociente é 4 e o resto é 4. Encontre os números.

Divisor = x
Dividendo = quociente . divisor + resto
Dividendo = 4x + 4
$(4x + 4) + x = 124 \therefore 5x + 4 = 124 \therefore 5x = 120 \therefore x = 24$, e $y = 4x + 4 = 100$

R: 24 e 100

E5) Uma fração torna-se igual a 1/2 se adicionamos 2 ao seu numerador, e torna-se igual a 1/3 se 3 é adicionado ao denominador. Encontre a fração.

Seja a fração x/y, com x e y inteiros. O problema dá:
$(x + 2)/y = 1/2$ e $x/(y+3) = 1/3$, que resultam em:
$2(x + 2) = y \therefore y = 2x + 4$
$3x = y + 3 \therefore y = 3x - 3$
Igualando os dois valores encontrados para y:
$2x + 4 = 3x - 3 \therefore x = 7$
Segue-se que $y = 2 \times 7 + 4 \therefore y = 18$

R: a fração é 7/18

E8) A soma dos dois dígitos de um número natural é 9, e se adicionarmos 9 ao número, os dígitos do número vão ser trocados. Encontre o número.

Seja o número ab, que vale 10a + b. O problema dá que "ab" + 9 = "ba", ou seja
$10a + b + 9 = 10b + a \therefore 9a + 9 = 9b \therefore a + 1 = b$
Resolvendo o sistema com a + 1 = b e a + b = 9, encontramos a = 4 e b = 5.

R: 45

E15) Um filho tem 1/3 da idade do seu pai. Há quatro anos atrás, ele tinha apenas 1/4 da idade do pai. Qual é a idade de cada um hoje?

O pai tem o triplo da idade do filho, sejam as idades P=3x e F=x respectivamente.
Há 4 anos atrás as idades eram P=3x–4 e F=x–4.
O problema dá que há 4 anos, $3x - 4 = 4(x - 4) \therefore x = 12$.

Capítulo 10 – Problemas do primeiro grau 413

As idades atuais são P=36 e F=12.

R: 36 e 12

E20) Um pai tem o triplo da idade do seu filho, e sua filha é 3 anos mais nova que o irmão. Se a soma de todas as idades há 3 anos atrás era 63 anos, encontre a idade atual do pai.

As idades atuais são:
Filha: x   Filho: x + 3   Pai: $3(x + 3) = 3x + 9$
Há 3 anos: $(x - 3) + x + (3x + 6) = 63 \therefore x = 12$
A idade atual do pai é $3(x + 3) = 45$ anos.

R: 45 anos

E21) Uma cisterna possui três torneiras. A primeira é capaz de encher o tanque em 12 horas, a segunda em 20 horas, e as três juntas enchem o tanque em 6 horas. Quanto tempo a terceira torneira sozinha levará para encher a cisterna?

Podemos aplicar diretamente a fórmula das torneiras porque todas operam juntas.
$1/12 + 1/20 + 1/T = 1/6$ (multiplicar por 60T, que é o MMC dos denominadores)
$5T + 3T + 60 = 20T$ (T é o tempo que a 3ª torneira leva para encher o tanque sozinha)
$60 = 12T \therefore T = 5$

R: 5 horas

E22) Um tanque tem 3 torneiras, sendo que duas podem enchê-lo por completo em 3 e 4 horas, respectivamente, e uma terceira que o esvazia em 6 horas. Em quanto tempo o tanque será cheio com as três torneiras operando simultaneamente?

As torneiras operam simultaneamente, então a fórmula das torneiras pode ser usada, porém a torneira que esvazia leva um sinal negativo:
$1/T = 1/3 + 1/4 - 1/6 \therefore T = 2,4$ h

R: 2,4 h

E29) Sebastião demora 3 horas a mais que Jaime para cortar a grama de um grande campo. Juntos eles cortam toda a grama em 2 horas. Quanto tempo cada um deles, trabalhando sozinho, leva para cortar toda a grama?

J: x, S: x+3
$$\frac{1}{2} = \frac{1}{x} + \frac{1}{x+3} \rightarrow \frac{1}{1} = \frac{2}{x} + \frac{2}{x+3} \quad \text{MMC} = x(x + 3)$$

$x^2 + 3x = 2(x + 3) + 2x$
$x^2 - x - 6 = 0$
Fatorando: $(x + 2)(x = 3) = 0 \rightarrow x = -2$ ou $x = 3$ (x não pode ser negativo !)
$x = 3$
Jaime demora 3 horas, Sebastião demora 6 horas
De fato, $1/3 + 1/6 = \frac{1}{2}$

R: Jaime: 3h, Sebastião: 6h

E31) No problema anterior, a primeira torneira fica aberta sozinha na metade do tempo, depois é fechada e abre-se a segunda torneira, sozinha, na outra metade do tempo.

A vazão da primeira torneira é C/4, da segunda é C/6. Cada uma operou sozinha durante um tempo x/2. A capacidade total é a soma das capacidades.

414   O ALGEBRISTA

$$\frac{C}{4} \cdot \frac{x}{2} + \frac{C}{6} \cdot \frac{x}{2} = C \quad \therefore \quad x = 4,8 \text{ h (C irá cancelar)}$$

R: 4,8 h

E34) Um tanque possui duas torneiras, capazes de enchê-lo em 8 e 6 horas, respectivamente. Inicialmente é aberta somente a primeira torneira, e depois que o tanque está 50% cheio, abre-se a segunda torneira, que opera junto com a primeira. Quanto tempo será necessário para encher o restante do tanque?

As vazões são respectivamente $C/8$ e $C/6$, sendo C a capacidade do tanque.

A primeira torneira trabalhará durante 4 horas para encher a metade do tanque. Para encher a outra metade (capacidade $C/2$), a vazão total será a soma das vazões das torneiras, $C/8 + C/6$. O tempo necessário será capacidade/vazão, ou seja:

$$\frac{C/2}{C/8 + C/6} = \frac{12}{7} h \text{, lembrando que Tempo = Capacidade / Vazão.}$$

R: 12/7 h

E35) A e B trabalhando juntos aram um campo em 10 horas. A e C fazem o mesmo trabalho em 12 horas, e A sozinho faz o mesmo trabalho em 20 horas. Em quanto tempo B e C juntos farão o mesmo trabalho?

Pessoas trabalhando juntas funcionam matematicamente como torneiras que enchem tanques em conjunto. O que corresponde à vazão das torneiras, é o *rendimento*, de cada pessoa. Por exemplo, o rendimento de A, r_A, é igual ao trabalho total W dividido pelo tempo T_A, que a pessoa A necessita para fazer o trabalho sozinha. Os rendimentos se somam quando pessoas trabalham juntas. No nosso problema temo $r_A = W/20$, $r_A + r_B = W/10$, e $r_A + r_C = W/12$. O trabalho W cancelará e temos 3 equações para determinar r_A, r_B e r_C. Para dar a resposta temos que somar r_B e r_C. Sem perda de generalidade podemos usar W=1, sabendo que os rendimentos estarão referenciados a um trabalho unitário.

$r_A = 1/20$

$r_A + r_B = 1/10$ ➜ $r_B = 1/20$

$r_A + r_C = 1/12$ ➜ $r_C = 1/12 - 1/20 = 1/30$

O problema requer o cálculo de $r_B + r_C = 1/20 + 1/30 = 1/12$

Se $r_B = 1/12$, B necessita de 12 horas para fazer o trabalho.

R: 12 h

E41) Dois trens em partem de um mesmo tempo, na mesma direção mas em linhas diferentes, horários diferentes e velocidades diferentes. O primeiro trem parte às 2 horas com velocidade de 80 km/h. Às 2:30 parte um segundo trem, na mesma direção, com velocidade de 120 km/h. A que horas o segundo trem ultrapassará o primeiro?

Quando o segundo trem partir (1/2 hora depois do 1º), o 1º já terá andado 40 km (8km/h X 0,5 h). O segundo trem é 40 km/h mais rápido que o 1º. O tempo para que o 2º trem alcance o 1º é espaço/velocidade, levando encontra as variações, ou seja, 40 km / 40 km/h = 1 hora. O 1º trem será alcançado 1 hora depois, ou seja, às 3:30 h.

R: 3:30 h

E42) Repetir o problema anterior, nas mesmas condições, exceto que às 2:40 o primeiro trem faz uma parada de 20 minutos.

Nesse caso é melhor pensar em gráficos, do tipo espaço X tempo. No problema 41, o primeiro trem parte em t=0 (considere a contagem de tempo em t=0, correspondentes à partida do

Capítulo 10 – Problemas do primeiro grau

primeiro trem, ao invés de 2 horas). A figura abaixo mostra o gráfico das trajetórias dos dois trens.

No primeiro gráfico, relativo ao problema anterior, mostrado à esquerda na figura abaixo, as retas indicadas com (1) e (2) mostram os movimentos dos dois trens. O trem (1) partiu da posição 0, no instante 0, e seguiu uma trajetória com velocidade constante (representada por uma reta), à razão de 80 km/h, que é o mesmo que 40 km a cada 30 min. O trem 2, indicado pela reta (2), partiu da posição 0 no instante t=30 min, e moveu-se com velocidade constante de 120 km/2. No instante t=90, ou seja, depois de mais uma hora de viagem, o trem 2 estará no quilômetro 120, tendo levado até lá, 1 hora de viagem. O trem 1, após essa mesma hora adicional, estará também no km 120, pois terá andado mais 80 km em uma hora.

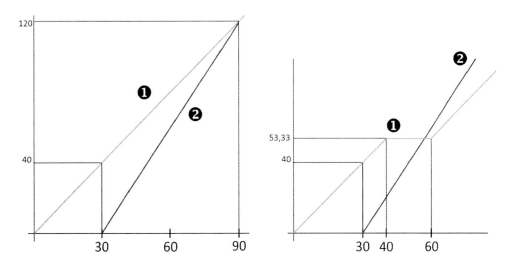

É preciso fazer o desenho dos gráficos para ter uma ideia do que ocorre com a posição relativa dos trens. O problema indica que em t = 40 min, o trem (1) para por 20 minutos, ou seja, fica parado de t=40 min até t = 60 min. No instante t=40, no qual o trem (1) para, é possível verificar que o trem (2) ainda não o alcançou, pois (1) estará em 80 x 2/3 h = 53,33 km, enquanto o trem (2) terá andado apenas 120 x (1/6 h) = 20 km. O gráfico da direita mostra essa situação em t = 40. O mais importante do problema, é preciso verificar qual é o instante em que o trem (2) passa pelo km 53,33. Se for antes de 60 s, significa que o trem (1) continuará parado mais um pouco depois que o trem (2) o ultrapassa.

O tempo que o trem (2) leva para chegar ao km 53,33 é 53,33 km / 2 km/min = 26,6 min (aqui a velocidade foi convertida para 2 km/min, para que o tempo todo seja dado em minutos). Concluímos então que quando o trem (2) passar pelo km 53,33m terão passado 26,6 minutos depois da sua partida, ou seja, isto ocorrerá antes do instante t=60 (30 minutos de percurso para (2)), que é o instante no qual o trem (1) volta a andar. O instante em que o trem (2) ultrapassa o trem (1) é 30 min + 26,6 min = 56,6 minutos, após as 2:00 horas, ou seja, 2h 56 min e 40 s, aproximadamente.

R: 2h 56 min 40 s

E46) Dois trens partem no mesmo instante, um da cidade A em direção à cidade B, a 80 km/h, e outro da cidade B para a cidade A, a 70 km/h. A distância entre as cidades é 300 km. Em quanto tempo os trens se encontrarão?

80t + 70t = 300 ∴ t = 2

R: 2 horas

416   O ALGEBRISTA

E50) Carla dirige da cidade A para a cidade B a 45 km/h. Chegando em B, lá permaneceu por 10 horas, e então retornou para A a 75 km/h. Se o tempo total da viagem, da saída de A até a chegada a A foi de 50 horas, qual é a distância entre as duas cidades?

(A) 1190 km   (B) 1173 km   (C) 1175 km   (D) 1160 km   (E) 1125 km

Descontando o tempo de 10 horas que Carla ficou parada na cidade B, o trajeto de ida e volta demorou 40 horas. Em cada trajeto (ida e volta), o tempo é dado por espaço/velocidade. O espaço é *d*, a distância entre as cidades, a ser determinada. As velocidades foram de 45 km/h na ida e 75 km/h na volta. Ficamos então com:
d/45 + d/74 = 40, que resolvida dá d = 1125 km.

R: (E) 1125 km

E51) Luís é um estudante de química que precisa produzir uma solução de ácido acético a 10% para um experimento. Ele verifica que só tem disponíveis, soluções a 5% e a 20%. Ele decide fazer a solução a 10% misturando as duas soluções disponíveis. Quantos litros da solução a 5% devem ser misturados a 8 litros da solução a 20% para obter uma solução a 10% de ácido acético?

(A) 16,5 L   (B) 32 L   (C) 16 L   (D) 8,5 L   (E) 24 L

Montando a tabela:

Ácido ➔	x.5%	8.20%	(x + 8).10%
Volume ➔	x	8	x + 8

Os volumes são x litros da solução a 5% (x a ser determinado) e 8 litros da solução a 20%. As quantidades de ácido são determinadas multiplicando o volume pela concentração (porcentagem). O volume da mistura tem (x + 8) litros, e sua quantidade de ácido é (x + 8).10%. A quantidade de ácido é igual à soma das quantidades de ácido nas duas misturas originais.
0,05x + 8 x 0,2 = (x + 8) x 0,1
0,05x + 1,6 = 0,1x + 0,8 ∴ 0,8 = 0,05x ∴ x = 16 litros

R: (C) 16 L

E57) Uma tinta contém 21% de corante verde vai ser misturada com outra tinta que contém 15% do mesmo corante. Quantos litros devem ser usados de cada uma, para formar 60 l de uma tinta com 19% de corante verde?

Montando a tabela:

Corante ➔	0,21x	0,15y	(x + y).0,19
Solução ➔	x	y	x + y

A solução resultante contém uma quantidade de corante igual a 0,21x + 0,15y, que é igual a 0,19(x + y).
x + y = 60 ∴ y = 60 – x
0,21x + 0,15 y = 60 x 0,19 (multiplicando por 100 e simplificando a equação por 3, fica:)
7x + 5y = 20 x 19 = 380
7x + 5(60 – x) = 380 ∴ 7x – 5x = 380 – 300 ∴ 2x = 80 ∴ x = 40 e y = 60.

R: 40 L da primeira solução e 20 L da segunda

E61) Um indivíduo fez dois empréstimos bancários que somavam o valor total de $100.000,00. O primeiro empréstimo foi feito com uma taxa de 10% ao ano, e o segundo com uma taxa de 6% ao ano. Depois de um ano, o indivíduo quitou o valor total, de R$ 107.600,00. Quanto foi a parte do empréstimo original a 10% anuais?

Capítulo 10 – Problemas do primeiro grau 417

(A) 20.000   (B) 30.000   (C) 40.000   (D) 50.000   (E) 60.000

Usaremos a unidade R$, mas poderíamos usar como unidade, os milhares de reais. Iremos também levar em conta apenas os juros, que totalizaram R$ 7.600 unidades. Os dois empréstimos serão calculados como x e 100.000 – x. O primeiro empréstimo teve juros de 10% em um ano, e o segundo, de 6% no mesmo período. O valor total de juros é a soma dos juros em cada empréstimo.

x.0,1+ (100.000 – x).0,06 = 7.600. Multipliquemos tudo por 100 para eliminar as casas decimais:
10x + 600.000 – 6x = 760.000
4x = 160.000 ∴ x = 40.000 (o primeiro empréstimo), e y = 60.000

R: (C)

E63) José recebeu um total de R$ 900,00 em um ano com seus investimentos. Se R$ 7.000,00 foi investido a uma certa taxa, e R$ 9.000,00 foi investido com uma taxa 2% maior, encontre as duas taxas de investimento.

Se considerarmos x a porcentagem, com 1 = 100%, usamos para as taxas, respectivamente x e x + 0,02. Já se considerarmos x um número na faixa de 0 a 100, as taxas são x/100 e (x + 2)/100. Usaremos a primeira opção.
7000.x + 9000.(x+0,02) = 900 ∴ x = 0,045 (ou seja, 4,5%) e a segunda taxa é 0,065 (6,5%).

R: A primeira parte a 4,5% a.a. (ao ano) e a segunda a 6,5% a.a

E68) (CN) Certa quantia foi colocada a juros, à taxa de 5% ao ano, durante 3 anos. Esse montante foi então aplicado a juros de 6% ao ano, durante mais 5 anos. O novo montante é de R$ 14.950,00. Qual foi o capital inicial?

Em um ano, a uma taxa anual de 5%, um capital C crescerá para 1,05C. Em 3 anos com a mesma taxa, o crescimento será o triplo, ou seja C tornar-se-á 1,15. Este valor total foi usado em uma nova aplicação (a anterior terminou), com juros de 6% em 5 anos, o que fará o capital investido ser multiplicado por 1,3. C foi multiplicado, levando em consta as duas aplicações, por 1,15 x 1,3 = 1,495. Como este valor finalizou em R$ 14.950,00, o capital C aplicado inicialmente foi de R$ 10.000,00.

R: R$ 10.000,00

E70) Uma pessoa empregou todo o seu capital da seguinte maneira: metade a 4% ao ano; um terço foi a 10% ao ano e a parte restante a uma taxa, tal que o seu rendimento total no fim de um ano, foi de 7 1/3 % do capital. Qual é essa taxa?

Podemos considerar o capital C como sendo 1, pois este valor irá cancelar, mas optamos por deixar C indicado para cancelamento posterior. As duas primeiras partes de C que foram divididas para as três aplicações foram C/2 e C/3. Calculando, a terceira parte será C/6.
A primeira parte, depois de um ano, aplicada a 4% a.a, ficará multiplicada por 1,04. A segunda ficará multiplicada por 1,10, e a terceira ficará multiplicada pelo fator T, que quando calculado, permitirá o cálculo da taxa.
Dado o rendimento, em função do capital, teremos que calcular por quanto este foi multiplicado. Este valor multiplicativo é 107 + 1/3 %, ou seja, foi multiplicado por

$1 + \dfrac{7\frac{1}{3}}{100} = 1 + \dfrac{22}{300}$. Podemos então montar a equação para cálculo do aumento total do valor:

$\dfrac{C}{2} \times 1{,}04 + \dfrac{C}{3} \times 1{,}1 + \dfrac{C}{6} \times T = C \times \left(1 + \dfrac{22}{300}\right)$. Simplificando por C e multiplicando todos por 300:

152 + 110 + 50T = 322 ∴ T = 1,12
Se T = 1,2, a taxa anual correspondente é 12%

418   O ALGEBRISTA

R: 12% a.a.

Sugestão: Depois de terminar o cálculo, partir de um capital de R$ 300,00 e aplicar a divisão em partes (1/2, 1/3 e 1/6) e as taxas (4%, 10% e 12%) e calcular o capital final, para constatar que a taxa resultante foi realmente 7,333% a.a.

E100) Um número de 3 dígitos é igual a 25 vezes a soma dos seus dígitos. Se os três dígitos forem revertidos, a número resultante excede o número original de 198. O dígito das dezenas é um a menos que a soma dos dígitos das unidades e das centenas. O dígito das dezenas do número dado é:

(A) 2   (B) 3   (C) 6   (D) 7   (E) 5

Seja o número "abc", com valor $100a + 10b + c$. O problema dá que este valor é $25(a + b + c)$, então o número é múltiplo de 5, só pode terminar em 0 ou 5, portanto c=0 ou c=5.
Invertendo os dígitos o novo número excede o original de 198, então:
$100a + 10b + c + 198 = 100c + 10b + a$ $\therefore a = c - 2$.
Sendo assim c não pode ser 0, pois a é um dígito, não pode valer –2.
A única opção portanto é $c = 5$ e $a = 3$. O número é da forma 3_5.
O problema deu ainda que o dígito das dezenas é $a + c - 1$, então este dígito é 7. O número é 375, e seu dígito das dezenas é 7.

R: (D)

E115) Bernardo fez uma viagem de 120 km a uma velocidade média de 50 km/h. A primeira parte da viagem foi feita a uma velocidade de 30 km/h. A segunda parte foi feita a 60 km/h. Quantos quilômetros foram percorridos na primeira parte da viagem?

(A) 40   (B) 96   (C) 45   (D) 30   (E) 24

O tempo total de viagem é dado por espaço/(velocidade média) = 120 / 50 = 2,4 h
Chamamos as durações dos trajetos de x e 2,4 – x. O trajeto de 120 km é igual à soma dos trajetos nos dois trechos, o primeiro com x horas a 30 km/h e o segundo com (2,4 – x) horas a 60 km/h.
$120 = 30.x + 60.(2,4 - x)$ $\therefore$ $120 = 30x + 144 - 60x$ $\therefore$ $30x = 24$ $\therefore$ $x = 0,8$ h
O percurso na primeira parte foi de 0,8 x 30 = 24 km
Usamos todos os intervalos de tempo na mesma unidade (horas), todas as distâncias na mesma unidade (km) e todas as velocidades na mesma velocidade (km/h).

R: (E)

E125) A diferença entre os capitais de duas pessoas é R$ 20.000,00. Uma delas coloca o seu capital a 9% e a outra aplica-o na indústria, de modo que lhe renda 45%. Sabendo-se que os rendimentos são iguais, achar os dois capitais.

Os dois capitais devem ser chamados de x e x + 20, porém é preciso prestar atenção nos valores. O capital maior (x + 20) deve ser o aplicado a 9%, e o menor, a 45%, caso contrário, encontraríamos x negativo. Ou seja, o capital maior é aquele que foi aplicado a juros menores, e vice-versa. Note que o problema não indicou o tempo de aplicação, mas esta informação é desnecessária, pois este valor cancelará. Igualando os rendimentos, já com o tempo cancelado, ficamos com:
Capital 1 x Taxa 1 = Capital 2 x Taxa 2
$9(x + 20) = 45x$ $\therefore$ $x + 20 = 5x$ $\therefore$ $x = 5$
De fato, sendo os capitais respectivamente 5 mil e 25 mil, uma aplicação sobre 5 mil com taxa de 45% durante um tempo, dará o mesmo rendimento que uma outra de 9% sobre 25 mil, considerando o mesmo período (5 x 45 = 25 x 9)

R: 5 mil e 25 mil

Capítulo 10 – Problemas do primeiro grau   419

E143) Uma bicicleta de R$ 280,00 foi comprada por um grupo de meninos que contribuíram com partes iguais. Como 3 desistiram, a quota de cada um dos restantes foi aumentada em R$ 12,00. Quantos eram os meninos?

Parte de cada um, com x participantes: 280/x
Parte de cada um, com x – 3 participantes: 280/(x – 3)
Como 3 desistiram, a parte de cada um ficou maior, no caso, em R$ 12,00:

$$\frac{280}{x-3} - \frac{280}{x} = 12$$

280x – 280(x – 3) = 12x(x – 3)
280.3 = 12x(x – 3) ∴ 280 = 4x(x – 3) ∴ 70 = x(x – 3) ∴ $x^2 - 3x - 70 = 0$
(x – 10)(x + 7) = 0. Como x tem que ser positivo, então x = 10 (10 meninos)
Conferindo, antes cada um pagaria 280/10 = 28, depois passou para 280/7 = 40, ou sejam 12 reais a mais.

R: 10

E144) Um tonel continha 100 litros de vinho puro. Retirou-se certa quantidade de vinho que foi substituída por água. Em seguida retirou-se da mistura, novamente, a mesma quantidade, sendo então substituída por água. A mistura final resultou em 100 litros, contando 36 litros de água. Quantos litros foram trocados de cada vez?

Primeiro é preciso notar que quando é retirada uma quantidade constante de uma mistura com volume dado, e substituída por água, o efeito resultante é multiplicar a substância principal (a que está misturada com água) por um fator constante. Por exemplo, se temos um tonal de vinho puro, com 100 L, e retiramos 10 L da mistura (no caso, inicialmente só vinho) e adicionamos quantidade equivalente de água, o efeito resultante é multiplicar a quantidade de vinho por 0,9, com aumento de água para manter o volume total constante. Na primeira etapa, isto ressaltará em uma mistura de 100 L com 90% de vinho e o restante de água. A fazermos a operação da segunda vez, os 10 L de mistura retirados terão 9 L de vinho e 1 L de água, para então ser adicionada água pura. A mistura passará a contar então com 81 L de vinho e 19 L de água, ou seja, a quantidade de vinho puro foi novamente multiplicada por 0,9. Assim por diante, a cada passo, a quantidade de vinho puro continuará sendo multiplicada por 0,9 a cada etapa.

No caso do problema, este fator multiplicativo deve ser encontrado, vamos chama-lo de F (valor entre 0 e 1). Na primeira etapa, a quantidade de vinho incluído na mistura passou a ser 100F (eram 100 L iniciais). Na segunda etapa, passou a $100F^2$., valor que o problema deu como sendo 64 L (já que 36 eram formados por água, que é sempre adicionada à mistura). Temos então:
$100F^2 = 64$ ∴ F = 0,8
Isto indica que a cada passo, são retirados 20% da mistura (20L) e substituídos por água.

R: 20L

E146) Qual número é igual ao valor absoluto do seu dobro, diminuído de 15?

Já foi explicado que em casos como este, quando o contexto não esclarece a ordem da subtração, deve ser usada a regra do português, ou seja, "algo" subtraído de 15 é o mesmo que 15 – "algo".

O problema é que fica uma dúvida entre

N = | 15 – 2N | e
N = 15 – |2N|

Ou seja, ao armar a expressão, consideramos

420   O ALGEBRISTA

O número = | seu dobro|, diminuído de 15, ou
O número = | seu dobro, diminuído de 15 |

A sutileza que deve ser empregada é a vírgula, que serve como separador, ou seja, o valor absoluto e o dobro estão em uma parte da oração, e o diminuído de 15 estão na outra parte, portanto a expressão correta é que o valor absoluto não se aplica ao 15, mas sim, ao dobro.

$N = 15 - |2N|$

Duplas interpretação não deve constar de problemas de matemática. O correto é o formulador da questão usar termos que não deixem dúvida quanto as expressões a serem usadas.

Levando em conta o valor absoluto, temos que abrir em dois casos:

a) N positivo
$N = 15 - 2N \quad \therefore \quad 3N = 15 \quad \therefore \quad N = 5$
b) N negativo
$N = 15 - (-2N) \quad \therefore \quad N = 15 + 2N \quad \therefore \quad N = -15$

R: 5 ou –15

E166) Quantos quilos de balas com custo de R$ 15,00 por quilo devem ser misturadas com 24 kg de jujubas com custo de R$ 7,50 por quilo, para fazer uma mistura com custo de R$ 9,00 por quilo?

Usando a tabela ensinada:

	R$ 15,00/kg	R$ 7,50/kg	Mistura
Valor ➔	15x	24 x 7,5	M
Quantidade ➔	x	24	x + 24

O valor M mistura pode ser calculada de duas formas:
Linhas: Somando as linhas anteriores, temos o valor = $15x + 180$
Colunas: Calculando o valor levando em conta o peso $(x + 24)$ e o peso por kg (R$ 9,00/kg)
$15x + 180 = 9(x + 24) \quad \therefore \quad 15x + 180 = 9x + 216 \quad \therefore \quad 6x = 36 \quad \therefore \quad x = 6$

R: 6 kg

E170) Três mulheres possuem juntas, R$ 360,00. Se a primeira der à segunda 1/7 do seu valor, e a terceira também der à segunda, 1/13 do seu valor, as três ficarão com quantias iguais. Que valor possui cada uma?

Note que o total é 360, então as três ficarão no final com 120 cada.
A 1ª deu 1/7 do valor e ficou com 6/7, que vale 120. Então 1/7 vale 20, o valor é 140.
A 3ª deu 1/13 do valor e ficou com 12/13, que vale 120. Então 1/13 vale 20, o valor é 130.
A 2ª tinha 120 – os valores recebidos = 120 – 20 – 10 = 90.

R: 140, 90 e 130

E180) Um fazendeiro tem provisões para alimentar 32 bois durante 25 dias. No fim de 4 dias, o fazendeiro compra mais 10 bois. Quanto tempo durarão as provisões, se a ração de cada boi não é aumentada?

Vamos criar uma unidade auxiliar, "BD", como sendo a quantidade de provisões suficiente para alimentar um boi durante um dia. O fazendeiro tem portanto, 32x25 = 800 BD
Com 32 bois, gastará 32 BD por dia, durante 4 dias serão 128 BD, restando portanto
800 BD – 128 BD = 672 BD
Como comprou mais 10 bois, a partir de então serão 42 bois por dia para alimentar.
O número de dias é 672 / 42 = 16 dias

R: 16

Capítulo 10 – Problemas do primeiro grau   421

E189) Se, ao multiplicarmos o número inteiro e positivo N por outro número de 2 algarismos, invertemos a ordem dos algarismos deste segundo número, o resultado fica aumentado de 207. A soma dos algarismos que constituem o número N dá:

(A) 5   (B) 6   (C) 7   (D) 8   (E) 9

É calculado N.("ab") = N(10a + b)
Por engano, é calculado N.("ba") = N(10b + a)
O número fica aumentado de 207, então N(10b + a) – N(10a + b) = 207
N(9b – 9a) = 207 = N.9.(b – a). Simplificando por 9 fica:
N(b – a) = 23. O número 23 é primo, então só pode ser expresso em produto como 1 x 23. Como b e a são dígitos, sua diferença b – a não pode ser igual a 23. Então b – a vale 1 e N vale 23. Sua soma de algarismos é 2 + 3 = 5

R: 5 (A)

E190) Dois veículos partem juntos de um ponto A, em uma corrida de ida e volta entre os pontos A e B. Sabendo que a distância entre A e B é 78 km e que as velocidades dos veículos são 70 km/h e 1000 metros por minuto, concluímos que eles voltam a se encontrar depois do tempo de:

(A) 1h 30 min   (B) 1h 12 min   (C) 1h 40 min   (D) 1h 42 min   (E) 1h 36 min

As velocidades dos veículos são 70 km/h e 60 km/h (1000 m por minuto). O veículo mais veloz leva um tempo 78 km / 70 km/h para chegar ao ponto B, então retorna. Na volta, o veículo mais veloz encontrará o mais lento, como na figura abaixo:

```
A              78 km              B
|_____|
     60t       |   70(t-78/70)  |
```

Contando o tempo t desde a partida, o primeiro veículo terá andado 60t, do início até o ponto de encontro. O segundo veículo terá andado, desde B em direção a A, um outro trecho durante o tempo (t – 78/70), a uma velocidade de 70 km/h. O termo 78/70 é o tempo que o veículo mais rápido levou para fazer o trecho de A até B. A soma desses dois trechos é igual a 78 km:
60t + 70(t – 78/70) = 78 km (AB)
130t – 78 = 78 ∴ 130t = 156 ∴ 10t = 12 ∴ t = 1,2h (1 h e 12 min))

R: (B)

E194) CN 87 - Dois capitais são empregados a uma mesma taxa de 3% ao ano. A soma dos capitais é igual a R$ 50.000,00. Cada capital produz R$ 600,00 de juros. O primeiro permaneceu empregado 4 meses mais que o segundo. O segundo capital foi empregado durante

(A) 6 meses   (B) 8 meses   (C) 10 meses   (D) 2 anos   (E) 3 anos

Desenhar um diagrama que esclareça o que ocorre no problema é sempre importante:

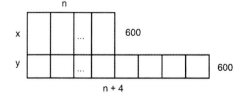

O capital de 50.000 reais foi dividido em duas partes, ambas aplicadas a 3% a.a.m que é o mesmo que 0,25% = 1/400 ao mês.
Os juros das duas partes foram iguais a 600 reais, mas a parte y ficou aplicada por 4 meses a mais.

Usando a fórmula j = c.i.t (considerando 100% como 1), podemos indicar x e y em função de n, número de meses da primeira aplicação:

422   O ALGEBRISTA

$1^{\underline{a}}$ parte: $600 = x.(1/400).n \therefore x = 240.000/n$
$2^{\underline{a}}$ parte: $600 = y.(1/400).(n + 4) \therefore y = 240.000/(n + 4)$
A soma desses dois valores é $50.000 \therefore x + y = 50.000$

$$\frac{240.000}{n} + \frac{240.000}{n+4} = 50.000 \therefore \frac{24}{n} + \frac{24}{n+4} = 5 .$$ Eliminando os denominadores ficamos com:
$24n + 96 + 24n = 5[n(n + 4)] \therefore 48n + 96 = 5n^2 + 20n \therefore 5n^2 - 28n - 96 = 0$

Para resolver a equação é preciso fatorar o trinômio, o cálculo pela fórmula da equação do $2^{\underline{o}}$ grau (cap. 13) é trabalhoso, alternativamente podemos fatorar o trinômio e igualar seus fatores a zero. Temos que determinar os dois números cuja diferença e 28 e cujo produto é 5x96. Fica mais fácil quando dividimos a soma ou a diferença por um número, e dividimos o produto pelo seu quadrado. Fazendo D = 28 e P = 5.96, podemos dividir a diferença por 4 e o produto pelo seu quadrado, 16, ficando com D'=7 e P'=5.6, fica fácil ver que produto 30 e diferença 7, os números são 10 e 3. Multiplicando de volta por 4, ficamos com 40 e 12, de fato esses números têm diferença 28 e produto 5.96. O termo do $1^{\underline{o}}$ grau deve ser então desmembrado (lembre da fatoração ensinada no cap. 5) como:
$5n^2 - 40n + 12n - 96 = 0 \therefore 5n.(n - 8) + 12.(n - 8) = 0 \therefore (5n + 12)(n - 8) = 0$
Sendo n o número de meses, só pode ser 8.

De fato, $\dfrac{24}{8} + \dfrac{24}{8+4} = 5$

R: (B) 8 meses

E195) Uma pessoa tomou um capital C a uma taxa mensal numericamente igual ao número de meses que levará para saldar o empréstimo. Tal pessoa aplica o capital C a uma taxa de 24% ao mês. Para que tenha um lucro máximo na operação, deverá fazer o empréstimo e a aplicação durante um número de meses igual a:

(A) 6   (B) 12   (C) 18   (D) 24   (E) 36

A taxa deve ser considerada como um valor de 0 a 100, para que possa ser numericamente igual ao número de meses, entretanto devemos dividir o valor por 100 na fórmula. O capital C foi tomado emprestado por x meses, a uma taxa de x/100. O valor foi aplicado a uma taxa de 24/100 pelo mesmo período de x meses. A diferença entre o valor dos juros da aplicação e o valor dos juros do empréstimo tem que ser o maior possível.
C.(x/100).x – C.(24/100).x maior possível. Como C/100 é constante, nos resta maximizar o valor de $24x - x^2$. Isto ficará mais fácil depois que estudarmos máximos e mínimos do trinômio do $2^{\underline{o}}$ grau, mas por hora podemos fazer a mesma coisa completando os quadrados:
$24x - x^2 = 144 - (x - 12)^2$. Esta expressão terá seu valor máximo quando $(x - 12)$ valer zero, ou seja, x = 12.

R: (B)

E215) João, Carlos e Maria começaram a resolver uma lista de problemas de matemática juntos, sendo que cada um precisava resolver todos os problemas. Cada um trabalha a uma taxa constante. João resolveu 12 problemas por dia e terminou a lista 3 dias depois de Carlos. Maria resolveu 3 problemas a mais que Carlos a cada dia, e terminou a lista dois dias antes de Carlos. Quantos dias levou Maria para terminar a lista?

(A) 18   (B) 15   (C) 12   (D) 10   (E) 9

João: 12 por dia (x dias) + 12 + 12 + 12 (3 dias), total de problemas: P = 12x + 36
Carlos: A cada dias (x dias) resolver 12 + 36/x, quando terminou João levou + 3 dias
Maria: A cada um dos (x – 2) dias, resolveu 3 a mais que Carlos = 12 + 36/x + 3

Problemas resolvidos por Maria:
(x – 2) dias x (15 + 36/x) problemas a cada dia, o que é igual ao número de problemas

Capítulo 10 – Problemas do primeiro grau   423

$(x - 2)(15 + 36/x) = 12x + 36$
$(x - 2)(5 + 12/x) = 4x + 12$
$5x + 12 - 10 - 24/x = 4x + 12$
$x - 24/x - 10 = 0$ ➔ $x^2 - 10x - 24 = 0$ ➔ $(x - 12)(x + 2) = 0$ ➔ $x = 12$

Maria levou $x - 2$ dias $= 10$ dias

R: (D)

E220) (*) Maria, Joana e Carla podem andar a 6 km/h. Elas possuem uma motocicleta que anda a 90 km/h, mas pode acomodar apenas duas pessoas (e não pode dirigir a si mesma). Seja t o tempo em horas levado para as três chegarem a um ponto a 135 km de distância. Ignorando o tempo levado para dar a partida, embarcar e desembarcar, o que é correto sobre o menor valor possível para t?

(A) $t < 3,9$ (B) $3,9 \le t < 4,1$ (C) $4,1 \le t < 4,3$ (D) $4,3 \le t < 4,5$ (E) $4,5 \le t$

Inicialmente, duas vão até o final do trajeto usando a moto, o tempo para checar ao final será 135km / 90 km/h = 1,5 hora.
Enquanto isso, a terceira caminhou 1,5 hora a 6 km/h, andando 9 km.
Agora, uma delas volta com a moto até encontrar aquela que já andou 9 k. São 126 km faltando, a velocidade relativa entre esta terceira e a moto será 90 + 6 = 96 km/h. O tempo para o encontro será 126 km/96 km/h = 1,3125 h. Agora as duas voltam juntas de moto, levando o mesmo tempo. O tempo total será t = 1,5 + 1,3125 + 1,3125 = 4,125 h

R: (C)

229) Colégio Naval 2015
Dado o sistema S:
$$\begin{cases} 2x - ay = 6 \\ -3x + 2y = c \end{cases}$$
nas variáveis x e y, pode-se afirmar que:
A) Existe a $\in$]6/5, 2[tal que o sistema S não admite solução para qualquer número real C.
B) Existe a $\in$]13/10, 3/2[tal que o sistema S não admite solução para qualquer número real C.
C) Se a = 4/3 e C = 9, o sistema S não admite solução.
D) Se a $\neq$ 4/3 e C = –9, o sistema S admite infinitas soluções.
E) Se a = 4/3 e C = –9, o sistema S admite infinitas soluções.

Solução:
Os casos descritos nos cinco itens acima dizem respeito a um sistema impossível ou indeterminado. Sistemas impossíveis e indeterminados têm uma coisa em comum:
$$\frac{A}{A'} = \frac{B}{B'}$$
O que vai indicar se o sistema é impossível ou indeterminado é a razão C/C':
$$\frac{A}{A'} = \frac{B}{B'} \neq \frac{C}{C'}$$ ➔ Impossível
$$\frac{A}{A'} = \frac{B}{B'} = \frac{C}{C'}$$ ➔ Indeterminado

Para que o sistema seja impossível ou indeterminado devemos portanto obrigar a relação A/A' = B/B':
$$\frac{2}{-3} = \frac{-a}{2}$$, ou seja, a = 4/3 = 1,333...
Esta condição obrigará o sistema a ser indeterminado ou impossível. O que vai decidir entre indeterminado ou impossível é o valor de C:

424   O ALGEBRISTA

$\dfrac{2}{-3} = \dfrac{-a}{2} = \dfrac{6}{c}$ ➔ indeterminado ➔ 2C = –18 ➔ C = –9

$\dfrac{2}{-3} = \dfrac{-a}{2} \neq \dfrac{6}{c}$ ➔ impossível ➔ 2C ≠ –18 ➔ C ≠ –9

Resumindo, para a = 4/3 o sistema será indeterminado (C = –9) ou impossível (C ≠ –9)
Então vamos às respostas:
A) FALSO, o sistema só é impossível para C ≠ –9, e não para qualquer C.
B) FALSO, o sistema só é impossível para C ≠ –9, e não para qualquer C.
C) VERDADEIRO, com a = 4/3 e este valor para C, o sistema é impossível.
D) FALSO, com a ≠ 4/3 o sistema é determinado.
E) VERDADEIRO, com a = 4/3 e C = –9, o sistema é indeterminado, tem infinitas soluções.

Duas opções são verdadeiras, a questão foi anulada.

Resposta: (C) e (E)

230) Colégio Naval 2015
Qual a medida da maior altura de um triângulo de lados 3, 4, 5?

(A) 12/5   (B) 3   (C) 4   (D) 5   (E) 20/3.

Solução:
Este é um dos mais "famosos" triângulos, que deve ser conhecido por todos os estudantes: trata-se do **triângulo pitagórico básico**, que é o triângulo retângulo com lados expressos por números inteiros, com os menores valores possíveis. Os catetos são 3 e 4, e a hipotenusa é 5. Sua área é igual à metade do produto dos catetos, ou seja, 3x4/2 = 6
A maior altura é aquela relativa ao menor lado, já que o produto de cada lado pela altura correspondente é constante. O menor lado é o cateto 3, e a altura correspondente é o cateto 4.

Resposta: (C)

231) Colégio Naval 2015
Na multiplicação de um número k por 70, por esquecimento, não se colocou o zero à direita, encontrando-se, com isso, um resultado 32823 unidades menor. Sendo assim, o valor para a soma dos algarismos de k é

A) par.
B) uma potência de 5.
C) múltiplo de 7.
D) um quadrado perfeito.
E) divisível por 3.

Solução:
Multiplicação normal: 70k
Multiplicação com erro: 7k, esquecendo o zero à direita ficamos com um número 10 vezes menor.
A diferença portanto é 70k = 7k = 63k, que o problema dá como 32823
➔ k = 32823/63 = 512, a soma dos algarismos de k é 8, um número par.

Resposta: (A).

Capítulo 11

Conjuntos e tópicos sobre ANÁLISE

Análise e álgebra

Podemos dividir a matemática do ensino fundamental: Aritmética, Geometria, Álgebra e Análise.

A Aritmética é o conteúdo ensinado nos primeiros anos do ensino fundamental. Trata sobre números inteiros, operações matemáticas, múltiplos e divisores, fatoração numérica, números primos, MMC, MDC, frações, números decimais.

A Geometria é ensinada em todo o ensino fundamental. Nos primeiros anos, limita-se a apresentar os nomes das figuras geométricas, depois conceitos de paralelismo, ângulos, e finalmente relações métricas. Esta última parte requer bons conhecimentos de álgebra.

A Álgebra é ensinada na segunda parte do ensino fundamental, e é o objetivo principal deste livro. Existe ainda uma quarta parte da matemática do ensino fundamental, que é intimamente ligada à Álgebra: a Análise. Esta parte da matemática trata sobre conjuntos, números reais e funções, principalmente. Seu conteúdo está intimamente ligado à Álgebra, por isso esta é uma boa ocasião para apresentar um capítulo com seus principais conceitos. Tais conceitos são ferramentas para desenvolver certos tópicos da Álgebra. Por exemplo, duas equações em x e y podem ser representadas como retas no plano xy, chamado de *plano cartesiano*. O ponto de encontro das duas retas indica a solução do sistema. Quando as retas são coincidentes, o sistema é indeterminado, e quando as retas são paralelas, o sistema é impossível.

Vários tópicos de Análise são cobrados em vários concursos. O Colégio Naval, por exemplo, cobra com frequência questões sobre conjuntos. A EPCAr cobra eventualmente questões sobre conjuntos, e sempre duas ou três questões sobre funções. Vamos apresentar neste capítulo, noções sobre análise quer permitirão um melhor entendimento da álgebra.

Alunos da EPCAr

O número zero

O número 0 é motivo de polêmica no que diz respeito à sua classificação. Praticamente todos os autores de matemática dos ensinos médio e fundamental consideram o 0 como o primeiro número natural. A maioria dos autores do ensino superior consideram que o zero não é um número natural, mas sim, um número inteiro. Isto não faz diferença alguma no desenvolvimento da matemática, é só uma questão de nomes. Convenciona-se que um texto pode usar qualquer uma das abordagens, desde que seja indicada qual a convenção usada. Em geral isto fica claro nos livros, e no início das provas de concursos. Este livro, assim como a maioria dos que abordam a matemática para ensino fundamental, considera o zero como um número natural. Recomendamos que esta convenção seja seguida também em provas, a menos que exista indicação contrária no início dos cadernos de provas. Isto é importante, pois muitas provas apresentam questões que exigem esta informação na sua solução.

Muitas vezes usa-se a expressão "N = conjunto dos números inteiros não negativos" para deixar claro que o zero está incluído, sem entrar em conflito com um "conjunto N sem o zero".

0, 1, 2

Os números 0, 1 e 2 devem ser considerados com atenção, pois possuem algumas particularidades não existentes em outros números. Já foi visto que o 0 pode ser considerado como número natural ou não, é pura questão de convenção. Mesmo quando o 0 não é considerado número natural, é ainda assim considerado número inteiro. Na classificação dos números entre primos e compostos, o 0 atende à definição de número composto. Já o 2 é um número primo, aliás, é o único número primo e par ao mesmo tempo. O número 1 não é primo nem composto.

Conjuntos

A teoria dos conjuntos é necessária para o entendimento de toda a matemática a partir do 6º ano. Neste capítulo faremos uma introdução sobre o assunto.

O conjunto dos números naturais

Conjunto é uma coleção de elementos. Um dos primeiros conjuntos com o qual lidamos é sem dúvida o conjunto dos números naturais, representado por N. Este é um conjunto infinito.

N = {0, 1, 2, 3, 4, 5, 6, 7, 8, 9, 10, 11, 12, 13, 14, 15, 16, ...}

O conjunto N pode ser representado em uma *reta numerada* ou *reta numérica*. Os números são dispostos em uma sequência crescente. Quanto mais à direita nessa reta, maior é o número.

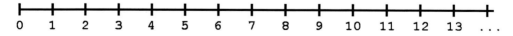

Reta numérica que representa o conjunto dos números naturais

O conjunto dos números racionais positivos

O conjunto Q+ é o conjunto dos números racionais positivos. Este conjunto tem todos os números naturais e mais todas as frações positivas. Assim como o conjunto N, o conjunto Q+ também é infinito, porém é um tipo de infinito muito mais denso. Por exemplo, entre dois

Capítulo 11 – Conjuntos e tópicos sobre análise 427

simples números naturais, 0 e 1, existem infinitos números racionais positivos. Apenas para citar alguns:

1/2, 1/3, 1/4, ..., 1/100, 2/3, 2/5, 2/7, 2/9, ..., 3/4, 3/5, 3/7, 3/8, 3/10, ..., 21/37, 125/1042, ...

Exemplos de conjuntos

Podemos ter conjuntos de qualquer tipo de objeto:

Exemplos:
a) Conjunto dos dias da semana
= {domingo, segunda-feira, terça-feira, quarta-feira, quinta-feira, sexta-feira, sábado}
b) Conjunto dos quatro planetas mais próximos do Sol = {Mercúrio, Vênus, Terra, Marte}
c) Conjunto das notas musicais = {dó, ré, mi, fá, sol, lá, si}
d) Conjunto das frutas de uma cesta = {banana, laranja, maçã, pêra, abacate}
e) Conjunto dos parafusos de um motor = {parafuso-1, parafuso-2, parafuso-3, ..., parafuso-n}

Exemplos:
Conjunto dos alunos de uma escola
Conjunto dos torcedores de um time
Conjunto das moedas de um cofre
Conjunto dos automóveis de uma rua
Conjunto das ruas de uma cidade
...

Pertinência

Quando um elemento está dentro de um conjunto, dizemos que este elemento *pertence* ao conjunto. O símbolo matemático para a pertinência é $\in$.

Exemplos:
$3 \in N$
bola $\in$ {bola, boneca, bicicleta, carro}
José $\in$ NJ, onde NJ é o conjunto dos nomes que começam com a letra J
$3/5 \in Q+$

Quando um elemento não pertence a um conjunto, usamos o símbolo $\notin$.

Exemplo: $5 \notin \{1, 2, 3\}$

Conjunto vazio

Conjunto vazio é aquele conjunto que não tem elemento algum. Não existe diferença entre um conjunto vazio de laranjas e um conjunto vazio de planetas. Ambos são a mesma coisa, ou seja, o vazio é único.

Representamos o conjunto vazio pelo símbolo $\varnothing$ ou { }.

Exercícios

E1) Escreva o conjunto dos numerais pares de 2 algarismos, de tal forma que esses dois algarismos sejam iguais.

E2) O que está errado nas seguintes notações de conjuntos:
a) {1, 2, 3, 4 e 5}   b) {1, 2, 3, 3, 4}

E3) Dados dois conjuntos A e B, dizemos que a união de conjuntos, indicada por $A \cup B$, é o conjunto que reúne todos os elementos de A e de B. Se A = {1, 2, 4, 5, 6, 7} e B = {1, 3, 5, 7, 9}, determine $A \cup B$.

E4) Dados dois conjuntos A e B, dizemos que a interseção de conjuntos, indicada por $A \cap B$, é o conjunto que tem todos os elementos que pertencem a A e B ao mesmo tempo. Se A = {1, 2, 3, 4, 5, 6, 7} e B = {1, 3, 5, 8, 9}, determine $A \cap B$.

E5) Entre as três formas abaixo, qual é a errada para representar o conjunto vazio?
$\emptyset$, { }, {$\emptyset$}

E6) Escreva o conjunto formado pelos sucessores dos números primos maiores que 10 e menores que 30.

Representação por enumeração

Existem várias formas para definir um conjunto. Uma forma usual é escrever os elementos em uma lista, separados por vírgulas, e entre chaves { }.

Normalmente os elementos de um conjunto são do mesmo tipo, mas nada impede que criemos conjuntos de elementos de tipos diferentes.

Exemplo:
{parafuso, maçã, 2, areia, Saturno, José, moeda, 3/5, café, 8, relógio}

Nem sempre conjuntos de tipos diferentes como o do exemplo acima têm utilidade.

Exemplo:
A = { 1, 2, 3, {1, 2}, 4, 5}

O conjunto A acima tem cinco números naturais (1, 2, 3, 4, 5) e um conjunto com os elementos 1 e 2. Como vemos, nada impede que um conjunto seja elemento de outro.

Exemplo:
A = {N, Q+} = conjunto dos dois conjuntos numéricos citados até agora neste capítulo.

Representação por diagrama

Este método é equivalente a listar os elementos entre chaves. A diferença é que ao invés de usar chaves, é desenhado um diagrama com os elementos indicados através de símbolos.

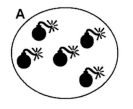 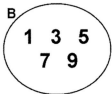

Nos dois exemplos acima, temos um conjunto A com cinco bombinhas e um conjunto B com os números naturais ímpares menores que 10. Este método de representação é usado para ensinar conjuntos para crianças pequenas. Existe um outro método muito útil e usado em estudos mais maduros: o diagrama de Venn.

Capítulo 11 – Conjuntos e tópicos sobre análise   429

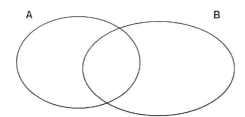

A maioria das questões que caem em concursos como Colégio Naval, EPCAr e similares, pode ser resolvida com a ajuda de um diagrama de Venn.

Este diagrama representa um ou mais conjuntos e a sua relação através de balões. O diagrama acima mostra que existem elementos que pertencem simultaneamente ao conjunto A e ao conjunto B. Não é feito o desenho dos elementos. Considera-se que a área interna ao conjunto representa os seus elementos, não importa quais sejam. Por exemplo, podemos usar o diagrama de Venn para representar os conjuntos numéricos N e Q+. Todo número natural é também um número racional positivo, então é correto dizer que o conjunto N está contido no conjunto Q+, como mostra o diagrama abaixo.

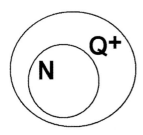

Representação por propriedade

Este é o método mais formal para definir um conjunto. Considere por exemplo o conjunto:

P = { 5, 6, 7, 8, 9, 10, 11, 12, 13, ...}

É o conjunto dos números naturais maiores que 4. Pode ser escrito da seguinte forma:

P = { x | x∈N e x>4}

Lê-se: *P é o conjunto dos elementos x tais que x pertence ao conjunto dos números naturais e x é maior que 4.*

Outro exemplo: R = {10, 11, 12, 13, 14, 15, 16} = {x| x∈N e 9<x<17}

Conjunto unitário

Um conjunto unitário é um conjunto que tem um só elemento. Existem infinitos conjuntos unitários.

Exemplos:
{3}
{laranja}
{Sol}
{Drake}
{Josh}
...

Conjuntos equivalentes

Dois conjuntos são ditos equivalentes ou iguais quando possuem exatamente os mesmos elementos. Se dois conjuntos A e B são equivalentes, escrevemos A = B.

Exemplos:
a) A = {1, 2, 3} e B = { 1, 1, 1, 2, 2, 3, 3, 3, 3}
b) A = conjunto dos números naturais múltiplos de 3; B = conjunto dos números naturais que deixam resto 0 ao serem divididos por 3

Exercícios

E7) Enumere os seguintes conjuntos, colocando os elementos entre chaves e separados por vírgulas:
a) { x | x é número natural e x é par }
b) { x | x/2 = 20 }
c) { x | x é número natural e x é múltiplo de 3}
d) { x | x é número natural e x > 50}
e) { x | x é um dia da semana}
f) { x | x é um número natural e x < 20}
g) { x | x é um número natural e x deixa resto 0 ao ser dividido por 7}

E8) Verifique quais dos conjuntos abaixo são iguais ao conjunto vazio
a) {x | x∈{1, 2, 3} e x∈{4, 5, 6} }
b) { x | x∈N e x.2=7}
c) { x | x∈N e x.x = 20}
d) { x | x∈∅}
e) { x | x é o nome de um mês e x começa com a letra T}

Subconjunto

Um subconjunto é um conjunto formado por alguns elementos de um outro conjunto.

Exemplo:
A = {1, 2, 3, 4, 5, 6}
B = {1, 2, 5}

Neste exemplo dizemos que B é subconjunto de A, pois todo elemento de B também é elemento de A. Isso é o mesmo que dizer que "B está contido em A", e é escrito como:

B ⊂ A

Dizer que B está contido em A é o mesmo que dizer que A contém B. Nesse caso usamos o símbolo ⊃.

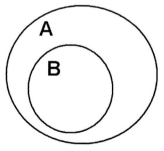

Diagrama de Venn para B ⊂ A

Exemplo:
{1, 2, 3, 4, 5, 7} ⊃ {2, 3, 5}

É muito comum representar as relações entre conjuntos através de *diagramas de Venn*.

Capítulo 11 – Conjuntos e tópicos sobre análise 431

OBS.: 1) O conjunto vazio é subconjunto de qualquer conjunto.
OBS.: 2) Qualquer conjunto é subconjunto de si mesmo.

Ou seja, qualquer que seja o conjunto A, temos:

$\emptyset \subset A$
$A \subset A$

Para indicar que um conjunto não está contido em outro, usamos o símbolo $\not\subset$.

Exemplo:
$\{1, 2, 5\} \not\subset \{1, 5, 6, 7\}$

Pertence ou está contido?

É muito fácil ver, por exemplo, que $2 \in \{1, 2, 3\}$.
É fácil entender também que $\{1, 2\} \subset \{1, 2, 3, 4\}$.

Entretanto tudo pode ficar complicado quando são apresentados conjuntos de conjuntos. Por exemplo, será que é óbvio que $\{1, 2\} \in \{1, 2, \{1,2\}\}$ ou $\{1, 2\} \subset \{1, 2, \{1,2\}\}$?

Nesse caso especial, o conjunto $A = \{1, 2, \{1,2\}\}$ tem 3 elementos: 1, 2 e o conjunto $\{1,2\}$. Então como A tem os elementos 1 e 2, é correto afirmar que $\{1, 2\} \subset A$. Além disso, o conjunto A também tem o elemento $\{1, 2\}$, então é correto afirmar que $\{1, 2\} \in A$.

Para evitar confusão, sobretudo quando são envolvidos conjuntos de conjuntos, faça o seguinte:

a) Para verificar se $X \subset A$: Elimine as chaves de X e as chaves de A. Os elementos da lista de X, separados por vírgulas, têm que aparecer exatamente da mesma forma, na lista dos elementos de A, separados por vírgulas. No nosso caso

$\{1, 2\} \subset \{1, 2, \{1,2\}\}$?

Comparemos 1, 2 com 1, 2, $\{1,2\}$. Os elementos 1 e 2 da primeira lista estão exatamente da mesma forma na segunda lista. Então é correto que

$\{\underline{1}, \underline{2}\} \subset \{\underline{1}, \underline{2}, \{1,2\}\}$.

b) Para verificar se $X \in A$: X tem que ser um elemento (um conjunto também pode ser elemento). Nesse caso, elimine as chaves de A e verifique se X aparece na lista de elementos de A separados por vírgulas. No nosso caso

$\{1, 2\} \in \{1, 2, \{1,2\}\}$?
Eliminando as chaves <u>somente do segundo conjunto</u>, ficamos com

$\underline{\{1, 2\}}$ e 1, 2, $\underline{\{1,2\}}$

Vemos que o primeiro elemento, que é $\{1, 2\}$, está na lista obtida a partir do segundo conjunto, com a eliminação das chaves: 1, 2, $\{1,2\}$. Então concluímos que

{1, 2} ∈ { 1, 2, {1,2} }

OBS.: Quando você encontrar um absurdo como 4 ⊂ A, nem precisa pensar. O número 4 não é um conjunto, portanto não pode ser subconjunto de conjunto algum.

Conjunto universo

Conjunto universo é um conjunto que contém todos os conjuntos, ou seja, para qualquer conjunto A, A⊂U. É uma noção difícil de entender, por ser abstrata. Muitas vezes estamos interessados não no maior conjunto universo existente, mas em uma parte do universo. Dependendo da aplicação, podemos considerar o conjunto universo como:

- O conjunto dos números naturais
- O conjunto dos números racionais positivos
- O conjunto dos números pares
- O conjunto dos múltiplos de 5
- O conjunto dos habitantes de uma cidade
- O conjunto das cidades de um país
- O conjunto dos números naturais de 0 a 10

Exemplo:
Considere A o conjunto dos alunos de uma turma que gostam de futebol, e B o conjunto dos alunos da mesma turma que gostam de basquete. Nesse caso podemos considerar como conjunto universo, o conjunto dos alunos da turma. Existem alunos que não fazem parte de A nem de B (não gostam de futebol nem de basquete), e alunos que fazem parte de A e de B (gostam de ambos os esportes). Podemos então representar esses dois conjuntos, e mais o universo, em um diagrama de Venn.

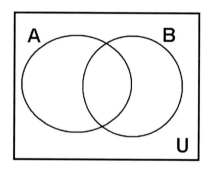

O conjunto universo U é o retângulo da figura ao lado, que representa a turma inteira. A parte comum entre A e B representa os alunos que estão ao mesmo tempo em A e em B. A parte externa a A e B são os elementos de U que não pertencem a A nem a B.

Exercícios

E9) Sendo A = {1, 2, 3, 4, 5, 6}, indique se as sentenças são verdadeiras ou falsas
  a) ∅ ⊂ A
  b) ∅ ∈ A
  c) 2 ∈ A
  d) 3 ∈ A
  e) {2, 3} ∈ A
  f) {2, 3} ⊂ A
  g) 7 ∈ A
  h) 4 ⊂ A
  i) {4} ⊂ A
  j) A ⊃ {4, 5, 6}
  k) A ⊂ A
  l) N ⊂ Q+
  m) {0} ∈ ∅
  n) 6 ⊂ A
  o) {2, 3} ∈ A

E10) Enumere os seguintes conjuntos:
a) Conjunto das letras da palavra PARAGUAI
b) Conjunto das letras da palavra PERTINENTE
c) Conjunto das letras da palavra TENNESSEE

Capítulo 11 – Conjuntos e tópicos sobre análise 433

E11) Se A = {1, 2, 3, 4}, determine todos os subconjuntos B ⊂ A tais que 2 ∈ B

E12) Verifique quais dos conjuntos abaixo são unitários
a) { x ∈ N | x+5=20 }
b) { x ∈ N | x é primo e par }
c) { x ∈ N | x é múltiplo de 50 e 120 e 1000 < x < 1500 }
d) { x ∈ N | x é múltiplo de 10 e x é menor que 10 }
e) { x ∈ N | x < 2 e x não é primo }
f) { x ∈ N | x < 2 e x é composto }

E13) Enumere os seguintes conjuntos infinitos, colocando os elementos entre chaves, separados por virgulas.
a) Conjunto dos números naturais pares
b) Conjunto dos números naturais múltiplos de 3
c) Conjunto dos números naturais múltiplos de 5
d) Conjunto dos números naturais múltiplos de 3 e 5 ao mesmo tempo
e) Conjunto dos números naturais que são múltiplos de 3 mas não são múltiplos de 5
f) Conjunto dos números naturais que são quadrados perfeitos
g) Conjunto dos números naturais que deixam resto 2 ao serem divididos por 5
h) Conjunto dos números naturais formados apenas pelos algarismos 2, 3 e 5
i) Conjunto dos números naturais que multiplicados por 0 dão resultado 0
j) Conjunto dos números naturais que deixam resto 2 ao serem divididos por 12 ou por 20

E14) Verifique se o conjunto A está contido no conjunto B
a) A = {3, 6, 9 } e B = { 1, 2, 3, 4, 5, 6, 7, 8, 9 }
b) A = {1, 2, 5, 6 } e B = { 2, 3, 4, 5, 6, 7, 8 }
c) A = conjunto dos números naturais pares, B = N
d) A = conjunto dos números naturais múltiplos de 4, B = conjunto dos números naturais pares
e) A = conjunto dos números naturais maiores que 50, B = conjunto dos números naturais maiores que 40
f) A = Conjunto dos números primos, B = Conjunto dos números naturais ímpares
g) A = ∅, B = {1, 2, 3}
h) A = {∅}, B = {1, 2, 3}
i) A = { 1, 2, 3 } e B = { 1, 2, 3 }
j) A = { 1, 2, 2, 3, 3, 3 } e B = { 1, 2, 3 }

Operações com conjuntos

Assim como fazemos com os números, operações aritméticas como adição, subtração, multiplicação, divisão, potenciação e outras, fazemos também operações com conjuntos. As operações que vamos estudar aqui são as mais comuns:

- União
- Interseção
- Diferença
- Complementar

União de conjuntos

A união de dois conjuntos A e B (escreve-se A ∪ B) é uma operação que resulta em um terceiro conjunto que tem todos os elementos de A e todos os elementos de B.

Exemplo:
Se A = {1, 2, 3, 4, 5, 6} e B = {5, 6, 7, 8}, então
A ∪ B = {1, 2, 3, 4, 5, 6, 7, 8}

Note que todos os elementos de A estão em A ∪ B. Todos os elementos de B também estão em A ∪ B. Os elementos 5 e 6 estão em A e em B, logo estarão na união, porém são contados uma só vez, já que um conjunto não pode ter elementos repetidos.

Os diagramas abaixo mostram exemplos da união de conjuntos.

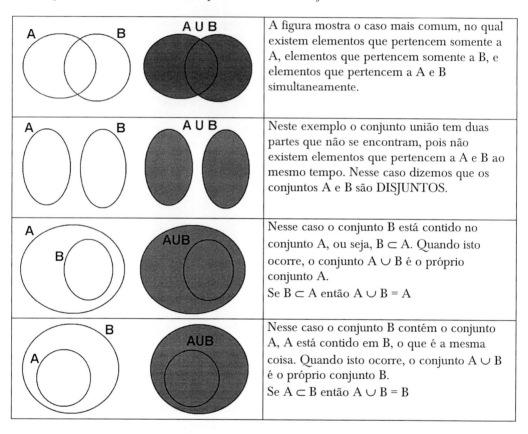

Interseção de conjuntos

A interseção dos conjuntos A e B, escrita A ∩ B, é uma operação que resulta em um conjunto com os elementos que pertencem a A e B simultaneamente.

Exemplo:
Se A = {1, 2, 3, 4, 5, 6} e B = {5, 6, 7, 8}, então
A ∩ B = {5, 6}

Os diagramas abaixo mostram exemplos da interseção de conjuntos.

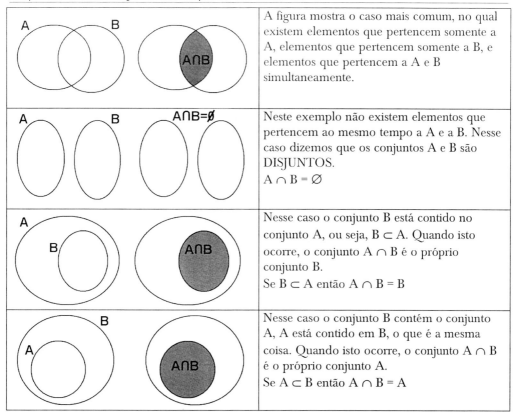

Diferença de conjuntos

Esta é outra operação com conjuntos que tem grande utilidade. Dados dois conjuntos A e B, a diferença de conjuntos, indicada como A − B, é o conjunto dos elementos que pertencem a A e não pertencem a B. Para definir B − A, basta trocar os papéis de A e B, ou seja, é o conjunto dos elementos que pertencem a B mas não pertencem a A.

Exemplo:
Se A = {1, 2, 3, 4, 5, 6} e B = {5, 6, 7, 8}, então
A − B = {1, 2, 3, 4}
B − A = {7, 8}

A diferença de conjuntos também pode ser representada em diagramas de Venn:

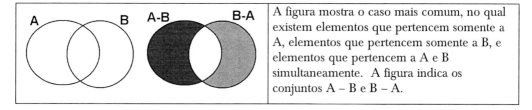

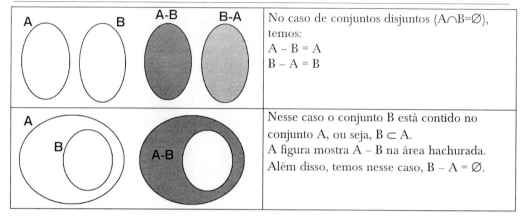

Complementar

Esta é outra operação com conjuntos, tão importante quanto a união, a interseção e a diferença, que acabamos de apresentar. Entretanto, na união, interseção e diferença, os conjuntos A e B podem ser quaisquer. No complementar, é preciso que um conjunto seja subconjunto do outro, como na figura abaixo.

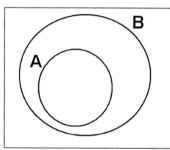

Dado que A é subconjunto de B, ou seja, $A \subset B$, definimos o complementar de *A em relação a B* como o conjunto dos elementos que pertencem a B mas não pertencem a A, ou seja, B-A, ou *intuitivamente, quanto falta para o conjunto A para que se iguale a B*. Note que o complementar é na verdade uma diferença de conjuntos, mas restrita ao caso em que o conjunto A é subconjunto de B.

Escrevemos:

$$C_B^A \quad \text{ou} \quad C_BA$$

O diagrama abaixo mostra o complementar de A em relação a B.

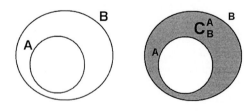

Exemplo:
Considere B = {1, 2, 3, 4, 5, 6, 7, 8} e A = {3, 4, 5}
Então C_BA = {1, 2, 6, 7, 8}

Capítulo 11 – Conjuntos e tópicos sobre análise

Exercícios

E15) Determine A∪B, A∩B, A-B e B-A para os seguintes conjuntos:
a) A={1, 2, 4, 5, 6, 7} e B = {2, 4, 6, 8}
b) A={1, 3, 5, 7, 9} e B={0, 2, 4, 6, 8}
c) A={0, 3, 6, 9, 12, 15, 18} e B={0, 9, 18}
d) A=conjunto das 26 letras do alfabeto, B={a, e, i, o, u}
e) A={3, 4, 5}, B={1, 2, 3, 4, 5, 6, 7, 8}

E16) Para cada caso, determine o complementar de A em relação a B
a) A={0, 1, 2} e B={0, 1, 2, 3, 4, 5}
b) A={1/2, 1/3} e B={1/2, 1/3, 1/5, 1/7}
c) A= {2, 3, 5, 7} e B={1, 2, 3, 4, 5, 6, 7, 8, 9}
d) A={1, 2, 3} e B={2, 3, 4, 5, 6}

Diagrama de Venn para 3 conjuntos

Vimos que o diagrama de Venn é uma forma para representar conjuntos e as suas operações. No caso de dois conjuntos, a forma geral de representação é a mostrada abaixo. Nela estamos levando em conta a possibilidade de existirem elementos que pertencem a A e B ao mesmo tempo.

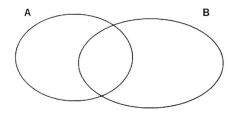

A partir daí podemos indicar a união, interseção e diferença entre os conjuntos.

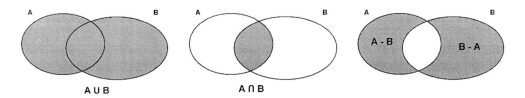

O diagrama de Venn também pode ser usado para a representação de três conjuntos ao mesmo tempo, como na figura ao lado.

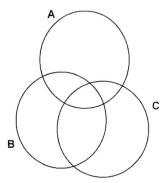

O diagrama representa os três conjuntos citados, A, B e C, e ainda:

Elementos que pertencem simultaneamente a A e B
Elementos que pertencem simultaneamente a B e C
Elementos que pertencem simultaneamente a A e C
Elementos que pertencem simultaneamente a A, B e C
Elementos que pertencem a A mas não pertencem a B nem a C
Elementos que pertencem a B mas não pertencem a A nem a C
Elementos que pertencem a C mas não pertencem a A nem a B

Exemplo:
Dado o diagrama de Venn abaixo, indique quais são as operações com conjuntos que resultam nos conjuntos marcados na figura:

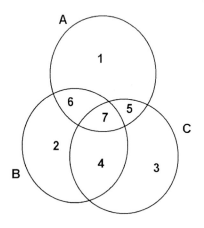

As regiões indicadas no diagrama correspondem a:

1+6+7+5	A
2+4+6+7	B
3+4+5+7	C
7	$A \cap B \cap C$
1+2+3+4+5+6+7	$A \cup B \cup C$
6+7	$A \cap B$
5+7	$A \cap C$
4+7	$B \cap C$
1	$(A - B) - C$
2	$(B - A) - C$
3	$(C - A) - B$

Diferença simétrica

A diferença simétrica é uma operação entre dois conjuntos dada por:

$A \triangle B = (A - B) \cup (B - A)$

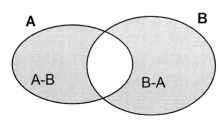

$A \triangle B = (A-B) \cup (B-A)$

A diferença simétrica também pode ser definida por outra fórmula, que dá o mesmo resultado:

$A \triangle B = (A \cup B) - (A \cap B)$

Problemas que envolvem a diferença simétrica não são mais difíceis que problemas que envolvem união, interseção e diferença de conjuntos. O importante é que o aluno precisa

Capítulo 11 – Conjuntos e tópicos sobre análise 439

conhecer a operação, caso contrário não conseguirá resolver uma questão fácil por falta de conhecimento da operação.

Número de elementos

Um tipo de problema muito comum é o cálculo do número de elementos de um conjunto. O diagrama de Venn é muito útil na resolução desse tipo de problema.

Exemplo (CM):
Numa pesquisa, feita com 100 alunos da Escola Estadual Prof. Guimarães Rosa, para serem conhecidos os dois principais esportes praticados pelos alunos, foi obtido o seguinte resultado:
 – 56 alunos praticam futebol;
 – 42 alunos praticam basquete;
 – 25 alunos praticam futebol e basquete.

Nessas condições, a quantidade de alunos que não pratica nenhum dos dois esportes é igual a:
(A) 75   (B) 27   (C) 25   (D) 23   (E) 2

Solução:
A primeira coisa a fazer é construir o diagrama de Venn para esses conjuntos.

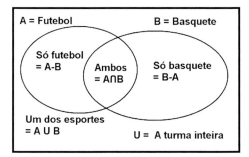

Para não errar esse tipo de problema é preciso atenção ao detalhe: X elementos pertencem a A, ou somente a A? No caso, é dito que 56 alunos praticam futebol, e não que praticam somente futebol. Então o número de elementos de A é 56. Da mesma forma, 42 alunos praticam basquete, então o número de elementos de B é 42.

Estão incluídos nos dois casos, alunos que praticam ambos os esportes, que são 25. Agora calculamos:

Alunos que praticam somente futebol = 56 – 25 = 31
Alunos que praticam somente basquete = 42 – 25 = 17
Número total de alunos = 100

Podemos agora indicar o número de elementos de cada parte dos conjuntos indicada no diagrama. A união dos dois conjuntos, ou seja, todos que praticam algum esporte (futebol ou basquete ou ambos) tem 31+25+17 = 73 elementos. Como a turma tem 100 alunos, os que não praticam esporte algum somam 100 – 73 = 27

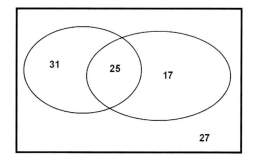

Resposta: (B) 27

Podemos até mesmo resolver esses problemas sem desenhar diagramas, usando fórmulas apropriadas. O número de elementos de um conjunto A é indicado como n(A) ou #(A). Temos então a seguinte relação relativa à união e à interseção de conjuntos.

$$n(A \cup B) = n(A) + n(B) - n(A \cap B)$$

No exemplo que acabamos de apresentar, ficamos com:

$$n(A \cup B) = 56 + 42 - 25 = 73$$

A fórmula que acabamos de apresentar permite calcular o número de elementos da união de dois conjuntos, conhecendo o número de elementos dos dois conjuntos e o número de elementos da interseção. Também permite calcular o número de elementos da interseção, quando temos o número de elementos da união e o número de elementos de cada conjunto. Ainda assim, recomendamos que você dê preferência a resolver esses problemas usando diagrama de Venn, por ser de visualização mais fácil.

Exemplo (CN):
Dados os conjuntos A, B e C, tais que:
$n(B \cup C)=20$, $n(A \cap B)=5$, $n(A \cap C)=4$, $n(A \cap B \cap C)=1$ e $n(A \cup B \cup C)=22$, o valor de $n[A - (B \cap C)]$ é

(A) 10   (B) 9   (C) 8   (D) 7   (E) 6

Alunos do Colégio Naval

Usando esses dados, construímos um diagrama de Venn para 3 conjuntos. É sempre mais fácil começar pelo número de elementos da interseção dos três conjuntos, e a partir daí determinar as demais partes do diagrama.

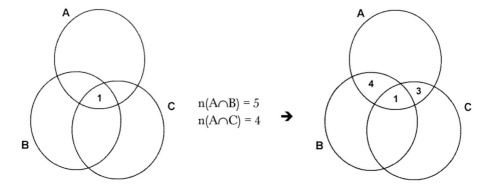

Precisamos agora calcular o número de elementos que pertencem a A e não pertencem a B nem a C. Basta calcular $n(A \cup B \cup C)$ e subtrair $n(B \cup C) = 22 - 20 = 2$

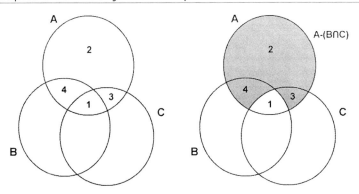

Não temos dados para calcular as três demais regiões do diagrama, mas já temos informações suficientes para resolver o problema. O conjunto pedido, A − (B∩C), está indicado na figura acima. Seu número de elementos é 4+2+3 = 9

Resposta: (B) 9

Número de subconjutnos

Um outro problema interessante é determinar o número de subconjuntos possíveis de um conjunto dado. Por exemplo, se tivermos um conjunto A = {1, 2, 3}, podemos formar os seguintes subconjuntos:

∅ (vazio)
{1}
{2}
{3}
{1, 2}
{1, 3}
{2, 3}
{1, 2, 3}

Entre os subconjuntos de A, sempre constarão o próprio A e o conjunto vazio. Temos que adicionar então os subconjuntos possíveis com 1 elemento, com 2 elementos, e assim por diante. Podemos calcular facilmente o número de subconjuntos de um conjunto dado usando a seguinte fórmula.

É dado um conjunto A, finito, com n elementos. O número de subconjuntos de A é igual a

$$2^n$$

No nosso exemplo, o conjunto A = {1, 2, 3} tem 3 elementos. Então o número de subconjuntos de A é $2^3 = 8$.

A demonstração desta fórmula é fácil. Para formar um subconjunto, temos que decidir, para cada um dos n elementos existentes, se este fará parte o não de um subconjunto a ser formado. Para cada um dos *n* elementos, temos duas decisões possíveis: pertence ou não pertence. Como são *n* elementos, o número de escolhas será 2 x 2 x 2 ... x 2, com n fatores, ou seja, 2^n.

Se for pedido o número de subconjuntos não vazios, temos que descontar 1 desse total, que é o vazio. Portanto, o número de subconjuntos não vazios de um conjunto com *n* elementos é

442   O ALGEBRISTA

$$2^n - 1$$

Exemplo (CM):
O número de subconjuntos do conjunto X formado pelas letras da palavra CASA é:

(A) 6   (B) 7   (C) 8   (D) 15   (E) 16

Solução:
X = {C, A, S} (a letra A é contada só uma vez porque um conjunto não tem repetições)
n(X) = 3
Número de subconjuntos = 2^3 = 8

Resposta: (C) 8

Conjunto das partes

Já vimos como calcular o número de subconjuntos possíveis de um conjunto A dado. Se formarmos um conjunto com todos esses conjuntos, teremos o chamado *conjunto das partes de A*. Indicamos este conjunto como P(A). Já vimos um exemplo com A = {1, 2, 3}, e formamos os seguintes subconjuntos:

$\varnothing$ (vazio)
{1}
{2}
{3}
{1, 2}
{1, 3}
{2, 3}
{1, 2, 3}

Então podemos determinar o conjunto P(A).

P(A) = { $\varnothing$, {1}, {2}, {3}, {1, 2}, {1, 3}, {2, 3}, {1, 2, 3} }

Note que os elementos de P(A) são conjuntos, ou seja, todos os subconjuntos de A.

Note ainda que para qualquer conjunto A, temos:

$\varnothing \in$ P(A) e A $\in$ P(A)

Ou seja, o conjunto vazio e o conjunto A sempre serão elementos de P(A).

A fórmula do número de subconjuntos pode ser escrita da seguinte forma:

$n(P(A)) = 2^{n(A)}$

ou seja, o número de elementos do conjunto das partes (conjunto dos subconjuntos de A) é igual a 2 elevado ao número de elementos de A.

Exemplo:
P(X) é o conjunto das partes de um conjunto X qualquer. Sendo A = {0, 1, 2, 3} e B = {2, 3, 5}, coloque V para as sentenças verdadeiras e F para as falsas.

Capítulo 11 – Conjuntos e tópicos sobre análise 443

1. ( ) $A \subset P(A)$
2. ( ) $(A \cup B) \subset P(B)$
3. ( ) $\varnothing \not\subset (A \cap B)$
4. ( ) $C_B^A \cup B = B$

Solução:
A = {0, 1, 2, 3}
B = {2, 3, 5}
P(A) = {∅, {0}, {1}, {2}, {3}, {0,1}, {0,2}, {0,3}, {1,2}, {1,3}, {2,3}, {0,1,2}, {0,1,3}, {0,2,3}, {1,2,3}, {1,2,3,4} } (16 elementos = 2^4)
P(B) = { ∅, {2}, {3}, {5}, {2,3}, {2,5}, {3,5}, {2,3,5} }

1. É falsa, pois o correto é $A \in P(A)$, e não $A \subset P(A)$
2. Falsa
3. Falsa. O conjunto vazio é subconjunto de qualquer conjunto.
4. Falsa. A expressão C_B^A só faz sentido quando A é subconjunto de B.

Resposta: FFFF

Exercícios

E17) Determine P(A)
a) A={0, 1, 2}
b) A={10, 20, 30}
c) A={2, 4}
d) A= {a, b, c}
e) A= { ∅, {∅}}
f) A = {1, 2, 3, 4}

E18) Calcule o número de elementos de P(A)
a) A = {10, 20, 30, 40}
b) A = {Rio de Janeiro, São Paulo, Minas Gerais, Espírito Santo }
c) A = {1, 3, 5, 7, 9}
d) A = { $x \in N$ | x é primo e 10 < x < 30}
e) A = { $x \in N$ | MDC (x, 120) = 30 e x < 300}
f) A = Conjunto dos múltiplos de 20 maiores que 100 e menores que 200

E19) Sendo U = {0, 1, 2, 3, ..., 20}, A = conjunto dos números naturais múltiplos de 3 menores que 21 e B = conjunto dos números naturais múltiplos de 5 menores que 21, represente em um diagrama de Venn os conjuntos A e B e destaque suas partes A-B, B-A e A∩B

Intervalos

Intervalos são subconjuntos dos números reais com as seguintes propriedades:

1) Existem dois números reais *a* e *b*, sendo que a<b, chamados de *extremos do intervalo*.

2) Para qualquer x real, tal que x>a e x<b (ou seja, x está compreendido entre a e b), x pertence ao intervalo.

Exemplo:
Considere o intervalo I = (1, 2). Este intervalo é o conjunto de todos os números reais compreendidos entre 1 e 2.

Um intervalo pode ser representado graficamente na reta dos reais. Por exemplo, o intervalo (1,2) é representado como na figura abaixo:

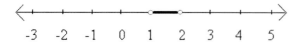

Existem intervalos abertos e intervalos fechados. Um intervalo é fechado quando inclui um extremo. Um extremo de intervalo é indicado com uma bola branca, quando for aberto neste extremo, e com uma bola preta, quando for fechado. No exemplo acima, o intervalo é aberto em 1 e aberto em 2, ou seja, 1 e 2 não pertencem ao intervalo. Indicamos este intervalo como (1, 2). Em notação de conjunto, indicamos este intervalo como:

$(1, 2) = \{x \in R \mid 1 < x < 2\}$

O intervalo abaixo é fechado em –1 e 3. Indicamos este intervalo como [–1, 3]. Na notação de conjunto, temos:

$[-1, 3] = \{x \in R \mid -1 \leq x \leq 3\}$

Um intervalo pode ser aberto em um extremo e fechado em outro.

$(a, b] = \{x \in R \mid a < x \leq b\}$

$[a, b) = \{x \in R \mid a \leq x < b\}$

Um intervalo pode também se estender até o infinito, positivo ou negativo:

$[a, \infty)$ ou $[a, +\infty) = \{x \in R \mid x \geq a\}$

Um intervalo também pode se estender até o infinito negativo:

$(-\infty, a] = \{x \in R \mid x \leq a\}$

No caso do infinito positivo, o sinal "+" é opcional.

Obviamente, no outro extremo, o intervalo pode ser aberto ou fechado, mas nos infinitos, o intervalo é sempre considerado aberto.

O conjunto dos números reais também pode ser representado como $(-\infty, +\infty)$.

Capítulo 11 – Conjuntos e tópicos sobre análise   445

O intervalo aberto pode ter seus extremos indicados com parênteses, como em (a, b), ou então com colchetes voltados para fora, como]a, b[. Quando os colchetes são voltados para dentro, como em [a, b], o intervalo é fechado, ou seja, inclui os extremos.

Operações com intervalos

Como os intervalos são conjuntos, suportam operações usuais de conjuntos, como união, interseção, etc. Isto é muitas vezes necessário na resolução de inequações. Graficamente, operamos como se fossem diagramas de Venn, exceto que tratam de segmentos de reta, ao invés de áreas.

União de intervalos: Fazemos a união de intervalos tomando as regiões que pertencem a um ou ao outro intervalo.

Exemplo:
[2, 5] ∪ (4, 8) = [2, 8)

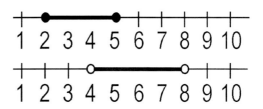

Interseção de intervalos: Tomamos os elementos que estão simultaneamente nos dois intervalos envolvidos.

Exemplo:
[2, 5] ∩ (4, 8) = (4, 5]

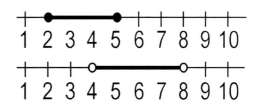

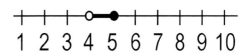

Exemplo (CN)
Todos os valores de x que satisfazem a expressão $-15 < 3x^2 - 2x - 20 < 20$, são os do intervalo:

(A) (–10/3, –1) ∪ (5/3, 4)   (B) (–3, –1) ∪ (5/3, 4)   (C) (–10/3, –1) ∪ (5/3, 3)
(D) (–10/3, –2) ∪ (5/3, 4)   (E) (5/3, 4)

Solução:
Este é um típico problema que envolve operações com intervalos. O problema é na verdade um sistema de inequações do $2^{\underline{o}}$ grau (capítulo 17), que requer operações com intervalos para descrever a resposta. O problema apresenta na verdade duas inequações do $2^{\underline{o}}$ grau. É preciso resolver ambas, e fazer a interseção das soluções (note que a $\leq x \leq b$ é o mesmo que dizer a $\leq$ x E x $\leq$ b).

$-15 \leq 3x^2 - 2x - 20$
$3x^2 - 2x - 5 > 0$
$3x^2 + 3x - 5x - 5 > 0$ (fatoração de $ax^2 + bx + c$ com $a \neq 1$, cap 5).
$3x(x + 1) - 5(x + 1) > 0$
$(3x - 5)(x + 1) > 0$
A expressão será maior que zero quando os fatores tiverem sinais iguais:

a) $3x - 5 > 0$ e $x + 1 > 0$
   $x > 5/3$ e $x > -1$
   aqui é preciso fazer a interseção dos intervalos $(5/3, \infty)$ e $(-1, \infty)$

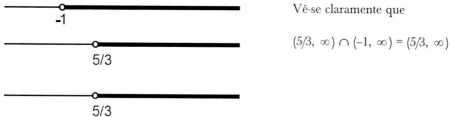

Vê-se claramente que

$(5/3, \infty) \cap (-1, \infty) = (5/3, \infty)$

Foi feita a interseção dos intervalos porque queremos que a expressão seja positiva, e para isto, os dois fatores têm que ter o mesmo sinal, nesse caso, consideramos o caso em que o primeiro fator é positivo E o segundo fator é positivo, e este conectivo "E" é implementado através da interseção.

b) No segundo caso temos que considerar os dois fatores NEGATIVOS, pois isto também resulta no resultado positivo.
$3x - 5 < 0$ e $x + 1 < 0$
$x < 5/3$ e $x < -1$

Fazemos então a interseção entre esses dois intervalos:
$(-\infty, 5/3) \cap (-\infty, -1)$

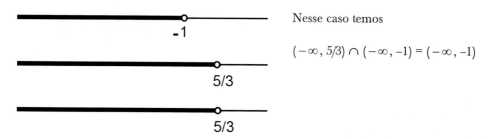

Nesse caso temos

$(-\infty, 5/3) \cap (-\infty, -1) = (-\infty, -1)$

Esses dois casos (a) e (b) resultam em dois intervalos que devem ser unidos, pois são resultantes de duas expressões unidas por um conectivo OU (ambos são positivos OU ambos são negativos). Fazemos então a união dos intervalos resultados dos casos (a) e (b):

Capítulo 11 – Conjuntos e tópicos sobre análise   447

$(5/3, \infty) \cup (-\infty, -1)$

Até aqui resolvemos a metade do problema. Temos que fazer a mesma coisa para a segunda inequação do enunciado, ou seja, $3x^2 - 2x - 20 < 20$, e então fazer a interseção com o resultado encontrado na primeira parte.

$3x^2 - 2x - 20 < 20$
$3x^2 - 2x - 40 < 0$
$3x^2 - 12x + 10x - 40 < 0$ (fatoração de $ax^2 + bx + c$ com $a \neq 1$, cap 5).
$3x(x - 4) + 10(x - 4) < 0$
$(3x + 10)(x - 4) < 0$
Para que o produto seja negativo, os fatores devem ter sinais opostos.

a) $(3x + 10) > 0$ e $(x - 4) < 0$
Isto ocorrerá quando $x > -10/3$ e $x < 4$. Fazendo a interseção ficamos com $-10/3 < x < 4$, ou seja, o intervalo solução é $(-10/3, 4)$.

b) $(3x + 10) < 0$ e $(x - 4) > 0$
Esta opção tem como solução o conjunto vazio.

Fazendo a união das soluções dos itens (a) e (b), ficamos com $(-10/3, 4)$.

Encontramos então as soluções das duas inequações do enunciado:

$-15 < 3x^2 - 2x - 20$ ➜ $(5/3, \infty) \cup (-\infty, -1)$
$3x^2 - 2x - 20 < 20$ ➜ $(-10/3, 4)$

Para satisfazer simultaneamente as duas inequações, temos que fazer a INTERSEÇÃO das soluções:
$[(5/3, \infty) \cup (-\infty, -1)] \cap [(-10/3, 4)]$

É recomendável fazer operações desse tipo com intervalos, sempre de forma gráfica:

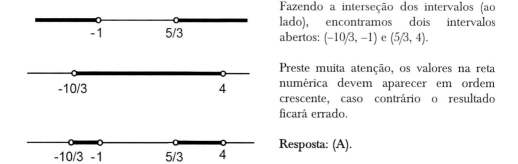

Fazendo a interseção dos intervalos (ao lado), encontramos dois intervalos abertos: $(-10/3, -1)$ e $(5/3, 4)$.

Preste muita atenção, os valores na reta numérica devem aparecer em ordem crescente, caso contrário o resultado ficará errado.

Resposta: (A).

O problema apresentado pode ter parecido complexo. De fato, fizemos questão de mostrar as várias operações envolvendo intervalos, e a identificação de quando usamos união e quando usamos interseção. Outro motivo é que as inequações ainda serão ensinadas neste livro (cap 12 e cap 17), por isso pode ter se tornado um pouco mais complexo. Deve ser lembrado ainda que questões do Colégio Naval, mesmo antigas (esta foi de 1980), são quase sempre bastante desafiadoras, muitas vezes são mais difíceis que questões de concursos mais atuais.

Máximos e mínimos de intervalos

Um intervalo fechado é um conjunto que tem um elemento de valor máximo e um elemento de valor mínimo. Por exemplo, o maior número do intervalo [4, 7] é o 7, e o menor deles é o 4.

Um efeito interessante ocorre com os intervalos abertos, e este efeito tem sido explorado com provas de concursos.

Pergunta 1: Qual é o maior, e qual é o menor número inteiro x tal que $10 < x < 20$?
Sendo números inteiros compreendidos nesta faixa, os valores possíveis para x são os inteiros entre 11 e 19, então o menor deles é 11 e o maior deles é 19.

Pergunta 2: Qual é o menor número racional compreendido entre 0 e 1, exclusive?

Pergunta 3: Qual é o maior e qual é o número real compreendido no intervalo (0, 3)

A resposta da pergunta 2 e da pergunta 3 é a mesma: **não existe**. Intervalos abertos com números racionais, irracionais ou reais não têm um número específico que seja o máximo, nem o mínimo. Isto ocorre porque esses conjuntos são *densos*, possuem infinitos valores que se aglomeram em torno de qualquer ponto.

Se fosse possível aplicar um "zoom" nas proximidades do número zero, estando à sua direita todos os números reais do intervalo (0, 1), e se existisse um número k, menor de todos, "vizinho" do zero, chegaríamos a um absurdo:

O referido número k não existem pois k/2, ou qualquer outra fração própria de k, seria menor ainda que k, e ainda assim maior que zero.

Se dado um número k qualquer é sempre possível obter a sua metade, então esta metade também é maior que zero. Na verdade por mais próximo de zero que um número real, racional ou irracional sejam sempre existirão infinitos números ainda menores. O mesmo vale para as vizinhanças de qualquer outro número dado. A concepção indicada nas duas figuras acima não existe. Não existe um número "vizinho" de zero ou de qualquer outro número. Esta concepção de "vizinho" só existe para números naturais, inteiros, ou frações de naturais e inteiros com uma proporção conhecida (por exemplo, em intervalos de 0,000001 entre eles),

Capítulo 11 – Conjuntos e tópicos sobre análise

mas quando consideramos os conjuntos Q, R e I, por mais "infinitesimal" que seja um intervalo, sempre existirão infinitos números dentro do intervalo infinitesimal.

Médias

Muitas questões de concursos, sobretudo as do Colégio Naval e OBM, envolvem a chamada *desigualdade das médias*. Existem ainda muitas questões que envolvem apenas o cálculo de médias. Médias são valores calculados em função de uma coleção de números (no mínimo 2), que podem ser usados como representantes, em vários tipos de cálculos estatísticos para representar os números da coleção.

Exemplo: João obteve nos quatro bimestres do ano, as seguintes notas na matéria de português: 7,4; 8,3; 9,0 e 8,5. Qual foi a sua média na matéria?

Solução: Devemos somar as 4 notas e dividir o total por 4.

Média = (7,4 + 8,3 + 9,0 + 8,5)/4 = 33,2/4 = 8,3

Intuitivamente estamos acostumados a calcular esse tipo de média, mas vamos agora fazer uma apresentação mais formal.

Média aritmética

A média aritmética entre n valores é calculada somando esses valores, e depois dividindo o resultado por n.

$$Ma = \frac{x_1 + x_2 + x_3 + ... + x_n}{n}$$

Muitas vezes estamos interessados na média entre apenas dois valores. Nesse caso, a fórmula se reduz à semi-soma dos valores:

$$Ma = \frac{x_1 + x_2}{2}$$

Média geométrica

A *média geométrica*, também conhecida como *média proporcional*, é uma outra média que aparece bastante na matemática. É definida apenas para valores positivos. No caso de dois valores, é simplesmente a raiz quadrada do produto desses dois valores:

$$Mg = \sqrt{x_1.x_2}$$

No caso de três valores, também partimos do produto, porém usamos a raiz cúbica.

$$Mg = \sqrt[3]{x_1.x_2.x_3}$$

Para calcular a média geométrica de n valores extraímos a raiz n-ésima do produto dos valores:

$$Mg = \sqrt[n]{x_1.x_2...x_n}$$

450   O ALGEBRISTA

Média harmônica

A média harmônica de n valores, sendo $n \geq 2$, é igual ao inverso da média aritmética dos inversos desses valores:

$$Mh = \frac{1}{\dfrac{1/x_1 + 1/x_2 + ... + 1/x_n}{n}}$$

Desigualdade das médias

Para quaisquer conjuntos de n valores positivos, suas médias aritmética, geométrica e harmônica estão relacionadas pela seguinte desigualdade:

$$Ma \geq Mg \geq Mh$$

Além disso, essas médias são iguais, se e somente se, os números envolvidos são iguais.

Muitos problemas de desigualdades que aparecem em provas do Colégio Naval e em Olimpíadas de Matemática, são baseados na desigualdade das médias.

Exemplo (CN)

Se h, g e a são, respectivamente, as médias harmônica, geométrica e aritmética entre dois números, então:

(A) ah = 2g   (B) ah = g   (C) ah = 2g^2 (D) ah = g^2 (E) ah = $2\sqrt{g}$

Solução:

Trata-se de um problema simples, mas que exige o conhecimento das fórmulas das médias citadas. Para quem tem este conhecimento, é uma "questão dada".

Considerando os números x e y, temos:

$$a = (x + y)/2;\ g = \sqrt{xy}\ \ e$$

$$h = \frac{1}{(1/x + 1/y)/2} = \frac{2}{\dfrac{1}{x} + \dfrac{1}{y}} = \frac{2xy}{x + y}$$

De posse dessas expressões, podemos testar cada uma delas, para checar a validade.

Nas cinco opções, temos que calcular o termo a.h, então:

$$a.h = \frac{x + y}{2} \cdot \frac{2xy}{x + y} = x.y$$

Entretanto, como $g = \sqrt{xy}$, temos que a.h = g^2.

Resposta: (D)

Capítulo 11 – Conjuntos e tópicos sobre análise 451

Exemplo: CN 2010 - Sejam p e q números reais tais que $\dfrac{1}{p} + \dfrac{1}{q} = \dfrac{1}{\sqrt{2010}}$. Qual o valor mínimo do produto pq?

(A) 8040   (B) 4020   (C) 2010   (D) 1005   (E) 105

Solução:
Observe que existem envolvidos uma soma, um produto e um mínimo. É preciso que o aluno seja bastante observador para que enxergue aqui, um problema de desigualdade de médias, envolvendo os números 1/p e 1/q. Dividindo a igualdade dada por 2, encontramos no primeiro membro, a média aritmética desses números:

$$Ma = \frac{1}{2} \cdot \left(\frac{1}{p} + \frac{1}{q} \right) = \frac{1}{2\sqrt{2010}}$$

Como Ma é sempre maior que Mg, e Mg é a raiz quadrada do produto dos números, ficamos com:

$$Ma = \frac{1}{2\sqrt{2010}} \geq Mg = \sqrt{\frac{1}{p} \cdot \frac{1}{q}}$$. Elevando ao quadrado, ficamos com:

$$\frac{1}{8040} \geq \frac{1}{pq}$$, ou seja, pq $\geq$ 8040.

Portanto, o valor mínimo da expressão pq será igual a 8040.

Média ponderada

A média ponderada é um caso especial da média aritmética, no qual os valores possuem pesos. Ao invés de simplesmente somar os números e dividir por n, somamos os produtos dos números pelos respectivos pesos. A média aritmética pode ser considerada como um caso particular de média ponderada, na qual todos os pesos são iguais a 1.

$$Mp = \frac{x_1 p_1 + x_2 p_2 + ... + x_n p_n}{p_1 + p_2 + ... + p_n}$$

Exemplo: Juquinha tirou nos três primeiros bimestres, as notas 7,0, 3,0 e 5,0 na matéria Filosofia. Em seu colégio, precisa de nota 6,0 para passar, e os pesos dos bimestres são 1, 2, 3 e 4. Qual nota precisa obter no $4^{\underline{o}}$ bimestre para ser aprovado?

Solução: Seja n a nota que irá obter no $4^{\underline{o}}$ bimestre. Sua nota anual nesta matéria é dada como a média ponderada das notas dos bimestres:

$$M = \frac{7,0 \times 1 + 3,0 \times 2 + 5,0 \times 3 + n \times 4}{1 + 2 + 3 + 4}$$, tem que ser maior ou igual a 6.

Sendo assim, como o denominador é 10 (soma dos pesos), o numerador tem que ser maior ou igual a 60. Fazendo as contas ficamos, no numerador, com:

7,0 + 6,0 + 15,0 + 4n $\geq$ 60
28 + 4n $\geq$ 60 $\therefore$ 4n $\geq$ 60 – 28 $\therefore$ 4n $\geq$ 32 $\therefore$ n $\geq$ 8

Sendo assim, é bom que Juquinha tire 8,0 ou mais na última prova, caso contrário estará "frito".

O uso de pesos maiores nas provas mais próximas do final do ano é uma "colher de chá" para os alunos que estudaram pouco no início do ano e estudaram mais no final do ano. Se fosse usada a média aritmética simples, Juquinha teria que obter uma soma de 24 pontos, então precisaria de 9,0 na última prova, e não de 8,0. Em geral mais tipos de colher de chá são observados em vários colégios, como apresentar provas mais fáceis no fim do ano, e a eliminação da nota mais baixa.

Plano cartesiano

Já é por nós conhecida a chamada reta numérica, onde representamos graficamente os pontos pertencentes aos conjuntos numéricos, seja este conjunto N, Z, Q, I ou R.

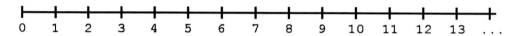

Muito mais comum que representar números nesta reta, é a necessidade de representar pares de números. Por exemplo, podemos ter a necessidade de representar um certo valor (por exemplo, o preço de um produto) em função do tempo. Tais informações são tipicamente representadas em um gráfico bidimensional, como na figura abaixo.

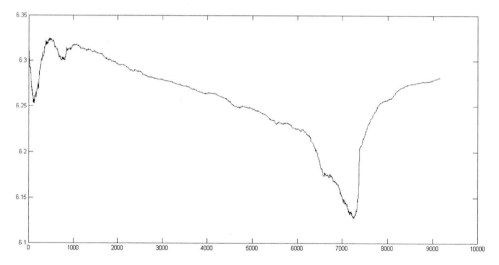

Usamos para tal um sistema de eixos coordenados, ou eixos cartesianos. O nome é uma homenagem ao matemático, físico e filósofo francês René Descartes (1596 – 1650). Através desse sistema de eixos podemos representar a relação entre duas grandezas quaisquer.

Muitas vezes lidamos com dados experimentais, obtidos de medidas reais. Ficamos então com uma tabela de valores. Representados em um gráfico no plano cartesiano, esses valores são representados por pontos. Muitas vezes esses pontos são ligados por segmentos de reta, para dar uma ideia de acabamento. Outras vezes procuramos traçar uma reta que aproxima a relação entre esses valores. É o caso da figura abaixo, à esquerda.

Capítulo 11 – Conjuntos e tópicos sobre análise   453

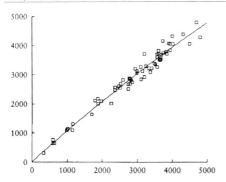 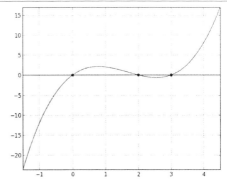

Outras vezes, os valores envolvidos são relacionados por uma equação, uma fórmula que indica qual é o valor de y, para cada valor de x. A curva obtida teria no caso, infinitos pontos. É o caso da figura acima, na parte direita.

As questões envolvendo gráficos como o da esquerda na figura acima são voltadas para estatísticas. Podem pedir por exemplo, as quantidades totalizadas em um determinado período, a comparação entre as quantidades de dois períodos diferentes, a determinação de valor médio, máximo ou mínimo, etc. Já os gráficos baseados em equações, como o da parte direita da figura acima, podem pedir a determinação das raízes (valores que anulam a função), máximos e mínimos, pontos de descontinuidade, etc.

Em cada par ordenado, a primeira coordenada corresponde ao eixo x, chamado de eixo das **abscissas**. A segunda coordenada corresponde ao eixo y, chamado de eixo das **ordenadas**.
O cruzamento desses dois eixos é chamado de **origem**, e tem coordenadas (0, 0).

Entretanto, muitas vezes por comodidade pode-se atribuir outras coordenadas para a origem. Por exemplo, em um levantamento relativo ao século XXI, pode-se colocar a origem no ano 2001.

Relações e funções

As relações e funções nada mais são que conjuntos de pares ordenados, ou seja, uma relação que associa valores de x a valores de y – obviamente podem ser usadas outras letras. Esses valores não precisam ser necessariamente números reais. Podem ser números racionais, naturais, inteiros, etc. Podem também ser outro tipo de objeto.

Por exemplo, considere um conjunto P de 5 pessoas, e a relação S definida da seguinte forma:

S: P → P
(x,y) ∈ R se e somente se, x é mais velho que y.

Falta ainda a informação sobre as idades das pessoas de P. Suponha que sejam:
João, 14,8 anos   Carlos, 14,9 anos   Maria, 15,1 anos   Paulo, 15,5 anos   Ivo, 15,9 anos

Ivo é mais velho que todos os demais, então os seguintes pares pertencem a S:
(Ivo, João), (Ivo, Carlos), (Ivo, Maria), (Ivo, Paulo).

Da mesma forma, Paulo é mais velho que João, Carlos e Maria, logo os seguintes pares pertencem a S:
(Paulo, João), (Paulo, Carlos) e (Paulo, Maria).

Da mesma forma, os seguintes pares também pertencem a S:
(Maria, João), (Maria, Carlos) e (Carlos, João).

Portanto S é o seguinte conjunto:
S = {(Ivo, João), (Ivo, Carlos), (Ivo, Maria), (Ivo, Paulo), (Paulo, João), (Paulo, Carlos) e (Paulo, Maria), (Maria, João), (Maria, Carlos), (Carlos, João)}.

Uma relação desse tipo, não numérico, também pode ser representada em um sistema de eixos. A diferença é que os eixos não representam retas de números reais, mas sim, conjuntos de pessoas:

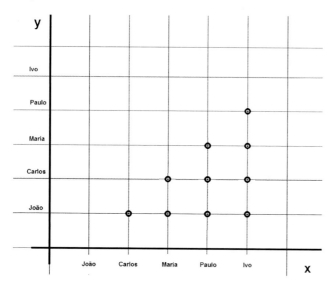

A relação S é formada pelos 10 pontos indicados no gráfico. P é o conjunto com as 5 pessoas citadas. Como a relação é de P em P, significa que x são elementos de p, e y, também são elementos de P. Neste exemplo, os eixos não são a reta real, mas sim, o conjunto P, com 5 elementos.

O quadriculado é desenhado para facilitar a visualização e a construção do gráfico.

Uma função também é um tipo de relação, porém com uma particularidade que será apresentada a seguir. Logo, toda função é uma relação, mas nem toda relação é uma função.

Diagrama de setas

Já vimos duas formas de representar uma relação. A primeira consiste em enumerar todos os pares ordenados que a formam. Por exemplo,

S = {(Ivo, João), (Ivo, Carlos), (Ivo, Maria), (Ivo, Paulo), (Paulo, João), (Paulo, Carlos) e (Paulo, Maria), (Maria, João), (Maria, Carlos), (Carlos, João)}.

A segunda forma é usar um gráfico cartesiano onde o eixo horizontal representa a primeira coordenada, e o eixo vertical representa a segunda coordenada, como no gráfico apresentado acima.

Finalmente temos uma terceira forma de representar uma relação, que é usando um diagrama de setas. Na figura abaixo, temos uma relação de X em Y, ou seja, os seus pares ordenados (x, y) são tais que x∈X e y∈Y.

As setas são usadas para indicar quais valores de x estão relacionados com quais valores de y. Por exemplo, a relação indicada abaixo, com diagrama de setas, pode ser representada por enumeração como:

{$(x_1, y_3), (x_2, y_1), (x_2, y_2), (x_3, y_3), (x_4, y_4)$}

Capítulo 11 – Conjuntos e tópicos sobre análise   455

Note que em uma relação, um mesmo valor de x pode estar relacionado a mais de um valor de y. Neste exemplo, temos os pares (x_2, y_1) e (x_2, y_2). Esta é a diferença entre uma relação e uma função. Na função, cada valor de x só pode ter associado e ele, um único valor de y. Sendo assim, o diagrama abaixo não representa uma função, mas uma relação.

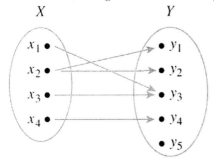

Note ainda que o ponto y_3 está associado (ou seja, existem setas partindo de pontos x diferentes, chegando a ele: (x_1, y_3) e (x_3, y_3). Esta duplicidade na chegada das setas é permitida, tanto na relação quanto na função.

Produto Cartesiano

O produto cartesiano de dois conjuntos A e B é uma relação tal que todos os elementos de A estão ligados a todos os elementos de B, ou seja, "todo mundo está ligado com todo mundo". Representando a operação de produto cartesiano pelo símbolo "x".

Ex: $\{1, 2\}$ x $\{a, b, c\}$ = $\{(1, a), (1, b), (1, c), (2, a, (2, b), (2, c)\}$

Se A tem m elementos e B tem n elementos, AxB tem m.n elementos.

Suponha A = $\{1, 2, 3, 4\}$ e B = $\{1, 2, 3, 4, 5\}$. Então A x B vale:

$\{(1, 1), (1, 2), (1, 3), (1, 4), (1, 5), (2, 1), (2, 2), (2, 3), (2, 4), (2, 5), (3, 1), (3, 2), (3, 3), (3, 4),$
$(3, 5), (4, 1), (4, 2), (4, 3), (4, 4), (4, 5)\}$

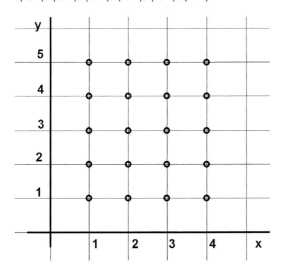

A tem 4 elementos, B tem 5 elementos, A x B tem 4 x 5 = 20 elementos.

Função

A função é uma relação que tem uma característica especial: Cada valor de x corresponde a um único valor de y. Por exemplo, o gráfico de produto cartesiano que acabamos de apresentar não é uma função, pois para cada valor de x, temos 5 valores de y. Este produto cartesiano é uma relação, mas não uma função. Um produto cartesiano A x B só pode ser uma função quando o conjunto B é unitário.

Os dois gráficos da figura abaixo representam funções. O da esquerda é um gráfico de dados estatísticos, por exemplo, valores ao longo do tempo. Os pontos do eixo x representam meses, e os valores em y são medidas mensais, por exemplo, vendas. Em geral nesse tipo de gráfico de pontos, é feita a ligação desses pontos, para dar maior clareza.

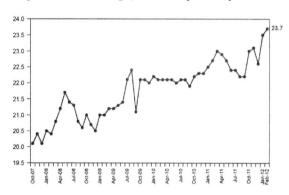
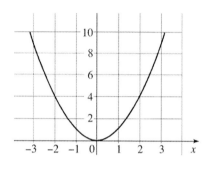

O segundo gráfico é uma função matemática, que possui uma fórmula. Esse é o tipo de gráfico de maior interesse na álgebra.

Os dois gráficos da figura acima representam funções, já que cada valor de x tem um único valor de y correspondente. Por exemplo, o valor medido no primeiro gráfico, em fevereiro de 2012 é um único valor: 23,7. Não faz sentido um dado ter dois valores diferentes em um único mês. No segundo gráfico, o valor da função para x=2 é y=4. Dado o valor de x, y está automaticamente determinado.

Note que o contrário pode perfeitamente ocorrer: ter um dado valor de y ocorrendo para dois ou mais valores de x, ou seja, valores de x que resultam no mesmo y.

Domínio, contradomínio, imagem

Toda função tem a ela associados, três conjuntos importantes:
Domínio: O conjunto de todos os valores de x
Imagem: O conjunto de todos os valores de y
Contra-domínio: O conjunto de todos os valores que y pode assumir

Exemplo: $f(x) = \sqrt{x}$

Na especificação mais detalhada de uma função, é preciso que sejam indicados o domínio e o contra-domínio. Quase sempre, por simplicidade, essas informações são omitidas, e é suposto que tais conjuntos são os maiores possíveis, dentro dos reais.

Sendo assim, o domínio é o maior subconjunto possível dos números reais. No caso, este maior subconjunto possível é R^+, já que x não pode ser negativo na fórmula de f(x). Escrevemos então:

Capítulo 11 – Conjuntos e tópicos sobre análise

Dom(f) = R⁺ ou seja, o domínio de f é o conjunto dos reais não negativos (positivos e o 0).

Já o contra-domínio, se não for citado, pode ser considerado o mais abrangente subconjunto de R, ou seja, o próprio conjunto R.

A imagem é o subconjunto do contra-domínio, que contém todos os valores de y, ou seja, os valores que a função efetivamente assume. A raiz quadrada de x será no mínimo zero (quando x=0), e no máximo infinito, à medida em que x assume valores de zero a infinito. Escrevemos então:

Im(f) = R⁺.

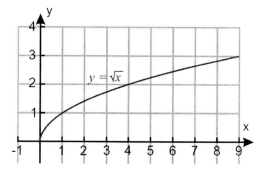

Para evitar dúvidas, o enunciado do problema poderia especificar o domínio e o contra-domínio, usando a notação:

f: R⁺ → R
$f(x) = \sqrt{x}$

Algumas vezes o problema realmente especifica o domínio e o contra-domínio, como na notação acima. Outras vezes, o problema dá apenas a fórmula da função e pede que o domínio seja identificado.

Exemplo: Determine o domínio da função f(x) = 1/x.

Determinar o domínio de uma função consiste em partir de R e excluir os valores proibidos algebricamente, como radicais negativos (com índice par, é claro) e denominadores nulos, principalmente.

No caso deste exemplo, a operação proibida é a divisão por zero. Então, o domínio é R − {0}, ou seja, R*. De fato, a função 1/x não é definida para x=0. Observe que para valores de x muito próximos de zero, a função tende para infinito.

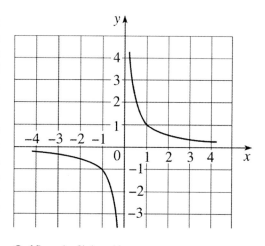

Gráfico de f(x) = 1/x

Função linear e função afim

Essas funções, muitas vezes também chamadas de funções do primeiro grau (apesar desta nomenclatura ser imprecisa), são as comuns e mais simples na matemática. A função linear mostra a relação entre duas grandezas que são diretamente proporcionais. Por exemplo, um trabalhador que recebe R$ 30,00 por hora de trabalho, e que trabalhe x horas, receberá o valor de 30.x reais por essas horas trabalhadas. Nesse caso, se y é o valor a ser recebido e x é o número de horas trabalhadas, temos:

y = 30x

Podemos dizer que o valor recebido y é uma função linear do número de horas trabalhadas x. A constante de proporcionalidade é 30, ou seja, o valor a ser recebido por cada hora trabalhada.

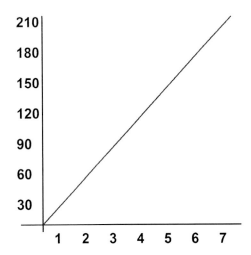

Uma função linear tem como gráfico, uma reta passando pela origem. Tais gráficos têm o aspecto da figura ao lado, quando as quantidades envolvidas são positivas.

O gráfico ao lado necessita de um pequeno reajuste. Não faz sentido contabilizar, por exemplo, 3,47 horas trabalhadas. Se o número de horas trabalhadas for um inteiro, a gráfico deverá mostrar apenas os pontos relativos a número inteiros de horas, assim como o valor recebido.

Faz sentido um gráfico contínuo como este quando os valores de x e y puderem assumir valores reais. Por exemplo, considere x o número de horas viajadas, a uma velocidade de 30 km/h. Fará sentido portanto, um trajeto com duração x = 3,47 horas, por exemplo, e a distância percorrida poderá assumir valores reais, e não só inteiros múltiplos de 30.

Note ainda que os eixos x e y, para facilitar a representação, podem usar escalas diferentes, como neste caso.

A função afim é muito parecida com a função linear. A diferença é que a função afim não precisa necessariamente passar pela origem. Pode ter um parâmetro adicional, constante:

y = ax + b

Podemos citar como exemplo de função afim, o valor de uma corrida de táxi. Este valor é a soma de uma constante (chamada de "bandeirada") e um valor proporcional à distância percorrida.

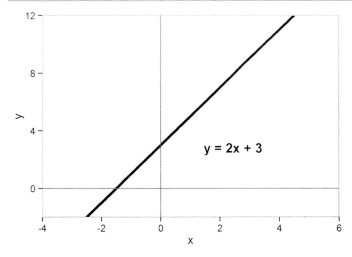

Note que o valor b da função, nada mais é que o valor de y quando x = 0, ou seja, o ponto onde a função corta o eixo y.

Sistemas de equações e interseção de gráficos

Resolver um sistema de equações nada mais é que encontrar os pontos de interseção dos gráficos das suas equações.

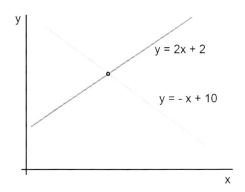

Considere por exemplo o sistema formado pelas duas equações, cujos gráficos são indicados ao lado:

$y = 2x + 2$
$y = -x + 10$

Não é necessário traçar os gráficos para solucionar o sistema, mas é interessante visualizar a solução como a interseção dos gráficos.

Os dois gráficos envolvidos são retas, pois são funções do 1º grau de x em y.

$y = 2x + 2$
$y = -x + 10$

$2x + 2 = -x + 10$
$3x = 8$
$x = 8/3$ e $y = 22/3$.

Note que as posições relativas das retas estão diretamente relacionadas com as soluções do sistema:

Retas concorrentes: Solução única
Retas paralelas: Sistema impossível
Retas coincidentes: Sistema indeterminado, infinitas soluções.

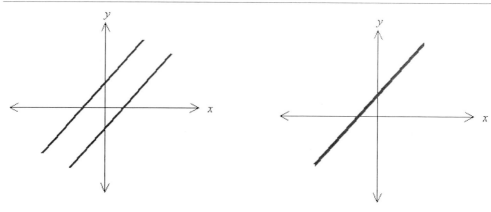

Exemplo:
Dê o ponto de interseção das retas y + 5x + 24 = 0 e y + x + 4 = 0.

Solução:
Basta resolver o sistema
$-5x - 24 = -x - 4$
$5x + 24 = x + 4$
$4x = -20$
$x = -5$
$y = -x - 4 = -1$.

A solução do sistema é o ponto de interseção das retas.

Resposta (–5, –1)

Exercícios de revisão

E20) Um conjunto A possui 256 subconjuntos. Quantos elementos têm o conjunto A?

E21) Utilizando diagramas de Venn, verifique se as afirmações são falsas ou verdadeiras para quaisquer conjuntos A e B

a) $A \subset A$
b) $\emptyset \subset A$
c) $\emptyset \in A$
d) $A \subset (A \cup B)$
e) $B \subset (A \cup B)$
f) $A \subset (A \cap B)$
g) $(A \cup B) \subset A$
h) $(A \cap B) \subset A$
i) $(A \cap B) \subset B$
j) $(A-B) \subset A$
k) $(A-B) \cap B = \emptyset$
l) $(A-B) \cup (A \cap B) \cup (B-A) = A \cup B$
m) $(A \cap B) \cup (B-A) = B$

E22) Se A = {2, 3, 4, 5, 6, 7, 8, 9, 10, 11, 12, 13, 14, 15}, encontre B = { a.b∈A | a∈A e b∈A}

E23) Qual é o número de subconjuntos não vazios que podem ser formados com os elementos do conjunto A = {1, 2, 3, 4, 5, 6}?

E24) Qual é o número de subconjuntos não vazios do conjunto formado pelos múltiplos naturais de 6 menores que 30?

E25) Sendo A = {1, 2, 3, 4, 5, 6} e B = {1, 2, 3, 4, 5, 6, 7, 8, 9, 10}, determine $C_B A$

Capítulo 11 – Conjuntos e tópicos sobre análise
461

E26) Um conjunto A tem 63 conjuntos não vazios possíveis e o conjunto B tem 15 subconjuntos não vazios possíveis. Qual é o número total de subconjuntos de A∪B, sabendo que A∩B tem 3 elementos?

E27) (USP-SP) Depois de n dias de férias, um estudante observa que:

a) choveu 7 vezes, de manhã ou à tarde;
b) quando chove de manhã não chove à tarde;
c) houve 5 tardes sem chuva;
d) houve 6 manhãs sem chuva.

Podemos afirmar então que n é igual a:

(A) 7   (B) 8   (C) 9   (D) 10   (E) 11

E28) Indique quais afirmações abaixo são verdadeiras e quais são falsas:
a) Se x∈N e y∈N, então x+y∈N
b) Se x∈N e y∈N, então x–y ∈N
c) Se x∈N e y∈N, então x.y∈N
d) Se x∈N e y∈N, então x/y∈N

E29) Em uma turma de 50 alunos, 30 lêem a revista A, 20 lêem a revista B e 10 não lêem revista alguma. Quantos alunos lêem ambas as revistas?

E30) Sejam a e b números tais que os conjuntos {5, 6, 7} e {5, a, b} são iguais. Quais são os valores possíveis de a e b?

E31) Seja A = ∅ e B = {1}. Calcule A∪B.

E32) Seja A= {∅} e B = {1}. Calcule A∪B.

E33) Se B = {{1, 2}, {2}, {3}}, é correto afirmar que {2, 3} é subconjunto de B?

E34) Se o gráfico da equação 5x + Ky = 9 passa pelo ponto (3, –1), qual é o valor de K?

E35) (*) A média aritmética de 40 números é 75. Dez números foram eliminados do conjunto, deixando 30 números com média 85. Qual é a média dos 10 números eliminados?

(A) 80   (B) 65   (C) 45   (D) 50   (E) 60

E36) Qual dos seguintes pontos não pertence ao gráfico da função de equação **3x + y = 6**?

(A) (2, 0)   (B) (1, 3)   (C) (0, 6)   (D) (–1, 9)   (E) (–1, 3)

E37) Se A = {(x, y) | x – 3y = 10)} e B = {(x, y) | 2x – y = 5}, então A∩B é:

(A) {(4, 2)}   (B) {(4, 3)}   (C) {(–3, 1)}   (D) {(3, –1)}   (E) {(1, –3)}

E38) Se $h(x) = x^3 - x^2 + x + 1$, determine **h(–a)**

E39) (*) Se $f(x) = -2x^2 + x + 10$, calcule f(f(f(–2))).

E40) (*) Se $f(x) = ax^2 - bx - 4$, f(2) = 6 e f(–1) = 12, então **a** vale:

462 O ALGEBRISTA

E41) Se f(x) = (1 − x)/(1 + x), determine f(f(x))

E42) Sejam m e n números reais positivos. Definimos as três quantidades:
A = (m + n)/2;   G = (m.n)$^{1/2}$;   H = 2mn/(m + n).
Qual das seguintes relações é sempre verdadeira?

(A) A ≤ G ≤ H   (B) G ≤ H ≤ A   (C) H ≤ G ≤ A   (D) H ≤ A ≤ G   (E) impossível determinar

E43) (*) Resolver $\left\| x+1 \right| - 2 \right| = 4$

E44) (CM) Durante a realização da Feira de Providência, no Rio Centro, Rio de Janeiro, um grupo de estudantes realiza uma pesquisa com os visitantes desejando avaliar, no que se refere à culinária, a interculturalidade no Brasil. Entre os entrevistados, 12 dizem apreciar somente a culinária árabe, 13 apreciam somente a culinária japonesa, 28 preferem a culinária árabe e s japonesa, 32 preferem a culinária japonesa a e portuguesa, e 20 apreciam os três tipos. Considerando que 10 pessoas disseram que não apreciam nenhuma das três, 50 não optaram pela culinária portuguesa e 40 não optaram pela japonesa, assinale a alternativa que apresenta o número de entrevistados.

(A) 207   (B) 200   (C) 157   (D) 127   (E) 100

E45) A diferença entre a média aritmética e a média proporcional de 4 e 36 é:

(A) 6   (B) 8   (C) 10   (D) 12   (E) 14

E46) Dados dois conjuntos não vazios A e B, se ocorrer A∪B = A, podemos afirmar que:

(A) A<B   (B) Isto nunca pode acontecer   (C) B é um conjunto unitário
(D) B é subconjunto de A   (E) A é um subconjunto de B

E47) Sendo   A = {x∈N | x < 2} e B = {x∈Z} | 1/3 < x < 11/5},
o produto cartesiano A x B possui quantos elementos?

(A) 10   (B) 4   (C) 2   (D) 6   (E) 8

E48) Nas sentenças seguintes, marque com C as corretas e com E as erradas, e marque a opção correta.

( ) {1} ∈ {1, 2, 3}
( ) 7 ∈ {2, {0, 7}, 8}
( ) Ø ⊂ {2, 4, 5}
( ) Ø ∈ {Ø, 9}
( ) {2, 3} ⊃ {2, 3, 8}

(A) EEECC   (B) EECCE   (C) ECECE   (D) CCECE   (E) ECCEE

E49) A razão entre a média harmônica e o inverso da média aritmética de dois números é igual a:

(A) Soma dos dois números   (B) Produto dos dois números
(C) Quociente dos dois números   (D) Média geométrica dos dois números
(E) NRA

Capítulo 11 – Conjuntos e tópicos sobre análise 463

E50) (*) (CM) Depois de N dias de férias, uma estudante observou que:

Choveu 7 vezes, de manhã ou à tarde.
Quando chovia de manhã, não chovia à tarde.
Houve 5 tardes sem chuva.
Houve 6 manhãs sem chuva
Calcule N

E51) (*) UFRJ 2008 - Um buquê contém flores, entre as quais rosas vermelhas. Se retirarmos todas as flores de cor vermelha, restarão 14 flores. Se retirarmos todas as rosas, restarão 17 flores. Se retirarmos todas as flores que não são vermelhas, restarão 19 flores e, se retirarmos todas as rosas vermelhas, restarão 26 flores. Determine o número de flores desse buquê e o número de rosas que não são vermelhas.

E52) Encontre $f(k - 1)$, sendo $f(x) = 4x^2 - 2x + 1$

(A) $4k^2 - 10k + 3$ (B) $-10k^2 + 4k + 7$ (C) $4k^2 - 10k + 7$ (D) $4k^2 + 2k + 3$ (E) $4k^2 - 2k$

E53) Qual é o domínio da função $f(x) = \sqrt{\dfrac{3-x}{x+1}}$?

E54) Qual é a imagem da função $f(x) = x^3$?

E55) Um aluno obteve notas 68, 82, 87 e 89, nas quatro primeiras provas, de um total de 5. O média final será calculada por média aritmética simples. Qual a faixa de valores deve ser obtida para a última nota, para que a média final fique menor que 90, porém maior ou igual a 80?

E56) Se y é diretamente proporcional a x, e $y = 46$ quando x vale $2\dfrac{3}{10}$, qual valor terá x quando $y = 42$?

(A) $x = -2\dfrac{3}{10}$ (B) $x = 21$ (C) $x = 20$ (D) $x = 2\dfrac{1}{10}$ (E) $x = -23$

E57) A e B são conjuntos não vazios. 1/3 de todos os elementos de A são também elementos de B, e 1/4 dos elementos de B são também elementos de A. Se A tem um total de 6 elementos, quantos elementos estão em A$\cup$B?

(A) 6   (B) 14   (C) 12   (D) 10   (E) 16

E58) Dada a função $f(x) = x^2 - 3x + 3$, calcule $[f(5 + h) - f(5)]/h$

(A) 1   (B) $14 + 7h + h^2$ (C) $7 + h$ (D) $7h + h^2$ (E) $28 + h + h^2$

E59) Calcule $f(-2) + f(2)$, sabendo que $f(x)$ é uma função definida por:

$$\begin{cases} 2x^3 + 6, \text{ para } x < 1 \\ 2x + 4, \text{ para } x \geq 1 \end{cases}$$

(A) 8   (B) 12   (C) 10   (D) –2   (E) –6

E60) Encontre o domínio da função $f(x) = \sqrt{x-1} - \dfrac{1}{\sqrt{2-x}}$

(A) $[1, 2]$ (B) $(1, 2]$ (C) $[1, 2)$ (D) $(1, 2)$ (E) $(-\infty, +\infty)$

464 O ALGEBRISTA

E61) Calcule f(–1) + f(1) dada a função f(x) definida por:

$$\begin{cases} \sqrt{-x} \text{ , se } x < 1 \\ x + 1, \text{ se } x \geq 1 \end{cases}$$

(A) indefinido (B) 1 (C) 2 (D) 3 (E) $\sqrt{2}$

E62) Encontre o domínio da função $f(x) = \dfrac{\sqrt{x}}{x-1}$

(A) $[0, 1) \cup (1, \infty]$ (B) $[0, \infty)$ (C) $[1, \infty)$ (D) $x > 1$ (E) $(0, 1)$

E63) Quais valores devem ser excluídos do domínio da função racional $f(x) = \dfrac{x(x+1)}{(x+2)(x+3)}$?

(A) $x \neq 0, 1, -2, -3$ (B) $x \neq 0, -1, 2, 3$ (C) $x \neq -2, -3$ (D) $x \neq 2, 3$ (E) $x \neq 0, 1$

E64) CN 98 - Dados dois conjuntos A e B tais que n(A∪B) = 10, n(A∩B) = 5 e n(A) > n(B). Pode-se afirmar que a soma dos valores possíveis para n(A – B) é:

(A) 10 (B) 11 (C) 12 (D) 13 (E) 14

E65) CN 78 - Seja R o conjunto dos números reais e Z, o conjunto dos números inteiros. Seja:
A = {x∈R | x^3 + x = 0}; B = {x∈Z | –2 < 2x + 2 < 2 }; C = {x∈(R∩Z) | $x^2 - \sqrt{2}$ x = 0}
Então:

(A) A – C = {0} (B) C – B = { $\sqrt{2}$ } (C) C∩A = A (D) A∪C = B (E) A∪B = C

E66) CN 78 - Sejam os conjuntos:
X = {–10, 1, 2}
∅: conjunto vazio
Y: Conjunto dos números pares positivos que são primos
Z: Conjunto dos múltiplos de 2 que têm um algarismo e que não são negativos

É falso afirmar que

(A) {x∈ (X∩Y) | x > 3} = ∅ (B) {x∈ (X–Y) | x < 4} = {–1, 0, 1}
(C) {x∈ (X∪Y) | x < 5} = X (D) {x∈ (X∩Y) | x ≤ 2} = {2}
(E) {x∈ (Z–Y) | x < 8} = Z – {8}

E67) CN 78 - Sejam:
N : o conjunto dos inteiros não negativos
Z : o conjunto dos números inteiros
Q : o conjunto dos números racionais
Podemos afirmar que:

(A) {x∈N | x > 0} = Z – {0} (B) {x∈(Z∩Q) | $x^2 - 3x/2 + 1/2 = 0$} ≠ ∅
(C) {x∈Q | 2x – 5 = 0 } ⊂ Z (D) {x∈Q | $x^2 - 4 = 0$ } ⊂ N
(E) N∩Z∩Q = ∅

E68) CN 79 - Sejam os conjuntos:

X = conjunto dos números ímpares positivos que têm um algarismo.
Y = conjunto dos divisores ímpares e positivos de 10.
Z = conjunto dos múltiplos não negativos de 3, que têm um algarismo.

Capítulo 11 – Conjuntos e tópicos sobre análise 465

$\varnothing$ = conjunto vazio.
Assinale a afirmativa correta

(A) X – Y = {3, 6, 7, 9}
(B) Y – X = {3, 7, 9}
(C) (X∩Y) – (X∪Z) = {3, 6, 7, 9, 0}
(D) (Y∩Z) ∪X = {1, 3, 5, 7, 9}
(E) Z – Y = $\varnothing$

E69) CN 79 - Sejam os conjuntos:

N = conjunto dos inteiros não negativos
Z = conjunto dos inteiros
Q = conjunto dos racionais
R = conjunto dos reais

Assinale a afirmativa falsa

(A) $\{x \in N \mid x^2 - 4 = 0\}$ é um conjunto com um elemento
(B) $\{x \in Q \mid x^2 - 3 = 0\}$ é um conjunto vazio
(C) $\{x \in R \mid x^2 + 4 = 0\}$ é um conjunto que tem dois elementos
(D) $\{x \in Z \mid x^2 - 4 = 0\}$ é um conjunto que tem dois elementos
(E) $\{x \in Z \mid x \notin N\}$ é um conjunto não vazio.

E70) CN 97 - Considere o conjunto A dos números primos positivos menores do que 20 e o conjunto B dos divisores positivos de 36. O número de subconjuntos do conjunto diferença B – A é:

(A) 32   (B) 64   (C) 128   (D) 256   (E) 512

E71) CN 97 - Dados os conjuntos A, B e C, tais que: n(B∪C) = 20, n(A∩B) = 5, n(A∩C) = 4, n(A∩B∩C) = 1 e n(A∪B∪C) = 22. O valor de n[A – (B∩C)] é:

(A) 10   (B) 9   (C) 8   (D) 7   (E) 6

E72) CN 82 Se M∩P = {2, 4, 6} e M∩Q = {2, 4, 7}, logo M∩(P∪Q) é:

(A) {2, 4}   (B) {2, 4, 6, 7}   (C) {6}   (D) {7}   (E) {6, 7}

E73) (*) CN 83 - Numa cidade constatou-se que as famílias que consomem arroz não consomem macarrão. Sabe-se que: 40% consomem arroz, 30% consomem macarrão, 15% consomem feijão e arroz, 20% consomem feijão e macarrão, 60% consomem feijão. A porcentagem correspondente às famílias que não consomem esses três produtos é:

(A) 10%   (B) 3%   (C) 15%   (D) 5%   (E) 12%

E74) CN 83 – Sendo

A = $\{x \in N \mid x^2 - 4 = 0 \}$
B = $\{x \in Z \mid -2 \leq x < 5\}$
C = $\{x \in Z \mid 0 < \dfrac{-3x + 2}{3} \leq 5\}$

O conjunto A∪(B∩C) é:

OBS: N = conjunto dos números naturais; Z = conjunto dos números inteiros.

(A) {0, 2}   (B) {-2, 2, 1}   (C) {-2, -1, 0, 2}   (D) {-2, 0, 3, 5}   (E) {-2, 0, 2, 4}

E75) (*) CN 96 – Numa cidade, 28% das pessoas tem cabelos pretos e 24% possuem olhos azuis. Sabendo que 65% da população de cabelos pretos têm olhos castanhos e que a população de olhos verdes que tem cabelos pretos é 10% do total de pessoas de olhos

466   O ALGEBRISTA

castanhos e cabelos pretos, qual a porcentagem, do total de pessoas de olhos azuis, que tem os cabelos pretos?

OBS: Nesta cidade só existem pessoas de olhos azuis, verdes ou castanhos.

(A) 30,25%   (B) 31,25%   (C) 32,25%   (D) 33,25%   (E) 34,25%

E76) CN 84 - Associando os conceitos da coluna da esquerda com as fórmulas da coluna da direita, sendo a e b números reais positivos quaisquer, tem-se:

I – média harmônica dos números a e b.
II – média ponderada dos números **a** e **b**.
III – a média proporcional entre os números **a** e **b**.
IV – o produto do MMC pelo MDC de **a** e **b**
V – média aritmética simples entre os números **a** e **b**.

a) $\sqrt{ab}$ b) $\dfrac{a}{b}$

c) $\dfrac{a.b}{2}$ d) $\dfrac{2ab}{a+b}$

e) $a.b$

(A) (I; b); (II; c); (IV; e)   (B) (II; c); (III; a); (IV; e);   (C) (I; d); (II; c); (V; b);
(D) (III; a); (IV; e); (V; b);   (E) (I; d); (III; a); (IV; e);

E77) CN 84 - A, B e C são respectivamente os conjuntos dos múltiplos de 8, 6 e 12. Podemos afirmar que o conjunto $A\cap(B\cup C)$ é o conjunto dos múltiplos de:

(A) 12   (B) 18   (C) 24   (D) 48   (E) 36

E78) CN 85 - Dados dois conjuntos A e B tais que:

- o número de subconjuntos de A está compreendido entre 120 e 250
- B tem 15 subconjuntos não vazios

Quantos elementos em o produto cartesiano de A por B ?

(A) 8   (B) 12   (C) 16   (D) 28   (E) 32

E79) CN 85 - Uma empresa possui uma matriz M e duas filiais A e B. 45% dos empregados da empresa trabalham na matriz M e 25% dos empregados trabalham na filial A. De todos os empregados dessa empresa, 40% optaram por associarem-se a um clube classista, sendo que 25% dos empregados da matriz M e 45% dos empregados da filial A se se associaram ao clube. O percentual de empregados da filial B que se associaram ao clube é:

(A) 17,5%   (B) 18,5%   (C) 30%   (D) 58 1/3 %   (E) 61 2/3 %

E80) CN 85 - Considere os conjuntos A = {1, {1}, 2} e B = {1, 2, {2}} e as cinco afirmações:

I –   A – B = {1}
II –   {2} ⊂ (B – A)
III –   {1} ⊂ A
IV –   A∪B = {1, 2, {1, 2}}
V –   B – A = {{2}}

Logo,
(A) todas as afirmações estão erradas
(B) só existe uma afirmação correta
(C) as afirmações ímpares estão corretas
(D) as afirmações III e V estão corretas
(E) as afirmações I e IV são as únicas incorretas

Capítulo 11 – Conjuntos e tópicos sobre análise

E81) CN 85 - Sabendo-se que a média aritmética e a média harmônica entre dois números naturais, valem, respectivamente, 10 e 32/5, pode-se dizer que a média geométrica entre esses números será igual a:

(A) 3,6 (B) 6 (C) 6,4 (D) 8 (E) 9

E82) CN 86 - Representando-se por n(X) o número de elementos de um conjunto X, considere dois conjuntos A e B tais que n(A∩B) = 4, n(A – B) = 5, e n(A x B) = 36. Podemos afirmar que n(A∪B) é igual a:

(A) 4 (B) 9 (C) 7 (D) 9 (E) 10

E83) CN 86 - Considere os conjuntos X = {x∈N | x≤4} e Y, Y⊂X, O número de conjuntos Y tais que 4∈Y e 0∉Y é:

(A) 6 (B) 7 (C) 8 (D) 15 (E) 16

E84) (*) CN 87 - Sendo *a* e *b* números inteiros quaisquer,
R = {x | x = a/b, b≠0} e S = {2; 1,3; 0,444...; $\sqrt{2}$ }, então:

(A) S⊂R (B) S∩R=∅ (C) S∩R é unitário (D) S∩R tem dois elementos (E) S – R é unitário

E85) CN 87 - Dados os conjuntos M, N e P tais que N⊂M, n(M∩N) = 60%.n(M), n(N∩P) = 50%.n(N), n(M∩N∩P) = 40%.n(P) e n(P)= x%.n(M). O valor de x é:

(A) 80 (B) 75 (C) 60 (D) 50 (E) 45

E86) CN 88 - Num grupo de 142 pessoas foi feita uma pesquisa sobre três programas de televisão, A, B e C, e constatou-se que:

I –   40 não assistem a nenhum dos três programas
II –   103 não assistem ao programa C
III –   25 só assistem ao programa B
IV –   13 assistem aos programas A e B
V –   O número de pessoas que assistem somente aos programas B e C é a metade dos que assistem somente A e B.
VI –   25 só assistem a 2 programas
VII –   72 só assistem a um dos programas

Pode-se concluir que o número de pessoas que assistem:

(A) ao programa A é 30 (B) ao programa C é 39 (C) aos 3 programas é 6
(D) aos programas A e C é 13 (E) aos programas B ou C é 63.

E87) CN 90 - Considere os conjuntos A, B, C e U no diagrama abaixo. A região hachurada corresponde ao conjunto:

(A) [A – (B∩C)] ∪ [(B∩C) – A]
(B) $C_{(A\cup B\cup C)}$ [(A∪B) – C]
(C) $C_{A\cup(B\cap C)}$ [(A∩B) ∪ (A∩C)]
(D) (A∪B) – [(A∩B) ∪ (A∩C)]
(E) [(B∩C) – A] ∪ (A – B)

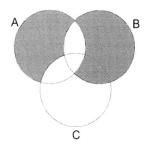

E89) CN 91 - A eleição para o diretor de um colégio é feita por voto de qualidade dos votos válidos. Os votos dos professores valem 50%, os votos dos alunos valem 45% e os votos dos funcionários valem 5%. Apurados os votos válidos, obteve-se a seguinte tabela:

	Votaram em A	Votaram em B
Alunos	600	480
Professores	15	180
Funcionários	240	40

Sabendo que o resultado é homologado se, e somente se, o vencedor tiver 10% mais que o oponente, pode-se concluir que:

(A) não houve vencedor
(B) o candidato A venceu por uma margem aproximada de 20% de dos votos válidos
(C) o candidato A venceu por uma margem aproximada de 30% de dos votos válidos
(D) o candidato B venceu por uma margem aproximada de 20% de dos votos válidos
(E) o candidato B venceu por uma margem aproximada de 30% de dos votos válidos

E90) CN 91 - Sejam U o conjunto das brasileiras, A o conjunto das cariocas, B o conjunto das morenas e C o conjunto das mulheres de olhos azuis. O diagrama que representa o conjunto de mulheres morenas ou de olhos azuis, e não cariocas; ou mulheres cariocas e não morenas e nem de olhos azuis é:

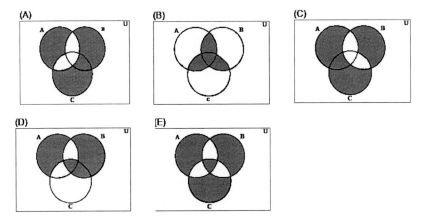

E91) CN 92 - Considere os diagramas onde A, B, C e U são conjuntos. A região hachurada pode ser representada por:

(A) $(A \cap B) \cup (A \cap C) - (B \cap C)$
(B) $(A \cap B) \cup (A \cap C) - (B \cup C)$
(C) $(A \cup B) \cup (A \cap C) \cup (B \cap C)$
(D) $(A \cup B) - (A \cup C) \cap (B \cap C)$
(E) $(A - B) \cap (A - C) \cap (B - C)$

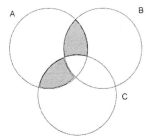

E92) CN 94 - Sejam $M = \dfrac{xy}{x+y}$, onde x e y são reais positivos. Logo, M é:

(A) o quociente entre a medis geométrica e a média aritmética de x e y
(B) a metade do quociente entre a média geométrica e a média aritmética de x e y

(C) a média aritmética dos inversos de x e y
(D) a média harmônica dos inversos de x e y
(E) a metade da média harmônica de x e y

E93) CN 94 - Num concurso, cada candidato fez uma prova de Português e uma de Matemática. Para ser aprovado, o aluno tem que passar nas duas provas. Sabe-se que o número de candidatos que passaram em Português é o quádruplo do número de aprovados no concurso; dos que passaram em Matemática é o triplo do número de candidatos aprovados no cuncurso, dos que não passaram nas duas provas é a metade do número de aprovados no concurso; e dos que fizeram o concurso é 260. Quantos candidatos foram reprovados no concurso?

(A) 140   (B) 160   (C) 180   (D) 200   (E) 220

E94) Colégio Naval, 2015
Para obter o resultado de uma prova de três questões, usa-se a média ponderada entre as pontuações obtidas entre cada questão. As duas primeiras questões tem peso 3,5 e a 3ª, peso 3. Um aluno que realizou essa avaliação estimou que:
I – sua nota na 1ª questão está estimada no intervalo fechado de 2,3 a 3,1; e
II – sua nota na 3ª questão foi 7.

Esse aluno quer atingir média igual a 5,6. A diferença da maior e da menor nota que ele pode ter obtido na 2ª questão, de modo a atingir o seu objetivo de média é

(A) 0,6   (B) 0,7   (C) 0,8   (D) 0,9   (E) 1

E95) Colégio Naval, 2015

Observe a figura a seguir.
Seja ABC um triângulo retângulo de hipotenusa 6 e com catetos diferentes. Com relação à área S de ABC, pode-se afirmar que:

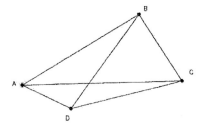

A) será máxima quando um dos catetos for igual a $3\sqrt{2}$.
B) será máxima quando um dos ângulos internos for 30 graus.
C) será máxima quando um cateto for o dobro do outro.
D) será máxima quando a soma dos catetos for $\dfrac{5\sqrt{2}}{2}$.
E) seu valor máximo não existe.

E96) Colégio Naval, 2015
O número de divisores positivos de 10^{2015} que são múltiplos de 10^{2000} é

(A) 152   (B) 196   (C) 216   (D) 256   (E) 276

E97) Colégio Naval, 2015
Dado que o número de elementos dos conjuntos A e B são, respectivamente, p e q, analise as sentenças que seguem sobre o número N de subconjuntos não vazios de A∪B.

I) $N = 2^p + 2^q - 1$
II) $N = 2^{pq-1}$

470   O ALGEBRISTA

III) $N = 2^{p+q} - 1$

IV) $N = 2^p - 1$, se a quantidade de elementos de $A \cap B$ é p.

Com isso, pode-se afirmar que a quantidade dessas afirmativas que são verdadeiras é:

A) 0   B) 1   C) 2   D) 3   E) 4

CONTINUA NO VOLUME 2: 139 QUESTÕES DE CONCURSOS

Respostas dos exercícios

E1) {22, 44, 66, 88}   E2) a) não se usa o conectivo "e" ao enumerar um conjunto
                                 b) não se usam elementos repetidos

E3) {1, 2, 3, 4, 5, 6, 7, 9} E4) {1, 3, 5}   E5) {Ø}   E6) {12, 14, 18, 20, 24, 30}

E7)
a) {0, 2, 4, 6, 8, ...}
b) { 40 }
c) { 0, 3, 6, 9, 12, 15, ...}
d) { 51, 52, 53, 54, 55, ... }
e) { domingo, segunda-feira, terça-feira, quarta-feira, quinta-feira, sexta-feira, sábado}
f) { 0, 1, 2, 3, 4, 5, 6, 7, 8, 9, 10, 11, 12, 13, 14, 15, 16, 17, 18, 19}
g) { 0, 7, 14, 21, 28, 35, 42, ...}

E8) todos são vazios

E9)	a) F	d) V	g) F	j) V	m) F
	b) F	e) F	h) F	k) V	n) F
	c) V	f) V	i) V	l) V	o) F

E10) a) {P, A, R, G, U, I}   b) {P, E, R, T, I, N}   c) {T, E, N, S}

E11) {2}, {2, 4}, {2, 3}, {2, 3, 4}, {1, 2}, {1, 2, 4}, {1, 2, 3}, {1, 2, 3, 4}

E12) (a), (b), (d), (f)

E13)
a) {0, 2, 4, 6, 8, 10, 12, ...}
b) {0, 3, 6, 9, 12, 15, ...}
c) {0, 5, 10, 15, 20, ...}
d) {0, 15, 30, 45, 60, ...}
e) {3, 9, 12, 18, 21, 24, 27, 33, ...}
f) {0, 1, 4, 9, 16, 25, 36, 49, ...}
g) {2, 7, 12, 17, 22, 27, 32, ...}
h) {2, 3, 5, 22, 23, 25, 32, 33, 35, 52, 53, 55, 222, 223, ...}
i) {0, 1, 2, 3, 4, 5, 6, 7, 8, 9, 10, 11, ...}
j) {2, 14, 22, 26, 38, 42, 50, 62, ...}

E14) a) sim, c) sim, d) sim, e) sim, g) sim, i) sim, j) sim

E15) $A \cup B$, $A \cap B$, A-B e B-A:
a) {1, 2, 4, 5, 6, 7, 8}, {2, 4, 6}, {1, 5, 7}, {8}
b) {0, 1, 2, 3, 4, 5, 6, 7, 8, 9}, {}, A, B
c) A, B, {3, 6, 12, 15}, {}

Capítulo 11 – Conjuntos e tópicos sobre análise   471

d) A, B, C=Conjunto das consoantes, B
e) B, A, { }, {1, 2, 6, 7, 8}

E16) a) {3, 4, 5} b) {1/5, 1/7} c) {1, 4, 6, 8, 9} d) não definido

E17)
a) {∅ , {0}, {1}, {2} , {0, 1}, {0, 2}, {1, 2}, {0, 1, 2}}
b) {∅ , {10}, {20}, {30} , {10, 20}, {10, 30}, {20, 30}, {10, 20, 30}}
c) {∅ , {2}, {4}, {2, 4}}
d) {∅ , {a}, {b}, {c} , {a, b}, {a, c}, {b, c}, {a, b, c}}
e) {∅ , {∅}, {{∅}}, {∅, {∅}} }
f) {∅ , {1}, {2}, {3}, {4}, {1, 2}, {1, 3}, {1,4}, {2,3}, {2, 4}, {3, 4},
{1, 2, 3}, {1, 2, 4}, {1, 3, 4}, {2, 3, 4}, {1, 2, 3, 4}}

E18) a) 16 b) 16 c) 32 d) 64 e) 32 f) 16

E19)

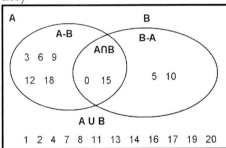

E20) 8

E21) a) V b) V c) F d) V e) V f) F g) F h) V i) V j) V k) V l) V m) V

E22) {4, 6, 8, 9, 10, 12, 14, 15}   E23) 63   E24) 31   E25) {7, 8, 9, 10}

E26) n(A) = 6, n(B) = 4, n(A∩B) = 3 ➔ n(A∪B) = 6+4-3 = 7. Resp: 2^7 = 128

E27) (C)   E28) V, F, V, F   E29) 10   E30) a=6 e b=7 ou a=7 e b=6

E31) {1}   E32) {∅, 1}   E33) NÃO   E34) 6   E35) (C)

E36) (E)   E37) (E)   E38) $-a^3 - a^2 - a + 1$

E39) –180   E40) 7   E41) f(x) = x, para x ≠ –1   E42) (C)

E43) 5 ou –7 E44) (E)   E45) (B)   E46) (D)   E47) (B)

E48) (B)   E49) (B)   E50) 9   E51) 33 e 9 E52) (D)

E53) (–1, 3] E54) R

E55) Para média acima de 80, nota maior que 74, mas para média 90, impossível.

472 — O ALGEBRISTA

E56) (D)	E57) (C)	E58) (C)	E59) (D)	E60) (C)
E61) (D)	E62) (A)	E63) (C)	E64) (C)	E65) (C)
E66) (B)	E67) (B)	E68) (D)	E69) (B)	E70) (B)
E71) (B)	E72) (B)	E73) (D)	E74) (C)	E75) (C)
E76) (E)	E77) (C)	E78) (D)	E79) (D)	E80) (D)
E81) (D)	E82) (D)	E83) (C)	E84) (E)	E85) (B)
E86) (B)	E87) (D)	E89) (A)	E90) (A)	E91) (A)
E92) (E)	E93) (E)	E94 (C)	E95 (E)	E96 (D)
E97) (A)				

Resoluções de exercícios selecionados

E35) A média aritmética de 40 números é 75. Dez números foram eliminados do conjunto, deixando 30 números com média 85. Qual é a média dos 10 números eliminados?

(A) 80   (B) 65   (C) 45   (D) 50   (E) 60

Sejam os números x_1, x_2, x_3, ... x_{10}, x_{11}, x_{12}, ... x_{40}. Sejam S_{10} a soma dos 10 primeiros e S_{30} a soma dos 30 restantes.

A média dos 30 números é $(S10 + S30)/40 = 75$. Depois de retirados os 10, a média passou a ser 85: $S30/30 = 85$. Ficamos então com:

$(S_{10} + S_{30})/40 = 75$ $\therefore S_{30} = 40 \times 75 - S_{10}$ $\therefore S_{10} = 300 - S_{30}$ (1)

O problema indicou como 85 a média desses trinta números restantes:

$S_{30}/30 = 85$ $\therefore$ $S_{30} = 255$. Substituindo em (1) ficamos com:

$S_{10} = 300 - 255 = 45$

R: (C)

E39) Se $f(x) = -2x^2 + x + 10$, calcule $f(f(f(-2)))$.

Usamos a fórmula e calculamos o valor numérico para $x = -2$:

$f(-2) = -8 - 2 + 10 = 0$, a seguir calculamos $f(0)$:

$f(0) = 10$, finalmente calculamos $f(10)$:

$f(10) = -2 \times 100 + 10 + 10 = -180$

Então $f(f(f(-2))) = f(f(0)) = f(10) = -180$

R: –180

E40) Se $f(x) = ax^2 - bx - 4$, $f(2) = 6$ e $f(-1) = 12$, então **a** vale:

Encontraremos duas equações que permitem determinar as incógnitas **a** e **b**, substituindo os valores dados de x e f(x):

$x = 2$ ➜ $4a - 2b - 4 = 6$

$x = -1$ ➜ $a + b - 4 = 12$

Resolvendo o sistema encontramos $a = 7$ e $b = 9$.

R: $a = 7$

Capítulo 11 – Conjuntos e tópicos sobre análise   473

E43) Resolver $||x+1|-2|=4$

Equações com módulos devem ser abertas em casos, partindo do princípio:
Se $|x| = k$, k positivo, então x = k ou x = –k.
| |x + 1| – 2 | = 4
a) |x + 1| – 2 = 4
b) |x + 1| – 2 = –4
O caso (b) não ocorre pois implica em |x + 1| = –2, já que um módulo não pode ser negativo.
O caso (a) resulta em |x + 1| = 6, que deve ser novamente desmembrado:
a1) x + 1 = 6 ➔ x = 5
a2) x + 1 = –6 ➔ x = –7

R: x = 5 ou x = –7

E50) Depois de N dias de férias, uma estudante observou que:

1º - Choveu 7 vezes, de manhã ou à tarde.   2º - Se chovia de manhã, não chovia à tarde.
3º - Houve 5 tardes sem chuva.   4º - Houve 6 manhãs sem chuva
Calcule N

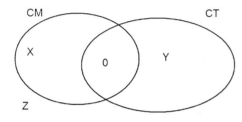

Dos N dias, podemos destacar dois conjuntos: CM os dias em que houve chuva de manhã, e CT os dias em que houve chuva à tarde. O problema dá ainda que não choveu de manhã e à tarde no mesmo dia, então sua interseção tem 0 elementos. O problema pede que calculemos x + y + z.

1º - x + y = 7
3º - x + z = 5
4º - y + z = 6
Somando as três ficamos com 2(x + y + z) = 18 ∴ x + y + z = 9 ∴ N = 9

R: 9

E51) Um buquê contém flores, entre as quais rosas vermelhas. Se retirarmos todas as flores de cor vermelha, restarão 14 flores. Se retirarmos todas as rosas, restarão 17 flores. Se retirarmos todas as flores que não são vermelhas, restarão 19 flores e, se retirarmos todas as rosas vermelhas, restarão 26 flores. Determine o número de flores desse buquê e o número de rosas que não são vermelhas.

Problemas desse tipo são de resolução mais fácil quando desenhamos diagramas de Venn.

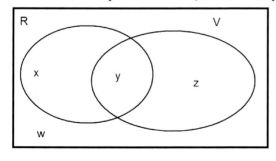

Neste problema devemos considerar dois conjuntos: R, que é o conjunto das rosas, e V, o conjunto das flores vermelhas. Existem interseções entre esses conjunto, que são as rosas vermelhas, e ainda flores que não são rosas nem vermelhas. Ao todo temos que determinar o número de elementos de 4 regiões: x, y, z e w. São 4 incógnitas, a precisamos de 4 equações.

Se retirarmos todas as flores de cor vermelha, restarão 14 flores ➔ x + w = 14
Se retirarmos todas as rosas, restarão 17 flores ➔ z + w = 17
Se retirarmos todas as flores que não são vermelhas, restarão 19 flores ➔ z + y = 19

se retirarmos todas as rosas vermelhas, restarão 26 flores ➔ $x + z + w = 26$

O problema pede o número total de flores, que é $x + y + z + w$, mas temos que $(x + w) = 14$ e $(z + y) = 19$, então $x + y + z + w = 33$. Como $x + z + y = 26$, concluímos que $y = 7$. Nesse tipo de problema é sempre importante encontrar o número de elementos da interseção de conjuntos, pois os outros valores são encontrados a partir daí com mais facilidade.

$y + z = 19$ ➔ $z = 12$; $w + z = 17$ ➔ $w = 5$; $x + w = 14$ ➔ $x = 9$.

R: 33 e 9

E71) Dados os conjuntos A, B e C, tais que: $n(B \cup C) = 20$, $n(A \cap B) = 5$, $n(A \cap C) = 4$, $n(A \cap B \cap C) = 1$ e $n(A \cup B \cup C) = 22$. O valor de $n[A - (B \cap C)]$ é:

(A) 10   (B) 9   (C) 8   (D) 7   (E) 6

É sempre mais fácil quando determinamos o número de elementos da interseção, e a partir daí determinamos os números de elementos das demais partes.

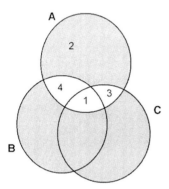

Dado que $n(A \cap B \cap C) = 1$, encontramos as regiões com 4 e 3 elementos ao lado.

O problema não permite determinar todas as regiões, mas dá que $A \cup B \cup C$ tem 22 elementos, e que $B \cup C$ tem 20 elementos, logo a região de A que não tem interseção com B nem C tem $22 - 20 = 2$ elementos. O número pedido pelo problema é o número de elementos de A abatendo a interseção dos 3 conjuntos = $2 + 4 + 3 = 9$.

R: (B)

E73) Numa cidade constatou-se que as famílias que consomem arroz não consomem macarrão. Sabe-se que: 40% consomem arroz, 30% consomem macarrão, 15% consomem feijão e arroz, 20% consomem feijão e macarrão, 60% consomem feijão. A porcentagem correspondente às famílias que não consomem esses três produtos é:

(A) 10%   (B) 3%   (C) 15%   (D) 5%   (E) 12%

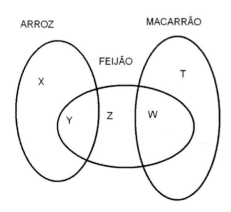

Nessas questões sobre conjuntos, é sempre melhor desenhar com diagrama de Venn. O problema dá que as pessoas que consomem arroz não consomem macarrão, ou seja, os conjuntos são disjuntos. Podemos então desenhar o diagrama com os conjuntos sem interseção, como na figura ao lado. Os que comem feijão podem comer também arroz ou feijão, mas nunca os três alimentos. Considerando uma população de 100, encontramos os valores das regiões do diagrama:

15% consomem feijão e arroz ➔ $y = 15$
20% consomem feijão e macarrão ➔ $w = 20$
60% consomem feijão ➔ $z + y + w = 60$ ➔ $z = 25$
40% consomem arroz ➔ $y + x = 40$ ➔ $x = 25$

Capítulo 11 – Conjuntos e tópicos sobre análise

475

30% consomem macarrão ➔ w + t = 30 ➔ t = 10
Dos 100%, abatidos esses valores, sobram 5%.

R: (D)

E84) Sendo a e b números inteiros quaisquer,

$R = \{x \mid x = a/b, b \neq 0\}$ e $S = \{2; 1,3; 0,444...; \sqrt{2}\}$, então:

(A) $S \subset R$ (B) $S \cap R = \emptyset$ (C) $S \cap R$ é unitário   (D) $S \cap R$ tem dois elementos   (E) $S - R$ é unitário

O conjunto R dado pelo problema (que obviamente não é o conjunto dos reais) é formado pelos racionais, positivos ou negativos, O conjunto S tem 4 elementos, dos quais 3 são racionais (ou seja, pretencem ao conjunto R) e o $\sqrt{2}$, que é irracional. Em função disso, a única verdadeira é e opção (E), o conjunto $S - R$ é formado apenas pelo elemento $\sqrt{2}$.

R: (E)

E75) Numa cidade, 28% das pessoas tem cabelos pretos e 24% possuem olhos azuis. Sabendo que 65% da população de cabelos pretos têm olhos castanhos e que a população de olhos verdes que tem cabelos pretos é 10% do total de pessoas de olhos castanhos e cabelos pretos, qual a porcentagem, do total de pessoas de olhos azuis, que tem os cabelos pretos?

OBS: Nesta cidade só existem pessoas de olhos azuis, verdes ou castanhos.

(A) 30,25%   (B) 31,25%   (C) 32,25%   (D) 33,25%   (E) 34,25%

	OA	OC	OV	
CP	x			0,28
CNP				
	0,24			

Apesar de ser um problema relacionado com conjuntos, um modelo baseado em tabelas é muito mais prático que um baseado em diagrama de Venn. Usamos dados adicionais do problema:
65% da população de cabelos pretos têm olhos castanhos ➔CPOC vale 0,65 x 0,28 = 0,182
olhos verdes que tem cabelos pretos é 10% do total de pessoas de olhos castanhos e cabelos pretos ➔ CPOV = 0,1 x 0,182 = 0,0182.
Então podemos calcular x = CPOA = 0,28 – 0,182 – 0,0182 = 0,0798

	OA	OC	OV	
CP	0,0798	0,182	0,0182	0,28
CNP				
	0,24			

Dentro da população de olhos azuis, comparando os que tem cabelos pretos, temos:
0,0798 / 0,24 = 0,3325 = 33,25%

R: (C)

E94) Colégio Naval, 2015
Para obter o resultado de uma prova de três questões, usa-se a média ponderada entre as pontuações obtidas entre cada questão. As duas primeiras questões tem peso 3,5 e a 3ª, peso 3. Um aluno que realizou essa avaliação estimou que:
I – sua nota na 1ª questão está estimada no intervalo fechado de 2,3 a 3,1; e
II – sua nota na 3ª questão foi 7.

Esse aluno quer atingir média igual a 5,6. A diferença da maior e da menor nota que ele pode ter obtido na 2ª questão, de modo a atingir o seu objetivo de média é

(A) 0,6   (B) 0,7   (C) 0,8   (D) 0,9   (E) 1

1ª Solução:
A nota da 3ª questão é fixa, mas tanto a da 1ª quanto a da 2ª são duvidosas. Cada uma delas pode ter um valor máximo e um valor mínimo. Não importa qual seja a média desejada, se tirar a nota máxima esperada na 1ª questão (3,1), a nota na 2ª questão poderá ser menor. Se tirar a nota mínima esperada na 1ª questão (2,3), a nota na 2ª questão terá que ser maior. Como a 1ª e a 2ª questões têm pesos iguais, a variação (máximo − mínimo) da 2ª questão dependerá da variação (máximo − mínimo = 3,1 − 2,3 = 0,8) da 1ª questão. Portanto a variação para a nota da 2ª questão é a mesma da 1ª, ou seja, 0,8, resposta (C).

2ª Solução:
Ficou claro pela explicação acima que a nota máxima na 2ª questão corresponde à mínima da 1ª questão e vice-versa. Vamos calcular a média ponderada nas duas situações:

Max 1ª: M = (3,5 × 3,1 + min2 × 3,5 + 7,0 × 3)/10 = 5,6
Min 1ª : M = (3,5 × 2,3 + max2 × 3,5 + 7,0 × 3)/10 = 5,6

Nas duas situações a média final tem que ser 5,6. Subtraindo as duas fórmulas poderemos determinar a relação entre min2 e max2, que são as notas mínima e máxima permitidas para a questão 2:
3,5 (3,1 − 2,3) + 3,5(min2 − max2) = 0
max2 − min2 = 3,1 − 2,3 = 0,8
É interessante notar que não importa qual seja a média final desejada, e não importa a nota conhecida da 3ª questão, a variação permitida para a nota da 2ª questão será a mesma.

Respsota: (C)

E95) Colégio Naval, 2015
Observe a figura a seguir.
Seja ABC um triângulo retângulo de hipotenusa 6 e com catetos diferentes. Com relação à área S de ABC, pode-se afirmar que:

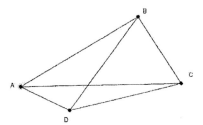

A) será máxima quando um dos catetos for igual a $3\sqrt{2}$.
B) será máxima quando um dos ângulos internos for 30 graus.
C) será máxima quando um cateto for o dobro do outro.
D) será máxima quando a soma dos catetos for $\dfrac{5\sqrt{2}}{2}$.
E) seu valor máximo não existe.

Solução:
É preciso usar um pouco de geometria, já que trata-se de uma questão de geometria, mas que envolve um conceito de álgebra importante, que são os limites dos intervalos abertos.
No triângulo ABC, como a base AC é fixa, a área vai ser máxima quando a altura traçada de B for máxima. Como o ângulo B é reto, o vértice B pertence ao arco capaz de 90 graus sobre AC, ou seja, pertence à sem-circunferência de diâmetro AC = 6, ou seja, a altura traçada de B, para que a área seja máxima, é igual ao raio dessa semi-circunferência. Essa altura portanto vale 3, que é o raio da semi-circunferência, e a área é (3 × 6)/2, que vale 9 unidades de área.

Capítulo 11 – Conjuntos e tópicos sobre análise   477

Ocorre que para que esta altura seja máxima, e igual ao raio, o triângulo ABC tem que ser isósceles, com lados BC = BA. O problema indica que os catetos têm que ser diferentes, então não podemos ter BA = BC, logo o problema não tem solução.

Isso é o mesmo que perguntar, por exemplo, qual é o menor número real do intervalo $(0, 1)$. O número zero é o menor de todos, mas ele não pertence ao intervalo. Não existe um "vizinho" do zero nos números reais, pois se supusermos que existe um núemro real tal, que seja bem próximo de zero, podemos tomar a metade deste valor, que será ainda mais próxima de zero. Da mesma forma não podemos tomar dois catetos "quase iguais", pois sempre poderemos encontrar dois valores ainda mais próximos e ainda assim diferentes. Por isso o problema não tem solução.

Resposta: (E)

E96) Colégio Naval, 2015

O número de divisores positivos de 10^{2015} que são múltiplos de 10^{2000} é

(A) 152   (B) 196   (C) 216   (D) 256   (E) 276

Solução:

Antes de mais nada, notemos que o problema fala apenas de divisores positivos.

Se um divisor de 10^{2015} é múltiplo de 10^{2000}, precisa ter obrigatoriamente todos os fatores de 10^{2000}. Separando esses fatores obrigatórios, o problema recai em formar um divisor de 10^{15} e multiplicá-lo por 10^{2000}. Devemos então determinar quantos são os divisores de 10^{15}:

$10^{15} = 2^{15}.5^{15}$. Para encontrar o núemro de divisores multiplicamos o produto dos seus expoentes de fatores primos, sendo cada expoente somado com 1:

$(15 + 1)(15 + 1) = 16 \times 16 = 256$.

Resposta: (D)

E97) Colégio Naval, 2015

Dado que o número de elementos dos conjuntos A e B são, respectivamente, p e q, analise as sentenças que seguem sobre o número N de subconjuntos não vazios de $A \cup B$.

I) $N = 2^p + 2^q - 1$

II) $N = 2^{pq-1}$

III) $N = 2^{p+q} - 1$

IV) $N = 2^p - 1$, se a quantidade de elementos de $A \cap B$ é p.

Com isso, pode-se afirmar que a quantidade dessas afirmativas que são verdadeiras é:

A) 0   B) 1   C) 2   D) 3   E) 4

Solução:

Para saber o número de subconjuntos da união, temos que saber quantos são os seus elementos. Para isto usaremos a fórmula que dá o núemro de elementos de uma união de conjuntos:

$$\#(A \cup B) = \#A + \#B - \#(A \cap B)$$

O problema dá o número de elementos de A e o de B (p e q), mas não dá o número de elementos da sua interseção, vamos chamar este valor de r:

$$\#(A \cup B) = p + q - r$$

Em função disso, podemos calcular o núemro de subconjuntos não vazios. Se um conjunto tem n elementos, o número dos seus subconjuntos não vazios é:

$2^n - 1$

Portanto o valor que o problema pede é

$2^n - 1 = 2^{p+q-r} - 1$

Resta agura analisar qual das opções (I) e (IV) é igual a este valor:

I) $N = 2^p + 2^q - 1 = 2^{p+q-r} - 1$ FALSO
II) $N = 2^{pq-1} = 2^{p+q-r} - 1$ FALSO
III) $N = 2^{p+q} - 1 = 2^{p+q-r} - 1$ FALSO
IV) $N = 2^p - 1 = 2^{p+q-r} - 1$ (!!!!)

A opção 4 apresenta uma fórmula condicionada à situação em que a quantidade de elementos de $A \cap B$ é p, ou seja, r = p. Sendo assim, o segundo membro de (IV) ficaria:

IV) $N = 2^p - 1 = 2^{p+q-p} - 1 = 2^q - 1$, que também é FALSO!

Portanto todas as alternativas são falsas, e a resposta é (A)

Resposta: (A)

Capítulo 12

Inequações do primeiro grau

Se você é bastante cauteloso, iniciou o capítulo passado considerando que ainda não havia chegado à metade do livro, afinal tinha completado 10 capítulos, e faltavam mais 11 para chegar ao final. Mas agora pode ter certeza de que passou da metade, foram 11 e faltam 10. Entretanto você já está bem além da metade, basta checar as páginas. Você já passa de 70% da sua preparação em álgebra. Parabéns.

Os tópicos presentes no restante do livro são em menor quantidade, porém, com muito maior dificuldade. O importante é que você tem uma base sólida adquirida na parte inicial do livro. Prepare-se, pois o número de páginas restantes ser menor que a metade do total, a dificuldade é maior. Além da habilidade algébrica crescente, será maior a exigência com conceitos matemáticos a serem aprendidos.

Já abordamos neste livro, equações do $1^{\underline{o}}$ grau, sistemas do $1^{\underline{o}}$ grau e problemas do $1^{\underline{o}}$ grau. Neste ponto da álgebra, estudamos:

- Equações e inequações
- Do primeiro e do segundo graus
- Sistemas de equações
- Sistemas de inequações
- Cálculo de radicais

Seriam muitos capítulos para abordar cada um dos tópicos. Muitos livros juntam vários desses assuntos em um só capítulo. Faremos isto parcialmente, ou seja, juntaremos apenas assuntos cujos tópicos são muito curtos. Aqueles cujos tópicos são mais importantes e mais cobrados em provas e concursos, como equações, sistemas e problemas do $1^{\underline{o}}$ grau, ficarão com capítulos exclusivos.

Varemos agora o capítulo 12, exclusivo sobre inequações do $1^{\underline{o}}$ grau. No capítulo 17 abordaremos inequações do $2^{\underline{o}}$ grau, sistemas de inequações do $1^{\underline{o}}$ e do $2^{\underline{o}}$ grau. Vermos também neste capítulo, as inequações com módulos.

A forma final da inequação do 1º grau

Uma inequação é uma expressão algébrica que representa uma desigualdade, ao invés de uma igualdade, como por exemplo:

O ALGEBRISTA

$2x + 5 > 13$

$4x - 12 < 18$

$3x + 2y \leq 6$

$$\frac{1}{x+1} \geq 1$$

$3x - 15 \neq 2x - 7$

As inequações têm objetivo ligeiramente diferente das equações. Enquanto nas equações, procuramos os valores das incógnitas que tornam duas expressões iguais, nas inequações procuramos valores, e principalmente, intervalos desses valores, de modo que uma expressão seja "desigual" a outra. A desigualdade pode ser:

- Diferente $\neq$
- Maior $>$
- Menor $<$
- Maior ou igual $\geq$
- Menor ou igual $\leq$

Os passos da resolução de inequações são muito parecidos com o de equações. Por exemplo, trocar um termo de membro trocando o sinal de adição para subtração, e vice-versa, decorre do fato de duas relações matemáticas:

$x + a = b$ ➜ $x = b - a$ (subtraímos a nos dois membros, mantendo a igualdade)

$x + a > b$ ➜ $x > b - a$ (a desigualdade também se mantém nesse caso)

Entretanto

$x > y$ ➜ $ax < ay$, quando a é negativo

$x > y$ ➜ $ax > ay$, quando e é positivo

As inequações têm inúmeras aplicações, por exemplo, obrigar a expressão dentro de um radical a ser positiva, quando o radical têm índice par:

Se $y = \sqrt{3x - 5}$, devemos ter x tal que $3x - 5 \geq 0$

Neste capítulo iremos tratar das inequações mais simples, que são as chamadas *inequações do 1º grau*.

As inequações com "$\neq$" são as mais fáceis. Resolvemos da mesma forma que as equações, porém é usado o sinal "$\neq$", ao invés de "=". O método algébrico é exatamente o mesmo, pelo menos para o primeiro grau. No capítulo 17 mostraremos os detalhes sobre inequações do 2º grau com "$\neq$".

Nas inequações com os sinais "$>$", "$<$", "$\geq$" e "$\leq$", temos que tomar cuidado com um detalhe: quando multiplicamos uma desigualdade por um número negativo, o sentido da desigualdade se inverte, como veremos adiante.

Resolver uma inequação é manipular algebricamente sua expressão, até chegar em uma das expressões nas formas:

$ax > b$ $ax < b$ $ax \neq b$ $ax \geq b$ $ax \leq b$.

Capítulo 12 – Inequações do primeiro grau 481

Supondo que o coeficiente *a* é positivo, essas inequações resultam respectivamente nas seguintes soluções:

x > b/a;   x < b/a;   x ≠ b/a;   x ≥ b/a;   x ≤ b/a.

Se a for negativo, o sentido da igualdade é invertido. Por exemplo:

–5x > 10 ➔ x < –10/5

Um sinal de desigualdade não se altera quando multiplicamos ou dividimos os dois membros por um valor positivo. Já que 20 > 10, então 2 > 1, 200 > 100, 40 > 20, etc.

Quando toda a expressão é multiplicada por um valor negativo, o sentido da desigualdade é invertido. Por exemplo, 20 > 10 resulta em que –200 < –100, –2 < –1, etc.

Essa necessidade de inverter o sinal da desigualdade não se deve ao fato da expressão ter valores negativos em um ou nos dois membros, mas sim a fato da expressão toda ter sido multiplicada por um número negativo.

Exemplo:
–3 < –2 ➔ –30 < –20
A presença de valores negativos não causa a alteração no sinal. O que ocorreu foi a multiplicação da desigualdade original por 10, que é um valor positivo, então o sinal se mantém.

Exemplo:
–5 < 3 ➔ 50 > –30
Nesse caso a inversão do sinal ocorreu porque os dois membros foram multiplicados por –10, um valor negativo.

Na resolução de uma inequação, podemos adicionar valores, ou trocar valores de membro, respeitando a troca de sinal. Apenas na multiplicação e na divisão, devemos ainda fazer a inversão da desigualdade.

Exemplo: 3x + 12 > 6x – 18
Temos então:
3x + 12 > 6x – 18
3x – 6x > –18 – 12
–3x > –30
Se agora dividirmos toda a inequação por –3, temos que inverter o sentido da desigualdade:
3x < 30
x < 30/3 = 10

Outra opção é trocar os membros de posição, trocando os sinais
30 > 3x ou 3x < 30
x < 30/3 = 10

Exemplo: Resolver a inequação 3x + 5(4 – 2x) < 2(x + 2) + 4(2 – 3x)
3x + 20 – 10x < 2x + 4 + 8 – 6x
–7x + 20 < –4x + 12
–3x < –8
3x > 8
x > 8/3

482   O ALGEBRISTA

Exemplo: Resolver a inequação $\dfrac{x+3}{6} - \dfrac{x-2}{4} > \dfrac{x-2}{8}$

Eliminando os denominadores (MMC = 24), ficamos com:

$4(x + 3) - 6(x - 2) > 3(x - 2)$
$4x + 12 - 6x + 12 > 3x - 6$
$-2x + 24 > 3x - 6$
$-5x > -30$
$5x < 30$
$x < 6$

A eliminação de denominadores, sendo eles positivos, não altera o sinal de desigualdade, pois é algebricamente equivalente a multiplicar todos os termos por um valor positivos, que é o denominador comum.

Exercícios

E1) Resolver as seguintes inequações. Note que em todas elas os denominadores podem ser eliminados, pois são números positivos.

a) $\dfrac{3x}{5} - x > 2$

b) $2 - \dfrac{x-18}{3} < x$

c) $\dfrac{3x}{4} - 9 < \dfrac{2x}{7} + 4$

d) $\dfrac{1-3x}{2} - x > \dfrac{x+1}{3} + 1$

e) $1 - \dfrac{x-5}{3} > \dfrac{x-2}{4} + 2$

f) $x - \dfrac{5}{3} > \dfrac{2x-3}{2} + 7$

g) $\dfrac{x-1}{7} + \dfrac{23-x}{5} > 7 - \dfrac{x+4}{4}$

h) $\dfrac{3x+7}{9} < \dfrac{5x+1}{18} + \dfrac{17}{6} + x$

i) $3x - \dfrac{1}{4} > 20 - \dfrac{2x}{3}$

j) $2(3x + 5) - 2x - 5 - 4(x - 8) > 0$

Conjunto solução

O conjunto solução é o conjunto de valores que satisfazem a uma equação, ou inequação dada. No caso de inequações, o conjunto solução tipicamente é um intervalo, ou uma união de intervalos.

Exemplo: Encontre o conjunto solução de $x + 5 > 3$.

$x + 5 > 3$
$x > -2$
Logo, $S = (-2, \infty)$.

A menos que seja pedido pelo problema, a solução da inequação pode ser dada nas duas formas equivalentes: $x > -2$ ou $S = (-2, \infty)$.

Inequações fracionárias

Inequações fracionárias são aquelas que possuem variável no denominador. Nesse caso, devemos tomar dois cuidados:

Capítulo 12 – Inequações do primeiro grau

a) Os denominadores devem ser diferentes de zero
b) Reduzimos todas as frações ao mesmo denominador, mas não os eliminamos.

A técnica de resolução consiste em reduzir toda a expressão a uma forma com uma expressão f(x)/g(x) no primeiro membro, e zero no segundo membro. A seguir fazemos um estudo da variação de sinal da expressão f(x)/g(x). Do conjunto solução encontrado, devemos excluir os valores de x que anulam o denominador.

Exemplo: Resolver $\dfrac{4x-7}{x-1} > 1$

a) Restrição (valores não permitidos de x) – todos aqueles que anulam algum denominador.
$x - 1 \neq 0$
$x \neq 1$

b) Resolução:
$\dfrac{4x-7}{x-1} > 1 \rightarrow \dfrac{4x-7}{x-1} - 1 > 0 \rightarrow \dfrac{4x-7}{x-1} - \dfrac{x-1}{x-1} > 0 \rightarrow \dfrac{4x-7-(x-1)}{x-1} > 0 \rightarrow \dfrac{3x-6}{x-1} > 0$

É permitido simplificar a expressão por 3, um valor positivo, sem alterar a desigualdade:
$\dfrac{x-2}{x-1} > 0$

Agora fazemos um estudo da variação de sinal do numerador e do denominador.

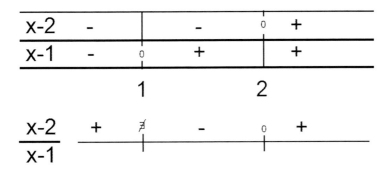

x – 2 é positivo para x>2, e negativo para x < 2. Note que marcamos o valor 0 para x = 2.

x – 1 é positivo para x>1, e negativo para x < 1. Note que marcamos o valor 0 para x = 1.

A fração será negativa apenas em (1, 2) e positiva em $(-\infty, 1) \cup (2, \infty)$.

Note na terceira linha da tabela, que é o estudo da variação de sinal da expressão (x – 2)/(x – 1), que marcamos os "pontos críticos":

- 0, quando x = 2
- Não existe (símbolo é uma letra "E" riscada invertida) quando x = 1

Queremos que a fração seja maior que zero, então temos que ter:
$x \in (-\infty, 1) \cup (2, \infty)$.

Observe que não estamos incluindo 1 e 2 porque a desigualdade é estrita (>). Se a inequação fosse da forma ≤ ou ≥, incluiríamos 1 e 2 nesta etapa, e os intervalos seriam ∈ $(-\infty, 1]$ e $[2, \infty)$.

Devemos agora excluir os valores da restrição (x deve ser diferente de 1, pois anularia o denominador). Como o intervalo encontrado já não contém o valor 1, não haverá diferença.

Resposta: S = $(-\infty, 1) \cup (2, \infty)$.

IMPORTANTE: Preste muita atenção nos pontos críticos, pois muitas vezes o aluno as esquece, por isso são usados em "pegadinhas" em provas de concursos.

Exercícios

E2) Resolva as seguintes inequações fracionárias:

a) (*) $2 - \dfrac{x}{1-x} < 1 - \dfrac{1}{x-1}$

b) $\dfrac{3x-2}{x-1} > 1$

c) $\dfrac{x-17}{2-x} > \dfrac{3x+15}{x-2}$

d) $\dfrac{3x-5}{x-1} < 3$

e) $\dfrac{2x-14}{-3x+15} \leq 0$

f) $\dfrac{x+3}{5-x} + 2 \leq 0$

g) $\dfrac{x+2}{x-5} + 1 > 0$

h) $\dfrac{x+1}{3x-2} \geq 1$

i) $\dfrac{x-2}{x+3} > 5$

j) $\dfrac{x+3}{5-x} + 2 \leq 0$

Alunos da EPCAr

Sistemas de inequações

No caso das equações, a determinação do valor de uma incógnita requer apenas uma equação. Entretanto no caso das inequações, podemos ter uma só incógnita e duas ou mais inequações.

Exemplo: Resolver o sistema de inequações

$$\begin{cases} 3x + 5 > 20 \\ x + 3 \leq 30 \end{cases}$$

É um sistema com duas inequações e uma incógnita. Para resolvê-lo, fazemos a **interseção** dos resultados das duas inequações, pois ambas estão implicitamente ligadas por um conectivo E:

3x + 5 > 20 E x + 3 ≤ 30

Sendo assim,
3x + 5 > 20 ➔ 3x > 15 ➔ x > 5
x + 3 ≤ 30 ➔ x ≤ 27.

Interseção: x deve ser maior que 5, e menor ou igual a 27: 5 < x ≤ 27.
S = (5, 27]

Capítulo 12 – Inequações do primeiro grau

Este é o procedimento para resolver este tipo de sistema. Resolvemos cada inequação e fazemos a interseção dos conjuntos solução.

Exercícios

E3) Resolver os seguintes sistemas de inequações:

a) $\begin{cases} x + 3 > 2x - 1 \\ \dfrac{x+1}{2} > \dfrac{2x}{3} \end{cases}$

b) (*) $\begin{cases} 3x - \dfrac{1}{4} > 20 - \dfrac{2x}{3} \\ 2(2x - 3) > 5x - \dfrac{3}{4} \end{cases}$

c) $\begin{cases} \dfrac{5}{3}x + \dfrac{3}{5} < 3x + 1 \\ \dfrac{4}{5}x < 2 - \dfrac{5x-1}{4} \end{cases}$

d) $\begin{cases} \dfrac{4x - 9}{7} + 3 < x - 3 \\ \dfrac{3x + 10}{4} - 5 < \dfrac{1 - 3x}{10} \end{cases}$

e) $\begin{cases} \dfrac{x - 3}{4} < \dfrac{2x + 3}{2} - 3 \\ \dfrac{3x - 1}{10} < 5 - \dfrac{4x - 2}{5} \end{cases}$

f) $3 < \dfrac{x - 1}{3} < 4$

g) $\begin{cases} \dfrac{4x - 79}{7} < x - 13 \\ \dfrac{3x + 10}{4} > 2x - 5 \end{cases}$

h) $\begin{cases} \dfrac{x - 1}{x - 5} > 1 \\ \dfrac{3x - 4}{2} - \dfrac{7x - 6}{4} < 0 \end{cases}$

i) $\begin{cases} \dfrac{x - 4}{5} + \dfrac{1}{3} > \dfrac{x}{5} - \dfrac{3x - 10}{21} \\ \dfrac{2 - x}{9} - \dfrac{1 - x}{6} > \dfrac{x}{12} - \dfrac{23}{18} \end{cases}$
(CMB 2009)

j) Resolver $-6 < 3 - 2x \leq 4$

Inequações com duas variáveis

É possível formar inequações com duas ou mais variáveis. Apesar de serem mais raras, é necessário conhecê-las para lidar com questões de concurso e aplicações práticas.

Considere por exemplo a inequação y – 2x +4 ≥ 0. O conjunto de pares (x, y) que atendem a esta inequação é uma região do plano cartesiano, como mostraremos a seguir.

Navio patrulha classe "Amazonas"

Se representarmos inicialmente os pontos que atendem a y – 2x + 4 = 0, termos uma reta, já que trata-se de uma função afim. Esta reta está representada na figura a seguir.

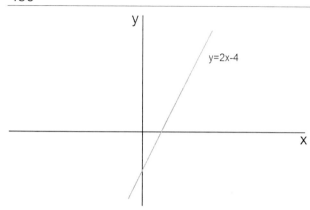

y − 2x + 4 = 0 é o mesmo que

y = 2x − 4

Ao lado temos a representação no plano xy, dos pontos que atendem a y = 2x − 4.

Vejamos agora quais são os pontos que atendem a y − 2x + 4 > 0, ou seja, y > 2x − 4. Devemos tomar todos os pontos cuja ordenada (y) seja maior que 2x − 4, ou seja, todos os pontos cujo valor de y seja maior que valores da reta y = 2x − 4. Isto significa tomar os pontos acima da reta:

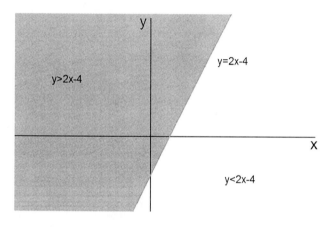

Os pontos da reta são os que satisfazem a y = 2x − 4.

Os pontos acima da reta são os que satisfazem a y > 2x − 4.

Os pontos abaixo da reta são os que satisfazem a y < 2x − 4.

Vemos que em uma inequação com duas variáveis, o conjunto solução não é um intervalo dos reais, mas sim, uma parte do plano R^2.

Suponha agora que temos um sistema com duas inequações de duas variáveis:

$$\begin{cases} y - 2x + 4 > 0 \\ x + y < 5 \end{cases}$$

Devemos então traçar as duas retas, com y no primeiro membro, e marcar as regiões que atendem a cada inequação, conforme y seja maior ou menor que uma função de x.
A figura abaixo mostra as regiões que satisfazem a cada uma das inequações dadas:

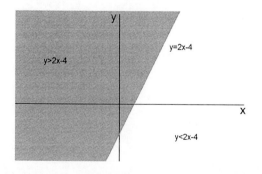
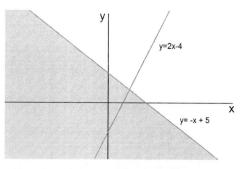

Capítulo 12 – Inequações do primeiro grau

A solução do sistema é a região de interseção das duas regiões acima, ou seja:

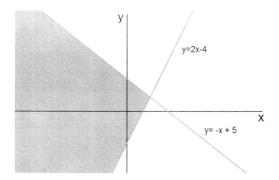

Não existe uma forma compacta de definir esta região, além de escrever simplesmente:

$S = \{(x, y) \in \mathbb{R}^2 \mid y > 2x - 4 \text{ e } y < -x + 5\}$

Deve ser levado em conta ainda, que quando a desigualdade for estrita (> ou <), as linhas de fronteira devem ser pontilhadas, e quando for uma desigualdade não estrita ($\geq$ ou $\leq$), a linha de fronteira deve ser contínua.

Exemplo: Qual dos seguintes pares ordenados não e uma solução do sistema abaixo?
$$\begin{cases} 3x + 2y \leq 6 \\ 2x - 5y \geq 10 \end{cases}$$

(A) (2, –7)   (B) (0, –2)   (C) (–2, –3)   (D) (0, 3)   (E) (3, –2)

Solução:
Serão soluções os pontos que atendem a ambas as inequações. A solução consiste em testar cada uma das cinco opções, para verificar quais pontos satisfazem a ambas as inequações, e qual não satisfaz. Testando todas elas, vemos que o único ponto que não satisfaz é o (D):

$3.0 + 2.(3) \leq 6$ OK
$2.0 - 5.(3) \geq 10$? NÃO !!!!

Resposta: (D)

Equações com módulo

As equações e inequações com módulo não estão no programa do ensino fundamental, mas podem aparecer "disfarçadas" em concursos como CN e EPCAr.

Exemplo: $|3x + 6| = 18$
A resolução consiste em desmembrar a equação em duas, eliminando o módulo. Neste processo, temos que considerar duas situações: conteúdo do módulo positivo e conteúdo do módulo negativo. Na determinação dessas condições, recaímos em inequações.

a) $3x + 6 \geq 0$ ➔ $x \geq -2$
Nesse caso fazemos o conteúdo do módulo positivo e fazemos a eliminação:
$3x + 6 = 18$ ∴ $3x = 12$
x = 4

488   O ALGEBRISTA

Agora fazemos a INTERSEÇÃO com a condição $x \geq -2$. A eliminação do módulo mantendo o sinal da expressão no seu interior está vinculada ao fato desta expressão ser positiva, portanto é preciso ter simultaneamente $x \geq -2$ e $x = 4$ (interseção). Como $x = 4$ atende à condição $x \geq -2$, esta solução encontrada é válida.

Testando a resposta: de fato, fazendo $x = 4$, encontramos $|12 + 6| = 18$.

b) $3x + 6 < 0$
$x < -2$

Nesse caso, a expressão dentro do módulo é negativa, portanto eliminamos o módulo fazendo a inversão do seu sinal:
$-3x - 6 = 18$
$-3x = 24$
$x = -8$

Devemos fazer agora a interseção desse resultado com a condição $x < -2$. De fato, -8 é menor que -2, portanto esta resposta é válida. Podemos testar o valor encontrado -8 na equação original:

$|3(-8) + 6| = |-24 + 6| = |-18| = 18$

De fato esta solução também serve. O fato de termos feito a interseção de cada solução com a condição (valor no módulo positivo ou negativo) garante que as soluções estão corretas, não é necessário fazer uma verificação final. Entretanto é bom fazê-la para detectar eventuais erros de cálculo.

Inequações com módulo

Para resolver uma inequação com módulo, é preciso antes eliminar o módulo da expressão. A eliminação do módulo na expressão $|f(x)|$ consiste em considerar $f(x)$, para $f(x) \geq 0$, e considerar $-f(x)$ para $f(x) < 0$. Isso resulta em um sistema:

Exemplo:

$|x - 3| > 5$

Resultará em dois sistemas, cujas soluções devem ser unidas:

a) $\begin{cases} x - 3 \geq 0 \text{ (restrição)} \\ x - 3 > 5 \text{ (inequação com o módulo eliminado)} \end{cases}$

$\cup$

b) $\begin{cases} x - 3 < 0 \text{ (restrição)} \\ -x + 3 > 5 \text{ (inequação com o módulo eliminado)} \end{cases}$

Resolvendo os dois sistemas:
(a):
Restrição: $x - 3 \geq 0 \rightarrow x \geq 3$
Inequação: $x - 3 > 5 \rightarrow x > 8$
Interseção: $x > 8$

Capítulo 12 – Inequações do primeiro grau

(b):
Restrição: $x - 3 < 0 \rightarrow x < 3$
Inequação: $-x + 3 > 5 \rightarrow x < -2$
Interseção: $x > -2$

Resposta: $S = (8, \infty) \cup (-\infty, -2)$

Esta solução pode ser interpretada de outra forma. O valor $|x - 3|$ é a distância entre x e 3 (genericamente, $|x - k|$ é a distância entre x e k). A inequação pede que a distância de x até 3 seja maior que 5, então x deve ser maior que 8 (o lado direito na reta real) ou x deve ser menor que –2 (o lado esquerdo).

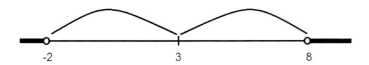

Inequações "indeterminadas" e impossíveis

A rigor, toda inequação é indeterminada, já que seu conjunto é um intervalo, que possui infinitos valores, ou seja, não encontramos um valor específico de x que seja solução, mas sim, o maior intervalo possível de valores que x pode assumir. Por isso o termo "inequação indeterminada" não é muito utilizado. Podemos, entretanto, considerar informalmente como "inequação indeterminada", aquela que é satisfeita por qualquer valor de x, ou seja, seu conjunto solução é R (reais). Ao encontrar uma dessas inequações, não a classificamos como "indeterminada", mas simplesmente indicamos que seu conjunto solução é R. Essas inequações têm como característica, o "desaparecimento do x" em sua resolução, sobrando apenas números. No final teremos uma sentença numérica, como $5 > 0$, ou $3 < 0$, por exemplo. Se a sentença numérica final for verdadeira, dizemos que o conjunto solução é R ("indeterminada"). Se a sentença final for falsa, dizemos que a inequação é impossível, ou que o conjunto solução é $\emptyset$.

Exemplo: $x + 2 < x + 3$
O x desaparece e resta apenas $2 < 3$, que é sempre verdadeiro.

Resposta: $S = R$

Exemplo: $x - 5 > x - 2$
Resulta em $0 - 3 > 0$, que é sempre falso.

Resposta: $S = \emptyset$.

Módulo

Operações com módulos são tipicamente matéria do ensino médio. Comprove isso verificando no edital do seu concurso. Entretanto, questões "disfarçadas" de tópicos avançados são muitas vezes propostas em concursos, como o do CN. Nada impede que qualquer um deles use a técnica de "definir e cobrar", ou seja, a questão começa apresentando a definição de um tópico qualquer, mesmo fora do programa, e a seguir pede uma questão baseada no tópico. Esse é o caso das operações com módulos, por isso foram aqui apresentados. A abordagem clássica para o módulo é abrir sua expressão em casos, considerando o valor no interior do módulo como negativo, depois como positivo, e fazendo as devidas interseções e uniões necessárias. Vamos apresentar aqui dois "macetes" que usam interpretação geométricas para lidar com módulos.

|2x − 8| < 6

A técnica apresentada serve para qualquer expressão similar a esta, como |ax + b| = c. É preciso que c seja positivo ou zero, caso contrário a expressão não tem solução. O coeficiente de x tem que ser positivo, lembre—se que podemos trocar os sinais da expressão no interior do módulo, pois torna-se no final positiva, o sinal não importa. Podemos simplificar toda a expressão pelo coeficiente de x, para que se torne da forma |x − d| = e. O termo adicionado com x tem que aparecer com um sinal negativo, portanto transformamos x + 3 e x − (−3). Fazendo esses ajustes, usamos o principio de que, na reta numérica, |x − a| é a distância de x até a. Faremos isso na expressão do exemplo:

|8 − 2x| < 6
|2x − 8| < 6 (tornamos o coeficiente de x positivo)
|x − 4| < 3 (simplificamos toda a expressão por 2)

A expressão resultante indica que: x é um número tal que, sua distância até 4 é menor que 3. O resultado está representado graficamente na reta numérica na figura abaixo.

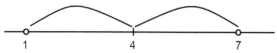

Portanto x deve ser um número compreendido entre 4 − 3 = 1 e 4 + 3 = 7. A solução da inequação modular é o intervalo (1, 7).

|x − a| < |x − b|

Este tipo de inequação modular pode ser descrito graficamente como: "a distância entre x e a é menor que a distância entre x e b", ou de forma mais simplificada, "x está mais perto de a que de b". A representação gráfica é a figura abaixo. Devemos levar em conta, entre a e b, qual deles é o maior e qual é o menor. Tomamos o ponto médio entre a e b, que é (a + b)/2, e a região à direita ou à esquerda desse ponto, conforme qual dois módulos é o maior ou o menor. No nosso exemplo tomamos a região que contém a, pois pela inequação, |x − a| é menor que |x − b|. Lembre-se de colocar a e b na ordem correta e considerar a desigualdade (no exemplo, mais perto de a).

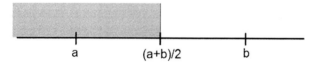

Exemplo:
Resolver |x + 5| < |x − 3|

No caso, x está mais perto de −5 que de 3. Tomando o ponto médio (1), temos a solução:
Resposta: x < 1

Exercícios

E4) Resolva as seguintes inequações:

a) (*) 5 − |x + 8| ≤ 3

b) (*) |4x − 2| ≤ 8

c) |3 − 2x| < 4

d) |2 − 2x| ≤ 8

e) (*) |x + 3| + |x − 5| ≤ 10

f) |x + 3| ≤ |x + 2|

g) |x − 3| ≤ |x + 5|

h) |x + 1| < |x − 1|

i) (*) |3x − 9| > 12

j) (*) |x + 5| < |x + 10|

Capítulo 12 – Inequações do primeiro grau 491

União e interseção?

A resolução tanto de inequações normais, quanto a de equações ou inequações com módulos, requerem operações de união e interseção desses conjuntos. Todos esses tipos de igualdade e desigualdade têm uma lógica na formação desses conjuntos. Lembre sempre o seguinte:

E da linguagem comum transforma-se em INTERSEÇÃO na matemática
OU da linguagem comum transforma-se em UNIÃO na matemática

Um sistema é um conjunto de duas expressões que devem ser verdadeiras ao mesmo tempo, portanto temos aqui um conectivo E implícito. Nesse caso, "juntamos" os resultados usando a INTERSEÇÃO.

Exemplo:
$$\begin{cases} 3x + 2y \leq 6 \\ 2x - 5y \geq 10 \end{cases}$$
Em sistemas, resolvemos cada uma das inequações, encontramos um intervalo para cada uma delas. Em sistemas temos sempre um "E" implícito, portanto fazemos a interseção dos intervalos.

A UNIÃO, operação matemática resultante do conectivo "OU" da linguagem comum, resulta de situações quando abrimos uma expressão em dois casos possíveis, ou seja, pode ocorrer um caso OU outro.

Exemplo:
$|x - 5| = 2$

Sabemos por definição que o módulo de uma expressão é aberto em duas expressões:

$|x| = x$, se $x \geq 0$
ou
$|x| = -x$, se $x < 0$

Cada uma das duas expressões tem na sua formação, um, conectivo "E":

$(x \geq 0)$ E $|x| = x$
OU
$(x < 0)$ E $|x| = -x$

A primeira linha resulta em um intervalo I_1 e um resultado R_1. A segunda resulta em um intervalo I_2 e um resultado R_2.

O desmembramento acima resulta em quatro 4 expressões que irão gerar 4 resultados. As inequações resultarão em intervalos, e as equações obtidas com a eliminação dos módulos irão dar resultados, que na verdade são conjuntos-solução. As operações que devem ser feitas nesses conjuntos para chegar ao resultado final são:

$(I_1 \cap R_1) \cup (I_2 \cap R_2)$

OBS.: O mesmo princípio se aplica a denominadores zero, radicais negativos (raiz de índice par) e similares. Quando eliminamos um resultado encontrado por contrariar a restrição,

O ALGEBRISTA

estamos na verdade fazendo uma interseção entre o resultado encontrado e a restrição, que é um conjunto da forma "Reais exceto valores proibidos".

Exercícios de revisão

E5) Considere a inequação $\dfrac{3x-1}{x} \le 0$ e responda se ela for:

(A) possível apenas para $0 < x \le 1/3$
(B) possível apenas para $x > 0$
(C) possível apenas para $x \le 1/3$
(D) impossível
(E) NRA

E6) Resolva $\dfrac{2x+1}{2} < -1$

(A) $x < -5$ (B) $x < 0$ (C) $x > 3/2$ (D) $x < -3/2$ (E) $x < -2/3$

E7) Determine o inteiro que satisfaz o sistema

$$\begin{cases} \dfrac{-1}{2x+2} \ge 0 \\ \dfrac{x}{3} - \dfrac{x-1}{2} < 1 \end{cases}$$

E8) Determine o maior valor inteiro de x que satisfaz à inequação:
$2x - 4 > 5(x - 1) + 3$

E9) A soma dos valores inteiros de k para os quais a equação $2(x - k) = 4 + k - 1$ tenha uma raiz no intervalo $]-5, 0[$ é:

(A) -7 (B) 6 (C) -8 (D) 5 (E) -9

E10) Resolver
$$\dfrac{x+3}{6} - \dfrac{x-2}{4} > \dfrac{x-2}{8}$$

E11) Resolver $5 < 2x + 3 < 8$

E12) Resolver $\dfrac{x-1}{3} - \dfrac{4x+5}{4} > -2$

E13) Resolver $\dfrac{3x-5}{x-5} > 4$

(A) $x < 15$ (B) $x > 5$ (C) $5 < x < 15$ (D) $x > 3$ (E) $5/3 < x < 5$

E14) Rosana teve notas 95, 87 e 86. Determine qual nota x é necessária na última prova para obter média final maior ou igual a 90, sabendo que deve ser usada a média aritmética simples.

(A) Impossível   (B) $x \ge 90$ (C) $x \ge 80$ (D) $x \ge 92$ (E) $x \ge 97$

Capítulo 12 – Inequações do primeiro grau 493

E15) Resolver $\dfrac{x-1}{x+4} > 3$

E16) Resolver $7 < 2x + 1 < 9$

E17) Resolver $\dfrac{x+1}{x-2} \leq 2$ e dar a resposta em forma de intervalo

(A) $(-\infty, 2)$ ou $[5, \infty)$ (B) $[2, 5]$ (C) $(2, 5]$ (D) Todos os reais exceto x=2   (E) $[-1, 2)$

E18) Resolver $\dfrac{x}{x+1} \geq 0$

E19) Resolver $7 < 3x + 1 < 10$
(A) $(2, 3)$ (B) $(-4, -2)$ (C) $(1, 2)$ (D) $(-3, -1)$ (E) $(3, 4)$

E20) Resolver $|2x - 5| - 7 \geq -2$
(A) $(-\infty, \infty)$ (B) $(-\infty, 0] \cup [5, \infty)$ (C) $(5/2, \infty)$ (D) $(0, 5)$ (E) $(-\infty, -1)$ $[1, \infty)$

E21) Resolver $\dfrac{x+1}{x-1} \leq 2$
(A) $(-\infty, 1) \cup [3, \infty)$ (B) $(-\infty, 1] \cup [5, \infty)$ (C) $(2, 5]$ (D) $x \neq 1$ (E) $(1, 3]$

E22) Resolver $\dfrac{1}{x+1} \geq 1$
(A) $(-1, 0]$ (B) $[-1, 0]$ (C) $(-\infty, -1] \cup [0, \infty)$ (D) $(-\infty, -1)$ $([0, \infty)$ (E) $(-\infty, -1) \cup (-1, \infty)$

E23) Resolver a inequação $|x - 3| \leq 2$
(A) $(1, 5)$ (B) $[1, 5]$ (C) $(-\infty, 1]$ $[5, \infty)$ (D) $(1, \infty)$ (E) $(-\infty, 5]$

E24) Resolver a inequação $\dfrac{3}{x-1} \geq 1$
(A) $(1, \infty)$ (B) $(-\infty, 4]$ (C) $[1, 4)$ (D) $(1, 4]$ (E) $(-\infty, 1) \cup [4, \infty)$

E25) Resolver $|x - 1| \leq 0$

E26) Resolver $|x - 1| - 5 \leq 4$
(A) $[-8, 10]$ (B) $[-10, 8]$ (C) $(-8, 10)$ (D) $(-10, 8)$ (E) $[-9, 9]$

E27) Resolver a desigualdade $\dfrac{x-3}{x+2} \leq 0$
(A) $(-2, 3]$ (B) $(-3, 2)$ (C) $(-2, 3)$ (D) $(-\infty, 3)$ (E) $(-2, \infty)$

E28) Resolver: $\dfrac{x+2}{x-3} \geq 0$
(A) $[-2, 3)$ (B) $(-3, 2)$ (C) $(-2, 3]$ (D) $(-\infty, -2] \cup (3, \infty)$ (E) $(-\infty, -2) \cup [3, \infty)$

E29) Resolver $|3x - 6| - 2 \leq 10$

(A) $[-2, 6]$ (B) $(-2, 6)$ (C) $(-\infty, -2]$ (D) $[6, \infty)$ (E) $(-\infty, -2] \cup [6, \infty)$

E30) Resolver $-5 \leq 1 - 3x < 10$

(A) $[-3, 2]$ (B) $[-3, 2)$ (C) $(-3, 2]$ (D) $(-\infty, -3] \cup (2, \infty)$ (E) $(-\infty, -3) \cup [2, \infty)$

E31) Resolver $\dfrac{x-8}{x+8} \geq 0$

(A) $[-8, 8)$ (B) $(-\infty, -8) \cup [8, \infty)$ (C) $(-\infty, -8]$ (D) $[8, \infty)$ (E) $(-\infty, -8] \cup [8, \infty)$

E32) Resolver a inequação $|x + 1| > 3$

(A) $(2, \infty)$ (B) $(-\infty, -4) \cup (2, \infty)$ (C) $(-\infty, -4] \cup [2, \infty)$ (D) $(-4, 2)$ (E) $[-4, 2]$

E33) Resolver a inequação $\dfrac{3}{x-1} \leq -2$

(A) $(-\infty, -1/2)$ (B) $(-1/2, \infty)$ (C) $[-1/2, \infty)$ (D) $[-1/2, 1)$ (E) $(-\infty, -1/2] \cup (1, \infty)$

E34) Resolver a inequação $|7x - 3| - 2 < -1$

(A) $x < 1/7$ (B) $2/7 < x < 4/7$ (C) $5/7 < x < 1/7$ (D) $x < 4/x$ (E) Sem solução

E35) Resolver $\dfrac{1-x}{x-6} + 2 > 0$

(A) $x<1$ ou $x>6$ (B) $x<6$ ou $x>11$ (C) $x<6$ ou $x\geq11$ (D) $x>11$ (E) $6<x\leq11$

E36) Resolver $|-4x - 12| \leq 4$

(A) $[-4, -2]$ (B) $[-4, -2)$ (C) $(-\infty, -4]$ (D) $(-\infty, -4)$ ou $[-2, \infty)$ (E) $[2, 4]$

E37) Resolver $|3x - 4| \leq 5$

(A) $x < -3$ (B) $3 \leq x \leq -3$ (C) $x \leq -1/3$ (D) $-1/3 \leq x \leq 3$ (E) $x < 3$

E38) Resolver $\dfrac{2-x}{x-3} \geq 0$

E39) Resolver $\dfrac{2x-3}{x+5} > 0$

E40) Resolver $|x + 1| < |x - 1|$

E41) Resolver $\dfrac{2x-3}{x+7} \leq 0$

E42) Se $a < b$ e $c < d$, qual das seguintes afirmativas é SEMPRE verdadeira?

(A) $ac < bd$ (B) $(a/c) < (b/d)$ (C) $a + b < c + d$ (D) $a - b < d - c$ (E) $a + b > c + d$

E43) Resolver $\dfrac{x+2}{x} \leq 0$

Capítulo 12 – Inequações do primeiro grau   495

E44) Encontre o domínio de $f(x) = \sqrt{\dfrac{x-2}{x+1}}$

CONTINUA NO VOLUME 2: 48 QUESTÕES DE CONCURSOS

Respostas dos exercícios

E1)   a) $x < -5$ d) $x < -5/17$ g) $x > 8$ j) $S = R$ (Reais)
        b) $x > 6$ e) $x < 2$ h) $x > -38/17$
        c) $x < 28$ f) $S = \emptyset$ (Impossível)   i) $x > 243/44$

E2)   a) $0 < x < 1$ d) $x > 1$ g) $x < 3/2$ ou $x > 5$ j) $x < 5$ ou $x \geq 13$
        b) $x < 1/2$ ou $x > 1$ e) $x \geq 7$ ou $x < 5$ h) $2/3 < x \leq 3/2$
        c) $1/2 < x < 2$ f) $5 < x \leq 13$ i) $-17/4 < x < -3$

E3)   a) $x < 3$ d) $S = \emptyset$ ($x > 11$ e $x < 52/21$)   g) $4 < x < 6$ j) $-1/2 \leq x < 9/2$
        b) $S = \emptyset$ e) $1 < x < 5$ h) $x > 5$
        c) $-3/10 < x < 45/41$ f) $10 < x < 13$ i) $33/5 < x < 48$

E4)   a) $x \geq -6$ ou $x \leq -10$ d) $-3 < x < 5$ g) $x \geq -1$ j) $x > -15/2$
        b) $-3/2 \leq x \leq 5/2$ e) $S = [-4, 6]$ h) $x < 0$
        c) $-1/2 < x < 7/2$ f) $x \leq -5/2$ i) $x > 7$ ou $x < -1$

E5) (A)   E6) (D)   E7) -2 E8) -1 E9) (E)

E10) $x < 6$ E11) $1 < x < 5/2$ E12) $x < 5/8$ E13) (C)   E14) (D)

E15) $(-13/2, -4)$ E16) $3 < x < 4$ E17) (A)   E18) $x < -1$ ou $x \geq 0$

E19) (A)   E20) (B)   E21) (A)   E22) (A)   E23) (B)

E24) (D)   E25) $x = 1$ E26) (A)   E27) (A)   E28) (E)

E29) (A)   E30) (C)   E31) (B)   E32) (B)   E33) (D)

E34) (B)   E35) (C)   E36) (A)   E37) (D)   E38) $2 \leq x < 3$

E39) $x < -5$ ou $x > 3/2$ E40) $x < 0$ E41) $-7 < x < 3/2$

E42) (C)   E43) $-2 \leq x < 0$ E44) $(-\infty, -1) \cup [2, \infty)$

Resoluções de exercícios selecionados

E2 a) $2 - \dfrac{x}{1-x} < 1 - \dfrac{1}{x-1}$ ➔ $1 + \dfrac{x}{x-1} + \dfrac{1}{x-1} < 0$ ➔ $\dfrac{x-1}{x-1} + \dfrac{x}{x-1} + \dfrac{1}{x-1} < 0$

$\dfrac{x-1+x+1}{x-1} < 0$ ➔ $\dfrac{2x}{x-1} < 0$ ➔ $\dfrac{x}{x-1} < 0$

Estudo de sinal do numerador e do denominador:

496   O ALGEBRISTA

	0		1	
N: x	−	+		+
D: x − 1	−	−		+
Resultado	+	−		+

             0   X

R: $0 < x < 1$

E3 b)

$$\begin{cases} 3x - \dfrac{1}{4} > 20 - \dfrac{2x}{3} \\[2mm] 2(2x - 3) > 5x - \dfrac{3}{4} \end{cases}$$

$1^{\underline{a}}$ inequação:

$3x - \dfrac{1}{4} > 20 - \dfrac{2x}{3}$ ➔ $36x - 3 > 240 - 8x$ ➔ $44x > 243$ ➔ $x > 243/44$

$2^{\underline{a}}$ inequação:

$2(2x - 3) > 5x - \dfrac{3}{4}$ ➔ $16x - 24 > 20x - 3$ ➔ $-4x > 21$ ➔ $4x < -21$ ➔ $x < -21/4$

Interseção das duas inequações:

Ø, pois x não pode ser ao mesmo tempo maior que um positivo (243/44) e menor que um negativo (−21/4).

R: $S = \emptyset$.

E3 f) $3 < \dfrac{x-1}{3} < 4$

Esta forma de desigualdade equivale a um sistema com as duas inequações, e devemos no final fazer a interseção das soluções.

$1^{\underline{a}}$ inequação: $3 < \dfrac{x-1}{3}$ ➔ $9 < x - 1$ ➔ $x > 10$

$2^{\underline{a}}$ inequação> $\dfrac{x-1}{3} < 4$ ➔ $x - 1 < 12$ ➔ $x < 13$

Interseção: $10 < x < 13$

R: $10 < x < 13$

E4 a) $5 - |x + 8| \leq 3$
Arrumando a inequação antes de eliminar o módulo:
$5 - |x + 8| \leq 3$ ➔ $5 - 3 \leq |x + 8|$ ➔ $|x + 8| \geq 2$
Agora que a inequação está com uma forma simplificada, analisemos o sinal de x + 8:
a) $x + 8 \geq 0$, $x \geq -8$: o módulo é próprio valor:
$x + 8 \geq 2$ ➔ $x \geq -6$
Interseção: $x \geq -8$ e $x \geq -6$ ➔ $x \geq -6$
b) $x + 8 < 0$ ➔ $x < -8$
$-x - 8 \geq 2$ ➔ $x \leq -10$
Interseção: $x < -8$ e $x \leq -10$ ➔ $x \leq -10$
União dos casos (a) e (b): $x \geq -6$ ou $x \leq -10$

Outra solução: A inequação $|x + 8| \geq 2$ pode ser vista como o conjunto dos números x tais que a distância de x até −8 é maior ou igual a 2, na reta numérica. Isto equivale a dizer que $x \geq -6$ ou $x \leq -10$. Para resolver inequações com módulo devemos usar a as expressões: $|x - k|$, é a distância entre x e k.

Capítulo 12 – Inequações do primeiro grau 497

$|x - 5|$ é a distância entre x e 5.
$|x + 3|$ é a distância entre x e –3.
O ponto do qual "x dista de" é aquele que torna o módulo igual a zero.

E4 b) $|4x - 2| \leq 8$
Podemos dividir toda a inequação por 4, sem alterar a desigualdade, pois é um valor positivo.
O quatro pode "entrar no módulo", já que é positivo.
$|4x - 2| \leq 8 \rightarrow |x - 1/2| \leq 2$
A solução é o conjunto dos valores de x tais que sua distância a 1/2 é menor ou igual a 2.
Então x pode ser no máximo 1/2 + 2 e no mínimo 1/2 – 2.

R: $-3/2 \leq x \leq 5/2$

E4 e) $|x + 3| + |x - 5| \leq 10$
Nesta inequação temos dois módulos, devemos analisar os sinais das expressões para todos os intervalos possíveis, e eliminar os módulos nesses intervalos. Nesse caso temos dois pontos críticos, que são os valores que anulam os módulos: x = –3 e x = 5. Temos então que dividir o problema em 3 casos, orientados pela tabela abaixo:

	–3		5	
$|x + 3|$	–		+	+
$|x - 5|$	–		–	+

Como existem três intervalos, é preciso desmembrar a equação original em três. Os pontos críticos são –3 e 5, e é preciso levar em conta sinais $\geq$ e $\leq$ para esses valores. Como esta operação é trabalhosa e sujeita a erros, recomendamos uma forma mais fácil: trate todos os intervalos como abertos (ou seja, use sinais > e <), e no final, teste se os valores extremos satisfazem à expressão original. Com base na tabela acima, eliminamos os módulos levando em conta o fato das expressões x + 3 e x – 5 serem positivas ou negativas:

a) x < –3; b) –3 < x < 5; c) x > 5

a) x < –3:
$-x - 3 - x + 5 \leq 10 \rightarrow x \geq -4$, fazendo interseção com x < –3 ficamos com **$-4 \leq x < -3$**

b) –3 < x < 5:
$x + 3 - x + 5 \leq 10 \rightarrow 8 \leq 10 \rightarrow S = R$, fazendo a interseção com a restrição: **$-3 < x < 5$**

c) x > 5:
$x + 3 + x - 5 \leq 10 \rightarrow 2x \leq 12 \rightarrow x \leq 6$, fazendo a interseção com a restrição: **$5 < x \leq 6$**

Fazemos agora a união dos três resultados:
$[-4, -3) \cup (-3, 5) \cup (5, 6]$

Devemos agora reconsiderar os pontos críticos, testando seus valores para verificar se atendem à equação original ($|x + 3| + |x - 5| \leq 10$).

x = –3: $|0| + |-8| \leq 10$: OK
x = 5: $|8| + |0| \leq 10$: OK

Então –3 e 5 fazem parte do conjunto-solução.
$[-4, -3) \cup (-3, 5) \cup (5, 6] \cup \{-3, 5\} = [-4, 6]$

Resposta: $S = [-4, 6]$

E4 i) $|3x - 9| > 12$
Aplicaremos a solução por interpretação geométrica. Podemos dividir a expressão toda por 3, ficando com

$|x - 3| > 4$

A expressão significa que a distância entre x e 3 é maior que 4.

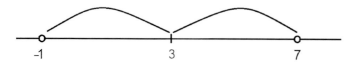

Ou sejam devemos ter x > 7 ou x < –1

R: x > 7 ou x < –1

E4 j) $|x + 5| < |x + 10|$
Como sempre esta inequação com módulo pode ser resolvida pelo método tradicional ou por interpretação geométrica.
No método tradicional, consideramos dois pontos críticos que anulam os valores dentro dos módulos. São eles x = –10 e x = –5. Devemos então eliminar os módulos, levando em conta os sinais que essas expressões têm nesses intervalos. Em cada um dos três casos, fazemos a interseção com os intervalos considerados, e no final fazemos a união de todos, lembrando de checar se os pontos críticos atendem à inequação.
A resolução por interpretação geométrica é muito mais rápida. O que a inequação modular indica é que a distância entre x e –5 é menor que a distância entre e x e –10. A figura abaixo ajuda a chegar à solução.

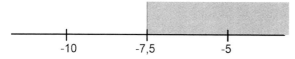

Toma-se o ponto médio entre –10 e –5, que é –7,5 os valores de x da solução devem estar á direita deste ponto, para que fiquem mais próximos de –5 que de –10 ($|x + 5| < |x + 10|$).
R: x > –7,5

Gripen NG

Capítulo 13

Equações do segundo grau

Equações do segundo grau

Este é um assunto abordado em praticamente todas as provas de matemática de nível de $9^{\underline{o}}$ ano do ensino fundamental (Colégio Naval, Colégio Militar, EPCAr) e médio (EFOMM, EsPCEx, EEAr, vestibulares em geral). O aluno que pretende passar nesses concursos deve estar apto a "detonar" as questões desse assunto.

Uma equação do segundo grau em x tem a forma $ax^2 + bx + c = 0$, onde a, b e c são coeficientes reais e a≠0. Se a valer zero, então não termos uma equação do segundo grau, e sim, do primeiro grau. A presença do termo em x^2 é portanto obrigatória.

Resolver a equação significa encontrar os valores de x que fazem com que a expressão do primeiro membro seja igual a zero. Esses valores são chamados de soluções ou raízes da equação. No caso da equação do $2^{\underline{o}}$ grau, tipicamente existem duas raízes, mas é possível também o caso da raiz dupla (ou duas raízes iguais) e ainda da equação sem raízes reais.

Existem vários métodos de resolução das equações do $2^{\underline{o}}$ grau. O mais geral é usar a fórmula geral de resolução, cujo nome é "fórmula quadrática", mas erroneamente conhecida no Brasil como "fórmula de Báskara". Existem outros métodos que devem ser conhecidos, pois em alguns casos, a fórmula geral de resolução resulta em cálculos complicados.

Formas incompletas

Muitas vezes encontramos equações do segundo grau na forma incompleta, cuja solução é bem mais simples. Dada a equação $ax^2 + bx + c = 0$, dizemos que a equação está em uma forma incompleta quando b=0, ou c=0, ou b=c=0 (apenas o coeficiente **a** não pode ser zero). Em todos os casos, a equação tem duas raízes.

a) $ax^2 + bx = 0$, (c=0, a≠0 e b≠0)
Nesse caso, a equação não possui o termo independente. A solução é obtida colocando-se x em evidência:

$ax^2 + bx = 0$
$x(ax + b) = 0$
O produto será zero quando um dos dois fatores for zero. Temos então as soluções:
x = 0, ou

500 O ALGEBRISTA

$ax + b = 0$
$x = -b/a$

Exemplo:
$5x^2 - 35x = 0$
$x(5x - 35) = 0$
$x=0$ ou $x = 7$.

b) $ax^2 + c = 0$ ($b=0$, $a\neq0$ e $c\neq0$)
Este tipo de equação possui duas raízes simétricas.
$ax^2 + c = 0$
$x^2 = -c/a$

$$x = \pm\sqrt{-\frac{c}{a}}$$

São portanto duas raízes simétricas, $\sqrt{-\frac{c}{a}}$ e $-\sqrt{-\frac{c}{a}}$. É preciso entretanto que $-c/a$ seja positivo, ou seja, **a** e **c** devem ter sinais contrários.

Exemplo: $4x^2 - 36 = 0$
$4x^2 = 36$
$x^2 = 36/4 = 9$
$x = 3$ ou $x = -3$

c) $ax^2 = 0$ ($a\neq0$, $b=0$ e $c=0$)
$ax^2 = 0$
$x^2 = 0$
$x=0$ (raiz dupla)
Esse tipo de equação possui duas raízes iguais a zero.

Exercícios

E1) Resolva as seguintes equações

a) $2x^2 + 4x = 0$

b) (*) $5x^2 + 9x = 0$

c) $5x = x^2$

d) $7x = -3x^2$

e) $4x^2 - 12x = 0$

f) $1 - x^2 = 0$

g) (*) $x^2 - 25 = 0$

h) $x^2 = 81$

i) $5x^2 + 20 = 0$

j) (*) $4x^2 - 1 = 0$

k) (*) $3x^2 = 0$

l) $4x^2 = 0$

m) $x^2 = 0$

n) $0 = 5x^2$

o) $4x^2 = 7x^2$

Equações do 2º grau impossíveis

Dependendo dos coeficientes uma equação do 2° grau poderá não ter solução. Na verdade não possui solução no conjunto dos números reais. Por exemplo, a equação:

$x^2 + 1 = 0$

Como x^2 nunca será negativo se x for um número real, ao somá-lo com 1, o resultado nunca poderá ser zero. Este tipo de equação tem solução se estivermos trabalhando com os números complexos, entre tanto no ensino fundamental, tipicamente usamos no máximo os números reais, para os quais a solução acima não tem solução. Se usarmos os números complexos, o resultado existe, obtido da seguinte forma:

Capítulo 13 – Equações do segundo grau 501

$$x^2 = -1$$
$$x = \pm\sqrt{-1} = \pm i$$

No conjunto dos números complexos, chamamos $\sqrt{-1} = i$. Passamos a calcular todos os demais números complexos em função de i, que é o número que elevado ao quadrado resulta em –1. Por exemplo, $\sqrt{-9}$ vale 3i.

No escopo do ensino fundamental, números complexos não são considerados, e dizemos que tal equação é impossível no conjunto dos reais, ou que o conjunto solução é vazio, quando o universo é o conjunto dos reais.

Forma fatorada

Uma técnica geral para resolver equações, não apenas do segundo grau, é manipular a equação de forma que tenhamos zero no segundo membro, e uma expressão fatorada no primeiro membro. As raízes da equação serão os valores de x que anulam esses fatores.

Exemplo: Resolver $(x - 1)(x - 2)(x - 3)(2^x - 16) = 0$

Esta equação não é polinomial, pois mistura termos polinomiais e exponenciais. As soluções são aquelas que anulam algum dos fatores do primeiro membro:

$x - 1 = 0$ ➜ $x = 1$
$x - 2 = 0$ ➜ $x = 2$
$x - 3 = 0$ ➜ $x = 3$
$2^x - 16 = 0$ ➜ $2^x = 2^4$ ➜ $x = 4$
Portanto, S = {1, 2, 3, 4}

OBS.: Obviamente fazemos nesse caso a união das soluções, já que a expressão valerá zero quando qualquer um dos fatores for zero.

A forma fatorada de uma equação do 2° grau é:

$a(x - p)(x - q) = 0$ (onde **a** é o coeficiente de x^2, que pode ser simplificado na resolução)

$(x - p)(x - q) = 0$

Resposta: x = p ou x = q

Podemos também indicar a solução na forma de conjunto: S = {p, q}

Portanto, a solução de uma equação do 2° grau na forma fatorada é muito simples. A soluções são os próprios valores que estão subtraídos de x nos fatores. Ou se preferir, pode resolver separadamente as equações obtidas igualando a zero os fatores:

$x - p = 0$ ➜ $x = p$
$x - q = 0$ ➜ $x = q$

Exemplo: Resolver $5(x - 3)(x + 5)$

Solução: As raízes são x = 3 e x = –5

502   O ALGEBRISTA

Exercícios

E2) Resolver as equações

a) (*) $(x - 4)(x - 2) = 0$ f) $3(x + 2)(x + 8) = 0$ k) $(5x + 3)(2x - 3) = 0$

b) $(x - 1)(x + 7) = 0$ g) $5(x - 3)(x + 9) = 0$ i) $(x + 7)(x - 9) = 0$

c) $x(x + 3) = 0$ h) $(x - 1/2)(x - 1/3) = 0$ m) $(4 - x)(2 - x) = 0$

d) $3(x + 1)(x + 2) = 0$ i) $4(2x + 3)(3x + 7) = 0$ n) $(x + 3)(x - 3) = 0$

e) $4(x + 1)^2 = 0$ j) $3x(3x + 1) = 0$ o) $(4x - 1)(4x + 1) = 0$

Se uma equação do $2^{\underline{o}}$ grau não estiver na forma fatorada, podemos em geral fatorá-la facilmente, usando o método de fatoração conhecido como **produto de Stevin** (capítulo 5). Os cálculos são simples, exceto no caso de raízes irracionais, nesse caso será melhor usar a fórmula quadrática, apresentada mais adiante.

Exemplo: Resolver $x^2 + 5x + 6 = 0$

A expressão $x^2 + 5x + 6$ pode ser fatorada como um produto de Stevin. Temos que encontrar dois números cuja soma é 5 e cujo produto é 6, no caso esses números são 2 e 3. Ficamos então com:

$(x + 2)(x + 3) = 0$
$x = -3$ ou $x = -2$.

Exercícios

E3) Fatore e resolva as equações

a) (*) $x^2 - 7x + 10 = 0$ f) (*) $x^2 + x - 30 = 0$ k) $x^2 + 10x + 24 = 0$

b) $x^2 + 4x + 3 = 0$ g) $x^2 + 2x - 48 = 0$ i) $x^2 - 12x + 32 = 0$

c) $x^2 - 12x + 20 = 0$ h) $x^2 - 3x - 18 = 0$ m) $x^2 + 2x - 35 = 0$

d) $x^2 - 15x + 50 = 0$ i) $x^2 + x - 56 = 0$ n) $x^2 - 6x - 16 = 0$

e) $x^2 + 15x + 56 = 0$ j) $x^2 - 6x - 91 = 0$ o) $x^2 - 15x - 100 = 0$

Resolução por soma e produto

Fatorar a equação como um produto de Stevin e encontrar os valores de x que anulam os fatores pode ser feito de outra forma, que é procurar as raízes pelo método da "soma e produto". Quando uma equação do $2^{\underline{o}}$ grau tem a=1 (o coeficiente de x^2), o coeficiente do termo em x (b) é a soma das raízes, com sinal trocado, e o termo independente (c) é o produto das raízes.

Resumindo:
$x^2 + bx + c = 0$ ➜ Soma = **–b**, produto = **c**.

Isto pode ser facilmente demonstrado. Considere uma equação do $2^{\underline{o}}$ grau com a = 1 e com raízes **p** e **q**:

$(x - p)(x - q) = 0$

É fácil ver que **p** e **q** são as raízes, pois anulam os respectivos fatores. Desenvolvendo a expressão, ficamos com:

$x^2 - qx - px + pq = 0$
$x^2 - (p + q)x + pq = 0$

Capítulo 13 – Equações do segundo grau   503

Isto mostra que b, o coeficiente do termo de 1° grau, é a soma das raízes, com sinal trocado, e o termo independente (c) é o produto das raízes. Podemos resolver essas equações "de cabeça", determinado os números cuja soma seja –b e cujo produto seja c.

Exemplo: Resolver $x^2 - 6x + 8 = 0$

As raízes são os números cuja soma é 6 e cujo produto é 8. Esses números são 4 e 6.

Exemplo: Resolver $x^2 + 10x + 21 = 0$
Agora buscamos números cuja soma seja –10 e cujo produto seja 21. Os números procurados são –3 e –7.

Exemplo: Resolver $x^2 - 3x - 40 = 0$
Desta vez, o termo independente é negativo, portanto as raízes são, uma positiva e uma negativa. O termo em x é agora a diferença entre os valores absolutos das raízes. Sendo assim, para ter diferença 3 e produto 40, os números procurados são 5 a 8. Falta determinar os sinais. Dá-se o sinal de b para o menor dos números. Sendo assim, as raízes são –5 e 8.

Resumindo:
Se c é positivo, as raízes têm o mesmo sinal, que é contrário ao sinal de **b**, e b representa a soma dos módulos das raízes.

Se c é negativo, as raízes têm sinais contrários. O valor de b é a diferença entre os módulos das raízes. A raiz de menor módulo terá o mesmo sinal de b.

Exercícios

E4) Resolver mentalmente as equações, a partir da soma e produto das raízes.

a) $x^2 + 8x + 15 = 0$	f) $x^2 - 13x + 30 = 0$	k) $x^2 - 16x - 80 = 0$
b) $x^2 + 10x + 24 = 0$	g) $x^2 - 14x + 48 = 0$	l) $x^2 - 5x - 50 = 0$
c) $x^2 + 5x + 6 = 0$	h) $x^2 - 11x + 18 = 0$	m) $x^2 - 6x - 16 = 0$
d) $x^2 + 17x + 30 = 0$	i) $x^2 - 35x + 150 = 0$	n) $x^2 - 10x - 39 = 0$
e) $x^2 + 12x + 20 = 0$	j) $x^2 - 20x + 91 = 0$	o) $x^2 - 11x - 60 = 0$

Completando quadrados

Esta técnica permite a resolução de equações do 2° grau sem a necessidade de usar a fórmula geral de resolução. Considere a equação:

$$(x - 3)^2 = 25$$

A resolução dessa equação é fácil. O termo $(x - 3)$, elevado ao quadrado, é igual a 25, que é o mesmo que 5^2. Isto significa que $(x - 3)$ vale 5, ou então –5.

No primeiro caso, se $x - 3 = 5$, então $x = 8$.
No segundo caso, se $x - 3 = -5$, então $x = 3 - 5 = -2$.

Vemos então que é fácil resolver uma equação do 2° grau quando formamos um quadrado perfeito no 1° membro, e um número positivo no 2° membro. Note que este número no 2° membro nem mesmo precisa ser um quadrado perfeito. Por exemplo:

504   O ALGEBRISTA

$(x - 1)^2 = 5$

$x - 1 = \sqrt{5}$, $x = 1 + \sqrt{5}$

$x - 1 = -\sqrt{5}$, $x = 1 - \sqrt{5}$

Podemos escrever $x = 1 \pm \sqrt{5}$, para indicar que estão indicadas duas raízes, conforme o valor tomado para o radical seja positivo ou negativo.

Sendo assim, a técnica de completar quadrados pode ser usada para a resolução de qualquer equação do $2^{\underline{o}}$ grau, sem a necessidade do uso de fórmulas.

Exemplo: Resolver a equação $x^2 + 6x + 5 = 0$, pelo método de completar quadrados.

Para completar quadrados, devemos fazer com que apareça na expressão, o quadrado de uma expressão do tipo **x + k**. Para tal, checamos o termo em x, que vale "duas vezes o primeiro pelo segundo". Sendo assim, 2.k.x = 6.x, isto significa que k=3. Devemos então manipular a expressão para que apareça $(x + 3)^2$, que no caso é o mesmo que $x^2 + 6x + 9$.

A nossa expressão tem um 5 ao invés de 9, portanto somaremos 4 aos dois membros, para que apareça o 9, fazendo com que tenhamos $(x + 3)^2$.

$x^2 + 6x + 5 = 0$

$x^2 + 6x + 5 + 4 = 0 + 4$

$x^2 + 6x + 9 = 4$

$(x + 3)^2 = 4$

Esta manipulação é chamada de "completar o quadrado", e consiste simplesmente em somar um número nos dois membros da equação para que resulte no primeiro membro, um trinômio quadrado perfeito. Podemos então extrair a raiz quadrada e levar em conta os dois sinais possíveis.

$x + 3 = \pm 2$

$x = -3 \pm 2$

Logo, $x = -1$ ou $x = -5$.

Exercícios

E5) Complete quadrados e resolva as equações abaixo:

a) (*) $x^2 - 4x - 5 = 0$ f) $x^2 + 8x + 12 = 0$ k) $x^2 + x + 2 = 0$

b) (*) $x^2 - 8x + 15 = 0$ g) $x^2 + 24x - 25 = 0$ i) $x^2 - 3x + 2 = 0$

c) $x^2 + 14x + 33 = 0$ h) $x^2 + 40x + 175 = 0$ m) (*) $36x^2 - 24x - 77 = 0$

d) $x^2 - 20x - 300 = 0$ i) $x^2 + 12x - 45 = 0$ n) $4x^2 - 8x + 3 = 0$

e) $x^2 - 16x + 39 = 0$ j) $x^2 - 30x + 200 = 0$ o) $9x^2 + 36x + 35 = 0$

Fórmula geral da resolução

Também chamada de "fórmula quadrática", a fórmula geral da resolução da equação do $2^{\underline{o}}$ grau é conhecida erroneamente no Brasil como "Fórmula de Bhaskara". Não se sabe exatamente o porque isso ocorreu. Segundo contam renomados professores veteranos como Elon Lages Lima, do IMPA, famoso e renomado matemático, por volta dos anos 60 alguns autores de livros de matemática passaram a atribuir esta fórmula ao matemático indiano Bhaskara. Na história da matemática, não consta que Bhaskara tenha criado tal fórmula. Outros autores brasileiros passaram a "repetir o erro", e atualmente esta fórmula é conhecida com este nome, somente no Brasil. Não há mal em usar este nome, porém deve ser lembrado

Capítulo 13 – Equações do segundo grau

que a atribuição é indevida. Procure por "quadratic formula" na Internet e você verá o nome correto. Procure por "Baskara formula" e você encontrará apenas referências brasileiras.

A fórmula quadrática determina os valores das raízes de uma equação do 2° grau na forma $ax^2 + bx + c = 0$. As raízes são:

$$\frac{-b \pm \sqrt{b^2 - 4ac}}{2a}$$

A fórmula fornece duas raízes, que são obtidas levando em conta o sinal "–", e depois o sinal "+", antes do radical.

Exemplo: Resolver a equação $x^2 - 5x + 6 = 0$.
Aplicando a fórmula, temos:

$$\frac{5 \pm \sqrt{25 - 4 \times 6}}{2} = \frac{5 \pm 1}{2}, \text{ que resulta em 3 e 2.}$$

A demonstração da fórmula quadrática é muito fácil. Basta completar quadrados na expressão original.

$$ax^2 + bx + c = 0$$

$$a^2x^2 + abx + ac = 0$$

Para que apareça o quadrado de $(ax + k)$, devemos ter $2ax.k = abx$, ou seja, $k = b/2$. Devenis somar $(b/2)^2$ aos dois membros:

$$a^2x^2 + abx + (b/2)^2 = (b/2)^2 - ac$$

$$(ax + b/2)^2 = (b/2)^2 - ac$$

Multipliquemos toda a equação por 4, para evitar os denominadores

$$(2ax + b)^2 = b^2 - 4ac$$

$$(2ax + b) = \pm\sqrt{b^2 - 4ac}$$

$$x = \frac{-b \pm \sqrt{b^2 - 4ac}}{2a}$$

Exercícios

E6) Resolver as seguintes equações usando a fórmula quadrática.

a) $x^2 + 17x + 72 = 0$ f) $x^2 - 15x + 56 = 0$ k) $5x^2 + 20x - 25 = 0$

b) $x^2 - 9x + 8 = 0$ g) $x^2 - 3x - 40 = 0$ i) $6x^2 + 24x - 192 = 0$

c) $x^2 - 9x - 10 = 0$ h) $x^2 + 14x + 45 = 0$ m) $6x^2 - 36x - 162 = 0$

d) $x^2 - 8x + 15 = 0$ i) $x^2 - 11x + 18 = 0$ n) $6x^2 + 96x + 378 = 0$

e) $x^2 + 12x + 32 = 0$ j) $5x^2 + 60x + 100 = 0$ o) $6x^2 + 18x + 12 = 0$

OBS: Simplifique por 5 primeiro

506   O ALGEBRISTA

E7) Resolver as seguintes equações usando a fórmula quadrática.

a) $7x^2 - 48x + 36 = 0$ f) $21x^2 - 87x - 90 = 0$ k) $4x^2 + 6x + 6 = 0$

b) $5x^2 - 13x - 28 = 0$ g) $3x^2 + 17x + 10 = 0$ i) $18x^2 - 3x - 36 = 0$

c) $5x^2 - 4x - 20 = 0$ h) $4x^2 + x - 3 = 0$ m) $4x^2 + 13x + 3 = 0$

d) $7x^2 + 29x - 30 = 0$ i) $6x^2 - 39x - 21 = 0$ n) $24x^2 - 52x + 8 = 0$

e) $2x^2 - x - 3 = 0$ j) $4x^2 + 9x + 2 = 0$ o) $12x^2 + 50x + 28 = 0$

Em provas de concursos, raramente são propostas questões do tipo "resolva a equação". São mais comuns questões que pedem valores para que seja atendida uma certa condição. Nesse caso é preciso saber não apenas resolver a equação, mas conceitos sobre o funcionamento das equações. Por exemplo, saber o conceito básico de que se a é raiz de uma equação P(x) = 0, então P(a) vale zero.

Exercícios

E8) Para que a equação $kx^2 - 2(k - 1)x + 3 = 0$ admita uma raiz igual a $-1/3$, **k** deve ser:

(A) –3   (B) 1   (C) 3   (D) 5   (E) NRA

E9) (*) Resolver a equação $\dfrac{4}{4-2x} + \dfrac{4x}{x^2-4} = \dfrac{x-1}{x+2}$

E10) Determine o valor de x na equação $\dfrac{x}{9-x^2} = \dfrac{3x}{x+3} - \dfrac{3x+1}{x-3}$

OBS: Eliminar os denominadores, e lembrar que valores que anulam denominadores devem ser retirados da solução.

E11) Se o par ordenado $(2, -1/2)$ é um ponto do gráfico da função $y = x^2/2 - 2x + 3m - 1$, então o valor de **m** é:

(A) 0,8   (B) 6/5   (C) 1   (D) 0   (E) 5/6

E12) Resolver a equação $\dfrac{2x}{x+1} + \dfrac{x}{x-1} = \dfrac{3x^2-4}{x^2-1}$ para $x \neq \pm 1$.

Discussão pelo discriminante

A expressão $b^2 - 4ac$, que fica dentro do radical na fórmula quadrática, é chamada de *discriminante*, (não confundir com "determinante") e representada pela letra grega *delta* maiúscula (Δ). O discriminante traz uma informação importante a respeito das raízes da equação:

a) $\Delta = 0$: **A equação possui uma raiz dupla real.**

De fato, quando temos $\Delta = 0$, ambas as raízes reduzem-se a $\dfrac{-b}{2a}$, pois o termo $\pm\sqrt{\Delta}$ será nulo.

Isto ocorre quando o trinômio do 2° grau existente no 1° membro da equação é um quadrado perfeito.

Exemplo:
$x^2 + 2x + 1 = 0$
$(x + 1)^2 = 0$
Raiz dupla $x = -1$

Capítulo 13 – Equações do segundo grau   507

b) $\Delta > 0$: **A equação possui duas raízes reais e diferentes.**

O termo $\pm\sqrt{\Delta}$ resultará em dois valores diferentes, e simétricos, o que resultará em duas raízes reais e diferentes.

c) $\Delta < 0$: **A equação não possui raízes reais.**

Como não é permitido extrair a raiz quadrada de um número negativo, o termo $\pm\sqrt{\Delta}$ resultará em números imaginários, ou seja, fora do conjunto dos reais.

Note que se é pedido apenas que a equação seja discutida (determinar as três condições acima), não é preciso resolver a equação, apenas calcular o valor de Δ e dizer como são as raízes (reais e iguais, diferentes ou inexistentes (não reais, ou *imaginárias*))

Exercícios

E13) Discutir as equações abaixo.

a) $x^2 - 3x + 5 = 0$

f) $4x^2 - 12x + 30 = 0$

k) $x^2 - 10x + 25 = 0$

b) $x^2 - x + 10 = 0$

g) $x^2 - 5x - 11 = 0$

i) $x^2 + x - 99 = 0$

c) $x^2 + 6x + 9 = 0$

h) $x^2 + 40x + 1000 = 0$

m) $x^2 - 2x + 10 = 0$

d) $x^2 + x - 11 = 0$

i) $2015x^2 - 4x - 1 = 0$

n) $16x^2 - x + 1 = 0$

e) $x^2 + 4x - 12 = 0$

j) $7x^2 - 3x + 11 = 0$

o) $x^2 + 10x + 20 = 0$

E14) A equação $x^2 - (2m - 1)x + m(m - 1) = 0$ admite raízes reais para:

(A) m=0   (B) m=2   (C) m=3   (D) qualquer valor de m   (E) $(2m - 1)^2 - 4m(m - 1) = 0$

E15) Resolver $\dfrac{x+3}{x+2} + \dfrac{x+2}{x+3} = \dfrac{2x^2+7}{(x+3)(x+2)}$

E16) (*) A equação $x^2 + (5m - 1)x + (p^2 - 9) = 0$ terá raízes reais e simétricas para:

(A) m = 1/5 e p > 3   (B) m = 2/5 e p < 2   (C) m = 2/5 e p < –2 ou p > 2

(D) m = 2/5 e –2 < p < 2   (E) m = 2/5 e p = 2

E17) Para que a equação $x^2 + \dfrac{a^2 - b^2}{4} = ax$ tenha raízes reais, é necessário que:

(A) a ≥ b   (B) b ≥ 0   (C) a ≥ 2b   (D) b ≥ 2a   (E) NRA

E18) (*) A equação $2x^2 - 5x + a - 1 = 0$ tem apenas uma raiz nula para:

(A) a = 2   (B) a = 0   (C) a = 33/8   (D) a = 1   (E) a = 17/8

Gráfico do trinômio do segundo grau

Uma equação é uma proposição matemática que pode ter dois valores: verdadeiro ou falso. Por exemplo, considere a seguinte equação do $2^{\underline{o}}$ grau:

$x^2 - 5x + 6 = 0$

Esta sentença matemática é afirmação de que o valor da expressão $(x^2 - 5x + 6)$ tem valor zero. Esta afirmação é verdadeira ou falsa? Isto dependerá do valor de x. As raízes de uma equação são justamente os valores de x que tornam a afirmação verdadeira, no caso, x = 2 e x = 3.

Considere agora a expressão $x^2 - 5x + 6$, sem levar em conta se seu valor é zero ou não. Esta é uma expressão algébrica do tipo polinomial, do 2º grau. Chamamos esta expressão de trinômio do 2º grau. Como o valor deste trinômio depende de x, podemos usá-lo para definir uma função, também chamada de trinômio do 2º grau. Podemos então escrever

$f(x) = x^2 - 5x + 6$, ou $y = x^2 - 5x + 6$.

Como toda função, o trinômio pode ser representado em um gráfico no plano cartesiano. Este gráfico é uma curva chamada *parábola*.

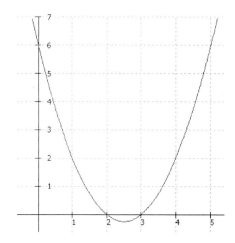

Ao lado temos o gráfico da função dada por

$y = x^2 - 5x + 6$

O gráfico mostra alguns dados interessantes. Note que o eixo x é interceptado pela curva nos pontos x=2 e x=3. Esses valores são as raízes do trinômio, ou seja, os valores de x que fazem com que o valor do trinômio seja igual a zero:

$y = x^2 - 5x + 6$ ➔ x=2 ou x=3.

Observe que a curva corta o eixo y em y=6. Este é o valor da função quando x=0. De fato, fazendo x=0 na fórmula, teremos $y = 0^2 - 5.0 + 6 = 6$.

Esta parábola tem sua concavidade voltada para cima. Isto ocorre sempre que tivermos a>0, ou seja, o coeficiente de x^2 for positivo.

As parábolas possuem um ponto onde apresentam um valor máximo ou mínimo. Este ponto é chamado de *vértice* da parábola. Existem fórmulas para calcular as coordenadas do vértice de uma parábola:

$x_v = -b/2a$ = média aritmética das raízes
$y_v = -\Delta/4a$

No capítulo 21 abordaremos detalhadamente o assunto.

Exemplo: Qual equação é melhor representada pelo gráfico abaixo?

(A) $f(x) = -x^2 - 4x + 3$
(B) $f(x) = -x^2 - 4x - 5$
(C) $f(x) = -x^2 + 4x - 3$
(D) $f(x) = -x^2 + 4x + 5$
(E) $f(x) = -x^2 - 4x - 3$

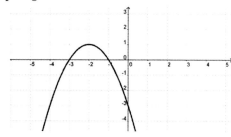

Capítulo 13 – Equações do segundo grau
509

Solução:

A concavidade da parábola está voltada para baixo, logo devemos ter a<0. Todas as 5 alternativas atendem a esta condição.

O eixo y é cortado em y = –3, logo c = –3. Apenas as alternativas (C) e (E) atendem.

A abscissa do vértice (–b/2a) vale –2, então (–b/2(–1)) = –2, portanto b = –4. A resposta correta é (C).

Resposta: (C)

Relações entre coeficientes e raízes

Em qualquer equação polinomial, e não apenas as do segundo grau, os valores das raízes estão diretamente relacionados com os seus coeficientes. Nas equações do segundo grau, como mostraremos, as principais relações são:

Soma das raízes: –b/a
Produto das raízes: c/a

Essas relações são utilizadas em um grande número de problemas.

Soma das raízes

Considerando uma equação do 2° grau na forma $ax^2 + bx + c = 0$, com raízes x_1 e x_2 dadas por:

$$x_1 = \frac{-b - \sqrt{\Delta}}{2a} \; ; \; x_2 = \frac{-b + \sqrt{\Delta}}{2a}$$

Somando os dois valores temos:

$$x_1 + x_2 = \frac{-b - \sqrt{\Delta} - b + \sqrt{\Delta}}{2a} = \frac{-2b}{2a} = -\frac{b}{a}$$

Produto das raízes

Partindo da fórmula das raízes, calculamos seu produto:

$$x_1 \times x_2 = \frac{\left(-b - \sqrt{\Delta}\right) \times \left(-b + \sqrt{\Delta}\right)}{2a \times 2a} = \frac{b^2 - \Delta}{4a^2} = \frac{b^2 - (b^2 - 4ac)}{4a^2} = \frac{c}{a}$$

Obviamente, quando a=1, essas relações ficam reduzidas a S = –b e P = c. Sendo assim, uma equação do 2° grau pode ser escrita como:

$$x^2 - Sx + P = 0$$

Dadas as raízes de uma equação do 2° grau, podemos compor a equação calculando sua soma e produto e usando a fórmula acima.

Exemplo: Considere a equação $2x^2 - 10x + 12 = 0$ e responda:

(A) A soma das raízes é 10   (B) A soma das raízes é –5
(C) O produto das raízes é 6   (D) O produto das raízes é 5
(E) As raízes são irracionais

Solução: Antes de mais nada, simplifiquemos a equação por 2, ficando com:

$x^2 - 5x + 6 = x^2 - Sx + P = $; então S=5 e P=6

Testemos agora as afirmativas:

(A) Soma das raízes é 5, e não 10
(B) A soma das raízes é 5, e não –5
(C) O produto das raízes é 6: CORRETO !!!
(D) O produto da raízes é 6, e não 5.
(E) As raízes não são irracionais, pois Δ=1, que é um quadrado perfeito.
Resposta: (C)

Diferença das raízes

Eventualmente podem surgir questões envolvendo a diferença das raízes:

$$x_1 - x_2 = \frac{-b - \sqrt{\Delta} - \left(-b + \sqrt{\Delta}\right)}{2a} = \frac{-2\sqrt{\Delta}}{2a} = -\frac{\sqrt{\Delta}}{a}$$

Neste caso calculamos (a menor raiz) – (a maior raiz). Quando se trata de diferença entre dois números, não está explícito se o que deve ser feito é este cálculo o inverso. Se calcularmos a maior – a menor raiz, o valor será o seu simétrico:

$$\frac{\sqrt{\Delta}}{a}$$

Outras operações com as raízes

Muitas operações com raízes podem ser expressas em função da soma e do produto. Chamando as raízes de **p** e **q**, temos os seguintes exemplos:

$p^2 + q^2 = (p + q)^2 - 2.p.q$
$p^3 + q^3 = (p +q)(p^2 - pq + q^2) = (p + q)[(p + q)^2 - 3pq]$
$1/p + 1/q = (p + q)/pq$

Quase sempre conseguimos manipular expressões algébricas simétricas de duas variáveis **p** e **q** (aquelas que não se alteram quando trocamos p com q) para exprimi-las em função da soma e do produto.

Exercícios

E19) Determine **m** na equação $x^2 + mx + 36 = 0$ para que a soma dos inversos de suas raízes seja **5/12**.

(A) 16   (B) 6   (C) 9   (D) –6   (E) NRA

E20) Dada a equação $x^2 + \dfrac{k^2 - 1}{4} = kx$, determine o valor de k para que o produto das raízes seja 2 e a sua soma seja positiva.

(A) 3   (B) –3   (C) ±3   (D) 1/3   (E) 0,5

E21) Calcule a média aritmética das raízes da equação $x^2 - 8x + 15 = 0$

Capítulo 13 – Equações do segundo grau

(A) –4   (B) 8   (C) –1   (D) 1   (E) 4

E22) (*) CN 77 - A soma da média aritmética com a média geométrica das raízes da equação $ax^2 - 8x + a^3 = 0$ dá:

(A) $\dfrac{4 - a^2}{a}$ (B) $\dfrac{-4 + a^2}{a}$ (C) $\dfrac{8 + a^2}{a}$ (D) $\dfrac{4 + a^2}{a}$ (E) 5

E23) CN 83 - A soma dos cubos das raízes da equação $x^2 + x - 3 = 0$, é:

(A) –10   (B) –8   (C) –12   (D) –6   (E) –18

E24) A equação $x^2 - 75x + 1 = 0$ tem suas raízes representadas por α e β. Determine o valor da expressão $\dfrac{1}{\alpha^2} + \dfrac{1}{\beta^2}$

Resolvendo mentalmente – I (soma e produto)

Lembremos que uma equação do $2^{\underline{o}}$ grau pode ser expressa na forma $x^2 - Sx + P = 0$, onde S e P são, respectivamente, a soma e o produto das raízes. Podemos então, com alguma habilidade numérica, resolver tais equações mentalmente, determinando "quais são os números que somados resultam em ... e multiplicados resultam em ... ?". Na maioria das vezes, é fácil determinar tais números:

$x^2 - 8x + 15 = 0$: Soma 8 e produto 15, as raízes são 3 e 5

$x^2 + 30x + 200 = 0$: Soma 30 e produto 200, os números são 10 e 20, ambos com o mesmo sinal, que é negativo, pois $-S = 30$, $S = -30$, as raízes são –10 e –20.

$x^2 - 5x - 50 = 0$: Como o produto é negativo, as raízes têm sinais contrários, então –5 é a diferença dos módulos das raízes. As raízes são –5 e 10 (a de menor módulo tem o sinal de b).

Já fizemos resoluções mentalmente no exercício 4. Ocorre que nem sempre isto pode ser usado. As raízes serão números inteiros apenas no caso em que Δ é um quadrado perfeito, caso contrário, serão da forma $p + \sqrt{q}$, e não será possível determiná-las mentalmente usando soma e produto.

Resolvendo mentalmente – II

Também fica difícil resolver mentalmente quando o coeficiente **a** é diferente de 1. Nesse caso, resulta em:

$ax^2 + bx + c = 0$

$x^2 + (b/a)x + (c/a) = 0$

Quando a soma e o produto envolvem frações, o cálculo mental fica bem mais difícil. Por exemplo:

$15x^2 - 19x + 6 = 0$

Quais são os dois números que somados dão 19/15 e multiplicados dão 6/15?

A resolução fica mais fácil quando usamos o seguinte artifício (raramente ensinado em livros de álgebra):

512   O ALGEBRISTA

1) A partir da equação original $ax^2 + bx + c = 0$, formamos uma outra equação na forma $x^2 + bx + ac = 0$, ou seja, com coeficiente de x^2 igual a 1, com o coeficiente de **b** igual ao da equação original, e com termo independente igual ao produto dos coeficientes **a** e **c** da equação original.

2) Resolvemos mentalmente esta nova equação e determinamos suas raízes.

3) Dividimos agora essas duas raízes pelo coeficiente **a** da equação original. Esses valores serão as raízes da equação original:

Exemplo: Resolver $15x^2 - 19x + 6 = 0$

Nova equação: $x^2 - 19x + 90 = 0$
Suas raízes: 10 e 9 (soma 19 e produto 90)
Dividindo por 15: 10/15 e 9/15, que simplificando resulta em 2/3 e 3/5.

Exemplo: Resolver $2007x^2 - 2008x + 1 = 0$

Nova equação: $x^2 - 2008x + 2007 = 0$
Soma 2008 e produto 2007: 1 e 2007
Dividindo por 2007: 1/2007 e 1.

Resposta: 1 e 1/2007.

A justificativa para o funcionamento deste artifício é muito simples. Comparemos as duas equações:

Equação original: $ax^2 + bx + c = 0$, raízes são $\dfrac{-b \pm \sqrt{b^2 - 4.a.c}}{2a}$

Equação transformada: $x^2 + bx + ac = 0$, raízes são $\dfrac{-b \pm \sqrt{b^2 - 4.1.ac}}{2}$

Comparando as duas fórmulas, vemos que dadas as raízes da equação transformada, basta dividi-las por **a** para obter as raízes da equação original.

As regras de sinais são as mesmas para todas as equações do 2° grau:
1) Se necessário, troque todos os sinais para que **a** fique positivo
2) Se **c** é positivo, as raízes têm o mesmo sinal, e b é a sua soma, com sinal trocado.

3) Se **c** é negativo e **b** é, em módulo, a diferença dos módulos das raízes. A raiz de menor módulo tem o mesmo sinal de **b**.

Exercícios

E25) Resolver mentalmente as equações

a) (*) $2x^2 + 6x + 4 = 0$	f) $7x^2 + 10x + 3 = 0$	k) $4x^2 + 12x + 5 = 0$
b) $2x^2 + 7x + 3 = 0$	g) $2x^2 + 9x + 7 = 0$	i) $3y^2 + 7y + 4 = 0$
c) $3x^2 + 8x + 5 = 0$	h) $6x^2 + 11x + 3 = 0$	m) $5m^2 + 8m + 3 = 0$
d) $5x^2 + 7x + 2 = 0$	i) $5x^2 + 12x + 7 = 0$	n) $3k^2 + 14k + 8 = 0$
e) $8x^2 + 10x + 2 = 0$	j) $6x^2 + 25x + 24 = 0$	o) $5z^2 + 9z + 4 = 0$

Capítulo 13 – Equações do segundo grau
513

E26) Resolver mentalmente as equações

a) (*) $10x^2 + 11x - 6 = 0$
b) $3x^2 - 8x + 5 = 0$
c) $2x^2 + 24x - 26 = 0$
d) $7x^2 + 5x - 12 = 0$
e) $11x^2 - 13x + 2 = 0$

f) $7x^2 + 15x + 8 = 0$
g) $4x^2 - 11x + 7 = 0$
h) $13x^2 - 9x - 4 = 0$
i) $3x^2 - 10x - 25 = 0$
j) $13x^2 - 16x + 3 = 0$

k) $6x^2 - 19x + 8 = 0$
l) $4x^2 - 17x + 13 = 0$
m) $11x^2 + 2x - 9 = 0$
n) $4x^2 - 25x + 25 = 0$
o) $7x^2 - 2x - 5 = 0$

Exercícios de revisão

E27) Resolver as equações:

a) $x^2 - 169 = 0$
b) $7x^2 - 1008 = 0$
c) $42x^2 - 24 = 6x^2 + 201$
d) $x^2 - 7x = 0$
e) $8x^2 = 3x$

f) $9x^2 + 7x = 0$
g) $x^2 - 13x + 36 = 0$
h) $x^2 - 15x + 44 = 0$
i) $x^2 - 9x - 36 = 0$
j) $x^2 + 11x + 24 = 0$

k) $x^2 + 5x - 14 = 0$
l) $x^2 + 17x - 138 = 0$
m) $x^2 - 30x + 176 = 0$
n) $x^2 - 8x - 660 = 0$
o) $25x^2 - 20x - 96 = 0$

E28) Resolver as seguintes equações

a) $x^2 - x - 11 = 0$
b) $x^2 - 11x + 19 = 0$
c) $x^2 - 9x + 9 = 0$
d) $x^2 + 5x - 5 = 0$
e) $x^2 - 3x - 9 = 0$

f) $x^2 - 5x - 5 = 0$
g) $x^2 - 7x - 19 = 0$
h) $x^2 + 13x + 4 = 0$
i) $12x^2 + 10x - 1 = 0$
j) $7x^2 + 6x - 3 = 0$

k) $7x^2 - 10x - 1 = 0$
l) $2x^2 - 12x + 3 = 0$
m) $13x^2 - 2x - 2 = 0$
n) $9x^2 - 2x - 3 = 0$
o) $5x^2 + x - 2 = 0$

E29) Resolver as seguintes equações SEM USAR A FÓRMULA QUADRÁTICA

a) $2x^2 - 2x - 1 = 0$
b) $3x^2 + 4x - 2 = 0$
c) $10x^2 - 26x + 12 = 0$
d) $(x - 15)(x + 15) = 400$
e) $4x^2 + 17x + 4 = 0$

f) (*) $k^2x^2 - 2pkx + p^2 - q^2 = 0$
g) $x^2 - 2ax + a^2 - b^2 = 0$
h) $x^2 - 4bx + 4b^2 - a^2 = 0$
i) $x^2 - (a + b)x + ab = 0$
j) $x^2 - 2ax + a^2 - 4b^2 = 0$

k) $x^2 + 2bx - a^2 + b^2 = 0$
l) $x^2 - 2acx + a^2(c^2 - b^2) = 0$
m) $x^2 - x - 1 = 0$
n) $15x^2 - 7x - 12 = 0$
o) $x^2 + x + 1 = 0$

E30) Resolver as seguintes equações:

a) $\dfrac{1}{x-1} + \dfrac{1}{x-2} = \dfrac{1}{x-3}$

b) $\dfrac{x}{7} + \dfrac{21}{x+5} = \dfrac{47}{7}$

c) $\left(x + \dfrac{x}{3}\right).2x - 24x = 0$

d) $\dfrac{x+1}{x} + 1 = \dfrac{x}{x-1}$

e) $\dfrac{1-ax}{1+ax}\sqrt{\dfrac{1+bx}{1-bx}} = 1$

f) $\dfrac{8}{x+6} + \dfrac{12-x}{x-6} = 1$

g) $\dfrac{1}{a} + \dfrac{1}{a+x} + \dfrac{1}{a+2x} = 0$

h) $\dfrac{x+5}{x-5} + \dfrac{x-5}{x+5} = \dfrac{10}{3}$

i) $\dfrac{x}{x-1} - 1 = \dfrac{x+1}{x}$

j) (*) $\dfrac{x+8}{x-8} - 2 = \dfrac{24}{x-4}$

k) (*) $\dfrac{1}{a} + \dfrac{1}{b} + \dfrac{1}{x} = \dfrac{1}{a+b+x}$

i) (*) $\dfrac{x+1}{x+2} + \dfrac{x-1}{x-2} = \dfrac{2x+1}{x+1}$

m) $\dfrac{2x}{x+2} + \dfrac{x+2}{2x} = 2$

E31) Resolver as equações:

a) $x\left(x - \dfrac{2x}{9}\right) + 2x\left(x + \dfrac{x}{4}\right) - 118x = 0$

b) $\dfrac{5x^2}{3} + 4(x^2 - 1) = \dfrac{7x^2}{5} + \dfrac{172}{5}$

f) $\dfrac{x^2}{(m+n)^2} - \dfrac{4mnx}{(m+n)^2} - (m-n)^2 = 0$

g) $\dfrac{x-4}{x-2} - \dfrac{3}{x+2} = 1 - \dfrac{8}{x^2-4}$

514   O ALGEBRISTA

c) $\dfrac{7(3-x^2)}{9}+\dfrac{5x^2}{3}=3x^2+\dfrac{2}{9}$

h) $\dfrac{1}{x+1}+\dfrac{1}{x-1}=1$

d) $\dfrac{2}{x^2-1}-\dfrac{x+3}{x+1}=-1$ (CN 76)

i) $\dfrac{5}{x}-\dfrac{4}{x+2}=\dfrac{1}{5}+\dfrac{1}{5x}$

e) $\dfrac{1}{x-1}-\dfrac{1}{x+1}=1$

j) $\left(\dfrac{2k-3}{5}\right)^2+2\left(\dfrac{2k-3}{5}\right)=8$

E32) Resolver as equações

a) $\dfrac{1}{x}=\dfrac{x-1}{2x^2+2x}$

f) $3x^3+7x^2=-2x$

k) $\dfrac{2}{x+4}-\dfrac{3}{x+6}=\dfrac{5}{x^2+10x+24}$

b) $\dfrac{8}{x^2-1}=\dfrac{4}{x-1}-\dfrac{4}{x+2}$

g) $\dfrac{1}{x^{-2}}-16=48$

i) $\dfrac{x}{x^2-1}-\dfrac{1}{x^2-1}+\dfrac{2}{x+1}=0$

c)

$\dfrac{2x+1}{2x-1}-\dfrac{10}{4x^2-1}=\dfrac{2x-1}{2x+1}$

h) $(x-4)(x-1)=10$

m) $\dfrac{2x}{x+1}+\dfrac{x}{1-x}-\dfrac{4}{x^2-1}=0$

d) $\dfrac{4}{x+1}+\dfrac{3}{x-1}=2,5$

i) $\dfrac{2x+3}{x+2}=\dfrac{5}{x+1}$

n) $4x^2+8x-10=(2x-3)(2x+7)$

e) $\dfrac{1}{x}=\dfrac{8}{x+3}-\dfrac{2}{x-1}$

j) $\dfrac{x}{x-2}-x=1+\dfrac{2}{x-2}$

o) $\dfrac{6}{x^2-1}=\dfrac{1}{2}+\dfrac{1}{1-x}$

E33) Formar a equação do $2^{\underline{o}}$ grau cujas raízes são:

a) 4 e 13

f) 2/3 e –3/4

k) 1/(a + b) e 1/(a – b)

b) –8 e –11

g) 1 e 1/100

i) k e k^2

c) 9 e –7

h) 1/a e 1/b

m) 16 e –16

d) 3 e 21

i) 6 e – 90

n) k e 1/k^2

e) $\dfrac{a}{b}$ e $-\dfrac{c}{d}$

j) $\dfrac{2ab}{a-b}$ e $a-b$

o) 1/47 e 1/67

E34) Sabendo-se que **p** e **q** são raízes reais da equação $2x^2-7x+2m-3=0$, encontre o valor de **m**, que satisfaz à relação 3p – q = 1/2.

(A) 5   (B) –5   (C) 4   (D) –4   (E) 3

E35) Para que a equação $kx^2-2(k-1)x+3=0$ admita uma raiz igual a 1, o valor de **k** deve ser:

(A) 1   (B) 2   (C) 3   (D) 4   (E) 5

E36) Dê a equação do $2^{\underline{o}}$ grau cujas raízes são a solução do sistema

$$\begin{cases} 2x-5y=-9 \\ x+4y=8,5 \end{cases}$$

(A) $x^2-5x-2=0$ (B) $2x^2-5x+2=0$ (C) $2x^2+5x+2=0$
(D) $x^2+5x+2=0$ (E) NRA

E37) Considere as expressões abaixo e responda:

1) $x^2=4$;   2) $2(5+x)=10+x$;   3) $(x+2)^2=x^2+4$

4) $\dfrac{1}{x}+\dfrac{1}{2}=\dfrac{2}{x+2}$ 5) $\dfrac{x+2}{2}=2$

(A) Todas são verdadeiras para $\forall x \in R$
(B) Uma delas não é verdadeira para nenhum valor real de x

Capítulo 13 – Equações do segundo grau — 515

(C) todas são falsas para $\forall x \in R$

(D) Apenas uma delas não é falsa para $\forall x \in R$

(E) Apenas as de números (1) e (2) são verdadeiras para $\forall x \in R$

E38) Determine o conjunto solução da seguinte equação:

$$\frac{1}{2x-3} - \frac{3}{2x^2-3x} - \frac{5}{x} = 0$$

(A) $\{4/3\}$ (B) $\{-4/3\}$ (C) $\{3/2\}$ (D) $\{0\}$ (E) $\emptyset$

E39) Considere a equação $x + \dfrac{x^{-1}}{1-x^{-1}} = 3 + \dfrac{1}{2}$ e indique a alternativa correta:

(A) $V = \{3\}$ (B) $V = \{1\frac{1}{2}, 3\}$ (C) $V = \{1, 3\}$ (D) $V = \{1, 1\frac{1}{2}\}$ (E) NRA

E40) Determinar o menor valor inteiro de **m**, para que a equação $x^2 - 3x + m/2 - 1 = 0$ não possua raízes reais.

E41) Determinar a soma das raízes da equação $2mx^2 + 4x - 3m - 2 = 0$, sabendo que uma das raízes é nula e que **m** é um número real.

E42) (*) Determine o produto dos valores de **m** na equação $2x^2 - (m - 1)x + 3 = 0$ para que uma das raízes seja o triplo da outra.

E43) CEFETQ 98 - As raízes da equação $2x^2 + mx + 1 = 0$ são positivas e uma é o dobro da outra. Determine m^2.

E44) CEFET 2001 - Sabendo que os números **q** e **r** são tais que $q^2.r + q.r^2 = 6$, podemos afirmar que **q** e **r** são raízes da equação:

(A) $2x^2 + 4x - 6 = 0$ (B) $x^2 - x - 12 = 0$ (C) $3x^2 - 9x + 4 = 0$

(D) $-x^2 + 6x + 1 = 0$ (E) $-2x^2 - 12x + 6 = 0$

E45) Determine o discriminante da equação $x^2 + bx + c = 0$, sabendo que suas raízes são dois múltiplos consecutivos de 5.

E46) CEFETQ 2001 - Calcule o número inteiro positivo que deve ser adicionado a cada fator do produto 5x13 para que esse produto aumente 175 unidades.

E47) CN 75 - Achar o produto dos valores inteiros de M que fazem com que a equação em x,

$$\frac{4x^2}{M} - Mx + \frac{M}{4} = 0$$ não tenha raízes.

(A) 0   (B) 1   (C) –1   (D) –4   (E) 4   (F) NRA

E48) (*) CN 75 - Calcular a soma dos valores de **m** e **n** de modo que as equações $(2n + m)x^2 - 4mx + 4 = 0$ e $(6n + m)x^2 + 3(n - 1)x - 2 = 0$ tenham as mesmas raízes.

(A) 9/5   (B) 7/5   (C) –9/5   (D) –33/37   (E) 1   (F) NRA

E49) CN 76 - Sabendo que na equação $x^2 + Bx - 17 = 0$, B é positivo e que as raízes são inteiras, achar a soma das raízes:

(A) 17   (B) 16   (C) –17   (D) –10   (E) –16

E50) (*) CN 76 - Dar os valores de *m*, na equação $mx^2 - 2mx + 4 = 0$, para que as suas raízes tenham o mesmo sinal.

(A) m≤0 (B) m≥3 (C) m≥7 (D) m≤5 (E) m≥4

E51) CN 77 - Se as equações do 2º grau $(2p + q)x^2 - 6qx - 3 = 0$ e $(6p - 3q)x^2 - 3(p - 2)x - 9 = 0$ possuem as mesmas raízes, então:

(A) p = 6q + 2   (B) p + q = 7   (C) 3q = p + 2
(D) p - 2 = 0   (E) 2p + 3q = 8

E52) CN 78 - A soma dos cubos das raízes da equação $x^2 - \sqrt[3]{3}x + \sqrt[3]{9} = 0$ é:

(A) –3   (B) –12   (C) –9   (D) 12   (E) –6

Alunos do Colégio Naval

E53) CN 78 - Para que $4 + \sqrt{11}$ seja uma das raízes da equação $x^2 - Bx + C = 0$, com B e C inteiros, o produto BC será:

(A) 20   (B) 40   (C) 30   (D) 60   (E) 64

E54) CN 78
O valor de *K* positivo, para que a diferença das raízes da equação $x^2 - 2Kx + 2K = 1$ seja 10 é:

(A) 6   (B) 8   (C) 5   (D) 1   (E) 10

E55) CN 78 - A soma dos valores reais de *k* que fazem com que a equação $x^2 - 2(k + 1)x + k^2 + 2k - 3 = 0$ tenha uma de suas raízes igual ao quadrado da outra é:

(A) 3   (B) 4   (C) 5   (D) 6   (E) 7

E56) CN 78 - Se na equação $ax^2 + bx + c = 0$ a média harmônica das raízes é igual ao dobro da média aritmética dessas raízes, podemos afirmar que:

(A) $2b^2 = ac$ (B) $b^2 = ac$ (C) $b^2 = 2ac$ (D) $b^2 = 4ac$ (E) $b^2 = 8ac$

E57) CN 79) - O valor de K na equação $x^2 + Mx + K = 0$, para que uma de suas raízes seja o dobro da outra e o seu discriminante seja igual a 9 é:

(A) 20   (B) 10   (C) 12   (D) 15   (E) 18

E58) CN 79
A soma dos quadrados dos inversos das raízes da equação $Kx^2 - Wx + p = 0$, sendo Kp≠0, é:

(A) $\dfrac{W^2 - 2Kp}{p^2}$ (B) $\dfrac{W^2 - 4Kp}{p^2}$ (C) $\dfrac{2Kp - W^2}{p^2}$ (D) $\dfrac{4Kp - W^2}{p^2}$ (E) $\dfrac{Kp}{W}$

E59) (*) CN 81 - Na equação $x^2 - mx - 9 = 0$, a soma dos valores de m, que fazem com que as ruas raízes **a** e **b** satisfaçam a relação 2a + b = 7, dá:

(A) 3,5   (B) 20   (C) 10,5   (D) 10   (E) 9

E60) CN 81 - Os valores de K que fazem com que a equação: $Kx^2 - 4x + K = 0$ tenha raízes reais e que seja satisfeita a inequação 1 – K ≤ 0 são os mesmos que satisfazem a inequação:

Capítulo 13 – Equações do segundo grau

(A) $x^2 - 4 \leq 0$ (B) $4 - x^2 \leq 0$ (C) $x^2 - 1 \geq 0$ (D) $x^2 - 3x + 2 \leq 0$ (E) $x^2 - 3x + 2 \geq 0$

E61) CN 84 - O valor de **a** para que a soma dos quadrados das raízes da equação $x^2 + (2 - a)x - a - 3 = 0$ seja mínima é:

(A) 1   (B) 9   (C) $\sqrt{2}$ (D) -1 (E) -9

E62) CN 84 - A equação $k^2x - kx = k^2 - 2k - 8 + 12x$ é impossível para:

(A) um valor positivo de k   (B) um valor negativo de k
(C) 3 valores distintos de k   (D) dois valores distintos de k   (E) nenhum valor de k

E63) CN 85 - Sejam r e s as raízes da equação $x^2\sqrt{3} + 3x - \sqrt{7} = 0$. O valor numérico da expressão $(r + s + 1)(r + s - 1)$ é:

(A) $2/7$ (B) $3/7$ (C) $9/7$ (D) $4/3$ (E) 2

E64) CN 86 - A média harmônica entre as raízes da equação $340x^2 - 13x - 91 = 0$ é:

(A) 7   (B) -7 (C) $340/7$ (D) $1/7$ (E) -14

E65) (*) CN 87 - O conjunto dos valores m para os quais as equações $3x^2 - 8x + 2m = 0$ e $2x^2 - 5x + m = 0$ possuem uma e apenas uma raiz real comum é:

(A) unitário, de elemento positivo
(B) unitário, de elemento não negativo
(C) composto de dois elementos não positivos
(D) composto de dois elementos não negativos
(E) vazio

E66) (*) CN 87 - A equação do $2^{\underline{o}}$ grau $x^2 - 2x + m = 0$, $m<0$, tem raízes x_1 e x_2. Se $x_1^{n-2} + x_2^{n-2} = a$ e $x_1^{n-1} + x_2^{n-1} = b$, então $x_1^n + x_2^n$ é igual a:

(A) $2a + mb$ (B) $2b - ma$ (C) $ma + 2b$ (D) $ma - 2b$ (E) $m(a - 2b)$

E67) (*) CN 87 - Considere os números reais $x - a$, $x - b$ e $x - c$, onde **a**, **b** e **c** são constantes. Qual o valor de x para que a soma dos seus quadrados seja a menor possível?

(A) $\dfrac{a+b+c}{2}$ (B) $\dfrac{a+b+c}{3}$ (C) $\dfrac{2a+2b+2c}{3}$ (D) $\dfrac{a-b-c}{3}$ (E) $\dfrac{2a-2b+2c}{3}$

E68) CN 88 - As raízes da equação $2x^2 - x - 16 = 0$ são r e s, $(r > s)$. Calcule o valor da expressão: $\dfrac{r^4 - s^4}{r^3 + r^2s + rs^2 + s^3}$

(A) $\dfrac{\sqrt{129}}{2}$ (B) $\dfrac{\sqrt{127}}{2}$ (C) $\dfrac{127}{4}$ (D) $\dfrac{129}{4}$ (E) impossível calcular

E69) CN 89 - Um aluno, ao tentar determinar as raízes x_1 e x_2 da equação $ax^2 + bx + c = 0$, $a.b.c \neq 0$, explicitou x da seguinte forma: $x = \dfrac{-b \pm \sqrt{b^2 - 4ac}}{2c}$. Sabendo-se que não teve erro de contas, encontrou como resultado:

(A) x_1 e x_2 (B) $-x_1$ e $-x_2$ (C) $1/x_1$ e $1/x_2$ (D) $c.x_1$ e $c.x_2$ (E) $a.x_1$ e $a.x_2$

518 — O ALGEBRISTA

E70) CN 90 - As raízes da equação $ax^2 + bx + c = 0$ são iguais a **m** e **n**. Assinale a equação cujas raízes são m^3 e n^3.

(A) $a^3x^2 - b(3ac + b^2)x + c^3 = 0$

(B) $ax^2 - b(3ac - b^2)x + c = 0$

(C) $a^3x^2 + b(b^2 - 3ac)x + c = 0$

(D) $a^3x^2 + b(b^2 - 3ac)x - c^3 = 0$

(E) $a^3x^2 + b(b^2 - 3ac)x + c^3 = 0$

E71) CN 91 - Para se explicitar x na equação $ax^2 + bx + c = 0$, $a \neq 0$, usa-se o recurso da complementação de quadrados. Usando-se o recurso da complementação de cubos, um aluno determinou uma raiz real (**r**) da equação $x^3 - 6x^2 + 12x - 29 = 0$. Pode-se afirmar que:

(A) $0 < r < 1$ (B) $1 < r < 2$ (C) $2 < r < 3$ (D) $3 < r < 2$ (E) $4 < r < 5$

E72) (*) CN 92 - Sendo m e n as raízes da equação $x^2 - 10x + 1 = 0$, o valor da expressão $\dfrac{1}{m^3} + \dfrac{1}{n^3}$ é

(A) 970   (B) 950   (C) 920   (D) 900   (E) 870

E73) (*) CN 94 - Os números reais a, b e c são inteiros não nulos tais que:

$$\begin{cases} 144a + 12b + c = 0 \\ 256a + 16b + c = 0 \end{cases}$$

logo, $\sqrt{b^2 - 4ac}$ pode ser

(A) 151   (B) 152   (C) 153   (D) 154   (E) 155

E74) CN 94 - Calcule a soma dos cubos das raízes da equação $x^2 + x - 1 = 0$.

(A) 1   (B) –4   (C) –3   (D) –8   (E) –6

E75) CN 95 - Considere a equação do 2° grau em x tal que $ax^2 + bx + c = 0$. onde *a*, *b* e *c* são números reais com $a \neq 0$. Sabendo que 2 e 3 são as raízes dessa equação, podemos afirmar que:

(A) $13a + 5b + 2c = 0$ (B) $9a + 3b - c = 0$ (C) $4a - 2b = 0$

(D) $5a - b = 0$ (E) $36a + 6b + c = 0$

E76) CN 98 - Um professor elaborou três modelos de prova. No 1° modelo colocou uma equação do 2° grau. No 2° modelo colocou a mesma equação, trocando apenas o coeficiente do termo do 2° grau e no 3° modelo, colocou a mesma equação do 1° modelo, trocando apenas o termo independente. Sabendo que as raízes da equação do 2° modelo são 2 e 3 e que as raízes do 3° modelo são 2 e –7, pode-se afirmar sobre a equação do 1° modelo que:

(A) não tem raízes reais

(C) sua maior raiz é 6

(D) sua menor raiz é 1

(E) a soma dos inversos de suas raízes é 2/3

(B) a diferença entre sua maior e sua menor raiz é 7

E77) Quantos zeros tem $y = -a(x - h)^2 - k$, se **a**, **h** e **k** são constantes positivas?

(A) 3   (B) 2   (C) 1   (D) 0   (E) não pode ser determinado

E78) Encontre o valor da constante **a** para que a equação abaixo tenha uma única solução:
$2(x - 3)^2 - a = 0$

(A) 18   (B) 0   (C) 2   (D) 3   (E) 4,5

Capítulo 13 – Equações do segundo grau

E79) Se uma raiz da equação $2x^2 - 5x + c = 0$, é 4, então a outra é:

(A) –3/2   (B) 13/2   (C) 4 – c   (D) –12   (E) 25/8

E80) A equação $x^2 + 3x - 1 = 0$ tem raízes α e β. Qual é o valor de $\alpha\beta + (\alpha + \beta)$?

(A) 4   (B) 2   (C) –4   (D) –2

E81) Resolver $\dfrac{x+1}{x^2-4} + \dfrac{x-1}{x^2+x-2} = \dfrac{3}{x+2}$

E82) Determine o valor da constante a, sabendo que entre as raízes da equação $ax^2 + x - 1 = 0$, uma é o quíntuplo da o outra.

E83) Calcule a, dado que $\dfrac{a+3b}{3c-a} - \dfrac{9bc}{9c^2-a^2} = -\dfrac{a-3b}{3c+a}$

(A) $\dfrac{3bc}{2b+2c}$ (B) $\sqrt{\dfrac{bc}{b+c}}$ (C) 0   (D) $\dfrac{bc}{b+c}$ (E) bc

E84) Qual é a soma de todos os possíveis valores de x que satisfazem a equação

$\left(\dfrac{2x-16}{x-4}\right)^2 - \left(\dfrac{2x-16}{x-4}\right) = 6$?

(A) 1   (B) 2   (C) 4   (D) 6   (E) 10

E85) Os números a, b e c são tais que b é a média aritmética entre a e c. Considere a equação quadrática $ax^2 + bx + c = 0$ com apenas uma raiz. Qual é esta raiz?

(A) $-1-\sqrt{3}$ (B) $-1+\sqrt{3}$ (C) $-4+\sqrt{3}$ (D) $2-\sqrt{3}$ (E) $-2+\sqrt{3}$

E86) Encontre o produto das raízes reais da equação $\dfrac{1}{3}x^2 = -\dfrac{1}{2}x + \dfrac{1}{3}$

(A) –1/2   (B) –2   (C) 4   (D) –1   (E) Não existem raízes reais

E87) Dada a equação $2x^2 + 3x + c = 0$, encontre todos os valores de c que resultam na equação não ter raízes reais.

(A) c < 9/8   (B) c ≥ 1   (C) c > 9/8   (D) c < 1   (E) Impossível

E88) Sejam h e k as raízes da equação $2x^2 - 9x + c = 0$. Se $4hk = 11$, encontre h + k + c.

(A) 47/8   (B) 20   (C) 1   (D) 10   (E) 11

E89) As raízes de $x^2 + bx + c$ são os quadrados das raízes de $x^2 + dx + e$. Exprimir b em função de d e e.

E90) (*) Calcule a fração contínua $3 + \dfrac{1}{4 + \dfrac{1}{3 + \dfrac{1}{4+...}}}$.

O ALGEBRISTA

E91) Resolver $2x(3x + 4) + x^2 - 9 = 3x(x + 5) - 3(7 - x^2)$

(A) 3, –4   (B) –3, 4   (C) 3, 4   (D) –3, –4   (E)

E92) Sejam **r** e **s** as raízes de $x^2 - 17x + 13 = 0$. Sem resolver a equação, calcule os valores de:

I) r^2s^2 II) $r^2 + s^2$ III) $r^2s + s^2r$ IV) $r^3 + s^3$

E93) Determine k≠0 tal que a equação $y = kx^2 + (5k + 3)x + (6k + 5)$ tenha exatamente uma raiz.

E94) Para quais valores de K a equação $kx^2 - 4x - k + 5 = 0$ tem raízes iguais?

E95) A expressão $\dfrac{x^2 + 7x - 8}{x^2 - 12x + 35}$ não tem significado pare x igual a:

(A) 5 ou 7   (B) –5 ou –7   (C) 8 ou 1   (D) –8 ou –1   (E) 0

E96) Se as raízes de $x^2 - 4x + k = 0$ são iguais, então **k** vale:

(A) 16   (B) –16   (C) 8   (D) 4   (E) –8

E97) Se –2 é uma raiz de $3x^4 + p^2x^3 + 2px + 12 = 0$, o conjunto dos possíveis valores para p é:

(A) {5/2}   (B) {–3}   (C) {5/2, –3}   (D) Ø   (E) {–5/2, 3}

E98) Para quais valores de **c** a equação $x^2 + 4x + c = 0$ tem raízes reais?

E99) A equação $\dfrac{1}{x+3} + \dfrac{1}{x-5} = 1$ tem as mesmas raízes que a equação:

(A) $x^2 - 4x - 13 = 0$ (B) $x^2 - 2x - 15 = 0$ (C) $x^2 - 2x + 17 = 0$
(D) $x^2 - 4x + 15 = 0$ (E) $x^2 - 8x + 13 = 0$

E100) Considere a equação $x^2 + bx + c = 0$, com coeficientes desconhecidos b e c. As raízes da equação são números inteiros e é sabido que uma é par e a outra é ímpar. Então:

(A) b e c são ambos números inteiros pares
(B) b e c são ambos números inteiros ímpares
(C) b é um inteiro par e c é um inteiro ímpar
(D) b é um inteiro ímpar e c é um inteiro par
(E) nem b nem c são números inteiros

E101) Determine **a** sabendo que a equação $ax^2 - x/2 + 7 = 0$ tem raízes iguais.

(A) 28   (B) 112   (C) 1/7   (D) 1/112   (E) NRA

E102) Calcule x, sabendo que x – 1 é o inverso de x + 1

E103) Para quais valores de k a equação $3x^2 - kx + 3 = 0$ tem duas raízes reais e diferentes?

E104) Se k é uma constante e uma das raízes da equação $2x^2 - 5x + k = 0$, calcule a outra raiz

E105) Encontre k sabendo que as raízes da equação $x^2 - 4x + k = 0$ diferem de 1 unidade.

Capítulo 13 – Equações do segundo grau 521

E106) Para qual valor de **c** a equação $4x^2 - 12x + c = 0$ possui uma raiz dupla?

(A) –144   (B) 0   (C) 9   (D) 81   (E) 144

E107) Determine a diferença entre as raízes (maior – menor) da equação $x^2 - 5x - 24 = 0$.

(A) 3   (B) 5   (C) 8   (D) 11   (E) 24

E108) Qual valor de p torna a expressão $3p^2 + 9p + 30 = 2p^2 - 2p$ verdadeira?

E109) Qual dos seguintes valores de k fará com que a equação $2x^2 - kx + 3 = 0$ tenha raízes racionais?

(A) 0   (B) 5   (C) 6   (D) 1   (E) 2

E110) Encontre k para que a equação $kx^2 + x + k = 0$ possua uma raiz dupla.

E111) Encontre a soma dos inversos das raízes de $6x^2 + x - 15 = 0$.

E112) (*) Encontre k para que $f(x) = kx^3 + x^2 + k^2x + 3k^2 + 11$ seja divisível por $(x + 2)$.

E113) Encontre a relação entre p e q para que na equação $x^2 + px + q = 0$, uma raiz seja o triplo da outra.

E114) Encontre todos os números reais tais que $|x^2 - 9| = 5$.

E115) Qual a relação entre os coeficientes **b** e **c** na equação $ax^2 + bx + c = 0$, para que uma raiz seja o dobro da outra?

E116) Encontre todos os valores de k para que o sistema

$$\begin{cases} (-5 - k)x + 2y = 0 \\ 2x - (2 + k)y = 0 \end{cases}$$

tenha outras soluções além da trivial $(x = y = 0)$.

E117) Determine k para que as raízes de $x^2 + kx + 24 = 0$ sejam dois inteiros pares consecutivos.

E118) Encontre a diferença entre as raízes da equação $3x^2 + 8x - 1 = 0$.

E119) Calcule o produto das raízes de $(x + 2)^2 + (x - 3)^2 = 15$

E120) Determine a, b e c para que o gráfico de $y = ax^2 + bx + c$ passe pelos pontos $(1, 4)$, $(-2, -5)$ e $(3, 0)$.

E121) Calcule a fração contínua $\cfrac{1}{2 + \cfrac{1}{2 + ...}}$

E122) Determine **c** na equação $4x^2 - 12x + c = 0$ de modo que a diferença entre as raízes seja 9.

E123) Dada a equação $x^2 - 2px + q^2 = 0$, forme outra equação do 2° grau cujas raízes sejam, respectivamente, as médias aritmética e geométrica das raízes da equação dada.

522   O ALGEBRISTA

E124) Para que valores de p a equação $4x^2 + 4px + 4 - 3p = 0$ em duas raízes reais distintas?

E125) O número representado pela sequência infinita $\sqrt{\dfrac{9}{4} + \sqrt{\dfrac{9}{4} + \sqrt{\dfrac{9}{4} + \ldots}}}$ é:

(A) $\dfrac{\sqrt{10}-1}{2}$ (B) $\dfrac{\sqrt{10}+1}{2}$ (C) $\dfrac{2\sqrt{2}+1}{3}$ (D) $\dfrac{2\sqrt{2}+1}{2}$ (E) $\dfrac{2\sqrt{2}-1}{2}$

E126) Resolver a equação em x: $\dfrac{(a^2 - b^2)(x^2 + 1)}{a^2 + b^2} = 2x$

E127) Resolver $6x^{-2} - 17x^{-1} + 12 = 0$

E128) Resolver $\dfrac{x}{x-2} - \dfrac{3}{x-1} = \dfrac{3}{(x-2)(x-1)}$

E129) Determine k na equação $x^2 - 4x + k = 0$ sendo R e S as suas raízes e sendo $S^S . R^R . S^R . R^S = 256$

E130) Calcule a raiz de maior valor absoluto de $3x^2 + 4x - 2 = 0$

E131) Determine m e p de modo que sejam nulas as raízes da equação
$m(x^2 - x + 1 + m) + px = x + 2$

E132) Que valores pode assumir o parâmetro k de modo que a equação abaixo tenha uma das raízes nulas? $x^2 - 6x + k^2 - 3k - 4 = 0$.

E133) Determine k de modo que a equação $(x - k)^2 + 3(x - 2k) = 0$ tenha uma raiz igual a zero.

E134) Determinar o valor de m para que a equação $4x^2 + (m + 1)x + m + 6 = 0$ tenha raízes iguais.

E135) Determinar k de modo que as raízes da equação $5x^2 + 9x + k = 0$ sejam reais e desiguais.

E136) Qual a condição para que as raízes da equação $mx^2 + nx + p = 0$ sejam imaginárias?

E137) Dada a equação $3x^2 - 7x + 1 = 0$, determine a soma e o produto das raízes, e resolva a equação.

E138) Determine os valores de k para que a equação $(9k - 12)x^2 - (2k + 7)x + k + 5 = 0$:
a) tenha raízes simétricas
b) Tenha uma só raiz nula

E139) Calcule h na equação $(h + 3)x^2 - 2(h + 1)x + h - 10 = 0$ de modo que a soma dos inversos dar raízes seja igual a 1/3.

E140) Dada a equação $x^2 - 5x + q = 0$, achar q de modo que:
a) A soma das raízes seja 3.
b) A soma dos inversos das raízes seja 5/4.

Capítulo 13 – Equações do segundo grau 523

E141) Determinar K na equação $x^2 + Kx + 36 = 0$ de modo que entre suas raízes x' e x" exista a relação $1/x' + 1/x" = 5/12$.

E142) Sem resolver a equação $5x^2 + 22x - 15 = 0$, diga:
a) Se as raízes têm o mesmo sinal, e porque?
b) Qual o sinal da raiz de maior módulo, e porque?

E143) Determine os sinais de x_1 e x_2 ($|x_1| < |x_2|$), raízes da equação em x, $x^2 + bx + c = 0$, onde $b > 0$ e $c < 0$.

E144) Qual o valor de k que torna equivalentes, no campo real, as equações $(x^2 + 1) - (x - k) = 0$ e $-7x + 2 = -3x$?

E145) Os números a e b são raízes da equação em x: $10x^2 + 3x + 10ab = 0$. Calcule a e b sabendo-se que o quíntuplo do inverso de a é igual ao simétrico do dobro do inverso de b.

E146) Dada a equação $x^2 - 6x + 25 = 0$, determinar a equação do 2° grau cujas raízes são as médias aritmética e geométrica das raízes da equação dada.

E147) Determine **c** na equação $4x^2 - 12x + c = 0$ de modo que a diferença entre as raízes seja 9.

E148) CN 78 - Para que no sistema
$$\begin{cases} x + my = 6 \\ \dfrac{x}{m} + \dfrac{y}{3} = 2 \end{cases}$$
o valor de x seja o dobro do valor de y, m pode ter valores cuja soma é:

(A) 1   (B) –2   (C) 3   (D) –1   (E) 5

E149) **Colégio Naval, 2015**
Para capinar um terreno circular plano, de raio 7m, uma máquina gasta 5 horas. Quantas horas gastará essa máquina para capinar um terreno em iguais condições com 14m de raio?

(A) 40   (B) 15   (C) 20   (D) 25   (C) 30

CONTINUA NO VOLUME 2: 130 QUESTÕES DE CONCURSOS

Respostas dos exercícios

E1)
a) x = 0 ou x = –2
b) x = 0 ou x = –9/5
c) x = 0 ou x = 5
d) x = 0 ou x = –7/3
e) x = 0 ou x = 3
f) x = 1 ou x = –1
g) x = 5 ou x = –5
h) x = 9 ou x = –9
i) Impossível
j) x = 1/2 ou x = –1/2
k) x = 0
l) x = 0
m) x = 0
n) x = 0
o) x = 0

E2)
a) x = 2 ou x = 4
b) x = 1 ou x = –7
c) x = 0 ou x = –3
d) x = –1 ou x = –2
e) Impossível
f) x = –2 ou x = –8
g) x = 3 ou x = –9
h) x = 1/2 ou x = 1/3
i) x = –3/2 ou x = –7/3
j) x = 0 ou x = –1/3
k) x = –3/5 ou x = 3/2
l) x = –7 ou x = 9
m) x = 4 ou x = 2
n) x = 3 ou x = –3
o) x = 1/4 ou x = –1/4

E3)
a) x = 2 ou x = 5
b) x = –1 ou x = –3
e) x = –7 ou x = –8
f) x = 5 ou x = –6
i) x = 7 ou x = –8
j) x = –7 ou x = 13
m) x = 5 ou x = –7
n) x = –2 ou x = 8

524   O ALGEBRISTA

c) $x = 2$ ou $x = 10$ g) $x = 6$ ou $x = -8$ k) $x = -4$ ou $x = -6$ o) $x = -5$ ou $x = 20$

d) $x = 10$ ou $x = 5$ h) $x = -3$ ou $x = 6$ l) $x = 4$ ou $x = 8$

E4)

a) $x = -3$ ou $x = -5$ e) $x = -2$ ou $x = -10$ i) $x = 5$ ou $x = 30$ m) $x = -2$ ou $x = 8$

b) $x = -4$ ou $x = -3$ f) $x = 3$ ou $x = 10$ j) $x = 7$ ou $x = 13$ n) $x = -3$ ou $x = 13$

c) $x = -2$ ou $x = -3$ g) $x = 6$ ou $x = 8$ k) $x = -4$ ou $x = 20$ o) $x = -4$ ou $x = 15$

d) $x = -2$ ou $x = -15$ h) $x = 2$ ou $x = 9$ l) $x = -5$ ou $x = 10$

E5)

a) $x = -1$ ou $x = 5$ e) $x = 3$ ou $x = 13$ i) $x = 3$ ou $x = -15$ m) $x = -7/6$ ou $x = 11/6$

b) $x = 3$ ou $x = 5$ f) $x = -2$ ou $x = -6$ j) $x = 10$ ou $x = 20$ n) $x = 1/2$ ou $x = 3/2$

c) $x = -11$ ou $x = -3$ g) $x = 1$ ou $x = -25$ k) $x = 1$ ou $x = -2$ o) $x = -5/12$ ou $x = -7/12$

d) $x = -10$ ou $x = 30$ h) $x = -5$ ou $x = -35$ l) $x = 1$ ou $x = 2$

E6)

a) $x = -8$ ou $x = -9$ e) $x = -4$ ou $x = -8$ i) $x = 2$ ou $x = 9$ m) $x = -3$ ou $x = 9$

b) $x = 1$ ou $x = 8$ f) $x = 7$ ou $x = 8$ j) $x = -2$ ou $x = -10$ n) $x = -7$ ou $x = -9$

c) $x = 10$ ou $x = -1$ g) $x = -5$ ou $x = 8$ k) $x = 1$ ou $x = -5$ o) $x = -1$ ou $x = -2$

d) $x = 3$ ou $x = 5$ h) $x = -5$ ou $x = -9$ l) $x = 4$ ou $x = -8$

E7)

a) $x = 6$ ou $x = 6/7$ e) $x = -1/3$ ou $x = 1/2$ i) $x = -1/2$ ou $x = 7$ m) $x = -1/4$ ou $x = -3$

b) $x = 4$ ou $x = -7/5$ f) $x = 15/7$ ou $x = 2$ j) $x = -1/4$ ou $x = -2$ n) $x = 1/6$ ou $x = 2$

c) $x = -2$ ou $x = 14/5$ g) $x = -2/3$ ou $x = -5$ k) Impossível em R   o) $\dfrac{-25 + \sqrt{47}}{12}$ ou

d) $x = -5$ ou $x = 6/7$ h) $x = 3/4$ ou $x = -1$ l) $x = -4/3$ ou $x = 3/2$ $\dfrac{-25 - \sqrt{47}}{12}$

E8) (A)   **E9)** $x = 3$ **E10)** $x = -1/6$ **E11)** (E)   **E12)** $x = 4$

E13)

a) raízes imaginárias   e) raízes reais diferentes   i) raízes reais diferentes   m) raízes imaginárias

b) raízes imaginárias   f) raízes imaginárias   j) raízes imaginárias   n) raízes imaginárias

c) raízes reais e iguais   g) raízes reais diferentes   k) raízes reais iguais   o) raízes reais diferentes

d) raízes reais diferentes   h) raízes imaginárias   l) raízes reais diferentes

E14) (D)   **E15)** $x = -3/5$ **E16)** $m = 1/5$ e $-3 < p < 3$

E17) (E) quaisquer valores de a e b tornarão $\Delta \geq 0$

E18) (D)   **E19)** (E) (–15)   **E20)** (A)   **E21)** (E)   **E22)** (D)

E23) (A)   **E24)** $75^2 - 2$

E25)

a) $x = -1$ ou $x = -2$ e) $x = -1/4$ ou $x = -1$ i) $x = -1$ ou $x = -7/5$ m) $x = -1$ ou $x = -3/5$

b) $x = -1/2$ ou $x = -3$ f) $x = -3/7$ ou $x = -1$ j) $x = -3/2$ ou $x = -8/3$ n) $x = -4$ ou $x = -2/3$

c) $x = -1$ ou $x = -5/3$ g) $x = -1$ ou $x = -7/2$ k) $x = -5/2$ ou $x = -1/2$ o) $x = -1$ ou $x = -4/5$

d) $x = -1$ ou $x = -2/5$ h) $x = -3/2$ ou $x = -1/3$ l) $x = -1$ ou $x = -4/3$

E26)

a) $x = 2/5$ ou $x = -3/2$ e) $x = 1$ ou $x = 2/11$ i) $x = -5/3$ ou $x = 5$ m) $x = -1$ ou $x = 9/11$

b) $x = 1$ ou $x = 5/3$ f) $x = -1$ ou $x = -8/7$ j) $x = 1$ ou $x = 3/13$ n) $x = 5$ ou $x = 5/4$

c) $x = 1$ ou $x = -13$ g) $x = 1$ ou $x = 7/4$ k) $x = 1/2$ ou $x = 8/3$ o) $x = 1$ ou $x = -5/7$

d) $x = 1$ ou $x = -12/7$ h) $x = 1$ ou $x = -4/13$ l) $x = 1$ ou $x = 13/4$

E27)

a) $x = 13$ ou $x = -13$ e) $x = 0$ ou $x = 3/8$ i) $x = 3$ ou $x = -12$ m) $x = 8$ ou $x = 22$

b) $x = 12$ ou $x = -12$ f) $x = 0$ ou $x = -7/9$ j) $x = -3$ ou $x = -8$ n) $x = -22$ ou $x = 30$

Capítulo 13 – Equações do segundo grau

c) x = 5/2 ou x = –5/2   g) x = 4 ou x = 9   k) x = 2 ou x = –7   o) x = –4 ou x = 60
d) x = 0 ou x = 7   h) x = 4 ou x = 11   l) x = 6 ou x = –23

E28)

a) $\dfrac{1 \pm 3\sqrt{5}}{2}$ d) $\dfrac{-5 \pm 3\sqrt{5}}{2}$ g) $\dfrac{7 \pm 5\sqrt{5}}{2}$ j) $\dfrac{-3 \pm \sqrt{30}}{7}$ m) $\dfrac{1 \pm 3\sqrt{3}}{13}$

b) $\dfrac{11 \pm 3\sqrt{5}}{2}$ e) $\dfrac{3 \pm 3\sqrt{5}}{2}$ h) $\dfrac{-13 \pm 3\sqrt{17}}{2}$ k) $\dfrac{5 \pm 4\sqrt{2}}{7}$ n) $\dfrac{1 \pm 2\sqrt{7}}{9}$

c) $\dfrac{9 \pm 3\sqrt{5}}{2}$ f) $\dfrac{5 \pm 3\sqrt{5}}{2}$ i) $\dfrac{-5 \pm \sqrt{37}}{12}$ l) $\dfrac{6 \pm \sqrt{30}}{2}$ o) $\dfrac{-1 \pm \sqrt{41}}{10}$

E29)

a) $\dfrac{1 \pm \sqrt{3}}{2}$ d) 25 ou –25   g) x = a ± b   j) x = a ± 2b   m) $\dfrac{1 \pm \sqrt{5}}{2}$

b) $\dfrac{-2 \pm \sqrt{10}}{3}$ e) –1/4 ou –4   h) x = 2b ± a   k) x = –b ± a   n) $\dfrac{7 \pm \sqrt{769}}{30}$

c) 2 ou 3/5   f) x = (p ± q)/k   i) x = a ou x = b   l) x = ac ± ab   o) Impossível

E30)

a) $3 \pm \sqrt{2}$

e) $x = \pm\sqrt{\dfrac{2b - 4a}{a^3 b}}$ h) x = 10 ou x = –10   l) x = 0 ou x = –4

b) x = –2 ou x = 44   ou x = 0, a e b tem que ser tais que nenhum denominador se anule e nenhum radicando se torne negativo.   i) $\dfrac{1 \pm \sqrt{5}}{2}$ m) x = 2

c) x = 0 ou x = 9   f) x = –3 ou x = 10   j) x = –8 ou x = 12

d) $\dfrac{1 \pm \sqrt{5}}{2}$ g) $x = \dfrac{a}{2}\left(-3 \pm \sqrt{3}\right)$ k) x = –a ou x = –b

E31)

a) x = 0 ou x = 36   d) x = 2   g) Impossível   j) k = 13/2 ou k = –17/2

b) $x = \pm\dfrac{\sqrt{566}}{8}$ e) $x = \pm\sqrt{3}$ h) $1 \pm \sqrt{2}$

c) x = 1 ou x = –1   f) (m–n)² ou –(m+n)²   i) x = –6 ou x = 8

E32)

a) x = –3   e) x = 3 ou x = 1/5   i) $x = \pm\dfrac{\sqrt{14}}{2}$ m) x = –1 ou x = 4

b) Impossível   f) x = –1/3 ou x = –2   j) x = 0   n) Impossível
c) x = 5/4   g) x = 8 ou x = –8   k) x = –5   o) x = –3 ou x = 5
d) $\dfrac{7 \pm \sqrt{129}}{10}$ h) x = –1 ou x = 6   l)

E33)

a) $x^2 - 17x + 52 = 0$ e) $bdx^2 + x(bc - ad) - ac = 0$ i) $x^2 + 84x - 540 = 0$ m) $x^2 - 256 = 0$
b) $x^2 + 19x + 88 = 0$ f) $12x^2 + x - 6 = 0$ j) $x^2(a - b) - x(a^2 + b^2) + 2ab(a - b) = 0$ n) $x^2k^2 - (k^2 + 1)x + k = 0$
c) $x^2 - 2x - 63 = 0$ g) $100x^2 - 101x + 1 = 0$ k) $x^2(a^2 - b^2) - 2ax + 1 = 0$ o) $3149x^2 - 114x + 1 = 0$
d) $x^2 - 24x + 63 = 0$ h) $abx^2 - (a + b)x + 1 = 0$ l) $x^2 - x(k + k^2) + k^3 = 0$

E34) (C)   **E35)** (E)   **E36)** (B)   **E37)** (B)   **E38)** (A)

526 — O ALGEBRISTA

E39) (B) E40) m = 7 E41) 3 E42) –31 E43) 9

E44) (A) E45) 25 E46) 7 E47) (C) E48) (D)

E49) (B) E50) (E) E51) Anulada – (A) e (D) certas, p = 2 e q = 0

E52) (E) E53) (B) E54) (A) E55) (A)

E56) (B) E57) (E) E58) (A) E59) (C) E60) (D)

E61) (A) E62) (B): k = –3 E63) (E) E64) (E) E65) (D)

E66) (B) E67) (B) E68) (D) (cap 5, fatoração de $x^n - y^n$ e diferença das raízes)

E69) (C) E70) (E) E71) (E) E72) (A) E73) (B)

E74) (B) E75) (A) E76) (B) E77) (D) E78) (B)

O pessoal das bancas examinadoras tem uma fixação por questões que dão resposta 0 ou sem solução. Em caso de desespero...

E79) (A) E80) (C) E81) x = 5 E82) –5/36 E83) (A)

E84) (B) E85) (E), porém $-2 - \sqrt{3}$ também é solução E86) (D)

E87) (C) E88) (D) E89) $b = 2e - d^2$ E90) $K = \dfrac{3}{2} + \sqrt{3}$

E91) (C) E92) 169, 263, 221, 4250 E93) k = –9 ou k = –1

E94) k = 1 ou k = 4 E95) (A) E96) (D) E97) (C)

E98) c ≤ 4 E99) (A) E100) (D) E101) (D) E102) $x = \pm\sqrt{2}$

E103) k > 6 ou k < –6 E104) 5/2 ou 1/2 E105) 15/4

E106) (C) E107) (D) E108) –5 ou –6 E109) (B) E110) 1/2 ou –1/2

E111) 1/15 E112) R: k = 3 ou k = 5 E113) $3p^2 = 4q$ E114) $\pm 2,\ \pm\sqrt{14}$

E115) $9ac = 2b^2$ E116) –1 ou –6 E117) 10, –10 E118) $\dfrac{\sqrt{19}}{3}$ E119) –1

E120) a = –1, b = 2, c = 3 E121) $\dfrac{2+\sqrt{5}}{2}$ E122) –72

E123) $x^2 - x(p + |q|) + p.|q| = 0$ E124) p < –1 ou p > 4

E125) (B) E126) $x = \dfrac{a+b}{a-b}$ ou $x = \dfrac{a-b}{a+b}$ E127) x = 3/2 ou x = 3/4

Capítulo 13 – Equações do segundo grau

E128) $x = 3$ E129) $k = 4$ E130) $-\dfrac{2+\sqrt{10}}{3}$

E131) $(m = 1$ e $p = 0)$ ou $(m = -2$ e $p = -1)$ E132) $k = -1$ ou $k = 4$

E133) $k = 0$ ou $k = 6$ E134) $m = 19$ ou $m = -5$ E135) $k < 81/20$

E136) $n^2 < 4mp$ E137) $7/3$, $1/3$, $\dfrac{7+\sqrt{37}}{6}$ E138) a) $-7/2$, b) -5

E139) $-16/5$ E140) a) Impossível b) 4 E141) -15

E142) a) Não, porque c/a é negativo; b) Negativo, porque a de menor módulo tem o sinal de b, sendo a positivo.

E143) como $a = 1$ e c é negativo, as raízes têm sinais contrários. A de menor módulo, $x1$, tem o mesmo sinal de b, que é positivo, portanto $x1$ é positivo e $x2$ é negativo.

E144) $k = -3/4$
A rigor, as equações não seriam equivalentes, pois a primeira teria uma raiz dupla igual a ½, enquanto a segunda tem uma única raiz igual a $1/2$.

E145) $a = -1/2$ e $b = 1/5$ E146) $x^2 - 8x + 15 = 0$ E147) -72 E148) (D)

E149) (C)

Resoluções de questões selecionadas

E1 b) $5x^2 + 9x = 0$
$x(5x + 9) = 0$
$1^{\underline{a}}$ solução: $x = 0$
$2^{\underline{a}}$ solução $5x + 9 = 0$ ➜ $x = -9/5$

R: $S = \{0, -9/5\}$, também pode ser escrito como $x = 0$ ou $x = -9/5$

E1 g) $x^2 - 25 = 0$
$x^2 = 25$ ➜ $x = \pm\sqrt{25} = \pm 5$

R: $x = 5$ ou $x = -5$

E1 j) $4x^2 - 1 = 0$
$4x^2 = 1$ ➜ $(2x)^2 = 1$ ➜ $2x = \pm 1$ ➜ $x = \pm 1/2$

R: $x = 1/2$ ou $x = -1/2$

E1 k) $3x^2 = 0$
$3x^2 = 0$ ➜ $x^2 = 0$ ➜ $x = 0$

R: $x = 0$

E2 a) $(x - 4)(x - 2) = 0$
Para um produto ser zero, um dos fatores deve ser zero, ou ambos, se possível
$x - 4 = 0$ ➜ $x = 4$
$x - 2 = 0$ ➜ $x = 2$

R: $x = 2$ ou $x = 4$

528 O ALGEBRISTA

E3 a) $x^2 - 7x + 10 = 0$
$(x - 2)(x - 5) = 0$
$(x - 2) = 0 \rightarrow x = 2$
$(x - 5) = 0 \rightarrow x = 5$

R: $x = 2$ ou $x = 5$

E3 f) $x^2 + x - 30 = 0$
Fatorando:
$(x + 6)(x - 5) = 0$ (observe que na fatoração, o "maior leva o sinal do meio"
$x + 6 = 0 \rightarrow x = -6$
$x - 5 = 0 \rightarrow x = 5$

R: $x = 5$ ou $x = -6$ (no caso das raízes, "a menor leva o sinal do meio".

E5 a) $x^2 - 4x - 5 = 0$
$x^2 - 4x + 4 - 4 - 5 = 0$
$(x - 2)^2 - 9 = 0$ ∴ $(x - 2)^2 = 9$ ∴ $x - 2 = \pm 3 \rightarrow x = 2 \pm 3$
$x = -1$ ou $x = 5$

R: $x = -1$ ou $x = 5$

E5 b) $x^2 - 8x + 15 = 0$
$x^2 - 2.4x = -15$
Teremos o quadrado de uma diferença, já que o coeficiente de x é negativo, e o $2^{\underline{o}}$ termo é o que sobra com x, quando separamos um fator 2. Logo o $2^{\underline{o}}$ termo é -4, temos que formar o quadrado de $(x - 4)$. Para isso temos que completar os dois membros com o quadrado do segundo, que é 16.
$x^2 - 8x + 16 = 16 - 15$
$(x - 4)^2 = 1$
$x - 4 = \pm 1$
$x = 4 \pm 1 \rightarrow x = 3$ ou $x = 5$

R: $x = 3$ ou $x = 5$

E5 m) $36x^2 - 24x - 77 = 0$
Nesse caso o "primeiro" vale 6x...
$(6x)^2 - 2.6x.2 = 77$ ... e o "segundo" vale 2.
$(6x)^2 - 2.6x.2 + 4 = 77 + 4$
$(6x - 2)^2 = 81$
$6x - 2 = \pm 9 \rightarrow 6x = 2 \pm 9$
$x = (2 + 9)/6 \rightarrow x = 11/6$
$x = (2 - 9)/6 \rightarrow x = -7/6$

R: $x = 11/6$ ou $x = -7/6$

E9) Resolver a equação $\dfrac{4}{4 - 2x} + \dfrac{4x}{x^2 - 4} = \dfrac{x - 1}{x + 2}$

$\dfrac{-2}{x - 2} + \dfrac{4x}{(x + 2)(x - 2)} = \dfrac{x - 1}{x + 2}$ (denominadores são x + 2 e x − 2, que não podem ser zero)

Restrição: $x \neq 2$ e $x \neq -2$
Eliminando os denominadores:
$$\dfrac{-2}{x - 2}\Big/_{x + 2} + \dfrac{4x}{(x + 2)(x - 2)}\Big/_{1} = \dfrac{x - 1}{x + 2}\Big/_{x - 2}$$

Capítulo 13 – Equações do segundo grau   529

$-2x - 4 + 4x = x^2 - 3x + 2$

$x^2 - 5x + 6 = 0$ ➔ $x = 2$ ou $x = 3$

Da restrição, devemos ter x≠2, logo a solução x=2 deve ser eliminada

R: $x = 3$

E16) A equação $x^2 + (5m - 1)x + (p^2 - 9) = 0$ terá raízes reais e simétricas para:

(A) $m = 1/5$ e $p > 3$ (B) $m = 2/5$ e $p < 2$ (C) $m = 2/5$ e $p < -2$ ou $p > 2$
(D) $m = 2/5$ e $-2 < p < 2$ (E) $m = 2/5$ e $p = 2$

Uma equação tem raízes reais e simétricas quando é expressa na forma $x^2 - k^2 = 0$ ➔ $x = \pm k$. Dados os coeficientes a, b e c, é preciso que tenhamos b = 0 e a.c < 0.

$5m - 1 = 0$ ➔ $m = 1/5$

$p^2 - 9 < 0$ (já que *a* vale 1) ➔ $p^2 < 9$ ➔ $-3 < p < 3$

É correto dizer que a equação tem raízes simétricas quando *p* está no intervalo (–2, 2), apesar deste intervalo não incluir todos os valores possíveis de *p*. Note entretanto que o valor de m obrigatoriamente tem que ser 1/5 para que tenhamos raízes simétricas, pois este é o único valor que anula o coeficiente de x. Este é um caso típico de questão anulada, que infelizmente ocorrem nos concursos. A resposta correta é m = 1/5 e –3 < p < 3.

R: m = 1/5 e –3 < p < 3

E18) A equação $2x^2 - 5x + a - 1 = 0$ tem apenas uma raiz nula para:

(A) a = 2   (B) a = 0   (C) a = 33/8   (D) a = 1   (E) a = 17/8

A questão pode dar margem a dupla interpretação. Dois significados podem ser entendidos.
1) A equação tem apenas uma raiz, sendo que a mesma é nula.
2) Das raízes da equação, apenas uma é nula.
Note que esta é uma equação do 2º grau, já que o coeficiente de x^2 é diferente de zero. Uma equação do 2º grau sempre tem duas raízes, sendo que elas podem ser iguais, no caso de Δ ser zero. Logo a interpretação (2) é a única que pode ser válida. Uma equação do segundo grau que tem uma raiz nula (e a outra não nula, obviamente), é aquela da forma $x^2 + bx = 0$ (já simplificada), ou seja, o coeficiente *c* tem que ser zero.

$a - 1 = 0$ ➔ $a = 1$

Cuidado com a confusão de letras, pois o coeficiente normalmente chamado de *a*, por convenção, é aquele do termo em x^2. Nesta equação o coeficiente de x^2 é 2, o de x é –5, e o termo independente, normalmente chamado de *c*, é *a – 1*.

R: (D)

E22) A soma da média aritmética com a média geométrica das raízes da equação $ax^2 - 8x + a^3 = 0$ dá:

(A) $\dfrac{4-a^2}{a}$ (B) $\dfrac{-4+a^2}{a}$ (C) $\dfrac{8+a^2}{a}$ (D) $\dfrac{4+a^2}{a}$ (E) 5

Nesta equação os coeficientes a, b e c são respectivamente a, –8 e a^3, ou seja, o *a* da questão é o próprio a da equação, e temos ainda b = –8/a e c = a^3. Chamando as raízes de *p* e *q*, sua some é –b/a = 8/a, e o produto é c/a = a^3/a = a^2. A some da média aritmética com a média geométrica é:

$$\frac{p+q}{2} + \sqrt{pq} = \frac{8}{2a} + \sqrt{a^2}$$

O problema aqui é que $\sqrt{a^2} = |a|$, e não sabemos nada sobre o sinal de a. Na verdade, a pode ser positivo ou negativo. É muito comum professores de bancas examinadoras esquecerem desse detalhe e acabarem propondo questões que são posteriormente anuladas. Se *a* for

530   O ALGEBRISTA

positivo, $\sqrt{a^2} = a$, mas se **a** for negativo, $\sqrt{a^2} = -a$, claro que nesse caso $-a$ é positivo. Certamente este é um caso de questão anulada. Iremos resolvê-la adicionando a condição de que **a** é positivo, apenas para não abandonar a questão.

$$\frac{p+q}{2} + \sqrt{pq} = \frac{8}{2a} + a = \frac{4}{a} + a = \frac{4+a^2}{a}$$

R: (D)

E25 a) $2x^2 + 6x + 4 = 0$

Como a $\neq$ 1, multiplicamos a.c = 8

Produto = 8, soma = 6 ➔ 4 e 2

Sinais: ambas as raízes são negativas ➔ -4 e -2

Agora dividimos as duas raízes pelo coeficiente de x^2:

$-4/2$ e $-2/2$ ➔ -2 e -1

R: x = -2 ou x = -1

E26 a) $10x^2 + 11x - 6 = 0$

Novamente temos a $\neq$ 1, multiplicamos a.c = 60.

O produto é negativo, então as raízes têm sinais contrários, e a menor em módulo fica com o sinal de b. O coeficiente b é a diferença das raízes.

Produto = 60, diferença = 11 ➔ 15 e 4

Sinal: a menor fica com o sinal de b: 4 e -15

Dividindo as raízes por a:

$4/10$ e $-15/10$ ➔ $2/5$ e $-3/2$

R: x = $2/5$ ou x = $-3/2$

E29 f) $k^2x^2 - 2pkx + p^2 - q^2 = 0$

Pode ser feito pela fórmula quadrática, mas vamos completar quadrados, visto que tais quadrados já estão prontos na expressão.

$k^2x^2 - 2pkx + p^2 = q^2$

$(kx - p)^2 = q^2 \therefore kx - p = \pm q$ ➔ x = (p ± q)/k

R: x = (p ± q)/k

E30 j) $\dfrac{x+8}{x-8} - 2 = \dfrac{24}{x-4}$

Antes de mais nada, é uma equação fracionária, portanto é preciso fazer as restrições para que os denominadores não se anulem ➔ x $\neq$ 8 e x $\neq$ 4.

$$\frac{x+8}{x-8}{\Large/}_{(x-4)} - \frac{2}{1{\Large/}_{(x-4)(x-8)}} = \frac{24}{x-4}{\Large/}_{(x-8)}$$

$x^2 + 4x - 32 - 2(x^2 - 12x + 32) = 24(x - 8)$

$x^2 + 4x - 32 - 2x^2 + 24x - 64 = 24x - 192$

$-x^2 + 4x - 32 - 64 = -192$

$x^2 - 4x - 96 = 0 \therefore$ x = -8 ou x = 12 (ambas as raízes respeitam as restrições)

R: x = -8 ou x = 12

E30 k) $\dfrac{1}{a} + \dfrac{1}{b} + \dfrac{1}{x} = \dfrac{1}{a+b+x}$

Restrições: x $\neq$ 0 e x $\neq$ $-a$ $-b$

Capítulo 13 – Equações do segundo grau 531

Eliminando os denominadores:

$bx(a + b + x) + ax(a + b + x) + ab(a + b + x) = abx$

$abx + b^2x + bx^2 + a^2x + abx + ax^2 + a^2b + ab^2 + \cancel{abx} = \cancel{abx}$

$x^2(a + b) + x(a^2 + 2ab + b^2) + ab(a + b) = 0$

$x^2(a + b) + x(a + b)^2 + ab(a + b) = 0$ (dividir tudo por $(a + b)$)

$x^2 + x(a + b) + ab = 0$

$(x + a)(x + b) = 0$ ➔ $x = -a$ ou $x = -b$

R: $x = -a$ ou $x = -b$

E30 i) $\dfrac{x+1}{x+2} + \dfrac{x-1}{x-2} = \dfrac{2x+1}{x+1}$

Pode ser usado o método tradicional de eliminar os denominadores, mas vê-se que sobrarão expressões do 3º grau. Aproveitemos para usar um artifício que evitará essas expressões do 3º grau:

$\dfrac{x+1}{x+2} = \dfrac{x+2}{x+2} - \dfrac{1}{x+2} = 1 - \dfrac{1}{x+2}$; $\dfrac{x-1}{x-2} = \dfrac{x-2}{x-2} + \dfrac{1}{x-2} = 1 + \dfrac{1}{x-2}$; $\dfrac{2x+1}{x+1} = 2 - \dfrac{1}{x+1}$

Escrevemos então a equação como:

$1 - \dfrac{1}{x+2} + 1 + \dfrac{1}{x-2} = 2 - \dfrac{1}{x+1}$ ➔ $-\dfrac{1}{x+2} + \dfrac{1}{x-2} = -\dfrac{1}{x+1}$

$-(x - 2)(x + 1) + (x + 2)(x + 1) = -(x + 2)(x - 2)$

$-(x^2 - x - 2) + (x^2 + 3x + 2) = -(x^2 - 4)$

$-x^2 + x + 2 + x^2 + 3x + 2 = -x^2 + 4$

$x^2 + 4x = 0$ ➔ $x = 0$ ou $x = -4$

R: $x = 0$ ou $x = -4$

E31 g) $\dfrac{x-4}{x-2} - \dfrac{3}{x+2} = 1 - \dfrac{8}{x^2-4}$

Trata-se de uma equação fracionária. Restrição $x \neq 2$ e $x \neq -2$
Eliminando os denominadores:

$\dfrac{x-4}{x-2\Big/_{x+2}} - \dfrac{3}{x+2\Big/_{x-2}} = \dfrac{1}{1\Big/_{x^2-4}} - \dfrac{8}{x^2-4\Big/_1}$

$x^2 - 2x - 8 - 3(x - 2) = x^2 - 4 - 8$

$-5x = -10 \;\therefore\; x = 2$ (não permitido devido à restrição, para não anular denominador)

R: Impossível

E42) Determine o produto dos valores de **m** na equação $2x^2 - (m - 1)x + 3 = 0$ para que uma das raízes seja o triplo da outra.

Chamemos as raízes de k e 3k, já que uma é o triplo da outra. Da equação, podemos usar que a soma das raízes é $(m - 1)/2$:

$4k = (m - 1)/2 \;\therefore\; k = (m - 1)/8$, e $3k = 3(m - 1)/8$, são as raízes, em função de m.

O produto das raízes é $3/2$, então $3(m - 1)^2/64 = 3/2$

$(m - 1)2 = 32$

$m - 1 = \pm\sqrt{32} = \pm4\sqrt{2}$ ➔ $m = 1 \pm 4\sqrt{2}$, portanto existem dois valores possíveis para m, e seu produto é $1 - 32 = -31$ (produto da soma pela diferença)

R: -31

532 O ALGEBRISTA

E48) Calcular a soma dos valores de **m** e **n** de modo que as equações $(2n + m)x^2 - 4mx + 4 = 0$ e $(6n + m)x^2 + 3(n - 1)x - 2 = 0$ tenham as mesmas raízes.

(A) 9/5   (B) 7/5   (C) –9/5   (D) –33/37   (E) 1   (F) NRA

Para que duas equações tenham as mesmas raízes, seus coeficientes devem ser proporcionais. Se usarmos a fórmula quadrática em uma equação do 2° grau com coeficientes a, b e c, e em outra com coeficientes ka, kb e kc, veremos que o k irá cancelar e restarão valores iguais nas duas fórmulas. Podemos no problema descobrir este valor de k, pois a razão entre o termo independente de cada equação é $4/(-2) = -2$. Este mesmo fator se aplica aos demais coeficientes:
Coeficientes de x^2: $2n + m = -2(6n + m)$
Coeficientes de x: $-4m = -2.3(n - 1)$
Resolvendo o sistema ficamos com $n = 9/37$ e $m = -42/37$

R: (D)

E50) Dar os valores de **m**, na equação $mx^2 - 2mx + 4 = 0$, para que as suas raízes tenham o mesmo sinal.

(A) m≤0   (B) m≥3   (C) m≥7   (D) m≤5   (E) m≥4

É preciso que c/a > 0 e Δ≥0.
c/a > 0 ➔ m > 0
Δ≥0 ➔ $4m^2 - 4.m.4 \geq 0$ ∴ $m^2 - 4m \geq 0$. Como m é positivo, podemos simplificar por m:
$m - 4 \geq 0$ ∴ m ≥ 4

R: (E)

E55) A soma dos valores reais de **k** que fazem com que a equação $x^2 - 2(k + 1)x + k^2 + 2k - 3 = 0$ tenha uma de suas raízes igual ao quadrado da outra é:

(A) 3   (B) 4   (C) 5   (D) 6   (E) 7

$x^2 - 2(k + 1)x + k^2 + 2k - 3 = 0$
$x^2 - 2(k + 1)x + (k + 3)(k - 1) = 0$ (Observe que $2(k + 1)$ é a soma de $(k + 3)$ com $(k - 1)$)
$x^2 - [(k + 3) + (k - 1)]x + (k + 3)(k - 1) = 0$
$x^2 - Sx + P = 0$, o primeiro membro pode ser fatorado como um produto de Stevin:
$(x - (k + 3))(x - (k - 1)) = 0$
As raízes são k + 3 e k – 1, sendo que uma é o quadrado da outra, resultado em dois casos:
a) $k - 1 = (k + 3)^2$
$k^2 + 5k + 10 = 0$ ➔ Impossível em R
b) $k + 3 = (k - 1)^2$
$k^2 - 3k - 2 = 0$ ➔ $k = \dfrac{3 \pm \sqrt{17}}{2}$
São dois valores reais para k, e sua soma vale 3.

R: (A)

E59) Na equação $x^2 - mx - 9 = 0$, a soma dos valores de m, que fazem com que as ruas raízes **a** e **b** satisfaçam a relação 2a + b = 7, dá:

(A) 3,5   (B) 20   (C) 10,5   (D) 10   (E) 9

Se as raízes são a e b, podemos concluir a partir dos coeficientes da equação (soma e produto):
a + b = m
a.b = –9
O problema dá ainda que 2a + b = 7. Formaremos um sistema do 2° grau usando esta equação e a que envolve o produto, já que m ainda não é conhecido:

Capítulo 13 – Equações do segundo grau   533

$$\begin{cases} 2a + b = 7 \\ a.b = -9 \end{cases}$$

$b = 7 - 2a$

$a.(7 - 2a) = -9 \; \therefore \; 2a^2 - 7a - 9 = 0 \rightarrow a = -1 \text{ ou } a = 9$

caso 1: $a = -1$, $b = 9$ $(7 - 2a)$, $m = a + b = 8$

caso 2: $a = 9/2$, $b = -2$, $m = 5/2$

Logo a soma dos possíveis valores de m é $8 + 5/2 = 10,5$

R: (C)

E65) O conjunto dos valores m para os quais as equações $3x^2 - 8x + 2m = 0$ e $2x^2 - 5x + m = 0$ possuem uma e apenas uma raiz real comum é:

(A) unitário, de elemento positivo
(B) unitário, de elemento não negativo
(C) composto de dois elementos não positivos
(D) composto de dois elementos não negativos
(E) vazio

Lembremos que as soluções de uma equação do segundo grau são as raízes de uma função chamado trinômio do segundo grau. As raízes são os pontos que cortam o eixo x, ou seja, os pontos que fazem a função do 2° grau valer zero. Dadas duas parábolas, os seus pontos de interseção só poderão ser dois, um ou nenhum. Para encontrá-los, basta igualar as duas equações, ficando com uma nova equação que é a diferença entre elas. Teria que ser mostrado que dois pontos de encontro existentes, um deles é raiz de ambas as equações, o outro ponto de interseção, caso exista, não é raiz. Vamos resolver obrigando o sistema formado por essas duas equações a ter apenas uma solução, raiz de ambas as equações, e determinar os valores possíveis de m:

$$\begin{cases} 3x^2 - 8x + 2m = 0 \\ 2x^2 - 5x + m = 0 \end{cases}$$

Trata-se de um sistema do 2° grau com duas incógnitas: x e m. Eliminemos o termo em x^2 para chegar a uma equação derivada do 1° grau. Para isto, basta multiplicar a 1ª equação por 2, e segunda por 3 e subtrair as equações:

$$\begin{cases} 6x^2 - 16x + 4m = 0 \\ 6x^2 - 15x + 3m = 0 \end{cases}$$

$-x + m = 0 \rightarrow x = m$

Para satisfazer as equações, concluímos que m e x têm que ser iguais. Vamos substituir x por m na primeira equação e resolvê-la:

$3m^2 - 8m + 2m = 0 \rightarrow m = 2 \text{ ou } m = 0$

Para que o sistema não seja impossível, é preciso fazer o mesmo com a 2ª equação, e fazer a interseção das soluções:

$2m^2 - 5m + m = 0 \rightarrow m = 2 \text{ ou } m = 0$

O sistema determina que para atender as condições do problema, devemos ter m=0 ou m=2. Vamos testar esses valores, verificando se as raízes das equações realmente atendem ao que o problema pede:

1) $m = 0$

$3x^2 - 8x = 0 \rightarrow$ raízes 0 e 8/3

$2x^2 - 5x = 0 \rightarrow$ raízes 0 e 5/2

De fato com m = 0, as equações têm uma, e somente uma raiz comum.

2) $m = 2$

$3x^2 - 8x + 4 = 0 \rightarrow$ raízes 2 e 2/3

$2x^2 - 5x + 2 = 0 \rightarrow$ raízes 1/2 e 2

De fato nesse caso também, as equações têm uma, e apenas uma raiz em comum.

534   O ALGEBRISTA

Portanto os valores possíveis de m são 0 e 2, valores não negativos, logo a resposta é (D).

R: (D)

E66) A equação do 2° grau $x^2 - 2x + m = 0$, m<0, tem raízes x_1 e x_2. Se $x_1^{n-2} + x_2^{n-2} = a$ e $x_1^{n-1} + x_2^{n-1} = b$, então $x_1^n + x_2^n$ é igual a:

(A) 2a + mb   (B) 2b – ma   (C) ma + 2b   (D) ma – 2b   (E) m(a – 2b)

Quem disse que as questões antigas eram mais fáceis? Essa questão usa um "macetinho" algébrico que definitivamente está mais para Olimpíada de Matemática. É uma trapaça de banca. Já que estão trapaceando, vamos trapacear também. Note que nos resultados possíveis não aparece **n**. Tudo indica então que o resultado vale para qualquer n. Vamos então fazer n = 10 para ver com mais clareza, numericamente, o que ocorre. Vamos também chamar as raízes de p e q, pois com letras fica mais fácil visualizar que com x_1 e x_2, Temos então:
$p^8 + q^8 = a$
$p^9 + q^9 = b$
O problema pede $p^{10} + q^{10}$. Vamos fazer aparecer $p^{10} + q^{10}$ a partir da multiplicação de $p^9 + q^9$ por (p + q). Lembramos que **p + q** é a soma das raízes, que no caso vale 2, e **pq é o produto das raízes, que no caso vale m.**
$(p^9 + q^9).(p + q) = p^{10} + q^{10} + pq^9 + qp^9 = p^{10} + q^{10} + pq(p^8 + q^8)$
Substituindo os valores de $p^8 + q^8 = a$, $p^9 + q^9 = b$, p + q = 2 e p.q = m:
$b.2 = p^{10} + q^{10} + m.a$
$p^{10} + q^{10} = 2b - ma$
Claro que dá para fazer tudo com $x_1^{n-2} + x_2^{n-2} = a$, etc.

R: (B)

E67) Considere os números reais **x – a, x – b e x – c**, onde **a, b** e **c** são constantes. Qual o valor de x para que a soma dos seus quadrados seja a menor possível?

(A) $\dfrac{a+b+c}{2}$ (B) $\dfrac{a+b+c}{3}$ (C) $\dfrac{2a+2b+2c}{3}$ (D) $\dfrac{a-b-c}{3}$ (E) $\dfrac{2a-2b+2c}{3}$

Idem. Diga-se de passagem que não se trata de uma questão da matéria do ensino fundamental, mas sim, um resultado algébrico estudado pelos participantes da OBM. A partir dessa época, tornou-se obrigatório para os candidatos ao CN, o estudo de técnicas derivadas das questões caídas na OBM. O resultado algébrico fora do programa é no caso, o fato de que a soma dos quadrados de expressões da forma (x – k) é mínima quando x é a média aritmética desses valores de k. Vamos deduzir isto para 3 valores, (x – a), (x – b) e (x – c).
$S = (x - a)^2 + (x - b)^2 + (x - c)^2$. Vamos completar quadrados, da forma como fazemos nas equações do 2° grau:
$S = x^2 - 2ax + a^2 + x^2 - 2bx + b^2 + x^2 - 2cx + c^2 =$
$S = 3x^2 - 2x(a + b + c) + a^2 + b^2 + c^2 =$
$S = 3[x^2 - 2x.(a + b + c)/3 + (a + b + c)^2/9] + a^2 + b^2 + c^2 - (a + b + c)^2/9$
$S = 3.[x - (a + b + c)/3]^2 + a^2 + b^2 + c^2 - (a + b + c)^2/9$
A expressão de S tem um quadrado e um número fixo, função de a, b e c. O mínimo de S ocorrerá quando o quadrado for mínimo, ou seja, zero, portanto x tem que ser igual a:
$\dfrac{a+b+c}{3}$
Este resultado é geral, e vale para qualquer número de parcelas. É usado em vários ramos da matemática superior, como a teoria das probabilidades, e sua demonstração é feita pelo *princípio da indução finita*.

R: (B)

Capítulo 13 – Equações do segundo grau   535

E72) Sendo m e n as raízes da equação $x^2 - 10x + 1 = 0$, o valor da expressão $\dfrac{1}{m^3} + \dfrac{1}{n^3}$ é

(A) 970   (B) 950   (C) 920   (D) 900   (E) 870

$1/m^3 + 1/n^3 = (m^3 + n^3)/(m^3n^3)$
$= [(m + n)^3 - 3.mn.(m + n)]/(mn)^3$
$= [S^3 - 3PS]/P^3$, onde $S = (m + n)$ e $P = m.n$
Dos coeficientes da equação, vemos que $S = 10$ e $P = 1$
$[S^3 - 3PS]/P^3 = [1000 - 30]/1 = 970$

R: (A)

E90) Calcule a fração contínua $3 + \cfrac{1}{4 + \cfrac{1}{3 + \cfrac{1}{4 + ...}}}$.

Igualando esta fração a K, notamos que pode ser escrita como

$K = 3 + \cfrac{1}{4 + \cfrac{1}{K}}$ ➔ $K = 3 + \cfrac{1}{\frac{4K+1}{K}}$ ➔ $K = 3 + \cfrac{K}{4K+1}$ ➔ $4K^2 + K = 12K + 3 + K$

$4K^2 - 12K - 3 = 0$ ➔ $K = \dfrac{12 \pm \sqrt{144 + 48}}{8} = \dfrac{3}{2} \pm \sqrt{3}$

Tomando o sinal negativo, teríamos para K um valor negativo (aproximadamente 1,50 – 1,73), entretanto K é formado originalmente por operações de frações com termos positivos, portanto K não pode ser negativo. A única resposta é $K = \dfrac{3}{2} + \sqrt{3}$

R: $K = \dfrac{3}{2} + \sqrt{3}$

E112) Encontre k para que $f(x) = kx^3 + x^2 + k^2x + 3k^2 + 11$ seja divisível por $(x + 2)$.

O polinômio do $3^{\underline{o}}$ grau deve ter um fator $(x + 2)$, portanto $f(-2) = 0$
$-8k + 4 - 2k^2 + 3k^2 + 11 = 0$ ∴ $k^2 - 8k + 15 = 0$ ➔ $k = 3$ ou $k = 5$

R: $k = 3$ ou $k = 5$

E73) Os números reais a, b e c são inteiros não nulos tais que:
$$\begin{cases} 144a + 12b + c = 0 \\ 256a + 16b + c = 0 \end{cases}$$
logo, $\sqrt{b^2 - 4ac}$ pode ser

(A) 151   (B) 152   (C) 153   (D) 154   (E) 155

O caminho mais intuitivo é encontrar os valores de a, b e c, e calcular o que se pede. Entretanto são três valores a serem encontrados, e o sistema apresentado tem apenas duas equações. Trata-se portanto de um sistema indeterminados, com infinitas soluções. Note entretanto que as duas equações apresentadas são os valores de $ax^2 + bx + c$ para $x = 12$ e $x = 16$. Como esses valores são 0, concluímos que 12 e 16 são raízes de $ax^2 + bx + c = 0$. Então a equação tem raízes 12 e 16, e o coeficiente de x^2 é a, sendo assim, a equação pode ser escrita como $a(x - 12)(x - 16) = 0$
$a(x^2 - 28x + 192) = 0$ ➔ $ax^2 - 28ax + 192a = 0$
ou seja $b = -28a$ e $c = 192a$.
$\sqrt{b^2 - 4ac} = \sqrt{28^2 a^2 - 4a.192a} = |a|.\sqrt{784 - 768} = |a|.\sqrt{16} = 4|a|$

536 — O ALGEBRISTA

Isto mostra que o resultado indicado pelo problema depende do valor de **a**. A única certeza que podemos ter é que este valor é um múltiplo de 4, já que a, b e c são inteiros. A única dentre as respostas que é múltiplo de 4 é 152.

R: 152 (B)

E149) Colégio Naval, 2015
Para capinar um terreno circular plano, de raio 7m, uma máquina gasta 5 horas. Quantas horas gastará essa máquina para capinar um terreno em iguais condições com 14m de raio?

(A) 40   (B) 15   (C) 20   (D) 25   (C) 30

Solução:

A questão é tão fácil que até parece uma "pegadinha", mas não é. O fundamental aqui é lembrar que a área é uma função do $2^{\underline{o}}$ grau do comprimento, ou seja, se uma figura tem uma medida proporcional a x, sua área será função direta de x^2.

Por exemplo, se o raio é duas vezes maior, a área é 4 vezes maior, ou seja, é uma proporção quadrática. Como o raio dobrou, ao aumentar de 7 para 14 metros, a área da segunda circunferência será 4 vezes maior, assim como o tempo necessário para capiná-la, que passará de 5 horas para 20 horas.

Resposta: (C)

Capítulo 14

Cálculo de radicais

Este capítulo poderia ter sido apresentado antes. A maior parte do seu conteúdo usa apenas tópicos do capítulo 2, especificamente, as potências de expoente fracionário, e de fatoração, introduzida no capitulo 5. Optamos por apresentá-lo neste ponto, por ser maior o amadurecimento do aluno, a partir dos capítulos já apresentados, com maior experiência em cálculo algébrico.

Operações com potências de expoentes racionais

Neste capítulo aprenderemos a fazer cálculos algébricos, sobretudo com números irracionais.

Exemplo:

Dada a expressão $\dfrac{\sqrt{2^6} \times \sqrt{8} \times \sqrt[3]{16}}{\sqrt[4]{32} \times \sqrt{2}}$

Escreva essa expressão sob a forma $\sqrt[m]{2^n}$, sendo m e n números inteiros positivos e primos entre si.

Obviamente poderíamos usar uma calculadora e realizar as operações indicadas, que podem resultar em um número irracional, com infinitas casas decimais, e eventualmente até em um número inteiro, devido a simplificações. O objetivo do cálculo de radicais é realizar as operações sem o uso de calculadora. As simplificações algébricas aprendidas para termos literais (capítulos 3 a 7) aplicam-se também a radicais. Produtos notáveis são igualmente utilizados. Por exemplo, uma expressão como $\left(\sqrt{2}+\sqrt{3}\right)^2$ é efetuada como um produto notável do tipo "quadrado da soma", ficando então $2+3+2.\sqrt{2}.\sqrt{3}$.

O cálculo de radicais é realizado com base nas seguintes propriedades:

1) Todo o cálculo algébrico é válido, quando trocamos os termos literais por radicais.

2) A potência de expoente racional p/q é escrita na forma de radical, como $a^{\frac{p}{q}} = \sqrt[q]{a^p}$.

3) Valem todas as propriedades usuais de operações com potências, como:
3.1 $a^x.a^y = a^{x+y}$
3.2 $a^x/a^y = a^{x-y}$
3.3 $(a^x)^y = a^{xy}$
3.4 $a^0 = 1$
3.5 $a^1 = a$

538   O ALGEBRISTA

3.6 $a^x.b^x = (a.b)^x$
3.7 $a^x/b^x = (a/b)^x$

Daí podemos chegar a outras conclusões, como:

$$\sqrt{a.b} = \sqrt{a}.\sqrt{b} \quad \text{(consequência de 3.6)}$$

$$\sqrt[n]{a^n} = a \qquad \text{(pois } a^{\frac{n}{n}} = a^1 \text{)}$$

Todas essas propriedades são válidas para bases positivas (a e b nos exemplos acima) e expoentes racionais, positivos ou negativos. As propriedades valem também para bases negativas, desde que não ocorram raízes de índice par de números negativos.

De posse dessas propriedades, vamos resolver o exemplo da página anterior, $\dfrac{\sqrt{2^6} \times \sqrt{8} \times \sqrt[3]{16}}{\sqrt[4]{32} \times \sqrt{2}}$.

$$\sqrt{2^6} = 2^{\frac{6}{2}} = 2^3 = 8$$
$$\sqrt{8} = \sqrt{4}.\sqrt{2} = 2.\sqrt{2}$$
$$\sqrt[3]{16} = 2^{\frac{4}{3}} = 2^{1+\frac{1}{3}} = 2.2^{\frac{1}{3}} = 2.\sqrt[3]{2}$$
$$\sqrt[4]{32} = \sqrt[4]{16}.\sqrt[4]{2} = 2.\sqrt[4]{2}$$

$\sqrt{2}$: Já está na forma mais simples.

Nossa expressão portanto reduz-se a:

$$\frac{8.2\sqrt{2}.2\sqrt[3]{2}}{2\sqrt[4]{2}.\sqrt{2}}$$

A parte inteira do numerador, 8x2x2, simplifica com a do denominador, 2, resultando em 16. O $\sqrt{2}$ do numerador simplifica com o $\sqrt{2}$ do denominador, sobrando então:

$$\frac{16.\sqrt[3]{2}}{\sqrt[4]{2}}$$

Os radicais com 2 no numerador e no denominador podem ser simplificados, quando colocados na forma $2^{p/q}$:

$$\frac{16.2^{\frac{1}{3}}}{2^{\frac{1}{4}}} = 16.2^{\frac{1}{3}-\frac{1}{4}} = 16.2^{\frac{1}{12}} = 16.\sqrt[12]{2}$$

O problema pede que a resposta seja dada na forma $\sqrt[m]{2^n}$, com m e n primos entre si. Devemos portanto trocar 16 por 2^4 e exprimir a expressão como uma única potência de 2:

$$16.2^{\frac{1}{12}} = 2^4.2^{\frac{1}{12}} = 2^{4+\frac{1}{12}} = 2^{\frac{49}{12}} = \sqrt[12]{2^{49}}$$

Capítulo 14 – Cálculo de Radicais   539

Problemas de cálculo de radicais podem resultar em uma grande quantidade de contas, porém são mais comuns os casos em que muitas simplificações podem ser feitas (corta-corta).

Radical, radicando, índice

É necessário conhecer esses nomes:

$$\sqrt[3]{5^2}$$

Radical: É a expressão inteira, no caso, $\sqrt[3]{5^2}$

Radicando: É a expressão que está dentro do "sinal de raiz". No caso, o radicando é 5^2. O radicando é o valor que está "dentro do radical".

Índice: Refere-se à raiz que está sendo tomada. No exemplo, o índice é 3 (raiz cúbica). Convenciona-se omitir o índice no caso da raiz quadrada.

Operações básicas

O cálculo de radicais é baseado em efetuar as operações e sempre simplificar quando possível. Vejamos quais são essas operações e simplificações:

Simplificação do índice

Quando o índice de um radical e o expoente existente no radicando possuem um fator comum, podem ser simplificados, desde que a base seja positiva. Exemplo:

$$\sqrt[6]{5^4} = \sqrt[3]{5^2}$$

Isto fica óbvio quando lembramos que o número 5 está elevado ao expoente 4/6, fração que simplificada resulta em 2/3. Para bases negativas, consulte o item "cuidado com o sinal".

Adição (e subtração) de radicais

Não há forma de simplificar expressões como $\sqrt{a} + \sqrt{b}$, quando os radicais envolvem fatores primos diferentes, como por exemplo, $\sqrt{2} + \sqrt{3}$. Para que uma simplificação seja possível, é preciso combinar esta expressão com outra, de forma que apareçam termos semelhantes, que serão colocados em evidência. Por exemplo, $\sqrt{8} = \sqrt{4.2} = \sqrt{4}.\sqrt{2} = 2\sqrt{2}$, portanto podemos juntar $\sqrt{8} + \sqrt{2}$ como $2\sqrt{2} + \sqrt{2} = 3\sqrt{2}$. Quando não existem fatores comuns envolvidos, não podemos juntar os radicais como nesse caso.

Colocar fora do radical

Muitas vezes o radicando é rico em fatores, que podem ser simplificados com o índice da raiz, resultando em um radical com números menores. Exemplo:

$$\sqrt{27} = \sqrt{9.3} = \sqrt{9}.\sqrt{3} = 3\sqrt{3}$$
$$\sqrt[3]{500} = \sqrt[3]{125.4} = \sqrt[3]{125}.\sqrt[3]{4} = 5\sqrt[3]{4}$$

Para realizar esta operação, devemos identificar dentro do radicando, um fator com uma potência igual ou múltipla do índice do radical.

Colocar dentro do radical

Pode ser necessário realizar a operação inversa, que é colocar um fator que multiplica o radical, para dentro do radical. O fator passará então a fazer parte do radicando, multiplicando-o. Exemplo:

$$5\sqrt{2} = \sqrt{5^2 . 2} = \sqrt{50}$$

Para "entrar no radical", um número tem que ser elevado a uma potência igual ao índice do radical, e vice-versa.

Multiplicação e divisão de radicais

Essas operações são apenas as operações básicas com potências de expoente racional. Exemplos:

$$\sqrt{2}.\sqrt{5} = \sqrt{2.5} = \sqrt{10}$$

$$\sqrt{\frac{2}{3}} = \frac{\sqrt{2}}{\sqrt{3}}$$

Quando os radicais tiverem índices diferentes, devemos reduzir todos ao mesmo índice.

Exemplo:

$$\sqrt{2}.\sqrt[3]{5} = \sqrt[6]{2^3}.\sqrt[6]{25} = \sqrt[6]{200}\text{ , o que é o mesmo que dizer:}$$

$$\sqrt{2}.\sqrt[3]{5} = 2^{\frac{1}{2}}.5^{\frac{1}{3}} = 2^{\frac{3}{6}}.5^{\frac{2}{6}} = \left(2^3\right)^{\frac{1}{6}}.\left(5^2\right)^{\frac{1}{6}} = \left[8.25\right]^{\frac{1}{6}} = \sqrt[6]{200}$$

Operações algébricas com radicais

Seguem os mesmos mecanismos das operações com expressões algébricas envolvendo variáveis reais: Exemplo:

$$\left(\sqrt{7} + \sqrt{3}\right)\left(\sqrt{7} - \sqrt{3}\right) = 7 - 3 = 4 \quad \text{(Produto de uma soma por uma diferença)}$$

Este é um exemplo no qual são multiplicados dois números irracionais, com resultado inteiro.

Potenciação de radicais

Um radical nada mais é que uma potência com expoente racional. Elevar uma potência a outra consiste em multiplicar os expoentes. Exemplo:

$$\left(\sqrt{10}\right)^3 = \left(10^{\frac{1}{2}}\right)^3 = 10^{\frac{3}{2}} = 10^{1+\frac{1}{2}} = 10\sqrt{10}\text{ . Também pode ser feito como:}$$

$$\left(\sqrt{10}\right)^3 = \sqrt{10^3} = \sqrt{10^2 . 10} = 10\sqrt{10}$$

Redução ao mesmo índice

Para multiplicar, dividir ou comparar radicais de índices diferentes, é necessário reduzir ambos ao mesmo índice. Exemplo:

$$\sqrt{2}.\sqrt[3]{2} = 2^{\frac{1}{2}}.2^{\frac{1}{3}} = 2^{\frac{3}{6}}.2^{\frac{2}{6}} = 2^{\frac{5}{6}}$$

Capítulo 14 – Cálculo de Radicais   541

Comparação

Comparar radicais é identificar qual é o maior e qual é o menor, ou se são iguais. Inicialmente devemos reduzir os radicais ao mesmo índice. Finalmente comparamos os valores dos radicandos. Exemplo:

Comparar $\sqrt{10}$ e $\sqrt[3]{32}$

Vamos inicialmente reduzir as raízes ao mesmo índice. Como os índices são 2 e 3, o novo índice será 6. Para isto, elevaremos os radicandos ao cubo e ao quadrado, respectivamente, ficando com:

$\sqrt[6]{10^3}$ e $\sqrt[6]{32^2}$

Como $10^3 = 1000$ e $32^2 = 1024$, segue-se que $\sqrt{10} < \sqrt[3]{32}$

Cuidado com o sinal

A operação $x^{\frac{p}{q}}$, com x negativo e p e q primos entre si, não pode ser efetuada quando q for par. Vejamos alguns exemplos:

$(-5)^{1/2}$ não pode ser efetuada, é a raiz quadrada de –5, que não existe no conjunto R.

$(-5)^{6/2}$ pode ser efetuada, pois a base negativa resulta em um valor positivo, quando elevada a sexta potência, portanto sua raiz quadrada pode ser efetuada.

Se nessa expressão simplificarmos o 6/2 para 3/1, estaremos errando, pois
$(-5)^{3/1} = -125$ enquanto $(-5)^{6/2} = +125$!!!!

Por isso dizermos que está correto simplificar o índice do radical por um valor par, somente quando a base é positiva. Quando a base é negativa, podemos fazer a simplificação desde que resolvamos antes o problema do sinal:

$$(-5)^{6/2} = (5)^{6/2} = 5^{\frac{3}{1}}$$

No caso de bases negativas, devemos antes de mais nada, checar se a operação é válida, ou seja se não existe raiz de índice par de uma base negativa, sendo que uma base negativa, elevada e um expoente par, torna-se positiva. Só depois desse ajuste fazemos a simplificação.

$(-5)^{\frac{2}{3}}$: Permitido, pois o denominador do expoente é ímpar. O 2 no numerador torna o resultado positivo.

$(-5)^{\frac{2}{4}}$: Permitido, pois o 2 no numerador torna o radicando positivo. Reduz-se a $+5^{1/2}$.

Ao encontrar uma base negativa, olhamos para o numerador do expoente. Se for par, mudamos a base para positiva, aí podemos simplificar e continuar. Se a base for negativa e o numerador for ímpar, então o denominador também tem que ser ímpar, caso contrário a operação é proibida. Exemplo:

542   O ALGEBRISTA

$(-5)^{\frac{3}{4}}$ = NÃO PODE !!!!

OBS.: As operações consideradas inválidas no conjunto dos números reais são permitidas se estivermos operando com números complexos.

Exemplo: $\sqrt{x^2}$

Esta operação é sempre permitida, porém o resultado não é x, mas sim, $|x|$. Como tomando apenas a expressão, não sabemos a priori se x é positivo ou negativo, temos que usar o módulo.

Questões com radicais envolvendo bases negativas podem ser usadas como "pegadinhas" em provas de concursos, entretanto, algumas vezes são falhas da banca, que pode não ter atentado ao problema da base negativa. Nesse caso, o tratamento errado da base negativa resulta em um erro na questão, que torna-se passível de anulação.

Exercícios

E1) Exprimir os radicais na forma de números racionais, quando possível:

a) $\sqrt{25}$

b) $-\sqrt{81}$

c) $-\sqrt{225}$

d) $-\sqrt{\dfrac{49}{64}}$

e) $\sqrt{\dfrac{1}{144}}$

f) $-\sqrt{0,16}$

g) $\sqrt[3]{-8}$

h) $\sqrt{1,69}$

i) $\sqrt{\dfrac{9}{16}}$

j) $\sqrt{\dfrac{196}{25}}$

k) $-\sqrt[3]{-64}$

i) $\sqrt{0,49}$

m) $\sqrt{0,0001}$

n) $-\sqrt{\dfrac{36}{25}}$

o) $\sqrt[3]{-\dfrac{27}{125}}$

E2) Completar com >, < ou =

a) $\dfrac{4}{5} \_\_ \left(\dfrac{4}{5}\right)^2$

b) $\dfrac{1}{16} \_\_ \sqrt{\dfrac{1}{16}}$

c) $k \_\_ \sqrt{k}$, 0<k<1

d) $\dfrac{4}{9} \_\_ \sqrt{\dfrac{4}{9}}$

e) $\dfrac{3}{7} \_\_ \sqrt{\dfrac{3}{7}}$

f) $\dfrac{5}{3} \_\_ \left(\dfrac{5}{3}\right)^2$

g) $\dfrac{16}{9} \_\_ \sqrt{\dfrac{16}{9}}$

h) $\dfrac{7}{4} \_\_ \sqrt{\dfrac{7}{4}}$

i) $k \_\_ \sqrt{k}$, k>1

j) $\sqrt{\dfrac{4}{3}} \_\_ \sqrt[3]{\dfrac{7}{4}}$

k) $\sqrt{3} \_\_ \sqrt[3]{5}$

l) $\sqrt[3]{11} \_\_ \sqrt{5}$

m) $\sqrt[4]{50} \_\_ \sqrt{7}$

n) $\sqrt[3]{\dfrac{1}{12}} \_\_ \sqrt{\dfrac{1}{5}}$

o) $\dfrac{2}{\sqrt{2}} \_\_ \sqrt{2}$

Capítulo 14 – Cálculo de Radicais   543

E3) Extrair as raízes dos seguintes monômios, considere positivas todas as variáveis

a) $\sqrt{16x^2}$

f) $\sqrt{36x^2y^4z^6}$

k) $\sqrt{a^2b^4c^6d^8}$

b) $\sqrt{9a^2x^4}$

g) $\sqrt{0,04z^6w^8}$

i) $\sqrt{(-1)^8k^{10}}$

c) $\sqrt{25x^4y^6}$

h) $\sqrt[3]{125x^3y^6z^9}$

m) $\sqrt{x^{10}y^{30}z^{50}}$

d) $\sqrt{\dfrac{25}{9}k^4}$

i) $\sqrt[3]{-\dfrac{(-x)^3}{y^6}}$

n) $\sqrt[5]{x^{10}\cdot\dfrac{z^5}{w^{10}}}$

e) $\sqrt{\dfrac{(-7)^2}{x^2}}$

j) $\sqrt{\dfrac{x^2}{y^2}}$

o) $\sqrt[4]{16\dfrac{y^{12}}{z^4}}$

E4) Colocar os fatores para dentro do radical e efetuar os radicandos

a) $2\sqrt{3}$

f) $3\sqrt{5}$

k) $7\sqrt{2}$

b) $x\sqrt{y}$

g) $3\sqrt{3}$

i) $5\sqrt{3}$

c) $10\sqrt{2}$

h) $3\sqrt[3]{2}$

m) $5\sqrt{8}$

d) $2\sqrt{10}$

i) $2\sqrt[5]{5}$

n) $9\sqrt{3}$

e) $5\sqrt[3]{4}$

j) $7\sqrt{5}$

o) $10\sqrt{10}$

E5) Colocar o maior valor possível para fora do radical

a) $\sqrt{98}$

f) $\sqrt{125}$

k) $\sqrt{243}$

b) $\sqrt{27}$

g) $\sqrt{32}$

i) $\sqrt{50}$

c) $\sqrt{18}$

h) $\sqrt{75}$

m) $\sqrt{54}$

d) $\sqrt{72}$

i) $\sqrt{300}$

n) $\sqrt{500}$

e) $\sqrt[3]{16}$

j) $\sqrt[3]{32}$

o) $\sqrt[4]{1024}$

E6) Efetue e simplifique

a) $\sqrt{5}+\sqrt{500}$

f) $\sqrt{50}-\sqrt{8}$

k) $\sqrt{12}+\sqrt{27}+\sqrt{75}$

b) $\sqrt{12}+\sqrt{75}+\sqrt{108}$

g) $\sqrt{28}+\sqrt{7}+\sqrt{175}$

i) $\sqrt{49x^4}+\sqrt{9x^4}$

c) $\sqrt{2}+\sqrt{8}+\sqrt{32}$

h) $\sqrt{75}-\sqrt{27}$

m) $\sqrt{81x}-\sqrt{64x}$

d) $\sqrt{3x^2}+\sqrt{12x^2}$

i) $5\sqrt{2}-\sqrt{32}$

n) $4\sqrt{8}+3\sqrt{2}$

e) $\sqrt{5k}+\sqrt{80k}$

j) $\sqrt{72}-\sqrt{50}$

o) $\sqrt{48}+\sqrt{27}$

E7) Efetue as multiplicações:

a) $\sqrt{4a}\cdot\sqrt{10a}$, a>0

f) $3\sqrt{18}\cdot5\sqrt{18}$

k) $\sqrt{3x}\cdot\sqrt{12x}$

b) $\sqrt{5}\cdot\sqrt[3]{5}$

g) $\sqrt{48}\cdot\sqrt{75}$

i) $3\sqrt{6}\cdot5\sqrt{15}$

c) $\sqrt{10}\cdot\sqrt{2}$

h) $\sqrt{24}\cdot5\sqrt{3}$

m) $2\sqrt{x}\cdot5\sqrt{x}$, x>0

d) $\left(\sqrt{k}\right)^2$

i) $\left(\sqrt{3}\right)^3$

n) $\left(\sqrt{8x}\right)\left(\sqrt[3]{2xy}\right)$

e) $\left(\sqrt{3x^2}\right)^2$

j) $\left(\sqrt{3}-\sqrt{2}\right)^2$

o) $\left(\sqrt{3}+\sqrt{2}\right)\left(\sqrt{3}-\sqrt{2}\right)$

544 — O ALGEBRISTA

E8) Efetue e simplifique, considere todas as variáveis positivas

a) $\sqrt{50} \div \sqrt{2}$

b) $6\sqrt{14} \div 3\sqrt{28}$

c) $\sqrt{3x^2 y^3} \div \sqrt{x^4 y}$

d) $\sqrt{6} \div \sqrt[3]{2}$

e) $\sqrt[3]{54} \div \sqrt[3]{2}$

f) $\sqrt{36} \div \sqrt{2}$

g) $5\sqrt{6} \div \sqrt{3}$

h) $\sqrt{a^3 b^3 c^4} \div \sqrt{abc}$

i) $\sqrt{200} \div \sqrt[3]{100}$

j) $4\sqrt{x^2 y^2} \div \sqrt{xy}$

k) $\sqrt{80} \div \sqrt{5}$

i) $\sqrt{98} \div \sqrt{2}$

m) $\sqrt[3]{x^4 y^5 z^6} \div \sqrt{xyz}$

n) $\sqrt{24} \div \sqrt{6}$

o) $\left(\sqrt{x} + \sqrt{y}\right)^2 \div xy$

E9) Efetue as potências

a) $\left(\sqrt{2}\right)^3$

b) $\left(\sqrt[3]{5}\right)^4$

c) $\left(2\sqrt{3}\right)^2$

d) $\left(\sqrt{3} + \sqrt{5}\right)^2$

e) $\left(\sqrt{50}\right)^3$

f) $\left(\sqrt[3]{3}\right)^5$

g) $\left(2\sqrt{xy^2}\right)^4$; x>0 e y>0

h) $\left(a^2 b^4 c^6\right)^{\frac{1}{3}}$

i) $\left(2\sqrt{3}\right)^3$

j) $\left(\sqrt{75}\right)^3$

k) $\left(\sqrt[4]{3}\right)^5$

i) $\left(\sqrt{3}.\sqrt{2}\right)^3$

m) $\left(\sqrt{200}\right)^3$

n) $\left(\sqrt{8} + \sqrt{50}\right)^2$

o) $\left(\sqrt{98} - \sqrt{72}\right)^3$

Racionalização de denominadores

A racionalização de denominadores consiste em escrever uma expressão de tal forma que não apareçam radicais no denominador. O interesse em evitar radicais no denominador é facilitar as contas e reduzir os erros de arredondamento, pois antigamente esses cálculos eram feitos manualmente. Hoje em dia são usados calculadoras e computadores que apresentam erros de arredondamento menores, entretanto as questões de racionalização continuam sendo cobrados. Seu conhecimento é importante mesmo no caso de preparação de dados para um computador minimizar os erros de cálculo. Por exemplo, considere a expressão abaixo:

$$A = \frac{1}{\sqrt{2}}$$

É trabalhoso calcular manualmente uma divisão, na qual o divisor tem um grande número de casas decimais, como é o caso de $\sqrt{2}$. Mesmo que seja usada uma calculadora ou computador, o erro de arredondamento resultante da representação aproximada de $\sqrt{2}$ torna-se maior quando seu valor está no denominador. Este problema sempre ocorre quando temos números irracionais no denominador.

A racionalização de denominadores consiste em multiplicar a fração, no numerador e no denominador (para que não se altere) por um número irracional, de tal forma que o numerador se torne um racional. No caso da expressão $A = 1/\sqrt{2}$, este fator racionalizante é $\sqrt{2}$:

$$A = \frac{1}{\sqrt{2}} = \frac{1 \times \sqrt{2}}{\sqrt{2} \times \sqrt{2}} = \frac{\sqrt{2}}{2}$$

Portanto, a expressão $\dfrac{\sqrt{2}}{2}$ é igual a $1/\sqrt{2}$, porém com o denominador racionalizado.

Capítulo 14 – Cálculo de Radicais 545

Exemplo: Racionalizar o denominador de $\dfrac{3}{\sqrt{5}-\sqrt{2}}$.

Para que o denominador se torne um racional, multipliquemos ambos os termos da fração por $\sqrt{5}+\sqrt{2}$:

$$\frac{3}{\sqrt{5}-\sqrt{2}} = \frac{3\times\left(\sqrt{5}+\sqrt{2}\right)}{\left(\sqrt{5}-\sqrt{2}\right)\times\left(\sqrt{5}+\sqrt{2}\right)} = \frac{3\left(\sqrt{5}+\sqrt{2}\right)}{5-2} = \left(\sqrt{5}+\sqrt{2}\right)$$

Exercícios

E10) Racionalize os denominadores

a) $\dfrac{5}{\sqrt{7}}$

b) $\dfrac{4}{\sqrt{5}-1}$

c) $\dfrac{\sqrt{2}-1}{\sqrt{2}+1}$

d) $\dfrac{\sqrt{7}+2}{\sqrt{7}-1}$

e) $\dfrac{7\sqrt{2}}{3\sqrt{3}+2\sqrt{2}}$

f) $\dfrac{\sqrt{5}}{\sqrt[3]{10}}$

g) $\dfrac{1}{\sqrt{2-\sqrt{3}}}$

h) $\dfrac{2}{\sqrt{7}-\sqrt{5}}$

i) $\dfrac{14}{5-3\sqrt{2}}$

j) $\dfrac{3\sqrt{5}}{5\sqrt{2}+2\sqrt{3}}$

k) $\dfrac{38}{3\sqrt{3}-2\sqrt{2}}$

l) $\dfrac{3}{4\sqrt{3}-5}$

m) $\dfrac{5-7\sqrt{3}}{1+\sqrt{3}}$

n) $\dfrac{1}{2\sqrt{5}-\sqrt{3}}$

o) $\dfrac{60}{\sqrt{5}-\sqrt{3}+\sqrt{2}}$

Radicais duplos

Este é um assunto que normalmente não é abordado nos livros de matemática para o ensino fundamental. Em renomado livro cujo título não será citado aqui trata esse assunto sob o título "Curiosidade". Outro livro tradicionalíssimo simplesmente não aborda o assunto. Por outro lado, este assunto é sempre cobrado nos concursos para escolas militares, como pode ser constatado pelas questões apresentadas na parte final deste capítulo.

O problema consiste em extrair a raiz (em geral quadrada ou cúbica) de uma expressão formada pela soma de um número inteiro e um radical:

Exemplo: Converter a expressão $\sqrt{4+2\sqrt{3}}$ em outra equivalente da forma $a+\sqrt{b}$.

Queremos determinar os números racionais a e b tais que $\sqrt{4+2\sqrt{3}} = a+\sqrt{b}$. Elevando esta equação ao quadrado, ficamos com:

$$4+2\sqrt{3} = \left(a+\sqrt{b}\right)^2$$
$$4+2\sqrt{3} = a^2+b+2.a\sqrt{b}$$

Temos duas expressões que possuem uma parte racional e uma parte irracional. Sendo assim, as partes racionais devem ser iguais e as partes irracionais devem também ser iguais.

$$a^2+b=4 \qquad \text{(I)}$$
$$2\sqrt{3} = 2a\sqrt{b} = 2\sqrt{a^2 b} \qquad \text{(II)}$$

546 O ALGEBRISTA

Da segunda equação temos $a^2b = 3$, ou seja, $a^2 = 3/b$. Substituindo este valor da a^2 na 1ª equação ficamos com:

$3/b + b = 4$
$b^2 - 4b + 3 = 0$

$b = 1$ ou $b = 3$

Substituindo b na 1ª equação, achamos os valores correspondentes de a:
$b = 1$ e $a = \pm\sqrt{3}$
$b = 3$ e $a = \pm 1$

Note entretanto que a raiz quadrada tem sempre um valor positivo, então devemos eliminar os resultados negativos. Além disso, de acordo com (II), **a** deve ser positivo. Sendo assim, as soluções válidas são b=1 e $a = \sqrt{3}$ e b=3 e a = 1. Logo,

$$\sqrt{4 + 2\sqrt{3}} = \sqrt{3} + 1$$

De fato, se elevarmos $\left(\sqrt{3} + 1\right)$ ao quadrado, encontraremos $\sqrt{4 + 2\sqrt{3}}$.

Esta solução apresentada merece duas observações importantíssimas:

1) Este é o princípio geral para transformar um radical duplo em uma soma de radicais simples, e pode ser usado quando você esquece a fórmula (que será apresentada) que resolve o problema diretamente, ou em problemas para os quais a referida fórmula não se aplica.

2) Se dois valores reais são iguais, então as suas partes racionais são iguais, e suas partes irracionais são iguais. Neste problema usamos que $2\sqrt{3} = 2a\sqrt{b}$ (equação (II)), apenas porque temos certeza (o problema deu este dado) que a e b são números racionais, ou seja, $2a\sqrt{b}$ é um "irracional puro", e $a^2 + b$ é um racional. Se essas informações não fossem fornecidas a respeito de a e b, não poderíamos formar essas equações.

A fórmula de transformação

Note que nem sempre é possível realizar a transformação de um radical duplo na soma de radicais simples. A transformação só funciona quando o número que está dentro do radical é um quadrado perfeito, ou seja, o quadrado de uma expressão do tipo $\sqrt{x} + \sqrt{y}$. Supondo que isto seja válido, vejamos a fórmula que realiza esta transformação.

Seja o valor $\sqrt{A \pm \sqrt{B}}$, ou seja, a fórmula que iremos deduzir serve tanto para $\sqrt{A + \sqrt{B}}$ como para $\sqrt{A - \sqrt{B}}$. Faremos a dedução para o caso da soma, o da diferença é análogo. Queremos determinar x e y, tais que:

$$\sqrt{A + \sqrt{B}} = \sqrt{x} + \sqrt{y}$$

Elevando ao quadrado temos:

$$A + \sqrt{B} = x + y + 2\sqrt{xy}$$

Capítulo 14 – Cálculo de Radicais   547

Estamos supondo que esta transformação é possível, e que os valores de A, B, x e y são racionais. Sendo assim, podemos identificar a parte racional e a parte irracional nos dois membros da equação:

$$A = x + y \qquad \text{(I)}$$
$$\sqrt{B} = 2\sqrt{xy} = \sqrt{4xy} \qquad \text{(II)}$$

De (II) temos que B = 4.xy, ou seja, xy = B/4. Dessa forma temos a soma das nossas incógnitas (x + y = A) e o seu produto (xy = B/4). Podemos assim formar uma equação do $2^{\underline{o}}$ grau cujas soluções são a soma e o produto das nossas incógnitas ($z^2 - Sz + P = 0$):

$$z^2 - Az + B/4 = 0$$
$$4z^2 - 4Az + B = 0$$
$$z = \frac{4A \pm \sqrt{16A^2 - 4.4.B}}{2.4} = \frac{A \pm \sqrt{A^2 - B}}{2}$$

Como partimos da suposição de que x e y são racionais, é necessário que o número dentro do radical, $A^2 - B$, seja um quadrado perfeito. Se isto não for atendido, não será possível realizar a transformação. Se chamarmos $C = \sqrt{A^2 - B}$, ficamos então com:

$$\sqrt{A + \sqrt{B}} = \sqrt{\frac{A+C}{2}} + \sqrt{\frac{A-C}{2}}$$

Se o mesmo cálculo for feito para $\sqrt{A - \sqrt{B}}$, chegaremos a:

$$\sqrt{A - \sqrt{B}} = \sqrt{\frac{A+C}{2}} - \sqrt{\frac{A-C}{2}}$$

Exemplo: CMRJ 2007

Sendo $A = \sqrt{17 - 2\sqrt{30}} - \sqrt{17 + 2\sqrt{30}}$, o valor de $\left(A + 2\sqrt{2}\right)^{2007}$ é:

(A) 0   (B) 1   (C) 2   (D) 3   (E) 4

Solução:

É claro que os radicais assustam aqueles que não conhecem o assunto. Nem pense que vai precisar elevar um número à $2007^{\underline{a}}$ potência, pois para isso seria preciso usar um computador. Quando esse cálculo é pedido, normalmente a base é 0 ou 1, que pode ser elevada a expoentes absurdos, dando como resultado, 0 ou 1.

Sem perda de generalidade, vamos mudar o nome da expressão de A para K, evitando confusão com o "A" da fórmula $\sqrt{A \pm \sqrt{B}}$. Será preciso transformar os radicais duplos em somas ou diferenças de radicais simples, e sabemos que isto só é possível quando $A^2 - B$ é um quadrado perfeito. Felizmente, vemos que em $17 - 2\sqrt{30} = 17 - \sqrt{120}$, ou seja, A=17 e B=120, e $A^2 - B$ vale 289 – 120 = 169, que é quadrado perfeito, então $C = \sqrt{169} = 13$. Temos então A=17, B=120 e C=13. O primeiro radical se reduz a:

$$\sqrt{17 - \sqrt{120}} = \sqrt{\frac{17+13}{2}} - \sqrt{\frac{17-13}{2}} = \sqrt{15} - \sqrt{2}$$

548   O ALGEBRISTA

O segundo radical fica:

$$\sqrt{17+\sqrt{120}} = \sqrt{\frac{17+13}{2}} + \sqrt{\frac{17-13}{2}} = \sqrt{15} + \sqrt{2}$$

Subtraindo, ficamos com $K = -2\sqrt{2}$. O problema pede $\left(K + 2\sqrt{2}\right)^{2007} = 0^{2007} = 0$

Resposta: 0 (A)

Exercícios

E11) Transforme os radicais duplos em soma ou diferença de radicais simples

a) $\sqrt{2+\sqrt{3}}$

f) $\sqrt{4-\sqrt{7}}$

k) $\sqrt{7-2\sqrt{10}}$

b) $\sqrt{7+2\sqrt{10}}$

g) $\sqrt{10-2\sqrt{21}}$

l) $\sqrt{19+8\sqrt{3}}$

c) $\sqrt{17+4\sqrt{15}}$

h) $\sqrt{12-2\sqrt{35}}$

m) $\sqrt{6-2\sqrt{5}}$

d) $\sqrt{11-6\sqrt{2}}$

i) $\sqrt{52-30\sqrt{3}}$

n) $\sqrt{25+4\sqrt{39}}$

e) $\sqrt{6+2\sqrt{5}}$

j) $\sqrt{3-2\sqrt{2}}$

o) $\sqrt{19-6\sqrt{10}}$

E12) Simplifique as expressões

a) (*) $\sqrt{3+\sqrt{13+4\sqrt{3}}}$

f) $\sqrt{50-5\sqrt{75}}$

k) $\sqrt{x+2\sqrt{x-1}} - \sqrt{x-2\sqrt{x-1}}$ (x≥2)

b) $\sqrt{6-x-4\sqrt{2-x}}$ (0≤x≤2)

g) $\sqrt{3+2\sqrt{2}}$

i) $\sqrt{3-\sqrt{8}} + \sqrt{3+\sqrt{8}}$

c) $\sqrt[4]{49+20\sqrt{6}}$

h) $\sqrt{17-2\sqrt{30}}$

m) $\sqrt{7+2\sqrt{6}} + \sqrt{7-2\sqrt{6}}$

d) $\sqrt[4]{14+6\sqrt{5}}$

i) $\sqrt{x+2\sqrt{x-1}}$ (x>2)

n) $\sqrt{10+4\sqrt{6}} - \sqrt{10-4\sqrt{6}}$

e) (*) $\sqrt[4]{56+24\sqrt{5}}$

j) $\sqrt{35+20\sqrt{3}}$

o) $\sqrt{54+14\sqrt{5}}$

Raízes para lembrar

É útil memorizar algumas raízes quadradas e cúbicas, você poderá ganhar tempo em algumas ocasiões. Aqui estão raízes importantes para lembrar, com 2 casas decimais:

$\sqrt{2} = 1,41$	$\sqrt[3]{2} = 1,25$
$\sqrt{3} = 1,73$	$\sqrt[3]{3} = 1,44$
$\sqrt{5} = 2,23$	$\sqrt[3]{5} = 1,70$
$\sqrt{6} = 2,44$	$\sqrt[3]{6} = 1,81$
$\sqrt{7} = 2,64$	$\sqrt[3]{7} = 1,91$
$\sqrt{10} = 3,16$	$\sqrt[3]{10} = 2,15$

Claro que lembrar raízes quadradas é mais importante que as raízes cúbicas. Você por exemplo já deve ter memorizado a raiz quadrada de 2 como 1,4142, ou seja, até com mais precisão, e a raiz quadrada de 3 como 1,732 e a raiz de 10 como 3,16. Se precisar de valores aproximados de raízes de outros números, pode fatorar e multiplicar os valores memorizados. Por exemplo, a raiz quadrada de 15 é igual ao produto das raízes de 3 e de 5.

Capítulo 14 – Cálculo de Radicais 549

Exercícios de revisão

E13) Efetue e simplifique, considere as variáveis positivas

a) $\left(\sqrt{7-\sqrt{3}}\right)\left(\sqrt{7+\sqrt{3}}\right)$

f) $\sqrt{2}\left(\sqrt{5}-2\sqrt{3}+4\sqrt{2}\right)$

k) $\left(1+\sqrt{5}\right)^2$

b) $\left(\sqrt{7}+\sqrt{3}\right)\left(\sqrt{7}-\sqrt{3}\right)$

g) $\left(\sqrt{11}-\sqrt{3}\right)\left(\sqrt{11}+\sqrt{3}\right)$

i) $\dfrac{\sqrt[3]{x^4 y^2}}{\sqrt[3]{xy^5}}$

c) $\left(\sqrt{7}+\sqrt{3}\right)\left(\sqrt{7}+\sqrt{3}\right)$

h) $\left(2\sqrt{10}-3\sqrt{3}\right)\left(\sqrt{3}+\sqrt{2}\right)$

m) $\dfrac{\sqrt[3]{x^2 y^4}}{\sqrt[4]{x^2 y^2}}$

d) $\left(\sqrt{5-\sqrt{2}}\right)\left(\sqrt{5+\sqrt{2}}\right)$

i) $\sqrt[3]{8+\sqrt{37}}\cdot\sqrt[3]{8-\sqrt{37}}$

n) $\left(\dfrac{2+\sqrt{3}}{2}\right)^3$

e) $(\sqrt{8}+\sqrt{3})\left(\sqrt{6}+\sqrt{2}\right)$

j) $\left(\sqrt{2}+\sqrt{3}\right)^2$

E14) Efetue e simplifique, considerando todos os radicandos positivos

a) $\dfrac{\sqrt{a^2-b^2}}{a+b}$ (a, b positivos)

f) $\sqrt{\sqrt{\sqrt{256}}}$

k) $\dfrac{\sqrt{x^2}}{\sqrt{x^4}}$

b) $\left(\sqrt[5]{xy}\right)^2$

g) $\sqrt[7]{x\sqrt{x\sqrt{x}}}$

l) $\dfrac{\sqrt{x^2-2xy+y^2}}{\sqrt{x^2+2xy+y^2}}$ (0<y<x)

c) $\left(\sqrt{\sqrt[3]{3\times\dfrac{2}{5}}}\right)^2$

h) $\sqrt[6]{\left(x^4-4y^2\right)^4}$

m) $\dfrac{\sqrt{x^2-2xy+y^2}}{\sqrt{x^2+2xy+y^2}}$ (0<x<y)

d) $\sqrt{\sqrt[3]{27}}$

i) $\sqrt[5]{\sqrt[3]{\left(x+y\right)^{10}}}$

n) $\sqrt[3]{x^3-3x^2y+3xy^2-y^3}$

e) $\sqrt[3]{\sqrt{125}}$

j) $x\sqrt{y\sqrt{x\sqrt{y}}}$

o) $3a\sqrt{a}-8\sqrt{a^3}+\dfrac{2}{a}\sqrt{64a^7}$

E15) Efetue e simplifique, considerando positivos os radicandos literais

a) $\sqrt{480}$

f) $\left(\dfrac{2-\sqrt{3}}{2}\right)^3$

k) $\sqrt{200}\times\sqrt[3]{108}$

b) $\sqrt{128}$

g) $\left(\sqrt{2}\times\sqrt{7}\right)^2$

l) $\sqrt{a+b+2\sqrt{ab}}$

c) $\sqrt{-125}$

h) $\left(\sqrt{2}+\sqrt{7}\right)^2$

m) $\sqrt[5]{32\sqrt{c^5}}$

d) $4\sqrt[4]{2}+\sqrt[4]{32}+\sqrt[4]{162}$

i) $\sqrt{48}\times\sqrt[3]{72}$

n) $\left(\sqrt[3]{\sqrt{5ab}}\right)^2\times\sqrt[3]{25a^2b^2}$

550   O ALGEBRISTA

e) $\sqrt{27}\times\sqrt[3]{9}$

j) $\sqrt{32}+2\sqrt{\dfrac{1}{2}}+6\sqrt{\dfrac{2}{9}}$

o)

E16) Efetue e simplifique

a) Coloque em ordem crescente

$\sqrt[3]{5},\sqrt{3},\sqrt[6]{26}$

f) CN $3\sqrt[3]{a^4b^4}+5a\sqrt[3]{ab^4}+b\sqrt[3]{a^4b}$

b) Calcule $\sqrt{8}\times\sqrt{6}\times\sqrt{15\sqrt{2}}\times\sqrt{5\sqrt{6}}\times\sqrt[4]{3}$

g) $\sqrt{32}+\dfrac{4\sqrt{48}}{\sqrt{6}}-\sqrt[4]{2500}-\left(\sqrt{2}\right)^3$

c) Calcule $\sqrt{2\sqrt{2\sqrt{2\sqrt{2\sqrt{2}...}}}}$

h) $\left(\dfrac{5}{\sqrt{3}+1}+\dfrac{3}{\sqrt{3}-1}\right)\times\dfrac{2}{4\sqrt{3}-1}$

d) Calcule $\sqrt{2+\sqrt{2+\sqrt{2+\sqrt{2+\sqrt{...}}}}}$

i) $4\sqrt[4]{2500}+\dfrac{2}{\left(\sqrt{50}\right)^{-1}}+\dfrac{30}{\sqrt{2}-\sqrt{3}}$

e) CN $\sqrt{16x^3y}-\sqrt{25xy^3}-(x-5y)\sqrt{xy}$
x e y positivos

j) $\sqrt[6]{512}-\left(\dfrac{1}{\sqrt{50}}\right)^{-1}+\dfrac{\sqrt{18}}{\sqrt{2}-1}$

E17) Efetue e simplifique

a) CN 65 $\dfrac{1}{\sqrt[3]{x}-1}$

f) $\sqrt{9-\sqrt{5}}\,\sqrt{9+\sqrt{5}}$

k) $\sqrt[4]{7+4\sqrt{3}}$

b) CN 54 $\dfrac{c}{\sqrt[7]{b^4}}$

g) $\sqrt{1+2\sqrt{2}}\,\sqrt{2-\sqrt{2}}$

l) $\sqrt{2-\sqrt{3}}$

c) CN 55 $\dfrac{5+\sqrt{2}}{3-\sqrt{2}}$

h) $\sqrt{\left(2+\sqrt{3}\right)\sqrt{7-4\sqrt{3}}}$

m) $\sqrt{\dfrac{2\sqrt{2}}{\sqrt{3}-\sqrt{5}}}$

d) $\dfrac{(-2)^{-5}\div\left[\left(-\sqrt{2}\right)^4\right]^{\frac{1}{2}}}{(-2)^{-1}\times(-2)^{-3}}$

i) CN 59 $\dfrac{\left(2+\sqrt{3}\right)\left(3-\sqrt{3}\right)}{\left(2-\sqrt{3}\right)\left(3+\sqrt{3}\right)}$

n) $\dfrac{3\sqrt{5}-4\sqrt{2}}{2\sqrt{5}-3\sqrt{2}}$

e) $\dfrac{\left(\dfrac{1}{4}\right)^{\frac{3}{2}}\times\left(\dfrac{2}{5}\right)^{-3}}{\left(\dfrac{1}{125}\right)^{-\frac{1}{3}}\div\left(\dfrac{1}{36}\right)^{0}}$

j) Calcule $\dfrac{15}{3\sqrt{6}-2}$

o) Simplifique $\dfrac{\sqrt{x}}{\sqrt{x}-\sqrt{x-3}}$

E18) Efetue e simplifique

a) $\left(\left(\sqrt[3]{2}\right)^6+\sqrt{\sqrt[3]{16}}\right)\times\left(\dfrac{3}{2}\sqrt[3]{16}-2\sqrt[12]{16}\right)$

f) Simplifique

$\dfrac{2x^2-5x+3}{3x^2+x-4}\times\left(\dfrac{2x^2+3x-9}{3x^2+13x+12}\right)^{-\frac{1}{2}}$

Capítulo 14 – Cálculo de Radicais
551

b) $\dfrac{6}{\sqrt{3}} + \dfrac{6}{2\sqrt{2}-\sqrt{5}} - \dfrac{4}{\sqrt{5}-\sqrt{3}}$

g) Simplifique $\dfrac{\sqrt{x+3}}{\sqrt{x+3}+2} + \dfrac{2}{\sqrt{x+3}-2}$

c) $\dfrac{9}{2\sqrt{2}-\sqrt{5}} + \dfrac{4}{2\sqrt{5}+3\sqrt{2}}$

h) Racionalize e simplifique

$$\dfrac{\sqrt{x}}{\sqrt{x}-\sqrt{x-3}}$$

d) $\left(xy^2 z\sqrt{a} + x^2 y\sqrt{b}\right) \div x\sqrt{ab}$

i) Simplifique
$$4\sqrt{12x^3} - 5x\sqrt{27x} + 2\sqrt{75x^3}$$

e) Simplifique a expressão
$$\dfrac{1.000.000 \times \sqrt{128} \times 32^{0,2}}{(0,01)^2 \times \left(\dfrac{1}{10}\right)^{-9} \times \sqrt[4]{1024}}$$

E19) Racionalizar os denominadores e simplificar

a) $\dfrac{\sqrt{x}}{\sqrt{2}-\sqrt{x}}$

f) $\dfrac{\sqrt{25}}{\sqrt{7}+1}$

k) $\dfrac{\sqrt{3}}{\sqrt{17}+2}$

b) $\dfrac{1}{\sqrt{x}-1}$

g) $\dfrac{\sqrt{3}+\sqrt{27}}{\sqrt{3}-\sqrt{27}}$

l) $\dfrac{4\sqrt{6}+2\sqrt{150}}{\sqrt{3}}$

c) $\dfrac{\sqrt{18}+\sqrt{50}}{\sqrt{8}}$

h) $\dfrac{\sqrt{x}-\sqrt{5}}{\sqrt{x}+\sqrt{5}}$

m) $\dfrac{1}{\sqrt[3]{a}+1}$

d) $\dfrac{\sqrt{a+b}+\sqrt{a-b}}{\sqrt{a+b}-\sqrt{a-b}}$

i) $\dfrac{3-\sqrt{3}}{5-\sqrt{3}}$

n) $\dfrac{2}{\sqrt{5}-\sqrt{7}}$

e) $\dfrac{a}{\sqrt[3]{a}+b}$

j) $\dfrac{1}{5+\sqrt[3]{9}}$

o) $\dfrac{1}{\sqrt[3]{2}-1}$

E20)

a)
$$\sqrt{6} \times \sqrt{12} + \dfrac{\sqrt{250}}{\sqrt{5}} - \left(\dfrac{1}{\sqrt{3}}\right)^{-1} + \sqrt[6]{125} + \left(\sqrt{2}\right)^3$$

f) Obtenha o valor numérico da expressão abaixo, considerando x = 0,625, y = 0,125 e z = 0,625.

$$\left(\dfrac{xz + 2(zy+xy)+4y^2}{x^2+4y^2+4xy}\right)^{\frac{5}{2}}$$

b) $\left(\sqrt{5a}-\sqrt{3a^2}\right)\left(\sqrt{5a}+\sqrt{3a^2}\right)$

g) (*) $\sqrt{3+2\sqrt{2}} - \sqrt{3-2\sqrt{2}}$

c) $\sqrt{19+\sqrt{297}} - \sqrt{19-\sqrt{297}}$

h) O número $d = \sqrt{3+2\sqrt{2}} - \sqrt{3-2\sqrt{2}}$ é um número natural. Qual é esse número?

d) (*) $\sqrt[3]{9+4\sqrt{5}} + \sqrt[3]{9-4\sqrt{5}}$

i) $\sqrt[3]{-81x^3} - 3x\sqrt[3]{3} + 5x\sqrt[3]{24}$

e) Se x = $2+\sqrt{3}$, encontre um inteiro ou

j) Se $f(x)=\sqrt{x}$, calcule $\dfrac{f(2+h)-f(2)}{h}$

racional igual a $x^4 + \dfrac{1}{x^4}$.

E21) (*) CN 78 - O produto de dois números é 2880. O primeiro destes números é um quadrado perfeito e o segundo não é quadrado perfeito, mas a raiz quadrada do segundo por falta excede a raiz quadrada do primeiro de 2 unidades. O maior destes dois números é

(A) múltiplo de 15   (B) menor que 50   (C) maior que 90
(D) menor que 68   (E) maior que 70

E22) Fatore $6a\sqrt{63ab^3} - 3\sqrt{112a^3b^3} + 2ab\sqrt{343ab} - 5b\sqrt{28a^3b}$

E23) Exprimir $\sqrt{12 + \sqrt{140}}$ na forma $\sqrt{a} + \sqrt{b}$, sendo a e b inteiros.

E24) Resolver a equação $\sqrt[3]{x-1} = \sqrt{5}$

E25) Fatore a expressão $(x^2 + 6)^{7/6} + 2x(x^2 + 6)^{4/3} + x^2(x^2 + 6)^{3/2}$.

E26) Calcule o valor de $\sqrt{2\sqrt{2\sqrt{2\sqrt{2\sqrt{2}...}}}}$

E27) Simplifique $\sqrt{\sqrt{\sqrt{\left[\dfrac{98 + (2^5 - 19)}{3(13) - 2}\right]^{\left(\frac{1768}{221}\right)}}}}$

(A) 9   (B) 3   (C) $\sqrt{3}$ (D) $\dfrac{95}{37}$ (E) $3^{\sqrt{2}}$

E28) Simplifique $\sqrt{\dfrac{-48r^{-3}s^{24}z}{-3r^{-9}s^{10}}}$

(A) $4r^3s^7\sqrt{z}$ (B) $4s^7\sqrt{\dfrac{z}{r^{-6}}}$ (C) $\sqrt{16\dfrac{s^{14}z}{r^{-6}}}$ (D) $4r^3s^7z$ (E) NRA

E29) Resolva a expressão $\dfrac{16^{\frac{1}{2}}\left[(16-9)^3 + \left(\dfrac{96+48}{24}\right)\sqrt{49}\right]}{\dfrac{44(9)^{\frac{3}{2}}}{36} + 9(7 + 2^2)}$

(A) 14   (B) 35/3   (C) 11,7   (D) 92/3   (E) 46,7

E30) Calcule $\sqrt[3]{9 + 4\sqrt{5}} + \sqrt[3]{9 - 4\sqrt{5}}$

(A) 3   (B) 6   (C) 9/2   (D) 27/10   (E) 18/5

Capítulo 14 – Cálculo de Radicais   553

E31) Representar o número $\sqrt{12+\sqrt{140}}$ na forma $\sqrt{a}+\sqrt{b}$, com a e b inteiros, com a > b. Qual é o valor de $a-b$?

(A) 2   (B) 3   (C) 7   (D) 1   (E) 4

E32) Simplifique $\sqrt{\dfrac{3^{x+7}+3.3^{x+9}}{3.3^{x+7}-3^{x+6}}}$

(A) $\dfrac{\sqrt{3}}{2}$ (B) $\dfrac{\sqrt{42}}{2}$ (C) $\sqrt{21}$ (D) $\dfrac{4\sqrt{3}}{3}$ (E) $\sqrt{15}$

E33) Se $\sqrt{\dfrac{x}{y}\sqrt[3]{\dfrac{y}{x}\sqrt[4]{\dfrac{x}{y}}}}=\left(\dfrac{y}{x}\right)^{P}$, calcule P.

(A) 17/24   (B) 3/8   (C) −3/8   (D) −1/12   (E) 1/24

E34) Racionalize $\dfrac{5}{\sqrt{3}+1}$

(A) $\dfrac{5(\sqrt{3}-1)}{2}$ (B) $\dfrac{5(\sqrt{3}+1)}{2}$ (C) $5(\sqrt{3}+1)$ (D) $5(\sqrt{3}-1)$ (E) $5(\sqrt{3}+2)$

E35) Efetuar e simplificar a expressão $\dfrac{\dfrac{\sqrt{3}}{3}}{\sqrt{3}+\dfrac{4\sqrt{3}}{3}}$

(A) 1/5   (B) $\sqrt{3}$ (C) 1/7   (D) $\dfrac{\sqrt{3}}{3}$ (E) NRA

E36) O quociente da divisão de $a^{2}\sqrt{a+b}$ por $a^{3}\sqrt{a^{2}-b^{2}}$ é:

(A) $\sqrt{a+b}$ (B) $\dfrac{1}{\sqrt{a+b}}$ (C) $\dfrac{a}{\sqrt{a+b}}$ (D) $\dfrac{1}{a\sqrt{a-b}}$ (E) NRA

E37) Considere o número real **m** na expressão: $\dfrac{\sqrt{3}+1}{\sqrt{3}-1}=\dfrac{7+\sqrt{147}}{m}$

Nestas condições:

(A) m = 14   (B) m = −2   (D) m = 2   (C) m = $7(\sqrt{3}-1)$
(E) m é a raiz da equação $m^2 - 5m - 14 = 0$

E38) Dispondo em ordem de grandeza decrescente os elementos do conjunto $\{0,2;\ 1/10;\ \sqrt{0,1};\ \sqrt[3]{0,1}\ \}$, temos:

(A) $\{0,2;\ 1/10;\ \sqrt[3]{0,1};\ \sqrt{0,1}\ \}$ (B) $\{\ \sqrt{0,1};\sqrt[3]{0,1};\ 1/10;\ 0,2\}$
(C) $\{1/10;\ \sqrt{0,1};\ \sqrt[3]{0,1};\ 0,2\}$ (D) $\{0,2;\ \sqrt{0,1};\ \sqrt[3]{0,1};\ 1/10\}$
(E) $\{\ \sqrt[3]{0,1};\ \sqrt{0,1};\ 0,2;\ 1/10\}$

554   O ALGEBRISTA

E39) Se x é um número inteiro e valem as relações $2x - \sqrt{2} < 6$ e $1 - 2x < -4$, então x vale:

(A) –3   (B) 4   (C) 3 1/2   (D) 3   (E) Indeterminado

E40) A expressão $\dfrac{\sqrt{5} - \sqrt{3}}{\sqrt{5} + \sqrt{3}}$ é equivalente a:

(A) 1/4   (B) $\dfrac{\left(\sqrt{5} - \sqrt{3}\right)^2}{2}$ (C) 1   (D) –1   (E) NRA

E41) Exprima $\sqrt{\dfrac{3}{8}}$ como uma porcentagem de $\sqrt{6}$.

(A) 75%   (B) 50%   (C) 25%   (D) 6,25%   (E) 400%

E42) Simplifique $\dfrac{\sqrt{x-1}}{\sqrt{x^2 - x} + \sqrt{x^2 - 1}}$

(A) $\dfrac{1}{\sqrt{2x+1}}$ (B) $\sqrt{x+1} - \sqrt{x}$ (C) $\dfrac{x}{\sqrt{x+1}}$ (D) $1 - \sqrt{x}$ (E) $x\sqrt{x-1}$

E65) CN 81 - $\sqrt[3]{10 + 6\sqrt{3}}$ é igual a:

(A) $1 + \sqrt{7}$ (B) $1 + \sqrt{6}$ (C) $1 + \sqrt{5}$ (D) $1 + \sqrt{3}$ (E) $1 + \sqrt{2}$

E44) Simplifique a expressão $\left(\dfrac{\sqrt{3}.4^x - \sqrt{3}}{4^x - 2^x}\right)\sqrt{\dfrac{4^{2x+1} + 4^{2x}}{4^x - 4^{x-2}}}$

(A) $\sqrt{3}\left(2^{x+1} + 2\right)$ (B) $2^{x+1} + 16$ (C) $4.2^x + 1$ (D) $\sqrt{3}\left(4^x - 1\right)$ (E) $2^{x+2} + 4$

E45) CEFET 99 - Simplifique $\dfrac{2\sqrt{2}.\sqrt{2}.\sqrt{2}}{\sqrt[4]{8}}$

(A) $\sqrt[8]{2}$ (B) $\sqrt[8]{2^3}$ (C) $2\sqrt[4]{8}$ (D) $2\sqrt[8]{2}$ (E) $2\sqrt[4]{2}$

E46) CN 52 - Simplifique a expressão $\sqrt{16x^3 y} - \sqrt{25xy^3} - (x - 5y)\sqrt{xy}$

E47) CN 75 - Simplificar a expressão $\dfrac{A\sqrt{A} - 3\sqrt{3}}{\sqrt{A} - \sqrt{3}}$

(A) $A - 9 + A\sqrt{3}$ (B) $A + 3 + \sqrt{3A}$ (C) $A - 3 + \sqrt{A}$

(D) $3 - A + \sqrt{3}$ (E) $9 + \sqrt{A}$ (F) NRA

E48) CN 77 - O valor de $\sqrt[3]{16\sqrt{8}} . \sqrt[6]{0,125}$ é:

(A) $2\sqrt{8}$ (B) $4\sqrt[3]{4}$ (C) $4\sqrt{2}$ (D) $2\sqrt[3]{2}$ (E) $4\sqrt[6]{2}$

Capítulo 14 – Cálculo de Radicais 555

E49) CN 77

Uma expressão do 1° grau se anula para $x = \sqrt{2}$ e tem valor numérico $2 - \sqrt{8}$ para $x = 1$. O valor numérico dessa expressão para $x = \sqrt{8}$ é:

(A) 1   (B) $4\sqrt{2}$ (C) $\sqrt{2}$ (D) $3\sqrt{2}$ (E) $2\sqrt{2}$

E50) CN 82 - Efetuando $\sqrt{\dfrac{2+\sqrt{3}}{2-\sqrt{3}}} + \sqrt{\dfrac{2-\sqrt{3}}{2+\sqrt{3}}}$, obtém-se:

(A) 4   (B) $\sqrt{3}$ (C) $\sqrt{2}$ (D) $\frac{2}{3}$ (E) 1

E51) (*) CN 83 - $\sqrt{3+2\sqrt[3]{2\sqrt{2}}} - \sqrt{3-2\sqrt[3]{2\sqrt{2}}}$, é igual a:

(A) 1   (B) 2   (C) 3   (D) 4   (E) 5

E52) (*) CN 83 - $\sqrt{a^2 - 2ab - b^2}$, onde **a** e **b** são números positivos é um número real se, e somente se:

(A) $\dfrac{a}{b} \geq 1 + \sqrt{2}$ (B) $\dfrac{a}{b} \geq 2$ (C) $\dfrac{a}{b} \geq \sqrt{2}$ (D) $\dfrac{a}{b} \geq 0$ (E) $\dfrac{a}{b} \geq 1$

E53) CN 83 - Calcule o valor de:

$$\left[\left(\frac{1}{5^{-\frac{2}{3}}} \right)^3 - \left(\frac{2^{12}}{2^{10}} \right)^{\frac{1}{2}} \right] - \left[\frac{(0,333...)^{-\frac{5}{2}}}{\sqrt{3}} - \frac{\left(5^{\frac{5}{3}}\right)^2}{\sqrt[3]{5}} \right]$$

(A) 139   (B) 120   (C) 92   (D) 121   (E) 100

E54) (*) CN 86 - O número $\sqrt{1 + \sqrt[3]{4} + \sqrt[3]{16}}$ está situado entre:

(A) 1 e 1,5   (B) 1,5 e 2   (C) 2 e 2,5   (D) 2,5 e 3   (E) 3,5 e 4

E55) (*) CN 87 - O denominador racionalizado de $\dfrac{1}{\sqrt{3} + \sqrt[4]{12} + 1}$ é:

(A) 10   (B) 8   (C) 4   (D) 3   (E) 2

E56) CN 88 - O valor da expressão $\dfrac{1}{1+\sqrt{2}} + \dfrac{1}{\sqrt{2}+\sqrt{3}} + \dfrac{1}{\sqrt{3}+2} + ... + \dfrac{1}{\sqrt{99}+10}$ é:

(A) –10   (B) –9   (C) 1/9   (D) 9   (E) 10

E57) CN 89 - O denominador da fração irredutível, resultante da racionalização de

$$\frac{1}{6\sqrt{50-5\sqrt{75}} - \sqrt{128-16\sqrt{48}}}$$

(A) 11   (B) 22   (C) 33   (D) 44   (E) 55

556 — O ALGEBRISTA

E58) CN 92 - O resultado mais simples para a expressão $\sqrt[4]{\left(\sqrt{48}+7\right)^2}+\sqrt[4]{\left(\sqrt{48}-7\right)^2}$ é:

(A) $2\sqrt{3}$ (B) $4\sqrt[4]{3}$ (C) 4   (D) $2\sqrt{7}$ (E) $\sqrt{4\sqrt{3}+7}+\sqrt{4\sqrt{3}-7}$

E59) CN 93 - O número $\dfrac{1}{\sqrt[4]{2\sqrt{2}+3}}$ é igual a:

(A) $\sqrt{\sqrt{2}+1}$ (B) $\sqrt{\sqrt{2}+2}$ (C) $\sqrt{\sqrt{2}-1}$ (D) $\sqrt{2-\sqrt{2}}$ (E) $\sqrt{1-\sqrt{2}}$

E60) CN 96 - Calcule o valor de: $\dfrac{3\left(\sqrt{2}+\sqrt{3}+\sqrt{5}+2\right)}{2\left[\left(\sqrt{2}+\sqrt{3}+\sqrt{5}+1\right)^2-1\right]}-\dfrac{1}{\sqrt{2}+\sqrt{3}+\sqrt{5}}$

(A) $\dfrac{\sqrt{3}+4\sqrt{2}-\sqrt{15}}{12}$ (B) $\dfrac{\sqrt{2}+\sqrt{3}+\sqrt{5}}{12}$ (C) $\dfrac{2\sqrt{3}+3\sqrt{2}-\sqrt{30}}{12}$ /////

(D) $\dfrac{2\sqrt{3}+3\sqrt{2}-\sqrt{30}}{24}$ (E) $\dfrac{2\sqrt{3}+3\sqrt{2}+4\sqrt{30}}{24}$

E61) (*) CN 98 - $\dfrac{2}{\sqrt{5}-\sqrt{3}}-\dfrac{2}{\sqrt[3]{2}}$ é um número que está entre:

(A) 0 e 2   (B) 2 e 4   (C) 4 e 6   (D) 6 e 8   (E) 8 e 10

CONTINUA NO VOLUME 2: 97 QUESTÕES DE CONCURSOS

Respostas dos exercícios

E1)
a) 5	f) –0,4	k) 4
b) –9	g) –2	l) 0,7
c) –15	h) 1,3	m) 0,01
d) –7/8	i) 3/4	n) –6/5
e) 1/12	j) 14/5	o) –3/5

E2) Completar com >, < ou =

a) $\dfrac{4}{5}>\left(\dfrac{4}{5}\right)^2$ f) $\dfrac{5}{3}<\left(\dfrac{5}{3}\right)^2$ k) $\sqrt{3}\ \_\_\ \sqrt[3]{5}$

b) $\dfrac{1}{16}<\sqrt{\dfrac{1}{16}}$ g) $\dfrac{16}{9}>\sqrt{\dfrac{16}{9}}$ l) $\sqrt[3]{11}\ \_\_\ \sqrt{5}$

c) $k<\sqrt{k}$, 0<k<1   h) $\dfrac{7}{4}>\sqrt{\dfrac{7}{4}}$ m) $\sqrt[4]{50}>\sqrt{7}$

d) $\dfrac{4}{9}<\sqrt{\dfrac{4}{9}}$ i) $k>\sqrt{k}$, k>1   n) $\sqrt[3]{\dfrac{1}{12}}<\sqrt{\dfrac{1}{5}}$

e) $\dfrac{3}{7}<\sqrt{\dfrac{3}{7}}$ j) $\sqrt{\dfrac{4}{3}}>\sqrt[3]{\dfrac{7}{4}}$ o) $\dfrac{2}{\sqrt{2}}=\sqrt{2}$

Capítulo 14 – Cálculo de Radicais

E3)
a) 4x
b) $3ax^2$
c) $5x^2y^3$
d) $5k^2/3$
e) 7/x
f) $6xy^2z^3$
g) $0,2z^3w^4$
h) $5xy^2z^3$
i) x/y^2
j) x/y
k) $ab^2c^3d^4$
l) k^5
m) $x^5y^{15}z^{25}$
n) x^2z/w^2
o) $2y^3/z$

E4)
a) $\sqrt{12}$
b) $\sqrt{x^2y}$
c) $\sqrt{200}$
d) $\sqrt{40}$
e) $\sqrt[3]{500}$
f) $\sqrt{45}$
g) $\sqrt{27}$
h) $\sqrt[3]{54}$
i) $\sqrt[5]{160}$
j) $\sqrt{245}$
k) $\sqrt{98}$
l) $\sqrt{75}$
m) $\sqrt{200}$
n) $\sqrt{243}$
o) $\sqrt{1000}$

E5)
a) $7\sqrt{2}$
b) $3\sqrt{3}$
c) $3\sqrt{2}$
d) $6\sqrt{2}$
e) $2\sqrt[3]{2}$
f) $5\sqrt{5}$
g) $4\sqrt{2}$
h) $5\sqrt{3}$
i) $10\sqrt{3}$
j) $2\sqrt[3]{4}$
k) $9\sqrt{3}$
l) $5\sqrt{2}$
m) $3\sqrt{6}$
n) $10\sqrt{5}$
o) $4\sqrt{2}$

E6)
a) $11\sqrt{5}$
b) $13\sqrt{3}$
c) $7\sqrt{2}$
d) $3|x|\sqrt{3}$
e) $5\sqrt{5k}$
f) $3\sqrt{2}$
g) $8\sqrt{7}$
h) $2\sqrt{3}$
i) $\sqrt{2}$
j) $4\sqrt{2}$
k) $10\sqrt{3}$
l) $10x^2$
m) $\sqrt{x}$
n) $11\sqrt{2}$
o) $7\sqrt{3}$

E7)
a) $2a\sqrt{10}$
b) $\sqrt[6]{5^5}$
c) $2\sqrt{5}$
d) k
e) $3x^2$
f) 270
g) 60
h) $30\sqrt{2}$
i) $3\sqrt{3}$
j) $5-2\sqrt{6}$
k) $6|x|$
l) $45\sqrt{10}$
m) 10x
n) $2\sqrt[6]{2^5x^5y^2}$
o) 1

E8)
a) 5
b) $\sqrt{2}$
c) $y\sqrt{3}/x$
d) $\sqrt[6]{54}$
e) 3
f) $3\sqrt{2}$
g) $5\sqrt{2}$
h) $abc\sqrt{c}$
i) $\sqrt[6]{800}$
j) $4\sqrt{xy}$
k) 4
l) 7
m) $xyz\sqrt[3]{yz^2}$
n) 2
o) $\dfrac{1}{x}+\dfrac{1}{y}+\dfrac{2}{\sqrt{xy}}$

E9)
a) $2\sqrt{2}$
b) $5\sqrt[3]{5}$
c) 12
d) $8+2\sqrt{15}$
e) $250\sqrt{2}$
f) $3\sqrt[3]{9}$
g) $16x^2y^4$
h) $bc^2\sqrt[3]{a^2b}$
i) $24\sqrt{3}$
j) $375\sqrt{3}$
k) $3\sqrt[4]{3^5}$
l) $6\sqrt{6}$
m) $2000\sqrt{2}$
n) 98
o) $2\sqrt{2}$

O ALGEBRISTA

E10)
a) $\dfrac{5\sqrt{7}}{7}$

b) $\sqrt{5}+1$

c) $3-2\sqrt{2}$

d) $\dfrac{3+\sqrt{3}}{2}$

e) $\dfrac{21\sqrt{6}-28}{19}$

f) $\dfrac{\sqrt[6]{80}}{2}$

g) $\sqrt{2+\sqrt{3}}$

h) $\sqrt{7}+\sqrt{5}$

i) $10+6\sqrt{2}$

j) $\dfrac{15\sqrt{10}-6\sqrt{15}}{38}$

k) $6\sqrt{3}+4\sqrt{2}$

l) $\dfrac{12\sqrt{3}+15}{23}$

m) $6\sqrt{3}-13$

n) $\dfrac{2\sqrt{5}-\sqrt{3}}{17}$

o) $15\sqrt{2}+5\sqrt{30}-10\sqrt{3}$

E11)
a) $\dfrac{\sqrt{6}+\sqrt{2}}{2}$

b) $\sqrt{5}+\sqrt{2}$

c) $2\sqrt{3}+\sqrt{5}$

d) $3-\sqrt{2}$

e) $\sqrt{5}+1$

f) $\dfrac{\sqrt{14}-\sqrt{2}}{2}$

g) $\sqrt{7}-\sqrt{3}$

h) $\sqrt{7}-\sqrt{5}$

i) $3\sqrt{3}-5$

j) $\sqrt{2}-1$

k) $\sqrt{5}-\sqrt{2}$

l) $4+\sqrt{3}$

m) $\sqrt{5}-1$

n) $\sqrt{13}+2\sqrt{3}$

o) $\sqrt{10}-3$

E12)
a) $\sqrt{3}+1$

b) $2-\sqrt{2-x}$

c) $\sqrt{3}+2$

d) $\dfrac{\sqrt{10}+\sqrt{2}}{2}$

e) $\sqrt{5}+1$

f) $\dfrac{5}{2}\left(\sqrt{6}+\sqrt{2}\right)$

g) $\sqrt{2}+1$

h) $\sqrt{15}-\sqrt{2}$

i) $\sqrt{x-1}+1$

j) $2\sqrt{5}+\sqrt{15}$

k) $2\sqrt{x-1}$

l) $2\sqrt{2}$

m) $2\sqrt{6}$

n) 4

o) $7+\sqrt{5}$

E13)
a) $\sqrt{40}$

b) 40

c) $10+2\sqrt{21}$

d) $\sqrt{21}$

e) $4\sqrt{3}+4+3\sqrt{3}+\sqrt{6}$

f) $\sqrt{10}-2\sqrt{6}+8$

g) 2

h) $2\sqrt{30}+4\sqrt{5}-9-3\sqrt{6}$

i) 3

j) $5+2\sqrt{6}$

k) $6+2\sqrt{5}$

l) x/y

m) $\sqrt[6]{xy^5}$

n) $\dfrac{8+15\sqrt{3}+18}{8}$

E14)
a) $\sqrt{\dfrac{a-b}{a+b}}$

b) $\sqrt[5]{x^2 y^2}$

c) $\sqrt[3]{\dfrac{6}{5}}$

d) $\sqrt{3}$

e) $\sqrt{5}$

f) 2

g) $\sqrt[4]{x}$

h) $\sqrt[3]{\left(x^4-4y^2\right)^2}$

i) $\sqrt[3]{(x+y)^2}$

j) $x^{1/4}y^{5/8}$

k) $\dfrac{1}{x}$

l) $\dfrac{x-y}{x+y}$

m) $\dfrac{y-x}{y+x}$

n) $x-y$

o) $a(16a-5)\sqrt{a}$

E15)
a) $4\sqrt{30}$

b) $8\sqrt{2}$

c) -5

e) $9\sqrt[6]{3}$

f) $\dfrac{26-15\sqrt{3}}{8}$

g) 14

i) $24\sqrt[6]{3}$

j) $7\sqrt{2}$

k) $60\sqrt[6]{2}$

m) $2\sqrt{c}$

n) $5ab$

Capítulo 14 – Cálculo de Radicais

d) $9\sqrt[4]{2}$
h) $9+2\sqrt{14}$
l) $\sqrt{a}+\sqrt{b}$

E16)
a) $\sqrt[3]{5}<\sqrt[6]{26}<\sqrt{3}$
b) $60\sqrt{6}$
c) 2
d) 2
e) $3x\sqrt{xy}$
f) $9ab\sqrt[3]{ab}$
g) $5\sqrt{2}$
h) 2
i) $-30\sqrt{3}$
j) 6

E17)
a) $\dfrac{\left(\sqrt[3]{x^2}+\sqrt[3]{x}+1\right)}{x-1}$
b) $\dfrac{c\sqrt[7]{b^3}}{b}$
c) $\dfrac{17+8\sqrt{2}}{5}$
d) $-1/256$
e) $25/64$
f) $2\sqrt{14}$
g) $\sqrt{3\sqrt{2}-2}$
h) 1
i) $2+\sqrt{3}$
j) $\dfrac{3\left(3\sqrt{6}+2\right)}{10}$
k) $\dfrac{\sqrt{2}}{2}\left(\sqrt{3}+1\right)$
l) $\dfrac{\sqrt{2}}{2}\left(\sqrt{3}-1\right)$
m) $\sqrt{\sqrt{5}+1}$
n) $\dfrac{6+\sqrt{10}}{2}$
o) $\dfrac{x+\sqrt{x^2-3x}}{3}$

E18)
a) $4\sqrt[3]{2}+2$
b) $4\sqrt{2}$
c) $7\sqrt{5}$
d) $\dfrac{y^2za\sqrt{b}+xyb\sqrt{a}}{ab}$
e) 40
f) $\dfrac{2x-3}{\sqrt{(3x+4)(2x+3)}}$
g) $\dfrac{x+7}{x-1}$
h) $\dfrac{x+\sqrt{x^2-3x}}{3}$
i) $3x\sqrt{3x}$

E19)
a) $\dfrac{\sqrt{2x}+x}{2-x}$
b) $\dfrac{\sqrt{x}+1}{x-1}$
c) 4
d) $\dfrac{a+\sqrt{a^2-b^2}}{b}$
e) $\dfrac{a\left(\sqrt[3]{a^2}-b\sqrt[3]{a}+b^2\right)}{a+b^3}$
f) $\dfrac{5\sqrt{7}-5}{6}$
g) -2
h) $\dfrac{x+5-2\sqrt{5x}}{x-5}$
i) $\dfrac{6-\sqrt{3}}{11}$
j) $\dfrac{25-5\sqrt[3]{9}+3\sqrt[3]{3}}{134}$
k) $\dfrac{\sqrt{51}-2\sqrt{3}}{13}$
l) $14\sqrt{2}$
m) $\sqrt[3]{a^2}-\sqrt[3]{a}+1$
n) $-\left(\sqrt{5}+\sqrt{7}\right)$
o) $\sqrt[3]{4}+\sqrt[3]{2}+1$

E20)
a) $13\sqrt{2}-\sqrt{3}+\sqrt{5}$
b) $5a-3a^2$
c) 8
d) 3
e) 194
f) 1
g) 2
h) 2
i) $4x\sqrt[3]{3}$
j) $\dfrac{\sqrt{2+h}-\sqrt{2}}{h}$

E21) (E)
E22) $-36ab\sqrt{7ab}$
E23) $\sqrt{7}+\sqrt{5}$
E24) $x=5\sqrt{5}+1$

E25) $(x^2+6)^{7/6}(1+x(x^2+1)^{1/6})^2$
E26) 2
E27) (B)
E28) (A)

O ALGEBRISTA

560

E29) (B)	E30) (A)	E31) (A)	E32) (B)	E33) (C)
E34) (A)	E35) (C)	E36) (D)	E37) (C)	E38) (E)
E39) (D)	E40) (B)	E41) (C)	E42) (B)	E43) (D)
E44) (E)	E45) (C)	E46) $3x\sqrt{xy}$	E47) (B)	E48) (D)
E49) (E)	E50) (A)	E51) (B)	E52) (A)	E53) (A)
E54) (C)	E55) (C)	E56) (D)	E57) (D)	E58) (C)
E59) (C)	E60) (D)	E61) (B)		

Resoluções de exercícios selecionados

E12 a) $\sqrt{3+\sqrt{13+4\sqrt{3}}}$

Radical mais interno: $\sqrt{13+4\sqrt{3}} = \sqrt{13+\sqrt{48}}$

$C = \sqrt{13^2-48} = \sqrt{169-48} = \sqrt{121} = 11$

$\sqrt{13+4\sqrt{3}} = \sqrt{\dfrac{13+11}{2}} + \sqrt{\dfrac{13-11}{2}} = \sqrt{12}+1 = 2\sqrt{3}+1$

Radical mais externo:

$\sqrt{3+2\sqrt{3}+1} = \sqrt{4+2\sqrt{3}} = \sqrt{4+\sqrt{12}}$

$C = \sqrt{4^2-12} = 2$

$\sqrt{4+\sqrt{12}} = \sqrt{\dfrac{4+2}{2}} + \sqrt{\dfrac{4-2}{2}} = \sqrt{3}+1$

R: $\sqrt{3}+1$

E12 e) $\sqrt[4]{56+24\sqrt{5}}$

Inicialmente calculemos a raiz quadrada, depois a raiz quadrada do resultado.

$\sqrt{56+24\sqrt{5}} = \ldots$

Os números vão ficar grandes, mas podemos colocar 2 para fora do radical, ficando com números menores.

$\sqrt{56+24\sqrt{5}} = 2\sqrt{14+\sqrt{180}}$

$C = \sqrt{14^2-180} = 4$

$\sqrt{56+24\sqrt{5}} = 2\left(\sqrt{\dfrac{14+4}{2}} + \sqrt{\dfrac{14-4}{2}}\right) = 2\left(3+\sqrt{5}\right) = 6+2\sqrt{5}$

Extraindo a raiz novamente

$\sqrt{6+2\sqrt{5}} = \sqrt{6+\sqrt{20}}$; $C = \sqrt{6^2-20} = 4$

$\sqrt{6+2\sqrt{5}} = \sqrt{\dfrac{6+4}{2}} + \sqrt{\dfrac{6-4}{2}} = \sqrt{5}+1$

R: $\sqrt{5}+1$

Capítulo 14 – Cálculo de Radicais

E16 c) $\sqrt{2\sqrt{2\sqrt{2\sqrt{2\sqrt{2}}}}...}$

Chamando a expressão de P, podemos escrever

$P = \sqrt{2P}$

$P^2 = 2P$ ➜ P = 0 ou P = 2

P não pode ser zero, logo

P = 2

R: P = 2

E17 a) (*) CN 65 $\dfrac{1}{\sqrt[3]{x}-1}$

Solução:

O fator racionalizante do denominador de $\sqrt[3]{a} - \sqrt[3]{b}$ é obtido pelo produto notável

$(x - y)(x^2 + xy + y^2) = x^3 - y^3$. Fazendo $x = \sqrt[3]{a}$ e $y = \sqrt[3]{b}$, ficamos com:

$\left(\sqrt[3]{a} - \sqrt[3]{b}\right)\left(\sqrt[3]{a^2} + \sqrt[3]{ab} + \sqrt[3]{b^2}\right) = a - b$

No nosso caso temos:

$\dfrac{1}{\sqrt[3]{x}-1} = \dfrac{\left(\sqrt[3]{x^2} + \sqrt[3]{x} + 1\right)}{\left(\sqrt[3]{x}-1\right)\left(\sqrt[3]{x^2} + \sqrt[3]{x} + 1\right)} = \dfrac{\left(\sqrt[3]{x^2} + \sqrt[3]{x} + 1\right)}{x-1}$

R: $\dfrac{\left(\sqrt[3]{x^2} + \sqrt[3]{x} + 1\right)}{x-1}$

E17 k) $\sqrt[4]{7 + 4\sqrt{3}}$

Solução

Como é uma raiz quarta, temos que extrair a raiz quadrada duas vezes.

$\sqrt{7 + 4\sqrt{3}} = ?$

$A = 7$, $B = 48$, $C = \sqrt{A^2 - B} = 1$

$\sqrt{7 + 4\sqrt{3}} = \sqrt{\dfrac{A+C}{2}} + \sqrt{\dfrac{A-C}{2}} = 2 + \sqrt{3}$

Extraindo a raiz quadrada novamente:

$\sqrt{2 + \sqrt{3}} = ?$

$A = 2$, $B = 3$, $C = \sqrt{4-3} = 1$

$\sqrt{2 + \sqrt{3}} = \sqrt{\dfrac{2+1}{2}} + \sqrt{\dfrac{2-1}{2}} = \dfrac{\sqrt{2}}{2}\left(\sqrt{3} + 1\right)$

R: $\dfrac{\sqrt{2}}{2}\left(\sqrt{3} + 1\right)$

E20 d) $\sqrt[3]{9 + 4\sqrt{5}} + \sqrt[3]{9 - 4\sqrt{5}}$

Solução:

E agora? Não existe fórmula para transformar radicais que envolvem raízes cúbicas em soma. Uma solução fácil é chamar os dois radicais de **a** e **b**, e elevar **a + b** ao cubo.

$a + b = \sqrt[3]{9 + 4\sqrt{5}} + \sqrt[3]{9 - 4\sqrt{5}}$

562   O ALGEBRISTA

$$(a+b)^3 = a^3 + 3ab(a+b) + b^3$$
$$(a+b)^3 = 9 + 4\sqrt{5} + 9 - 4\sqrt{5} + 3ab(a+b) = 18 + 3ab(a+b)$$

Pelos valores dados, vemos que **ab** vale $\sqrt[3]{9+4\sqrt{5}} \times \sqrt[3]{9-4\sqrt{5}} = \sqrt[3]{81-80} = 1$

Então, chamado a + b = K, ficamos e levando em conta que ab=1, ficamos com:
$K^3 = 18 + 3K$
O problema dá uma ajuda, afirmando que o valor dado é um inteiro. Aliás, um inteiro positivo, já que o primeiro radical é positivo, e o segundo notamos também facilmente que é positivo. Testemos portanto o valor K = 3:
$27 = 18 + 9$: OK
Vemos portanto que K = 3 é raiz da equação.
Fatorando o polinômio $K^3 - 3K - 18$, colocando K – 3 em evidência, ficamos com:
$K^3 - 3K - 18 = (K - 3)(K^2 + 3k + 6)$
O trinômio do 2° grau obtido na fatoração tem delta negativo, portanto raízes imaginárias. O único valor de K que satisfaz é K = 3.

Resposta: 3

E20 g) $\sqrt{3+2\sqrt{2}} - \sqrt{3-2\sqrt{2}}$
Solução:
Se esquecer a fórmula, chame de K e eleve ao quadrado. Veja porém se o sinal da expressão é positivo ou negativo. O primeiro radical é maior que o segundo, então o resultado é positivo.

$$K = \sqrt{3+2\sqrt{2}} - \sqrt{3-2\sqrt{2}}$$
$$K^2 = 3+2\sqrt{2} + 3 - 2\sqrt{2} - 2\sqrt{3+2\sqrt{2}} \times \sqrt{3-2\sqrt{2}}$$
$$K^2 = 6 - 2\sqrt{9-8}$$
$$K^2 = 4 \;\; \rightarrow \;\; K = 2 \;\; \text{(vimos que a expressão é positiva)}$$

Resposta: 2

E21) CN 78 - O produto de dois números é 2880. O primeiro destes números é um quadrado perfeito e o segundo não é quadrado perfeito, mas a raiz quadrada do segundo por falta excede a raiz quadrada do primeiro de 2 unidades. O maior destes dois números é

(A) múltiplo de 15   (B) menor que 50   (C) maior que 90
(D) menor que 68   (E) maior que 70

Solução:
O enunciado foi descuidado, mas faltou dizer que tratam-se de dois números inteiros. Um deles é certamente inteiro, pois é um quadrado perfeito, mas seria melhor ter dito que ambos são inteiros. Em questões atuais, como existe revisão e anulação, este descuido não ocorreria.
Partindo do principio que ambos são inteiros, obviamente são positivos, para que as suas raízes quadradas existam. Como 2880 é o produto dos números, vamos fatorar 2280 e ver como seus fatores podem ser distribuídos pelos dois números:
$2880 = 2^6.3^2.5$
Para que o primeiro número seja um quadrado perfeito, ele deve apenas ter duplas de fatores iguais. O fator 5 deve obrigatoriamente pertencer ao segundo número, que não é quadrado perfeito.
$2880 = 4 \times 4 \times 4 \times 9 \times 5$
As opções são:

1º número	2º número
1	4 x 4 x 4 x 9 x 5
4	4 x 4 x 9 x 5

Capítulo 14 – Cálculo de Radicais 563

4 x 4	4 x 9 x 5
4 x 4 x 4	9 x 5
9	4 x 4 x 4 x 5
4 x 9	4 x 4 x 5
4 x 4 x 9	4 x 5
4 x 4 x 4 x 9	5

O problema diz que a raiz quadrada do segundo, por falta, excede em duas unidades a raiz quadrada do primeiro. Por isso, algumas das 8 opções não satisfazem, ou porque o primeiro número é pequeno de mais ou grande demais em comparação com o segundo, vamos então eliminar cuidadosamente algumas opções que obviamente não atendem, restando apenas.

1º número	2º número
4 x 4	4 x 9 x 5
4 x 4 x 4	9 x 5
4 x 9	4 x 4 x 5
4 x 4 x 9	4 x 5

Agora vamos extrair as raízes quadradas, sendo que a do primeiro número é a exata, e a do segundo número é por falta a menos de uma unidade, ou seja, qual é o menor inteiro menor que o número dado, de forma que seu quadrado seja menor ou igual ao número dado. As raízes são então:

Raiz do 1º número	Raiz do 2º número por falta
4	$\sqrt{180} = 13$
8	$\sqrt{45} = 6$
6	$\sqrt{80} = 8$
12	$\sqrt{20} = 4$

De todas as possibilidades, a única que atende ao enunciado é a terceira, os números são:
4 x 9 = 36 e 4 x 4 x 5 = 80

Resposta: 36 e 80

E43) $\sqrt[3]{10 + 6\sqrt{3}}$ é igual a:

(A) $1 + \sqrt{7}$ (B) $1 + \sqrt{6}$ (C) $1 + \sqrt{5}$ (D) $1 + \sqrt{3}$ (E) $1 + \sqrt{2}$

Solução:
Um radical duplo só pode ser transformado na soma de radicais simples, quando o radicando é um quadrado perfeito ou cubo perfeito (no caso de raiz cúbica) de uma expressão na forma $\sqrt{a} + \sqrt{b}$. A condição de que $A^2 - B$ seja um quadrado perfeito, que torna possível a transformação, assegura-se na verdade que a expressão no radicando seja de fato o quadrado do tipo especificado. O mesmo ocorre com cubos, mas a expressão é um pouco mais trabalhosa. A forma mais fácil é fazer tudo ao contrário. Se o radicando do enunciado é o cubo de uma expressão com raiz, esta só pode ser uma raiz de 3. A única opção que tem esta raiz de 3 é a (C). Devemos então elevar ao cubo a expressão (D) para verificar se o seu cubo é a expressão do enunciado.

$$\left(1 + \sqrt{3}\right)^3 = 1 + 3\sqrt{3} + 3\sqrt{3}\left(1 + \sqrt{3}\right) = 10 + 6\sqrt{3}$$

De fato, a opção correta é a (D).
Se não pudéssemos testar, teríamos que estipular o resultado com parâmetros desconhecidos, $\sqrt{a} + \sqrt{b}$, elevar ao cubo e igualar os radicais nas duas expressões. Como e expressão ao

564   O ALGEBRISTA

cubo é $10+6\sqrt{3}$, a expressão original deve ser da forma $A+B\sqrt{3}$, já que não existe outra raiz envolvida.

$$\left(A+B\sqrt{3}\right)^3 = 10+6\sqrt{3}$$
$$A^3 + 3B^3\sqrt{3} + 3(A+B\sqrt{3})AB\sqrt{3}$$
$$A^3 + 9AB^2 + \sqrt{3}\left(3B^3 + 3A^2B\right) = 10+6\sqrt{3}$$

Como A e B são inteiros, igualamos os termos irracionais das duas expressões, ficando com:

$$\sqrt{3}\left(3B^3 + 3A^2B\right) = 6\sqrt{3}$$
$$B^3 + A^2B = 2$$
$$B\left(A^2 + B^2\right) = 2$$

A equação só pode ser satisfeita por valores A e B inteiros quando A=1 e B=1. Testando esses valores para a parte racional, temos:

$$A^3 + 9AB^2 = 10 \text{ OK!}$$

Portanto a transformação fica com A = 1 e B = 1, ou seja, o valor procurado é $1+\sqrt{3}$

Resposta: (D)

E51) $\sqrt{3+2\sqrt[3]{2\sqrt{2}}} - \sqrt{3-2\sqrt[3]{2\sqrt{2}}}$, é igual a:

(A) 1   (B) 2   (C) 3   (D) 4   (E) 5

Solução:

Podemos eliminar facilmente a raiz cúbica, pois $2\sqrt{2} = \left(\sqrt{2}\right)^3$, então podemos escrever a expressão como:

$$\sqrt{3+2\sqrt{2}} - \sqrt{3-2\sqrt{2}} = \sqrt{3+\sqrt{8}} - \sqrt{3-\sqrt{8}}$$

Fazendo $C = \sqrt{A^2 - B} = 1$, a expressão é reduzida a:

$$\left(\sqrt{\frac{3+1}{2}} + \sqrt{\frac{3-1}{2}}\right) - \left(\sqrt{\frac{3+1}{2}} - \sqrt{\frac{3-1}{2}}\right) = 2$$

Resposta: (B)

E52) $\sqrt{a^2 - 2ab - b^2}$, onde **a** e **b** são números positivos é um número real se, e somente se:

(A) $\frac{a}{b} \ge 1+\sqrt{2}$ (B) $\frac{a}{b} \ge 2$ (C) $\frac{a}{b} \ge \sqrt{2}$ (D) $\frac{a}{b} \ge 0$ (E) $\frac{a}{b} \ge 1$

Solução:
É preciso que a expressão dentro do radical seja positiva ou nula, ou seja,

$$a^2 - 2ab - b^2 \ge 0$$

Note que as opções discutam o valor de a/b, então vamos dividir toda a expressão por b^2, o que é permitido, porque este valor é positivo.

$$\left(\frac{a}{b}\right)^2 - 2\frac{a}{b} - 1 \ge 0$$

Completando os quadrados no primeiro membro, ficamos com (somamos 2 aos dois membros):

$$\left(\frac{a}{b}\right)^2 - 2\frac{a}{b} + 1 \ge 2$$

A expressão do primeiro membro é um quadrado, portanto:

Capítulo 14 – Cálculo de Radicais

565

$$\left(\frac{a}{b}-1\right)^2 \geq 2$$

Para que o quadrado da expressão entre parênteses seja maior ou igual a 2, é preciso que seu módulo seja maior que $\sqrt{2}$, ou seja

$$\frac{a}{b}-1 \geq \sqrt{2} \quad \text{ou} \quad \frac{a}{b}-1 \leq -\sqrt{2}$$

A segunda opção não ocorre, pois a e b são positivos, a/b não pode ser menor que $-1-\sqrt{2}$
A única opção válida é a primeira, ou seja:

$$\frac{a}{b}-1 \geq \sqrt{2} \ \blacktriangleright \ \frac{a}{b} \geq 1+\sqrt{2}$$

Resposta: (A)

E54) O número $\sqrt{1+\sqrt[3]{4}+\sqrt[3]{16}}$ está situado entre:

(A) 1 e 1,5   (B) 1,5 e 2   (C) 2 e 2,5   (D) 2,5 e 3   (E) 3,5 e 4

Solução:

Uma calculadora resolveria o problema rapidamente, mas não é o caso. Facilitaria se soubéssemos o valor de $\sqrt[3]{4}$. Se este valor for indicado como z, o radicando da expressão seria $z^2 + z + 1$. Poderíamos escrever a expressão do radicando como:

$$z^2 + z + 1 = \frac{z^3-1}{z-1}$$

A conta ficaria bem mais simples, pois se z é a raiz cúbica de 4, z^3 seria igual a 4. O radicando ficaria como:

$$\frac{4-1}{z-1}=\frac{3}{z-1}$$

Vamos estimar o valor da raiz cubica de 5, através de aproximações sucessivas. Este valor está compreendido entre 1 e 2, pois esses números elevados ao cubo são 1 e 8. Vamos então começar com a primeira aproximação, a média entre 1 e 2 = 1,5
$1,5^3 = 1,5 \times 1,5 \times 1,5 = 2,25 \times 1,5 = 3,375$
Certamente podemos encontrar uma aproximação melhor, que é 1,6.
$1,63 = 1,6 \times 1,6 \times 1,6 = 4,096$
Apenas um pouco maior que 4, então a raiz cúbica de 4 é um número um pouco menor que 1,6, já que tomando 1,5 o resultado é 3,375, que é tão menor. Já que o problema pede valores aproximados tomemos 1,6. Então a expressão seria:

$$\frac{3}{z-1} \approx \frac{3}{1,6-1}=\frac{3}{0,6}=5$$

O radicando é portanto um número um pouco maior que 5, e $\sqrt{5}$ vale 2,23. Como as opções do problema dão faixas de tolerância bem largas, podemos ter certeza que este valor está entre 2 e 2,5, que é a opção (C). Claro que na prova não podemos usar calculadora, mas se usássemos, o valor exato seria aproximadamente 2,26.

Resposta: (C)

E55) O denominador racionalizado de $\dfrac{1}{\sqrt{3}+\sqrt[4]{12}+1}$ é:

(A) 10   (B) 8   (C) 4   (D) 3   (E) 2

566   O ALGEBRISTA

Solução:

Podemos formar uma diferença de quadrados no denominador, multiplicando ambos os temos da fração por $\sqrt{3}+1-\sqrt[4]{12}$:

$$\left(\sqrt{3}+1+\sqrt[4]{12}\right)\left(\sqrt{3}+1-\sqrt[4]{12}\right)=3+1+2\sqrt{3}-\sqrt{12}$$

Como $\sqrt{12}=2\sqrt{3}$, esses radicais cancelam e o resultado é 4.

Resposta (C)

E61) $\dfrac{2}{\sqrt{5}-\sqrt{3}}-\dfrac{2}{\sqrt[3]{2}}$ é um número que está entre:

(A) 0 e 2   (B) 2 e 4   (C) 4 e 6   (D) 6 e 8   (E) 8 e 10

Solução:

Devemos racionalizar denominadores, mas substituir valores sempre é uma boa ideia.

$$\frac{2}{\sqrt{5}-\sqrt{3}}=\frac{2\left(\sqrt{5}+\sqrt{3}\right)}{5-3}=\sqrt{5}+\sqrt{3}$$

Esta primeira parcela resulta em 2,23 + 1,73 = 3,96, aproximadamente.

A segunda parcela envolve a raiz cúbica de 2, que é 1,25. Fazendo 2/1,25 encontramos 1,6

Finalmente calculamos 3,96 – 1,6 = 2,36. A faixa que engloba este valor é (B), entre 2 e 4.

Resposta: (B)

Capítulo 15

Equações redutíveis ao segundo grau

Muito dificilmente surgem questões em concursos que peçam a simples resolução de uma equação do segundo grau. Ao invés disso, são mais comuns as equações que não são do $2^{\underline{o}}$ grau, mas através de uma manipulação algébrica e uma substituição apropriada, recaem no segundo grau. Os principais tipos são:

Equações irracionais
Equações biquadradas

As equações irracionais envolvem radicais com incógnitas. Em geral a solução é obtida elevando-se ao quadrado os membros da equação, visando eliminar os radicais. Ao final é preciso testar as respostas na equação original, pois o procedimento de elevar ao quadrado em geral introduz raízes estranhas.

As equações biquadradas são equações especiais do $4^{\underline{o}}$ grau. Para resolvê-las é preciso fazer uma substituição de variáveis, resultando em uma equação auxiliar do $2^{\underline{o}}$ grau. Também nesse caso é preciso eliminar as raízes estranhas.

Este capítulo traz ainda exemplos de outras equações que não são do $2^{\underline{o}}$ grau ou biquadradas, mas usam técnicas de resolução parecidas.

Equações biquadradas

Equações biquadradas são equações do $4^{\underline{o}}$ grau que mediante uma substituição de variáveis recaem em uma equação auxiliar do $2^{\underline{o}}$ grau. O tipo mais simples de equação biquadrada é:

$$ax^4 + bx^2 + c = 0$$

Trata-se de uma equação do $4^{\underline{o}}$ grau que possui apenas expoentes pares para x. Para chegar à solução, fazemos a substituição $x^2 = y$. Assim recaímos na equação auxiliar:

$$ay^2 + by + c = 0$$

Trata-se de uma equação do $2^{\underline{o}}$ grau em y. Uma vez resolvida com a fórmula quadrática, temos conhecidos dois valores possíveis para y: y_1 e y_2. A seguir resolvemos as duas equações:

568 — O ALGEBRISTA

$$x^2 = y_1$$
$$x^2 = y_2$$

Não se trata de um sistema de equações, mas sim, de duas equações independentes, com suas próprias soluções. O conjunto solução da equação original é a união dos conjuntos solução das duas equações acima.

Exemplo: Resolver $x^4 - 13x^2 + 36 = 0$

Fazendo $x^2 = y$, ficamos com a equação auxiliar $y^2 - 13y + 36 = 0$, cujas soluções são $S = \{4, 9\}$. Agora usamos esses valores de y na equação $x^2 = y$:

$x^2 = 4$ ➔ $x = 2$ ou $x = -2$
$x^2 = 9$ ➔ $x = 3$ ou $x = -3$

Testando as raízes, vemos que as quatro satisfazem à equação original, portanto:

$S = \{2, -2, 3, -3\}$

Exemplo: Resolver $(x^2 + x)^2 - 8(x^2 + x) + 12 = 0$
Esta não é uma equação biquadrada, mas é do quarto grau, e pode ser resolvida através do uso de uma equação auxiliar do 2° grau, com a substituição $y = x^2 + x$. Ficamos com:

$y^2 - 8y + 12 = 0$, cujas soluções são $y_1 = 2$ e $y_2 = 6$. Temos agora duas equações:

1) $x^2 + x = 2$ ➔ $x^2 + x - 2 = 0$ ➔ $x = 1$ ou $x = -2$.
2) $x^2 + x = 6$ ➔ $x^2 + x - 6 = 0$ ➔ $x = 2$ ou $x = -3$.

Portanto o conjunto solução é: $S = \{1, -2, 2 \text{ e } -3\}$

Exercícios

E1) Resolver as seguintes equações

a) $x^4 - 17x^2 + 72 = 0$
b) $x^4 - 9x^2 + 8 = 0$
c) $x^4 - 8x^2 - 9 = 0$
d) $x^4 - 8x^2 + 15 = 0$
e) $x^4 - 12x^2 + 32 = 0$

f) $x^4 - 11x^2 + 28 = 0$
g) $x^4 - 13x^2 + 36 = 0$
h) $x^4 - 13x^2 - 48 = 0$
i) $x^4 - 6x^2 - 16 = 0$
j) $x^6 + 9x^3 + 8 = 0$

k) $x^4 + 5x^2 + 6 = 0$
l) $x^{20} - 1025x^{10} + 1024 = 0$
m) $2^{2x} - 40.2^x + 256 = 0$
n) $2x + 3\sqrt{x} - 20 = 0$
o) $\sqrt[3]{x} - 7\sqrt[6]{x} - 8 = 0$

Equações irracionais

As equações irracionais apresentam incógnita dentro de um radical. Para resolvê-las, é preciso rearrumar os termos e elevar a equação ao quadrado, visando eliminar os radicais. Ao final, temos que testar as raízes encontradas, pois quase sempre surgem raízes estranhas.

Exemplo: Resolver $\sqrt{x - 3} + 4 = 1$

(A) 12   (B) -6   (C) 0   (D) 6   (E) NRA

Solução: O ideal é isolar o radical em um dos membros, para então elevar toda a equação ao quadrado.

Capítulo 15 – Equações redutíveis ao segundo grau 569

$\sqrt{x-3}+4=1$

$\sqrt{x-3}=-3$

$x-3=9$

x=12

Agora testamos a raiz encontrada na equação original:

$\sqrt{12-3}+4=1$

$3 + 4 = 1$: RAIZ ESTRANHA

A raiz encontrada não serve como solução. Trata-se de uma raiz estranha.

Resposta: (E) NRA

Exemplo: Resolver $\sqrt{3x+16}-6=x$

Solução: Isolando o radical no primeiro membro e elevando ao quadrado, temos:

$\sqrt{3x+16}-6=x$

$\sqrt{3x+16}=x+6$

$3x+16=x^2+12x+36$

$x^2+9x+20=0$

x = –4 ou x = –5.

Testemos as soluções na equação original:

x = –4: $\sqrt{3(-4)+16}-6=-4$

$\quad\quad\quad 2-6=-4$ OK !!!!

x = –5: $\sqrt{3(-5)+16}-6=-5$

$\quad\quad\quad 1-6=-5$ OK !!!!

As duas raízes servem.

Resposta: S = {–4, –5}

As equações irracionais não têm uma fórmula geral. Diferentes configurações podem surgir durante o algebrismo necessário à eliminação dos radicais. Algumas vezes é preciso elevar toda a equação ao quadrado mais de uma vez.

Exemplo: $\sqrt{5x-1}-\sqrt{x+6}=3$

Solução: Isolemos o primeiro radical.

$\sqrt{5x-1}-\sqrt{x+6}=3$

$\sqrt{5x-1}=3-\sqrt{x+6}$; Elevando ao quadrado temos:

$5x-1=9+x+6-6\sqrt{x+6}$

$4x-16=-6\sqrt{x+6}$

$2x-8=-3\sqrt{x+6}$; Elevando ao quadrado:

$4x^2-32x+64=9(x+6)$

$4x^2-41x+10=0$

Raízes: 10 e 1/4.

570   O ALGEBRISTA

Testando as raízes na equação original:

$X = 10$: $\quad \sqrt{5.10-1} - \sqrt{10+6} = 3$

$\qquad\qquad 7 - 4 = 3$ OK!!!!

$X = 1/4$: $\quad \sqrt{5/4-1} - \sqrt{1/4+6} = 3$

$\qquad\qquad 1/2 - 5/2 = 3$ RAIZ ESTRANHA !!!!

Resposta: $x = 10$.

Exercícios

E2) Resolver as seguintes equações:

a) $\sqrt{3\sqrt{x-1}} = \sqrt{x-1}$

b) $x - 5 = \sqrt{x+7}$

c) $1 - \sqrt{2x+1} = x$

d) $\sqrt{3m+1} = 2 - \sqrt{3m}$

e) (*) $\sqrt{10-6x} = x - 3$

f) $\sqrt{x+5} + \sqrt{x} = 1$

g) $\sqrt{7-4x} - \sqrt{3-2x} = 1$

h) (*) $\sqrt{3x+1} + \sqrt{x-4} = 3$

i) $x - 3 = 2 + \sqrt{x-3}$

j) $\sqrt{7 + \sqrt{x + \sqrt{x+2}}} = 3$

k) $\sqrt{14x-21} = x + 2$

l) $\sqrt{x+4} = 2 + \sqrt{x-4}$

m) $2 + \sqrt{12-2x} = x$

n) $\sqrt{3x+18} = x$

Outras equações redutíveis

Equações com outras formas algébricas podem ser resolvidas com o auxílio de uma equação do 2° grau, ou até mesmo do 1° grau. A ideia geral é fazer alguma operação algébrica para chegar a uma equação auxiliar mais simples. Devemos tomar muito cuidado com a introdução de raízes estranhas. As raízes encontradas devem ser testadas na equação original e eliminadas caso não a atendam. Isto normalmente ocorre quando elevamos a equação ao quadrado, o que faz valores negativos tornarem-se positivos.

Exemplo:

Resolver a equação $2^{x^2-x} = 64$

No caso temos uma equação exponencial. Uma expressão exponencial deve ter a base positiva, e a simplificação a ser feita é:

$a^x = a^y \leftrightarrow x = y$

Ou seja, duas exponenciais de mesma base são iguais se e somente se seus expoentes são iguais. No nosso caso temos:

$$2^{x^2-x} = 64$$
$$2^{x^2-x} = 2^6$$
$$x^2 - x = 6$$

Ou seja, nossa equação exponencial original foi reduzida a uma equação do 2° grau. Suas soluções são $x = -2$ e $x = 3$. Geralmente a redução de uma exponencial não resulta em raízes estranhas. Por via das dúvidas, é bom testar sempre.

$x = -2$:

Capítulo 15 – Equações redutíveis ao segundo grau   571

$$2^{(-2)^2-(-2)} = 2^6 = 64 \text{ OK!}$$

x = 3:

$$2^{3^2-3} = 2^6 = 64 \text{ OK!}$$

Resposta: x = –2 ou x = 3

Exemplo:

Resolver $(y^2 + y)^2 - 8(y^2 + y) + 12 = 0$

Solução:

Podemos desenvolver o quadrado, mas ficaremos com uma expressão com potências 4, 3, 2 e 1, e uma equação que não é biquadrada. Entretanto podemos fazer a substituição $k = y^2 + y$, ficando com:
$k^2 - 8k + 12 = 0$ ➔ k = 2 ou k = 6. Isto resultará em duas novas equações, cujas soluções devem ser unidas (OU):
k = 2: $y^2 + y = 2$ ➔ y = 1 ou y = –2.
k = 6: $y^2 + y = 6$ ➔ y = 2 ou y = –3.

Resposta: S = {1, 2, –2, –3}

Exercícios de revisão

E3) (*) Resolver $|x|^2 - \sqrt{x^2} - 6 = 0$

E4) (*) Resolvendo a equação $2^{x^2+x} = 64$, a soma das soluções será:

(A) 1   (B) –3   (C) 5   (D) 2   (E) –1

E5) Encontre a soma das raízes da equação $9^{2x}.27^{x^2} = 3^{-1}$

(A) 4/3   (B) –4/3   (C) 2/3   (D) –2/3   (E) 3/4

E6) Resolver a equação $2^{x^2-x} = 64$

E7) Resolver $x^4 - 12x^2 + 32 = 0$ é

E8) Resolver a equação $\dfrac{k}{\sqrt{\dfrac{1-k^2}{75}}} = 5$

E9) Resolver $x^4 + 5x^2 - 36 = 0$

E10) Resolver $x^4 - 3x^2 - 4 = 0$

E11) Sendo a e b as raízes reais da equação $x^6 - 7x^3 - 8 = 0$, encontre o valor de $a^2 + b^2$.

E12) Resolver $x^{-2} + x^{-1} - 6 = 0$

E13) Resolver $\sqrt{\dfrac{1}{1-x}} = \dfrac{1}{1+x}$

E14) Resolver $x^4 + 2x^2 - 8 = 0$

E15) Resolver $2^{x^2}.4^{-2x} = 1/8$

E16) Resolver $2^{2n}.2^{n^2} = 256$

E17) Resolver para x: $a^2 x^{-2} - 2ax^{-1} - 1 = 0$

E18) Resolver $\sqrt{2x-5} + (2x+5)^{1/2} = \sqrt{4x+20}$

E19) Calcule x em $8^{1/6} + x^{1/3} = 7/(3-\sqrt{2})$

E20) Se $x^{1/2} + y^{1/2} = 4(x^{1/2} - y^{1/2})$, encontre a relação x/y.

E21) Resolver $x^{2/3} + x^{1/3} - 6 = 0$

E22) Calcule **x** em função de **a** e **b**: $b = \dfrac{a - 2\sqrt{x}}{\sqrt{x}}$

E23) Se $1 - 6/x + 9/x^2 = 0$, determine 3/x.

E24) Resolver $2^{x^2 - 3x} = 16$

E25) Resolver $(y^2 + y)^2 - 8(y^2 + y) + 12 = 0$

E26) Resolver $\dfrac{1}{\sqrt{x}} + \dfrac{1}{x + \sqrt{x}} = 1$

E27) Resolver $\left(\dfrac{2x-16}{x-4}\right)^2 - \left(\dfrac{2x-16}{x-4}\right) = 6$

E28) (*) Sejam A e B dados por:

$$A = \dfrac{1}{1 - \dfrac{1}{1 - \dfrac{1}{x+1}}} \qquad\qquad B = \dfrac{2}{2 - \dfrac{2}{2 - \dfrac{2}{x+2}}}$$

Se $|AB|=4$, qual é a soma dos possíveis valores de x?

E29) Resolver $8|x+1|^2 - 2|x+1| = 15$

Capítulo 15 – Equações redutíveis ao segundo grau   573

E30) Encontre x em $\sqrt{x+1}+\sqrt{x}=\sqrt{x+\sqrt{x+7}}$

(A) 4   (B) 3   (C) 2   (D) 1   (E) 9

E31) Resolver $6\sqrt{x+6}-\sqrt{2x-5}=17$

E32) Resolver a equação $\dfrac{48x^{-2}}{1+2x^{-1}}=2$

(A) –4   (B) 1/12   (C) 6 ou –4   (D) –6 ou 4   (E) –6

E33) Resolver a equação $\left(x+\dfrac{2}{x}\right)^2-6\left(x+\dfrac{2}{x}\right)+9=0$

E34) Resolver $x^{-2}+x^{-1}=6$

E35) (*) Resolver $\sqrt{\dfrac{x-1}{x}}+4\sqrt{\dfrac{x}{x-1}}=5$

E36) Resolver $\dfrac{x-\sqrt{x+1}}{x+\sqrt{x+1}}=\dfrac{11}{5}$

E37) (*) A soma das raízes reais de $x^{1/6}-x^{1/3}-3=0$ é:

(A) Não tem raiz real   (B) 65   (C) 5   (D) 10   (E) 8

E38) CN 88 - A solução da equação $\sqrt{2+\sqrt[3]{3x-1}}+\sqrt[3]{3x-1}=4$ é:

(A) divisor de 30   (B) múltiplo de 5   (C) fator de 40
(D) múltiplo de 7   (E) divisível por 9

E39) CN 86 - Uma equação biquadrada tem duas raízes respectivamente iguais a $\sqrt{2}$ e 3. O valor do coeficiente do termo de $2^{\underline{o}}$ grau dessa equação é:

(A) 7   (B) –7   (C) 11   (D) –11   (E) 1

E40) A equação $2x-3x^{1/2}+1=0$ tem duas soluções. A soma dessas soluções é:

(A) 1   (B) 1/2   (C) 5/4   (D) 4   (E) 3/2

E41) (*) CN 86 - O valor de x no sistema

$$\begin{cases} 16x-y=1 \\ \sqrt{x+2}-\sqrt[4]{y+33}=1 \end{cases}$$

é:

(A) $15+14\sqrt{2}$ (B) $15+12\sqrt{2}$ (C) $15+10\sqrt{2}$ (D) $15+8\sqrt{2}$ (E) $15+6\sqrt{2}$

574   O ALGEBRISTA

E42) Resolver $x^2 + \sqrt{12}x - 28 = 0$?

E43) Quantas soluções reais possui a equação $\sqrt{x+1+\sqrt{x}} = \sqrt{x+\sqrt{x+7}}$?
(A) 4   (B) 3   (C) 2   (D) 1   (E) 0

E44) CN 85 - Considere a soma de n parcelas $S = n^{15} + n^{15} + n^{15} + ... + n^{15}$. Sobre as raízes da equação $\sqrt[4]{S} = 13n^2 - 36$ podemos afirmar que:
(A) seu produto é –36   (B) sua soma é nula   (C) sua soma é 5
(D) seu produto é 18   (E) seu produto é 36

E45) Determine o domínio da função $f(x) = \dfrac{1}{\sqrt{20-x}} - \dfrac{1}{\sqrt{x-5}}$
(A) [5, 10)   (B) (5, 10)   (C) (5, 20)   (D) (5, 22)   (E) $(-\infty, +\infty)$

E46) Resolver a equação $4^x - 18.2^x + 32 = 0$. Qual é a diferença entre as duas soluções?
(A) 0   (B) 1   (C) 2   (D) 3   (E) 4

E47) Resolver a equação $3^{3x+1} = 9^x$.

(A) x = –2   (B) x = –1   (C) x = 0   (D) x = 1   (E) x = 2

E48) Resolver $\dfrac{1}{x+\sqrt{x}} + \dfrac{1}{x-\sqrt{x}} \le 1$

E49) (*) Resolver $\sqrt[3]{x+9} - \sqrt[3]{x-9} = 3$

E50) Quais são as raízes reais da equação $x^2 + 18x + 30 = 2\sqrt{x^2 + 18x + 45}$?

E51) CN 84 - A soma das raízes da equação $x^2 - 6x + 9 = 4\sqrt{x^2 - 6x + 6}$ é:
(A) 6   (B) –12   (C) 12   (D) 0   (E) –6

E52) Resolver $\sqrt{x+10} + \sqrt[4]{x+10} = 12$.

E53) Resolver a equação $x^{2/3} - 6x^{1/3} + 8 = 0$

E54) Quantas soluções reais tem a equação $\sqrt{x-5} + 3 = 2$?

E55) Resolver $(x^2 - 3x + 2)(x^2 - 3x - 4) - (x^2 - 6x + 8) = 0$

E56) Resolver $2^{2x} - 3.2^x - 4 = 0$

E57) Resolver $(x^2 - 3x)^2 = 4 - 3.(3x - x^2)$

E58) (*) Determine $c \in R$ tal que $x^2 - 4x - c = \sqrt{8x^2 - 32x - 8c}$ tenha exatamente duas soluções reais para x.

Capítulo 15 – Equações redutíveis ao segundo grau
575

E59) Quantas soluções reais tem $\sqrt{10x-1} = x+2$?

(A) 0   (B) 1   (C) 2   (D) 3   (E) 4

E60) Resolver a equação exponencial $2^{x^2} = 4^x$

(A) x = 2   (B) x = 0 ou x = 2   (C) x = 1   (D) x = 4 ou x = 2   (E) x = 0

E61) Resolver a equação exponencial $3^{x^2-3x-2} = \dfrac{1}{9}$

(A) x = –1 ou x = 4   (B) x = 3   (C) x = 0 ou x = 3   (D) x = 0   (E) x = 1

E62) Resolver a equação $3^{2x+1} = 9^{-x+2}$

(A) –1   (B) 0   (C) 1/4   (D) 1/3   (E) 3/4

E63) Resolver a equação $\sqrt{x^2-5x+81} = x+4$

(A) 5   (B) –5   (C) –5/2   (D) 9   (E) 3

E64) Resolver $4^{10-2x} = 4096$

(A) 1024   (B) –2   (C) 2   (D) 5   (E) 1

E65) A equação $x + \sqrt{x+9} = 7$ admite para raízes
(A) dois números racionais fracionários positivos
(B) dois números racionais inteiros
(C) um número racional inteiro e positivo
(D) um número racional inteiro e negativo
(E) NRA

E66) A respeito da equação $\dfrac{x+1}{2} + 1 - \sqrt{x+2} = 0$ podemos afirmar:

(A) só admite uma solução, e ela é irracional
(B) só admite uma solução, e ela é racional positiva
(C) só admite uma solução, e ela é racional negativa
(D) é impossível
(E) NRA

E67) Resolva a equação abaixo, sabendo que x≠±1 e x≠±4

$$\frac{x^2-8x+16}{x^2-16} \div \frac{x^2-5x+4}{2x+8} + \frac{3}{x+1} = \frac{9}{x^2-1}$$

E68) Resolver a equação $\sqrt{x-1} - \sqrt[4]{x-1} = 2$

E69) Considere as equações abaixo e calcule z.
x / y = 0;   x + y = 2; $y^z = 1$

576　　　　　　　　　　　　　　　　　　　　　　　　　O ALGEBRISTA

E70) (*) O valor de $\dfrac{1}{\sqrt{x^2+1}-x}$, com $x \in R_+$, é certamente:

(A) Um valor entre 0 e x
(B) Um valor entre x/2 e x
(C) Maior que 2x
(D) Um valor que diminui à medida que x cresce
(E) Um valor entre x e 2x

E71) CEFET 2010

Sendo x um número real positivo, $a = \dfrac{2}{(x+1)^2}$ e $b = \sqrt{1-\left(\dfrac{x-1}{x+1}\right)^2}$, então a/b vale:

(A) $\dfrac{\sqrt{x}}{x(x+1)}$ (B) $\dfrac{\sqrt{x}}{x}$ (C) $\dfrac{\sqrt{x}}{(x+1)}$ (D) $\dfrac{2\sqrt{x}}{x(x+1)}$

E72) CN 75 - Calcular o menor valor positivo de K, para que a raiz real da equação $\sqrt{4-\sqrt[3]{x^3-K}} = 1$ seja um número inteiro.

(A) 1 (B) 60 (C) 27 (D) 37 (E) 40 (F) NRA

E73) CN 76 - Dar a soma das raízes da equação $\sqrt{2x-4} - 3\sqrt[4]{2x-4} = -2$

(A) 12,5 (B) 1,15 (C) 7 (D) 7,5 (E) 0

E74) CN 77 - Uma das raízes da equação $\sqrt{2+x} - \sqrt{2-x} = \sqrt{2}$ é:

(A) $\sqrt{2}$ (B) $-\sqrt{5}$ (C) $-\sqrt{3}$ (D) $-\sqrt{2}$ (E) $\sqrt{6}$

E75) CN 78 - A soma das raízes da equação $\dfrac{\sqrt[3]{54x-27}}{3} - \sqrt[6]{1458x-729} = -2$ é:

(A) 20,5 (B) 10,5 (C) 33,5 (D) 30,5 (E) 23,5

E76) CN 79
Sendo x e y números positivos e x maior do que y, que satisfazem o sistema

$$\begin{cases} \sqrt{x+y} + \sqrt{x-y} = 5 \\ \sqrt{x^2-y^2} = 6 \end{cases}$$

vamos ter $x^2 + y^2$ igual a:
(A) 48,5 (B) 42 (C) 40,5 (D) 45 (E) 45,5

E77) CN 80 - Sendo $X = \{-3, -\sqrt{2}, -2, -1, 1\}$, será vazio o conjunto:

(A) $\{x \in X \mid \sqrt{2\sqrt{x^2-1}} = \sqrt{2}\}$ (B) $\{x \in X \mid x^2 > 1 \text{ e } x < -2\}$
(C) $\{x \in X \mid x^2 + x = x^3 + x\}$ (D) $\{x \in X \mid x - \sqrt{x+2} = 0\}$
(E) $\{x \in X \mid \dfrac{x^2+5}{-x+2} > 0\}$

Capítulo 15 – Equações redutíveis ao segundo grau　　　577

E78) CN 80

A soma das soluções da equação $\sqrt{2x+1} - 4\sqrt[3]{2x+1} + 3\sqrt[6]{2x+1} = 0$ dá um número:

(A) nulo　　　　　　　　　　　(B) par entre 42 e 310
(C) ímpar maior que 160　　　　(D) irracional
(E) racional

E79) CN 81 - A equação $\sqrt{3x+1} - \sqrt{2x-1} = 1$ tem duas raízes cuja soma é:

(A) 10　　(B) 4　　(C) 8　　(D) 5　　(E) 6

CONTINUA NO VOLUME 2: 113 QUESTÕES DE CONCURSOS

Respostas dos exercícios

E1)
a) $S = \{3, -3, 2\sqrt{2}, -2\sqrt{2}\}$　　f) $S = \{2, -2, \sqrt{7}, -\sqrt{7}\}$　　k) Não tem raízes reais

b) $S = \{1, -1, 2\sqrt{2}, -2\sqrt{2}\}$　　g) $S = \{2, -2, 3, -3\}$　　l) $S = \{1, 2\}$

c) $S = \{3, -3\}$　　h) $S = \{4, -4\}$　　m) $S = \{3, 5\}$

d) $S = \{\sqrt{3}, -\sqrt{3}, \sqrt{5}, -\sqrt{5}\}$　　i) $S = \{2\sqrt{2}, -2\sqrt{2}\}$　　n) $S = \left\{\dfrac{25}{4}\right\}$

e) $S = \{2, -2, 2\sqrt{2}, -2\sqrt{2}\}$　　j) $S = \{-1, -2\}$　　o) $S = \{8^6\}$

E2)
a) x = 1 ou x = 10　　f) Impossível em R　　k) x = 5

b) S = Ø　　g) x = –1/2 ou x = 3/2　　l) x = 5

c) x = 0　　h) S = Ø　　m) x = 4

d) m = 3/4　　i) x = 7　　n) x = 6

e) Impossível em R　　j) x = 2

E3)　x = 3 ou x = –3　　　　E4) (E)　　　E5) (B)　　　E6) x = –2 ou x = 3

E7)　$x = \pm 2$ ou $x = \pm 2\sqrt{2}$　　E8) k = 1/2　　E9) x = 2 ou x = –2

E10) x = 2 ou x = –2　　　　E11) 5　　　　E12) x = 1/2 ou x = –1/3

E13) x = 0 ou x = –3　　　　E14) $x = \pm\sqrt{2}$　　E15) x = 1 ou x = 3

E16) n = –2 ou n = 4　　　　E17)　$x = a(\sqrt{2} - 1)$ ou $x = -a(\sqrt{2} + 1)$

E18) $x = \dfrac{5\sqrt{5}}{2}$　　E19) x = 27　　E20) 25/9　　　E21) x = 27 ou x = –8

E22) $x = \left(\dfrac{a}{b+2}\right)^2$　　　　E23) 1　　　E24) x = –1 ou x = 4

E25) S = {1, 2, –2, –3}　　　　E26) x = 2　　　E27) x = –4 ou x = 6

578   O ALGEBRISTA

E28) –2   E29) $x = 1/2$ ou $x = –5/2$ E30) (E)   E31) $x = 3$

E32) (D)   E33) $x = 1$ ou $x = 2$ E34) $x = 1$ ou $x = –2/3$

E35) $x = –1/15$ E36) $x = –16/18$ E37) (D)   E38) (A) $x=3$

E39) (D)   E40) (C)   E41) (B)   E42) $x = -\sqrt{3} \pm \sqrt{31}$

E43) (D)   E44) (C)   E45) (C)   E46) (D)   E47) (B)

E48) $x < 1$ ou $x \geq 3$ E49) $x = \pm 4\sqrt{5}$ E50) $x = -9 \pm \sqrt{61}$

E51) (C)   E52) $x = 71$ E53) $x = 8$ ou $x = 64$ E54) 0

E55) $x = \pm\sqrt{2}$, $x = 2$, $x = 4$ E56) $x = 2$ E57) $x = -1$, $x = 4$ ou $x = \dfrac{3 \pm \sqrt{5}}{2}$

E58) $-12 < c < -4$ E59) (C)   E60) (B)   E61) (C)

E62) (E)   E63) (A)   E64) (C)   E65) (E)   E66) (C)

E67) $x = 2$ E68) $x = 17$ E69) $z = 0$ E70) (C)   E71) (A)

E72) (D)   E73) (A)   E74) (C)   E75) (C)   E76) (A)

E77) (D)   E78) (E) $=363,5$ E79) (E)

Soluções de exercícios selecionados

E2 e) $\sqrt{10 - 6x} = x - 3$

Solução

Elevando ao quadrado:

$10 - 6x = x^2 - 6x + 9$ ➔ $x^2 = 1$ ➔ $x = 1$ ou $x = -1$

Testando as raízes:

$\sqrt{10 - 6.1} = 1 - 3$ (FALSO)

$\sqrt{10 - 6(-1)} = -1 - 3$ (FALSO)

Foram introduzidas raízes estranhas quando a equação foi elevada ao quadrado.

Resposta: Não há raízes reais

E2 h) $\sqrt{3x + 1} + \sqrt{x - 4} = 3$

$\sqrt{3x + 1} = 3 - \sqrt{x - 4}$

$3x + 1 = 9 + x - 4 - 6\sqrt{x - 4}$

$2x - 4 = -6\sqrt{x - 4}$

$x - 2 = -3\sqrt{x - 4}$

$x^2 - 4x + 4 = 9x - 36$

$x^2 - 13 + 40 = 0$ ➔ $x = 5$ ou $x = 8$. Testando na equação original:

a) $x = 5$:

Capítulo 15 – Equações redutíveis ao segundo grau   579

$\sqrt{15+1}+\sqrt{5-4}=3$

$4+1=3$: FALSO !

b) $x = 8$:

$\sqrt{24+1}+\sqrt{8-4}=3$

$5+2=3$: FALSO !

Resposta: $S = \varnothing$

E3) Resolver $|x|^2 - \sqrt{x^2} - 6 = 0$

Solução:

Sabemos que $\sqrt{x^2}=|x|$. Fazendo y = |x| ficamos com:

$y^2 - y - 6 = 0$ ➜ $x = -2$ ou $= y = 3$

A solução x = –2 não serve pois um módulo não pode ser negativo. Serve apenas y = 3:

$|x| = 3$ ➜ x = 3 ou x = –3.

Resposta: x = 3 ou x = –3

E4) Resolvendo a equação $2^{x^2+x}=64$, a soma das soluções será:

(A) 1   (B) –3   (C) 5   (D) 2   (E) –1

Solução:

64 vale 2^6, então:

$x^2 + x = 6$ ∴ $x^2 + x - 6 = 0$ ➜ x = 2 ou x = –3 . A soma das soluções é –1

Resposta: (E)

E28) Sejam A e B dados por:

$$A = \cfrac{1}{1-\cfrac{1}{1-\cfrac{1}{x+1}}} \qquad\qquad B = \cfrac{2}{2-\cfrac{2}{2-\cfrac{2}{x+2}}}$$

Se |AB|=4, qual é a soma dos possíveis valores de x?

Solução:

Simplificando, temos A = –x e B = 2(x + 1)/x.

Fazendo |AB| = 4, temos:

$|x + 1| = 2$ ➜ x =1 ou x = –3

A soma dos valores possíveis de x é –2.

Resposta: –2

E35) Resolver $\sqrt{\dfrac{x-1}{x}}+4\sqrt{\dfrac{x}{x-1}}=5$

Solução:

Ficaremos com menos cálculos ser fizermos:

$\sqrt{\dfrac{x-1}{x}}=a$, nesse caso o outro radical será $\sqrt{\dfrac{x}{x-1}}=\dfrac{1}{a}$

A equação ficará:

$a+\dfrac{4}{a}=5$ ∴ $a^2 - 5a + 4 = 0$, cujas soluções são a = 1 e a = 4. Agora determinamos x:

580   O ALGEBRISTA

$a = 1 \rightarrow \dfrac{x-1}{x} = 1 \rightarrow$ impossível

$a = 4 \rightarrow \dfrac{x-1}{x} = 16 \rightarrow x = -1/15$

Resposta: $x = -1/15$

E37) A soma das raízes reais de $x^{1/6} - x^{1/3} - 3 = 0$ é:

(A) Não tem raiz real   (B) 65   (C) 5   (D) 10   (E) 8

Solução:

Façamos a substituição $y = x^{1/3}$. A equação poderá então ser escrita como:

$y^2 - y - 2 = 0$, equação que tem duas raízes reais para y, pois seu delta é positivo.

O problema pode a soma das raízes reais para x. Se as raízes reais para y são **a** e **b**, as raízes reais para x serão a^3 e b^3, já que $x = y^3$. Portanto o que o problema pede pode ser calculado como $a^3 + b^3$. Os valores a e b são raízes de nossa equação auxiliar, e conhecemos os valores de (a + b) e a.b, em função dos coeficientes dessa equação:

$a^3 + b^3 = (a + b)(a^2 - ab + b^2) = (a + b).[(a + b)^2 - 3.ab]$

Logo $a^3 + b^3 = 1.[1 - 3.(-3)] = 10$

Também poderíamos ter encontrado as soluções da equação auxiliar, que são $\dfrac{1 \pm \sqrt{13}}{2}$ e calcular a soma dos seus cubos, que dá o mesmo resultado.

Resposta: (D)

E41) O valor de x no sistema

$$\begin{cases} 16x - y = 1 \\ \sqrt{x+2} - \sqrt[4]{y+33} = 1 \end{cases}$$

é:

(A) $15 + 14\sqrt{2}$ (B) $15 + 12\sqrt{2}$ (C) $15 + 10\sqrt{2}$ (D) $15 + 8\sqrt{2}$ (E) $15 + 6\sqrt{2}$

Solução:

$16x = y + 1$, então $y + 33 = 16x + 32$. A $2^{\underline{a}}$ equação fica:

$16x - y = 1$

$\sqrt{x+2} - \sqrt[4]{16x+32} = 1$

$\sqrt{x+2} - 2\sqrt[4]{x+2} = 1$

Façamos $k = \sqrt[4]{x+2}$

Ficamos então com

$k^2 - 2k - 1 = 0$, cujas soluções são $k = 1 \pm \sqrt{2}$. Como k tem que ser positivo, pois é uma raiz quarta, ficamos apenas com a raiz positiva, $k = 1 + \sqrt{2}$. Substituímos este valor na fórmula original e determinamos x:

$k = \sqrt[4]{x+2} = 1 + \sqrt{2}$

$\sqrt{x+2} = \left(1 + \sqrt{2}\right)^2 = 3 + 2\sqrt{2}$

$x + 2 = \left(3 + 2\sqrt{2}\right)^2 = 17 + 12\sqrt{2}$

$x = 15 + 12\sqrt{2}$

Resposta: (B)

Capítulo 15 – Equações redutíveis ao segundo grau   581

E49) Resolver $\sqrt[3]{x+9} - \sqrt[3]{x-9} = 3$
Solução:
Usemos que $(a - b)^3 = a^3 - b^3 - 3ab(a - b)$
$$27 = (x+9) - (x-9) - 3\sqrt[3]{x^2 - 81}.3$$
$$9 = -9\sqrt[3]{x^2 - 81} \therefore -1 = x^2 - 81 \rightarrow x = \pm 4\sqrt{5}$$
Resposta: $x = \pm 4\sqrt{5}$

E58) Determine $c \in R$ tal que $x^2 - 4x - c = \sqrt{8x^2 - 32x - 8c}$ tenha exatamente duas soluções reais para x.
Solução:
Observe que o radicando é igual a $8(x^2 - 4x - c)$, portanto podemos escrever a equação como:
$a = \sqrt{8a}$, sendo $a = x^2 - 4x - c$
As soluções da equação transformada são duas: a = 0 ou a = 8:
Equação 1: $x^2 - 4x - c = 0$
Equação 2: $x^2 - 4x - c = 8$
Para que tenhamos exatamente duas soluções, temos duas opções:
Opção 1: cada uma das equações 1 e 2 tem uma solução, totalizando duas soluções. Isto não pode ocorrer, pois mesmo contando uma vez só cada raiz dupla, não existe como ter um valor de **c** que torno $\Delta = 0$ em ambas.
Opção 2: Uma equação tem duas raízes reais, e a outra não tem raízes reais. Será preciso escolher **c** adequadamente para tal.
Fazendo $\Delta > 0$ na equação 1: $16 + 4c > 0 \rightarrow c > -4$
Fazendo $\Delta > 0$ na equação 2: $16 + 4(c + 8) > 0 \rightarrow c > -12$
Para que o número total de soluções seja 2, é preciso que uma equação tenha 2 raízes reais e a outra nenhuma, e vice-versa. Se ambas as equações tiverem 2 raízes, então a equação original terá 4, contrariando o que o problema pede. Devemos ter então c entre –12 e –4. Para c > –4, serão 2 raízes de cada equação, totalizando 4, e para c < –12 o número de raízes será zero.
Resposta: $-12 < c < -4$

E70) O valor de $\dfrac{1}{\sqrt{x^2 + 1} - x}$, com $x \in R_+$, é certamente:

(A) Um valor entre 0 e x
(B) Um valor entre x/2 e x
(C) Maior que 2x
(D) Um valor que diminui à medida que x cresce
(E) Um valor entre x e 2x

Solução:
Apenas uma delas é correta para qualquer valor de $x \in R_+$. Vejamos quais opções podem ser eliminadas. Fazendo x = 0, a expressão valerá 1. Testemos os valores de x = 0 e expressão = 1 nas opções do problema:
A) 1 está entre 0 e 0: FALSO
B) 1 está entre 0 e 0/2: FALSO
C) 1 é maior que 0: CORRETO
D) Fazendo x = 1, valerá $\dfrac{1}{\sqrt{2} - 1} = \sqrt{2} + 1 \approx 2,41$, aumentou e não diminuiu: FALSO
E) 1 está entre 0 e 2 x 0 : FALSO

582 O ALGEBRISTA

Das 5 opções, quatro são imediatamente eliminadas para x = 0, a (C) é a única que tem possibilidade de estar correta para qualquer $x \in R_+$. Para não perder tempo fazendo a prova, esta é a opção que deveria ser marcada, mas podemos provar isto para qualquer x, e não só usando eliminação. Devemos mostrar que:

$$\frac{1}{\sqrt{x^2+1}-x} > 2x \quad (?).$$ Como x é positivo, inverter a expressão não afetará o sinal (>):

$$\sqrt{x^2+1}-x < \frac{1}{2x} \quad (?) \therefore \quad \sqrt{x^2+1} < \frac{1}{2x}+x \quad (?) \text{ Elevando ao quadrado:}$$

$$x^2+1 < \frac{1}{4x^2}+x^2+1 \,(?) \therefore \quad 0 < \frac{1}{4x^2} \quad \text{(O que é sempre verdade!)}$$

Logo provamos que a opção (C) é verdadeira para qualquer x

Resposta: (C)

Capítulo 16

Sistemas do segundo grau

Sistemas não lineares

Estudamos nos capítulos 8, 9 e 10, as equações, sistemas e problemas do $1^{\underline{o}}$ grau. Suas características são que para serem resolvidos, requerem o uso de equações do $1^{\underline{o}}$ grau. Muitos problemas recaem nesse caso, como mostram as centenas de problemas do capítulo 10.

Existem outros problemas que necessitam de equações mais complicadas. Este capítulo chama-se "sistemas de segundo grau". Resolver este tipo de sistema consiste em solucionar um conjunto de equações do segundo grau. Entretanto, o seu conteúdo vai muito além dos sistemas do segundo grau. Podem recair em equações mais complicadas, como por exemplo, as equações exponenciais, irracionais, etc. Seria portanto correto chamar este capítulo de "sistemas de equações não lineares", já que abrange não só os sistema do $2^{\underline{o}}$ grau, mas também outros mais complexos.

Em linhas gerais, resolver um sistema não linear consiste em substituir uma incógnita em função da outra, formando uma equação com uma só incógnita, que pode ser do segundo grau, exponencial, fracionária, etc. Não existe um método fixo para resolver esse sistema, mas é claro que a experiência com o algebrismo será a maior ferramenta de resolução.

Alguns exemplos

Você já conhece álgebra suficiente para resolver todos os problemas deste capítulo. Vejamos alguns exemplos:

Exemplo: Sejam x e y dois números reais tais que $x + y = 5$ e $xy = 7$. Calcule $x^3 + y^3$.

(A) 10   (B) 11   (C) 20   (D) 31   (E) 125

Solução: O problema tem duas incógnitas e fornece duas equações:
$$\begin{cases} xy = 7 \\ x + y = 5 \end{cases}$$

Apenas essas duas informações são suficientes para determinar x e y. Quando conhecemos a soma e o produto de dois números, basta formar a equação do $2^{\underline{o}}$ grau:

$$x^2 - Sx + P = 0$$

No caso, temos $x^2 - 5x + 7 = 0$, o que resulta nos seguintes valores para x e y:

584   O ALGEBRISTA

$$\frac{5 \pm \sqrt{25 - 4.7}}{2}$$

O problema é que tratam-se de raízes complexas. Além disso, não são pedidas as raízes, mas sim, a soma dos cubos das raízes.

Como o problema pede a soma dos cubos, podemos calculá-la sem saber os seus valores, mas sim, os valores da soma e do produto:

$$x^3 + y^3 = (x + y)(x^2 - xy + y^2) = (x + y)[(x + y)^2 - 3xy] = 5(5^2 - 3.7) = 5.(25 - 21) = 5.4 = 20$$

Em geral, podemos calcular várias expressões simétricas envolvendo dois números, em função de sua soma e seu produto.

Resposta: 20.

Exemplo: Quantas soluções reais tem o sistema

$$\begin{cases} x - y = 3 \\ x^2 - y = -1 \end{cases}$$

(A) 0   (B) 1   (C) 2   (D) 3   (E) infinitas

Solução:
Um método para identificar o número de soluções é resolver o sistema e contar quantas são as soluções. Vejamos este caso, que pode ser resolvido por comparação:

$$y = x - 3$$
$$y = x^2 + 1$$

$$x^2 + 1 = x - 3$$
$$x^2 - x + 4 = 0$$

A equação tem delta negativo, portanto não tem solução real. Isto significa que os gráficos das duas equações não se cortam, ou seja, não existe um ponto comum.

Resposta: 0

Exemplo: Para quais valores de x as duas funções abaixo se interceptam?
$$y = 2x^2 - 26x - 7 \text{ e } 3y = 6x + 69$$

(A) x = 21   (B) x = 15   (C) x = -1   (D) A e C corretas   (E) B e C corretas

Solução: Os pontos de interseção de duas curvas (isto inclui retas) são as soluções (x, y) do sistema formado pelas equações dessas duas curvas.

$$\begin{cases} y = 2x^2 - 26x - 7 \\ y = 2x + 23 \end{cases}$$

(simplificamos a segunda equação por 3)
$$2x^2 - 26x - 7 = 2x + 23$$
$$2x^2 - 28x - 30 = 0$$
$$x^2 - 14x - 15 = 0$$

Capítulo 16 – Sistemas do segundo grau   585

As raízes são x = 15 e x = –1. Note que não é preciso calcular y, pois o problema pede apenas os valores de x nos pontos de interseção. Se fosse necessário calcular y, bastaria substituir os valores de x na 2ª equação, determinando y.

Resposta: (E)

É álgebra ou aritmética?

É preciso tomar muito cuidado com as questões envolvendo sistemas (o mesmo se aplica a equações), pois o problema pode se referir a números reais, ou a números naturais/inteiros. O problema anterior pede o número de soluções reais. Trata-se de um problema de álgebra, cuja solução requer métodos algébricos. Existem entretanto questões envolvendo equações ou sistemas com números inteiros ou naturais. Nesse caso, não se trata de um problema de álgebra. Métodos aritméticos (divisibilidade, números primos, etc.) são necessários.

Exemplo: CN 2010
Estudando os quadrados dos números naturais, um aluno conseguiu determinar corretamente o número de soluções inteiras a positivas da equação
$5x^2 + 11y^2 = 876543$.

(A) 0 (B) 1 (C) 2 (D) 3 (E) 4

Solução: Note que o problema fala se <u>soluções inteiras positivas</u> da equação. Em casos como este, provavelmente uma abordagem algébrica não dará resultado algum. Não adianta tentar encontrar a solução, mesmo porque é apenas uma equação para duas incógnitas. Em geral problemas que envolvem soluções com números inteiros requerem uma abordagem aritmética (divisibilidade, números primos, congruência, etc.). Não existe um método específico para resolver esse tipo de problema.

O problema indica que x e y devem ser números inteiros. Sendo assim, x^2 e y^2 só podem terminar com o algarismo 0, 1, 4, 5, 6 e 9. Como estão multiplicados por 5 e 11, temos:

$5x^2$ só pode terminar com 0 ou 5.
$11y^2$ só pode terminar com 0, 1, 4, 5, 6 ou 9.
$(5x^2 + 11y^2)$ só pode terminar com 0, 1, 4, 5, 6 ou 9.

Sendo assim, $(5x^2 + 11y^2)$ nunca poderá ser 876543, que termina com 3. O autor da questão pediu ao aluno para dar o número de soluções de uma equação que não tem solução. O aluno que tentar resolver esta equação vai perder tempo e não vai acertar a questão. Cuidado com essas questões de aritmética disfarçadas de questão de álgebra. Isto não é uma equação. É uma "pegadinha numérica".

Resposta: (A)

Exemplo: O quadrado de um número positivo x é 60 unidades a menos que o quadrado de um outro inteiro positivo y. Quando vale x + y?

(A) 12 (B) 18 (C) 24 (D) 30 (E) 36

Solução: O problema é uma mistura de álgebra com aritmética. Note que são dadas duas incógnitas, x e y, porém uma única equação, que é $y^2 - x^2 = 60$. A informação que falta é a de que tratam-se de números inteiros.

Lembremos que $y^2 - x^2 = (y + x)(y - x)$, que vale 60. Como x e y são inteiros, y + x e y - x também são inteiros. Devemos então decompor o número 60 em dois valores inteiros. As opções são:

60 e 1
30 e 2
20 e 3
15 e 4
12 e 5
10 e 6

Essas são as únicas opções, considerando que (y + x) é maior que (y - x). Poderíamos agora resolver os seis sistemas para determinar x e y, mas podemos ganhar tempo se notarmos que a diferença entre esses dois fatores é 2x, que é um número par. Então ou ambos são pares ou ambos são ímpares (os dois fatores). As únicas opções possíveis são 30 e 2 (y=16 e x=14) e 10 e 6 (y=8 e x = 2). Ambas as soluções servem:

x = 14 e y = 16 ➔ $y^2 - x^2 = 256 - 196 = 60$; x + y = 30
x = 2 e y = 8 ➔ $y^2 - x^2 = 64 - 4 = 60$; x + y = 10

Entretanto, entre as opções que o problema oferece, a única é (D).

Resposta: (D) 30

Braço robótico

As equações lineares e não lineares com três variáveis (x, y, z), que denotam um ponto no espaço, são largamente utilizadas nos cálculos de movimentação e posicionamento de dispositivos robóticos. O modelo da figura é usado em testes, pesquisa e desenvolvimento, ou seja, para "treinar" a programação das equações.

Exercícios de revisão

E1) Adivinhe um número, sabendo que está entre 1000 e 3000. O número é um cubo perfeito. A soma dos seus dígitos é um número primo que é 2 unidades maior que um outro número primo.

(A) 1156   (B) 1331   (C) 1728   (D) 2197   (E) 2744

Capítulo 16 – Sistemas do segundo grau

587

E2) Resolver

$$\begin{cases} \dfrac{1}{x^2} + \dfrac{1}{xy} = \dfrac{1}{a^2} \\[3mm] \dfrac{1}{y^2} + \dfrac{1}{xy} = \dfrac{1}{b^2} \end{cases}$$

E3) Dados que $\sqrt[16]{2^x}.\sqrt{2^y} - 128 = 0$ e $\sqrt[8]{2^x}.\sqrt[4]{2^y} - 32 = 0$, encontre $x + y$.

(A) 2   (B) 28   (C) –56   (D) 80   (E) 56

E5) Quantos pontos as curvas de equações $x^2 + y^2 = 4$ e $y = -x^2 - 2$ têm em comum?

(A) 0   (B) 1   (C) 2   (D) 3   (E) 4

E6) Dois números reais x e y são tais que sua diferença é 6 e a diferença de suas raízes quadradas é 1. Encontre $x + y$.

(A) 18   (B) 37/4   (C) 49/4   (D) 37/2   (E) $3 + \sqrt{85}$

E7) (*) Sejam x, y e z, números reais que satisfazem às seguintes equações:

$$x + \frac{1}{yz} = \frac{1}{5} \qquad y + \frac{1}{xz} = \frac{-1}{15} \qquad z + \frac{1}{xy} = \frac{1}{3}. \qquad \text{Calcule } \frac{z - y}{x - z}$$

(A) –1/3   (B) –2   (C) 1/2   (D) –3   (E) 7/15

E8) (*) A média de três números inteiros positivos é 5, e a média dos seus inversos é 17/72. Se o produto desses números é 96, qual é a soma dos dois menores números?

(A) 5   (B) 6   (C) 7   (D) 8   (E) 9

E9) Dados $x = 3/y$ e $y^2 = 10 - x^2$, com x e y números reais não nulos, calcule $(x - y).(x - y)$.

(A) 2   (B) 5   (C) –2   (D) 8   (E) –1

E10) Em uma reunião foram trocados 55 apertos de mão entre os participantes. Sabendo que cada uma apertou a mão de todos os demais, qual é o número de participantes do evento?

(A) 11   (B) 10   (C) 99   (D) 8   (E) NRA

E11) Três números inteiros positivos consecutivos são tais que o quadrado do segundo menos 12 vezes o primeiro é igual a 30 unidades a menos que o dobro do terceiro. Qual é o menor desses números?

E12) (*) Quantos cubos perfeitos maiores que 1 são divisores de 9^9?

E13) Qual valor de c ocorre na solução do sistema de equações abaixo?

$$\begin{cases} a + b + c = 14 \\ a.b = 14 \\ c^2 = a^2 + b^2 \end{cases}$$

E14) Escreva uma equação exprimindo *a* em termos de *b* e *c*, se:
$1/x + 1/y = 1/a$, $x + y = b$ e $x^2 + y^2 = c^2$.

588 O ALGEBRISTA

E15) Quantos pares (x, y) satisfazem às equações $x + y = 2$ e $x + y^2 = 4$?

E16) Suponha que x e y são positivos e que:
$xy = 1/9$; $x(y + 1) = 7/9$ e $y(x + 1) = 5/18$.
Qual é o valor de $(x + 1)(y + 1)$?

E17) Adicionando um certo número ao seu quadrado, o resultado é 72. Encontre o número.

E18) O dobro da soma de um número com 7 é quatro menos que o quadrado do número. Se o número é **n**, então essa afirmação é escrita algebricamente como:

(A) $2n + 7 = n^2 - 4$ (B) $2(n + 7) = (n - 4)^2$ (C) $2(n + 7) = n^2 - 4$
(D) $2n + 7 = (n - 4)^2$ (E) $2(n + 7) = 4 - n^2$

E19) Quantas soluções tem o seguinte sistema de equações:

$$\begin{cases} (x - 2)^2 + (y - 1)^2 = 4 \\ \dfrac{y - 1}{x - 2} = -\dfrac{x}{y} \end{cases}$$

(A) 0   (B) 1   (C) 2   (D) 3   (E) 4

E20) Encontre x e y, sabendo que $x + y = 5$ e $x^2 + y^2 = 17$

E21) Resolver o sistema
$$\begin{cases} x^2 + y^2 = 25 \\ 3x - y = 5 \end{cases}$$

E22) Resolver o sistema
$$\begin{cases} x^2 - y^2 = 12 \\ y = x/2 \end{cases}$$

E23) Resolver o sistema
$$\begin{cases} x^2 - 2y^2 = 1 \\ x^2 + 4y^2 = 25 \end{cases}$$

E24) Resolver o sistema
$$\begin{cases} x^2 - y^2 = 9 \\ x + y = 1 \end{cases}$$

E25) Resolver o sistema formado pelas equações $\dfrac{1}{x^2} + \dfrac{1}{y^2} = 13$ e $\dfrac{1}{xy} = 6$.

E26) Dois números positivos são tais que seu produto, sua soma e sua diferença de quadrados são iguais. Encontre o produto desses números.

E27) O comprimento de um jardim retangular é 3 metros a mais que a largura. Se a área do jardim é 36 m², qual equação poderia ser usada para encontrar as dimensões do jardim?

(A) $x^2 + 3x + 36 = 0$ (B) $x^2 - 3x + 36 = 0$ (C) $x^2 - 3x - 36 = 0$ (D) $x^2 + 3x - 36 = 0$ (E) $x^2 - 36 = 0$

Capítulo 16 – Sistemas do segundo grau

589

E28) Encontre os pontos de interseção de $\dfrac{(y+3)^2}{4} - \dfrac{(x-2)^2}{25} = 1$ e $x = -10(y+3)^2 + 2$

E29) CN 89 - Resolvendo-se o sistema:

$$\begin{cases} \sqrt{x}.y.z = \dfrac{8}{3} \\ x.\sqrt{y}.z = \dfrac{4\sqrt{2}}{3} \\ x.y.\sqrt{z} = \dfrac{16\sqrt{2}}{27} \end{cases}$$

tem-se que $\dfrac{x+y+z}{x.y.z}$ é igual a:

(A) 21/4   (B) 35/8   (C) 35/16   (D) 105/16   (E) 105/32

E30) Determine a soma das raízes do sistema

$$\begin{cases} x^2 + y^2 = 20 \\ xy = 6 \end{cases}$$

(A) ± 2 (B) $\pm 2\sqrt{5}$ (C) $\pm 4\sqrt{2}$ (D) $\pm 3\sqrt{2}$ (E) $\pm 4\sqrt{3}$

E31) CEFET 98
Seja a fração **p/t**, onde **p** + **t** = 3 e **p.t** = 5. Que número devemos adicionar aos termos da fração para encontrarmos o inverso do seu quadrado?

E32) CEFET 2001

Sobre o conjunto verdade da equação $\left(\dfrac{x+y}{xy}\right)^2 = \dfrac{x^2+y^2}{x^2y^2}$ no universo dos números reais, podemos afirmar que:

(A) é infinito   (B) é vazio
(C) é unitário   (D) contém números positivos
(E) contém dízimas periódicas

E33) (*) CN 78 - Na solução do sistema

$$\begin{cases} x^3 + 3x^2y + 3xy^2 + y^3 = 2x^2 + 4xy + 2y^2 \\ 2x^2 - 4xy + 2y^2 = x^2 - y^2 \end{cases}$$

encontramos, para x e y, valores tais que x + y é igual a:

(A) 4   (B) 2   (C) 1   (D) 5   (E) –3

E34) (*) CN 81

Se $\dfrac{x^2y^2}{x^2+y^2} = 2$, $\dfrac{x^2z^2}{x^2+z^2} = 3$ e $\dfrac{z^2y^2}{z^2+y^2} = x$, o produto dos valores de x nesse sistema é:

(A) –1,5   (B) –2,4   (C) –3,2   (D) 2,5   (E) 3,4

O ALGEBRISTA

E35) CN 83 - O maior valor de y na solução do sistema

$$\begin{cases} \sqrt[4]{x} + \sqrt[5]{y} = 3 \\ \sqrt{x} + \sqrt[5]{y^2} = 5 \end{cases} \text{ é:}$$

(A) 1   (B) 16   (C) 32   (D) 64   (E) 128

E36) CN 84 - No sistema

$$\begin{cases} x^3 - 3x^2y + 3xy^2 - y^3 = 8 \\ (x^2 - y^2)(x^2 - 2xy + y^2) = 12 \end{cases}$$

a soma dos valores de x e y é:

(A) 1   (B) 3/4   (C) 2/3   (D) 4/3   (E) 3/2

E37) CN 87 - O sistema

$$\begin{cases} x^2 - \sqrt{5}x = 8000 \\ 0,001x - y = 5000 \end{cases}$$

(A) tem apenas uma solução (x, y), x<0 e y<0.
(B) tem apenas uma solução (x, y), x>0 e y<0.
(C) tem apenas uma solução (x, y), x<0 e y>0.
(D) tem duas soluções
(E) não tem soluções

E38) CN 88 - Sobre o sistema:

$$\begin{cases} x^{-2} + \sqrt[4]{y} = 7/6 \\ x^{-4} - \sqrt{y} = 7/36 \end{cases}$$

pode-se afirmar que:

(A) é impossível   (B) é indeterminado   (C) x = 1/2   (D) $x = \dfrac{\sqrt{6}}{3}$ (E) y = 1/16

CONTINUA NO VOLUME 2: 90 QUESTÕES DE CONCURSOS

Respostas dos exercícios

E1) (D)   E2) $x = \dfrac{a}{b}\sqrt{a^2 + b^2}$ e $y = \dfrac{b}{a}\sqrt{a^2 + b^2}$ E3) (B)

E5) (B)   E6) (D)   E7) (D)   E8) (C)   E9) (D)

E10) (A)   E11) 3 ou 9   E12) 9   E13) 6   E14) $2ab = b^2 - c^2$

E15) 2   E16) 35/18   E17) 8 ou –9 E18) (C)   E19) (C)

E20) (1, 4) ou (4, 1)   E21) (0, –5) ou (3, 4)

E22) (4, 2) ou (–4, –2)   E23) S = {(3, 2), (3, –2), (–3, 2), (–3, –2)}

Capítulo 16 – Sistemas do segundo grau

591

E24) $(5, -4)$ E25) $(1/2, 1/3), (-1/2, -1/3)$ E26) $2 + \sqrt{5}$ ou $2 - \sqrt{5}$

E27) (D)   E28) Não se intersectam   E29) (E)   E30) (C)

E31) 4/3   E32) (B)   E33) (B)   E34) (B)   E35) (C)

E36) (E)   E37) (D)   E38) (E)

Resoluções de exercícios selecionados

E2) (*) Resolver

$$\begin{cases} \dfrac{1}{x^2} + \dfrac{1}{xy} = \dfrac{1}{a^2} \\ \dfrac{1}{y^2} + \dfrac{1}{xy} = \dfrac{1}{b^2} \end{cases}$$

Solução:

Muitas vezes substituições facilitam contas. Faremos uma substituição que irá eliminar os denominadores das equações originais, apesar de não evita-los totalmente:

$1/x = m, 1/y = n, 1/a = p, 1/b = q$

Ficamos então com o sistema:

$m^2 + mn = p^2$

$n^2 + mn = q^2$

Subtraindo as equações:

$m^2 - n^2 = p^2 - q^2$, ou seja

$m + n)(m - n) = p^2 - q^2$ (1)

Somando as equações:

$m^2 + 2mn + n^2 = p^2 + q^2$

$(m + n)^2 = p^2 + q^2$ ➜ $m + n = \sqrt{p^2 + q^2}$ (2)

Usando essas duas novas equações (1) e (2), somamos para encontrar m, e subtraímos para encontrar n:

$$m = \frac{p^2}{\sqrt{p^2 + q^2}} \quad \text{e} \quad n = \frac{q^2}{\sqrt{p^2 + q^2}}$$

Agora substituímos de volta os valores de x, y, a e b, ficando com:

Resposta: $x = \dfrac{a}{b}\sqrt{a^2 + b^2}$ e $y = \dfrac{b}{a}\sqrt{a^2 + b^2}$

E7) Sejam x, y e z, números reais que satisfazem às seguintes equações:

$$x + \frac{1}{yz} = \frac{1}{5} \qquad y + \frac{1}{xz} = \frac{-1}{15} \qquad z + \frac{1}{xy} = \frac{1}{3}. \qquad \text{Calcule } \frac{z - y}{x - z}$$

(A) –1/3   (B) –2   (C) 1/2   (D) –3   (E) 7/15

Solução:

Multiplicando as equações por yz, xz e xy, respectivamente, ficamos com:

$xyz + 1 = yz/5$; $xyz + 1 = -xz/15$; $xyz + 1 = xy/3$

Os segundos membros são todos iguais a $xyz + 1$. Igualando os segundos membros e ajustando

$\dfrac{yz}{5} = \dfrac{-xz}{15} = \dfrac{xy}{3}$, igualando os denominadores, temos

592   O ALGEBRISTA

$\dfrac{3yz}{15} = \dfrac{-xz}{15} = \dfrac{5xy}{15}$, dividindo todos por xyz e eliminando o denominador 15:

$\dfrac{3}{x} = \dfrac{-1}{y} = \dfrac{5}{z}$, agora chamemos essas frações de 1/k, ficamos com:

x = 3k, y = –k, z = 5k

Sendo assim, o que o problema pede, $\dfrac{z - y}{x - z} = \dfrac{5k + k}{3k - 5k} = -3$

Resposta: (D)

E8) A média de três números inteiros positivos é 5, e a média dos seus inversos é 17/72. Se o produto desses números é 96, qual é a soma dos dois menores números?

(A) 5   (B) 6   (C) 7   (D) 8   (E) 9

Solução:
Chamemos os números de a, b e c. Das informações dadas pelo problema, ficamos com:
a + b + c = 15
abc = 96
1/a + 1/b + 1/c = 17/24 ➔ (bc + ac + ab)/abc = 17/24 ➔ bc + ac + ab = 68
Na terceira equação fazemos bc = 96/a e (b + c) = (15 – a), ficando com:
96/a + a(15 – a) = 68
$a^3 - 15a^2 + 68a - 96 = 0$
Observe que como será ensinado no capítulo 21, em uma equação polinomial com coeficiente do termo maior grau igual a 1, os coeficientes seguintes são, a menos se sinais alternados, a soma das raízes (15), a soma dos produtos tomados dois a dois (no terceiro grau) (68) e o produto das raízes. No caso, as raízes da equação são os números a, b e c procurados. Temos então que resolver a equação do terceiro grau:
$a^3 - 15a^2 + 68a - 96 = 0$
Existe uma fórmula geral para isso mas na prática não é usada, é muito complexa. O mais fácil é encontrar pelo menos uma raiz, e então reduzir a uma equação do segundo grau. De acordo com o teorema das raízes racionais, esta raiz é um divisor de 96. Temos que testar se números como 2, –2, 3, –3, 4, –4, etc. são raízes. Acredite que isto é mais fácil que usar a fórmula geral do 3° grau. Os números 2 e –2 não são raízes. Testemos a=3:
27 – 135 + 204 – 96 = 0 !
Então 3 é raiz façamos então a divisão da equação por a – 3:
$(a^3 - 15a^2 + 68a - 96) : (a - 3) = a^2 - 12a + 32$
Então a equação pode ser fatorada como:
$(a - 3)(a^2 - 12a + 32) = 0$
As raízes do trinômio do 2° grau são 4 e 8. Portanto as raízes da equação do 3° grau são: 3, 4, e 8. Esses são os três números procurados. Os dois menores são 3 e 4, cuja soma é 7.

Resposta: (C)

E12) Quantos cubos perfeitos maiores que 1 são divisores de 9^9?
Solução:
$9^9 = (3^3)^9 = 3^{3 \times 9} = 3^{27}$.
O único fator primo deste número é 3. Para formar um divisor que seja cubo perfeito, temos que escolher uma potência para este fator que seja um múltiplo de 3. Esses divisores são portanto:
$1, 3^3, 3^6, 3^9, 3^{12}, 3^{15}, 3^{18}, 3^{21}, 3^{24}$ e 3^{27}.
Como o problema pede os maiores que 1, temos 9 divisores. Não devemos considerar os divisores negativos, apenas os maiores que 1.

Resposta: 9

Capítulo 16 – Sistemas do segundo grau 593

E29) Resolvendo-se o sistema:

$$\begin{cases} \sqrt{x}.y.z = \dfrac{8}{3} \\ x.\sqrt{y}.z = \dfrac{4\sqrt{2}}{3} \\ x.y.\sqrt{z} = \dfrac{16\sqrt{2}}{27} \end{cases}$$

tem-se que $\dfrac{x+y+z}{x.y.z}$ é igual a:

(A) 21/4   (B) 35/8   (C) 35/16   (D) 105/16   (E) 105/32

Solução:

Note que os primeiros membros seguem uma lógica. É como se fossem o produto x.y.z faltando um fator $\sqrt{x}$, $\sqrt{y}$ e $\sqrt{z}$. Para descobrir o valor de x.y.z, vamos multiplicar as equações membro a membro.

$$x^{5/2}.y^{5/2}.z^{5/2} = \dfrac{2^{10}}{3^5}$$

$$(xyz)^{5/2} = \left(\dfrac{4}{3}\right)^5 \;\Rightarrow\; xyz = 16/9$$

Agora escrevemos as três equações usando este valor de xyz:

$$\dfrac{(xyz)}{\sqrt{x}} = \dfrac{8}{3} \Rightarrow \sqrt{x} = \dfrac{3}{8}xyz = \dfrac{3}{8}\times\dfrac{16}{9} = \dfrac{2}{3} \Rightarrow x = \dfrac{4}{9}$$

$$\dfrac{(xyz)}{\sqrt{y}} = \dfrac{4\sqrt{2}}{3} \Rightarrow \sqrt{y} = \dfrac{3}{4\sqrt{2}}xyz = \dfrac{3}{4\sqrt{2}}\times\dfrac{16}{9} = \dfrac{2\sqrt{2}}{3} \Rightarrow y = \dfrac{8}{9}$$

$$\dfrac{(xyz)}{\sqrt{z}} = \dfrac{16\sqrt{2}}{27} \Rightarrow \sqrt{z} = \dfrac{27}{16\sqrt{2}}xyz = \dfrac{27}{16\sqrt{2}}\times\dfrac{16}{9} = \dfrac{3}{\sqrt{2}} \Rightarrow z = \dfrac{9}{2}$$

Usando esses valores de x, y e z, ficamos com:

$$\dfrac{x+y+z}{x.y.z} = \dfrac{\dfrac{4}{9}+\dfrac{8}{9}+\dfrac{9}{2}}{\dfrac{16}{9}} = \dfrac{105}{32}$$

Resposta: (E)

E33) CN 78 - Na solução do sistema

$$\begin{cases} x^3 + 3x^2y + 3xy^2 + y^3 = 2x^2 + 4xy + 2y^2 \\ 2x^2 - 4xy + 2y^2 = x^2 - y^2 \end{cases}$$

encontramos, para x e y, valores tais que x + y é igual a:

(A) 4   (B) 2   (C) 1   (D) 5   (E) –3

Solução:

1ª equação: $(x + y)^3 = 2.(x + y)^2 \Rightarrow$ x + y = 0 ou x + y = 2
2ª equação: $2.(x - y)^2 = (x + y)(x - y) \Rightarrow$ x – y = 0 ou 2(x – y) = x + y
Combinando as soluções individuais:
a) x + y = 0 e x – y = 0 $\Rightarrow$ x = 0 e y = 0
b) x + y + 0 e 2(x – y) = 0 $\Rightarrow$ x = 0 e y = 0
c) x + y = 2 e x – y = 0 $\Rightarrow$ x = 1 e y = 1
d) x + y = 2 e x – y = 1 $\Rightarrow$ x = 3/2 e y = 1/2

A solução (B) não é a única, nem o enunciado afirma isso, mas é verdadeira, as soluções dos casos (c) e (d) são tais que $x + y = 2$.

Resposta: (B)

E34) Se $\dfrac{x^2 y^2}{x^2 + y^2} = 2$, $\dfrac{x^2 z^2}{x^2 + z^2} = 3$ e $\dfrac{z^2 y^2}{z^2 + y^2} = x$, o produto dos valores de x nesse sistema é:

(A) −1,5   (B) −2,4   (C) −3,2   (D) 2,5   (E) 3,4

Solução:
As equações ficam mais fáceis se forem invertidas:
$\dfrac{1}{x^2} + \dfrac{1}{y^2} = \dfrac{1}{2}$, $\dfrac{1}{x^2} + \dfrac{1}{z^2} = \dfrac{1}{3}$, $\dfrac{1}{z^2} + \dfrac{1}{y^2} = \dfrac{1}{x}$

Somando as duas primeiras:
$\dfrac{2}{x^2} + \dfrac{1}{y^2} + \dfrac{1}{z^2} = \dfrac{1}{2} + \dfrac{1}{3}$, e usando a terceira, ficamos com:

$\dfrac{2}{x^2} + \dfrac{1}{x} = \dfrac{5}{6}$, eliminando os denominadores:
$5x^2 - 6x - 12 = 8$
O produto dos valores possíveis de x é o produto das raízes desta equação, $-12/5 = -2,4$.

Resposta: (B)

Alunos da EPCAr

KC-390, da Embraer

Capítulo 17

Inequações do segundo grau

Cuidado com o sinal

As inequações são relações entre duas expressões, envolvendo sinais $\neq$, $<$, $>$, $\leq$, ou $\geq$. Todas essas relações são chamadas de "desigualdades". A técnica para resolução de uma inequação com $\neq$ é exatamente a mesma usada nas equações, apenas usam o sinal $\neq$ ou invés de =. Já as inequações com sinais de $<$, $>$, $\leq$, ou $\geq$ requerem um cuidado adicional: o sentido da desigualdade é invertido quando ambos os membros são multiplicados por uma quantidade negativa.

Exemplo: $-3 > -7$
$\qquad 3 < 7$

Exemplo: $x^2 > 3x$
$\qquad x > 3 \qquad$ (ERRADO: tem certeza de que x é positivo?)

Isto deve ser levado em conta, por exemplo, na eliminação de denominadores. O caso fica ainda mais complicado quando não sabemos se o valor que estamos multiplicando é positivo ou negativo. É preciso resolver tais inequações sem realizar operações como multiplicação por valores negativos. Felizmente há como resolver as inequações sem o uso desta operação.

Inequação com trinômio do segundo grau

O tipo mais básico de inequação do 2° grau é a que tem zero no segundo membro, e um trinômio do 2° grau no 1° membro. Exemplo:

$$x^2 - 5x + 6 < 0$$

A solução desse tipo de inequação é muito fácil. Vimos no capítulo 13 que um trinômio do 2° grau tem, para valores de x entre as raízes, o sinal contrário ao do coeficiente **a**.

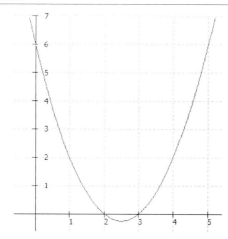

Observe que o valor do trinômio tem sinais diferentes, para x compreendido entre as raízes, e para x fora do intervalo entre as raízes. Quando o coeficiente de x^2 é positivo, o trinômio é negativo entre as raízes, e positivo fora das raízes. Quando o coeficiente de x^2 é negativo, a concavidade fica voltada para baixo, e o trinômio é positivo entre as raízes. A regra geral é a seguinte:

Entre as raízes, o trinômio tem o sinal contrário ao de **a**.

Todas as bancas examinadoras gostam de usar questões sobre inequações

O trinômio do nosso exemplo, $x^2 - 5x + 6$, será portanto negativo para x compreendido entre as raízes, que são 2 e 3. Logo, a solução da inequação $x^2 - 5x + 6 < 0$ é:

S = (2, 3), ou seja, o intervalo compreendido entre suas raízes.

As raízes são os valores de x para os quais o trinômio troca de sinal. Quando um trinômio do 2º grau não tem raízes ($\Delta < 0$), não trocará de sinal, ou seja, será sempre positivo ou sempre negativo. Isto dependerá do sinal de **a**. Se a>0, o trinômio será sempre positivo, e se a<0, o trinômio será sempre negativo. No caso de $\Delta = 0$, o trinômio será positivo quando a>0 e negativo quando a<0, exceto para o caso em que x é igual à raiz do trinômio, caso com que seu valor é zero.

Capítulo 17 – Inequações do segundo grau

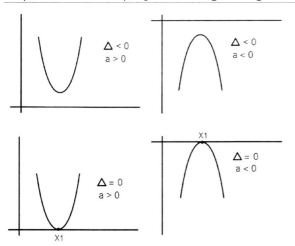

Quando $\Delta<0$, o trinômio não tem raízes, portanto nunca muda de sinal, é sempre positivo ou sempre negativo. Tudo depende então do sinal de a. Se a>0, o trinômio é sempre positivo, se a<0, o trinômio é sempre negativo.

Quando $\Delta=0$, o trinômio tem uma raiz dupla x_1. Para este único valor x_1, o trinômio será zero, para todos os outros valores, o trinômio será sempre positivo (se a>0) ou sempre negativo (se a<0)

Sendo assim, resolver uma inequação do segundo grau envolve o estudo da variação de sinal do trinômio, o que está diretamente relacionado com o seu Δ.

Os gráficos abaixo mostram o comportamento do sinal do trinômio do segundo grau (e em consequência, da solução da inequação do $2^{\underline{o}}$ grau) para o caso em que $\Delta>0$, ou seja, o trinômio tem duas raízes distintas, x_1 e x_2.

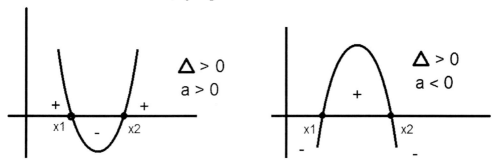

O trinômio terá sempre o sinal contrário ao do coeficiente **a**, para x compreendido entre as raízes x_1 e x_2, e terá o mesmo sinal de **a**, para x compreendido fora do intervalo entre as raízes. Escrevendo de forma algébrica. Veja as explicações abaixo e olhe as figuras acima:

$y = ax^2 + bx + c$, $\Delta>0$, raízes x_1 e x_2:
a>0 → $y < 0$ para $x_1 < x < x_2$ ($x \in (x_1, x_2)$) (o intervalo aberto, de x_1 a x_2)
$y > 0$ para $x < x_1$ ou $x > x_2$ ($x \in (-\infty, x_1) \cup (x_2, \infty)$)

a<0 → $y > 0$ para $x_1 < x < x_2$ ($x \in (x_1, x_2)$)
$y < 0$ para $x < x_1$ ou $x > x_2$ ($x \in (-\infty, x_1) \cup (x_2, \infty)$)

Exemplo: $x^2 - 8x + 15 < 0$
$\Delta>0$, raízes $x_1 = 3$ e $x_2 = 5$
O trinômio será negativo entre as raízes

Resposta: $S = (3, 5)$

Todos eles precisam dominar inequações

Exercícios

E1) Resolver as seguintes inequações do $2^{\underline{o}}$ grau
a) (*) $x^2 + 3x + 2 \geq 0$
b) $x^2 - 10x + 16 < 0$
c) $x^2 - 6x + 40 > 0$
d) $x^2 - 2x - 80 < 0$
e) $x^2 - 4x - 12 \geq 0$
f) $x^2 - 10x - 39 \leq 0$
g) $x^2 + 7x - 30 > 0$
h) $x^2 + 14x + 48 > 0$
i) $x^2 + 5x - 36 \leq 0$
j) $x^2 + 2x - 63 < 0$
k) $x^2 + x + 1 \geq 0$
l) $x^2 + 4x + 100 > 0$
m) $2x^2 + 5x - 7 \geq 0$
n) $10x^2 + 7x + 1 < 0$
o) $10x^2 + x + 10 < 0$

Inequação fracionária

As equações fracionárias são resolvidas mediante a eliminação de denominadores. Com as inequações não podemos fazer isso, pois a eliminação de denominadores pode afetar o sinal da desigualdade.

Exemplo:

$\dfrac{1}{x-2} - \dfrac{1}{x-1} = 1$ ➔ $x - 1 - (x-2) = (x-1)(x-2)$ ➔ $x^2 - 3x + 2 - 1 = 0$ ➔ $x^2 - 3x + 1 = 0$

$x = \dfrac{3 \pm \sqrt{9-4}}{2} = \dfrac{3 \pm \sqrt{5}}{2}$

Já na inequação do $2^{\underline{o}}$ grau, a eliminação de denominadores não pode ser feita, pois afeta o sinal. Devemos manter os denominadores e chagar na forma $\dfrac{N(x)}{D(x)} < 0$ (ou outro sinal de igualdade, como >, ≤ ou ≥).

Exemplo:

$\dfrac{1}{x-2} - \dfrac{1}{x-1} > 1$

$\dfrac{x-1}{(x-2)(x-1)} - \dfrac{x-2}{(x-1)(x-2)} > \dfrac{(x-1)(x-2)}{(x-1)(x-2)}$

Capítulo 17 – Inequações do segundo grau

$$0 > \frac{(x-1)(x-2)-(x-1)+(x-2)}{(x-1)(x-2)}$$

$$\frac{x^2-3x+2-x+1+x-2}{(x-1)(x-2)} < 0$$

$$\frac{x^2-3x+1}{(x-1)(x-2)} < 0$$

O numerador é um trinômio do 2º grau com Δ>0, a>0, e tem como raízes, $\frac{3\pm\sqrt{5}}{2}$. Como $\sqrt{5}$ vale aproximadamente 2,2, tais raízes são aproximadamente 0,4 e 2,6.

$$\frac{3-\sqrt{5}}{2} \quad\quad 1 \quad\quad 2 \quad\quad \frac{3+\sqrt{5}}{2}$$

A seguir montamos uma tabela em que as linhas representam os fatores da inequação, sendo uma para cada fator do segundo grau e uma para cada fator do primeiro grau. Fazemos também linhas verticais sob cada valor crítico (no caso, as raízes do termo de 2º grau e as raízes dos termos de 1º grau).

Note que na linha "resultado", marcamos com "0" os valores que anulam a inequação (as raízes do numerador) e com "x" os valores proibidos, que anulam o denominador.

A partir daí, marcamos o sinal, positivo ou negativo, de cada fator, em cada intervalo considerado. Por exemplo, o trinômio do numerador será negativo entre as raízes e positivo fora deste intervalo. O fator x – 1 será positivo para x > 1 e negativo em caso contrário. O fator x – 2 será positivo para x > 2 e negativo caso contrário.

O numerador será negativo entre essas duas raízes, nulo para essas raízes e positivo para demais valores de x. O denominador tem dois "valores proibidos", que são 1 e 2. O primeiro fator será positivo para x>1 e negativo para x<1, o segundo fator será positivo para x>2 e negativo para x<2. De posse desses valores, construímos um quadro de variação de sinal. Inicialmente marcamos, em ordem crescente, esses valores críticos:

600 — O ALGEBRISTA

$$\frac{3-\sqrt{5}}{2} \qquad 1 \qquad 2 \qquad \frac{3+\sqrt{5}}{2}$$

$x^2 - 3x + 1$	+	-	-	-	+
$x - 1$	-	-	+	+	+
$x - 2$	-	-	-	+	+
Resultado	+ $\quad$ 0	- $\quad$ x	+ $\quad$ x	- $\quad$ 0	+

Lembrando que sinais negativos contados um número ímpar de vezes, resultam em um valor negativo, e contados um número par de vezes, resultam em um valor positivo. A inequação resolvida por intermédio deste quadro é:

$$\frac{x^2 - 3x + 1}{(x-1)(x-2)} < 0$$

Para que a fração seja menor que zero, os valores de x devem pertencer os intervalos que, reunidos, resultam no seguinte conjunto solução:

$$S = \{\frac{3-\sqrt{5}}{2}, 1\} \cup \{2, \frac{3+\sqrt{5}}{2}\}$$

Exercícios

E2) Resolver as inequações

a) (*) $\dfrac{x^2+3}{3} - \dfrac{3x-1}{4} > 2$

b) (*) $2 - \dfrac{x}{1-x} < 1 - \dfrac{1}{x-1}$

c) $\dfrac{7x^2 - 22x - 29}{4x^2 - 3x - 45} < 1$

d) $\dfrac{x^2+5}{x} > 6$

e) $\dfrac{x+16}{x+3} \leq 6$

f) $\dfrac{2}{x-3} \geq \dfrac{-2}{x+5}$

g) $\dfrac{3x}{5-x} > x$

h) $\dfrac{x^2-4}{x^2+5} < 0$

i) (*) $\dfrac{2x}{x-3} \leq \dfrac{x-1}{x+1}$

j) $\dfrac{x-1}{x-3} > \dfrac{x+3}{x+1}$

Outras inequações

As inequações do $1^{\underline{o}}$ e do $2^{\underline{o}}$ graus não são as únicas existentes. Podem surgir inequações com outras formas algébricas, como módulos, raízes e exponenciais. Uma raiz de índice par tem sempre valor positivo, entretanto é preciso obrigar que o radicando seja positivo ou nulo, o que resulta em uma inequação à parte, e deve ser feita a interseção do seu conjunto solução com a inequação resultante de forçar o radicando a ser positivo. Exponenciais são sempre positivas, portanto são menos problemáticas. Não existe um método geral para resolver inequações com expressões algébricas genéricas, é preciso realizar as operações algébricas apresentadas até chegar a uma forma simples que permita chegar à solução.

Capítulo 17 – Inequações do segundo grau   601

Eles também.

Inequação com módulo

Expressões com módulos complicam equações e inequações, pois para resolvê-las é preciso "eliminar os módulos", o que pode ser muito trabalhoso, pois sabemos que $|x|$ pode valer x ou –x, dependendo do sinal de x.

Exemplo: Resolver $|x^2 - 4| < 6$

Via de regra, um módulo requer duas hipóteses: conteúdo positivo e conteúdo negativo. Nesse caso, se tivermos $x^2 - 4$ positivo podemos substituir sem módulo por ele próprio, já que o módulo de um número positivo é o próprio número.

Por outro lado, se tivermos $x^2 - 4$, negativo, seu módulo será $-(x^2 - 4)$. Sendo assim, temos dois casos:

a) $x^2 - 4 > 0$.
Inicialmente devemos determinar quais valores de x tornam essa expressão positiva. Para isto, resolvemos a inequação $x^2 - 4 > 0$. Podemos incluir aqui, os valores que tornam a expressão nula, pois o módulo de zero vale zero, façamos então $x^2 - 4 \geq 0$. Tal expressão é um trinômio do 2º grau, que será positivo entre as raízes (+2 e –2). Incluindo as raízes nesta regra, consideramos então como primeiro intervalo, $(-\infty, -2] \cup [2, \infty)$, e para tais valores de x, temos $|x^2 - 4| = x^2 - 4$. Portanto para x pertencente a este conjunto, a inequação fica reduzida a:

$x^2 - 4 < 6$
$x^2 - 10 < 0$

Uma vez com o módulo eliminado, resolvemos agora esta inequação. O primeiro membro é um trinômio do 2º grau, com a>0, e raízes $-\sqrt{10}$ e $\sqrt{10}$. O trinômio será negativo entre as raízes, ou seja, no intervalo $(-\sqrt{10}, \sqrt{10})$. Note que os extremos do intervalo não satisfazem, pois a equação exige que o trinômio seja menor que zero. Agora devemos fazer a <u>interseção</u> dessa solução provisória com $(-\infty, -2] \cup [2, \infty)$, resultando em S1 = $(-\sqrt{10}, -2] \cup [2, \sqrt{10})$.

b) $x^2 - 4 < 0$

Para valores de x que tornam esta expressão negativa, temos $|x^2 - 4| = -(x^2 - 4)$

$x^2 - 4$ será negativo se $x \in (-2, 2)$. Nesse caso teremos:

602 O ALGEBRISTA

$-x^2 + 4 \leqslant 6$

$-x^2 - 2 \leqslant 0$

A expressão $-x^2 - 2$ será sempre negativa. É fácil ver que como x^2 é sempre positivo, $-x^2 - 2$ será sempre negativo. Outra forma de ver isto é que trata-se de um trinômio do $2^{\underline{o}}$ grau com Δ negativo, portanto terá sempre o sinal de a (negativo).

Portanto, o conjunto solução desta inequação é R, mas é preciso fazer sua interseção com a condição quer permitiu eliminar o módulo, que nesse caso é $x \in (-2, 2)$. Devemos então fazer a interseção de R com este conjunto, resultando em S2 = $(-2, 2)$.

Finalmente, fazemos a união dos conjuntos solução S1 e S2, resultante do desmembramento do módulo:

$S = S1 \cup S2 = ((-\sqrt{10}, -2] \cup [2, \sqrt{10})) \cup (-2, 2) = (-\sqrt{10}, \sqrt{10})$

Resposta: $S = (-\sqrt{10}, \sqrt{10})$

Inequação com exponencial

A ideia é bastante simples. Partimos de uma inequação exponencial, ou seja, com incógnita no expoente, como

$2^x \leqslant 8$

Devemos exprimir os números que não são exponenciais, na forma de uma exponencial, como:

$2^x \leqslant 2^3$

Podemos agora converter a inequação para

$x \leqslant 3.$

Esta conversão é válida porque a base da exponencial é maior que 1. Generalizando, temos:

$a^x \leqslant a^y$ ➜ $x \leqslant y$, desde que tenhamos a>1.

Se tivermos a base entre 0 e 1, a conversão correta seria:

$a^x \leqslant a^y$ ➜ $x > y$, desde que tenhamos 0<a<1.

Exemplo: Resolver $2^{x^2 - x - 2} < 16$

Vamos exprimir 16 como 2^4, ficando com:

$$2^{x^2 - x - 2} < 2^4$$

Como em uma exponencial com base maior que 1, quanto maior é o expoente, maior é o seu valor, e vice-versa, temos:

$x^2 - x - 2 \leqslant 4$

$x^2 - x - 6 \leqslant 0$

Capítulo 17 – Inequações do segundo grau 603

O trinômio será negativo para x compreendido entre as raízes, que são –2 e 3.

Resposta: $-2 < x < 3$

Exercícios

E3) Resolver as inequações

a) (*) $|x^2 - 5x + 6| < 12$

b) $|x+1| > \sqrt{x^2+1}$

c) $\left(\dfrac{1}{2}\right)^{x^2-4} \leq 8^{x+2}$

d) $\dfrac{x^2 - 4x + 3}{x - 2} > 0$

e) (*) $|x^2 + x + 1| \leq |x^2 + 2x - 3|$

f) $\dfrac{x}{x+6} \geq \dfrac{1}{x-4}$

g) (*) $\left(\dfrac{1}{5}\right)^{x^2+2} \geq \left(\dfrac{1}{125}\right)^x$

h) $x + \dfrac{1}{x} \leq 2$

Exercícios de revisão

E4) Encontre um valor não nulo para **c** tal que o intervalo aberto (–3c, c) seja solução da inequação $x^2 + 2cx - 6c < 0$.

E5) Juquinha toma uma peça de arame com 12 dm e o dobra em duas partes, uma com medida x e outra com medida 12 – x. A seguir dobra as duas peças de arame para formar dois quadrados. Encontre os valores de x tais que a soma das áreas dos dois quadrados seja menor que 5 dm^2.

(A) $(0, 4) \cup (8, \infty)$ (B) $(4, 8)$ (C) $(4, 6)$ (D) $(5, 8)$ (E) $(5, 12)$

E6) Resolver $x^3 - 1 < 13x - 13$.

(A) $-4 < x < 3$ (B) $x < -4$ ou $1 < x < 3$ (C) $x < -3$ (D) $-4 < x < 1$ ou $x > 3$ (E) $x < 3$

E7) Se x é um número inteiro, encontre a soma de todos os valores distintos de x tal que:

$(x - 1)^2.(x - 4).(x + 2) < 0$

(A) 4   (B) 5   (C) 6   (D) 7   (E) 9

E8) Resolver $x^2 + x - 12 < -6$

E9) Resolver $x^2 - 7x + 12 < 0$

(A) $(-3, 4)$ (B) $(3, 4)$ (C) $(-4, 3)$ (D) $(4, \infty)$ (E) $(2, 3)$

E10) (*) Resolver a inequação $(2x - 1)^2 \leq 9$

(A) $[-1, 1]$ (B) $(-1, 2]$ (C) $(-\infty, -1] \cup [2, \infty)$ (D) $(-\infty, -1) \cup (2, \infty)$ (E) $[-1, 2]$

E11) CN 88 - Um subconjunto do conjunto solução da inequação $\dfrac{1 + 4x - x^2}{x^2 + 1} > 0$ é:

(A) $\{x \in R \mid x > 5\}$ (B) $\{x \in R \mid x < 2\}$ (C) $\{x \in R \mid x < 0\}$

(D) $\{x \in R \mid 0 < x < 4\}$ (E) $\{x \in R \mid -1 < x < 3\}$

E12) Resolver $x^3 + x^2 - 2x \geq 0$.

604 O ALGEBRISTA

E13) Resolver $x(x + 7) \geq -12$

(A) $[-3, \infty)$ (B) $(-\infty, -4]$ (C) $(-\infty, -4]$ ou $[-3, \infty)$ (D) $[-4, -3]$

E14) Resolver $x^2 \geq x + 6$

(A) $(-\infty, -2] \cup [3, \infty)$ (B) $[-2,3]$ (C) $(-\infty, -3] \cup [2, \infty)$ (D) $(-\infty, -2) \cup (3, \infty)$ (E) $(-2, 3)$

E15) Resolver $x^2 + 6x - 16 \geq 0$

E16) Quantas soluções tem a inequação $|x^2 + 1| < 0$?

E17) Resolver $x^4 + x^3 - 6x^2 < 0$

E18) Se $(x + 1)^2$ é maior que $(5x - 1)$ e menor que $(7x - 3)$, encontre o menor valor inteiro possível para x.

E19) Determine a interseção das soluções de $x^2 - 3x + 2 < 0$ e $x^2 - 3x/2 < 0$.

E20) Resolver $2x^2 + 5x - 3 \geq 0$

E21) Qual o menor valor de x para o qual não seja válida a relação $|x^2 - 8x| > (x + 4)^2$?

E22) Resolver $x^3 + 1 \geq x^2 + x$

E23) (*) Resolver $\left\| x^2 + 1 \right| - 2|x| \right\| < 2$

E24) Resolver $\dfrac{3}{x-4} \geq \dfrac{-5}{x+6}$

E25) O conjunto S, solução de $(x - 3)^2 \leq 0$, é:

(A) $\{x \in R \mid x > 3\}$ (B) $\{x \in R \mid x < 3\}$ (C) $\{x \in R \mid x \leq 3\}$ (D) $\{3\}$ (E) $R - \{3\}$

E26) Para que a fração $\dfrac{2x - 3}{x^2 - 10x + 25}$ seja negativa, é necessário que:

(A) $x < 3/2$ (B) $3/2 < x < 5$ (C) $x \geq 5$ (D) $x < 5$ (E) $x = 10$

E27) CN 89
O maior valor inteiro que verifica a inequação $x.(x + 1).(x - 4) < 2.(x - 4)$ é:

(A) 1 (B) negativo (C) par positivo (D) ímpar maior que 4 (E) primo

E28) CEFETQ 2001
Calcule a soma dos valores inteiros de x que satisfazem à inequação $(x - 5)(2x + 1) < 0$

E29) CEFET 2010
A soma dos números inteiros que satisfazem à inequação $-x^2 + \sqrt{21}x - 3 \geq 0$ é:

(A) 3 (B) 4 (C) 5 (D) 6

Capítulo 17 – Inequações do segundo grau

E30) (*) CN 75 - Resolver a inequação $\dfrac{(x-1)^3.(x^2-4x+4)}{-x^2+x-1} \geq 0$

(A) $x\leq1$ (B) $x>2$ (C) $x\geq-2$ (D) $x<2$ (E) $x=1$ (F) NRA

E31) CN 76 - Resolver a inequação $\dfrac{x^2+5x+16}{x^2-5x+4} < 0$

(A) impossível   (B) qualquer x real   (C) $x<2$ (D) $1<x<4$ (E) $x>3$

E32) CN 78
A soma dos valores inteiros e positivos de x que satisfazem a inequação :
$\dfrac{-x^2+4x+7}{-x^2+3x+4} \geq 1$ dá:

(A) 8   (B) 10   (C) 6   (D) 9   (E) 14

E33) CN 80
Um exercício sobre inequações tem como resposta $\{x\in R \mid x < -1$ ou $0 < x < 5\}$. O exercício pode ser:

(A) $\dfrac{x^2-4x-5}{-x} > 0$

(B) $\left(-x^3+4x+5x\right)\geq 0$

(C) $\left(x^3-4x^2-5x\right)>0$

(D) $\dfrac{1}{-x^3+4x^2+5x} \geq 0$

(E) $\dfrac{-x}{x^2-4x-5} \geq 0$

E34) CN 83 - A soma dos valores inteiros que satisfazem a inequação abaixo é:
$$\dfrac{(-x+3)^3}{(x^2+x-2)(5-x)^{11}(2x-8)^{10}} \leq 0$$

(A) 11   (B) 4   (C) 6   (D) 8   (E) 2

E35) CN 84
A soma dos valores inteiros de x, no intervalo $-10 < x < 10$, e que satisfazem a inequação
$(x^2+4x+4)(x+1) \leq x^2-4$ é:

(A) 42   (B) 54   (C) -54 (D) -42 (E) -44

E36) CN 85 - Dois lados de um triângulo são iguais a 4 cm e 6 cm. O terceiro lado é um número inteiro expresso por x^2+1. O seu perímetro é:

OBS: A condição de existência de um triângulo exige que cada lado seja menor que a soma e maior que a diferença dos outros dois.

(A) 13 cm   (B) 14 cm   (C) 15 cm   (D) 16 cm   (E) 20 cm

E37) (*) CN 86 - O sistema
$$\begin{cases} y \geq x+2 \\ y \leq x-2 \end{cases}$$
(A) não tem solução
(B) tem solução contida no 4° quadrante
(C) tem solução que contém o 2° quadrante
(D) é satisfeito apenas por um ponto no plano cartesiano
(E) tem solução apenas para $y\geq2$

606   O ALGEBRISTA

E38) CN 86

O intervalo solução da inequação $(x + 3)(x + 2)(x - 3) > (x + 2)(x - 1)(x + 4)$ é:

(A) $\left(-\infty, -\dfrac{5}{3}\right)$ (B) $(-\infty, -1)$ (C) $\left(-2, -\dfrac{5}{3}\right)$ (D) $\left(-\dfrac{5}{3}, +\infty\right)$ (E) $(-1, 2)$

E39) Colégio Naval 2015

Seja S a soma dos valores inteiros que satisfazem a inequação $\dfrac{(5x - 40)^2}{x^2 - 10x + 21} \leq 0$. Sendo assim, pode-se afirmar que:

A) S é um número divisível por 7.

B) S é um número primo.

C) S^2 é divisível por 5.

D) $\sqrt{S}$ é um número racional.

E) 3S + 1 é um número ímpar.

CONTINUA NO VOLUME 2: 80 QUESTÕES DE CONCURSOS

Respostas dos exercícios

E1)
- a) $x \leq -2$ ou $x \geq -1$
- b) $2 < x < 8$
- c) S = R
- d) $-8 < x < 10$
- e) $x \leq -2$ ou $x \geq 6$
- f) $-3 \leq x \leq 13$
- g) $x < -10$ ou $x > 3$
- h) $x < -8$ ou $x > -6$
- i) $-9 \leq x \leq 4$
- j) $-9 < x < 7$
- k) S = R
- l) S = R
- m) $x \leq -7/2$ ou $x \geq 1$
- n) $-5 < x < -2$
- o) $S = \emptyset$

E2)
- a) $x < -3/4$ ou $x > 3$
- b) $0 < x < 1$
- c) $-3 < x < 0$ ou $5/4 < x < 16/3$
- d) $0 < x < 1$ ou $x > 5$
- e) $x < -3$ ou $x \geq -2/5$
- f) $-5 < x \leq -1$ ou $x > 3$
- g) $x \leq 0$ ou $0 \leq x < 5$
- h) $-2 < x < 2$
- i) $-3 - 2\sqrt{3} \leq x < -1$ ou $-3 + 2\sqrt{3} \leq x < 3$
- j) $x < -1$ ou $x > 3$

E3)
- a) $-1 < x < 6$
- b) $x > 0$
- c) $x \leq 1$ ou $x \geq 2$
- d) $1 < x < 2$ ou $x > 3$
- e) $-2 \leq x \leq 1/2$ ou $x \geq 4$.
- f) $x < -6$ ou $-1 \leq x < 4$ ou $x \geq 6$
- g) $1 \leq x \leq 2$
- h) $x \leq 0$

E4) c = 2   **E5)** (B)   **E6)** (B)   **E7)** (B)   **E8)** S = (−3, 2)

E9) (B)   **E10)** (E)   **E11)** (D)   **E12)** $[-2, 0] \cup [1, \infty)$

E13) (C)   **E14)** (A)   **E15)** $x \leq -8$ ou $x \geq 2$ **E16)** Nenhuma

E17) $x < -3$ ou $0 < x < 2$ **E18)** 3   **E19)** $1 < x < 3/2$

E20) $x \leq -3$ ou $x \geq \frac{1}{2}$ **E21)** −1   **E22)** $x \geq -1$

E23) $-\sqrt{2} - 1 < x < \sqrt{2} + 1$ **E24)** $-6 < x \leq 1/4$ ou $x > 4$ **E25)** (D)

Capítulo 17 – Inequações do segundo grau   607

E26) (A)   E27) (E) 3, x≤–2 ou 1<x<4   E28) 10   E29) (D)

E30) (F)   E31) (D)   E32) (C)   E33) (A)   E34) (E)

E35) (E)   E36) (C)   E37) (A)   E38) (C)

E39) (B)

Resoluções selecionadas

E1 a) (*) $x^2 + 3x + 2 \quad 0$
É sempre bom fazer o esboço do gráfico.

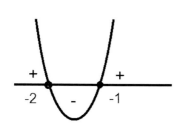

Solução:
O trinômio tem a>0, então é negativo entre as raízes, positivo "fora" das raízes
Raízes: –1 e –2
Positivo para $x \leq -2$ e para $x \geq -1$

Resposta: $x \leq -2$ ou $x \geq -1$

E2 a) (*) $\dfrac{x^2+3}{3} - \dfrac{3x-1}{4} > 2$

Solução
Como todos os denominadores são valores positivos, podemos eliminá-los sem alterar o sinal de desigualdade.

$\dfrac{x^2+3}{3/4} - \dfrac{3x-1}{4/3} > \dfrac{2}{1/12}$

$4x^2 + 12 - 9x + 3 > 24$ ➔ $4x^2 - 9x - 9 > 0$
Raízes:
4 x 9 = 36 (produto)
9 = diferença, menor leva o sinal do meio
3 e 12, 3 ficará negativo, dividindo novamente por 4:
–3/4 e 12/4 = 3
Raízes: –3/4 e 3. Positivo "fora" das raízes
Resposta: $x < -3/4$ ou $x > 3$

E2 b) (*) $2 - \dfrac{x}{1-x} < 1 - \dfrac{1}{x-1}$

Solução:
É uma inequação fracionária, os denominadores não podem ser eliminados sob pena de comprometer o sinal de desigualdade, denominadores devem ser mantidos.

$2 - \dfrac{x}{1-x} < 1 - \dfrac{1}{x-1}$ ➔ $1 + \dfrac{x}{x-1} + \dfrac{1}{x-1} < 0$

$\dfrac{x-1}{x-1} + \dfrac{x}{x-1} + \dfrac{1}{x-1} < 0$ ➔ $\dfrac{2x}{x-1} < 0$ ➔ $\dfrac{x}{x-1} < 0$

Devemos agora fazer o quadro de variação de sinal do numerador e do denominador:
Raiz do numerador : 0

O ALGEBRISTA

Raiz do denominador: 1

Façamos o quadro de variação de sinal da fração:

	0		1	
x	-		+	+
x – 1	-		-	+
Resultado	+	0	- x	+

O numerador é positivo para x > 0, zero para x = 0. O denominador é positivo para x > 1, e negativo caso contrário, sendo proibido o valor x = 1, pois anula o denominador.

Para que a fração seja negativa devemos ter $0 < x < 1$

Resposta: $0 < x < 1$

E2 i) $\dfrac{2x}{x-3} \le \dfrac{x-1}{x+1}$

Solução:

$$\frac{2x}{x-3} - \frac{x-1}{x+1} \le 0 \ \blacktriangleright\ \frac{2x}{x-3}\Big/x+1 - \frac{x-1}{x+1}\Big/x-3 \le 0 \ \blacktriangleright\ \frac{2x^2+2x}{(x-3)(x+1)} - \frac{(x^2-4x+3)}{(x-3)(x+1)} \le 0$$

$\dfrac{x^2+6x-3}{(x-3)(x+1)} \le 0$. As raízes do numerador e denominador são:

Numerador: $-3 \pm 2\sqrt{3}$, que são aproximadamente –6,4 e 0,4

Denominador: 3 e –1

Façamos o quadro de variação de sinal, marcando esses pontos em ordem crescente:

$$-3-2\sqrt{3} \qquad -1 \qquad -3+2\sqrt{3} \qquad 3$$

	$-3-2\sqrt{3}$		-1		$-3+2\sqrt{3}$		3	
Numerador	+	0	-		-	0	+	+
Denominador	+		+	x	-		- x	+
Fração	+	0	-	x	+	0	- x	+

Os valores que anulam o denominador são suas raízes $-3 \pm 2\sqrt{3}$. 0 – 1 e 3 são valores proibidos, pois anulam o denominador. Um valor de x que anula ambos, numerador e denominador, também é "proibido", já que não podemos ter 0/0 – não é permitido fazer simplificações em inequações, a menos que seja marcado aquele valor anulador como restrição – não é o caso deste exemplo. É fundamental que todos esses pontos críticos sejam colocados em ordem crescente, caso contrário os intervalos ficarão errados. Vemos que os intervalos que atendem à inequação (fração menor ou igual a zero) são: $-3-2\sqrt{3} \le x < -1$ e $-3+2\sqrt{3} \le x < 3$

Resposta: $-3-2\sqrt{3} \le x < -1$ ou $-3+2\sqrt{3} \le x < 3$

E3 a) $|x^2 - 5x + 6| < 12$

Solução

Antes de resolver, é interessante visualizar graficamente o que ocorre com esta desigualdade, que pode ser representada pela figura abaixo.

Capítulo 17 – Inequações do segundo grau   609

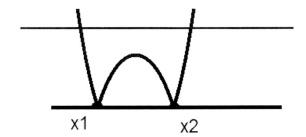

O primeiro membro da desigualdade é o módulo de uma parábola. O gráfico da parábola tem valores de x negativos entre as raízes, e positivo "fora" das raízes. Quando usamos o módulo, a parte negativa torna-se positiva, o que equivale a rebater esta parte negativa, verticalmente, como vemos na figura acima. A inequação quer que este módulo seja menor que 12. Supondo que a reta horizontal acima seja y = 12, o que devemos fazer é exatamente encontrar para quais valores de x o gráfico da parábola fica abaixo da reta.

Façamos a resolução sem usar a figura, mas olhar a figura é sempre bom para melhorar nosso entendimento.

A expressão que está dentro do módulo pode ser positiva ou negativa. Vamos determinar inicialmente para que valores esta expressão é positiva, então:

$x^2 - 5x + 6 \geq 0$

A solução desta inequação do 2º grau é o conjunto dos valores que estão fora do intervalo entre as raízes, que são 2 e 3. A solução é portanto $x \leq 2$ ou $x \geq 3$. Para esses valores de x, o módulo é o próprio valor da expressão, então podemos eliminar o sinal de módulo:

$x^2 - 5x + 6 < 12 \therefore x^2 - 5x - 6 < 0$ → $-1 < x < 6$

Devemos fazer a interseção deste intervalo, com o intervalo que torna o módulo positivo, ou seja, $x \leq 2$ ou $x \geq 3$. Esta interseção será $-1 < x \leq 2$ ou $3 \leq x < 6$

De fato, olhando para o gráfico, os pontos –1 e 6 são os valores de x nos quais a reta y = 12 corta a parábola. Então a parábola estará abaixo da reta entre –1 e 2 e entre 3 e 6 (gráfico fora de escala).

Devemos agora tratar o caso no qual o valor dentro do módulo é negativo, ou seja, para x entre 2 e 3. Dependendo das alturas relativas da reta e da parábola, a reta poderá cortar ou não a parábola nesta região.

Fazendo $x^2 - 5x + 6 < 0$, concluímos que este valor será negativo entre 2 e 3 (entre as raízes), nesse caso o módulo será essa expressão com o sinal trocado. Eliminando o módulo e trocando o sinal, temos:

$-x^2 + 5x - 6 < 12$ → $x^2 - 5x + 18 > 0$

Essa expressão é sempre positiva, pois é um trinômio do 2º grau com a>0 e Δ<0. Sendo assim, qualquer valor de x faz este valor positivo, mas devemos fazer a interseção com o intervalo considerado, ou seja:

$R \cap (2, 3) = (2, 3)$

Portanto devemos adicionar o intervalo (2, 3) ao já encontrado no primeiro caso, ou seja:

$-1 < x \leq 2$ ou $3 \leq x < 6$: $(-1, 2] \cup [3, 6)$. Sendo feita a união com (2, 3) ficamos com:

(–1 , 6). Isto mostra que no gráfico, a reta corta apenas os dois ramos laterais da parábola, e não a região entre 2 e 3.

Resposta: $-1 < x < 6$

610 O ALGEBRISTA

E3 e) $|x^2 + x + 1| \leq |x^2 + 2x - 3|$

Solução

Com dois módulos, no caso geral temos que considerar quatro possibilidades e dividir em quatro intervalos, para os valores nos módulos sendo ambos positivos, ambos negativos, um positivo e um negativo e vice-versa. Entretanto, neste problema temos uma grande simplificação. O valor $x^2 + x + 1$ é sempre positivo, pois trata-se de um trinômio do $2^\underline{o}$ grau com delta negativo ($\Delta = -3$). Portanto, tem sempre o sinal de **a**, ou seja, positivo. Podemos portanto eliminar seu módulo, já que é sempre positivo. Resta portanto analisar as duas possibilidades de sinal para o segundo módulo:

$x^2 + 2x - 3$:   Negativo entre as raízes: $-3 < x < 1$

               Positivo caso contrário: $x \leq -3$ e para $x \geq 1$.

Caso 1: valor negativo:

$x^2 + x + 1 \leq 0 - x^2 - 2x + 3$

$2x^2 + 3x - 2 \leq 0$ ➜ $-2 \leq x \leq 1/2$, fazendo interseção com $-3 < x < 1$ ficamos com $[-2, 1/2]$

Caso 2: valor positivo

$x^2 + x + 1 \leq 0 \ x^2 + 2x - 3$

$x \geq 4$, fazendo interseção com $x \leq -3$ ou $x \geq 1$ ficamos com $x \geq 4$.

Finalmente, fazendo a união dos intervalos dos casos 1 e 2, ficamos com:

$-2 \leq x \leq 1/2$ ou $x \geq 4$.

Resposta: $-2 \leq x \leq 1/2$ ou $x \geq 4$.

E3 g) $\left(\dfrac{1}{5}\right)^{x^2+2} \geq \left(\dfrac{1}{125}\right)^{x}$

Solução:

A primeira providência é passar as exponenciais para a mesma base. Usemos a base 1/5:

$$\left(\frac{1}{5}\right)^{x^2+2} \geq \left(\frac{1}{5}\right)^{3x}$$

Como a base está entre 0 e 1, o sentido da desigualdade é invertido quando passamos da inequação original para a inequação com os expoentes:

$x^2 + 2 \leq 3x$ ➜ $x^2 - 3x + 2 \leq 0$, as raízes são 1 e 2, o trinômio é negativo entre as raízes.

Resposta: $1 \leq x \leq 2$

E10) Resolver a inequação $(2x - 1)^2 \leq 9$

(A) $[-1, 1]$ (B) $(-1, 2]$ (C) $(-\infty, -1] \cup [2, \infty)$ (D) $(-\infty, -1) \cup (2, \infty)$ (E) $[-1, 2]$

Solução:

A inequação $x^2 \leq k^2$, sendo k um valor positivo, é equivalente a

$-k \leq x \leq k$, ou seja, x deve ter um módulo menor ou igual que k para que seu quadrado seja menor ou igual que k^2. No nosso caso, a inequação é equivalente a:

$-3 \leq 2x - 1 \leq 3$, que é um sistema de 2 inequações:

$-3 \leq 2x - 1$ ➜ $x \geq -1$

$2x - 1 \leq 3$ ➜ $x \leq 2$

Cuja interseção é $-1 \leq x \leq 2$, o mesmo que $[-1, 2]$

Resposta: (E)

Capítulo 17 – Inequações do segundo grau   611

E23) Resolver $\left\| |x^2+1| - 2|x| \right\| < 2$

Solução:

Seria muito complexa a resolução devido ao desmembramento dos módulos, mas podemos fazer algumas simplificações:

a) Simplificação: $x^2 + 1$ é sempre positivo, então $|x^2 + 1| = x^2 + 1$

Para desmembrar $|x|$, vamos considerar dois casos: $x \geq 0$ e $x < 0$

Caso 1: $x \geq 0$

$|x^2 + 1 - 2x| < 2$

A expressão $x^2 - 2x + 1$ é um quadrado, seu valor é sempre positivo ou zero, então seu módulo pode ser eliminado:

$(x-1)^2 < 2 \;\Rightarrow\; -\sqrt{2} < x-1 < \sqrt{2} \;\Rightarrow\; -\sqrt{2}+1 < x < \sqrt{2}+1$

Fazendo a interseção com $x \geq 0$ ficamos com $0 \leq x < \sqrt{2}+1$. Esta é a primeira parte da solução

Caso 2: $x < 0$

$|x^2 + 1 + 2x| < 2$

$(x+1)^2 < 2 \;\Rightarrow\; -\sqrt{2} < x+1 < \sqrt{2} \;\Rightarrow\; -\sqrt{2}-1 < x < \sqrt{2}-1$

Fazendo a interseção com $x < 0$, ficamos com $-\sqrt{2}-1 < x < 0$ (Segunda parte).

Unindo os dois intervalos ficamos com:

$-\sqrt{2}-1 < x < \sqrt{2}+1$

Resposta: $-\sqrt{2}-1 < x < \sqrt{2}+1$

E30) Resolver a inequação $\dfrac{(x-1)^3 \cdot (x^2 - 4x + 4)}{-x^2 + x - 1} \geq 0$

(A) $x \leq 1$ (B) $x > 2$ (C) $x \geq -2$ (D) $x < 2$ (E) $x = 1$ (F) NRA

Solução:

Sinais dos fatores do numerador e do denominador:

a) $(x-1)^3 = (x-1)(x-1)^2$: Sinal + para $x > 1$, 0 para $x = 1$ e – para $x < 1$

Note que $x = 1$ é solução, pois torna a expressão nula.

b) $(x^2 - 4x + 4)$: é um quadrado perfeito, sempre positivo, mas é zero para $x = 2$, que é solução também.

c) $-x^2 + x - 1$: Trinômio do 2° grau sempre negativo.

Estudando a variação de sinal da fração, temos que será positiva para $x < 1$, mas zero, que também é solução, para $x = 1$ e para $x = 2$, então a solução da inequação é:

$x \leq 1$ ou $x = 2$

Resposta: (F) NRA

OBS: a solução $x=2$ é uma "pegadinha" que o aluno esquece, fazendo-o errar a questão. Uma pegadinha exatamente igual foi usada 40 anos depois, na prova de 2015. Conclusão: Estudar as questões clássicas é vantajoso.

E37) CN 86 - O sistema

$\begin{cases} y \geq x + 2 \\ y \leq x - 2 \end{cases}$

(A) não tem solução
(B) tem solução contida no 4° quadrante
(C) tem solução que contém o 2° quadrante
(D) é satisfeito apenas por um ponto no plano cartesiano
(E) tem solução apenas para $y \geq 2$

Solução:

As duas inequações têm como solução, regiões do plano xy, a 1ª equação, acima da reta y = x + 2, a segunda, da reta y = x – 2. A solução do sistema é a interseção das duas regiões, que é vazia.

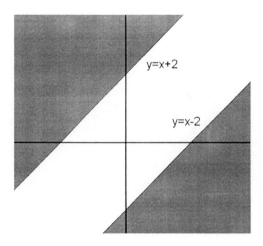

Resposta: (A)

E39) Colégio Naval 2015

Seja S a soma dos valores inteiros que satisfazem a inequação $\dfrac{(5x-40)^2}{x^2-10x+21} \leq 0$. Sendo assim, pode-se afirmar que:

A) S é um número divisível por 7.
B) S é um número primo.
C) S^2 é divisível por 5.
D) $\sqrt{S}$ é um número racional.
E) 3S + 1 é um número ímpar.

Solução:
Note que o numerador é um quadrado, portanto é sempre positivo ou nulo. O numerador zero é solução da inequação, pois usa a desigualdade "menor ou igual", e o valor que anula o numerador (x = 8) não anula o denominador, portanto x = 8 é solução. Considerando agora valores de x diferentes de 8, temos que o numerador é positivo. Para que a fração seja negativa, é preciso que o denominador seja negativo, ou seja, para x compreendido entre as raízes do trinômio que está no denominador.
As raízes do trinômio $x^2 - 10x + 21$ são 3 e 7, portanto será negativa para 3 < x < 7. Esta faixa de valores torna o denominador negativo, e também a fração negativa. Portanto a solução da inequação é 3 < x < 7 ou x = 8.
Os valores inteiros que satisfazem a inequação são portanto 4, 5, 6 e 8 (que muitos esquecem). O valor de S é 4 + 5 + 6 + 8 = 23.

A resposta certa é (B), S é um número primo.

Capítulo 18

Problemas do segundo grau

Este capítulo é continuação da sequência de tópicos:

Equações do $2^{\underline{o}}$ grau
Sistemas do $2^{\underline{o}}$ grau

Um problema do $2^{\underline{o}}$ grau é um problema como os apresentados no capítulo 10. Devemos interpretar o problema e descrevê-lo através de uma ou mais equações. Resolvemos a equação ou o sistema de equações e chegamos à solução do problema.

Este capítulo tem 0% de teoria e 100% de exercícios. Obviamente esses problemas poderiam estar dentro dos capítulos de equações e sistemas do $2^{\underline{o}}$ grau, mas por motivo de organização didática preferimos dedicar-lhes este capítulo separado.

Exemplos

Exemplo 1

A diferença entre os quadrados de dois números inteiros e consecutivos é 47. Desses dois números, o maior é:

(A) 23   (B) 22   (C) 21   (D) 25   (E) 24

Solução: Dois números inteiros consecutivos podem ser representados por n e n + 1. Formamos então a seguinte equação, baseada nas informações do problema:

$(n + 1)^2 - n^2 = 47$.
$n^2 + 2n + 1 - n^2 = 47$
$2n = 46$
$n = 23$, que é um dos números.
O outro número é n + 1, que vale 24.

OBS.: Depois de resolver a equação e dar a resposta, devemos ler novamente o enunciado do problema, pois nem sempre a solução da equação é a solução do problema.

Resposta: O maior número é (E) 24.

Exemplo 2

Uma cerca em torno de uma piscina tem um comprimento 7 m maior que sua largura. A área dentro da cerca é 44 m². Quais são as dimensões da área cercada?

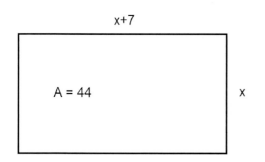

Solução: Devemos sempre fazer o desenho quando o problema envolve figuras geométricas.

Da figura, temos:

$x(x + 7) = 44$
$x^2 + 7x - 44 = 0$ ➔ $x = 4$ ou $x = -11$
(resposta da equação).

Passemos agora à resposta do problema. O valor –11 não serve, pois isto resultaria em uma dimensão negativa para a largura do retângulo. Sendo assim, o único valor possível para x é 4. As dimensões do retângulo são 4 m e 4 m + 7 m = 11 m .

Resposta: As dimensões do retângulo são 4 m e 11 m.

Exemplo 3

(CN 77) - Um retângulo é tal que se aumentarmos de 1 cm a menor de suas dimensões, a sua área aumentará de 20%, mas se tivéssemos aumentado cada uma das dimensões de 2 cm, a área seria aumentada de 75%. O perímetro do retângulo é de:

(A) 32 cm   (B) 24 cm   (C) 26 cm   (D) 20 cm   (E) 28 cm

Solução:
O problema envolve duas incógnitas, que são as duas dimensões do retângulo, e seu enunciado dá informações que permitem chegar às duas equações necessárias para sua resolução. Os dois problemas anteriores também tinham duas incógnitas, mas seus enunciados forneceram informações claras que permitiram exprimir as duas medidas em função de uma só incógnita (no Exemplo 1, n e n + 1, no Exemplo 2, x e x + 7). Já neste problema não é dada uma relação direta entre as medidas do retângulo, será mesmo necessário trabalhar com duas incógnitas.

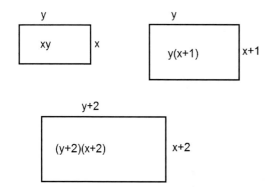

No segundo retângulo da figura, temos a dimensão x aumentada em 1 cm. O enunciado indica que isto provoca um aumento de 20% a área original. Então

$y(x + 1) - xy = 0{,}2.xy$

(o aumento é a diferença entre as áreas, que vale 20% da área original).

Que resolvido dá $x = 5$.

Capítulo 18 – Problemas do segundo grau

No terceiro retângulo, cada dimensão do retângulo original foi aumentada em 2 cm, e o enunciado indica que isto provoca um aumento de 75% na área original. Formamos então a equação:
$(x + 2)(y + 2) - xy = 0{,}75\ xy$
$2x + 2y + 4 = 0{,}75\ xy$; já determinamos que $x = 5$, então
$10 + 2y + 4 = 0{,}75 \cdot 5y$
$14 = 1{,}75y$
$y = 14 / 1{,}75 = 8$
$x = 5$ e $y = 8$.
O problema pede o perímetro do retângulo: $5 + 5 + 8 + 8 = 26$

Resposta: (C) 26 cm.

Exemplo 4

Qual é a maior área retangular possível de cercar com 600 metros de cerca?

(A) 22000 m^2 (B) 22.500 m^2 (C) 36000 m^2 (D) 4000 m^2 (E) 90000 m^2

Solução:

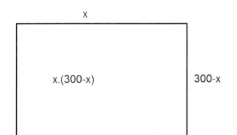

O retângulo tem lados iguais, 2 a 2. Portanto temos duas larguras, e mais dois comprimentos, que somados dão 600. Então, uma largura e mais um comprimento somam 300. Podemos então chamar essas medidas de x e $300 - x$. De fato, se somarmos aos quatro lados, teremos
$x + x + 300 - x + 300 - x = 600$.

Sendo assim, a área do retângulo é $S(x) = x \cdot (300 - x) = 300x - x^2$. Graficamente, é uma parábola com a concavidade voltada para baixo, e seu valor será máximo quando x for a abscissa do vértice, ou seja, a média aritmética das raízes. Como as raízes são 0 e 300, este valor é $x_m = 150$. O valor máximo da área será $S(150) = 300 \cdot 150 - 150^2 = 22.500$

Resposta: (B) 22.500 m^2.

Exemplo 5

Encontre o perímetro de um retângulo, em centímetros, sabendo que sua área é 45 cm^2, e que seu comprimento é 4 cm maior que sua largura.

(A) 18 (B) 14 (C) 26 (D) 36 (E) 28

Solução:

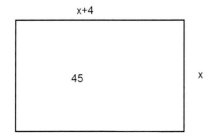

De acordo com a figura resultante do enunciado, temos"

$x(x + 4) = 45$
$x^2 + 4x - 45 = 0$
$x = -9$ ou $x = 5$

Como uma dimensão não pode ser negativa, a única solução possível para x é 5. As medidas do retângulo são 5 e $5 + 4 = 9$.

616   O ALGEBRISTA

O perímetro é $5 + 5 + 9 + 9 = 28$ cm.

Resposta: (E) 28 cm.

Aritmética avançada: nem sempre as equações resolvem

Você não deve pensar que equações resolvem tudo. Existem problemas de aritmética avançada que não são resolvidas com métodos totalmente algébricos, mas com uma combinação de álgebra e aritmética avançada. É o caso de problemas que envolvem números inteiros que têm informações como "sabendo que os números são inteiros" ou "sabendo que os números são primos", muito comum em concursos como Colégio Naval e IME. Por exemplo, o problema pode ter duas incógnitas e apenas uma equação, o que como sabemos, não é suficiente para descobrir os valores das duas incógnitas. Ao invés disso, é usada uma informação aritmética, que deve ser usada para suprir a falta de equações. Infelizmente não existe um método preciso para resolver esse tipo de problema. Apenas desconfie do seguinte: quando o problema tem mais incógnitas do que equações, e as variáveis são números inteiros, trata-se de um problema de aritmética avançada.

Exemplo 6

Mostre que a diferença entre os quadrados de dois números primos maiores que 3 é sempre um múltiplo de 24.

Solução:

Esse é um tipo de problema dos citados nesta seção, e seu objetivo em ser apresentado aqui é mostrar que nem sempre equações resolvem o problema. Este, no caso, não é resolvido com equações, mas usará técnicas algébricas e aritméticas. Seu enunciado também precisará ser adaptado para o formato "A-B-C-D-E", no caso da prova do Colégio Naval, mas está no formado apropriado para uma prova discursiva do IME (prove que). O importante aqui é apresentar o conceito algébrico/aritmético.

Um número múltiplo de 24 é ao mesmo tempo múltiplo de 8 e de 3. Vamos então mostrar inicialmente que esta diferença de quadrados é um múltiplo de 8, depois mostraremos que é um múltiplo de 3. Esta divisão do problema em duas partes é possível porque 8 e 3 são primos entre si. No caso geral, um valor é múltiplo de A e de B se e somente se é múltiplo do sem MMC.

Chamemos dois números primos de x e y, sendo ambos maiores que 3. Sendo assim, podemos afirmar que x e y são ímpares, já que o único número primo par é 2. Podemos então chamar x de $2n + 1$, e y de $2k + 1$, sendo n e k dois inteiros maiores que 2, para que 3.

A diferença dos quadrados dos primos x e y é portanto:
$x^2 - y^2 = (x + y)(x - y) = (2n + 2k + 2)(2n - 2k) = 4(n + k + 1)(n - k)$ (1)

Queremos mostrar que $x^2 - y^2$ é um múltiplo de 8, até agora mostramos que é um múltiplo de 4. Devemos então mostrar que existe mais um fator 2 entre os inteiros $n + k + 1$ e $n - k$. Brilhantemente (tirado da "cartola") vamos calcular a diferença entre esses dois valores:

$(n + k + 1) - (n - k) = 2k + 1$.

Esta diferença é um número ímpar. Sendo assim, os fatores $(n + n + 1)$ e $(n - k)$ têm paridades diferentes, ou seja, um deles é par e o outro é ímpar. Não temos condições de identificar qual deles é o par e qual deles é o ímpar, mas podemos ter certeza de que um deles é par. Sendo

Capítulo 18 – Problemas do segundo grau   617

assim, no produto $(n + k + 1)(n - k)$, existe pelo menos um fator 2 incluído, ou seja, $(n + k + 1)(n - k) = 2m$, um inteiro par. Voltando à nossa relação (1), podemos escrever:

$$x^2 - y^2 = 4(n + k + 1)(n - k) = 4.2m = 8m$$

Isto mostra que esta diferença de quadrados é um múltiplo de 8.

Note que não usamos aqui, equações algébricas, mas usamos conceitos aritméticos de divisibilidade, e também de álgebra, no caso, a fatoração da diferença de quadrados.

Mostraremos agora que esta diferença de quadrados é também um múltiplo de 3. É um resultado impressionante, a diferença dos quadrados entre dois primos é sempre um múltiplo de 3, e mais ainda, um múltiplo de 24. Isto pode ser constatado com alguns exemplos:

$7^2 - 5^2 = 49 - 25 = 24$
$11^2 - 5^2 = 121 - 25 = 96$
$11^2 - 7^2 = 121 - 49 = 72$
$13^2 - 5^2 = 169 - 25 = 144$

Observe que todos os resultados são múltiplos de 24. A mesma propriedade não funciona se ambos não forem primos, por exemplo:

$9^2 - 5^2 = 81 - 25 = 56$

Note que a diferença de quadrados de dois ímpares é sempre múltiplo de 8. Na demonstração que fizemos, não usamos o fato dos números x e y serem primos, usamos apenas o fato de serem ímpares. Então a diferença de quadrados de dois ímpares maiores que 3 sempre será um múltiplo de 8, mas não necessariamente múltiplo de 3.

Vamos agora usar o fato de serem primos, e concluiremos que esta diferença de quadrados obrigatoriamente terá que ser um múltiplo de 3.

Sejam então x e y primos, maiores que 3, ou seja, podem ser 5, 7, 11, 13, etc. Todos os números inteiros positivos, maiores que 3, podem ser divididos em 3 categorias:

1) os múltiplos de 3: 3, 6, 9, 12, 15, 18...
2) os múltiplos de 3 somados com 1: 4, 7, 10, 13, 16, 19...
3) os múltiplos de 3 somados com 2: 5, 8, 11, 14, 17, 20...

Essas três categorias englobam todos os números inteiros positivos de 3 em diante. Na verdade poderíamos estender um pouco mais, começando do zero, mas o problema fala dos números primos maiores que 3.

Então, dados dois números quaisquer x e y, eles só podem estar nas categorias 2 ou 3, mas nunca na categoria 1, pois lá estão os múltiplos de 3, que não são primos (exceto o 3, mas o problema especificou usar apenas os primos maiores que 3).

Concluímos então que x e y pertencem às categorias 2 ou 3, ou seja, são múltiplos de k somados com 1 ou 2. Podemos então exprimir x e y da seguinte forma:

$x = 3k + d$
$y = 3m + e$

618   O ALGEBRISTA

Onde k e m são inteiros positivos tais que x e y sejam primos maiores que 3, e os números d e e podem valor 1 ou 2. Escrevemos então:

$$x^2 - y^2 = (x + y)(x - y) = (3k + 3m + d + e)(3k - 3m + d - e)$$

Como os números d e e só podem valor 1 ou 2, de forma independente, só podem ocorrer duas situações:

a) d e e iguais: Fará com que o segundo fator acima seja igual a $(3k - 3m)$, um múltiplo de 3.
b) d e e diferentes (1 e 2): A soma d + e valerá 3, portanto o primeiro fator $(3k + 3m + d + e) = (3k + 3m + 3)$ será múltiplo de 3.

Isto mostra que se x e y forem primos, não poderão ser divisíveis por 3, e sua diferença de quadrados necessariamente terá um fator 3.

Logo $x^2 - y^2$, com x e y primos maiores que 3, é um múltiplo de 24.

Nas questões de aritmética avançada, a álgebra sozinha não resolve, mas ajuda a chegar à solução, principalmente com o uso de fatoração e produtos notáveis.

Este é um livro de álgebra, e todos os exercícios e questões aqui apresentados podem ser resolvidos usando apenas álgebra.

Exercícios

E1) Se cada dimensão de um retângulo for aumentada de 5 cm, uma dimensão se tornará o dobro da outra e a área aumentará de 95 cm^2. Encontre as dimensões originais.

E2) (*) (CN 82) - Ao extrairmos a raiz cúbica do número natural N, verificamos que o resto era o maior possível e igual a 126. A soma dos algarismos de N é:
(A) 11   (B) 9   (C) 8   (D) 7   (E) 6

E3) A diferença entre dois números é 10. Qual é o menor dos dois números, se esta diferença excede a raiz quadrada do maior deles, em duas unidades?

E4) A soma dos quadrados de dois números inteiros e positivos é 41. Achar esses números, sabendo que são consecutivos.

E5) (CN) A soma de dois números é 13. O primeiro mais a raiz quadrada do segundo é 5. Achar os números.

E6) (*) Um indivíduo que fez uma viagem de 6300 km, teria gasto menos 4 dias se percorresse mais 100 km por dia. Quantos dias gastou na viagem e quantos km percorreu por dia?

E7) (CN) Certa quantia é dividida em partes iguais, por um determinado número de pessoas. Se aumentássemos de 6 o número de pessoas, cada um receberá R$ 6,00 a menos, e se ao contrário, o número de pessoas diminuir de 2, cada um receberá R$ 3,00 a mais. Achar o número de pessoas e a parte de cada uma.

E8) (CN) Um tonel continha 100 litros de vinho puro. Retirou-se certa quantidade de vinho, que foi substituída por água. Em seguida retirou-se igual quantidade de mistura, que também foi substituída por água. Quantos litros foram retirados de cada vez, se a mistura final tem 64 litros de vinho puro?

Capítulo 18 – Problemas do segundo grau

619

E9) (CN) Achar três números sabendo que as soma deles é 28, o produto é 512 e que um deles é a média geométrica dos outros dois.

E10) (*) (CN) Um rádio de R$ 280,00 devia ser comprado por um grupo de rapazes que contribuiriam em partes iguais. Como três deles desistiram, a quota de cada um dos outros ficou aumentada em R$ 12,00. Quantos eram os rapazes?

E11) (CN) A soma dos inversos de dois números é 2. O produto desses números mais o inverso de um deles é igual a 8 menos o inverso do outro. Calcular os dois números.

E12) PROFMAT – Com 80 metros de corda, um fazendeiro deseja cercar uma área na forma retangular, sendo que um dos lados não necessita de cerca, pois é limitado por um rio, sendo necessário cercar apenas 3 lados. Quais devem ser as medidas do retângulo para que a área seja a maior possível?

E13) (*) PROFMAT – Se x e y são tais que $3x + 4y = 12$, determine o valor mínimo de $z = x^2 + y^2$.

CONTINUA NO VOLUME 2: 40 QUESTÕES DE CONCURSOS

Respostas dos exercícios

E1) 3 cm e 11 cm.   E2) (B)   E3) 64   E4) 4 e 5

E5) $1^{\circ} = \dfrac{9 - \sqrt{33}}{2}$, $2^{\circ} = \dfrac{17 + \sqrt{33}}{2}$ E6) 18 dias, 350 km por dia

E7) 18, R$ 24,00   E8) 20 L   E9) 4, 16 e 8   E10) 10

E11) $6 \pm \sqrt{30}$ E12) 20 x 40m, sendo um lado de 40 m limitado pelo rio

E13) 576/100

Resoluções selecionadas

E2) (CN 82) - Ao extrairmos a raiz cúbica do número natural N, verificamos que o resto era o maior possível e igual a 126. A soma dos algarismos de N é:

(A) 11   (B) 9   (C) 8   (D) 7   (E) 6

Solução:
Se o resto maior possível é 126, então 127 resultaria em um cubo acima. Temos então que encontrar dois cubos perfeitos, cuja diferença é 127.
$(n + 1)^3 – n^3 = 127$
$3n^2 + 3n + 1 = 127$ ➔ $3n^2 + 3n – 126 = 0$ ➔ $n^2 + n – 42 = 0$ ➔ $n = 6$ ou $n = –7$
Como n é natural, a solução negativa não serve. Fazendo $n = 6$ temos
$N = n^3 + 126 = 216 + 126 = 342$. Sua soma de algarismos é 9.

Resposta: (B)

E6) (*) Um indivíduo que fez uma viagem de 6300 km, teria gasto menos 4 dias se percorresse mais 100 km por dia. Quantos dias gastou na viagem e quantos km percorreu por dia?

620   O ALGEBRISTA

Solução:
Percurso total: 6300 km, em x dias
Percurso diário: 6300/x
Percorrendo 100 km a mais por dia, levaria 4 dias a menos:
$(6300/x + 100)(x - 4) = 6300$ ➜ $x = -14$ ou $x = 18$
O percurso foi feito portanto em 18 dias. A cada dia percorreu $6300/18 = 350$ km.

E10) Um rádio de R$ 280,00 devia ser comprado por um grupo de rapazes que contribuiriam em partes iguais. Como três deles desistiram, a quota de cada um dos outros ficou aumentada em R$ 12,00. Quantos eram os rapazes?

E13) (*) PROFMAT – Se x e y são tais que $3x + 4y = 12$, determine o valor mínimo de $z = x^2 + y^2$.
Solução:
Se x e y fossem variáveis independentes, o valor mínimo de $x^2 + y^2$ ocorreria se x e y fossem zero, entretanto isto não é possível porque x e y estão relacionados. Vamos então formar a expressão de z, usando apenas uma variável, por exemplo, x, exprimindo y em função de x.
$z = x^2 + y^2 = x^2 + [(3x - 12)/4]^2 =$

$$\frac{1}{16}\left[16x^2 + (3x - 12)^2\right] = \frac{1}{16}\left[25x^2 - 72x + 144\right]$$

Lembrando do capítulo 13, as parábolas possuem um ponto de mínimo (vértice) quando a > 0, e a ordenada desse ponto é igual a $-\Delta/4a$.
No nosso caso ficamos com o seguinte valor de mínimo:

$$\frac{1}{16}\left[\frac{-\Delta}{4.25}\right] = \frac{-(72^2 - 4.25.144)}{1600} = \frac{-(5184 - 14400)}{1600} = \frac{576}{100}$$

Resposta: 576/100

Capítulo 19

Funções

A maioria dos tópicos sobre funções foram apresentados no capítulo 11. Voltamos agora no assunto, desta vez fazendo exercícios que usam os conhecimentos ensinados nos capítulos 12 a 18. Recomendamos que você releia a parte de funções do capítulo 11 antes de entrar no presente capítulo.

Domínio

O domínio de uma função, também chamado de "conjunto de partida", é o conjunto de todos os valores x, tais que (x, y) pertença à função. Em geral o domínio é fornecido pelo problema, mas muitas vezes é preciso determiná-lo. Quando o domínio não é informado, no caso de funções de variável real, convenciona-se que é o maior subconjunto de R para o qual a função pode ser calculada.

Exemplo:

Determine o domínio da função dada por $f(x) = \sqrt{x-3}$

O domínio deve ser informado pelo problema, mas quando é deixado de forma implícita, considera-se o maior subconjunto de R para o qual a fórmula da função pode ser aplicada. No caso devemos ter x – 3 > 0, ou seja, x > 3. Portanto o domínio é $[3, \infty)$

Exemplo: Encontre o domínio de $f(x) = \dfrac{\sqrt{x+2}}{x-2}$

(A) $[-2, \infty)$ (B) $[-2,2)$ (C) $(-2,2) \cup (2,\infty)$ (D) $(-\infty,2) \cup (2,\infty)$ (E) $[-2,2) \cup (2,\infty)$

Solução:

Temos duas restrições algébricas que devem ser levadas em conta para determinar o domínio:

- O radicando deve ser positivo ou zero
- O denominador não pode ser zero.

Isto resulta em duas inequações, e uma vez resolvidas, fazemos a interseção dos conjuntos solução, já que <u>ambas</u> as condições devem ser atendidas:

1) $x + 2 \geq 0$
   $x \geq -2$
   $S1 = [-2, \infty)$

2) $x - 2 \neq 0$
   $x \neq 2$
   $S2 = R - \{2\}$
Agora fazemos a interseção de S1 e S2:

Resposta: $S = [-2, 2) \cup (2, \infty)$

Exercícios

E1) Encontre o domínio da função $f(x) = \sqrt{12 - 3x^2}$

(A) $x \geq 4$ (B) $x \leq -3$ (C) $-2 \leq x \leq 2$ (D) $-3 \leq x \leq 3$ (E) $x \leq -2, x \geq 2$

E2) Encontre o domínio da função $\sqrt{\dfrac{t^2}{1-t}}$

Função composta

Uma interpretação muito útil de uma função é considerá-la como uma "máquina" que tem uma entrada e uma saída. Para cada valor x colocado na sua entrada, a saída fornece um valor f(x).

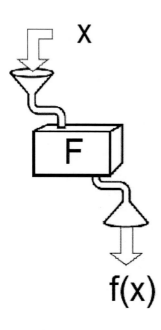

Suponha por exemplo que a função F, representada pela "máquina" ao lado, tem como fórmula, $f(x) = x^2 - 2x$.

Se colocarmos na entrada o valor 5, o valor que será apresentado na saída é 15, ou seja, $5^2 - 2 \times 5$.

Para cada valor x colocado na sua entrada, F fornecerá na saída, um valor correspondente, dado pela fórmula f(x).

Formar uma função composta consiste em usar duas "máquinas", sendo que a saída da primeira "máquina" será usada como entrada da segunda.

Considere por exemplo as funções:
$f(x) = x^2$
$g(x) = x + 1$

Formar a função composta g(f(x)), também indicada como gof(x) ou "g de f de x", consiste em usar as duas máquinas f e g. Inicialmente o valor x na máquina f, e a sua saída entrará na máquina g, dando como resultado, g(f(x)).

Capítulo 19 – Funções   623

No nosso exemplo, se o número 3 entrar na máquina f, será gerado um resultado 9, (x^2). Este valor entrará agora na máquina g, dando como resultado 10, ou seja, 9 + 1.

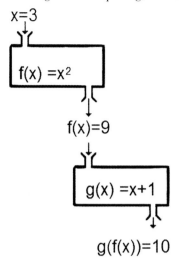

Exemplo: Se $f(x) = x^3 - 3x^2 + 5x - 1$ e $g(x) = (x - 2)/3$, então $f(g(5))$ vale:

(A) 5   (B) 0   (C) 1   (D) 2   (E) 5/3

Solução: Para calcular $f(g(5))$, calculemos primeiro, $g(5)$:

$g(x) = (x - 2)/3$
$g(5) = (5 - 2)/3$
$g(5) = 1$

Agora calculemos $f(g(5)) = f(1)$:

$f(x) = x^3 - 3x^2 + 5x - 1$
$f(1) = 1 - 3 + 5 - 1 = 2$

Resposta: 2 (D)

As questões sobre funções normalmente são algebricamente simples, mas é preciso ter o conhecimento do conceito para poder solucioná-las.

Exemplo: Se $f(x) = x^2 - 2x + 1$, calcule e simplifique $f(x + 1)$.

(A) $x^2 + 2$ (B) $x^2 - 2x + 2$ (C) $x^2 - 2x$ (D) $x^2 - 2x + 1$ (E) x^2

Solução:
Trata-se de um problema de composição da função f com a função $g(x) = x + 1$
$f(x + 1) = (x + 1)^2 - 2(x + 1) + 1 = x^2 + 2x + 1 - 2x - 2 + 1 = x^2$.

Resposta: (E) x^2

Função afim

A função afim é aquela dada por uma fórmula do primeiro grau. Exemplo:

$$y = 3x + 2$$

Funções de R em R podem ser representadas em um sistema de eixos cartesianos, no qual o eixo y representa o valor da função. Por isso usa-se o eixo "y" como f(x).

Exemplo: Encontre a equação da reta paralela a $8x + 2y - 5$ que passa pelo ponto $(1, 3)$.

(A) $y=4x$ (B) $y=-4x+7$ (C) $y=2x+7$ (D) $y=-4x-7$ (E) $y=-2x-3$

Solução:
Todas as retas paralelas a uma reta dada, $ax + by + c = 0$, têm como equação, $ax + by + k$, onde k pode assumir qualquer valor real, ou seja, para cada valor de k, teremos uma reta diferente, mas sempre paralela à original. Dado um determinado ponto, existe apenas uma reta, para um certo valor de k, que passa por este ponto.

No nosso problema, uma reta genérica, que seja paralela a $8x + 2y - 5 = 0$, tem como equação, $8x + 2y + k = 0$. Para identificar qual passa pelo ponto dado $(1, 3)$, fazemos $x = 1$ e $y = 3$ nesta equação e determinaremos o valor de k:

$$8.1 + 2.3 + k = 0$$
$$k = 14$$

Então a reta pedida é $8x + 2y + 14 = 0$. Simplificando toda a equação por 2, ficamos com $4x + y + 7 = 0$, ou seja, $y = -4x - 7$

Resposta: (D) $y = -4x - 7$

Função injetiva ou injetora

Funções é um assunto ensinado a partir do início do ensino médio, e em alguns casos, no final do ensino fundamental. Por exemplo, não faz parte do programa do concurso do Colégio Naval (apesar de questões fora do programa poderem cair "disfarçadas"), mas é cobrado no concurso da EPCAr e nos Colégios Militares. Mas definitivamente, mesmo nessas escolas, os conceitos de função injetiva e função sobrejetiva fazem parte do ensino médio. Uma função é injetiva quando

$$f(x_1) = f(x_2) \text{ se e somente se, } x_1 = x_2$$

Isto significa que valores diferentes de x resultam em valores diferentes de y, e vice-versa. Quando uma função é injetiva podemos usar o fato, por exemplo, para resolver certas equações.

Exemplo: Resolver $2^{x+2} = 16^x$

Solução:
A função exponencial, do tipo a^x, onde $0 < a < 1$ ou $a > 1$, é injetiva (apesar desse resultado não fazer parte do ensino fundamental. Sendo assim, se a equação for escrita como:

$$2^{x+2} = 2^{4x}$$

a igualdade valerá somente quando os expoentes forem iguais. Este resultado é apresentado no ensino fundamental sem o uso da noção de função e de injetividade, mas matematicamente é isto o que ocorre. Por isso, se fizermos $f(x) = 2^x$ (injetiva), podemos usar que $f(x + 2) = f(4x)$, logo $x + 2 = 4x$, o que resulta em $x = 2/3$.

Outras funções injetivas, que permitem cálculo similar na resolução de equações, são:

x^3, x^2 (para $x \geq 0$), $\sqrt{x}, \sqrt[3]{x}$

Note que x^2 não é injetiva se removermos a restrição $x \geq 0$, já que na parábola, temos valores diferentes de x (exemplo: 3 e –3) que resultam em valores iguais de y (no caso 9).

Uma função injetiva necessita ser estritamente crescente ou estritamente decrescente.

Existe ainda a classificação de uma função como *sobrejetiva*, o *sobrejetora*. É aquela em que todos os pontos do contradomínio pertencem à imagem, ou seja, para qualquer elemento y do contradomínio, existe um x tal que $y = f(x)$. Lembramos que no contradomínio é permitido que "sobrem elementos", ao contrário do que ocorre no domínio (elementos x que não resultam em nenhum y devem ser eliminados do domínio). No caso em que todos os elementos do contradomínio possuem um x correspondente, a imagem coincide com o contradomínio, e a função é sobrejetiva.

Quando uma função é ao mesmo tempo, injetiva e sobrejetiva, dizemos que ela é *bijetiva*, *bijetora*, ou uma *bijeção*.

Translação de eixos

Considere uma função qualquer $y = f(x)$, com um determinado gráfico dado. Investiguemos o que ocorre quando a função é modificada para a forma:

$y - a = f(x)$

Isso é o mesmo que fazer $y = f(x) + a$. Portanto, para cada valor de y, somamos **a**. No gráfico de f, este novo parâmetro **a** tem como efeito, subir a curva de **a** unidades.

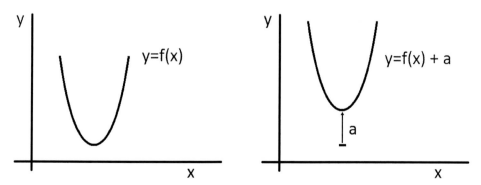

Portanto, dado o gráfico de $y = f(x)$, para obter o gráfico de $y - a = f(x)$ (considerando a positivo), ou $y = f(x) + a$, basta mover o gráfico original para cima, de **a** unidades.

Analogamente, para obter o gráfico de $y + a = f(x)$, o mesmo que $y = f(x) - a$, basta mover o gráfico original para baixo, de a unidades. Sendo assim, a troca de y por y – a provoca uma movimentação do gráfico, para cima ou para baixo.

Consideremos agora, ao invés da troca de y por y – a, a troca de x por x – b, Da mesma forma como a troca de y por y – a provoca uma movimentação do gráfico de forma paralela ao eixo y, a troca de x por x – b provocará uma movimentação do todo o gráfico, mantendo sua forma, de forma paralela ao eixo x.

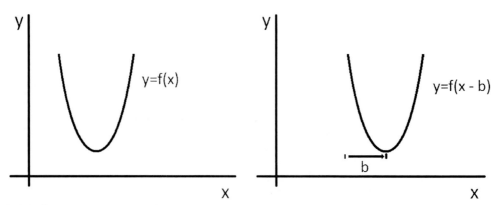

O fato da troca de x por x – b provocar uma translação do gráfico para a direita (no caso de b positivo) é claramente justificável. Um determinado x, para resultar no mesmo valor de y, precisa ser b unidades maior, fazendo com que o gráfico seja movido para a direita.

Esses resultados serão importantes quando abordarmos no capítulo 20, o estudo do gráfico da parábola, entretanto tem outras inúmeras aplicações.

Exemplo: Qual função tem gráfico como o da figura?

(A) $y = \sqrt{x+2}$
(B) $y = x - 2$
(C) $y = \sqrt{x}$
(D) $y = \sqrt{x-2}$

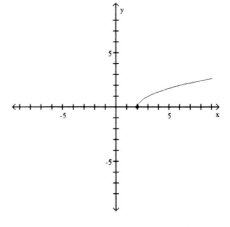

Solução:
Conhecer gráficos de funções e o que ocorre com as transformações aqui apresentadas é importante para ganhar tempo na resolução de questões.

Não há nada de errado em consultar as opções e verificar que o gráfico está relacionado com a função $y = \sqrt{x}$. Este gráfico é uma parábola "cortada pela metade", pois isso é o mesmo que $x = y^2$, sendo x≥0 e y≥0. Realmente, o gráfico apresentado sugere uma parábola cortada ao meio, porém $y = \sqrt{x}$ passa pela origem, como na figura abaixo:

Capítulo 19 – Funções

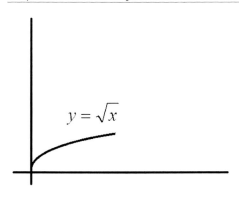

O gráfico dado no enunciado é similar ao gráfico de $y = \sqrt{x}$ da figura ao lado, exceto que está deslocado de duas unidades para a direita. Como sabemos, esse tipo de deslocamento é obtido quando trocamos x por x − 2 na fórmula da função.

Sendo assim, o gráfico do enunciado é
$y = \sqrt{x-2}$

Resposta: (D)

Função par e função ímpar

Uma função é classificada como *par*, quando o troca do valor de x por −x não altera o seu valor, ou seja, f(x) = f(−x). Por exemplo, f(x) = x^2 é uma função par.

Analogamente, uma função é classificada como *ímpar*, quando o troca do sinal de x provoca a troca do sinal de f(x), ou seja, f(−x) = −f(x). Por exemplo, f(x) = x^3 é uma função ímpar.

A figura abaixo mostra exemplos de função par e função ímpar. A função par tem uma simetria em relação ao eixo y, já que f(x) = f(−x). Valores simétricos de x resultam em valores iguais de y, portanto os pontos (x, y) e (−x, y) pertencem ao gráfico.

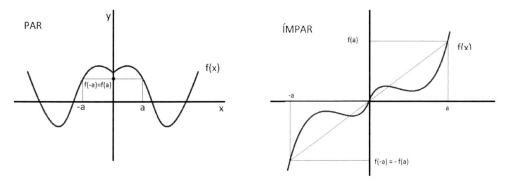

Na função ímpar, existe uma simetria em relação à origem, e sempre teremos o gráfico da função passando pela origem (f(0) = 0). Como a troca do sinal de x provoca a troca do sinal de f(x), temos que se (x, y) pertence ao gráfico, (−x, −y) também pertence ao gráfico.

Note que nem toda função pode ser classificada como par ou ímpar. Por exemplo, f(x) = x^2 + 3x + 5 não é par nem ímpar. Entretanto, qualquer função pode ser decomposta como a soma de uma função para com uma ímpar. No caso de f(x) = x^2 + 3x + 5, tempos P(x) = x^2 + 5 (par(e I(x) = 3x (ímpar).

Teorema: Qualquer função f(x) pode ser decomposta como a soma de uma função par P(x) e uma função ímpar I(x).

Demonstração:
Seja f(x) = P(x) + I(x), onde P(x) é par e I(x) é ímpar. Calculemos então f(–x):

f(x) = P(x) + I(x)
f(–x) = P(–x) + I(–x).

Como P(x) é par, P(–x) = P(x), e como I(x) é ímpar, I(–x) = –I(x). Ficamos com:

f(x) = P(x) + I(x)
f(–x) = P(x) –I(x)

Somando as duas equações e dividindo por 2, ficamos com P(x) = (f(x) + f(–x))/2
Subtraindo as equações e dividindo por 2, ficamos com I(x) = (f(x) –f(–x))/2

Exemplo: Decompor a função f(x) = $x^4 + 3x^3 - 2x^2 + 4x + 5$ na soma de uma função par e uma função ímpar.

Nesse caso nem é preciso usar a fórmula que acabamos de demonstrar. Trata-se de um polinômio, e a componente par é formada pelas potências pares, e a componente ímpar é formada pelas potências ímpares:

P(x) = $x^4 - 2x^2 + 5$;
I(x) = $3x^3 + 4x$

Exemplo: Decompor a função f(x) = 2^x na soma de uma função par e uma função ímpar. De acordo com a fórmula demonstrada:

$$P(x) = \frac{2^x + 2^{-x}}{2} \; ; \; I(x) = \frac{2^x - 2^{-x}}{2}$$

Função identidade

Esta é uma das funções mais simples existentes na matemática. A função identidade associa a cada valor x do domínio, o próprio x, ou seja, f(x) = x. Por exemplo, f(0) = 0, f(2) = 2, f(5) = 5, f(–3) = –3, etc.

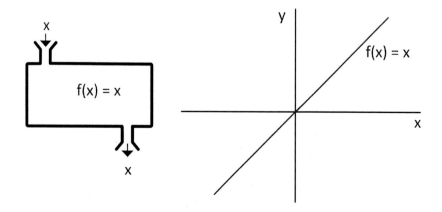

A função identidade tem pouca aplicação prática, sua finalidade é servir como base para conceitos mais avançados sobre funções, como por exemplo, a *função inversa*. A função identidade funciona também como um "elemento neutro" na operação de composição de funções.

Função inversa

Dada uma função f(x), a sua *função inversa* $f^{-1}(x)$, é aquela que, quando existe, realiza uma operação que retorna o valor original quando é feita uma composição de funções. Por exemplo

f(x) = 2x, $f^{-1}(x)$ = x/2 (R em R) (calcular a metade é o inverso de calcular o dobro)

f(x) = x^2, $f^{-1}(x)$ = $\sqrt{x}$ (R$_+$ em R$_+$) (calcular a raiz quadrada é o inverso de calcular o quadrado)

Note que o termo "inverso" não tem relação alguma com o "inverso multiplicativo", que é uma operação aritmética.

Exemplo: Dada f(x) = 5x + 3, de R em R, encontre $f^{-1}(x)$.

A forma mais fácil de encontrar algebricamente a fórmula da função inversa de uma função dada, é trocar os valores de x e y, e calcular y em função de x. No nosso caso:

f(x) = y = 5x + 3

Trocando x com y: x = 5y + 3
Agora calculando y:
y = (x − 3)/5

$f^{-1}(x)$ = (x − 3)/5

Exemplo: Dada f(x) = x^2 − 4x + 3, calcule $f^{-1}(x)$
Trocando x com y:
x = y^2 − 4y + 3
y^2 − 4y + 3 − x = 0
$$y = \frac{4 \pm \sqrt{16 - 4(3-x)}}{2} = 2 \pm \sqrt{1+x}$$

Aqui temos um problema. A "função inversa" não é na verdade uma função, pois valores iguais de x estão associados a valores diferentes de y, como mostra a figura abaixo.

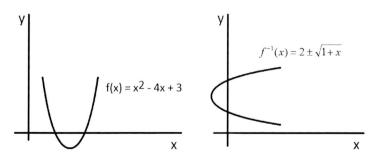

Isto ocorre porque a função f(x) não é bijetiva. Para que uma função admita inversa, é preciso que cada x esteja associado a um único y (para ser função) e cada y corresponda a um único

630   O ALGEBRISTA

x. A função original pode ter inversa, desde que seja ajustado o seu domínio e seu contradomínio. Nesse caso, a função deve ser restrita a um intervalo, como:

Domínio: $[1, \infty)$
Contradomínio: $[-1, \infty)$

Estaríamos assim tomando apenas a metade direita da parábola, que nesse trecho é uma função bijetiva. A inversa seria no caso, a parte superior da parábola na parte direita da figura. Uma outra função, e a respectiva inversa, é obtida quando consideramos o domínio $(-\infty, 1]$, estaremos assim tomado uma função cujo gráfico é a outra metade da parábola original.

Portanto, a função original deste problema não admite inversa, pois não é bijetiva, mas as duas metades da parábola, tomadas individualmente, são duas funções que admitem inversas:

$$2 + \sqrt{1+x} \quad \text{e} \quad 2 - \sqrt{1+x}$$

Exercícios de revisão

E3) (*) Encontre g(f(1)), dados $f(x) = \dfrac{1}{\sqrt{x+3}}$ e g(x) = 12x

(A) 6   (B) 3   (C) $\dfrac{1}{\sqrt{15}}$ (D) $\dfrac{25}{2}$ (E) NRA

E4) (*) Qual equação abaixo representa uma reta que passa pelos pontos (–m, n) e (0, q) ?

(A) $y = \dfrac{-m}{(n-q)}x + q$ (B) $y = \dfrac{m}{(n-q)}x + q$ (C) $y = -\dfrac{(n-q)}{m}x + q$

(D) $y = \dfrac{(q-n)}{-m}x + q$ (E) $y = \dfrac{(n-q)}{m}x + q$

E5) (*) F(x) é uma função real de variável real que tem a propriedade f(a + b) = f(a).f(b), para quaisquer números reais a e b. Se f(5) = 8, determine f(–10).

(A) –16   (B) –64   (C) 1/8   (D) –1/16   (E) 1/64

E6) Dado que $f\left(\sqrt{\dfrac{x-2}{x+1}}\right) = \dfrac{3x+4}{5x+6}$, calcule f(2).

(A) 5/8   (B) 4/7   (C) 0   (D) 2/3   (E) 1/2

E7) A função f(n) definida sobre os números naturais positivos, por **f(n + 1) = (f(n) – 3)/2**, e é dado que f(1) = 7. Calcule f(4).

(A) –1/2   (B) –7/4   (C) –2   (D) –5/4   (E) –7/2

E8) A fórmula f(x) = 9x/5 + 32 converte temperaturas de graus Celsius para Fahrenheit, e a fórmula g(x) = 5(x – 32)/9 converte graus de Fahrenheit para graus Celsius. Em qual temperatura as duas escalas coincidem?

(A) 0°   (B) 32°   (C) –40°   (D) –32°   (E) –1°

Capítulo 19 – Funções

E9) (*) Suponha que F é uma função de R em R_+, tal que F(x + y) = F(x).F(y), para quaisquer números reais x e y. Qual das seguintes afirmativas é verdadeira?
(A) F(xy) = F(x) + F(y)
(B) F(1) = F(–1)
(C) F(0) = 1
(D) F(1) = 0
(E) NRA

E10) (*) Seja f(n) = n(n + 1), onde n é um número natural. Encontre um par (a, b) tal que 2.f(b) + 2 = f(a) e a = b + 2.

E11) Se $F(x) = 3x^2 + 2x + 1$, então $F(x^2 - 1)$ vale:

E12) Use as tabelas abaixo para encontrar f(g(2)):

x	1	2	3	4
f(x)	3	4	2	1

x	1	2	3	4
g(x)	2	3	4	1

(A) 1   (B) 2   (C) 3   (D) 4   (E) 6

E13) (*) Dado um número real x, a função maior inteiro $\lfloor x \rfloor$ (também chamada *piso de x* ou *característica de x*), associa a x o maior inteiro menor ou igual a x. Por exemplo, $\lfloor 3,2 \rfloor = 3$ e $\lfloor -4,5 \rfloor = -5$. Qual das seguintes afirmações é verdadeira para todo real x?
P: $\lfloor 4x \rfloor = 4\lfloor x \rfloor$
Q: $\lfloor x+2 \rfloor = \lfloor x \rfloor + 2$
R: $\lfloor x+y \rfloor \geq \lfloor x \rfloor + \lfloor y \rfloor$
S: $\lfloor x+y \rfloor = \lfloor x \rfloor + \lfloor y \rfloor$
T: $\lfloor -x \rfloor = -\lfloor x \rfloor$
(A) São todas verdadeiras   (B) P, Q, R, S   (C) S e Q   (D) R e Q   (E) P, Q, R

E14) (*) Se a > b > 0, então $a^a b^b$ é maior que:
(A) a^{ab} (B) $a^b b^a$ (C) a^a (D) b^b (E) NRA

E15) EPCAR 98 - Considere-se as afirmações sobre as funções definidas de R em R:
I. f(x) = |2x| – 1 é uma função par

II. A função g(x) representada pelo gráfico abaixo é ímpar.

III. h(x) = sen(x) é ímpar $\forall x \in R$

IV. A função $v(x) = x^3 - 3x + 1$ é uma função par.

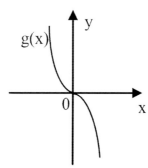

Associando V ou F a cada afirmação, conforme seja verdadeira ou falsa, tem-se, respectivamente:
(A) VFVF   (B) FFVV   (C) VVVF   (D) VVVV

E16) (*) EPCAR 2007 - Uma função f é definida como $f(n+1)=\dfrac{5f(n)+2}{5}$. Sendo f(1) = 5, o valor de f(101) é

(A) 45   (B) 50   (C) 55   (D) 65

E17) CMB 2008 - Seja a função f: R➔ R definida por

$f(x) = \begin{cases} -2x+1, \text{ se } x\leq 0 \\ x+1, \text{ se } x>0 \end{cases}$

A soma f(0) + f(1) + f(–1/2) é igual a:
(A) 1   (B) 2   (C) 3   (D) 4   (E) 5

E18) CMM 2010 - Se f(x) = 7x + 1, então $\dfrac{f(12)-f(9)}{3}$ é igual a:

(A) –1   (B) 3   (C) 5   (D) 7   (E) 0

E19) EPCAR 2002 - Considere o gráfico ao lado, sabendo-se que:
I é dado por f(x) = ax²
II é dado por g(x) = bx²
III é dado por h(x) = cx²

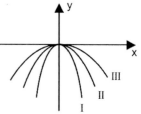

Com base nisso, tem-se necessariamente que:
(A) a < b < c   (B) a > bc   (C) a > b > c   (D) ab < c

E20) EFOMM 2003

Determine o domínio da função: $f(x)=\dfrac{\left(\sqrt{x-1}\right)\left(\sqrt{x-2}\right)}{\left(\sqrt{x-3}\right)\left(\sqrt{5-x}\right)}$

(A) $[3,\infty)$ (B) $]3,\infty)$ (C) $]3,5[$ (D) $(-\infty,5[$ (E) $]5,\infty)$

CONTINUA NO VOLUME 2: 70 QUESTÕES DE CONCURSOS

Respostas dos exercícios

E1) (C)   E2) $(-\infty, 1]$ E3) (A)   E4) (C)   E5) (E)

E6) (E)   E7) (B)   E8) (C)   E9) (C)   E10) a = 6 e b = 4

E11) $3x^4 - 4x^2 + 2$ E12) (B)   E13) (D)   E14) (B)

E15) (C)
OBS: Da trigonometria, sabemos que SENO tem simetria em relação à origem, então é uma função ímpar, e COSSENO tem simetria em relação ao eixo y, então é uma função par.

E16) (A)   E17) (E)   E18) (D)   E19) (A)   E20) (C)

Capítulo 19 – Funções 633

Resoluções selecionadas

E3) Encontre g(f(1)), dados $f(x) = \dfrac{1}{\sqrt{x+3}}$ e g(x) = 12x

(A) 6 (B) 3 (C) $\dfrac{1}{\sqrt{15}}$ (D) $\dfrac{25}{2}$ (E) NRA

Solução:

$g(f(1)) = 12 \cdot \dfrac{1}{\sqrt{1+3}} = 6$

Resposta: (A)

E4) (*) Qual equação abaixo representa uma reta que passa pelos pontos (–m, n) e (0, q) ?

(A) $y = \dfrac{-m}{(n-q)}x + q$ (B) $y = \dfrac{m}{(n-q)}x + q$ (C) $y = -\dfrac{(n-q)}{m}x + q$

(D) $y = \dfrac{(q-n)}{-m}x + q$ (E) $y = \dfrac{(n-q)}{m}x + q$

Solução:
É preciso encontrar entre as opções, aquela satisfeita pelos pontos (x, y) iguais a (–m, n) e (0, q). Todas as cinco opções acima passam por (0, q), pois fazendo x = 0, encontramos y = q. Devemos determinar qual delas atende à primeira condição, ou seja, fazendo x = –m devemos encontrar y = n. É fácil fazer x = –m nas opções (C), (D) e (E):

(C): y = n – q + q ➔ y = n
(D): y = q – n + q ➔ y = 2q – n
(E): y = 0 – n + q + q ➔ y = 2q – n

Vemos que a opção (C) é a única que passa por (–m, n), pois é satisfeita por (–m, n).

Resposta: (C)

E5) F(x) é uma função real de variável real que tem a propriedade f(a + b) = f(a).f(b), para quaisquer números reais a e b. Se f(5) = 8, determine f(–10).

(A) –16 (B) –64 (C) 1/8 (D) –1/16 (E) 1/64

Solução:
Usemos a propriedade dada para calcular f(10):
f(10) = f(5 + 5) = f(5).f(5) = 8.8 = 64
Agora mostraremos que f(0) vale 1:
f(k) = f(k + 0) = f(k).f(0) ➔ f(k) = f(k).f(0) ➔ f(0) = 1.
Como f(0) = 1 e 0 = 10 – 10, temos:
f(0) = f(10).f(–10)
1 = f(10).f(–10) = 64.f(–10) ➔ f(–10) = 1/64

Resposta: (E)

E9) Suponha que F é uma função de R em R_+, tal que F(x + y) = F(x).F(y), para quaisquer números reais x e y. Qual das seguintes afirmativas é verdadeira?

(A) F(xy) = F(x) + F(y) (B) F(1) = F(–1)
(C) F(0) = 1 (D) F(1) = 0
(E) NRA

634   O ALGEBRISTA

Solução:
Usemos a propriedade $F(x + y) = F(x).F(y)$ para calcular o valor de $F(0)$.
$F(0) = F(0 + 0) = F(0).F(0)$, já que a propriedade vale para quaisquer x e y reais.
Chamando $F(0)$ de k, ficamos com:
$k = k^2$ ➔ $k^2 - k = 0$ ➔ $k = 0$ ou $k = 1$
Ocorre que a função é de R em R_+, portanto $F(0)$ não pode ser zero, então concluímos que
$F(0) = 1$

Resposta: (C)

E10) Seja $f(n) = n(n + 1)$, onde n é um número natural. Encontre um par (a, b) tal que $2.f(b) + 2 = f(a)$ e $a = b + 2$.

Solução:
A função f, de acordo com o enunciado, tem como domínio o conjunto dos números naturais, então como o problema envolve $f(b)$ e $f(a)$, os números a e b são necessariamente números naturais. O problema apresentou ainda uma fórmula para calcular o valor da função para qualquer natural n, que é $n(n + 1)$. Então $f(a) = a(a + 1)$ e $f(b) = b(b + 1)$.
As condições dadas pelo problema para encontrar **a** e **b** são:

$2b(b+1) + 2 = a(a + 1)$ (I)
$a = b + 2$ (II)

Nada mais é que um sistema de 2 equações com 2 incógnitas. Usamos o valor de a em função de b dado na equação (II) e substituímos na equação (I):

$2b(b + 1) + 2 = (b + 2)(b + 3)$
$2b^2 + 2b + 2 = b^2 + 5b + 6$
$b^2 - 3b - 4 = 0$
$b = -1$ ou $b = 4$

Como a função tem como domínio o conjunto dos números naturais, b não pode ser –1. A única solução é $b = 4$, o que resulta em $a = 6$.
De fato, os valores $a = 6$ e $b = 4$ atendem às duas condições
$a = b + 2$ e
$2.f(4) + 2 = f(6)$, ou seja, $2.4.5 + 2 = 6.7$

Resposta: $a = 6$ e $b = 4$

E13) Dado um número real x, a função maior inteiro $\lfloor x \rfloor$ (também chamada *piso de x* ou *característica de x*), associa a x o maior inteiro menor ou igual a x. Por exemplo, $\lfloor 3,2 \rfloor = 3$ e $\lfloor -4,5 \rfloor = -5$. Qual das seguintes afirmações é verdadeira para todo real x?

P: $\lfloor 4x \rfloor = 4 \lfloor x \rfloor$ Q: $\lfloor x + 2 \rfloor = \lfloor x \rfloor + 2$ R: $\lfloor x + y \rfloor \geq \lfloor x \rfloor + \lfloor y \rfloor$
S: $\lfloor x + y \rfloor = \lfloor x \rfloor + \lfloor y \rfloor$ T: $\lfloor -x \rfloor = -\lfloor x \rfloor$

(A) São todas verdadeiras   (B) P, Q, R, S   (C) S e Q   (D) R e Q   (E) P, Q, R

Solução:
A função característica é um assunto mais explorado no ensino superior, mas pode aparecer em concursos baseados no ensino fundamental dessa forma: uma definição seguida de perguntas.
De acordo com a definição, ficam claros alguns resultados adicionais como:
$\lfloor 4 \rfloor = 4$, $\lfloor 4,1 \rfloor = 4$, $\lfloor -5 \rfloor = -5$, $\lfloor -51 \rfloor = -6$, $\lfloor 1 \rfloor = 1$, $\lfloor 0,5 \rfloor = 0$, $\lfloor 0 \rfloor = 0$, $\lfloor -0,3 \rfloor = -1$
Passemos a analisar as afirmativas do problema:
P: $\lfloor 4x \rfloor = 4 \lfloor x \rfloor$, é FALSA, basta checar o contraexemplo: $\lfloor 4 \times 1,9 \rfloor = \lfloor 7,6 \rfloor = 7 \neq 4 \lfloor 1,9 \rfloor$
Q: $\lfloor x + 2 \rfloor = \lfloor x \rfloor + 2$, verdadeira, a característica segue a lógica da "parte inteira".

R: $\lfloor x+y \rfloor \geq \lfloor x \rfloor + \lfloor y \rfloor$. Verdadeira, a parte inteira de uma soma é no máximo igual à soma das partes inteiras dos dois valores. É o que ocorre por exemplo com x = y = 1,9, temos $3 \geq 1+1$

S: FALSA, não vale para quaisquer reais x e y pelo próprio contraexemplo dado com x = y = 1,9.

T: FALSA, basta verificar com um contraexemplo, x = 5,5, $\lfloor -5,5x \rfloor = -6 \neq -\lfloor 5 \rfloor$

As verdadeiras são: Q e R. opção (D)

Resposta: (D)

E14) (*) Se a > b > 0, então $a^a b^b$ é maior que:

(A) a^{ab} (B) $a^b b^a$ (C) a^a (D) b^b (E) NRA

Solução:
Esta solução usará propriedades da função exponencial de base maior que 1. Esta tipo de função tem o gráfico indicado abaixo.

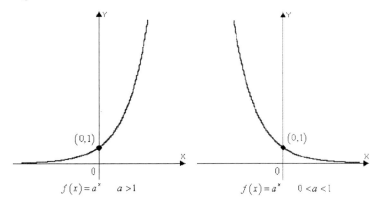

Duas situações são mostradas na figura acima, base>1 base entre 0 e 1. É de nosso interesse no momento, o primeiro caso. Por exemplo, $f(x) = 2^x$. Qualquer que seja a base, o gráfico da função exponencial tem esse mesmo aspecto, o que muda em função da base é a inclinação da curva, que pode ser mais acentuada quando usamos um valor maior para a base.

Seja qual for a base, maior que 1, toda função exponencial tem f(0) = 1, já que qualquer número diferente de zero, ao ser elevado à potência zero, dá resultado igual a 1. Além disso a função é sempre crescente, ou seja, f(x) > 1 para qualquer x > 0. Para não confundir com os números **a** e **b** do problema, chamemos a base de **k**, maior que 1.

$k^x > 1$ para quaisquer valores de k e x, desde que x > 0 e k > 1

Usaremos este resultado da função exponencial para resolver o problema. Como foi dado que a > b, e ambos positivos, então a − b é positivo e a/b é maior que 1. Usaremos então o resultado da função exponencial para os valores particulares de k = a/b e x = a − b. Pelas condições do problema, teremos k > 1 e x > 0. Então podemos usar que:

$\left(\dfrac{a}{b}\right)^{a-b} > 1$, já que a expressão $k^x > 1$ vale para qualquer k>1 e para qualquer x>0.

$\left(\dfrac{a}{b}\right)^{a-b} > 1 \rightarrow a^{a-b} > b^{a-b} \rightarrow \dfrac{a^a}{a^b} > \dfrac{b^a}{b^b} \rightarrow a^a b^b > a^b b^a$

Resposta: (B)

636 O ALGEBRISTA

E16) EPCAR 2007 - Uma função f é definida como $f(n+1)=\dfrac{5f(n)+2}{5}$. Sendo f(1) = 5, o valor de f(101) é

(A) 45   (B) 50   (C) 55   (D) 65

Solução:
Simplificando o denominador temos:
f(n + 1) = f(n) + 2/5

Ou seja, o valor de f para um inteiro é igual ao valor anterior somado com 2/5. Se partimos de f(1) e vamos até f(101), aplicamos a fórmula 100 vezes, ou sejam vamos somar 2/5 100 vezes:

f(101) = f(1) + 100.2/5
f(101) = 5 + 40 = 45

Resposta: (A)

■

Capítulo 20

Trinômio do segundo grau

O último tópico

Podemos considerar o trinômio do 2° grau como o último tópico da álgebra do ensino fundamental (o capítulo 21, polinômios, é abordado tanto no ensino fundamental como no ensino médio). O estudo do trinômio do 2° grau envolve vários conceitos, como fatoração, equações do 2° grau, gráficos e funções. São muito comuns as questões de trinômio do 2° grau em concursos, por isso optamos em apresentar o assunto em capítulos diversos, e agora temos este capítulo para consolidar esses conhecimentos.

Na verdade você já aprendeu tudo o que precisa saber para resolver os problemas deste capítulo. Vamos apenas realizar uma revisão e partir para os exercícios e questões de concursos.

Trinômio do 2° grau

Um trinômio é uma expressão algébrica racional inteira com três termos. O trinômio é dito do 2° grau quando seu maior expoente é 2. Estamos interessados em trinômios com uma única variável (usualmente, x), nesse caso a forma geral é:

$ax^2 + bx + c$

Função quadrática ou polinomial do 2° grau

Uma função quadrática f(x) é aquela cuja fórmula é um trinômio do 2° grau, como:

$f(x) = ax^2 + bx + c$

Muitas vezes é chamada de *função do 2° grau*, mas a nomenclatura correta é *função polinomial do 2° grau*.

Equação do 2° grau

A equação do 2° grau é aquela cuja expressão no 1° membro é um trinômio do 2° grau, como:

$ax^2 + bx + c = 0$

Nesse âmbito, estamos interessados apenas em identificar quais valores de x anulam o trinômio, o que já estudamos no capítulo 13.

Gráfico da função quadrática

Toda função de R em R pode ser representada por um gráfico no plano cartesiano. O gráfico de uma função quadrática tem forma de uma parábola. Nesse capítulo abordaremos detalhes a respeito desse gráfico.

O gráfico

É importante conhecer os detalhes do gráfico da função quadrática, $f(x) = ax^2 + bx + c$. O formato será sempre o de uma parábola.

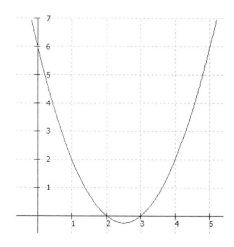

A concavidade poderá ser voltada para cima ou voltada para baixo, dependendo do sinal do coeficiente de x^2 ($a>0$, para cima; $a<0$, para baixo). A curva cortará o eixo x em dois pontos diferentes, quando o discriminante for positivo ($\Delta>0$). Quando $\Delta=0$, a parábola tangencia o eixo x, (corta em um único ponto), e quando $\Delta<0$, a curva não cortará o eixo x. Já o eixo y é sempre interceptado no ponto $y = c$, o termo independente (sem x) do trinômio.

O valor do trinômio, para x compreendido entre as raízes, terá o sinal contrário ao do coeficiente **a**. Na parábola acima, o valor da função é negativo para x compreendido entre 2 e 3, as raízes.

Um problema muito comum é determinar a equação da parábola, dados três pontos conhecidos. Isto pode ser feito de várias formas.

Exemplo: Determinar a equação de uma parábola que corta o eixo y para y=6, e corta o eixo x em x=2 e x=3.

Uma solução é substituir os três pontos conhecidos na equação da parábola, ficando com um sistema de 3 equações e 3 incógnitas (a, b e c):

$y = ax^2 + bx + c$

(0, 6) ➔ $a.0^2 + b.0 + c = 6$ ➔ $c = 6$
(2, 0) ➔ $a.2^2 + b.2 + c = 0$
(3, 0) ➔ $a.3^2 + b.3 + c = 0$

Subtraindo a terceira menos a segunda, ficamos com:
$5a + b = 0$
$b = -5a$

Substituindo na segunda equação:

$4a + 2(-5a) + 6 = 0$
$a = 1; b = -5, c = 6$

Capítulo 20 – Trinômio do segundo grau 639

Portanto a equação da parábola dada é $y = x^2 - 5x + 6$

Outra solução é usar a fórmula fatorada da parábola:

$y = a(x - x_1)(x - x_2)$

onde x_1 e x_2 são as raízes. Para descobrir o valor de a, basta fazer $x = 0$ $y = f(0)$

No nosso caso temos:

$6 = a.(-2)(-3)$
$a = 1$

Logo $y = 1(x - 2)(x - 3) = x^2 - 5x + 6$

O vértice da parábola

O vértice da parábola é o seu ponto de valor mínimo (no caso de a>0) ou máximo (no caso de a<0). As coordenadas x e y no vértice assumem valores importantes que devem ser conhecidos. Supondo que a parábola é da forma $y = ax^2 + bx + c$, o vértice tem como coordenadas:

$$x_v = \frac{-b}{2a} \quad e \quad y_v = \frac{-\Delta}{4a}$$

Inúmeras questões aparecem em provas e concursos envolvendo o vértice da parábola. Vamos inicialmente deduzir a fórmula das coordenadas acima.

Considere o gráfico da parábola $y = ax^2 + bx + c$. Esta fórmula pode ser escrita como:

$y = ax^2 + bx + c = a(x^2 + bx/a + c/a)$

A expressão $x^2 + (b/a)x$ lembra um quadrado perfeito, o quadrado de $[x + b/(2a)]$. Falta apenas adicionar (e subtrair, para não alterar a expressão), o termo $[b/(2a)]^2$. Ficamos então com:

$y = a\{x^2 + bx/a + [b/(2a)]^2 - [b/(2a)]^2 + c/a \}$

Note que até o momento só o que fizemos foi colocar a em evidência e dentro das chaves, somar e subtrair $[b/(2a)]^2$. Desta forma podemos escrever a expressão como:

$$y = a[x + \frac{b}{2a}]^2 - a\frac{b^2}{4a^2} + c$$

$$y = a[x + \frac{b}{2a}]^2 - \frac{b^2 - 4ac}{4a}$$

Notamos então que a expressão para y é igual a um termo que depende de x, subtraído de um termo constante, que vale $(b^2 - 4ac)/(4a)$, ou seja, $-\Delta/(4a)$. Este é o valor de y quando x valer $-b/(2a)$.

O valor absoluto mínimo que o termo $(x + b/2a)^2$ assume, é zero, que ocorre quando x valer

–b/(2a). Quanto **a** é positivo, valores diferentes de x resultarão em um valor maior para y, ou seja, a parábola assumirá um valor mínimo. Quando a<0, valores diferentes para x resultarão em um valor menor para y, portanto neste ponto a parábola terá um ponto de máximo. Neste valor do vértice, que será um máximo ou um mínimo (máximo se a<0 e mínimo se a>0), o valor de y correspondente, será –Δ/(4a). Isto prova que as coordenadas do vértice da parábola são:

$$x_v = \frac{-b}{2a} \quad \text{e} \quad y_v = \frac{-\Delta}{4a}$$

Exercícios

E1) Encontre o vértice de cada parábola
- a) $x^2 - 5x + 12$
- b) $x^2 + 8x + 15$
- c) $x^2 + 14x + 45$
- d) $x^2 + 5x - 24$
- e) $x^2 + 10x - 20$
- f) $x^2 - x + 1$
- g) $x^2 - 3x + 4$
- h) $x^2 - x - 10$
- i) $x^2 - 2x + 3$
- j) $x^2 - x - 3$
- k) $x^2 - 5$
- l) $x^2 + 3x$
- m) $x^2 + 18$
- n) $x^2 - 2x - 5$
- o) $x^2 + x + 1$

E2) Indique em que intervalo as parábolas abaixo representam funções crescentes.
- a) $x^2 - 8x + 15$
- b) $x^2 + 4x - 2$
- c) $-x^2 - 6x + 10$
- d) $x^2 - 13x + 18$
- e) $2x^2 + x - 1$
- f) $3x^2 + 7x + 8$
- g) $x^2 - 10x + 100$
- h) $x^2 + 14x + 2$
- i) $-x^2 + 4x + 1$
- j) $(x - 3)^2 + 5$
- k) $x^2 + 6x + 3$
- l) $x^2 + 5x + 6$
- m) $x^2 + 8x + 13$
- n) $x^2 - x + 5$
- o) $5 - x^2$

A concavidade

A concavidade de uma parábola está voltada para cima quando a>0, e voltada para baixo quando a<0, ou seja, isto dependerá apenas do sinal do coeficiente do termo em x^2. Isto é fácil de entender quando tomamos a equação na forma apresentada no item anterior:

$$y = a[x + \frac{b}{2a}]^2 - \frac{b^2 - 4ac}{4a}$$

O termo $(x+b/2a)^2$ tem valor zero no vértice. Conforme x se afasta do vértice, seu valor cresce. Mas este termo aparece multiplicado por a, então para a positivo este termo cresce para valores de x conforme se afastam do vértice, o que resulta em uma concavidade voltada para cima.

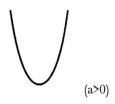
(a>0)

Inversamente, quando a é negativo, este termo apresentará um valor total negativo, que se tornará mais negativo conforme x se afasta do vértice, então resultará numa concavidade para baixo.

Capítulo 20 – Trinômio do segundo grau   641

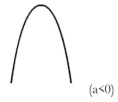
(a<0)

Lembramos do capítulo 13 que quando $\Delta > 0$, o trinômio tem duas raízes reais e diferentes, portanto seu gráfico corta o eixo x em dois pontos distintos. Já quando $\Delta < 0$, o trinômio (e a equação correspondente) não possui raízes reais, portanto não cortará o eixo x. Ainda assim, em todos esses casos, as coordenadas do vértice terão sempre a mesma forma:

$$x_v = \frac{-b}{2a} \quad \text{e} \quad y_v = \frac{-\Delta}{4a}$$

A figura abaixo ilustra todos esses casos.

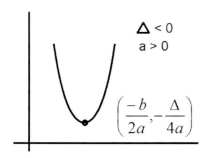
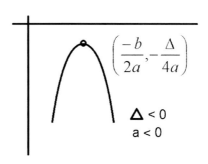
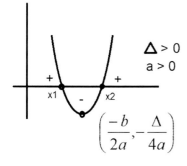
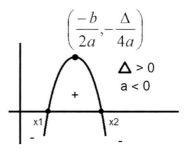

E3) Indique em cada caso se a concavidade está voltada para cima ou para baixo
  a) $5x^2 - 4x + 2$
  b) $-2x^2 + 3x - 9$
  c) $5 - (4 - x^2)$
  d) $x^2 + x + 1$
  e) $1 - x - x^2$
  f) $(x + 2)^2 - (2x + 3)^2$
  g) $10 - (x - 2)(x - 3)$
  h) $5(x + 3)(x + 4)$
  i) $-4(x - 1)(x - 2)$
  j) $1 - (x - 5)^2$
  k) $x^2 - 3x + 2$
  l) $(x^2 - 3x + 9) - (3x^2 - 5x + 2)$
  m) $1 - x - x^2$
  n) $100 + 10x - 0{,}001x^2$
  o) $(4 - x)(5 - x)$

Cortando os eixos

Esboçar o gráfico do trinômio do segundo grau é um tópico importante. Uma das providências é identificar os pontos nos quais o gráfico corta os eixos x e y.

Interseção com o eixo x:
Basta identificar as raízes do trinômio. Para qualquer função y = f(x), não só para trinômios do 2º grau, as interseções com o eixo x são determinadas fazendo y = 0, ou seja, f(x) = 0.
No caso de um trinômio do 2º grau, resolvemos a equação do 2º grau correspondente, o que resulta nas suas raízes, que são os valores de x nos quais o eixo x é cortado pelo gráfico.

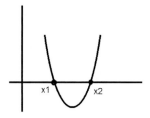

Sendo assim, dado o trinômio do 2º grau $y = ax^2 + bx + c$, resolvemos a equação do 2º grau $ax^2 + bx + c$. Se a equação tiver duas raízes reais ($\Delta>0$), x_1 e x_2, estes serão os valores de x para os quais o eixo x é cortado pelo gráfico.

Lembramos ainda que podemos ter $\Delta=0$ (duas raízes iguais, ou seja, o gráfico tangencia o eixo x), e ainda $\Delta<0$ (raízes imaginárias, ou seja, o gráfico não corta o eixo x).

Interseção com o eixo y:
Para identificar o valor de y para o qual o eixo y é cortado pelo gráfico, basta fazer x = 0. Levando em conta que $y = ax^2 + bx + c$, fazendo x=0 encontramos y = c, ou seja, o gráfico do trinômio do 2º grau corta o eixo y no ponto y = c.

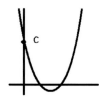

E4) Indique os pontos onde as parábolas abaixo cortam o eixo y e o eixo x
a) $y = x^2 + 5x + 6$
b) $y = x^2 - 10x + 80$
c) $y = x^2 + 5x - 6$
d) $y = x^2 - x - 2$
e) $y = x^2 + 6x + 9$
f) $y = (1 - x)^2$
g) $y = x^2 - 5x$
h) $y = x^2 - 9$
i) $y = 5(x - 1)(x - 2)$
j) $y = x^2$
k) $y = 2 - x + x^2$
l) $y = 2x^2 - 9x + 7$
m) $y = x^2 - 8x + 15$
n) $y = 5(x - 1)^2$
o) $y = x^2 - 100$

Capítulo 20 – Trinômio do segundo grau

Soma e produto das raízes

Já foi vista no capítulo 13 a *relação entre os coeficientes e as raíes da equação do 2º grau*.

$y = ax^2 + bx + c$

Soma das raies: **–b/a**

Produto das raízes: **c/a**

A metade da soma das raízes, ou seja, –b/(2a), é exatamente a coordenada x do vértice. Quando a equação tem raízes reais, o x do vértice é equidistante das raízes.
Lembre-se que o y do vértice é o valor do trinômio quando x é igual à média aritmética as raízes (–b/(2a), que também pode ser calculado diretamente como –Δ/(4a).

E5) Indique o valor máximo ou mínimo e para qual valor de x ocorre este máximo/mínimo
    a) $y = x^2 + 4x + 5$ f) $y = -2x^2 + 4x + 9$ k) $y = x^2 + 2x + 10$
    b) $y = x^2 - 3x + 4$ g) $y = 3x^2 - 5x + 7$ l) $y = (x - 3)^2 + 4$
    c) $y = x^2 + 2x + 3$ h) $y = 1 - 2x - 3x^2$ m) $y = -5(x - 2)^2 + 10$
    d) $y = x^2 - 5x + 12$ i) $y = 6x^2 - 4x - 9$ n) $y = 1 + x - 5x^2$
    e) $y = x^2 + 3x + 3$ j) $y = 1 - 2x - 4x^2$ o) $y = x^2 + 4x$

Exercícios de revisão

E6) Em qual intervalo a função $f(x) = (x - 5)^2$ é crescente?

E7) Encontre o vértice da parábola $y = x^2 + 4x + 9$

E8) Dado o gráfico da parábola abaixo, qual das opções descreve a localização do ponto M?

(A) $M = \left(\dfrac{3b-a}{2}, 0\right)$

(B) $M = \left(\dfrac{3b+a}{2}, 0\right)$

(C) $M = (2b - 2a, 0)$

(D) $M = \left(\dfrac{b-a}{2}, 0\right)$

(E) $M = (2b - a, 0)$

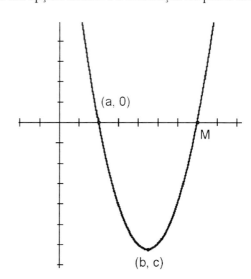

E9) Para a função $y = ax^2 + bx + c$, qual das seguintes condições, caso se aplique, sempre implica que o gráfico da função intercepta o eixo x?

(A) a>0 e b>0   (B) a≥0 e b>0   (C) a<0 e c>0   (D) a<0 e c<0

644   O ALGEBRISTA

E10) A área A de um terreno retangular no qual um lado vale x metros pode ser encontrada pela equação $A(x) = -x^2 + 38.8\,x$. Considerando o mundo real, quais valores o lado x deste retângulo poderá ter?

(A) $x > 0$m (B) $0 < x < 19,4$ m (C) $x < 19,4$ m (D) $0 < x < 38,8$ m (E) $x < 38,8$ m

E11) Seja $f(x) = 2x^2 - 12x + k$. Qual é o valor de **k** para que o vértice esteja sobre o eixo x?

(A) 18 (B) –3 (C) –9 (D) 3 (E) Não pode ser determinado

E12) (*) Encontre a equação da parábola que passa por $(-2, 0)$, $(-4, -9)$ e $(0, 5)$.

(A) $f(x) = -x^2 + 3x + 5$ (B) $f(x) = x^2 - 3x - 10$ (C) $f(x) = (1/2)x^2 + (3/2)x + 5$
(D) $f(x) = (-1/2)x^2 + (3/2)x + 5$ (E) $f(x) = 2x^2 - 6x - 10$

E13) (*) Uma pizzaria vende uma pizza por R$ 30,00 e está estruturada para vender 40 pizzas por dia. Para cada redução de R$ 0,50 no preço da pizza, exatamente 1 venda adicional é realizada. Encontre a fórmula que relaciona o número de pizzas vendidas com o número de reduções de R$ 0,50 no preço e dê o número de reduções de R$ 0,50 que resulta no maior valor vendido.

(A) 8 (B) 5 (C) 1 (D) 10 (E) 14

E14) (*) Uma parábola da forma $y = ax^2 + bx + c$ intercepta o eixo x nos pontos –4 e –2, e a ordenada do seu vértice é 6. Determine o valor da ordenada do ponto onde a parábola intercepta o eixo y.

(A) 4 (B) 13/3 (C) 14/3 (D) –48 (E) 16/3

E15) Para qual valor de x a função $f(x) = (x - 1)(x + 1) - 3$ tem um mínimo?

E16) Em quantos pontos o gráfico de $y = (x^2 - 5x + 9)(x^2 - 6x + 9)(x^2 - 7x + 9)$ intercepta o eixo x?

E17) Seja $p(x) = ax^2 + bx + c$, para coeficientes **a**, **b** e **c** reais. Se $p(1) = 1$, $p(2) = 2$ e $p(3) = 4$, qual é o valor de $p(5)$?

E18) Qual é o domínio da função $\dfrac{x+3}{x^2 + 2x + 5}$?

E19) (*) Uma função quadrática tem vértice no ponto $(-2, 5)$. Se o ponto $(1, 4)$ pertence ao seu gráfico, qual é a equação desta função?

(A) $y = (1/3)(x - 2)^2 + 5$ (B) $y = (-1/3)(x + 2)^2 + 5$ (C) $y = (1/4)(x + 2)^2 + 1$
(D) $y = (1/9)(x - 2)^2 + 5$ (E) $y = (-1/9)(x + 2)^2 + 5$

E20) Se a parábola $y = -2x^2 + 4x + 5$ é deslocada 3 unidades para baixo e 4 unidades para a direita, quais são as coordenadas do novo vértice?

(A) $(4, 6)$ (B) $(5, 4)$ (C) $(-3, 4)$ (D) $(5, 3)$ (E) $(3, 5)$

E21) Qual é a equação da parábola que corta o eixo x em $(3, 0)$ e $(-3, 0)$ e o eixo y em $(0, 9)$?

E22) (*) Qual dos números reais abaixo não pode ser o valor da expressão $\dfrac{2x^2 + 3x + 1}{x^2 - 2x - 3}$?

(A) 3 (B) 1/4 (C) –1/2 (D) –1 (E) –1/3

Capítulo 20 – Trinômio do segundo grau
645

E23) Se x + y = 1, qual é o maior valor possível para xy ?

(A) 1   (B) 1/2   (C) 0,4   (D) 1/4   (E) 0

E24) Calcule k para que o vértice de $f(x) = 2x^2 - 12x + k$ esteja sobre o eixo x.

(A) 18   (B) –3   (C) –9   (D) 3   (E) não pode ser determinado

E25) Encontre todos os valores possíveis de b de tal forma que $x^2 + bx + 20$ possa ser fatorado.

E26) (*) Uma bola é atirada a 19,6 metros por segundo de uma altura de 58,8 metros. A equação $h(t) = -4,9\ t^2 + 19,6t + 58,8$ representa a altura h da bola, em metros, e o tempo t em segundos, depois que é jogada. Quando a bola chegará ao chão?

E27) Se x e y são números reais e $x^2 + y^2 = 1$, então o máximo valor de $(x + y)^2$ é:

(A) 3   (B) 1   (C) 2   (D) 3/2   (E) $\sqrt{5}$

E28) Determinar o valor mínimo do radical R = $\sqrt{x^2 - 4x + 5}$

E29) CN 76 - O valor mínimo do trinômio $y = 2x^2 + bx + p$ ocorre para x = 3. Sabendo que um dos valores de x que anulam esse trinômio é o dobro do outro, dar o valor de p.

(A) 32   (B) 64   (C) 16   (D) 128   (E) 8

E30) (*) CN 77
Se abc≠0 e a + b + c = 0, o trinômio $y = ax^2 + bx + c$:

(A) pode ter raízes nulas   (B) não tem raízes reais   (C) tem uma raiz positiva
(D) só tem raízes negativas   (E) tem as raízes simétricas

E31) CN 78 - Para que o trinômio $y = x^2 - 4x + k$ tenha seu valor mínimo igual a –9, o maior valor de x que anula este trinômio é:

(A) 2   (B) 4   (C) 1   (D) 5   (E) 3

E32) CN 78 - Se $P(x) = ax^2 + bx + c$ e P(k) é o seu valor numérico para x = k e sabendo que $P(3) = P(-2) = 0$ e que $P(1) = 6$, podemos afirmar que P(x)

(A) tem valor negativo para x = 2   (B) tem valor máximo igual a 27/4
(C) tem valor máximo igual a 11/4   (D) tem valor máximo igual a 25/4
(E) tem valor mínimo igual a –25/4

E33) CN 78 - A soma de todos os valores inteiros e positivos de P que fazem com que $y = Px - P - 3 - x^2$ seja negativo para qualquer valor de x é:

(A) 21   (B) 28   (C) 10   (D) 14   (E) 15

E34) CN 79 - O valor de P para que o trinômio do 2° grau $px^2 - 4p^2x + 24p$ tenha máximo igual a 4K, quando x = K, é:

(A) 2   (B) –2   (C) 3   (D) –3   (E) 1

646 O ALGEBRISTA

E35) CN 79 - O valor de y no sistema

$$\begin{cases} 2x + y = 3 \\ 3x + y = m^2 - 4m + 1 \end{cases}$$

quando x assume seu valor mínimo é:

(A) 11   (B) 1   (C) 7   (D) 15   (E) 9

E36) (*) CN 80 - O trinômio do segundo grau $y = (K + 1)x^2 + (K + 5)x + (K^2 - 16)$ apresenta máximo e tem uma raiz nula. A outra raiz é:

(A) uma dízima periódica positiva
(B) uma dízima periódica negativa
(C) decimal exata positiva
(D) decimal exata negativa
(E) inteira

E37) (*) CN 80 - Para se decompor a fração $\dfrac{3x-4}{x^2-5x+6}$ na soma de duas outras frações com denominadores do 1° grau, a soma das constantes que aparecerão nos denominadores dará:

(A) 3   (B) –5   (C) 6   (D) –4   (E) 5

E38) CN 80 - Se o trinômio $y = mx(x - 1) - 3x^2 + 6$ admite (-2) como uma de suas raízes, podemos afirmar que o trinômio:

(A) tem mínimo no ponto x = –0,5
(B) pode ter valor numérico 6,1
(C) pode ter valor numérico 10
(D) tem máximo no ponto x = 0,5
(E) tem máximo no ponto x = 0,25

E39) CN 81 - Relativamente ao trinômio $y = x^2 - bx + 5$, com b constante inteira, podemos afirmar que ele pode:

(A) se anular para um valor par de x
(B) se anular para dois valores reais de x cuja soma seja 4
(C) se anular para dois valores reais de x de sinais contrários
(D) ter valor mínimo igual a 1
(E) ter máximo para b = 3

E40) CN 82 - A inequação $2px^2 + x + p > 0$, é satisfeita para qualquer valor real de x, se, e somente se:

(A) $p < -\dfrac{\sqrt{2}}{4}$

(B) $-\dfrac{\sqrt{2}}{4} < p < \dfrac{\sqrt{2}}{4}$

(C) $p > -\dfrac{\sqrt{2}}{4}$

(D) $p < -\dfrac{\sqrt{2}}{4}$ ou $p > \dfrac{\sqrt{2}}{4}$

(E) $p > \dfrac{\sqrt{2}}{4}$

E41) CN 82 - O valor de m que torna mínima a soma dos quadrados das raízes da equação $x^2 - mx + m - 1 = 0$, é:

(A) –2   (B) –1   (C) 0   (D) 1   (E) 2

E42) CN 84 - Sendo P > 3, podemos afirmar que o trinômio $y = 2x^2 - 6x - P$:

(A) se anula para dois valores positivos de x
(B) se anula para valores de x de sinais contrários
(C) se anula para dois valores negativos de x
(D) não se anula para valores de x real
(E) tem extremo positivo

Capítulo 20 – Trinômio do segundo grau   647

E43) CN 85 - O menor valor inteiro da expressão $5n^2 - 195n + 15$ ocorre para n igual a:

(A) 10   (B) 15   (C) 20   (D) 25   (E) 30

E44) CN 86 - O número máximo de divisores do número natural 48.2^{-x^2+2x}, $x \in N$, é:

(A) 12   (B) 10   (C) 24   (D) 6   (E) 18

E45) (*) CN 88 - Considere as seguintes afirmações sobre o trinômio
$y = -497x^2 + 1988x - 1987$

(I) Seu valor máximo é 1
(II) Tem duas raízes de mesmo sinal
(III) Os valores numéricos para $x = -103$ e $x = 107$ são iguais
(IV) O gráfico intersecta o eixo das ordenadas em -1987

Pode-se concluir que o número de afirmações verdadeiras é:

(A) 4   (B) 3   (C) 2   (D) 1   (E) 0

E46) Seja $p(x) = ax^2 + bx + c$, para coeficientes **a**, **b** e **c** reais. Se $p(1) = 1$, $p(2) = 2$ e $p(3) = 4$, qual é o valor de $p(5)$?

E47) CN 90 - Para que o trinômio $y = ax^2 + bx + c$ admita um valor máximo e tenha raízes de sinais contrários, deve-se ter:

(A) a < 0, c > 0 e b qualquer
(B) a < 0, c < 0 e b = 0
(C) a > 0, c < 0 e b qualquer
(D) a > 0, c < 0 e b = 0
(E) a < 0, c < 0 e b qualquer

E48) CN 90 - A divisão do polinômio $P(x) = x^4 + x^2 + 1$ pelo polinômio $D(x) = 2x^2 - 3x + 1$ apresenta quociente $Q(x)$ e resto $R(x)$. Assinale a afirmativa falsa:

(A) $R(1) = 3$
(B) $R(x) > 0$ para $x > 1/9$
(C) O menor valor de $Q(x)$ ocorre para $x = -3/4$
(D) A média geométrica dos zeros de $Q(x)$ é $\dfrac{\sqrt{22}}{4}$
(E) O valor mínimo de $Q(x)$ é $35/32$

E49) CN 93
Considere o gráfico do trinômio $y = ax^2 + bx + c$, onde $\Delta = b^2 - 4ac$, e as seguintes afirmativas:

I – $x_1 = \dfrac{-b-\sqrt{\Delta}}{2a}$ e $x_3 = \dfrac{-b+\sqrt{\Delta}}{2a}$

II – $x_2 = \dfrac{-b}{2a}$

III – $y_2 = \dfrac{-\Delta}{4a}$

IV – $y_1 = c$

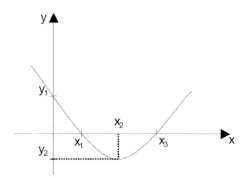

Quantas afirmativas são verdadeiras?

(A) 0   (B) 1   (C) 2   (D) 3   (E) 4

E50) CN 94 - O trinômio $y = x^2 - 14x + k$ é uma constante real positiva, tem duas raízes distintas. A maior dessas raízes pode ser:

(A) 4   (B) 6   (C) 11   (D) 14   (E) 17

E51) CN 97 - Um polinômio de $2^{\underline{o}}$ grau em x é divisível por $(3x - 3\sqrt{3} + 1)$ e $(2x + 2\sqrt{3} - 7)$. O valor numérico mínimo do polinômio ocorre para x igual a:

(A) 19/12   (B) 23/12   (C) 29/12   (D) 31/12   (E) 35/12

E52) CN 98 - Considerando o gráfico abaixo referente ao trinômio do $2^{\underline{o}}$ grau $y = ax^2 + bx + c$, pode-se afirmar que:

(A) a > 0; b > 0; c < 0
(B) a > 0; b < 0; c > 0
(C) a < 0; b < 0; c < 0
(D) a < 0; b < 0; c < 0
(E) a < 0; b > 0; c > 0

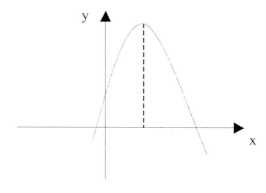

E53) Para qual valor de x a função $f(x) = (x - 1)(x + 1) - 3$ tem um mínimo?

E54) Encontre o vértice da parábola $y = x^2 + 4x + 9$

E55) Qual é o domínio da função $\dfrac{x+3}{x^2 + 2x + 5}$?

E56) Para a função $y = ax^2 + bx + c$, qual das seguintes condições, caso se aplique, sempre implica que o gráfico da função não intercepta o eixo x?

(A) a>0 e b>0   (B) a≥0 e b>0   (C) a<0 e c>0   (D) a<0 e c<0   (E) NRA

E57) Seja $f(x) = 2x^2 - 12x + k$. Qual é o valor de *k* para que o vértice esteja sobre o eixo x?

(A) 18   (B) –3   (C) –9   (D) 3   (E) Não pode ser determinado

E58) O gráfico abaixo mostra as funções $y = x^2 + mx + p$, $y = ax$ e $y = bx$, com a < b. As duas retas interceptam a parábola em pontos, de modo a serem determinados dois intervalos, de comprimentos d e d*, como mostra a figura. Calcule **d* - d**.

Capítulo 20 – Trinômio do segundo grau 649

(A) $b-a-2m$
(B) $\sqrt{(m-b)^2-4p}-\sqrt{(m-a)^2-4p}$
(C) $b-a$
(D) $(b+a)+\sqrt{(m-b)^2-4p}-\sqrt{(m-a)^2-4p}$
(E) $4p-2(b-a)$

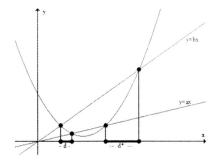

CONTINUA NO VOLUME 2: 100 QUESTÕES DE CONCURSOS

Respostas dos exercícios

E1)
a) (5/2, 23/4)
b) (–4, –1)
c) (–7, –4)
d) (5/2, –121/4)
e) (–5, –45)
f) (1/2, 3/4)
g) (3/2, 7/4)
h) (1/2, –41/4)
i) (1, 2)
j) (1/2, –13/4)
k) (0, –5)
l) (–3/2, –9/4)
m) (0, 18)
n) (1, –6)
o) (–1/2, 3/4)

E2)
a) [4, $+\infty$)
b) [–2, $+\infty$)
c) ($-\infty$, –3]
d) [–13/2, $+\infty$)
e) [–1/4, $+\infty$)
f) [–7/6, $+\infty$)
g) [5, $+\infty$)
h) [–7, $+\infty$)
i) ($-\infty$, 2]
j) [3, $+\infty$)
k) [–3, $+\infty$)
l) [–5/2, $+\infty$)
m) [–4, $+\infty$)
n) [1/2, $+\infty$)
o) ($-\infty$, 0]

E3)
a) cima
b) baixo
c) cima
d) cima
e) baixo
f) baixo
g) baixo
h) cima
i) baixo
j) baixo
k) cima
l) baixo
m) baixo
n) baixo
o) cima

E4)
a) y: 6; x: –2 e –3
b) y: 80; x: não corta
c) y: –6; x: 1 e –6
d) y: –2; x: –1 e 2
e) y: 9; x: –3
f) y: 1; x: 1
g) y: 0; x: 0 e 5
h) y: –9. x: 3 e –3
i) y: 10; x: 1 e 2
j) y: 0; x: 0
k) y: 2; x: –1 e 2
l) y: 7; x: 1, 7/2
m) y: 16; x: 3 e 5
n) y: 5; x: 1
o) y: –100; x: 10 e –10

E5)
a) mínimo de y = 1 para x = –2
b) mínimo de –7/4 para x = 3/2
c) mínimo de 2 para x = 3/2
d) mínimo de 23/4 para x = 5/2
e) mínimo de 3/4 para x = –3/2
f) máximo de 11 para x = 1
g) mínimo de 59/12 para x = 5/6
h) máximo de 4/3 para x = –1/3
i) mínimo de –29/3 para x = 1/3
j) máximo de 5/4 para x = –1/4
k) mínimo de 9 para x = –1
l) mínimo de 4 para x = 3
m) máximo de 10 para x = 2
n) máximo de 21/20 para x = 1/10
o) mínimo de x = –4 para x = –2

650   O ALGEBRISTA

E6) $[5, +\infty)$ E7) $(-2, 5)$ E8) (E)   E9) (C)   E10) (D)

E11) (A)   E12) (D)   E13) (D)   E14) (D)   E15) $x = 0$

E16) (3)   E17) 11   E18) R   E19) (E)   E20) (B)

E21) $y = 9 - x^2$ E22) (B)   E23) (D)   E24) (A)

E25) $b \geq \sqrt{80}$ ou $b \leq -\sqrt{80}$ E26) $t = 6$ E27) (C)   E28) 1

E29) (A)   E30) (C)   E31) (D)   E32) (D)   E33) (D)

E34) (B)   E35) (D)   E36) (A)   E37) (A)   E38) (B)

E39) (D)   E40) (D)   E41) (D)   E42) (B)   E43) (C)

E44) (C) – considerando divisores positivos e negativos

E45) (A)   E46) 11   E47) (A)   E48) (D)   E49) (E)

E50) (C)   E51) (A)   E52) (E)   E53) $x = 0$ E54) $(-2, 5)$

E55) R   E56) (E)   E57) (A)   E58) (C)

Resoluções selecionadas

E12) Encontre a equação da parábola que passa por $(-2, 0)$, $(-4, -9)$ e $(0, 5)$.

(A) $f(x) = -x^2 + 3x + 5$ (B) $f(x) = x^2 -3x -10$ (C) $f(x) = (1/2)x^2 + (3/2)x + 5$

(D) $f(x) = (-1/2)x^2 + (3/2)x + 5$ (E) $f(x) = 2x^2 -6x -10$

Solução:

Dados três pontos quaisquer, desde que não estejam em linha reta, seupre podemos encontrar uma parábola da forma $y = ax^2 + bx + c$ que passe por esses três pontos, bastando para isso resolver o sistema de três incógnitas (a, b e c) e três equações, dadas por $y1 = f(x1)$, $y2 = f(x2)$ e $y3$ a $f(x3)$. O ideal em uma prova é procurar ganhar tempo nessa resolução.

Se a parábola passa por $(0, 5)$ então $f(0) = 5$, ou seja, $c = 5$. Portanto só servem as opções A, C e D.

O problema deu também que a parábola passa por $(-2, 0)$, então $f(-2) = 0$:

(A): $f(-2) = -4 -6 + 5 = 5$: não serve

(C): $f(-2) = 4/2 - 3 + 5 = 4$: não serve

(D): $f(-2) = -2 - 3 + 5 = 0$: serve

A opção (D) é a única que atende a duas condições do problema, é a única resposta que pode estar certa.

Para conferir, verifiquemos se esta função passa pelo ponto $(-4, -9)$:

$f(-4) = (-1/2).16 + (3/2).(-4) + 5 = -8 -6 + 5 = 9$: OK!

Resposta: (D)

E13) Uma pizzaria vende uma pizza por R\$ 30,00 e está estruturada para vender 40 pizzas por dia. Para cada redução de R\$ 0,50 no preço da pizza, exatamente 1 venda adicional é realizada. Encontre a fórmula que relaciona o número de pizzas vendidas com o número de reduções de R\$ 0,50 no preço e dê o número de reduções de R\$ 0,50 que resulta no maior valor vendido.

Capítulo 20 – Trinômio do segundo grau 651

(A) 8 (B) 5 (C) 1 (D) 10 (E) 14

Solução:

Originalmente eram vendidas 40 pizzas por R$ 30,00 cada, totalizando vendas de R$ 1200,00.

O objetivo é aumentar o valor recebido com as vendas, com a redução no preço da pizza acompanhada do aumento do número de unidades vendidas.

OBS: Na vida real, o objetivo não é maximizar o valor recebido, mas sim, o valor lucrado total.

O problema diz que com cada redução de 0,50 no preço da pizza, ocorre o aumento de uma unidade na quantidade de pizzas vendidas.

Sendo assim, com n reduções de 0,50, ocorrerá um aumento de n unidades vendidas.

Com n reduções de R$ 0,50 o preço de venda de cada pizza será R$ $(30 - n.0,5)$, e o número de unidades vendidas será $40 + n$.

Então o valor recebido com as vendas será:

$(40 + n)(30 - 0,5n)$.

É uma parábola que tem máximo quando n é a média aritmética das raízes:

$(-40 + 60)/2 = 10$

Portanto, $n = 10$ (10 reduções de 0,50) resultará no máximo do valor recebido com as vendas (faturamento) será dado por:

Preço de cada unidade: $30 - 0,5.10 = 25$

Quantidade vendida: $40 + 10 = 50$

Valor total recebido: $25 \times 50 = $ R$ 1250,00

Resposta: (D) 10 reduções

E14) Uma parábola da forma $y = ax^2 + bx + c$ intercepta o eixo x nos pontos –4 e –2, e a ordenada do seu vértice é 6. Determine o valor da ordenada do ponto onde a parábola intercepta o eixo y.

(A) 4 (B) 13/3 (C) 14/3 (D) –48 (E) 16/3

Solução:

Quando são dadas as duas raízes, é melhor usar a forma fatorada da parábola, pois ficará faltando determinar apenas o coeficiente **a**:

$y = a(x - x_1)(x - x_2)$,

$y = a(x + 2)(x + 4)$

A ordenada do vértice (valor de y) é obtida quando fazemos x igual à média aritmética das raízes $(x = -3)$.

$6 = a(-3 + 2)(-3 + 4)$

$6 = a(-1)(1) = -a$

$a = -6$

Então a equação da parábola é:

$y = -6(x + 2)(x + 4) = y = -6(x^2 + 6x + 8) = -6x^2 - 36x - 48$

Fazendo $x = 0$, resulta em $y = -48$, logo o ponto onde a parábola corta o eixo y é $(0, -48)$

Resposta: (D)

E19) Uma função quadrática tem vértice no ponto $(-2, 5)$. Se o ponto $(1, 4)$ pertence ao seu gráfico, qual é a equação desta função?

(A) $y = (1/3)(x - 2)^2 + 5$ (B) $y = (-1/3)(x + 2)^2 + 5$ (C) $y = (1/4)(x + 2)^2 + 1$
(D) $y = (1/9)(x - 2)^2 + 5$ (E) $y = (-1/9)(x + 2)^2 + 5$

Solução:

Quando é dado o vértice, a forma mais rápida é considerar uma parábola da forma $y = ax^2$, que sofreu uma translação da origem para este vértice. Se o vértice é (x^v, y^v), a equação fica:

652   O ALGEBRISTA

$(y - y_v) = a(x - x_v)^2$

$y - 5 = a(x + 2)^2$ Esta é a forma geral de todas as parábolas que têm vértice no ponto $(-2, 5)$ e têm fórmula de segundo grau em x. Para cada valor de a, temos uma parábola diferente, que pode ser "mais aberta" ou "mais fechada", e com concavidade para cima ou para baixo, de acordo com o valor de 1. Dado um ponto qualquer, existe um único valor de a cuja parábola correspondente passa por este ponto dado. No nosso exemplo, devemos determinar a para que a parábola passe por $(1, 4)$:
$y - 5 = a(x + 2)^2$, com $x = 1$ e $y = 4$:
$4 - 5 = a(1 + 2)^2$ ➔ $-1 = 9a$, $a = -1/9$.
Então a parábola pedida é $y = (-1/9)(x + 2)^2 + 5$

Resposta: (E)

E22) Qual dos números reais abaixo não pode ser o valor da expressão $\dfrac{2x^2 + 3x + 1}{x^2 - 2x - 3}$?

(A) 3   (B) 1/4   (C) $-1/2$ (D) -1 (E) $-1/3$

Solução:

A expressão pode ser escrita como:
$\dfrac{2x^2 + 3x + 1}{x^2 - 2x - 3} = \dfrac{(x+1)(2x+1)}{(x+1)(x-3)} = \dfrac{(2x+1)}{(x-3)}$, parta $(x + 1) \neq 0$, ou seja $x \neq -1$.

Então a expressão dada é equivalente a $(2x + 1)/(x - 3)$, excluindo o ponto correspondente para $x = -1$, e obviamente para $x = 3$, que também anula o denominador. Então o ponto correspondente a $x = -1$, que deve ser excluído da função é obtido fazendo $x = -1$, a expressão teria o valor $(2.(-1) + 1)/(-1 - 3) = (-1)/(-4) = 1/4$. Sendo assim, $1/4$ é o valor que a expressão não pode assumir, pois isto obrigaria x a ser -1, o que faria a expressão original assumir o valor $0/0$, que não é permitido. Portanto o valor que a expressão não pode assumir é $1/4$.

Resposta: (B)

E26) Uma bola é atirada a 19,6 metros por segundo de uma altura de 58,8 metros. A equação $h(t) = -4,9\, t^2 + 19,6t + 58,8$ representa a altura h da bola, em metros, e o tempo t em segundos, depois que é jogada. Quando a bola chegará ao chão?

Solução:

Este tipo de problema faz parte da *cinemática*, que por sua vez é uma parte da física. Trata-se de um movimento uniformemente variável (MUV), sujeito à aceleração da gravidade. Podemos identificar o instante em que a bola chega ao chão fazendo $h = 0$. Ficamos com:
$-4,9\, t^2 + 19,6t + 58,8$. Note que $19,6 = 4 \times 4,9$, e que $58,8 = 3 \times 19,6$. Simplificando:
$-4,9\, t^2 + 19,6t + 58,8 = 0$
$-t^2 + 4t + 12 = 0$, cujas raízes são $t = -2$ e $t = 6$. Estamos considerando apenas valores de t positivos, então a solução é $t = 6$.

Resposta: $t = 6$

E30) Se abc$\neq$0 e $a + b + c = 0$, o trinômio $y = ax^2 + bx + c$:

(A) pode ter raízes nulas   (B) não tem raízes reais   (C) tem uma raiz positiva
(D) só tem raízes negativas   (E) tem as raízes simétricas

Solução:

abc$\neq$0 significa que nem **a**, nem **b**, nem **c** podem ser nulos.
$1^{\underline{a}}$ solução: Da expressão $a + b + c = 0$, temos que o valor $x = 1$ sempre atenderá à equação, já que $P(1) = a.1^2 + b.1 + c = a + b + c = 0$, portanto $x = 1$ sempre anulará o trinômio. Isto nos leva à resposta, que é (C), a equação sempre terá uma raiz positiva, que é $x = 1$.

Capítulo 20 – Trinômio do segundo grau 653

$2^{\underline{a}}$ solução:

Como $a + b + c = 0$, podemos escrever $-b = a + c$, e $b^2 = (a + c)^2 = a^2 + c^2 + 2ac$.

$\Delta = b^2 - 4ac = (a + c)^2 - 4ac = a^2 + c^2 - 2ac = (a - c)^2$

A raízes de Δ (a positiva e a negativa) podem ser $a - c$ e $-(a - c)$, seja $a - c$ positivo ou negativo com o sinal $\pm$ estamos considerando os dois casos. Portanto a solução da equação é:

$$\frac{-b \pm (a - c)}{2a} = \frac{a - c \pm (a - c)}{2a}$$

Vemos que sempre existirá uma raiz $2a/2a = 1$, o que mostra que a equação sempre terá uma raiz positiva.

Note que quando se diz "tem uma raiz positiva", significa que "tem pelo menos uma raiz positiva", e não necessariamente "apenas uma raiz positiva". A única opção correta é a (C), mas podemos constatar que as demais estão erradas:

(A): Não pode ter raízes nulas $(x = 0)$, senão teríamos $c = 0$, contrariando o enunciado

(B): Tem sim raízes reais, pois vimos que Δ é sempre $(a - c)^2$, que é positivo.

(D): Raízes negativas indicariam que $c/a > 0$ e $b/a > 0$, ou sejam a, b e c teriam que ter o mesmo sinal, portanto sua soma não poderia ser zero.

(E): Para ter raízes simétricas é preciso que $b = 0$, o que contraria o enunciado.

Questão clássica que dá o que pensar...

Resposta: (C)

E36) O trinômio do segundo grau $y = (K + 1)x^2 + (K + 5)x + (K^2 - 16)$ apresenta máximo e tem uma raiz nula. A outra raiz é:

(A) uma dízima periódica positiva (B) uma dízima periódica negativa
(C) decimal exata positiva (D) decimal exata negativa
(E) inteira

Solução:

Raiz nula implica em $c = 0$, ou seja, o termo independente de x é nulo.

$K^2 - 16 = 0 \rightarrow k = 4$ ou $k = -4$

Para que o trinômio tenha máximo, o coeficiente de x^2 tem que ser negativo (parábola com concavidade voltada para baixo). Portanto k tem que ser -4, o que resulta em:

$y = -3x^2 + x$

A outra raiz além de zero é $1/3$. A única opção que se aplica é (A), uma dízima periódica positiva, que é $0,333...$

Resposta: (A)

E37) Para se decompor a fração $\dfrac{3x - 4}{x^2 - 5x + 6}$ na soma de duas outras frações com denominadores do $1^{\underline{o}}$ grau, a soma das constantes que aparecerão nos denominadores dará:

(A) 3 (B) –5 (C) 6 (D) –4 (E) 5

Solução:

$\dfrac{3x - 4}{x^2 - 5x + 6} = \dfrac{A}{x - 2} + \dfrac{B}{x - 3}$, para todo x. $(x - 2)$ e $(x - 3)$ são os fatores do denominador da fração original. Eliminado os denominadores ficamos com:

$3x - 4 = A(x - 3) + B(x - 2)$ para todo x.

$3x - 4 = x(A + B) + (-3A - 2B)$

Valendo para todo x, ficamos com:

$A + B = 3$

$3A + 2B = 4$

654   O ALGEBRISTA

Solução do sistema: A = –2 e B = 5 ➔ A + B = 3

Resposta: (A)

E45) Considere as seguintes afirmações sobre o trinômio
$y = -497x^2 + 1988x - 1987$

(I) Seu valor máximo é 1
(II) Tem duas raízes de mesmo sinal
(III) Os valores numéricos para x = –103 e x = 107 são iguais
(IV) O gráfico intersecta o eixo das ordenadas em –1987

Pode-se concluir que o número de afirmações verdadeiras é:

(A) 4   (B) 3   (C) 2   (D) 1   (E) 0

Solução:
É preciso checar cada uma das afirmativas. Notemos inicialmente que 1988 = 4 x 497. Calculemos o delta do trinômio
$\Delta = 1988^2 - 4.(-497)(-1987) = (4.497)^2 - 4.497.1987 = 16.497^2 - 4.497.(4.497 - 1) =$
$= 16.497^2 - 16.497^2 + 4.497 = 4.497 = 1988$
Como $\Delta > 0$, o trinômio tem duas raízes reais. O produto das raízes é positivo, logo as duas têm o mesmo sinal. O trinômio tem máximo, pois o coeficiente de x^2 é positivo. Fazendo x = 0, encontramos y = –1987, então o gráfico intersecta o eixo das ordenadas em –1987. O máximo do trinômio é $-\Delta/(4a) = -1988/(4.(-497)) = 1$. Logo o trinômio tem máximo igual a 1.
Portanto as opções (I), (II) e (IV) são verdadeiras. Resta analisar a opção (III).
Os valores de x para um trinômio que resultam em valores de y iguais são simétricos em relação ao eixo de simetria da parábola, ou seja, equidistantes da abscissa x = (–b/2a). Dados dois valores de x, p e q, serão simétricos quando p – (–b/2a) = (–b/2a) – q, para isto é necessário que p + q = –b/a, ou seja a sua soma é igual à soma das raízes do trinômio. No caso, os números dados são –103 e 107, sua soma é 4, e a soma das raízes também é 4 (–b/a = –1988/(–497) = 4). Logo os valores da função para x = –103 e x = 107 são iguais, apesar de serem difíceis de calcular numericamente, devido à complexidade dos coeficientes da equação. Portanto (III) também é verdadeira.

Resposta: (A)

Capítulo 21

Polinômios

Polinômios identicamente iguais

A igualdade em álgebra possui dois significados diferentes. Considerando duas expressões algébricas, podemos ter:

a) Iguais, somente para determinados valores
Exemplo: $x^2 + 5x + 4 = 0$
Esta expressão nem sempre é verdadeira. É correta apenas quando x=1 ou x=4. Esta expressão é uma equação, e é válida apenas quando x assume um desses valores, que são chamados raízes da equação.

b) Iguais, quaisquer que sejam os valores
Exemplo: $(x + 1)^2 = x^2 + 2x + 1$
Esta expressão é **sempre verdadeira**, ou seja, é correta para qualquer valor de x. Este tipo de expressão é chamada de **identidade**. Apesar de ser usado o mesmo símbolo de igualdade, seu significado é diferente. Diz-se no caso (b) que as duas expressões nos membros da igualdade são não apenas iguais, mas sim, idênticas, ou *identicamente iguais*. Pode ser usado o símbolo $\equiv$ para indicar quantidades identicamente iguais, ou seja, iguais para qualquer valor de x ou demais incógnitas.

Resumindo, as igualdades podem ter dois significados:

$f(x) = g(x)$: Igualdade ou equação: São expressões algebricamente diferentes, mas que para alguns valores de x podem assumir valores iguais, apesar de suas fórmulas serem diferentes.

$f(x) = g(x)$ ou $f(x) \equiv g(x)$: Identidades ou expressões identicamente iguais: São expressões que assumem valores idênticos, não importa o valor de suas variáveis. Tipicamente, as duas expressões identicamente iguais apresentam fórmulas algébricas idênticas, mas isto nem sempre ocorre. Por exemplo, as fórmulas podem ser algebricamente diferentes mas tornarem-se iguais depois de simplificação.

É preciso tomar cuidado pois em geral os enunciados não fazem distinção entre os dois tipos de igualdade.

Polinômios idênticos

No caso dos polinômios, só podem ser idênticos quando ambos têm o mesmo grau e os mesmos coeficientes. Por exemplo, para que $x^3 + 2x^2 + 3x + 5$ seja idêntico a $x^3 + 2x^2 + ax + 5$, é preciso que tenhamos obrigatoriamente a = 3. Enquanto isso os polinômios $x^2 + 3x + 6$ e $x^2 +$

$5x + 6$ nunca serão idênticos, já que possuem termos em primeiro grau diferentes. O que podem ser é apenas iguais, para certos valores de x. Esses valores são exatamente as soluções (ou raízes) da equação formada quando obrigamos os dois a serem iguais.

Polinômios iguais para alguns valores

Quando dois polinômios não são identicamente iguais (iguais para qualquer valor de x), podem ser iguais para alguns valores de x. A figura abaixo mostra os gráficos de alguns polinômios que não são identicamente iguais. Esses polinômios podem ser iguais em certos valores de x, mas não para todos os valores de x. Os valores particulares que tornam a igualdade possível (quando existem) são as raízes da equação obtida quando obrigamos os polinômios a serem iguais. Esses valores iguais que dois polinômios podem assumir são os pontos onde seus gráficos se cortam.

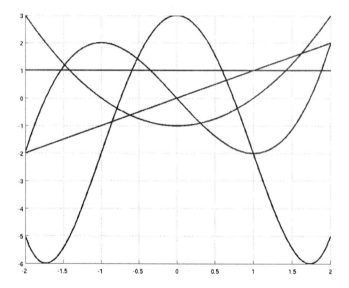

Exemplo:
$x^3 - x^2 - 5x + 3 = 2x^2 + 5x + 3$

Os dois polinômios existentes nos dois membros da expressão não são identicamente iguais, pois suas fórmulas são algebricamente diferentes. O polinômio do primeiro membro é do 3º grau, enquanto o do 2º membro é do 2º grau. Isto já garante que os dois não podem ser idênticos (e sendo de graus diferentes, apresentam coeficientes diferentes). Sendo assim, a igualdade não pode ser uma identidade, mas sim, uma equação.

OBS.: A equação resultante será do 3º grau, portanto pode ter no máximo 3 raízes.

Resolvendo a equação:

$x^3 - x^2 - 5x + 3 = 2x^2 + 5x + 3$
$x^3 - 3x^2 - 10x = 0$
$x(x^2 - 3x - 10)$. Fatorando o trinômio, temos:
$x(x - 5)(x + 2) = 0$

Capítulo 21 – Polinômios   657

As soluções (valores de x que anulam a expressão) são:
x = 0, x = 5 e x = –2

Sendo assim, os valores de x que tornam as expressões iguais são apenas três: 0, 5 e –2.

Exercícios

E1) Para que valores das constantes e a e b as expressões são identidades?

a) $3x^2 + 5x + 5$ e $ax^2 + bx + 5$

b) $x^3 - x^2 + 3x + 6$ e $ax^3 + bx^2 + 3x + 6$

c) $ax^5 + 3x^4 + 6x^2$ e $3x^5 - bx^4 + 6x^2$

d) $(a - b)x^2 + 3x + 2$ e $x^2 + ax + b$

e) $(a + b)x^3 + 3x + 5$ e $(a - b)x^3 + ax^2 + 3x$

f) $abx^2 + (a + b)x + 5 = 6x^2 + 5x + 5$

g) $5x^2 + bx + 1$ e $ax^3 + 5x^2$

h) $2x^3 - 5x^2 - 7x + 12 = ax^3 - 5x^2 + bx + 12$

i) $(1 + ax)^b = 1 + 9x + 9x^2 + x^3$

j) $(x - b)^5 = (x - a)^4 \cdot (x - b)$

Separação em frações

Nem só polinômios podem ser identicamente iguais. Quaisquer expressões o podem ser, desde que suas fórmulas algébricas sejam iguais, fazendo com que ambas as expressões fiquem iguais para qualquer valor de x. Um caso típico é a separação em frações, como no exemplo abaixo:

Exemplo: Se $\dfrac{x-1}{x^2 - x - 6} = \dfrac{A}{x-3} + \dfrac{B}{x+2}$, encontre A – B.

(A) 1/5   (B) 3   (C) 3/4   (D) –3/5   (E) –1/5

Solução:

O objetivo é descompor uma fração algébrica que tem como denominador um trinômio do $2^{\underline{o}}$ grau, como a soma de duas frações algébricas com numeradores constantes (A e B) a serem determinadas, e nos denominadores binômios do $1^{\underline{o}}$ grau. Neste tipo de problema, não fica claro, a princípio, se está se falando sobre uma equação ou uma identidade. Como não ficou claro, devemos tentar resolver como identidade, ou seja, determinar A e B tal que a igualdade seja verdadeira para qualquer valor de x. Se isto não for possível (por exemplo, se chegarmos a um resultado impossível), tentamos resolver como equação, válida somente para certos valores de x.

Reduzindo os dois membros ao mesmo denominador (MMC) e eliminando-o, ficamos com:

$$\frac{x-1}{x^2 - x - 6} = \frac{A(x+2)}{(x-3)(x+2)} + \frac{B(x-3)}{(x+2)(x-3)}$$

x – 1 = Ax + 2A + Bx – 3B

A aluno nesse momento deve observar que a expressão não pode ser uma equação, pois teríamos apenas uma equação para três incógnitas (A, B e x), o que deixaria a solução indeterminada (infinitas soluções). Portanto, tudo indica que trata-se de uma identidade, que será verdadeira para qualquer valor de x, desde que sejam usadas as constantes A e B apropriadas. Vamos agrupar os termos em x e os termos que não tem x:

x(A + B – 1) + (1 + 2A – 3B) = 0

Temos no primeiro membro um polinômio do $1^{\underline{o}}$ grau, cujo coeficiente do termo de $1^{\underline{o}}$ grau é (A + B – 1) e cujo coeficiente do termo de grau zero (termo independente) é (1 + 2A – 3B). Esses dois coeficientes devem ser iguais a zero, pois é nulo o polinômio existente no $2^{\underline{o}}$ membro. Então o polinômio do $1^{\underline{o}}$ membro só vai zero para todo valor de x se:

658   O ALGEBRISTA

A + B − 1 = 0, e

1 + 2A − 3B = 0, sistema que resolvido resulta em A=2/5 e B=3/5.

Então o valor A − B que o problema pede é 2/5 − 3/5 = −1/5.

Resposta: (E) −1/5.

Exemplo: Separe em frações com denominadores do $1^{\underline{o}}$ grau

$$\frac{3x^3 - 2x^2 + 3x + 7}{x^2 - 5x + 6}$$

Solução: Quando o numerador tiver grau maior ou igual ao do denominador, devemos inicialmente realizar a divisão, o que resultará em um polinômio inteiro, mais a soma de frações com denominadores de $1^{\underline{o}}$ grau, cada uma com numeradores de grau zero. Isto é garantido porque teremos um resto para operar.

$$
\begin{array}{rl|l}
3x^3 - 2x^2 + 3x + 7 & & \underline{x^2 - 5x + 6} \\
\underline{-3x^3 + 15x^2 - 18x} & & 3x + 13 \\
13x^2 - 15x + 7 & & \\
\underline{-13x^2 + 65x - 78} & & \\
+ 50x - 71 & &
\end{array}
$$

O quociente foi 3x + 13 e o resto foi 50x − 71, sendo assim a expressão pode ser desmembrada como:

$$\frac{3x^3 - 2x^2 + 3x + 7}{x^2 - 5x + 6} = 3x + 13 + \frac{50x - 71}{x^2 - 5x + 6}$$

Finalmente, a fração pode ser desmembrada como a soma de duas frações na forma

$$\frac{A}{x-2} + \frac{B}{x-3}$$

$$\frac{5x - 71}{x^2 - 5x + 6} = \frac{A}{x-2} + \frac{B}{x-3}$$

A(x − 3) + B(x − 2) = 5x − 71

A + B = 5

3A + 2B = 71

A = 61 e B = −56.

Logo,

$$\frac{3x^3 - 2x^2 + 3x + 7}{x^2 - 5x + 6} = 3x + 13 + \frac{61}{x-2} - \frac{56}{x-3}$$

Lembre-se, a separação em parcelas da forma A/(x − a) requer que a fração original seja reduzida com o desmembramento de quociente e resto.

Em geral nesse tipo de exercício, o enunciado já dá a forma (o grau) das frações desmembradas.

Capítulo 21 – Polinômios

Equações envolvendo polinômios

A igualdade $p(x) = q(x)$ pode ser uma identidade se os polinômios $p(x)$ e $q(x)$ forem identicamente iguais, ou seja, polinômios de mesmo grau e com os respectivos coeficientes iguais. Caso contrário, os polinômios não serão identicamente iguais (ou seja, iguais para qualquer valor de x), mas sim, iguais para certos valores de x. Nesse caso, a expressão $p(x) = q(x)$ é uma equação, cujas soluções são aqueles valores de x que tornam as expressões iguais. Algebricamente, nem sempre existe forma para encontrar analiticamente as soluções, ou seja, resolver a equação. Existem entretanto alguns casos em que é possível encontrar analiticamente essas soluções, e várias técnicas a serem utilizadas. Neste capítulo veremos algumas ferramentas que nos permitem resolver tais equações polinomiais. Por exemplo, a fórmula quadrática nos permite encontrar as soluções de equações do 2° grau. Aliando as técnicas de fatoração com a fórmula quadrática, é possível encontrar a solução de equações do 3° grau, apesar de existir uma fórmula (bastante trabalhosa) para encontrar a solução de uma equação do 3° grau. O *teorema das raízes racionais* permite encontrar facilmente raízes possíveis para uma equação de grau superior, desde que os coeficientes da equação sejam racionais. O *teorema de Bolzano* permite determinar intervalos nos quais existem raízes. As *fórmulas de Girard* determinam relações entre coeficientes e raízes, ajudando bastante na localização dessas raízes.

Divisibilidade entre polinômios

Uma das operações com polinômios mais utilizada é identificar se um determinado polinômio é divisível por outro. Isto permite a sua fatoração, o que pode facilitar a solução de equações polinomiais, ou seja, encontrar suas raízes. Dizemos que $P(x)$ é divisível por $D(x)$ quando existe um polinômio $Q(x)$ tal que

$$P(x) = D(x) . Q(x)$$

Ou seja, a divisão entre $P(x)$ e $D(x)$ dá um resultado exato $Q(x)$, sem resto. Por exemplo:

$$P(x) = x^3 - 8$$
$$D(x) = x - 2$$

Fatorando $P(x)$ como uma diferença de cubos (capítulo 5), vemos claramente que

$$x^3 - 8 = (x - 2).(x^2 + 2x + 4)$$

Dizemos assim que $x^3 - 8$ é divisível por $x - 2$, já que o quociente, sem resto, de sua divisão, é $x^2 + 2x + 4$.

Da mesma forma, $x^3 - 8$ é também divisível por $x^2 + 2x + 4$, já que o quociente da sua divisão, sem resto, é $x - 2$.

Quanto identificamos que um polinômio de maior grau, é divisível por outro de menor grau (claro, também é válido quando os polinômios são de mesmo grau, no caso um seria igual ao outro multiplicado por uma constante), podemos fatorar o maior deles, como sendo um múltiplo do menor, o que facilita simplificações e resolução de equações.

Um caso de interesse particular é a identificação da divisibilidade de um polinômio $P(x)$ por um polinômio do 1° grau. Este resultado é o chamado *teorema do resto*.

660   O ALGEBRISTA

Teorema do resto

O resto da divisão de P(x) por (x – a) é P(a).

O uso deste teorema tem duas vantagens:

1) Permite encontrar o resto da divisão sem realizar a divisão
2) É uma forma rápida para identificar se um polinômio tem um fator da forma (x – a)

A demonstração é bastante simples. Quando fazemos a divisão de um quociente do 1° grau (x – a), o resto será de grau uma unidade menor, ou seja, de grau zero. Portanto o resto será uma constante. Podemos então escrever:

$P(x) = Q(x).(x – a) + K$

As expressões dos dois membros são polinômios idênticos, já que existe uma forma única, e sempre possível, para realizar uma divisão de polinômios. Como esta expressão é uma identidade, é válida para qualquer valor de x. Em particular, façamos x = a, ficando com:

$P(a) = Q(a).(a – a) + K$

O termo (a – a) se anulará, ficando com:

$P(a) = Q(a) . 0 + K$
$K = P(a)$

O que mostra que K, que é o resto da divisão de P(x) por (x – a), é igual a P(a).

Exemplo:
Determine o resto da divisão de $x^{100} – 5x^2 + 3x$ por $(x – 1)$

Solução:
Obviamente seria muito trabalhoso realizar a divisão de um polinômio de 100° grau, mesmo pelo simples divisor (x – 1). Como estamos interessados apenas no resto, não precisamos realizar a divisão, bastando apenas usar o teorema do resto:

"O resto da divisão de P(x) por (x – 1) é P(1)."

Isto resulta em $1^{100} – 5 \times 1^2 + 3 \times 1 = –1$

Um caso particular do teorema do resto é o Teorema de D'Alembert.

"O polinômio P(x) é divisível por (x – a) se e somente se P(a) = 0."

Este teorema nada mais é que uma consequência do teorema do resto. P(a) = 0 significa que o resto da divisão de P(x) por (x – a) vale zero, o que é o mesmo que dizer que P(x) é divisível por (x – a).

Exercícios

E2) Use o teorema do resto para calcular o resto da divisão dos polinômios pelos binômios dados:

a) $x^3 – 5x^2 + 3x + 2$ por $(x – 1)$ f) $x^7 – 2x^5 + 3x^2 + 5$ por $(x + 2)$

b) $x^2 + 4x – 18$ por $(x + 3)$ g) $x^{100} – 1$ por $(x – 1)$

Capítulo 21 – Polinômios 661

c) $x^3 - 2x^2 + 3x + 1$ por $(x + 2)$

d) $x^4 - 5x^2 + 5x + 3$ por $(x - 3)$

e) $x^{100} + x^{50} + 4x$ por $(x + 1)$

h) $x^3 + 10x^2 + 20x - 40$ por $(x - 2)$

i) $x^{15} + 3x^{10} + 7x^5 + 3$ por $(x + 1)$

j) $5x^6 - 15x^3 + 5x^2$ por $(x - 1)$

E3) Encontre k para que $-2x + 1$ seja um fator de $-6x^3 + 11x^2 - 2x + k$.

(A) –1   (B) 9   (C) –6   (D) –3   (E) –2

E4) Qual dos seguintes binômios é um fator de $P(x) = x^5 + 2x^4 - x^3 - 2x^2 + 4x + 8$?

(A) x + 3   (B) x – 1   (C) x – 2   (D) x + 1   (E) x + 2

E5) Encontre o resto da divisão de $x^8 + 1$ por $x - 1$.

(A) 1   (B) –1   (C) 2   (D) –2   (E) 0   (F) NRA

E6) Qual é o valor de k para que o resto da divisão de $3x^4 + kx^3 + x^2 - 16x + 4$ por $x - 2$ seja 8?

E7) Qual é o resto da divisão de $x^{25} + 10x^{12} - 7x^5 + 3$ por $x + 1$?

E8) Dê o resto da divisão de $x^{100} - 2x^{49} - 1$ por $(x + 1)$.

(A) 1   (B) 2   (C) 3   (D) 4   (E) 5

E9) Calcule k para que $(-2x + 1)$ seja um fator de $-6x^3 + 11x^2 - 2x + k$.

(A) –9/2   (B) 9/2   (C) –3   (D) –3/2   (E) –1

E10) Encontre o resto da divisão de $x^8 - 64$ por $x - 1$.

(A) 42   (B) 256   (C) 49   (D) –63   (E) 2

E11) (*) Dê uma solução real para a equação $12x^3 + 16x^2 - 5x - 3 = 0$, dado que $-3/2$ é uma raiz.

(A) –1/3   (B) 0   (C) Não há outra solução real   (D) 2   (E) –1/2

E12) Resolver a equação $x^3 + x^2 - 5x - 6 = 0$ sabendo que uma solução é x = –2.

E13) Sabendo que x = 2 é uma solução da equação $x^3 - 4x^2 - 2x + 12 = 0$, encontre a soma de todas as suas soluções.

(A) –0,0003   (B) 1   (C) 2   (D) 3,445   (E) 4

Teorema das raízes racionais

Equações de $1^{\underline{o}}$ ou $2^{\underline{o}}$ graus são fáceis de resolver, podemos usar a fórmula quadrática para o $2^{\underline{o}}$ grau e uma simples manipulação algébrica para o $1^{\underline{o}}$ grau. Já as equações de grau a partir do $3^{\underline{o}}$ são de solução trabalhosa ou impossível (inexistência de fórmula conhecida). A fórmula do $3^{\underline{o}}$ grau nem é mais usada, de tão complexa, e a do $4^{\underline{o}}$ grau é encontrada apenas em textos antigos de matemática, por ser muito mais complexa. O método menos trabalhoso para sua resolução é encontrar pelo menos um raiz a e colocar o termo $(x - a)$ em evidência, recaindo em uma equação de grau menor. Por exemplo se $T(x)$ for um trinômio e encontramos por inspeção (tentativa e erro) a raiz a, podemos escrever a equação $T(x) = 0$ na forma:

$D(x).(x - a) = 0$

662   O ALGEBRISTA

Na qual $D(x)$ é um trinômio do 2° grau, resultante da divisão de $T(x)$ por $(x - a)$. Assim recaímos em uma equação do 2° grau, de solução bem mais simples.

Exemplo: Resolver $x^3 - 2x^2 - 5x + 6 = 0$

Solução:
Por inspeção verificamos que $x = 1$ é raiz da equação $(1 - 2 - 5 + 6 = 0)$. Sendo assim, podemos colocar em evidência $(x - 1)$. O outro será o quociente da divisão de $x^3 - 2x^2 - 5x + 6$ por $(x - 1)$:

```
  x³ - 2x² - 5x + 6    | x - 1
 -x³ + x²              | x² - x - 6
 ─────────
      - x² - 5x + 6
      + x² - x
      ─────────
           - 6x + 6
           + 6x - 6
           ─────────
                  0
```

Temos então $(x^3 - 2x^2 - 5x + 6) = (x - 1)(x^2 - x - 6)$

As soluções da equação do terceiro grau são $x = 1$ e ainda a solução do trinômio do 2° grau

$x^2 - x - 6 = 0$ ➜ $x = -2$ e $x = 3$

Resposta: $S = \{1, -2, 3\}$

Vemos então que encontrar uma raiz k é um bom caminho, pois permite colocarmos o termo $(x - k)$ em evidência, multiplicando uma outra expressão de menor grau.

O teorema da raízes racionais é de grande ajuda no encontro dessas raízes por inspeção. Ele permite encontrar um pequeno conjunto de "suspeitos" para as raízes, que podem ser testadas rapidamente com o teorema do resto:

Teorema das raízes racionais:

Se uma equação do n° grau com coeficientes inteiros na forma

$a_n x^n + a_{n-1} x^{n-1} + \ldots + a_0 = 0$ tem raízes racionais da forma p/q, então necessariamente p é divisor de a_0 e q é divisor de a_n.

Note que o teorema não garante que as raízes existem, mas sim que, caso existam, satisfazem à condição para p e q.

Se $a_n = 1$, então as raízes são inteiras, e todas são divisoras de a_0.

Exemplo: Encontre valores possíveis para as raízes de $x^3 - 2x^2 - 5x + 6 = 0$, de acordo com o teorema das raízes racionais.

Solução: Temos $a_0 = 6$ e $a_3 = 1$. As raízes tem que estar entre os divisores de 6. Os valores possíveis são $\pm 1, \pm 2, \pm 3, \pm 6$. De fato, já resolvemos esta equação e vimos que suas soluções são as do conjunto $S = \{1, -2, 3\}$.

Capítulo 21 – Polinômios

O teorema das raízes racionais nem sempre tem o poder de tornar uma equação extremamente fácil. Se tivermos por exemplo uma equação do $3^\underline{o}$ grau com coeficientes 24 e 35 nos termos em x^3 e em x^0, a lista de "suspeitos" para as raízes será muito grande, envolverá não somente os positivos e negativos (como é de praxe), mas combinações de numeradores com os fatores 1, 2, 3, 4, 6, 8, 12 e 24 no denominador, e 1, 5, 7 e 35 no denominador. Muitas vezes é mais fácil "chutar" raízes 1 e –1, que quase sempre são usadas nas questões pela sua simplicidade. Felizmente as questões que envolvem o uso do teorema das raízes racionais usam equações com raízes simples, como ±1 ou ±2, no caso de uma banca de bom senso, pois é mais importante testar se o candidato sabe usar o teorema que tortura-lo com cálculos em exagero. Infelizmente o bom senso nem sempre pode ser esperado. O grande matemático René Descartes dizia que "O bom senso é a coisa do mundo mais bem distribuída: todos pensamos tê-lo em tal medida que até os mais difíceis de contentar nas outras coisas não costumam desejar mais bom senso do que aquele que têm".

Teorema de Bolzano

Este é um poderoso teorema do cálculo diferencial e integral que pode ser aplicado como uma útil ferramenta para resolução de equações. Vejamos a versão simplificada, para uso na resolução de equações polinomiais. A ideia é bastante simples: Se P(a) é positivo e P(b) é negativo (ou vice-versa), então existe uma raiz de P(x) no intervalo [a, b]. Nem toda função possui esta propriedade, válida pelo fato das funções polinomiais serem contínuas.

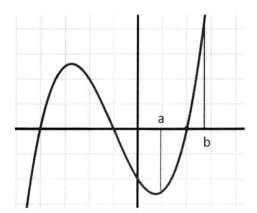

No exemplo ao lado, temos f(a) < 0 e f(b) > 0, ou seja, a função f apresenta uma troca de sinal para algum valor entre a e b. Como a função f é contínua (isto inclui todos os polinômios), isto garante que f pelo menos tem uma raiz entre a e b.

Podemos aplicar o teorema de Bolzano juntamente com o teorema das raízes racionais para encontrar raízes em potencial. Sabendo os valores possíveis de acordo com o teorema das raízes racionais e intervalos nos quais existem raízes, usando o teorema de Bolzano, podemos achar mais rapidamente as raízes, reduzindo o número de escolhas.

Lembre de, sempre que for encontrada uma raiz, fazer a divisão da expressão por (x – a) para continuar investigando uma equação mais simples.

Relações de Girard

Finalmente temos a última fórmula deste livro, amplamente utilizada na solução de problemas envolvendo polinômios e equações: as relações de Girard.

Tais relações são uma generalização das relações entre coeficientes e raízes das equações de $2^\underline{o}$ grau. No capítulo 13, vimos que em uma equação do $2^\underline{o}$ grau $ax^2 + bx + c = 0$, suas raízes x_1 e x_2 estão relacionadas com os coeficientes da equação da seguinte forma:

664 O ALGEBRISTA

$$x_1 + x_2 = -\frac{b}{a} \qquad\qquad x_1.x_2 = \frac{c}{a}$$

As relações de Girard são fórmulas semelhantes, envolvendo os coeficientes e as raízes de equações de grau maior. Dada a equação polinomial de grau n,

$$a_n x^n + a_{n-1} x^{n-1} + a_{n-2} x^{n-2} + \ldots + a_2 x^2 + a_1 x + a_0 = 0$$

Temos as seguintes relações:

$$x_1 + x_2 + x_3 + \ldots + x_n = -\frac{a_{n-1}}{a_n}$$

$$x_1.x_2 + x_1.x_3 + x_1.x_4 + \ldots + x_1.x_n + x_2.x_3 + x_2.x_4 + \ldots + x_{n-1}.x_n = +\frac{a_{n-2}}{a_n}$$

...

$$x_1.x_2\ldots x_n = \left(-1\right)^k \frac{a_0}{a_n}$$

As relações listam, na ordem, a soma das raízes, a soma dos produtos das raízes tomadas dois a dois, a soma dos produtos das raízes, tomadas 3 a 3, até que no último termo aparece o produto das raízes. Parcelas ímpares aparecem multiplicadas por (–1). Cada parcela tem simplesmente o coeficiente correspondente ao termo do polinômio dividido pelo termo de maior grau, afetado do sinal negativo quando for o caso.

Exemplo: Encontrar as relações de Girard para as raízes da equação
$x^3 + 6x^2 + 3x - 10 = 0$

Solução:

1) $x_1 + x_2 + x_3 = -(6/1) = -6$
2) $x_1.x_2 + x_1.x_3 + x_2.x_3 = + 3/1 = 3$
3) $x_1.x_2.x_3 = -(-10)/1 = 10$

Exercícios

E14) Qual a soma das raízes de $\mathbf{x^4 - 2x^3 - x^2 + 2x}$?

E15) Encontre a soma das raízes de $\mathbf{f(x) = 2x^3 - 14x + 12}$

(A) 0   (B) 1   (C) 4   (D) –4   (E) NRA

E16) Encontre a soma das raízes de $4x^3 - 4x^2 - 7x = 0$.

Exercícios de revisão

E17) Encontre os zeros do polinômio $\mathbf{f(x) = x^3 - 9x^2 + 26x - 24}$

E18) Calcule $\mathbf{a}$ para que o resto da divisão de $x^3 - 2x^2 - 5x + 9$ por $\mathbf{x - a}$ seja 9.

E19) Quando o polinômio $\mathbf{P(x) = x^4 - 8x^3 - 7x^2 + 3}$ é dividido por $\mathbf{x^2 + x}$, o resto é $\mathbf{ax + 3}$. Qual é o valor de a?

Capítulo 21 – Polinômios

(A) –14   (B) –11   (C) –2   (D) 5

E20) Sendo n um número natural, expandir o produto $(x^n + y^n)(x^{2n} - x^n y^n + y^{2n})$

E21) Encontre a soma das raízes de $3x^3 - 7x^2 - 5x + 10 = 0$.

E22) Calcule x em $\dfrac{1}{x + p + q} = \dfrac{1}{x} + \dfrac{1}{p} + \dfrac{1}{q}$

E23) Sejam a, b e c números reais e seja $P(x) = ax^9 + bx^5 + cx + 3$. Se $P(-5) = 17$, calcule $P(5)$.

(A) –17   (B) –11   (C) 14   (D) 17   (E) Não pode ser resolvido com as informações dadas

E24) (*) Se $x^2 - 5x - 6 = 0$, calcule $x^4 - 10x^3 + 26x^2 - 5x - 6$.

(A) 36   (B) 42   (C) 30   (D) 6   (E) 0

E25) Encontre a diferença entre a maior e a menor raiz do polinômio
$P(x) = x^4 - 4x^3 - 2x^2 + 4x + 1$

(A) $3 + \sqrt{5}$ (B) $2 + \sqrt{5}$ (C) 4   (D) 2   (E) $2\sqrt{5}$

E26) (*) Encontre todas as raízes reais da função $f(x) = 3x^3 - 2x^2 + 12x - 8$.

E27) Considere o polinômio $2x^4 - bx^3 + x^2 + 4x - 22$, e suponha que o coeficiente b é um inteiro. De acordo com o *teorema das raízes racionais*, qual dos seguintes valores não pode ser uma raiz deste polinômio?

(A) –1   (B) 11   (C) 1/3   (D) –11/2   (E) 22

E28) Qual dos seguintes números não é uma raiz em potencial da função $p(x) = x^4 - 9x^2 - 4x + 12$?

(A) 1   (B) 2   (C) 3   (D) 4   (E) 5

E29) Ao dividirmos $2x^{20} + 3x + 1$ por $x - 1$, o resto será:

(A) 3   (B) 6   (C) 1   (D) 5   (E) 4

E30) Qual é o resto da divisão de $x^{100} + x - 2^{100}$ por $(x - 2)$?

(A) 0   (B) 1   (C) 2   (D) 3   (E) 2^{100}

E31) De acordo com o teorema das raízes racionais, qual dos seguintes valores não pode ser raiz de $10x^4 + 2x^3 + 4x^2 + ax - 6$?

(A) –1   (B) 1/2   (C) –6/5   (D) –3   (E) 1/3

E32) Dê o resto da divisão de $f(x) = -2x^{40} + 5x^{20} + 4x^2 - 7x + 1$ por $x + 1$.

(A) 15   (B) –17   (C) 1   (D) 5   (E) –5

E33) Encontre a soma de todas as raízes do polinômio $p(x) = x^3 + 2x^2 - ax + b$.

(A) –5   (B) –2   (C) 0   (D) 2   (E) 6

E34) (*) Qual é o resto da divisão de $x^3 + x^6 + x^9 + x^{27}$ por $x^2 - 1$?

E35) Qual é o resto da divisão de $x^{135} + x^{125} - x^{115} + x^5 + 1$ por $x^3 - x$?

E36) De todos os polinômios com coeficientes inteiros, qual é aquele de menor grau que tem $\frac{1}{2}\sqrt{2}$ e $\frac{1}{2}\sqrt{3}$ como raízes, e que tenha os menores coeficientes possíveis?

E37) Um polinômio deixa resto 2 quando dividido por $x - 1$, e deixa resto 1 quando dividido por $x - 2$. Qual é o resto obtido quando este polinômio é dividido por $(x - 1)(x - 2)$?

E38) Encontre todas as soluções de $x^3 + x^2 - 2x - 2 = 0$.

E39) Seja $f(x) = (x^5 - 1)(x^3 + 1)$ e $g(x) = (x^2 - 1)(x^2 - x + 1)$. Se $h(x)$ é um polinômio tal que $f(x) = g(x).h(x)$, qual é o valor de $h(1)$?

E40) Encontre um polinômio de $4^{\underline{o}}$ grau com coeficientes inteiros que tenha como raiz, $\sqrt{2} + \sqrt{5}$.

E41) (*) Sejam a, b e c as três raízes de $p(x) = x^3 - 17x - 19$. Qual é o valor de $a^3 + b^3 + c^3$?

E42) Dê a solução real de $x^3 + 8x^2 + 12x - 385 = 0$.

E43) Se a, b e c são as soluções da equação $x^3 - 2x^2 - 5x + 8 = 0$, qual é o valor da expressão

$$\frac{1}{ab} + \frac{1}{ac} + \frac{1}{bc}$$

E44) Dado que $f(2/3) = 0$, dê as outras duas raízes de $f(x) = 3x^3 - 11x^2 - 6x + 8$

E45) Quais são os valores de x para os quais $x^{500} = x^{502}$?

E46) Resolver $(x + 8)^4 = (2x + 16)^2$.

E47) Encontre o resto da divisão de $P(x) = 4x^{15} - 6x^2 - 5x + 6$ por $(x - 1)$.
(A) –1   (B) 2012   (C) –141   (D) –891   (E) 1

E48) Resolva a equação $x^3 - 6x^2 + 11x - 6 = 0$ sabendo que $x = 2$ é uma das soluções.
(A) $\{-1-\sqrt{3}, -1+\sqrt{3}, 3\}$ (B) $\{1, 2, 3\}$ (C) $\{-1, 2, 3\}$ (D) $\{1, 2\}$ (E) $\{2\}$

E49) Encontre o resto da divisão de $p(x) = x^{88} + 5x - 2$ por $(x + 1)$.
(A) –3   (B) –4   (C) –5   (D) –6   (E) NRA

E50) Encontre o resto da divisão de $f(x) = 2x^{2010} - 3x^{67} + 7x - 5$ por $(x + 1)$.
(A) –7   (B) 5   (C) 3   (D) –2   (E) 0

E51) Fatorar $x^3 - 3x^2 - 16x + 48$
(A) $(x + 2)(x - 2)(x - 3)$ (B) $(x + 4)(x - 4)(x - 3)$ (C) $(x + 2)(x - 2)(x + 3)$
(D) $(x + 4)(x - 4)(x + 3)$ (E) $(x^2 + 16)(x + 3)$

E52) Determine o resto da divisão de $x^{89} - 2x^{50} + 1$ por $x + 1$.
(A) 2   (B) 4   (C) –2   (D) 3   (E) 5

Capítulo 21 – Polinômios

E53) Se x = 2 é uma raiz de $f(x) = x^3 - 14x^2 + 59x - 70$, encontre as demais raízes de f(x).

(A) x = –7 e x = –5   (B) x = 7 e x = –5   (C) x = –7 e x = 5   (D) x = 7 e x = 5   (E) NRA

E54) De acordo com o Teorema das Raízes Racionais, qual dos seguintes valores definitivamente não pode ser raiz do polinômio $3x^4 + 3x^3 + ax^2 + bx - 12$, onde a e b são inteiros?

(A) –1   (B) 2/3   (C) –4/3   (D) 12   (E) 3/2

E55) Determine o resto da divisão de $f(x) = 3x^{99} - 2x^{25} + 5x + 1$ por (x + 1).

(A) –5   (B) –3   (C) 1   (D) 5   (E) 7

E56) FATEC 2007

Se x = 2 é uma das raízes da equação $x^3 - 4x^2 + mx - 4 = 0$, m∈R, então as outras raízes são números:

(A) negativos   (B) inteiros   (C) racionais não inteiros   (D) irracionais   (E) não reais

E57) Determine o resto da divisão de $f(x) = 2x^5 - 4x^3 + x^2 - 3x + 2$ por x + 1.

(A) –2   (B) 8   (C) 12   (D) –8   (E) NRA

E58) Resolver a equação $x^3 - 6x^2 + 7x + 2 = 0$ sabendo que uma solução é x = 2.

(A) $\{2,\ 4+\sqrt{5},\ 4-\sqrt{5}\}$ (B) $\{2,\ 2+\sqrt{5},\ 2-\sqrt{5}\}$ (C) $\{2, -1, -2\}$
(D) $\{2,\ 4+\sqrt{2},\ 4-\sqrt{2}\}$ (E) $\{1, 2, -1\}$

E59) Quais dos seguintes binômios é fator de $P(x) = x^5 + 2x^4 - x^3 - 2x^2 + 4x + 8$?

(A) x + 3   (B) x – 1   (C) x – 2   (D) x + 1   (E) x + 2

E60) Encontre o resto da divisão de $(3x - 5)^{37} + 5x - 9$ por x – 2.

E61) Dividindo $x^{17} - 2$ por x – 1, o resto será:

(A) –3   (B) 1   (C) –1   (D) 0   (E) 5

E62) A equação $x^3 + x^2 + 2x + 1 = 0$ tem uma raiz real entre:

(A) 0 e 1/2   (B) 2 e 3   (C) –1 e 0   (D) 1/2 e 1   (E) 3 e 4

E63) O gráfico de $f(x) = 4x^3 + 4x^2 - 7x + 2$ intercepta o eixo x em quantos pontos?

(A) 1   (B) 2   (C) 3   (D) 4   (E) NRA

E64) Resolver a equação $(x + 1)^3 - 7(x + 1)^2 + 12(x + 1) = 0$.

E65) O resto da divisão de $x^4 - 3x^3 + 2x + 7$ por x – 3 é:

E66) Determine o próximo termo da sequência 8, 11, 18, 29, 44 ...

E67) Encontre o próximo termo da sequência 625, 125, 25, 5, 1, ...

E68) (*) Se a é um número positivo, quantas soluções reais distintas tem a equação $x^4 + x^3 = a$?

668   O ALGEBRISTA

E69) (*) Determine a e b tal que $x(x+1)(x+2)(x+3) = (x^2 + ax + b)^2$.

E70) Calcule a e b para que a expressão $\dfrac{3x+5}{x^2+5x+6} = \dfrac{a}{x+2} + \dfrac{b}{x+3}$ seja correta para qualquer valor de x, desde que não anule os denominadores.

E71) Uma das soluções da equação $2x^3 + 13x^2 + 17x - 12 = 0$ e -3. Encontre a soma das duas outras raízes.

E72) Se um polinômio $P(x)$ é dividido por $(x-2)$, o resto é 1, e quando dividido por $(x-1)$, o resto é 2. Qual é o resto da divisão de $P(x)$ por $(x-1)(x-2)$?
(A) 2   (B) 3   (C) $-x+3$ (D) -2 (E) $-2x+10$

E73) Resolver $x^3 + 6x^2 + 11x + 6 = 0$.

E74) Se $4^x = 2^5$, calcule x.
(A) 2   (B) 10   (C) 5/2   (D) 2/5   (E) 2,4

E75) Resolver a equação $x^3 + x^2 + 17x + 17 = 0$.

E76) Encontre a soma de todas as raízes de $x^4 - 2x^3 + 3x^2 - 4x + 5 = 0$.

E77) Resolver $x^3 - 5x^2 + 9x - 5 = 0$.

E78) O polinômio $p(x)$ tem valores $p(1) = 4$ e $p(-1) = 2$. Qual é o resto da divisão de $p(x)$ por $x^2 - 1$?

E79) A equação $x^4 + 4x^3 + x^2 - 6x + 2$ tem quantas raízes racionais?
(A) 0   (B) 1   (C) 2   (D) 3   (E) 4

E80) Quando o polinômio $p(x)$ é dividido por $x^2 - 1$, o resto é $x + 1$. Qual é o resto quando $p(x)$ é dividido por $x - 1$?

E81) Resolver a equação $x^3 - 6x^2 + 11x - 6 = 0$.

E82) Resolver a equação $x^5 + 2x^4 - x^3 - 2x^2 + 4x + 8 = 0$

E83) Sejam a, b e c números reais, e seja $P(x) = ax^9 + bx^5 + cx + 3$. Se $P(-5) = 17$, encontre $P(5)$.

E84) Resolver $x^4 - 4x^3 - 2x^2 + 4x + 1 = 0$

E85) Dados que a, b e c são raízes da equação $x^3 - 2x^2 - 11x + 12 = 0$, encontre $1/a + 1/b + 1/c$.
(A) 5/6   (B) 11/12   (C) 13/12   (D) 7/6   (E) 8/9

E86) Encontre o resto da divisão de $P(x) = 4x^{15} - 6x^2 - 5x + 6$ por $(x-1)$
(A) -1 (B) 2012   (C) -141 (D) -891 (E) 1

Capítulo 21 – Polinômios　　　　　　　　　　　　　　　　　　　669

E87) Encontre o resto da divisão de $x^8 - 1$ por $x - 1$.

(A) 1　　(B) –1　　(C) 2　　(D) –2　　(E) 0

E88) (*) CN 80
Se $P(x) = ax^2 + bx + c$ e $P(-1).P(1) < 0$ e $P(1).P(2) < 0$. $P(x)$ pode assumir, para raízes, os números:

(A) 0,3 e 3,2　(B) –2,4 e 1,5　(C) –0,3 e 0,5　(D) 0,7 e 1,9　(E) 1,3 e 1,6

E89) (*) CN 82
O valor da expressão $\dfrac{(a-2)x^3 + (b-1)x^2 + (c-1)x + 10}{x^2 - x + 5}$ independe de x. A soma dos valores de **a, b** e **c** é:

(A) 4　(B) 2　(C) –3　(D) 0　(E) 1

E90) (*) CN 85
A soma de todas as raízes da equação $(3x - 12)(x + 2)(x - 2) = (3x - 12)(-x + 6)$ é:

(A) –3　(B) –1　(C) 0　(D) 1　(E) 3

E91) (*) Colégio Naval 2015
Seja x um número real tal que $x^3 + x^2 + x + x^{-1} + x^{-2} + x^{-3} + 2 = 0$. Para cada valor possível de x, obtém-se o resultado da soma de x^2 com seu inverso. Sendo assim, o valor da soma desses resultados é:

(A) 5　　(B) 4　　(C) 3　　(D) 2　　(E) 1

CONTINUA NO VOLUME 2: 170 QUESTÕES DE CONCURSOS

Respostas dos exercícios

E1)　a) a = 3 e b = 5　　　　e) Impossível　　　　i) Impossível
　　　b) a = 1 e b = –1　　　f) a = 3 e b = 2 ou vice-versa　j) a =b, quaisquer
　　　c) a = 3 e b = –3　　　g) Impossível
　　　d) a = 3 e b = 2　　　h) a = 2 e b = –7

E2)　a) 1　　　　　　　e) –2　　　　　　i) –16
　　　b) 3　　　　　　　f) –43　　　　　j) –5
　　　c) –21　　　　　　g) 0
　　　d) 54　　　　　　h) 18

E3) (A)　　　E4) (E)　　　E5) (C)　　　E6) k = –2　　　E7) 19

E8) (B)　　　E9) (E)　　　E10) (D)　　　E11) (A)　　　E12) $\dfrac{1 \pm \sqrt{13}}{2}$

E13) (E)

E14) 2　　　E15) (A)　　　E16) 1　　　E17) 2, 3, 4　　　E18) 0, $1 \pm \sqrt{6}$

670   O ALGEBRISTA

E19) (C)   E20) $(x^n + y^n)^3$ E21) 7/3   E22) $x = -p$ ou $x = -q$

E23) (B)   E24) (A)   E25) (E)   E26) $x = 2/3$ E27) (C)

E28) (E)   E29) (B)   E30) (C)   E31) (E)   E32) (A)

E33) (B)   E34) 3x + 1   E35) 2x + 1   E36) $8(2x^2 - 1)(4x^2 - 3)$

E37) $-x + 3$ E38) 1, $\sqrt{2}$ e $-\sqrt{2}$ E39) 5   E40) $(x^2 - 7)^2 - 20$

E41) 57   E42) $x = 5$ E43) $-1/4$ E44) 0 – 1, 4, 2/3

E45) 0, 1, –1   E46) –6, –8, –10   E47) (A)   E48) (B)   E49) (D)

E50) (A)   E51) (B)   E52) (C)   E53) (D)   E54) (D)

E55) (A)   E56) (D)   E57) (B)   E58) (B)   E59) (E)

E60) 2   E61) (C)   E62) (C)   E63) (B)   E64) –1, 2, 3

E65) 13   E66) 63 OBS: Veja como se comporta a diferença entre os termos

E67) 1/5   E68) 2   E69) Impossível   E70) $a = -1$, $b = 4$

E71) –7/2   E72) (C)   E73) –1, –2 e –3

E74) (C)   E75) $x = -1$ E76) 2   E77) $x = 1$ E78) x + 3

E79) (A)   E80) 2   E81) 1, 2 e 3   E82) –2   E83) –11

E84) 1, –1, $2 \pm \sqrt{5}$ E85) (B)   E86) (A)   E87) (E)

E88) (D)   E89) (A)   E90) (E)   E91) (D)

Resoluções selecionadas

E19) Dê uma solução real para a equação $12x^3 + 16x^2 - 5x - 3 = 0$, dado que $-3/2$ é uma raiz.

(A) –1/3   (B) 0   (C) Não há outra solução real   (D) 2   (E) –1/2

Solução:

Como $x = -3/2$ é raiz, façamos a divisão por $(x + 3/2)$

$12x^3 + 16x^2 - 5x - 3 = 0 / (x + 3/2) = 12x^2 - 2x - 2 = 2(6x^2 - x - 1)$

Portanto as duas outras raízes são as raízes de $(6x^2 - x - 1)$, que valem $-1/3$ e $1/2$

Resposta: (A): –1/3

E35) Se $x^2 - 5x - 6 = 0$, calcule $x^4 - 10x^3 + 26x^2 - 5x - 6$.

(A) 36   (B) 42   (C) 30   (D) 6   (E) 0

Capítulo 21 – Polinômios   671

Solução:

Fazendo $E = x^4 - 10x^3 + 26x^2 - 5x - 6$, temos que

$E = x^4 - 10x^3 + 25x^2 + (x^2 - 5x - 6) = x^4 - 10x^3 + 25x^2$, já que o trinômio entre parênteses vale zero, então $E = x^4 - 10x^3 + 25x^2. = x^2(x^2 - 10x + 25) = x^2(x - 5)^2$.

Como $x^2 - 5x - 6 = 0$, então $x = -1$ ou $x = 6$.

$1^{\underline{a}}$ opção: $x = -1$: $x^2(x - 5)^2 = 1.36 = 36$

$2^{\underline{a}}$ opção: $x = 6$: $x^2(x - 5)^2 = 36.1^2 = 36$

Seja qual for o caso, $x^2 - 5x - 6 = 0$ implica necessariamente em $x^2(x - 5)^2 = 36$.

Resposta: (A)

E37) Encontre todas as raízes reais da função $f(x) = 3x^3 - 2x^2 + 12x - 8$.

Solução:

$3x^3 - 2x^2 + 12x - 8 = 0$

$3x^3 + 12x - 2x^2 - 8 = 0$

$3x(x^2 + 4) - 2(x^2 + 4) = 0$ (fatoração por agrupamento)

$(3x - 2)(x^2 + 4) = 0$

a) $3x - 2 = 0$ ➜ $x = 2/3$

b) $x^2 + 4 = 0$ ➜ impossível no conjunto dos reais

Resposta: $x = 2/3$

E45) (*) Qual é o resto da divisão de $x^3 + x^6 + x^9 + x^{27}$ por $x^2 - 1$?

Solução

Sendo feita uma divisão por $x2 - 1$, o resto será uma expressão polinomial de primeiro grau, no máximo, da forma $Ax + B$. Então podemos escrever:

$x^3 + x^6 + x^9 + x^{27} = (x^2 - 1).Q(x) + Ax + B$

Fazendo $x = 1$:

$1 + 1 + 1 + 1 = 0.Q(1) + A + B$ ➜ $A + B = 4$

Fazendo $x = -1$: $-1 + 1 - 1 - 1 = 0.Q(-1) - A + B$ ➜ $-A + B = -2$

Resolvido o sistema, encontramos $A = 3$ e $B = 1$, logo o resto é $3x + 1$

Resposta: $3x + 1$

E52) Sejam **a**, **b** e **c** as três raízes de $p(x) = x^3 - 17x - 19$. Qual é o valor de $a^3 + b^3 + c^3$?

Solução:

Da relações de Girard, temos que $a + b + c = 0$ e $abc = 19$

Lembremos ainda que Se tivermos $x + y + z = 0$, $x^3 + y^3 + z^3 = 3xyz$ (cap. 5, pág. 244). (esta expressão deve ser memorizada por aparece muitas vezes em questões maliciosas de provas). Esta situação se aplica a este problema, já que $a + b + c = 0$. Portanto, o valor que é pedido pelo problema, $a^3 + b^3 + c^3$ é igual a $3abc$.

$3.abc = 3.19 = 57$

Resposta: 57

E79) (*) Se **a** é um número positivo, quantas soluções reais distintas tem a equação $x^4 + x^3 = a$?

Solução:

Vejamos inicialmente o que ocorre para x positivo. As expressões x^4 e x^3 são ambas positivas a têm valores crescentes, quanto maior é o valor de x, maior é o valor dessas expressões, ou seja, é uma expressão estritamente crescente, sempre aumenta de valor. Para qualquer a positivo, para algum valor de x, a soma $x^4 + x^3$ terá o valor a. Uma vez atingido este valor, a expressão $x^4 + x^3$ continuará aumentando, nunca diminuirá e nunca terá como assumir

672   O ALGEBRISTA

novamente o valor a, então existirá apenas um valor de x para o qual $x^4 + x^3 = a$, portanto haverá uma única raiz positiva.

Resta analisar o que ocorre para x negativo. Considerado x negativo, e sendo a positivo, teremos os seguintes sinais:

$x^4 + x^3 = a$ ➜ $x^2(x^2 + x) = a$

Quando x é negativo, temos os seguintes sinais para esses fatores:

x^2: sempre positivo

$x^2 + x$: negativo entre –1 e 0, positivo para x < –1

Portanto, a única forma de ter a expressão $x^4 + x^3$ positiva $(x^4 + x^3 = a > 0)$. Em outras palavras, não existe valor de x em $(-1, 0)$ tal que $x^4 + x^3 = a$, para a positivo. Sendo assim, a equação dada não tem raiz entre –1 e 0. Entretanto podemos afirmar com certeza que a equação tem exatamente uma raiz menor que –1, para qualquer a positivo, já que:

a) Para x = –1, $x^4 + x^3 = 0$.

b) Para valores de x negativos e menores que –1, o valor de x^4, que é positivo e está elevado à quarta potência, é maior que o valor de x^3, que é negativo mas está elevado apenas à terceira potência. Quanto mais x é inferior a –1, maior será o valor da expressão positiva $x^4 + x^3$, (que somente será negativa entre –1 e 0), e para algum valor de x, esta expressão será igual ao valor a, qualquer que seja o valor de a > 0. Sendo assim a expressão terá uma outra raiz, para x negativo, a não terá nenhuma outra raiz negativa, já que a expressão não mais oscilará.

Portanto a expressão dada terá apenas duas raízes, qualquer que seja o valor de a>0 dado.

Resposta: 2

E80) Determine a e b tal que $x(x + 1)(x + 2)(x + 3) = (x^2 + ax + b)^2$.

Solução:

Impossível. A expressão é obviamente uma identidade, e não uma equação, já que existirão valores diferentes de x para cada a e b dados. O que a expressão indica é que as expressões dos dois membros são identicamente iguais, e quer saber quais valores de a e b tornam ambas as expressões idênticas. Como no segundo membro temos um quadrado perfeito, e no primeiro membro não, as expressões nunca serão idênticas.

Resposta: Impossível

E99) Se $P(x) = ax^2 + bx + c$ e $P(-1).P(1) < 0$ e $P(1).P(2) < 0$. $P(x)$ pode assumir, para raízes, os números:

(A) 0,3 e 3,2   (B) –2,4 e 1,5   (C) –0,3 e 0,5   (D) 0,7 e 1,9   (E) 1,3 e 1,6

Solução:

$P(-1)$ e $P(1)$ têm sinais contrários, então $P(x)$ tem uma raiz entre –1 e 1 (Teorema de Bolzano). Da mesma forma, $P(-1)$ e $P(2)$ têm sinais contrários, portanto $P(x)$ tem também uma raiz entre –1 e 2. Das cinco opções do problema a única que têm raízes nesses intervalos indicados é a (D).

Resposta: (D)

E100) O valor da expressão $\dfrac{(a-2)x^3 + (b-1)x^2 + (c-1)x + 10}{x^2 - x + 5}$ independe de x. A soma dos valores de a, b e c é:

(A) 4   (B) 2   (C) –3   (D) 0   (E) 1

Solução:

A expressão do numerador é do $3^{\underline{o}}$ grau, caso o coeficiente $(a - 2)$ não seja nulo. Se realmente for do terceiro grau, a divisão resultará em uma expressão do $1^{\underline{o}}$ grau, com ou sem resto, seja como for, será uma expressão dependente de x. Logo, o coeficiente de $3^{\underline{o}}$ grau tem que ser

Capítulo 21 – Polinômios

673

zero. Sendo assim, temos uma expressão do $2^{\underline{o}}$ grau no numerador e outra no denominador. A única forma dessa divisão ser independente de x é se o resto for zero, ou seja, o polinômio do numerador é múltiplo do polinômio do denominador. Como ambos são de $2^{\underline{o}}$ grau, a única forma disso ocorrer (se o numerador for de $1^{\underline{o}}$ grau, o resultado será dependente de x) é se a razão entre eles for uma constante. Como no denominador o termo independente é 5, e no numerador este termo independente é 10, esta constante de proporcionalidade é 2, ou seja, todos os coeficientes do numerador são o dobro do coeficiente de mesmo grau no denominador. Sendo assim;

$b - 1 = 2$ ➜ $b = 3$

$c - 1 = -2$ ➜ $c = -1$

$a = 2$ (para anular o temo em x^3).

$a + b + c = 4$

Resposta: (A)

E101) A soma de todas as raízes da equação $(3x - 12)(x + 2)(x - 2) = (3x - 12)(-x + 6)$ é:

(A) –3   (B) –1   (C) 0   (D) 1   (E) 3

Solução:

Se $3x - 12 = 0$, ambos os termos da equação serão zero, portanto x = 4 é uma solução. Para outros valores de x, o termo $(3x - 12)$ é diferente de zero, e pode ser simplificado:

$(x + 2)(x - 2) = (-x + 6)$

$x^2 - 4 = -x + 6$

$x^2 + x - 10 = 0$, cuja soma das raízes reais é –1.

Somando com 4, a raiz anteriormente encontrada, ficamos com $4 - 1 = 3$.

Resposta: (E)

E91) Colégio Naval 2015

Seja x um número real tal que $x^3 + x^2 + x + x^{-1} + x^{-2} + x^{-3} + 2 = 0$. Para cada valor possível de x, obtém-se o resultado da soma de x^2 com seu inverso. Sendo assim, o valor da soma desses resultados é:

(A) 5   (B) 4   (C) 3   (D) 2   (E) 1

Solução:

Lembrar do item $(x + 1/x)^n$, do capítulo 4. Fórmulas de quadrados, cubos e potências em geral simplificam quando operamos com um número e seu inverso, já que seu produto será igual a 1. A expressão do problema tem potências de x e os inversos desses valores. O método geral para resolver esse tipo de problema é usar uma mudança de variável $y = x + 1/x$, e exprimir as expressões $(x + 1/x)^n$ em função de y.

$y = x + 1/x$

$y^2 = (x + 1/x)^2 = x^2 + 1/x^2 + 2.x.1/x$ ➜ $x^2 + 1/x^2 = y^2 - 2$

$y^3 = (x + 1/x)^3 = x^3 + 1/x^3 + 3(x + 1/x)(x.1/x)$ ➜ $x^3 + 1/x^3 = y^3 - 3y$

Substituindo na expressão original, as três relações acima, ficamos com:

$E = x^3 + x^2 + x + x^{-1} + x^{-2} + x^{-3} + 2$

$E = x^3 + 1/x^3 + x^2 + 1/x^2 + x + 1/x + 2$

$E = y^3 - 3y + y^2 - 2 + y + 2 = y^3 + y^2 - 2y$

Fazendo $E = 0$, as soluções são:

$y = 0$, $y = 1$ e $y = -2$

Encontrando os valores de x correspondentes:

$x + 1/x = 0$ ➜ $x^2 + 1 = 0$ ➜ Impossível em R

$x + 1/x = 1$ ➜ $x^2 - x + 1 = 0$ ➜ Impossível em R

$x + 1/x = -2$ ➜ $x^2 + 2x + 1 = 0$ ➜ $x = -1$

O único valor de x que satisfaz a expressão é –1.

O ALGEBRISTA

Verificando:

$x = -1 \rightarrow E = -1 + 1 -1 -1 + 1 -1 + 2 = 0$

Portanto x é o único valor real que anula a expressão.

Calculando a soma de x^2 com seu inverso:

$x^2 + 1/x^2 = 1 + 1 = 2$

Resposta: (D)

■

Anotações

Anotações

Matemática para Vencer

(Primeira edição, 2018)

Autor: Laércio Vasconcelos
Número de páginas: 640   **Peso:** 928 gramas
Formato: 16 X 23 cm impressão offset pb
Lombada: 3,3 cm
Encadernação: Brochura
ISBN(versão impressa): 978-85-399-1007-6
ISBN(versão e-book): 978-85-399-1010-6
Código de barras: 9788539910076
Assunto: Matemática

Um curso de matemática que começa do zero, desde a tabuada, e leva o aluno a dominar toda a matemática básica que faz falta nas séries superiores. Esta matemática básica permite até mesmo ao adultos, terem autonomia para realizar com sucesso, cursos de matemática financeira e de matemática mais avançada, necessárias em concursos públicos.

O livro cobre 100% do programa de matemática do concurso de admissão ao COLÉGIO MILITAR, 6º ano. É também feito sob medida para quem pretende, durante o 9º ano, realizar cursos preparatórios para o Colégio Naval, EPCAr, CEFET e outras escolas de ensino médio. Para esses alunos, recomendamos que este livro seja estudado durante o 8º ano. Pode ser usado em reforço escolar para alunos do 6º e 7º ano, e para alunos do 5º anos que vão realizar concursos.

Sumário Resumido: Capítulo 1 – Hora de Estudar - 1; Capítulo 2 – Calcule Rápido - 19; Capítulo 3 - Números - 33; Capítulo 4 – As 4 operações – 71; Capítulo 5 – Múltiplos e Divisores - 135; Capítulo 6 - Frações - 215; Capítulo 7 – Números Decimais - 285; Capítulo 8 - Potências – 323; Capítulo 9 - Porcentagem - 353; Capítulo 10 – Conjuntos - 385; Capítulo 11 – Sistemas de Medidas - 431;   Capítulo 12 – Medidas Geométricas – 469; Capítulo 13 – Noções sobre Equações - 553; Capítulo 14 - Provas - 563

Hardware na Prática - 4ª Edição
(Primeira edição, 2017)

Autor: Laércio Vasconcelos
Número de páginas: 736 **Peso:** 1067 gramas
Formato: 17 X 24 cm impressão offset pb
Lombada: 3,8 cm
Encadernação: Brochura
ISBN(versão impressa): 978-85-399-0892-9
ISBN(versão e-book): 978-85-399-0901-8
Código de barras: 9788539908929
Assunto: Informática - Hardware

Domine seu micro, e não seja dominado por ele! Este livro traz todas as informações para que o usuário seja capaz de montar e configurar sozinho seu micro, além de fazer pequenos reparos. Conhecendo todas as peças o leitor pode, além de montar seu micro, fazer instalações de memórias, processadores, discos rígidos, placas de expansão, configurar jumpers, usar o CMOS Setup, atualização de drivers e diversas configurações, obter maior desempenho e funcionalidade. Se você já tem um micro pronto, aprenda a melhorá-lo através de upgrades. Com linguagem simples, objetiva, didática e precisa, o livro é indicado para usuários finais e também para estudantes e técnicos de informática.
Este livro foi adotado em diversos cursos de montagem e manutenção de micros, assim como em várias unidades do SENAI e SENAC.

Sumário Resumido: Capítulo 1- Introdução ao Hardware - 1; Capítulo 2 – Placas Mãe - 13; Capítulo 3 – Os cuidados ao trabalhar com hardware – 71; Capítulo 4 – Gabinetes e fontes de alimentação - 87; Capítulo 5 – Unidades de disco – 109; Capítulo 6 - Processadores - 131; Capítulo 7 - Memórias - 233; Capítulo 8 - Jumpers, conexões e configurações de hardware – 273; Capítulo 9 – A Montagem do Micro - 303; Capítulo 10 – CMOS Setup - 363; Capítulo 11 – Particionamento e formatação do disco rígido – 407; Capítulo 12 – Instalação do Windows - 421; Capítulo 13 – Configurando o Windows - 447; Capítulo 14 – Noções de Eletrônica – 503; Capítulo 15 – Tópicos complementares - 573; Capítulo 16 - Manutenção - 613; Capítulo 17 – Lidando com os micros antigos – 649; Capítulo 18 - Exercícios - 683; Índice Remissivo - 707; Referências Bibliográficas - 716

Impressão e acabamento
Gráfica da Editora Ciência Moderna Ltda.
Tel: (21) 2201-6662